国家科学技术学术著作出版基金资助出版

中国科学院中国动物志编辑委员会主编

中国动物志

昆虫纲　第七十四卷

膜翅目

赤眼蜂科

林乃铨　胡红英　田洪霞　林　硕　著

国家自然科学基金重大项目
中国科学院知识创新工程重大项目
(国家自然科学基金委员会　中国科学院　科技部　资助)

科 学 出 版 社
北　京

内 容 简 介

赤眼蜂科种类具有资源丰富、分布广泛和对害虫控制作用明显等特点，是现代农林害虫生物防治中研究历史最长、应用范围最广、防治面积最大和控制效果最好的卵寄生蜂。本志根据采自包括台湾在内的 29 省（市、自治区）赤眼蜂标本 4.5 万余号，重点研究其中已制的玻片标本 2.5 万多号，共鉴定记述我国已知的赤眼蜂 47 属 190 种，使我国所知赤眼蜂科的属、种数量分别达到全世界已知数的 52.81%和 19.75%，成为当今全世界已知赤眼蜂种类最丰富的国家。本志系我国赤眼蜂区系分类研究在现阶段的系统总结，除简要介绍了国内外赤眼蜂区系分类研究的历史沿革、形态特征、分类系统、地理分布、生物生态学特性、寄主范围、在农林害虫生物防治中的应用概况及其标本的采集保存与制作方法外，还对我国已知的各属、种进行了详尽记述，并附形态特征图 195 幅。

本志全面反映了我国赤眼蜂区系分类研究的最新进展，可供农林院校从事昆虫学、生物学及害虫生物防治教学科研的师生和广大农林科技人员参考使用。

图书在版编目（CIP）数据

中国动物志. 昆虫纲. 第七十四卷，膜翅目. 赤眼蜂科/林乃铨等著. —北京：科学出版社，2022. 8

ISBN 978-7-03-071462-6

Ⅰ. ①中… Ⅱ. ①林… Ⅲ. ①动物志-中国 ②昆虫纲-动物志-中国 ③膜翅目-动物志-中国 ④赤眼蜂属-动物志-中国 Ⅳ. ①Q958.52

中国版本图书馆 CIP 数据核字（2022）第 023704 号

责任编辑：韩学哲 /责任校对：郑金红

责任印制：吴兆东 /封面设计：刘新新

科学出版社 出版

北京东黄城根北街 16 号

邮政编码：100717

http://www.sciencep.com

北京虎彩文化传播有限公司 印刷

科学出版社发行 各地新华书店经销

*

2022 年 8 月第 一 版 开本：787×1092 1/16

2022 年 8 月第一次印刷 印张：39

字数：925 000

定价：598.00 元

（如有印装质量问题，我社负责调换）

Supported by the National Fund for Academic Publication in Science and Technology

Editorial Committee of Fauna Sinica, Chinese Academy of Sciences

FAUNA SINICA

INSECTA Vol. 74

Hymenoptera

Trichogrammatidae

By

Lin Naiquan, Hu Hongying, Tian Hongxia and Lin Shuo

A Major Project of the National Natural Science Foundation of China
A Major Project of the Knowledge Innovation Program
of the Chinese Academy of Sciences
(Supported by the National Natural Science Foundation of China,
the Chinese Academy of Sciences, and the Ministry of Science and Technology of China)

Science Press
Beijing, China

前　言

随着科学技术的进步和社会经济的发展，生态环境的保护和无公害健康食品已成为当今全人类普遍关注的首要问题。在农业生产上，“绿色食品和生物农药的发展”已被世界各国列为21世纪优先发展的议程，农林害虫的防治已从单纯的化学防控，发展为以保护害虫天敌和生态平衡为基础的科学治理，与环境友好的害虫生物防治技术，必将在农林害虫的科学治理中越来越受重视。

赤眼蜂科的种类，绝大多数都是常见农林害虫的卵寄生蜂，因其具有资源丰富、分布广泛、对害虫控制作用显著等特点，在害虫防治研究和应用上倍受关注，成为现代害虫生物防治工作中研究历史最长、应用范围最广、防治面积最大、治虫效果最好的一类重要卵寄生蜂。有些研究基础较好的类群，如赤眼蜂属 *Trichogramma* 和分索赤眼蜂属 *Trichogrammatoidea* 的种类等，已被广泛用于多种农林害虫的生物防治，普遍获得显著的经济效益、生态效益和社会效益。我国是当今世界上应用赤眼蜂防治害虫面积最大的国家之一，据向玉勇和张帆 (2011) 的不完全统计，我国目前已有松毛虫赤眼蜂、螟黄赤眼蜂、玉米螟赤眼蜂、广赤眼蜂、稻螟赤眼蜂等近10种赤眼蜂得到人工（机械化）大量繁殖，广泛用于粮、油、糖、棉、林、茶、果、菜、药、花卉及牧草等，对玉米螟、稻纵卷叶螟、二化螟、甘蔗螟虫、苹果小卷叶蛾等20多种害虫进行生物防治；张俊杰等 (2015) 报道，2012 年以来，仅吉林省每年利用赤眼蜂防治玉米螟的面积均稳定在 230 万公顷左右，约占该省玉米种植面积的 55%。

然而，由于赤眼蜂个体微小 (体长不足 1 mm)，形态和习性变化较大，从它们的标本采集，到室内标本分拣、玻片标本制作直至形态观察、分类鉴定的整个研究过程，都必须在解剖镜或高倍显微镜下进行，极其花工费时，因而常令人望而生畏，严重影响了其基础研究及开发应用的顺利发展。尽管我国是历史悠久的农业古国，可是我国的赤眼蜂资源调查和区系分类研究却起步较晚，直至20世纪70年代才逐渐开始。系统调查研究此类寄生蜂资源和区系分类，不仅是其开发利用的重要基础，同时也是保护生态环境、发展无公害生物防治技术、实现农林业生产可持续发展的需要。本志的编研工作前后历经 40 余年，虽然收集的标本业已涵盖包括台湾在内的 29 个省 (市、自治区) ，但由于我国地域广袤、生物资源丰富，加上各地的调查广度、深度不均衡，因此本志所包括的结果，也只是我国赤眼蜂调查和区系分类研究的阶段性总结，无法代表全国各地应有的赤眼蜂资源。期待有更多的赤眼蜂工作者能知难而上、继续深入研究，早日摸清我国的这一宝贵资源，为我国农林害虫的无公害生物防治提供有效的技术支撑。

承蒙业师赵修复教授和华南农业大学庞雄飞教授的精心培养和悉心指导，从 1979 年笔者着手硕士研究生学位论文调查开始，他们就有意识地鼓励、培养我从闽北稻田的赤眼蜂入手，逐步扩大范围调查、研究我国的赤眼蜂资源，使我的学术生涯与赤眼蜂结下不解之缘。得益于国家自然科学基金委员会的资助和各地同行朋友的大力支持，前十多年间笔者先后调查采集了我国 17 省 (市、自治区) 的部分赤眼蜂资源，完成一部《中国赤眼蜂分类》，1994 年获得福建省优秀著作出版基金和福建科学技术出版社的资助出版。嗣后的二十多年来，再次在国家自然科学基金委员会的资助下，笔者及有关研究生们继续扩大调查采集范围，先后共收集了黑龙江、吉林、辽宁、内蒙古、北京、河北、山西、山东、河南、陕西、宁夏、甘肃、青海、新疆、江苏、安徽、浙江、湖北、江西、湖南、福建、台湾 [承林珪瑞 (Lin K-S)、周樑镒 (Chou L-Y) 两位先生热情惠赠采于台湾的标本及他们研究发表的部分副模标本]、广东、海南、广西、四川、贵州、云南、西藏等 29 个省 (市、自治区) 的标本 4.5 万多号，其中已制成玻片的标本 2.5 万余号。本志根据著者长期采集积累的赤眼蜂标本，重点研究鉴定已制成玻片的标本，并以林乃铨 (1994) 的《中国赤眼蜂分类》及有关研究生和国内其他学者正式发表的文献为基础，结合近年国际上赤眼蜂区系分类研究的最新进展，对我国此前发表的部分赤眼蜂种类作了相应的调整，共研究鉴定了我国赤眼蜂科 43 属 168 种；另有 4 属 22 种，虽然笔者尚未掌握标本，但为了全面反映我国已知的赤眼蜂研究现状，也将它们一并收入本志。因此，本志共记述我国已知的赤眼蜂科 47 属 190 种，所知的属数达到全世界已知属的 52.81%、已知种数为全世界已知种的 19.75%，使我国成为当今全世界已知赤眼蜂资源最丰富的国家。所记述的 47 属 190 种中，包括 1 新亚属、4 新记录属、3 新记录种、9 新组合和 2 新异名，同时附有形态特征图 195 幅 (绝大多数形态特征图为笔者根据实物标本描绘，少数引用其他学者描绘的特征图，分别在各种图注中注明) 。书后附参考文献、英文摘要、各属种的中名和学名索引等。所有种类的模式标本产地及其保存单位亦在各种类记述之后逐一指明，以便读者参考使用。

本志分为总论和各论两大部分。鉴于赤眼蜂科资源的经济意义特殊，总论部分比较全面、扼要地介绍了其分类研究的历史及分类沿革、形态特征、分类系统、地理分布、生物学生态学特性、寄主范围、在害虫生物防治中的应用概况，并简要介绍了赤眼蜂等微小昆虫标本的采集、保存与玻片制作方法等，力求全面反映国内外此类资源的最新研究进展。各论部分是本志的核心部分，为方便赤眼蜂工作者在资源调查和区系分类研究时参考应用，首先编制了我国已知赤眼蜂的分属检索表，然后是各属、种的详细记述。全书各属的记述，均以其学名的首字母为序排列，在严格遵循“中国动物志编写规则”的基础上，统一采用相对固定的记载格式；全书各属、种的记述，均按属名、异名录、属模式种、模式标本产地、分布和属征等先后顺序；属征记述之后，是该属的进化缘系讨论、属的研究概况、已知种数、寄主范围、生物学特性和我国已知种数等的介绍；对已知种数较多 (2 种以上) 的属，还分别编制了它们的分种检索表。对于各种的记述，首先是该种的中名、学名、定名者和特征图版序号，其次是该种的文献出处和异名录，第三是该种的成虫形态特征记述，最后还有该种已知的寄主、模式标本产地及其存放单位、本研究所依据的标本或模式标本数量、采集地及其经纬度、海拔、采集时间、采集者等详尽资料。

值此本志完稿之际，笔者深切怀念业师福建农林大学赵修复教授和中国科学院院士、华南农业大学庞雄飞教授，他们从 1979 年我着手硕士研究生学位论文调查开始，甚至他们晚年在医院病榻上，仍不忘关心、支持我的赤眼蜂研究，并不断给予鼓励与鞭策，使我终生的学术生涯与赤眼蜂的区系分类结下不解之缘。谨此特将本志献给两位恩师，报答他们长期谆谆教诲的同时，再次表达我的由衷感谢和无尽哀思！

同时，笔者也衷心感谢西北农林科技大学周尧教授、中国农业大学杨集昆教授和华南农业大学张维球教授，他们在我从事赤眼蜂研究过程中，先后多次给予各种关心、鼓励和支持，并帮助核对赤眼蜂学名的中外文翻译等；衷心感谢台湾农业试验所林珪瑞和周樑镒两位先生，他们不仅热情惠赠早期台湾的研究文献，而且还热情馈赠部分他们采自台湾的标本，以及他们研究发表的论著和副模标本。笔者对他们的热情关心和大力支持表示衷心感谢的同时，谨对5位先辈的不幸仙逝，再次表示深切的哀悼和由衷的怀念！

笔者还要特别感谢广东昆虫研究所李丽英教授和浙江大学何俊华教授长期对我的关心、支持和鼓励，尤其是他们淡泊名利、毕生奉献昆虫学事业、年逾耄耋高龄仍然躬耕不辍的敬业精神，成为我治学路上不懈努力的楷模。

在本志编研过程中，先后得到许多国内外专家、教授的热情支持和帮助。国外专家主要有：美国加州大学河滨分校 Pinto、Oatman、Triapitsyn 教授和 Owen、George 博士，美国农业部昆虫分类实验室 Schauff 教授；意大利拿不勒斯大学 Viggiani 教授；加拿大国家昆虫标本馆 Huber 教授；英国自然历史博物馆 Noyes 和 Polaszek 教授；法国国家农业科学研究院 Pintureau 教授、巴黎自然历史博物馆 Delvare 教授；乌克兰科学院动物研究所 Fursov 教授；保加利亚索菲亚生物防治研究所 Kostadinov 教授；日本九州大学生物防治研究所 Honda 和 Hirose 教授、日本西宫高级技工学校 Yashiro 教授；印度 Aligarh 穆斯林大学 Hayat 教授、印度联邦生物防治研究所 Nagaraja 教授；巴西国家农业科学技术研究院 Querino 和 Zucchi 教授等，他们或惠赠论著，或帮助复印传递他国文献等。

长期热情关心支持本项目调查研究和本志编研工作的国内专家有：浙江大学陈学新教授，华南农业大学梁广文教授，福建农林大学尤民生、侯有明和杨广教授，中国科学院动物研究所乔格侠、黄大卫和朱朝东研究员、肖晖和张彦周副研究员，中国林业科学研究院杨忠岐教授，北京农林科学院张帆和吴钜文教授，中国热带农业科学院吕宝乾教授，福建农林大学生物防治研究所赵景玮、吴珍泉、刘长明、杨建全研究员和彭凌飞、刘启飞博士等。

帮助采集标本的同行朋友和同学有：福建武夷山自然保护区管理处汪家社高级工程师，武夷山生物研究所杨青高级工程师和邹明权同志，原福建农业大学生物防治研究所赵景璋先生、汤玉清、刘波、孙新涛和张李香博士、硕士研究生张端璋、刘晓艳和林霞等，以及本科生陈新金、占挺清、刘明晖、郑耿、黄东宏、郑南辉、刘高盛、吴祖建、蔡毅群、郑琪、谢志鸣同学等，湖北省农业科学院植保土肥研究所茅晓渊先生，华中农业大学袁合强和欧阳宗兵同学，贵州农学院杨孝龙和沈妙青老师，海南热作大学李文标同学，西藏农牧学院德吉梅朵老师，新疆农业大学马德英教授，新疆农业科学院微生物研究所崔卫东研究员，新疆大学吴卫副教授，研究生黄帅、刘俊红、张晶晶、何茜、张志强、徐建华、鲁佳雄、董福祥、艾山·朱丽得孜和本科生孙涛、项文密、张铁刚、杜斌、罗亚皇同学等。

本志获得国家自然科学基金重大项目资助（项目编号：30499340）和福建农林大学科学研究院支持编研经费；原福建农林大学植保学院教授、现新西兰第一产业部植物健康与环境实验室首席科学家范青海帮助审阅部分英文摘要和检索表；福建农林大学植物保护学院生物防治研究所彭凌飞博士帮助编排全书目录和审阅部分文稿，2016 级硕士研究生张峰同学帮助制作触角感器的图版；福建农林大学图书馆林秀珍同志帮助查找传递部分文献，周令飞和张锦棋等同志帮助复印大量文献和文稿，黄喜竹女士帮助整理标本、文献资料和核对文稿等；福建农林大学林学院徐云博士帮助重描部分形态特征图；新疆大学生命科学与技术学院艾山·朱丽得孜博士帮助核对新疆赤眼蜂标本采集地的经纬度数据和部分种类的形态记述等。

本志初稿承蒙评审专家的认真审阅和热情鼓励，特别是中国动物志编辑委员会陶冶女士花费大量的时间和精力、反复多次认真审读，并对初稿的写作规范及错别字更正等，提出许多宝贵的修改建议，谨对他们的辛勤劳动和关心支持表示崇高的敬意和衷心的感谢！

值此完稿之际，谨向关心、支持和帮助本志编研工作的所有专家、同行朋友和同学们，再次表示感谢和敬意！

本志编研任务的分工：林乃铨全面负责文献收集、标本采集与制作、形态观察、分类鉴定和全书文稿的撰写、特征记述、中英文分属检索表编制、摘要与索引汇总及图文的校对、定稿等工作；胡红英负责新疆地区的标本采集、种类特征记述、部分文稿校对、定稿和全书模式标本存放单位名称及其缩写等；田洪霞负责海南种类的特征记述、部分文稿校对及参考文献排序、校对、定稿等；林硕负责全书种类形态特征图版的重描等。

尽管我们在编研过程中力求全面、完整和准确地完成本志的任务，除重新检查、核对鉴定编者已制成玻片的所有标本、新记录标本和林珪瑞、周樑镒两位先生惠赠的部分台湾标本以及他们已发表新种的副模标本外，限于人力、时间和我们的学识水平等原因，不仅仍有部分模式标本未能逐一检视，而且在核对、鉴定与编研过程中也难免存在仓促、疏漏之处，同时还有许多近年新采的标本也未能及时制片、鉴定收入本志。对本志存在的不足和错误，敬祈读者不吝教正。

福建农林大学 林乃铨

2018 年 9 月初稿

2022 年 4 月定稿于福州

保藏赤眼蜂模式标本或其他使用标本的博物馆名称及其缩写

AMTU　Arthropods Museum of Taiwan University [台湾大学节肢动物博物馆]

BMNH　The Natural History Museum, London, UK [英国自然历史博物馆，伦敦]

CIBC　Commonwealth Institute of Biological Control, India [印度联邦生物防治研究所，班加罗尔]

CMAE　The collection of the Ministry of Agriculture, Egypt (Giza, Cairo) [埃及农业部标本馆，开罗]

DEZA　Dip. Ent., Zool. Agr. Univ. Studi Napoli, Portici, Italy [意大利那不勒斯大学昆虫系，波蒂奇]

ELUJ　Entomological Laboratory of University of Osaka, Japan [日本大阪大学昆虫研究室，大版]

ELEUJ　Entomological Laboratory, Ehime University, Japan [日本爱媛大学昆虫研究室，爱媛]

ELKUJ　Entomological Laboratory, Kyushu University, Japan [日本九州大学昆虫研究室，福冈]

FAFU　Fujian Agriculture and Forestry University, Fuzhou, Fujian, China [福建农林大学生物防治研究所，福州]

GEIC　Guangdong Institute of Entomology [广东昆虫研究所昆虫标本室，广州]

HIUJ　Hokkaido Imperial Univeristy, Japan [日本北海道大学，札幌]

IARI　Imperial Agricultural Research Institute, New Delhi, India [印度帝国农业研究所，新德里]

IZCAS　Institute of Zoology, Chinese Academy of Sciences, Beijing, China [中国科学院动物研究所，北京]

ICXU　Insect Collection of Xinjiang University, Urumqi, China [新疆大学生命科学与技术学院昆虫标本室，乌鲁木齐]

INRA　Station de Zoologie& de LutteBiologique, France [法国动物学和生物防治研究站]

LFPWP　The Laboratory of Forest Protection, Principal School of Agricultureat Warsaw, Poland [波兰华沙农学院森林保护研究室，华沙]

NCP　Nagaraja's Collection, Hagonoy, Davao, Philippines [菲律宾纳加拉贾标本馆，达沃]

NIEBP　The Nencki's Institute of Experimental Biology, Waeszawa, Poland [波兰科学院 Nencki 实验生物学研究所，华沙]

NMNH　National Museum of Natural History, Washingtong [美国国家自然历史博物馆，

	华盛顿]
QMBA	Queensland Museum, Brisbane, Australia [澳大利亚昆士兰博物馆，布里斯班]
SCAU	South China Agricultural University [华南农业大学昆虫标本室]
SXAAS	Institute of Plant Protection, Shaanxi Academy of Agricultural Sciences [陕西省农科院植保所昆虫标本室，杨凌]
SYNU	Shenyang Agricultural University [沈阳农业大学昆虫标本室，沈阳]
TARI	Taiwan Agricultural Research Institute [台湾农试所昆虫标本室，台中]
TCAFJ	Tokyo College of Agriculture & Forestry, Japan [日本东京农林大学，东京]
UCRC	Entomological Research Museum, Univ. California, Riverside, USA [美国加州大学河滨分校昆虫研究博物馆，河滨]
USNM	National Museum of Natural History, Smithsonian Institution, Washington DC, USA (previously United States National Museum)[史密森学会美国国家历史博物馆，华盛顿特区 (前身为美国国家博物馆)]
USNP	Laboratorio di EntomologiaAgraria, UniversitàdegliStudi diNapoli, Portici, Italia [意大利那不勒斯大学农业昆虫研究室，波蒂奇]
ZMCD	Zoological Museum Copemhagen, Denmark [丹麦哥本哈根动物博物馆，哥本哈根]
ZMUC	Zoological Museum, University of Copenhagen, Denmark [丹麦哥本哈根大学动物博物馆，哥本哈根]
ZMAMU	Zoology Museum, Aligarh Muslim University [印度阿利加尔穆斯林大学动物博物馆，阿利加尔]

目 录

总　论

一、赤眼蜂科的分类历史及分类沿革

赤眼蜂科 Trichogrammatidae，隶属膜翅目 Hymenoptera 细腰亚目 Apocrita 小蜂总科 Chalcidoidea。与现代赤眼蜂相似的古化石种类，先后曾有 4 次报道：最早为 Doutt & Viggiani (1968) 报道发现于墨西哥 Chiapas 渐新世 (Oligocene)、距今 3000 多万年的化石种类，但因其触角索节 4 节，而无环状节，已被归到现代的姬小蜂科 Eulophidae 内；其次是 Yoshimoto (1975) 报道发现于加拿大 Manitoba 白垩纪 (Cretacous Period) 的化石种类 *Enneagmus pristinus*，距今 7000 万-9000 万年，似与现代赤眼蜂种类相近，但 Viggiani (2001) 根据其体形和触角索节 4 节，认为它与现代缨小蜂科 Mymaridae 种类更接近，这一看法已得到 Huber (2005)、Heraty & Darling (2009) 的确认，并已归到缨小蜂科；第三次是 Skalski (1988) 报道发现于意大利西西里岛中新世 (Miocene)、距今约 2500 万年的化石种类 *Emeria simetitis*，其触角和前翅形状与现代赤眼蜂科种类相似，现已得到 Viggiani (2001) 的确认；最近，Burks *et al.* (2015) 报道了第四次从波罗的海琥珀中发现始新世中期 (Middle Eocene)、距今 4130 万-4780 万年的蚜小蜂科 Aphelinidae 和赤眼蜂科化石种类。他们共鉴定描述了蚜小蜂科的 1 新亚科 2 新属 3 新种和赤眼蜂科的 1 新属 4 新种，即 *Mirufens illusionis*、*Palaeogramma eos*、*Pterandrophysalis plasmans* 和 *Szelenyia terabrae*，不仅使赤眼蜂科的化石种类由此前的 1 种增加到现今的 5 属 5 种，而且从这些始新世中期的蚜小蜂、赤眼蜂化石种类中，发现它们的形态特征与现代种类极其相似，说明从始新世至今已经历 4100 多万年的历史变迁，虽然生态环境已经完全变化，但这些微小的蚜小蜂和赤眼蜂的形态却仍能保持不变。另外，曾有学者 (Yousuf & Shafee, 1987) 认为赤眼蜂科与蚜小蜂科，尤其是与 *Eremocerus* 属有一定的亲缘关系，这一看法也已得到 Heraty *et al.* (2012/2013) 基于小蜂总科 78 科 268 属的大量形态特征、结合分子 (18S 2105 bp、28S D2-D5) 证据系统发育分析的支持，再次证明了赤眼蜂科与蚜小蜂科的亲缘关系最接近。

赤眼蜂科的分类研究历史最早可追溯到 18 世纪末，Peck (1799) 曾把微小赤眼蜂 *Trichogramma minutum* Riley 误定为跳小蜂 *Encyrtus* 种类；Curtis (1829) 也曾将 1 赤眼蜂定名为 *Microma latipennis*，但因它只是 1 个裸名，没有任何特征描述而未获得承认。1833 年，Westwood 和 Haliday 几乎同时分别研究 Curtis (1829) 定为 *Microma latipennis* 的同种标本，Westwood (1833) 将它命名为广赤眼蜂 *Trichogramma evanescens*，而 Haliday (1833) 则定名为 *Calleptiles latipennis*；由于 Westwood 的描述约比 Haliday 的早发表 1 个月左右，因而他的 *Trichogrmma* Westwood, 1833 成为赤眼蜂科的模式属，广赤眼蜂 *T. evanescens*

Westwood, 1833 成为科的模式种。

在此后的相当一段时期内，*Trichogramma* Westwood 和 *Calleptiles* Haliday 2 个属的优先权问题颇有争论，许多赤眼蜂分类学者均不赞成 *Calleptiles* 是 *Trichogramma* 的异名。虽然 Westwood (1840) 曾明确把 *Calleptiles* 作为 *Trichogramma* 的异名，可是他却又指出 *Trichogramma* 和 *Calleptiles* 是 2 个不同的属 (Westwood, 1879)。Walker (1839) 又将采自伦敦的另一些广赤眼蜂标本描述为 *Pteroptrix evanescens*，同时又把 *Trichogramma evanescens* 和 *Calleptiles latipennis* 作为 *Pteroptrix evanescens* 的异名，致使当时的赤眼蜂分类产生更大的混乱。Haliday (1842) 再次详细描绘了 Westwood (1833) 定为 *T. evanescens* 标本的特征图后，才明确 *T. evanescens* 与 *Calleptiles latipennis* 实为同一个种；他同时根据跗节 3 节的特征，将 *Trichogramma* Westwood 作为小蜂科 Chalcididae 下的 1 个独立属。Walker (1846) 也纠正了他自己 (Walker, 1839) 所描述 *Pteroptrix evanescens* 的错误，同时明确将 *Calleptiles latipennis* Haliday 和 *Pteroptrix evanescens* Walker 一起归为 *Trichogramma evanescens* Westwood 的异名。

可见，19 世纪前半叶，赤眼蜂的分类主要围绕 *Trichogramma* Westwood 和 *Calleptiles* Haliday 的争论，其他赤眼蜂类群尚未被发现，赤眼蜂科的地位也未确立。当时已知的该 2 属赤眼蜂，或被 Haliday (1833)、Walker (1846) 归在姬小蜂科下，而 Westwood (1833) 认为 *Trichogramma* 与蚜小蜂科的 *Aphlinus dalman* 相近，甚至 Westwood (1840) 还把它归到跳小蜂科 Encyrtidae 之下。

自 19 世纪后半叶开始，赤眼蜂科的分类有了新的进展。Walker (1851) 描述了 *Brachista*、*Chaetostricha*、*Oligosita* 和 *Poropoea* 4 个新属，他同时把这些属与 *Trichogramma* 一起归在姬小蜂科下，建立 1 个赤眼蜂族 Trichogrammini；而且他还进一步根据前翅翅面的纤毛分布情况，把它们分成 2 个部分；Walker (1851) 据以分成 2 部分的依据，后来还被 Ashmead (1904a) 采用、并将它提升为赤眼蜂亚科 Trichogramminae 和寡索赤眼蜂亚科 Oligositinae 2 个亚科。Föerster (1856) 又增加了 *Asynatcta*、*Brachysticha*、*Centrobia* 和 *Lathromeris* 4 个新属，并根据跗节 3 节的特征，首次将当时已知的 10 个属从小蜂科 Chalcididae 中分出，建立了 1 个独立的赤眼蜂科 Trichogrammatidae。可是，Thomson (1878) 又将该科归到金小蜂科 Pteromalidae 下作为 1 个族；而 Aurivillius (1897) 又把它归在小蜂科 Chalcididae 下作为 1 个亚科。

此后的 30 多年间，赤眼蜂科的区系分类研究特点是，已知属内的新种描述及其寄主的报道渐多，其他新属的增加很少。在此期间，虽然有些学者发表了膜翅目或赤眼蜂科的种类名录 (Westwood, 1879；Howard, 1885；Aurivillius, 1897) 等，但它们多不完整或错漏较多。

进入 20 世纪以来，赤眼蜂的区系分类研究明显加快。首先是 Ashmead (1904a) 将小蜂科提升为总科 Chalcidoidea，下分若干个科，并把已知的赤眼蜂种类全部归到 Föerster (1856) 设立的赤眼蜂科内；同时，他还首次提出赤眼蜂科与姬小蜂科、缨小蜂科的亲缘关系较近；至此赤眼蜂科的分类地位才得到普遍认同，也为小蜂总科的分类系统奠定了基础。

其次是澳洲区赤眼蜂区系分类研究的崛起，Girault (1905-1938) 对以澳大利亚为主的赤眼蜂科资源进行了大量的研究，他先后共描述、建立了赤眼蜂科 58 新属 188 新种，至今仍有 37 属 167 种被确认为有效的单元，分别占现今全世界赤眼蜂科有效属、种的 41.57%和 17.38%；其中除 30 属 131 种产于大洋洲外，另有 19 属 36 种采自世界各地。遗憾的是，Girault 当时所描述的绝大多数新属和新种，不仅文字描述十分简单，而且缺少必要的形态特征图，加上当时制作的玻片标本质量很差，所以后人很难根据他的描述掌握特征。此外，此期还有 Perkins (1906)、Tillyard (1926) 以及 Ghesqulère (1946) 等也对澳洲区的赤眼蜂进行了一些研究，使得该区已知的赤眼蜂资源达到 33 属 133 种。

第三，尽管 20 世纪前半叶各地的赤眼蜂区系分类研究进展情况各有不同，但赤眼蜂的区系分类研究已遍及全世界。其中特别以古北区的赤眼蜂区系分类研究进展最快，主要有：Bakkendorf (1934, 1939)、Blood & Kryger (1928)、Claridge (1959)、Debauche (1942)、Hochmut & Martinek (1963)、Kadlubowski (1962)、Karpinski (1954)、Kryger (1918, 1920, 1932, 1951)、Kurdjumov (1911, 1912)、Nowicki (1927, 1933, 1935, 1936, 1940, 1946)、Soyka (1931a, b, 1932, 1934)、Steffan (1954)、Vasiliev (1947) 等先后报道了大量苏联、德国、法国、英国、丹麦、波兰、比利时等欧洲地区的赤眼蜂种类。此外，Nikols'kaya (1952) 在《苏联小蜂志》 (*The Chalcid Fauna of the USSR*) 中，比较全面地报道了苏联的赤眼蜂科 25 属；Matsumura (1926)、Ishii (1934, 1938a, 1941)、Doutt (1961)、Hirose (1963) 等也研究了古北区东部日本地区的赤眼蜂；到 1967 年底为止，古北区已知的赤眼蜂种类已达到 27 属 112 种 (表 1)。

新北区及泛太平洋地区的赤眼蜂科区系分类研究有：Crawford (1913)、Dozier (1932)、Flanders (1935, 1938)、Fullaway (1914)、Gahan (1918)、Matheson & Crosby (1912)、Perkins (1906-1907, 1912, 1914)、Peterson (1930)、Pickles (1932)、Timberlake (1924, 1927)、Waterston (1922, 1926, 1928) 等，到 1967 年底，新北区已知的赤眼蜂科资源达到 22 属 60 种 (表 1)。新热带区主要有：Blanchard (1928) 和 De Santis (1952, 1957a, b, 1964) 对巴西、阿根廷等地赤眼蜂科的研究，至 1967 年底，新热带区的赤眼蜂科资源已知有 21 属 33 种 (表 1)。

此期赤眼蜂科区系研究进展较少的非洲区和东洋区，前者只有 Ghesquière (1939, 1946)、Risbec (1951, 1955, 1957) 对非洲的刚果、西非、马达加斯加、喀麦隆等地，东洋区则仅有 Ferriere (1931)、Mani (1935a, b, 1939) 和 Waterston (1922, 1926, 1928) 对南亚、荷属东印度群岛和印度等地的少量研究，因此直至 1967 年底，非洲区已知的赤眼蜂仅 14 属 31 种，东洋区已知仅 13 属 30 种 (表 1)。

20 世纪中叶，随着赤眼蜂属种类在生产上的应用日趋广泛，有关种类的鉴别及生态型研究也备受重视 [Quednau (1956a, b, 1960, 1961)、Telenga (1958)、Flanders & Quednau (1960)]。Flanders & Quednau (1960)、Quednau (1960) 等在获知不同温度、寄主条件可使赤眼蜂属种类的个体形态产生变异后，提出要用同一温度和寄主条件培养的赤眼蜂才能准确鉴定，由于这一方法在实践中难于操作，因此也未能在分类鉴定中得到应用。在此期间 Ishii (1941)、Qian *et al*. (1964)、Tseng (1965)、Viggiani (1968b, 1971b)、Nagarkatti & Nagaraja (1971) 先后发现了赤眼蜂的雄外生殖器特征可作为鉴别种类的依据。特别是 Viggiani (1971b) 通过详细研究了 28 属 40 种赤眼蜂的雄外生殖器特征后，发现该科不同属间的雄外生殖器结构有一渐进变化趋势，而同一属内种间的雄外生殖器结构相对稳定，因而据此将赤眼蜂科分为 2 亚科 4 族。此后，以雄外生殖器为主要依据的赤眼蜂鉴定、分类系统迅速得到广大赤眼蜂分类工作者的普遍接受。

特别值得指出的是，Doutt & Viggiani (1968) 对全世界各地收藏赤眼蜂标本的全面研究，整理了全世界已知的赤眼蜂科 73 属 (含亚属) 353 种，同时澄清了 51 属和 47 种的异名，编制了全世界已知赤眼蜂科 66 属的分属检索表，并简要记述了各属的形态特征，为全世界的赤眼蜂科分类研究提供了一个较为可靠的基础，大大方便了后来的研究工作者，有力促进了全世界赤眼蜂区系分类研究的顺利发展。

近半个世纪以来，对世界性赤眼蜂科区系分类贡献最突出的专家有：意大利拿不勒斯大学 Viggiani 教授和美国加州大学河滨分校 Pinto 教授为首的一大批学者。Viggiani (1968a, b-1969a, b, 1971a, b, c-1972a, b, 1974, 1976a, b, c, 1977a, b, 1978a, b, 1980, 1981a, b, 1982a, b, 1984, 1985a, b, 1986-1989, 1992a, b, 1996a, b, 1997, 2001, 2002, 2003, 2006, 2009/2011) 以及 Viggiani *et al.* (1974, 1978, 1986, 1992, 2003, 2004, 2006, 2009) 等，不仅广泛研究了世界各大洲赤眼蜂科的区系分类，同时还提出了以雄外生殖器为主要依据的赤眼蜂分类系统，为全世界赤眼蜂的系统分类研究作出重大贡献。Pinto (1988, 1990a, b, 1992-1994, 1997-1998/1999, 2004-2006) 以及 Pinto *et al.* (1978, 1982-1983, 1985, 1986-1989, 1991-1992, 1994, 1996-1997, 2003-2004) 等先后研究了以美洲为主、兼及大洋洲、非洲的赤眼蜂区系分类。尤其是 Pinto (1993, 1994) 全面研究澄清了 *Brachista* Walker 的曲折史，厘定了它与 *Chaetostrichella* Girault 的关系，明确将 *Giraultiola* Nowicki 作为 *Brachista* Walker 的异名，并详细研究了 *Brachista* 属种类的特征，增加了 2 新种，明确它们具有携播习性、全部种类分布美洲等；Pinto (1998/1999) 对北美洲赤眼蜂属 *Trichogramma*、2004 年对单棒赤眼蜂属 *Doirania* 种类、2006 年对新大陆赤眼蜂科各属种类，Pinto 和 Viggiani (2004) 对寡索赤眼蜂族 Oligostini 各属进行全面研究等。特别是 Pinto (2006) 除全面研究美洲赤眼蜂科各属种类之外，也同时包括了世界各地的赤眼蜂区系分类，而且还修订、完善了 Viggiani (1971b, 1984) 基于雄外生殖器为主要依据的赤眼蜂分类系统，为现代赤眼蜂科的系统分类研究奠定了坚实基础。

近 50 年来，从世界各地的赤眼蜂区系分类研究进展情况看，欧洲地区的研究力量持续增强，除了上述 Viggiani 教授及其团队的大量研究之外，先后还有：Babi *et al.* (1984)、Birova & Kzazimirova (1997)、Chiriac (2005)、Diurich (1979, 1980, 1987)、Fursov *et al.* (1999a, b, 2005)、Hassan & Yousuf (2007)、Herz *et al.* (2007)、Jardak *et al.* (1979)、Kostadinov (1986-1988, 1990, 1991)、Kostadinov & Pintureau (1991)、Laudonia & Viggiani (1994)、Neto *et al.* (1995, 2000, 2002, 2004)、Pino *et al.* (2013)、Pintureau (1982, 1984, 1987-1988, 1991, 1993a, b-1994, 1997, 2000, 2003)、Pintureau *et al.* (1980, 1981a, b, 1982, 1984, 1988-1989, 1995-1997, 1999-2000a, b, 2010)、Polaszek *et al.* (2002)、Rohi *et al.* (2003a, b)、Sorokina (1977-1980, 1984-1985, 1987, 1989, 1991, 1993a, b, 1999)、Sorokina *et al.* (1993)、Sugonyaev (1985-1986)、Sugonyaev *et al.* (1975, 1976, 1978)、Vargas *et al.* (1985)、Voegelé (1981-1982, 1985, 1988)、Voegelé *et al.* (1976, 1979-1981, 1982, 1985)、Walter (1982, 1985-1986)、Zimmermann *et al.* (2008) 等对俄罗斯、德国、法国、英国、西班牙、意大利、保加利亚、

摩尔多瓦及地中海周边地区赤眼蜂属的区系分类研究。

此外，Bakkendorf (1971)、Bulut & Kilinçer (1991)、Doganlar (2002)、Fursov (1987, 1988, 1995a, b, c, 1996, 2000, 2001, 2004, 2005, 2007)、Fursov *et al.* (1999a, b)、Graham (1992)、Jesu & Laudonia (1997)、Kostadinov (1990)、Nasir *et al.* (2006, 2011)、Neto *et al.* (1997)、Oztemiz (2007)、Rakitov *et al.* (2013)、Uzun (1995) 等也先后对英国、法国、西班牙、南斯拉夫、乌克兰、俄罗斯、乌兹别克斯坦、土耳其、伊拉克和巴基斯坦等地的赤眼蜂科 *Aphelinoidea*、*Cheatostricha*、*Lathromeroidea*、*Mirufens*、*Monorthocaeta*、*Oligosita*、*Pseudoligosita*、*Pterandrophysalis*、*Soikiella*、*Szelenyia*、*Trichogramma* 及 *Uscana* 等属的研究。此外，Skalski (1988) 还报道了意大利西西里岛的另一赤眼蜂化石新种；Bennett (2008)、Boucek (1978)、Medredev (1988)、Zerova & Fursov (1995) 等还发表了英国、苏联、欧洲的小蜂总科名录、检索表、水生昆虫寄生蜂等。

此期古北区东部赤眼蜂科的区系分类研究主要有：Hirai & Fursov (1998)、Honda (1995)、Honda *et al.* (2006)、Jose *et al.* (2005)、Kobayashi & Matkoto (2004)、Nagarkatti (1974)、Takanashi *et al.* (1996)、Taylor *et al.* (2005)、Yashiro (1979, 1980, 1994)、Yashiro *et al.* (2012) 等对日本赤眼蜂科的 *Doirania*、*Epoligosita*、*Epoligositina*、*Megaphragma*、*Oligosita*、*Poropoea*、*Trichogramma* 等属的研究；Aishan & Hu (2014)、Aishan *et al.* (2015)、He *et al.* (2009)、Hu *et al.* (2006)、Hu & Lin (2003-2005)、Huo (1986)、Huo & Wang (1991)、Liao (1987)、Lin (1993a, b)、Lou (1991)、Lou *et al.* (1996, 1997, 1998, 2001)、Pang & Chen (1974)、Zhang & Wang (1982, 1994)、Luo & Liao (1994)、Wang *et al.* (2009)、Wang & Hu (2016)、Yuan *et al.* (1997) 等对中国西北地区赤眼蜂科的 *Aphelinoidea*、*Asynacta*、*Burksiella*、*Chaetostrichella*、*Doriana*、*Epoligosita*、*Eteroligosita*、*Haeckeliania*、*Hayatia*、*Ittys*、*Lathromeris*、*Lathromeroidea*、*Megaphragma*、*Mirufens*、*Oligosita*、*Ophioneurus*、*Paracentrobia*、*Paratrichogramma*、*Poropoea*、*Pseudoligosita*、*Pseudomirufens*、*Pseuduscana*、*Soikiella*、*Trichogramma*、*Tumidiclava*、*Ufens*、*Uscana* 等属的研究；韩国只有 Hu *et al.* (2007-2008) 报道了 *Lathromeris*、*Lathromeroidea* 2 属各 1 种；因此，古北区的赤眼蜂科区系分类在 1968 年已知 27 属 112 种的基础上，近 50 年来再次新增 12 属 158 种，使该区现今已知的赤眼蜂资源达到 39 属（占全球已知属的 43.82%）、270 种（占全球已知种的 28.07%）(表 1)。

新北区赤眼蜂科的区系分类研究，除了 Pinto 教授及其团队的大量研究之外，先后还有：Burks & Heraty (2002)、Delvare (1988, 1993)、Ertle & Davis (1975)、Espana-Luna *et al.* (2006)、Flanders (1968)、Hung *et al.* (1985)、Michalski & Seniczak (1974)、Nagaraja (1973b)、Nagarkatti (1973, 1975)、Oatman (1972)、Oatman *et al.* (1973, 1982, 1983, 1987)、Platner *et al.* (1981)、Rodriguez *et al.* (1991, 1993, 1994, 1996, 1997)、Stouthamer *et al.* (1990)、Thorpe (1982)、Torre (1977, 1980a, b)、Vargas (1978/1981)、Vargas *et al.* (1985)、Vincent *et al.* (1986)、Voegelé *et al.* (1980)、Yoshimoto (1975, 1976) 等研究了北美洲的哥斯达黎加、古巴、危地马拉及夏威夷等地的赤眼蜂属区系分类。

此外，Avila-Rodriguez *et al.* (2011)、Doutt (1968, 1973, 1974)、George (2007)、Henriquez & Spence (1993)、Owen (2011)、Schauff (1987)、Tipping *et al.* (2005)、Triapitsyn (1994, 1998,

2003)、Viggiani & Pinto (2002)、Walker *et al.* (2005) 等对南北美洲、密克罗西亚、夏威夷及泛太平洋地区的 *Aphelinoidea*、*Burksiella*、*Lathromeroidea*、*Ittys*、*Oligosita*、*Paracentrobia*、*Pintoa*、*Sinepalpigramma*、*Soikiella*、*Ufens*、*Zagella* 等属的分类研究；Burks (1979) 还编写了北美洲赤眼蜂科的名录。因此，新北区的赤眼蜂资源在 1968 年已知 22 属 60 种的基础上，近 50 年来又再新增 20 属 118 种，使该区已知的赤眼蜂资源达到 42 属 (占全球已知属的 47.19%)、178 种 (占全球已知种的 18.50%) (表 1)。

新热带区此期对赤眼蜂属的区系分类，除 Pinto 教授及其团队的研究之外，先后还有：Basso & Pintureau (2001)、Brun *et al.* (1984)、De Santis (1970, 1972a, b, 1996, 1997)、Galán & Rodríguez (1991, 1993)、Grille *et al.* (2009)、Manickavasagam *et al.* (1990)、Morales *et al.* (2010)、Nagaraja (1983)、Pintureau *et al.* (1999)、Querino *et al.* (2002, 2003a, b, 2004a, b, c, 2005, 2007)、Rios *et al.* (1994, 1999, 2003)、Ronchi-Teles *et al.* (2005)、Ruíz *et al.* (1980)、Sarmiento (1993)、Valverde *et al.* (2009)、Velasquez *et al.* (1995a, b, 2003)、Vianna *et al.* (2007)、Whu (1980, 1987)、Zucchi (1988, 1995) 等对巴西、阿根廷、秘鲁、智利、委内瑞拉、哥伦比亚、乌拉圭等地的研究。此外，Delvare (1988, 1993)、Owen & Pinto (2004)、Santos *et al.* (2009)、Velásquez *et al.* (2007)、Virla *et al.* (2009) 等对阿根廷、巴西、厄瓜多尔、瓜德罗普、委内瑞拉等南美洲地区赤眼蜂科的 *Adelogramma*、*Adryas*、*Burksiella*、*Ceratogramma*、*Doirania*、*Chaetogramma*、*Epoligosita*、*Haeckeliania*、*Hydrophilyta*、*Lathromeroidea*、*Megaphragma*、*Pachamama*、*Paracentrobia*、*Prouscana*、*Pseudoligosita*、*Pteranomalogramma*、*Uscana*、*Pseuduscana*、*Pterygogramma*、*Ufens*、*Sinepalpigramma*、*Trichogramma*、*Trichogrammatoidea*、*Tumidiclava*、*Uscanoidea*、*Viggianiella*、*Zagella* 各属进行的研究。因此，新热带区的赤眼蜂资源在 1968 年已知 21 属 33 种的基础上，近 50 年来又再新增 16 属 93 种，使该区现今已知的赤眼蜂资源达到 37 属 (为全球已知属的 41.57%)、127 种 (占全球已知种的 13.20%) (表 1)。

表 1　世界各地已知赤眼蜂科属、种数量统计

Table 1　The genera and species of Trichogrammatidae known in zoogeographical ranges

属、种数 \ 地区		古北区	新北区	新热带区	澳洲区	非洲区	东洋区	中国	全世界
1900 年前已知数	属	9	2	2	0	0	0	0	10
	种	20	8	3	0	0	0	0	30
1901-1968 年新增数	属	18	20	19	33	14	13	3	56
	种	92	52	30	133	31	30	6	353
1969-2018 年新增数	属	12	20	16	2	10	33	44	23
	种	158	118	93	49	42	260	185	609
各属、种总数及其所占比例 (%)	属	39	42	37	35	24	46	47	89
	占总属数 (%)	43.82	47.19	41.57	39.33	26.97	51.69	52.81	
	种	270	178	127	182	73	290	190	962
	占总种数 (%)	28.07	18.50	13.20	18.92	7.60	30.15	19.75	

Pinto (2006) 研究美洲大陆已知的 55 属 232 种赤眼蜂中，以赤眼蜂属 *Trichogramma* 的种类最丰富，已知 93 种，超过美洲已知赤眼蜂科总种数的 40%；其他种类较多的属有：*Chaetostricha*、*Mirufens*、*Oligosita* 和 *Pseudoligosita* 等。虽然美洲大陆的赤眼蜂类群十分丰富，但许多属目前只知少数种类，甚至还没有种的描述。另有一些，如 *Burksiella*、*Lathromeroidea*、*Uscanoidea*、*Zaga* 和 *Zagella* 等属，在西半球的种类较特殊，至今仍然几乎未知 (Pinto, 2006)。

澳洲区的赤眼蜂科区系分类，除了 Girault (1905-1938)、Perkins (1906) 和 Tillyard (1926) 等报道的 33 属 133 种外，此后 40 年间无人问津。近 40 年来，该区的赤眼蜂科区系分类研究只有 Carver (1978)、Noyes & Valentine (1989)、Oatman & Pinto (1987)、Owen (2011)、Pinto (1992)、Pinto & Oatman (1986) 和 Viggiani (1976a, b, 2003) 等人的研究，新增 2 属 49 种。因此，目前澳洲区的赤眼蜂资源共知 35 属 (为全球已知属的 39.33%)、182 种 (占全球已知种数的 18.92%) (表 1)。

自 1969 年以来，非洲区的赤眼蜂科区系分类研究只有：De Santis (1969)、Delvare (1993)、Dugast & Voegelé (1984)、Feijen & Schulten (1981)、Laudonia *et al.* (2017)、Muli *et al.* (2010)、Pinto & George (2004)、Pintureau & Babault (1988) 和 Viggiani (1969b, 1971a, c-1972b, 1979b-1980, 1986, 1996a, b) 等对摩洛哥、马拉维、肯尼亚、埃塞俄比亚、科特迪瓦、马达加斯加、刚果、佛得角群岛等地赤眼蜂科的 *Chaetostricha*、*Kyuwia*、*Megaphragma*、*Oligosita*、*Poropoea*、*Trichogramma*、*Trichogrammatoidea*、*Uscana* 等少数属的研究，使该区赤眼蜂资源在 1969 年前已知 14 属 31 种的基础上，又再新增 10 属 42 种，现今已知 24 属 (为全球已知属的 26.97%)、73 种 (占全球已知种数的 7.60%) (表 1)。

20 世纪 70 年代开始，东洋区的赤眼蜂区系分类研究力量明显增强，研究范围不断扩展，进展也很迅速。主要有 Barrion & Listinger (1990)、詹美玲等，(1996)、詹美玲和周樑镒 (2000)、Chen & Pang (1981, 1986)、Hassan *et al.* (2007)、Hayat (1980-1981, 2008a, b, c, 2009)、Hayat *et al.* (1980, 1981, 2009)、He & Pang (2000)、Jonathan & Julka (1975)、Khan (1975a, b, 1976)、Khan & Shafee (1977)、Lin K-S (1981)、Lin (1987, 1990-1992, 1993a, b, c-1994)、Lin & Lin (2002)、Livingstone & Yacoob (1983a, b, 1987, 1997)、Mai (1996)、Monje (1998)、Mukhtar (1999)、Nagaraja (1973a, 1978, 1983, 1984, 1987)、Nagaraja & Gupta (2007)、Nagaraja *et al.* (2007, 2008)、Nagaraja & Nagarkatti (1969, 1973)、Nagaraja & Mohanraj (2010a, b)、Nagarkatti (1972)、Nagarkatti *et al.* (1971, 1977, 1979)、Narendran *et al.* (2007)、Nasir *et al.* (2006, 2011)、Pajni *et al.* (1977, 1996, 1999, 2002, 2004)、Pang & Chen (1974)、Polaszek *et al.* (2002)、Ram *et al.* (1996)、Shih *et al.* (2013)、Subba Rao (1969a, b, 1974, 1983-1984, 1985-1986)、Tian & Lin (2008-2009)、Viggiani (1969a, 1972a, 1976a, c, 1982a)、Viggiani *et al.* (1974, 1978, 1986)、Yousuf *et al.* (1984a, b, c, 1985a, b, c, 1986a, b, 1987-1988, 1992a, b, 1993a, b, 1997, 1998, 2003, 2006-2008a, b, 2012) 等人以印度、中国南方 (包括台湾) 等地为主，少量涉及菲律宾、印度尼西亚、马来西亚、泰国、越南、孟加拉国等国赤眼蜂科的 *Aphelinoidea*、*Ittys*、*Brachygrammatella*、*Burksiella*、*Chaetogramma*、*Chaetostricha*、*Chaetostrichella*、*Hayatia*、*Epoligosita*、*Eteroligosita*、*Eutrichogramma*、

Haeckeliania、*Hispidophila*、*Hydrophylita*、*Japania*、*Lathromeris*、*Lathromeroidea*、*Lathromeromina*、*Lathromeromyia*、*Mirufens*、*Megaphragma*、*Oligosita*、*Neocentrobiella*、*Oligisitoides*、*Ophioneurus*、*Paracentrobia*、*Paratrichogramma*、*Paruscanoidea*、*Poropoea*、*Prestwichia*、*Probrachista*、*Prochaetostricha*、*Prosoligosita*、*Pseudoligosita*、*Pseuduscana*、*Pterygogramma*、*Trichogramma*、*Tumidiclava*、*Uscana*、*Trichogrammatoidea*、*Ufens*、*Uscanoidea*、*Xiphogramma*、*Zaga* 等 44 属的研究。另外，Hayat & Viggiani (1984)、Hayat & Subba Rao (1986)、Mani (1999)、Subba Rao & Hayat (1985) 分别编制了印度及其邻国的赤眼蜂科已知属的检索表，Yousuf & Shafee (1986a) 提供了世界赤眼蜂科已知的 130 个属名 (其中 71 个为有效属名、59 个为无效名)，Yousuf & Shafee (1987) 总结了印度已知赤眼蜂科种类名录等。近 50 年来，东洋区的赤眼蜂科资源在原来已知 13 属 30 种的基础上，迅速增加了 33 属 260 种，使得该区现今已知者达到 46 属 (为全球已知属的 51.69%)、290 种 (占全球已知种的 30.15%) (表 1)，成为全世界已知赤眼蜂科资源最为丰富的地区。其中仅印度在 1968 年就在原知 9 属 16 种的基础上，迅速新增了 23 属 136 种，使该国已知的赤眼蜂达到 32 属 (为全球已知属的 35.96%)、152 种 (占全球已知种的 15.82%)，成为世界上仅次于我国的赤眼蜂资源最丰富国家。

另外，Khan & Anis (2017) 还发表了采自印度的 1 新属新种 *Ayaanella globugaster*，根据其形态描述及特征图，笔者发现该模式种除前翅稍细长外，大多数特征均与我国已知的尖棒类广赤眼蜂 *Burksiella acuminata* 基本相符，因而对该新属新种的有效性提出质疑。在与 Khan 通讯联系、并提供相关文献之后，他们当即表示将进一步认真核对。因此本书暂不对该新属新种作任何评论，也不将其统计在内。

我国的赤眼蜂科区系分类研究，最早也是澳大利亚的 Girault (1911a, b) 首开记录，他以我国南方榕树上叶蝉卵养出的 *Japania ovi* 为属模建立了 *Japania* 属；其次是意大利的 Viggiani (1968a) 描述了 Silvestri 于 1925 年采自苏州的第二个新种 *Poropoea longicornis*；直到庞雄飞和陈泰鲁 (Pang & Chen, 1974) 记述了中国赤眼蜂属的 12 种 (内含 6 新种、2 新记录)。林珪瑞 (1981) 对台湾毛小蜂科 (=赤眼蜂科) Trichogrammatidae 资源 22 属 35 种之记载，虽然其中只有 8 个已定名种 (另 27 种尚未定名)，但它却是我国学者首次涉及整个赤眼蜂科区系的研究；其中，他首次记载 *Giraultiola* Nowicki 在台湾的分布记录。Pinto (1993) 在厘订 *Brachista* 的曲折史、澄清 *Brachista* 与 *Chaetostrichella* 2 属关系的研究中，明确将 *Giraultiola* 作为 *Brachista* 的异名属；同时，Pinto (1994) 还指出 *Brachista* 的所有已知种类全部分布于美洲，此前 Nowicki (1936) 指定 *Brachysticha fidiae* 作为 *Giraultiola* 属模的报道以及该属种类在亚洲分布的记录 (Doutt & Viggiani, 1968; Yousuf & Shafee, 1986b) 都是错误的。因此，林珪瑞 (1981) 报道台湾有 *Giraultiola* 属 1 种，究竟属于哪个属？需待进一步核对后才能确定。

此后，我国赤眼蜂科的区系分类研究迅速发展，先后有：庞雄飞和陈泰鲁 (Pang & Chen, 1974)、陈泰鲁和庞雄飞 (Chen & Pang, 1981, 1986)、张荆和王金玲 (Zhang & Wang, 1982)、霍绍棠 (Huo, 1986)、林乃铨 (Lin, 1987, 1988, 1990-1994, 2000)、Viggiani & Ren (1986)、娄巨贤 (Lou, 1991)、霍绍棠和王玮 (Huo & Wang, 1991)、罗维德和廖定熹 (Luo & Liao, 1994)、詹美玲，周樑镒等 (Chan *et al*., 1996)、詹美玲和周樑镒 (Chan & Chou, 2000)、

何余容和庞雄飞 (He & Pang, 2000)、娄巨贤等 (Lou *et al.*, 1996)、娄巨贤等 (Lou *et al.*, 1996, 1997)、娄巨贤和袁静 (Lou & Yuan, 1997, 1998)、袁静等 (Yuan *et al.*, 1997)、娄巨贤等 (Lou *et al.*, 1997)、娄巨贤和王东昌 (Lou & Wang, 2001)、林乃铨和林瑾 (Lin & Lin, 2002)、胡红英和林乃铨 (Hu & Lin, 2003-2005)、胡红英等 (Hu *et al.*, 2006, 2007)、田洪霞和林乃铨 (Tian & Lin, 2008, 2009)、何茜等 (He *et al.*, 2009)、王慧琴等 (Wang *et al.*, 2009)、Shih *et al.* (2013)、艾山·朱丽得孜和胡红英 (Aishan & Hu, 2014)、艾山·朱丽得孜等 (Aishan *et al.*, 2015)、王雨晴和胡红英 (Wang & Hu, 2016) 等先后报道了我国赤眼蜂科 44 属 185 种，使我国已知的赤眼蜂科资源迅速达到 47 属 (占全球已知属的 52.81%)、190 种 (为全球已知种的 19.75%) (表 1)，成为现今世界上已知赤眼蜂资源最为丰富的国家。

综上所述，纵观赤眼蜂科区系分类研究的整个发展历史，大致可以分为 3 个主要阶段：从 18 世纪末至 20 世纪前的一百多年间，赤眼蜂科的区系分类研究均属于早期起始阶段，全世界只有少数学者、涉及少数地区，仅知欧洲和南北美洲少数地区的赤眼蜂资源 10 属 30 种，其余广大地区尚无人问津。20 世纪开始，赤眼蜂科的区系研究迅速在世界范围内全面展开，至 1968 年为止，全世界已知的赤眼蜂资源迅速增加了 56 属 353 种。在此期间，最为突出的是 Girault (1905-1938) 对澳洲区的赤眼蜂区系分类研究，不但使澳洲区的赤眼蜂研究迅速跃居世界领先地位，而且他的研究还遍及世界各地，推动了全世界赤眼蜂科区系研究全面发展的第二阶段。Doutt & Viggiani (1968) 对全世界已知赤眼蜂资源的全面研究整理，为此类资源的区系分类研究奠定了可靠的基础，使赤眼蜂科的区系研究进入顺利发展的第三阶段。近 50 多年来，世界各地的研究力量均有不同程度的加强，进展速度也不断加快，总计新增 23 属 609 种；因此至 2018 年 9 月底为止，全世界已知的赤眼蜂资源共计达到 89 属 962 种 [不含 Khan & Anis (2017) 的新属新种 *Ayaanella globugaster* 在内，详见上文] (表 1)。

近 40 多年间，赤眼蜂区系分类的研究手段，除了传统的形态、雄外生殖器特征和电镜扫描超微结构得到广泛应用外，许多新技术先后在部分赤眼蜂属种类的鉴别上得到初步应用，如应用细胞分类学和蛋白质电泳技术鉴别赤眼蜂属种类的研究主要有：Cao *et al.* (1986)、Debret *et al.* (1982)、Hung (1982, 1985)、Hung & Huo (1984)、Jardak *et al.* (1979)、Klausnitzer *et al.* (1983)、Manickavasagam *et al.* (1991)、Pinto *et al.* (1992, 2003)、Pinto & Oatman (1997)、Pintureau (1993c, d)、Pintureau *et al.* (1981a, 1982)、Sumenkova *et al.* (1987)、Voegelé & Berge (1976)、Yazlovetsky *et al.* (1981) 等人，先后运用酯酶 (EST)、苹果酸脱氢酶 (MDH)、过氧化物歧化酶 (SOD) 或其他酶 (四唑氧化酶、靛酚氧化酶) 等酶作为分析标记，并用磷酸葡糖变位酶 (PGM)、酸性磷酸酶和 α-磷酸甘油脱氢酶 (GPDH) 等作为分析催化剂，借助聚丙烯酰胺凝胶电泳对酶或蛋白质类进行分离，通过扫描酶谱的不同峰数或峰间距离来区分不同赤眼蜂种类，或利用电泳赤眼蜂的酯酶同工酶，并据其酶带的变化来区分赤眼蜂和推断它们的亲缘关系等。尽管电泳法曾被认为是一种可鉴别形态相似物种的方法，但是由于此类研究可用的酶或蛋白质种类有限、且有误差较大等缺点，加上电泳实验所需的新鲜标本不足，因而在赤眼蜂区系分类中的应用存在明显的局限性。

20 世纪 90 年代分子生物技术的兴起，许多分子生物技术工作者纷纷把 RFLP、

RAPD-PCR、DNA 探针技术和微卫星标记等用于研究赤眼蜂基因位点的多态性，鉴别其近似种及其系统发育分析等，成为赤眼蜂区系分类和系统发育研究的新热点。主要有：Almeida & Stouthamer (2003)、Amornsak *et al.* (1998)、Archina *et al.* (2005)、Borba *et al.* (2005)、Borghuis *et al.* (2004)、Chang *et al.* (2001)、Ciociola *et al.* (2000, 2001)、Dang *et al.* (2005)、Davies *et al.* (2006)、Dem'yanchuk *et al.* (2008)、Frenk & Silva (1996)、Fu *et al.* (2005)、Kan *et al.* (1996, 1997)、Frenk (1997)、Geng *et al.* (2004)、Guo *et al.* (2012)、Heraty *et al.* (2012/2013)、Jeong *et al.* (2010)、Karimi *et al.* (2012)、Kumar *et al.* (2009)、Landry *et al.* (1993)、Li *et al.* (2001, 2002a, 2002b)、Liu *et al.* (2011)、Munro *et al.* (2011)、Orrego & Silva (1993)、Owen *et al.* (2007)、Pei *et al.* (2009)、Pino *et al.* (2013)、Pinto *et al.* (2002)、Pizzol *et al.* (2005)、Polaszek *et al.* (2012)、Poorjavad *et al.* (2012)、Rijesh *et al.* (2012)、Rijswijt *et al.* (2000)、Samara *et al.* (2008)、Sappal *et al.* (1995)、Sharma *et al.* (2008)、Silva *et al.* (1995, 1999)、Stouthamer *et al.* (1993, 1998, 2000)、Sumer *et al.* (2009)、Thomson *et al.* (2003)、Vugt *et al.* (2005, 2009)、Wahner *et al.* (2008)、Yashiro *et al.* (2012)、Yuan *et al.* (2011) 等，都对赤眼蜂属 *Trichogramma* 的近似种或地区性种类的基因位点多态性或亲缘关系进行了大量的研究。遗憾的是，这些初期的分子生物技术研究，普遍存在的缺陷有：参与研究的赤眼蜂形态分类专家不足，甚至完全缺失；加上当时的 DNA 提取方法，彻底毁损了标本证据，不仅难于保证研究的准确性和科学性，而且也无法重复、验证和纠错。

可喜的是 Owen *et al.* (2007) 在“赤眼蜂科分子系统发育分析结果及其雄外生殖器在高级分类中的应用评价”、Munro *et al.* (2011) 在“小蜂总科的分子系统发育研究”和 Heraty *et al.* (2012/2013) 在“小蜂总科生物多样性系统发育分析”等 3 个研究报告，可谓是迄今为止赤眼蜂科及包括赤眼蜂科在内的小蜂总科，在应用分子生物技术、结合大量形态学、生物学等特征最为全面、系统的研究。它们有 3 个共同特点：一是参与研究的人员多为国际知名的赤眼蜂及主要小蜂类群形态分类专家，具有准确把握各类群特征的能力；二是研究涉及的分类单元较多，且具有代表性：Owen *et al.* (2007) 的研究包括了赤眼蜂科已知 89 属 961 种中的 52 属 121 种；Munro *et al.* (2011) 的研究涵盖了小蜂总科中的 19 科 72 亚科 343 属 649 种；Heraty *et al.* (2012/2013) 的研究涉及了小蜂总科中的 22 科 78 亚科 268 属 300 多种，确保了研究对象具有广泛的代表性；第三，在检测多个基因位点的分子证据 (18S、28S D2-D5) 基础上，还结合大量形态 (包括雄外生殖器、超微形态结构等) 特征和生物学、生态学特性进行综合分析，使其研究结果更具科学性。Owen *et al.* (2007) 首次通过对赤眼蜂科 52 属 121 种的 18S、28S D2 和 D3 检测的基础上，结合赤眼蜂的形态 (包括雄外生殖器等) 特征和生物学、生态学特性进行综合系统发育分析，结果与 Pinto (2006) 修订 Viggiani (1971b, 1984) 基于雄外生殖器特征将赤眼蜂科分为 2 亚科 4 族的分类系统基本吻合。虽然其中少数属还缺少分子证据、或仍不很清楚，但他们在肯定寡索赤眼蜂亚科 Oligositinae 属于单系类群的同时，也提出赤眼蜂亚科 Trichogrammatinae 可能为并系类群的结论。Heraty *et al.* (2012/2013) 也在 Munro *et al.* (2011) 的研究基础上，进一步对扩大小蜂总科范围，并结合形态学、生物学、生态学等特征进行综合系统发育分析，再次有力支持了赤眼蜂科的单系性和 Pinto (2006) 修订的分类系统，同时还证实了赤眼蜂科与蚜小蜂科的系统发育缘系最近。

随着分子生物技术及其无损伤微量 DNA 提取方法的不断发展和完善，使其必要的形态证据标本能够得以保留，有望解决上述早期研究存在的缺陷，使赤眼蜂等微小生物被提取 DNA 后，还能保留相应的标本证据供形态研究，有利于促进分子生物技术与形态分类有机结合，达到互相补充、互为验证，实现共同发展的双赢目标。

二、形 态 特 征

(一) 科 的 特 征

赤眼蜂科的种类个体微小 (图 1)，一般体长 0.3-1.2 mm，最小者 (如缨翅赤眼蜂属 *Megaphragma* 种类) 体长不足 0.2 mm；体粗壮或细长，黄色至暗褐色，无金属光泽；触角膝状，较短；有些属的触角雌雄异型。胸腹部广阔相连，内悬骨宽大，端部向后伸入腹部；前翅面多有纤毛，散乱分布或规则成列，前后翅均具较长缘毛；各足跗节 3 节。绝大多数种类为卵寄生蜂，被寄生的寄主卵壳后期呈灰褐色至黑褐色，少数种类也能寄生昆虫的幼虫或蛹。

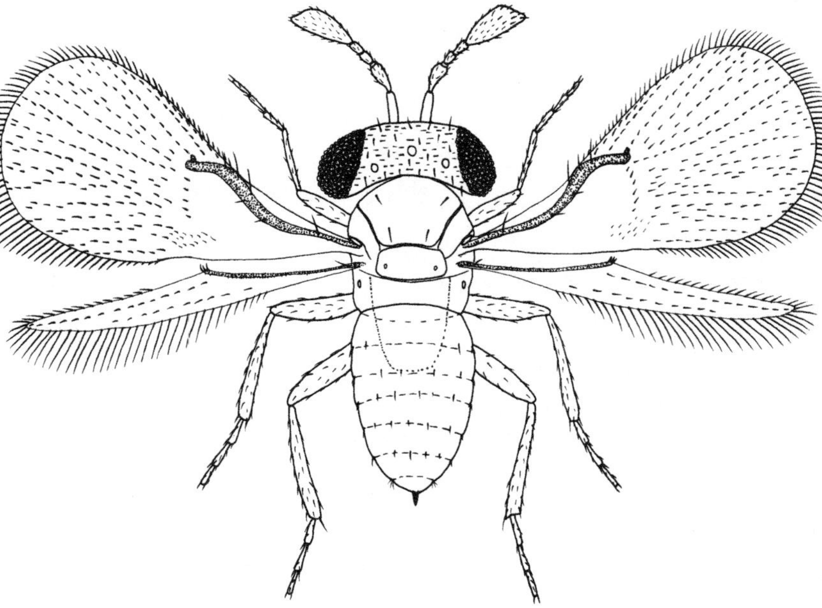

图 1　赤眼蜂成虫整体形态 (螟黄赤眼蜂 *Trichogramma chilonis* Ishii, ♀)

Fig. 1　Dorsal view of adult *Trichogramma chilonis* Ishii, ♀

(二) 成虫的形态

由于赤眼蜂的个体微小而柔弱，它们的详细形态结构研究仍很薄弱，大部分特征难于在分类中得到应用。虽然在传统的形态分类中，已知其触角、前翅和外生殖器等特征在分类鉴定上最为重要，但制成玻片标本后常不利于完整个体的研究；因此在制作玻片标本前，最好能留有适当的标本结合电镜观察，以便准确把握其个体变化情况。下列所述的形态特征，除特别指明者外，都是在一般光学显微镜下可观察到、且在分类鉴定上常用的主要特征，简述如下。

1. 头部 (Head) 赤眼蜂成虫的头部为典型的下口式 (Hypognathous)，由头壳、复眼、单眼、触角、唇基、口器和颊等部分组成 (图 2a)；头部的形状、刻点、纤毛及复眼的颜色、大小等特征常用于分类。

(1) 头壳 (Head capsule) 正面观近椭圆形，宽常大于高；可见头顶 (Vertex, Vrt) 和颜面 (Face) 2 个区域 (图 2a)，头顶位于背单眼 (Dorsal ocellus, Do) 或称中单眼 (Median ocellus, Mo) 和两复眼 (Eyes) 背上方至后头脊之间区域；颜面为两复眼内缘之间从中单眼之下到唇基以上区域。赤眼蜂成虫的头壳骨化程度变化很大，通常除两颊之外的其他部位骨化程度均较弱；但头顶可能有 1 骨片，有些种类的颜面也可能骨化程度较高；除颜面上触角窝 (Torulus, Tor; =Antennal sockets) 的位置、角下沟 (Subantennal grooves, SAG; = Subantennal sutures) 的有无，以及唇基 (Clypeus, Cly) 是否明显等特征，在有些属的分类上有用外，其他特征较少用于分类鉴定。

(2) 复眼 (Eyes) 1 对，近卵圆形，由许多小眼组成，位于头部两侧；复眼与头高的相对长度比例是种类鉴别常用的重要特征。

(3) 单眼 (Ocellus) 3 只，呈三角形排列于头顶，背单眼 (Dorsal ocellus, Do；亦称中单眼 Median ocellus, Mo) 位于头顶前缘中央，2 个侧单眼 (Lateral ocellus, Lo) 分别位于背单眼之后两侧。

(4) 触角 (Antennae) 1 对，着生在两复眼内侧中部至两复眼下缘连线的颜面上，其着生处称触角窝 (Torulus, Tor; =Antennal sockets)，有些种类的触角窝上方还有 1 凹陷，称触角洼 (Antennal scrobe, Scr)，是接纳触角柄节之处；触角膝状，由 5-9 节组成，从基部到端部依次为：柄节 (Scape, S) 1 节、梗节 (Pedicel, P) 1 节、环状节 (Anellus, A) 1-2 节 (稀有 3 节)、索节 (Funicle, F) 0-2 节及棒节 (Club, C) 1-5 节 (图 2b)；柄节长棒状，基部通过触角基节 (Radicle, R) 与触角窝相连；梗节侧面观近梨形，其后各节，包括环状节、索节及棒节，统称鞭节 (Flagellum, Flg)。触角的节数、形状、大小、各节长度比例，鞭节上的感器种类、形状、数量、长短及排列方式等，都是赤眼蜂分类常用的重要特征。

值得注意的是，有些赤眼蜂的触角分节常不规则或有部分愈合现象，因此从单一表面上观察鞭节可能存在节数不同、或有些鞭节的分节不对称，使得从不同角度观察的节数、或长度均有可能存在误差。另外，有些属 (如 *Zagella*、*Adryas* 和 *Zaga* 等) 的基索节或基棒节短窄、横形且紧接其后的第二索节或第二棒节，难于观察而常混为 1 个环状节；这种情况下，可借助其基索节或基棒节的末端边缘、常有 1 个或多个环状节上绝无的锥栓感器 (BPS)，作为判别基索节或基棒节的基础，也可作为分属的依据。凡此等等，需要通过认真观察比较，才能准确鉴别。

(5) 口器 (Mouthparts) 由上颚 (Mandible, Man)、下颚 (Maxilla, Max) 和下唇 (Labium, Lab) 组成，上颚十分发达，末端 3-5 齿，下颚与下唇紧密连成 1 个复合体，除

下颚须 (Maxillary palpus, Mp) 外，下颚和下唇少见用于分类；下颚须 1-2 节，末端具 1-3 毛。上颚的形状及齿数、下颚须的节数及其末端的刚毛数等常是分属、分种的重要特征。

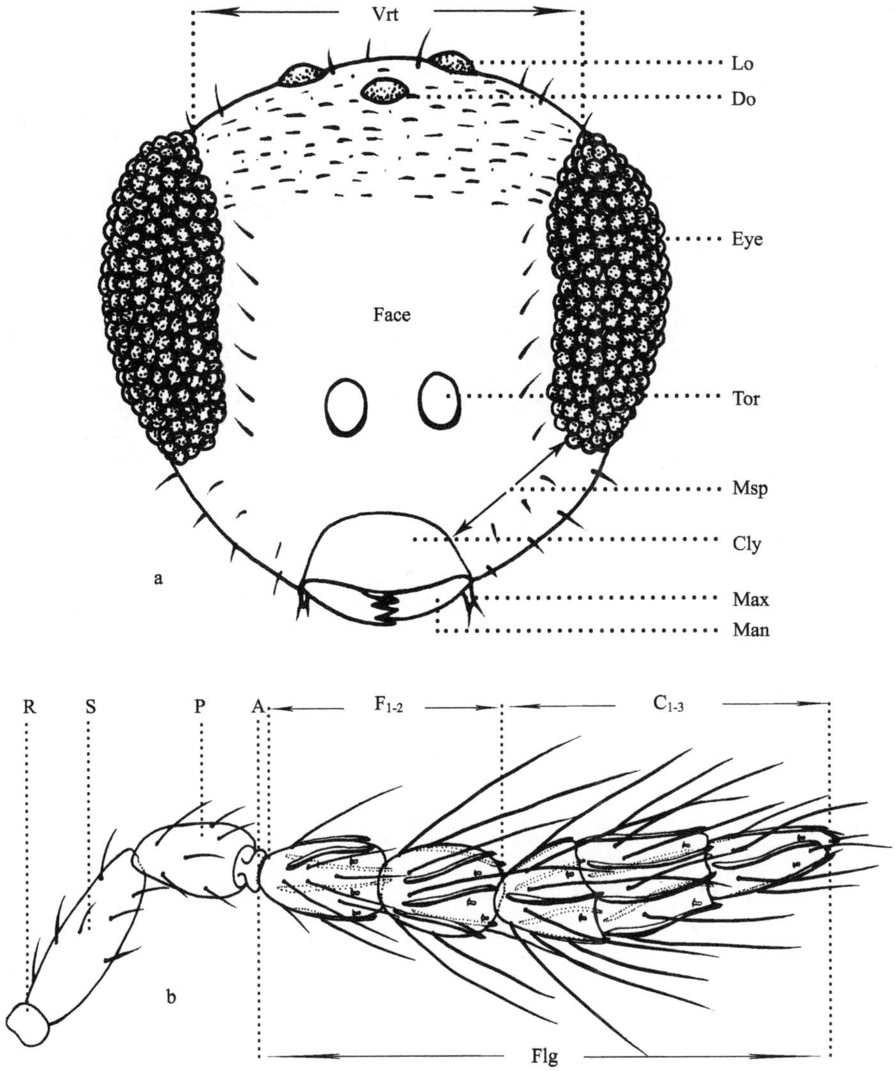

图 2 赤眼蜂成虫头部及触角各部位名称

(头部各部位及触角各节名称的专用术语及其缩写见总论中相关形态描述)

Fig. 2 Generalized head capsule (frontal) and antenna (lateral) of Trichogrammatidae, showing typical structures and segments (Terminologies see relative morphological discriptions)

a. 头部正面观 (*Xiphogramma indicum*, ♀)：Vrt-头顶 (Vertex)、Do-背单眼 (Dorsal ocellus)、Lo-侧单眼 (Lateral ocellus)、Eye-复眼、Face-颜面、Tor-触角窝 (Torulus)、Msp-颚眼距 (Malar space)、Cly-唇基 (Clypeus)、Max-下颚须 (Maxilla)、Man-上颚 (Mandible)；b. 触角 (*Asynacta ophriolae*, ♀)：R-触角基节 (Radicle)、S-柄节 (Scape)、P-梗节 (Pedicel)、A-环状节 (Anellus)、F-索节 (Funicle, F_1, F_2)、C-棒节 (Club, C_1, C_2, C_3)、Flg-鞭节 (Flagellum)

(6) 颊 (Gena) 位于口侧脊与复眼下缘之间，其中央常有颚眼沟 (Malar suture, Ms)，它的直线距离称为颚眼距 (Malar space, Msp)，有些分类学者 (如印度的 Yousuf &

Shafee) 常将颚眼距作为分种的特征之一。

2．胸部 (Mesosoma)　这里所指的“胸部”，并非普通昆虫形态学上的“胸部”(Thorax)，而是膜翅目昆虫分类学习惯上所特指的“胸部”，也称中躯 (Mesosoma)，系前胸 (Prothorax)+中胸 (Mesothorax)+后胸 (Metathorax) 和并胸腹节 (Propodeum) 的总称。

(1) 前胸 (Prothorax)　包括颈 (Neck) 和前胸背板 (Pronotum) 两部分，它们一般均较小，在分类中很少用到。

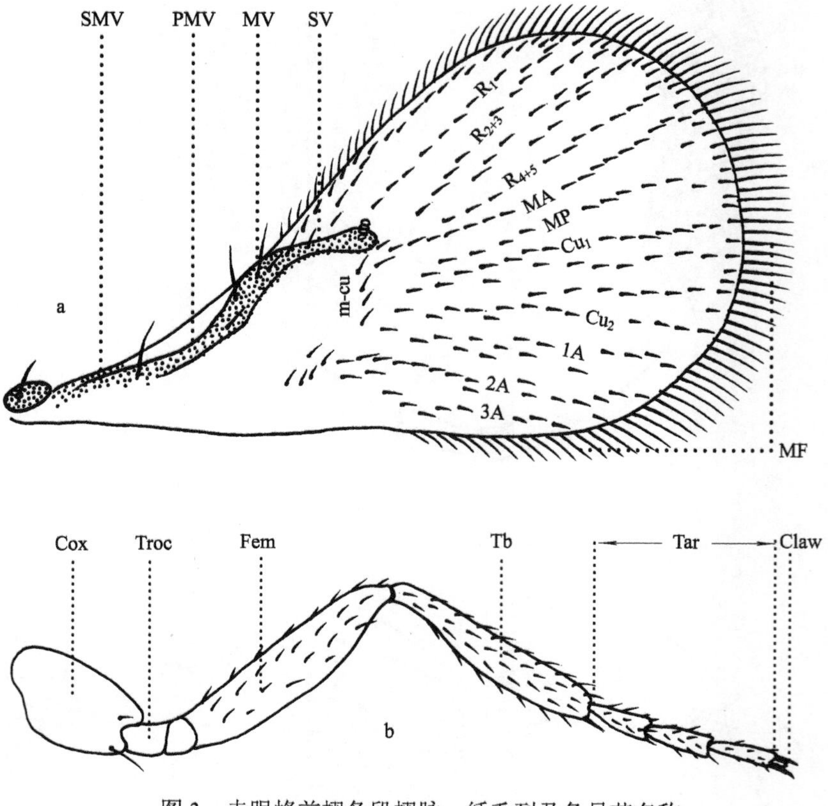

图 3　赤眼蜂前翅各段翅脉、纤毛列及各足节名称
(前翅各段翅脉、纤毛列及各足节名称的专用术语及其缩写见总论中有关形态描述)
Fig. 3　Generalized forewing (dorsal) and leg (lateral) of *Trichogramma,* showing vein, vein tracks and leg segments (Terminologies see relative morphological discriptions)

a. 前翅 (*Trichogramma dendrolimi*, ♀): SMV-亚缘脉 (Submarginal vein); PMV-缘前脉 (Premarginal vein); MV-缘脉 (Marginal vein); SV-痣脉 (Stigmal vein); MF-缘毛 (Marginal fringe,= Marginal setae, MS); m-cu 中肘横毛列 (Median & cubital cross vein track); R-径毛列 (Radial vein tracks, R_1 第一径毛列, R_{2+3} 第二、三径毛，R_{4+5} 第四、五径毛列); M-中毛列 (Median vein tracks, MA-M anterior, MP-M posterior); C_u-肘毛列 (Cubital vein tracks, C_{u1}, C_{u2}); A-臀毛列 (Anal vein tracks, 1A, 2A, 3A)
b. 足 (*Asynacta ophriolae*, ♀): Cox-基节 (Coxa); Troc-转节 (Trochanter); Fem-腿节 (Femur); Tb-胫节 (Tibia); Tar-跗节 (Tarsus); Cl-爪 (Claw)

(2) 中胸 (Mesothorax)　是胸部最大的一节，也是前翅着生的部位。中胸背板 (Mesonotum) 常较发达，可明显分为中胸盾 (Mesoscutum) 与小盾片 (Scutellum) 两部分，盾纵沟 (Parapsidal groove) 和三角片 (Axillae) 一般不明显。中胸盾与小盾片的形状、

刻纹及其上的刚毛数量和排列情况等，在不同属间各不相同。中胸后缘与内悬骨 (Phragma) 前方相连，内悬骨向后伸入腹部，它的长短、大小和端部形状在不同属间也有很大差别。

(3) 后胸 (Metathorax)　位于中胸小盾片与并胸腹节之间，背面只能看到 1 窄条状后胸背板 (Metanotum)，构造也很简单。

(4) 并胸腹节 (Propodeum)　专指形态学上第一腹节前移并入胸部后的构造，为膜翅目细腰亚目昆虫所特有。背面观一般呈横形，由于赤眼蜂个体微小，其上可供分类的特征较少，仅其形状、中间长度与后胸背板的相对长度比例常被用于种类鉴定。

(5) 翅 (Wings)　包括 1 对较大的前翅 (Fore wing) 和 1 对较窄的后翅 (Hind wing)。

前翅 (Fore wing)　形状变化较大，多数宽圆，少数狭长。翅脉 (Vein) 从基部至端部依次分为：亚缘脉 (Submarginal vein, SMV)、缘前脉 (Premarginal vein, PMV)、缘脉 (Marginal vein, MV) 和痣脉 (Stigmal vein, SV) 4 部分 (图 3a)；少数种类在缘脉端部或有 1 短小的缘后脉 (Postmarginal vein, PosMV)。多数种类的前翅面均具纤毛 (Discal cilia)，纤毛规则成列或不规则散乱分布，少数翅面赤裸或稀有纤毛，部分种类的翅面还具特殊斑纹；翅的边缘还具缘毛 (Marginal fringe, MF; = Marginal setae, MS) 等。前翅的形状、大小、各部分翅脉的长度比例及弯曲形状、翅面纤毛的分布情况，包括纤毛列 (Vein track)，尤其是中肘横毛列 (m-cu) 及斑纹的有无、后缘毛的长短及其与翅宽的比例等特征，都是分类常用的重要依据。

后翅 (Hind wing)　一般窄长，末端钝圆或尖圆，翅脉更简单；翅面纤毛规则成列或散乱分布，缘毛较长。除个别类群外，后翅的特征一般较少用于分类。

必须指出的是，赤眼蜂前翅的纤毛列 (Vein track) 命名术语，在不同文献中既不一致，也存在不符合昆虫脉相命名原则的问题。归纳已有赤眼蜂前翅纤毛列名称的对应关系，大致可分 3 类，即 Ishii (1941) 命名的毛列名称，Doutt & Viggiani (1968)、Yousuf & Shafee (1987)、Pinto (2006)、Owen (2011) 等学者命名的毛列名称和王野岸等 (Wang *et al.*,1985) 命名的毛列名称。Ishii (1941) 命名的毛列名称，完全没有根据原始昆虫脉相的命名原则，只简单按各毛列的所在位置及其顺序命名；Doutt & Viggiani (1968) 等学者命名的毛列名称，虽然大部分根据原始昆虫脉相的命名原则命名，但也存在两个与原始脉相命名原则不符的错误名称。王野岸等 (1985) 的研究结果表明，赤眼蜂前翅的纤毛列与昆虫的原始脉相基本相同，按照国际公认的康-尼昆虫原始脉相命名系统 (Comstock-Needham system)，凡着生翅正面的毛列 (翅脉) 可视为“凸脉” (Convex)，而着生翅背面的毛列 (翅脉) 可对应为“凹脉” (Concave)；所有纵脉需用该翅脉英文名称的首个大写字母命名，对连接两条不同纵脉之间的横脉，则需用所连两横脉英文名称的首个小写字母加连字符 “-” 命名。根据这一原则，王野岸等 (1985) 重新命名了赤眼蜂前翅的纤毛列名称，同时纠正了 Doutt & Viggiani (1968) 等学者把属于纵毛列的中毛列 (M) 误为横毛列 (r-m)、将连接中脉和肘脉的中肘横毛列 (m-u) 误为第一径毛列 (Rs_1，纵毛列) 的两个错误。林乃铨 (1994) 在《中国赤眼蜂分类》中已采用这一符合昆虫脉相命名原则的毛列名称，在此再次重申这一命名原则及其命名的纤毛列名称 (表 2)。

表 2　赤眼蜂前翅纤毛列名称对应关系比较

Table 2　Comparison on relationships of forewing vein tracks in different systems

Wang *et al*. (1985) (王野岸等, 1985)	Doutt & Viggiani (1968), Yousuf & Shafee (1987), Pinto (2006), Owen (2011)	Ishii (1941)
亚缘毛列 Submarginal vein track	R (radius)	1st cilia line
第一径毛列 R_1 (+) (1st radial vein track)	Rs_2 (2nd radial vein track)	2nd cilia line
第二、三径毛列 R_{2+3} (-) (2nd, 3rd radial vein track)	—	—
第四、五径毛列 R_{4+5} (-) (4th, 5th radial vein track)	—	—
中毛列 M (+) (median vein track)	r-m (r-m cross vein track)	3rd cilia line
第一肘毛列 Cu_1 (1st cubital vein track)	M (median vein track)	—
第二肘毛列 Cu_2 (-) (2nd cubital vein track)	—	—
第一臀毛列 1A (+) (1st annal vein track)	Cu_1 (1st cubital vein track)	—
第二臀毛列 2A (±) (2nd annal vein track)	Cu_2 (2nd cubital vein track)	recicropcal line
第三臀毛列 3A (+) (3rd annal vein track)	A (annal vein track)	—
中肘横毛列 m-cu (+) (cross vein track)	Rs_1 (1st radial vein track)	oblique proximocau-dal line

(6) 足 (Leg)　由基节 (Coxa, Cox) 1 节、转节 (Trochanter, Troc) 2 节、腿节 (Femur, Fem) 1 节、胫节 (Tibia, Tb) 1 节和跗节 (Tarsus, Tar) 3 节组成，末端具爪 (Claw) 1 对 (图 3b)。部分类群的足具有特殊形状的距 (Spur)、刚毛 (Setae)、刺 (Spine) 及齿突 (Projection) 等，还有后足腿节是否膨大、后足胫节与产卵管或阳茎的长度比例、中足基跗节与其胫节或其他足节的长度比例等，都是重要的鉴别特征。

3. 腹部 (Metasoma)　多为圆筒形，端部钝圆 (图 6e)；少数腹部侧扁 (图 99d, 113f, 195d)、或细长 (图 51e)；一般腹节背面观只能见到 6-7 节背板。有些属的第 I 腹节背板后缘具 1 行直立小齿 (或小刺)、腹部背板光滑或具纤毛、刻纹，以及末节腹板与肛下板的形状、腹末两侧的臀突鬃 (Pygostylar bristle) 等，在分类上均有鉴别价值。

鉴于赤眼蜂具有膜翅目、细腰亚目昆虫相似的并胸腹节，其可见腹节都是始于形态学上的第二腹节，为了明确区别其可见腹节与实际形态学腹节之不同，因此本书特采用罗马数字“I、II、III…”表示腹节的序数，以避免两者混淆不清。

(1) 雌性产卵器 (Ovipositor, Ovp)　一般从腹部末端的前方腹面伸出，系由退化的产卵瓣和负瓣片组成。因个体微小，外观常见的主要为产卵管及其管鞘，常统称为产卵管，它们的形状、结构变化较大。有些类群如 *Neocentrobiella*、*Poropoea*、*Probrachista* 等属的一些种类产卵管特别发达 (图 76f, 图 113f, 图 114d, 图 117c)，基部可源自腹基部甚至抵达胸部，端部显著伸出腹末之外 (图 114d)；有些种类如 *Neocentrobiella longiungula* 的产卵管，外侧没有管鞘包裹，端部显著伸出腹末以外甚远 (图 76f)；还有一些如 *Xiphogramma* 属种类的下生殖板 (Hypogynium, Hyp) 很发达，可突出腹末以外 (图 195d) 等。产卵管的形状、结构及其长度比例等，在种类鉴别上具重要价值。

(2) 雄外生殖器 (Male genitalia)　雄外生殖器的结构特征对赤眼蜂科的分类鉴定十分重要，以赤眼蜂属种类的雄外生殖器为例，其结构可分为阳基 (Gonobase, GB) 和阳茎

(Aedeagus, ADG) 两部分 (图 4a)。

阳基为 1 中空的鞘，阳基前端背面有 1 与腹部表面连接的开口，称为前背开口 (Anterodorsal aperture, ADA)，它不仅是阳基与腹部的接口，也是阳茎与输精管的通道 (图 4a)，阳茎位于阳基的中央。阳基的结构分化较明显，其末端两侧为阳基侧瓣 (Gonoforceps, GF)，阳基侧瓣内侧腹面各有 1 可活动的爪状结构，称为钩爪 (Chelate structures, CS)，许多种类在两钩爪基部还具 1 腹中突 (Median ventral projection, MVP)，腹中突基部常有骨化较明显且向前延伸的中脊 (Central ridges, CR)；阳基背面有阳基背突 (Dorsal expansion of gonobase, DEG)，有些种类的阳基背突基部两侧还有明显的阳基背突侧叶 (Lateral lobes, LL)。阳基的形状与构造，如阳基前背开口的形状及大小、阳基与阳茎愈合与否、其构造的复杂程度等不仅是属间鉴别的重要依据，而且阳基背突、腹中突、钩爪与阳基侧瓣末端的距离等也是属内种类鉴别的重要特征。因此为了便于比较，常把腹中突基部 (如无腹中突，则为两钩爪基部) 至阳基侧瓣末端的距离作为阳基端部的长度 (以 AD 表示)，同时将腹中突基部至阳基基缘的距离作为阳基基段的长度 (用 BD 表示)，

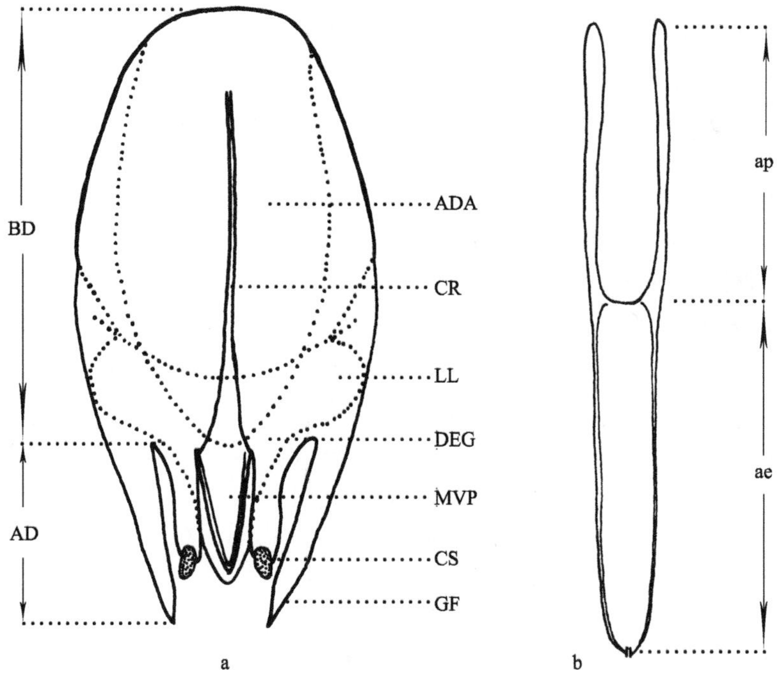

图 4　赤眼蜂雄外生殖器各部位结构名称 (*Trichogramma dendrolimi*, ♂)
(各部位结构名称的专用术语及其缩写见总论中相关形态描述)

Fig. 4　Generalized male genitalia (ventral view) of *Trichogramma dendrolimi*, showing typical structures
(Terminologies see relative morphological discriptions)

a. 阳基 (Gonobase, GB)：ADA-前背开口 (Anterodorsal aperture)；GF-阳基侧瓣 (Gonoforceps)；CS-钩爪 (Chelate structures)；MVP-腹中突 (Median ventral projection)；DEG-阳基背突 (Dorsal expansion of gonobase)；LL-阳基背突侧叶 (Lateral lobes)；CR-中脊 (Central ridges)；AD-腹中突基部至阳基侧瓣末端的距离 (Distance from basal MVP to apical GF)；BD-腹中突基部至阳基基缘的距离 (Distance from basal MVP to basal edge of GB)

b. 阳茎 (Aedeagus, ADG)：ap-阳茎内突 (Apodemes)；ae-阳茎 (Aedeagus)

以便比较阳基的长宽比例及其腹中突、阳基背突、钩爪之间相对长度和所伸达位置。阳茎 (图 4b) 包括阳茎内突 (Apodemes, ap) 和阳茎 (Aedeagus, ae) 两部分，这两部分的相对长度及其全长与后足胫节的长度比例，也是种类鉴别的重要特征。

4. 触角常见感器名称　随着扫描电镜的不断普及，赤眼蜂触角感器等超微结构基本特征及分布情况的研究逐渐增多，主要有 Voegelé *et al.* (1975)、Viggiani (1977a)、Barlin & Vinson (1981)、Dai (1986)、Vincent & Goodpasture (1986)、Dai & Feng (1988)、Dai *et al.* (1989, 1990)、Olson & Andow (1993)、Amornsak *et al.* (1998)、Consoli *et al.* (1999b)、Pinto (1999, 2006)、Gong *et al.* (2004)、Huang *et al.* (2007)、Liu & Hu (2008)、Owen (2011)、Zhang *et al.* (2012) 等；由于他们对感器超微结构特征的理解和使用的命名术语各不相同，因此难免产生名称术语不相一致，甚至造成混乱。

为了方便赤眼蜂分类工作者，现以 Owen (2011) (简称 Ow) 通过光学显微镜和扫描电镜的研究观察，并归纳 Vincent & Goodpasture (1986) (简称 V)、Olson & Andow (1993) (简称 O)、Amornsak *et al.* (1998) (简称 A)、Pinto (1999, 2006) (简称 P)，以及 Fursov (2004) (简称 F) 等命名的常见感器为基础，结合国内部分学者 Dai (1986) (简称 D)、Gong *et al.* (2004) (简称 G)、Huang *et al.* (2007) (简称 H)、Zhang *et al.* (2012) (简称 Z) 的研究结果，归纳总结赤眼蜂触角的 8 种感器名称 (图 5) 如下。

(1) **锥栓感器 Basiconic peg sensilla (BPS)** (图 5a) (Ow, P, F) [=Basiconic capitate peg sensilla (BCPS) (A, Z); =MPG sensilla basiconica C (O); =sensillum ampullaecum (D, H)]：本感器由 1 半球形圆顶和 1 短栓桩构成，其形状可因种类不同而由半球形向窄纺锤形变化；常见于除雄性触角端部第四小节外的两性触角各索节和棒节近端部浅圆形凹陷中。

(2) **板状感器 Placoid sensilla (PLS)** (图 5a, b) (P, Ow, A, D, F, H, Z) [=e 型感器 (D)]：板状感器为表面隆起、端部尖削呈长刮板状或粗刺状的感器，常纵列于各索节和棒节上，但具棒状端突外的雄性棒节例外；在多数种类中，它们几乎全长紧贴于触角表面，仅末端一小部分突出各节触角之外；有些如 *Adelogramma*、*Haeckeliania*、*Soikiella*、*Trichogrammatoidea* 等属雄性触角上的板状感器，仅基部一小段与触角表面相连外，其余大部分长度均与触角表皮分离，呈粗刺状直立于触角表皮之上；它们容易与鞭毛感器 (FS) 混淆，但本感器较粗大，且表面具皱纹和毛孔，而后者相对较细而光滑。Dai (1986) 的 "e" 型感器似可归为此类板状感器。

(3) **鞭毛感器 Flagelliform setae (FS)** (图 5a, b) (P, Ow, A, V) [=multiporous pitted sensilla trichodea A (O); =long chaetoid sensillae (F); =trichoid sensilla (TS); type 5, 6 (Z)]：鞭毛感器为长而稍弯，表面较细而光滑，且常轮生于雄性触角索节、棒节上呈长而粗的刚毛状感器，常见于 *Asynacta*、*Mirufens*、*Neocentrobiella*、*Trichogramma*、*Ufens* 等属的雄性触角索节和棒节。它与刚毛感器 (TS)、刺毛感器 (ChS) 的区别在于后两者均明显细而短小；与板状感器 (PLS) 的不同在于后者较粗大，且表面具细毛孔或皱纹。

(4) **刚毛感器 Trichoid sensilla (TS)** (图 5b, c) (A, D, H, Z) [=Unsocketed setae (US) (P); =Aporous sensilla trichodea A (APA) (P, Ow)]：为基部无毛窝 (或毛窝不明显)、硬而匍匐形的短细毛，明显短于鞭毛感器和刺毛感器；常见于触角棒节基部的腹面和两侧，也见于柄节及索节，一般雌性触角多于雄者。

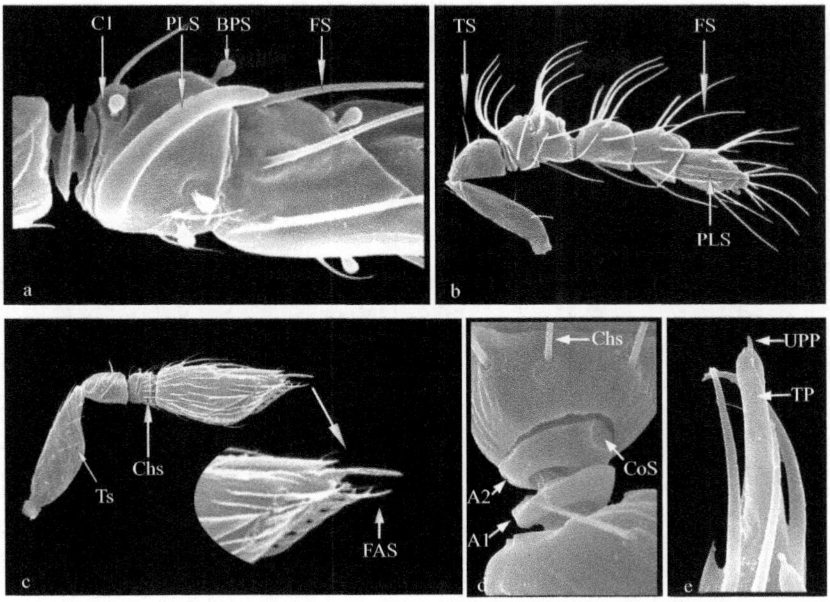

图 5 赤眼蜂触角常见感器 (a, c, d 仿 Pinto, 2006; b 仿 Owen, 2011)
(各感器名称的专用术语及其缩写见总论中相关形态描述)

Fig. 5 Generalized main antennal sensilla of Trichogrammatidae (Terminologies see relative morphological discriptions)

a. *Lathromeroidea* (♂); b. *Ufens* (♂); c. *Trichogrammatomyia* (♀); d. *Tumidiclava* (♀); e. *Nicolavespa* (♀)

BPS-锥栓感器 (Basiconic peg sensilla); PLS-板状感器 (Placoid sensilla); FS-鞭毛感器 (Flagelliform setae); ChS-刺毛感器 (Chaetica sensilla); TS-刚毛感器 (Trichoid sensilla); FAS-镰刀感器 (Falcate sensilla); CoS-腔锥感器 (Coeloconic sensilla); UPP-指突感器 (Uniporous pit pore sensilla trichodea)

(5) **刺毛感器 Chaetica sensilla (ChS)** (图 5c, d) (A, D, Z/Z) [=aporous sensilla trichodea B (APB) (O, Ow); =Styloconic sensillum (StS) (A, Z); =d 型感器 (D)]：基部具明显毛窝的短细毛，长度可因不同位置而变化，常见于触角的柄节、梗节和雌性的索节上，雄性索节较少见。Dai (1986) 的 "d" 型感器，似可归此类。

(6) **镰刀感器 Falcate sensilla (FAS)** (图 5c) (A, H, Z) [=recurved sensilla (RS) (P, Ow); =i 型感器 (D)]：本感器侧面观端部稍弯而尖削、呈镰刀状，两侧面稍扁平，表面具斜沟纹；常群集簇生于 *Trichogramma*、*Trichogrammatomyia* 等属雌性触角的棒节端部腹面，或仅少数 2-3 支位于 *Adryas* 属雌性的棒节端部；Dai (1986) 的 "i" 型感器，可归此类。

(7) **腔锥感器 Coeloconic sensilla (CoS)** (图 5d) (P, Ow, A, Z) [=Sensillum companyformium (V, D, G, H)]：为表面 1 锥形外突、陷于圆形浅凹穴窝内的构造，一般不容易看到。已分别从赤眼蜂属、肿棒赤眼蜂属和光脉赤眼蜂属种类的触角第二环状节或第二索节的侧面上发现。

(8) **指突感器 Uniporous pit pore sensilla trichodea** (UPP **单孔毛形感器**) (图 5e) (O, P, Ow)：本感器为 1 小指突状结构，单独位于雌性触角棒节顶端；部分具棒节端突 (TP) 的类群，也可位于其端突顶端。

三、分 类 系 统

一个多世纪以来，许多赤眼蜂分类工作者都曾根据不同的分类特征，尝试建立赤眼蜂科的分类系统。但他们多数仅是表相分类，采用的特征也有限，虽然所建立的系统对分类实践有所帮助，但终因差异较大，难于反映系统发育关系。进入 21 世纪以来，随着分子生物技术的发展，Pinto (2006) 和 Owen *et al.* (2007) 在传统形态学 (包括雄外生殖器、超微形态结构等) 的基础上，检测多个基因 (18S、28S D2-D5) 位点的分子证据，还结合大量的生物学、生态学等特征进行全面、综合的系统发育分析研究，据此建立了一个迄今最为全面、科学的赤眼蜂分类系统 (表 3)。

最早有关赤眼蜂科的分类系统研究，见于 Walker (1851) 的报道。虽然他当时把已知的 *Trichogramma*、*Chaetostricha*、*Poropoea*、*Brachista* 和 *Oligosita* 5 属误归在姬小蜂科之下，可是他首次根据前翅面的纤毛分布情况，成立了 1 个赤眼蜂族 Trichogrammini，并进一步把它们分成两个部分。Ashmead (1904a) 在建立小蜂总科、并将赤眼蜂族提升为科时，就是以 Walker (1851) 所分的两个部分为依据，而将它们提升为赤眼蜂亚科 Trichogramminae 和寡索赤眼蜂亚科 Oligositinae 两个亚科。Girault (1911a) 接受了这一分类系统，可是 Girault (1912a, 1913f, 1914b, 1915e, 1918) 他自己及 Kryger (1918)、Nowicki (1935, 1940) 却都没有采用这一系统。

Girault (1912) 以前翅翅脉形状为分亚科标准，以触角索节有无为分族依据，把当时已知的赤眼蜂科 24 属分成 2 亚科 4 族，即毛翅赤眼蜂亚科 Chaetostrichinae，内含 Chaetostrichini 和 Lathromerini 2 族；赤眼蜂亚科 Trichogrammatinae，内含 Trichogrammatini 和 Poropeaini 2 族。Girault (1913, 1914, 1915) 又根据前翅翅面的纤毛、翅脉形状和触角索节有无等特征，把赤眼蜂科 20 属分成 4 族，即 Chaetostrichini、Lathromerini、Ophioneurini 和 Trichogrammatini。但 Girault (1918) 再次以触角索节有无为依据，将北美洲已知的 17 属赤眼蜂分为 Trichogrammatinae 和 Ophioneurinae 2 亚科，亚科之下不再分族。

Kryger (1918) 根据前翅纤毛排列情况，将欧洲的 11 属赤眼蜂分成 Oligositini、Trichogrammini 和 Brachistini 3 族，可是 Nowicki (1935, 1940) 在研究欧洲赤眼蜂分类系统时，却没有沿用 Kryger (1918) 的这一分族系统，而采用 Girault (1918) 对北美洲赤眼蜂 17 属的分亚科系统。

Viggiani (1971b, 1984) 通过对赤眼蜂雄外生殖器结构的详细研究后，发现不同赤眼蜂属间的雄外生殖器结构有一渐进变化趋势，而同一属内的雄外生殖器特征相对稳定，于是提出将雄外生殖器特征作为赤眼蜂科系统分类的重要依据，并按照雄外生殖器结构由相对复杂到简单的变化趋势，将赤眼蜂科分为赤眼蜂亚科 Trichogrammatinae 和寡索赤眼蜂亚科 Oligositinae 2 亚科，下设赤眼蜂族 Trichogrammatini、邻赤眼蜂族 Paracentrobiini、寡索赤眼蜂族 Oligositini 和毛翅赤眼蜂族 Chaetostrichini 4 族。这一分类系统迅速得到广大赤眼蜂分类工作者的认同并采用。

Yousuf & Shafee (1987) 根据印度已知的 26 属赤眼蜂的前翅缘脉长短、雄外生殖器结构和触角索节有无等特征，把印度所知的赤眼蜂科种类分为 2 亚科 5 族：赤眼蜂亚科

Trichogrammatinae，内含赤眼蜂族 Trichogrammatini 和光脉赤眼蜂族 Aphelinoidini 2 族；寡索赤眼蜂亚科 Oligositinae，内含缨翅赤眼蜂族 Megaphragmini、寡索赤眼蜂族 Oligositini 和纹翅赤眼蜂族 Lathromerini 3 族。由于他们所采用的特征不够全面，所建立的分类系统也不够完善，Lin (1994)、Pinto (2006)、Owen *et al.* (2007) 等都没有采用这一系统（表 3）。

表 3　赤眼蜂科不同分类系统一览表

Table 3　List of the taxonomical systems

作者（年份）	主要分类依据	亚科、族
Walker (1851)	翅面纤毛分布	Trichogrammatinae
Ashmead (1904a)		Oligositinae
Girault (1911)		
Girault (1912)	前翅翅脉形状，	Trichogrammatinae
	触角索节有无	Trichogrammatini
		Poropoini
		Chaetostrichinae
		Chaetostrichini
		Lathromerini
Girault (1913, 1914, 1915)	翅面纤毛分布，	Chaetostrichini
	前翅翅脉形状，	Lathromerini
	触角索节有无	Trichogrammatini
		Ophioneurini
Girault (1918)	触角索节有无	Trichogrammatinae
Nowicki (1935, 1940)		Ophioneurinae
Kryger (1918)	翅面纤毛分布	Trichogrammini
		Oligositini
		Brachistini
Viggiani (1971b, 1984)	雄外生殖器结构	Trichogrammatinae
		Trichogrammatini
		Paracentrobiini
		Oligositinae
		Oligositini
		Chaetostrichini
Yousuf & Shafee (1987)	前翅缘脉形状+	Trichogrammatinae
	触角索节有无+	Trichogrammatini
	雄外生殖器结构	Aphelinoidini
		Oligositinae
		Megaphragmini
		Oligositini
		Lathromerini
Pinto (2006)	雄外生殖器结构	Trichogrammatinae
		Trichogrammatini
		Oligositinae

续表

作者 (年份)	主要分类依据	亚科、族
Pinto (2006)	雄外生殖器结构	Paracentrobiini Chaetostrichini Oligositini Oligositina Eteroligositina
Owen *et al.* (2007)	雄外生殖器结构+ 分子证据+形态学+ 生物学+生态学	Trichogrammatinae Trichogrammatini Oligositinae Paracentrobiini Chaetostrichini Oligositini

Pinto (2006) 在对以美洲为主、兼及全球的赤眼蜂雄外生殖器全面研究基础上，进一步根据阳基的形状结构及其与阳茎的愈合程度，把赤眼蜂的雄外生殖器分为 Type 1 型 (阳基结构较复杂，阳茎和阳茎内突两部分明显可分，并在阳基中可独立活动) 和 Type 2 型 (阳基结构较简单，阳茎与阳基有不同程度愈合，且不能独立活动) 两大类型，同时又根据阳基与阳茎的愈合程度，将 Type 2 型外生殖器进一步分为 Type 2a 和 Type 2b 两类，进而据此对 Viggiani (1971b, 1984) 基于雄外生殖器特征的分类系统进行部分修改，主要有：① 所有具 Type 1 型雄外生殖器的类群，仍保留在赤眼蜂亚科、赤眼蜂族内；② 将具 Type 2a 类雄外生殖器的邻赤眼蜂族类群，从原隶赤眼蜂亚科移到寡索赤眼蜂亚科，仍称为邻赤眼蜂族；③ 将其他具有 Type 2a 类雄外生殖器、可能具阳茎内突而原归为赤眼蜂族的类群，移到寡索赤眼蜂亚科，并新设 1 毛翅赤眼蜂族；④ 对结构最简单的 Type 2b 类雄外生殖器类群，仍保留在寡索赤眼蜂亚科、寡索赤眼蜂族内，并在该族之下再分设寡索赤眼蜂亚族 Oligositina 和异茎赤眼蜂亚族 Eteroligositina 2 个亚族。另外，还有 *Neolathromera* 属的分类位置未能确定。Pinto (2006) 修改后的这一分类系统，既有助于鉴别各亚科的单系性，又有利于保持它们的系统性，而且还得到 Owen *et al.* (2007) 和 Heraty *et al.* (2012/2013) 基于分子证据的赤眼蜂系统发育关系研究结果的支持。

Pinto (2006) 对全世界已知 88 属，分为 2 亚科 4 族的分类系统，与 Owen *et al.* (2007) 基于 52 属 121 种的赤眼蜂分子系统发育关系研究相比，虽然后者还缺少部分属的分子证据，但两者的分类系统基本吻合。Heraty *et al.* (2012/2013) 通过对小蜂总科的 78 科 268 属的大量多样性特征，并结合大量 (18S、28S D2-D5) 分子证据的系统发育研究结果，也支持 Owen *et al.* (2007) 基于分子证据的赤眼蜂分子系统发育研究结果，同时还再次证明了赤眼蜂科的单系性及其与蚜小蜂科的亲缘关系最近的系统发育关系。

综上所述，Pinto (2006) 和 Owen *et al.* (2007) 所建立的赤眼蜂科分类系统，可算是迄今为止，既有以雄外生殖器特征为基础，也有分子证据支撑，而且还结合了大量的形态学、生物学、生态学等特征，进行全面、综合的系统发育分析结果；因此，本志采用这一分类系统。我国现知赤眼蜂科 47 属的分亚科、分族系统如下。

赤眼蜂亚科 Trichogrammatinae

赤眼蜂族 Trichogrammatini

异赤眼蜂属 *Asynacta* Föerster

刺角赤眼蜂属 *Haeckeliania* Girault

尖角赤眼蜂属 *Hispidophila* Viggiani

嗜水赤眼蜂属 *Hydrophylita* Ghesquière

长痣赤眼蜂属 *Japania* Girault

断脉赤眼蜂属 *Mirufens* Girault

毛角赤眼蜂属 *Neocentrobiella* Girault

曲脉赤眼蜂属 *Ophioneurus* Ratzeburg

副赤眼蜂属 *Paratrichogramma* Girault

圆翅赤眼蜂属 *Poropoea* Föerster

前毛赤眼蜂属 *Prochaetostricha* Lin K-S

类断赤眼蜂属 *Pseudomirufens* Lou & Yuan

斯赤眼蜂属 *Soikiella* Nowicki

赤眼蜂属 *Trichogramma* Westwood

分索赤眼蜂属 *Trichogrammatoidea* Girault

寡索赤眼蜂亚科 Oligositinae

邻赤眼蜂族 Paracentrobiini

似邻赤眼蜂属 *Ittys* Girault

邻赤眼蜂属 *Paracentrobia* Howard

毛翅赤眼蜂族 Chaetostrichini

光脉赤眼蜂属 *Aphelinoidea* Girault

刺脉赤眼蜂属 *Brachygrammatella* Girault

类广赤眼蜂属 *Burksiella* De Santis

毛翅赤眼蜂属 *Chaetostricha* Walker

类宽赤眼蜂属 *Densufens* Lin

纹翅赤眼蜂属 *Lathromeris* Föerster

拟纹赤眼蜂属 *Lathromeroidea* Girault

光胸赤眼蜂属 *Lathromeromina* (Livingstone & Yacoob)

毛纹赤眼蜂属 *Chaetogramma* Doutt

优赤眼蜂属 *Eutrichogramma* Lin K-S

多刺赤眼蜂属 *Lathromeromyia* Girault

似尤赤眼蜂属 *Pseuduscana* Pinto

长脉赤眼蜂属 *Pterygogramma* Perkins

肿棒赤眼蜂属 *Tumidiclava* Girault

肿腿赤眼蜂属 *Tumidifemur* Girault

宽翅赤眼蜂属 *Ufens* Girault

尤氏赤眼蜂属 *Uscana* Girault

异角赤眼蜂属 *Uscanoidea* Girault

刀管赤眼蜂属 *Xiphogramma* Nowicki

寡索赤眼蜂族 Oligositini

寡索赤眼蜂亚族 Oligositina

爱波赤眼蜂属 *Epoligosita* Girault

缨翅赤眼蜂属 *Megaphragma* Timberlake

寡索赤眼蜂属 *Oligosita* Walker

窄翅赤眼蜂属 *Prestwichia* Lubbock

四棒赤眼蜂属 *Prosoligosita* Hayat & Husain

异茎赤眼蜂亚族 Eteroligositina

多毛赤眼蜂属 *Chaetostrichella* Girault

单棒赤眼蜂属 *Doirania* Waterston

异茎赤眼蜂属 *Eteroligosita* Viggiani

环索赤眼蜂属 *Hayatia* Viggiani

三棒赤眼蜂属 *Probrachista* Viggiani

伪寡赤眼蜂属 *Pseudoligosita* Girault

四、地理分布简析

昆虫的地理分布，是昆虫在长期演化过程中形成适应特定地理条件的分布格局，由种的遗传特性和环境因素共同决定。影响昆虫地理分布的环境条件，包括地形、地貌的历史变迁、气候条件的变化和人类生产活动等诸多因素。由于赤眼蜂的个体微小，加上各地的区系调查进展很不平衡，目前已知的分布记录与实际情况相差甚远，因此迄今为止，国内外尚无关于赤眼蜂地理分布的研究报道。本书仅就现阶段全球和我国已知赤眼蜂科属级单元已知的分布情况，初步归纳以下 5 种类型。

1. 全球广布型 在全世界已知的 89 属赤眼蜂中，有 11 属广布于世界各大动物地理区域，占全世界已知赤眼蜂总属数的 12.36%；它们分别是 *Aphelinoidea*、*Epoligosita*、*Lathromeroidea*、*Megaphragma*、*Oligosita*、*Paracentrobia*、*Pseudoligosita*、*Trichogramma*、*Tumidiclava*、*Ufens* 和 *Uscana*。它们同时分布于我国南北的东洋区和古北区，占我国已知赤眼蜂属数 (47 属) 的 23.40%。

2. 多区分布型 已知分布于 3 个以上不同动物地理区域者有 23 属，占全球已知赤眼蜂总属数的 25.84%。其中已知分布 5 个动物地理区域的有 6 属，占全球已知赤眼蜂属数的 6.74%，分别是 *Brachygrammatella*、*Chaetostricha*、*Haeckeliania*、*Lathromeris*、*Mirufens* 和 *Paratrichogramma*。它们除已在古北区、东洋区和澳洲区 3 个动物地理区域发现外，还发现分布于新北区、新热带区或非洲区中的 2 个不同动物地理区域；已知分布 4 个动物地理区域的有 8 属，占全球已知赤眼蜂总属数的 8.99%，分别是 *Burksiella*、*Chaetogramma*、*Doirania*、*Hayatia*、*Ittys*、*Pterygogramma*、*Trichogrammatoidea* 和 *Xiphogramma*。它们除已在东洋区发现外，还在古北区、新北区、新热带区、澳洲区或非洲区中的 3 个动物地理区域中发现；已知分布 3 个动物地理区域者有 9 属，占全球已知赤眼蜂总属数的 10.11%，分别是 *Bloodiella*、*Ceratogramma*、*Hydrophilyta*、*Ophioneurus*、*Poropoea*、*Prestwichia*、*Pseuduscana*、*Pterandrophysalis* 和 *Uscanoidea*。在 3 区分布型的 9 属中，有 7 属分布古北区、6 属东洋区、新北区或新热带区各 5 属、澳洲区和非洲区各 2 属。在多区分布型的 23 属中，已发现 20 属分布于我国。

3. 跨区分布型 另有 7 属迄今仅知分布于 2 个互不相邻的动物地理区域，占全球已知赤眼蜂总属数的 7.87%。如 *Japania* 和 *Neocentrobiella* 仅知分布于澳洲区和东洋区两地，*Lathromeromyia* 和 *Oligositoides* 仅见于东洋区和非洲区两地，*Soikiella* 仅知分布于古北区和新北区两地，*Tumidifemur* 仅见于东洋区和新热带区两地，*Zaga* 仅发现于东洋区和新北区两地，这一分布类型可能与各地的调查广度、深度不足有关。我国已知的 *Japania*、*Lathromeromyia*、*Neocentrobiella*、*Soikiella* 和 *Tumidifemur* 5 属可归为这一跨区分布类型。

4. 邻区分布型 已知有 7 属可分布于两个相邻的地区，占全球已知赤眼蜂总属数的 7.87%。其中以分布于新北区与新热带区两个相邻地区的邻区分布型赤眼蜂为最多，分别有 *Adelogramma*、*Brachyufens*、*Sinepalpigramma*、*Xenufens* 和 *Zagella* 5 属；而分布于古北区和东洋区两个相邻地区的邻区分布型，仅发现 *Chaetostrichella* 和 *Eteroligosita* 2 属；前者仅知 2 种，1 种分布于欧洲直到东北亚我国黑龙江的广泛地区，另一种只知分布于东洋区的印度；后者已知 3 种，其中 2 种分别分布于东洋区的福建和古北区西亚的以色列，1 种同时分布于我国东洋区的福建和古北区的东北辽宁。

5. 单区分布型 共有 41 属的赤眼蜂至今仅知分布在单一的动物地理区域内，占全球已知赤眼蜂总属数的 46.07%；它们的分布特点又可分为单模单区分布和多模单区分布 2 种类型。单模单区分布型共有 25 属，占全球已知赤眼蜂总属数的 28.09%；其中以澳洲区的单模属最多，达 7 属 (*Apseudogramma*、*Australufens*、*Neobrachistella*、*Neocentrobia*、*Pseudogrammina*、*Xenufensia* 和 *Zelogramma*)；其次为新北区和新热带区，各有 6 属 (*Centrobiopsis*、*Ittysella*、*Pintoa*、*Thanatogramma*、*Trichogrammatomyia*、*Uscanopsis* 和

Pachamama、*Prouscana*、*Pteranomalogramma*、*Trichogrammatella*、*Uscanella*、*Viggianiella*)；第三为古北区 4 个单模属 (*Densufens*、*Neolathromera*、*Paraittys* 和 *Pseudomirufens*)；东洋区已知的单模属仅 2 个 (*Eutrichogramma* 和 *Prochaetostricha*)，为最少。另有 16 属虽然已知 2 个以上种类，但它们的分布却仍局限于同一地理区域内，占全世界已知赤眼蜂总属数的 17.98%；其中以澳洲区和东洋区已知各 5 属为最多，分别是澳洲区的 *Brachyia*、*Neobrachista*、*Paruscanoidea*、*Thoreauia*、*Urogramma* 和东洋区的 *Hispidophila*、*Lathromeromina*、*Probrachista*、*Prosoligosita*、*Pseudobrachysticha*；其次是古北区和新北区分别已知 2 属 (前者为 *Asynacta* 和 *Monorthochaeta*，后者为 *Brachista* 和 *Nicolavespa*)；新热带区和非洲区仅知各 1 属，分别是 *Adryas* 和 *Kyuwia*，为最少。

从各地区已知赤眼蜂科各属的分布情况看，澳洲区特有的单区分布属最多 (12 属)，占该地区已知赤眼蜂科总属数 (35 属) 的 34.29%；其次新北区的单区属 (8 属)，占当地已知赤眼蜂科总属数 (42 属) 的 19.05%；而后依次为新热带区、古北区和东洋区，各有 7 属、7 属和 5 属，分别占各地已知赤眼蜂科总属数 (37 属、39 属和 46 属) 的 18.92%、17.95% 和 10.87%；非洲区已知的单区分布属最少 (仅 1 属)，占当地已知赤眼蜂科总属数 (23 属) 的 4.35%。我国已发现单区分布型的赤眼蜂 9 属，占我国已知赤眼蜂科总属数 (47 属) 的 19.15%；其中 *Asynacta*、*Densufens* 和 *Pseudomirufens* 3 属为古北区分布型，分布于北京、内蒙古、辽宁、吉林和新疆；其余 *Eutrichogramma*、*Hispidophila*、*Lathromeromina*、*Probrachista*、*Prochaetostricha* 和 *Prosoligosita* 6 属分布于华东南的福建和台湾，为东洋区分布型。

总之，上述 5 种地理分布型的划分，仅根据现有材料初步归纳。由于赤眼蜂个体微小，调查研究困难，各地已知的情况，很大程度上受研究力量制约，与实际情况不尽相符。其中东洋区已知的赤眼蜂科资源最为丰富，除了东洋区的生态环境比较适合赤眼蜂及其寄主和寄主植物的生存繁衍外，也与近 50 年来东洋区的研究力量增强和调查较为广泛有关。随着赤眼蜂调查研究的不断深入，赤眼蜂的地理分布必将有新的变化和发展。

五、主要生物学、生态学特性及其经济意义

赤眼蜂科的种类，绝大多数都是农林害虫的重要卵寄生蜂。它们具有资源丰富、分布广泛和对害虫控制作用显著等特点，因此在农林害虫的生物防治中备受重视。有关赤眼蜂的生物学、生态学特性研究，虽然总体上以赤眼蜂属种类的研究最多，其他类群的研究相对较少，甚至几乎一无所知。但最早的生物学研究则是 Stollwerck (1857) 对圆翅赤眼蜂 *Poropoea stollwerckii* 寄生习性的观察，首次获知赤眼蜂寄生昆虫卵；其次是 Lubbock (1863) 对 2 种寄生水生昆虫卵的窄翅赤眼蜂 *Prestwichia aquatica* 和缨小蜂 *Polynema natans* 的研究，也是首次得知它们能潜入水中游泳并寻找、寄生水生昆虫卵的有趣习性。Shumakova *et al.* (2003) 再次详细观察了该蜂的潜水、游泳习性。

20 世纪 80 年代以前，人们普遍认为赤眼蜂科的种类全部都是单期卵寄生蜂，虽然 Viggiani (1981b, 1982b) 曾有寡索赤眼蜂 *Oligosita anomala* 可寄生麦瘿蚊 *Mayetiola destructor* 蛹的研究报道，可是未能引起人们的关注。直到 Viggiani & Laudonia (1992)、

Jesu & Laudonia (1997) 再次报道了纹翅赤眼蜂 *Lathromeris cecidomyiiae* 也能寄生瘿蚊 *Lasioptera* sp. 的幼虫之后，人们才认识到赤眼蜂科的种类，除绝大多数寄生昆虫卵外，也有部分能寄生在寄主的幼虫或蛹等虫态，并正常发育至成蜂羽化，改变了人们长期以来普遍都将赤眼蜂视为单纯卵寄生蜂的片面认识。Doganlar (2002) 再次从土耳其 Adana 地区取食洋蓟植物 *Cynara scolymus* 的龟甲 *Cassida rubiginosa* 幼虫体内养出 1 赤眼蜂 *Monorthocaeta adanaensis*，使已知可寄生幼虫或蛹的赤眼蜂种类增加到 3 属 3 种。尽管如此，对这些寄生幼虫或蛹的赤眼蜂，它们所寄生和羽化的具体寄主虫态及部位，目前仍不很明确，因而还无法确定它们是卵-幼虫 (或蛹) 的跨期寄生，还是幼虫或蛹的单期寄生？究竟是内寄生，还是外寄生？如此等等，尚需进一步观察核实。

(一) 胚胎发育与生活史

赤眼蜂从产卵寄生于寄主体内开始，直到成蜂羽化为止的整个过程都在寄主体内，因此研究观察它们的个体胚胎发育过程，既有重要意义，又有实际难度，同时还会因赤眼蜂及其寄主种类的不同而有差异。

Gatenby (1917) 最早对寄生莲根水叶甲 *Donacia simplex* 卵的广赤眼蜂 *T. evanescens* 胚胎及其幼虫的发育进行了研究；Flanders (1937) 描述了 2 种赤眼蜂 (广赤眼蜂、食胚赤眼蜂 *T. embryophagum*) 幼虫的外部形态及成蜂的消化道、卵巢等结构，同时根据赤眼蜂幼虫的形态变化和蜕皮现象将其分为 3 个阶段；利翠英 (1961) 也对广赤眼蜂 (实为松毛虫赤眼蜂 *T. dendrolimi*) 的整个发育过程进行了详细研究，但她在赤眼蜂消化道的形成方式、幼虫蜕皮和分节、分龄等的观察结果，与 Gatenby (1917)、Flanders (1937) 的结果存在一定差异。随着赤眼蜂在农林害虫生物防治应用上的迅猛发展，我国的赤眼蜂工作者，王承纶等 (1981)、张英健 (1984)、刘卫等 (1989)、迟仁平等 (2002)、王雷英等 (2015)、黄燕嫦等 (2016) 等，先后在不同温湿度条件下，对寄生柞蚕、米蛾卵的松毛虫赤眼蜂、舟蛾赤眼蜂 *T. closterae*、玉米螟赤眼蜂 *T. ostriniae*、螟黄赤眼蜂 *T. chilonis* 和稻螟赤眼蜂 *T. japonicum* 等生产上常用的赤眼蜂种类，进行了个体发育及其生物学、生态学特性等的大量研究，为提高人工繁蜂效率和田间应用效果提供科学依据。现将上列学者的相关研究结果 (不含成蜂阶段的习性) 综合简介于下。

根据赤眼蜂在寄主卵内胚胎发育的形态变化，可以分为卵、幼虫、预蛹和蛹 4 个阶段，但各阶段之间的分界及其形态变化，都在寄主卵 (或幼虫、蛹) 内呈连续渐变、必须定期解剖观察，才能看出其间的差异变化。

1. 卵 (Egg) 呈长棒状或香蕉形，前端较宽，后端稍窄，长度可因种类不同略有差异；卵表面有一层薄而透明的卵壳，在扫描电镜下可观察到卵壳具微小皱褶；卵内卵黄细胞极少，布满着色颗粒和空泡，卵核位于中央，卵后端有 1 染色很深的圆形小体，称为极粒 (polar granule) 或卵质 (Oosome)。在 25°C 条件下，卵产后 1 h，卵内的黑色颗粒可随胚盘细胞的分裂、增殖而向卵中央集中；卵产后 3 h，留在周边的细胞形成 1 层多核体胚盘，留在中央的分裂核逐渐发育成为卵黄细胞；卵产后 9 h，卵周边的多核体层停止分裂，细胞膜出现，形成一层细胞的表面囊胚，此后胚盘细胞逐渐增大、胚层增厚、整个胚体增宽；卵产后 13 h 左右，胚体细胞分裂增快，胚体中部的细胞形状由柱形变为圆形，囊胚腔也变小；胚盘细胞增厚过程中，胚体背部中段细胞逐渐变扁，最终形成薄薄的浆膜，其他细胞重叠排列形成胚带，并在卵产后 17 h 左右汇合；继而胚体前端出现口陷，胚体后端出现肛陷，胚胎由于摄取寄主营养而增大，卵膜逐渐消失；卵产后 36-38 h，随着胚胎后期的迅速发育而卵膜消失，口陷部位出现 1 对微小的口钩，进入最后发育阶段，开始蠕动取食后即进入幼虫期。

2. 幼虫 (Larva)　体半透明乳白色，前端狭小，后端膨大呈囊状，体躯构造简单不分节，头胸腹之间也无明显分界；根据幼虫的体形大小、口钩形状及幼虫期间的 2 次蜕皮，可将幼虫分为初龄、中龄和末龄 3 个阶段。初龄幼虫的前、中、后肠界限较分明，随着幼虫不断摄食，中肠内食物逐渐积累，使中、后肠膨大为 1 圆囊，肛陷部位开口也发育成肛门，初龄末期开始第一次蜕皮，蜕落的残皮常附于虫体末端，易被误认作幼虫的排泄物，其实此时的中、后肠仍未相通。进入中龄阶段的幼虫食量逐渐增加，其口陷位置两侧逐渐增大，中肠的扩张使虫体变大，体躯分节消失，但头和体躯的分界仍然存在；中龄末期发生的第二次蜕皮使幼虫进入末龄阶段，但此次蜕下的残皮甚薄，且不完整，无拖尾现象，故不易观察到。幼虫进入末龄后，虫体仍继续长大，背侧皱褶不断加深，头和躯体的分界不明显，此时神经系统的雏形已基本形成，幼虫老熟后即停止取食，进入预蛹阶段。

3. 预蛹 (Prepupa)　老熟幼虫体表出现白色梅花斑点时，即进入预蛹期。从预蛹初期开始，虫体的前端逐渐增宽，后端逐渐变细，直至后期形成头端宽、腹端细的蜂蛹体形；同时新的体壁形成，原幼虫体壁表皮层变成半透明薄膜，即预蛹膜。预蛹期间，成蜂的各种内外器官逐渐显现；首先出现足芽、翅芽的细胞群，并从稀疏到密集；接着腹神经索末端出现外生殖器芽，足芽与翅芽细胞内陷并向后伸入形成末端尖细的长囊，外生殖器芽仍保持圆囊状，直到预蛹后期它们才同时翻出体外，形成器官的雏形；预蛹期间，两边脑芽在中央连接，复眼雏型和触角芽也逐渐显现，幼虫口钩保持到预蛹后期才消失，下唇腺的形态与幼虫期相似；胸部开始出现神经节，腹神经索逐渐粗大；预蛹期的前肠基本保持幼虫期状态，中肠肠腔缩小，后肠稍有伸长。在预蛹末期，中、后肠交界处中央逐渐出现 1 空孔，使中、后肠连通；预蛹后期生殖细胞开始增殖，生殖腺也由圆形变长；虫体两侧腹面的体壁开始增厚，随后体壁内陷，形成胸腹两侧的两列细胞群，即纵走气管原基，由此逐渐形成呼吸系统。

4. 蛹 (Pupa)　复眼、单眼呈朱红色是进入蛹期的标志，头、胸、腹 3 体段的分界明显，体色和各胸、腹节之间的分节也渐趋清晰；成蜂的各种器官便在原有基础上继续发育，无论外部形状或内部构造的变化都较大。神经系统进一步完善，脑及脑神经形成，腹神经索变得粗大，神经节明显，2 条神经索在神经节处愈合；幼虫下唇腺在蛹期泡化解体，同时形成与幼虫下唇腺形态相似的成蜂下唇腺；气管开始分枝，在化蛹 1 d 后可见到气门已形成；消化系统：前肠有所伸长，中、后肠交界处的盘状结构在蛹后期解体，蛹初期后肠肠壁出现 2 个突起，从后肠两侧向体腔前端伸延，形成成蜂的 2 条马氏管。蛹期生殖器官发展较快，雄性生殖腺成熟较早，形成椭圆形的精巢，生殖腺下端成为生殖导管，与外生殖器芽相连；雌性生殖腺有卵巢管形成，生殖细胞分裂加快，卵巢管开始变粗变长。足、翅和触角仍被迫皱缩在蛹包膜内，直至成蜂羽化后，才能自由伸展、活动。

大量研究表明，赤眼蜂属种类的发育历期，虽然可因种类、或寄主的不同而有差异，但总体基本相似。它们的发育速率与温度关系密切，在 15-30°C 它们的发育历期都随温度的升高而缩短。据王承纶等 (1981) 报道，在 15、20、25 和 30°C 不同恒温条件下，松毛虫赤眼蜂从产卵至成蜂羽化，所需的平均发育历期分别如表 4。

表 4　不同恒温条件下松毛虫赤眼蜂寄生柞蚕卵内完成发育的平均历期

Table 4　The meam divelopement duration of immature *Trichogramma dendrolimi* parasitized in eggs of *Antheraea pernyi* under different constant temperatures

温度	发育历期
6°C	经历 24 d 后，卵虽可孵出幼虫，但因温度不能满足要求，长期停滞在幼虫阶段。
10°C	经历 3 个多月，卵虽可孵出幼虫并发育至预蛹，终因温度不能满足，预蛹无法发育成蛹。
15°C	平均历期 32.09 d；其中：卵期 3.67 d，幼虫期 6.83 d，预蛹期 7.92 d，蛹期 13.67 d。
20°C	平均历期 17.17 d；其中：卵期 2.17 d，幼虫期 3.50 d，预蛹期 4.83 d，蛹期 6.67 d。
25°C	平均历期 10.67 d；其中：卵期 1.58 d，幼虫期 2.92 d，预蛹期 3.17 d，蛹期 3.00 d。
30°C	平均历期 7.67 d；其中：卵期 1.25 d，幼虫期 2.08 d，预蛹期 1.67 d，蛹期 2.67 d。

赤眼蜂在人工大量繁殖过程中，一旦出现过寄生时，常可看到其多余的幼虫出现自相残杀现象。当一个寄主卵 (或人工卵) 内同时存在多个赤眼蜂幼虫时，它们除了吸食寄主卵的营养液外，也会用上颚刺穿其他幼虫体壁并吸食其体液，引起兄弟相残。多寄生于寄主卵内的赤眼蜂幼虫，可对多余幼虫进行自我调节的这种生物学特性，对确保其子代的营养需求和实现优胜劣汰具有重要意义。例如，虽然在每粒被寄生的米蛾卵内，常可发现大小赤眼蜂幼虫及其卵达 7-9 只 (粒) 之多，但只有少数的米蛾卵可育出 2 只成蜂，绝大多数的米蛾卵最终只能育出 1 只成蜂；其多余幼虫都被同类残杀，这种自我调节的特性，不仅有利于强势赤眼蜂个体的正常发育，而且还能提高其子代的繁衍能力。

此外，也有一些赤眼蜂的胚胎发育，与松毛虫赤眼蜂略有不同，如 Flanders (1937) 和 Arzone (1974) 等观察的广赤眼蜂和肿脉伪寡赤眼蜂 *Pseudoligosita krygeri* 的幼虫，在发育过程中都有蜕皮现象，且可分为 3 个龄期；Ceresa-Gastaldo & Chiappini (1994) 还首次通过扫描电镜观察到，寄生大青叶蝉 *Cicadella virids* 卵的肿脉伪寡赤眼蜂 *P. krygeri*，在幼虫 3 龄期能够吐丝结茧，然后进入预蛹，如此微小的赤眼蜂老熟幼虫，在寄主卵内还有吐丝结茧的习性，实属罕见。

(二) 成蜂的生物学和生态学特性

20 世纪中叶，随着赤眼蜂属 *Trichogramma* 种类在生产上的应用日趋广泛，有关种类的鉴别及生态型研究也备受重视 (Quednau, 1956b, 1960, 1961; Telenga, 1958; Flanders & Quednau, 1960)。鉴于早期赤眼蜂分类常用的特征，如成虫体色、触角及翅毛等，可因温度、寄主等条件的不同而变化，如松毛虫赤眼蜂的雌蜂，在25°C以上温度条件下培养出来的个体全体黄色，在15°C条件下培养出来的个体前胸背板、中胸盾、腹基部和腹末均呈现黑褐色，而在接近发育起点温度培养出来的个体全体黑褐色；又如雄性赤眼蜂触角棒节上的鞭毛长短和粗细、翅面上的纤毛及其毛列数量，也可因个体大小而异，在较大的寄主卵中，如果寄生的赤眼蜂个体数量较少，其子代个体则较大；反之在较小的寄主卵内，或寄生的个体数量较多时，则子代个体较小。赤眼蜂个体较小者，其触角鞭毛和前翅臀角缘毛则相对较长；反之个体较大者，其鞭毛和缘毛也相对较短。至于前翅翅面的纤毛列，体小者不但每一纤毛列的纤毛数可能减少，甚至一些个体特别小的前翅还可能发育不全，翅面纤毛列也会减少；这种体色、触角鞭毛及翅缘毛等特征的变化趋势，几乎是赤眼蜂属所有种类共有的特性。因此，Flanders & Quednau (1960)、Quednau (1960)等提出要在同一温度、寄主条件下培养的赤眼蜂个体，才能准确鉴定，但这一方法很难在实践中做到，因而未能在分类鉴定中得到应用。有经验的赤眼蜂分类工作者，在分类鉴定过程中，常常也会根据标本的采集地点、季节及大致气候情况等，综合分析可能影响形态差异 (特别体色等) 的因素。

许多赤眼蜂属的种类在不同发育条件下，其成虫还可能出现有、无翅或触角等的性二型现象。如显棒赤眼蜂 *T. semblidis* 会因寄主的质量或某些条件不同而产生性二型；Salt (1937) 报道，所有从田间泥蛉 *Sialis lutaria* 卵内育出的显棒赤眼蜂成蜂都是无翅型，但在实验室里用同样的泥蛉 *Sialis* sp. 和地中海粉螟 *Ephestia kuehniella* 卵培育的子代成蜂都是正常的有翅型；Nagarkatti & Jayasingh (1974) 的研究发现，虽然显棒赤眼蜂的无翅型雄虫在交配、受精等方面与正常的有翅型相同，但其触角却明显雌性化，这种性二型现象本身在分类鉴定上没有实际意义，可是却值得分类工作者在种类鉴别时引起注意。

Nagarkatti & Nagaraja (1968)、Fazaluddin & Nagarkatti (1971) 及 Nagaraja (1973a) 等，先后对微小赤眼蜂 *T. minutum*、广赤眼蜂和澳洲赤眼蜂 *T. australicum* 进行杂交试验，结果证明了它们是明显不同的3个种；Oatman *et al.* (1968) 也对加州南部的不同赤眼蜂品系进行杂交试验，结果它们的后代都是可育的，因此认为当地的赤眼蜂都是同一个种。后来 Oatman *et al.* (1970) 又将墨西哥与夏威夷两地的种群进行杂交结果，发现同是墨西哥或同是夏威夷的种群各自可以正常交配，而墨西哥和夏威夷两地的种群之间不可杂交，由此发现墨西哥和夏威夷两地的种群不是同一个种，夏威夷的种群是疏毛赤眼蜂 *T. semifumatum*，墨西哥的种群则是短管赤眼蜂 *T. pretiosum*。

赤眼蜂的生殖隔离机制十分复杂。一般说来，行为学上的隔离较弱。在许多室内杂交试验中，常可看到交配行为甚至授精，但大多数杂交试验结果却表现为不育，可能是精子被杀死，因而很少或没有杂交后代产生。在少数一些杂交试验中，雌雄可以成功交配授精，但授精之后雌虫死去，可能是由于机械损伤引起。据 Nagarkatti & Nagaraja (1968) 报道，美洲的赤眼蜂种间杂交虽能成功授精，但杂交成功者却很少，即使在地理相近或形态相似的2个种间，杂交结果也一样。有些赤眼蜂的种类却表现为部分生殖隔离，有的完全不能杂交，有的可部分杂交；有的不能正交，却可以回交 (Nagarkatti & Nagaraja, 1977)。李丽英和李砚芬 (1983) 报道了我国本土的玉米螟赤眼蜂、广赤眼蜂 (菜白蝶型) 2种赤眼蜂与法国的 *T. maidis* 及德国的玉米螟型广赤眼蜂2种引进的赤眼蜂的杂交试验结果，发现法国的 *T. maidis* 与中国的玉米螟赤眼蜂、菜白蝶型广赤眼蜂与德国的玉米螟型广赤眼蜂之间都不能杂交。Nagarkatti (1970) 发表了 *T. perkinsi* 雌蜂与 *T. californicum* 雄蜂的杂交结果，第一代有 17 只雌性杂种后代，其中 1 雌可孤雌产雄生殖。

在分索赤眼蜂属 *Trichogrammatoidea* 种类中已知有 5 种可以杂交，其中有些种的形态差异还是较大的 (Nagarkatti & Nagaraja, 1977)。总之，应用杂交试验来确定赤眼蜂的种间关系时，也要注意区别对待。

另外，许多赤眼蜂种类还对栖境和寄主具有明显不同的嗜好习性。如显棒赤眼蜂喜好生活在沼泽地带；稻螟赤眼蜂喜欢栖息于稻田环境，多喜爱寄生卵壳较薄的稻纵卷叶螟、三化螟、二化螟等虫卵，而不喜欢寄生柞蚕、蓖麻蚕等卵壳较厚的虫卵；松毛虫赤眼蜂、舟蛾赤眼蜂喜好山地林间环境，可寄生卵粒较大、卵壳较厚的如柞蚕、枯叶蛾等虫卵，也可寄生其他卵壳较薄的鳞翅目虫卵；其他如螟黄赤眼蜂、暗黑赤眼蜂 *T. pintoi*、广赤眼蜂和玉米螟赤眼蜂等，则多喜好在农田环境生活等。玉米螟赤眼蜂在玉米地里寄生玉米螟卵的能力明显强于松毛虫赤眼蜂；松毛虫赤眼蜂散放到农田环境后，容易转移到邻近的山地林间选择其他林木昆虫卵寄生。因此，了解不同赤眼蜂的行为习性和不同生境内赤眼蜂的种群结构特点，不仅是根据防治对象选择适宜蜂种的科学依据，而且也有助于不同生境赤眼蜂的保护利用。

赤眼蜂种类的多主寄生习性，对于它们的种群繁衍具有重要意义。林乃铨 (1981) 对闽北稻田鳞翅目害虫卵赤眼蜂的发生消长动态调查结果，发现稻螟赤眼蜂、螟黄赤眼蜂周年过渡转换的常见寄主 (表 5)。它们可在秋季晚稻收割前寄生在第四代三化螟和稻田周边杂草上的鳞翅目害虫卵内，在气温 15°C 左右的秋末至初冬季节，赤眼蜂仍能继续正常完成发育并羽化；同时也能看到相当部分被赤眼蜂寄生、卵壳已变黑褐色的三化螟和稻田周边其他鳞翅目的虫卵，经过冬季对这些被寄生卵的分期解剖后发现，这些卵内的赤眼蜂基本都是维持老熟幼虫或预蛹状态渡过冬期，直到翌春气温回暖至 (20°C 左右) 后才继续发育、羽化；并在稻田及其周边寻找过渡转换寄主卵重新寄生繁殖。早稻移栽后，随着水稻害虫迁入稻田产卵繁殖，赤眼蜂也随即转到水稻害虫和稻田的水蝇、沼蝇等卵上寄生，形成稻田赤眼蜂种群。夏收夏种期间，稻田赤眼蜂种群主要借助稻田的周边杂草和秧田的过渡寄主卵继续繁衍；晚稻移栽后，它们再次回迁到晚稻害虫和田边杂草上的水蝇、沼蝇等卵内寄生繁衍；秋季晚稻收割前后，它们继续寄生在第四代三化螟和田边杂草上的鳞翅目虫卵内直至越冬，如此循环反复、周而复始。

从表 5 可以看出，寄生闽北稻田鳞翅目虫卵的赤眼蜂主要是稻螟赤眼蜂和螟黄赤眼蜂。它们常见的自然寄主，不仅有危害水稻的害虫，如稻纵卷叶螟、二化螟、三化螟、大螟、稻苞虫、稻螟蛉、条纹螟蛉、稻眼蝶等，同时也有生活在稻田周边杂草和其他非水稻害虫 (如灯蛾、毒蛾、弄蝶、凤蝶和蛱蝶等)，而且还有生活在稻田及其周边水沟、池塘的双翅目沼蝇和水蝇类，共 20 多种，这些种类丰富的过渡寄主在稻田及其周围，不仅种群数量丰富，而且周年交替发生，为稻田赤眼蜂的周年发生提供了源源不断的过渡转换寄主，对维持稻田赤眼蜂种群的持续繁衍具有重要意义。

表 5　稻田主要赤眼蜂已知周年过渡转换常见寄主种类 (地点：福建沙县洋枋)

Table 5　Annual commom alternative hosts of Fujian paddy *Trichogramma* spp.

蜂种名称	越冬期	早春	早稻生长期	夏收夏种	晚稻生长期	秋后冬初
螟黄赤眼蜂	凤蝶、毒蛾、灯蛾、弄蝶、三化螟等卵	凤蝶、毒蛾、灯蛾等卵	稻苞虫、稻眼蝶、稻纵卷叶螟、稻螟蛉、三化螟、二化螟等卵	秧田及稻田周围常见鳞翅目寄主卵	稻苞虫、稻眼蝶、稻纵卷叶螟、稻螟蛉、三化螟、二化螟等卵	凤蝶、毒蛾、灯蛾、弄蝶、三化螟等卵
稻螟赤眼蜂	三化螟、弄蝶、灯蛾和水蝇、沼蝇等卵	弄蝶、灯蛾、大螟和水蝇、沼蝇等卵	稻苞虫、稻眼蝶、稻纵卷叶螟、稻螟蛉、三化螟、二化螟和水蝇、沼蝇等卵	秧田及稻田周围常见鳞翅目寄主和水蝇、沼蝇等卵	稻苞虫、稻眼蝶、稻纵卷叶螟、稻螟蛉、三化螟、二化螟和水蝇、沼蝇等卵	三化螟、弄蝶、灯蛾和水蝇、沼蝇等卵

除赤眼蜂属种类之外，其他赤眼蜂类群的生物学、生态学特性的研究也逐渐得到重视。例如余恩裕等 (1987) 根据榆紫叶甲赤眼蜂 *Asynacta ambrostomae* 具有分布广、适应性强、搜寻寄主能力高、繁殖速率快等特点，率先在吉林地区对该蜂的年生活史、交尾与产卵、成虫寿命、繁殖能力及人工繁殖等生物学进行了初步研究，同时还利用当地危害严重的榆紫叶甲卵，试行人工繁殖和林间释放试验。近期，王秀梅等 (2013)、陈鹏等 (2015) 还先后研究了该赤眼蜂的基础生物学、实验种群生命表、寄生功能反应及对梯度恒温的响应等，为榆紫叶甲赤眼蜂的进一步开发利用奠定了基础。限于目前尚未找到适合该赤眼蜂人工繁殖的替代寄主，一旦找到其替代寄主或解决人工大量繁殖技术，可望该蜂即能更好地在榆紫叶甲的生物防治上得到应用。

Henriquez & Spence (1993) 应用黾蝽科 Gerridae 的 6 种黾蝽卵，研究观察了拟纹赤眼蜂属 *Lathromeroidea gerriphaga* 的生物学特性及其生殖行为。虽然所提供的 6 种黾蝽卵都能被该赤眼蜂寄生，但该蜂对不同黾蝽卵寄生率、发育历期及羽化率等各有差异；该赤眼蜂可营孤雌产雄生殖，其子代成蜂偏雌性化；雄蜂约比雌蜂早 24 h 羽化，羽化后多在水面或植物上静候雌蜂羽化，然后立即求偶、交配，雌蜂交配后即开始寻找寄主卵，当天即可产卵寄生，未见雌蜂需在其产卵孔上吸食补充营养的行为。两性成蜂可用翅膀潜入水中游泳，但未见它们在游泳中寻找寄主卵；虽然两性成蜂均具完整的翅膀，但它们都不主动飞行，常在水面上爬行或偶尔短距离飞跳；成蜂寿命 3-8 d，雌蜂平均可寄生 39.0 ± 3.8 粒黾蝽卵，但寄生 *Limnoporus* 属黾蝽卵的子代约有 30%不能完成正常发育、羽化。此外，他们也曾尝试让该赤眼蜂寄生豆娘卵，结果未获成功。

Fursov (2004)也详细研究了森林拟纹赤眼蜂 *Lathromeroidea silvarum* 的生物学特性，获知该蜂可寄生日本稻田水生植物或水稻叶片上的 2 种水龟卵，每卵只能育出 1 只成蜂；水龟 *B. punctipennis* 的卵块较大，每个卵块可育出 10-12 只成蜂，而水龟 *B. lewisius* 的卵块较小，每个卵块只能育出 2-3 只成蜂；在室内 25°C 条件下，该蜂生活历期 10-11 d。同时他也在日本稻田发现龙虱科 Dytiscidae 的 *Rhantus pulverosus* 和 *Eretes sticticus* 的卵，可产在水龟 *Hydrochara affinis* 的卵茧内，但未观察到该蜂在龙虱卵上产卵寄生的现象。

鉴于近年叶蝉 *Homalodisca coagulata* 传到美国加州，不仅直接危害多种作物和观赏植物，而且还能传播多种病害，因此寻找天敌用于该叶蝉的生物防治备受重视。目前已发现寄生该叶蝉的卵寄生蜂有赤眼蜂科的 *Ufens* spp.、*Paracentrobia* spp.、*Oligosita* spp.、

Burksiella spirita 和缨小蜂科的 *Gonatocerus* spp.、*Anagrus* sp.、*Palaeoneura* sp. 等。Al-Wahaibi *et al.* (2005)，Al-Wahaibi & Morse (2010a, b) 先后详细研究了寄生该叶蝉卵的 2 种优势宽翅赤眼蜂 *Ufens principalis* 和 *U. ceratus* 的行为生物学特性，包括它们的雌雄成蜂对其主要寄主叶蝉 *H. coagulata* 和 *H. liturata* 新鲜卵块的长距离快速反应、羽化、交配时间及产卵寄生节律，*U. principalis* 在不同温度条件下的卵、幼虫和蛹发育历期、发育起点温度、有效积温及成蜂羽化时间和节律等。由于该赤眼蜂对寄主卵的新鲜程度要求十分严格，虽然目前仍未能实现该蜂的人工大量繁殖和生产应用目标，可是其生物学特性 (也包括其他卵寄生蜂) 的研究，已为进一步保护利用这些卵寄生蜂控制该叶蝉奠定了良好的基础。

有些赤眼蜂具有寄附、携播现象。虽然 Clausen (1976)、Fatouros & Huigens (2012) 等先后已对 *Brachista*、*Oligosita*、*Pseudoxenufens* 和 *Trichogramma* 等属的多种赤眼蜂种类，分别寄附在松毛虫、菜粉蝶、食虫虻科 Asilidae、直翅目 Orthoptera 和蛱蝶科 Nymphalidae 等成虫体上并随之携播进行了观察研究；但最全面而深入的赤眼蜂寄附、携播现象研究，当属 Shih *et al.* (2013) 对我国台湾携播嗜水赤眼蜂 *Hydrophylita* (*Lutzimicron*) *emporos* 寄附在褐顶色蟌 *Psolodesmus mandarinus mandarinus* (Zygoptera: Calopterygidae) 雌性成虫腹部、并随之携播、活动的情况报道。他们不但详细观察了该赤眼蜂寄附在褐顶色蟌雌虫腹部的活动情况，而且还拍摄了该赤眼蜂随褐顶色蟌雌虫携播、潜入水中产卵寄生该色蟌雌虫初产新鲜卵的全程录像，是迄今为止有关赤眼蜂寄附、携播和寄生水生昆虫最为细致、完整而精彩的研究报道，使人们不仅获知赤眼蜂寄附、携播和寄生的有趣现象，同时也认识到这一现象的重要生物学意义。

(三) 寄 主 范 围

赤眼蜂科的种类绝大多数都是卵寄生蜂，现也发现有少数能寄生双翅目瘿蚊科和鞘翅目龟甲科的幼虫和蛹。其寄主范围十分广泛，几乎没有严格的寄主专化性。同一种赤眼蜂可寄生多种昆虫卵，而在同一寄主卵中，也可同时被多种赤眼蜂寄生。据不完全统计，在目前已知的 89 属 962 种赤眼蜂中，已发现 53 属 (占总属数的 59.55%)、约 420 余种 (占总种数的 43.91%) 可寄生鳞翅目、半翅目、鞘翅目、双翅目、缨翅目、脉翅目、直翅目、广翅目、革翅目、膜翅目、蜻蜓目、啮虫目等 12 目，近 100 科 1450 多种昆虫卵及少数幼虫和蛹；还有 36 属 (占总属数的 40.45%)、约 539 种 (占 56.09%) 的寄主仍然一无所知。赤眼蜂科已知的寄主类群中，主要以鳞翅目最多，达 38 科、900 多种；而后依次为半翅目 (含同翅目) 约 23 科 130 多种，鞘翅目 18 科 110 多种，双翅目 10 余科 30 多种，膜翅目 5 科近 30 种，广翅目 3 科近 10 种，蜻蜓目 3 科 8 种，直翅目 3 科 7 种，缨翅目 2 科 5 种，脉翅目 2 科 4 种和啮虫目 1 科 1 种。

在已知寄主的赤眼蜂类群中，以赤眼蜂属种类的寄主了解得最多，研究得最深入，已知寄主的种类多达 178 种，占赤眼蜂属已知种数 (213 种) 的 83.57%，其寄主范围涉及鳞翅目 (34 科)、双翅目 (8 科)、鞘翅目 (8 科)、膜翅目 (4 科)、半翅目 (3 科)、脉翅目 (2 科)、广翅目 (2 科) 和啮虫目 (1 科) 等 8 目 62 科的数百种虫卵；其次是分索赤眼蜂属种类，已知寄主 20 种，占该属已知种数 (27 种) 的 74.07%，它们主要分布在热带和亚热带地区，其寄主涉及鳞翅目 (11 科)、双翅目 (2 科)、鞘翅目 (1 科) 和半翅目 (1 科) 等 4 目 15 科的近百种虫卵。

部分赤眼蜂属的常见重要种类，例如，微小赤眼蜂已知的寄主有鳞翅目 208 种、双翅目 9 种、膜翅目 8 种、鞘翅目 5 种、脉翅目 3 种和半翅目 2 种虫卵，达 235 种之多；短管赤眼蜂已知的寄主除 1 种为脉翅目草蛉卵外，仅鳞翅目即多达 10 多科 240 多种；广赤眼蜂已知寄主也有鳞翅目 158 种、双翅目 16 种、鞘翅目 7 种、膜翅目 7 种、半翅目 2 种和广翅目 2 种虫卵，共达 190 多种虫卵。得益于长期重视对这些赤眼蜂资源及其寄主对象的调查研究，才使赤眼蜂属和分索赤眼蜂属的常见种类，能在农林害虫生物防治中得到成功的开发利用，成为人工大量繁殖应用的重要卵寄生蜂。

此外，已知种类较多的赤眼蜂类群，如 *Oligosita*、*Paracentrobia*、*Pseudoligosita*、*Ufens* 等 4 属中，已知有 67 种可寄生于半翅目 (9 科数百种)、鞘翅目 (3 科数十种)、双翅目 (3 科数十种虫卵，及少数幼虫和蛹)、直翅目 (2 科近十种)、蜻蜓目 (2 科近十种)、膜翅目 (1 科数种) 等 6 目 20 余科数百种虫卵及少数双翅目瘿蚊的幼虫和蛹。还有印度报道 1 寡索赤眼蜂似能寄生于鳞翅目害虫卵，但对此仍需核实。有些赤眼蜂类群，如 *Aphelinoidea*、*Bloodiella*、*Brachista*、*Burksiella*、*Chaetostricha*、*Hispidophila*、*Lathromeris*、*Lathromeroidea*、*Prestwichia*、*Zagella* 等 10 属，尽管目前已知的寄主种类不多，但它们均能寄生超过 2 目 2 科 10 余种以上的虫卵；还有大量的赤眼蜂类群，如 *Asynacta*、*Australufens*、*Brachygrammatella*、*Brachyufens*、*Centrobiopsis*、*Ceratogramma*、*Chaetogramma*、*Doirania*、*Epoligosita*、*Eteroligosita*、*Haeckeliania*、*Hydrophilyta*、*Ittys*、*Ittysella*、*Japania*、*Lathromeromina*、*Lathromeromyia*、*Megaphragma*、*Mirufens*、*Monorthochaeta*、*Oligositoides*、*Ophioneurus*、*Paraittys*、*Paratrichogramma*、*Paruscanoidea*、*Poropoea*、*Pseudobrachysticha*、*Pterandrophysalis*、*Pterygogramma*、*Soikiella*、*Thoreauia*、*Trichogrammatomyia*、*Tumidiclava*、*Uscana*、*Uscanoidea*、*Uscanopsis*、*Xenufens* 等 37 属的赤眼蜂种类，目前所知的寄主仍然较少，仅限于个别目、少数科的虫卵。

综上所述，虽然已知寄主对象及生物学特性的常见赤眼蜂类群，已在农林害虫生物防治中得到成功的开发利用，并取得可喜的成绩，但也还有众多未知寄主范围和生物学特性的赤眼蜂类群，它们的开发利用仍然任重而道远，亟需加强调查研究，以使它们能早日在农林害虫的生物防治中发挥应有作用。

(四) 在害虫生物防治上的应用简况

赤眼蜂是现代农林害虫生物防治研究历史最长、应用范围最广、防治面积最大、治虫效果最好的一类重要天敌。其最早的应用研究始于苏联，Radetzky (1913) 引进一种赤眼蜂防治害虫；Flanders (1929) 首次发现麦蛾 *Sitotroga cereallella* 卵可做为人工繁殖赤眼蜂的中间寄主之后，随即建立了利用麦蛾卵大量繁殖赤眼蜂的技术体系，使赤眼蜂的人工繁殖利用技术开始得到许多国家的广泛采用。1931 年，苏联列宁格勒开办了首家赤眼蜂人工大量繁殖的工厂，1934 年开始大面积用于防治欧洲玉米螟 *Ostrinia nubilalis*、菜

粉蝶 *Pieris brassicae*、黄地老虎 *Agriotis segetum* 等害虫。20 世纪 20-30 年代，美国也开始应用赤眼蜂防治小蔗螟 *Diatraea saccharalis*、梨小食心虫 *Grapholitha molesta*、苹果蠹蛾 *Cydia pomomella* 等，70 年代起对赤眼蜂防治美洲棉铃虫 *Heliothis zea* 进行了大量工作。此后全世界许多国家都把人工繁殖、散放赤眼蜂，作为农林害虫生物防治的一种重要手段，人工大量繁殖和田间散放技术也不断得到发展。据 *Trichogramma* News 1988 年的不完全统计，全球主要国家应用赤眼蜂防治农林害虫的面积已达到 1675.6 万 hm^2 左右 (叶正楚, 1990)。目前，全世界每年大量繁殖和散放赤眼蜂防治农林害虫的面积，以我国为最大，其次是俄罗斯、加拿大和美国等。

虽然目前可供人工大量繁殖并散放用于害虫生物防治的赤眼蜂资源，还局限于研究基础较好的赤眼蜂属 *Trichogramma* 和分索赤眼蜂属 *Trichogrammatoidea* 等的 20 多种常见种类，可是它们的防治对象已经覆盖各类农林作物和仓储产品的近百种主要害虫。随着科学技术的进步和社会生活水平的提高，环境保护和绿色农业已引起全人类的普遍关注；在农林业生产上，害虫的综合防治工作，已发展为以保护利用天敌和维护生态平衡为中心的科学治理时代，因此应用赤眼蜂 (包括人工大量繁殖、散放和结合各种农事措施保护利用) 防治害虫，在农林害虫的科学治理中越来越显现出它的重要意义。

我国有关赤眼蜂生物学、生态学特性的研究和利用，也有相当历史。最早有浙江昆虫局的祝汝佐和胡永锡 (1936) 对松毛虫赤眼蜂生活史的研究；黎国涛 (1936, 1937) 在广州开始人工繁殖赤眼蜂及小规模田间散放防治甘蔗螟虫的试验；其后，张若芷 (1947) 在四川成都对水稻三化螟卵寄生蜂 (包括赤眼蜂) 的田间保护利用研究等，标志我国赤眼蜂研究的开始。但限于当时国内的战乱局势，这些工作举步维艰，直到中华人民共和国成立之后，赤眼蜂的研究和利用才逐步得到发展 (包建中等, 1989)。

20世纪50年代初期，针对华南地区水稻、甘蔗螟虫严重危害的问题，蒲蛰龙等 (1956) 对广州的寄生甘蔗螟虫和水稻三化螟卵的赤眼蜂进行了大量研究，先后从 17 种鳞翅目昆虫中筛选出蓖麻蚕 *Philosamia cynthia ricini* 卵，作为人工繁殖赤眼蜂的中间寄主，这一发现开创了应用“大卵”繁殖赤眼蜂的先河，促进了我国人工繁殖赤眼蜂防治甘蔗、水稻螟虫的应用推广。50 年代后期，广东各地先后建立了 10 多个赤眼蜂繁蜂站，不仅广泛开展了群众性的繁蜂活动，而且还为湘、桂、闽、川等省（区）培养了大量繁育赤眼蜂的技术人员，为我国南方各省应用赤眼蜂进行害虫生物防治奠定了良好的基础 (古德祥等, 2000)。赤眼蜂防治甘蔗和水稻螟虫的生物防治技术，在华南地区一直持续使用至今，每年的应用面积均在 1400 hm^2 左右 (杨怀文, 2015)。

70 年代以来，我国赤眼蜂的应用研究快速发展。南方以防治甘蔗螟虫、稻纵卷叶螟、二化螟等为主，北方也在玉米螟、稻纵卷叶螟、果树卷叶蛾等害虫的防治上大面积应用赤眼蜂，普遍取得显著成效。在此期间，我国北方的赤眼蜂工作者结合当地资源，又发现了另一人工繁蜂的优良寄主——柞蚕 *Antheraea pernyi* 卵，它和蓖麻蚕卵相比，具有繁蜂效率更高、资源更丰富、价格更低廉等优势，因而在赤眼蜂的人工大量繁殖中迅速得到应用推广。加上许多地区采用米蛾 *Corcyra cephalonica* 卵作为人工繁蜂的中间寄主，使我国的赤眼蜂人工繁殖形成了“大小卵并举、南北开花”的新局面。70 年代中后期，我国的赤眼蜂应用工作达到一个新热潮，全国 26 个省 (市、区) 先后成立了生物防治研究结构，建立了大量的赤眼蜂繁蜂站。80 年代初期，广东昆虫研究所、武汉大学、广东省农业科学院等单位还先后开展了赤眼蜂人工卵研究，突破了人工卵的卵浆、卵壳、人工卵的污染控制、人工卵卵卡机等技术难题，成功地在人工卵中培育出赤眼蜂。同时率先研制出国际上首台微电脑控制的 GD-5 型自动控制人工卵卡机，并迅速用于大量繁蜂试验，使我国成为全世界最早实现人工寄主培育赤眼蜂的国家。全国从南到北，对粮、棉、油、糖、果、菜、茶、烟、花卉、牧草、中药材及林木和仓储产品的主要害虫，全面开展应用赤眼蜂进行生物防治，其中特别是对甘蔗条螟 *Chilo sachariphagus*、二化螟 *Chilo suppressalis*、高粱条螟 *Chilo venosatus*、苹果卷叶蛾 *Choristoneura longicellana*、稻纵卷叶螟 *Canphalocrocis medinalis*、豆天蛾 *Clanis bilineata*、松毛虫 *Dendrolimus punctatus*、松梢螟 *Dioryctria rubella*、梨小食心虫 *Grapholitha molesta*、棉铃虫 *Helicoverpa armigera*、黄二星舟蛾 *Lampronadata cristata*、茶小卷叶蛾 *Laspeyresia leucostoma*、大豆食心虫 *Leguminivora glycinivorella*、亚洲玉米螟 *Ostrinia furnacalis*、柑橘卷叶蛾 *Homona coffearia*、粟穗螟 *Mampava bipunctella*、梨大食心虫 *Nephopteryx pirivorella*、高粱条螟 *Proceras venosatus*、枣尺蠖 *Sucra jujuba*、芋天蛾 *Theretra silhetensis*、刺蛾 *Thosea sinensis* 及多种茶果卷蛾、尺蛾、刺蛾类农林害虫的防治效果明显，普遍取得显著的生态效益、经济效益和社会效益 (王振营等, 2005；向玉勇和张帆, 2011)。

近 30 年来，尽管赤眼蜂的应用受到化学农药的干扰，可是我国广大赤眼蜂科技工作者，仍然持续不断地坚守在赤眼蜂的研究与应用生产阵地上，南方主要用于防治甘蔗和水稻螟虫，北方主要用于防治玉米螟和棉铃虫等。张荆等 (1990) 报道了历时 10 多年对我国东北、华北、华东、华中和西南等 13 个省、市寄生亚洲玉米螟卵的赤眼蜂种类及其优势种的调查研究结果，显示不同地域寄生玉米螟的赤眼蜂优势种类不尽相同，由此提醒人们在大量繁蜂、放蜂时，要注重因地制宜、合理选择优势蜂种。随着生态保护和无公害食品成为人类关注的首要问题，与环境友好的害虫生物防治技术也在农林害虫的科学治理中备受重视。赤眼蜂的应用工作重新复苏，全国又相继建立了赤眼蜂的繁蜂站，同时还出现了生产、销售赤眼蜂的天敌公司，广东糖业公司出资建立了多个繁蜂站，应用赤眼蜂防治甘蔗螟虫等，我国的赤眼蜂推广应用又呈现出蓬勃发展的势头 (杨怀文, 2015)。吉林省政府设立了应用赤眼蜂防治玉米螟的专项补助，促进了该省玉米螟生物防治的快速发展，2004 年以来，累计推广赤眼蜂防治玉米螟近 1300 万 hm^2，近年吉林省每年释放赤眼蜂防治玉米螟的面积均稳定在 230 万 hm^2 左右，约占全省玉米种植面积的 55% (张俊杰等, 2015)。

以柞蚕卵为中间寄主的赤眼蜂工厂化繁蜂技术也得到不断提高。吉林农业大学生物防治研究所的科研人员经过多年实践，不断对配套设备进行了研发、改造，先后研制出柞蚕卵干燥系统、绿卵破碎机、寄生卵包装机等配套生产设备，发明了新型的盒式放蜂器，其中特别是发明了载菌赤眼蜂、滞育赤眼蜂的系列新产品生产技术和利用光波调控繁蜂技术等，形成了一套新的、高效赤眼蜂生产工艺流程，不仅提高了繁蜂机械化的生产水平，节省了大量人力物力，同时还有效提高赤眼蜂产品的质量和防治效果，促进了赤眼蜂在农林害虫防治上得到更大面积的推广应用 (张俊杰等, 2015)。

此外，沈阳农业大学的科研人员通过长期的试验筛选，成功获得松毛虫赤眼蜂感染沃尔巴克氏体的孤雌产雌生殖品系。经大田防治玉米螟的验证表明，该孤雌产雌松毛虫赤眼蜂品系与生产用正常两性松毛虫赤眼蜂品系的同期防治效果没有明显差异，而且孤雌产雌品系在种群增长速率、降低规模繁育成本、低密度种群进入新生境建立种群等方面都优于正常松毛虫赤眼蜂品系，显示出其在人工大量繁殖及推广方面具有很好的生防应用前景 (杨克冬等, 2008；丛斌等, 2014)。

在以米蛾卵为中间寄主的赤眼蜂工厂化繁蜂技术方面，吉林农业大学生物防治研究所通过不断优化、筛选出高效繁育米蛾的人工饲料配方、分次投食饲喂、新型饲养盘及高效成蛾收集技术的应用等，极大地改善、提高了米蛾的繁殖效率。所组建的米蛾卵工厂化繁育赤眼蜂生产线，可望实现年繁育小卵蜂供 6500hm^2 以上面积作物害虫防治的目标 (张俊杰等, 2015)。

在赤眼蜂的田间释放技术方面，吉林农业大学生物防治研究所还根据靶标害虫的作物及环境特点分别开发、设计了 2 种放蜂装置，一是针对防治玉米螟的盒式长效放蜂器，二是防治二化螟需要混合释放大、小卵繁育的松毛虫赤眼蜂和稻螟赤眼蜂的球形放蜂器，不仅成功解决了防治玉米螟和水稻二化螟的不同需求，同时也极大节省了人力物力，降低了防治成本 (张俊杰等, 2015)。

另外，利用无人机 (或飞行器) 自动释放赤眼蜂方面，先后已有李敦松等 (2013) 应用无人机、徐东甫等 (2016) 利用基于 Hex-Rotor 飞行器的赤眼蜂释放系统，探索了自动释放赤眼蜂的可行性。实验结果证明，它们可以实现赤眼蜂自主释放功能，开创了无人机释放赤眼蜂的先河。与传统的赤眼蜂人工释放方法相比，它们具有高效快速、均匀、准确等优点，不仅在大面积释放赤眼蜂防治农林害虫上具有显著经济效益、生态效益，而且在其他农业生产和应用其他天敌防治害虫等方面也有广阔的应用前景。

总之，近年来我国赤眼蜂科技工作者在利用柞蚕、米蛾卵为中间寄主，实现工厂化大量繁育赤眼蜂的长足进步，赤眼蜂机械化生产工艺流程的不断完善，配套设备的开发与研究以及田间释放新技术的探索与应用，极大地推动了我国害虫生物防治技术的快速发展，为我国成为世界上应用赤眼蜂防治农林害虫面积最大的国家作出重要贡献。

六、赤眼蜂标本的采集、保存与制作方法简介

鉴于赤眼蜂科种类个体微小，仅就其标本采集、保存与玻片制作等技术的特殊之处，简介如下。

(一) 标本的采集

赤眼蜂与其他微小寄生蜂标本的采集方法相似，可以通过扫网采集、黄盘诱集和采卵饲养及马氏诱集器诱集等方法采集，它们各有利弊，分别介绍如下。

1. 扫网采集 (Sweeping) 适宜在天气晴朗、野外露水干后进行。用捕虫网在作物或杂草上半部来回拂动，把昆虫扫入网内。扫集一定时间后，先剔除扫入网内的残枝落叶等，然后将所有标本及残余杂物倒入收集标本的容器内，并滴入少量 70%酒精杀死昆虫

标本。带回实验室后，将所采的标本连同杂物先倒入盛有清水的盆里，剔除残枝败叶等杂物后，进一步用不同网眼的铁丝网捞除各种杂物，最后再用小尼龙网滤出标本和少量细残渣，倒入70%酒精内临时保存，以便进一步在室内双目解剖镜下挑拣出所需的标本。扫网采集法简便易行，适于野外大范围调查采集，所获的标本也较多；但此法采集时扫入网内的杂物较多，不但容易损坏标本，而且镜下挑拣标本也极其花工费时，最大的不足是此法采集的赤眼蜂等标本无法确定其寄主，也直接影响到赤眼蜂的开发应用。

2. 黄盘诱集 (Yellow pan trap)　是 Masner & Goulet (1981) 倡导用于采集小型昆虫的一种方法。经多年实践，普遍认为是一种采集小型昆虫和寄生蜂的良好方法之一。它制作简单、管理方便，适于各种不同的生态环境，长期诱集还可以了解特定类群的种群动态；对缨小蜂、柄腹柄翅缨小蜂、赤眼蜂、跳小蜂、黑卵蜂等小型寄生蜂的诱集效果甚佳；长期用于野外诱集，对有些活动季节短、数量稀少的类群效果更好。缺点也是无法了解寄生蜂与其寄主的关系，对于活动范围离地面较高的类群效果不够理想，同时室内镜下挑拣标本也很花工费时。

黄盘可以直接利用黄色塑料方盘或盒子，一般规格为 30 cm×30 cm× (8-10) cm；或者也可用黄色塑料布制成。当把方盘 (或盒子) 放在地上时，其上方 (80-100 cm) 要设 1 塑料薄膜顶盖，防止雨水、杂物掉入盘内。黄盘可安装在野外各种不同生态环境中，最好装在挡风口树荫底下；黄盘底部可以埋入表层土里，但上沿要稍高出地面；也可以直接放在低矮、平整的草地表面。盘内装入 1/2-2/3 容积的清水，水中加少量食盐和甲醛，既可避免标本浸水后过于膨胀，又可防霉。如要用于提取 DNA 的标本，黄盘诱集时不宜使用甲醛溶液等。黄盘内的盐水要保持清洁，一般情况下，可以每 3-5d 更换一次；如遇大雨天气，应及时检查清理；高温干旱季节，应及时补充清水以防止盘内水分蒸发殆尽。

落入盘内的标本一般每 1-3d 收集一次。收集时，先剔除落入盘内的杂物，然后用细尼龙纱制成的小网袋在水中反复拂动，捞取所有落入盘内的昆虫标本带回室内，再用少量清水将杂物剔除，随后将标本洗净，置于 75%酒精中暂时保存、待挑拣。标本挑拣必须在双目解剖镜下进行，挑拣出的各类寄生蜂标本，应分别统计、记载，并再次保存在 75%酒精中待制片和研究鉴定。

3. 采卵饲养 (Rearing)　即广泛采集各种寄主卵带回室内养获赤眼蜂。把野外所采的寄主卵分别装在小指形管中，最好每管单粒或单块卵存放，以免混杂不清。然后加入注有采集时间、地点、寄主名称及采集者的标签，再用棉花塞好管口，放在室内观察所采卵壳颜色变化和寄生蜂羽化情况，并按不同寄主分别统计寄生蜂种类、数量和寄生率。此法的最大优点是能使寄生蜂与其寄主互相联系，也有助于初步观察寄生蜂的生物学习性等。但在实际调查中则较困难，一是田间寻找寄主卵十分花工费力；二是目前对许多昆虫卵的鉴别还有困难。因此，利用采卵饲养法调查寄生蜂资源，在广度和深度上都可能受到限制。

4. 马氏诱集器 (Malaise trap)　由 Malaise (1937) 发明的一种昆虫采集装置。除广泛用于昆虫标本的采集外，也可用于农林害虫及其天敌的数量监测。

马氏诱集器可用细网眼的涤纶纱布制成，状如帐篷，长约 180 cm、宽 120 cm、高 170 cm。顶上最高角装毒瓶或酒精溶液，以杀死诱得的虫子。诱集器在野外安装后，可视诱得虫子的数量，每天或数天收集一次。长期诱集，可以诱得大量标本。

(二) 标本的保存

赤眼蜂的个体微小，所有研究用标本都要制成玻片后才能在显微镜下观察并永久保存。但许多标本往往无法及时制成玻片，因此采后尚未制片的标本需要干燥或酒精浸泡暂时保存。

干燥保存有临界点干燥和自然干燥两种方法，但以临界点干燥较好，干燥后的标本可放在小塑料胶囊中保存，或粘在小三角纸尖上制作成针插标本。

酒精浸泡保存的标本应先将标本放在小指形管内，然后在管内加入75%酒精，密封后再将多个小指形管集中浸泡在较大广口瓶的75%酒精中，最后置于低温、避光的冰箱内保存。

两种保存方法各有优缺点：干燥保存的标本极其脆弱、易损坏，处理时要非常细心。而酒精保存的标本，体色常会随时间的延长而逐渐变淡，甚至完全褪色。当同种标本较多时，可分别采用干燥或酒精浸泡各保存一些，也可以分出部分制成玻片标本永久保存。由于制作玻片标本过程中，常因碱液浸泡、解剖等处理，必然会对完整个体的详细结构带来损坏，因此在制作玻片标本之前，最好还能保留一些标本用于电镜扫描，以便研究时准确把握、描述它们的体色和形态变化情况。

(三) 玻片标本的制作

玻片标本的制作方法有多种，常用者多为中性树胶制片法，简要介绍如下。

首先需要清洗标本，液浸标本可以用75%酒精清洗5-10 min。针插粘在三角纸尖上的干标本，要先用稀碱 (5%氢氧化钾溶液) 或酒精把标本从纸尖上溶下，再用75%酒精把标本清洗干净，然后将标本放入5%KOH碱液中浸泡1-4 h (依气温、标本大小、体色及骨化程度等灵活掌握时间)，待虫体内的组织溶解透明后，再用50%酒精清洗碱液2-3次，洗净的标本可直接移至木榴油中脱水0.5-1 h (或采用40%、50%、60%、70%、80%、90%、95%和100%酒精逐级脱水，各2-5 min，视身体大小而定)，待标本完全脱水透明后再移至丁香油中暂时保存，以备制片。制片时，先把标本从丁香油中移出，连同少许丁香油置于载玻片上，即可在解剖镜下解剖所需的器官和结构。解剖后的器官、结构及残余的虫体，经初步整姿、定位后，可用小滤纸条吸走多余的丁香油，再滴上少量中性树胶即可封片。

为了便于观察虫体的各个部分特征，要尽可能细心地将具有研究意义的重要结构，如任一侧的触角、前后翅和前中后足等分别解剖下来；对于雄性标本，还要将其外生殖器完整地解剖出来，剔除多余的表皮后，连同其触角、翅和足按自然姿势排好后，单独用1小盖玻片将它们封盖在一起。剩余的虫体残余及其另一侧的触角、翅和足，经整姿后再封盖在另1小盖玻片下。

实践中发现，采用5%KOH碱液浸泡的赤眼蜂标本，容易使体色变浅，甚至完全褪色，所以在标本浸碱之前，最好能事先记述好虫体各部分的颜色；同时，对骨化程度较弱的虫体和体色较浅的标本，碱液的浓度要适当偏稀、浸碱时间适当缩短；另外在解剖标本时，可在玻片上滴少许树胶与丁香油混合，适当增加标本周围丁香油溶液的黏稠度，加大虫体在丁香油溶液中漂移的阻力，利于解剖。

(四) 电镜扫描标本的准备

对于赤眼蜂等个体微小类群的特征观察，除了上述普通光学显微镜的观察外，电镜扫描超微结构无疑是一种最好的研究方法。但是，要得到理想的电镜扫描照片，研究标本的每一处理环节都需要十分细心。从标本的清洗、脱水、临界点干燥、解剖，直至铜台粘贴、镀金、上镜扫描观察和拍片的整个过程，不仅需要洁净的环境、高度的耐心，还需要娴熟的技巧和辨别超微结构的技能，才能获得满意的扫描照片。详细步骤参见 Bolte (1996) 的介绍。

(五) 分子生物技术在赤眼蜂区系分类和系统发育研究中的应用

20 世纪 90 年代分子生物技术的兴起，许多分子生物技术的工作者纷纷把 RFLP、RAPD-PCR、DNA 探针技术和微卫星标记等用于研究赤眼蜂的基因位点多态性，鉴别赤眼蜂的近似种及其系统发育分析，成为赤眼蜂区系分类和系统发育研究的热点。但是，由于这些研究过程中参与的形态分类专家不足、甚至缺失，加上传统的 DNA 提取方法，无法保留必要的标本证据，无法确保实验结果的准确性和科学性。随着无损伤微量 DNA 提取技术的完善和发展，有望解决困扰赤眼蜂等微小生物研究中的这一难题，可使所提取的基因序列与其残留标本相互对应，有利于促进分子生物技术与形态分类的有机融合，两者互为验证、互相补充，可望更快、更好地实现共同发展的双赢目标。

(六) 标本的测量

下文所列的结构特征为赤眼蜂个体的测量范围，部分特殊结构的测量在具体种的描述中指出。所有测量数据均在 Zeiss 显微镜 (型号 LR 66238C) 下观察中性树胶玻片标本获得。除体长的单位为绝对长度，以毫米 (mm) 表示外，其余所有测量单位均为测微尺在放大 200 倍下所测得的相对长度，同时附有各结构特征图的相对长度比例尺。

体长 (Body Length, BL)：从头部额区到腹末之间的长度距离 (不含产卵管突出腹末之外部分)，以 mm 表示；

头高 (Head Highth, HH)：头部正面观从头顶到上颚基部之间的正面观高度距离；

头宽 (Head Width, HW)：头部正面观两复眼外缘之间的长度距离；

复眼长度 (Eye Length, EL)：头部正面观复眼上、下缘之间的高度距离；

触角各节长度 (Antennal Segment Length, ASL)：触角侧面观各节前、后两段边缘之间的长度距离；

胸部长度 (Mesosoma Length, ML)：胸部背面观从前胸前缘到并胸腹节后端边缘之间的长度距离；

前翅长 (Forewing Length, FWL)：从前翅亚缘脉基部到前翅最外缘顶端之间的长度距离；

前翅宽 (Forewing Width, FWW)：前翅面最宽处前、后缘之间的宽度距离；

翅脉长度 (Venation Length, VL)：从亚缘脉基部到痣脉端部之间的长度距离；

缘毛长度 (Marginal Fringe Length, MFL)：前翅臀区最长缘毛的长度；

各足节长度 (Leg Segment Length, LSL)：从各足节基部到端部之间的长度距离；

腹部长度 (Metasoma Length, ML)：背面观从腹部 (柄后腹) 基缘到腹末端部之间的长度距离 (不包括产卵管突出腹末之外部分的长度)；

产卵管长度 (Ovipositor Length, OL)：从产卵管基部到其末端 (包括突出腹末之外部分) 之间的长度距离；

阳基长度 (Gonobase Length, GL)：腹面观从阳基基缘到其端部 (=阳基侧瓣端部) 之间的长度距离；

阳茎长度 (Aedeagus Length, AL)：从阳茎内突顶端到阳茎体端部之间的长度距离 (即阳茎内突 ap+阳茎 ae 两者的长度总和)。

各　论

本志系统研究了采自黑龙江、吉林、辽宁、内蒙古、北京、河北、山西、山东、河南、陕西、宁夏、青海、新疆、江苏、安徽、浙江、湖北、江西、湖南、福建、台湾（承林珪瑞、周樑鎰两先生惠赠）、广东、海南、广西、四川、贵州、云南和西藏等 29 个省（市、自治区）的标本约 4.5 万余号，重点研究其中已制成玻片的标本约 2.5 万多号，并以林乃铨（1994）的《中国赤眼蜂分类》及有关研究生和国内其他学者正式发表的论文为基础，共研究鉴定了我国赤眼蜂科 43 属 168 种。另有其他学者发表、我们暂未掌握标本的 4 属 22 种，为全面反映我国已知的赤眼蜂研究现状也一并收入本志。因此，本志共记述我国已知的赤眼蜂科 47 属 190 种，所知的属数达到全球已知属数的 52.81%、已知种数为全球已知种数的 19.75%，使我国成为当今全球已知赤眼蜂资源最丰富的国家。

根据近年国际上 Fursov (2004)、Pinto (2006)、Owen *et al*. (2007)、Hayat (2008b)、Owen (2011) 及 Triapitsyn (2018)等在赤眼蜂区系分类研究上的最新研究成果，本志对我国此前发表的部分种类作了相应的调整，包括 1 新亚属、4 新记录属、3 新记录种、9 新组合和 2 新异名。

本志记述的赤眼蜂形态特征根据 Gibson (1997)、Pinto (2006) 等的术语；触角结构及其感器名称根据 Pinto & Owen (2004) 和 Owen (2011) 等的术语；前翅的纤毛列名称按照王野岸等 (1985) 的命名规则；雄外生殖器的结构名称根据庞雄飞和陈泰鲁 (1974)、Pinto (2006) 命名的术语。本志所记述种类的模式标本产地及其保存单位，均在各种记述之后分别指明。

本志所记述我国已知的赤眼蜂科 47 属，均以其学名首字母为序排列，以便读者查考。各属名称及其已知种数如下，附有“*”者为中国分布新记录。

1. 光脉赤眼蜂属 *Aphelinoidea* Girault, 5 spp.
2. 异赤眼蜂属 *Asynacta* Föerster, 2 spp.
3. 刺脉赤眼蜂属 *Brachygrammatella* Girault, 2 spp.
4. 类广赤眼蜂属 **Burksiella* De Santis, 5 spp.
5. 毛纹赤眼蜂属 *Chaetogramma* Doutt, 2 spp.
6. 毛翅赤眼蜂属 *Chaetostricha* Walker, 4 spp.
7. 多毛赤眼蜂属 *Chaetostrichella* Girault, 1 sp.
8. 类宽赤眼蜂属 *Densufens* Lin, 1 sp.
9. 单棒赤眼蜂属 *Doirania* Waterston, 1 sp.
10. 爱波赤眼蜂属 *Epoligosita* Girault, 10 spp.

11. 异茎赤眼蜂属 *Eteroligosita* Viggiani, 2 spp.
12. 优赤眼蜂属 *Eutrichogramma* Lin K-S, 1 sp.
13. 刺角赤眼蜂属 *Haeckeliania* Girault, 3 spp.
14. 环索赤眼蜂属 *Hayatia* Viggiani, 3 spp.
15. 尖角赤眼蜂属 *Hispidophila* Viggiani, 3 spp.
16. 嗜水赤眼蜂属 *Hydrophylita* Ghesquière, 1 sp.
17. 似邻赤眼蜂属 *Ittys* Girault, 2 spp.
18. 长痣赤眼蜂属 *Japania* Girault, 2 spp.
19. 纹翅赤眼蜂属 *Lathromeris* Föerster, 4 spp.
20. 拟纹赤眼蜂属 *Lathromeroidea* Girault, 2 spp.
21. 光胸赤眼蜂属 * *Lathromeromina* (Livingstone & Yacoob), 1 sp.
22. 多刺赤眼蜂属 *Lathromeromyia* Girault, 1 sp.
23. 缨翅赤眼蜂属 *Megaphragma* Timberlake, 6 spp.
24. 断脉赤眼蜂属 *Mirufens* Girault, 5 spp.
25. 毛角赤眼蜂属 *Neocentrobiella* Girault, 2 spp.
26. 寡索赤眼蜂属 *Oligosita* Walker, 21 spp.
27. 曲脉赤眼蜂属 *Ophioneurus* Ratzeburg, 4 spp.
28. 邻赤眼蜂属 *Paracentrobia* Howard, 5 spp.
29. 副赤眼蜂属 *Paratrichogramma* Girault, 2 spp.
30. 圆翅赤眼蜂属 *Poropoea* Föerster, 7 spp.
31. 窄翅赤眼蜂属 *Prestwichia* Lubbock, 1 sp.
32. 三棒赤眼蜂属 *Probrachista* Viggiani, 2 spp.
33. 前毛赤眼蜂属 *Prochaetostricha* Lin K-S, 1 sp.
34. 四棒赤眼蜂属 *Prosoligosita* Hayat & Husain, 1 sp.
35. 伪寡赤眼蜂属 **Pseudoligosita* Girault, 12 spp.
36. 类断赤眼蜂属 *Pseudomirufens* Lou & Yuan, 1 sp.
37. 似尤赤眼蜂属 **Pseuduscana* Pinto, 2 spp.
38. 长脉赤眼蜂属 *Pterygogramma* Perkins, 3 spp.
39. 斯赤眼蜂属 *Soikiella* Nowicki, 2 spp.
40. 赤眼蜂属 *Trichogramma* Westwood, 30 spp.
41. 分索赤眼蜂属 *Trichogrammatoidea* Girault, 5 spp.
42. 肿棒赤眼蜂属 *Tumidiclava* Girault, 6 spp.
43. 肿腿赤眼蜂属 *Tumidifemur* Girault, 1 sp.
44. 宽翅赤眼蜂属 *Ufens* Girault, 7 spp.
45. 尤氏赤眼蜂属 *Uscana* Girault, 3 spp.
46. 异角赤眼蜂属 *Uscanoidea* Girault, 2 spp.
47. 刀管赤眼蜂属 *Xiphogramma* Nowicki, 1 sp.

中国赤眼蜂科分属检索表

1. 触角雌雄同型，形态结构与节数基本相同……2
   触角雌雄异型，形态结构或节数均明显不同……36
2. 触角除柄节、梗节外，鞭节 3-4 节，结构形式为 1、0-1、1-2 式……3
   触角除柄节、梗节外，鞭节 5 节或 6 节以上，结构形式不如上述……7
3. 触角鞭节 3 节，即环状节、索节和棒节各 1 节；腹基部各节背板的后半段具明显纵脊纹……4
   触角鞭节 3-4 节，即环状节 1 节、索节 0-1 节、棒节 1-2 节 (稀有 3 节)；各腹节腹背板基本光滑无明显纵脊纹……5
4. 体略扁平；触角索节短而横形，端部与棒节连接不紧密，棒节短而粗壮；前翅中等宽圆，翅脉长而直，末端伸达翅长的一半，翅面纤毛中等密度；雌产卵管较短，端部不明显突出腹末；雄外生殖器退化为简单管状，阳基前背开口的基缘开放，呈 1 对短的基侧突……**单棒赤眼蜂属 *Doirania***
   体圆筒形；触角索节长筒形，长大于宽，棒节长纺锤形，相对较长而不粗短；前翅端部宽圆，翅脉较短而直，末端不伸达翅长之半；翅面纤毛稠密；雌产卵管较发达，末端明显突出腹末之外；雄性未知……**多毛赤眼蜂属 *Chaetostrichella***
5. 个体较大而粗壮；触角基棒节基部宽大，端棒节细长，具明显棒状端突；两棒节均具若干锥栓感器、鞭毛感器和板状感器；前翅端部宽圆，痣脉与缘脉之间近于垂直；翅面纤毛较少，多不清晰成列，中肘横毛列缺如，缘毛长度近于翅宽之半；雌产卵管较长，与腹长相近，等于后足胫节长的 1.6 倍，末端明显突出腹末之外；雄性未知……**优赤眼蜂属 *Eutrichogramma***
   个体较小或微小；触角、前翅等特征不如上述……6
6. 个体较小，体长多为 0.3-0.5 mm，少数可达 0.7 mm；触角除环状节 1 节外，索节 0-1 节，棒节 1-2 节 (稀有 3 节者)；前翅形状特殊，端部圆或尖圆，翅脉长而直，超过翅长一半，缘前脉与缘脉交界处加宽；翅面光滑无毛，后缘中部明显向后突出；缘毛长，最长者为前翅宽的 1.2-2.6 倍；跗节长，前中足跗节均长于其胫节……**爱波赤眼蜂属 *Epoligosita***
   个体微小，体长仅 0.2-0.3 mm；触角除环状节 1 节外，如索节消失则棒节 2-3 节，如索节 1 节、则棒节 2 节；前翅明显狭窄，呈窄带状，长为宽的 6.0-7.0 倍，翅脉直，翅面光滑无毛或仅少数纤毛，后缘中部呈圆弧形后突；缘毛长，最长者为前翅宽的 3.0-7.0 倍；各足跗节均短于或等于其胫节……**缨翅赤眼蜂属 *Megaphragma***
7. 触角鞭节 5 节，结构形式为 1、1、3 式……8
   触角鞭节 6 节以上，结构形式为 1-2、1-2、1-2 式；或 1-2、0-2、2-5 式……13
8. 触角索节与棒节宽阔连接，使棒节呈显似 4 节状；前翅狭窄而端部圆，翅面纤毛中等密度，随机排列；后缘毛较长，最长者达翅宽的 2.5-4.0 倍；体细长而多毛，胸部背板具网状刻纹；中后足胫节多毛，爪发达；雄性常无翅……**窄翅赤眼蜂属 *Prestwichia***
   触角、前翅及体型特征不如上述……9
9. 雌性触角棒节端部具棒状端突或刺状亚端突；前翅端部中等宽圆，长不超过宽的 4.0 倍，翅面纤毛稀少至中等密度；并胸腹节盘区两侧无小三角形叶状构造，腹基部各节背板的骨化程度一致，前后两半段无明显差异；雄外生殖器的阳基和阳茎愈合为简单管状，不明显向腹面弯曲，基部具 2 个短内突……**寡索赤眼蜂属 *Oligosita***

雌性触角棒节端部无棒状端突；腹基部数节背板的前半段骨化一致，后半段具明显纵脊纹……10

10. 前翅面纤毛密度中等，常不规则分布在端半段，后翅面具规则纤毛 2 列；雌产卵管短小至中等长度，稀有超出腹末者，下生殖板宽度正常，不呈刚毛状；雄外生殖器愈合为简单管状，明显向腹面强度弯曲；基部具短的阳茎内突，腹面常具 1 长剑形腹板突，端腹节腹板不伸出该节背板末端之外……**伪寡赤眼蜂属 *Pseudoligosita***

前翅明显宽圆或中等宽圆，翅面纤毛高度稠密或中等密度……11

11. 前翅端部明显宽圆，翅面纤毛高度稠密，缘毛较短，后翅面规则纤毛 3 列；体粗壮而多毛；雌性触角基棒节与第二棒节的连接常较松散，使其呈显似第二索节状……**三棒赤眼蜂属 *Probrachista***

前翅端部不特别宽圆，后翅面具规则纤毛 2-3 列；雄性棒节上的板状感器或鞭毛感器明显发达，外生殖器结构特殊……12

12. 前翅端部中等宽圆，后翅面具规则纤毛 3 列；雄性触角索节短小，似环节状，棒节上的板状感器明显较多而发达；外生殖器的阳茎内突基部愈合，端部具弯曲带状，未伸出时缠绕在阳茎末端，呈双节状；雌下生殖板端部急剧狭窄，呈刚毛状……**环索赤眼蜂属 *Hayatia***

前翅端部宽圆，后翅面具规则纤毛 2 列；雄性触角索节大小正常，但棒节上的鞭毛感器明显较多而长；外生殖器的阳茎内突短而不对称，端部具 1 带状结构缠绕于末端，呈双节状；雌雄下生殖板均较发达，覆盖于生殖器之外……**异茎赤眼蜂属 *Eteroligosita***

13. 触角鞭节的结构形式为 1-2、1-2、1-2 式……14

触角鞭节的结构形式为 1-2、0-2、2-5 式……16

14. 触角环状节 1-2 节、索节 1-2 节 (或不完全分节)、棒节 1 节；前翅缘脉和缘前脉交界处骨化较弱而色淡；痣脉短、基部无缢缩，翅面基部纤毛稀少，端部稠密，除少数毛列基部稍规则外，多数纤毛散乱分布；雌性腹部圆筒形，产卵管较短，端部不突出于腹末之外；雄外生殖器仅阳基具腹面纤毛和退化的叶状钩爪痕迹，阳茎内突有或无……**毛纹赤眼蜂属 *Chaetogramma***

触角环状节 2 节、索节 2 节、棒节 1-2 节 (或不完全分节)；前翅宽圆，翅面纤毛稠密，除主要毛列清晰外，其余散乱分布……15

15. 触角两索节均圆筒形、长宽接近，棒节 1 节，长纺锤形；前翅缘脉无簇生刺毛，痣脉较短、基部无缢缩；前缘室正常大小，在缘脉基部处不平截；翅脉下方翅面纤毛稀少，端部稠密；雌性腹部侧扁，产卵管长而发达，似马刀状，前方抵达胸部，后端显著伸出腹末以外；雄外生殖器的阳基与阳茎愈合为长管状，近端部具腹面纤毛和 2 个短而宽的钩爪，阳茎长于其内突，末端向腹面强度弯曲……**刀管赤眼蜂属 *Xiphogramma***

触角两索节均横形、长小于宽、且紧密相连；棒节 1-2 节 (或不完全分节)，短锥状，基部宽圆、端部尖削；前翅缘脉宽阔且具簇生粗刺毛感器，痣脉短而宽，前缘室较发达，末端平截；翅面纤毛稠密，仅少数纤毛列基部稍规则外，多数散乱分布；雌性腹部圆筒形，产卵管端部不明显突出于腹末；雄外生殖器的阳基较短而宽，阳茎明显短于其内突，阳茎末端不向腹面弯曲……**刺脉赤眼蜂属 *Brachygrammatella***

16. 触角环状节 2 节、索节消失、棒节 2-5 节……17

触角环状节 1-2 节、索节 2 节、棒节 2-3 节……30

17. 雌雄触角棒节 2-3 节，端部无棒状端突；或雌性触角棒节 2-3 节，端部具棒状端突，雄性棒节 2-5 节……18

雌性触角棒节 4 节、雄者 5 节；或雌雄棒节均 5 节 …………………………………… 19

18. 雌雄触角棒节 2-3 节，端部无棒状端突；前翅较长，末端较宽圆，翅面纤毛稠密，多不规则分布，常具烟褐色晕纹，缘毛短，后翅面规则纤毛至少 3 列；雄性外生殖器的阳基和阳茎可分，但阳基侧瓣缺如，钩爪残留退化的叶状痕迹，阳茎内突有或无 ………………… **光脉赤眼蜂属** ***Aphelinoidea***

雌性触角棒节 2-3 节，端部具 1 明显棒状端突，雄者 4-5 节，端部无棒状端突；前翅端部中等宽圆，翅面纤毛稀少至中等密度，散乱分布或基本成列，后翅面规则纤毛 2 列；雄性常有无翅型，第 VII 腹节两侧气门后各具 1 近肾形骨化结构；外生殖器的阳基基缘平截或凹陷，具退化的阳基侧瓣，钩爪消失，阳茎具明显的内突 ………………………………………… **肿棒赤眼蜂属** ***Tumidiclava***

19. 雌雄触角棒节均 4 节 ……………………………………………………………………… 20

雌性触角棒节 4 节、雄者 5 节；或雌雄触角棒节均 5 节 ………………………………… 24

20. 触角棒节长纺锤形或长卵圆形，端棒节有或无棒状端突 ……………………………… 21

触角棒节长锥形或长亚锥状，端部无棒状端突 ………………………………………… 22

21. 触角的环状节 1 节，棒节长纺锤形，端部具明显的棒状端突；胸部基本光滑无毛；前翅明显窄长，翅面纤毛中等偏稀，大致规则成列，最长缘毛明显长于翅宽；后翅与前翅约等长，翅面规则纤毛 1 列；雌性产卵管较短，与后足胫节约等长，末端不明显突出于腹末；雄外生殖器阳基与阳茎愈合，其余结构基本消失 …………………………………………… **光胸赤眼蜂属** ***Lathromeromina***

触角的环状节 2 节，棒节长卵圆形，端部无棒状端突；前翅端部中等宽圆，翅面纤毛中等密度，大致规则成列，中肘横毛列缺如；后翅短于前翅，翅面规则纤毛 2 列；雌性产卵管高度骨化，末端稍突出于腹末，下生殖板较发达；雄性前翅常退化为短翅型，外生殖器的阳基和阳茎可分，阳基简单管状，阳茎具内突；体短小而多刚毛 ………………………… **多刺赤眼蜂属** ***Lathromeromyia***

22. 触角棒节长锥形，基棒节最宽大，第二棒节短而横形，明显短于其余各节；端棒节最细长，端部尖削，除第二棒节外，其余各棒节均具板状感器；前翅末端不特别宽大，翅脉直，翅面纤毛中等偏稀，大致规则成列；后缘明显向后弧形弯曲，最长缘毛等于或长于前翅宽度 ……………………………………………………………………………… **四棒赤眼蜂属** ***Prosoligosita***

触角棒节长亚锥状，基棒节不特别宽大；前翅后缘不明显向后弧形弯曲 ……………… 23

23. 雌触角的环状节 1 节，棒节长亚锥形，基棒节短而横形，短于第二棒节，端棒节明显狭窄；各棒节的亚球形锥栓感器明显，端部 3 棒节具鞭毛感器和板状感器；前翅端部稍窄，翅面纤毛列较少，缘毛较长，后翅面规则纤毛 2 列；雄外生殖器的阳基与阳茎愈合，其形状及结构等变化较大，腹面纤毛缺如 ………………………………………………………… **似尤赤眼蜂属** ***Pseuduscana***

雌触角环状节 1-2 节，基棒节与第二棒节等长或更长，至少具 1 支板状感器，各棒节端部的亚球形锥栓感器不明显；前翅较宽圆，翅面纤毛列中等密度，中肘横毛列与臀毛列基部几乎汇聚，缘毛相对较短；雄外生殖器高度退化，阳基与阳茎愈合，其余结构基本消失 ….. **尤氏赤眼蜂属** ***Uscana***

24. 雌性触角棒节 4 节、雄者 5 节，分界较不规则，基棒节最短小，第二棒节最宽大；前翅端明显宽圆，翅面纤毛密度中等，规则成列；中肘横毛列较长，弯向翅基部与臀毛列基部汇聚；后翅面规则纤毛 3 列；产卵管长度因种而异，多不明显突出于腹末；雄外生殖器的阳基与阳茎愈合管状，除腹面纤毛外，其余结构消失 ………………………………… **异角赤眼蜂属** ***Uscanoidea***

雌雄两性触角棒节均 5 节 ………………………………………………………………… 25

25. 触角结构特殊，梗节侧面具 1 宽浅的凹槽可接纳棒节基部；基部 4 棒节分界不规则、结合紧密且膨大如球，仅端棒节长锥形、分节清楚；前翅长而端部宽圆，缘脉端部较宽，上具簇生刺毛；翅面纤毛密度中等，规则成列，中肘横毛列清晰；雌产卵管较发达，末端稍伸出于腹末之外；雄外生殖器的阳基具退化的侧瓣、钩爪等，阳茎具明显长于其内突 ………… **尖角赤眼蜂属 *Hispidophila***

触角结构特征不如上述，各棒节分界不对称或分节较清楚 ………… 26

26. 雌性触角棒节粗长锥状，基棒节最宽，分界不对称；前翅端部宽而近平截，缘脉较长而直，其上、下方翅面具簇生刺毛；翅面纤毛稠密而散乱分布，后翅宽大如裁刀状，翅面规则纤毛约 5 列；各足均具粗刺毛，腿节稍肿大；雄外生殖器较退化，除阳基腹面纤毛和阳茎内突外，其余结构基本消失 ………… **肿腿赤眼蜂属 *Tumidifemur***

触角各棒节的分界较清晰 ………… 27

27. 前翅端部中等宽圆，翅脉长而直，缘脉与痣脉之间近于垂直相接 ………… 28

前翅中等宽圆或明显宽圆，端部近于平截，缘脉与痣脉之间呈弧形弯曲或强度弯曲 ………… 29

28. 雌性触角棒节端部具明显的棒状端突；前翅缘脉长而直，痣脉明显，翅面纤毛密度中等，大致规则或毛列不清晰，中肘横毛列不清晰或消失；下生殖板常延长为 1 窄叶状包在产卵管外；雄性腹末背板两侧具形状各异的特殊骨化结构；外生殖器的阳基除具腹面纤毛外，阳基侧瓣有或无，钩爪退化，阳茎具内突 ………… **纹翅赤眼蜂属 *Lathromeris***

雌性触角棒节端部无棒状端突；前翅缘脉长于缘前脉，两者交界处骨化程度较弱，痣脉与缘脉之间缢缩明显；翅面纤毛密度中等至稠密，中肘横毛列明显，且与中毛列、肘毛列和臀毛列基部汇聚；雄外生殖器退化为简单管状，除腹面纤毛外，其余结构全部消失 ………… **拟纹赤眼蜂属 *Lathromeroidea***

29. 雌性触角的第二棒节短而横形，第三、四棒节较粗大，端棒节尖削；前翅中等宽圆，缘脉较长，痣脉中间明显缢缩且与缘脉呈弧形弯曲；翅面纤毛中等偏稀至较稠密，大致规则成列，中肘横毛列外侧翅面具 1 无毛区域，后翅面规则纤毛 1 列；雌性腹部长圆锥形或侧扁，产卵管较长，前端源于腹基部，后端明显突出于腹末之外；雄外生殖器的阳基具腹面纤毛，阳基侧瓣短而退化，其余结构消失，阳茎具内突 ………… **长脉赤眼蜂属 *Pterygogramma***

雌性触角的第一、二棒节短小，第三棒节最粗大，端棒节最细长；前翅明显宽圆，痣脉较宽、且与缘脉强度弯曲；翅面纤毛密度中等，规则成列，具中肘横毛列，缘毛相对较短；雌性腹部常侧扁，产卵管较发达，基部抵达胸部、端部明显突出于腹末之外；雄外生殖器的阳基和阳茎明显可分，阳基背面开放无背突，具侧瓣和钩爪，腹中突有或无，阳茎具明显的内突 ………… **曲脉赤眼蜂属 *Ophioneurus***

30. 触角鞭节 6 节，结构形式为 2、2、2 式，或 1、2、3 式 ………… 31

触角鞭节 6-7 节，结构形式为 2、2、2-3 式，或 2、2、3 式 ………… 33

31. 触角鞭节的环状节、索节、棒节各 2 节；梗节侧面具横脊纹，基索节长宽相近，第二索节短而横形；两棒节细长，不明显膨大；前翅端部宽圆，缘脉不与前缘紧密接触，痣脉与缘脉近等长，翅面纤毛规则成列；前足胫节背侧具齿状突；外生殖器的阳基细长，背面开放无背突；腹中突消失，端部具阳基侧瓣和钩爪，阳茎具明显的内突，两者全长与阳基长度相当；雌性未知 ………… **类断赤眼蜂属 *Pseudomirufens***

触角鞭节的环状节 1 节、索节 2 节、棒节 3 节；梗节侧面光滑、无横脊纹，棒节较粗壮；前翅缘脉与前缘紧密接触 ………… 32

32. 触角两索节近等长，棒节长纺锤形，基棒节与第二棒节斜接，端棒节不明显细长而尖削；前翅缘脉较短，痣脉较长，两者呈弧形弯曲；翅面纤毛中等密度，大体规则成列；雌性产卵管发达，端部稍突出腹末；雄性未知……………………………………………………………**长痣赤眼蜂属 *Japania***
触角基索节明显短于第二索节，棒节长锥状，基棒节最短，第二棒节最粗大，端棒节细长而尖削；前翅脉较直，缘脉明显长于缘前脉和痣脉；翅面纤毛较稠密，仅少数毛列基部规则外，其余散乱分布；雌产卵管不特别长，末端稍露出腹末；雄腹末两侧腹板各具 1“e”形骨化构造；外生殖器高度骨化，阳基与阳茎可分；阳基开放无背突，具明显的侧瓣、中脊和钩爪；腹中突消失，阳茎具明显的内突……………………………………………………………**类宽赤眼蜂属 *Densufens***
33. 触角鞭节 6-7 节，即：环状节 2 节、索节 2 节、棒节 2-3 节……………………………34
触角鞭节 7 节，即：环状节 2 节、索节 2 节、棒节 3 节……………………………………35
34. 触角基索节短小，紧贴第二索节基部；棒节 3 节（少数雄者 2 节），分界较对称，端部尖削；前翅端部宽大，缘脉长而直，与痣脉之间明显缢缩，翅面纤毛规则成列；前足胫节中部背侧常具齿状突；雌性腹部常侧扁，产卵管较长；雄外生殖器高度退化，阳基与阳茎愈合为简单管状；阳基侧瓣、钩爪、腹面纤毛和阳茎内突等结构消失………………………**毛翅赤眼蜂属 *Chaetostricha***
触角基索节紧密嵌入第二索节基部、分界不规则，棒节 3 节（少数 2 节，或基部 2 节分节不完全）；前翅明显宽大，末端近平截；缘脉与缘前脉之间骨化较弱而呈断裂状，缘前脉基部具基后突；翅面纤毛密度中等至稠密，主要毛列基部或所有毛列规则；中肘横毛列长而清晰，且弯向臀毛列与其汇合；缘毛较短，长度不足翅宽的 1/10；雄外生殖器较退化，阳基后缘圆形，向端部渐窄，除腹面纤毛外，阳基侧瓣、钩爪和阳茎内突有或无…………………………**类广赤眼蜂属 *Burksiella***
35. 触角各索节、棒节之宽均大于长；前翅相对较窄，端部中等宽圆；翅面纤毛稠密而散乱、或中等密度而较规则成列，中肘横毛列缺如；雄外生殖器的阳基和阳茎可分，但阳基构造较简单；阳基侧瓣和钩爪分化不完全，仅在阳基腹面残留退化痕迹；阳茎具内突；腹端部腹板两侧各具 1 骨化明显的长舌状结构……………………………………………………………**邻赤眼蜂属 *Paracentrobia***
触角基索节长于第二索节；前翅端部中等宽圆，翅面纤毛中等密度；仅部分纤毛列基部规则外，端部多散乱分布，具中肘横毛列；雄外生殖器的阳基前背开口短于阳基长的 1/3，阳基端部具侧瓣和镰刀状钩爪；腹端部腹板两侧各具 1 近三角形板状骨化结构，其后端内角各具 1 端刺…………
……………………………………………………………………………………**似邻赤眼蜂属 *Ittys***
36. 雌雄触角虽然节数相同，但形态结构却各不相同…………………………………………37
雌雄触角的节数与形态结构均各不相同……………………………………………………40
37. 雄性触角索节、棒节上的鞭毛感器明显与雌者不同………………………………………38
雄性触角索节、棒节上的板状感器明显与雌者不同………………………………………39
38. 雄性触角索节、棒节上的鞭毛感器明显比雌者多而长；雄外生殖器的阳基长卵圆形、较宽大，阳茎明显长于其内突；前翅宽大，末端斜圆；缘脉不与前缘紧密接触，痣脉与缘脉呈弓形弯曲；翅面纤毛稠密，除主要毛列较规则外，多数纤毛散乱分布，中肘横毛列不明显；雌性腹部稍侧扁，产卵管较发达，端部明显突出腹末之外………………………………………**异赤眼蜂属 *Asynacta***
雄性触角的索节明显长于雌者，索节、棒节上的轮生鞭毛感器也明显多而长于雌者；雄外生殖器的阳基长梭状、明显细长，阳茎稍短于其内突；前翅中等宽大，末端近平截；缘脉长而直，翅面纤毛密度中等偏稀，排列不很规则；雌性腹部圆筒形，产卵管极发达，基部抵达胸部，端部显著

伸出腹末之外甚远，且无管鞘包裹……………………………………毛角赤眼蜂属 ***Neocentrobiella***

39. 个体较小而结实；触角结构特殊，雄性棒节上的板状感器粗大且仅基部贴于表面、而大部分长度呈刺状直立；雌者棒节上的板状感器大部分长度紧贴棒节表面；前翅中等宽阔，痣脉与缘脉端后角相接；前缘室明显，基部具基后突；翅面纤毛中等密度，中肘横毛列与臀毛列基部汇聚，后翅不明显宽大；雄外生殖器的阳基端部具末端分叉的阳基侧瓣，其他结构全部消失……………………………………………………………………………………刺角赤眼蜂属 ***Haeckeliania***

个体较大，驼背式体型；雌性触角各棒节连接较紧密，其板状感器也较粗长；产卵管发达（或较短），具等长的产卵管鞘；雄者触角各索节、棒节连接较松散，其板状感器明显比雌者多而短小；前翅宽大而扁圆形，翅脉狭窄，呈“S”形连续弯曲，缘脉不与前缘接触；翅面纤毛中等或偏稀，中肘横毛列清晰，后翅较宽大；雄外生殖器的阳基端部具末端不分叉的侧瓣、钩爪、腹中突和中脊……………………………………………………………………………圆翅赤眼蜂属 ***Poropoea***

40. 体型、触角、前后翅及各足节均明显细长；触角 8-9 节，雌性棒节 2 节、雄者 3 节；环节后各节之长均大于宽，连接较松散；前翅极窄长，端部尖削或尖圆；翅面纤毛稀疏者规则成列、而纤毛稠密者则散乱分布；雄外生殖器明显细长，阳基和阳茎可分；阳基端部具侧瓣和钩爪，但阳基背突和腹中突等结构消失，阳茎具内突……………………………………嗜水赤眼蜂属 ***Hydrophylita***

体型、触角、前后翅及各足节等特征不如上述………………………………………………………41

41. 前翅端部宽圆，翅脉短而较直，痣脉较短或退化…………………………………………………42

前翅端部中等宽圆，翅脉呈“S”形连续弯曲或强度弯曲，痣脉明显……………………………43

42. 前翅脉简短，缘脉不与前缘紧密相接，痣脉退化；翅面纤毛稀少至中等，多散布在翅端部；雌性触角的环状节、索节、棒节各 1 节，索节端部稍缩窄，棒节端腹面具簇生镰刀感器；雄者环状节与棒节 1 节、索节 2 节，基索节短筒形、第二索节端部明显缩窄成瓶颈状，棒节端腹面无镰刀感器；外生殖器阳基和阳茎明显可分，阳基背面中部由 1 窄横桥状骨片连接，端部具分叉的侧瓣和钩爪，阳茎内突基半段愈合………………………………………副赤眼蜂属 ***Paratrichogramma***

前翅较宽大，翅脉较短，缘脉与前缘紧接，痣脉短而宽；翅面纤毛中等密度，规则成列；雌性触角的环状节和索节各 1 节、棒节 3 节，棒节端腹面具簇生镰刀感器，端部具 1 短端突，各索节、棒节上的板状感器近全长紧贴触角表面；产卵管短而宽；雄者触角除环状节 1 节外，索节和棒节均 2 节，棒节端部无端突和镰刀感器；其上的板状感器仅基部贴于表面、大部分长度呈刺状直立；外生殖器的阳基宽而厚，端部具阳基侧瓣和钩爪，阳茎与其内突近于垂直相接…………………………………………………………………………………………斯赤眼蜂属 ***Soikiella***

43. 前翅缘脉与缘前脉之间无明显断裂痕，翅脉呈“S”形连续弯曲；雌性触角棒节端腹面具簇生镰刀感器………………………………………………………………………………………………44

前翅缘脉与缘前脉之间具明显断裂痕，或翅脉不呈“S”形连续弯曲；雌性触角棒节端腹面无簇生镰刀感器……………………………………………………………………………………………45

44. 前翅面中等宽圆，翅面纤毛规则成列，具中肘横毛列；雌性触角的环状节和索节各 2 节、棒节 1 节，两索节均正常大小，棒节短而粗大；腹基部第一背板具 1 横行直立的尖齿；雄性触角环状节 2 节，第二环节如楔片嵌入棒节基部，索节与棒节愈合为一节，上具粗长的轮生鞭毛感器；外生殖器的阳基具背突、阳基侧瓣、钩爪等结构，阳茎及其内突可在阳基中自由活动……………………………………………………………………………………………赤眼蜂属 ***Trichogramma***

前翅面中等宽圆、稍偏窄，翅面纤毛规则成列，但中肘横毛列缺如；雌性触角鞭节结构与多数赤眼蜂属种类相似；雄性触角的环状节和索节各 2 节、棒节 3 节，但其环节后各节连接松散，且上具明显粗长的轮生鞭毛感器；外生殖器除阳基背面开放而无背突外，其余结构与赤眼蜂属种类相似，其阳茎和内突亦可在阳基中自由活动……………………… **分索赤眼蜂属 *Trichogrammatoidea***

45. 前翅宽圆，缘脉短于缘前脉和痣脉；翅面纤毛中等偏稀，主要纤毛规则成列；中肘横毛列缺如，缘毛较长；雌性触角的环状节 1 节、索节 2 节、棒节 3 节；第二、三棒节分节不完全，端部具 1 棒状端突；各棒节均具若干板状感器、锥栓感器和密具刺毛感器；产卵管发达，前端抵达胸部，后端显著突出腹末之外；雄性触角除棒节端部多 1 小节外，其余节数同雌者；各索节、棒节均具轮生鞭毛感器…………………………………………………………… **前毛赤眼蜂属 *Prochaetostricha***

前翅明显宽大，缘脉不与前缘接触、或紧密接触；雌性触角棒节 3 节、雄者端部多 1 小节，各索节、棒节除均具若干锥栓感器和刺毛感器外，棒节 (除端小节外) 还均具明显多而粗长的轮生鞭毛感器……………………………………………………………………………………… 46

46. 触角梗节侧面具横脊纹；前足胫节外侧缘具 1 列齿状突；前翅宽阔，缘脉常不与前缘紧密接触；痣脉较长，翅面纤毛中等密度者规则成列、纤毛稠密者则分布不规则；雄外生殖器的阳基和阳茎明显可分，阳基具侧瓣和钩爪，但背突消失，阳茎具内突………………… **断脉赤眼蜂属 *Mirufens***

触角梗节侧面无横脊纹；前足胫节外侧缘也无齿状突；前翅宽大，末端扁圆形、近平截，缘脉与前缘紧密接触；缘前脉基部具基后突，翅面纤毛中等至稠密，主要纤毛列基部规则成列；雄外生殖器结构多变，阳基与阳茎分离不明显，常具阳基侧瓣、钩爪和腹中突等，阳茎内突有或无…………………………………………………………………………………… **宽翅赤眼蜂属 *Ufens***

1. 光脉赤眼蜂属 *Aphelinoidea* Girault, 1911

Aphelinoidea Girault, 1911a, Trans. Am. Ent. Soc., 37: 2-4. **Type species**: *Aphelinoidea semifuscipennis* Girault, 1911, by original designation; Doutt & Viggiani, 1968, Proc. Calif. Acad. Sci., 35(20): 527-531; Lin K-S, 1981, J. Agr. Res. China, 30(4): 440-441; Lin, 1994, System. Stud. Chinese Trichogrammatidae: 82-83; Trjapitzin, 1994/1995, J. Kansas Ent. Soc., 67(4): 301-310; Hu & Lin, 2005, Entomotaxon., 27(2): 149-156; Walker, Bayoun, Triapitsyn & Honda, 2005, Zootaxa, 1068: 1-25; Pinto, 2006, J. Hym. Res., 15(1): 87-89; Viggiani, 2009/2011, Frust. Ent. (N S), 32: 101-110; Wang, He, Zhang & Hu, 2009, Entomotaxon., 31(4): 315-320; Triapitsyn, 2018, Israel J. Ent., 48(2): 33-81.

Lathromeroides Girault, 1913b, Ent. News, 24: 211. **Type species**: *Lathromeroides longicorpus* Girault, 1913, by original designation; As subgenus, designated by Doutt & Viggiani, 1968: 527-531.

Diaclava Blood & Kryger, 1928, Ent. Medd., 16: 213-214. **Type species**: *Diaclava waterhousei* Blood & Kryger, 1928, by original designation; As subgenus, designated by Doutt & Viggiani, 1968: 527-531.

Krygeriola Nowicki, 1933, Polsk. Pismo Ent., 12: 3-4. **Type species**: *Krygeriola dolichoptera* Nowicki, 1933, by original designation; Originally as subgenus of *Aphelinoidea*, as synonym of *Lathromeroides*, designated by Doutt & Viggiani, 1968: 527-531.

Thalesanna Girault, 1938, Rev. Ent. Rio de Janeiro, 9: 386. **Type species**: *Aphelinoidea nigrioculae*

Girault, 1938, by original designation; As subgenus, designated by Doutt & Viggiani, 1968: 527-531.

Lengerkeniola Nowicki, 1946, Zbl. Ges. Geb. Ent., 1: 45. **Type species**: *Lengerkeniola bischoffi* Nowicki, 1946, by monotypy; Originally as subgenus of *Lathromeroides*, as synonym of *Lathromeroides* designated by Doutt & Viggiani, 1968: 527-531.

Encyrtogramma De Santis, 1957a, Notas del Museo, La Plata, 19: 33-35. **Type species**: *Encyrtogramma habros* De Santis, 1957, by original designation; As subgenus, designated by Doutt & Viggiani, 1968: 527-531.

Tanygramma De Santis, 1957a, Notas del Museo, La Plata, 19: 37-38. **Type species**: *Tanygramma xiphias* De Santis, 1957, by original designation; As synonym of *Lathromeroides*, designated by Doutt & Viggiani, 1968: 527-531.

鉴别特征 触角6-7节，除柄节、梗节外，环状节2节，索节消失，棒节2-3节；各棒节紧密相连，基部两棒节常不完全分节，其上均具若干板状感器和许多短小刺毛感器，两性触角棒节顶端均无端突；前翅较长，长为宽的2.1-2.5倍，末端圆形；缘毛较短，仅为翅宽的0.1-0.3倍，翅脉短而直，末端伸达翅长的0.4倍以内，缘脉宽大，短于亚缘脉；痣脉退化，短而平截且与缘脉之间无缢缩，或稀有从缘脉突出细弱附属物；翅面纤毛稠密，多不规则排列，中肘横毛列缺如，后翅面至少具完整的3列纤毛列；雄外生殖器的阳基和阳茎明显可分；但阳基端部的阳基侧瓣缺如，一般只残留退化的叶状钩爪痕迹；阳基腹面具细纤毛1对，阳茎内突有或无。

本属种类的形态差异较大，曾被有些学者定为4个不同的属，如 *Lathromeroides* Girault、*Diaclava* Blood & Kryger、*Encyrtogramma* De Santis 和 *Thalesanna* Girault。Doutt & Viggiani (1968) 根据它们的雌性触角节数及形状、胸腹部相对长度比例、前翅面有无晕纹、痣脉大小及产卵管着生位置等特征，把它们归到本属之下作为亚属，分别为指名亚属 *Aphelinoidea*、*Diaclava*、*Lathromeroides*、*Encyrtogramma* 和 *Thalesanna* 5个亚属。

Trjapitzin (1994) 在研究全北区已知本属的7种及另外一些未描述种的标本之后，进一步把 Doutt & Viggiani (1968) 的指名亚属 *Aphelinoidea* 分为2个种团 (groups)，即 *anatolica* 种团 (前翅痣脉之外翅面具无色透明带) 和 *semifuscipennis* 种团 (前翅痣脉之外翅面不具无色透明带)。Walker *et al.* (2005) 又根据有些 *anatolica* 种团种类的前翅痣脉之外翅面的无色透明带不如 *A. plutella* 的明显，且后者定名时间也比前者更早，而将 *anatolica* 种团改名为 *plutella* 种团。他们同时还指出：这2个种团还可根据其雄外生殖器的阳茎有无阳茎内突 (apodemes, ap) 来区别，*plutella* 种团种类的雄性阳茎具有阳茎内突，而 *semifuscipennis* 种团种类的雄性阳茎则没有阳茎内突。Pinto (2006) 认为：限于胸腹部的长度比例来区分指名亚属 *Aphelinoidea* 和 *Lathromeroides* 亚属，似乎存在主观因素的影响，指名亚属的界定也不完全正确。*Lathromeroides* 亚属和 *Encyrtogramma* 亚属种类的雄外生殖器的阳茎也存在阳茎内突，使得前翅脉端部翅面具无色透明带的 *Encyrtogramma* 亚属与指名亚属 *Aphelinoidea* 的 *plutella* 种团成为并系，*plutella* 种团则应移到 *Encyrtogramma* 亚属，因此本属分为5个亚属的有效性还需进一步研究。

Triapitsyn (2018) 在全面修订古北区本属、重点 Nowicki (1927-1946) 描述的种类之后，又将 *Diaclava* 亚属归为指名亚属 *Aphelinoidea* 的异名，并将其模式种 *Diaclava waterhousei* Blood & Kryger 订正为 *A.* (*A.*) *waterhousei* (Blood & Kryger)。Triapitsyn (2018) 还同时指定了 2 个异名种、描述了 1 新种并纠正了从伊朗引进加州原定为 *A. anatolica* 的错误。因此，目前最新的研究结果，本属分为 4 亚属，其鉴别特征如下。

Aphelinoidea 指名亚属：雌性触角柄节、梗节长度正常，棒节 2-3 节；除前翅脉下方翅面具 1 小昙纹外，痣脉之外翅面通常透明，无明显昙纹；痣脉较宽，端部平截；腹部不特别长，产卵管基部不抵达胸部。

Lathromeroides 亚属：雌性触角柄节、梗节长度正常，棒节 3 节；前翅基半段翅面常具昙纹；腹部特别长 (常侧扁)，明显长于胸部；产卵管长，基部明显抵达胸部。

Encyrtogramma 亚属：雌性触角柄节、梗节长度正常，棒节 2 节 (或不完全分节)；前翅脉下方和痣脉之外翅面均有明显昙纹，痣脉较宽，端部平截；腹部不特别长，产卵管基部不抵达胸部。

Thalesanna 亚属：雌性触角柄节、梗节和棒节明显细长，棒节 2 节；前翅面通常透明，无明显昙纹；腹部不特别长，产卵管基部不抵达胸部。

寄主　全世界已知的 36 种中，已知寄主者仅 9 种，主要寄生半翅目的叶蝉科 Cicadellidae、飞虱科 Delphacidae 和蜡蝉科 Fulgoridae 等虫卵；也可寄生鞘翅目钳颚象虫科 Attelabidae 的黄檀卷象 *Apoderus sissu* 卵 (Yousuf & Shafee, 1988)。近年来已有 2 个中北亚种类 (*A. gerlingi* 和 *A. turanica*) 被引到美国加州防治甘蔗叶蝉 *Circulifer tenellus*，并在当地建立群落。另外，还有 27 种的寄主未明。

分布　全世界广布，以澳洲区已知种类最多，14 种；其次为古北区，有效种 9 种；新北区本地种 5 种，近年美国加州从国外引进 2 种用于甘蔗叶蝉的生物防治，已在当地建立群落；新热带区 4 种，非洲区 3 种，东洋区的有效种最少，只有 1 种。

附注　自 Girault (1911a) 根据采自美国 Illinois 的 *A. semifuscipennis* 建立本属之后，再于 1912-1938 年先后发表了澳洲区及新北区的 16 新种；Blood & Kryger (1928)、Nowicki (1940, 1946)、Trjapitzin (1994/1995)、Hu & Lin (2005b)、Fursov (2007)、Rakitov & Triapitsyn (2013) 和 Triapitsyn (2018) 等先后发表了古北区的 12 新种 [其中 *A. cultrocaudata*、*A. scythica* 和 *A. dolichoptera* 等 3 种已分别被 Viggiani (2009)、Rakitov & Triapitsyn (2013) 和 Triapitsyn (2018) 指定为异名]；Timberlake (1924, 1927) 和 Doutt (1955) 再次报道了新北区的 3 新种，De Santis (1957a, 1970) 发表了新热带区 4 新种，Nowicki (1936) 和 Triapitsyn (2018) 描述了非洲区的 3 新种，Yousuf & Shafee (1987) 和 Lin (1994) 发表了东洋区的 3 新种 [其中 *A. gwaliorensis* 和 *A. retiruga* 2 种被 Triapitsyn (2018) 指定为异名]。因此，本属迄今已知有效种 36 种，虽然全球广布，但温带地区的种类明显较多样化 (Pinto, 2006)。

Viggiani (1971b, 1984) 根据赤眼蜂雄外生殖器特征，曾经将本属归为赤眼蜂亚科赤眼蜂族；Pinto (2006) 进一步根据雄外生殖器的阳基结构及其与阳茎愈合程度，把赤眼蜂科的雄外生殖器分为：Type 1 型 (阳基结构较复杂，阳茎具阳茎内突并可在阳基中独立活动) 和 Type 2 型 (阳基结构较简单，阳茎与阳基多少有所愈合、且不能独立活动) 2 大类型，同时他又根据阳基与阳茎的愈合程度再将 Type 2 型的外生殖器进一步分为 Type 2a 和 Type 2b 两小类，并据此对 Viggiani (1971b, 1984) 的分类系统作了修改：把具有 Type 2a 类外生殖器的本属归到寡索赤眼蜂亚科毛翅赤眼蜂族内；Owen *et al.* (2007) 基于分子证据的赤眼蜂科系统发育分析结果，虽然对本属归为毛翅赤眼蜂族仍有疑问，可已明确本属隶于寡索赤眼蜂亚科下。Pinto (2006) 同时认为本属的触角结构、前翅脉及翅面纤毛等特征均与肿棒赤眼蜂属 *Tumidiclava* 十分相似，可以看出它们的缘系较近。

我国有关本属种类的报道，先后有 Fukuda (1934) 和 Lin K-S (1981) 分别报道了我国台湾 1 未定名种的分布记录，Fukuda (1934) 称该台湾种可寄生稻飞虱 *Nilaparvata oryzae* 卵，Lin K-S (1981) 还报道台湾的未定名种在杂草上较丰富。此后，Lin (1994)、Hu & Lin (2005b) 和 Wang *et al.* (2009) 先后报道了采自福建、新疆等地的 6 种，其中 *A. cultrocaudata* 已被 Viggiani (2009/2011) 归为 *A. bisshoffi* 的异名、*A. retiruga* 被 Triapitsyn (2018) 归为 *A. longiclavata* 的异名、*A. gwaliorensis* 和 *A. dolichoptera* 2 种被 Triapitsyn (2018) 归为 *A. neomexicana* 的异名；因此我国现有本属有效种 5 种，分别隶于指名亚属 *Aphelinoidea* 和 *Lathromeroides* 2 亚属，记述如下。

种 检 索 表 (雌)

1. 腹部不特别长，最多等于甚至短于其头胸部长度之和；产卵管不超过后足胫节长的 1.8 倍，端部不明显突出腹末之外……………………………………………………………… ***A.* (*Aphelinoidea*) 2**
   腹部特别长 (常侧扁)，明显长于其头胸部长度之和；产卵管超过后足胫节长的 3.0-3.9 倍；下生殖板基部明显发达，基部抵达胸部，端部接近腹末或明显突出腹末之外……… ***A.* (*Lathromeroides*) 4**
2. 前翅痣脉之外下方翅面具明显的无纤毛区域；腹长短于其头胸长度之和……………………………3
   前翅痣脉之外下方翅面无明显的无纤毛区域；腹长约等于其头胸部长度之和；产卵管较短，等于后足胫节长的 1.3-1.4 倍，末端不明显突出腹末；下生殖板短小而不明显………………………………
   ……………………………………………………………………… **长棒光脉赤眼蜂 *A.* (*A.*) *longiclavata***
3. 产卵管等于后足胫节长的 1.8 倍，末端仅稍突出腹末；下生殖板等于产卵管的 0.7-0.8 倍…………
   ……………………………………………………………………… **沙湾光脉赤眼蜂 *A.* (*A.*) *shawanica***
   产卵管等于后足胫节长的 1.2 倍，末端不突出腹末；下生殖板约为产卵管长的 0.5 倍 ……………
   ……………………………………………………………………… **土耳其光脉赤眼蜂 *A.* (*A.*) *anatolica***
4. 产卵管侧面观直而不呈弯刀状，长度等于后足胫节长的 3.0-3.9 倍；末端突出腹末之外部分占其总长的 1/8 ………………………………………………………… **长翅光脉赤眼蜂 *A.* (*L.*) *neomexicana***
   产卵管侧面观明显呈弯刀状，长度等于后足胫节长的 3.8 倍；末端突出腹末之外部分约占其总长的 1/3 ……………………………………………………………… **刀管光脉赤眼蜂 *A.* (*L.*) *bischoffi***

(1) 长棒光脉赤眼蜂 *Aphelinoidea* (*Aphelinoidea*) *longiclavata* Yousuf & Shafee, 1987 (图 6)

Aphelinoidea (*Aphelinoidea*) *longiclavata* Yousuf & Shafee, 1987, Indian J. Syst. Ent., 4(2): 105-106; Triapitsyn, 2018, Israel J. Ent., 48(2): 55-57.

Aphelinoidea (*Aphelinoidea*) *retiruga* Lin, 1994, System. Stud. Chinese Trichogrammatidae: 83-84, syn. by Triapitsyn, 2018: 55-57.

雌 体长 0.57-0.70 mm；全体黄褐色，但头部黄色；复眼暗红色、单眼红色；触角黄褐色，胸部暗褐色；前后翅脉、各足腿节末端及其之下的胫节和跗节、腹基部背板两侧均淡黄褐色；前翅除翅脉之下翅面具灰褐色半透明晕纹外，端部翅面无色透明。

头部正面观近圆形，高略大于宽；复眼较大，长度超过头高的一半，其内侧颜面及头顶具若干纤毛；上颚发达，末端 3 齿；下颚须 2 节，端部 2 毛 (图 6d)；触角着生于两复眼下缘连线稍上方，除环状节外，各节均具细纤毛；柄节细长，长为宽的 3.1-4.0 倍，相当于梗节长的 1.4 倍 (图 6b)；梗节长梨形，长为宽的 2.0-2.5 倍；基环状节略大，第二环状节紧贴于棒节基部；棒节长纺锤形，长为宽的 3.0-4.0 倍，相当于柄节长的 1.6 倍；基部两棒节分节不完全，总长约为端棒节长的 0.6 倍；端棒节长锥形，长为宽的 1.9 倍，与柄节长度相当；其上具 3-4 支板状感器，均不明显突出棒节顶端。

胸部为腹部长的 0.6 倍左右，中胸盾和小盾片均具明显的网状刻纹和 4 支纤毛；内悬骨宽大，向后伸达腹长的 0.4 倍左右处，末端具 2 叶；前翅端部宽圆，长为宽的 2.0-2.3 倍 (图 6a)；翅脉粗短，末端仅伸达翅长的 1/3 处；缘前脉短于缘脉，痣脉短宽，不明显弯向翅面；痣脉以外翅面纤毛稠密，不规则散乱分布，没有明显的无纤毛区域；缘毛短，最长者不及前翅宽的 0.1 倍；后翅略短于前翅，翅脉等于翅长的 0.4 倍；翅面具规则纤毛 3 列；后缘毛较长，最长者为前翅缘毛的 3.5 倍，等于后翅宽的 2.0 倍；足正常大小，各足节均具细纤毛。

腹部较粗短，与头胸部长度之和相当 (图 6e)；产卵管较短，从腹基部 1/3 处伸出，约等于腹长的一半，相当于后足胫节长的 1.3 倍；基部不抵达胸部，端部不明显伸出腹末之外，下生殖板短小而不明显。

雄　体长 0.65-0.68 mm；体色及形态特征与雌虫相似，但触角棒节稍较雌者短小 (图 6c)；外生殖器明显分为阳基和阳茎两部分 (图 6f)，阳茎长于其内突；两者全长稍长于阳基，仅及后足胫节长的一半左右。

寄主　黄檀卷象 *Apoderus sissu* (Col.: Curculionidae) 卵 (Yousuf & Shafee, 1987)。

模式标本产地　印度 (Aligarh)。

模式标本存放单位　Zoology Museum, Aligarh Muslim University [ZMAMU]。

研究标本　6♀5♂，福建仙游温泉 (N25°22'04", E118°47'40", 70M)，1987. X. 7，吴祖建采于黄盘诱集器；2♀2♂，福建沙县洋枋 (N26°22'55", E117°55'06", 175M)，1980. VII，林乃铨网扫；3♀4♂，福建永春吾边 (N25°19'26", E118°16'48", 120M)，1985. IX. 3，陈新金网扫；2♀1♂，福建龙岩青草盂 (N24°59'28", E117°09'09", 370M)，1986. VII. 14-16，林乃铨网扫；1♀，海南儋州两院 (N19°30'46", E109°30'46", 134M)，2004. X. 30，吕宝乾网扫；3♀，海南儋州宝岛新村 (N19°30'42", E109°30'39", 45M)，2005. VI，张端璋网扫；1♀1♂，海南儋州西培农场 (N19°28'57", E109°27'43", 86M)，2005. XI. 6，李文标网扫；1♂，海南儋州宝岛新村 (N19°30'42", E109°30'39", 45M)，2005. XI. 7，李文标网扫；5♀1♂，海南乐东冲坡 (N18°28'25", E108°54'55", 19M)，2005. II. 18，张李香网扫；8♀9♂，海南乐东尖峰岭 (N18°43'49", E108°54'32", 212M)，2005. II. 25，张李香网扫；41♀28♂，海南三亚荔枝沟西部农场 (N18°27'43", E109°29'22", 8M)，2005. II. 22，张李香网扫。

分布　福建 (沙县、仙游、永春、连城、龙岩)、海南 (儋州、乐东、三亚)；印度 (Aligarh)。

附注　保存于印度 [ZMAMU] 的雌性正模标本未检视，本种的描述及其特征图根据保存于 [FAFU] 的 *A.* (*A.*) *retiruga* 两性标本，同时参照 Triapitsyn (2018) 的重新记述。

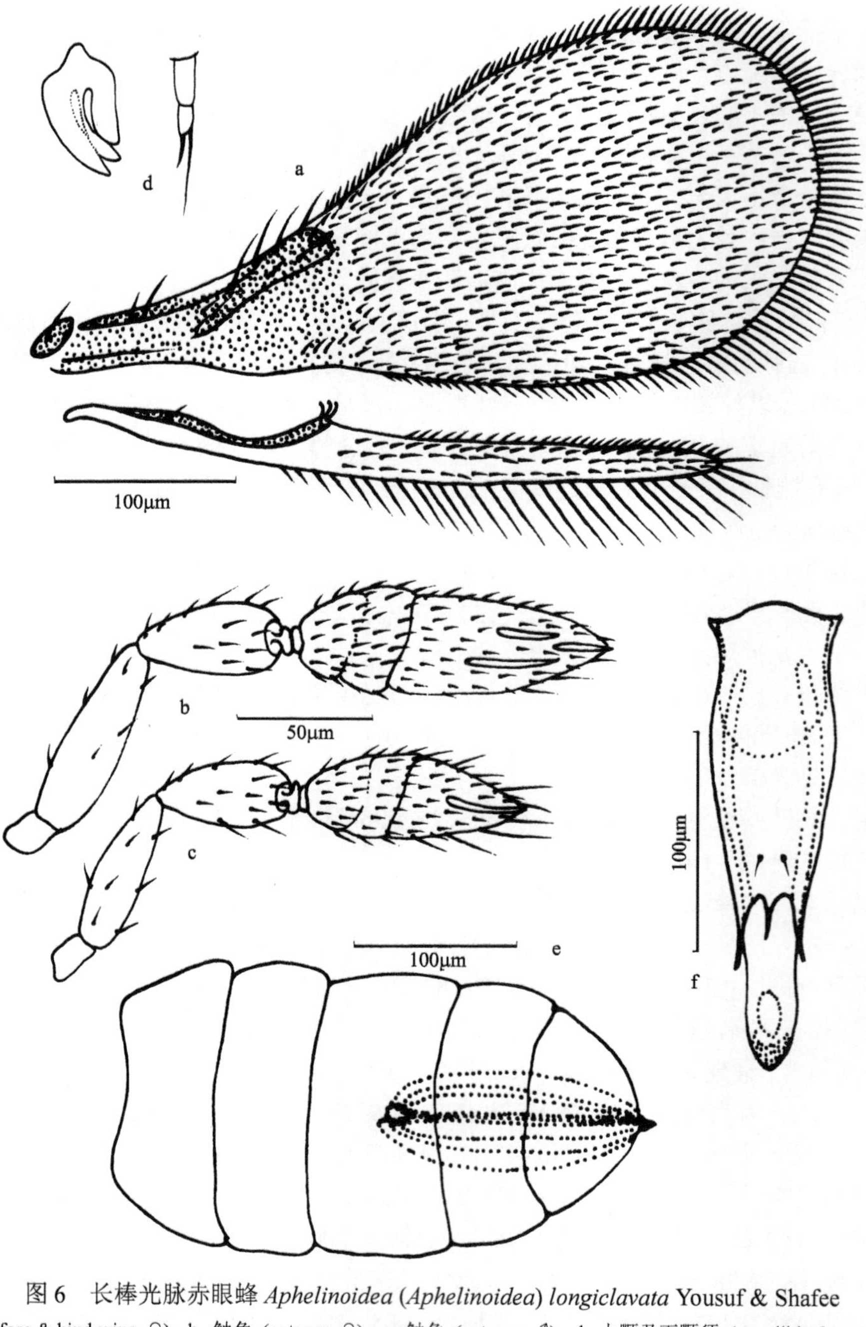

图 6　长棒光脉赤眼蜂 *Aphelinoidea* (*Aphelinoidea*) *longiclavata* Yousuf & Shafee

a. 前后翅 (fore & hind wing, ♀)；b. 触角 (antenna, ♀)；c. 触角 (antenna, ♂)；d. 上颚及下颚须 (mandible & maxilla)；e. 雌腹部背面观 (dorsal view of female abdomen)；f. 雄外生殖器 (male genitalia)

(2) 沙湾光脉赤眼蜂 *Aphelinoidea* (*Aphelinoidea*) *shawanica* Hu & Lin, 2005 (图 7)

Aphelinoidea (*Aphelinoidea*) *shawanica* Hu & Lin, 2005, Entomotaxon., 27(2): 151-153; Triapitsyn, 2018, Israel J. Ent., 48(2): 68-69.

雌 体长 0.76 mm (0.61-0.79 mm)；全体暗黄褐色，但复眼、单眼暗褐色；头顶、棒节端部、前翅脉、各足腿节、胫节端部及基部两跗节为淡黄色；各足端跗节颜色较暗；翅面无色透明。

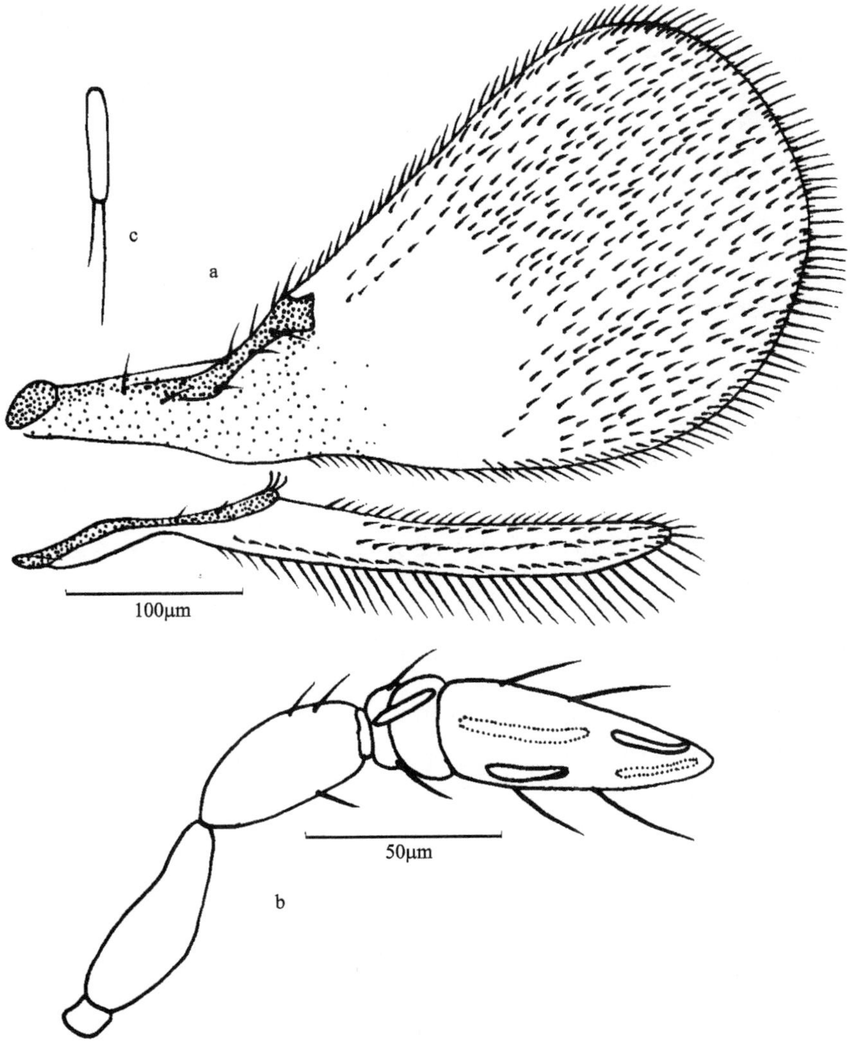

图 7 沙湾光脉赤眼蜂 *Aphelinoidea* (*Aphelinoidea*) *shawanica* Hu & Lin (♀)

a. 前后翅 (fore & hind wing)；b. 触角 (antenna)；c. 下颚须 (maxilla)

头部正面观近三角形，宽明显大于高 (35∶25)；上颚端部 3 齿；下颚须圆筒形，不分节，长约为宽的 4.0 倍 (图 7c)；触角着生于颜面中部之稍下方，由 7 节组成；柄节长为宽的 2.8 倍 (14∶5)，为梗节长的 1.16 倍 (14∶12) (图 7b)；梗节梨形，长为宽的 2.4 倍 (12∶5)；棒节长圆锥状，长为宽的 4.0 倍 (24∶6)；基部两棒节分节清楚，各棒节的长度比例依次为 4∶3∶17，其上依次各具 1、1 和 4 支板状感器。

前翅长为宽的 2.28 倍 (105∶46)，翅脉端部伸达翅长的 1/3 左右处；亚缘脉∶缘前脉∶缘脉∶痣脉的长度比例为 20∶7∶8∶4；痣脉较粗大，其下翅面具淡褐色晕纹；端部翅面纤毛稠密，除基部少数纤毛成列外，绝大多数纤毛不规则分布 (图 7a)；中部翅面具 1 明显的无纤毛区域；最长缘毛约为前翅宽的 1/9 (5∶46)；后翅短于前翅，长为宽的 13.8 倍 (83∶6)，翅面具规则纤毛 3 列；最长后缘毛稍长于前翅最长者，约为后翅宽的 2.33 倍 (14∶6)；各足腿节、胫节和跗节的长度比例分别是，前足 25∶19∶28，中足 22∶30∶35，后足 24∶32∶32。

腹部短于头胸部长度之和 (69∶79)；产卵管较发达，约与腹部长度相当；端部稍突出腹末之外，其突出部分仅约为产卵管总长的 0.12 倍 (9∶78)；下生殖板超过产卵管长的一半，等于腹部长度的 0.7-0.8 倍。

雄 未知。

寄主 未知。

模式标本产地 新疆沙湾。

模式标本存放单位 新疆大学生命科学与技术学院昆虫标本室 [ICXU]。

研究标本 ♀(正模)，1♀(副模)，新疆沙湾 (N44°20'48", E85°35'49", 1100M)，2001. VII. 14，胡红英网扫；2♀(副模)，新疆石河子 150 团 (N44°18'17", E86°5'58", 450M)，2001. VII. 12，胡红英网扫；2♀(副模)，新疆温泉 (N44°59'36", E81°1'59", 880M)，2001.VII.16，胡红英网扫。

分布 新疆 (石河子 150 团、沙湾、温泉)；据 Triapitsyn (2018) 也可能分布于吉尔吉斯斯坦 (Kyrgyzstan)。

(3) 土耳其光脉赤眼蜂 *Aphelinoidea* (*Aphelinoidea*) *anatolica* Nowicki, 1936 (图 8)

Aphelinoidea (*Aphelinoidea*) *anatolica* Nowicki, 1936, Zeit. Angew. Ent. Berlin, 23: 144-147; Doutt & Viggiani, 1968, Proc. Calif. Acad. Sci., 35(20): 529; Hu & Lin, 2005, Entomotaxon., 27(2): 151-153; Triapitsyn, 2018, Israel J. Ent., 48(2): 39-45.

Aphelinoidea (*Aphelinoidea*) *anatolica halepensis* Nowicki, 1936, Zeit. Angew. Ent. Berlin, 23: 147.

雌 体长 0.54-0.73 mm；全体黄褐色，但复眼、单眼红色；头顶、前翅脉淡黄色；触角基部两棒节与棒节端部、前中足腿节与胫节两端及各跗节黄白色；除翅脉之下翅面具淡褐色晕纹外，其余翅面无色透明。

头部正面观宽略大于高 (38∶32)；上颚端部 3 齿；下颚须短圆筒形，不分节，长度超过其宽的 2.0 倍；触角着生于颜面中部之稍下方，由 7 节组成；柄节长棒状，长为宽的 4.67 倍 (14∶3)，为梗节长的 1.4 倍 (14∶10) (图 8b)；梗节梨形，长为宽的 2.0 倍 (10∶5)；棒节长圆锥状，长为宽的 4.6 倍 (23∶5)；基部两棒节分节不完全，各棒节的长度比例为 2∶3∶18，其上依次各具 2、2 和 5 支板状感器。

前翅长为宽的 2.33 倍 (105∶44)，翅脉端部伸达翅长的 1/3 左右处 (图 8a)；亚缘脉∶缘前脉∶缘脉∶痣脉的长度比例为 15∶6∶8∶3，痣脉较短小；中部翅面具明显的无纤毛区域，端半段翅面纤毛稠密；除基部少数纤毛成列外，端部绝大多数纤毛不规则分布；最长缘毛约为前翅宽的 1/5 (8∶40)；后翅短于前翅，长为宽的 15.0 倍 (75∶5)；最长后缘毛长于前翅最长者，约为后翅最宽处的 2.0 倍 (10∶5)，翅面具规则纤毛 3 列；各足腿节、胫节和跗节的长度比例分别是，前足 24∶20∶25，中足 23∶27∶30，后足 25∶28∶29。

腹部短于头胸部长度之和 (55∶80)，产卵管短小，着生于腹部的后半段，约为腹长的 0.65 倍 (36∶55)，端部不明显突出腹末，下生殖板约为产卵管长的一半。

雄　体长 0.70-0.74 mm；体色及主要特征基本与雌虫相似，但触角棒节较雌者短小，基部两棒节分节明显 (图 8c)，整个棒节均为淡黄色；前翅面纤毛较稀，缘毛较长，最长者约为翅宽的 1/3；外生殖器明显可分为阳基和阳茎两部分 (图 8d)，阳基长度为后足胫节长的 0.5 倍 (14∶28)，稍短于阳茎长度。

寄主　甘蔗叶蝉 *Circulifer tenellus* (Hem.: Cicadellidae)，已被引到美国加州用于该叶蝉的生物防治。

模式标本产地　土耳其 (Kayseri)。

模式标本存放单位　正模已丢失，由 Triapitsyn (2018) 选定的选模 Lectotype ♀，保存于意大利拿不勒斯大学 Dip. Ent., Zool. Agr. Univ. Studi Napoli, Portici, Italy [DEZA]；余模标本 Paralectotypes ♀，保存于 [DEZA] 和美国加州大学 Univ. California, Riverside, USA [UCRC]。

研究标本　1♀，新疆呼图壁 (N44°11'32", E86°53'56", 550M)，1999. VIII. 27，林乃铨网扫；1♂，新疆五家渠 (N44°7'34", E87°32'52", 490M)，2001. VII. 26，孙涛网扫；1♀，新疆石河子 150 团 (N44°18'17", E86°5'58", 450M)，2001. VII. 12，胡红英网扫；2♀，新疆沙湾 (N44°20'48", E85°35'49",1100M)，2001. VII. 14，胡红英网扫；1♀1♂，新疆温泉 (N44°59'36", E81°1'59", 880M)，2001. VII. 12，胡红英网扫；4♀3♂，新疆新源 (N43°25'39", E83°16'25", 1800M)，2001. VI. 1，吴卫网扫；2♀，新疆和硕 (N42°16'13", E86°51'45", 2000M)，2001. VIII. 7，胡红英网扫；1♂，新疆和静 (N42°18'57", E86°24'48", 1192M)，2001. VIII. 8，胡红英网扫；3♀3♂，新疆博湖 (N41°59'16", E86°37'38", 305M)，2001. VIII. 7，胡红英网扫；1♀，海南儋州两院 (N19°30'46", E109°30'46", 134M)，2004. X. 30，吕宝乾网扫；2♀1♂，海南儋州宝岛新村 (N19°30'42", E109°30'39", 45M)，2005. VI，张端璋网扫；1♀，海南三亚南岛农场 (N18°24'50", E109°24'25", 173M)，2006. III. 27，李文标网扫。

分布　新疆 (五家渠、呼图壁、石河子、沙湾、温泉、新源、和静、博湖、和硕)、海南 (儋州、三亚)；土耳其，叙利亚，以色列，吉尔吉斯斯坦，利比亚，尼日尔 (Triapitsyn, 2018)。

附注　保存于意大利 [DEZA] 的雌性选模标本未检视，本种描述及其特征图根据美国 [UCRC] 和新疆大学 [ICXU] 的两性标本，同时参照 Triapitsyn (2018) 的重新记述。

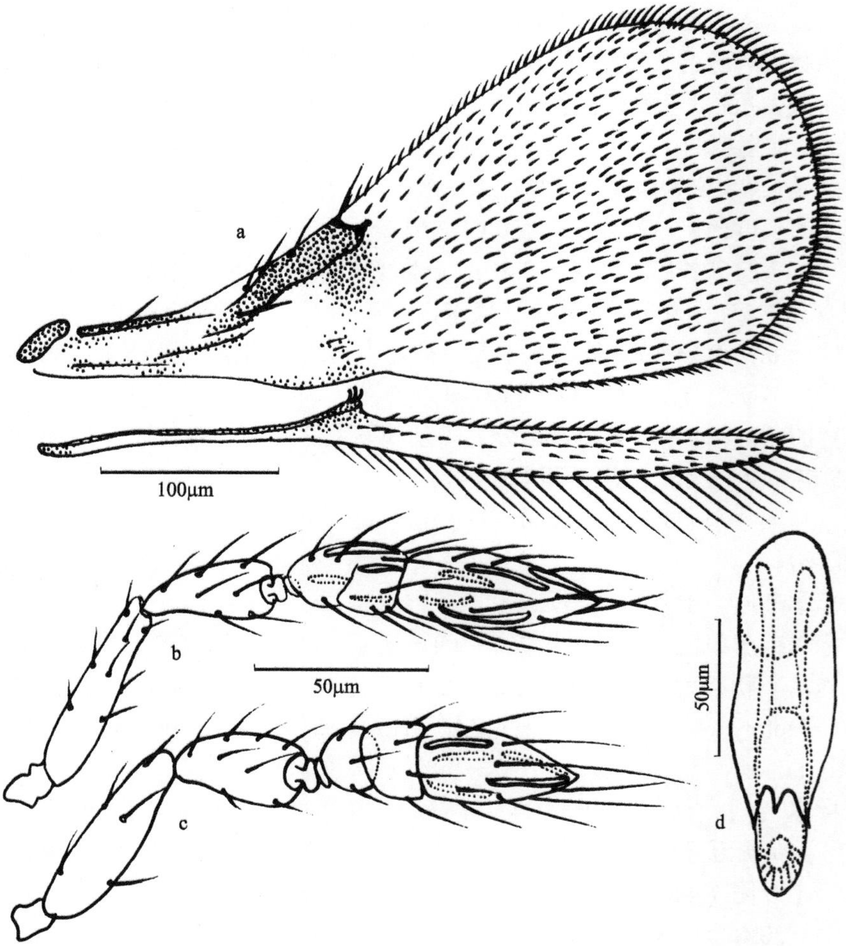

图 8 土耳其光脉赤眼蜂 *Aphelinoidea* (*Aphelinoidea*) *anatolica* Nowicki

a. 前后翅 (fore & hind wing, ♀)；b. 触角 (antenna, ♀)；c. 触角 (antenna, ♂)；d. 雄外生殖器 (male genitalia)

(4) 长翅光脉赤眼蜂 *Aphelinoidea* (*Lathromeroides*) *neomexicana* (Girault, 1915) (图 9)

Lathromeroides neomexicanus Girault, 1915d, Ent. News, 27(1): 5.

Aphelinoidea (*Lathromeroides*) *neomexicana* (Girault): Doutt & Viggiani, 1968, Proc. Calif. Acad. Sci., 35(20): 530; Triapitsyn, 1994/1995, J. Ent. Soc. Kansas, 67(4): 303; Walker *et al.*, 2005, Zootaxa, 1068: 9; Pinto, 2006, J. Hym. Res., 15(1): 88; Triapitsyn, 2018, Israel J. Ent., 48(2): 61-64.

Aphelinoidea (*Krygeriola*) *dolichoptera* Nowicki, 1933, Polskie Pismo Ent. (Bull. Ent. Pologne), 12(1-4): 4-5; Nowicki, 1936, Zeit. Angew. Ent. Berlin, 23(1): 141; Triapitsyn, 2018, Israel J. Ent., 48(2): 61-64.

Lathromeroides dolichoptera (Nowicki): Nowicki, 1940, Zeit. Angew. Ent. Berlin, 26(4): 657-659.

Aphelinoidea (*Lathromeroides*) *dolichoptera* Nowicki: Doutt & Viggiani, 1968, Proc. Calif. Acad. Sci., 35(20): 529; Trjapitzin, 1994, J. Ent. Soc. Kansas, 67(4): 304 [as *A. dolichoptera* (Nowicki)]; Hu & Lin, 2005, Entomotaxon., 27(2): 151-152; Wang *et al.*, 2009, Entomotaxon., 31(4): 315; Viggiani,

2009/2011, Frust. Ent. (N S), 32: 104-108.

Aphelinoidea gwaliorensis Yousuf & Shafee, 1985c, Mitt. Schweiz. Ent. Ges., 58: 303-304; Lin, 1994, System. Stud. Chinese Trichogrammatidae: 84-85; Hayat, 2008b, Oriental Insects, 42: 2-3; Wang *et al.*, 2009: 315; Khan & Anis, 2015/2016, J. Insect Syst., 2(2): 90-92, 95, syn. by Triapitsyn, 2018.

雌　体长 0.78-0.89 mm；全体黄褐色，但颜面褐色，头顶黄色；复眼、单眼红色；中胸盾淡黄色至橘黄色、并胸腹节暗黄色；腹部全体暗褐色或有橘黄色横带；各足基节、产卵管两端褐色；各足腿节端部及其以下足节淡黄褐色；前后翅脉黄褐色，前翅脉之下翅面具暗褐色昙纹，其余翅面无色透明。

头部正面观近圆形，宽略大于高；复眼长度超过头高的一半，其内侧颜面及头顶具若干纤毛；上颚端部 3 齿，下颚须 2 节，末端 2 毛；触角着生于两复眼下缘连线之上，除环状节外，各节均具细纤毛 (图 9b)；柄节细长，长为宽的 3.6 倍，等于梗节的 1.4 倍；梗节长梨形，长为宽的 2.0 倍；第二环状节较小，紧贴棒节基部；棒节长纺锤形，长为宽的 2.2-3.1 倍，等于柄节的 1.6 倍；端棒节长度为基部两棒节长的 1.2-1.8 倍，各棒节均具若干短小刺毛感器；基部两棒节分节明显，长均小于宽，未见明显板状感器；端棒节长为宽的 1.8 倍，相当于基部两棒节长的 1.7 倍，等于柄节长度，其端部具 4-5 支板状感器。

胸部仅及腹部长的 0.52 倍，上具明显刻纹；中胸盾长马蹄形，小盾片横形，各有 4 支粗刚毛；内悬骨短小，端部仅伸至腹长的 0.2 倍左右处；前翅长为宽的 2.3-2.7 倍，端部宽圆 (图 9a)；翅脉粗短，末端伸达翅长的 0.33-0.40 倍处；亚缘脉∶缘前脉∶缘脉∶痣脉的长度比例为 20∶7∶8∶4；缘脉略肿大，痣脉短而宽，稍向翅面弯曲；翅脉之下翅面几无纤毛，痣脉以外翅面纤毛稠密，散乱分布，无明显的无纤毛区域；缘毛较短，最长者约为前翅宽的 0.1 倍；后翅短于前翅，长为宽的 10.7 倍，翅脉约为翅长的 0.4 倍；翅面规则纤毛 3-4 列；最长后缘毛长于前翅最长者，为后翅宽的 1.2-2.0 倍；足正常大小，各足节均具细纤毛，各足腿节、胫节和跗节的长度比例是，前足 28∶20∶32，中足 25∶30∶36，后足 29∶35∶35。

腹部明显较长，长于头胸部之和，约为头胸部全长的 1.29 倍；产卵管较发达，长度约与腹部等长或等于腹长的 1.25 倍；等于后足胫节长的 2.9-3.9 倍，基部向前几乎抵达后胸，端部稍突出腹末之外 (图 9e)，下生殖板十分发达，约为产卵管长的 0.9 倍，端部近于腹末。

雄　体长 0.56-0.89 mm；体色及主要特征基本与雌虫相似，但触角柄节长圆筒形，长为宽的 5.67 倍，为梗节的 1.42 倍 (图 9c)；梗节梨形，长为宽的 2.4 倍；棒节长为宽的 2.4-2.9 倍，基部两棒节分节明显，端棒节稍长于基部两棒节之全长，其上仅见 1 支板状感器。

腹部较长，相当于头胸部长度之和的 1.26 倍；外生殖器的阳基细长 (图 9d)，长 0.14-0.17 mm，与后足胫节长度相当，阳茎端部分 2 叉。

寄主　除 Girault (1915d) 报道在美国新墨西哥州可寄生 1 种未定名的叶蝉卵外，尚无其他寄主记录。

模式标本产地 Las Vegas, San Miguel County, New Mexico, USA。

模式标本存放单位 United States National Museum, Washington, DC, USA [USNM]。

研究标本 1♂，新疆乌鲁木齐 (N43°44'17", E87°36'24", 800M)，2001.VII. 25，崔卫东网扫；1♀2♂，新疆新源 (N43°25'39", E83°16'25", 1800M)，2001.VI. 1，吴卫网扫；1♀，福建武夷山茶场 (N27°42'25", E117°59'52", 194M)，1985. VIII. 7，林乃铨网扫；1♀，福建武夷山黄岗山 (N27°51'37", E117°47'02", 2158M)，1985. VII. 14，汤玉清网扫；3♀，海南儋州宝岛新村 (N19°30'42", E109°30'39", 45M)，2005. VI，张端璋网扫；1♀，西藏林芝 (N29°50', E93°25', 2009M)，2002. VIII. 20，林乃铨、孙新涛网扫。

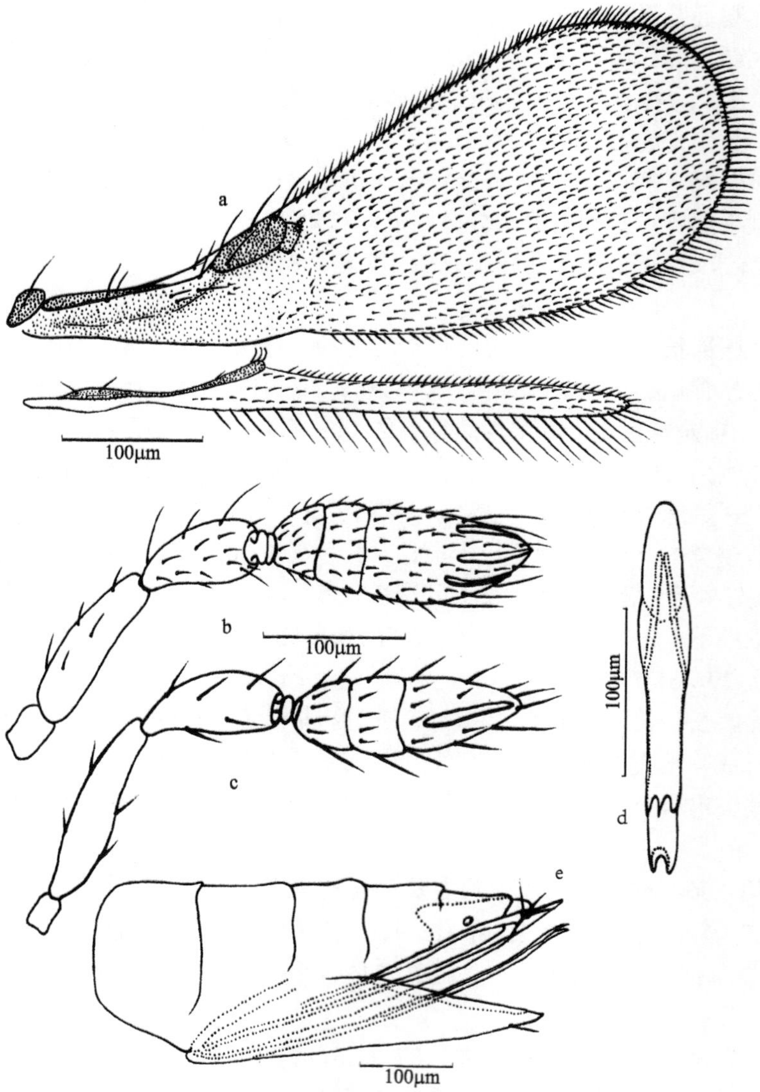

图 9 长翅光脉赤眼蜂 *Aphelinoidea* (*Lathromeroides*) *neomexicana* (Girault)

a. 前后翅 (fore & hind wing, ♀)；b. 触角 (antenna, ♀)；c. 触角 (antenna, ♂)；d. 雄外生殖器 (male genitalia)；e. 雌腹部侧面观 (lateral view of female abdomen)

分布　新疆 (乌鲁木齐、新源)、福建 (武夷山)、海南 (儋州)、西藏 (林芝)；克罗地亚，匈牙利，意大利，波兰，乌克兰，吉尔吉斯斯坦，印度，美国，加拿大，哥斯达黎加。

附注　保存于美国国家博物馆 [USNM] 的模式标本未检视，本种的描述及其特征图根据存于新疆大学 [ICXU] 的 *A.* (*L.*) *dolichoptera* 和福建农林大学 [FAFU] 的 *A. gwaliorensis* 标本，同时参照 Triapitsyn (2018) 的重新记述。

(5) 刀管光脉赤眼蜂 *Aphelinoidea* (*Lathromeroides*) *bischoffi* (Nowicki, 1946) (图 10)

Lathromeroides bischoffi Nowicki, 1946, Zbl. Ges. Geb. Ent., 1: 45-46.

Aphelinoidea (*Lathromeroides*) *bischoffi* (Nowicki): Doutt & Viggiani, 1968, Proc. Calif. Acad. Sci., 35(20): 529; Viggiani, 2009/2011, Frust. Ent. (N S), 32(45): 105; Triapitsyn, 2018, Israel J. Ent., 48(2): 45-47.

Aphelinoidea cultrocaudata Wang *et al*., 2009, Entomotaxon., 31(4): 315-320, syn. by Viggiani, 2009/2011: 105.

雌　体长 1.33 mm (0.73-1.38 mm)；全体深黄褐色，但复眼、单眼红色；头顶、触角、翅脉、各腿节与胫节两端淡黄褐色；各足跗节淡黄色；痣脉之下翅面具淡黄褐色晕纹，其余翅面无色透明。

头部正面观宽略大于高 (20∶17)；上颚端部 3 齿，下颚须不分节；触角着生于颜面中部之下方，由 7 节组成；柄节圆筒形，长为宽的 3.4 倍 (34∶10)，为梗节长的 1.3 倍 (35∶22)；梗节长梨形，长为宽的 2.0 倍 (22∶11) (图 10b)；第二环状节紧贴于棒节基部；棒节长卵圆形，长为宽的 3.57 倍 (50∶14)；基部两棒节分节不完全，腹面观分为 2 节，背面观分为 3 节；各棒节长度比例为 8∶6∶36，其上除具若干刺毛感器外，还依次各具 1、1 和 5 支板状感器。

前翅长为宽的 2.25 倍 (70∶31) (图 10a)，翅脉端部不伸达翅长的 1/3 (23∶70)；亚缘脉、缘前脉、缘脉和痣脉的长度比例为 40∶20∶27∶6；痣脉短而宽，结节状，其端部之下翅面具 1 明显的无纤毛区域；端半段翅面纤毛稠密，不规则散乱排列；缘毛短，最长者不及前翅宽的 1/20 (6∶124)；后翅稍短于前翅，长为宽的 14.0 倍 (56∶4)；最长后缘毛明显长于前翅最长者 (10∶6)，也大于后翅宽度；翅面规则纤毛 3 列；足较粗壮，各足节均具纤毛，它们的长度比例分别是，前足 24∶39∶45，中足 30∶39∶44，后足 38∶48∶45。

腹部极长，等于头胸部长度之和的 1.33 倍 (24∶18)；产卵管极发达，侧面观呈明显弯刀状 (图 10e)，约为腹长的 1.5 倍 (33∶24)，至少等于后足胫节长的 3.8 倍；基部向前抵达后胸，端部显著突出腹末之外，其突出部分约为产卵管总长的 1/3 (12∶33)。

雄　体长 1.26 mm；体色及主要形态特征与雌虫相似，但触角棒节明显短小，基部两棒节分节明显；各棒节上的板状感器明显较雌者少，鞭毛感器较多而长 (图 10c)；外生殖器的阳基细长 (图 10d)，长约为宽的 6.0 倍 (64∶11)，明显短于后足胫节长 (64∶95)。

寄主 未知。

模式标本产地 Austria (Vienna)。

模式标本存放单位 Dip. Ent. Zool. Agr. Univ. Studi Napoli, Portici, Italy [DEZA]。

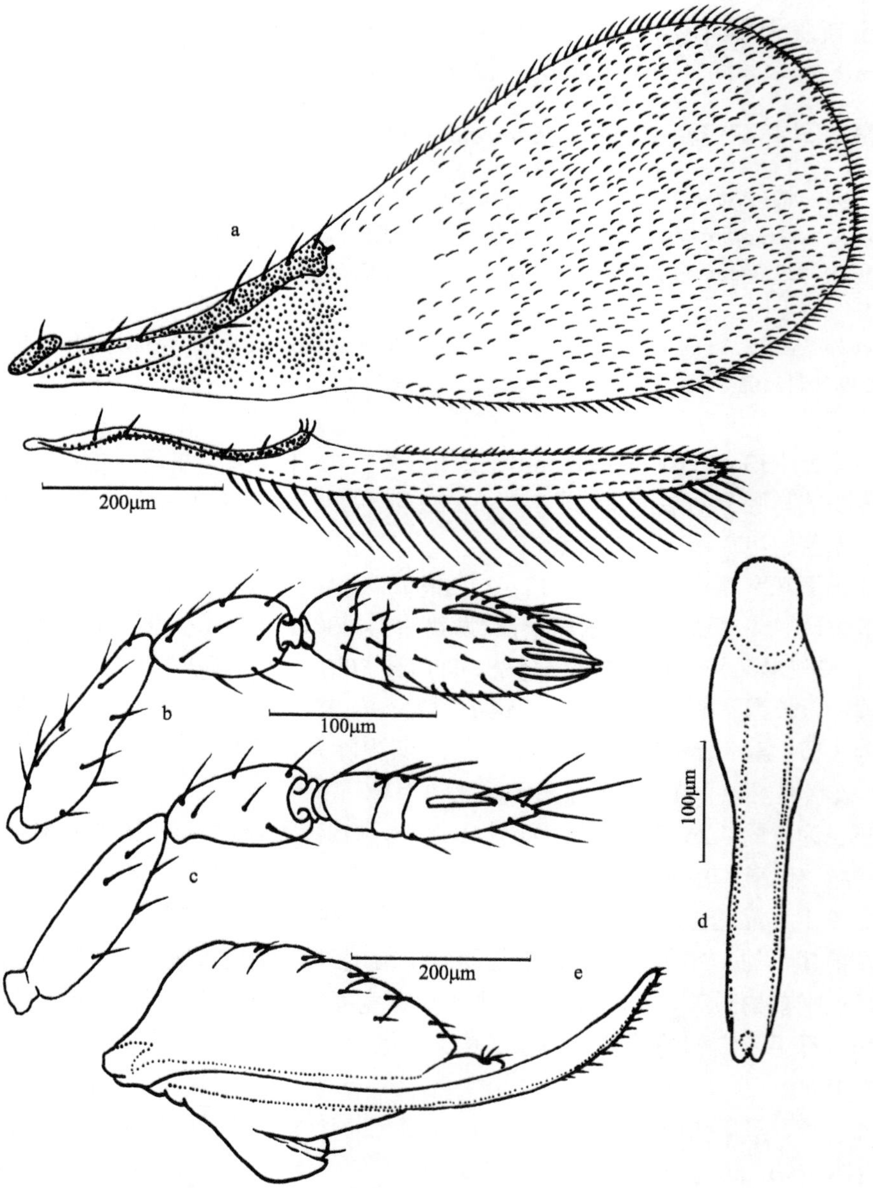

图 10 刀管光脉赤眼蜂 *Aphelinoidea* (*Lathromeroides*) *bischoffi* (Nowicki)

a. 前后翅 (fore & hind wing, ♀)；b. 触角 (antenna, ♀)；c. 触角 (antenna, ♂)；d. 雄外生殖器 (male genitalia)；e. 雌腹部及产卵管侧面观 (lateral view of female abdomen & ovipositor)

研究标本 14♀，新疆塔城 (N46°54'152", E87°56'45", 860M)，2007. VIII. 30，张晶晶网扫；7♀，新疆托里 (N46°16'45", E83°35'90", 700M)，2007. VIII. 29，罗亚皇网扫；5♀，

新疆额敏 (N46°47'07", E83°22'15", 600M)，2007. VIII. 29，徐建华、张铁刚网扫；2♀，新疆额敏恰夏 (N46°41'97", E83°24'58", 470M)，2007. VIII. 30，杜斌网扫；1♀，新疆哈巴河 (N48°03.156'18", E86°26'35", 1072M)，2007. VIII. 3，何茜、徐建华网扫；9♀1♂，新疆吉木乃恰勒什海 (N47°31'58", E86°08'90", 2700M)，2007. VIII. 1，何茜网扫。

分布 新疆 (托里、额敏、塔城、哈巴河、吉木乃)；奥地利，克罗地亚，德国，摩尔多瓦，西班牙，乌克兰，吉尔吉斯斯坦 (Triapitsyn, 2018)。

附注 保存于意大利 [DEZA] 的模式标本未检视，本种的描述及其特征图根据存于新疆大学 [ICXU] 的 *A. cultrocaudata* 两性标本，同时参照 Triapitsyn (2018) 重新记述。

2. 异赤眼蜂属 *Asynacta* Föerster, 1856

Eulophus Nees, 1834, Hym. Ichn. Aff. Mon., 2: 183. **Type species**: *Eulophus exiguus* Nees, 1834, by original designation.

Asynacta Föerster, 1856, Hym. Stud., 2: 87. **Type species**: *Asynacta nigra* Föerster, 1856, original designation. as synonym of *Asynacta exigua* (Nees, 1834), by Mayr, 1904, Verh. Zool. Bot. Gesell. Wien., 54(B): 589-592; Kryger, 1918, Entomol. Medd., 12(2): 337-341; Blood & Kryger, 1928, Ent. Medd., 16: 214-216; Doutt & Viggiani, 1968, Proc. Calif. Acad. Sci., 35(20): 512-513; Liao, Li, Pang & Chen *eds*., 1987, Economic Insect Fauna of China: 34. Hym.: Chalcidoidea (1): 210-211; Lin, 1993c, Acta Ent. Sin., 36(2): 207-209; Lin, 1994, System. Stud. Chinese Trichogrammatidae: 196-199.

鉴别特征 前翅宽大，末端圆；缘脉不与前缘紧密接触，痣脉与缘脉呈弓形弯曲；翅面纤毛稠密，除第一径分毛列 (R_1)、中毛列 (M) 和臀毛列 (A) 排列较规则外，大部分纤毛散乱分布；中肘横毛列 (m-cu) 和肘毛列 (Cu) 不明显；雌雄触角均 8 节，即柄节、梗节、环状节各 1 节，索节 2 节，棒节 3 节；各索节、棒节均具若干锥栓感器、板状感器和许多鞭毛感器，尤以雄者鞭毛感器多而长；雄外生殖器明显分为阳基和阳茎两部分；阳基背突消失，端部具阳基侧瓣、钩爪和腹中突；阳茎细长，明显长于其内突。

寄主 本属迄今只知 3 种，欧洲的 *A. exigua* 寄主未知，我国 2 种知可寄生鞘翅目的榆紫叶甲 *Ambrostoma quadriimpressum* 和黄斑直缘跳甲 *Ophrida xanthospilota* 等卵。

分布 中国 (北京、吉林)；波兰，德国，西班牙，目前仅知分布于古北区。

附注 Nees (1834) 根据采自德国的标本，描述为 *Eulophus exiguus*，隶于姬小蜂科 Eulophidae。Föerster (1856) 将另一些同种标本描述为 *Asynacta nigra*；Mayr (1904) 研究了他们保存在维也纳博物馆的模式标本之后，发现 *Asynacta nigra* Föerster 与 *Eulophus exiguus* Nees 实为同一种，因而正式确立了本属，模式种更正为 *Asynacta exigua*。而后，Kryger (1918)、Blood & Kryger (1928) 都支持 Mayr (1904) 的意见；Nowicki (1936) 称他在波兰的华沙和西班牙的马德里也采得此种标本。Liao (1987) 在《中国经济昆虫志 第三十四册 膜翅目 小蜂总科 (一)》中，首次报道了我国吉林的另一新种榆紫叶甲赤眼蜂 *Asynacta ambrostomae*；Lin (1993c) 发表了本属的第三个新种，因此本属迄今只知 3 种。

Doutt & Viggiani (1968) 根据本属触角和翅脉的特征，认为本属与圆翅赤眼蜂属

Poropoea、断脉赤眼蜂属 *Mirufens* 2属缘系接近。Viggiani (1971b, 1984) 和Pinto (2006) 按其雄外生殖器特征为主的分亚科、分族标准，一致将本属归为赤眼蜂亚科赤眼蜂族；Owen *et al.* (2007) 基于分子证据的赤眼蜂科系统发育分析，由于缺少古北区的本属标本而无法获得支持本属的分子证据，但他们也支持本属归于赤眼蜂亚科。

种检索表

雌雄两性触角均较粗壮，各索节、棒节之长均略小于宽；雌腹部长圆锥形不侧扁，产卵管约为腹部长的 0.42 倍；相当于后足胫节长的 0.6 倍，端部不明显露出腹末之外；雄外生殖器的阳基和阳茎均较宽大；阳茎长约为其内突的 1.74 倍，两者全长仅及后足胫节长的 0.63 倍 ………………………………………………………………………… **榆紫叶甲赤眼蜂 *A. ambrostomae***

雌雄两性触角均较细长，各索节、棒节之长均明显大于宽；雌腹部稍侧扁，产卵管很发达，明显长于腹部；相当于后足胫节长的 2.2 倍，端部显著突出腹末之外；雄外生殖器的阳基和阳茎均较细窄；阳茎长等于其内突的 2.0 倍，两者全长与后足胫节约等长………… **跳甲异赤眼蜂 *A. ophridae***

(6) 榆紫叶甲赤眼蜂 *Asynacta ambrostomae* Liao, 1987 (图 11)

Asynacta ambrostomae Liao, 1987, in: Liao, Li, Pang & Chen *eds.*, 1987, Economic Insect Fauna of China: 34. Hym.: Chalcidoidea (1): 210-211; Lin, 1993c, Acta Ent. Sin., 36(2): 207-209; Lin, 1994, System. Stud. Chinese Trichogrammatidae: 198-199.

雌 体长 1.0-1.2 mm；全体黑褐色，但触角、翅脉灰褐色，复眼暗紫红色；上颚、产卵管黄褐色；前中足腿节端部、各足胫节两端及全部跗节淡黄褐色；前翅翅面大致无色透明。

头部正面观倒三角形，宽明显大于高；复眼较大，长约为头高的 0.59 倍；其内侧颜面凹陷，且具细纤毛，头顶区的纤毛粗短；触角着生于两复眼下缘连线之稍上方，较粗壮；柄节长为宽的 3.25 倍，等于梗节的 2.0 倍 (图 11b)；梗节梨形，长为宽的 1.32 倍；环状节大而明显；两索节均横形，大约等长，分别为各自宽度的 0.8 倍和 0.85 倍；第一索节更宽大；棒节长卵圆形，长约为宽的 1.9 倍，等于柄节长的 0.9 倍；各棒节均横形，长小于宽，各节交界处稍有重叠；基棒节与端棒节的长度接近，第二棒节最宽大；各索节、棒节除均具若干锥栓感器和许多鞭毛感器外，还依次各具 6、5 和 2、5、5 支板状感器。

胸部背板密具细刻纹，稍长于腹部；前翅端部宽圆，长为宽的 1.7 倍 (图 11a)；翅脉明显呈弓形弯曲，端部稍超过翅长的一半，缘脉不与前缘紧密接触；前缘室宽大，其前端具 2 列纵向纤毛；翅面纤毛稠密，仅第一径毛列、中毛列及臀毛列排列较规则外，其余均散乱分布；缘毛短，最长者仅及翅宽的 0.05 倍；后翅稍短于前翅，较宽大，末端圆而不尖，长为宽的 5.1 倍；翅脉等于翅长的 0.58 倍，端半段翅脉内缘具 1 列短毛；翅面纤毛多而密，仅近前缘 2 列较规则外，其余散乱分布；最长后缘毛仅及后翅宽的 0.43 倍，等于前翅最长者的 2.4 倍；足正常大小，各足节均密具纤毛。

腹部长圆锥形，不侧扁；各腹节背板仅后缘具 1 横列纤毛外，未见明显刻纹；产卵管约为腹长的 0.42 倍，相当于后足胫节长的 0.6 倍，端部不明显突出腹末之外。

雄　体长 1.0-1.1 mm；体色和大部分特征与雌虫相似，但触角索节、棒节上的鞭毛感器明显比雌者多而长（图 11c），其上还依次各具 2、3 和 2、4、4 支板状感器；外生殖器明显分阳基和阳茎两部分（图 11d）；AD 之长约为阳基长的 0.31 倍，腹中突细长，末端与钩爪齐平，稍伸出阳基侧瓣之外；中脊不明显；阳茎等于其内突的 1.74 倍，两者全长明显长于阳基，仅及后足胫节长的 0.63 倍。

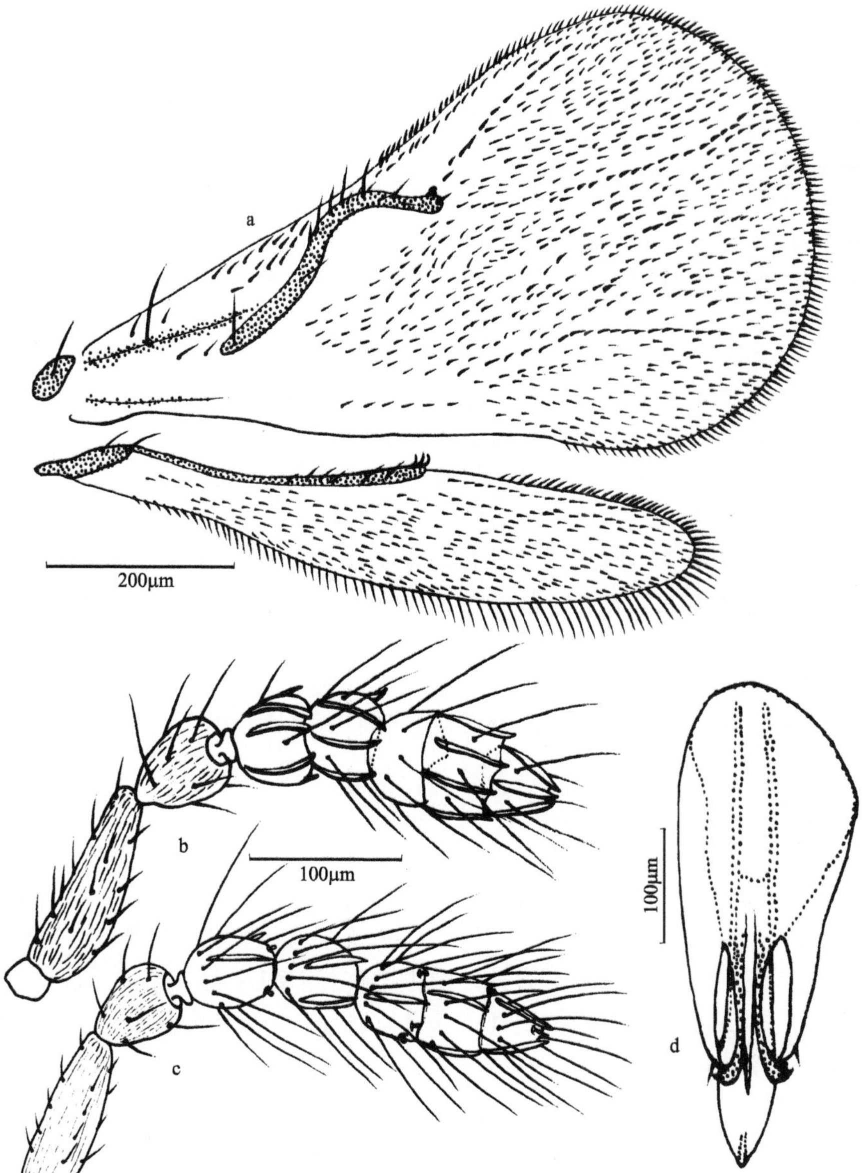

图 11　榆紫叶甲赤眼蜂 *Asynacta ambrostomae* Liao

a. 前后翅（fore & hind wing, ♀）；b. 触角（antenna, ♀）；c. 触角（antenna, ♂）；d. 雄外生殖器（male genitalia）

寄主 榆紫叶甲 *Ambrostoma quadriimpressum* 卵。

模式标本产地 吉林长春。

模式标本存放单位 中国科学院动物研究所昆虫标本馆 [IZCAS]。

研究标本 ♀(正模)，2♀2♂(副模)，吉林长春 (N44°00'21", E123°09'03", 260M)，1974，夏礼煌、陈泰鲁从榆紫叶甲卵养得；4♀3♂，辽宁沈阳 (N41°42'53.83", E123°26'58", 47M)，1989. IX，张荆、娄巨贤采；2♀2♂，辽宁铁岭 (N42°09'25.48", E123°31'18", 50M)，1980. V. 14，娄巨贤采；1♀1♂，内蒙古哲盟 (N43°39'10", E122°14'33", 177M)，1981. VI，陈学英采；2♀，内蒙古左旗 (N41°15'45", E114°46'35", 1399M)，1979. VI. 30，高兆宁采；2♀2♂，内蒙古乌盟红山 (N42°25'51", E119°18'44", 577M)，1983. VII. 21，陈学英采。

分布 吉林 (长春、白城)、辽宁 (沈阳、铁岭)、内蒙古 (乌盟、哲盟、左旗)。

(7) 跳甲异赤眼蜂 *Asynacta ophridae* Lin, 1993 (图 12)

Asynacta ophriolae Lin, 1993c, Acta Ent. Sin., 36(2): 207-209; Lin, 1994, System. Stud. Chinese Trichogrammatidae: 197-198 (lapsus for *Asynacta ophridae* Lin).

雌 体长 1.0-1.1 mm；全体黑褐色，但触角柄节基部、各足腿节末端、胫节两端及中后足基部两跗节为淡褐色；复眼、单眼暗红色；中胸盾和小盾片中央有 1 灰褐色纵带，翅脉和上颚褐色，前翅翅面大体无色透明。

头部正面观扁圆形，宽大于高，与胸部约等宽；复眼较大，长为头高的 0.63 倍；上颚强大，端部 2 齿，内侧齿钝而大；下颚须 2 节，末端具 3 毛，中间 1 毛极短小；触角着生于两复眼内侧中下方，较细长；柄节长为宽的 2.7 倍，相当于梗节的 1.6 倍 (图 12b)；梗节近梨形，长约为宽的 1.5 倍；环状节小而明显；两索节的长均大于宽，长度大致相等；棒节长圆锥形，基棒节近半圆形，长为宽的 0.7 倍，等于第二棒节长的 0.55 倍；第二棒节圆筒形，长为宽的 1.2 倍，与第三棒节约等长；第三棒节长锥形，长为宽的 2.3 倍；各索节、棒节除均具若干锥栓感器和许多鞭毛感器外，还依次具 6、6 和 4、5、4 支板状感器。

胸部短于腹部，其上具网状刻纹；中胸盾和小盾片上各具 4 支纤毛，中央具 1 灰褐色带纵贯前后；内悬骨较短，末端平截，向后伸达腹长的 0.3 倍左右处；前翅宽圆，末端近于平截，长仅为宽的 1.6 倍 (图 12a)；翅脉端部伸达翅长的一半，缘脉不与前缘紧密相接触，其上具 3 支粗刚毛和 1 列细纤毛；痣脉与缘脉呈弓形弯曲，略长于缘脉；前缘室宽大，近前缘除具 1 列纵向纤毛外，中央还有若干细纤毛；翅面纤毛稠密，仅第一径毛列、中毛列和臀毛列排列较规则外，其余均散乱分布；缘毛较短，最长者仅及前翅宽的 0.1 倍；后翅略短于前翅，较宽大，末端尖圆；翅脉长约为翅长的 0.55 倍，端半部翅脉内缘具 1 横列纤毛；翅面纤毛较多，近前缘 2 列排列较规则，其余散乱分布；最长后缘毛略长于前翅最长者，但短于后翅宽度；足正常大小，各足节均密具纤毛。

腹部背板大致光滑，稍侧扁，但各腹节背板后缘有 1 列纤毛；产卵管很发达 (图 12d)，明显长于腹部，端部显著突出腹末之外，相当于后足胫节长的 2.2 倍；下生殖板较大，端部伸达产卵管的一半左右。

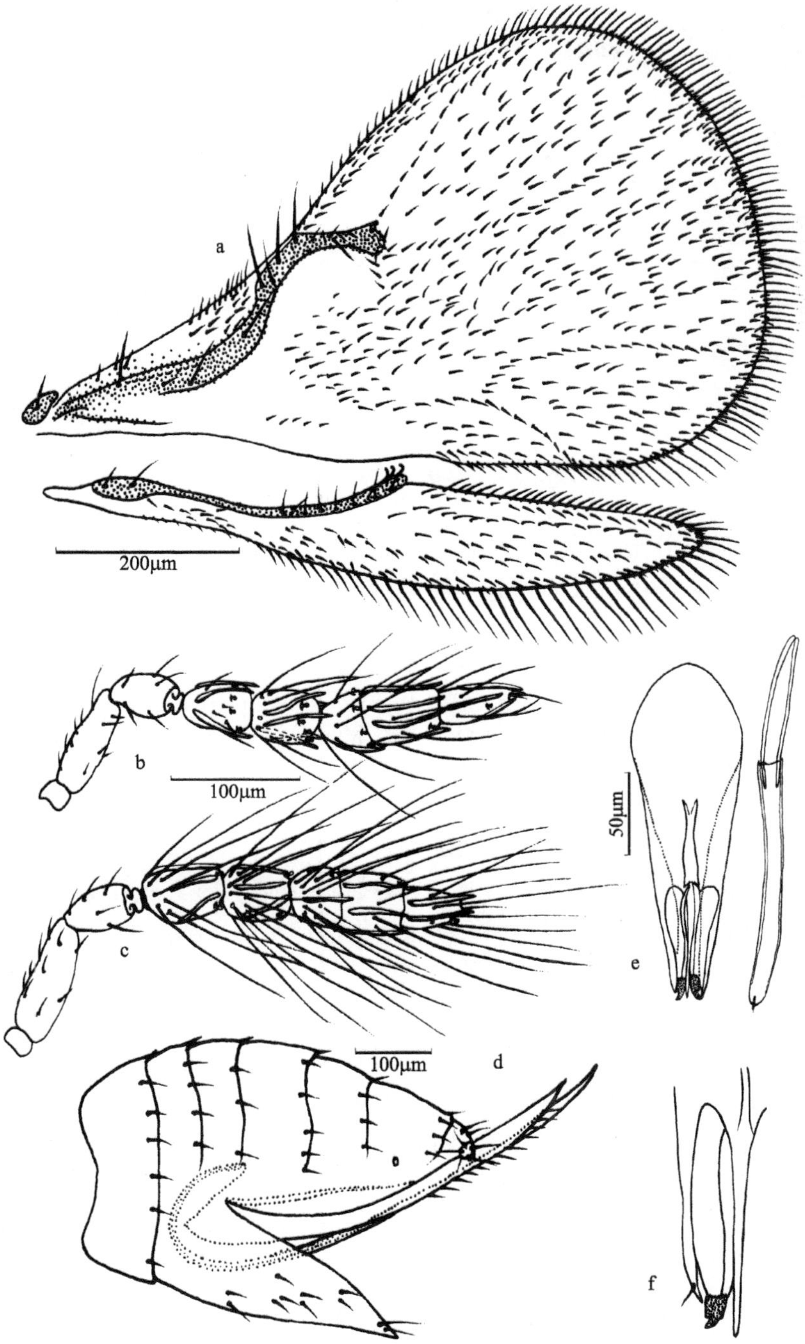

图 12　跳甲异赤眼蜂 *Asynacta ophridae* Lin

a. 前后翅 (fore & hind wing, ♀)；b. 触角 (antenna, ♀)；c. 触角 (antenna, ♂)；d. 雌腹部侧面观 (lateral view of abdomen, ♀)；e. 雄外生殖器 (male genitalia)；f. 阳基侧瓣，钩爪与腹中突端部放大 (magnification of apical GF, CS and MVP)

雄　体长 0.9-1.0 mm；体色和形态特征与雌虫相似，但触角索节、棒节上的鞭毛感器明显比雌者多而长 (图 12c)，其上的板状感器数与雌者相似；外生殖器明显分为阳基

和阳茎两部分 (图 12e)；AD 之长约为阳基长的 0.3 倍，腹中突细长 (图 12f)，末端与钩爪端部齐平，稍伸出阳基侧瓣端部之外；中脊骨化不明显，仅在基部颜色稍深，向后伸达 BD 长的一半左右；阳茎细长，长度等于其内突长的 2.0 倍；两者全长明显长于阳基，与后足胫节约等长。

寄主　黄斑直缘跳甲 *Ophrida xanthospilota* 卵。

模式标本产地　北京香山。

模式标本存放单位　福建农林大学生物防治研究所昆虫标本室 [FAFU]。

研究标本　♀(正模)，8♀7♂(副模)，北京香山 (N40°04'23", E116°13'52", 168M)，1984. IV，赵穗华从黄斑直缘跳甲卵养得。

分布　北京 (香山)。

3. 刺脉赤眼蜂属 *Brachygrammatella* Girault, 1915

Brachygrammatella Girault, 1915d, Mem. Queen. Mus., 3: 147. **Type species**: *Brachygrammatella nebulosa* Girault, 1915, by monotype; Doutt & Viggiani, 1968, Proc. Calif. Acad. Sci., 35(20): 516-518; Lin, 1993c, Acta Ent. Sin., 36(2): 211-212; Lin, 1994, System. Stud. Chinese Trichogrammatidae: 39-41; Pinto, 2006, J. Hym. Res., 15(1): 90-91; Hayat, 2008b, Oriental Insects, 42: 3-4.

Pseudbrachygramma Girault, 1915d, Mem. Queen. Mus., 3: 148, as subgenus, designated by Doutt & Viggiani, 1968: 516-518.

鉴别特征　触角 7-8 节，除柄节、梗节外，环状节 2 节、索节 2 节、棒节 1-2 节 (常不完全分节)；两索节均横形且紧密相连，长宽接近，棒节基部宽圆而端部尖削；各索节、棒节均具若干锥栓感器、鞭毛感器和板状感器；前翅末端宽圆，缘脉宽阔，上具簇生粗刺毛；痣脉短而宽，基部无缢缩；缘脉与缘前脉交界处骨化程度较低而色淡，缘前脉窄于缘脉而使前缘室显得较发达，末端在缘脉基部处平截；翅脉下方翅面具暗色昙纹，翅面纤毛稠密；仅中毛列、中肘横毛列和臀毛列的基部稍清楚外，绝大多数纤毛均散乱分布；各足节均多刺毛，产卵管端部不明显露出腹部末端之外；雄性体色及主要特征与雌虫相似，但触角棒节略粗短；外生殖器明显分为阳基和阳茎两部分，阳基具 1 对腹面纤毛和退化的叶状钩爪痕迹，阳茎具阳茎内突。

寄主　仅知 3 种能寄生半翅目的角蝉科 Membracidae、短头叶蝉科 Bythoscopidae 和盲蝽科 Miridae 等卵，尚有 7 种的寄主不明。

分布　已知 10 种，分别分布于中国 (2 种，其中 1 种原产于印度)，印度 (2 种)，南非 (2 种) 和澳大利亚 (5 种)。

附注　本属系 Girault (1915d) 根据采自昆士兰的 *B. nebulosa* 为模式而建立，他同时还将另外一些标本描述为 *Pseudbrachygramma dubia* 和 *P. perplexa* 2 新种；Doutt & Viggiani (1968) 研究了这些模式标本之后，认为 *Pseudbrachygramma* 属与本属没有本质的区别，因此他们根据 *Pseudbrachygramma* 的雌性触角棒节 1 节、前翅缘脉之下翅面具 1 无刺毛区域、后翅面具 2 列以上规则纤毛以及中足胫节外侧具 1 大刺或具较多刺毛等特征，将它指定为本属 *Brachygrammatella* 的 1 个亚属，同时在本属之下设 1 指名亚属。Doutt (1968) 通过研究，还将 *P. dubia* 指定为 *P. perplexa* 的异名，同时还把 Girault (1912) 描述的 *Aphelinodiea speciosissima* 归到本属。此外，Viggiani (1968a)、Viggiani & Hayat (1974)、Khan (1975a, b, 1976)、Yousuf & Shafee (1985c)、Lin (1993c) 等先后分别发表了本属的 8 个新种。Hayat (2008) 在全面研究印度的本属种类后，再次纠正了印度学者 Khan (1975a, b, 1976) 和 Yousuf & Shafee (1985c) 先后描述本属 3 种的错误，将它们全部定为 *B. indica* 的异名。因此，迄今本属已知的有效种 10 种 (其中 *B. jaipurensis* 存疑)。

根据本属的雄外生殖器特征，Viggiani (1971b, 1984) 将其归在赤眼蜂亚科赤眼蜂族内；Pinto (2006) 在对以美洲为主兼及全世界的赤眼蜂雄外生殖器全面研究基础上，进一步根据阳基的结构及其与阳茎的愈合程度，把具有 Type 2a 类外生殖器的本属，修改为寡索赤眼蜂亚科毛翅赤眼蜂族；Owen *et al.* (2007) 基于分子证据的赤眼蜂科系统发育分析结果，虽然对本属归为毛翅赤眼蜂族仍有疑问，可已明确将本属归于寡索赤眼蜂亚科下；Pinto (2006) 同时认为本属与 *Chaetogramma* 属和 *Xiphogramma* 属的缘系相近。

Lin (1993c) 发表了我国福建的 *B. coniclavata*，因其雌性触角棒节 1 节，指定为本属的 *Pseudbrachygramma* 亚属；近年又从采自海南霸王岭保护区的标本中发现另一新记录种 *B. indica*，其雌性触角棒节 2 节，应隶于指名亚属 *Brachygrammatella*；记述我国 2 种如下。

种 检 索 表

雌性触角棒节 1 节，明显长于柄节；腹部长圆筒形，产卵管较发达，等于后足胫节长的 2.7 倍，端部明显突出腹末之外；雄外生殖器的阳基较细长，基部宽而端部细窄，长为最宽处的 3.5 倍，阳茎明显短于其内突，两者全长约为阳基长的 0.9 倍……**锥棒刺脉赤眼蜂 *B.* (*Pseudbrachygramma*) *coniclavata***

雌性触角棒节 2 节，与柄节约等长；腹部长卵圆形，产卵管由腹部中间伸出，等于后足胫节长的 2.0 倍，端部约伸达第 VIII 腹节；雄外生殖器的阳基较宽而粗短，长约为最宽的 3.0 倍，除中部具 1 对腹面纤毛外，端部的阳基侧瓣和钩爪等结构退化而不明显，阳茎内突隐约可见……………………………………………………………………………………………**印度刺脉赤眼蜂 *B.* (*Brachygrammatella*) *indica***

(8) 锥棒刺脉赤眼蜂 *Brachygrammatella* (*Pseudbrachygramma*) *coniclavata* Lin, 1993 (图 13)

Brachygrammatella coniclavata Lin, 1993c, Acta Ent. Sin., 36(2): 211-212; Lin, 1994, System. Stud. Chinese Trichogrammatidae: 39-41.

雌　体长 1.1 mm；全体褐色，但上颚黄褐色，单眼、复眼红色至暗红色；头部、触角柄节、各足腿节末端、胫节两端与各跗节、中胸盾和小盾片为淡黄褐色；前翅面烟灰色半透明，除缘脉为褐色外，其余翅脉黄褐色；痣脉下方翅面有 1 烟褐色带状昙纹，横贯前后缘；各腹节背板两侧均具 1 淡黄褐色斑。

头部正面观扁圆形，宽大于高，明显宽于胸部，其上密布刻纹；复眼中等大小，长相当于头高的 0.6 倍左右；其内侧颜面各具 4 支纤毛，最上一支较粗；头顶单眼区周围具若干纤毛；上颚末端 3 齿，下颚须 1 节；末端具 3 毛，中间一支短而粗；触角着生在两复眼下缘连线上，由 7 节组成；柄节较长，长约为宽的 3.0 倍，相当于梗节长的 1.3 倍 (图 13b)；梗节梨形，长为宽的 1.6 倍，稍长于两索节长度之和；两环状节均为扁椭圆形；两索节均短而宽，基索节长约为宽的 0.7 倍，稍长于第二索节；第二索节长为宽的一半；棒节 1 节，圆锥形，端部尖削；长约为基部最宽处的 1.8 倍，明显长于柄节；各索节、棒节除均具若干锥栓感器和较多鞭毛感器外，其上依次各具 2、2 和 6 支板状感器。

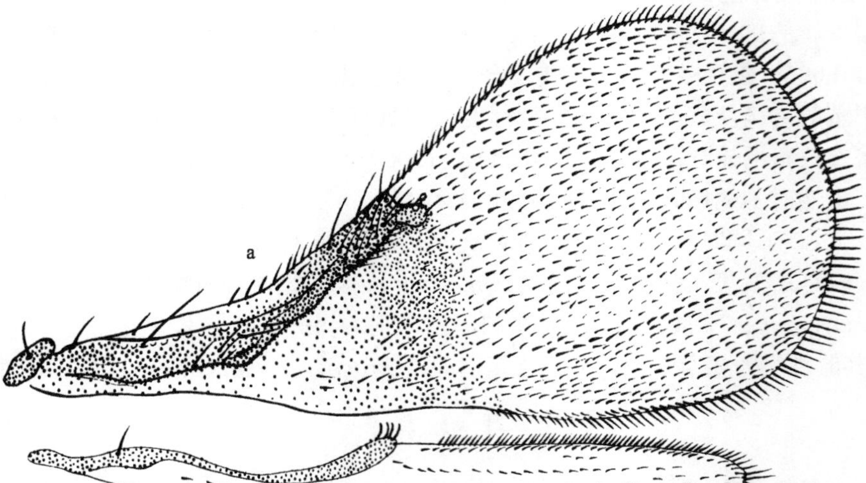

图 13　锥棒刺脉赤眼蜂 *Brachygrammatella* (*Pseudbrachygramma*) *coniclavata* Lin
a. 前后翅 (fore & hind wing, ♀)；b. 触角 (antenna, ♀)；c. 触角 (antenna, ♂)；d. 雄外生殖器 (male genitalia)

胸部背板密具刻纹，长度仅为腹长的一半左右；中胸盾马蹄形，宽略大于长；小盾片横形，长宽比近于 1∶2，两者上各具 2 对纤毛；内悬骨较宽短，末端分 2 叶，伸达腹长的 0.44 倍处；前翅宽圆，长为宽的 2.0 倍 (图 13a)；翅脉直而粗，端部接近翅长的一半；痣脉短，基部无缢缩，稍向翅面弯曲；缘脉短而宽，相当于缘前脉长的3/4，其上簇生短刺毛（约23支），缘脉与缘前脉交界处有1明显的半透明状骨化弱点；翅面纤毛稠密，仅中毛列和臀毛列的基部较规则外，其余纤毛均不规则散乱分布；前缘室发达，末端近于平截，其中具若干纤毛；缘毛短，最长者仅及前翅宽的1/20；后翅较宽，略短于前翅；翅面具规则纤毛4列和若干散布纤毛；后缘毛较长，最长者为前翅最长者的3.0倍，相当于后翅宽的0.7倍左右；足较粗壮，各足节密具刻纹和纤毛，各腿节末端内侧还具1粗刺毛，中足胫节外侧具若干粗刺毛。

腹部长圆筒形，各腹节背板除密具刻纹外，后缘均有1横列纤毛，中部背板两侧还各具1淡黄褐色斑；产卵管较发达，相当于腹长的0.7倍；等于后足胫节长的2.7倍，端部明显突出腹末之外；下生殖板较小，末端伸达产卵管基部约0.4倍处。

雄　体长1.0 mm；体色及形态特征与雌虫相似，但触角棒节较粗而短，约与柄节等长（图13c）；各索节、棒节除均具若干锥栓感器和较多鞭毛感器外，棒节还具4支板状感器；外生殖器明显分为阳基和阳茎两部分（图13d）；阳基较细长，长为基部最宽处的3.5倍；阳茎明显短于其内突，两者全长约为阳基长的0.9倍，与后足胫节约等长。

寄主　未知。

模式标本产地　福建福州金山。

模式标本存放单位　福建农林大学生物防治研究所昆虫标本室[FAFU]。

研究标本　♀(正模)，1♂(副模)，福建福州金山(N26°82'31", E119°20'30", 16M)，1987. V. 4，林乃铨采于黄盘诱集器；1♀，福建福州闽侯洋里金田茶场(N26°45'30", E119°05'48", 758M)，2012. V. 10，林乃铨网扫。

分布　福建（福州金山、闽侯洋里）。

(9) 印度刺脉赤眼蜂 *Brachygrammatella* (*Brachygrammatella*) *indica* Viggiani & Hayat, 1974, rec. nov.（图14）

Brachygrammatella (*Brachygrammatella*) *indica* Viggiani & Hayat, 1974, Boll. Lab. Ent. Agr. 'F. Silvestri', Portici, 31: 145-151; Hayat, 2008b, Oriental Insects, 42: 3-4.

Brachygrammatella indica: Khan, 1975a, Current Sci., Bangalore, 44: 431-432. Preoccupied by *B. indica* Viggiani & Hayat, 1974, syn. by Hayat, 2008b: 3-4.

Brachygrammatella aligarhensis Khan, 1976, Current Sci., Bangalore, 45: 392. Replacement name for *B. indica* Khan, 1975, syn. by Hayat, 2008b: 3-4.

Brachygrammatella longiclavata Khan, 1975b, Current Sci., Bangalore, 44: 635, syn. by Hayat, 2008b: 3-4.

雌　体长0.85 mm；全体淡黄褐色，但头部颜面下部及两颊区、前胸背板、中后胸侧板黄褐色；前翅缘脉褐色，痣脉以内的基部翅面具烟褐色半透明昙纹，其余翅面无色透明。

头部正面观扁圆形，宽大于高（38∶30）；与胸部约等宽，其上密布刻纹；复眼较大，长约为头高的0.6倍；头顶单眼区具若干刚毛，上颚末端3齿，较尖利；下颚须1节，末端 2 毛；触角着生在两复眼连线之上，由 7 节组成，较粗短；柄节长棒状，约等于梗节长的 2.0 倍；梗节梨形，两环状节小而明显，两索节均短而宽 (图 14b)；棒节 2 节，圆锥形，端部较尖削，与柄节约等长；各索节、棒节除均具若干锥栓感器和较多鞭毛感器外，其上还依次各具 2、2、2 和 2 支板状感器。

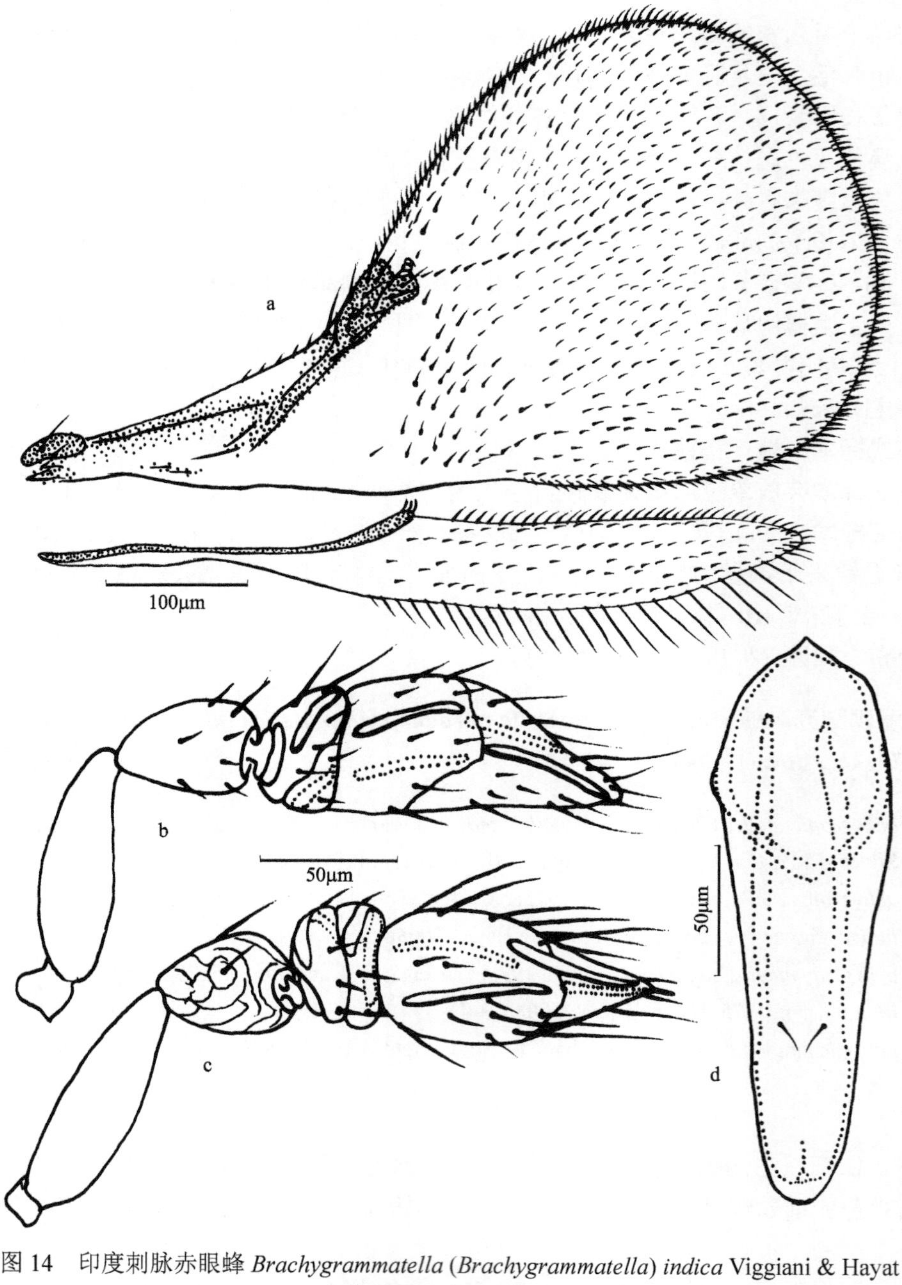

图 14 印度刺脉赤眼蜂 *Brachygrammatella* (*Brachygrammatella*) *indica* Viggiani & Hayat
(c, d 仿 Viggiani & Hayat, 1974)

a. 前后翅 (fore & hind wing, ♀)；b. 触角 (antenna, ♀)；c. 触角 (antenna, ♂)；d. 雄外生殖器 (male genitalia)

胸部约为腹长的 0.65 倍，其上密具刻纹；中胸盾和小盾片除各具 2 对长刚毛外，小盾片上还有菱形刻纹；内悬骨细长，末端分 2 叶，向后伸达腹长的 0.3 倍左右处；前翅宽圆，长约为宽的 2.0 倍(图 14a)，翅脉直而粗，末端伸达翅长的 0.5 倍左右处；痣脉短，基部不收缩，缘脉短而宽，其上密生刺毛 (约 20 支)；亚缘脉、缘前脉、缘脉和痣脉的长度比例分别为 20∶13∶12∶3；翅面纤毛稠密，仅中毛列和臀毛列的基部较规则外，其余纤毛均不规则散乱分布；痣脉下方翅面有 1 烟褐色带状昙纹，横贯前后缘，昙纹带之后方有 1 颜色较浅的带状区域；缘毛短小，最长者仅及翅宽的 0.05 倍左右；后翅较宽，略短于前翅，长为宽的 8.0 倍左右；翅面具规则纤毛 4 列，最长后缘毛约为前翅最长者的 3.0 倍，与后翅宽度相当；足较粗壮，各足节密具纤毛；各足基节、腿节除密具刻纹外，各足腿节末端内侧还具 1 粗刺毛，中足胫节外侧具若干粗刺毛；各足基跗节稍短于第二跗节，端跗节最长；各足腿节、胫节和跗节的长度比例分别是，前足 24∶16∶21，中足 21∶25∶32，后足 21∶29∶24。

腹部长卵圆形，各腹节背板密具刻纹；产卵管前端源于腹部中间，相当于腹长的 0.65 倍；等于后足胫节长的 2.0 倍左右，端部约伸达第 VIII 可见腹节。

雄　国内未见。根据 Viggiani & Hayat (1974) 对印度种的记述，体色及主要特征与雌性相似，触角特征如图 14c；外生殖器可见阳基和阳茎两部分 (图 14d)，阳基较宽而粗短，长约为基部最宽处的 3.0 倍；除中部具 1 对腹面纤毛外，端部的阳基侧瓣和钩爪等结构退化而不明显，阳茎内突隐约可见。

寄主　国内寄主未明，印度已知可寄生半翅目的角蝉 *Oxyrachis tarandus* 卵。

模式标本产地　印度 (Aligarh)。

模式标本存放单位　Zoology Museum, Aligarh Muslim University [ZMAMU]。

研究标本　1♀，海南昌江霸王岭保护区 (N19°7'47", E109°16'17", 1560M)，2006. I. 3，李文标网扫。

分布　海南 (昌江霸王岭保护区)；印度。本种为我国首次记录。

4. 类广赤眼蜂属 *Burksiella* De Santis, 1957 (中国新记录属)

Burksiella De Santis, 1957b, Nota Museo, La Plata, 19: 133-134. **Type species**: *Burksiella subannulata* De Santis, by original designation. syn by Doutt & Viggiani, 1968: 572-573.

Zagella Girault: Doutt & Viggiani, 1968, Proc. Cali. Acad. Sci., 35(20): 572-573; Lin, 1994, System. Stud. Chinese Trichogrammatidae: 122-123; Hu & Lin, 2005, Entomotaxon., 25(1): 61-64.

Gnorimogramma De Santis, 1972a, Arq. Univ. Fed. Rur. Rio de Janeiro, 2: 37-39. **Type species**: *Gnorimogramma aliciae* De Santis, by original designation, renewed generic status by Pinto, 2006, J. Hym. Res., 15(1): 91-94; Viggiani & Velasquez, 2006, Boll. Lab. Ent. Agr. 'F. Silvestri', Portici, 61: 41-45.

Parahispidophila Yousuf & Shafee, 1987, Indian J. Syst. Ent., 4(2): 55-200. **Type species**: *Parahispidophila singularis* Yousuf & Shafee, by original designation. syn. by Pinto, 2006, J. Hym. Res., 15(1): 91-94, redescribed by Hayat, 2008b, Oriental Insects, 42: 14-15; Hayat, 2009, Oriental Insects, 43: 201.

Gnorimogramma De Santis: Lin, 1994, System. Stud. Chinese Trichogrammatidae: 183-187, trans. to *Uscanoidea* by Pinto, 2006, J. Hym. Res., 15(1): 115-116, New combination.

鉴别特征 触角除柄节、梗节外，环状节和索节各 2 节 (常因不对称分节而很难看清)，棒节 3 节 (少数退化为 2 节、或基部 2 节分节不完全)；雌性棒节常因分节不对称而各节长度变化大，除基棒节有或无鞭毛感器外，其余各索节、棒节均具若干锥栓感器、鞭毛感器和板状感器；雄者除各棒节分节较对称外，其余特征与雌者相似；前翅宽大，长不足宽的 2.0 倍，末端近平截；痣脉与缘脉之间具缢缩，缘脉基部与缘前脉端部骨化程度明显较低，缘前脉基部具基后突；翅面纤毛中等密度至稠密，主要毛列规则成列，中肘横毛列清晰，且从痣脉端部向翅基部弧形弯曲与臀毛列汇合；缘毛较短，长度不足翅宽的 0.1 倍；雄外生殖器阳基与阳茎趋于愈合，阳基后缘圆形，逐渐向端部收窄；阳基腹面具 1 对纤毛，阳基侧瓣和钩爪有或无，阳基长度明显短于后足胫节。

寄主 7 种知可寄生鞘翅目的叶甲科 Chrysomelidae (Lin, 1994)、半翅目的叶蝉科 Cicadellidae、沫蝉科 Cerocopidae、蛾蜡蝉科 Flatidae 和直翅目的螽斯科 Tettigoniidae 等虫卵，另有 9 种的寄主未明。

分布 本属已知 16 种，8 种分布于南美的委内瑞拉和阿根廷，3 种产于中北美洲，Pinto (2006) 称美洲还有许多未描述种类；3 种分布于东洋区的印度和我国海南、福建和湖北，2 种分布于古北区的我国内蒙古和新疆，此系本属在我国的首次分布记录；澳洲区和非洲区至今尚无本属的分布记录。

附注 本属系 De Santis (1957b) 以采自南美洲阿根廷的 *B. subannulata* 为属模而建立，可是 Doutt & Viggiani (1968) 主要根据前翅形态，将本属作为与其最相似的 *Zagella* 属的异名属；Pinto (2006) 经过详细研究之后恢复了本属的地位，他同时描述了北美洲的另 1 新种，并将南北美洲、印度和我国以前误订为 *Zagella* 属的 8 种移归本属；Viggiani & Velasquez (2006)、Rodriguez, Myartseva & Hernandez (2011) 再次发表美洲的 3 新种，使本属达到 13 种。另外，鉴于 De Santis (1972a) 所建立的显纹赤眼蜂属 *Gnorimogramma* 的触角环节后各节结构，与 Pinto (2006) 重新恢复的 *Burksiella* 属完全相符，而将已被 Pinto (2006) 移归异角赤眼蜂属 *Uscanoidea* 的我国原定显纹赤眼蜂属 3 种，重新移归本属，因此本属现今共知 16 种。

Viggiani (1985a) 根据当时 *Zagella floridae* (现为 *Burksiella floridae*) 的雄外生殖器特征，将本属归在赤眼蜂亚科邻赤眼蜂族内；Pinto (2006) 在重新恢复本属地位的同时，进一步根据雄外生殖器的结构及阳基与阳茎的愈合程度，把具有 Type 2a 类外生殖器的本属，归到寡索赤眼蜂亚科毛翅赤眼蜂族；这一分类系统已经得到 Owen *et al.* (2007) 基于分子证据的赤眼蜂科系统发育分析结果支持；Pinto (2006) 同时认为本属与广翅赤眼蜂属 *Zagella* 最相似，它们的缘系较接近。

我国现知本属 5 种，分别采自福建、湖北、内蒙古和新疆等地，它们除了叶甲类广赤眼蜂 *B. chrysomeliphila* 已知可寄生榆紫叶甲 *Ambrostoma quadriimpressum* 卵外，其余 4 种的寄主仍然未明。

Pinto (2006) 曾将 Lin (1994) 所订的 *Zagella chrysomeliphila* 移到本属；按此意见，

本志亦将 Hu & Lin (2005a) 所订的 *Zagella sinadoneura* 归到本属。另外，Pinto (2006) 还误将 *Gnorimogramma* 属及其种类全部归到异角赤眼蜂属 *Uscanoidea* 下，经进一步研究认为，Lin (1994) 订在 *Gnorimogramma* 属的 3 个种类，它们的触角可明显分为索节 2 节、棒节 3 节，与异角赤眼蜂触角棒节 5 节的属征完全不同，因而本志再次将它们全部移到本属之下。再者 Hayat (2008b) 发现，我国 *U. aduncata* 的雄性触角和外生殖器特征与印度的 *B. singularis* 极其相似，本书采纳其意见，再次将它作为后者的异名，分别描述如下。

种 检 索 表

1. 前翅面纤毛较稠密，除主要纤毛列基部较规则外，端部纤毛多不规则分布；后翅面具规则纤毛 5 列；雌产卵管约与后足胫节等长……2
   前翅面纤毛中等密度，全部纤毛规则成列 (17-18 列)；后翅面具规则纤毛 3 列；雌产卵管明显长于后足胫节……3
2. 前翅极宽阔，长约为宽的 1.5 倍；缘脉与缘前脉约等长，等于亚缘脉长之半；雌性触角各棒节上的板状感器依次为 5、4 和 4 支……**叶甲类广赤眼蜂 *B. chrysomeliphila***
   前翅较宽圆，长约为宽的 1.7 倍；缘脉稍短于缘前脉，近于亚缘脉长的一半；雌性触角各棒节上的板状感器依次为 4、3 和 2 支……**断脉类广赤眼蜂 *B. sinadoneura* comb. nov.**
3. 雌性触角索节与棒节连接较松散，棒节卵圆形，长约为宽的 1.9 倍；产卵管约为腹长的 0.9 倍，等于后足胫节长的 1.5 倍，末端不明显露出腹末之外；雄外生殖器的阳基全长约为最宽处的 3.2 倍，相当于后足胫节长的 0.8 倍左右……**卵圆类广赤眼蜂 *B. oviclavata* comb. nov.**
   雌性触角索节与棒节连接较紧密，棒节近锥形，长大于宽的 2.2 倍，端部较尖削；产卵管约为腹长的 0.5 倍，等于后足胫节长的 1.2-1.3 倍；雄外生殖器的阳基与阳茎基本愈合……4
4. 雄外生殖器全长约为其阳基最宽处的 3.2 倍，等于后足胫节长的 0.8 倍左右；其阳基具骨化明显的腹中突和指突状钩爪，两者端部约齐平；中脊成对，基部抵达阳基近基缘……**单独类广赤眼蜂 *B. singularis***
   雄外生殖器全长约为其阳基最宽处的 2.8 倍，等于后足胫节长的 0.5 倍左右；其阳基除中部具 1 对腹面纤毛外，未见明显的腹中突和钩爪……**尖棒类广赤眼蜂 *B. acuminata* comb. nov.**

(10) 叶甲类广赤眼蜂 *Burksiella chrysomeliphila* (Lin, 1994) (图 15)

Zagella chrysomeliphila Lin, 1994, System. Stud. Chinese Trichogrammatidae: 123.
Burksiella chrysomeliphila (Lin): Pinto, 2006, J. Hym. Res., 15(1): 91-94.

雌　体长 0.80 mm；全体暗褐色，但上颚黄褐色；头顶、前足腿节两端、胫节及其跗节、中后足腿节、胫节两端及其基部两跗节淡黄褐色；前翅缘脉端半段近痣脉处暗褐色，缘脉基部与缘前脉端部交界处灰白色，翅面大体无色透明。

头部正面观扁圆形，宽大于高；复眼较大，长约为头高的 0.6 倍，其内侧颜面具细刻纹；头顶单眼区具若干粗短刺毛；上颚强大，端部具 3 齿；下颚须细长圆筒形，1 节，端部具 2 毛 (图 15c)；触角着生于两复眼下缘连线之稍上方，柄节长约为宽的 2.7 倍，约等于梗节长的 1.8 倍；梗节梨形，长为宽的 1.2 倍，上具脊状刻纹 (图 15b)；第二环状节紧贴基索节基部一侧，两索节分节不对称；基索节短而横形、紧密嵌入第二索节基部难于看清，第二索节具 6 支板状感器；棒节长圆锥形，长为宽的 3.4 倍，分节相对较对称；基棒节长而大，长为宽的 1.3 倍；第二棒节略细窄，长为宽的 1.3 倍；端棒节锥状，端部尖削，长为宽的 1.9 倍；各索节、棒节除具若干锥栓感器和鞭毛感器外，各棒节还依次各具 5、4 和 4 支板状感器。

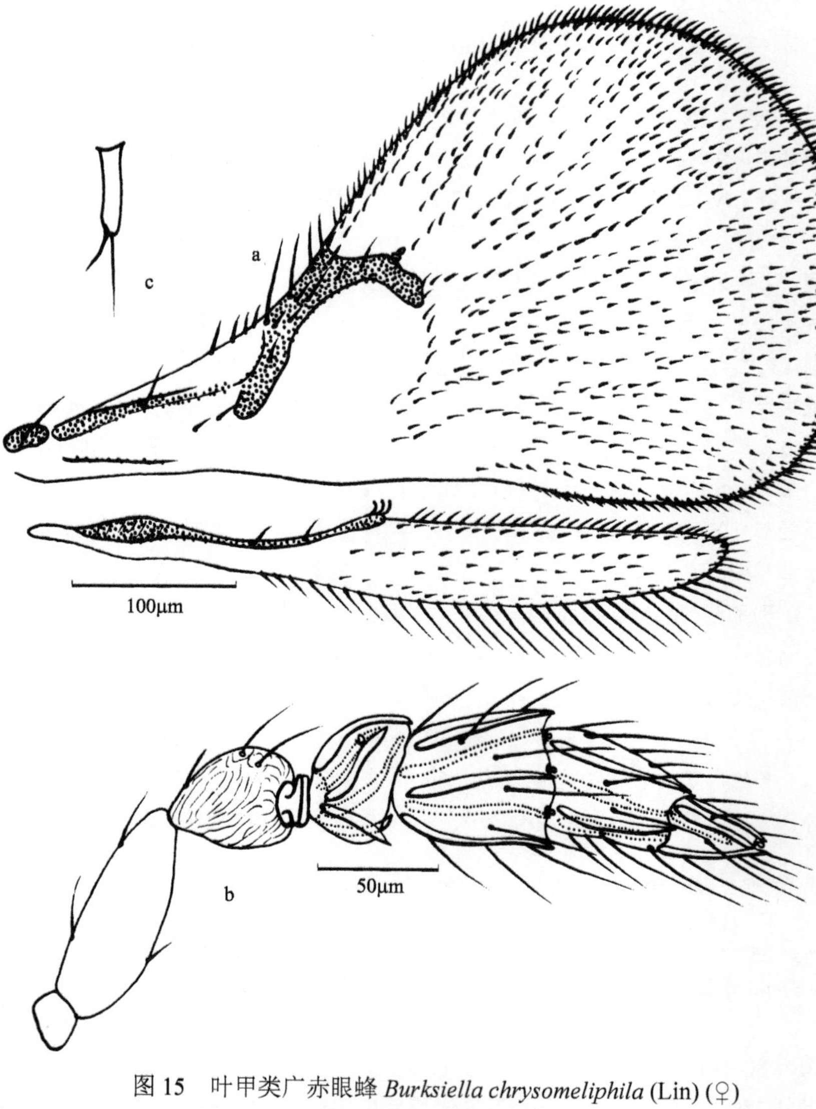

图 15 叶甲类广赤眼蜂 *Burksiella chrysomeliphila* (Lin) (♀)

a. 前后翅 (fore & hind wing)；b. 触角 (antenna)；c. 下颚须 (maxilla)

胸部背板密具细刻纹，稍短于腹长；前翅极度宽阔 (图 15a)，长约为宽的 1.5 倍，翅脉端部伸达翅之中部；缘脉与缘前脉大约等长，相当于亚缘脉长的一半；缘脉基部与缘前脉端部交界处骨化较弱而呈断裂状；翅面纤毛稠密，除中肘横毛列明显和主要毛列的基部排列较规则外，端部纤毛多不规则分布；缘毛短小，最长者不足翅宽的 0.04 倍；

后翅稍短于前翅，长为宽的 7.3 倍；翅脉端部伸达翅长之半，翅面规则纤毛 5 列；最长后缘毛稍短于后翅宽度，为前翅最长者的 3.0 倍；足正常大小，各足节均具细纤毛，后足胫节外侧缘具 6 枚小齿突。

腹部卵锥形，端部钝圆；产卵管高度骨化，约为腹长的一半；与后足胫节约等长，端部不明显露出腹末；下生殖板较大，长度等于产卵管长的 0.6 倍。

雄　未知。

寄主　榆紫叶甲 *Ambrostoma quadriimpressum* 卵。

模式标本产地　内蒙古达茂旗。

模式标本存放单位　福建农林大学生物防治研究所昆虫标本室 [FAFU]。

研究标本　♀ (正模)，2♀ (副模)，内蒙古达茂旗 (N40°39'16", E109°50'58", 1066M)，1974. VII. 18，从榆紫叶甲卵内养得。本种标本系中国科学院动物研究所黄大卫博士惠赠，其采集标签除了采集时间、地点和寄主名称外，未有采集者的姓名。

分布　内蒙古 (达茂旗)。

(11) 断脉类广赤眼蜂 *Burksiella sinadoneura* (Hu & Lin, 2005), comb. nov. (图 16)

Zagella sinadoneura Hu & Lin, 2005, Entomotaxon., 25(1): 61-64.
Burksiella sinadoneura (Hu & Lin): New combination.

雌　体长 0.94 (0.91-0.96) mm；全体暗褐色，但头顶、触角、下颚须、前足胫节及腿节端部、中后足腿节与胫节两端及其基部两跗节淡黄褐色；前翅缘脉基部与缘前脉端部交界处灰白色，其余翅面无色透明。

头部正面观扁圆形，宽略大于高；复眼较大，长约为头高的 0.7 倍，其内侧颜面具细刻纹；上颚端部 3 齿；下颚须细长，不分节；触角柄节长约为宽的 2.7 倍 (图 16b)，为梗节长的 1.4 倍；梗节梨形，长为宽的 1.6 倍；第二环状节紧贴基索节基部一侧；两索节分节不对称，基索节短而横形、紧贴于第二索节基部难于看清，第二索节上具 1 支板状感器；棒节圆锥形，长为宽的 2.9 倍，分节较对称，各棒节的长度比例依次为 7∶8∶5，其上除具若干锥栓感器和鞭毛感器外，还依次各具 4、3 和 2 支板状感器。

胸部稍短于腹长，其上密具网状刻纹；前翅较宽圆，长约为宽的 1.7 倍 (图 16a)；翅脉末端伸达翅长的一半，痣脉和缘脉之间有 1 明显缢缩；缘脉较宽，其上具 8 支纤毛，缘脉与缘前脉交界处骨化较弱而呈断裂状；亚缘脉∶缘前脉∶缘脉∶痣脉的长度比例分别为 25∶15∶13∶10；翅面纤毛稠密，除中肘横毛列明显和主要毛列基部 (约 22 列) 排列较规则外，端部翅面纤毛多不规则分布；缘毛短，最长者为翅宽的 0.05 倍；后翅裁刀状，长约为宽的 7.3 倍；翅面规则纤毛 5 列，最长后缘毛明显长于前翅最长者，相当于后翅宽度的一半；各足正常大小，各足节均密具纤毛；前中足腿节具细纵纹，后足腿节具隆起的网纹；各足腿节、胫节和跗节的长度比例分别是，前足 30∶29∶29，中足 25∶39∶30，后足 31∶40∶30。

腹部长圆锥形，产卵管约为腹长的一半；等于后足胫节长度，端部稍露出腹末之外。

雄　体长 0.89 mm；体色及主要特征与雌虫相似；但触角各棒节上的鞭毛感器较雌

者稍长 (图 16c)；外生殖器的阳基基缘具 1 明显弧形内凹，阳基稍短于阳茎全长 (图 16d)；阳茎短于其内突，两者全长等于后足胫节长的 3/4。

寄主 未知。

模式标本产地 新疆玛纳斯。

模式标本存放单位 新疆大学生命科学技术学院昆虫标本室 [ICXU]。

研究标本 ♀ (正模)，2♀ (副模)，新疆玛纳斯 (N44°19'13", E86°13'40", 1900M)，1999. VIII. 27，林乃铨网扫；1♀2♂ (副模)，新疆奎屯 (N44°29'42", E84°56'57", 750M)，2001. VII. 17，胡红英网扫。

分布 新疆 (玛纳斯、奎屯)。

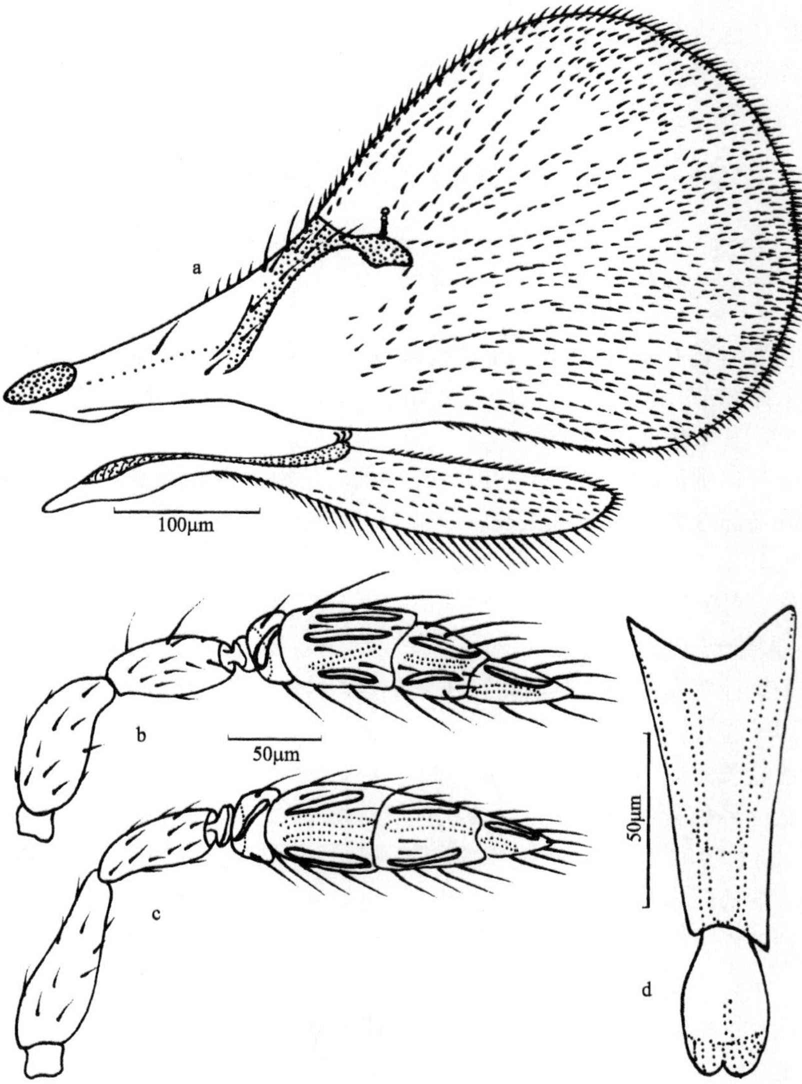

图 16 断脉类广赤眼蜂 *Burksiella sinadoneura* (Hu & Lin)

a. 前后翅 (fore & hind wing, ♀)；b. 触角 (antenna, ♀)；c. 触角 (antenna, ♂)；d. 雄外生殖器 (male genitalia)

(12) 卵圆类广赤眼蜂 *Burksiella oviclavata* (Lin, 1994), comb. nov. (图 17)

Gnorimogramma oviclavatum Lin, 1994, System. Stud. Chinese Trichogrammatidae: 186-187.
Uscanoidea oviclavata (Lin): Pinto, 2006, J. Hym. Res., 15(1): 115.
Burksiella oviclavata (Lin): New combination.

雌　体长 0.70-0.74 mm；全体黑褐色，但复眼、单眼深红色；上颚端部褐色；头顶、触角各节的大部分、各足腿节全部及胫节末端至跗节、各腹节背板分界处均为淡黄褐色、产卵管褐色；前后翅脉黄褐色；前翅痣脉及缘前脉之下翅面各具 1 烟褐色半透明小昙斑，其余翅面无色透明。

头部正面观扁圆形，宽大于高，也稍宽于胸部；复眼较大，长为头高的 0.62 倍左右，其内侧颜面及头顶均具若干纤毛；上颚很发达，端部具 3 齿；下颚须 1 节，末端具 3 毛 (图 17b)；触角着生于两复眼之间中下方，较粗壮 (图 17c)；柄节长为宽的 2.8 倍，相当于梗节长的 1.5 倍，其上具细网纹；梗节近卵圆形，长为宽的 1.6 倍，其上具明显网纹；两环状节明显，第二环节紧贴索节基部；两索节分节不对称，与棒节连接松散；基索节短小，呈楔片状紧密嵌入第二索节基部一侧；棒节卵圆形，结合紧密且分界重叠，长约为宽的 1.9 倍，相当于柄节长的 1.3 倍；各索节、棒节除均具若干锥栓感器、鞭毛感器外，还依次各具 3、8、3、4 及 4 支板状感器，且端棒节的板状感器端部稍突出棒节顶端。

胸部背板密具刻纹，约为腹长的 0.8 倍；中胸盾和小盾片各具 4 支粗刚毛；内悬骨短而宽，端部向后伸至腹长的 0.38 倍左右，末端分 2 叶；前翅端部显著宽圆，长为宽的 1.74 倍 (图 17a)，翅脉末端伸达翅长之 0.55 倍处，缘脉短于亚缘脉，等于痣脉长的 1.85 倍；翅面纤毛规则成列 (约 18 列)，具明显的中肘横毛列；缘毛短，最长者不足翅宽的 1/10；后翅稍短于前翅，长约为宽的 9.4 倍；翅脉端部伸达翅长的 0.54 倍处，翅面规则纤毛 3 列；最长后缘毛等于前翅最长者的 2.4 倍，稍长于后翅宽度；各足略粗壮，各足节均具细纤毛；中足胫节端部的距状刚毛明显较长，后足胫节外端具若干 (4-5 支) 短刺毛。

腹部长圆筒形，端部钝圆，约与头胸部长度之和相当；各腹节背板两侧具明显网状纹和若干纤毛；产卵管高度骨化，约为腹长的 0.9 倍；等于后足胫节长的 1.5 倍，末端不明显露出腹末之外；下生殖板较发达，端部伸达产卵管的 0.67 倍处。

雄　体长 0.65-0.72 mm；体色及主要特征与雌虫相似；但触角柄节长为宽的 2.39 倍，鞭节较细长，长为宽的 3.19 倍 (图 17d)；两索节分节不对称；基索节短小，呈楔片状紧密嵌入第二索节基部一侧，呈近圆球形；棒节长卵形，其上的锥栓感器、鞭毛感器和板状感器与雌者相似；外生殖器的阳基基缘具 1 浅弧形凹陷 (图 17e)；阳基近端部具 2 支腹面纤毛，阳茎内突与阳基大体愈合；阳茎端半段明显突出阳基末端之外，端部具 1 圆形开口，稍弯向腹面；阳基与阳茎全长约为阳基最宽处的 3.2 倍，相当于后足胫节长的 0.64 倍。

寄主　未知。

模式标本产地　福建松溪。

模式标本存放单位 福建农林大学生物防治研究所昆虫标本室 [FAFU]。

研究标本 ♀(正模)，2♂(副模)，福建松溪渭田 (N25°52'41", E117°19'21", 496M)，1987. VII. 23，吴祖建网捕；1♀(副模)，福建福州金山 (N26°82'31", E119°20'30", 16M)，1987. X. 4，蔡毅群采于黄盘诱集器；1♀(副模)，福建武夷山茶场 (N27°42'25", E117°59'52", 194M)，1985. VIII. 7，林乃铨网扫；1♀(副模)，福建连城冠豸山 (N25°42'50", E116°47'13", 577M)，1986. VII. 13，林乃铨网扫；1♀(副模)，福建龙岩青草盂 (N24°59'28", E117°09'09", 370M)，1986. VII. 14，林乃铨网扫。

分布 福建 (福州、武夷山、松溪、连城、龙岩)。

附注 Pinto (2006) 曾将 *G. oviclavatum* 归到异角赤眼蜂属 *Uscanoidea* 下，但本种的雌雄触角明显分索节 2 节、棒节 3 节，且两者连接松散，明显不同于异角赤眼蜂棒节 5 节的属征，因此再次将其重新由异角赤眼蜂属移到本属。

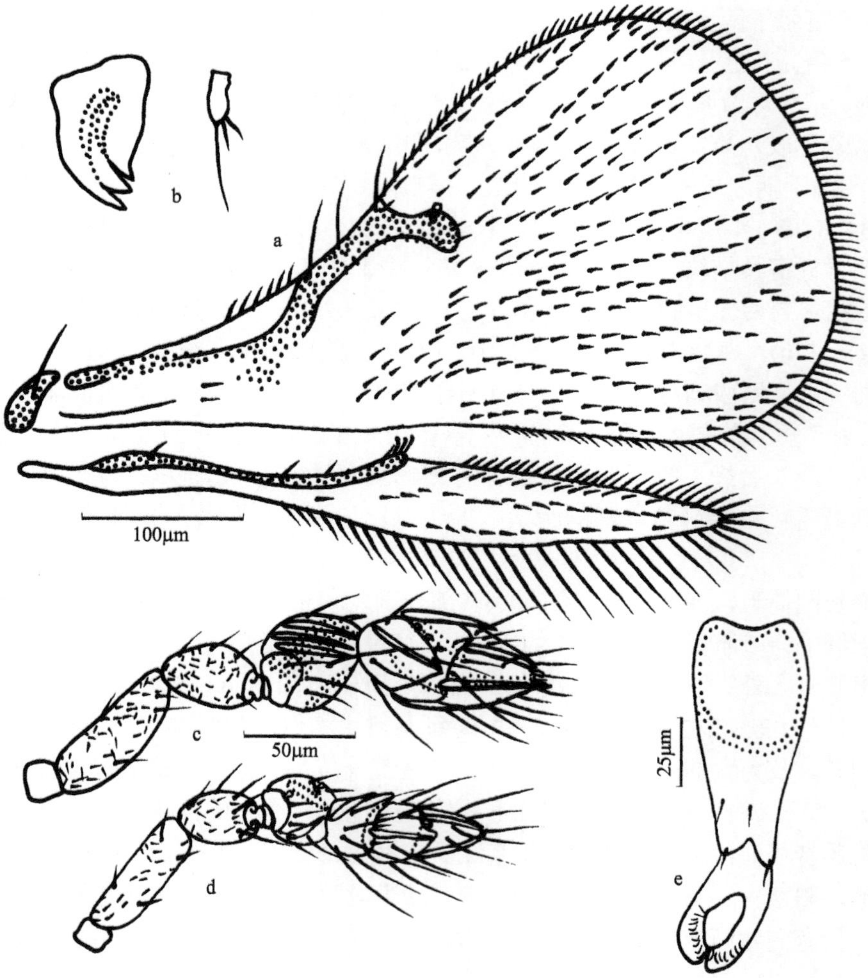

图 17 卵圆类广赤眼蜂 *Burksiella oviclavata* (Lin)

a. 前后翅 (fore & hind wing, ♀)；b. 上颚及下颚须 (mandible & maxilla)；c. 触角 (antenna, ♀)；d. 触角 (antenna, ♂)；e. 雄外生殖器 (male genitalia)

(13) 单独类广赤眼蜂 *Burksiella singularis* (Yousuf & Shafee, 1988) (图 18)

Parhispidophila singularis Yousuf & Shafee, 1988, Indian J. Syst. Ent., 4: 136.

Gnorimogramma aduncatum Lin, 1994, System. Stud. Chinese Trichogrammatidae: 184-185.

Uscanoidea aduncata (Lin): Pinto, 2006, J. Hym. Res., 15(1): 115.

Burksiella singularis (Yousuf & Shafee): syn. by Hayat, 2008b, Oriental Insects, 42: 14-15.

雌　体长 0.78 mm；全体暗褐色，但头顶灰白色；触角除柄节端部 1/3 淡黄褐色、端棒节灰白色外，大部分暗褐色；中胸盾、小盾片和腹端部背板淡褐色；各足除腿节端部、胫节两端和各跗节为灰白色外，其余部分为暗褐色；前翅痣脉褐色，缘脉端半段近痣脉处暗褐色，缘脉基部与缘前脉端部交界处骨化较弱而呈灰白色；前翅痣脉端部之下翅面具 1 烟褐色半透明昙纹，其余翅面无色透明。

头部正面观扁圆形，宽略大于高；头顶具横行网状皱纹，单眼区具许多粗短纤毛；复眼较大，长约为头高的 0.53 倍，其内侧颜面及两颊区密具网状刻纹；上颚强大，末端 3 齿，外侧的 2 齿较尖锐；下颚须 1 节，长筒状，长为宽的 5.0 倍，端部 1 支长毛，近端部 2 支短毛；触角着生于两复眼下方连线之稍上方；柄节粗短，具网状刻纹，长约为宽的 3.0 倍 (图 18b)；梗节梨形，具网状刻纹及若干粗纤毛，长宽接近；第二环状节紧贴于索节基部；两索节分节不对称，基索节短小，呈楔片状嵌入第二索节基部一侧，紧密结合呈圆球形；棒节圆锥形，长为宽的 2.3 倍左右；基部两棒节较宽大，结合紧密且不对称分节，端棒节向末端急剧变窄而尖削；各索节、棒节均具若干锥栓感器、鞭毛感器和板状感器。

胸部明显短于腹长，其上密具网状刻纹；中胸盾宽大，长为宽的 0.77 倍左右；其上及小盾片各具 4 支纤毛；三角片各具 1 支纤毛；内悬骨宽大，伸达腹长的 1/3 左右，末端分 2 叶；前翅宽圆，长约为宽的 1.65 倍 (图 18a)；翅脉端部伸达翅长的 0.54 倍左右；痣脉和缘脉之间有 1 明显缢缩，缘脉与缘前脉交界处骨化较弱而呈断裂状；亚缘脉∶缘前脉∶缘脉∶痣脉的长度比例为 20∶10∶13∶8；前缘室端半段具 2 列纤毛，缘脉上 5 支粗纤毛排成 1 列；翅面纤毛中等密度，规则成列 (约 17 列)，中肘横毛列清晰；缘毛较短，最长者不足前翅最宽处的 1/10；后翅稍短于前翅，长为宽的 7.9 倍，端部窄而钝圆；翅脉末端伸达翅长的 0.6 倍左右处，翅面规则纤毛 3 列；最长后缘毛约为后翅宽的 0.8 倍；各足正常大小，前中足腿节均具纵刻纹，后足腿节具网状隆起纹，中足胫节外侧缘具若干长刺毛；各足腿节、胫节和跗节的长度比例分别是，前足 23∶22∶20，中足 25∶31∶21，后足 25∶31∶23。

腹部长圆筒形，第 I-V 腹节背板密具纵刻纹，但各背板两侧与腹板交界处具网状纹；产卵管高度骨化，长度相当于腹长的 0.6 倍左右；等于后足胫节长的 1.26 倍，端部不明显露出腹末之外。

雄　体长 0.68-0.70 mm；体色及主要特征与雌虫相似，但触角两索节结合紧密，呈圆球形 (图 18c)；棒节卵锥形，结合紧密且分节不清晰，长约为宽的 1.6 倍；相当于柄节长的 1.2 倍，端部两棒节灰白色；各索节、棒节除均具若干锥栓感器和鞭毛感器外，还依次各具 4、9、2、2 及 3 支板状感器；腹部第 VI 腹节背板基本光滑；外生殖器的阳基与阳茎大体愈合；阳基基缘圆弧形外凸，其腹面具骨化明显的中脊、腹中突和指突状钩爪 (图 18d)；中脊基半段趋于愈合、向后近于抵达阳基基缘；腹中突端部与两钩爪末端大约齐平；阳茎端部稍弯向腹面，阳基与阳茎突出部分的总长约为阳基最宽处的 3.2 倍，相当于后足胫节长的 0.8 倍左右。

寄主 未知。

模式标本产地 印度 (Algarh)。

模式标本存放单位 Algarh Muslim University, India [AMU]。

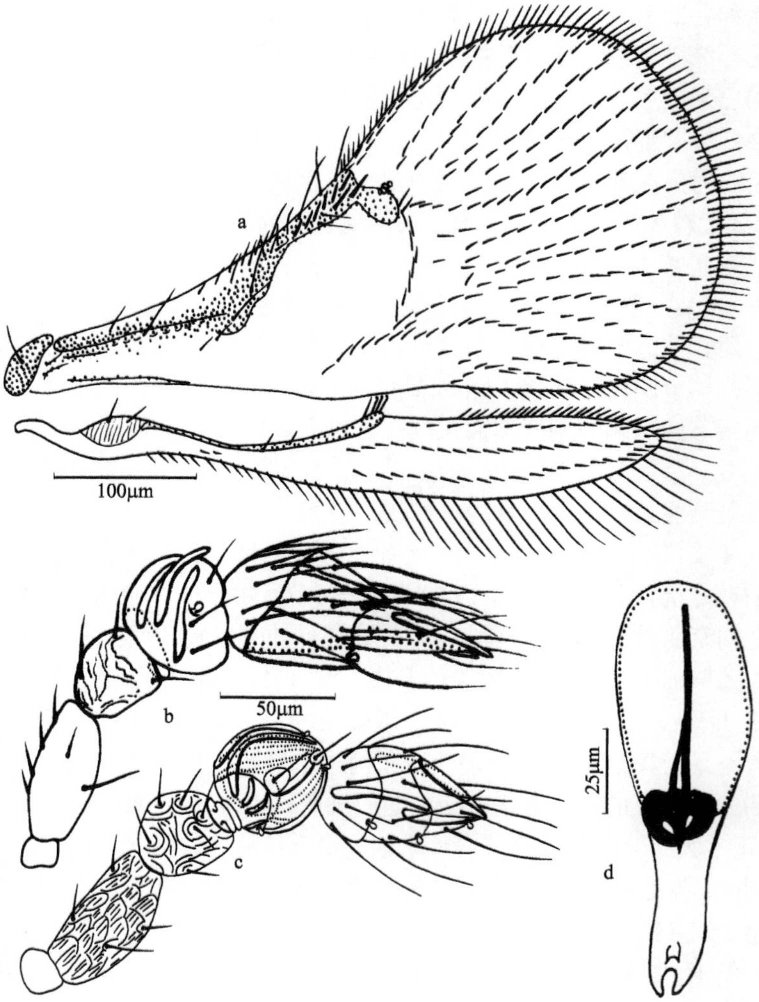

图 18 单独类广赤眼蜂 *Burksiella singularis* (Yousuf & Shafee)

a. 前后翅 (fore & hind wing, ♀)；b. 触角 (antenna, ♀)；c. 触角 (antenna, ♂)；d. 雄外生殖器 (male genitalia)

研究标本 1♂，福建永春城关 (N25°32', E118°10', 100M)，1988. VII. 19，林乃铨网扫；1♂，福建永安城关 (N25°56'31", E117°21'54", 198M)，1988. VII. 9，林乃铨网捕；1♂，

福建连城柑橘场 (N25°42'50", E116°47'13", 177M)，1988. VII. 12，林乃铨网捕；1♂，湖北蒲圻 (N30°21'46", E114°16'41", 37M)，1991. VIII，袁合强网扫。1♀，海南儋州宝岛新村 (N19°30'42", E109°30'39", 45M)，2005. V. 6，张端璋网扫；1♀，海南儋州宝岛新村 (N19°30'42", E109°30'39", 45M)，2005. X. 7，李文标网扫。

分布　湖北 (蒲圻)、福建 (永春、永安、连城)、海南 (儋州)；印度 (Algarh, Haryana)。

附注　虽然 Pinto (2006) 曾将 De Santis (1972a) 建立的 *Gnorimogramma* 属及 *G. aduncatum* 归到异角赤眼蜂属 *Uscanoidea* 之下，但异角赤眼蜂属的触角棒节 5 节，与本种触角索节 2 节、棒节 3 节的特征明显不同，因而再次将其由异角赤眼蜂属移到本属。Hayat (2008b) 还发现 *U. aduncata* 的雄性触角和外生殖器等特征均与印度的 *B. singularis* 极其相似，现采纳 Hayat (2008b) 的意见，再次将 *U. aduncata* 作为本种的异名。

(14) 尖棒类广赤眼蜂 *Burksiella acuminata* (Lin, 1994), comb. nov. (图 19)

Gnorimogramma acuminatum Lin, 1994, System. Stud. Chinese Trichogrammatidae: 185-186.
Uscanoidea acuminate (Lin): Pinto, 2006, J. Hym. Res., 15(1): 115.
Burksiella acuminata (Lin): New combination.

雌　体长 0.60-0.66 mm；全体暗褐色；但复眼、单眼深红色；上颚褐色；头顶区、中胸盾、小盾片、后胸背板及并胸腹节中央、腹部各背板基部及产卵管、各足腿节、胫节端部及各跗节均为淡黄褐色；前后翅脉深黄褐色；前翅翅脉下方翅面具暗黄褐色半透明昙纹，其余翅面无色透明。

头部正面观扁圆形，宽明显大于高，也宽于胸部；复眼较大，长为头高的 0.67 倍；头顶区具明显纤毛；上颚较强大，末端 3 齿；下颚须 1 节，端部 2 毛；触角着生于两复眼之间中部，柄节粗短，长约为宽的 2.0 倍 (图 19b)；相当于梗节长的 1.9 倍，上具若干细纤毛和细网纹；梗节圆梨形，长略小于宽，上具若干纤毛和明显刻纹；两环状节较小而明显，第二环状节紧贴索节基部；鞭节全长约为宽的 2.9 倍，等于柄节长的 2.58 倍；两索节分节不对称，基索节短小，如楔片状紧密嵌入第二索节基部；第二索节短圆筒形，明显较粗大，与棒节松散连接；棒节长锥状，向端部渐尖削；基棒节与第二棒节分界不规则，紧密嵌入后者一侧；第二棒节与端棒节分界明显，长约为宽的 2.2 倍；各索节、棒节除均具若干锥栓感器、鞭毛感器外，还依次各具 2、9、2、3 及 3 支板状感器。

胸部背板密具刻纹，长度为腹长的 0.64 倍左右；中胸盾及小盾片各具 4 支纤毛；内悬骨短而宽，端部向后伸至腹长的 1/3 左右处，末端分 2 叶；前翅显著宽圆，长为宽的 1.7 倍 (图 19a)；翅脉末端伸达翅长的 0.54 倍，缘脉明显短于亚缘脉，等于痣脉长的 2.0 倍；翅面纤毛规则成列 (18 列)，具明显的中肘横毛列；缘毛短小，最长者不足前翅宽的 1/10；后翅明显短于前翅，长为宽的 12.0 倍；翅脉端部伸达翅长的 0.54 倍处，翅面规则纤毛 3 列；最长后缘毛等于前翅最长者的 2.3 倍，相当于后翅宽的 1.4 倍；各足略粗短，各足节均具细纤毛，中足胫节内侧的距状刺毛明显较长。

腹部长圆锥形，末端钝圆，约与头胸部长度之和相当；各腹节背板密具细致刻纹，近后缘处有 1 横列纤毛；产卵管高度骨化，长度为腹长的 0.43 倍，约等于后足胫节长的

1.27 倍，末端不明显露出腹末；下生殖板短小，仅及产卵管长的 1/3 左右。

雄　体长 0.60-0.62 mm；体色及主要特征与雌虫相似，但触角柄节长为宽的 2.30 倍，鞭节较粗短，长为宽的 2.09 倍（图 19c），两索节与棒节分界明显；各索节、棒节上的锥栓感器、鞭毛感器和板状感器与雌者相似；外生殖器阳基与阳茎愈合为简单短管状（图 19d），阳基基缘圆弧形外凸；中部具 2 支腹面纤毛，端部有 1 椭圆形开口；阳基全长约为最宽处的 2.8 倍，等于后足胫节长的一半左右。

寄主　未知。

模式标本产地　福建福州。

模式标本存放单位　福建农林大学生物防治研究所昆虫标本室 [FAFU]。

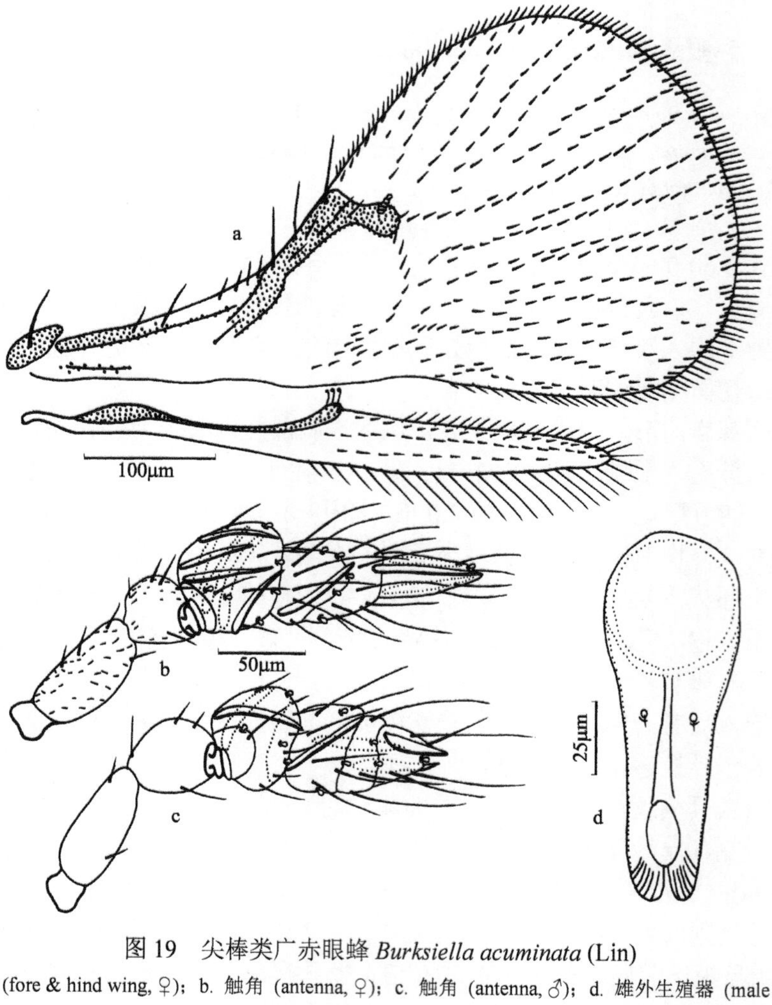

图 19　尖棒类广赤眼蜂 *Burksiella acuminata* (Lin)

a. 前后翅 (fore & hind wing, ♀)；b. 触角 (antenna, ♀)；c. 触角 (antenna, ♂)；d. 雄外生殖器 (male genitalia)

研究标本　♀(正模)，1♀1♂(副模)，福建福州金山 (N26°82'31", E119°20'30", 16M)，1986. VIII. 7，林乃铨网扫；1♀(副模)，福建沙县洋枋 (N26°22'55", E117°55'06", 175M)，1980. VIII. 20，林乃铨网捕；1♀(副模)，福建武夷山茶场 (N27°42'25", E117°59'52", 194M)，

1985. VIII. 7，林乃铨网扫；1♀ (副模)，福建松溪渭田 (N25°52'41", E117°19'21", 496M)，1987. VII. 23，吴祖建网扫；1♀3♂ (副模)，福建连城冠豸山 (N25°42'50", E116°47'13", 577M)，1986. VII. 12，林乃铨、郑南辉网扫；1♀1♂，贵州贵阳花溪 (N26°24'59", E106°40'23", 1200M)，1992. IX. 18，杨孝龙、沈妙青网扫。

分布　福建 (福州、沙县、武夷山、松溪、连城)、贵州 (贵阳)。

附注　Pinto (2006) 曾将 *G. acuminatum* 归到异角赤眼蜂属 *Uscanoidea* 之下，但本种雌雄触角可分为索节 2 节、棒节 3 节，明显不同于异角赤眼蜂棒节 5 节的属征，因此再次将本种重新移归本属。另外，Khan & Anis (2017a) 发表了采自印度的 1 新属、新种 *Ayaanella globugaster*，笔者发现其形态描述和特征图，除前翅稍细长外，多数特征均与本种相符。通过与 Khan 通讯联系、并提供相关文献后，他已表示将进一步认真核对。因此，本书暂不对该新种提出任何处理意见。

5. 毛纹赤眼蜂属 *Chaetogramma* Doutt, 1974

Chaetogramma Doutt, 1974, Pan-Pacific Ent., 50: 238-242. **Type species**: *Chaetogramma occidentalis* Doutt, 1974, by original designation; Pinto & Viggiani, 2004, J. Hym. Res., 13(2): 269-270; Pinto, 2006, J. Hym. Res., 15(1): 68; Tian & Lin, 2016, J. Fujian Agr. & Forest. Univ., 45(5): 510-514.

Chaetogrammina Hayat, 1981, Boll. Lab. Ent. Agr. 'F. Silvestri', Portici, 38: 73-79 (as subgenus, currently valid). **Type species**: *Chaetogramma* (*Chaetogrammina*) *maculata* Hayat, by original designation.

Brachistagrapha De Santis, 1997, Sesion Ordin. Acad. Nacional. Agr. Veter., 51(8): 7-17. **Type species**: *Brachistagrapha caudata* De Santis, by original designation. syn. by Pinto & Viggiani, 2004: 269-270.

鉴别特征　雌性触角环状节 1-2 节，索节 1-2 节 (可分 3 种情况：索节单独 1 节、明显分 2 节和分节不完全而呈 2 节状)，棒节 1 节；各索节、棒节均具若干锥栓感器、细短的刺毛感器和板状感器；前翅缘脉基部和缘前脉端部骨化程度低而颜色较淡，痣脉短，基部无缢缩，缘脉背面无密刺毛；翅面纤毛在痣脉以内翅面稀少，但在痣脉端部之外翅面稠密，除少数中毛列、臀毛列等基部稍规则外，其余纤毛均不规则散乱分布；中肘横毛列缺如；产卵管短于腹部，一般不明显突出腹末之外；雄外生殖器的阳基具 1 对腹面纤毛和退化的叶状钩爪痕迹，阳茎内突有或无。

寄主　已知 8 种，寄主等生物学特性全部未知。

分布　亚洲，非洲，北美洲和南美洲。

附注　本属系 Doutt (1974) 根据采自美国加州的雌性 *C. occidentalis* 为属模而建立，此前 Doutt & Viggiani (1968) 在描述刀管赤眼蜂属 *Xiphogramma* 时，曾经提到"采自美国加州的另一种标本，除产卵管不像马刀状突出于腹末之外，其余特征均与刀管赤眼蜂属极其相似，可能是该属的一个新亚属"；经过几年增加新的标本之后，Doutt (1974) 确定该标本系一个与刀管赤眼蜂属和刺脉赤眼蜂属极其相似的新属；因此，他以 *occidentalis* 为模式种建立了本属 *Chaetogramma*，同时他还描述了采自南非的另 1 新种；而后，Hayat

(1981) 根据印度另一本属新种的触角环状节 2 节、索节 2 节建立了 *Chaetogrammina* 亚属；Yousuf & Shafee (1985c) 以采自印度的标本描述了 *Brachygrammatella singularis*，Yousuf & Shafee (1987) 又将该种移到本属之下，1993 年再次发表了印度本属的另 1 新种；Pinto & Viggiani (2004) 发现 De Santis (1997) 报道产自南美洲的 *Brachistagrapha* 属系为本属的异名，因而将该属及其下的 *B. caudata* De Santis 移归本属；Hayat (2008b) 在详细研究了 Yousuf & Shafee (1985c, 1987) 描述的新种模式标本之后，发现他们报道的 *C. singularis* 实际还是 *C. maculata* Hayat 的同物异名，Hayat (2008b) 还再次描述了采自印度的本属另 1 新种；Tian & Lin (2016) 报道了采自海南的 2 新种；因此本属共知 8 种，分别分布在东洋区 (5 种)、新北区 (2 种) 和新热带区 (1 种)。

根据 Viggiani (1971b) 和 Pinto (2006) 基于雄外生殖器特征为主的分亚科、分族系统，本属隶于寡索赤眼蜂亚科、毛翅赤眼蜂族，且与刀管赤眼蜂属 *Xiphogramma* 和刺脉赤眼蜂属 *Brachistagrapha* 极其相似，缘系较近。

现将 Tian & Lin (2016) 报道我国的 2 种记述如下。

种检索表 (雌)

雌性触角柄节稍短于棒节；索节 2 节，两者全长与梗节长度相当；棒节 1 节长棒状，端部尖削，长为宽的 3.5 倍；前翅末端中等宽圆，长为宽的 1.73 倍；产卵管长度不足腹长的一半，等于后足胫节长的 1.14 倍，端部不露出腹末 ·································· **长索毛纹赤眼蜂 *C. longifuniculatus***

雌性触角柄节明显长于棒节；索节 1 节，但具不完全分节，长度明显短于梗节；棒节长卵圆形，长为宽的 2.4 倍；前翅末端明显宽圆，长约为宽的 2.0 倍；产卵管较发达，约为腹长的 0.7 倍，相当于后足胫节长的 1.67 倍，端部稍露出腹末之外 ··············· **长柄毛纹赤眼蜂 *C. longiscapiformus***

(15) 长索毛纹赤眼蜂 *Chaetogramma longifuniculatus* Tian & Lin, 2016 (图 20)

Chaetogramma longifuniculatus Tian & Lin, 2016, J. Fujian Agr. & Forest. Univ., 45(5): 513-514.

雌 体长 0.99 mm；全体暗黄褐色，但前翅缘脉基半段、腹部各节背板及其产卵管褐色；前翅缘脉基部和缘前脉端部淡黄褐色，各足基节和后足腿节基部黄褐色；前翅痣脉以内至缘前脉下方翅面具烟褐色半透明昙纹，其余翅面无色透明。

头部正面观近圆形，宽稍大于高；复眼较大，长约为头高的 0.77 倍；上颚发达，端部 3 齿；下颚须 1 节，端部具 2 支长毛；触角柄节长棒状，长约为宽的 6.33 倍，稍短于棒节 (图 20b)；梗节圆锥形，长为宽的 2.2 倍；环状节 1 节，紧贴于第一索节基部；索节明显分为 2 节，短圆筒形；基索节仅为第二索节长的一半，两索节全长略短于梗节长；棒节 1 节，长棒状、端部尖削，长为宽的 3.5 倍；两索节和棒节除具若干锥栓感器和许多刺毛感器外，还依次各具 2、5 和 10 支板状感器。

胸部明显短于腹部，约为后者长的 0.68 倍；中胸盾及小盾片上具网状刻纹；前翅端部中等宽圆，长约为宽的 1.73 倍 (图 20a)；翅脉粗短，末端伸达翅长的 0.38 倍处；缘脉基部与缘前脉端部交界处骨化程度较弱而不明显，亚缘脉∶缘前脉∶缘脉∶痣脉的长度比例依次为 22∶13∶13.5∶4；翅面纤毛稠密，除中毛列和臀毛列的基部较规则外，其余纤毛均不规则分布；中肘横毛列不清晰，缘毛短，最长者仅及前翅宽的 1/20；后翅明显短于前翅，长为宽的 12.43 倍；翅脉端部伸达翅长的 0.45 倍，翅面规则纤毛 3 列；后缘毛长度中等，最长者约为后翅最宽处的 1.14 倍；各足节除均具细纤毛外，后足基节还具网状刻纹；各足腿节、胫节和跗节的相对长度比例分别为，前足 27∶24∶27，中足 25∶34∶28，后足 29∶35∶25。

腹部圆筒形，约与头胸部长度之和相当；各腹节背板除具少量纤毛外，未见明显刻纹；产卵管约为腹长的 0.42 倍，等于后足胫节长的 1.14 倍，基部从腹中部伸出，端部不露出腹末。

雄　未知。

寄主　未知。

模式标本产地　海南三亚。

模式标本存放单位　福建农林大学生物防治研究所昆虫标本室 [FAFU]。

研究标本　♀(正模)，海南三亚荔枝沟西部农场 (N18°27'43", E109°29'22", 8M)，2005. II. 22，张李香网扫。

分布　海南 (三亚)。

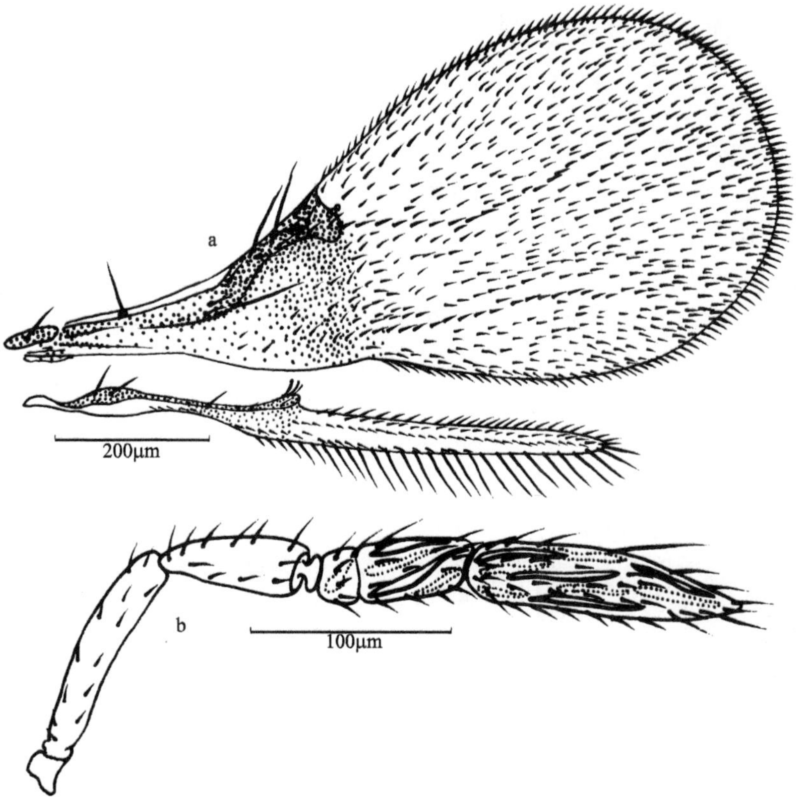

图 20　长索毛纹赤眼蜂 *Chaetogramma longifuniculatus* Tian & Lin (♀)

a. 前后翅 (fore & hind wing)；b. 触角 (antenna)

(16) 长柄毛纹赤眼蜂 *Chaetogramma longiscapiformus* Tian & Lin, 2016 (图 21)

Chaetogramma longiscapiformus Tian & Lin, 2016, J. Fujian Agr. & Forest. Univ., 45(5): 511-513.

雌 体长 0.99 mm；全体黄褐色，但头顶部、触角柄节的两端、前翅缘脉基部和缘前脉端部、前中足全部、后足腿节端部及其以下部分和腹部末端淡黄褐色；上颚、触角除柄节两端以外各节、前翅缘脉基半段及痣脉、腹部末端以外的大部分腹节背板及产卵管深褐色；前翅痣脉以内和缘前脉之下方翅面烟褐色半透明昙纹，其余翅面无色透明。

头部正面观扁圆形，宽大于高；复眼较大，长约为头高的 0.66 倍；头顶具横脊纹，单眼区周围具若干短刺毛；上颚发达，端部 3 齿，外侧 2 齿较尖利；下颚须 1 节，端部 1 支长毛；触角柄节长棒状，长约为宽的 5.75 倍，明显长于棒节 (图 21b)；梗节长锥形，长约为宽的 2.6 倍；环状节 2 节，第二节紧贴于索节基部；索节 1 节，但具不完全分节，长为宽的 1.3 倍；棒节长卵圆形，长约为宽的 2.4 倍，明显短于柄节；其索节和棒节除具若干锥栓感器和许多刺毛感器外，还分别具 6 和 11 支板状感器。

胸部明显短于腹部，约为腹长的一半；并胸腹节具钻石状刻纹；内悬骨宽大，末端分 2 叶，端部伸达腹基部约 1/3 处；前翅末端明显宽圆，长约为宽的 2.0 倍 (图 21a)；翅脉端部伸达翅长的 0.42 倍处，缘脉基部与缘前脉端部交界处骨化程度较弱而颜色较淡，痣脉较短；亚缘脉∶缘前脉∶缘脉∶痣脉的长度比例依次为 25∶8∶13∶5；翅面纤毛稠密，仅中毛列和臀毛列的基部稍规则外，其余纤毛均不规则；中肘横毛列不明显；缘毛较短，最长者约为前翅宽的 0.12 倍；后翅短于前翅，长为宽的 12.0 倍；翅脉端部伸达翅长的一半；翅面规则纤毛 3 列，最长后缘毛约为后翅宽的 1.3 倍；各足正常大小，其腿节、胫节和跗节的相对长度比例分别为，前足 35∶29∶31，中足 32∶42∶31，后足 31∶42∶32。

腹部圆筒形，约与头胸部长度之和相当，各腹节背板均具网状刻纹 (图 21c)；产卵管较发达，约为腹长的 0.7 倍，相当于后足胫节长的 1.67 倍；基部从腹中部伸出，端部稍露出腹末之外。

雄 未知。

寄主 未知。

模式标本产地 海南儋州。

模式标本存放单位 福建农林大学生物防治研究所昆虫标本室 [FAFU]。

研究标本 ♀(正模)，海南儋州宝岛新村 (N19°30'42", E109°30'39", 45M)，2005. VI，张端璋网扫。

分布 海南 (儋州)。

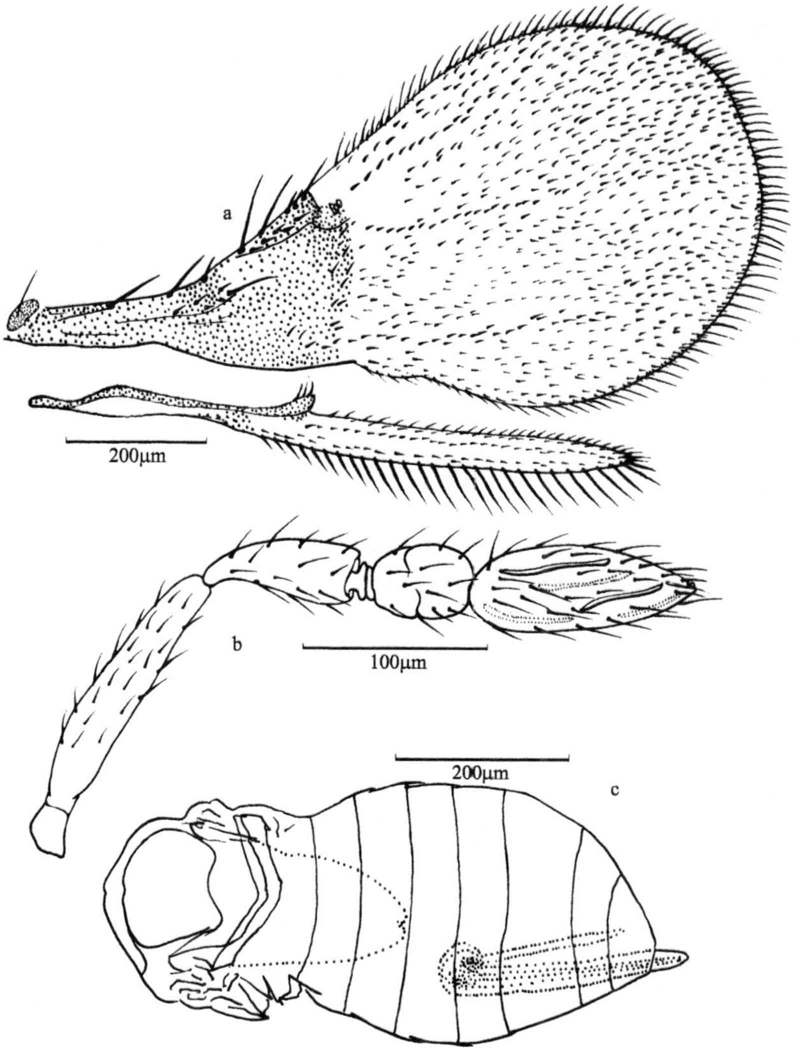

图21　长柄毛纹赤眼蜂 *Chaetogramma longiscapiformus* Tian & Lin (♀)
a. 前后翅 (fore & hind wing)；b. 触角 (antenna)；c. 身体 (body)

6. 毛翅赤眼蜂属 *Chaetostricha* Walker, 1851

Chaetostricha Walker, 1851, Ann. Mag. Nat. Hist., 7: 210. **Type species**: *Chaetostricha dimidiata* Walker, by monotypy; Doutt & Viggiani, 1968, Proc. Calif. Acad. Sci., 35(20): 556-557; Lin K-S, 1981, J. Agr. Res. China, 30(4): 435; Lin, 1994, System. Stud. Chinese Trichogrammatidae: 178-183; Pinto, 2006, J. Hym. Res., 15(1): 96-97; Hayat, 2008b, Oriental Insects, 42: 4-7.

Centrobia Föerster, 1856, Hym. Stud., 2: 87. **Type species**: *Trichogramma walkeri* Föerster, by monotypy.

Centrobiella Girault, 1912c, Mem. Queensland Mus., 1: 90. **Type species**: *Centrobiella mulierum*

Girault, by original designation.

Ratzeburgalla Girault, 1938, Rev. Ent. Rio de Janeiro, 8: 80. **Type species**: *Parufens spinosus* Girault, by original designation.

鉴别特征 触角环状节 2 节、索节 2 节、棒节 3 节；基索节短而横形，紧贴于第二索节基部，第二索节长大于宽或长宽接近；各棒节分节较对称，端部尖削；除基索节外，第二索节与各棒节均具若干锥栓感器、鞭毛感器和板状感器；前翅较宽圆，长为宽的 1.6-2.2 倍；翅脉末端伸达翅长的一半，痣脉从缘脉端下角斜向伸出，其基部缢缩较明显；痣脉以内翅面常具烟褐色昙纹；翅面纤毛中等密度，排列规则；具明显的中肘横毛列且端部指向翅基部；最长缘毛为翅宽的 1/10-1/3；前足胫节中部背侧缘常具齿状突；雌性腹部常侧扁，产卵管较长，常明显突出腹末之外；雄性触角棒节除常见 3 节外，也见有 2 节者；外生殖器阳基与阳茎愈合为简单管状，长度近于或长于后足胫节；阳基基部背面具明显的前背开口 (ADA)，端部的侧瓣、钩爪、腹面纤毛和阳茎内突等结构全部退化。

寄主 仅 3 种知可分别寄生半翅目盲蝽科 Miridae 的 *Neurocolpus longirostris*、长蝽科 Lygaeidae 的 *Nysius albidus* 和蚧科 Coccidae 的 *Aspidiotus perniciosus*、*Leucaspis pini* (存疑)、鞘翅目铁甲科 Hispidae 的 *Promecotheca reichei* 及膜翅目叶蜂科 Tenthredinidae 的 *Pteronidea ribessi* 等虫卵，还有 20 种的寄主未明。

分布 迄今本属已知 23 种，以古北区已知种类最多 (9 种)，其余依次为东洋区 (6 种)，澳洲区 (4 种)，非洲区 (3 种)，新北区 (1 种)，另有一些种类尚未定名。

附注 本属系 Walker (1851) 首次根据采自北爱尔兰的 *C. dimidiata* 为属模而建立。Föerster (1856) 和 Girault (1912c, 1938) 又先后把有些种类分别描述为 *Centrobia* Föerster, 1856、*Centrobiella* Girault, 1912 和 *Ratzeburgalla* Girault, 1938 等 3 属，Doutt & Viggiani (1968) 将它们全部归到本属之下，同时纠正了前人误定的 14 种的错误。此后，Viggiani (1971)、Pinto (1990a) 和 Lin (1994) 先后发表了南非 (1 种)、美国 (1 种) 和中国 (3 种) 的 5 新种；虽然 Yousuf & Shafee (1984c, 1985, 1987, 1988) 曾先后报道了印度的 5 新种，但经 Hayat (2008b) 重新研究之后，发现它们仅 *C. magniclavata* 1 种有效外，其余 3 种均为误定，另一从 *Oligositoides* 属移到本属的 *fumipennis* 与 Blood (1923) 所定的本属种名重复，亦需重新命名。因此，至今本属共知 23 种。

Viggiani (1971b, 1984)、Pinto (2006) 根据本属的雄外生殖器等特征，一致将本属归为寡索赤眼蜂亚科、毛翅赤眼蜂族；这一分类系统已经得到 Owen *et al.* (2007) 基于分子证据的赤眼蜂科系统发育分析结果支持。Pinto (2006) 同时认为本属的体型等特征与 *Centrobiopsis*、*Burksiella* 和 *Uscanoidea* 等属相似，它们的缘系较接近。

我国有关本属的记载，最早为 Lin K-S (1981) 称有本属 1 种在台湾相当丰富，但未有具体种名。Lin (1994) 记述采自辽宁、湖北、福建、广东、广西的本属 4 种 (其中 1 种原产于印度)，近年除在新疆、山东、海南、云南新增一些它们的分布记录外，未见新增种类。

种检索表

1. 前翅端部中等宽圆，长为宽的 2.2 倍；缘毛较长，最长者相当于翅宽的 1/3；雌产卵管等于后足胫节长的 2.9 倍；雄外生殖器阳基等于后足胫节长的 1.15 倍……………**印度毛翅赤眼蜂 *C. terebrata***
   前翅端部明显宽圆，长为宽的 1.6-1.8 倍；缘毛很短，最长者仅及翅宽的 1/8……………………2
2. 触角柄节粗短，长度与梗节接近；索节近圆形，长小于宽；雄外生殖器的阳基前背开口不足其全长的一半，阳基全长等于后足胫节长的 1.44 倍……………………**圆索毛翅赤眼蜂 *C. cirifuniculata***
   触角柄节较细长，明显长于梗节；索节圆筒形，长大于或等于宽；雄外生殖器的阳基前背开口超过其全长的一半，阳基全长短于后足胫节……………………………………………………3
3. 雄性触角棒节 3 节；外生殖器阳基较细长，长约为宽的 7.5 倍，与后足胫节约等长………………
   ………………………………………………………………………**齿胫毛翅赤眼蜂 *C. denticuligera***
   雄性触角棒节仅 2 节；外生殖器阳基较粗短，长仅及宽的 3.5 倍，等于后足胫节长的 0.9 倍……
   ………………………………………………………………………**双棒毛翅赤眼蜂 *C. biclavata***

(17) 印度毛翅赤眼蜂 *Chaetostricha terebrata* (Yousuf & Shafee, 1984) (图 22)

Oligositoides terebratus Yousuf & Shafee, 1984, Mitt. Schweiz. Ent. Ges., 57: 369.

Chaetostricha terebrator (Yousuf & Shafee) : Yousuf & Shafee, 1985b, Mitt. Schweiz. Ent. Ges., 58: 301-302; Lin, 1994, System. Stud. Chinese Trichogrammatidae: 178-180; Hayat, 2008b, Oriental Insects, 42: 6-7.

Oligositoides latipennis Yousuf & Shafee, 1987, Indian J. Syst. Ent., 4(2): 139. syn. by Hayat, 2008b: 6-7.

雌　体长 0.52-0.60 mm；全体黄褐色，但复眼、单眼深红色；触角、各足腿节及其以下各节、前后翅脉淡黄褐色；上颚及产卵管褐色，前翅痣脉以内翅面具烟褐色半透明昙纹，其余翅面无色透明。

头部正面观扁圆形，宽大于高，也宽于胸部；复眼中等大小，长为头高的一半左右，其内侧颜面、颊区及头顶均具若干纤毛；上颚强大，末端 3 齿；下颚须 1 节，端部具 3 毛；触角较粗壮，着生于两复眼中间连线之稍下方；柄节长为宽的 2.3 倍，等于梗节长的 1.6 倍 (图 22b)；梗节梨形，长为宽的 1.3 倍；环状节 2 节，第二节较小，紧贴于索节基部；索节 2 节，紧密连接成短筒形，长度稍小于其宽度，不足梗节长的一半；基索节环状，长度不足第二索节长的 1/3；棒节 3 节，长纺锤形，长为宽的 3.0 倍，等于柄节长的 1.4 倍；各棒节长度大体相等；除基索节外，第二索节与各棒节均具若干锥栓感器和鞭毛感器，各棒节还依次具 2、2 和 4 支板状感器。

胸部密具细刻纹，相当于腹长的一半，中胸盾及小盾片各具 4 支纤毛；内悬骨宽短，端部向后伸至腹部的 0.3 倍左右处，末端分 2 叶；前翅端部中等宽圆，长为宽的 2.2 倍 (图 22a)；翅脉端部伸达翅长之中部，缘脉稍短于亚缘脉，等于痣脉长的 2.0 倍左右；痣脉基部明显缢缩，下方呈三角形；翅面纤毛规则成列，中肘横毛列清楚；缘毛较长，最长者约等于前翅宽的 1/3；后翅稍短于前翅，长为宽的 16.0 倍；翅脉约等于翅长的一半，翅面规则纤毛 2 列；最长后缘毛与前翅最长者相当，等于后翅宽的 2.5 倍；足正常大小，各足节均具小刺毛；前足胫节外侧缘中部具 1 齿状突，中足胫节端部内侧的距状刚毛明显较长。

腹部稍长于头胸部长度之和，略侧扁；各腹节背板的后半段均具细致网纹和 1 横列纤毛；产卵管高度发达，明显长于腹部长度，相当于后足胫节长的 2.9 倍，末端明显伸出腹末之外；下生殖板发达，约伸达产卵管长的 0.7 倍，端部接近腹末。

雄 体长 0.55 mm；体色及大部分特征与雌虫相似，但触角各棒节均各具 2 支板状感器 (图 22c)；腹部圆筒形，不侧扁；外生殖器的阳基与阳茎愈合成简单管状，末端稍向腹面弯曲；其前背开口长度略超过整个阳基长的一半 (图 22d)，阳基全长等于后足胫节长的 1.15 倍。

寄主 未知。

模式标本产地 印度 (Algarh)。

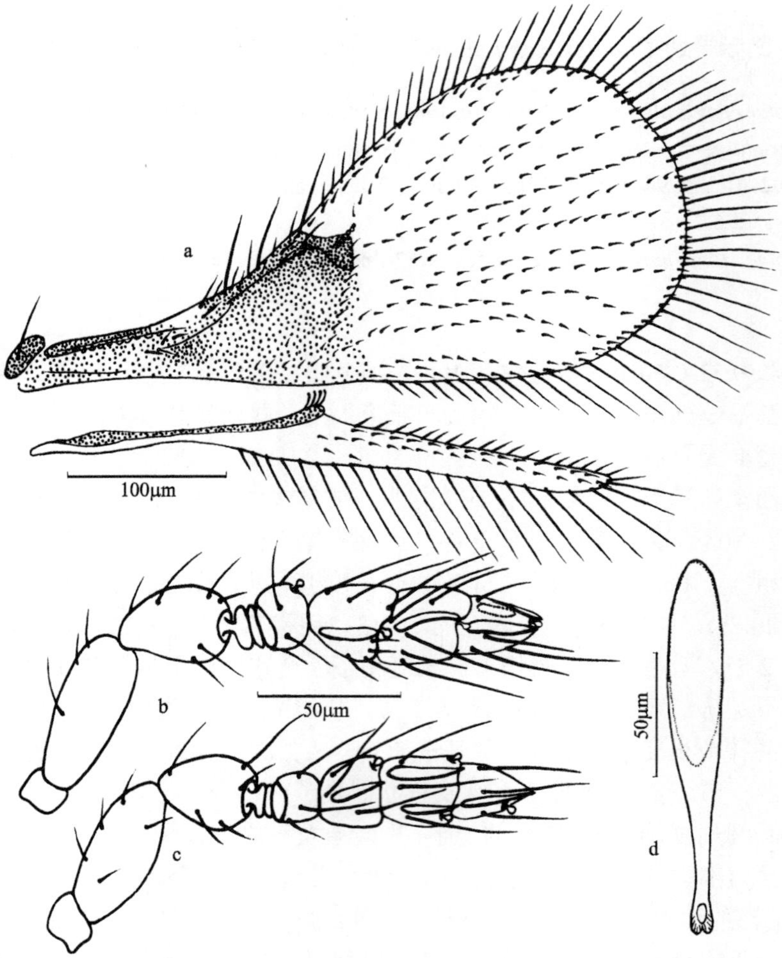

图 22 印度毛翅赤眼蜂 *Chaetostricha terebrata* (Yousuf & Shafee)

a. 前后翅 (fore & hind wing, ♀)；b. 触角 (antenna, ♀)；c. 触角 (antenna, ♂)；d. 雄外生殖器 (male genitalia)

模式标本存放单位　Algarh Muslim University, India [AMU]。

研究标本　1♀，新疆沙湾 (N44°20'48", E85°35'49", 1100M)，2001. VII. 14，胡红英网扫；4♀4♂，湖北蒲圻 (N30°21'46", E114°16'41", 37M)，1991.VIII. 25，欧阳宗兵采；2♀1♂，福建福州金山 (N26°82'31", E119°20'30", 16M)，1986. IX. 21，林乃铨网扫；3♀2♂，福建沙县 (N26°22'55", E117°55'06", 175M)，1980-1981. X，林乃铨网扫；2♀1♂，福建南靖乐土 (N24°54'21", E117°12'53", 277M)，1991. V. 23，刘长明网扫；8♀7♂，广东广州石牌 (N23°8', E113°35', 12M)，1985. XI. 3，林乃铨网扫；2♂，广西凭祥 (N22°00'56", E106°43'39", 466M)，1986. V. 25，汤玉清网扫；1♂，海南儋州 (N19°34'16", E109°24'50", 150M)，1997. V. 18，陈光佛网扫；2♂，海南儋州两院 (N19°30'46", E109°30'46", 134M)，2004. X. 30，吕宝乾网扫；27♀4♂，海南儋州 (N19°30'42", E109°30'39", 45M)，2005. VI，张端璋网扫；1♀，海南儋州云月湖 (N19°30'21", E109°31'33", 113M)，2005. X. 29，李文标网扫；1♂，海南儋州西培 (N19°28'57", E109°27'43", 86M)，2005. XI. 6，李文标网扫；4♀，海南乐东 (N18°28'25", E108°54'55", 19M)，2005. II. 18，张李香网扫；8♀，海南乐东尖峰岭 (N18°43'49", E108°54'32", 212M)，2005. II. 25，张李香网扫；2♀，海南屯昌 (N19°14'38", E110°12'04", 129M)，2006. V. 2，李文标网扫；1♀，海南陵水 (N18°40'18", E109°56'22", 927M)，2006. V. 12，李文标网扫；1♀1♂，海南三亚 (N18°24'50", E109°24'25", 173M)，2006. III. 27，李文标网扫。

分布　新疆 (沙湾)、湖北 (蒲圻)、福建 (福州、沙县、武夷山、松溪、永春、漳平、南靖)、广东 (广州石牌)、广西 (凭祥)、海南 (屯昌、儋州、陵水、乐东、三亚)；印度 (Algarh)。

(18) 圆索毛翅赤眼蜂 *Chaetostricha cirifuniculata* Lin, 1994 (图 23)

Chaetostricha cirifuniculata Lin, 1994, System. Stud. Chinese Trichogrammatidae: 180-182.

雌　体长 0.83 mm；全体淡黄褐色，但复眼、单眼深红色；触角除柄节以外各节、各足基节、各腹节背板的后缘、产卵管基部及产卵管鞘端部为暗黄褐色；上颚及产卵管褐色；前后翅脉暗灰褐色，前翅痣脉以内翅面具淡烟褐色半透明昙纹，其余翅面无色透明。

头部正面观扁圆形，宽大于高，也宽于胸部；复眼中等大小，长为头高的一半左右；其内侧颜面、颊区及头顶具若干细毛；上颚强大，末端具 3 齿；下颚须较长，1 节，端部具 3 毛；触角较粗壮，着生于两复眼下缘连线之稍上方；柄节粗短，长为宽的 2.1 倍，稍长于梗节 (图 23b)；梗节长梨形，长为宽的 1.6 倍，上具明显横脊纹；环状节 2 节，第二节与索节紧密相连；索节 2 节，紧密结合成近圆形；长小于宽，相当梗节长的 0.6 倍；基索节似环状，仅及第二索节长的 1/3；棒节 3 节，长锥形，长为宽的 3.1 倍，等于柄节长的 2.4 倍；基棒节最宽大，端棒节最长，锥状；除基索节外，第二索节和各棒节均具若干锥栓感器和鞭毛感器，各棒节还依次具 2、4 和 3 支板状感器。

胸部密具刻纹，长度为腹长的 0.7 倍左右；中胸盾和小盾片各具 4 支纤毛，内悬骨较宽大，端部伸达腹长的 1/3 左右处，末端分 2 叶；前翅端部明显宽圆，长约为宽的 1.8 倍 (图 23a)；翅脉端部伸达翅长一半，缘脉上具若干纤毛；长度稍短于亚缘脉，为痣脉长的 2.5 倍；翅面纤毛规则成列，中肘横毛列明显；缘毛短，最长者不足前翅宽的 1/10；后翅短于前翅，长为宽的 11.0 倍；翅脉稍长于翅长一半，翅面规则纤毛 3 列；最长后缘毛等于前翅最长者的 2.0 倍，相当于后翅宽的 1.5 倍；足较粗壮，各足节均具细毛；前足胫节外侧缘中部有 1 明显的齿状突，中足胫节端部内侧缘的距状刺毛明显较长。

腹部略侧扁，相当于头胸部长度之和；各腹节背板的后半段均具稀网纹和 1 横列细纤毛；产卵管极其发达，长度为腹长的 1.4 倍，相当于后足胫节长的 2.6 倍；基部抵达胸部，端部显著突出腹末之外；下生殖板较大，末端伸至产卵管的一半左右处。

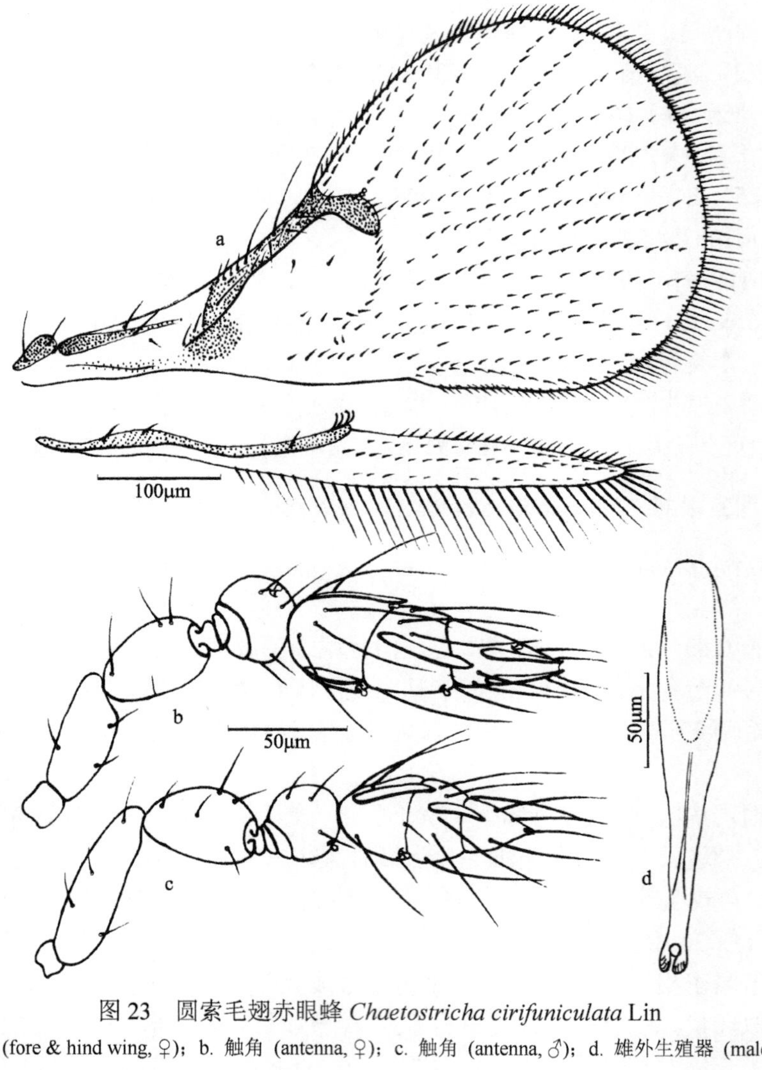

图 23　圆索毛翅赤眼蜂 *Chaetostricha cirifuniculata* Lin

a. 前后翅 (fore & hind wing, ♀)；b. 触角 (antenna, ♀)；c. 触角 (antenna, ♂)；d. 雄外生殖器 (male genitalia)

雄　体长 0.80 mm；体色及大部分特征与雌虫相似；但触角棒节较雌者细而短 (图 23c)，长为宽的 2.3 倍，相当于柄节长的 1.2 倍；各棒节除均具若干锥栓感器和鞭毛感器外，还各具 2 支板状感器；腹部圆筒形不侧扁，外生殖器的阳基与阳茎愈合为简单管状，末端稍向腹面弯曲；其前背开口不足阳基全长的一半 (0.44 倍) (图 23d)，阳基全长约等于后足胫节长的 1.44 倍。

寄主　未知。

模式标本产地　福建福州。

模式标本存放单位　福建农林大学生物防治研究所昆虫标本室 [FAFU]。

研究标本　♀(正模)，1♀2♂(副模)，福建福州金山 (N26°82'31", E119°20'30", 16M)，1987. X. 30，林乃铨采于黄盘诱集器；1♀(副模)，福建龙岩市郊 (N24°59'28", E117°09'09", 370M)，1986. VII. 14，林乃铨网扫；3♀1♂(副模)，福建南靖乐土 (N24°54'21", E117°12'53", 277M)，1991.V. 23，刘长明网扫；4♂2♀(副模)，辽宁西丰冰碴山 (N42°44'16", E124°43'43", 860M)，1992. VII. 10，林乃铨网扫；1♀，山东临朐朐山 (N36°30'20", E118°32'58", 120M)，2005. VIII. 10，田洪霞网扫。

分布　辽宁 (西丰)、山东 (临朐)、福建 (福州、龙岩、南靖)。

(19) 齿胫毛翅赤眼蜂 *Chaetostricha denticuligera* Lin, 1994 (图 24)

Chaetostricha denticuligera Lin, 1994, System. Stud. Chinese Trichogrammatidae: 182.

雄　体长 1.05 mm；全体黄褐色，但复眼、单眼深红色；上颚端部褐色，触角除棒节以外各节、各足腿节基部与转节连接处淡黄褐色；前后翅脉黄褐色，痣脉及缘前脉下方翅面各有 1 黄褐色半透明昙斑，其余翅面无色透明。

头部正面观扁圆形，宽明显大于高，与胸部约等宽；复眼较大，长为头高的 0.6 倍左右；其内侧颜面及颊区具若干细纤毛，头顶区的纤毛短而粗；上颚强大，末端 3 齿；下颚须较长，1 节，端部具 3 毛；触角较细长，位于两复眼下缘连线之稍上方；柄节长为宽的 3.3 倍，相当于梗节长的 1.5 倍，上具稀网纹 (图 24b)；梗节长梨形，长为宽的 1.7 倍，上具明显横脊纹；环状节 2 节，第二节与索节紧密相连；索节 2 节，短筒形，长稍大于宽，相当于梗节长的 0.7 倍左右；棒节长纺锤形，3 节，长为宽的 3.5 倍，相当于柄节长的 1.5 倍；基棒节稍长于第二棒节，但短于端棒节，端棒节锥形，末端尖削；除基索节外，第二索节和各棒节均具若干锥栓感器和鞭毛感器，端部 2 棒节还各具 2 支板状感器。

胸部具明显刻纹，长度为腹长的 0.6 倍左右，中胸盾及小盾片各具 4 支粗刚毛；内悬骨较宽大，端部伸达腹长的 0.4 倍左右，末端分 2 叶；前翅端部显著宽圆，长为宽的 1.6 倍 (图 24a)；翅脉末端伸达翅长的一半，缘脉上具许多纤毛，长度短于亚缘脉，相当于痣脉长的 1.6 倍；痣脉较宽大，基部明显缢缩；翅面纤毛排列规则 (18 列)，中肘横毛列明显；缘毛短小，最长者仅及翅宽的 1/10；后翅较宽，明显短于前翅，长约为宽的 8.5 倍，翅脉略长于翅长一半；翅面规则纤毛 4 列，最长后缘毛相当于前翅最长者的 1.6 倍，等于后翅宽度；足略粗短，各足节均具细毛；前足胫节外侧缘中部具 4 个齿状突 (图 24d)，中足胫节上的刺毛明显粗大，端部内侧的距状刺毛明显较长。

腹部长圆筒形，长于头胸部长度之和，各腹节背板的后半段均具明显网纹和 1 横列纤毛；外生殖器的阳基与阳茎愈合为简单管状，端部圆弧形弯向腹面 (图 24e)；阳基前背开口超过阳基全长的一半 (0.56 倍)，阳基全长与后足胫节约等长。

雌 体长 1.04-1.10 mm；体色及大部分特征与雄虫相似；但触角较细长，柄节长为宽的 3.3 倍，相当于梗节长的 1.5 倍，上具稀网纹；梗节长梨形，长为宽的 1.7 倍，上具明显横脊纹；环状节 2 节，第二环节与基索节紧密相连；基索节短而横形，第二索节短筒形，长稍大于宽，相当于梗节长的 0.7 倍左右；棒节 3 节，长纺锤形，长约为宽的 3.5 倍，等于柄节长的 1.5 倍；第一棒节稍长于第二棒节，但短于端棒节 (图 24c)；端棒节锥形，末端略尖削；除基索节外，第二索节和各棒节均具若干锥栓感器和鞭毛感器，各棒节还具若干板状感器；腹部略侧扁，长度相当于头胸部之和；各腹节背板后半段均具稀网纹和 1 横列细毛；产卵管极其发达，长度为腹长的 1.4 倍，相当于后足胫节长的 2.6 倍；基部抵达腹基部，端部显著突出腹末之外；下生殖板较发达，末端伸至产卵管的一半左右。

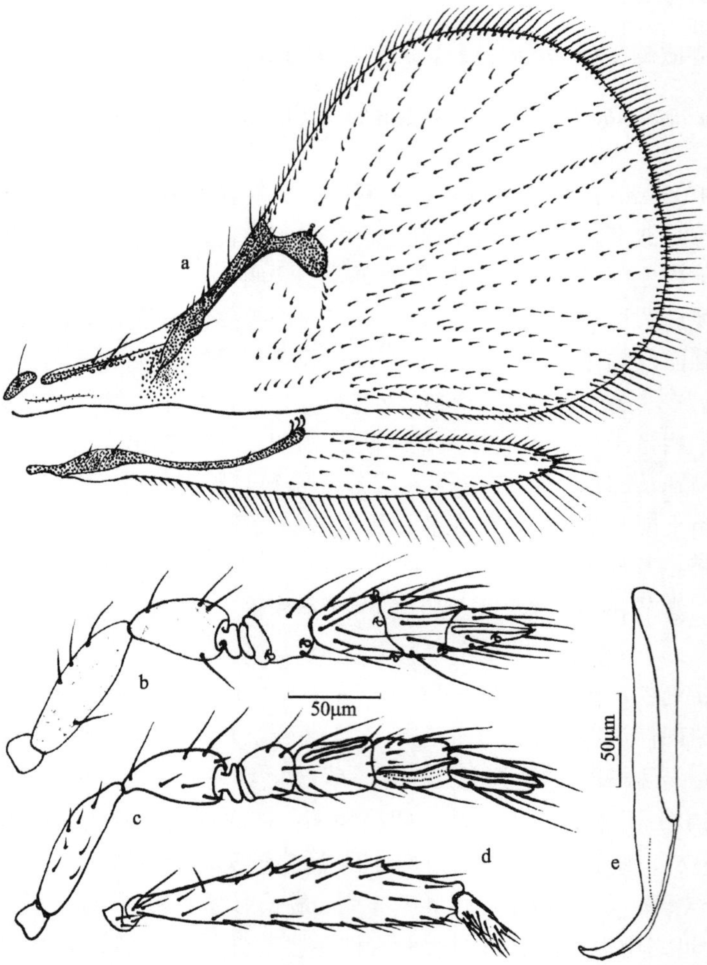

图 24 齿胫毛翅赤眼蜂 *Chaetostricha denticuligera* Lin

a. 前后翅 (fore & hind wing, ♂)；b. 触角 (antenna, ♂)；c. 触角 (antenna, ♀)；d. 前足胫节背面齿状突 (showing some dentates at dorsal surface of fore tibia)；e. 雄外生殖器 (male genitalia)

寄主 未明。

模式标本产地 福建武夷山桐木。

模式标本存放单位 福建农林大学生物防治研究所昆虫标本室 [FAFU]。

研究标本 ♂(正模)，福建武夷山桐木 (N27°42'53", E117°43'05", 510M)，1983. VIII，林乃铨网扫；2♂(副模)，福建将乐龙栖山 (N26°30'41", E117°22'57", 239M)，1991. VIII. 8，刘长明网扫；2♀1♂，山东临朐沂山 (N36°13'10", E118°42'18", 246M)，2005. VIII. 12，田洪霞网扫；1♀1♂，云南昆明 (N25°05'38", E102°32'35", 1926M)，2010. X. 15，林乃铨网扫。

分布 山东 (临朐)、福建 (武夷山桐木、将乐龙栖山)、云南 (昆明)。

(20) 双棒毛翅赤眼蜂 *Chaetostricha biclavata* Lin, 1994 (图 25)

Chaetostricha biclavata Lin, 1994, System. Stud. Chinese Trichogrammatidae: 183.

雄 体长 0.60 mm；全体暗褐色，但复眼、单眼深红色；上颚、翅脉黄褐色；头顶、触角柄节端部、前足转节和腿节两端、各足胫节两端和基部两跗节淡黄色；翅脉之下翅面具烟灰色昙纹，端部翅面透明。

头部正面观扁圆形，宽大于高；复眼中等大小，长为头高的一半，其内侧颜面具细刻纹和若干纤毛；头顶区具粗皱纹及粗短毛；触角着生于两复眼中部连线稍下方，各节均具细刻纹；柄节长为宽的 3.1 倍，等于梗节长的 1.8 倍 (图 25b)；梗节梨形，长为宽的 1.3 倍；环状节 2 节，第二环节紧贴索节基部；索节 2 节，总长等于梗节长的 0.8 倍；基索节明显短而横形，第二索节之长稍短于宽，上具 2 支板状感器；棒节 2 节，分节不对称而使交界处互相重叠；长为宽的 2.3 倍，与柄节长度相当；基棒节最宽大，端棒节近三角形；除基索节外，第二索节和两棒节均具若干锥栓感器和鞭毛感器，两棒节还各具 2 和 3 支板状感器。

胸部明显短于腹部，基本光滑而无明显刻纹；前翅端部明显宽圆 (图 25a)，长为宽的 1.75 倍；翅脉端部伸达翅长的 0.54 倍处，缘脉与亚缘脉约等长，分别为痣脉和缘前脉的 2.0 倍左右；翅面纤毛较短小，规则成列 (18 列)；中肘横毛列明显，但纤毛较少；缘毛较短，最长者不足前翅宽的 1/8；后翅稍短于前翅，长约为宽的 9.0 倍；翅脉等于翅长的 0.56 倍，翅面规则纤毛 2 列；最长后缘毛约为翅宽的 1.5 倍，等于前翅最长者的 2.0 倍；足较粗壮，各足节均具细毛。

腹部长卵锥形，稍长于头胸部长度之和；除腹基部背板两侧具细网纹外，其余腹节背板基本光滑；各腹节背板后缘具若干纤毛；外生殖器的阳基与阳茎愈合为简单的短而宽管状 (图 25c)，长仅为其宽的 3.5 倍，约等于后足胫节长的 0.9 倍；其前背开口约占阳基全长的 0.58 倍，端部稍向腹面弯曲。

雌 未知。

寄主 未明。

模式标本产地 福建将乐龙栖山。

模式标本存放单位 福建农林大学生物防治研究所昆虫标本室 [FAFU]。

研究标本 ♂(正模)，福建将乐龙栖山 (N26°30'41", E117°22'57", 239M)，1991. VIII. 8，刘长明网扫。

分布 福建 (将乐龙栖山)。

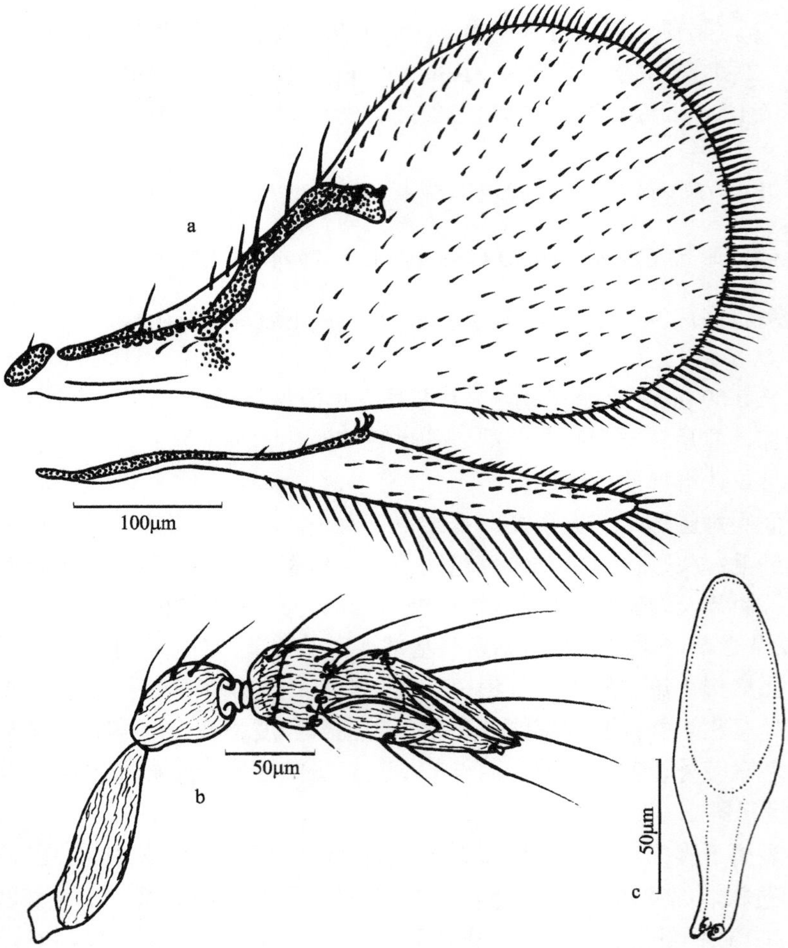

图 25 双棒毛翅赤眼蜂 *Chaetostricha biclavata* Lin (♂)

a. 前后翅 (fore & hind wing)；b. 触角 (antenna)；c. 雄外生殖器 (male genitalia)

7. 多毛赤眼蜂属 *Chaetostrichella* Girault, 1914

Brachista Walker, 1851, Ann. & Mag. Nat. Hist., 7: 210; Kryger, 1918, Ent. Medd., 12: 257-354; Nowicki, 1936, Zeit. Angew. Ent., 23: 127; Doutt & Viggiani, 1968, Proc. Calif. Acad. Sci., 35(20): 497.

Brachysticha Föerster, 1856, Hym. Stud. II: 88; Ashmead, 1894, J. Cin. Soc. Nat. Hist., 17: 170-172.

Brachystira Mayr, 1904, Verh. Zool.-Bot. Ges. Wien, 54: 590 (subsequent misspelling of *Brachysticha* Föerster, 1856).

Chaetostrichella Girault, 1914c, Mitt. Zool. Mus. Berilin, 7: 147-149. **Type species**: *Chaetostrichella platoni* Girault, 1914, by monotypy; Pinto, 1993, Proc. Ent. Soc. Wash., 95: 298-299 (renewed status); Pinto & Viggiani, 2004, J. Hym. Res., 13(2): 289-291.

鉴别特征　头部正面观三角形，触角 5 节，即柄节、梗节、环状节、索节和棒节各 1 节；索节和棒节除各具若干鞭毛感器外，棒节还具若干板状感器；前翅相当宽阔，翅脉较短而直，端部不抵达翅长之中部；缘脉长于亚缘脉，痣脉基部缢缩不明显，与缘脉端部近于直角相接；翅面纤毛较稠密，不规则成列，但均匀分布；缘毛较短，最长者不足前翅宽的 1/6；后翅狭窄，翅面具规则纤毛 2 列；各足细长，胫节多毛，跗节较长；腹部卵锥形，明显长于其他体段；产卵管及其管鞘很发达，等于或长于后足胫节长的 2.0 倍，端部突出腹末之外的长度常超过产卵管总长的 1/3；雄性未知。

寄主　未知。

分布　本属迄今仅知 4 种，模式种广布古北区的德国、丹麦、英国和中国 (黑龙江)；另一种分布于东洋区的印度 (Assam)；此外，Pinto & Viggiani (2004) 还报道了采自意大利的未定名雌性标本和采自吉尔吉斯斯坦的未定名雄性标本，尚待进一步研究。

附注　本属至今虽已经过一个多世纪，但它与 *Brachista* 两属的关系长期混淆不清、经历十分曲折，直到 Pinto (1993) 详细厘定之后才得到澄清。最早系 Walker (1851) 以一个或多个未定名赤眼蜂种类命名的 *Brachista* 属，Föerster (1856) 误将该名作为 *Brachistes* Wesmael 的同名，并草率地提出 *Brachysticha* 作为新属名，而且在该新名之下没有包括任何定名种。Ashmead (1894) 在研究北美洲赤眼蜂时，首次采用 Föerster (1856) 的新属名命名了 1 新种 *Brachysticha fidiae* Ashmead；Mayr (1904) 在描述欧洲的 *Chaetostrichella pungens* 时，再次误用了 Föerster (1856) 的 *Brachysticha* (还笔误为 *Brachystira*)；Kryger (1918) 发现并纠正了 Föerster (1856) 关于 *Brachysticha* 属名的错误，并恢复使用 Walker (1851) 的 *Brachista* 属名；虽然 Ashmead (1894) 描述北美洲的 *Brachysticha fidiae* 时，已正确指定美国国家博物馆的 *Brachista* 属种类作为模式标本，但他没有说明北美洲与欧洲代表种之间的关系和区别；Nowicki (1936) 再次发现北美洲的 *B. fidiae* Ashmead 和欧洲的 *B. pungens* Mayr 定为同属的错误，可是他又错误地把 Mayr (1904) 的 *pungens* 仍然保留在 *Brachista* 属内，同时把 Ashmead (1894) 的 *Brachysticha fidiae* 误定为他自己 (1936) 新成立的 *Giraultiola* 的属模式种。此后的赤眼蜂分类工作者基本都是沿用 Nowicki (1936) 的这一错误，认为 *Giraultiola* 属是北美洲的有效属，把 *Brachista* 属视为古北区的 *pungens* 及其有关种类的有效属 (Doutt & Viggiani, 1968; Yousuf & Shafee, 1986a)。直到 Pinto (1993, 1994) 详细厘定两属的关系之后，不仅澄清了它们长期混淆不清的问题，而且确定了北美洲 *Brachista* 属的模式种，并增加了 2 个新种，以及明确该属种类全部分布于美洲等问题。同时，他还重新恢复了 *Chaetostrichella* 属的有效地位，确立了 *C. pungens* (Mayr, 1904) 作为本属的模式种，将 Girault (1914c) 建立本属时所指定的 *C. platoni* Girault 和 Kryger (1918) 误定在 *Brachista* 属的 *nigra* 归为模式种 *C. pungens* 的异名，明确将欧洲的 *C. rufina* Nowicki 和 *C. similis* Kryger 2 种归到本属之下；此后，Hayat (2009) 再次报道了采自东洋区印度 (Assam) 的另 1 新种，因此目前本属共知 4 种。

Pinto & Viggiani (2004) 通过对寡索赤眼蜂族各属系统发育关系的研究结果，将本属归在寡索赤眼蜂亚科、寡索赤眼蜂族内；Pinto (2006) 进一步根据雄外生殖器是否退化为简单管状、并胸腹节中区与后胸背板长度、中胸侧板有无侧沟和腹部各节背板是否光滑等特征，再次把寡索赤眼蜂族细分为寡索赤眼蜂亚族 Oligositina 和异茎赤眼蜂亚族 Eteroligositina，本属与 *Doirania*、*Eteroligosita*、*Hayatia*、*Probrachista* 和 *Pseudoligosita* 等属一起归在寡索赤眼蜂亚科、寡索赤眼蜂族、异茎赤眼蜂亚族。Owen *et al.* (2007) 基于分子证据的赤眼蜂科系统发育分析，虽然缺乏支持本属细分为异茎赤眼蜂亚族的分子证据，但已明确支持本属归于寡索赤眼蜂亚科下。Pinto (1993) 认为本属特征与伪寡赤眼蜂属 *Pseudoligosita* 和三棒赤眼蜂属 *Probrachista* 接近，似可代表它们的演化缘系。

Yuan *et al.* (1997) 首次报道了 *C. pungens* (Mayr) 在我国黑龙江的分布记录，记述如下。

(21) 彭根多毛赤眼蜂 *Chaetostrichella pungens* (Mayr, 1904) (图 26)

Brachystira pungens Mayr, 1904, Verh. Zool.-Bot. Ges. Wien., 54: 590-592 (subsequent misspelling of *Brachysticha* Föerster, 1856).

Brachista pungens (Mayr): Kryger, 1918, Ent. Medd., 12: 335-336.

Chaetostrichella platoni Girault, 1914c, Mitt. Zool. Mus. Berilin, 7: 147-149. syn. by Pinto, 1993: 298-299.

Brachista nigra Kryger, 1918, Ent. Medd., 12: 335-336. syn. by Pinto, 1993: 298-299.

Chaetostrichella pungens (Mayr): Pinto, 1993, Proc. Ent. Soc. Wash., 95: 298-299 (renewed status); Yuan, Cong & Lou, 1997, J. Northeast Normal Univ., 4: 64-65.

雌 体长 1.07-1.15 mm；全体黑色，但复眼黑色、单眼黄白色；前翅翅脉黑褐色，翅面具均匀淡烟褐色半透明昙纹；腹部前端第 I-IV 节背板之间略带黄褐色。

头部正面观三角形，头顶及额区两侧具长刚毛；复眼较大，长为头高的 0.65 倍左右，其上密具短纤毛；触角着生在两复眼下缘连线的下方，由 5 节组成；除环状节外，各节均具鞭毛感器 (图 26b)；柄节长为宽的 3.2 倍，相当于梗节长的 1.26 倍；梗节相当长，长为宽的 2.9 倍；环状节小而明显，索节长为宽的 1.43 倍；棒节略膨大，长为宽的 3.27 倍，相当于柄节长的 1.18 倍；其上还具若干板状感器，端部 1 板状感器呈端突状明显突出棒节顶端之外。

胸部明显短于腹部，其上未见明显刻纹；中胸盾及小盾片均横宽，其上各具 2 支粗刚毛；前翅中等宽圆，长约为宽的 2.45 倍；翅脉较短而直，端部伸达翅长的 0.44 倍处 (图 26a)；缘脉长于亚缘脉，痣脉短，基部缢缩不明显；翅面纤毛中等稠密，不规则散乱分布；缘毛较短，最长者约为前翅宽的 0.24 倍；后翅较狭窄，长约为宽的 15.0 倍；翅面规则纤毛 2 列，最长后缘毛约为后翅宽的 2.0 倍，相当于前翅最长缘毛的 1.3 倍左右；各足较细长，腿节及胫节的前后端均具纤毛，各足跗节均较长且密具细纤毛。

腹部长卵锥形，长于头胸部长度之和；第 I-V 腹节背板的后半段具纵皱纹，第 III-VI 腹节背板近后缘还具 1 横列稀纤毛；产卵管及其管鞘十分发达 (图 26c)，长度约为腹长的 1.1 倍，等于后足胫节长的 2.1 倍；从腹基部生出，端部约 1/3 管长明显突出腹末之外。

雄　未知。

寄主　未知。

模式标本产地　Fortunens Indelukke, Denmark。

模式标本存放单位　University of Copenhagen, Zoological Museum, Copenhagen, Denmark (ZMUC)。

分布　黑龙江 (镜泊湖)；德国，丹麦，英国。

附注　本种标本未检视。形态记述和特征图引自 Pinto (1993) 与 Yuan *et al*. (1997) 的报道。后者记述的我国标本有：5♀，黑龙江镜泊湖 (N43°51'14", E128°54'37", 344M)，1995. VIII. 19，娄巨贤、袁静采，保藏于沈阳农业大学昆虫标本室 [SYNU]。

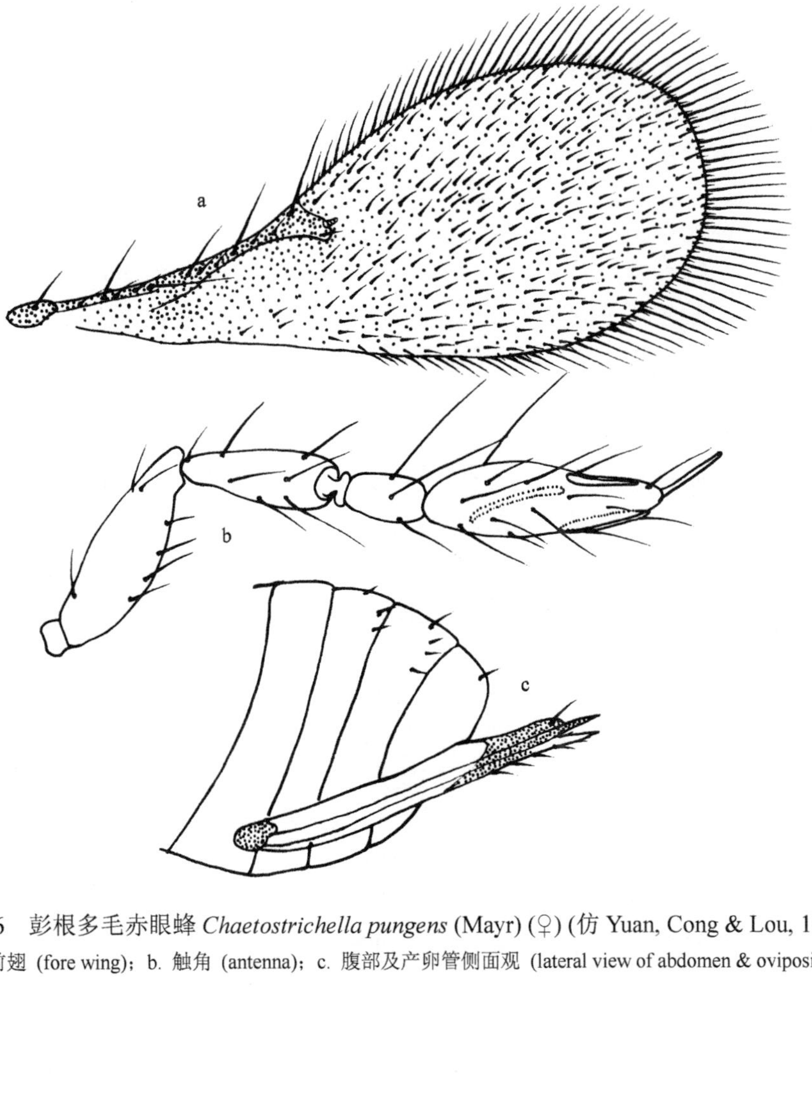

图 26　彭根多毛赤眼蜂 *Chaetostrichella pungens* (Mayr) (♀) (仿 Yuan, Cong & Lou, 1997)
a. 前翅 (fore wing)；b. 触角 (antenna)；c. 腹部及产卵管侧面观 (lateral view of abdomen & ovipositor)

8. 类宽赤眼蜂属 *Densufens* Lin, 1994

Densufens Lin, 1994, System. Stud. Chinese Trichogrammatidae: 177-178. **Type species**: *Densufens multiciliatus* Lin, 1994, by original designation; Pinto, 2006, J. Hym. Res., 15(1): 106. Compared with *Monorthochaeta* Blood.

鉴别特征 雌雄触角同型，均由 8 节组成；除柄节、梗节、环状节各 1 节外，索节 2 节、棒节 3 节，端部尖削；环节后各节均具若干锥栓感器、鞭毛感器和板状感器；前翅中等宽圆，翅脉较直，缘脉明显长于缘前脉和痣脉；翅面纤毛较稠密，仅少数毛列稍规则外，多数散乱分布；中肘横毛列短而不明显，最长缘毛不超过前翅宽的 1/5；雌性产卵管不特别长，端部稍突出腹末；雄性触角棒节明显短于雌者，前翅缘毛则明显较长；腹端部两侧腹板各具 1 明显的“e”字形骨化构造；外生殖器高度骨化，可见阳基与阳茎两部分，阳基具明显的阳基侧瓣、钩爪和中脊；但阳基背突和腹中突消失，阳茎较短而宽，上具明显的内突。

寄主 未知。

分布 辽宁、北京、河北、山东、新疆。

附注 本属的雌性触角和雄外生殖器等特征均与宽翅赤眼蜂属 *Ufens* 相似，但后者触角环状节 2 节，雄者环节后各节除均具轮生鞭毛感器外，棒节端部还多 1 小节；前翅端部宽阔，翅脉强度弯曲；缘前脉、缘脉和痣脉近于等长；痣脉基部明显收窄，缘前脉基部具基后突，翅面纤毛规则成列等特征明显与本属不同；本属的前翅与 *Monorthochaeta* 属相近，但后者雌性触角环状节 2 节、索节 2 节紧密相接且长宽近相等；棒节 3 节，较索节窄长；除第一索节外，第二索节和各棒节均具板状感器；前翅长度超过其宽的 2.4 倍，痣脉明显发达，缘前脉基部具基后突；翅面纤毛不规则分布，中肘横毛列缺如；各足基跗节均长于各自其他两跗节；雄性无翅类型 (*M. nigra*) 的触角棒节 2 节，或具正常双翅者 (*M. galatica*) 的棒节 3 节；外生殖器的阳基侧瓣消失，具钩爪但不对称，可以区别。

根据 Viggiani (1971b) 基于赤眼蜂雄外生殖器特征的分类系统，Lin (1994) 曾将本属归于赤眼蜂亚科、赤眼蜂族；现据 Pinto (2006) 对 Viggiani (1971b, 1984) 分类系统的修改，把具有 Type 2a 类雄外生殖器的本属归到寡索赤眼蜂亚科、毛翅赤眼蜂族内；Owen *et al.* (2007) 基于分子证据的赤眼蜂科系统发育分析结果，虽然对本属归为毛翅赤眼蜂族仍存疑问，可也明确支持本属隶于寡索赤眼蜂亚科。

Lin (1994) 根据采自北京、辽宁的标本建立本属以来，先后又在河北、山东和新疆等地采得 2 号与属模式种相同的标本，记述如下。

(22) 多毛类宽赤眼蜂 *Densufens multiciliatus* Lin, 1994 (图 27)

Densufens multiciliatus Lin, 1994, System. Stud. Chinese Trichogrammatidae: 177-178.

雌　体长 0.78-0.80 mm；全体暗褐色，但复眼、单眼暗红色；头顶、前足胫节、中后足胫节两端、各足跗节为淡黄褐色；前翅翅脉除缘脉与缘前脉交界处淡黄白色外，其余暗灰褐色；前翅缘前脉基部和痣脉之下翅面各具 1 烟褐色昙纹，其余翅面无色透明。

头部正面观近扁圆形，宽略大于高；复眼中等大小，长为头高的一半左右；其内侧颜面及头顶区具若干短纤毛；上颚强大，端部 3 齿；下颚须 1 节，圆筒形，端部 2 毛 (图 27b)；触角着生于两复眼中部连线之稍下方，柄节长为宽的 3.3 倍，相当于梗节长的 1.7 倍；梗节长梨形，长为宽的 1.5 倍；环状节小而明显；两索节紧密相连，近圆筒形；基索节比第二索节略短而宽，两者均横形 (图 27c)；基棒节最短，长为宽的 1.2 倍，相当于第二棒节长的 0.75 倍；第二棒节最大，长为宽的 1.4 倍，等于端棒节长的 0.75 倍；端棒节长而尖削，长为宽的 5.1 倍，相当于棒节全长的 0.43 倍；环节后各节除均具若干锥栓感器和鞭毛感器外，两索节各具 2 和 3 支、各棒节均具 3 支板状感器。

胸部稍短于腹部，相当于腹长的 0.72 倍，上具细网纹；前翅端部宽圆，长约为宽的 2.1 倍 (图 27a)；翅脉较直，端部伸达近于翅长之半 (0.48 倍)；在缘脉端部之外，具明显的缘后脉；缘脉等于痣脉长的 2.2 倍，相当于缘前脉长的 1.8 倍，稍短于亚缘脉；翅面纤毛较稠密，除少数纤毛列较规则成列外，多数纤毛均不规则分布；中肘横毛列短而不甚明显；最长缘毛仅及前翅宽的 0.15 倍；后翅明显短于前翅，长为宽的 10.0 倍，翅脉等于翅长的一半；翅面纤毛 3 列；最长后缘毛约为后翅宽的 1.3 倍，稍长于前翅最长缘毛；足正常大小，各足节均具细毛。

腹部长卵锥形，末端尖削，稍短于头胸部长度之和；各腹节背板的后半段均具细网纹和纤毛；产卵管骨化程度较深，长度约与腹长相当 (0.95 倍)；等于后足胫节长的 1.4 倍，末端稍伸出腹末之外。

雄　体长 0.75-0.79 mm；体色和前翅等主要特征与雌虫相似；但触角棒节明显较短，环节后各节除均具若干锥栓感器和鞭毛感器外，两索节各具 2 支、各棒节均具 3 支板状感器 (图 27d)；前翅缘毛明显长于雌者，最长者约为翅宽的 1/3；腹端部两侧腹板各具 1 明显的"e"字形骨化构造 (图 27f)；外生殖器可见阳基与阳茎两部分，阳基长为宽的 2.0-2.5 倍，端部两侧各具明显的阳基侧瓣和对称的钩爪，钩爪基部至阳基基缘具 1 高度骨化的粗中脊 (图 27e)；阳茎明显长于其内突，端部稍向腹面弯曲，两者全长等于后足胫节长的 0.56 倍。

寄主　未知。

模式标本产地　沈阳东陵。

模式标本存放单位　福建农林大学生物防治研究所昆虫标本室 [FAFU]。

研究标本　♀(正模)，1♀2♂(副模)，沈阳东陵 (N41°48'46", E123°31'59", 52M)，1992. VII. 9，林乃铨网扫；1♂(副模)，北京香山樱桃沟 (N40°02'20", E116°02'57", 501M)，1992. VII. 6，林乃铨网扫；1♀，河北小五台山 (N42°09'49", E117°03'38", 1362M)，2005. VIII. 20，林乃铨、田洪霞网扫；1♀，山东临朐沂山 (N36°13'10", E118°42'18", 246M)，2005. VIII. 10，田洪霞网扫；3♀，新疆五家渠 (N44°7'34", E87°32'52", 490M)，2001. VII. 25，孙涛、胡红英网扫；3♀1♂，新疆石河子 150 团 (N44°18'34", E86°5'18", 450M)，2001. VII. 12，胡红英网扫；5♀1♂，新疆乌苏 (N44°11'16", E87°19'32", 753M)，2001. VII. 17，胡红英网

扫；2♂，新疆新源 (N43°25'39", E83°16'25", 800M)，2001. VI. 1，吴卫、胡红英网扫；1♂，新疆新源 (N43°25'39", E83°16'25", 800M)，2006. VIII. 1，张晶晶网扫；1♂，新疆尼勒克 (N43°46'28", E80°35'1", 1138M)，2006. VIII. 3，何茜网扫。

分布 辽宁 (沈阳)、北京 (香山)、河北 (小五台山)、山东 (临朐)、新疆 (五家渠、石河子、乌苏、新源、尼勒克)。

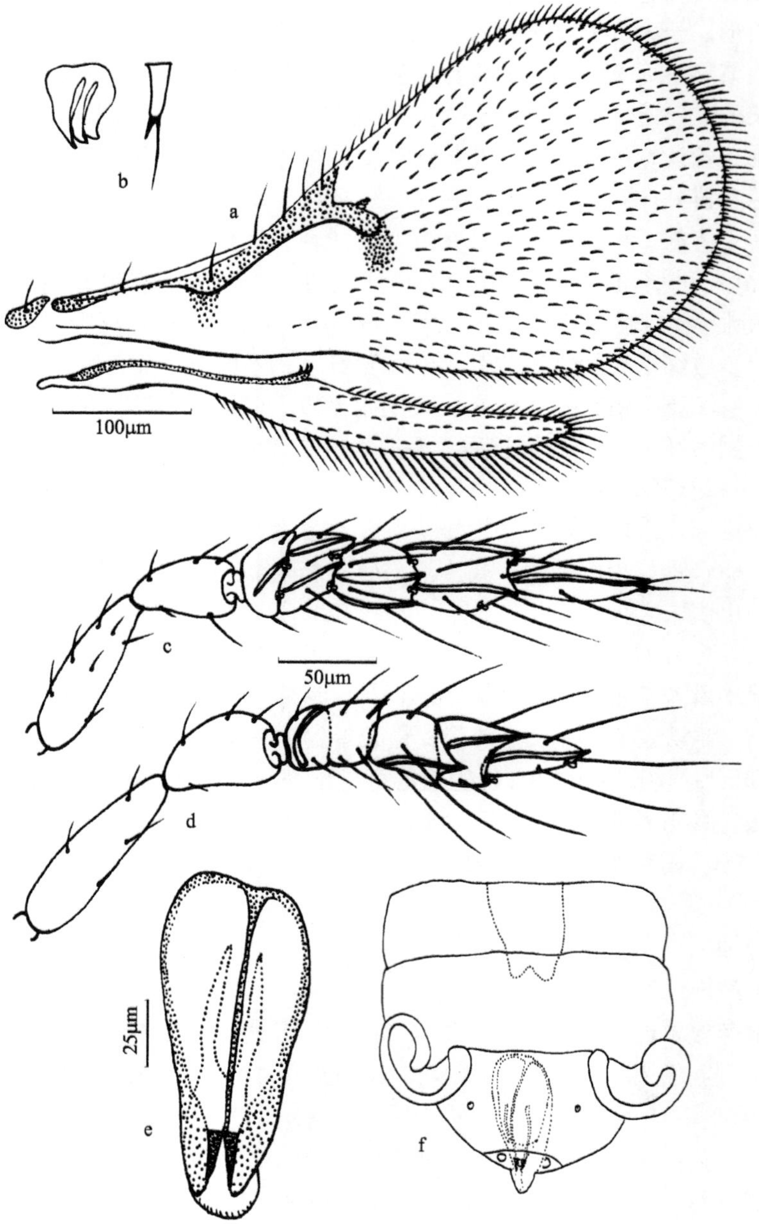

图 27 多毛类宽赤眼蜂 *Densufens multiciliatus* Lin

a. 前后翅 (fore & hind wing, ♀)；b. 上颚及下颚须 (mandible & maxilla)；c. 触角 (antenna, ♀)；d. 触角 (antenna, ♂)；e. 雄外生殖器 (male genitalia)；f. 雄腹末两侧之 “e” 字形骨片 (“e” shape scuta on both sides of apical male abdominal sterna)

9. 单棒赤眼蜂属 *Doirania* Waterston, 1928

Doirania Waterston, 1928, Ann. Mag. Nat. Hist. (ser. 10), 2: 386. **Type species**: *Doirania leefmansi* Waterston, 1928, by monotype and original designation; Doutt & Viggiani, 1968, Proc. Calif. Acad. Sci., 35(20): 499; Lin, 1994, System. Stud. Chinese Trichogrammatidae: 37-39; Pinto, 2004, Proc. Ent. Soc. Wash., 106(2): 352-360; Pinto & Viggiani, 2004, J. Hym. Res., 13(2): 288; Pinto, 2006, J. Hym. Res., 13(2): 123-124.

鉴别特征　体略扁平；触角 5 节，即柄节、梗节、环状节、索节、棒节各 1 节；索节短而横形、端部与棒节连接不紧密；棒节短而粗壮，可与寡索赤眼蜂属 *Oligosita* 明显区别；腹部至少前 3 节背板的后半段具有纵脊纹；雄外生殖器高度退化，阳基和阳茎愈合为简单管状并稍向腹面弯曲，阳基前背开口的基缘开放为 1 对短的基侧突。

寄主　仅 1 种知可寄生直翅目螽斯科的 *Sexara coriacea*、*S. novaeguineae*、*S. nubila*、*Sexara* sp. 等卵，另外 2 种寄主未明。

分布　中国；印度尼西亚，日本，加拿大，美国，厄瓜多尔，西印度群岛，新几内亚。

附注　本属系 Waterston (1928) 根据采自印度尼西亚寄生螽斯卵的 *D. leefmansi* 为属模而建立。Viggiani (1971b) 根据本属的雄外生殖器与 *Oligosita* (*Zorontogramma*) 亚属的雄外生殖器十分相似这一特征，将它归于寡索赤眼蜂亚科、寡索赤眼蜂族。同时，他认为本属似可作为寡索赤眼蜂属 *Oligosita* 的 1 个亚属。Yashiro (1980) 研究了日本的本属种类之后，认为虽然本属与寡索赤眼蜂属的雄外生殖器相似，但本属的触角棒节、前胸背板、身体略扁平等特征，足以与寡索赤眼蜂属相区别，并认为它们的缘系十分接近；Pinto & Viggiani (2004)、Pinto (2006) 根据本属的特征，将本属与 *Chaetostrichella*、*Eteroligosita*、*Hayatia*、*Probrachista* 和 *Pseudoligosita* 等属一起归在寡索赤眼蜂亚科、寡索赤眼蜂族、异茎赤眼蜂亚族内，同时认为本属与伪寡赤眼蜂属 *Pseudoligosita* 的缘系最接近；这一分类系统已得到 Owen *et al.* (2007) 基于分子证据系统发育分析的支持。

迄今本属全世界仅知 3 种，分布于东洋区 (1 种)，古北区的日本和我国辽宁等地 (1 种)，南北美洲 (1 种)。Lin (1994) 报道了采自我国辽宁、湖北、福建等地的长棒单棒赤眼蜂 *Doirania longiclavata*，记述如下。

(23) 长棒单棒赤眼蜂 *Doirania longiclavata* Yashiro, 1980 (图 28)

Doirania longiclavata Yashiro, 1980, Trans. Shikoku Ent. Soc., 15: 131-134; Lin, 1994, System. Stud. Chinese Trichogrammatidae: 38-39.

雌　体长 0.8-0.9 mm；全体褐色，但头顶、触角柄节、各足转节、腿节末端、胫节末端、跗节及翅脉黄褐色；复眼、单眼黑色；前翅仅痣脉与缘前脉下方翅面各具 1 灰褐色小昙斑，其余翅面无色透明。

头部正面观扁圆形，宽大于高，明显宽于胸部；复眼较大，长约为头高的 0.6 倍；触角着生于两复眼下缘连线之上；头顶单眼区附近、复眼内侧、颊区各具若干纤毛，以复眼上缘的 1 支刚毛粗而长；上颚发达，末端具 3 齿；下颚须 1 节，端部具 2 毛；触角粗短，由 5 节组成 (图 28b)；柄节长为宽的 2.0 倍左右，稍长于梗节；梗节长梨形，长约等于宽的 1.5 倍；环状节大而明显，长小于宽；索节近扁圆形，长明显大于宽；棒节近纺锤形，长为宽的 1.7 倍，明显长于柄节；索节与棒节除均具若干鞭毛感器外，棒节还具 5 支板状感器，其中 1 支板状感器斜向突出棒节顶端之外。

体略扁平，胸部仅及腹长的 0.6 倍；中胸盾及小盾片各具 2 支刚毛，中央有 1 淡褐色带纵贯前后；内悬骨中等大小，末端分 2 叶，伸达腹部的 0.3 倍左右处；前翅中等宽圆，长约为宽的 3.0 倍；翅脉长而直，末端伸达前翅一半；缘脉与亚缘脉约等长，相当于痣脉长度的 3.0 倍 (图 28a)；痣脉以外翅面纤毛较密，不规则散乱排列；缘毛较长，最长者约为翅宽的一半；后翅狭窄，略短于前翅，长约为宽的 13.0 倍；翅面规则纤毛 3 列，最长后缘毛稍短于前翅最长者，约为前翅宽的 0.4 倍；足较粗壮，各足节均具纤毛。

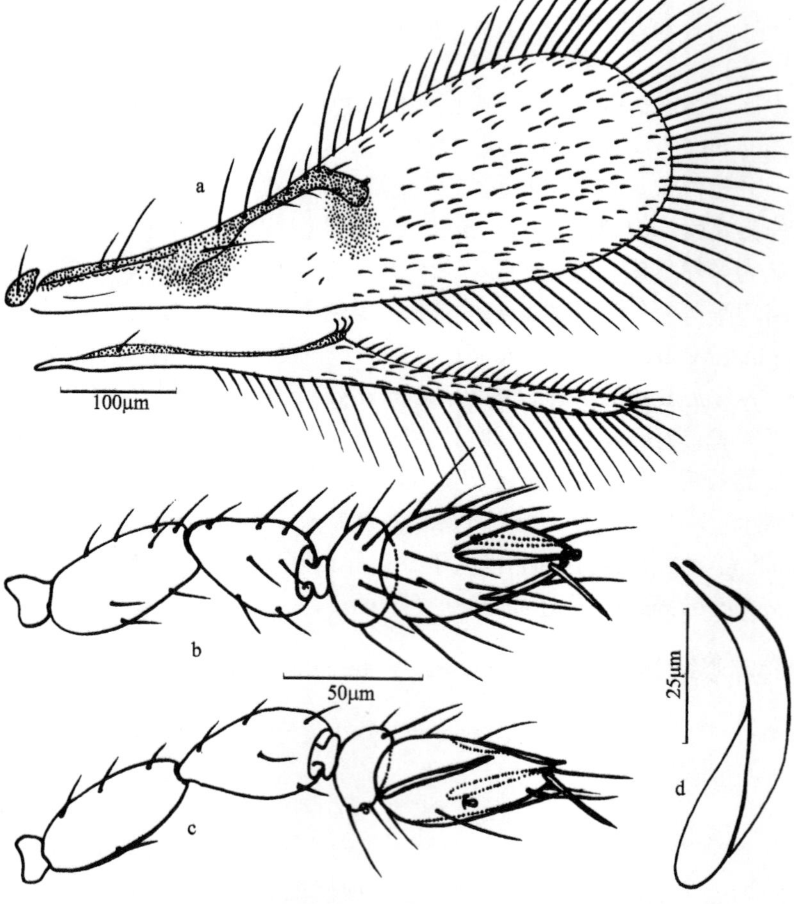

图 28 长棒单棒赤眼蜂 *Doirania longiclavata* Yashiro

a. 前后翅 (fore & hind wing, ♀)；b. 触角 (antenna, ♀)；c. 触角 (antenna, ♂)；d. 雄外生殖器 (male genitalia)

腹部近卵圆形，末端钝圆；各腹节背板的后半段具明显的纵脊纹；产卵管高度骨化，长约为腹部的 0.4 倍，与后足胫节约等长，末端不伸出腹末之外。

雄　体色、大小等特征与雌虫相似；但触角柄节长为宽的 2.6 倍，相当于梗节长的 1.4 倍；梗节长为宽的 2.0 倍，索节宽大于长；棒节长为宽的 2.0 倍，略短于柄节 (图 28c)；外生殖器退化为简单管状，稍向腹面弯曲；长为宽的 5.0 倍，约为后足胫节长的 0.64 倍 (图 28d)；基部骨化程度较高，阳基前背开口的基缘开放为 1 对明显的基侧突。

寄主　未知。

模式标本产地　Japan (Shikoku, Kyushu)。

模式标本存放单位　Entomological Laboratory of University of Osaka, Japan [ELUJ]。

研究标本　3♀2♂，辽宁沈阳东陵 (N41°48'46", E123°31'59", 52M)，1992. VII，林乃铨网扫；2♀，湖北蒲圻 (N30°21'46", E114°16'41", 37M)，1991. VIII，袁合强、欧阳宗兵网扫；2♀，福建福州金山 (N26°82'31", E119°20'30", 16M)，1983. XI. 20，林乃铨网扫于稻田；5♀，福建福州金山 (N26°82'31", E119°20'30", 16M)，1986. VII-IX，林乃铨采于黄盘诱集器；1♀，福建沙县洋枋 (N26°22'55", E117°55'06", 175M)，1980. IX. 5，林乃铨网扫于稻田；4♀，福建尤溪池田 (N26°02'44", E117°56'52", 289M)，1987. VIII. 12，郑琪采于黄盘诱集器；1♀，福建松溪渭田 (N25°52'41", E117°19'21", 496M)，1987. VIII. 5，吴祖建网扫。

分布　辽宁 (沈阳)、湖北 (蒲圻)、福建 (福州、尤溪、沙县、将乐、松溪)；日本。

10. 爱波赤眼蜂属 *Epoligosita* Girault, 1916

Paroligosita Girault, 1915e, Mem. Queens. Mus., 3: 145 (as subgenus of *Oligosita*). **Type species**: *Paroligosita biclavata* Girault, 1915, by original designation.

Epoligosita Girault, 1916d, Mem. Queens. Mus., 5: 206 (as genus, new name for *Paroligosita* Girault, 1915, preoccupied nec Kurdjumov, 1911); Doutt & Viggiani, 1968, Proc. Calif. Acad. Sci., 35(20): 542-544; Lin K-S, 1981, J. Agr. Res. China, 30(4): 441; Lin, 1990, J. Fujian Agr. Coll., 19(1): 41-51; Lin, 1994, System. Stud. Chinese Trichogrammatidae: 69-71, 77-78; Pinto & Viggiani, 2004, J. Hym. Res., 13(2): 279-281; Pinto, 2006, J. Hym. Res., 15(1): 120-121; Hu, Lin & Huang, 2006, Entomotaxon., 28(4): 286-292.

Epoligositina Livingstone & Yacoob, 1983a, Entomorphaga, 28: 213-216 (as subgenus). **Type species**: *Epoligosita* (*Epoligositina*) *duliniae* Livingstone & Yacoob, 1983, by original designation; Lin, 1990, J. Fujian Agr. Coll., 19(1): 47-48 (as generic status); Pinto & Viggiani, 2004, J. Hym. Res., 13(2): 279-281 (renewed as subgenus).

鉴别特征　体色淡；触角 5-6 节，除柄节、梗节、环状节各 1 节外，索节 1 节 (或缺如)、棒节 1-2 节 (稀有 3 节者)；胸部中央具纵纹，并胸腹节中区后缘具 1 近三角形小叶状后突，内悬骨长；前翅末端尖圆，长为宽的 3.0-4.0 倍，最宽处近于痣脉位置；翅脉长而直，常超过翅长一半以上，缘前脉与缘脉交界处明显加宽；翅面光滑无毛或仅少数几支纤毛，缘毛长；前中足跗节明显长于各自胫节长度。

寄主 已知 4 种可寄生半翅目的叶蝉科 Cicadellidae 和网蝽科 Tingidae 的卵，其余 19 种的寄主仍然未明。另有产于我国广东的中华爱波赤眼蜂 *E. sinica*，最早系从饲养松突圆蚧寄生蜂的松针叶中获得，因而怀疑它可能寄生松突圆蚧，尚需进一步核实。

分布 本属全世界已定名者 23 种，分别分布在东洋区的印度和我国南方 (11 种，1 种也分布新疆)，古北区的丹麦、英国、意大利、日本和中国新疆 (8 种，1 种同东洋种)，澳洲区 (3 种，2 种也分布于南非)，非洲区 (3 种，2 种同澳洲种)，南北美洲的墨西哥和巴西仅知 1 种 *E. mexicana*。此外，Viggiani & Harten (1996) 报道南非和佛得角还有 2 个未定名种。

附注 本属系 Girault (1915e) 根据采自昆士兰的 *E. biclavata* 为属模而建立，原始描述以 *Paroligosita* 为属名；Girault (1916d) 发现这一属名已被 Kurdjumov 优先使用，因而改用 *Epoligosita*。Doutt (1968) 描述了采自南非的另一新种 *E. pallida*，而后 Viggiani (1969a, 1976b) 先后描述了采自意大利的 *E. vera*，并将 3 个原定在寡索赤眼蜂属 *Oligosita* 的 *O. nudipennia*、*O. australiensis* 和 *O. longifellowi* 移到本属。Hayat & Viggiani (1981)、Livingstone & Yacoob (1983a)、Viggiani & Ren (1986)、Viggiani (1987)、Yousuf & Shafee (1987)、Lin (1990) 先后发表了采自东洋区的印度和我国广东、福建及北美洲墨西哥的 8 新种。其中，Livingstone & Yacoob (1983a) 曾根据印度 1 种的触角缺少索节、前翅具褐色昙纹等特征，建立了 *Epoligositina* 亚属；Lin (1990) 在研究采自我国的该亚属标本时，曾经征求 Viggiani、Pang 等专家的意见，认为触角节数是赤眼蜂科分类的重要特征，触角索节消失的 *Epoligositina* 亚属，也可以独立为属，因而将其提升为 1 个独立的属，同时描述了 2 新种。Yashiro (1994) 描述了产于日本的 3 新种，其中 2 种放在 *Epoligositina* 属，1 种 *Epoligosita* 属；Hu *et al.* (2006) 报道了新疆的 2 新种和 1 新记录种；Pinto & Viggiani (2004)、Pinto (2006) 再次把 *Epoligositina* 恢复为亚属的地位，故本属至今共知 23 种。

Viggiani (1971b, 1984)、Pinto & Viggiani (2004)、Pinto (2006) 等根据系统发育分析结果，一致认为本属应隶于寡索赤眼蜂亚科、寡索赤眼蜂族；Pinto & Viggiani (2004) 还进一步将本属与 *Megaphragma*、*Oligosita*、*Prestwichia*、*Prosoligosita*、*Sinepalpigramma* 等属一起归在新设立的寡索赤眼蜂亚族内，且认为本属与缨翅赤眼蜂属 *Megaphragma* 的缘系最接近；这一分类系统已经得到 Owen *et al.* (2007) 基于分子证据的赤眼蜂系统发育分析结果的支持。

我国有关本属的记载，最早为 Lin K-S (1981) 对台湾赤眼蜂科的研究中称有 1 未定名种分布于台湾；其次是 Viggiani & Ren (1986) 发表采自广东的 1 新种 *E. sinica*；Lin (1990)、Hu *et al.* (2006) 先后报道了采自福建、新疆等地的 8 新种和 1 分布新记录。因此我国已知本属已定名种类达 10 种，分别隶于指名亚属和 *Epoligositina* 两个亚属，7 种分布我国南方，3 种分布我国新疆，分别记述于后。

亚属及种检索表

1. 触角 5-6 节，即除柄节、梗节外，环状节 1 节、索节 1 节、棒节 1-2 节 ············ ***E.* (*Epoligosita*) 2**
   触角 5 节，即除柄节、梗节外，环状节 1 节，索节缺如，棒节 2 节 ··············· ***E.* (*Epoligositina*) 9**

2. 触角棒节 1 节，长为宽的 3.25 倍；前翅长为宽的 3.3 倍，缘脉明显长于亚缘脉，最长缘毛仅稍等于翅宽的 1.5 倍；产卵管约为腹长的 0.69 倍，端部稍伸出腹末………石河子爱波赤眼蜂 ***E. (E.) shihezica***

触角棒节 2 节，其余特征不如上述……………………………………………………………………3

3. 触角基棒节长而大，明显长于端棒节，相当于后者长的 1.5 倍；前翅基部狭窄似柄状，长为宽的 3.9 倍；痣脉较宽大，基部不缢缩，不足缘脉长的 1/4；最长缘毛相当于翅宽的 2.1 倍；产卵管约为腹长的一半，略长于后足胫节，端部不明显伸出腹末……………柄翅爱波赤眼蜂 ***E. (E.) zygoptera***

触角基棒节明显短于端棒节……………………………………………………………………………4

4. 触角端棒节近于基棒节长的 1.5 倍左右……………………………………………………………5

触角端棒节为基棒节长的 2.0 倍以上…………………………………………………………………6

5. 触角端棒节为基棒节长的 1.44 倍，端部钝而不尖；前翅长为宽的 3.3 倍，翅基部具烟褐色晕纹，痣脉基部明显缢缩，相当于缘脉长的 0.25 倍，最长缘毛约为翅宽的 1.2 倍；产卵管较发达，相当于腹长的 0.7 倍，等于后足胫节的 2.2 倍，端部稍伸出腹末 ………中华爱波赤眼蜂 ***E. (E.) sinica***

触角端棒节为基棒节的 1.45 倍，端部较尖削；前翅形状特殊，整个翅面烟褐色半透明，长为宽的 3.8 倍；缘脉之下翅面最宽，向端部渐尖；痣脉如指状，末端直指翅端，不向翅面弯曲；最长缘毛约为翅宽的 2.25 倍；产卵管约为腹长的 0.6 倍，等于后足胫节的 1.7 倍，端部明显伸出腹末之外……………………………………………………………………………………………指突爱波赤眼蜂 ***E. (E.) digitata***

6. 触角端棒节的长度超过基棒节的 2.5 倍以上……………………………………………………7

触角端棒节的长度稍大于基棒节的 2.0 倍；前翅长为宽的 3.3 倍，翅面透明，无明显晕纹；翅脉伸达翅长 0.65 倍左右，最长缘毛者相当于翅宽的 1.2 倍；产卵管发达，等于腹长的 0.85 倍，端部明显突出腹末……………………………………………………………………长管爱波赤眼蜂 ***E. (E.) longituba***

7. 触角端棒节的长度等于基棒节的 2.5-2.8 倍……………………………………………………8

触角端棒节的长度等于基棒节的 4.67 倍，两棒节全长等于柄节的 15.0 倍；前翅长为宽的 3.0 倍，翅面透明，无暗色晕纹；缘脉略长于亚缘脉，最长缘毛等于翅宽的 1.2 倍；产卵管发达，长度约为腹长的 0.84 倍，端部稍突出腹末 ………………………………………林氏爱波赤眼蜂 ***E. (E.) lini***

8. 触角端棒节为基棒节长的 2.8 倍，两棒节全长等于柄节的 2.2 倍；前翅长为宽的 3.2 倍，痣脉较短，长度仅及缘脉的 0.25 倍；最长缘毛相当于翅宽的 1.3 倍；产卵管短小，仅及腹长的 0.4 倍左右，与后足胫节等长，端部不明显突出腹末………………………短管爱波赤眼蜂 ***E. (E.) brachysiphonia***

触角端棒节为基棒节长的 2.57 倍，两棒节全长仅稍长于柄节 (17∶16)；前翅长为宽的 3.1 倍；产卵管长，约为腹长的 0.87 倍，相当于后足胫节长的 1.5 倍，端部明显突出腹末……………………………………………………………………………………………………透明爱波赤眼蜂 ***E. (E.) clara***

9. 触角柄节较粗壮，长为宽的 2.0 倍，棒节纺锤形，相当于梗节长的 2.0 倍，基棒节长仅为端棒节长的 1/4；前翅长约为宽的 3.7 倍，端部较宽圆，最长缘毛等于翅宽的 2.3 倍；雄外生殖器阳基长等于后足胫节的 0.65 倍 ……………………………长棒爱波赤眼蜂 ***E. (Epoligositina) longiclavata***

触角柄节较细长，长为宽的 2.8 倍；棒节圆锥形，相当于梗节长的 1.5 倍；前翅长为宽的 4.1 倍，端部明显尖削，最长缘毛等于翅宽的 2.6 倍；雄外生殖器阳基长等于后足胫节的一半左右……………………………………………………………………尖翅爱波赤眼蜂 ***E. (Epoligositina) apiculiformis***

(24) 石河子爱波赤眼蜂 *Epoligosita* (*Epoligosita*) *shihezica* Hu, Lin & Huang, 2006 (图 29)

Epoligosita (*Epoligosita*) *shihezica* Hu, Lin & Huang, 2006, Entomotaxon., 28(4): 288-289.

雌 体长 0.47 (0.39-0.48) mm；体淡黄褐色，但单眼、复眼黑色；触角各节、前中足除基节外各足节、后足胫节及各跗节淡黄色；前翅缘前脉及痣脉下方翅面各具 1 淡褐色昙纹，其余翅面无色透明。

头部正面观宽略大于高 (52∶44)；触角着生于两复眼下缘连线之上方，柄节长筒形，长为宽的 2.8 倍 (14∶5) (图 29b)；梗节与柄节近于等长 (13∶14)，长约为宽的 2.17 倍 (13∶6)；环状节小而明显，索节长宽约相等 (5∶5)；其上除具若干鞭毛感器外，未见板状感器；棒节长为宽的 3.25 倍 (26∶8)，其上除具若干鞭毛感器外，还具 2 支板状感器。

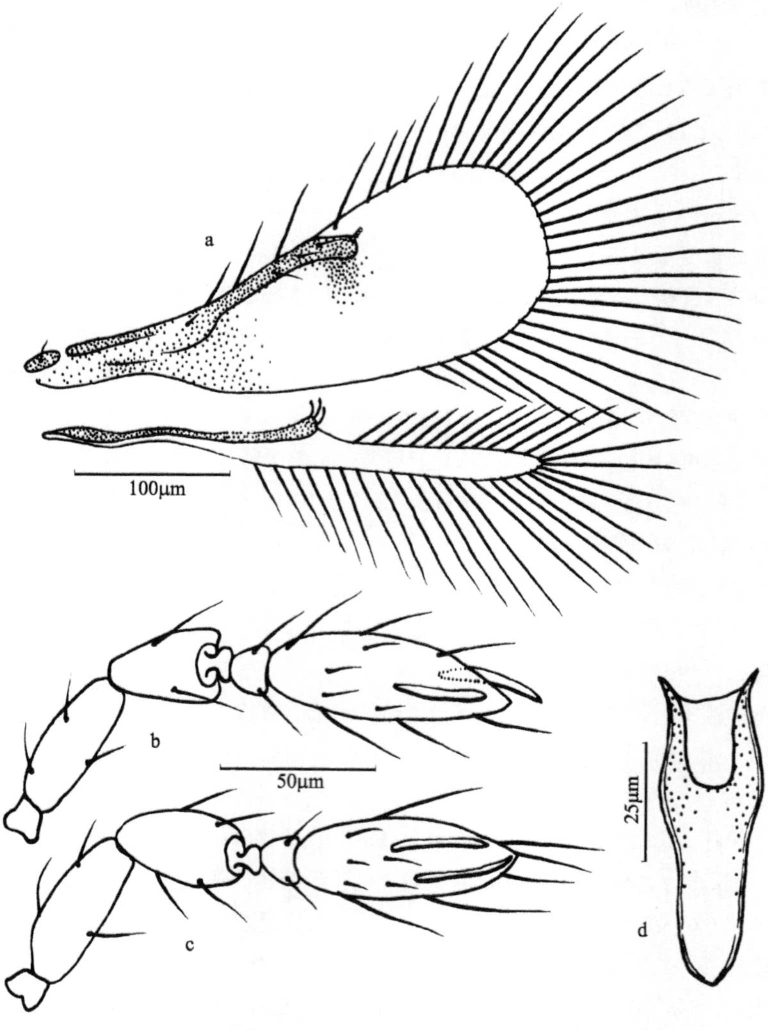

图 29 石河子爱波赤眼蜂 *Epoligosita* (*Epoligosita*) *shihezica* Hu, Lin & Huang

a. 前后翅 (fore & hind wing, ♀)；b. 触角 (antenna, ♀)；c. 触角 (antenna, ♂)；d. 雄外生殖器 (male genitalia)

胸部明显短于腹部 (50：93)，相当于后者长的 0.54 倍；前翅长为宽的 3.3 倍 (122：36) (图 29a)，翅面无纤毛；亚缘脉：缘前脉：缘脉：痣脉的长度比例分别为 23：10：34：7；缘脉明显长于亚缘脉，痣脉短而无缢缩；缘毛较长，最长者约等于前翅宽的 1.5 倍 (30：20)；后翅短于前翅 (108：122)，长为宽的 12.0 倍 (108：9)；翅面无纤毛，最长后缘毛为后翅宽的 4.3 倍 (39：9)；各足正常大小，中足基跗节不特别长，与其第二跗节约等长；各足腿节、胫节和跗节的长度比例分别是，前足 34：25：7，中足 34：39：60，后足 37：46：46；产卵管长度约为腹长的 0.69 倍 (64：93)，端部稍伸出腹末之外。

雄　体长 0.39-0.41 mm；体色及主要特征与雌虫相似，触角如图 29c；外生殖器简单管状 (图 29d)，阳茎明显长于其内突 (16：6)，两者全长相当于后足胫节长的 0.51 倍 (22: 46)。

寄主　未知。

模式标本产地　新疆石河子。

模式标本存放单位　新疆大学生命科学与技术学院昆虫标本室 [ICXU]。

研究标本　♀(正模)，2♀(副模)，新疆石河子 (N44°18'34", E86°5'18", 450M)，2001. VII. 12，胡红英网扫；1♀(副模)，新疆精河 (N44°36'18", E82°52'43", 800M)，2001. VII. 15，胡红英网扫；1♀1♂(副模)，新疆新源 (N43°25'39", E83°16'25", 800M)，2001. VI. 1，吴卫网扫；1♀(副模)，新疆和硕 (N42°16'13", E86°51'45", 2000M)，2001. VIII. 7，胡红英网扫；1♂(副模)，新疆阿克苏 (N41°6'58", E80°11'16", 1104M)，2001. V. 18，吴卫网扫。

分布　新疆 (石河子、新源、精河、和硕、阿克苏)。

(25) 柄翅爱波赤眼蜂 *Epoligosita* (*Epoligosita*) *zygoptera* Lin, 1990 (图 30)

Epoligosita (*Epoligosita*) *zygoptera* Lin, 1990, J. Fujian Agr. Coll., 19(1): 43-44.

Epoligosita (*Epoligosita*) *zygoptera* Lin: Lin, 1994, System. Stud. Chinese Trichogrammatidae: 79-80.

雌　体长 0.5 mm；全体淡黄色，但复眼、单眼黑色；上颚端部、前翅缘前脉、产卵管及其基部腹板两侧黄褐色；前翅翅面基本无色透明。

头部正面观近圆形，宽略大于高，与胸部约等宽；复眼长约为头高的 0.6 倍；触角着生于两复眼下缘连线之稍上方，较细长；柄节长棒状，长为宽的 3.0 倍，与梗节约等长 (图 30b)；梗节长为宽的 2.7 倍，环状节小而明显；索节近圆筒形，长为宽的 1.5 倍；棒节 2 节，长纺锤形，长为宽的 2.6 倍，相当于柄节长的 1.8 倍；基棒节长而大，长为宽的 1.7 倍，相当于索节长的 3.0 倍；端棒节圆锥状，长为宽的 1.6 倍，仅及基棒节长的 0.56 倍；两棒节除均具若干鞭毛感器外，还各具 4 和 2 支板状感器，端棒节上的板状感器长，其端部稍突出棒节顶端之外。

胸部为腹长的 0.6 倍左右，中胸盾及小盾片各具 2 支刚毛，未见明显刻纹；内悬骨端部伸达腹部的 0.45 倍处；前翅基部狭窄似柄状 (图 30a)，长为宽的 3.9 倍，翅脉端部伸达翅长之 0.6 倍左右处；痣脉较宽大，基部不明显缢缩，长度为缘脉长的 0.27 倍；缘毛长，最长者相当于前翅宽的 2.1 倍；后翅略长于前翅，长为宽的 20.0 倍，翅脉端部伸达翅长之半；最长后缘毛相当于前翅宽的 1.7 倍，为前翅最长缘毛的 0.8 倍；各足正常大小，中足基跗节不特别长，大约与其第二跗节等长。

腹部长锥形，长度为胸长的 1.7 倍；产卵管约为腹长的一半，略长于后足胫节，端部不明显伸出腹末之外。

雄 未知。

寄主 未知。

模式标本产地 福建永春。

模式标本存放单位 福建农林大学生物防治研究所昆虫标本室 [FAFU]。

研究标本 ♀ (正模)，1♀ (副模)，福建永春吾边 (N25°19'26", E118°16'48", 120M)，1985. IX. 3，陈新金网扫。

分布 福建 (永春)。

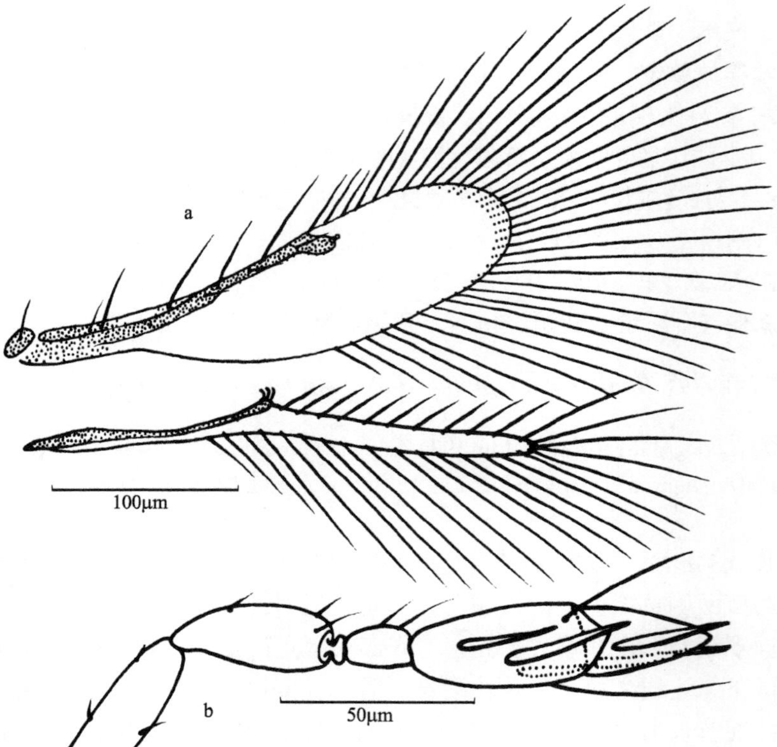

图 30 柄翅爱波赤眼蜂 *Epoligosita* (*Epoligosita*) *zygoptera* Lin (♀)

a. 前后翅 (fore & hind wing)；b. 触角 (antenna)

(26) 中华爱波赤眼蜂 *Epoligosita* (*Epoligosita*) *sinica* Viggiani & Ren, 1986 (图 31)

Epoligosita (*Epoligosita*) *sinica* Viggiani & Ren, 1986, Entomotaxon., 8(4): 245-246; Lin, 1990, J. Fujian Agr. Coll., 19(1): 44-45; Lin, 1994, System. Stud. Chinese Trichogrammatidae: 80-81.

雄　体长 0.7 mm；全体黄白色，但复眼、单眼黑色；上颚端部黄褐色；触角、翅基片、各足跗节淡灰褐色；前翅缘前脉之后翅面淡褐色，痣脉端部具 1 灰褐色小昙纹，其余翅面无色透明。

头部正面观近扁圆形，宽稍大于高，约等于胸部宽度；复眼中等大小，长度为头高的一半；上颚末端 3 齿，下颚须 1 节，端部 1 毛；触角着生于两复眼下缘连线之上方，柄节约与梗节等长 (图 31b)，前者长为宽的 2.8 倍，后者长为宽的 2.6 倍；环状节发达；索节圆筒形，长为宽的 1.3 倍，相当于梗节长的 0.4 倍；棒节 2 节，纺锤形，末端较尖，长为宽的 2.9 倍，相当于索节长的 3.6 倍；基棒节近圆筒形，长为宽的 1.4 倍，等于端棒节长的 0.8 倍；端棒节圆锥形，长为宽的 1.6 倍，相当于柄节长的 0.9 倍；两棒节除具若干鞭毛感器外，端棒节还具 4 支板状感器，其端部稍突出棒节顶端。

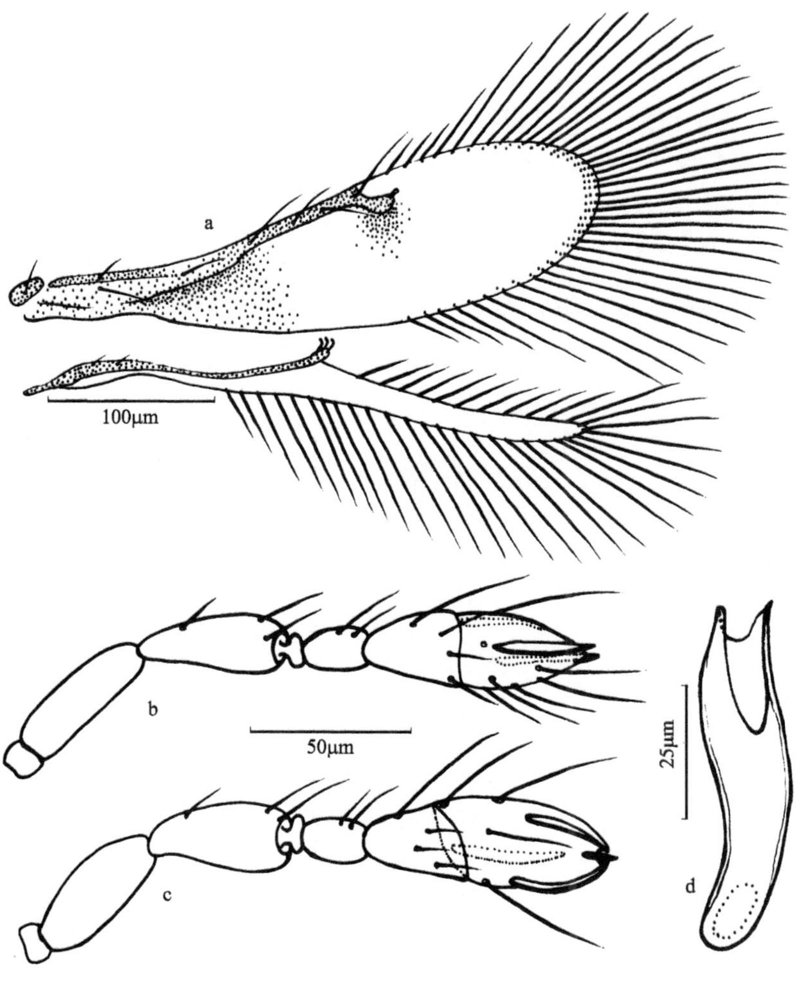

图 31　中华爱波赤眼蜂 *Epoligosita* (*Epoligosita*) *sinica* Viggiani & Ren

a. 前后翅 (fore & hind wing, ♂)；b. 触角 (antenna, ♂)；c. 触角 (antenna, ♀)；d. 雄外生殖器 (male genitalia)

胸部相当于腹长的 0.6 倍左右，中胸盾和小盾片除各具 2 支刚毛外，未见明显刻纹；

前翅长为宽的 3.3 倍 (图 31a)，翅脉末端伸达翅长的 0.6 倍处；痣脉基部明显缢缩，长度相当于缘脉的 0.25 倍；缘前脉以下翅面具灰褐色昙纹；缘毛不特别长，最长者约为该翅宽的 1.2 倍；后翅与前翅约等长，翅脉稍长于翅长之半；最长后缘毛略短于前翅最长者，与前翅宽度相当；各足正常大小，中足基跗节最长，等于其第二跗节长的 1.3 倍，前后足各跗节大致各自等长；外生殖器简单管状，稍向腹面弯曲 (图 31d)，长度仅及后足胫节长的 0.55 倍。

雌 体长 0.70-0.75 mm；体色及大部分特征与雄虫相似；触角棒节末端钝而不尖 (图 31c)，两棒节除均具若干鞭毛感器外，端棒节还具 3 支板状感器，其末端不突出棒节顶端；产卵管相当于腹长的 0.7 倍，等于后足胫节长的 2.2 倍，末端稍露出腹末之外。

寄主 据广东原始采集记录，本种系由饲养松突圆蚧寄生蜂的松针叶中养得，由此疑是松突圆蚧的寄生蜂，尚需进一步核实。

模式标本产地 广东惠东。

模式标本存放单位 广东昆虫研究所昆虫标本室 [GEIC]。

研究标本 ♂(正模)，2♀(副模)，广东深圳 (N22°34'33", E114°17'29", 120M) 和惠东 (N22°58'45", E114°44'10", 133M)，1986. XI. 18，唐子颖松针叶上采得；1♀，福建武夷山黄岗山 (N27°51'37", E117°47'02", 2158M)，1985. VII. 30，林乃铨网扫。

分布 福建 (武夷山)、广东 (深圳、惠东)。

(27) 指突爱波赤眼蜂 *Epoligosita* (*Epoligosita*) *digitata* Lin, 1990 (图 32)

Epoligosita (*Epoligosita*) *digitata* Lin, 1990, J. Fujian Agr. Coll., 19(1): 45-46; Lin, 1994, System. Stud. Chinese Trichogrammatidae: 81-82.

雌 体长 0.55-0.58 mm；全体淡黄白色，但复眼、单眼黑色；上颚端部、产卵管及前后翅脉黄褐色；第 I 腹节背板两侧及产卵管基部腹板两侧各具 1 褐色斑；前翅缘脉之后翅面具褐色昙纹，其余翅面淡烟褐色，半透明。

头部正面观近圆形，宽与高大约相等，明显宽于胸部；复眼长约为头高的一半；上颚端部 3 齿；下颚须 1 节，末端具 2 毛；触角着生于两复眼下缘连线之稍上方，柄节略长于梗节 (图 32b)，长为宽的 3.4 倍；梗节长梨形，长为宽的 2.4 倍；环状节明显；索节近圆筒形，长等于宽的 1.3 倍，相当于梗节长的一半；棒节长纺锤形，末端尖削，两棒节长度之和相当于索节的 4.0 倍；基棒节宽大，长为宽的 1.4 倍；端棒节尖削，约为基棒节长的 1.45 倍，相当于宽的 2.4 倍；两棒节除均具若干鞭毛感器外，端棒节还具 4 支板状感器，其末端不明显突出棒节顶端之外。

胸部等于腹长的 0.55 倍，中胸盾及小盾片除各具 2 支刚毛外，无明显刻纹；内悬骨末端伸入腹部的 0.4 倍左右处；前翅形状特殊 (图 32a)，缘脉之下翅面最宽，向端部渐尖，长为宽的 3.8 倍；翅脉长度超过翅长一半，末端伸达翅长的 0.65 倍左右处；痣脉如指状，末端直指翅末端，不向翅面弯曲；缘毛长，最长者约为该翅宽的 2.25 倍；后翅略长于前翅，长为宽的 14.0 倍，翅脉末端伸达翅长的一半；最长后缘毛近于前翅宽的 2.0 倍，短于前翅最长缘毛；各足正常大小，中足基跗节稍长于其第二跗节，前后足跗节各自大约等长。

腹部圆锥状，端部尖削；产卵管较发达，约为腹长的 0.6 倍；相当于后足胫节长的 1.7 倍，末端明显伸出腹末之外。

雄 体长 0.55 mm；体色略深于雌虫，主要特征与雌虫相似；但触角棒节较粗短（图 32c），端棒节仅具 2 支板状感器，其末端不明显突出棒节顶端；前翅面烟褐色晕纹较雌虫为深；外生殖器简单管状（图 32d），长为宽的 6.5 倍；相当于后足胫节长的 0.68 倍。

寄主 未知。

模式标本产地 福建福州。

模式标本存放单位 福建农林大学生物防治研究所昆虫标本室 [FAFU]。

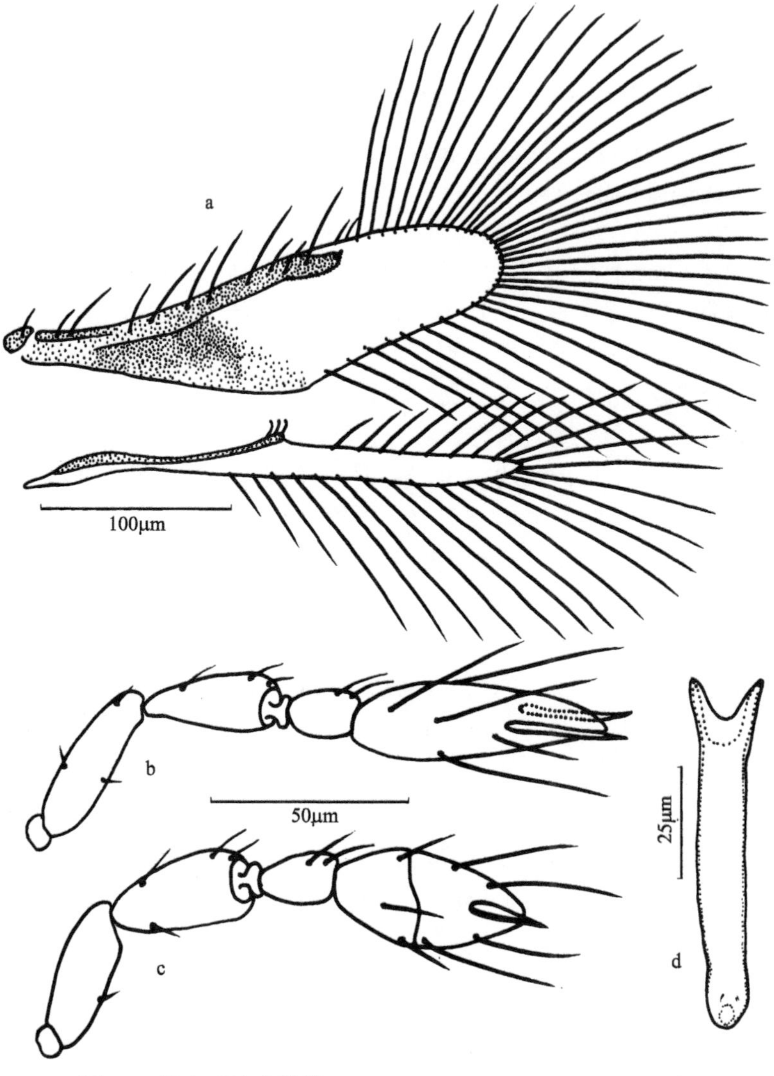

图 32 指突爱波赤眼蜂 *Epoligosita* (*Epoligosita*) *digitata* Lin

a. 前后翅（fore & hind wing, ♀）；b. 触角（antenna, ♀）；c. 触角（antenna, ♂）；d. 雄外生殖器（male genitalia）

研究标本 ♂(正模)，1♀(副模)，福建福州金山 (N26°82'31", E119°20'30", 16M)，1987. X. 30，林乃铨采于黄盘诱集器；2♀(副模)，湖北蒲圻 (N30°21'46", E114°16'41", 37M)，1991. VIII，袁合强、欧阳宗兵网扫；3♀2♂(副模)，福建将乐龙栖山 (N26°30'41", E117°22'57", 239M)，1991.VIII-X，刘长明、林乃铨网扫；1♂(副模)，福建连城冠豸山 (N25°42'50", E116°47'13", 577M)，1986. VII. 13，林乃铨网扫；1♀(副模)，广东广州石牌 (N23°8'42", E113°20'46", 12M)，1985. XI. 3，林乃铨网扫；1♀8♂，海南儋州云月湖 (N19°30'21", E109°31'33", 113M)，2005. X. 29，李文标网扫；1♀1♂，海南乐东尖峰岭 (N18°43'49", E108°54'32", 212M)，2006. III. 26，李文标网扫；1♂，海南昌江霸王岭保护区 (N19°7'47", E109°16'17", 1560M)，2006. I. 3，李文标网扫。

分布 湖北 (蒲圻)、福建 (福州、将乐、连城)、广东 (广州)、海南 (儋州、乐东、昌江)。

(28) 长管爱波赤眼蜂 *Epoligosita* (*Epoligosita*) *longituba* Lin, 1990 (图 33)

Epoligosita (*Epoligosita*) *longituba* Lin, 1990, J. Fujian Agr. Coll., 19(1): 44; Lin, 1994, System. Stud. Chinese Trichogrammatidae: 80.

雌 体长 0.7 mm；全体淡黄色，但复眼、单眼黑色；上颚端部、前翅缘前脉基部、产卵管及其基部腹板两侧黄褐色；前翅缘前脉之后翅面全部灰褐色，痣脉端部具 1 灰褐色小县纹，其余翅面无色透明。

头部正面观扁圆形，宽明显大于高，略宽于胸部；复眼长约为头高的一半；触角较细长，着生在两复眼下缘连线之上方；柄节长棒状，长约为宽的 3.0 倍 (图 33b)；梗节长梨形，与柄节约等长，长为宽的 2.5 倍；环状节明显；索节圆筒形，长等于宽的 1.8 倍，相当于梗节长的一半左右；棒节 2 节，长纺锤形，末端渐尖；两棒节全长相当于柄节长的 1.8 倍；基棒节近圆筒形，长为宽的 1.3 倍，不足端棒节长度之半；端棒节长锥形，长为宽的 2.8 倍；两棒节除具若干鞭毛感器外，端棒节还具 2 支板状感器，其末端稍突出棒节顶端。

胸部长度相当于腹长的 0.6 倍，中胸盾和小盾片除各具 2 支刚毛外，未见明显刻纹；内悬骨长而宽，向后伸到腹部的一半；前翅长为宽的 3.3 倍 (图 33a)，翅脉末端伸达翅长之 0.65 倍左右处；痣脉粗短，仅为缘脉长的 1/4；缘毛较长，最长者相当于该翅宽的 1.2 倍；后翅与前翅约等长，长为宽的 15.0 倍；翅脉等于翅长之半，最长后缘毛略短于前翅最长者，与前翅宽度相当；各足正常大小，中足基跗节相当于第二跗节长的 1.2 倍。

腹部长圆锥状，长为胸部的 1.5 倍；产卵管较发达，相当于腹长的 0.85 倍，末端明显伸出腹末之外。

雄 未知。

寄主 未知。

模式标本产地 福建宁化。

模式标本存放单位 福建农林大学生物防治研究所昆虫标本室 [FAFU]。

研究标本 ♀(正模)，福建宁化安乐 (N26°06'33", E116°44'23", 394M)，1987. VI. 30，

吴祖建采于黄盘诱集器；1♀ (副模)，福建龙岩青草盂 (N24°59'28", E117°09'09", 370M)，1986. VII. 14，林乃铨网扫。

分布　福建 (宁化、龙岩)。

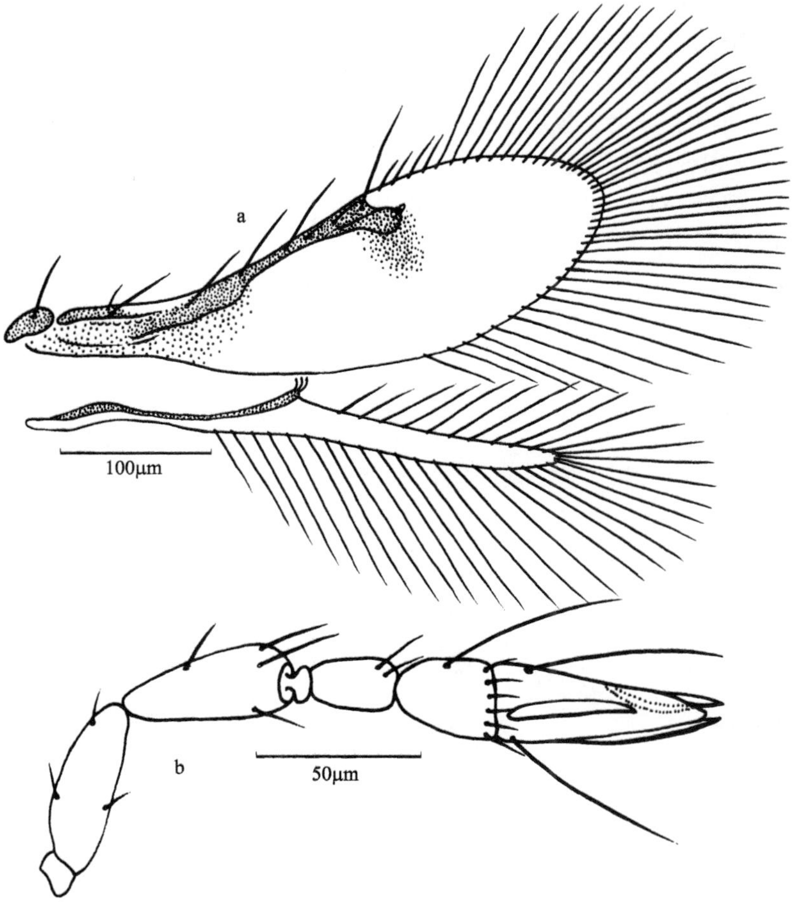

图 33　长管爱波赤眼蜂 *Epoligosita* (*Epoligosita*) *longituba* Lin (♀)
a. 前后翅 (fore & hind wing)；b. 触角 (antenna)

(29) 林氏爱波赤眼蜂 *Epoligosita* (*Epoligosita*) *lini* Hu & Huang, 2006 (图 34)

Epoligosita (*Epoligosita*) *lini* Hu & Huang, 2006, in: Hu, Lin & Huang, 2006, Entomotaxon., 28(4): 289-290.

雌　体长 0.53 mm；全体淡黄褐色，但头部黄褐色；复眼和单眼暗红色，触角各节、前中足除基节外各足节、后足胫节及各跗节淡黄色，前后翅面全部无色透明。

头部正面观宽约等于高 (25∶24)，触角着生于两复眼下缘连线之上方，柄节长圆筒形，长为宽的 5.5 倍 (11∶2) (图 34b)；梗节明显短于柄节 (11∶6)，长约为宽的 2.0 倍 (6∶3)；环状节小而明显；索节长稍大于宽 (4∶3)；棒节 2 节，基棒节的长度不足端棒节长的 1/4 (3∶14)；两棒节除具若干鞭毛感器外，端棒节还具 4 支板状感器，其中 1 支感器末端稍突出于棒节顶端。

胸部明显短于腹长 (30∶49)，约为后者长的 0.61 倍；前翅长为宽的 3.0 倍 (66∶22)，翅面无纤毛 (图 34a)；亚缘脉∶缘前脉∶缘脉∶痣脉的长度比例分别为 13∶6∶16∶4；缘脉略长于亚缘脉，亚缘脉端部略宽，痣脉短而无缢缩；缘毛长，最长者等于前翅宽的 1.2 倍 (30∶25)；后翅稍短于前翅 (64∶66)，长为宽的 16.0 倍 (64∶4)，最长后缘毛为后翅宽的 3.75 倍 (15∶4)；各足正常大小，中足基跗节明显长于其第二跗节 (10∶7)；各足腿节、胫节和跗节的长度比例分别是，前足 19∶16∶24，中足 20∶22∶29，后足 19∶23∶30；产卵管较长，约为腹长的 0.84 倍 (41∶49)，端部稍伸出腹末之外。

雄 未知。

寄主 未知。

模式标本产地 新疆乌鲁木齐。

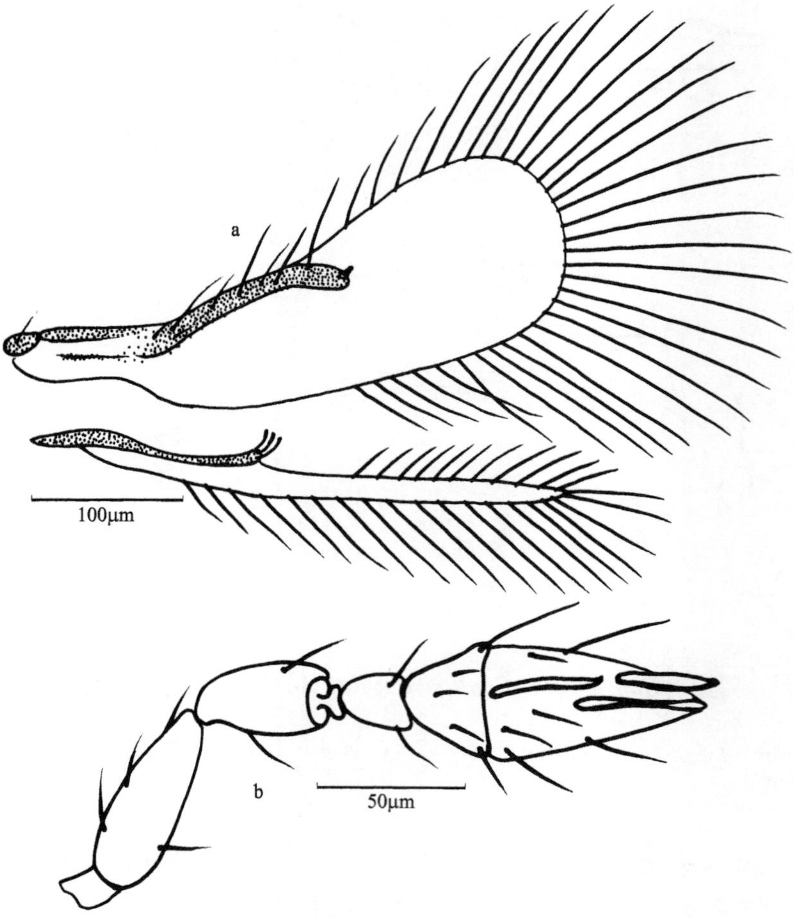

图 34 林氏爱波赤眼蜂 *Epoligosita* (*Epoligosita*) *lini* Hu & Huang (♀)

a. 前后翅 (fore & hind wing)；b. 触角 (antenna)

模式标本存放单位　新疆大学生命科学与技术学院昆虫标本室 [ICXU]。

研究标本　♀ (正模)，新疆乌鲁木齐 (N43°44'17", E87°36'24", 800M)，2001. VII. 23，孙涛网扫；3♀ (副模)，新疆石河子 (N44°18'34", E86°5'18", 450M)，2005. VII. 18，胡红英、王勇杰网扫。

分布　新疆 (乌鲁木齐、石河子)。

(30) 短管爱波赤眼蜂 *Epoligosita* (*Epoligosita*) *brachysiphonia* Lin, 1990 (图 35)

Epoligosita (*Epoligosita*) *brachysiphonia* Lin, 1990, J. Fujian Agr. Coll., 19(1): 42-43; Lin, 1994, System. Stud. Chinese Trichogrammatidae: 78-79.

雌　体长 0.55-0.56 mm；全体淡黄色，但复眼、单眼黑色；上颚末端、前翅缘前脉、产卵管及其基部腹板两侧黄褐色；触角棒节、前后翅脉淡黄褐色；前翅缘前脉和痣脉之下翅面各具 1 淡褐色昙纹，其余翅面无色透明。

头部正面观扁圆形，宽明显大于高，也明显宽于胸部；复眼大，长度超过头高的 0.6 倍；触角细长，着生于两复眼下缘连线之稍上方；柄节长棒状，长为宽的 2.4 倍 (图 35b)，略长于梗节；梗节长梨形，长为宽的 2.3 倍；环状节小而明显；索节近圆筒形，长为宽的 1.4 倍，相当于梗节长的一半；棒节 2 节，长纺锤形，长度相当于柄节长的 2.2 倍；基棒节长略大于宽，端棒节长为宽的 4.0 倍，相当于基棒节长的 2.8 倍；两棒节除具若干鞭毛感器外，还各具 2 和 4 支板状感器，其末端稍突出棒节顶端。

胸部约等于腹长的一半，除中胸盾及小盾片各具 2 支刚毛外，未见明显刻纹；内悬骨长大，端部向后伸达腹长的一半左右；前翅长为宽的 3.2 倍 (图 35a)，翅脉端部伸达翅长之 0.65 倍左右处；痣脉较短，长度仅及缘脉长的 1/4；最长缘毛相当于该翅宽的 1.3 倍；后翅与前翅约等长，长约为宽的 16.0 倍；翅脉略长于翅长之半，最长后缘毛略长于前翅宽度，而短于前翅最长的缘毛；各足正常大小，中足基跗节不特别长，仅略长于其第二跗节，前后足各跗节的长度各自基本相等。

腹部长锥状，长度等于胸长的 2.0 倍；产卵管较短，约为腹长的 0.4 倍；与后足胫节约等长，末端不明显露出腹末。

雄　未知。

寄主　未知。

模式标本产地　福建武夷山。

模式标本存放单位　福建农林大学生物防治研究所昆虫标本室 [FAFU]。

研究标本　♀ (正模)，福建武夷山先锋岭 (N27°42'39", E117°39'11", 1179M)，1987. VII. 18，汪家社采于黄盘诱集器；2♀ (副模)，福建将乐龙栖山 (N26°30'41", E117°22'57", 239M)，1991. VIII-X，刘长明、林乃铨网扫；1♀ (副模)，福建寿宁转水 (N27°12'34", E119°25'03", 840M)，1986. VII. 14，刘高盛网扫。

分布　福建 (将乐、武夷山、寿宁)。

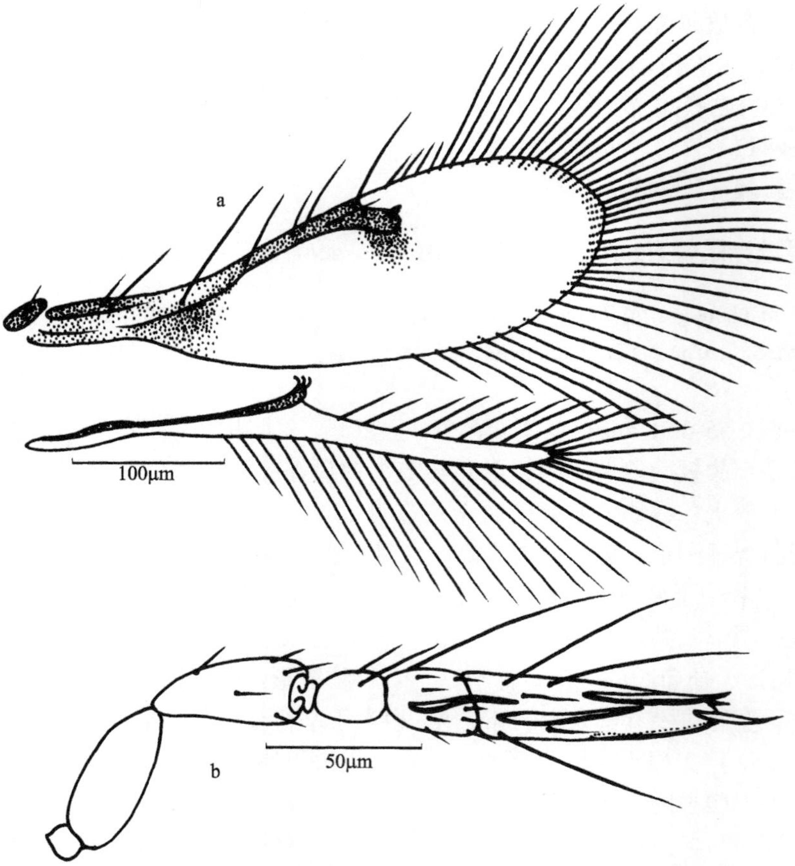

图 35 短管爱波赤眼蜂 *Epoligosita* (*Epoligosita*) *brachysiphonia* Lin (♀)

a. 前后翅 (fore & hind wing)；b. 触角 (antenna)

(31) 透明爱波赤眼蜂 ***Epoligosita* (*Epoligosita*) *clara* Hayat & Viggiani, 1981** (图 36)

Epoligosita (*Epoligosita*) *clara* Hayat & Viggiani, 1981, Boll. Lab. Ent. Agr. 'F. Silvestri', Portici, 38: 119-120; Hu, Lin & Huang, 2006, Entomotaxon., 28(4): 290-291.

雌 体长 0.39-0.42 mm；全体淡黄褐色，但头部颜色更淡，上颚淡红褐色，复眼及单眼黑色；两颊区、触角柄节、索节、棒节、中足胫节及产卵管为淡褐色；梗节淡黄色，前翅缘前脉下方翅面具烟褐色昙纹外，其余翅面无色透明。

头部正面观宽略大于高 (51∶44)，头顶前后两边明显凸出；触角着生于两复眼下缘连线之稍上方；柄节筒形，长为宽的 3.2 倍 (16∶5) (图 36b)，稍长于梗节 (16∶12)；梗节长为宽的 1.3-1.7 倍 [12∶(7-9)]；环状节小而明显；索节宽略大于长 (5∶4)；棒节 2 节，约为索节长的 5.5 倍；基棒节明显短于端棒节 (7∶18)；除索节和棒节均具若干鞭毛感器外，端棒节具 5 支板状感器。

胸部略短于腹部 (50∶64)，为后者长的 0.78-0.83 倍；中胸盾及小盾片各具 2 支纤毛，内悬骨端部向后伸达腹长的一半左右；前翅长为宽的 3.1 倍 (112∶36) (图 36a)，翅面无纤毛；亚缘脉∶缘前脉∶缘脉∶痣脉的长度比例为 20∶14∶33∶8；缘脉远长于亚缘脉，痣脉基部缢缩不明显；缘毛长，最长者等于该翅宽的 1.25 倍；后翅短于前翅 (100∶112)，长为宽的 14.3 倍 (100∶7)；翅面无纤毛，最长缘毛为该翅宽的 5.0 倍 (35∶7)；各足正常大小，中足胫节长度约为其基跗节长的 2.0 倍，中足 3 跗节全长约超过其胫节长的 1/3；各足腿节、胫节和跗节的长度比例分别是，前足 31∶26∶37，中足 30∶39∶45，后足 31∶40∶42。

腹部等于胸长的 1.5 倍；产卵管长，着生于腹部第 III 腹板后段；长度等于后足胫节长的 1.5 倍，末端稍露出腹末。

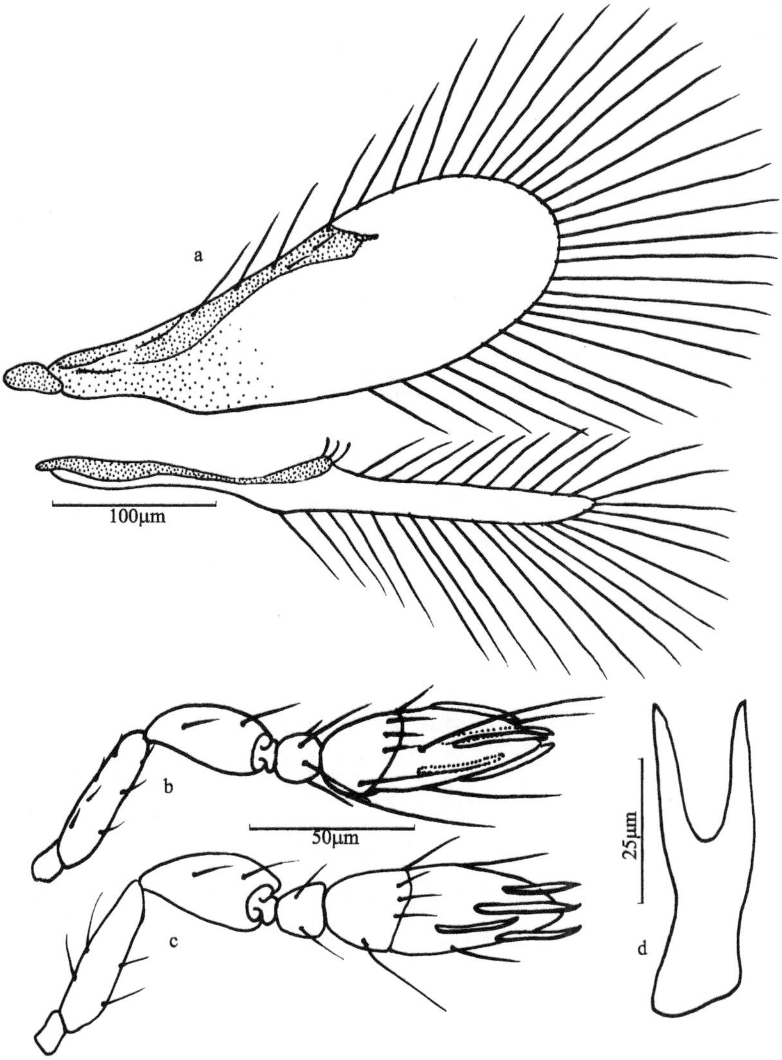

图 36　透明爱波赤眼蜂 *Epoligosita* (*Epoligosita*) *clara* Hayat & Viggiani

a. 前后翅 (fore & hind wing, ♀)；b. 触角 (antenna, ♀)；c. 触角 (antenna, ♂)；d. 雄外生殖器 (male genitalia)

雄 体长 0.39-0.41 mm；体色及主要形态特征与雌虫相似；触角如图 36c；外生殖器简单管状 (图36d)，阳茎长于其内突，两者全长相当于后足胫节长的0.44倍 (20∶45)。

寄主 未知。

模式标本产地 Aligarh, India。

模式标本存放单位 Aligarh Muslim University, India [AMUI]。

研究标本 1♀，新疆石河子 (N44°18'34", E86°5'18", 450M)，2001. VII. 12，胡红英网扫；1♀，新疆沙湾 (N44°20'48", E85°35'49", 1100M)，2001. VII. 14，胡红英网扫；2♀，新疆新源 (N43°25'39", E83°16'25", 1800M)，2001. VI. 1，吴卫网扫；2♂，新疆库尔勒 (N41°43'59", E86°11'25", 950M)，2001. V. 17，吴卫网扫；标本保藏于新疆大学生命科学与技术学院昆虫标本室 [ICXU]。

分布 新疆 (石河子、沙湾、新源、库尔勒)；印度 (Aligarh)。

(32) 长棒爱波赤眼蜂 *Epoligosita* (*Epoligositina*) *longiclavata* (Lin, 1990) (图 37)

Epoligositina longiclavata Lin, 1990, J. Fujian Agr. Coll., 19(1): 47-48; Lin, 1994, System. Stud. Chinese Trichogrammatidae: 69-70.

Epoligosita (*Epoligositina*) *longiclavata* (Lin): Pinto & Viggiani, 2004, J. Hym. Res., 13(2): 279-281.

雌 体长 0.5-0.53 mm；全体淡黄色，但复眼、单眼黑色；触角棒节、上颚端部、产卵管及其基部腹板黄褐色；后胸侧板、前后翅脉、后足基节、腹基部腹节背板两侧及腹末 2-3 节背板褐色；前翅缘前脉下方的全部翅面具灰褐色昙纹，痣脉端部具 1 灰褐色小昙纹，其余翅面无色透明。

头部正面观扁圆形，宽明显大于高，也明显宽于胸部；复眼长约为头高的 0.6 倍；上颚末端 3 齿，下颚须 1 节，末端 1 毛；触角简短，柄节长为宽的 2.0 倍，与梗节大体等长 (图 37b)；梗节梨形，长为宽的 1.4 倍；环状节小而明显；索节缺如；棒节 2 节，长纺锤形，相当于梗节长的 2.0 倍；基棒节半圆形，长仅为宽的 0.6 倍，相当于端棒节的 1/4；端棒节圆锥形，长为宽的 2.1 倍，相当于柄节长的 1.5 倍；两棒节除具若干鞭毛感器外，端棒节还具 4 支板状感器，其末端明显突出棒节顶端之外。

胸部为腹长的 0.42 倍，中胸盾及小盾片除各具 2 支刚毛外，未见明显刻纹；内悬骨末端伸达腹部的 0.25 倍；前翅末端尖圆 (图 37a)，长为宽的 3.7 倍左右；翅脉端部伸至翅长的 0.6 倍处；痣脉半月形，长约等于缘脉长的 0.34 倍；痣脉之下翅面后缘明显向后凸出；缘毛长，最长者相当于前翅宽的 2.3 倍；后翅略长于前翅，长为宽的 14.0 倍，翅脉末端伸达翅长的一半；最长后缘毛略短于前翅最长者，相当于前翅宽的 2.0 倍；各足正常大小，中足基跗节不特别长，与其第二跗节约等长。

腹部长圆锥形，产卵管较发达；长度约为腹长的 0.55 倍，相当于后足胫节长的 1.4 倍，末端不明显露出腹末。

雄 体长 0.49 mm；体色及主要特征与雌虫相似；但触角端棒节较短小 (图 37c)，其上具 2 支板状感器，末端不突出棒节顶端；外生殖器简单管状 (图 37d)，长为宽的 3.5 倍；相当于后足胫节长的 0.65 倍，末端稍弯向腹面。

寄主　未知。

模式标本产地　福建福州。

模式标本存放单位　福建农林大学生物防治研究所昆虫标本室 [FAFU]。

研究标本　♀(正模)，2♀(副模)，福建福州金山 (N26°82'31", E119°20'30", 16M)，1986. V-XI，林乃铨采于黄盘诱集器；1♂(副模)，福建福州金山 (N26°82'31", E119°20'30", 16M)，1987. X. 4，蔡毅群采；1♀(副模)，广东广州石牌 (N23°8'42", E113°20'46", 12M)，1985. XI. 3，林乃铨网扫；2♀，海南儋州宝岛新村 (N19°30'42", E109°30'39", 45M)，2005. XI. 7，李文标网扫。

分布　福建 (福州)、广东 (广州)、海南 (儋州)。

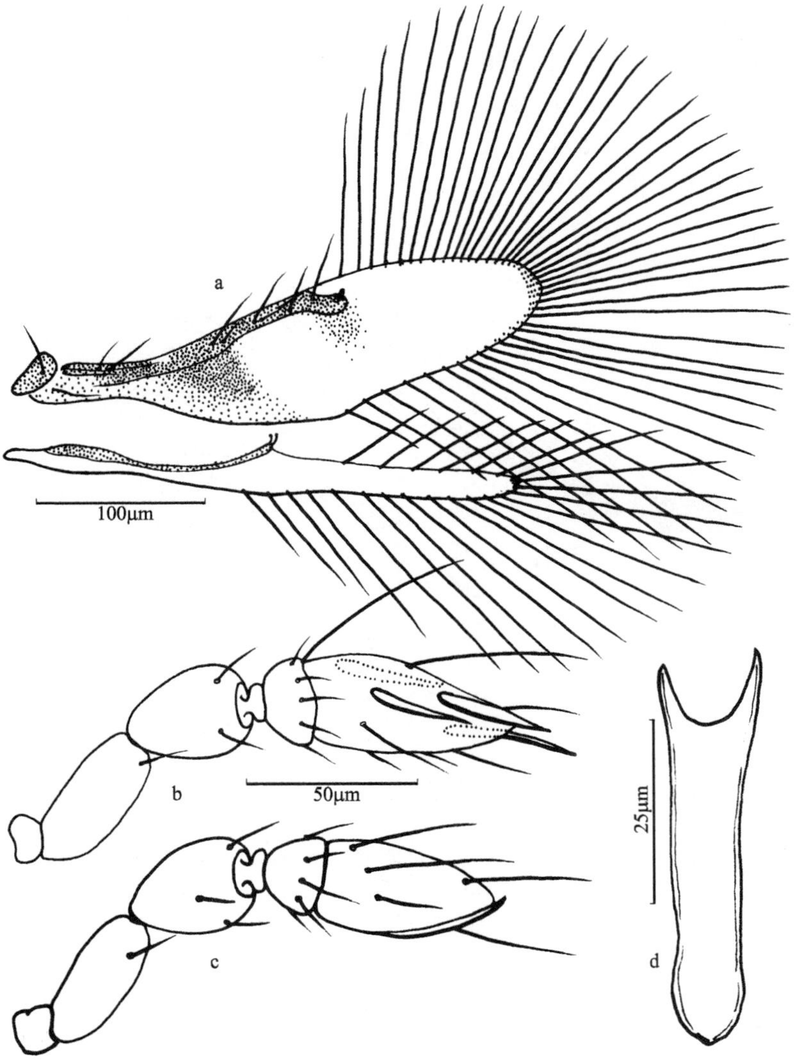

图 37　长棒爱波赤眼蜂 *Epoligosita* (*Epoligositina*) *longiclavata* (Lin)

a. 前后翅 (fore & hind wing, ♀)；b. 触角 (antenna, ♀)；c. 触角 (antenna, ♂)；d. 雄外生殖器 (male genitalia)

(33) 尖翅爱波赤眼蜂 *Epoligosita* (*Epoligositina*) *apiculiformis* (Lin, 1990) (图 38)

Epoligositina apiculiformis Lin, 1990, J. Fujian Agr. Coll., 19(1): 48-49; Lin, 1994, System. Stud. Chinese Trichogrammatidae: 70-71.

Epoligosita (*Epoligositina*) *apiculiformis* (Lin): Pinto & Viggiani, 2004: 279-281.

雄 体长 0.46 mm；全体淡黄褐色，但复眼、单眼黑色；上颚端部、前后翅翅脉、后胸侧板、腹部背板两侧及后足基节褐色；腹部背板两侧灰褐色，前翅缘前脉之下的全部翅面具烟褐色昙纹；痣脉端部翅面具 1 灰褐色小昙纹，其余翅面无色透明。

头部正面观近扁圆形，宽略大于高；复眼较大，长约为头高的 0.56 倍；上颚末端 3 齿，下颚须 1 节，端部 1 毛；触角着生于两复眼下缘连线之稍上方，柄节较细长，长为宽的 2.8 倍，与梗节长度相当 (图 38b)；梗节长梨形，长为宽的 1.7 倍；环状节小而明显，索节缺如；棒节 2 节，长圆锥形，约为柄节长的 1.5 倍；基棒节近半圆形，宽略大于长；端棒节圆锥形，长为宽的 2.5 倍，稍长于柄节；其上除具若干鞭毛感器外，还具 2 支板状感器，其末端不突出棒节顶端。

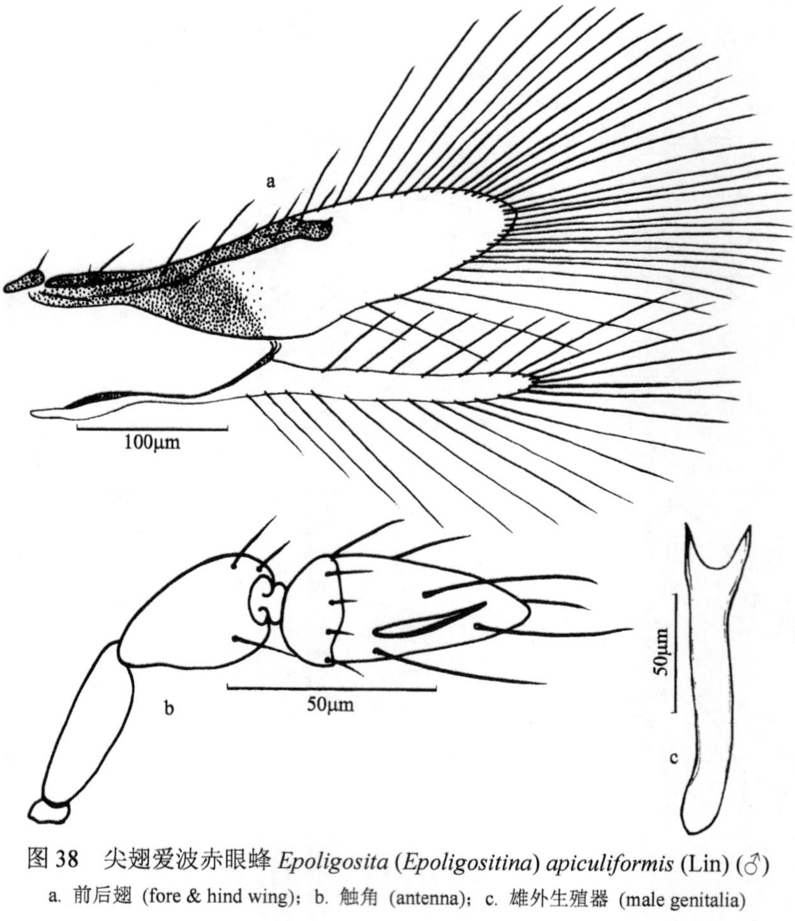

图 38 尖翅爱波赤眼蜂 *Epoligosita* (*Epoligositina*) *apiculiformis* (Lin) (♂)

a. 前后翅 (fore & hind wing)；b. 触角 (antenna)；c. 雄外生殖器 (male genitalia)

胸部约为腹长的一半，中胸盾及小盾片除各具 2 支刚毛外，未见明显刻纹；内悬骨向后伸达腹长的一半；前翅端部尖削 (图 38a)，长约为宽的 4.1 倍；翅脉端部伸达翅长的 0.62 倍处；痣脉近于缘脉长的 0.3 倍，缘脉之下后缘明显向后凸出，最长缘毛相当于前翅宽的 2.6 倍；后翅略长于前翅，长为宽的 16.0 倍；翅脉末端伸达翅长的一半，最长后缘毛为前翅最长者的 0.72 倍，近于前翅宽的 2.0 倍；各足正常大小，中足基跗节不特别长于其第二跗节。

腹部近圆筒形，外生殖器简单管状 (图 38c)，长为宽的 4.5 倍；约等于腹长的 0.24 倍，末端稍弯向腹面，相当于后足胫节长的一半左右。

雌 未知。

寄主 未知。

模式标本产地 福建武夷山黄岗山。

模式标本存放单位 福建农林大学生物防治研究所昆虫标本室 [FAFU]。

研究标本 ♂ (正模)，1♂ (副模)，福建武夷山黄岗山 (N27°51'37", E117°47'02", 2158M)，1985. VII. 14，林乃铨、赵景璋网扫。

分布 福建 (武夷山黄岗山)。

11. 异茎赤眼蜂属 *Eteroligosita* Viggiani, 1976

Eteroligosita Viggiani, 1976c, Boll. Lab. Ent. Agr. 'F. Silvestri', Portici, 33: 265. **Type species**: *Eteroligosita tamaricis* Viggiani, 1976, by original designation; Lin, 1994, System. Stud. Chinese Trichogrammatidae: 128-131; Pinto & Viggiani, 2004, J. Hym. Res., 13(2): 287, 292.

鉴别特征 本属的形态特征与环索赤眼蜂属 *Hayatia* 极其相似，其雄性触角棒节上具鞭毛感器和较大而明显的板状感器；雌雄下生殖板均较发达，覆盖在外生殖器之外；雄外生殖器的形状特殊，阳茎简单管状，基部的阳茎内突短而不对称愈合，阳茎端部具 1 弯曲的带状结构缠绕于阳茎末端，呈双节状。

寄主 已知属模式种可寄生柽柳 *Tamarix* spp. 树上的麦蛾 *Amblypalpis olivirerlla* 卵，另一采自南非 (Mooketsi) 的未定名种系从角蝉 *Oxyrhachis rufula* (Membracidae) 卵内养出 (Pinto & Viggiani, 2004)，但采自中国的 2 种寄主未明。

分布 中国 (辽宁、福建)；以色列，南非。

附注 Viggiani (1976c) 根据采自以色列的 *E. tamaricis* 为属模而建立，属征界定为：与 *Hayatia* 属相似，雄性触角基棒节无板状感器，而第二、三棒节具极其宽大的板状感器，其宽度约为其棒节宽的 2/3；后翅面只有前、中 2 条纤毛列；但在我国本属已知的 2 种中，除后翅面 2 条纤毛列符合上述特征外，其雄性触角棒节上的板状感器特征与上述不同：① 我国 1 种的雄性触角基棒节也具 2 支板状感器；② 我国 2 种第二、三棒节上的板状感器宽度与环索赤眼蜂属相似，均正常宽大，远窄于其棒节宽的 2/3，可见我国种类的特征与以色列种类存在一定差异。

根据 Viggiani (1971b) 基于雄外生殖器特征为主的分亚科、分族标准，本属应隶于寡索赤眼蜂亚科、寡索赤眼蜂族；Lin (1993b) 鉴于本属与环索赤眼蜂属 *Hayatia* 的雄外生殖器构造特殊，与其他寡索赤眼蜂族种类明显不同，因而在原有寡索赤眼蜂亚科之下，增设了 1 个与寡索赤眼蜂族相对应的异茎赤眼蜂族 Eteroligositini，以容纳本属和环索赤眼蜂属；Pinto & Viggiani (2004) 在全面研究了寡索赤眼蜂族内各属的触角、前翅、并胸腹节和腹部背板等特征后，进一步在该族之下增设了寡索赤眼蜂亚族 Oligositina，并将异茎赤眼蜂族降为与寡索赤眼蜂亚族相对应的异茎赤眼蜂亚族 Eteroligositina；异茎赤眼蜂亚族包含 *Chaetostrichella*、*Doirania*、*Eteroligosita*、*Hayatia*、*Probrachista* 和 *Pseudoligosita* 等 6 属，而且本属与环索赤眼蜂属 *Hayatia* 的缘系最接近。

Lin (1994) 根据采自辽宁、福建等地的标本，描述了我国的 2 种，现记述如下。

种 检 索 表 (雄)

雄性触角索节近杯状，长宽接近；基棒节近半圆形，长明显短于宽；端部两棒节均圆筒形，长明显大于宽，其上各具轮生鞭毛感器和 4、5 支板状感器；腹部稍长于头胸部长度之和；外生殖器阳茎端部稍向腹面弯曲，端部具 1 带状结构缠绕，呈双节状；阳茎及其内突长度约为后足胫节长的 0.95 倍……………………………………………………………………………**多刺异茎赤眼蜂 *E. senticosa***

雄性触角索节短圆筒形，长明显大于宽；各棒节均圆筒形，长大于宽，其上除具较稀疏的轮生鞭毛感器外，依次各具 2、3 和 4 支板状感器；腹部明显长于头胸部长度之和；外生殖器阳茎端部向腹面强度弯曲，具 1 带状结构缠绕于阳茎末端，呈双节状；阳茎及其内突的长度约为后足胫节长的 0.9 倍……………………………………………………………………………**带形异茎赤眼蜂 *E. zonata***

(34) 多刺异茎赤眼蜂 *Eteroligosita senticosa* Lin, 1994 (图 39)

Eteroligosita senticosa Lin, 1994, System. Stud. Chinese Trichogrammatidae: 130-131.

雄　体长 0.68 mm；全体黄褐色，但复眼、单眼黑色；触角、前后翅脉褐色；头顶、前足转节与胫节、中足胫节及其跗节、前后足基部两跗节、腹基部 4 节背板的后半段淡黄褐色；前翅翅面除痣脉与缘前脉基部分别具 1 褐色小昙纹外，其余翅面无色透明。

头部正面观扁圆形，宽大于高；复眼较大，长为头高的 0.6 倍，其内侧颜面及头顶具若干短刚毛；触角着生于两复眼下缘连线之上，柄节长为宽的 2.8 倍，等于梗节长的 1.4 倍；梗节近长筒形，长为宽的 2.1 倍；环状节大而明显；索节 1 节，近杯状；长宽接近，端部具 1 圈较短的轮生鞭毛感器 (图 39b)；基棒节近半圆形，长明显短于宽，其上未见板状感器，端部仅具 1 圈较短的轮生鞭毛感器；端部两棒节均圆筒形，长明显大于宽，其上各具轮生的刺状鞭毛感器和 4、5 支板状感器。

胸部明显短于腹部，基本光滑而无明显刻纹；前翅端部宽圆，长约为宽的 2.4 倍 (图 39a)；翅脉末端伸达翅之中部，缘脉与亚缘脉约等长，分别为痣脉和缘前脉的 3.0-3.5 倍；翅面纤毛中等密度，多不清晰成列；缘毛较长，最长者等于翅宽的 0.43 倍；后翅明显短于前翅，长为宽的 13.0 倍，翅脉稍长于翅长的一半；翅面仅具前、中 2 列纤毛，最长后缘毛与前翅最长者相当，等于后翅宽的 3.0 倍；各足正常大小，各足节均具若干细毛。

腹部长卵锥形，端部钝圆，稍长于头胸部长度之和；腹基部 4 节背板的前半段较光滑，后半段具明显的纵皱脊纹；外生殖器退化为简单管状 (图 39d)，阳茎基部具阳茎内突且不对称愈合，端部稍向腹面弯曲；具 1 带状结构缠绕于阳茎末端，呈双节状；阳茎及其内突的长度约等于后足胫节长的 0.95 倍。

雌　体长 0.70 mm；体色及翅形与雄虫相同；但触角索节横扁圆形，宽明显大于长，端部与棒节基部广阔相连；棒节长圆锥形，其端部两棒节上的轮生鞭毛感器明显较雄者多而长、板状感器各 3 支 (图 39c)；腹基部 5 节背板的前半段较光滑，后半段具明显纵皱脊纹；产卵管较短，仅为腹长的一半左右，与后足胫节约等长。

寄主　未知。

模式标本产地　福建将乐。

模式标本存放单位　福建农林大学生物防治研究所昆虫标本室 [FAFU]。

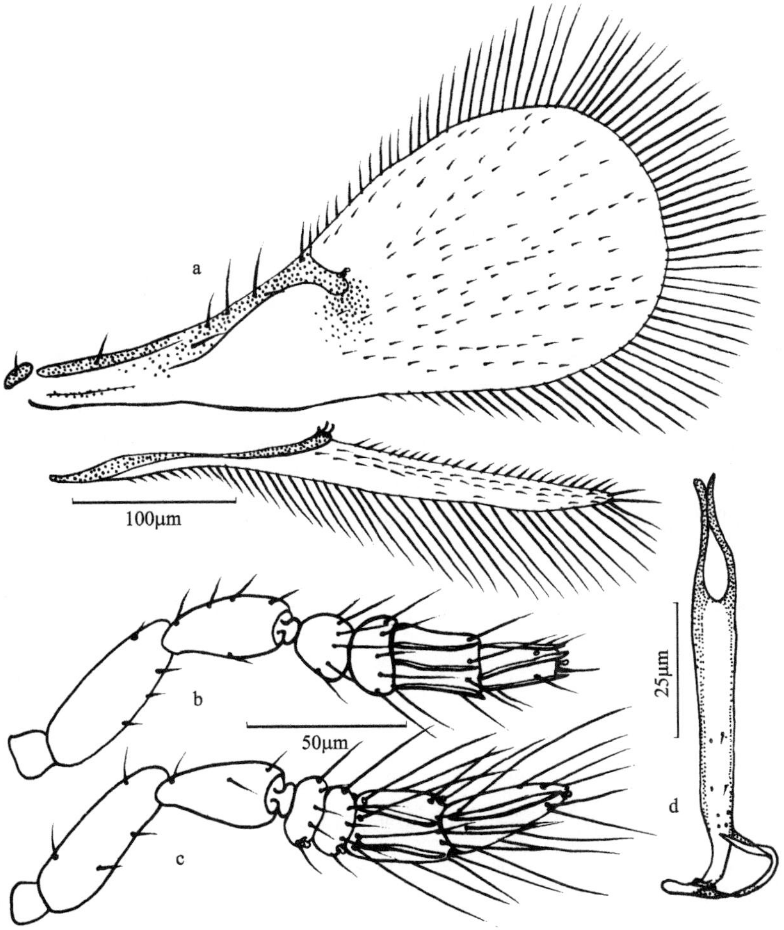

图 39　多刺异茎赤眼蜂 *Eteroligosita senticosa* Lin

a. 前后翅 (fore & hind wing, ♂)；b. 触角 (antenna, ♂)；c. 触角 (antenna, ♀)；d. 雄外生殖器 (male genitalia)

研究标本　♂ (正模)，1♀ (副模)，福建将乐龙栖山 (N26°30'41", E117°22'57", 239M)，1991. X. 10，林乃铨网扫；2♂，河北小五台山保护区 (N39°59'11", E15°24'2.67", 900M)，

2005. VIII. 20，林乃铨、田洪霞网扫；1♂，山东临朐沂山 (N36°13'10", E118°42'18", 246M)，2005. VIII. 10，田洪霞网扫。

分布 河北 (小五台山)、山东 (临朐)、福建 (将乐龙栖山)。

(35) 带形异茎赤眼蜂 *Eteroligosita zonata* Lin, 1994 (图 40)

Eteroligosita zonata Lin, 1994, System. Stud. Chinese Trichogrammatidae: 129-130.

雄 体长 0.81-0.83 mm；全体黄褐色，但复眼、单眼黑色；触角、前后翅脉灰褐色，头顶、前中足胫节及其跗节、腹部第 IV 腹节背板的后半段淡黄色；前翅痣脉和亚缘脉之下翅面各具 1 烟褐色小县纹，其余翅面无色透明。

头部正面观近扁圆形，宽大于高；复眼中等大小，长为头高的一半，其内侧颜面和头顶区具若干短毛；上颚发达，端部 3 齿；下颚须 1 节，圆筒形，端部具 2 毛；触角着生于两复眼下缘连线之稍上方，柄节长为宽的 3.8 倍 (图 40b)，相当于梗节长的 1.5 倍；梗节长锥形，长为宽的 2.4 倍；环状节大而明显；索节短圆筒形，长为宽的 1.3 倍；棒节长为宽的 4.0 倍，等于柄节长的 1.4 倍；各棒节均圆筒形，长大于宽，由基部到端部的长度依次递增，宽度依次递减；除索节与各棒节上的轮生鞭毛感器较稀疏外，各棒节还依次各具 2、3 和 4 支宽度正常的板状感器。

胸部明显短于腹部，中胸盾和小盾片中央具 1 淡色纵带贯穿前后；前翅端部宽圆 (图 40a)，长为宽的 2.4 倍；翅脉直，末端伸达翅之中部；缘脉长，与亚缘脉相当，分别超过缘前脉和痣脉长的 2.0 倍；翅面纤毛粗而中等密度，多不清晰成列；缘毛较长，最长者超过前翅宽的 1/3；后翅明显较短，长为宽的 15.0 倍，翅脉端部伸达翅长的一半；翅面仅具前、中 2 列纤毛，最长后缘毛等于后翅宽的 3.3 倍，略长于前翅最长缘毛；各足正常大小，各足节均具细毛。

腹部长卵锥形，明显长于头胸部长度之和；腹基部 4 节背板的前半段较光滑，后半段具明显纵皱脊纹；外生殖器退化为简单管状 (图 40c)；基部的阳茎内突不对称愈合，端部向腹面强度弯曲且具 1 带状结构缠绕于阳茎末端，呈双节状；阳茎及其内突的长度约等于后足胫节长的 0.9 倍。

雌 未知。

寄主 未知。

模式标本产地 福建将乐。

模式标本存放单位 福建农林大学生物防治研究所昆虫标本室 [FAFU]。

研究标本 ♂ (正模)，2♂ (副模)，福建将乐龙栖山 (N26°30'41", E117°22'57", 239M)，1991. X. 10，林乃铨网扫；2♂ (副模)，辽宁沈阳东陵 (N41°48'46", E123°31'59", 52M)，1992. VII. 10，林乃铨网扫。

分布 辽宁 (沈阳)、福建 (将乐)。

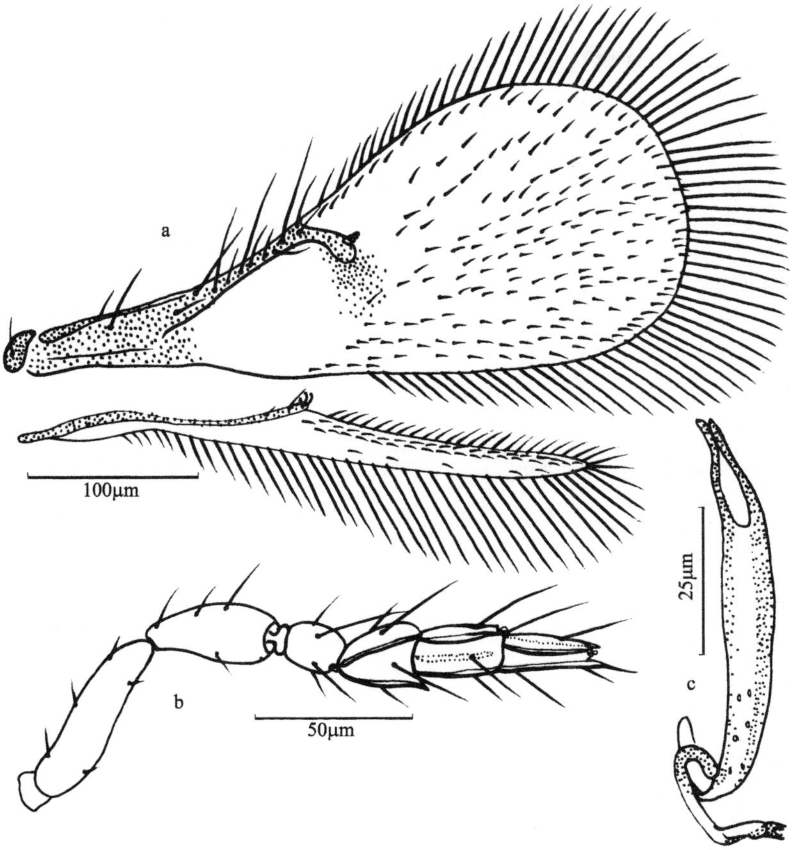

图 40 带形异茎赤眼蜂 *Eteroligosita zonata* Lin (♂)

a. 前后翅 (fore & hind wing); b. 触角 (antenna); c. 雄外生殖器 (male genitalia)

12. 优赤眼蜂属 *Eutrichogramma* Lin K-S, 1981

Eutrichogramma Lin K-S, 1981, J. Agr. Res. China, 20(4): 438-440. **Type species**: *Eutrichogramma elongatum* Lin K-S, 1981, by monotype; Lin, 1994, System. Stud. Chinese Trichogrammatidae: 71-72.

鉴别特征 体粗壮，头正常，颊缝缺如，下颚须 2 节；触角具 1 个环状节，索节缺如，棒节长，仅 2 节；基棒节基部宽大，端棒节长筒状；两棒节除具若干锥栓感器、鞭毛感器和板状感器外，其端部还具 1 棒状端突 (TP)，明显突出在棒节顶端之外；前翅端部宽圆，缘脉直而中等长短；痣脉宽，翅面纤毛稀疏；中肘横毛列 (m-cu) 和径毛列 (Rs)、中毛列 (M)、肘毛列 (Cu) 和臀毛列 (A) 等基部不明显；缘毛较长；产卵管长。

寄主 未知。

分布 中国 (福建、台湾)。

附注 本属系 Lin K-S (1981) 根据采自台湾的雌性 *E. elongatum* 为属模而建立，迄今尚未发现雄性标本。根据 Pinto (2006) 修订的分类系统，将本属归于赤眼蜂亚科、赤眼蜂族；似与刺角赤眼蜂属 *Haeckeliania* 等的缘系接近；Owen *et al.* (2007) 基于分子证据的赤眼蜂系统发育分析结果，虽然没有分子证据直接证明本属的分类地位，但也已支持上述分类系统。本属种类的寄主和有关生物学特性等尚不清楚。

林乃铨 (1994) 报道了采自福建将乐龙栖山的长棒优赤眼蜂之后，近年又从林珪瑞先生惠赠的台湾标本中，再次发现 1 号采自台中的雌性标本，现记述如下。

(36) 长棒优赤眼蜂 *Eutrichogramma elongatum* Lin K-S, 1981 (图 41)

Eutrichogramma elongastum Lin K-S, 1981, J. Agr. Res. China, 30(4): 438-440; Lin, 1994, System. Stud. Chinese Trichogrammatidae: 71-72.

雌 体长 0.78-0.80 mm，前翅长 0.88-0.90 mm；全体暗褐色，但复眼红色；触角柄节及各足基部两跗节色较淡；前翅除翅脉褐色、翅基部和痣脉之下翅面各具烟褐色晕纹外，大部分翅面无色透明。

头部前面观近扁圆形，头高约为头宽的 0.8 倍；复眼中等大小，长为头高的 0.57 倍左右，其上具稀纤毛；侧单眼接近于复眼，其间距小于单眼直径；颚眼距约为复眼长的 0.6 倍；颊缝消失，上颚具 4 齿，外 3 齿尖锐，内齿宽钝；下颚须 2 节 (图 41c)，末端 1 节明显窄小，仅及基节长的 1/4；下唇须 1 节，短小，长大于宽；触角着生于复眼下缘连线之上方，柄节端部明显窄小 (图 41b)，长为宽的 4.6 倍，等于梗节长的 2.2 倍；梗节长梨形，长为宽的 1.8 倍，等于柄节长的一半；环状节明显，索节缺如；两棒节长为宽的 4.8 倍，等于柄节长的 1.5 倍；基棒节基部明显宽大，长为宽的 2.2 倍；其上除具 2 只锥栓感器和 4-6 支粗而长的鞭毛感器外，还具 2 支明显长的板状感器环绕于该棒节之上；端棒节细而长，长为宽的 6.5 倍；稍长于基棒节，其上具 3-4 支鞭毛感器和 3 支板状感器，端部还具 1 棒状端突，明显突出棒节顶端之外。

胸部结构紧密，前胸背板很短且向前倾斜；中胸盾中度隆起，长于小盾片 (1.3 倍)；小盾片不明显凸起，两者均具纵刻纹和 2 对侧刚毛；后胸背板短，并胸腹节略长，两者均较光滑；内悬骨端部伸达腹长的 3/4 处；前翅长约为宽的 2.0 倍，末端宽圆 (图 41a)；翅脉端部伸达翅长的一半，亚缘脉长于缘脉，缘前脉稍短于缘脉；缘脉直，其上具 3 支刚毛；痣脉较圆而宽大，与缘脉约等长；翅面纤毛较稀疏，排列较规则，中肘横毛列消失；缘毛较长，最长者稍短于前翅宽的一半；后翅狭窄，长约为宽的 17.0 倍，翅脉长等于翅长一半，翅面规则纤毛 2 列；最长后缘毛约为后翅宽的 3.6 倍；各足中等长短，各足节均具纤毛，后足基节外侧表面还具 1 纵列齿状突。

腹部与胸部约等长，各节背板大体光滑，后端略尖；产卵管较长，约等于腹长的 0.9 倍；相当于后足胫节长的 1.6 倍，末端明显伸出腹末之外；下生殖板较发达，末端伸达产卵管长的 0.4 倍左右处。

雄 未知。

寄主 未知。

模式标本产地 台湾台中。

模式标本存放单位 台湾农试所昆虫标本室 [TARI]。

研究标本 1♀ (副模)，台湾台中 (N24°09'12", E120°40'48", 175M)，1981-1986. VI-VIII，林珪瑞网扫；1♀，福建将乐龙栖山 (N26°30'41", E117°22'57", 239M)，1991. VIII. 8，刘长明网扫。

分布 福建 (将乐)、台湾 (台中)。

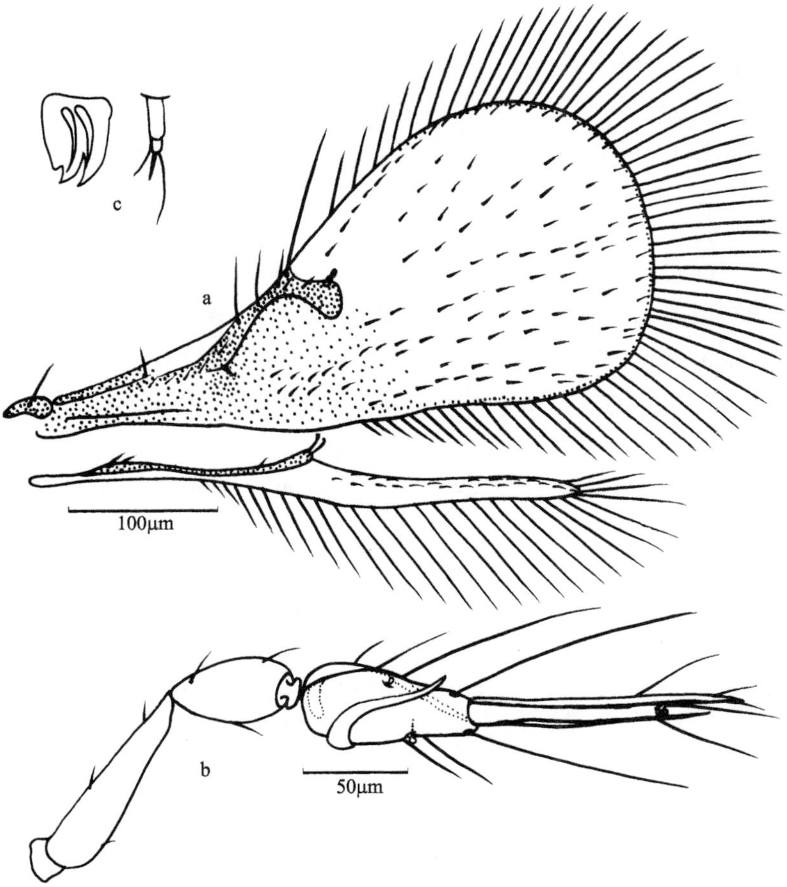

图 41 长棒优赤眼蜂 *Eutrichogramma elongatum* Lin K-S (♀)
a. 前后翅 (fore & hind wing)；b. 触角 (antenna)；c. 上颚及下颚须 (mandible & maxilla)

13. 刺角赤眼蜂属 *Haeckeliania* Girault, 1912

Haeckeliania Girault, 1912c, Mem. Queens. Mus., 1: 97-98. **Type species**: *Haeckeliania haeckeli* Girault, 1912, by original designation; Doutt & Viggiani, 1968, Proc. Calif. Acad. Sci., 35(20): 500-502; Lin K-S, 1981, J. Agr. Res. China, 30(4): 431; Lin, 1994, System. Stud. Chinese Trichogrammatidae: 115-118; Lou, Cao & Cong, 1997, J. Shengyang Agr. Univ., 28(3): 187-188; Pinto, 2006, J. Hym. Res., 15(1): 63-64.

鉴别特征　个体小而结实；触角结构特殊，环状节2节，索节缺如，棒节5节；各棒节均具若干锥栓感器、鞭毛感器和粗大的板状感器；雌性触角板状感器的大部分长度紧贴触角棒节表面；雄者则仅基部与触角表面连接、大部分长度呈刺状直立于表面之上；端棒节常有1短的端突；下颚须2节；前翅中等宽阔，翅脉通常不超出翅长一半；痣脉较发达，与缘脉端部后角相接；缘脉从基部向端部逐渐加宽，稍窄于缘前脉；缘前脉向后形成1明显的前缘室，基部具基后突；翅面纤毛中等密度，规则成列，具中肘横毛列且与臀毛列基部汇聚；中胸盾和小盾片各具2对纤毛，盾纵沟常呈宽弧形弯曲；雌性后胸背板还具1行小刺状齿突；雄外生殖器的阳基背突消失，阳基端部具明显的阳基侧瓣和钩爪；阳基侧瓣端部分2叉；阳茎和阳茎内突明显可分，两者全长常长于阳基。

寄主　已知 *Haeckeliania sperata* 可寄生鞘翅目象虫科 Curculionidae 卵，为中美洲(多米尼加和哥斯达黎加) 柑橘根象虫 *Diaprepes* sp. 的重要卵寄生蜂，有望用于当地该象虫的生物防治 (Pinto, 2005)；其余10种的寄主及生物学特性仍然未明。

分布　中国 (3种)，印度 (2种)，澳大利亚 (4种)，南美洲 (1种)，中美洲 (1种)。

附注　本属系 Girault (1912c) 根据采自澳大利亚的雌性 *H. haeckeli* 为属模而建立；而后 Girault (1920a, 1938) 又先后描述了澳大利亚的另外3新种；Yousuf & Shafee (1984c) 报道了印度的1新种，Hayat (2008b) 对此表示存疑；Viggiani (1992b) 描述了巴西1新种；Lin (1994) 描述了我国福建2新种，Lou, Cao & Cong (1997) 报道了黑龙江1新种；Pinto (2005) 报道了多米尼加和哥斯达黎加1新种；Hayat (2009) 又报道了印度的1新种；因此，至今本属已知共11种。

Pinto (2005) 详细描述了产于中美洲的本属1种雄性特征后，根据其雄外生殖器特征，已明确本属可归于赤眼蜂亚科、赤眼蜂族，而且似与 *Trichogrammatella*、*Ophioneuris* 和 *Eutrichogramma* 等属的缘系接近。

我国有关本属的研究，最早为 Lin K-S (1981) 报道本属1未定名种在台湾的分布记录；此后 Lin (1994) 和 Lou, Cao & Cong (1997) 分别报道了采自福建、黑龙江的3新种，现记述如下。

种检索表

1. 前翅端部宽圆，长为宽的1.7-1.8倍；翅面纤毛明显规则成列 (约17列)，中肘横毛列清晰；缘毛短，最长者不足翅宽的1/10；后翅面规则纤毛3列……………………………………………………2
   前翅端部中等宽圆，长为宽的2.16倍；翅面纤毛大致成列，中肘横毛列基部均不清晰；缘毛较长，最长者约为翅宽的0.47倍；后翅面规则纤毛2列；雄外生殖器阳基长为宽的4.8倍，钩爪端部伸出阳基侧瓣末端之外；阳茎稍长于其内突，两者全长等于后足胫节长的0.94倍……………………………………………………………………**长缨刺角赤眼蜂 *H. longicitia***
2. 胸部与腹部长相当；雌性产卵管较发达，约为腹长的0.8倍；等于后足胫节长的1.3倍，末端明显突出腹末之外；下生殖板等于产卵管长的0.4倍…………………………**黑色刺角赤眼蜂 *H. nigra***
   胸部略长于腹部；雌性产卵管高度发达，约为腹长的1.73倍；等于后足胫节的2.3倍，前端伸抵胸部，末端显著突出腹末之外；下生殖板较大，末端伸达产卵管的一半………**长管刺角赤眼蜂 *H. longituba***

(37) 长缨刺角赤眼蜂 *Haeckeliania longicitia* Lou & Cao, 1997 (图 42)

Haeckeliania longicitia Lou & Cao, 1997, in: Lou, Cao & Cong, 1997, J. Shengyang Agr. Univ., 28(3): 187-188.

雄　体长约 0.68 mm，翅长 0.45 mm；全体浅黑色，但复眼、单眼红色；翅脉褐色；缘前脉及痣脉之下翅面各具 1 褐色昙纹，痣脉之下翅面半透明，其余翅面无色透明；腹部各节背板之间灰白色。

头部正面观横形，宽大于高；上颚端部 3 齿，下颚须 2 节，端部具 3 毛；触角着生于两复眼中部连线之稍下方，柄节细长 (图 42b)，长为宽的 4.0 倍，相当于梗节长的 1.65 倍；梗节长为宽的 2.0 倍，第一环节明显，第二环节紧贴于棒节基部；索节缺如；棒节长锥状，长为宽的 5.0 倍，约等于柄节长的 1.6 倍；基部 3 棒节较宽大，各节均短而宽，相互重叠、分界不明显；第四棒节长约为宽的 2.0 倍，端棒节最细长，与基部 4 棒节的长度之和相当；除基棒节外，端部 4 棒节均具若干锥栓感器、鞭毛感器和形状不同的板状感器。

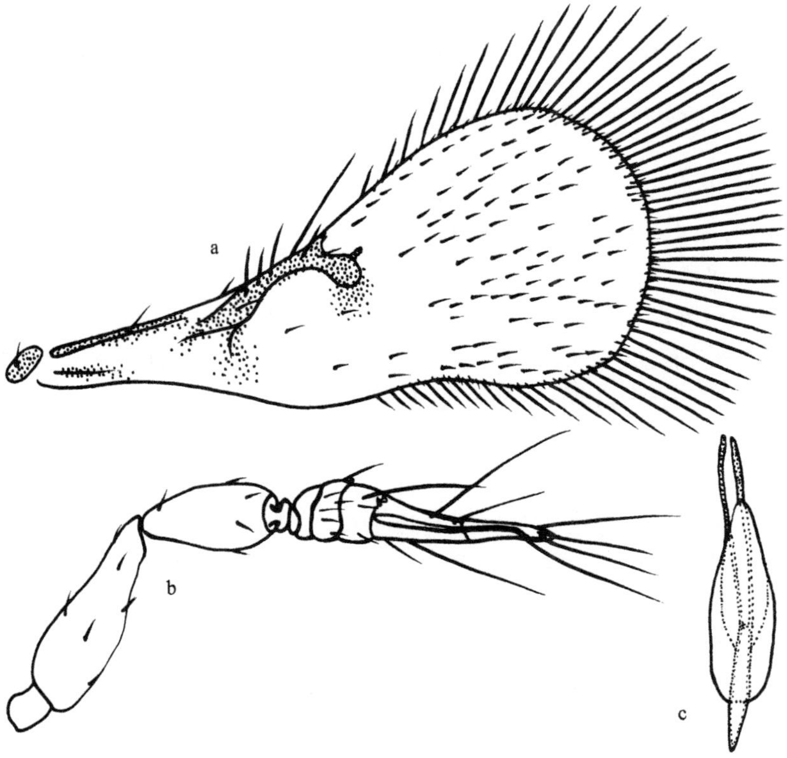

图 42　长缨刺角赤眼蜂 *Haeckeliania longicitia* Lou & Cao (♂) (仿 Lou, Cao & Cong, 1997)
a. 前翅 (fore wing)；b. 触角 (antenna)；c. 雄外生殖器 (male genitalia)

胸部短于腹部，上具细刻纹；前翅中等宽阔，长为宽的 2.16 倍 (图 42a)；翅脉端部强度弯曲，末端伸达翅长的一半左右处；缘脉与缘前脉近等长，其上具 3 支刚毛；末端的 1 支刚毛明显粗长，等于另 2 支刚毛长的 2.0 倍；缘毛较长，最长者为翅宽的 0.47 倍；翅面纤毛较稀，大体规则成列，但中肘横毛列及其他主要毛列基部不明显；后翅狭窄，翅面规则纤毛 2 列，后 1 列纤毛稀少；最长后缘毛为后翅宽的 2.0 倍，略短于前翅缘毛；各足腿节及胫节外侧具成排的纤毛；中足胫节端距发达，长于基跗节。

腹部较粗壮，雄外生殖器明显分为阳基与阳茎两部分 (图 42c)；阳基长卵圆形，长为宽的 4.8 倍，钩爪伸出阳基侧瓣末端之外；阳茎稍长于其内突，两者全长等于后足胫节长的 0.94 倍。

雌 未知。

寄主 未知。

模式标本产地 黑龙江镜泊湖。

模式标本存放单位 沈阳农业大学昆虫标本室 [SYNU]。

分布 黑龙江 (镜泊湖)。

附注 模式标本未检视。形态描述和特征图引自 Lou, Cao & Cong (1997) 的报道。原记载的标本有：♂ (正模)，黑龙江镜泊湖 (N43°51'14", E128°54'37", 344M)，1995. VIII. 16，娄巨贤、袁静网扫。

(38) 黑色刺角赤眼蜂 *Haeckeliania nigra* Lin, 1994 (图 43)

Haeckeliania nigra Lin, 1994, System. Stud. Chinese Trichogrammatidae: 116-117.

雌 体长 0.50-0.52 mm；全体黑褐色，但头顶、触角、各足胫节端部及各跗节淡黄褐色；复眼、单眼深红色；上颚及产卵管黄褐色；前翅仅痣脉下方翅面具 1 烟褐色小昙纹，其余翅面无色透明。

头部正面观扁圆形，宽大于高；复眼较大，长为头高的 0.76 倍；各小眼间均具纤毛，两复眼内侧颜面具细皱纹，头顶区具若干短刚毛；触角着生于两复眼中部连线之下方，柄节长为宽的 3.6 倍 (图 43b)，相当于梗节长的 2.0 倍，其上具细纵纹；梗节长梨形，长为宽的 1.3 倍，上具横脊状纹；第一环节明显，第二环状节紧贴于棒节基部；索节缺如；5 棒节形状特殊，分界不规则，长为宽的 4.67 倍，相当于柄节长的 2.45 倍；基部 3 棒节短而宽大，第四棒节明显收窄，长近于宽的 2.0 倍；端棒节细长如棒状，长为宽的 7.6 倍，占棒节全长的 0.43 倍；各棒节除均具若干锥栓感器、鞭毛感器外，还依次具 2、2、3、3 和 4 支形状不同的板状感器；基部 3 棒节上的板状感器较大而弯、绝大部分长度紧贴并环绕于棒节表面之上，端部 2 棒节上的板状感器仅基部一小部分紧贴于棒节表面，端部一半以上长度均如长刺状直立于该棒节表面之上。

胸部与腹长相当，上具细网纹；前翅端部宽圆 (图 43a)，长约为宽的 1.7 倍；翅脉较短且急剧弯曲，末端仅伸达翅长的 0.47 倍左右处；缘脉的长明显大于宽，与痣脉、缘前脉约等长，不足亚缘脉长的一半；翅面纤毛中等密度，规则分布成列 (约 17 列)，具清晰的中肘横毛列；缘毛短，最长者仅及前翅宽的 0.07 倍左右；后翅明显短于前翅，长为宽的 11.0 倍；翅脉端部伸达翅长的 0.55 倍处，翅面规则纤毛 3 列；最长后缘毛为后翅宽的 1.5 倍，明显长于前翅最长缘毛；各足正常大小，各足节均具细网纹和纤毛。

腹部长圆锥形，末端钝圆；各腹节背板的后半段均具细网纹和纤毛；产卵管较发达，长度为腹长的 0.8 倍左右；相当于后足胫节长的 1.3 倍，末端明显突出腹末之外；下生殖板等于产卵管长的 0.4 倍。

雄　未知。

寄主　未知。

模式标本产地　福建将乐龙栖山。

模式标本存放单位　福建农林大学生物防治研究所昆虫标本室 [FAFU]。

研究标本　♀(正模)，2♀(副模)，福建将乐龙栖山 (N26°30'41", E117°22'57", 239M)，1991. X. 10，刘长明、林乃铨网扫；1♀，海南乐东尖峰岭 (N18°43'49", E108°54'32", 212M)，2005. II. 25，张李香网扫。

分布　福建 (将乐龙栖山)、海南 (乐东尖峰岭)。

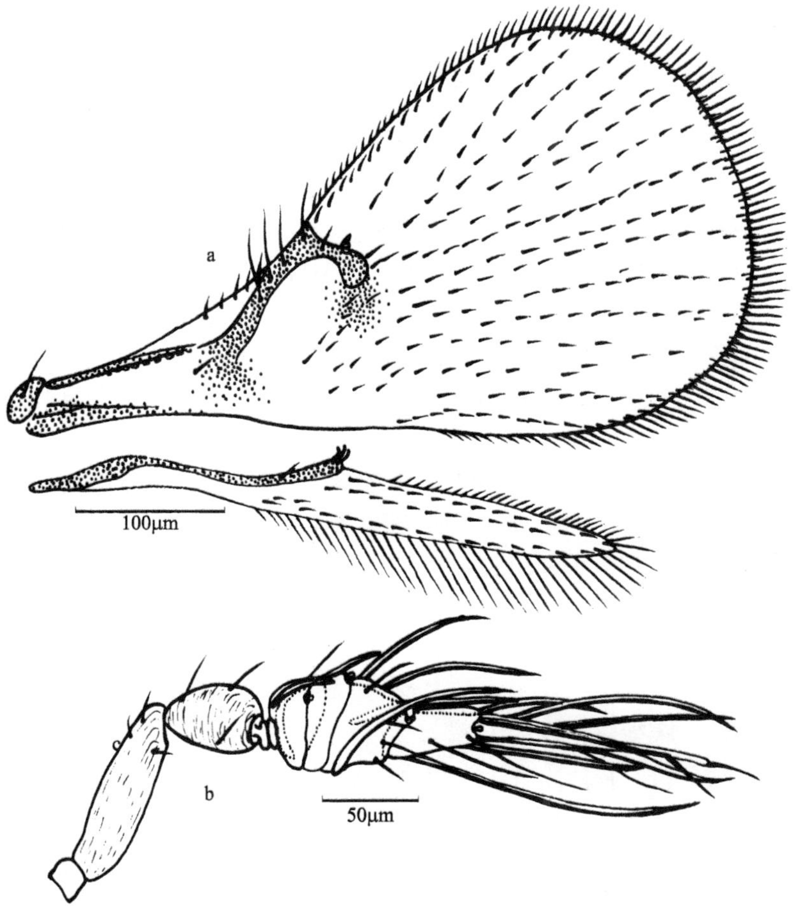

图 43　黑色刺角赤眼蜂 *Haeckeliania nigra* Lin (♀)

a. 前后翅 (fore & hind wing)；b. 触角 (antenna)

(39) 长管刺角赤眼蜂 *Haeckeliania longituba* Lin, 1994 (图 44)

Haeckeliania longituba Lin, 1994, System. Stud. Chinese Trichogrammatidae: 117-118.

雌 体长 0.54 mm；全体暗褐色，但头顶、上颚、触角棒节、各足胫节两端及各跗节淡黄褐色；复眼、单眼鲜红色；前翅脉灰褐色，近外缘及痣脉以内下方翅面具烟褐色昙纹，其余翅面无色透明。

头部正面观近圆形，宽略大于高；复眼中等大小，长为头高的 0.55 倍，其内侧颜面及头顶区均具若干纤毛；上颚具 4 齿，外 2 齿尖锐，内齿宽钝 (图 44c)；下颚须 2 节，末端 1 节明显窄小；触角着生在两复眼中部连线之下方，柄节长为宽的 4.0 倍，相当于梗节长的 2.1 倍 (图 44b)；梗节长梨形，长为宽的 1.4 倍；第一环节较明显，第二环状节紧贴于棒节基部，不易看清；索节消失；5 棒节结构特殊，长近于宽的 6.0 倍左右，相当于柄节长的 2.0 倍；基部 3 节棒节粗短，各节长度均小于其宽，分界不规则；第四棒节明显收窄，长圆筒形；端棒节细棒状，长为宽的 6.3 倍，等于棒节全长的一半；各棒节除均具若干锥栓感器和鞭毛感器外，还依次各具 2、2、3、3 和 4 支形状不同的板状感器；仅基部第一棒节的板状感器大而弯、绝大部分长度紧贴并环绕于该棒节表面之上，端部 4 棒节的板状感器仅基部小部分紧贴于棒节表面、端部一半以上长度均如长刺状直立于该棒节表面之上。

胸部略长于腹部，上具细刻纹；前翅端部较宽圆 (图 44a)，长为宽的 1.8 倍；翅脉末端伸至翅之中部，缘脉长大于宽；与痣脉、缘前脉约等长，不足亚缘脉长的一半；翅面纤毛规则成列 (约 17 列)，具中肘横毛列；缘毛较短，最长者仅及前翅宽的 1/10 左右；后翅稍短于前翅，长约为宽的 11.7 倍；翅脉末端伸达翅长一半，翅面规则纤毛 3 列；最长后缘毛为后翅宽的 2.0 倍，稍长于前翅最长者；各足正常大小，各足节均具细网纹和稀细毛。

腹部长卵锥形，端部稍尖削；各腹节背板除后缘具纤毛外，基本光滑而无明显刻纹；产卵管高度发达，长超过腹部长度；为腹长的 1.73 倍，相当于后足胫节长的 2.3 倍；产卵管前端抵达胸部，后端显著伸出腹末之外，具等长的产卵管鞘；下生殖板较发达，末端伸达产卵管的一半。

雄 未知。

寄主 未知。

模式标本产地 福建将乐龙栖山。

模式标本存放单位 福建农林大学生物防治研究所昆虫标本室 [FAFU]。

研究标本 ♀(正模)，1♀(副模)，福建将乐龙栖山 (N26°30'41", E117°22'57", 239M)，1991. VIII. 8，刘长明网扫；1♀，山东临朐朐山 (N36°30'20", E118°32'58", 120M)，2005. VIII. 11，田洪霞网扫。

分布 福建 (将乐龙栖山)、山东 (临朐朐山)。

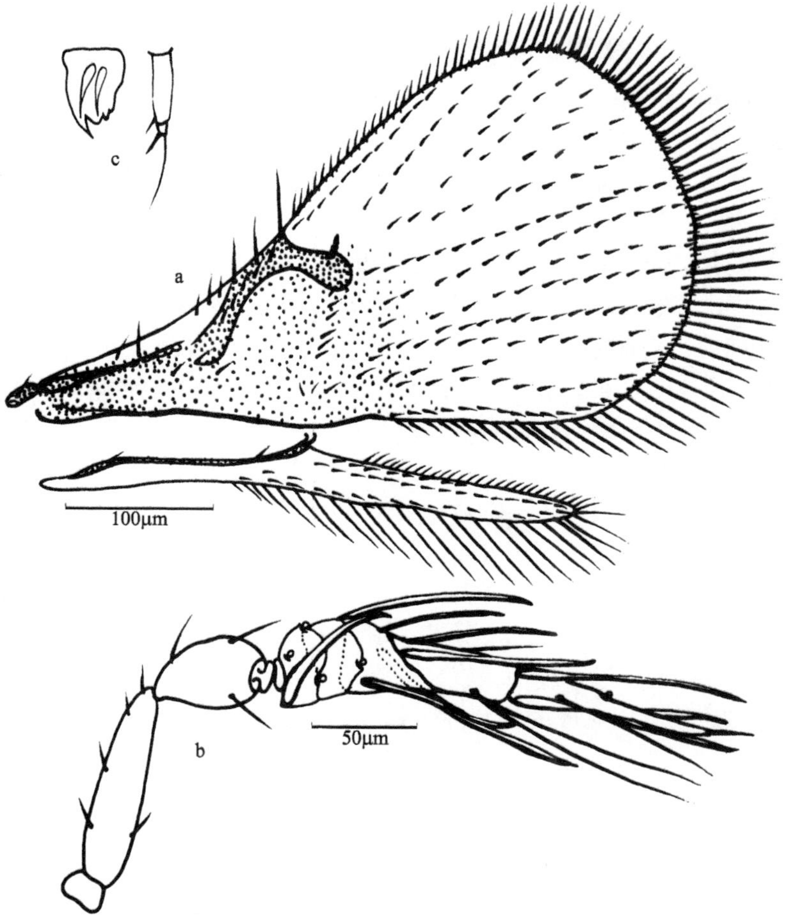

图 44 长管刺角赤眼蜂 *Haeckeliania longituba* Lin (♀)
a. 前后翅 (fore & hind wing); b. 触角 (antenna); c. 上颚及下颚须 (mandible & maxilla)

14. 环索赤眼蜂属 *Hayatia* Viggiani, 1982

Hayatia Viggiani, 1982a, Boll. Lab. Ent. Agr. 'F. Silvestri', Portici, 39: 27. **Type species**: *Hayatia indica* Viggiani, 1982, by original designation; Lin, 1993b, Acta Zootaxon. Sin., 18(1): 93-96; Lin, 1994, System. Stud. Chinese Trichogrammatidae: 126-127; Pinto & Viggiani, 2004, J. Hym. Res., 13(2): 291-292; Wang & Hu, 2016, J. Xinjiang Univ., 33(1): 99-101.

Hayatia (*Alhindia*) Hayat, 2008c, Oriental Insects, 42: 120 (subgenus). **Type species**: *Hayatia* (*Alhindia*) *triclada* Hayat, 2008, by original designation.

鉴别特征 触角除柄节、梗节外，环状节、索节各 1 节，棒节 3 节；雌性触角与寡索赤眼蜂属相似，索节和棒节长度正常，除均具若干锥栓感器和鞭毛感器外，端部两棒节还具若干板状感器；雄者索节明显短小，似环节状；基棒节最粗大，各棒节均具明显多而长的板状感器；前翅中等或较宽圆，翅面毛列多不清晰；后翅具规则纤毛 2-3 列；雌性下生殖板端部急剧狭窄，呈刚毛状；雄外生殖器构造特殊，阳茎内突基部愈合，端部具 1 条弯曲的带状结构；未伸出时扭曲缠绕在阳茎末端，呈双节状。

寄主 寄主等生物学特性未明。

分布 中国 (3 种)，印度 (3 种)，欧洲 (塞浦路斯、希腊，1 种)，非洲 (佛得角，1 种)。

附注 本属系 Viggiani (1982a) 根据采自印度的雄性 *H. indica* 为属模而建立。此后，Lin (1993b) 发表了采自我国福建的 2 新种；Viggiani (1996b) 在描述非洲佛得角群岛 1 新种的同时，也把 Nowicki (1936) 发表的 *Oligosita cypriota* 移到本属；Hayat (2008, 2009) 先后两次描述了采自印度的 2 新种，并建立 1 新亚属 *Alhindia*；Wang & Hu (2016) 发表了采自我国新疆的另 1 新种；因此本属至今已知 8 种，它们的寄主及生物学尚不清楚。

根据 Viggiani (1971b) 基于雄外生殖器特征为主的分亚科、分族标准，本属应隶于寡索赤眼蜂亚科、寡索赤眼蜂族；Lin (1993b) 鉴于本属与异茎赤眼蜂属 *Eteroligosita* 的雄外生殖器构造特殊，明显不同于寡索赤眼蜂族种类，而在原寡索赤眼蜂亚科之下，增设了 1 个与寡索赤眼蜂族相对应的异茎赤眼蜂族 Eteroligositini，以容纳本属和异茎赤眼蜂属。Pinto & Viggiani (2004) 在全面研究了寡索赤眼蜂族内各属的触角、前翅、并胸腹节和腹部背板等特征后，进一步在该族之下增设了寡索赤眼蜂亚族 Oligositina 并将异茎赤眼蜂族降为与该亚族相对应的异茎赤眼蜂亚族 Eteroligositina。异茎赤眼蜂亚族包含 *Chaetostrichella*、*Doirania*、*Eteroligosita*、*Hayatia*、*Probrachista* 和 *Pseudoligosita* 等 6 属，且本属与异茎赤眼蜂属 *Eteroligosita* 的缘系最接近。现记述我国已知 3 种。

种 检 索 表 (雄)

1. 触角棒节相对较细长，基棒节不粗于柄节和梗节；各棒节大约等长，其上的板状感器数目依次为 7、7 和 4 支；前翅面纤毛中等偏密，除少数毛列基部稍规则外，多数毛列不清晰；最长后缘毛约为前翅宽的 0.41 倍 ………………………………………………… **直茎环索赤眼蜂 *H. euthypenis***
   - 触角棒节相对较粗壮，基棒节明显粗于柄节和梗节 ……………………………………………… 2
2. 棒节长度超过触角总长的一半 (0.66 倍)，各棒节长度从基部到端部依次递减；其上的板状感器数目依次为 10、8 和 5 支；前翅面纤毛中等偏稀，毛列多不清晰；最长后缘毛约为前翅宽的 0.6 倍 ………………………………………………… **卷茎环索赤眼蜂 *H. tortuosa***
   - 棒节长度约为触角总长的一半，各棒节大约等长；其上的板状感器数目依次为 6、8 和 5 支，端棒节末端近于平截；前翅面纤毛较密，除少数毛列基部稍规则外，多数纤毛散乱分布；最长后缘毛仅为前翅宽的 1/3 ………………………………………………… **截翅环索赤眼蜂 *H. latiuscula***

(40) 直茎环索赤眼蜂 *Hayatia euthypenis* Wang & Hu, 2016 (图 45)

Hayatia euthypenis Wang & Hu, 2016, J. Xinjiang Univ., 33(1): 99-100.

雄 体长 0.80 mm；全体黄褐色，但头部红褐色；复眼黑色，单眼红褐色；触角基节和柄节、前翅翅脉、各足胫节和基部两跗节淡黄色；腹部第 I-III 腹节背板的后半段黄白色；前翅缘前脉基部、痣脉之下翅面各具 1 褐色小昙纹，其余翅面无色透明。

头部正面观扁圆形，宽大于高 (43∶26)；复眼大，椭圆形，长为头高的 0.77 倍 (20∶26)；触角着生于两复眼中部连线之稍下方，柄节长为宽的 3.0 倍 (15∶5)，为梗节的 1.67 倍 (15∶9) (图 45b)；梗节梨形，长为宽的 1.8 倍 (9∶5)；环状节小而明显；索节小，长为宽的 0.75 倍 (6∶8)；棒节 3 节，各棒节长度大致相等；从基部到端部依次各具 7、7 和 4 支板状感器。

前翅端部较宽圆，长为宽的 2.45 倍 (108∶44)，翅脉端部稍超过翅长的一半 (图 45a)；亚缘脉∶缘前脉∶缘脉∶痣脉的长度比例为 20∶8∶22∶9；缘脉略长于亚缘脉，为痣脉长的 2.4 倍；翅面纤毛中等偏密，除基部少数纤毛稍规则外，多数纤毛均不规则分布；缘毛较长，约为翅宽的 0.41 倍 (18∶44)；后翅短于前翅 (80∶108)，长为宽的 13.3 倍 (80∶6)，翅面纤毛 2 列，最长后缘毛稍长于前翅最长者 (19∶18)；前足各跗节大致等长，中、后足基跗节明显长于其余两跗节；各足节均密被细毛，各足腿节、胫节和跗节的长度比例分别是，前足 31∶27∶29，中足 27∶39∶45，后足 30∶40∶46。

腹部略长于头胸部长度之和 (85∶72)，第 I-III 腹节背板的后半段具纵皱纹；内悬骨端部伸达腹部的后半段，端部分 2 叶；外生殖器结构特殊 (图 45c)，阳茎双节状；端部不扭曲，其长度略短于后足胫节 (38∶40)。

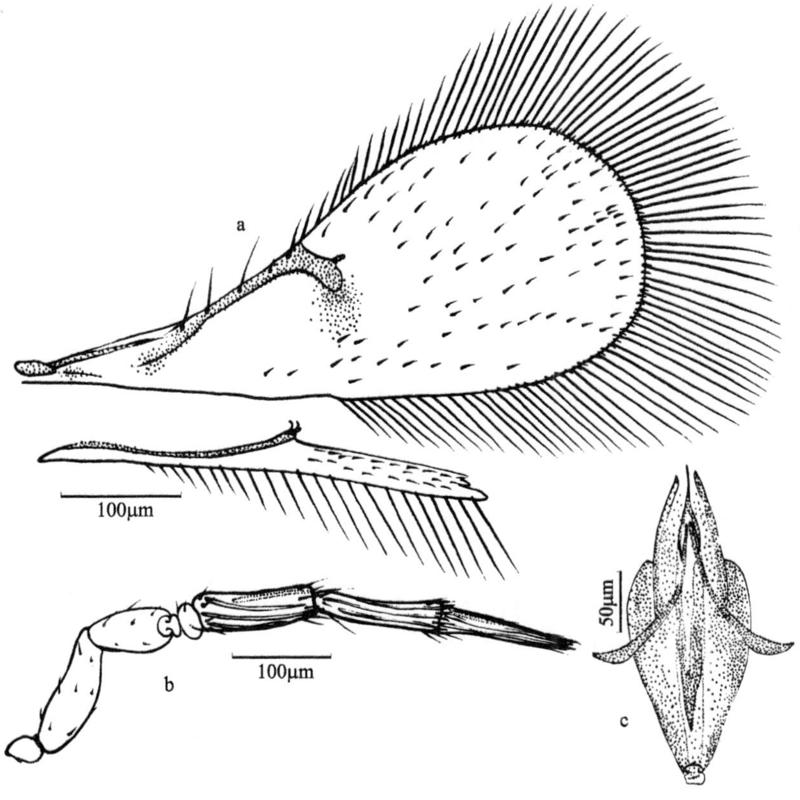

图 45　直茎环索赤眼蜂 *Hayatia euthypenis* Wang & Hu (♂)

a. 前后翅 (fore & hind wing)；b. 触角 (antenna)；c. 雄外生殖器 (male genitalia)

雌 未知。

寄主 未知。

模式标本产地 新疆精河。

模式标本存放单位 新疆大学生命科学与技术学院昆虫标本室 [ICXU]。

研究标本 ♂(正模)，新疆精河 (N44°36'18", E82°52'43", 800M)，2001. VII. 15，胡红英网扫；1♂ (副模)，新疆温泉 (N44°59'36", E81°1'59", 880M)，2001. VII. 16，胡红英网扫；1♂ (副模)，新疆克拉玛依乌尔乐 (N45°37'25", E84°51'51", 400M)，2012. VII. 26，艾山・朱丽得孜网扫；2♂ (副模)，新疆塔城 164 团 (N46°54'152", E87°56'45", 860M)，2007. VII. 30，张晶晶网扫；1♂ (副模)，新疆皮山 (N36°18'25", E78°35'28", 1200M)，2013. VI. 24，董福祥网扫。

分布 新疆 (精河、温泉、克拉玛依、塔城、皮山)。

(41) 卷茎环索赤眼蜂 *Hayatia tortuosa* Lin, 1993 (图 46)

Hayatia tortuosa Lin, 1993b, Acta Zootaxon. Sin., 18(1): 93-96; Lin, 1994, System. Stud. Chinese Trichogrammatidae: 126-127.

雄 体长 0.9-1.0 mm；全体淡黄褐色，但复眼、单眼黑色；前翅缘前脉基部及痣脉为淡褐色；上颚、前胸侧板、各足端跗节、腹部第 I-III 腹节背板的前半段及其之后至腹末各节背板、外生殖器均为褐色；前翅面基本无色透明。

头部正面观近扁圆形，宽大于高，明显宽于胸部；复眼长约为头高的一半，除其上具细纤毛外，其内侧颜面也具 1 纵列纤毛；上颚端部 3 齿，较钝；下颚须 1 节，末端 2 毛；额区及头顶各具若干纤毛；触角着生于两复眼下缘连线稍上方，柄节长棒状，长为宽的 3.0 倍左右，相当于梗节长的 1.7 倍 (图 46b)；梗节长梨形，长等于宽的 1.7 倍；环状节小而明显，宽为长的 5.0 倍；索节很小，似环节状，长宽接近，末端与棒节基部斜接；棒节全长相当于触角总长的 0.66 倍；基棒节最发达，圆柱形，长为宽的 2.3 倍，略长于第二棒节；第二棒节长圆筒形，长为宽的 2.5 倍，相当于端棒节长的 1.3 倍；端棒节长圆锥形，明显较细，长为宽的 3.0 倍；索节与各棒节除均具若干锥栓感器和鞭毛感器外，各棒节还依次各具 10、8 和 5 支板状感器。

胸部短于腹部，中胸盾近梯形，宽大于长，近前角处各具 1 支纤毛；小盾片横形，近后缘中央具 1 对纤毛；内悬骨宽大，端部向后伸达腹长的 0.34 倍处，末端分 2 叶；前翅末端中等宽圆，长约为宽的 2.7 倍 (图 46a)；翅脉端部伸达翅长的 0.56 倍处，亚缘脉∶缘前脉∶缘脉∶痣脉的长度比例分别为 21∶13∶19∶9；缘脉与亚缘脉近等长，相当于痣脉长的 2.0 倍左右；翅面纤毛中等偏稀，大致规则成列；缘毛较长，最长者相当前翅宽的 0.6 倍；后翅与前翅约等长，极狭窄，长为宽的 20.0 倍；翅面规则纤毛 2 列；最长后缘毛稍短于前翅最长者；各足中等大小，各足节均具细纤毛，以胫节和各跗节上的纤毛较多；中足基跗节最长，各足腿节、胫节和跗节的长度比例分别是，前足 36∶30∶27，中足 33∶44∶45，后足 34∶42∶37。

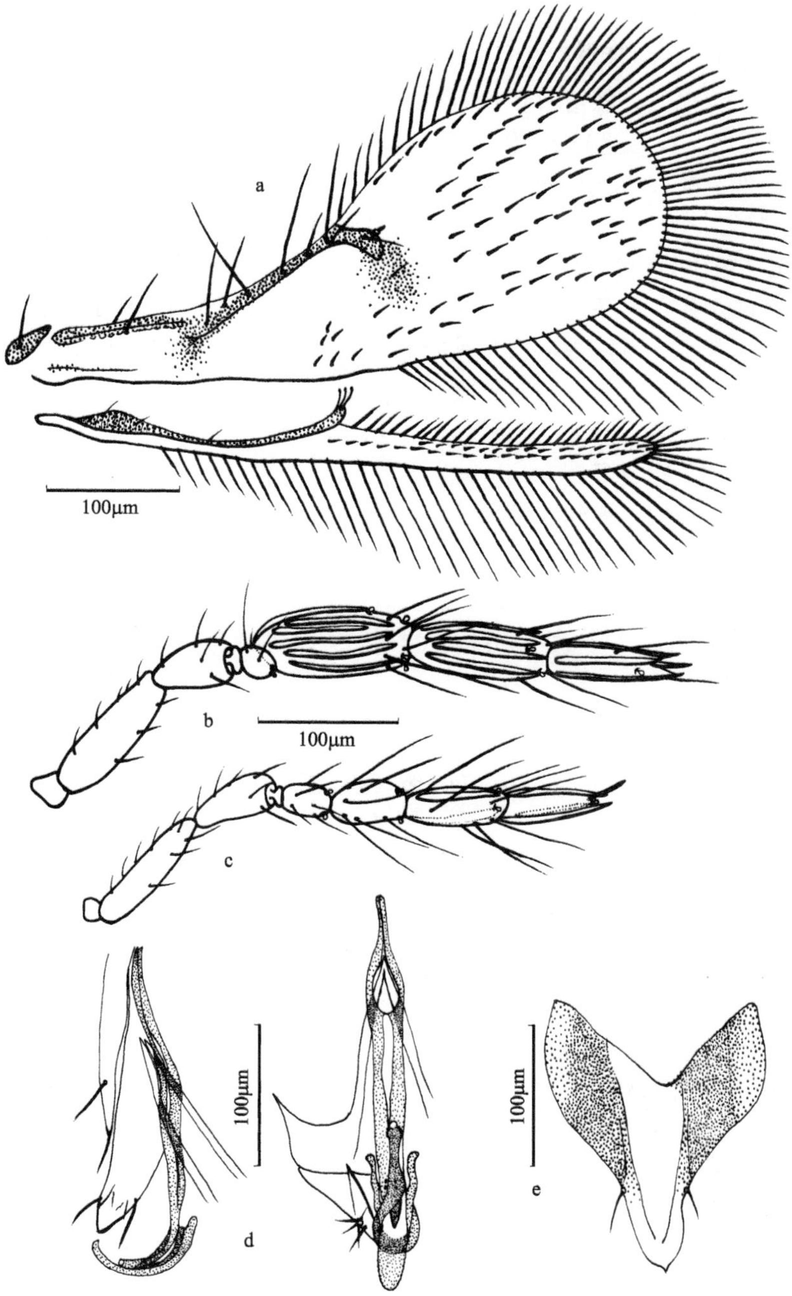

图 46　卷茎环索赤眼蜂 *Hayatia tortuosa* Lin

a. 前后翅 (fore & hind wing, ♂)；b. 触角 (antenna, ♂)；c. 触角 (antenna, ♀)；d. 雄外生殖器侧面、腹面观 (lateral & ventral views of male genitalia)；e. 雄下生殖板 (male hypopygium)

腹部长圆锥形，第 I-III 腹节背板的后半段具明显纵脊纹；第 IV 腹节及其以后各腹节背板基本光滑，无明显刻纹；外生殖器构造特殊，阳基部分基本退化 (图 46d)，阳茎构造特殊，阳茎内突基部愈合；端部具 1 条弯曲的带状结构，未伸出时扭曲缠绕在阳茎末端，使之呈双节状；下生殖板宽大 (图 46e)，覆盖在阳茎之外。

雌　体长 1.05 mm；体色较雄虫略淡，除腹部第 III-V 腹节背板两侧各具 1 褐色小斑块外，大部分淡黄褐色；触角与寡索赤眼蜂属相似，柄节长棒状，长为宽的 3.5 倍 (图 46c)；梗节长梨形，长为宽的 2.1 倍，相当于柄节长的 0.7 倍；环状节小而明显；索节长圆筒形，长约为宽的 1.7 倍；棒节全长相当于柄节、梗节、环状节及索节的长度之和；基棒节近圆柱形，长为宽的 1.5 倍，分别短于端部两棒节；第二棒节最长，圆筒形，长为宽的 2.2 倍；端棒节长锥形，长为宽的 3.0 倍；索节与各棒节除均具若干锥栓感器和鞭毛感器外，端部两棒节还各具 2 和 3 支板状感器，明显少于雄者；腹部长锥状，基部 5 节背板的前半段基本光滑，后半段均具明显纵皱脊纹；产卵管高度骨化，相当于腹长的一半，稍短于后足胫节，末端稍露出腹末；下生殖板端部急剧狭窄，呈刚毛状。

寄主　未知。

模式标本产地　福建寿宁。

模式标本存放单位　福建农林大学生物防治研究所昆虫标本室 [FAFU]。

研究标本　♂ (正模)，2♂1♀ (副模)，福建寿宁转水 (N27°12'34", E119°25'03", 840M)，1986. VIII. 6，刘高盛、林品辉采于黄盘诱集器；1♂，海南儋州云月湖 (N19°30'21", E109°31'33", 113M)，2005. X. 29，李文标网扫；1♂，云南昆明 (N25°05'38", E102°32'35", 1926M)，2010. X.12，林乃铨网扫。

分布　福建 (寿宁)、海南 (儋州)、云南 (昆明)。

(42) 截翅环索赤眼蜂 *Hayatia latiuscula* Lin, 1993 (图 47)

Hayatia latiuscula Lin, 1993b, Acta Zootaxon. Sin., 18(1): 93-96; Lin, 1994, System. Stud. Chinese Trichogrammatidae: 127-128.

雄　体长 1.11 mm；全体黄褐色，但复眼、单眼黑色；腹部第 I-III 腹节背板的后半段、前中足胫节和跗节淡黄褐色；前翅缘前脉基部和痣脉之下翅面各具 1 褐色半透明小晕纹，其余翅面基本无色透明。

头部正面观近倒三角形，宽明显大于高，略宽于胸部；复眼大，卵圆形，长度占头高的 0.7 倍，其上密具纤毛；颜面及头顶具若干纤毛；上颚发达，末端 3 齿；下颚须 1 节，端部 2 毛；触角着生于两复眼下缘连线稍上方，柄节长为宽的 2.8 倍 (图 47b)，相当于梗节长的 1.3 倍；梗节长梨形，长为宽的 2.0 倍；环状节大而明显；索节短小，长明显小于宽；棒节全长约等于触角总长的一半；各棒节大约等长；但基棒节最粗大，第二棒节其次，端棒节最细窄，且端部近于平截；索节与各棒节除均具若干锥栓感器和鞭毛感器外，各棒节还依次具 6、8 和 5 支板状感器。

胸部长于腹部，中胸盾马蹄形；宽略大于长，中部两侧各具 1 支纤毛；小盾片近半圆形，近后缘中央具 1 对纤毛；另有 1 明显淡色纵带由中胸盾的后半段中央贯穿小盾片；内悬骨宽大，端部向后伸达腹长的一半左右，末端明显分 2 叶；前翅较宽圆，末端近平截，长为宽的 2.4 倍 (图 47a)；翅脉末端伸达翅长的近一半，缘脉与亚缘脉约等长；痣脉较细长，相当于缘脉长的一半左右；翅面纤毛中等偏密，不规则散乱分布；缘毛较短，最长者约为前翅宽的 1/3；后翅与前翅约等长，翅脉短于翅长一半；翅面规则纤毛 3 列，最长后缘毛略长于前翅最长者；各足较粗壮，各足节均具细纤毛。

腹部长卵圆形，基部 3 节背板的后半段具明显纵皱脊纹；其余腹节背板基本光滑，无明显纵皱纹；外生殖器形状特殊，阳基部分消失；阳茎内突基部愈合，阳茎端部虽具 1 带状结构而呈双节状，但不扭曲 (图 47c)；阳茎及其内突全长稍长于后足胫节的长度。

雌　未知。

寄主　未知。

模式标本产地　福建松溪。

模式标本存放单位　福建农林大学生物防治研究所昆虫标本室 [FAFU]。

研究标本　♂ (正模)，福建松溪渭田 (N25°52'41", E117°19'21", 496M)，1987. VII. 23，吴祖建网扫。

分布　福建 (松溪)。

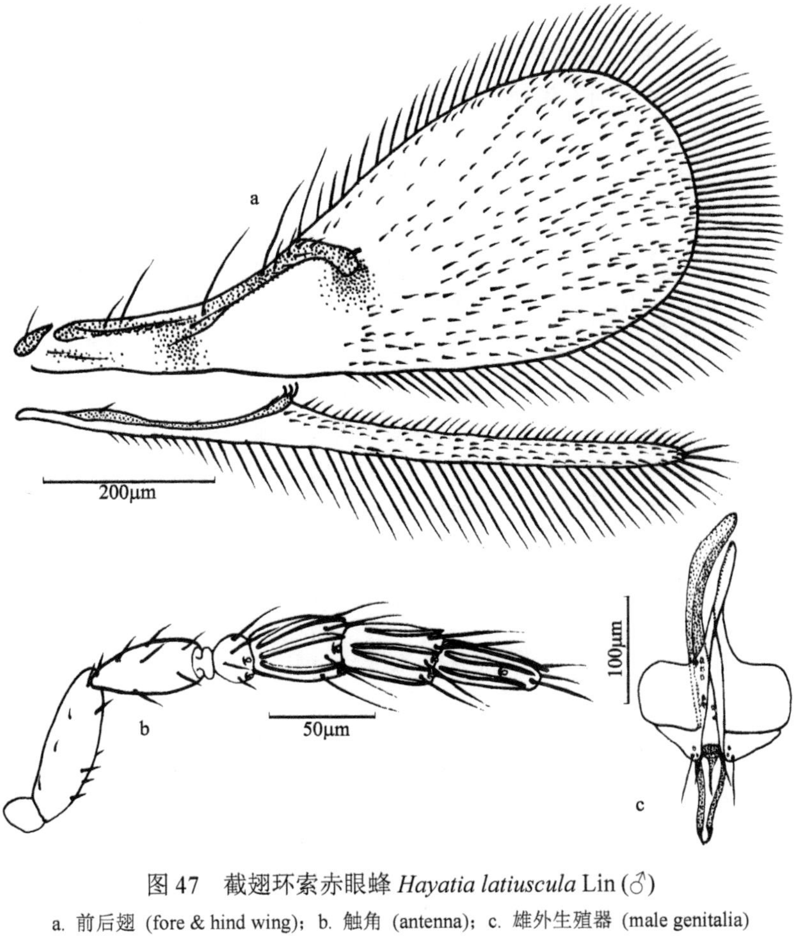

图 47　截翅环索赤眼蜂 *Hayatia latiuscula* Lin (♂)

a. 前后翅 (fore & hind wing)；b. 触角 (antenna)；c. 雄外生殖器 (male genitalia)

15. 尖角赤眼蜂属 *Hispidophila* Viggiani, 1968

Hispidophila Viggiani, 1968, in: Doutt & Viggiani, 1968, Proc. Calif. Acad. Sci., 35(20): 503. **Type species**: *Hispidophila brontispae* (Ferrière, 1931); Lin K-S, 1981, J. Agr. Res. China, 30(4): 431; Lin, 1994, System. Stud. Chinese Trichogrammatidae: 114-115.

鉴别特征 触角结构特殊，除柄节、梗节外，环状节 2 节，索节缺如，棒节 5 节；梗节侧面具 1 宽而浅的凹陷，可与棒节基部斜接；棒节基部 3-4 节结合紧密且明显膨大，各节分界不规则；端棒节分界较清楚，长锥形，端部尖削；各棒节均具若干锥栓感器、鞭毛感器和板状感器；前翅长而端部宽圆，缘脉端半段逐渐加宽，其上具簇生刺毛；痣脉连接于缘脉端部下角，基部明显缢缩；翅面纤毛中等密度，规则成列；中肘横毛列清晰；雌性产卵管较发达，末端稍伸出腹末之外；雄外生殖器明显分为阳基和阳茎两部分，阳基及其侧瓣端部较宽，且具 1 对粗刚毛；钩爪端部具指突，明显伸出阳基侧瓣之外；中脊单一而不明显，腹中突缺如；阳茎较宽大，明显长于其内突。

寄主 已知 2 种可分别寄生鞘翅目铁甲科 Hispidae、叶甲科 Chrysomelidae 和半翅目隐脉叶蝉科 Nirvanidae 的卵，另 2 种的寄主等生物学仍然未明。

分布 已知 4 种中，仅 1 种分布于印度尼西亚 (爪哇) 和南马里亚纳群岛，3 种分布于中国 (福建、海南)。

附注 Viggiani (1968) 在全面研究全世界赤眼蜂时，发现 Ferrière (1931) 描述的 *Haeckeliania brontispae* 触角梗节和棒节结构特殊，与刺角赤眼蜂属 *Haeckeliania* 的属征不符，因而将该种作为模式而建立本属；此后 Lin K-S (1981) 虽报道了本属在我国台湾的分布记录，但未见种的描述；Lin (1994)、Lin & Lin (2002) 先后描述了采自福建 (福州、将乐) 的 3 新种，因此迄今本属仅知 4 种；除属模式种产于印度尼西亚 (爪哇) 和南马里亚纳群岛外，其余 3 种全部采自我国的福建和海南。

根据 Viggiani (1971b, 1984)、Pinto (2006) 以雄外生殖器特征为主要依据的分亚科、分族系统标准，本属应隶于赤眼蜂亚科、赤眼蜂族；同时认为本属与刺角赤眼蜂属 *Haeckeliania* 的特征相似，可以看出它们的缘系较近。

种 检 索 表 (雌)

1. 前翅长等于宽的 1.7 倍，端部翅面宽阔而近于平截；缘脉长于缘前脉，端半段成三角形扩大；触角柄节长为宽的 3.5 倍，相当于梗节长的 1.8 倍；棒节长为宽的 2.5 倍，相当于柄节长的 1.9 倍；基部 4 棒节结合紧密且明显膨大，端棒节细长而尖削，长为宽的 3.2 倍，等于棒节全长的 0.4 倍；产卵管较发达，等于腹长的 0.74 倍左右 ·································· **宽缘尖角赤眼蜂 *H. latimarginata***
 前翅长等于宽的 1.8 倍以上，端部翅面较宽圆；缘脉约与缘前脉等长或稍长，端半段下缘呈弧形扩大···2
2. 触角柄节长为宽的 3.3 倍，相当于梗节长的 1.6 倍；棒节长为宽的 2.9 倍，等于柄节长的 1.75 倍；基部 3 棒节结合紧密且短而宽，端部两棒节长而渐尖，分界较明显；端棒节长为宽的 4.3 倍，等于棒节全长的 0.4 倍左右；产卵管发达，等于腹长的 0.8 倍左右 ……… **刺状尖角赤眼蜂 *H. spinosa***
触角柄节长为宽的 2.4 倍，等于梗节长的 1.4 倍；棒节长为宽的 2.5 倍，等于柄节长的 1.9 倍；基部 4 棒节结合紧密且明显膨大如球，端棒节呈锥形，端部稍尖削；长为宽的 2.4 倍，等于棒节全长的 0.5 倍；产卵管较短，等于腹长的 0.52 倍 ……………………… **叶蝉尖角赤眼蜂 *H. sophoniae***

(43) 宽缘尖角赤眼蜂 *Hispidophila latimarginata* Lin, 1994 (图 48)

Hispidophila latimarginata Lin, 1994, System. Stud. Chinese Trichogrammatidae: 114.

雌　体长 0.60 mm；全体黑褐色，但头顶、各足胫节端部及各跗节淡黄褐色；上颚、触角柄节及端棒节、翅脉黄褐色；复眼、单眼深红色；前翅除痣脉和缘前脉之下翅面各具 1 褐色小昙纹外，其余翅面无色透明。

头部正面观圆形，高等于宽；颜面中部凹陷，具细皱纹，头顶具若干短刚毛；复眼中等大小，长为头高的 0.53 倍；触角着生于两复眼中部连线稍下方，两触角窝较接近；柄节长为宽的 3.5 倍 (图 48b)，相当于梗节长的 1.8 倍，上具稀网纹；梗节梨形，具粗脊纹，长为宽的 1.35 倍，其侧面具 1 宽而浅的凹陷可与棒节基部斜接；第一环状节小而较明显，第二节镶嵌于棒节基部，不易看清；索节缺如；棒节形状特殊，长为宽的 2.5 倍，相当于柄节长的 1.9 倍；基部 4 棒节结合紧密且明显膨大，各节分界不规则、互相重叠，上具脊状刻纹；端棒节分界较明显，细长而尖削，长为宽的 3.2 倍，等于棒节全长的 0.4 倍；各棒节除均具若干锥栓感器和鞭毛感器外，基部两棒节还各具 2 支、端部 3 棒节各具 4 支板状感器。

胸部稍短于腹部长度，上具粗糙网纹；前翅宽阔，端部近平截，长为宽的 1.7 倍 (图 48a)，翅脉端部伸达翅长的 0.55 倍处；缘脉长于缘前脉，端半段成三角形扩大，其上具簇生刺毛；翅面纤毛排列规则 (约 19 列)，具明显的中肘横毛列；缘毛短，最长者不足前翅宽的 0.06 倍；后翅稍短于前翅，长为宽的 8.5 倍；翅脉端部伸达翅长之 0.54 倍处，翅面纤毛 3 列；最长后缘毛等于后翅宽，为前翅最长缘毛的 2.0 倍；各足正常大小，各足节均具细毛，各足基节至胫节均具细网纹。

腹部长锥状，端部尖削，与头胸部长度之和相当；各腹节背板后缘均具网状刻纹和若干刺毛；产卵管较发达，约为腹长的 0.74 倍，等于后足胫节长的 1.3 倍，端部稍伸出腹末之外。

雄　未知。

寄主　未知。

模式标本产地　福建将乐龙栖山。

模式标本存放单位　福建农林大学生物防治研究所昆虫标本室 [FAFU]。

研究标本　♀(正模)，福建将乐龙栖山 (N26°30'41", E117°22'57", 239M)，1991. X. 10，林乃铨网扫；1♀，海南屯昌枫木镇 (N19°13'14", E110°1'34", 124M)，2006. V. 1，李文标网扫。

分布　福建 (将乐)、海南 (屯昌)。

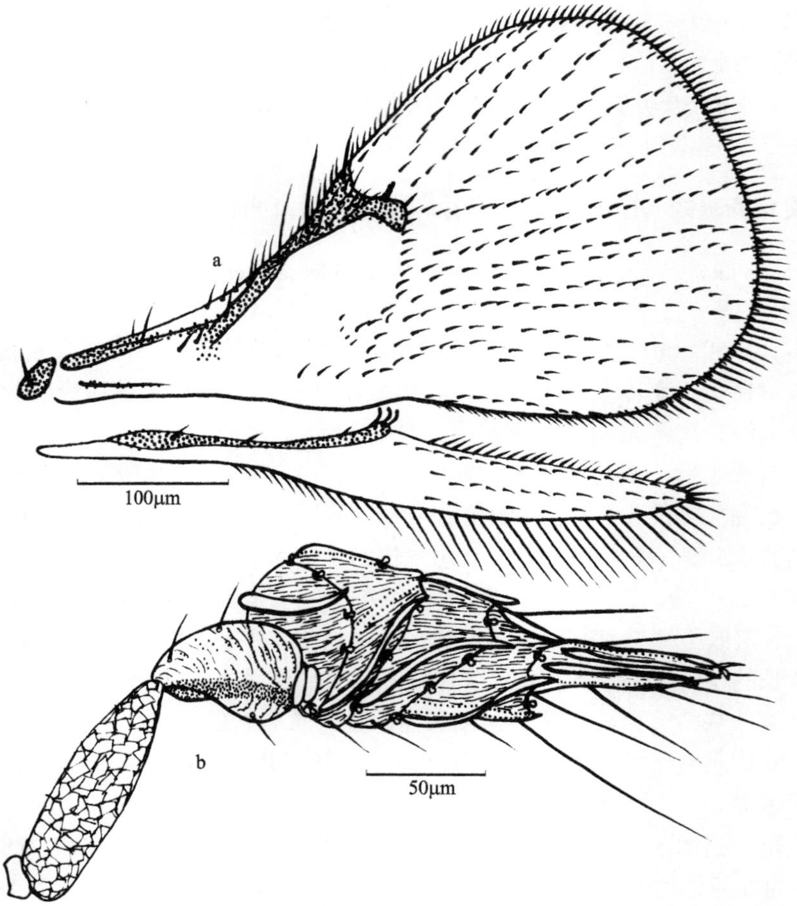

图 48 宽缘尖角赤眼蜂 *Hispidophila latimarginata* Lin (♀)
a. 前后翅 (fore & hind wing); b. 触角 (antenna)

(44) 刺状尖角赤眼蜂 ***Hispidophila spinosa*** **Lin, 1994** (图 49)

Hispidophila spinosa Lin, 1994, System. Stud. Chinese Trichogrammatidae: 115.

雌 体长 0.66 mm；全体暗褐色，但上颚黄褐色；复眼、单眼深红色；触角柄节及端棒节、前足胫节、中足胫节两端、各足跗节淡黄褐色；前翅缘脉及产卵管黄褐色，翅面基本无色透明。

头部正面观近圆形，宽略大于高；复眼中等大小，长为头高的一半左右，其内侧颜面稍凹陷，具细皱纹，头顶具若干短刺毛；触角着生于两复眼中部连线之稍下方；柄节长为宽的 3.3 倍，相当于梗节长的 1.6 倍，其上未见明显刻纹 (图 49b)；梗节梨形，长为宽的 1.5 倍，上具粗脊纹，其端侧面具 1 宽而浅的凹陷可与棒节基部斜接；第一环状节明显，第二环节镶嵌于棒节基部；索节消失；棒节形状特殊，长为宽的 2.9 倍，等于柄节长的 1.75 倍；基部 3 棒节短而宽，结合紧密，各节分界不规则；端部两棒节长而渐尖，分界较明显；端棒节长为宽的 4.3 倍，等于棒节全长的 0.4 倍左右；各棒节除均具若干锥栓感器和鞭毛感器外，基部两棒节还各具 2 支、第三棒节具 3 支、端部两棒节各具 4 支板状感器。

胸部密具网状刻纹，为腹部长的 0.79 倍左右；前翅端部宽阔，长为宽的 1.8 倍 (图 49a)；翅脉端部伸达翅长之 0.55 倍处，缘脉稍长于缘前脉而明显短于亚缘脉，其端半段下缘呈弧形扩大，上具簇生刺毛；翅面纤毛排列规则 (约 18 列)，具明显的中肘横毛列；缘毛短，最长者仅及翅宽的 0.06 倍；后翅稍短于前翅，长为宽的 11.0 倍；翅脉端部伸至翅长一半，翅面纤毛 3 列；最长后缘毛为翅宽的 1.5 倍，等于前翅最长者的 2.0 倍；各足正常大小，但后足腿节稍肿大，各足节均具细网纹和纤毛。

腹部长锥形，相当于头胸部长度之和，各腹节背板后缘均具细网纹和细毛；产卵管较发达，约为腹部长的 0.8 倍；等于后足胫节长的 1.3 倍，端部稍伸出腹末之外；下生殖板伸达产卵管的一半。

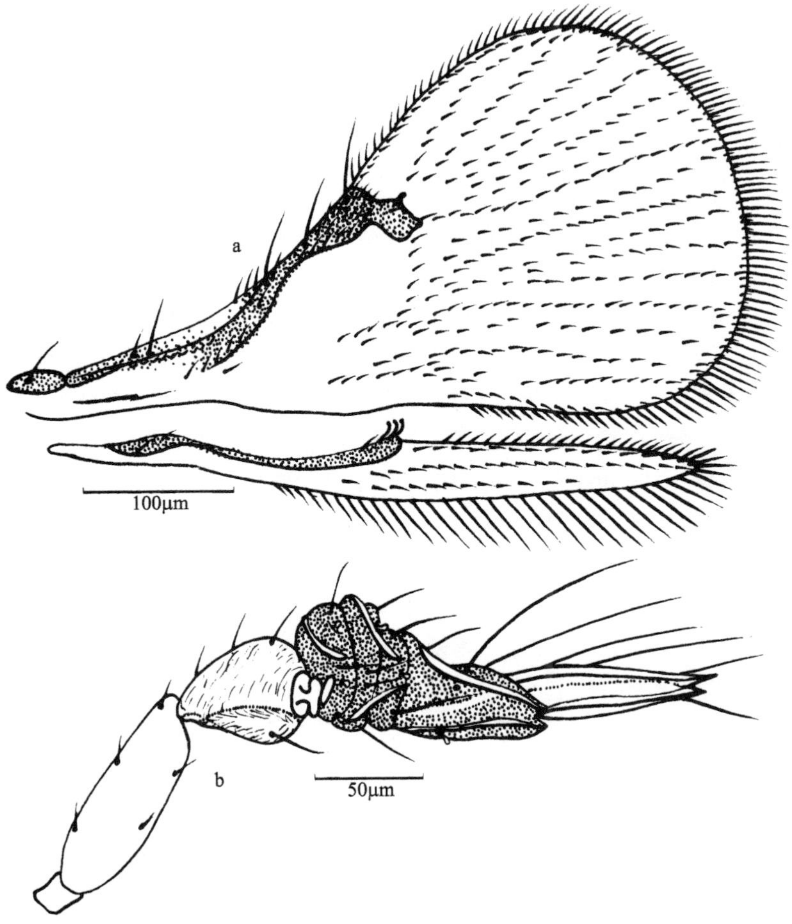

图 49　刺状尖角赤眼蜂 *Hispidophila spinosa* Lin (♀)

a. 前后翅 (fore & hind wing)；b. 触角 (antenna)

雄 未知。

寄主 未知。

模式标本产地 福建福州。

模式标本存放单位 福建农林大学生物防治研究所昆虫标本室 [FAFU]。

研究标本 ♀(正模)，福建福州宦溪 (N26°10'25", E119°21'25", 445M)，1986. V. 30，林乃铨网扫。

分布 福建 (福州)。

(45) 叶蝉尖角赤眼蜂 *Hispidophila sophoniae* Lin & Lin, 2002 (图 50)

Hispidophila sophoniae Lin & Lin, 2002, Acta Zootaxon. Sin., 27(2): 347-349.

雌 体长 0.65-0.70 mm；全体暗褐色，但复眼、单眼红色；头顶、上颚、触角梗节和端棒节、中胸盾和小盾片、前翅缘脉和痣脉、产卵管黄褐色；前足腿节末端、中足胫节两端和各足跗节黄色；前翅缘前脉基部和痣脉之下翅面除各具 1 褐色昙纹外，其余翅面无色透明。

头部正面观近圆形，宽稍大于高，与胸部约等宽；颜面扁平且具网状纹，头顶具若干刺毛；复眼长约为头高的 0.6 倍，上颚粗壮，端部 3 齿；下颚须 1 节，端部具 2 支刚毛；触角着生于两复眼中部连线之稍下方；柄节长棒状，表面光滑；长为宽的 2.5 倍 (图 50b)，等于梗节长的 1.42 倍；梗节梨形，上具明显刻纹，长为宽的 1.1 倍，相当于柄节长的 0.71 倍；其上端侧面具 1 宽而浅的凹陷可与棒节基部斜接；第一环状节小而明显，第二节紧贴于棒节基部；棒节形状特殊，长为宽的 2.5 倍，相当于柄节长的 1.9 倍；基部 4 棒节结合紧密且明显膨大如球状，各节分界不规则、互相重叠，上具脊状刻纹；端棒节长锥形，端部尖削，分界较明显，长为宽的 2.4 倍，等于棒节全长的 0.5 倍左右；各棒节除均具若干锥栓感器和鞭毛感器外，基部 4 棒节还各具 2 支、端棒节具 3 支板状感器。

胸部具网状刻纹，约为腹长的 0.7 倍；前翅端部宽圆，长为宽的 1.86 倍 (图 50a)，翅脉端部伸达翅长的一半；缘脉与缘前脉等长，而短于亚缘脉，其端半段下缘呈弧形扩大，上具簇生粗刺毛；翅面纤毛排列规则 (约 18 列)，具明显的中肘横毛列；缘毛短，最长者仅及前翅宽的 1/10；后翅稍短于前翅，长为宽的 10.0 倍，翅脉端部伸达翅长的 0.4 倍；翅面纤毛 3 列，最长后缘毛约为后翅宽的 1.3 倍；各足正常大小，但后足腿节稍肿大，各足节均具细网纹和纤毛。

腹部长锥形，相当于头胸部长度之和；各腹节背板均具细刻纹，近后缘处还有 1 行细纤毛；产卵管约等于腹长的 0.52 倍，相当于后足胫节长的 1.3 倍，端部稍伸出腹末之外。

雄 体长 0.62-0.68 mm；体色和基本特征与雌虫相似，但触角各棒节除均具若干锥栓感器和鞭毛感器外，还各具 2 支板状感器 (图 50c)；外生殖器具明显的阳基和阳茎，阳基长为其端部宽的 4.6 倍 (图 50d)，其端部各具 1 对阳基侧瓣和钩爪；腹中突消失，中脊单一而不明显；阳茎约为其内突长的 2.0 倍，两者全长为阳基长度的 1.6 倍，相当于后足胫节长的 0.6 倍左右。

寄主　寄生番石榴上的淡色拟隐脉叶蝉 *Sophonia pallida* 和相思树上的叉线拟隐脉叶蝉 *S. furcilinea* 卵。

模式标本产地　福建福州金山。

模式标本存放单位　福建农林大学生物防治研究所昆虫标本室 [FAFU]。

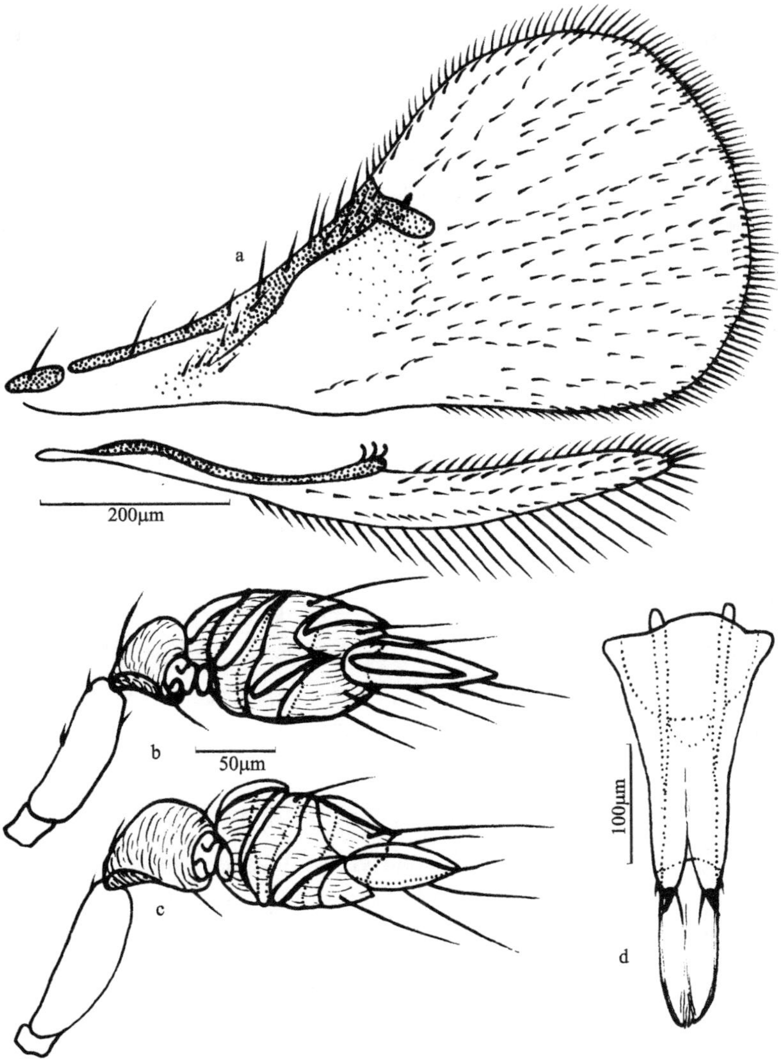

图 50　叶蝉尖角赤眼蜂 *Hispidophila sophoniae* Lin & Lin

a. 前后翅 (fore & hind wing, ♀)；b. 触角 (antenna, ♀)；c. 触角 (antenna, ♂)；d. 雄外生殖器 (male genitalia)

研究标本　♀(正模)，12♀8♂(副模)，福建福州金山 (N26°82'31", E119°20'30", 26M)，1998-2001. V-IX，林乃铨、陈义群、方雄熙从番石榴上的淡色拟隐脉叶蝉和相思树上的叉线拟隐脉叶蝉卵养得；5♂，海南儋州宝岛新村 (N19°30'42", E109°30'39", 45M)，2005. XI. 7，李文标网扫；2♂，海南儋州两院 (N19°30'46", E109°30'46", 134M)，2004. X. 30，吕宝乾网扫；1♂，海南儋州西培农场 (N19°28'57", E109°27'43", 86M)，2006. XI. 6，李

文标网扫；2♂，海南乐东尖峰岭 (N18°43'49", E108°54'32", 212M)，2005. II. 25，张李香网扫；1♂，海南昌江霸王岭保护区 (N19°7'47", E109°16'17", 1560M)，2006. I. 3，李文标网扫。

分布 福建 (福州)、海南 (儋州、乐东、昌江)。

16. 嗜水赤眼蜂属 *Hydrophylita* Ghesquière, 1946

Hydrophylax Matheson & Crosby, 1912, Ann. Ent. Soc. Am., 5: 65. **Type species**: *Hydrophylax aquivolans* Matheson & Crosby, 1912, by original designation.

Hydrophylita Ghesquière, 1946, Rev. Zool. Bot. Afr., 34: 371. **Type species**: *Hydrophylax aquivolans* Matheson & Crosby, 1912, new name for *Hydrophylax* Matheson & Crosby, preoccupied by Fitzinger, 1843; Doutt & Viggiani, 1968, Proc. Calif. Acad. Sci., 35(20): 493-496; Pinto, 2006, J. Hym. Res., 15(1): 64-66; Shih & Polaszek, 2013, in: Shih, Ko, Pan, Lin & Polaszek, 2013, PLoS ONE, 8(7): e69331.

Lutzimicron Costa Lima, 1960, Arqui. Inst. Biol., 27: 197. **Type species**: *Lutzimicron lestesi* Costa Lima, 1960, by monotypy. syn. by Doutt & Viggiani, 1968: 494-495 (as *Lutzmicron*, synonymy). as valid subgenus, renewed by Pinto, 2006: 65.

鉴别特征 体型细长，复眼暗红色；触角细长，8-9 节；除柄节、梗节外，环状节、索节各 2 节，棒节 2-3 节 (雌 2、雄 3)；各索节、棒节之长均大于宽、连接较松散；其上除具若干锥栓感器和鞭毛感器外，各棒节均具若干板状感器，端棒节还具刮勺形结构 (spatulate structure)；上颚具 1 大后刺，下颚须 1 或 2 节；中胸盾和小盾片的中叶各具 2 对长刚毛；并胸腹节长，近于矩形，长于或等于小盾片之长度；前翅极窄长，长为宽的 5.0-10.0 倍；翅面纤毛稀疏或稠密 (纤毛稀疏者常规则成列，稠密者多不规则散乱分布)；雄外生殖器的阳基背部完全开放，端部具明显的阳基侧瓣和钩爪，腹中突消失。

寄主 在已知的 5 种中，4 种知可寄附在寄主蜻蜓成虫的腹基部上、并随之携播而寄生蜻蜓目束翅亚目的色蟌科 Calopterygidae 的 *Psolodesmus mandarinus mandarinus* 卵和多种蟌科 Agrionidae、丝蟌科 Lestidae 的卵。特别值得指出的是，Shih *et al.* (2013) 首次对于我国台湾本属 1 新种的研究报告，不仅有该新种传统形态分类的详细特征描述、全世界已知种类的鉴别检索表，同时还有其生物学、生态学特性的观察，以及采用 PCR 技术研究其线粒体 CO1、核糖体 28S D2 基因等的深入研究和详细报道；既刷新了本属种类在东南亚地区的分布记录，也创下了详细观察微小寄生蜂寄附色蟌成虫、并随之携播至水生植物叶片上产卵寄生的新记录，还有全程摄录了该赤眼蜂在台湾寄附并随色蟌携播到海风藤叶上产卵寄生色蟌卵的完整录像。

分布 已定名的 5 种中，4 种分布于南北美洲，仅 1 种分布于东南亚。此外，Pinto (2006) 报道另有一些未定名标本采自南非和澳大利亚。

附注 本属最早系 Matheson & Crosby (1912) 根据采自北美洲的 *H. aquivolans* 为属模而建立，但他们误用了已被 Fitzinger (1843) 用过的属名 *Hydrophylax*，Ghesquière (1946) 发现了这一错误，重新以 *Hydrophylita* 命名了本属。此后 Costa (1960)、De Saintis (1964)、

Querino & Pinto (2007) 先后描述了中、南美洲地区的 3 新种，因此美洲已知本属 4 种；其中 Costa (1960) 描述的 *Lutzimicron lestesi*，该属名 *Lutzimicron* 曾被 Doutt & Viggiani (1968) 作为本属的异名，Pinto (2006) 将它重新确认为本属的有效亚属。Shih & Polaszek (2013) 描述了我国台湾的 *Hydrophylita* (*Lutzimicron*) *emporos*，在刷新本属亚洲分布新记录的同时，也使全球本属已知种类增加到 5 种。

根据 Viggiani (1971b, 1984) 和 Pinto (2006) 以雄外生殖器特征为主的分亚科、分族标准，一致认为本属应归于赤眼蜂亚科、赤眼蜂族；这一分类系统也已得到 Owen *et al.* (2007) 基于分子证据的赤眼蜂科系统发育分析结果的支持。

记述我国台湾已知的 *Hydrophylita* (*Lutzimicron*) *emporos* 如下。

(46) 携播嗜水赤眼蜂 *Hydrophylita* (*Lutzimicron*) *emporos* Shih & Polaszek, 2013 (图 51)

Hydrophylita (*Lutzimicron*) *emporos* Shih & Polaszek, 2013, in: Shih, Ko, Pan, Lin & Polaszek, 2013, PLoS ONE, 8(7): e69331.

雌 体长 1.1-1.2 mm；全体大致暗褐色，但头部单眼区、除前足转节和中足以外的各足节淡褐色；中胸盾两侧基部淡黄色；前翅缘脉端部到痣脉之下翅面具明显黑色晕纹；腹部第 II-III 负瓣片末端暗褐色。

体型细长，体背具明显长刚毛 (图 51e)；头部正面观近扁圆形 (图 51d)，宽为高的 1.07-1.20 倍，等于胸部宽的 1.4 倍；复眼近头顶处具纤毛，眼周边具 12-14 支刚毛；颜面及其周边具刚毛 14-16 支 (后颊区 8 支、头顶两侧各 2 支、唇基 4-8 支)；上颚端部 5 齿，下颚须 2 节，端部 2 毛，外颚叶 5 齿；触角细长，8 节，除环状节短小外，其余各节的长均明显大于宽，连接松散 (图 51b)；柄节长为宽的 4.0 倍，等于梗节长的 1.86 倍；第一环状节呈短杯状，第二环状节短而明显；索节 2 节，基索节为第二索节长的 1.21-1.35 倍，第二索节与基棒节约等长；棒节明显 2 节 (第二、三棒节愈合为一)，长于两索节长度之和，等于基棒节长的 2.26 倍；各索节、棒节除均具若干锥栓感器和鞭毛感器外，端部两棒节还各具 1 和 5 支板状感器；端棒节的 5 支板状感器中，3 支的大部分长度与棒节表面分离，2 支近全长紧贴于棒节表面、仅端部稍突出棒节顶端之外；另外，端棒节顶端还具 2 支刮勺形结构。

前胸背板具长、短刚毛各 3 支；中胸盾宽为长的 1.12 倍，上具网状纹和 2 对长刚毛；盾纵沟外侧的三角片明显，其上各具 1 支长刚毛；小盾片具类似网纹和 2 对长刚毛，且后 1 对明显长于前对，等于前者长的 2.86-3.12 倍；翅基片大，呈梯形向前凸出，其上各具 1 支短毛；并胸腹节明显宽大而长，分别为小盾片和后胸背板长的 1.78-1.83 倍和 6.25-7.80 倍，两侧向前凸出，上具 3 对短毛；腹柄节两侧各具 1 对长刚毛，为小盾片后对刚毛长的 0.82 倍；前翅明显较窄长，近刮刀形，长为宽的 7.0 倍，端部窄圆 (图 51a)；翅脉端部伸达翅长的 0.56 倍左右，痣脉与缘脉分界不明显，端部稍加宽，翅痣不明显；缘脉和缘前脉汇聚，为痣脉长的 1.29-1.35 倍，上具 3 支粗长的刚毛，长度达前翅宽的 1.30-1.45 倍；缘前脉具 2 支刚毛，后刚毛为前者长的 5.4-6.2 倍；翅面纤毛较稠密，随机分布不规则成列，除基部 5-8 支纤毛较长外，其余长度中等；缘毛较长，最长者为前翅宽的 1.50-1.85 倍；后翅窄长，长为宽的 19.1-21.0 倍，翅面纤毛 3 列；最长后缘毛明显长于前缘毛，等于后翅宽的 4.2 倍；各足节均密具刚毛，腿节和胫节上有些刚毛端部呈分叉状；各足基节和腿节均具网状纹，前足胫节外侧具 7 支棘状刚毛，端距倒钩状，基跗节背面具 4 个刮勺形结构；中足基节外侧具 3 支长刚毛，胫节距为基跗节长的 0.42-0.56 倍，中足基跗节端部稍扩大且具毛；后足胫节为该足跗节全长的 1.22-1.31 倍，等于其基跗节长的 3.9-4.2 倍，基跗节具 8 个刮勺形结构 (图 51f)；除中足基跗节外，各足跗节长度接近，端部均具较大而强壮的爪。

腹部第 I-V 腹节背板依次具 4、6、6、2 和 8 支刚毛；产卵管相对较长，基部向前抵达中胸盾下方、前端稍伸出腹末；约为腹部全长的 1.45 倍 (图 51g)，等于后足胫节长的 2.3-2.5 倍；管外具等长的军刀状管鞘包裹、且端部具 4 支纤毛。

雄 体色与雌性相似，但胸腹部完全暗褐色；触角 9 节 (图 51c)，其柄节、梗节、2 索节和 3 棒节的长宽比例依次为 2.32、2.31、6.10、5.40、3.30、2.85、3.63；柄节较雌者粗壮，长为宽的 2.32 倍；两索节均长于雌者，也明显长于其后各棒节，等于棒节全长的 1.42 倍；各棒节分节明显，且第二、三棒节约等长；各索节、棒节均具若干明显长于雌者的锥栓感器和鞭毛感器；第二棒节具 1 支板状感器，除基部紧贴于该棒节全长表面之外，端部还突出该节之外、伸达端棒节基部的近 1/3 处；端棒节具 2 支板状感器，除全长紧贴于该节表面之外，1 支的端部还呈刺状端突明显突出棒节顶端之外；外生殖器的阳基窄长，两侧近平行 (图 51h)；背部完全开放，端部具明显的阳基侧瓣和钩爪；钩爪端部未见任何刺突，伸达阳基侧瓣的 0.75 倍处；腹中突消失；阳茎内突等于阳茎长的 0.8 倍，两者全长稍长于阳基；约为后者长的 1.1 倍，等于后足胫节长的 0.76 倍。

寄主 色蟌 *Psolodesmus mandarinus mandarinus* 卵 (蜻蜓目 Odonata：色蟌科 Calopterygidae)。该成蜂可寄附在色蟌成虫的腹柄基部，并随寄主成虫飞行携播至水生植物海风藤叶上，当色蟌成虫找到适合产卵的海风藤叶片开始准备产卵时，雌性成蜂随即沿着色蟌腹部爬行到其腹末，等待色蟌成虫用产卵管刮破海风藤叶片表皮、开始产卵时，雌蜂也紧随其后立即将卵产在初产于海风藤叶片内的新鲜色蟌卵内。

模式标本产地 中国台湾台北。

模式标本存放单位 台湾大学节肢动物博物馆 [AMTU]。

分布 中国台湾。

附注 模式标本未检视，形态描述及其特征图引自 Shih *et al.*, (2013) 的原始描述。原记载的标本有：♀ (正模)，17♀1♂ (副模)，台湾台北 (N25°04'25", E121°32'21", 213M)，2011. VII. 20-VIII. 27，Shih & Lin 从海风藤 *Piper kadsura* 叶片上的色蟌 *Psolodesmus mandarinus mandarinus* (蜻蜓目 Odonata：色蟌科 Calopterygidae) 卵内养得。

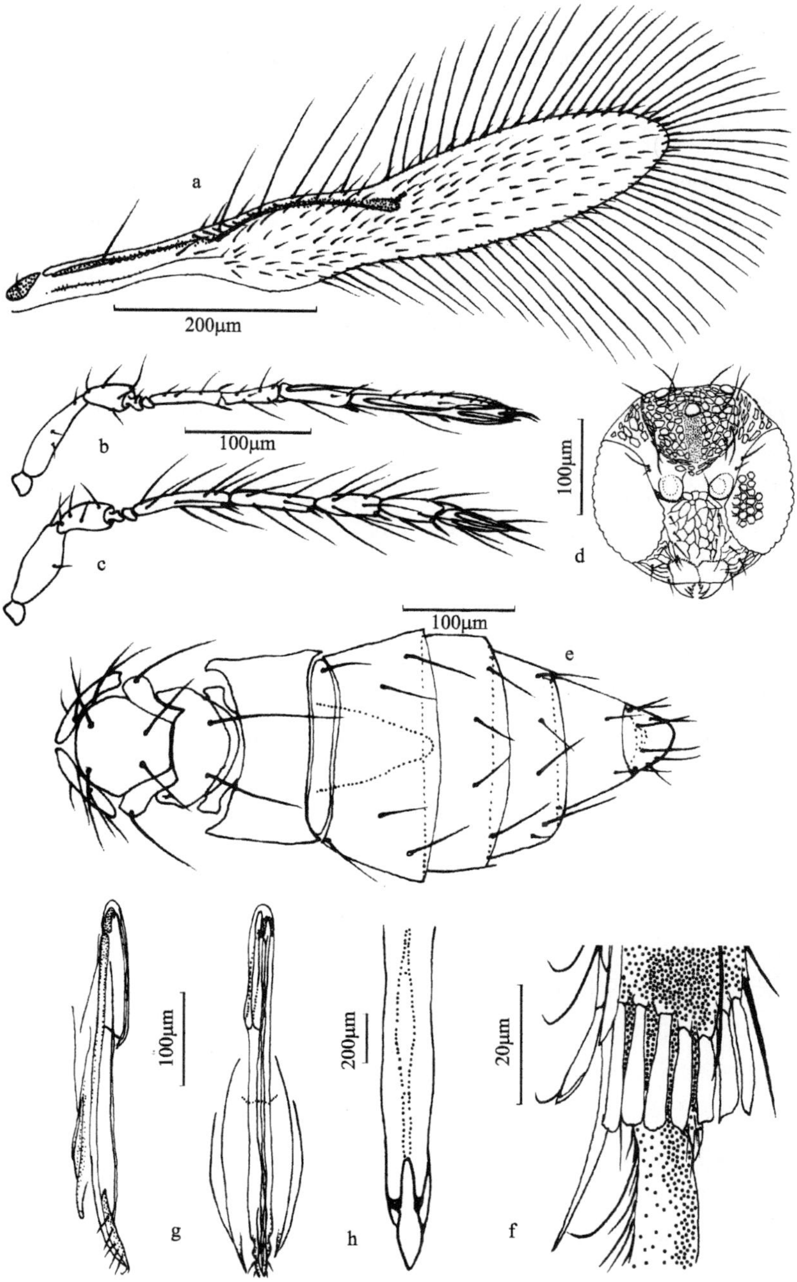

图 51　携播嗜水赤眼蜂 *Hydrophylita* (*Lutzimicron*) *emporos* Shih & Polaszek
(仿 Shih *et al.*, 2013)

a. 前翅 (fore wing)；b. 触角 (antenna, ♀)；c. 触角 (antenna, ♂)；d. 头部正面观 (front view of head)；e. 体型 (body, ♀)；f. 后足胫节端部 (示刮勺状结构) (apical hind tibia, showing magnification of spatulate structures)；g. 雌产卵管 (ovipositor)；h. 雄外生殖器 (male genitalia)

17. 似邻赤眼蜂属 *Ittys* Girault, 1911

Ittys Girault, 1911a, Trans. Am. Ent. Soc., 37: 25-26. **Type species**: *Trichogramma ceresarum* Ashmead, 1888, by origingal designiation; Viggiani, 1971b, Boll. Lab. Ent. Agr. 'F. Silvestri', Portici, 29: 198-199, renewed generic status; Lin, 1994, System. Stud. Chinese Trichogrammatidae: 175-177; Lou & Wang, 2001, Acta Zootaxon. Sin., 26(3): 351-352; Pinto, 2006, J. Hym. Res., 15(1): 81-82; George, 2007, Zootaxa, 1581: 53-68.

Paracentrobia (*Ittys*): Doutt & Viggiani, 1968, Proc. Calif. Acad. Sci., 35(20): 562-566, as subgenus.

鉴别特征 本属外部形态与邻赤眼蜂属 *Paracentrobia* 极其相似，触角环状节 2 节，索节 2 节，棒节 3 节；第一索节常圆筒形、长大于宽，或两索节均长小于宽；各棒节长均大于宽，分节清楚而无愈合；各索节、棒节均具若干锥栓感器、鞭毛感器和板状感器；前翅端部中等宽圆，长约为宽的 2.0 倍；翅脉及其痣脉较长而直，痣脉基部与缘脉之间明显缢缩；翅面纤毛中等密度，除部分纤毛列基部规则外，端部多散乱分布，具中肘横毛列；缘毛较短，最长者约为翅宽的 0.2 倍；雄性腹部端节腹板具 1 对明显骨化的近三角形板状结构，其后端内角各具 1 端刺；外生殖器的阳基前背开口短于阳基长的 1/3，阳基端部具阳基侧瓣和镰刀状钩爪。

寄主 已知 9 种中，3 种知可寄生角蝉科 Membracidae、飞虱科 Delphacidae 等虫卵，6 种的寄主未明。

分布 中国 (2 种)，美国 (5 种)，海地 (1 种)，欧洲 (1 种)。

附注 本属系 Girault (1911a) 订正 Ashmead (1888) 描述美国的 *Trichogramma ceresarum* 后建立；此后，它曾被 Doutt & Viggiani (1968) 作为邻赤眼蜂属 *Paracentrobia* 的 1 个亚属；Viggiani (1971b) 认为本属的雄外生殖器除具邻赤眼蜂属基本特征外，其阳基末端还有阳基侧瓣和钩爪等构造，可与邻赤眼蜂属区别，因此把它重新恢复为属的地位；同时根据本属赤眼蜂的雄外生殖器等特征，将它归为赤眼蜂亚科、邻赤眼蜂族；Pinto (2006) 在对全世界赤眼蜂科全面研究基础上，进一步根据它们的阳基形态结构及其与阳茎愈合程度，把赤眼蜂的雄外生殖器分为：阳基结构较复杂，阳茎具阳茎内突并可在阳基中独立活动的 Type 1，和阳基结构较简单，阳茎与阳基多少有所愈合而不能独立活动的 Type 2 两大类型；同时又根据阳基与阳茎的愈合程度再将 Type 2 型外生殖器进一步分为 Type 2a 和 Type 2b 两小类，并据此对 Viggiani (1971b, 1984) 基于雄外生殖器特征的分类系统进行了部分修改，把具 Type 2a 类雄外生殖器的邻赤眼蜂族，从 Viggiani (1971b, 1984) 原隶于赤眼蜂亚科、邻赤眼蜂族，移到寡索赤眼蜂亚科之下，以利于保持这些类群的单系性；这一系统已得到 Owen *et al.* (2007) 基于分子证据的赤眼蜂系统发育关系研究的支持。

Lin (1994) 报道了采自我国的第一个新种，Lou & Wang (2001) 报道了我国东北地区的第二种；Pinto (2006) 在对美洲赤眼蜂科的全面研究中，简要介绍美洲本属的基本情况；George (2007) 正式发表了美国本属的研究结果，增加了 4 新种，至此本属全世界共知 9

种；记述我国已知 2 种如下。

种检索表

雌性触角棒节长卵圆形，除端棒节锥状，长大于宽外，基部两棒节的长均小于宽；第二棒节最宽大；前翅端部翅面纤毛密而散乱分布，中后部翅面纤毛渐稀而大致规则排列；腹部卵圆锥形，产卵管略短于腹长；雄外生殖器阳基短而宽大，基缘向后弧形外凸；具明显的阳基侧瓣和尖锥状钩爪……………………………………………………………………………… **宽茎似邻赤眼蜂 *I. latipenis***

雌性触角棒节较细长，末端尖削；基棒节长宽相近，略短于其后两棒节；第二棒节长大于宽，端棒节圆锥状；前翅端部翅面纤毛中等密度，排列不规则，中后部翅面纤毛大致成列；腹部较细长，产卵管与腹部约等长；雄外生殖器阳基相对较细短，基缘平而稍向内凹，阳基侧瓣纤细，钩爪圆锥状不发达，末端各具 1 细毛…………………………………………… **毛足伊赤眼蜂 *I. multiciliatus***

(47) 宽茎似邻赤眼蜂 *Ittys latipenis* Lin, 1994 (图 52)

Ittys latipenis Lin, 1994, System. Stud. Chinese Trichogrammatidae: 175-177.

雌 体长 0.95-1.01 mm；全体淡黄褐色，但复眼、单眼深红色；触角棒节、前胸背板、中胸小盾片及其两侧、后胸及各腹节背板两侧、后足基节及腿节的大部分为深黄褐色；上颚及产卵管褐色；前后翅脉及前翅脉以内翅面烟褐色半透明，其余翅面无色透明；头部正面观圆形，宽与高相等，稍宽于胸部；复眼较大，长约为头高的 0.63 倍，其内侧颜面及头顶具若干纤毛；上颚强大，末端 3 齿；下颚须 1 节，端部 2 毛；触角着生于两复眼下缘连线之稍上方，较粗壮，柄节长为宽的 3.0 倍，相当于梗节长的 1.4 倍，上具细网纹 (图 52b)；梗节长为宽的 1.8 倍，上具明显横脊纹；第一环状节明显，第二环状节紧贴于索节基部；两索节的长均小于宽，第二索节稍长；棒节长卵圆形，长为宽的 2.45 倍，相当于柄节长的 1.56 倍；除端棒节锥状，长大于宽外；基部两棒节的长均小于宽，第二棒节最宽大，与端棒节约等长；各索节、棒节除均具若干锥栓感器和鞭毛感器外，各棒节依次各具 4、6 和 4 支板状感器。

胸部背板具明显刻纹，约等于腹长的 0.67 倍；中胸盾及小盾片各具 4 支纤毛；内悬骨较宽大，端部伸至腹长的 0.43 倍左右处，末端分 2 叶；前翅较宽圆，长为宽的 2.2 倍 (图 52a)；翅脉端部伸达翅长的 0.55 倍处，缘脉短于亚缘脉，约等于痣脉长的 2.8 倍；端部翅面纤毛散乱而稠密，中后部翅面纤毛渐稀而大致分布成列，具中肘横毛列；缘毛短，最长者不足前翅宽的 1/5；后翅短于前翅，长为宽的 11.0 倍，翅脉略超过翅长一半；翅面规则纤毛 3 列，最长后缘毛近于翅宽的 2.0 倍，等于前翅最长者的 1.7 倍；各足略粗短，除各足节均具网状刻纹和细纤毛外，各足基节外侧、前后足腿节和胫节端部内侧均各具 1 支粗刚毛；中足腿节末端、胫节中部外侧各具 2 支、胫节端部具 1 支粗刚毛，均明显较前后足相应刚毛粗而长；中足胫节端部内侧的距状刚毛还具细枝刺，其基跗节明显长于所有其他各跗节；各足腿节、胫节和跗节的长度比例分别是，前足 25∶19∶27，中足 25∶29∶43，后足 24∶32∶33。

腹部卵圆锥形，约等于头胸部长度之和；各腹节背板的后半段均具细网纹，两侧具若干细纤毛；产卵管较发达，约等于腹长的 0.9 倍；相当于后足胫节长的 2.25 倍，末端稍露出腹末之外；下生殖板短小，等于产卵管长的 1/3 左右。

雄 体长 0.82 mm；体色及大部分特征与雌虫相似；但触角棒节明显较短，各棒节依次具 2、3 和 2 支板状感器 (图 52c)；外生殖器阳基较短而宽，阳基长为其端部宽的 3.9 倍；基缘向后弧形外凸，具明显的阳基侧瓣和尖锥状钩爪；中脊单一 (图 52d)，向后伸达阳基长的 0.6 倍左右处；阳茎稍长于其内突，两者全长约为阳基长度的 1.3 倍，略长于后足胫节长的一半。

寄主 未知。

模式标本产地 福建福州。

模式标本存放单位 福建农林大学生物防治研究所昆虫标本室 [FAFU]。

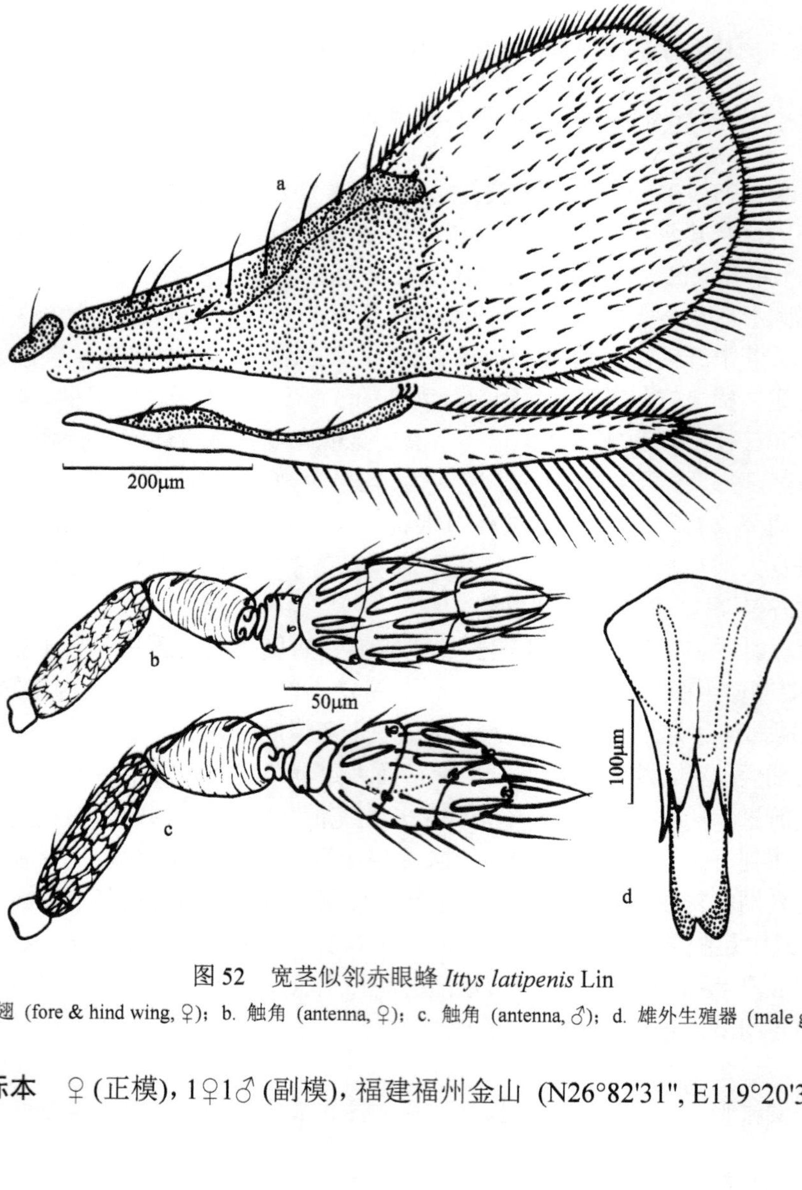

图 52 宽茎似邻赤眼蜂 *Ittys latipenis* Lin

a. 前后翅 (fore & hind wing, ♀)；b. 触角 (antenna, ♀)；c. 触角 (antenna, ♂)；d. 雄外生殖器 (male genitalia)

研究标本 ♀ (正模)，1♀1♂ (副模)，福建福州金山 (N26°82'31", E119°20'30", 16M)，

1987. VIII. 10，林乃铨采于黄盘诱集器；1♀3♂ (副模)，福建连城冠豸山 (N25°42'50", E116°47'13", 577M)，1986. VII. 13，林乃铨、郑南辉网捕；3♀3♂ (副模)，北京香山樱桃沟 (N40°02'20", E116°02'57", 501M)，1992. VII. 6，林乃铨网扫；1♀2♂，河北东灵山 (N40°2'19", E115°28'35", 1700-2100M)，2005. VIII. 21，林乃铨、田洪霞网扫；2♀2♂ (副模)，湖北蒲圻 (N30°21'46", E114°16'41", 37M)，1991. VIII，袁合强、欧阳宗兵网扫；1♀，海南儋州宝岛新村 (N19°30'42", E109°30'39", 45M)，2005. VI，张端璋网扫；1♀1♂，海南乐东尖峰岭 (N18°43'49", E108°54'32", 212M)，2006. III. 26，李文标网扫。

分布　北京 (香山樱桃沟)、河北 (东灵山)、湖北 (蒲圻)、福建 (福州、连城)、海南 (儋州、乐东)。

(48) 毛足伊赤眼蜂 *Ittys multiciliatus* Lou & Wang, 2001 (图 53)

Ittys multiciliatus Lou & Wang, 2001, Acta Zootaxon. Sin., 26(3): 351-352.

雌　体长 0.75-0.83 mm，前翅长 0.47-0.51 mm；全体黄褐色，但复眼、单眼红色；前翅翅脉黄白色，前胸背板、并胸腹节、各腹节背板两侧、各足基节及后足腿节深褐色或黑褐色；痣脉以下翅面烟褐色半透明，其余翅面无色透明。

头部正面观宽大于高，与胸部约等宽；复眼中等大小，长为头高的 0.6 倍左右，表面具稀疏纤毛；上颚端部 3 齿，下颚须 1 节，端部 2 毛；触角着生在两复眼下缘连线之稍上方，柄节长为宽的 3.8 倍，相当于梗节长的 1.4 倍 (图 53b)；梗节长为宽的 2.3 倍，背面具横脊纹；第一环状节明显，第二环状节紧贴索节基部；两索节紧密相连，长均小于宽，基索节略长于第二索节；棒节较细长，末端尖削，长为宽的 3.7 倍，等于柄节长的 1.5 倍；基棒节长宽相近，略短于其后两棒节，第二棒节长为宽的 1.3 倍；端棒节圆锥状，长为宽的 1.9 倍，与第二棒节约等长；各棒节均具稀疏鞭毛感器和若干板状感器。

胸部明显短于腹部，约为腹长的 0.54 倍，背面具细纵刻纹；中胸盾长近于宽，小盾片长为宽的 1.6 倍左右，两者之上各具 4 支纤毛，位于小盾片后方的 2 支纤毛明显较粗长；内悬骨端部伸至腹长的 0.38 倍处；前翅长为宽的 2.1 倍，翅脉端部伸达翅长之 0.52 倍处，缘脉略短于亚缘脉而长于缘前脉 (图 53a)；端部翅面纤毛中等密度，排列不规则，中后部翅面纤毛大致成列，具中肘横毛列；缘毛中等长短，最长者约为前翅宽的 0.25 倍；后翅短于前翅，长为宽的 10.7 倍，翅面规则纤毛 3 列；最长后缘毛接近后翅宽的 2.0 倍，相当于前翅最长者的 1.3 倍；各足较粗壮，后足腿节明显粗大，侧面观呈纺锤形，长约为宽的 2.0 倍；各足腿节内端及中足胫节外端，各具 1 支粗刚毛；中足上的刚毛比前后足的更粗而长；后足腿节外缘及内侧还各具 3 和 1 支粗而短的刺状刚毛；中足胫节端距显著比前后足的端距长，且具芒状分枝。

腹部较细长，末端尖，相当于头胸部长度之和；产卵管发达，几乎与腹部等长，等于后足胫节长的 2.75 倍，末端稍突出腹末之外。

雄　体长约 0.74 mm，前翅长 0.45 mm；体色及大部分特征与雌虫相似，但触角棒节明显粗短，长为宽的 2.5 倍左右，其上的鞭毛感器明显较多而长；外生殖器的阳基较短而宽 (图 53c)，长为基部宽的 1.75 倍，为端部宽的 3.9 倍；基缘平而稍向内凹，端部阳基侧瓣纤细，钩爪圆锥状不发达，末端各具 1 细毛；中脊单一，阳茎略长于其内突；两者全长为阳基长的 1.35 倍，等于后足胫节长的 0.54 倍。

寄主 寄生在荻草叶鞘内 1 未定名飞虱卵 (Hem.: Delphacidae)。

模式标本产地 辽宁沈阳。

模式标本存放单位 沈阳农业大学昆虫标本室 [SYNU]。

分布 黑龙江 (哈尔滨)、吉林 (龙潭山)、辽宁 (沈阳、阜新)。

附注 模式标本未检视，形态描述和特征图引自 Lou & Wang (2001) 的原始描述。原记载的标本有：♀ (正模)，9♀ (副模)，辽宁沈阳 (N41°42'53.83", E123°26'58", 47M)，1994. VI. 11，娄巨贤网扫；2♀2♂ (副模)，辽宁阜新 (N42°01'18", 121°40'13", 545M)，1994. VII. 20-28，袁静采；2♀ (副模)，黑龙江哈尔滨 (N45°48'12", E126°31'48", 116M)，1992. VII. 19，娄巨贤采；2♀ (副模)，吉林龙潭山 (N43°52'44", E126°36'36", 298M)，1994. VIII. 6，袁静采。

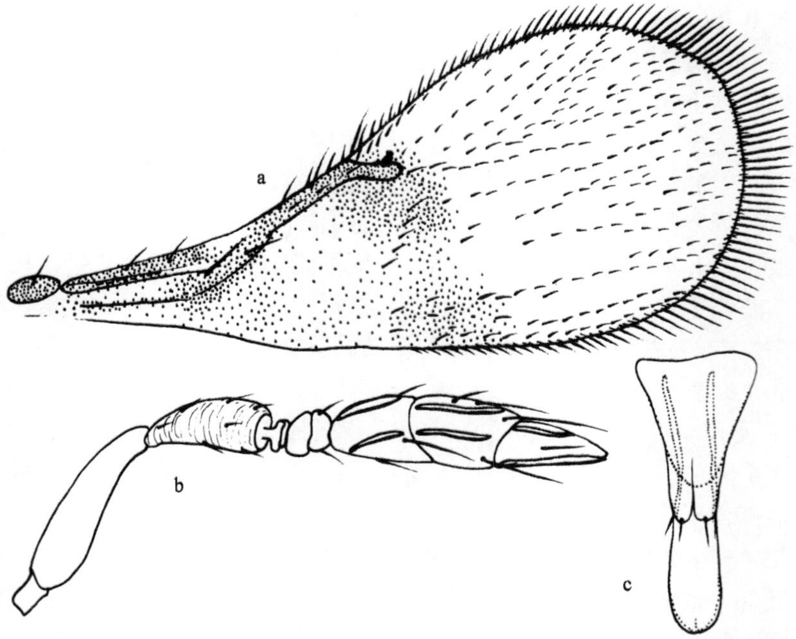

图 53 毛足伊赤眼蜂 *Ittys multiciliatus* Lou & Wang (仿 Lou & Wang, 2001)

a. 前翅 (fore wing, ♀)；b. 触角 (antenna, ♀)；c. 雄外生殖器 (male genitalia)

18. 长痣赤眼蜂属 *Japania* Girault, 1911

Japania Girault, 1911b, Trans. Am. Ent. Soc., 37: 44-45. **Type species**: *Japania ovi* Girault, 1911a, by origingal designiation; Doutt & Viggiani, 1968, Proc. Calif. Acad. Sci., 35(20): 573-576; Lin, 1994, System. Stud. Chinese Trichogrammatidae: 168-170.

Parufens Girault, 1913g, Rev. Russe. Ent., 13: 292; Girault, 1913e, Mem. Queens. Mus., 2: 102; Girault,

1915e, Mem. Queens. Mus., 3: 146, syn. by Doutt & Viggiani, 1968: 44-45.

鉴别特征　触角除柄节、梗节外，环状节 1 节、索节 2 节、棒节 3 节；两索节均短而横形；棒节较粗而长，基棒节相对较短，与第二棒节斜接，分界重叠；第二棒节最宽大，与端棒节分界清楚；端棒节锥形，端部渐尖；各索节、棒节均具若干锥栓感器、鞭毛感器和板状感器；上颚末端 3 齿，下颚须 2 节，端部具 3 毛 (图 54c)；前翅端部宽圆，缘脉较短，痣脉较长，且明显缩窄；翅面纤毛中等密度，大体规则成列，具中肘横毛列；产卵管发达，端部稍突出腹末，下生殖板较明显。

寄主　除属模式种知可寄生榕树 1 未定名叶蝉卵外，其余 5 种的寄主均未明。

分布　中国 (2 种)，澳大利亚 (4 种)。

附注　本属系 Girault (1911b) 根据从我国南方榕树 1 未定名叶蝉卵养得的 *J. ovi* 为属模而建立。由于他曾把其他一些澳大利亚本属标本的触角索节误为 1 节，因而 Girault (1913e, g, 1915e) 先后将那些澳大利亚种类描述为 *Parufens*，起初他将 *Parufens* 归在 *Ufens* 属内作为 1 个亚属，后又将它提升为 1 独立属；Doutt & Viggiani (1968) 通过研究那些定为 *Parufens* 的标本后，认为它们与 *Japania* 的区别甚微，因而将它们全部归到本属。除 Girault (1911b) 描述的属模式种产于我国南方外，他还报道了采自澳大利亚的另 4 新种，Lin (1994) 描述了采自福建的另 1 新种。因此迄今本属共知 6 种，2 种分布于中国，4 种产于澳大利亚，其他地区尚未发现。

本属的雌性触角特征与断脉赤眼蜂属 *Mirufens* (*Trachocera*) 亚属相似，因而 Doutt & Viggiani (1968) 认为它们的关系接近；但 *Mirufens* 属的触角有明显的性二型，本属的雄外生殖器特征至今仍然未知，因而无法根据其特征确定本属的分类地位。Pinto (2006) 虽已将本属归在赤眼蜂亚科、赤眼蜂族下，但未有具体依据，有待进一步核实。

种 检 索 表 (雌)

触角棒节长卵锥形，端部尖细；基棒节最短，中棒节与端棒节约等长；前翅亚缘脉为缘脉长的 2.5 倍，稍长于痣脉；痣脉中等长短，中部狭窄似瓶颈状，中肘横毛列清晰；腹部长卵圆形，侧面观较细长，长于头胸部长度之和，末端尖削；产卵管端部不明显突出腹末……**卵形长痣赤眼蜂 *J. ovi***

触角棒节长纺锤形，端部较粗钝；基棒节相对较短，中棒节较宽大，与端棒节分界明显，端棒节相对较长；前翅缘脉分别短于亚缘脉、缘前脉和痣脉，中肘横毛列不清晰；腹部长圆锥形，稍短于头胸部长度之和；产卵管端部稍突出腹末之外……………………**粗腹长痣赤眼蜂 *J. trachyphloia***

(49) 卵形长痣赤眼蜂 *Japania ovi* Girault, 1911 (图 54)

Japania ovi Girault, 1911b, Trans. Am. Ent. Soc., 37: 44-45; Doutt & Viggiani, 1968, Proc. Calif. Acad. Sci., 35(20): 573-574; Lin, 1994, System. Stud. Chinese Trichogrammatidae: 170.

雌　体长 0.5 mm；全体暗黄色到黑褐色，但头部颜面黄色；触角各节、前后翅脉、各足基节、中后足腿节暗黄色；前足腿节、各足转节、胫节和各跗节淡黄色；腹部末端黄色，前后翅面无色透明。

体较细长，触角除柄节、梗节外，环状节小而明显；两索节均横形，长均大于宽，基索节明显大于第二索节 (图 54b)；棒节长卵锥形，端部较尖细；基棒节最短，中棒节与端棒节约等长；其上除均具若干锥栓感器、鞭毛感器外，还依次各具 2、2 和 3 支板状感器。

前翅端部宽圆，亚缘脉约为缘脉长的 2.5 倍；缘脉端部宽于基部，稍长于痣脉 (图 54a)；痣脉中等长短，中部狭窄似瓶颈状，端部卵圆形，背面具 1 稍尖的指突；翅面纤毛中等密度，大致规则成列 (约 15 列)；中肘横毛列清晰，约 6 支纤毛组成；缘毛中等长短；后翅面规则纤毛 3 列，最长后缘毛长于后翅宽度；各足中等大小，后足腿节稍膨大；各足胫节距单一而短小，前足胫节距消失，各足的跗节均较短。

腹部长卵圆形，侧面观较细长；多少有些长于头胸部长度之和，末端尖削，产卵管不明显突出腹末。

雄 主要特征与雌虫基本相似，但全体暗黄褐色；触角梗节较短、索节较长，其上细纤毛较稀少；各棒节均具若干锥栓感器、鞭毛感器和板状感器，端棒节部分板状感器端部突出棒节顶端；腹部卵圆形、粗壮且端部钝圆，两侧缘较平行。

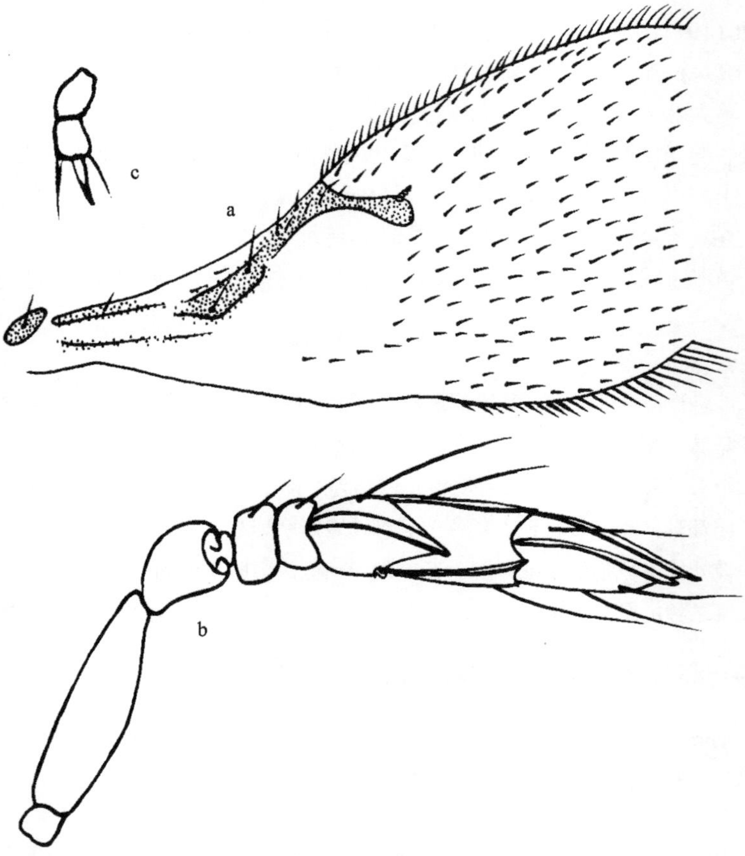

图 54 卵形长痣赤眼蜂 *Japania ovi* Girault (♀) (仿 Doutt & Viggiani, 1968)

a. 前翅 (fore wing)；b. 触角 (antenna)；c. 下颚须 (maxilla)

寄主　由我国南方榕树 1 未定名的叶蝉卵内养出。

模式标本产地　中国南方 (具体地点未详)。

模式标本存放单位　United States National Museum, Washington, DC [USNM]。

分布　中国南方 (具体地点未详)。

附注　模式标本未检视，形态描述引自 Girault (1911b)，因其原始描述未有形态特征图，故特征图引自 Doutt & Viggiani (1968)。

(50) 粗腹长痣赤眼蜂 *Japania trachyphloia* Lin, 1994 (图 55)

Japania trachyphloia Lin, 1994, System. Stud. Chinese Trichogrammatidae: 169-170.

雌　体长 0.61 mm；全体暗黄褐色，但复眼、单眼红色；头顶、各足胫节及跗节淡黄褐色，上颚和产卵管褐色；各腹节背板之间具淡黄褐色横带；前后翅脉灰褐色，翅面无色透明。

头部正面观扁圆形，宽明显大于高，也宽于胸部；复眼较大，长约为头高的 0.64 倍，其内侧颜面及头顶区均具稀纤毛；上颚强大，末端 3 齿；下颚须发达，分 2 节，端部具 3 毛 (图 55c)；触角着生于两复眼中部连线之偏下方，较粗而长；柄节长为宽的 2.86 倍，相当于梗节长的 1.6 倍 (图 55b)；梗节梨形，长为宽的 1.25 倍，上具明显的横脊纹；环状节紧贴于索节基部；两索节均短而横宽，基索节稍大于第二索节；棒节长纺锤形，长约为宽的 3.4 倍，相当于柄节长的 2.1 倍；基棒节相对较短，端部与第二棒节基部稍有重叠，分界不清楚；第二棒节较宽大，与端棒节分界明显；端棒节相对较长，端部较粗钝；各索节、棒节除均具若干锥栓感器和鞭毛感器外，各棒节依次具 2、2 和 4 支板状感器。

胸部密具刻纹，长度相当于腹长的 0.8 倍左右；中胸盾和小盾片各具 4 支纤毛，内悬骨较短而宽，端部伸至腹长的 0.3 倍处左右，分 2 叶；前翅端部宽圆，长为宽的 1.8 倍 (图 55a)；翅脉端部伸达翅长的一半，缘脉短于亚缘脉、缘前脉和痣脉；痣脉长，中部明显缩窄而呈长颈状；翅面纤毛中等密度，大致规则成列，中肘横毛列不清晰；最长缘毛不足前翅宽的 0.16 倍；后翅短于前翅，较宽，长为宽的 11.0 倍；翅脉略长于翅长一半，翅面规则纤毛 3 列；足较粗壮，各足节均具细毛，各足胫节端部均具距状长毛，后足胫节外端还具 1 粗刺。

腹部长圆锥形，稍短于头胸部长度之和；各腹节背板的后半段均具粗皱纹和 1 横列纤毛；产卵管高度骨化，约为腹长的 0.76 倍，相当于后足胫节长的 1.8 倍，端部稍突出腹末之外；下生殖板较短，末端仅伸达产卵管基部的 0.37 倍左右处。

雄　未知。

寄主　未知。

模式标本产地　福建仙游。

模式标本存放单位　福建农林大学生物防治研究所昆虫标本室 [FAFU]。

研究标本　♀ (正模)，福建仙游温泉 (N25°22'04", E118°47'40.57", 70M)，1987. X. 7，吴祖建采于黄盘诱集器。

分布　福建 (仙游)。

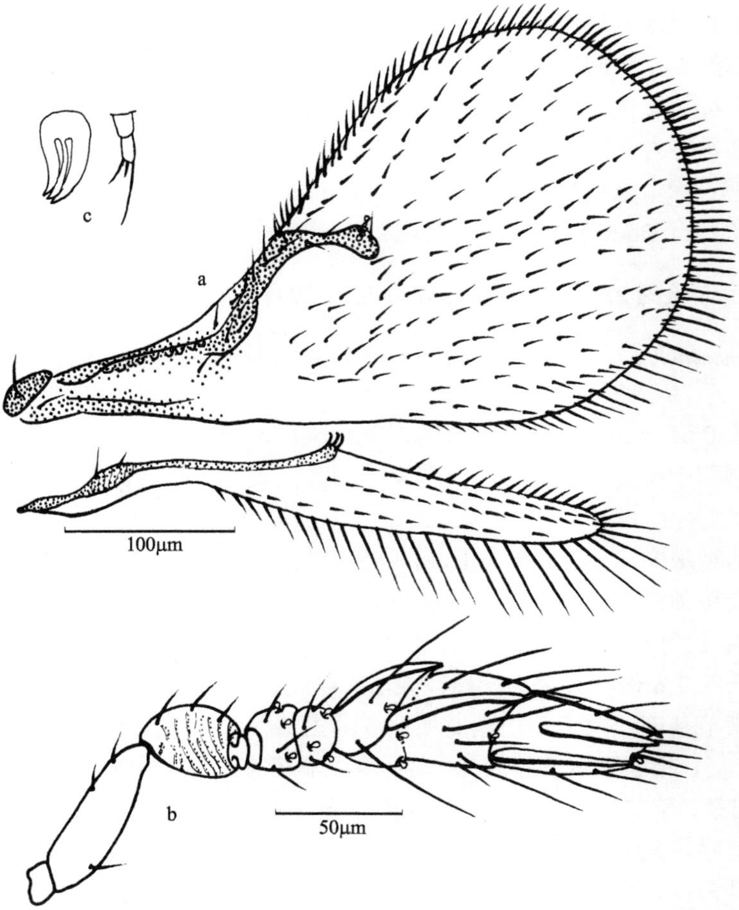

图 55 粗腹长痣赤眼蜂 *Japania trachyphloia* Lin (♀)
a. 前后翅 (fore & hind wing); b. 触角 (antenna); c. 上颚及下颚须 (mandilbe & maxilla)

19. 纹翅赤眼蜂属 *Lathromeris* Föerster, 1856

Lathromeris Föerster, 1856, Hym. Stud., 2: 87. **Type species:** *Lathromeris scutellaris* Föerster, 1856, by monotypy; Doutt & Viggiani, 1968, Proc. Calif. Acad. Sci., 35(20): 504-505; Lin K-S, 1981, J. Agr. Res. China, 30(4): 431; Lin, 1994, System. Stud. Chinese Trichogrammatidae: 109-113; Lou & Cong, 1997, J. Shengyang Agr. Univ., 28(3): 189-190; Pinto, 2006, J. Hym. Res., 15(1): 97-98.

Lathromerrella Girault, 1912c, Mem. Queens. Mus., 1: 93. **Type species**: *Lathromerella fasciata* Girault, 1912, by original designation.

Garouella Risbec, 1957, Bull. Inst. Fr. Afr. Noire, ser. A, 18: 818. **Type species**: *Garouella ovicida* Risbec, 1957, by monotypy.

鉴别特征 雌性触角环状节 2 节，第二环状节很小，紧贴于棒节基部；索节缺如；棒节 5 节；基棒节较小，与索节相似；各棒节除均具若干锥栓感器、鞭毛感器和板状感器外，其顶端常有 1 棒状端突；前翅长为宽的 2.1-2.5 倍，翅脉具长而直的缘脉和明显的痣脉；翅面纤毛密度中等，大致规则成列或毛列不清晰；中肘横毛列有或无；缘毛长度为翅宽的 0.2-0.3 倍；下生殖板形状大小可变，有些种类常延长呈 1 窄叶状包在产卵管之外；雄性触角端棒节顶部无棒状端突，腹部第 VI-VII 腹节背板中线两侧具骨化明显、形状各异的特殊结构；外生殖器的阳基除具 1 对腹面纤毛外，阳基侧瓣有或无；钩爪明显缺失，阳茎可分阳茎和阳茎内突两部分。

寄主　本属已定名的 26 种中，确切知道寄主者只有 2 种，一种为 De Santis (1957) 报道采自南美的 *L. argentina*，可寄生半翅目角蝉科 Membracidae 的卵；另一种为采自意大利的 *L. cecidomyiae*，经 Viggiani & Laudonia (1992, 1994)、Jesu & Laudonia (1997) 研究发现，它可寄生在双翅目瘿蚊科 Cecidomyiidae 的 *Lasioptera* sp. 幼虫体内并发育羽化，改变了长期以来人们都把赤眼蜂当作单纯卵寄生蜂的片面认识。除此之外，Pinto (2006) 在《非洲谷类鳞翅目害虫天敌》中提到，Polaszek *et al.* (1998) 曾有本属寄生蜂在南美洲也能寄生半翅目沫蝉科 Cercopidae 卵的报道，但它未有正式定名，因此本属已知种类中仍有 24 种的寄主未明。

分布　广布全球各大洲。澳大利亚，丹麦，德国，波兰，西班牙，意大利，保加利亚，匈牙利，苏联，韩国，中国，印度，喀麦隆，美国，加拿大，阿根廷，乌拉圭和圭亚那等地。

附注　本属系 Föerster (1956) 以德国的 *L. scutellaris* 为属模而建立；Girault (1912c) 又根据澳大利亚的标本建立了 *Lathromerella* 属，同时 Girault (1912c-1940) 还先后描述了 10 新种；Steffan (1954) 研究澄清了 Girault (1912c) 建立的 *Lathromerella* 属系 *Lathromeris* Föerster (1856) 的异名，并将 Girault 所描述的 10 个种全部归到本属内；同时还把 Nowicki (1927, 1940) 描述为 *Lathromerella* 的 2 个种、Kryger (1918) 描述为 *Ophioneurua* 属的 1 个种也归到本属之内。另外，Steffan (1954) 还把 *Lathromerella austriaca* Soyka、*L. italica* Nowicki 和 *L. italica carpathica* Nowicki 全部订正为 *Lathromeris scutellaris* Föerster 的异名。Risbec (1956) 又用 *Garouella* 的异名描述了非洲的另 1 新种，Doutt & Viggiani (1968) 将其归到本属之下。此外，De Santis (1957b)、Yousuf & Shafee (1987)、Viggiani & Laudonia (1992)、Lin (1994)、Lou, Cao & Cong (1997)、Pinto (2006)、Hu *et al.* (2007) 和 Hayat (2009) 先后发表了南美洲、印度、意大利、中国、美国和韩国的 10 新种，至今本属已知共 26 种，它们分布在澳洲区 (9 种)、古北区的欧洲各国和亚洲的韩国 (8 种)、东洋区的中国和印度 (6 种)，新北区、新热带区和非洲区仅各知 1 种。Pinto (2006) 认为本属种类在热带地区似不常见。

Viggiani (1971b, 1984) 根据雄外生殖器特征，将本属归在赤眼蜂亚科、赤眼蜂族内；Pinto (2006) 进一步根据本属的阳基形态及其与阳茎的愈合程度，认为本属具有 Type 2a 类雄外生殖器，而将它归到寡索赤眼蜂亚科、毛翅赤眼蜂族内；他同时认为本属与 *Tumidiclava* 和 *Nicolavespa* 2 属的缘系较接近。

本属在东洋区的分布，最早系 Lin K-S (1981) 的报道，称我国台湾发现本属 1 种分布，但未有具体种名。Lin (1994) 首次描述了采自我国福建、广西、北京的 3 新种，Lou, Cao & Cong (1997) 增加了采自辽宁的另 1 新种，因此我国已知本属 4 种，记述如下。

种 检 索 表

1. 雌性触角棒节细长，长为宽的 6.5 倍，等于柄节长的 2.15 倍；仅基部两棒节较短，端部两棒节之长均明显大于其宽；产卵管与腹部等长，相当于后足胫节长的 2.6 倍，端部明显突出腹末之外；下生殖板短小，仅及产卵管长的 1/3 ……………………………………**细角纹翅赤眼蜂 *L. gracilicornis***
   雌性触角棒节较粗壮，长为宽的 3.0 倍以下，小于柄节长的 2.0 倍；各棒节之长均小于各自之宽或仅端棒节之长大于宽；产卵管等于或短于腹长，相当于后足胫节长的 1.6-1.8 倍……………………2
2. 雌性触角棒节粗短，长约为宽的 2.0 倍，等于柄节长的 1.2 倍；各棒节之长均小于各自之宽；产卵管为腹长的 0.7 倍左右，等于后足胫节长的 1.8 倍；下生殖板呈叶状包于产卵管外，末端达产卵管长的 0.6 倍处；雄外生殖器短而宽，阳基侧瓣短小；阳茎及其内突全长仅及后足胫节长的 0.4 倍 ……………………………………………………………………**锤棒纹翅赤眼蜂 *L. tumiclavata***
   雌性触角棒节长纺锤形，长为宽的 2.8-3.0 倍，等于柄节长的 1.5-1.7 倍；基部 4 棒节的长度均小于其各自的宽度，端棒节长大于宽 ……………………………………………………………………3
3. 雌性触角棒节长纺锤形，长为宽的 3.0 倍，等于柄节长的 1.5 倍；端棒节长为宽的 1.7 倍；产卵管与腹部约等长，相当于后足胫节长的 1.6 倍；下生殖板发达，端半部窄长不呈叶状，末端达产卵管的 0.9 倍处；雄外生殖器细长，阳基侧瓣长而细；阳茎略长于其内突，两者全长与后足胫节约等长 ……………………………………………………………………**长茎纹翅赤眼蜂 *L. longipenis***
   雌性触角棒节长卵圆形，长为宽的 2.85 倍，相当于柄节长的 1.68 倍，端棒节长为宽的 1.4 倍；产卵管略短于腹长，等于后足胫节长的 1.8 倍；基部与内悬骨端部相接触，端部露出腹末之外；雄外生殖器短小，阳基长为宽的 2.5 倍，阳基侧瓣极短；阳茎明显短于其内突，两者全长仅及后足胫节长的 0.4 倍……………………………………………………**短茎纹翅赤眼蜂 *L. brevipenis***

(51) 细角纹翅赤眼蜂 *Lathromeris gracilicornis* Lin, 1994 (图 56)

Lathromeris gracilicornis Lin, 1994, System. Stud. Chinese Trichogrammatidae: 110-111.

雌 体长 0.87 mm；全体黄褐色，但复眼、单眼红色；头顶、小盾片、后胸背板、并胸腹节及腹部第 I 腹节背板中央、各足胫节端部至各跗节、后足腿节末端为淡黄褐色；前后翅脉淡黄褐色，前翅面无明显昙纹，大体无色透明。

头部正面观扁圆形，宽明显大于高，也明显宽于胸部；复眼较大，长约为头高的 0.64 倍，其内侧颜面及头顶具若干纤毛；上颚发达，末端具 3 齿；下颚须 1 节，端部 2 毛；触角着生在两复眼下缘连线之稍上方，较细长；柄节长为宽的 3.2 倍 (图 56b)，等于梗节长的 1.65 倍；梗节梨形，长为宽的 1.8 倍；基环状节小而明显，第二环状节较小，紧贴于棒节基部；棒节长而尖，长为最宽处的 6.5 倍，相当于柄节长的 2.15 倍；各棒节长度从基部到端部依次递增，基部两棒节之长均稍短于各自宽度，端部两棒节之长分别明显大于各自之宽；各棒节除均具若干锥栓感器和鞭毛感器外，端部 3 棒节依次各具 2、2 和 3 支板状感器；端棒节还具 1 棒状端突，明显突出棒节顶端之外。

胸部仅及腹长的一半左右，其上密具细刻纹；中胸盾马蹄形，近后缘处具 2 支纤毛；小盾片横形，上具 4 支纤毛；内悬骨端部向后伸至腹基部的 0.36 倍处，末端分 2 叶；前翅端部宽圆，长为宽的 2.2 倍 (图 56a)；翅脉末端伸达翅长之 0.56 倍处，缘脉短于亚缘脉，相当于痣脉长的 2.2 倍；翅面纤毛较密，大体规则成列，具明显的中肘横毛列；缘毛短，最长者不足前翅宽的 1/5；后翅稍短于前翅，长为宽的 14.0 倍；翅脉端部伸达翅长之半，翅面规则纤毛 3 列；最长后缘毛较长，相当于前翅最长者的 1.6 倍，等于后翅宽的 2.0 倍；足正常大小，各足节均具细毛，中后足胫节端部内侧各具 1 距状刚毛。

腹部圆锥形，长于头胸部长度之和；各腹节背板的后半段均具明显网纹和 1 横列稀纤毛，尤以端腹节背板上的纤毛较多；产卵管较发达，约等于腹部全长，相当于后足胫节长的 2.6 倍，端部明显伸出腹末之外；下生殖板短小，末端只伸达产卵管基部 1/3 左右处。

雄 未知。

寄主 未知。

模式标本产地 广西凭祥。

模式标本存放单位 福建农林大学生物防治研究所昆虫标本室 [FAFU]。

研究标本 ♀(正模)，1♀(副模)，广西凭祥大青山 (N22°00'56", E106°43'39", 466M)，1986. V. 25，汤玉清网扫。

分布 广西 (凭祥大青山)。

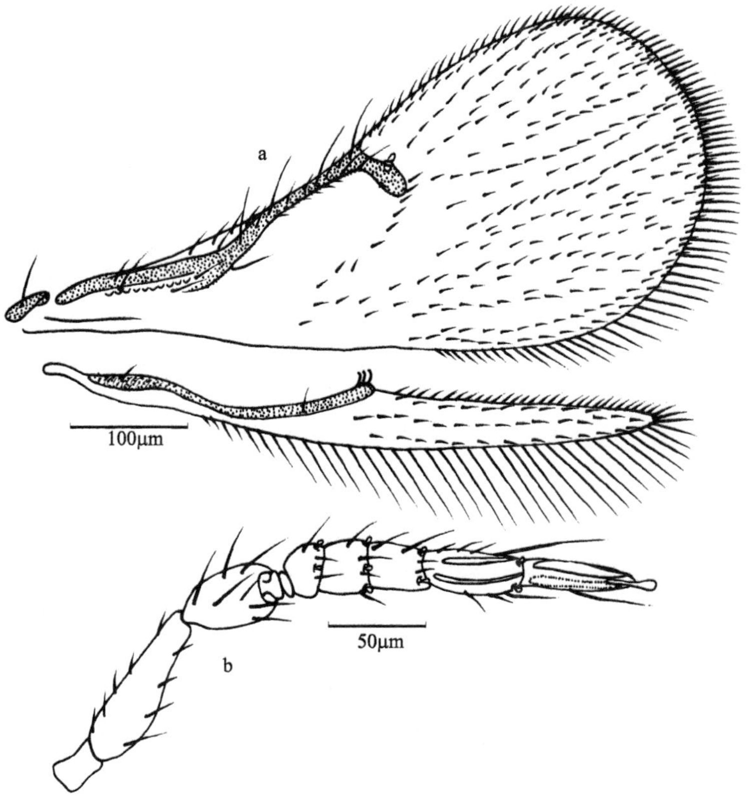

图 56　细角纹翅赤眼蜂 *Lathromeris gracilicornis* Lin (♀)

a. 前后翅 (fore & hind wing)；b. 触角 (antenna)

(52) 锤棒纹翅赤眼蜂 *Lathromeris tumiclavata* Lin, 1994 (图 57)

Lathromeris tumiclavata Lin, 1994, System. Stud. Chinese Trichogrammatidae: 111-112.

雌 体长 1.0-1.15 mm；全体暗褐色，但复眼、单眼深红色；上颚及产卵管褐色；头顶、小盾片、后胸背板、并胸腹节及腹部第 I 腹节背板中央、各足腿节两端、中后足胫节末端及基部两跗节黄褐色；前后翅脉淡黄褐色，缘前脉基部及痣脉下方翅面各具 1 淡黄褐色昙纹，其余翅面无色透明。

头部正面观近圆形，宽略大于高，明显宽于胸部；复眼较大，长为头高的 0.7 倍左右，其内侧颜面及头顶具若干纤毛；上颚强大，末端具 3 齿；下颚须较长，1 节，端部具 3 毛；触角着生于两复眼之间的中下方，较粗壮 (图 57b)；柄节长为宽的 3.0 倍，相当于梗节长的 1.5 倍；梗节长梨形，长为宽的 1.7 倍；第二环状节明显小于基环状节，紧贴棒节基部；棒节粗短，近卵圆形，长约为宽的 2.0 倍，等于柄节长的 1.2 倍；各棒节的长度均小于各自宽度，其上除均具若干锥栓感器和鞭毛感器外，端部 3 棒节依次具 2、3 和 3 支板状感器；端棒节还具 1 棒状端突，明显突出棒节顶端之外。

胸部具细刻纹，相当于腹长的 0.67 倍；中胸盾及小盾片各具 4 支长刚毛，小盾片两侧中部还各具 1 支细纤毛；内悬骨短而宽，端部伸达腹基部的 1/3 处，末端分 2 叶；前翅中等宽大 (图 57a)，长为宽的 2.2 倍；翅脉较直，末端伸达翅长的 0.56 倍处，缘脉稍短于亚缘脉，等于痣脉长的 3.0 倍；翅面纤毛中等密度，规则分布成列，但中肘横毛列不明显；缘毛较短，最长者仅及前翅宽的 1/4；后翅短于前翅，长为宽的 12.0 倍左右；翅脉较长，末端伸达翅长的 0.55 倍处；翅面规则纤毛 2 列，近前缘 1 列不完整；最长后缘毛稍长于前翅最长者，等于前翅宽的 0.28 倍左右；足略粗壮，各足节均具细纤毛；各足胫节端部内侧均具 1 距状刚毛，后足胫节外端还具 1 齿状刺毛，爪不特别长。

腹部圆锥形，与头胸部长度之和相当；各腹节背板的后半段均具细致稀网纹，两侧均具若干纤毛；产卵管高度骨化，约为腹长的 0.7 倍；等于后足胫节长的 1.8 倍，末端稍伸出腹末之外；下生殖板较发达，端部如舌状伸达产卵管的 0.6 倍左右处。

雄 体长 0.95-1.05 mm；体色及大部分特征与雌虫相似；但触角棒节较细长，各索节、棒节除均具若干锥栓感器和鞭毛感器外，端部 3 棒节各具 2 支板状感器；端棒节顶端无棒状端突 (图 57c)；腹末 2 腹节背板两侧各具 1 块疤状骨片；外生殖器明显分为阳基与阳茎两部分，阳基粗短而简单 (图 57d)，端部仅具短小的阳基侧瓣和 1 骨化较弱的腹中突，其余结构均不明显；阳茎短于其内突，两者全长约与阳基等长，相当于后足胫节长的 0.4 倍。

寄主 未知。

模式标本产地 福建武夷山。

模式标本存放单位 福建农林大学生物防治研究所昆虫标本室 [FAFU]。

研究标本 ♀ (正模)，5♀9♂ (副模)，福建武夷山潭溪洲 (N27°47'38", E117°42'03", 1016M)，1985. VIII. 2，林乃铨、刘明辉网扫；1♀2♂ (副模)，福建武夷山七里桥 (N27°43'50", E117°39'32", 849M)，1985. VII. 25，林乃铨、黄东宏网扫。

分布　福建 (武夷山七里桥、潭溪洲)。

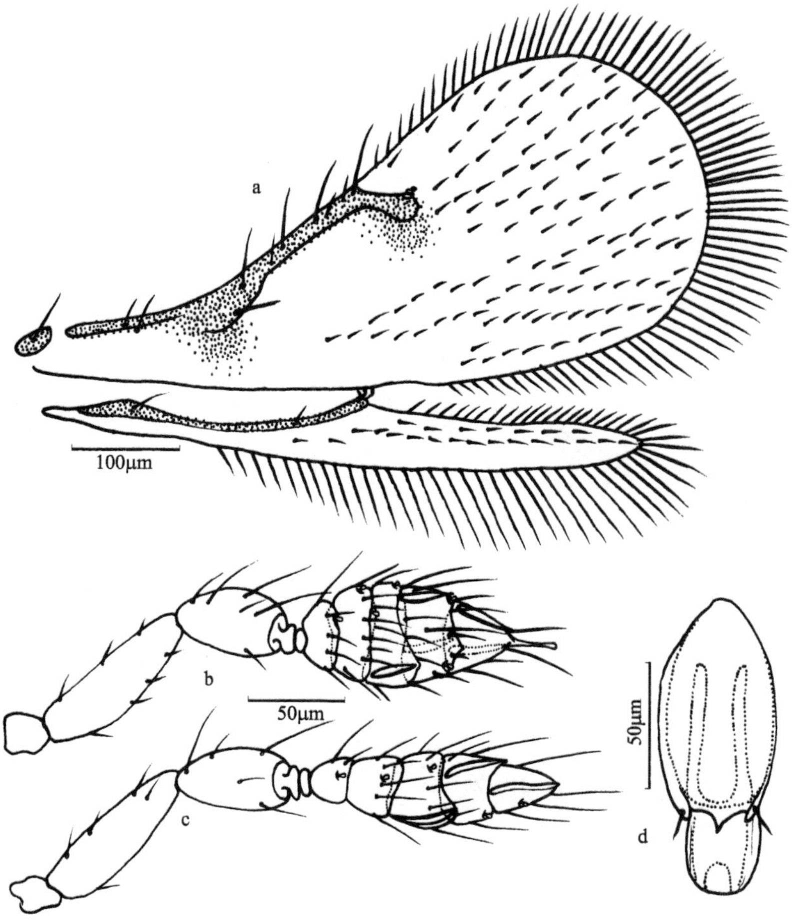

图 57　锤棒纹翅赤眼蜂 *Lathromeris tumiclavata* Lin

a. 前后翅 (fore & hind wing, ♀)；b. 触角 (antenna, ♀)；c. 触角 (antenna, ♂)；d. 雄外生殖器 (male genitalia)

(53) 长茎纹翅赤眼蜂 *Lathromeris longipenis* Lin, 1994 (图 58)

Lathromeris longipenis Lin, 1994, System. Stud. Chinese Trichogrammatidae: 112-113.

雌　体长 0.75-0.78 mm；全体深褐色，但复眼、单眼暗红色；头顶、中胸 (除中胸盾外) 至腹基部背板中央、前中足基节至转节、各足腿节两端、中后足胫节及各跗节淡黄褐色；上颚、前后翅脉及产卵管黄褐色，下生殖板端半段淡黄白色；前翅痣脉及缘前脉基部下方翅面除各具 1 烟褐色昙纹外，其余翅面全部浅灰褐色、半透明。

头部正面观扁圆形，宽稍大于高；复眼中等大小，长为头高的一半，其内侧颜面及头顶具若干纤毛；触角着生于两眼下缘连线之稍上方，柄节基部明显粗于端部 (图 58b)，长为宽的 3.2 倍，相当于梗节长的 1.5 倍；梗节长锥形，长为宽的 1.8 倍，柄节、梗节上均具细纵纹；两环状节小而明显，第二环状节紧贴棒节基部；棒节长纺锤形，长为宽的3.0倍，相当于柄节长的1.5倍；基部4棒节的长度均小于各自之宽，第三棒节最宽大，端棒节锥状，长为宽的1.7倍；各棒节除均具若干锥栓感器和鞭毛感器外，基部3棒节各具2支、端部两棒节各具4支板状感器；端棒节还具1棒状端突，明显突出棒节顶端之外。

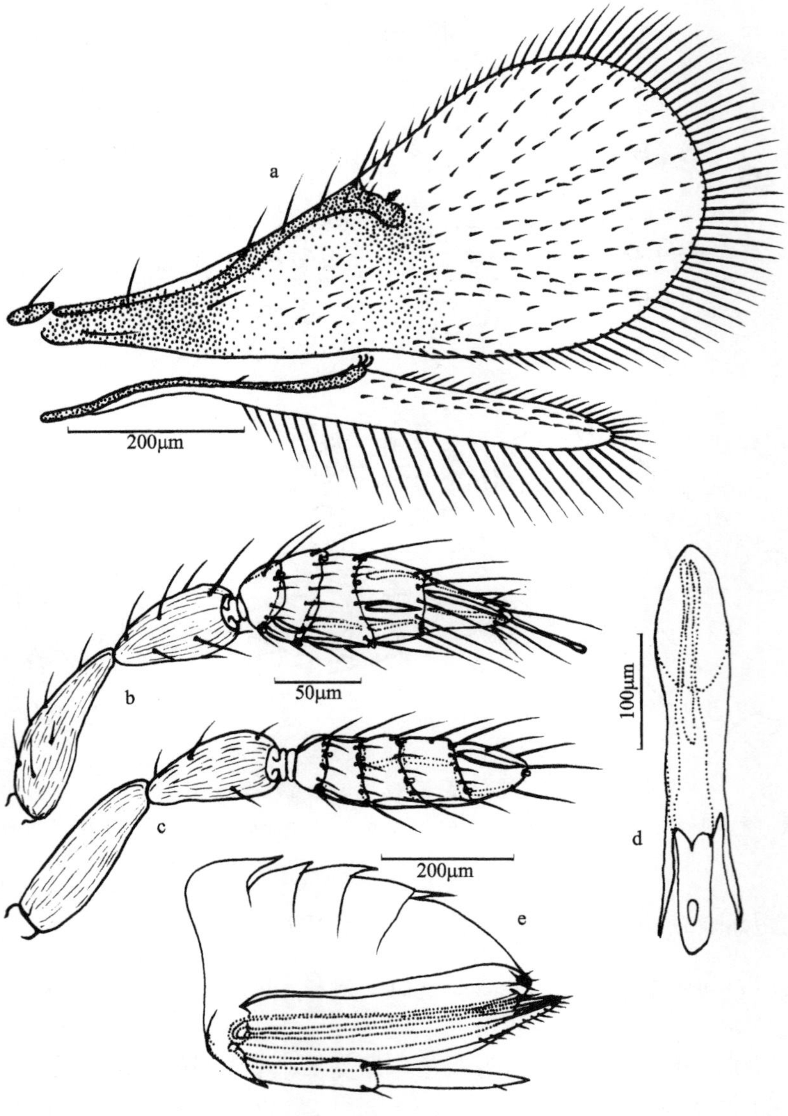

图58 长茎纹翅赤眼蜂 *Lathromeris longipenis* Lin

a. 前后翅 (fore & hind wing, ♀)；b. 触角 (antenna, ♀)；c. 触角 (antenna, ♂)；d. 雄外生殖器 (male genitalia)；e. 雌腹部及产卵管侧面观 (lateral view of female abdomen & ovipositor)

胸部密具网纹，长度等于腹长的0.8倍；前翅端部中等宽圆，长为宽的2.4倍(图58a)；翅脉较直，末端伸达翅长之0.56倍处；缘脉长度等于亚缘脉，相当于缘前脉长的

3.0 倍；翅面纤毛规则成列，中肘横毛列不明显；缘毛较短，最长者约等于前翅宽的 0.28 倍；后翅短于前翅，长为宽的 10.0 倍；翅脉稍长于翅长的一半，翅面规则纤毛 2 列；最长后缘毛稍长于前翅最长者，等于后翅宽的 1.6 倍；各足正常大小，各足节均具细纤毛。

腹部长锥状，端部尖削，约等于头胸部长度之和；产卵管发达，长度与腹长相当，等于后足胫节长的 1.6 倍；由腹基部伸出，端部明显伸出腹末之外 (图 58e)；下生殖板发达，等于产卵管长的 7/8；基部较宽，端半段明显细窄呈条状，包于产卵管之外。

雄　体长 0.70 mm；基本特征与雌虫相似；但体色略淡，触角淡黄褐色，各节略细；第二、三棒节各具 2 支、第四、五棒节各具 3 支板状感器，端棒节顶端无棒状端突 (图 58c)；外生殖器窄长，明显分阳基与阳茎两部分 (图 58d)；阳基端部具细长的阳基侧瓣和短小的腹中突，骨化不明显；阳茎明显长于其内突，两者全长与后足胫节约等长。

寄主　未知。

模式标本产地　湖北蒲圻。

模式标本存放单位　福建农林大学生物防治研究所昆虫标本室 [FAFU]。

研究标本　♀ (正模)，1♀2♂ (副模)，湖北蒲圻 (N30°21'46", E114°16'41", 37M)，1991. VIII. 11-21，袁合强、欧阳宗兵网扫；1♀1♂ (副模)，北京香山樱桃沟 (N40°02'20", E116°02'57", 501M)，1992. VII. 6，林乃铨网扫；1♀，山东临朐朐山 (N36°30'20", E118°32'58", 120M)，2005. VIII. 12，田洪霞网扫。

分布　北京 (香山樱桃沟)、山东 (临朐)、湖北 (蒲圻)。

(54) 短茎纹翅赤眼蜂 *Lathromeris brevipenis* Lou & Cong, 1997 (图 59)

Lathromeris brevipenis Lou & Cong, 1997, in: Lou, Cao & Cong, 1997, J. Shengyang Agr. Univ., 28(3): 189-190.

雌　体长 0.70-0.83 mm，翅长 0.48-0.54 mm；全体暗褐色，但复眼、单眼红色；头部、胸部的大部分及腹基部黄褐色；各足除基节、腿节的大部及端跗节外，其余部分黄褐色；前翅缘脉基半段淡褐色，缘前脉基部及痣脉之下方翅面各具 1 烟褐色半透明昙纹，其余翅面无色透明。

头部正面观宽稍大于高，复眼长为头高的一半；触角着生于两复眼下缘连线的稍上方，柄节长为宽的 2.4 倍，相当于梗节长的 1.4 倍 (图 59b)；梗节长为宽的 2.5 倍，两环状节小而明显，第二环状节紧贴棒节基部；棒节长卵圆形，长为宽的 2.85 倍，相当于柄节长的 1.68 倍；基部 4 棒节的长度均分别小于其各自宽度，第一棒节最短小，第三棒节最宽大，端部与第四棒节稍斜接，端棒节最长，锥状，长为宽的 1.4 倍；各棒节除均具若干锥栓感器和鞭毛感器外，端部 3 棒节依次具 2、3 和 3 支板状感器；端棒节还具 1 棒状端突，明显突出棒节顶端之外。

中胸盾具细刻纹，其上具 4 支纤毛，小盾片具 2 支纤毛；内悬骨发达，末端分 2 叶；前翅中等宽圆，长为宽的 2.3 倍；翅脉较直，末端伸达翅长的 0.56 倍处 (图 59a)；缘脉与亚缘脉近等长，明显长于缘前脉和痣脉；翅面纤毛规则成列，中肘横毛列不明显；缘毛较短，最长者约为前翅宽的 0.28 倍；后翅长为宽的 10.0 倍，翅面具规则纤毛 3 列，最长后缘毛与前翅最长者近相当。

腹部长锥状，端部尖削，约等于头胸部长度之和；产卵管发达，由腹基部伸出，长度约与腹长相当，端部稍伸出腹末之外，等于后足胫节长的 1.6 倍；下生殖板发达，近于产卵管长的 0.9 倍；基部较宽，端半段明显呈细窄条状，位于产卵管之外。

雄 体长 0.73-0.80 mm，翅长 0.48-0.54 mm；体色及大部分特征与雌虫相似，但触角棒节略短，端部 3 棒节依次各具 2、2 和 3 支板状感器，端棒节顶端无棒状端突 (图 59c)；前翅最长缘毛约为前翅宽的 1/3；外生殖器明显分阳基与阳茎两部分，阳基较短小，长为宽的 2.5 倍 (图 59d)；阳基侧瓣极短，末端各具 1 刚毛；阳茎稍短于其内突，两者全长仅及后足胫节长的 0.4 倍。

寄主 未知。

模式标本产地 辽宁大连。

模式标本存放单位 沈阳农业大学昆虫标本室 [SYNU]。

分布 辽宁 (大连、阜新)。

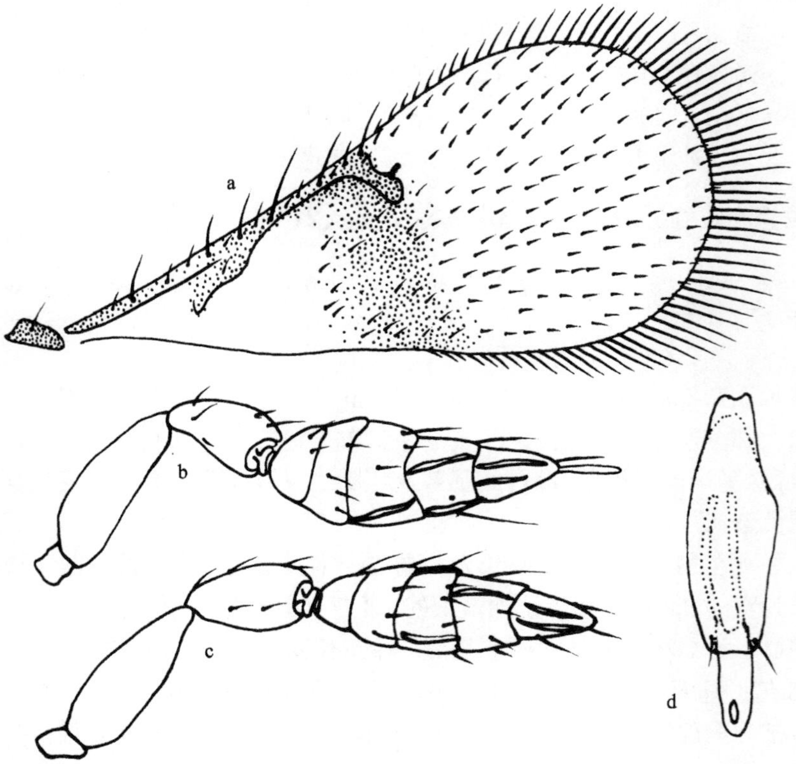

图 59 短茎纹翅赤眼蜂 *Lathromeris brevipenis* Lou & Cong (仿 Lou, Cao & Cong, 1997)
a. 前翅 (fore wing, ♀)；b. 触角 (antenna, ♀)；c. 触角 (antenna, ♂)；d. 雄外生殖器 (male genitalia)

附注 模式标本未检视，形态描述和特征图引自 Lou, Cao & Cong (1997) 的原始描述。原记载的标本有：♀ (正模)，5♀2♂ (副模)，辽宁大连 (N38°54'51", E121°36'53", 80M)，1992. IX. 4，娄巨贤网扫；5♀1♂ (副模)，辽宁大连 (N38°54'51", E121°36'53", 80M)，

1994.VIII. 4，袁静、林顺富网扫；4♀ (副模)，辽宁阜新 (N42°01'18", E121°40'13", 545M)，1995. VII. 20，袁静网扫。

20. 拟纹赤眼蜂属 *Lathromeroidea* Girault, 1912

Lathromeroidea Girault, 1912c, Mem. Queens. Mus., 1: 94. **Type species**: *Lathormeroidea nigra* Girault, 1912, by original designation; Doutt & Viggiani, 1968, Proc. Calif. Acad. Sci., 35(20): 506-507; Lin K-S, 1981, J. Agr. Res. China, 30(4): 430-431; Lin, 1994, System. Stud. Chinese Trichogrammatidae: 106-108; Pinto, 2006, J. Hym. Res., 15(1): 100-102; Liu & Li, 2014, J. Northeast Forest. Univ., 42(9): 177-179.

鉴别特征　体型差异较大，较细长；触角环状节 2 节，索节缺如，棒节 5 节；基棒节短而窄于第二棒节，且与后者紧密相接；各棒节均具若干锥栓感器、鞭毛感器和板状感器；前翅中等宽大，较长而端部圆，长为宽的 1.9-2.5 倍；缘脉长于缘前脉，其基部与缘前脉端部交界处骨化程度较低；痣脉从缘脉端部下角伸出，与缘脉之间具缢缩；翅面纤毛密度中等至稠密；具中肘横毛列，且与中毛列、肘毛列和臀毛列的基部汇聚；缘毛较短，长度不足翅宽的 0.2 倍；并胸腹节盘区延长，长于后胸背板，常为后者长的 2.0 倍；雄性复眼小于雌者；外生殖器的阳基和阳茎愈合，短于后足胫节；除可见 1 对腹面纤毛外，其阳基侧瓣、钩爪和阳茎内突等结构全部退化。

寄主　已知 11 种，其中 3 种知可寄生多种半翅目水黾科 Gerridae 的 *Limnoporus* spp.、*Gerris* spp.，日本稻田鞘翅目水龟科 Hydrophilidae 的 *Berosus* spp. 和龙虱科 Dytiscidae 的 *Rhantus pulverosus*、*Eretes sticticus* 等多种水生昆虫和印度稻田叶蝉 *Nephotettix* sp. (Hem.: Cicadellidae) 卵；另外还有 Lin K-S (1981) 报道我国台湾 1 未定名种，也可寄生稻田黑尾叶蝉 *Nephotettix cincticeps* 卵，并在稻田杂草上数量相当丰富。其余 8 种的寄主及生物学特性仍然未知。

分布　中国，印度，日本，波兰，乌克兰，俄罗斯，加拿大，美国，墨西哥，秘鲁，委内瑞拉，澳大利亚和非洲的佛得角等地。

附注　本属系 Girault (1912c) 以采自澳大利亚的 *L. nigra* 为模式而建立，他同时还描述了澳大利亚的另外 2 新种；Nowicki (1936) 描述了采自欧洲 (波兰) 的 1 新种，现发现该种可广布于欧亚地区的乌克兰、俄罗斯远东地区、中国 (北京、辽宁、黑龙江、福建、广西、海南) 和日本等地；Yousuf & Shafee (1984, 1987)、Lin (1994) 先后发表了采自印度、中国的 3 新种；Pinto (2006)、Viggiani & Rios (2006)、Velásquez & Viggiani (2007) 先后描述了美洲的 4 新种，Hu *et al.* (2008) 报道了采自韩国的 1 新种，使得本属已知种类达到 12 种，它们分别分布在澳大利亚 (3 种)，印度 (2 种)，北美洲的加拿大、美国 (2 种)，南美洲的委内瑞拉 (2 种)，欧洲的波兰、乌克兰、俄罗斯远东地区，日本等地 (1 种，也分布中国)，中国和韩国各 1 种。

Pinto (2006) 认为本属是一个非常复杂、又高度多样性的属，以往有关本属的亲缘关系研究未能令人满意。虽然 Doutt & Viggiani (1968) 按照触角和翅脉等特征，认为本属

可能与 *Neolathromera* 属近缘，但后者因缺乏雄性特征比较，加上他们没有见到后者的标本而无法肯定。因此，Pinto (2006) 认为本属的亲缘关系，有待详细研究本属的复合体及其与 *Uscanoidea* 属的关系之后才能确定；他同时根据美洲种类的前翅等表型特征，非正式地将本属分为 3 个种团，并结合雄外生殖器等特征，将本属归于寡索赤眼蜂亚科、毛翅赤眼蜂族内，认为似与 *Uscanoidea* 属的缘系较近。

虽然 Lin K-S (1981)、Hayat & Viggiani (1984)、Hayat & Subba Rao (1986) 先后报道了本属种类在我国台湾和印度的分布记录，Lin K-S (1981) 还称台湾的本属种类在稻田杂草上较丰富，且可寄生黑尾叶蝉卵，但都没有确定种名；Lin (1994) 曾经报道采自我国辽宁、北京、福建、广西等地的本属 2 种，其中的黑色拟纹赤眼蜂 *L. nigra* Girault 经 Fursov (2004) 研究，认为系森林拟纹赤眼蜂 *L. silvarum* Nowicki 的误订；Liu & Li (2014) 描述了黑龙江的另 1 新种宽柄拟纹赤眼蜂 *L. latiscapa*，经核对其特征描述，与森林拟纹赤眼蜂完全相符，因而将其指定为后者的异名。故此我国迄今仅知 2 种，记述于下。

种 检 索 表 (雌)

雌性触角棒节较粗短，长为宽的 2.8 倍，相当于柄节长的 1.6 倍；基部 4 棒节的长度均小于各自的宽度，第三、四棒节最宽大，端棒节锥形，长大于宽；前翅中等宽大，翅面纤毛较密，排列规则成列 (约 17 列)；中肘横毛列清晰，由 8-10 支纤毛组成；腹部圆锥形，末端钝圆，近于头胸部长度之和……………………………………………………………… **森林拟纹赤眼蜂 *L. silvarum***

雌性触角棒节较粗壮，长为宽的 2.7 倍，相当于柄节长的 1.4 倍；各棒节的长度由基部至端部依次稍有增长，除端棒节锥形长稍大于宽外，基部 4 棒节的长均小于宽；前翅中等宽圆，翅面纤毛长而稠密；少数规则成列外，多数因稠密而难于分清毛列，中肘横毛列不明显；腹部圆锥形，末端尖削，稍长于头胸部长度之和………………………………………… **毛翅拟纹赤眼蜂 *L. trichoptera***

(55) 森林拟纹赤眼蜂 *Lathromeroidea silvarum* Nowicki, 1936 (图 60)

Lathromeroidea silvarum Nowicki, 1936, Zeit. Angew. Ent. Berlin, 23: 137-139; Fursov, 2004, Russian Ent. J., 13(3): 165-169.

Lathromeroidea nigra: Lin, 1994, System. Stud. Chinese Trichogrammatidae: 106-107 (misidentification).

Lathromeroidea latiscapa Liu & Li, 2014, J. Northeast Forest. Univ., 42(9): 177-179. syn. nov.

雌 体长 0.60-0.65 mm；全体黑褐色，但复眼、单眼深红色；头顶、触角柄节、前足胫节及其基部两跗节、中后足胫节端部及其基部两跗节为黄褐色；上颚及产卵管褐色；前后翅脉暗褐色，前翅翅脉以内之下翅面具暗褐色半透明昙纹，其余翅面无色透明。

头部正面观扁圆形，宽明显大于高，也明显宽于胸部；复眼较大，长为头高的 0.6 倍左右，上具细纤毛；其内侧颜面、颊区及头顶均具若干黑色刚毛；上颚强大，除外侧 2 大齿外，内侧还有 3 小齿；下颚须粗短，1 节，端部 2 毛 (图 60d)；触角较粗短，着生于两复眼下缘连线之稍上方；柄节长为宽的 3.7 倍，相当于梗节长的 1.4 倍 (图 60b)；梗节长梨形，长为宽的 1.7 倍；基环状节小而明显，第二环状节略小，紧贴于棒节基部；棒节长纺锤形，长为宽的 2.8 倍，相当于柄节长的 1.6 倍；基部 4 棒节的长度均小于各自的宽度；第三、四棒节最宽大，端棒节锥形，长大于宽；各棒节除均具若干锥栓感器和鞭毛感器外，端部 3 节棒节还依次具 1、2 和 2-3 支板状感器。

胸部为腹长的 0.6 倍左右，其上具明显刻纹；前胸背板两侧均具若干长刚毛，中胸盾和小盾片各具 4 支长刚毛；内悬骨短而宽，端部向后伸达腹长的 0.3 倍左右处，端部分 2 叶；并胸腹节中央无明显的皱纹；前翅中等宽大，长为宽的 2.6 倍；翅脉较直，末端伸达翅长的一半左右 (图 60a)；缘脉短于亚缘脉，相当于痣脉长的 2.8 倍；痣脉基部明显缢缩呈颈状，与缘脉几乎成直角弯曲；翅面纤毛较密，排列规则成列 (约 17 列)；中肘横毛列清晰，由 8-10 支纤毛组成；缘毛中等偏短，最长者约等于前翅宽的 0.4 倍；后翅短于前翅，长为宽的 19.0 倍；翅脉稍长于翅长一半，翅面规则纤毛 3 列；最长后缘毛稍短于前翅最长者，等于后翅宽的 3.0 倍；足较细长，各足节均具长细纤毛，各胫节端部内侧均具 1 距状粗毛，爪较细长。

腹部圆锥形，末端钝圆，近于头胸部长度之和；除第 I 腹节背板中央具少数纵皱纹外，其余各腹节背板未见明显刻纹；第 I-III 腹节背板两侧各具 1 支长刚毛，第 IV 腹节背板两侧各具 2 支长刚毛，第 V-VI 腹节背板中央具 1 横列 (6-7 支) 长刚毛；产卵管高度骨化，约为腹长的 0.75 倍，等于后足胫节长的 1.4 倍，端部稍伸出腹末之外。

雄　体长 0.54-0.58 mm；体色及主要特征与雌虫相似，触角各棒节除均具若干锥栓感器和鞭毛感器外，端部 3 棒节还依次具 1、2 和 2 支板状感器 (图 60c)；外生殖器为简单管状，基部较宽圆，前背开口约等于阳基长的 0.39 倍；端部扁平，分 2 叶 (图 60e)，稍向腹面弯曲，长为宽的 3.9 倍，相当于后足胫节长的 0.46 倍。

寄主　国内寄主未明，国外已知可寄生鞘翅目水龟科 Hydrophilidae 的 *Berosus* (*B.*) *punctipennis*、*B.* (*Enoplurus*) *lewisius* 和龙虱科 Dytiscidae 的 *Rhantus pulverosus*、*Eretes sticticus* 等多种水生甲虫卵。Fursov (2004) 详细观察并报道了本种在日本稻田寄生鞘翅目水龟科和龙虱科等水生甲虫卵的生物学特性。

模式标本产地　Central Poland。

模式标本存放单位　The Nencki's Institute of Experimental Biology, Waeszawa, Poland [NIEBP]，the types may be lost, by Fursov, 2004: 166。

研究标本　2♀，北京香山樱桃沟 (N40°02'20", E116°02'57", 501M)，1992. VII. 6，林乃铨网扫；3♀，辽宁沈阳青年公园 (N41°46'48", E123°26'18", 48M)，1990. VII. 27，林乃铨网扫；3♀，辽宁千山 (N41°01'33", E123°08'51", 520M)，1990. VII. 26，林乃铨网扫；3♀2♂，福建福州金山 (N26°82'31", E119°20'30", 16M)，1987. VIII-XI，林乃铨采于黄盘诱集器；15♀10♂，福建沙县洋枋 (N26°22'55", E117°55'06", 175M)，1980-1982. VI-X，林乃铨网扫于稻田；4♀3♂，福建永春城关 (N25°19'26", E118°16'48", 120M)，1986. VII. 19，林乃铨、刘高盛、郑南辉网扫；1♀3♂，海南儋州宝岛新村 (N19°30'42", E109°30'39", 45M)，2005. VI，张端璋网扫；6♀，海南乐东尖峰岭 (N18°43'49", E108°54'32", 212M)，2006. III. 26-VI. 25，李文标网扫；全部标本保藏福建农林大学生物防治研究所昆虫标本室 [FAFU]。

分布　黑龙江 (哈尔滨)、辽宁 (沈阳、千山)、北京 (香山樱桃沟)、福建 (福州、福安、沙县、永安、永春、连城、龙岩、永定)、广西 (南宁)、海南 (儋州、乐东)；波兰，乌克兰，俄罗斯远东地区，日本。

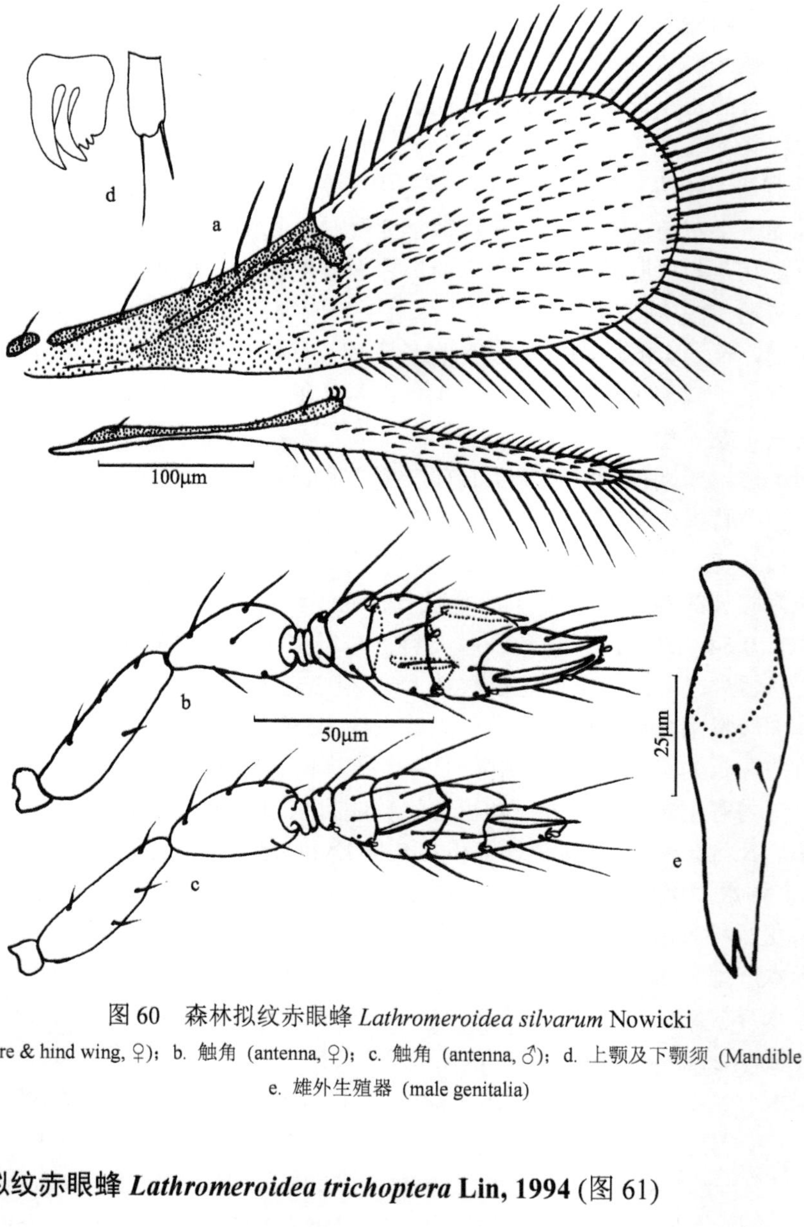

图 60 森林拟纹赤眼蜂 *Lathromeroidea silvarum* Nowicki

a. 前后翅 (fore & hind wing, ♀); b. 触角 (antenna, ♀); c. 触角 (antenna, ♂); d. 上颚及下颚须 (Mandible & Maxilla); e. 雄外生殖器 (male genitalia)

(56) 毛翅拟纹赤眼蜂 *Lathromeroidea trichoptera* Lin, 1994 (图 61)

Lathromeroidea trichoptera Lin, 1994, System. Stud. Chinese Trichogrammatidae: 107-108.

雌 体长 0.70-0.75 mm；全体黑褐色，但复眼、单眼暗红色；头顶、触角柄节、各足胫节及其基部两跗节黄褐色；上颚及产卵管褐色；前后翅脉暗灰褐色，翅面无色透明。

头部正面观近倒三角形，宽稍大于高，也宽于胸部；复眼较大，长为头高的 0.66 倍左右，上具细纤毛；其内侧颜面、颊区及头顶区均具若干刚毛；上颚强大，端部除外侧具 2 大齿外，内侧还有 3 小齿；下颚须粗短，1 节，端部 2 毛；触角着生于两复眼下缘连线之上，较粗壮；柄节长近于宽的 3.0 倍，等于梗节长的 1.7 倍 (图 61b)；梗节圆梨形，长为宽的 1.3 倍；基环状节较大，第二环状节紧贴棒节基部；棒节长纺锤形，长为宽的 2.7 倍，相当于柄节长的 1.4 倍；各棒节的长度由基部至端部依次稍有增长，除端棒节锥形、长稍大于宽外，基部 4 棒节的长度均小于其宽；各棒节除具若干锥栓感器和鞭毛感器外，端部 3 棒节还依次各具 2、2 和 3 支板状感器。

胸部具明显的网状刻纹，相当于腹长的 0.58 倍左右；中胸盾和小盾片各具 4 支长刚毛，小盾片中部两侧还各具 2 支细纤毛；内悬骨短而宽，端部伸达腹长的 1/3 左右，末端分 2 叶；并胸腹节背板中央具明显的隆脊和分区，两侧均具细刻纹；前翅中等宽圆，长为宽的 2.55 倍；翅脉较直，末端伸达翅长的一半；缘脉与亚缘脉等长 (图 61a)，相当于痣脉长的 3.3 倍；翅面纤毛长而稠密，少数规则成列外，多数因稠密而难于分清毛列，中肘横毛列不明显；缘毛中等偏短，最长者等于前翅宽的 1/3；后翅狭窄，稍短于前翅，长为宽的 20.0 倍；翅脉接近翅长一半，翅面规则纤毛 3 列，最长后缘毛仅及前翅最长者的 0.7 倍，等于后翅宽的 2.5 倍；足较细长，各足节均具细纤毛；各足胫节端部内侧均具 1 距状粗刚毛，爪较细长。

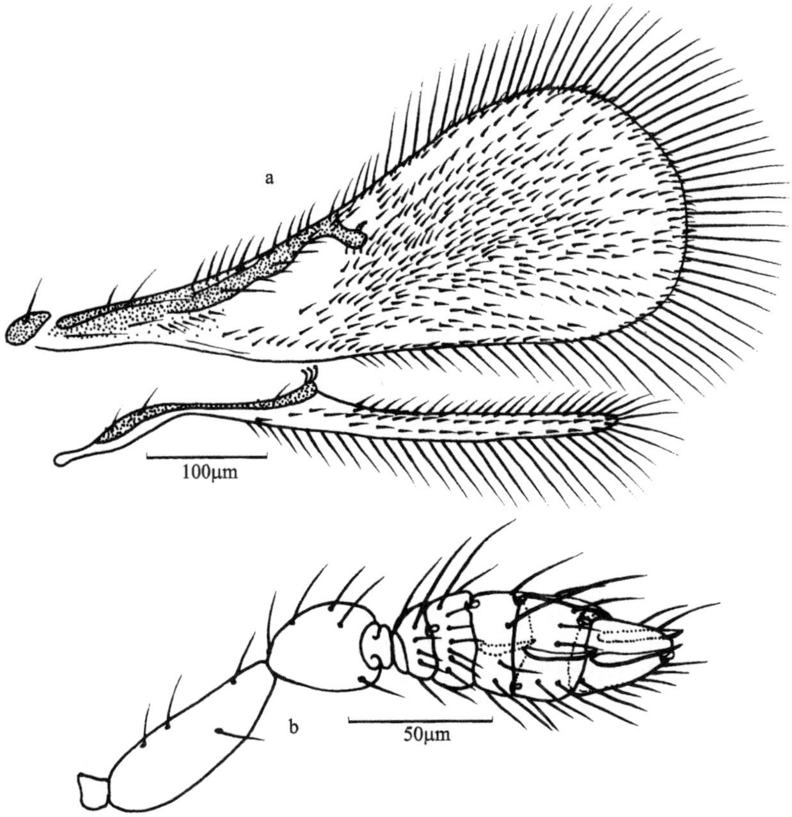

图 61 毛翅拟纹赤眼蜂 *Lathromeroidea trichoptera* Lin (♀)

a. 前后翅 (fore & hind wing)；b. 触角 (antenna)

腹部圆锥形，末端尖削，稍长于头胸部长度之和；除第 I 腹节背板具粗刻纹外，其余各腹节背板均无明显刻纹；但各腹节背板中部均具 1 横列长刚毛，后端腹节背板上的刚毛明显较多；产卵管较发达，长度为腹长的 0.62 倍，相当于后足胫节长的 1.3 倍，末端稍露出腹末。

雄 未知。

寄主 未知。

模式标本产地 福建福州金山。

模式标本存放单位 福建农林大学生物防治研究所昆虫标本室 [FAFU]。

研究标本 ♀(正模)，3♀(副模)，福建福州金山 (N26°82'31", E119°20'30", 16M)，1987. VII-IX，林乃铨、蔡毅群采于黄盘诱集器；3♀ (副模)，福建仙游温泉 (N25°22'04", E118°47'40", 70M)，1987. IX-X，吴祖建采于黄盘诱集器。

分布 福建 (福州、仙游)。

21. 光胸赤眼蜂属 *Lathromeromina* (Livingstone & Yacoob, 1983) (中国新记录属)

Lathromeromina Livingstone & Yacoob, 1983b, Entomophaga, 28(3): 303-308 (as subgenus). **Type species**: *Lathromeromyia* (*Lathromeromina*) *tingiphaga* Livingstone & Yacoob, 1983, by monotypy and original designation; Lin K-S, 1981, J. Agr. Res. China, 30(4): 436; Lin, 1994, System. Stud. Chinese Trichogrammatidae: 90-91.

Lathromeromina (Livingstone & Yacoob): renewed generic status by Hayat, 2009, Oriental Insects, 43: 204-205.

鉴别特征 触角窝位置较高，其下缘明显在复眼下缘连线之上方，环状节 1 节，索节缺如，棒节 4 节，其上均具若干锥栓感器、鞭毛感器和板状感器；上颚 2 齿，下颚须不分节；胸部除中胸盾和小盾片各具 4 支小纤毛外，基本光滑无毛；中胸侧板具 1 隔缝将其分为前侧片和后侧片，并胸腹节中区仅稍长于后胸背板，内悬骨端部至少伸达腹部第 II 腹节；前翅与寡索赤眼蜂属相似，但较窄长；后翅规则纤毛仅 1 列；腹部明显长于胸部，产卵管源于腹基部，约为中足胫节长的 1.5 倍；下生殖板端部近于第 VI 腹节；雄外生殖器与尤氏赤眼蜂属相似。

寄主 我国 1 种寄主未知，印度原知 2 种，均可寄生半翅目网蝽科 Tingididae 卵，其中 1 种已被 Hayat (2009) 移到尤氏赤眼蜂属 *Uscana* 下，现仅余下 1 种。

分布 中国 (1 种)；印度 (1 种)。

附注 本属最早为 Livingstone & Yacoob (1983b) 根据印度 Coimbatore 地区从网蝽 *Habrochila laeta* 卵内养出的 *L. tingiphaga* 建立，但当时将它作为多刺赤眼蜂属 *Lathromeromyia* 的 1 新亚属。Hayat (2009) 研究了 Livingstone & Yacoob (1983b) 的原始描述和特征，以及近年他从印度 Orissa 等地新采的标本后，认为 *L. tingiphaga* 的胸部光滑无毛、触角环状节 1 节、后翅面仅 1 列纤毛及后足长度不超过体长等特征，明显与多刺赤眼蜂属 *Lathromeromyia* 不符，应该把 *Lathromeromina* 提升为 1 独立的属。此外，

Livingstone & Yacoob (1987) 再次描述了印度另 1 新种 *L. corythaumaii*，寄主为茉莉网蝽 *Corythauma ayyari* Drake (Hem.: Tingididae) 卵，Hayat (2009) 根据其前翅和雄外生殖器特征与尤氏赤眼蜂属相似，把它移到专门寄生豆象卵的尤氏赤眼蜂属下 (有待核实)。因此，本属目前仅知 2 种。

根据 Viggiani (1971b)、Pinto (2006) 基于雄外生殖器为主要特征的分亚科、分族系统，本属应隶于寡索赤眼蜂亚科毛翅赤眼蜂族，似与多刺赤眼蜂属 *Lanthromeromyia* 的缘系最接近。

Lin (1994) 根据福州采得的标本，报道了我国 1 新种，Hayat (2009) 也在印度发现了该种在印度的分布记录。现据 Hayat (2009) 将 *Lathromeromina* 提升为属的意见，记述于下。

(57) 横带光胸赤眼蜂 *Lathromeromina transiseptata* (Lin, 1994) (图 62)

Lathromeromyia (*Lathromeromina*) *transiseptata* Lin, 1994, System. Stud. Chinese Trichogrammatidae: 92-93.

Lathromeromina transiseptata (Lin): Hayat, 2009, Oriental Insects, 43: 204-205.

雌　体长 0.55 mm；全体暗灰褐色，但复眼、单眼红色；头顶、触角柄节与梗节、各足胫节与跗节淡灰褐色；各腹节间具淡灰色横带，产卵管褐色；前翅缘脉基部及痣脉之下方翅面具烟褐色半透明昙纹，其余翅面无色透明。

头部正面观近倒三角形，宽稍大于高；复眼长为头高的 0.56 倍左右，其内侧颜面及头顶区具若干细纤毛；上颚较大，末端 3 齿；下颚须 1 节，端部具 2 毛；触角着生于两复眼下缘连线之稍上方，较细长；柄节长为宽的 3.0 倍，等于梗节长的 1.4 倍 (图 62b)；梗节长梨形，长为宽的 1.86 倍；环状节小而明显；棒节长纺锤形，长近于宽的 4.0 倍，相当于柄节长的 2.0 倍左右；除第二棒节较短外，其余 3 棒节的长均大于宽；各棒节除具若干锥栓感器和鞭毛感器外，还依次各具 2、2、3 和 3 支板状感器，端棒节 1 支板状感器明显突出棒节顶端之外。

胸部密具刻纹，长度等于腹长的一半左右；除中胸盾及小盾片各具 4 支小纤毛外，胸部基本光滑无毛；内悬骨端部伸达腹长的 0.36 倍左右处，末端不分叶；前翅较窄长，长为宽的 4.1 倍，翅脉端部伸达翅长之 0.6 倍左右处 (图 62a)；缘脉稍长于亚缘脉，相当于痣脉长的 4.0 倍；痣脉短而宽，基部缢缩不明显；翅面纤毛较稀少，部分规则成列；缘毛长，最长者等于前翅宽的 1.53 倍；后翅狭窄，长约为宽的 19.0 倍，与前翅大致等长；翅脉稍长于翅长的一半，翅面规则纤毛 1 列，最长后缘毛等于前翅最长者的 0.86 倍；足正常大小，各足节均具稀纤毛。

腹部长卵锥形，长于头胸部长度之和；各腹节背板均具稀线状刻纹，产卵管较短，高度骨化；着生于第 IV 腹节中部，约为腹长的 1/3，与后足胫节长度相当，末端不明显露出腹末之外。

雄　未知。

寄主　未知。

模式标本产地 福建福州。

模式标本存放单位 福建农林大学生物防治研究所昆虫标本室 [FAFU]。

研究标本 ♀(正模)，福建福州金山 (N26°82'31", E119°20'30", 16M)，1987. VIII. 29，谢志鸣采于黄盘诱集器。

分布 福建 (福州)；据 Hayat (2009) 报道本种也分布印度 (Orissa) 等地。

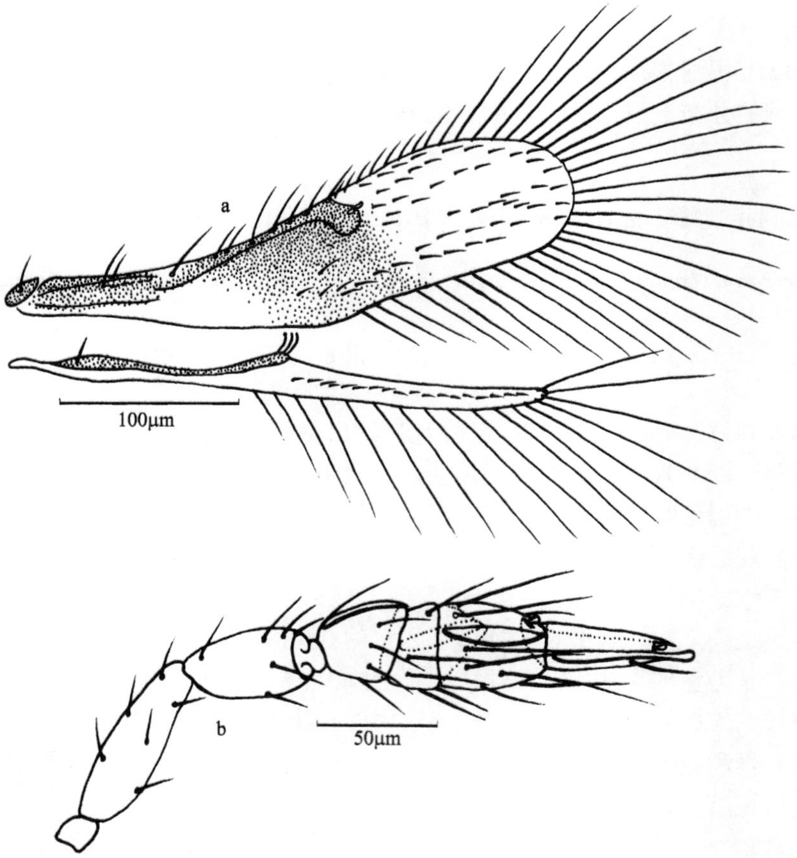

图 62 横带光胸赤眼蜂 *Lathromeromina transiseptata* (Lin) (♀)

a. 前后翅 (fore & hind wing)；b. 触角 (antenna)

22. 多刺赤眼蜂属 *Lathromeromyia* Girault, 1914

Lathromeromyia Girault, 1914d, Zeit. Wiss. Insektenbiol., 10: 308. **Type species**: *Lathromeromyia perminuta* Girault, 1914; Girault, 1916a, Entom., 49: 102-103; Doutt & Viggiani, 1968, Proc. Calif. Acad. Sci., 35(20): 550-552; Lin K-S, 1981, J. Agr. Res. China, 30(4): 436; Lin, 1994, System. Stud. Chinese Trichogrammatidae: 90-91.

鉴别特征 个体较短小，体上刚毛较长而明显；触角环状节 2 节，索节缺如；棒节

4 节，长卵圆形，末端钝圆而不尖削；除端棒节长大于宽外，其余 3 棒节的宽均大于长；各棒节均具若干锥栓感器、鞭毛感器和板状感器；上颚末端 3 齿；前翅与寡索赤眼蜂属相似，但相对较长，末端不特别宽大；缘脉直，长于痣脉和缘前脉；翅面纤毛不完全规则成列，中肘横毛列缺如；缘毛长度中等，最长者约为翅宽的 1/3 或稍短；雌性产卵管高度骨化，末端明显突出腹末之外；下生殖板明显较发达，末端近于腹末；雄虫具性二型现象，前翅常退化为翅基片状短翅型，质地与胸部其他骨片相似；后翅仅残留 1 很小的膜质翅面；外生殖器的阳基和阳茎明显可分，阳基简单管状，阳茎具阳茎内突。

寄主　已知的 4 种中，3 种知可寄生甘蔗上的半翅目蝉科 Cicadidae、粒脉蜡蝉科 Meenoplidae 和沫蝉科 Cercopidae 等卵，1 种的寄主未知。

分布　中国；印度，印度尼西亚，菲律宾和喀麦隆。

附注　Girault (1914d, 1916a) 先后 2 次根据采自爪哇的 *L. perminuta* 为属模而建立本属，但在 2 次描述中都没有提到触角环状节，却将环状节误定为索节 1 节；Doutt & Viggiani (1968) 检查了该属模标本后，确认其触角环状节 2 节，索节缺如，棒节 4 节，并重新描述了该模式种的特征；同时 Doutt & Viggiani (1968) 将 Risbec (1956) 描述自非洲的 *Pterygogramma cercopicda* 归到本属，成为本属的第 2 个种；Viggiani (1969b) 重新描述了这 1 非洲种；Hayat (1981) 描述了采自印度的本属第 3 种 *L. dimorpha*，同时证实 Doutt & Viggiani (1968) 所描述的触角特征，补充了雌性下生殖板较发达作为本属的鉴定依据，还报道了该新种的雄虫具性二型现象、雄虫翅膀退化及其雄外生殖器等特征；Barrion & Litsinger (1990) 发表了菲律宾的另 1 新种 *L. baltazarae*，使本属已知达 4 种，分别分布在印度和中国 (1 种)、印度尼西亚 (爪哇，1 种)、菲律宾 (1 种) 和非洲的喀麦隆 (1 种)。

根据 Viggiani (1971b, 1984)、Pinto (2006) 基于雄外生殖器为主要特征的分亚科、分族系统，本属归为寡索赤眼蜂亚科、毛翅赤眼蜂族，而且似与拟纹赤眼蜂属 *Lathromeroidea*、尤氏赤眼蜂属 *Uscana* 等属的缘系接近。

Lin K-S (1981) 首次报道了本属在我国台湾的分布记录，并称台湾有 2 个未定名种；Lin (1994) 报道了印度的 *L. dimorpha* 在我国的分布记录，记述于下。

(58) 二形多刺赤眼蜂 *Lathromeromyia dimorpha* Hayat, 1981 (图 63)

Lathromeromyia dimorpha Hayat, 1981, Boll. Lab. Ent. Agr. 'F. Silvestri', Portici, 38: 77; Lin, 1994, System. Stud. Chinese Trichogrammatidae: 91-92.

雌　体长 0.50-0.58 mm；全体灰褐色，但复眼、单眼红色；头顶淡黄褐色，上颚及产卵管褐色，各腹节背板间具淡灰白色横带；前翅痣脉以内下方翅面颜色较深，其余翅面淡灰褐色半透明。

头部正面观近倒三角形，宽稍大于高，宽于胸部；复眼长为头高的 0.6 倍左右，其内侧颜面及颊区具若干细纤毛，头顶具许多较长刚毛；上颚端部具 3 齿；下颚须短小，1 节，末端 1 毛；触角着生于两复眼下缘连线之上方，较粗壮；柄节长为宽的 2.8 倍，等于梗节长的 1.56 倍 (图 63b)；梗节梨形，长为宽的 1.5 倍；基环状节明显较大，第二环状节极小而紧贴于棒节基部；棒节长卵圆形，末端钝圆而不尖，长为宽的 2.3 倍，相当于柄节长的 1.43 倍；除端棒节锥状，长稍大于宽外，其余 3 棒节的宽均稍大于长；各棒节除均具若干锥栓感器和鞭毛感器外，还依次各具 2、2、4 和 4 支板状感器，且端部不突出棒节顶端。

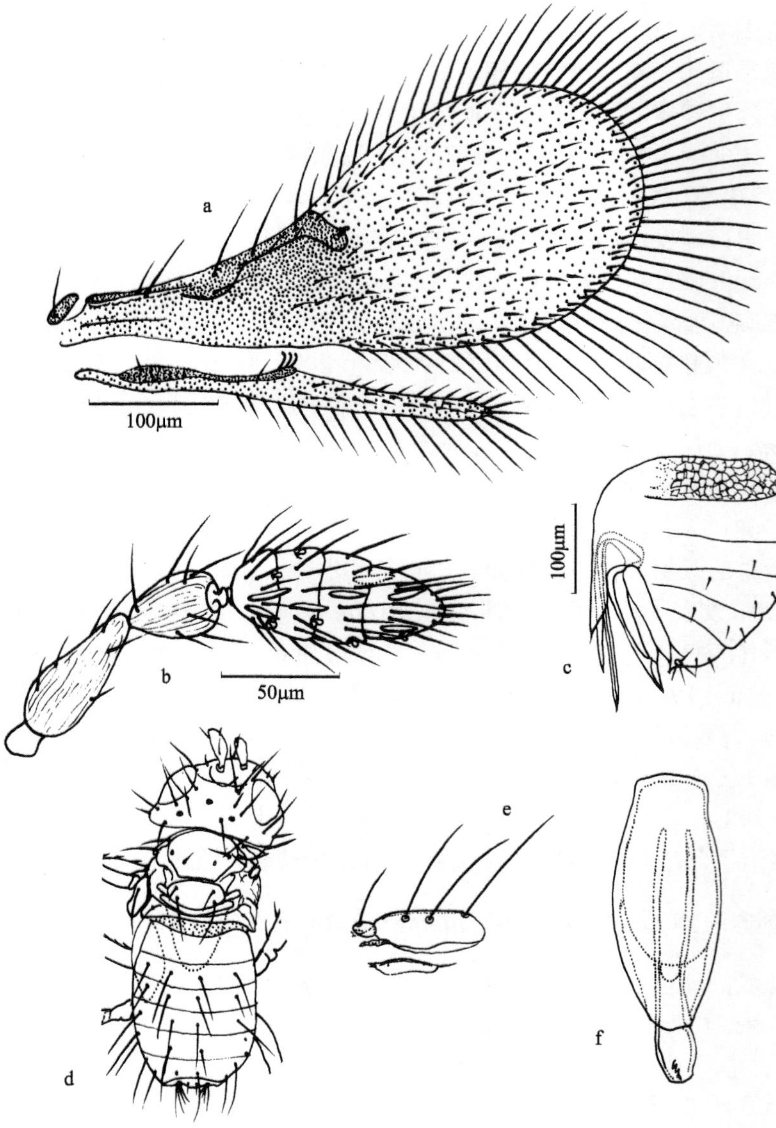

图 63 二形多刺赤眼蜂 *Lathromeromyia dimorpha* Hayat (d-f. 仿 Hayat, 1981)

a. 前后翅 (fore & hind wing, ♀)；b. 触角 (antenna, ♀)；c. 腹部及产卵管侧面观 (lateral view of metasoma & ovipositor)；d. 短翅型雄虫背面观 (dorsal view of brachypterous male)；e. 短翅型雄虫前后翅 (fore & hind wing of brachypterous male)；f. 雄外生殖器 (male genitalia)

胸部密具细刻纹，相当于腹长的 0.6 倍左右；中胸盾及小盾片各具 2 对刚毛，且前对明显短于后对；内悬骨较短而宽，端部伸达腹长的 0.37 倍处，末端圆形不分叶；前翅中等宽圆，长为宽的 2.4 倍 (图 63a)；翅脉末端伸达翅长的一半左右，缘脉直，等于亚缘脉长度，相当于痣脉长的 2.6 倍；痣脉基部稍缢缩；翅面纤毛中等密度，大致规则成列，中肘横毛列不明显；缘毛中等长短，最长者近于前翅宽的一半；后翅明显短于前翅，长为宽的 15.0 倍；翅脉稍长于翅长的一半，翅面规则纤毛 2 列；最长后缘毛仅及前翅最长者的 0.73 倍，约等于后翅宽度的 3.0 倍；足正常大小，各足节均具粗刚毛。

腹部卵锥形，稍长于头胸部长度之和；第 I 腹节背板及其后各腹节背板两侧均具明显网状刻纹，端部 3 腹节背板各具若干长刚毛；产卵管高度骨化 (图 63c)，长度为腹长的 0.66 倍；等于后足胫节长的 1.2 倍，末端稍伸出腹末之外；下生殖板较发达，末端伸达产卵管长的 0.8 倍左右处。

雄　国内未见雄性标本；根据 Hayat (1981) 描述，体色较淡，触角与雌性相似，但体上刚毛明显粗长 (图 63d)；同时雄虫还有短翅型，前翅只残留 1 较大的翅肩板，膜质翅面全部消失 (图 63e)；后翅也仅留 1 小的膜质翅面；外生殖器的阳基和阳茎明显可分，阳基简单管状；其阳基侧瓣、钩爪和腹中突等结构全部消失 (图 63f)；阳茎具明显的阳茎内突，两者全长稍长于阳基。

寄主　未知。

模式标本产地　印度 (Aligarh)。

模式标本存放单位　Zoology Museum, Aligarh Muslim University, India [ZMAMU]。

研究标本　3♀，福州金山 (N26°82'31", E119°20'30", 16M)，1987. X. 10-30，林乃铨采于黄盘诱集器；2♀，海南儋州宝岛新村 (N19°30'42", E109°30'39", 45M)，2005. XI. 7，李文标网扫。

分布　福建 (福州)、海南 (儋州)；印度 (Aligarh)。

23. 缨翅赤眼蜂属 *Megaphragma* Timberlake, 1923

Megaphragma Timberlake, 1923, Proc. Hawaiian Ent. Soc., 5: 412. **Type species**: *Megaphragma mymaripenne* Timberlake, 1923, by original designation; Doutt & Viggiani, 1968, Proc. Calif. Acad. Sci., 35(20): 491-493; Lin K-S, 1981, J. Agr. Res. China, 30(4): 441-442; Lin, 1992, Entomotaxon., 14(2): 129-138; Delvare, 1993, Revue Fr. Ent. (N S), 15(4): 149-151; Lin, 1994, System. Stud. Chinese Trichogrammatidae: 73-76; Lou, Cong & Yuan, 1997, J. Northeast Normal Univ., (4): 62-63; Pinto & Viggiani, 2004, J. Hym. Res., 13(2): 269-294; Pinto, 2006, J. Hym. Res., 15(1): 121; Polilov, 2017, J. Hym. Res., 60: 181-185.

Sethosiella Kryger, 1932, Bull. Soc. Ent. Egypt, 16: 38. **Type species**: *Sethosiella priesneri* Kryger, 1932, by original designation.

Paramegaphragma Lin, 1992, Entomotaxon., 14(2): 133-134. **Type species**: *Paramegaphragma stenopterum* Lin, 1992, by original designation. syn. by Delvare, 1993: 149-151. Renewed as subgenus.

鉴别特征　个体微小，体长多在 0.2-0.3 mm，为已知昆虫个体最小的类群；触角由 5-6 节组成，除柄节、梗节外，环状节 1 节，索节 1 节或缺如，棒节 2-3 节 (如索节缺如、则棒节 2-3 节，如索节 1 节、则棒节 2 节)，各棒节均具若干鞭毛感器和板状感器；具下颚须，但很小；前翅窄长呈带状，长约为宽的 7.0 倍；后缘常呈弧形弯曲，最长缘毛长于翅宽的 5.0 倍；翅面纤毛很少，从光滑无毛到仅少数 1-2 列纤毛；腹部第 VII 腹节背板无气门。

寄主 全世界已定名 15 种，全部寄生缨翅目的多种蓟马卵，其中 *M. mymaripenne* 在美国夏威夷等地还是蓟马 *Heliothrips haemorrhoidalis* 的重要天敌。

分布 世界广布。亚洲的中国 (辽宁、福建)，印度；欧洲的意大利，法国，葡萄牙；非洲的埃及，刚果 (布)，南非，佛得角群岛；北美洲的美国，墨西哥，瓜德罗普 (中美洲)；南美洲的海地，智利，阿根廷，哥伦比亚；大洋洲的澳大利亚。另外，还有中国 (台湾、新疆)，日本，意大利，澳大利亚，阿根廷等地一些尚未定名种类。

附注 本属系 Timberlake (1923) 以采自夏威夷群岛的 *M. mymaripenne* 为属模而建立；嗣后 Kryger (1932) 根据另一种类又描述了 *Sethosiella* 属，Ghequière (1939) 发现 Kryger (1932) 的 *Sethosiella* 就是 Timberlake (1923) 的 *Megaphragma*，同时把 Kryger (1932) 描述的 *S. priesneri* 归到本属；Nowicki (1939) 描述了采自非洲的本属第 3 个种；Subba Rao (1969a)、Yousuf & Shafee (1987) 先后报道了印度的 3 新种，其中 Yousuf & Shafee (1987) 描述的 *M. aligarhensis* 被 Hayat (2009) 指定为 *M. magniclava* 的异名；Lin (1992) 报道我国福建等地的本属 3 新种和 *Paramegaphragma* 属 2 新种；Delvare (1993) 在描述瓜德罗普 1 新种的同时，将 *Paramegaphragma* 指定为本属的异名；Lou *et al.* (1997)、Viggiani (1997) 和 Hayat (2009) 分别描述了中国 (辽宁)、意大利、法国、墨西哥、阿根廷和印度的 4 新种；因而迄今本属共知 15 种，它们分别分布在亚洲的中国 (6 种) 和印度 (3 种)；欧洲的意大利、法国和葡萄牙 (1 种)；非洲的埃及、刚果 (布)、南非和佛得角群岛 (2 种)；北美洲的美国、墨西哥、夏威夷、瓜德罗普、哥伦比亚 (1 种)；南美洲的海地、智利、阿根廷 (2 种)；另外还有中国 (台湾、新疆)、日本、意大利、澳大利亚和阿根廷等已发现一些种类，尚待描述定名。

Timberlake (1923) 的原始描述及后来 Ghesquière (1939)、Subba Rao (1969a) 等都把本属触角特征描述为：除柄节、梗节外，索节 1 节很小，似环状，棒节 3 节；Kryger (1932)、Doutt & Viggiani (1968) 则认为本属触角应是除柄节、梗节外，环状节、索节各 1 节，棒节 2 节；Lin (1992) 曾根据我国一些种类的触角索节缺如、棒节 2 节等特征，建立了 *Paramegaphragma* 属，Delvare (1993) 在描述中美洲瓜德罗普同一触角类型的种类时，认为该属的触角结构和节数可变，而将其作为异名归到本属之下；故本属的触角节数重新界定为：触角由 5-6 节组成，即柄节、梗节、环状节各 1 节，索节 1 节或缺如，棒节 2-3 节；Pinto & Viggiani (2004) 曾根据触角环节后的节数，把本属非正式地分为 3 组：第一组明显为索节 1 节、棒节 2 节；第二组的索节与棒节斜向紧密相接，使之呈 3 节状棒节；第三组的索节缺如、棒节 2 节；笔者全面比较本属所有已知种类后，认为原定为 *Paramegaphragma* 属的种类，属于索节缺如、棒节 2 节的第三组，其触角特征与另两组明显不同，因此本志特将它恢复为 1 新亚属。

根据 Viggiani (1971b) 以雄外生殖器为主要特征的分亚科、分族系统，以及 Pinto & Viggiani (2004) 和 Pinto (2006) 的系统发育分析结果，一致将本属与 *Epoligosita*、*Oligosita*、*Prestwichia*、*Prosoligosita* 和 *Sinepalpigramma* 等 5 属一起，隶于寡索赤眼蜂亚科、寡索

赤眼蜂族、寡索赤眼蜂亚族，且认为本属似与 *Prestwichia*、*Sinepalpigramma* 等属的缘系较接近。

我国有关本属的记载，最早为 Lin K-S (1981) 发现本属在台湾的分布记录，但未有具体定名。Lin (1992)、Lou *et al.* (1997) 先后发表了福建、广东、辽宁等地的 6 新种，使我国成为世界上已知本属资源最多的国家，记述于下。

亚属及种检索表

1. 雌雄触角均 6 节，除柄节、梗节和环状节各 1 节外，环节后棒节 3 节 ……… ***M.* (*Megaphragma*)** 2
   雌雄触角均 5 节，除柄节、梗节和环状节外，环节后仅棒节 2 节，索节缺如 ……………………………… ***M.* (*Paramegaphragma*) subgen. nov.** 5
2. 雌性触角环节后棒节 3 节结合紧密，呈纺锤形的 3 节棒节，长为宽的 3.75 倍，基部两棒节不对称紧密斜接；第二、三棒节分界明显，端棒节长为宽的 2.2 倍；前翅稍短而宽，长为宽的 7.0 倍；翅面光滑无纤毛，翅脉之下后缘呈圆弧形弯曲；缘毛 33 支，最长者为翅宽的 4.3 倍；产卵管发达，等于腹长的 0.8 倍，相当于后足胫节长的 1.9 倍，末端稍突出腹末之外 ……………………………… **斜棒缨翅赤眼蜂 *M.* (*M.*) *deflectum***
   雌性触角环节后 3 节明显可分为索节 1 节、棒节 2 节等两部分；前翅相对较窄长，翅面多少具纤毛，翅脉之下后缘弧形弯曲不明显 …………………………… 3
3. 雌性触角索节不明显细长，短圆筒形，长约为宽的 1.7 倍；基棒节圆筒形，较长而粗，长为宽的 2.8 倍，端棒节长锥形，稍粗而长；前翅明显窄长，长为宽的 9.8 倍；翅面纤毛约 10 支，排列不很规则，缘毛 24 支，最长者约为前翅宽的 7.0 倍；产卵管较短，近于腹长的 0.4 倍左右，与后足胫节约等长，末端不突出腹末之外 ……………… **十毛缨翅赤眼蜂 *M.* (*M.*) *decochaetum***
   雌性触角索节明显细长，长为宽的 3.0-4.5 倍，基棒节长大于其宽的 3.0-3.3 倍 ……………… 4
4. 雌性触角索节呈长圆柱形，两端粗细一致，长为宽的 4.5 倍；棒节 2 节，基棒节圆筒形，较后者稍粗而长，端棒节长锥状，比前者稍细短；前翅相对较宽，长为宽的 7.3 倍；翅面纤毛约 16 支，大致排成 2 列；缘毛多而长，达 39 支，最长者约为前翅宽的 4.5 倍；产卵管发达，等于腹长的 0.75 倍，与后足胫节长度相当，末端稍突出腹末之外 ………… **多毛缨翅赤眼蜂 *M.* (*M.*) *polychaetum***
   雌性触角索节呈长锥形，基部明显粗于端部，长为最宽处的 3.0 倍；基棒节长为宽的 3.3 倍，端棒节明显短于前者；前翅较狭窄，长为宽的 8.0 倍左右；翅面纤毛约 8 支，缘毛 27 支，最长者为前翅宽的 5.4 倍；产卵管等于后足胫节长的 1.2 倍，端部不突出腹末之外 ……………………………… **异索缨翅赤眼蜂 *M.* (*M.*) *anomalifuniculi***
5. 雌性触角两棒节长纺锤形，基棒节稍长于端棒节；前翅相对较宽大，长约为宽的 6.0 倍，痣脉大而明显；翅面纤毛约 6 支，随机分布，翅脉之下后缘明显呈圆弧形弯曲；缘毛 32 支，最长者为前翅宽的 3.0 倍；产卵管高度发达，等于腹长的 0.92 倍，相当于后胫节长的 2.0 倍，末端稍突出腹末之外 …………………… **显痣缨翅赤眼蜂 *M.* (*P.*) *macrostigumum***
   雌性触角两棒节纺锤形，基棒节明显短于端棒节；前翅相对较窄长，长为宽的 7.25 倍；翅脉长而直，痣脉细尖，端部直指翅端；翅面仅痣脉之外具 1 支纤毛，翅脉之下后缘明显呈圆弧形弯曲；缘毛 25 支，最长者相当前翅宽的 4.75 倍；产卵管约为腹长的一半，等于后足胫节长的 1.3 倍，末端不明显突出腹末 …………………… **窄翅缨翅赤眼蜂 *M.* (*P.*) *stenopterum***

(59) 斜棒缨翅赤眼蜂 *Megaphragma* (*Megaphragma*) *deflectum* Lin, 1992 (图 64)

Megaphragma (*Megaphragma*) *deflectum* Lin, 1992, Entomotaxon., 14(2): 130-131; Lin, 1994, System. Stud. Chinese Trichogrammatidae: 74-75.

雌 体长 0.28-0.29 mm；全体黄褐色，但复眼黑色；触角各节及各足节 (除后足基节外) 淡黄褐色；前后翅脉褐色，前翅缘脉之下翅面具灰褐色半透明昙纹，其余翅面无色透明。

头部正面观近倒三角形，宽略大于高，稍宽于胸部；复眼较大，长约为头高的 0.6 倍；上颚发达，末端具 3 齿；触角着生于两复眼中部连线之上方，离唇基较远，由 6 节组成；柄节长为宽的 3.5 倍，相当于梗节长的 1.45 倍 (图 64b)；梗节梨形，长为宽的 1.8 倍；环状节近扁三角形，宽大于长；棒节长纺锤形，长为宽的 3.75 倍；基棒节端部与第二棒节基部不对称斜接，结合紧密；第二棒节最宽大，近圆柱形，长为宽的 1.3 倍，上具若干鞭毛感器，最长鞭毛感器的末端未达到棒节顶端；端棒节锥状，长为宽的 2.2 倍，上具若干鞭毛感器和 4 支板状感器，部分板状感器端部明显突出棒节顶端之外。

胸部约为腹长的 0.7 倍，中胸盾和小盾片除各具 2 支纤毛以外，还具细致纵刻纹；内悬骨宽大，末端伸达腹长的一半左右；前翅稍短而宽，端部略尖圆，长为宽的 7.0 倍 (图 64a)；翅脉末端伸达翅长的 0.56 倍，痣脉粗短，约占翅脉全长的 0.09 倍；翅面光滑无纤毛，翅脉之下翅后缘明显呈弧形向后弯曲；缘毛 33 支，最长者相当于前翅宽的 4.3 倍；后翅与前翅约等长，长为宽的 21.0 倍；翅脉端部伸达翅长的 0.4 倍左右处，翅脉以外翅面向后强度弯曲；翅面光滑无纤毛，后缘毛 18 支，最长者为后翅宽的 11.6 倍，约等于前翅最长缘毛的 0.9 倍；各足正常大小，各足跗节全长均短于其胫节长度。

腹部圆锥形，各腹节背板中央具细横纹；产卵管发达，相当于腹长的 0.8 倍左右，等于后足胫节长的 1.9 倍，末端稍突出腹末之外。

雄 体长 0.26-0.27 mm；体色及主要特征与雌虫相似，但触角端棒节明显较短 (图 64c)；各棒节均具若干鞭毛感器，端棒节具 3 支长而粗的鞭毛感器和 2 支板状感器；外生殖器简单管状，长为宽的 4.0 倍；阳基基缘稍呈弧状内弯，其宽度明显窄于前半段，稍向腹面弯曲 (图 64d)，相当于后足胫节长的一半。

寄主 未知。

模式标本产地 福建武夷山。

模式标本存放单位 福建农林大学生物防治研究所昆虫标本室 [FAFU]。

研究标本 ♀ (正模)，1♀ (副模)，福建武夷山皮坑 (N27°41'29", E117°44'14", 451M)，1987. X. 19，汪家社采于黄盘诱集器；1♂ (副模)，福建武夷山三港 (N27°44'53", E117°40'41", 724M)，1987. VIII. 10，汪家社采于黄盘诱集器；4♀5♂ (副模)，福建连城冠豸山 (N25°42'50", E116°47'13", 577M)，1986. VII. 13，林乃铨、刘高盛、郑南辉网扫；1♀ (副模)，福建龙岩新罗 (N24°59'28", E117°09'09", 370M)，1986. VII. 14，林乃铨网扫；2♀ (副模)，福建福州金山 (N26°82'31", E119°20'30", 16M)，1987. V. 8，林乃铨采于黄盘诱集器；3♀6♂，福建将乐龙栖山 (N26°30'41", E117°22'57", 239M)，1991.VIII-X，林乃铨、

刘长明网扫；1♀2♂，辽宁沈阳东陵 (N41°48'46", E123°31'59", 52M)，1990. VII. 27，林乃铨网扫。

分布　辽宁 (沈阳东陵)、福建 (福州、武夷山、将乐、连城、龙岩)。

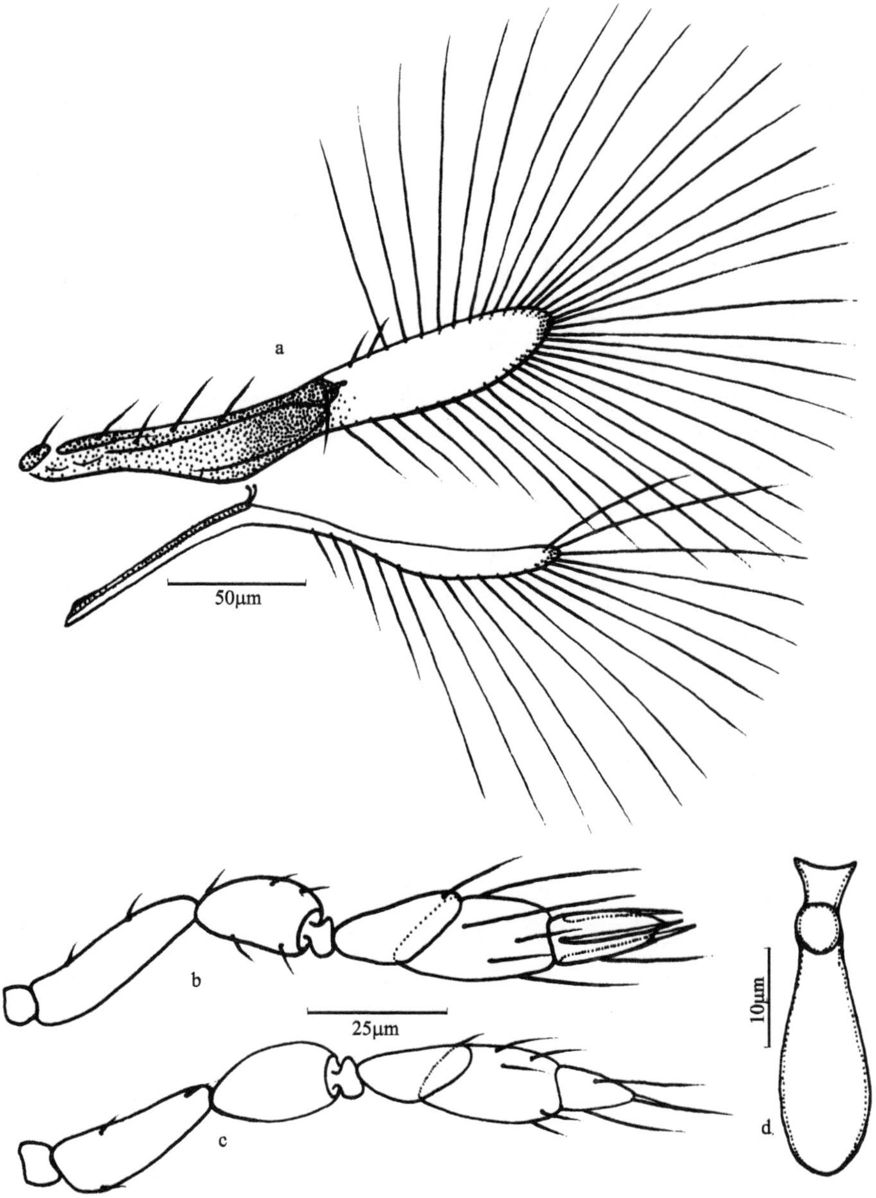

图 64　斜棒缨翅赤眼蜂 *Megaphragma* (*Megaphragma*) *deflectum* Lin

a. 前后翅 (fore & hind wing, ♀)；b. 触角 (antenna, ♀)；c. 触角 (antenna, ♂)；d. 雄外生殖器 (male genitalia)

(60) 十毛缨翅赤眼蜂 *Megaphragma (Megaphragma) decochaetum* Lin, 1992 (图 65)

Megaphragma (*Megaphragma*) *decochaetum* Lin, 1992, Entomotaxon., 14(2): 131-132; Lin, 1994, System. Stud. Chinese Trichogrammatidae: 75-76.

雌 体长 0.28-0.30 mm；全体淡黄褐色，但复眼黑色，上颚端部和产卵管黄褐色；触角索节和棒节、后足胫节和腹部前端两腹节背板褐色；前后翅面大致无色透明。

头部正面观近倒三角形，宽大于高，明显宽于胸部；复眼较大，长约为头高的 0.6 倍；上颚发达，末端具 3 齿；下颚须简单 1 节，末端 1 毛；触角着生于两复眼下缘连线之稍上方，由 6 节组成；柄节长棒状，长为宽的 3.0-3.5 倍，相当于梗节长的 1.5 倍 (图 65b)；梗节梨形，长为宽的 1.2-1.4 倍；环状节小而明显，长为宽的一半；索节圆筒形，长为宽的 1.7-1.8 倍，相当于梗节长的 0.5-0.6 倍；棒节 2 节，基棒节粗而长，圆筒形，长为宽的 2.8 倍，相当于索节长的 2.0-2.1 倍；上具 2 圈轮生鞭毛感器，尤以背侧缘 2 支鞭毛感器粗而长，其余均较短小；端棒节长锥形，长为宽的 2.8 倍，较基棒节稍细而短；其上除具若干鞭毛感器外，还具 2-3 支板状感器，且末端明显突出棒节顶端之外。

胸部为腹长的 0.5-0.6 倍，中胸盾马蹄形；小盾片近半月形，其上各具 2 支纤毛和细网状纹；内悬骨长大，末端圆，末端伸达腹长的一半左右；前翅窄长，长为宽的 9.0-9.8 倍 (图 65a)；翅脉末端伸达翅长的 0.6 倍左右，痣脉粗短，仅及翅脉全长的 0.06 倍；其端部中下方具 1 支纤毛伸向后缘；痣脉以外翅面具纤毛 10 支左右，排列不很规则；缘毛长，25 支左右，最长者为前翅宽的 6.0-7.0 倍；后翅长为宽的 24.6 倍，略短于前翅；翅脉为翅长的 0.5-0.6 倍，翅脉以外翅面明显向后弯曲；翅面光滑无纤毛，后缘毛 11-12 支，最长者为后翅宽的 10-13 倍，相当于前翅最长缘毛的 0.6-0.7 倍；各足正常大小，前足跗节全长与胫节约等长，中后足跗节全长均略短于各自胫节长度。

腹部圆锥形，末端钝圆；产卵管中等长度，约为腹长的一半 (18∶37)，比后足胫节略长 (18∶15)，末端不突出腹末之外。

雄 体长 0.25 mm；体色及主要特征与雌虫相似；但触角端棒节明显短小 (图 65c)，长等于宽的 1.5 倍，不足基棒节长的一半；其上具若干鞭毛感器和 2 支板状感器，且端部不明显突出顶端；前翅缘毛 22 支，最长者约为翅宽的 8.0 倍；外生殖器为短而宽的简单管状 (图 65d)，长约为宽的 2.4 倍；阳基基缘稍呈弧状后突，明显窄于中段宽度，末端稍向腹面弯曲，长度约为后足胫节长的 0.37 倍。

寄主 未知。

模式标本产地 福建福州。

模式标本存放单位 福建农林大学生物防治研究所昆虫标本室 [FAFU]。

研究标本 ♀(正模)，8♀5♂(副模)，福建福州金山 (N26°82'31", E119°20'30",16M)，1987. VI-VIII. 8，林乃铨、蔡毅群、谢志鸣采于黄盘诱集器；2♀1♂(副模)，福建尤溪池田 (N26°02'44", E117°56'52", 289M)，1987. VIII. 19，郑琪采于黄盘诱集器；5♀1♂(副模)，福建仙游温泉 (N25°22'04", E118°47'40.57", 70M)，1987. VIII. 20，吴祖建采于黄盘诱集器；2♀，山东临朐沂山 (N36°13'10", E118°42'18", 246M)，2005. VIII. 10-11，田洪霞网扫；

2♀，广东广州石牌 (N23°8'42", E113°20'46", 12M)，1985. I. 3，林乃铨网扫；1♀，海南屯昌中建农场 (N19°14'38", E110°12'04", 129M)，2006. V. 2，李文标网扫；4♀2♂，海南儋州宝岛新村 (N19°30'42", E109°30'39", 45M)，2005. I. 7，李文标网扫；2♀1♂，海南儋州宝岛新村 (N19°30'42", E109°30'39", 45M)，2005. VI，张端璋网扫；2♀，海南昌江霸王岭保护区 (N19°7'47", E109°16'17", 1560M)，2006. I. 3，李文标网扫；1♀1♂，海南三亚南岛农场 (N18°24'50", E109°24'25", 173M)，2006. III. 27，李文标网扫。

分布　山东 (临朐)、福建 (福州、尤溪、沙县、仙游、永春、永安、连城、漳平)、广东 (广州)、海南 (屯昌、儋州、昌江霸王岭、三亚南岛)。

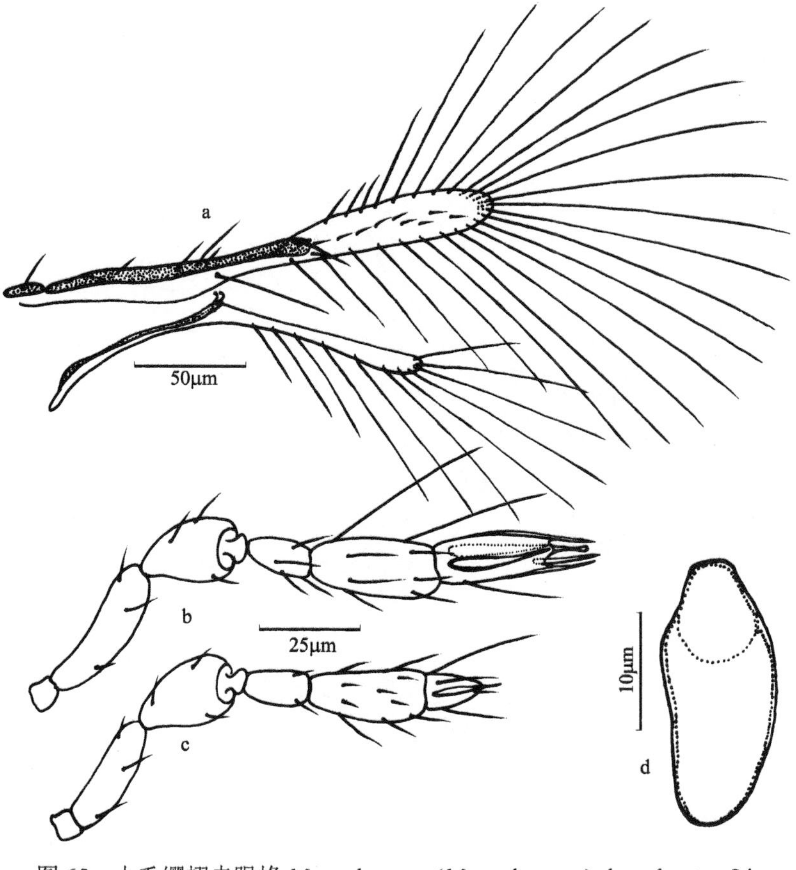

图 65　十毛缨翅赤眼蜂 *Megaphragma* (*Megaphragma*) *decochaetum* Lin

a. 前后翅 (fore & hind wing, ♀)；b. 触角 (antenna, ♀)；c. 触角 (antenna, ♂)；d. 雄外生殖器 (male genitalia)

(61) 多毛缨翅赤眼蜂 *Megaphragma* (*Megaphragma*) *polychaetum* Lin, 1992 (图 66)

Megaphragma (*Megaphragma*) *polychaetum* Lin, 1992, Entomotaxon., 14(2): 132-133; Lin, 1994, System. Stud. Chinese Trichogrammatidae: 76-77.

雌　体长 0.34-0.36 mm；全体淡黄褐色，但复眼黑色；头部、触角、中胸盾、小盾片、各足转节以下各足节、前后翅脉黄褐色；各足基节及腹部深黄褐色；前后翅翅面灰褐色半透明。

头部正面观近扁圆形，宽大于高；复眼长约为头高的 0.54 倍；上颚发达，末端具 4 齿，外侧 2 齿尖锐，内侧 2 齿钝突；下颚须 1 节，末端 2 毛，1 支粗壮、1 支细长；触角着生于两复眼之中部连线之稍上方，明显细长，由 6 节组成；柄节细长，长为宽的 4.2 倍，相当于梗节长的 1.8 倍 (图 66b)；梗节圆梨形，长为宽的 1.3 倍；环状节小而明显，宽大于长；索节细窄，长圆柱形，长为宽的 4.5 倍；相当于梗节与环状节的长度之和，其腹面近端部具 1 支明显较长的鞭毛感器；棒节 2 节，基棒节最宽大，近长纺锤形，长为宽的 3.0 倍；等于索节长的 1.7 倍，其背侧缘上具 2 支明显粗而长的鞭毛感器且端部约抵达棒节的顶端；端棒节较细长，近圆柱形，长为宽的 4.4 倍，与基棒节长度接近；其上除具若干鞭毛感器外，还具 4 支板状感器，且末端明显突出棒节顶端之外。

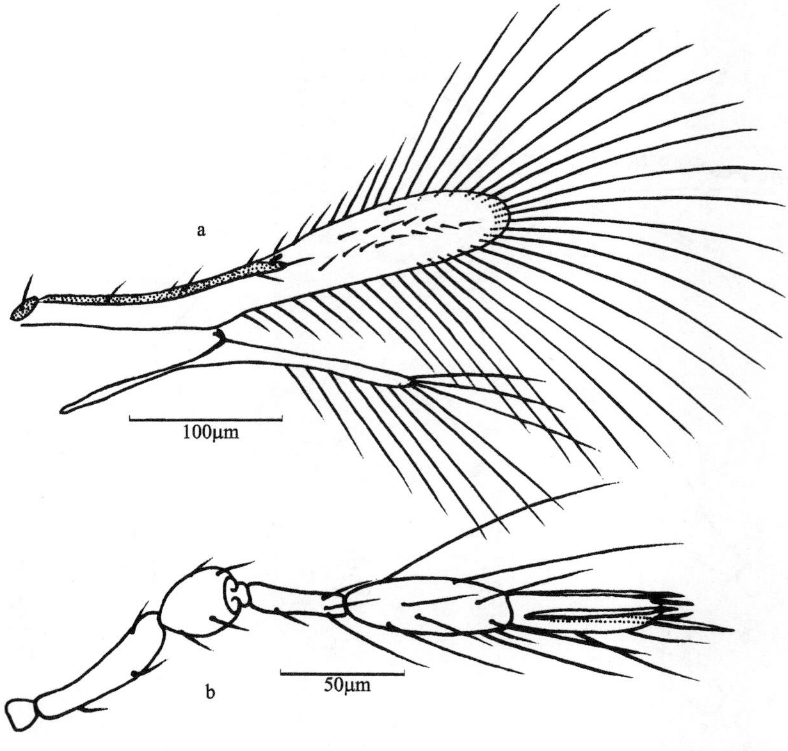

图 66 多毛缨翅赤眼蜂 *Megaphragma* (*Megaphragma*) *polychaetum* Lin (♀)

a. 前后翅 (fore & hind wing)；b. 触角 (antenna)

胸部约为腹长的 0.75 倍，中胸盾近方形，上具粗糙网状纹和 2 支纤毛；小盾片横形，除具 2 支纤毛外，未见明显刻纹；内悬骨宽大，末端伸达腹长的一半左右；前翅窄长，长约为宽的 7.3 倍 (图 66a)，翅脉末端伸达翅长的一半；痣脉细长，约为翅脉总长的 0.12 倍；痣脉以外翅面具纤毛 16 支，大致排成 2 列；缘毛多而长，约 39 支，最长者为前翅宽的 4.5 倍；后翅细窄，长等于宽的 25.0 倍，约为前翅长的 0.75 倍；翅脉伸达翅长的一半，翅脉之外翅面向后稍弯，翅面光滑无纤毛；后缘毛约 11 支，最长者为后翅宽的 15.0 倍，相当于前翅最长缘毛的 0.7 倍；各足正常大小，前足跗节全长约与其胫节等长，中后足跗节全长均短于其胫节长度。

腹部粗短，圆锥形，各腹节背板均具若干刺状短毛；产卵管发达，长度为腹长的 0.75 倍，约与后足胫节等长，末端稍突出腹末之外。

寄主 未知。

模式标本产地 福建武夷山。

模式标本存放单位 福建农林大学生物防治研究所昆虫标本室 [FAFU]。

研究标本 ♀(正模)，5♀(副模)，福建武夷山七里桥 (N27°43'50", E117°39'32", 849M)，1987. VII. 3-30，汪家社采于黄盘诱集器。

分布 福建 (武夷山七里桥)。

(62) 异索缨翅赤眼蜂 *Megaphragma* (*Megaphragma*) *anomalifuniculi* Yuan & Lou, 1997 (图 67)

Megaphragma (*Megaphragma*) *anomalifuniculi* Yuan & Lou, 1997, in: Lou, Cong & Yuan, 1997, J. Northeast Normal Univ., 1997(4): 62-63.

雄 体长 0.26-0.27 mm，翅长 0.21 mm；全体淡黄褐色，但复眼黑色；单眼微红色，头部颜色稍深，前后翅翅面无色透明。

头部正面观近倒三角形，宽大于高；复眼较大，长约为头高的 0.6 倍；触角着生在两复眼中部连线之上，由 6 节组成；柄节近圆柱形，长为宽的 2.5 倍，相当于梗节长的 1.25 倍 (图 67b)；梗节近梨形，长为宽的 1.8 倍，等于柄节长的 0.8 倍；环状节明显；索节长锥形，基部宽而端部窄，长度为基部最宽处的 3.0 倍，分别等于柄节长和梗节长的 0.6 倍和 0.8 倍；棒节长纺锤形，长约为其宽的 5.0 倍；基棒节基部窄而端部宽，倒长圆锥形，长为宽的 3.3 倍，相当于索节长的 1.9 倍；端棒节较短，圆锥状，长约为宽的 2.0 倍；相当于基棒节长的 0.65 倍，两棒节均具若干鞭毛感器和板状感器。

胸部约为腹长的一半，内悬骨长大，末端伸达腹长的一半，端部不分叶；前翅极狭窄，长为宽的 8.0 倍左右 (图 67a)，翅脉末端伸达翅长的 0.54 倍左右处，痣脉粗短；痣脉以外翅面约具 8 支纤毛；缘毛 27 支，最长者为前翅宽的 5.4 倍；后翅短于前翅，翅面光滑无纤毛；缘毛 11 支，最长后缘毛约为前翅最长者的 0.63 倍；各足正常大小，各足端跗节均长于其后各跗节。

腹部粗壮，末端钝圆，各腹节背板无明显刻纹；外生殖器为简单管状 (图 67c)，长约为宽的 2.6 倍；阳基基缘呈三角形明显向后突出，相当于后足胫节长的 0.34 倍。

雌 体长 0.24 mm；体色及主要特征与雄虫相似；产卵管相当于后足胫节长的 1.2 倍，端部不突出腹末之外。

寄主 未知。

模式标本产地 黑龙江镜泊湖。

模式标本存放单位 沈阳农业大学昆虫标本室 [SYNU]。

分布 黑龙江 (镜泊湖)、吉林 (长春净月潭)。

附注 模式标本未检视，形态描述和特征图引自 Lou *et al*. (1997) 的原始描述。原记载的标本有：♂ (正模)，1♀ (副模)，黑龙江镜泊湖 (N43°51'14", E128°54'37", 344M)，1995. VIII. 19，娄巨贤、袁静网扫；1♂ (副模)，吉林长春净月潭 (N43°47'51", E125°26'53", 286M)，1992. VII. 25，娄巨贤网扫。

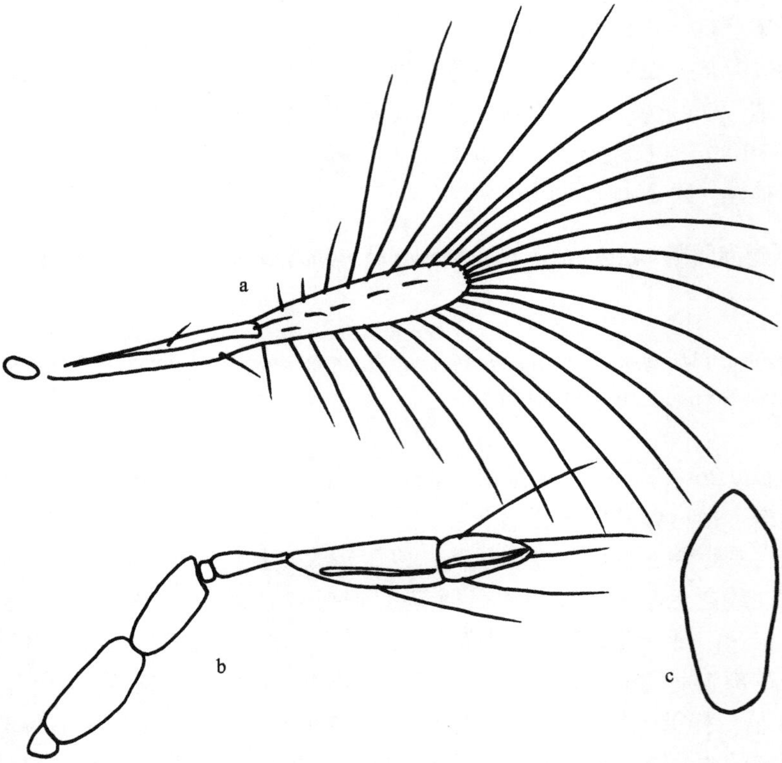

图 67 异索缨翅赤眼蜂 *Megaphragma* (*Megaphragma*) *anomalifuniculi* Yuan & Lou (♂) (仿 Lou, Cong & Yuan, 1997)

a. 前翅 (fore wing)；b. 触角 (antenna)；c. 雄外生殖器 (male genitalia)

(63) 显痣缨翅赤眼蜂 *Megaphragma* (*Paramegaphragma*) *macrostigmum* (Lin, 1992) (图 68)

Paramegaphragma macrostigmum Lin, 1992, Entomotaxon., 14(2): 135-136; Lin, 1994, System. Stud. Chinese Trichogrammatidae: 68-69.

Megaphragma (*Paramegaphragma*) *macrostigmum* (Lin): renewed status.

雄 体长 0.30 mm；全体淡黄褐色，但复眼黑色；上颚末端黄褐色，前后翅脉灰褐色，前翅痣脉以内下方翅面具灰褐色半透明昙纹，其余翅面无色透明。

头部正面观近倒三角形，宽大于高；复眼较大，长为头高的 0.64 倍；上颚末端 3 齿；触角着生于两复眼之中间连线上，由 5 节组成 (图 68b)；柄节长棒状，长为宽的 3.6 倍，相当于梗节长的 1.3 倍；环状节较大，宽大于长；两棒节长纺锤形，基棒节近圆柱形，长为宽的 2.4 倍，相当于梗节长的 1.4 倍；端棒节圆锥形，长为宽的 1.5 倍，相当于基棒节长的 0.57 倍；其上具若干鞭毛感器和 1-2 支板状感器。

胸部为腹长的 0.6 倍，中胸盾近长方形，其上具 2 支纤毛和细致网纹；小盾片横形，其上具 2 支纤毛，而无明显刻纹；内悬骨宽大，向后伸达腹长的一半左右；前翅相对较宽大，长为宽的 6.0 倍 (图 68a)；翅脉端部伸达翅长的 0.63 倍处，痣脉大而明显，长约等于翅脉全长的 0.11 倍；痣脉以外翅面具纤毛 6 支，不规则排列；翅脉之下翅后缘明显呈弧形向后弯曲，缘毛 32 支，最长者为前翅宽的 3.0 倍；后翅与前翅约等长，直而不向后弯，长为宽的 17.5 倍；翅脉端部伸达翅长的 0.4 倍处，翅面光滑无纤毛；后缘毛 19 支，最长者为后翅宽的 8.1 倍，稍短于前翅最长缘毛；各足正常大小，前足跗节全长略短于其胫节长度，中后足跗节全长均与其各自胫节等长。

腹部圆锥形，末端钝圆；外生殖器为简单、短而宽的管状 (图 68d)，长为宽的 3.25 倍，阳基基缘凹陷不明显，稍窄于其中段之宽；末端稍向腹面弯曲，长度相当于后足胫节长的 0.35 倍。

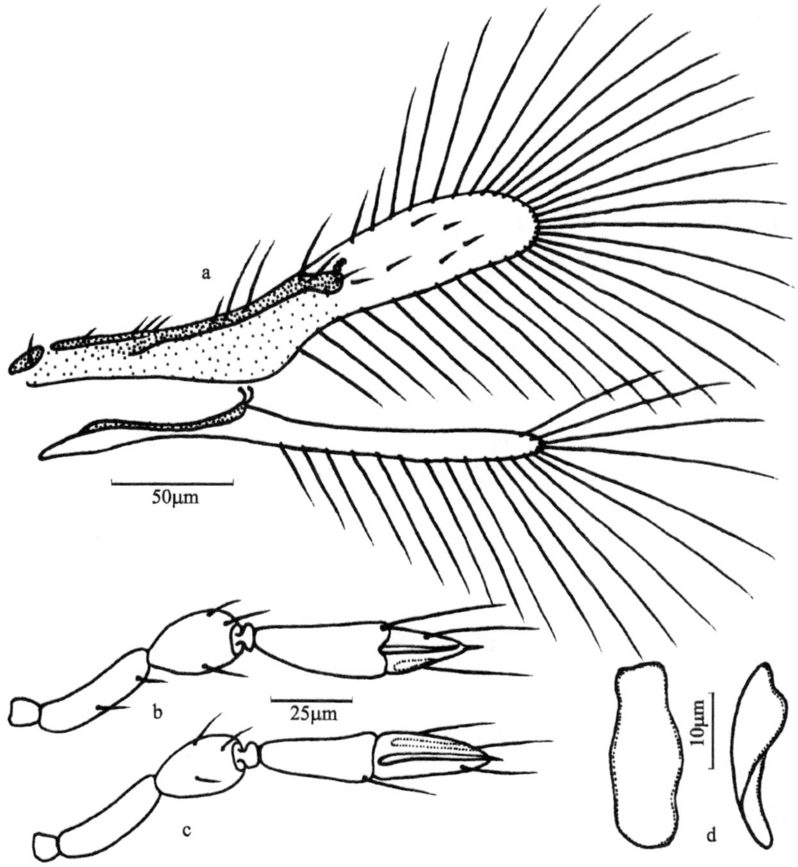

图 68　显痣缨翅赤眼蜂 *Megaphragma* (*Paramegaphragma*) *macrostigmum* (Lin)

a. 前后翅 (fore & hind wing, ♂)；b. 触角 (antenna, ♂)；c. 触角 (antenna, ♀)；d. 雄外生殖器 (male genitalia)

雌 体长 0.31 mm；体色及主要特征与雄虫相似；但触角基棒节稍长于端棒节，两者全长稍大于柄节与梗节长度之和 (图 68c)；端棒节具若干鞭毛感器和 2 支板状感器；产卵管高度发达，等于腹长的 0.92 倍，相当于后胫节长的 2.0 倍，末端稍突出腹末之外。

寄主 未知。

模式标本产地 福建福州。

模式标本存放单位 福建农林大学生物防治研究所昆虫标本室 [FAFU]。

研究标本 ♂ (正模)，2♂ (副模)，福建福州金山 (N26°82'31", E119°20'30", 16M)，1985.VIII.31，林乃铨采于黄盘诱集器；2♀1♂ (副模)，广东广州石牌 (N23°8'42", E113°20'46", 12M)，1985. XI. 3，林乃铨网扫。

分布 福建 (福州金山)、广东 (广州石牌)。

(64) 窄翅缨翅赤眼蜂 *Megaphragma* (*Paramegaphragma*) *stenopterum* (Lin, 1992) (图 69)

Paramegaphragma stenopterum Lin, 1992, Entomotaxon., 14(2): 134-135; Lin, 1994, System. Stud. Chinese Trichogrammatidae: 67-68.

Megaphragma (*Paramegaphragma*) *stenopterum* (Lin): renewed status.

雌 体长 0.27-0.28 mm；全体黄白色，但复眼黑色；头部、前后翅脉淡黄褐色，前后翅面基本无色透明。

头部正面观近倒三角形，宽稍大于高；复眼较大，长为头高的 0.6 倍；上颚较发达，末端 3 齿；触角着生于两复眼下缘连线之上方，由 5 节组成；柄节长柱形，长为宽的 4.0 倍，相当于梗节长的 1.2 倍 (图 69b)；梗节长梨形，长为宽的 1.75 倍；环状节较大，宽大于长；两棒节呈纺锤形，基棒节倒锥形，稍短于梗节；长为宽的 1.3 倍，上具若干鞭毛感器；端棒节长锥形，长为宽的 2.0 倍，与柄节的长度相当；上具若干鞭毛感器和 1-2 支板状感器。

胸部约为腹长的 0.45 倍，中胸盾马蹄形；小盾片横形，其上各具 2 支纤毛和细致纵刻纹；内悬骨宽大，末端钝圆，端部向后伸达腹长的 0.4 倍左右处；前翅相对窄长，长为宽的 7.25 倍 (图 69a)；翅脉长而直，末端伸达翅长的 0.66 倍左右处；痣脉细而尖，端部直指翅端，不弯向翅面，长度仅及翅脉全长的 0.08 倍；痣脉之外翅面仅具纤毛 1 支，翅脉之下后缘明显呈弧形向后弯曲；缘毛 25 支，最长者相当前翅宽的 4.75 倍；后翅稍长于前翅，长为宽的 20.0 倍；翅脉端部伸达翅长的 0.4 倍左右，翅脉之外翅面稍向后弯曲；翅面无纤毛，缘毛 14 支，最长者相当于后翅宽的 11.5 倍，约为前翅最长缘毛的 0.9 倍；足正常大小，各足跗节全长均略短于各自胫节长度。

腹部圆锥形，端部钝圆；产卵管发达，长度约为腹长的一半；相当于后足胫节长的 1.3 倍，末端不明显伸出腹末。

雄 体长 0.27 mm；体色及主要特征与雌虫相似；但触角棒节略短小 (图 69c)，端棒节上的鞭毛感器和板状感器数目与雌虫相似；外生殖器为 1 简单的短管 (图 69d)，长为宽的 3.2 倍；阳基基缘明显较宽大，中间有浅弧状内凹；末端稍向腹面弯曲，约为后足胫节长的 0.52 倍。

寄主　未知。

模式标本产地　福建福州。

模式标本存放单位　福建农林大学生物防治研究所昆虫标本室 [FAFU]。

研究标本　♀(正模)，4♀3♂(副模)，福建福州金山 (N26°82'31", E119°20'30", 16M)，1987.XII.21，林乃铨采于黄盘诱集器；1♀(副模)，福建福安坂中 (N27°05'50", E119°37'57", 29M)，1986. VII. 27，郑南辉网扫。

分布　福建 (福州、福安)。

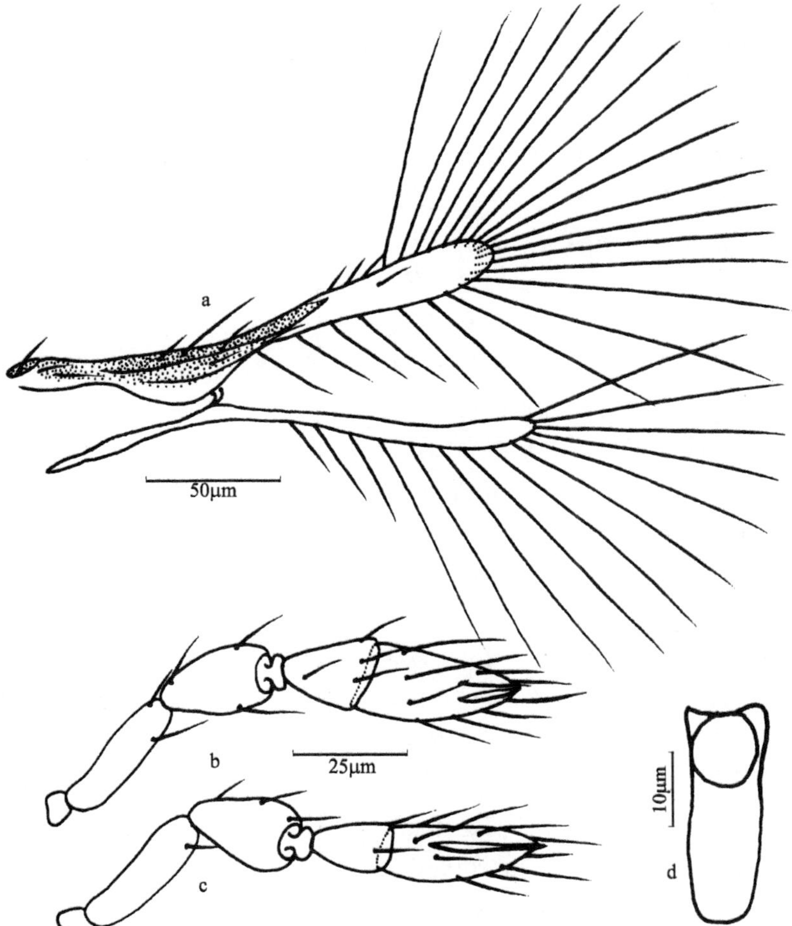

图 69　窄翅缨翅赤眼蜂 *Megaphragma* (*Paramegaphragma*) *stenopterum* (Lin)

a. 前后翅 (fore & hind wing, ♀)；b. 触角 (antenna, ♀)；c. 触角 (antenna, ♂)；d. 雄外生殖器 (male genitalia)

24. 断脉赤眼蜂属 *Mirufens* Girault, 1915

Mirufens Girault, 1915e, Mem. Queens. Mus., 3: 147. **Type species**: *Mirufens dentipes* Girault, 1915, by original designation; Doutt & Viggiani, 1968, Proc. Calif. Acad. Sci., 35(20): 513-515; Lin K-S, 1981,

J. Agr. Res. China, 30(4): 429-430; Lou, 1991, Entomotaxon., 13(4): 299-301; Lin, 1993c, Acta Ent. Sin., 36(2): 209-211; Lin, 1994, System. Stud. Chinese Trichogrammatidae: 201-205; Lou, Cong & Yuan, 1997, J. Northeast Normal Univ., (1): 74-77; Neto & Pintureau, 1997, Ent. Problems, 28(2): 141-148; Pinto, 2006, J. Hym. Res., 15(1): 66-67; Burks, Heart, Pinto & Grimaldi, 2015, Syst. Ent., 40(1): 592-605.

Trachocera Blood & Kryger, 1928, Ent. Medd., 16: 208-209. **Type species**: *Trachocera longicauda* Blood & Kryger, 1928 (junior objective synonym of *Asynacta longicanda* Blood, 1928), by original designation. as valid subgenus, designated by Doutt & Viggiani, 1968: 513- 515. syn by Neto & Pintureau, 1997: 142.

Pseudotrachocera Neto & Pintureau, 1997, Entoml. Problems, 28(2): 141-148. **Type species**: *Trachocera gundlachi* Nowicki, 1923, by original designation. as valid subgenus.

鉴别特征 个体相对较大；雌雄触角异型，雌者 9 节，除柄节、梗节外，环状节和索节各 2 节，棒节 3 节；梗节侧面常具细圆齿状横脊纹，两索节分节明显；各索节、棒节均具若干锥栓感器、鞭毛感器和板状感器；下颚须 2 节；中胸盾和小盾片各具 2 对长刚毛；前翅相对较宽阔，长小于宽的 2.0 倍；痣脉较长，基部与缘脉端部的宽度相近，缘脉与缘前脉近等长；翅面纤毛中等密度，规则成列，但纤毛稠密者纤毛不规则成列；中肘横毛列清晰；前足胫节外侧缘具 1 列齿状突；雄性触角 10 节，棒节顶端多 1 圆形小节；各索节、棒节上的轮生鞭毛感器明显多而粗长；外生殖器的阳基背面完全开放，具阳基侧瓣和钩爪；腹中突缺如，阳茎具阳茎内突。

寄主 已知 5 种可寄生半翅目角蝉科 Membracidae、叶蝉科 Cicadellidae 等卵。另 Neto & Pintureau (1997) 曾有寄生粉蚧科 Pseudococcidae 卵的报道，有待核实。

分布 中国 (5 种)，印度 (4 种)，斯里兰卡 (1 种)，叙利亚 (1 种)，英国 (1 种)，澳大利亚 (1 种)。

附注 *Mirufens* 属系 Girault (1915e) 以采自澳大利亚的 *M. dentipes* 为属模而建立；Blood & Kryger (1928) 根据采自叙利亚的标本又建立了 *Trachocera* 属，Doutt & Viggiani (1968) 在研究该模式标本后，认为它与本属没有本质区别，因此将它指定为本属的 1 个亚属，并将其下原有的 2 种 *T. longicanda* 和 *T. gundlachi* 归到本属；他们同时界定亚属的特征为：*Mirufens* 指名亚属的雌性前翅缘脉不与前缘紧密接触，缘脉与缘前脉之间有 1 明显折断痕，痣脉明显长于缘脉和缘前脉；*Trachocera* 亚属的前翅缘脉与前缘紧密接触，雌性触角索节和棒节明显较长；Neto & Pintureau (1997) 虽然认识到本属的分亚属具有难度，同时他们认为 Doutt & Viggiani (1968) 将本属分为 2 个亚属，仍不能解决本属的中间类型问题；由此他们提出采用前翅特征对其分亚属似乎更加可行，并根据前翅特征将 *M. gundlachi* 设为另一新亚属 *Pseudotrachocera*，界定特征为：前翅较长 (长为宽的 2.4-2.5 倍)，缘毛较长 (最长者为翅宽的 0.24 倍)，翅面纤毛列常不清晰；遗憾的是，Pinto (2006) 发现 Neto & Pintureau (1997) 所界定的新亚属特征，仅仅除了 *M. gundlachi* (Nowicki) 1 种之外，反而把原来归在 *Trachocera* 亚属的所有已知种类又都归回指名亚属内，因此目前仍以保持 Doutt & Viggiani (1968) 所界定的 2 个亚属较好。

根据 Viggiani (1971b)、Pinto (2006) 以雄外生殖器为主要特征的分亚科、分族系统，以及 Owen *et al.* (2007) 基于分子证据的分类系统，一致把本属归为赤眼蜂亚科、赤眼蜂族；且本属似与 *Ufens*、*Ceratogramma* 和 *Pseudomirufens* 等属的缘系较接近。

20 世纪 30 年代以前，本属只有 Girault (1915e)、Nowicki (1923) 和 Blood (1923) 分别报道了澳大利亚、叙利亚和英国的 3 新种；中期以后，Viggiani (1968)、Viggiani & Hayat (1974)、Khan & Shafee (1977) 先后报道了斯里兰卡和印度的 8 新种，其中 Khan & Shafee (1977) 描述的 3 新种已被 Hayat (2008b) 认定为 *M. afrangiata* 和 *M. mangiferae* 的异名；Lou (1991)、Lin (1993c, 1994) 和 Lou, Cong & Yuan (1997) 先后发表了中国的 5 新种，因而迄今本属共知 13 种，分别分布于中国 (5 种)、印度 (4 种)、斯里兰卡 (1 种)、英国 (1 种)、叙利亚 (1 种) 和澳大利亚 (1 种)，另还有我国台湾 1 未定名种可寄生芒果叶蝉卵。

最近，Burks *et al.* (2015) 报道了从巴黎波罗的海琥珀中发现的始新世中期、至今 4130 万-4780 万年的化石种类；他们共鉴定描述了蚜小蜂科 1 新亚科、2 新属、3 新种和赤眼蜂科 1 新属、4 新种，其中本属 1 新种，即 *Mirufens illusionis*，不仅使赤眼蜂的化石种类由此前只知 1 种增加到现今的 5 属 5 种，而且从这些始新世中期的化石种类中，发现它们的形态特征仍与现代种类极其相似，说明从始新世至今已经历 4130 多万年的历史变迁，虽然生态环境已经完全变化，但这些微小的赤眼蜂科和蚜小蜂科的形态仍然能够保持基本不变！

我国有关此属的记载，最早见于 Lin K-S (1981) 的报道，称台湾有 1 寄生芒果叶蝉 *Chunvocerus niveosparsus* 卵的未定名种；此后，Lou (1991)、Lin (1993c, 1994) 和 Lou, Cong & Yuan (1997) 等先后报道了采自我国的 5 新种，全部隶于指名亚属，记述如下。

种 检 索 表

1. 前翅端部明显较宽阔，长为宽的 1.65 倍以下……2
   前翅端部较宽圆，长为宽的 1.8 倍以上……4
2. 雄外生殖器阳基圆筒形，长为宽的 5.0-6.0 倍；中脊向后仅伸至阳基的 0.5-0.7 倍处；阳茎及其内突全长与后足胫节等长或更长……3
   雄外生殖器阳基近卵圆形，长约为宽的 2.0 倍；中脊骨化明显，向后伸达阳基后缘；阳茎及其内突全长短于后足胫节长度 (约 0.8 倍)；雌性前翅长为宽的 1.64 倍左右，翅面规则纤毛列 (17 列)；产卵管为腹长的 0.8 倍，等于后足胫节长的 2.0 倍，末端稍露出腹末……**粗脊断脉赤眼蜂 *M.* (*Mirufens*) *scabricostatus***
3. 前翅长为宽的 1.65 倍，翅面纤毛列较稠密 (约 23 列)；雄外生殖器阳基圆筒形，长为宽的 5.1 倍；中脊向后仅伸至阳基的中部 (0.53 倍)；阳茎与其内突约等长，两者全长相当于阳基长的 0.9 倍，等于后足胫节长的 1.04 倍……**筒茎断脉赤眼蜂 *M.* (*M.*) *tubipenis***
   前翅端部较宽阔，端部近平截，长为宽的 1.55 倍；翅面中等密度，纤毛列较少 (约 19 列)；雄外生殖器阳基圆筒形，长为宽的 6.0 倍；中脊向后伸至阳基的 0.7 倍处；阳茎略短于其内突，两者全长约为阳基长的 0.9 倍，与后足胫节近等长……**宽翅断脉赤眼蜂 *M.* (*M.*) *platyopterus***
4. 前翅长为宽的 1.83 倍，翅面规则纤毛列 (约 17 列)；前足胫节外侧 6 个齿状突，中足胫节端距长而具芒状分枝；雌性触角第二索节明显短而横形；产卵管为腹长的 1.1 倍，等于足胫节长的 2.7 倍，末端 1/9 管长伸出腹末之外……**沈阳断脉赤眼蜂 *M.* (*M.*) *shenyangensis***

前翅长为宽的 1.88 倍，翅面纤毛较稠密，规则毛列 (约 21 列)；前足胫节外侧 3 个齿状突，中足胫节端距不特别长，无芒状分枝；雌性触角两索节均圆筒形，长短接近，长为宽的 1.3 倍；产卵管为腹长的 1.4 倍，等于后足胫节长的 3.5 倍，末端 1/6 管长伸出腹末之外……………………………………………………………………………………**长管断脉赤眼蜂 *M.* (*M.*) *longitubatus***

(65) 粗脊断脉赤眼蜂 *Mirufens* (*Mirufens*) *scabricostatus* Lin, 1993 (图 70)

Mirufens (*Mirufens*) *scabricostatus* Lin, 1993c, Acta Ent. Sin., 36(2): 209-211; Lin, 1994, System. Stud. Chinese Trichogrammatidae: 202-203.

雌 体长 0.68-0.80 mm；全体暗褐色，但复眼、单眼暗红色；上颚端部褐色，头顶、触角鞭节、前中足转节、腿节两端及各足胫节和跗节为淡黄褐色；前后翅脉灰褐色，前翅面全部无色透明；各腹节背板交界处均具 1 淡黄色细横带。

头部正面观扁圆形，宽明显大于高，也宽于胸部；头顶具横脊纹和若干纤毛；复眼长为头高的 0.6 倍左右，其内侧颜面和颊区均具若干稀纤毛；上颚强大，末端 3 齿，外侧 2 齿较尖利；下颚须 2 节，端部具 3 毛；触角着生于两复眼下缘连线之上方，柄节较细长，长约为宽的 3.75 倍 (图 70b)；梗节梨形，长为宽的 1.8 倍，上具明显的细圆齿状横脊纹；两环状节小而明显，第二环节紧贴索节基部；两索节均为短圆筒形，基索节稍长于第二索节；棒节全长约为宽的 4.0 倍，等于柄节长的 1.85 倍；基棒节短而宽，第二棒节圆筒形，端棒节圆锥形，窄而长；各索节、棒节除具若干刺毛感器和明显较雄者少而细的鞭毛感器外，各棒节还依次具 2、2 和 3 支板状感器。

胸部背面密具网状刻纹，为腹长的 0.64-0.75 倍；中胸盾和小盾片各具 4 支刚毛，中央有 1 明显的中纵带贯穿前后；内悬骨端部向后伸至腹长的 1/3 处，端部分 2 叶；前翅端部宽圆，长为宽的 1.64 倍 (图 70a)；翅脉强度弯曲，末端伸达翅长之 0.54 倍处；痣脉明显长于缘脉，但与缘前脉约等长；缘脉不与前缘紧密接触，与缘前脉之间有 1 明显折断痕；翅面纤毛规则成列，具明显的中肘横毛列；缘毛较短，最长者仅及前翅宽的 0.1 倍左右；后翅稍短于前翅，长为宽的 9.0 倍；翅脉端部伸达翅长的 0.54 倍处，翅面规则纤毛 3 列；最长后缘毛为前翅最长者的 1.5 倍，与后翅宽度相当；各足均较粗壮，各足节均具细纤毛，前足胫节外侧具 4 枚齿状突 (图 70d)。

腹部长圆筒形，端部钝圆，长于头胸部长度之和；各腹节背板均具明显刻纹和若干纤毛；产卵管较发达，约为腹长的 0.8 倍；等于后足胫节长的 2.0 倍，末端稍露出腹末之外；下生殖板较小，末端伸达产卵管的一半左右。

雄 体长 0.66-0.68 mm；体色及主要特征与雌虫相似，但触角两索节约等长 (图 70c)，均为短圆筒形；棒节除正常 3 节较大外，端部还具 1 圆形小节；总长约为最宽处的 4.5 倍，近于柄节长的 2.1 倍；除端小节外，各棒节均为圆筒形，基棒节最宽，端棒节最长；各索节、棒节除均具若干锥栓感器和明显比雌者多而粗长的轮生鞭毛感器外，第二、三棒节还各具 2 和 3 支板状感器；外生殖器明显分阳基与阳茎 2 部分，阳基近卵圆形，背面开放而无背突；两钩爪高度骨化，端部 3 齿，未伸达阳基侧瓣末端 (图 70e)；中脊单一，骨化明显，向前直抵阳基基缘；阳茎稍短于其内突，两者全长稍短于阳基长度，等于后足胫节长的 0.8 倍左右。

寄主　未知。

模式标本产地　福建仙游。

模式标本存放单位　福建农林大学生物防治研究所昆虫标本室 [FAFU]。

研究标本　♂(正模)，1♀(副模)，福建仙游温泉 (N25°22'04", E118°47'40", 70M)，1987. X. 7，吴祖建采于黄盘诱集器；1♀(副模)，福建福州森林公园 (N26°08'31", E119°28'30", 643M)，1989. VII. 10，黄建青采于黄盘诱集器；1♂，山东临朐沂山 (N36°13'10", E118°42'18", 246M)，2005. VIII. 10-11，田洪霞网扫；3♀，海南乐东尖峰岭 (N18°43'49", E108°54'32", 212M)，2006. III. 25，李文标网扫。

分布　山东 (临朐)、福建 (福州、仙游)、海南 (乐东)。

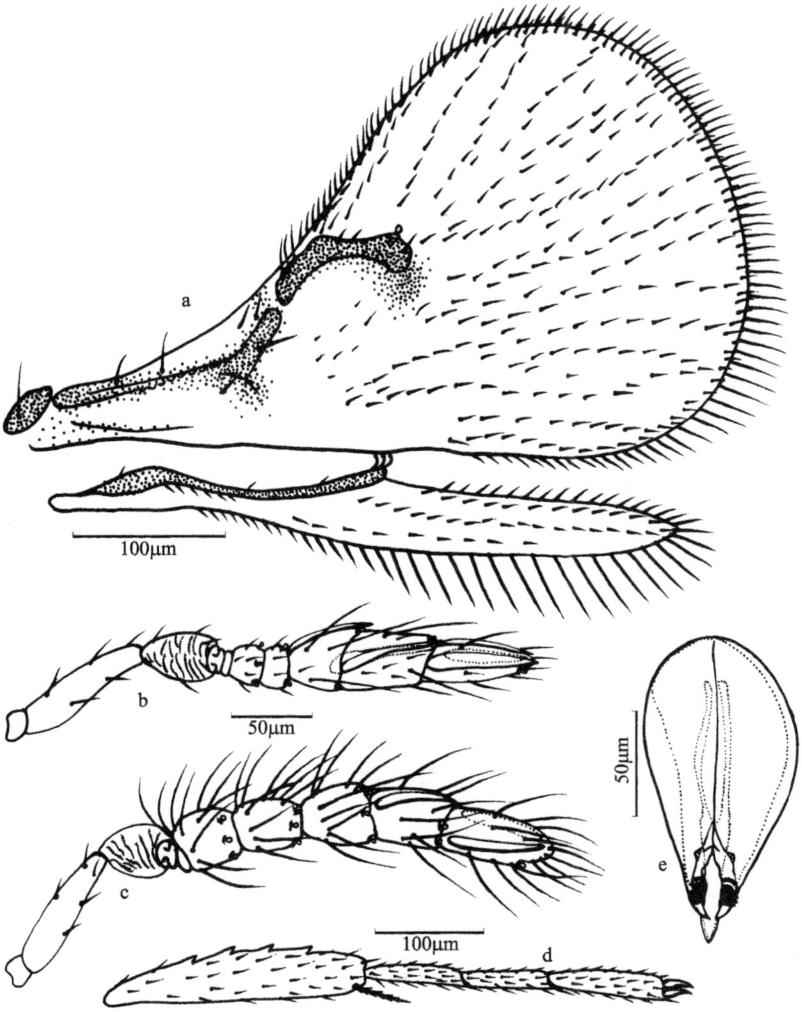

图 70　粗脊断脉赤眼蜂 *Mirufens* (*Mirufens*) *scabricostatus* Lin

a. 前后翅 (fore & hind wing, ♀)；b. 触角 (antenna, ♀)；c. 触角 (antenna, ♂)；d. 前足胫节，示背侧齿状突 (fore tibia, showing the dentates on dorsal surface)；e. 雄外生殖器 (male genitalia)

(66) 筒茎断脉赤眼蜂 *Mirufens* (*Mirufens*) *tubipenis* Lou, Cong & Yuan, 1997 (图 71)

Mirufens (*Mirufens*) *tubipenis* Lou, Cong & Yuan, 1997, J. Northeast Normal Univ., 1997(1): 74-75.

雄 体长 1.04 mm；全体黑褐色，但复眼、单眼红色；触角鞭节淡褐色，前中足腿节全部、胫节两端及其内侧、后足胫节两端及各足基部两跗节为淡黄色；前后翅脉淡褐色，前翅面全部无色透明。

头部正面观近圆形，宽略大于高；下颚须 2 节，端部具 3 毛；触角较细长，柄节长为宽的 4.28 倍，等于梗节长的 1.87 倍 (图 71b)；梗节梨形，长为宽的 1.77 倍，侧面上具明显的细齿状横脊纹；第二环状节稍大于基环节；两索节的长度均大于宽，第二索节略大；棒节除正常的 3 节外，端部还有 1 圆形小节；总长约为其最宽处的 5.14 倍，等于柄节长的 2.46 倍，相当于两索节全长的 2.0 倍；除端小节外，各棒节的长度均大于宽，基棒节最短而宽，端棒节最长；各索节、棒节均具若干锥栓感器和鞭毛感器，最长鞭毛感器为棒节最宽处的 1.78 倍；第二、三棒节还具若干板状感器。

胸部短于腹长，中胸盾及小盾片密具刻纹，中央具 1 明显的中纵带贯穿前后；内悬骨端部伸达腹长的 0.28 倍处；前翅端部宽阔，长为宽的 1.65 倍 (图 71a)；翅脉末端伸达翅长的 0.52 倍处，缘脉不与前缘紧密接触，其长度与缘前脉近相等；明显短于痣脉和亚缘脉，缘脉与缘前脉之间有 1 明显的折断痕；痣脉较长，中部收窄；翅面纤毛大体规则成列 (约 23 列)，具明显的中肘横毛列；缘毛短，最长者仅为前翅宽的 1/10 左右；各足正常大小，前足胫节短于其腿节，外侧具齿状突；中后足腿节明显短于各自胫节，中足胫节端距无明显的芒状分支；中足基跗节明显长于其后各跗节，前后足 3 跗节各自大约等长。

腹部与头胸部长度之和相等；外生殖器高度骨化 (图 71d)，明显分为阳基和阳茎 2 部分，阳基圆筒形，长为宽的 5.1 倍；两钩爪骨化明显，短于其阳基侧瓣，末端具 1 粗大的钩状齿；中脊单一，向前伸至阳基全长的 0.53 倍处；阳茎与其内突约等长，两者全长相当于阳基长的 0.9 倍，等于后足胫节长的 1.04 倍。

雌 体长 1.17 mm；体色及主要特征与雄虫相似，但触角明显较粗短，两索节的长度与其宽度接近 (图 71c)；棒节全长约为宽的 4.2 倍，从基部到端部各棒节的长度比例为 13∶18∶20，其上均具若干鞭毛感器和板状感器；腹部较长，接近胸长的 2.0 倍，末端尖削；产卵管较发达，约为腹长的 1.15 倍，等于后足胫节长的 3.4 倍；基部抵达胸部，后端约 1/7 管长伸出腹末之外。

寄主 未知。

模式标本产地 吉林龙潭山。

模式标本存放单位 沈阳农业大学昆虫标本室 [SYNU]。

分布 吉林 (龙潭山)。

附注 模式标本未检视，形态描述和特征图引自 Lou, Cong & Yuan (1997) 的原始描述。原记载的标本有：♀ (正模)，1♀1♂ (副模)，吉林龙潭山 (N43°52'44", E126°36'36", 298M)，1995. VIII. 22，娄巨贤、袁静采。

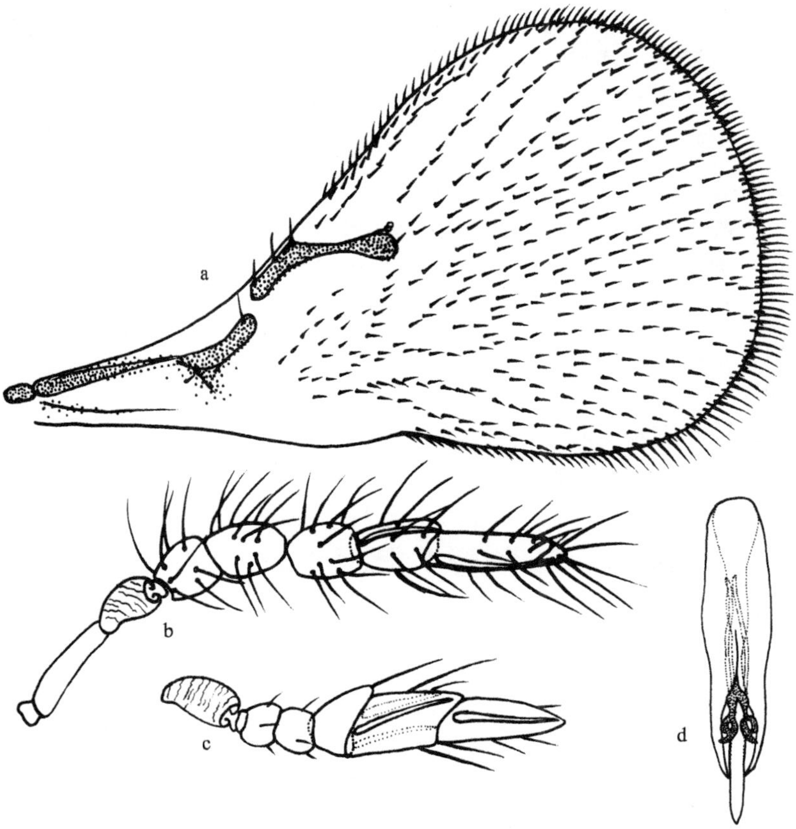

图 71　筒茎断脉赤眼蜂 *Mirufens* (*Mirufens*) *tubipenis* Lou, Cong & Yuan (仿 Lou, Cong & Yuan, 1997)
a. 前翅 (fore wing, ♂); b. 触角 (antenna, ♂); c. 触角 (antenna, ♀); d. 雄外生殖器 (male genitalia)

(67) 宽翅断脉赤眼蜂 *Mirufens* (*Mirufens*) *platyopterus* Lou, Cong & Yuan, 1997 (图 72)

Mirufens (*Mirufens*) *platyopterus* Lou, Cong & Yuan, 1997, J. Northeast Normal Univ., 1997(1): 75-76.

雄　体长 1.02 mm；全体黑褐色，但复眼、单眼红色；触角鞭节褐色，前足腿节末端、胫节两端及其腹面的大部分、中后足胫节两端及各足跗节为淡褐色；前后翅脉褐色，翅面无色透明。

头部正面观圆形，触角较细长；梗节近卵圆形，长为宽的 1.5 倍，侧面上具 7 条明显的细齿状横脊纹 (图 72b)；第二环状节稍大于基环节，与索节基部斜接；两索节约等长，均为长宽接近的圆柱形；棒节除正常 3 节外，端部还有 1 圆形小节，总长约为其宽的 3.66 倍，相当于梗节长的 3.0 倍，等于两索节长的 1.87 倍；基棒节最宽，长宽近相等；第二棒节最长，长为宽的 1.6 倍；端棒节长为宽的 2.0 倍，其上具若干板状感器；各索节、棒节还均具轮生鞭毛感器，最长者约为棒节宽的 2.17 倍。

胸部短于腹部，其上密具细刻纹；内悬骨端部伸达腹长的 0.39 倍左右处；前翅显著宽阔 (图 72a)，末端近平截，长为宽的 1.55 倍；翅脉强度弯曲，末端伸达翅长的 0.53 倍左右处；痣脉较长，为缘脉长的 2.33 倍，中部稍收窄；缘脉不与前缘紧密接触，略短于缘前脉，两者之间具 1 明显折断痕；翅面纤毛大体规则成列 (19 列)，具中肘横毛列；缘毛短，最长者仅及前翅宽的 1/10；后翅稍短于前翅，长约为宽的 6.8 倍，最长后缘毛与后翅宽相近；各足较粗壮，前足胫节外侧具 5 枚齿状突，中足胫节端距与其基跗节约等长，无芒状分枝。

腹部长于胸部，短于头胸部长度之和；外生殖器明显分阳基和阳茎 2 部分 (图 72c)，阳基圆筒形，长为宽的 6.0 倍；钩爪端部具 2 齿，端部抵达阳基侧瓣末端；中脊单一，向后伸至阳基全长的 0.7 倍左右处；阳茎略短于其内突，二者全长约为阳基长的 0.9 倍，与后足胫节约等长。

雌　未知。

模式标本产地　辽宁沈阳东陵。

模式标本存放单位　沈阳农业大学昆虫标本室 [SYNU]。

分布　辽宁 (沈阳)。

附注　模式标本未检视，形态描述和特征图引自 Lou *et al*. (1997) 的原始描述。原记载的标本有：♂ (正模)，辽宁沈阳东陵 (N41°48'46", E123°31'59", 52M)，1991. VI. 27，娄巨贤采。

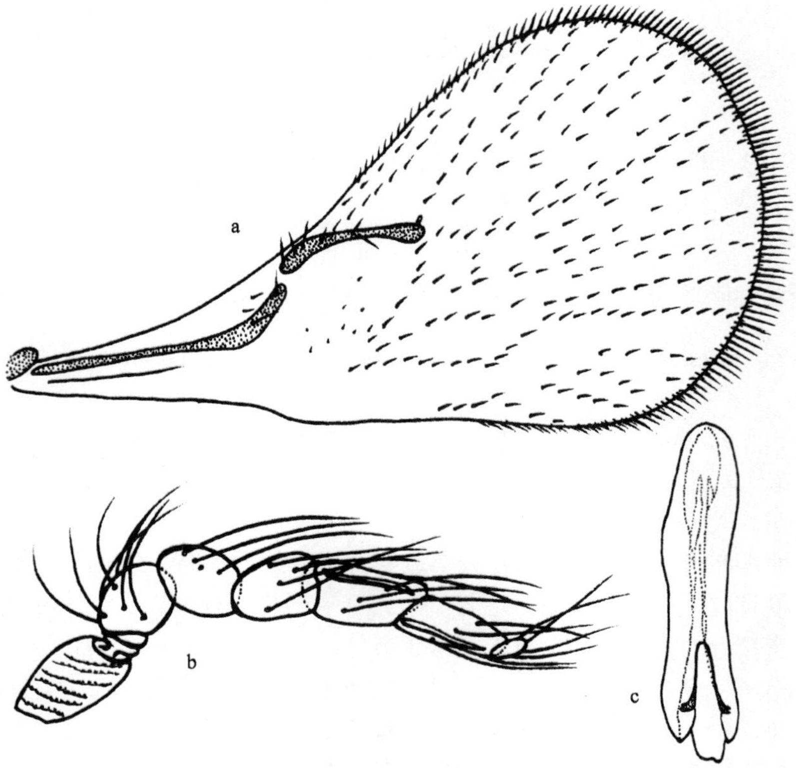

图 72　宽翅断脉赤眼蜂 *Mirufens* (*Mirufens*) *platyopterus* Lou, Cong & Yuan (♂)
(仿 Lou, Cong & Yuan, 1997)
a. 前翅 (fore wing)；b. 触角 (antenna)；c. 雄外生殖器 (male genitalia)

(68) 沈阳断脉赤眼蜂 *Mirufens* (*Mirufens*) *shenyangensis* Lou, 1991 (图 73)

Mirufens (*Mirufens*) *shenyangensis* Lou, 1991, Entomotaxon., 13(4): 299-300; Lin, 1994, System. Stud. Chinese Trichogrammatidae: 203-204.

雌　体长 1.1-1.2 mm；全体黑褐色，但复眼、单眼暗紫红色；头顶、各足腿节与胫节两端、各跗节淡黄褐色；触角及前后翅脉灰褐色，梗节侧面上的脊状纹黑褐色；前后翅面全部无色透明。

头部正面观近圆形，宽稍大于高；复眼中等大小，长为头高的 0.56 倍；其内侧颜面及头顶区均具细纤毛；触角着生于两复眼中部连线之稍下方，柄节长为宽的 4.2 倍 (图 73b)，相当于梗节长的 1.5 倍；梗节长锥形，长为宽的 2.0 倍，侧面上具圆齿状横脊纹；第二环状节稍大于基环节，紧贴于索节基部；两索节紧密相连，基索节明显较长，长为宽的 0.85 倍；第二索节横形，很短，长不足宽的 1/4；棒节全长近长纺锤形，长约为宽的 4.1 倍，约等于柄节长的 1.72 倍；基棒节长约为宽的 1.4 倍，占棒节全长的 1/3；第二棒节较短，长为宽的 1.2 倍，等于棒节全长的 1/4；端棒节最长，长锥状，末端尖削，长为宽的 3.4 倍，接近棒节全长的 2/5；各索节、棒节除具若干锥栓感器和鞭毛感器外，各棒节还依次具 4、2 和 3 支板状感器。

胸部明显短于腹长，仅为后者长的 0.65 倍左右；前翅端部宽圆，长为宽的 1.83 倍 (图 73a)；翅脉强度弯曲，痣脉端部伸达翅长的 0.58 倍处；缘脉与痣脉约等长，不与前缘紧密接触，与缘前脉之间具 1 明显的折断痕；翅面纤毛中等密度，排列规则 (17 列)，具明显的中肘横毛列；缘毛短，最长者仅及前翅宽的 1/8；后翅稍短于前翅，长约为宽的 15.0 倍；翅脉末端伸达翅长的 0.54 倍处，翅面规则纤毛 4 列，近后缘 2 列短而不明显；最长后缘毛等于后翅宽的 2.0 倍，为前翅最长者的 1.8 倍；各足均正常大小，前足胫节外侧缘具 6 枚齿状突，中足胫节端部内侧有 1 具芒状分枝的长距。

腹部长锥状，长于头胸部长度之和，端部尖削，各腹节背板均具细致网状刻纹；产卵管较发达，约为腹长的 1.1 倍，等于后足胫节长的 2.66 倍；前端着生自腹基部，后端约 1/9 管长伸出腹末之外。

雄　未知。

寄主　据娄巨贤 (1991) 报道，可寄生山丁子上的 1 种叶蝉卵。

模式标本产地　辽宁沈阳。

模式标本存放单位　沈阳农业大学昆虫标本室 [SYNU]。

研究标本　2♀，辽宁沈阳东陵 (N41°48'46", E123°31'59", 52M)，1992. VII. 10，林乃铨网扫，玻片标本保藏于福建农林大学生物防治研究所昆虫标本室 [FAFU]。

分布　辽宁 (沈阳)。

附注　模式标本未检视，形态特征根据林乃铨采自沈阳东陵的标本描述。原模式标本♀ (正模)，2♀ (副模)，辽宁沈阳 (N41°42'53", E123°26'58", 47M)，1985. VI. 2，娄巨贤从寄生山丁子上 1 叶蝉越冬卵内养得，保藏于沈阳农业大学昆虫标本室 [SYNU]。

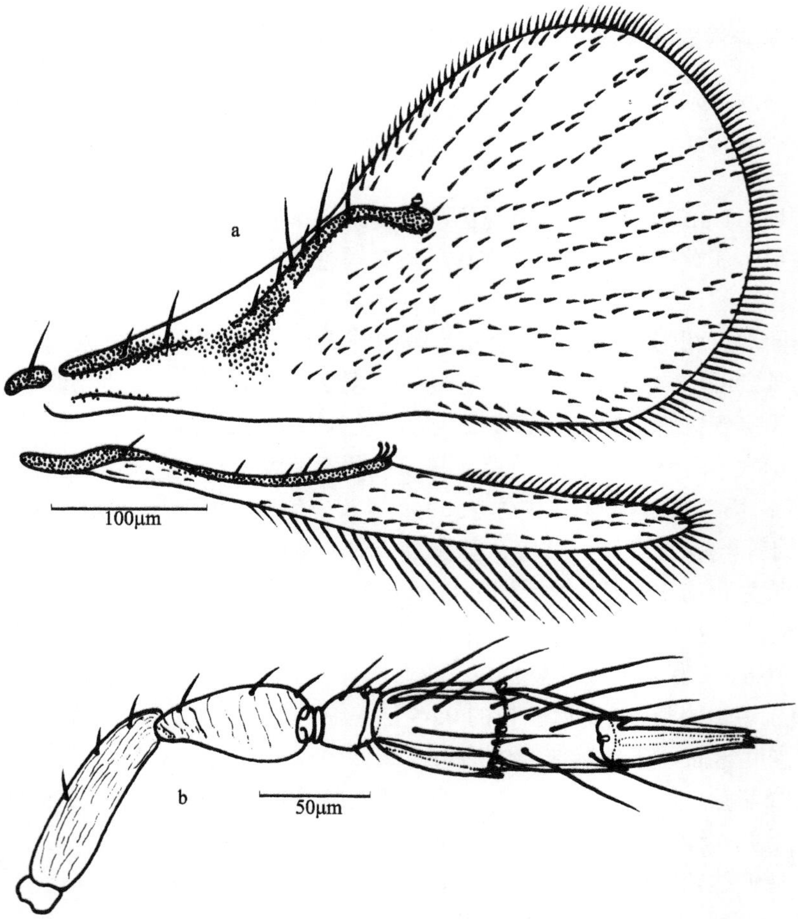

图 73 沈阳断脉赤眼蜂 *Mirufens* (*Mirufens*) *shenyangensis* Lou (♀)
a. 前后翅 (fore & hind wing); b. 触角 (antenna)

(69) 长管断脉赤眼蜂 ***Mirufens* (*Mirufens*) *longitubatus* Lin, 1994** (图 74)

Mirufens (*Mirufens*) *longitubatus* Lin, 1994, System. Stud. Chinese Trichogrammatidae: 204-205.

雌 体长 0.9-1.0 mm；全体暗黄褐色，但复眼、单眼暗红色；头顶、前足转节与腿节、中后足腿节两端、各足胫节及各跗节淡黄褐色；上颚、触角各节和产卵管黄褐色，前后翅脉灰褐色，前翅面全部无色透明。

头部正面观扁圆形，宽明显大于高；复眼中等偏大，长为头高的 0.6 倍左右，其内侧颜面及头顶区具细纤毛；触角生于两复眼下缘连线之稍上方，柄节长为宽的 4.2 倍，等于梗节长的 2.0 倍 (图 74b)；梗节长梨形，长为宽的 1.6 倍，侧面上具明显的细圆齿状横脊纹；基环状节较小，第二环节紧贴索节基部；两索节均圆筒形，大小接近，长为宽的 1.3 倍；棒节全长近长纺锤形，长为宽的 5.41 倍，等于柄节长的 2.0 倍；从基部到端部各棒节长度依次递增 (22∶33∶40)，端棒节最长，端部尖削；各索节、棒节除均具若干锥栓感器和鞭毛感器外，各棒节依次还具 2、2 和 3 支板状感器。

胸部等于腹长的 2/3 左右，各腹节背板均具细网纹；前翅端部宽圆，长为宽的 1.88 倍 (图 74a)；翅脉呈“S”形弯曲，端部伸达翅长的 0.53 倍左右处；缘脉不与前缘紧密接触，明显短于痣脉和缘前脉；后两者长度接近，稍长于亚缘脉的一半；缘脉与缘前脉之间具 1 明显折断痕；翅面纤毛较稠密，大致规则成列 (约 21 列)，具中肘横毛列；缘毛较短，最长者约为前翅宽的 0.15 倍；后翅稍短于前翅，长约为宽的 10.0 倍，翅脉稍长于翅长的一半；翅面规则纤毛 3 列，最长后缘毛相当于后翅宽或前翅最长者的 1.5 倍；各足正常大小，前足胫节外侧缘具 3 枚齿状突；中足胫节的端距不特别长，无明显的芒状分枝。

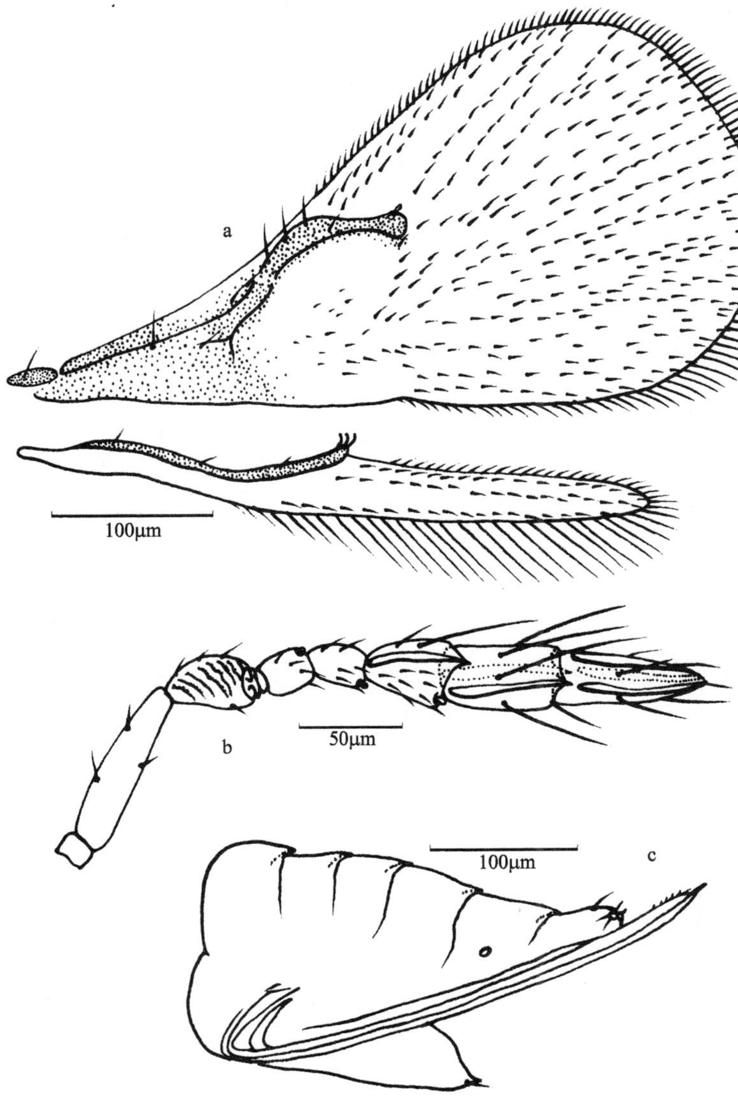

图 74　长管断脉赤眼蜂 *Mirufens* (*Mirufens*) *longitubatus* Lin (♀)

a. 前后翅 (fore & hind wing)；b. 触角 (antenna)；c. 腹部及产卵管侧面观 (lateral view of abdomen & ovipositor)

腹长接近头胸部长度之和，末端尖削；各腹节背板的后半段均具细致网状刻纹和若干纤毛；产卵管高度发达 (图 74c)，约等于腹长的 1.4 倍；相当于后足胫节长的 3.5 倍，基部向前直抵胸部，后端约 1/6 管长伸出腹未之外。

雄 未知。

寄主 未知。

模式标本产地 辽宁沈阳。

模式标本存放单位 福建农林大学生物防治研究所昆虫标本室 [FAFU]。

研究标本 ♀ (正模)，2♀ (副模)，辽宁沈阳东陵 (N41°48'46", E123°31'59", 52M)，1992. VII. 10，林乃铨网扫；2♀，新疆石河子 150 团 (N44°18'34", E86°5'18", 450M)，2001. VII. 12，胡红英网扫；1♀，新疆温泉 (N44°59'36", E81°1'59", 880M)，2001. VII. 16，胡红英网扫。

分布 辽宁 (沈阳东陵)、新疆 (石河子、温泉)。

25. 毛角赤眼蜂属 *Neocentrobiella* Girault, 1915

Neocentrobiella Girault, 1915e, Mem. Queens. Mus., 3: 149. **Type species**: *Neocentrobiella rara* Girault, 1915, by original designation; Doutt & Viggiani, 1968, Proc. Calif. Acad. Sci., 35(20): 555-556; Lin, 1993c, Acta Ent. Sin., 36(2): 213-214; Lin, 1994, System. Stud. Chinese Trichogrammatidae: 187-189; Pinto, 2006, J. Hym. Res., 15(1): 50-51; Tian & Lin, 2008, Acta Zootaxon. Sin., 33(3): 623-625.

鉴别特征 雌雄触角虽同为 9 节，但环节后各节的长度及感器等差异明显；雌性索节明显短于雄者，且仅具少数刺毛感器，各棒节均具轮生长鞭毛感器和若干锥栓感器及板状感器，且部分板状感器末端明显突出端棒节顶端之外；前翅中等宽大，长为宽的 2.7 倍；缘脉长而直，翅面纤毛中等偏稀；大致规则排列，中肘横毛列不明显，缘毛较长；腹部明显长于胸部，产卵管极长；前端抵达中胸，后端显著伸出腹末之外甚远，且其外没有管鞘包裹；雄性触角环节后各节明显长于雌者，各索节、棒节除均具轮生长鞭毛感器和若干锥栓感器外，端棒节还具若干明显突出棒节顶端之外的板状感器；外生殖器明显分为阳基和阳茎两部分，阳基窄长，具明显的阳基侧瓣、钩爪、腹中突和中脊等；但阳基背突消失，阳茎具阳茎内突。

寄主 全部已知种类的寄主及生物学特性未明。

分布 已知种类分布于东洋区的中国 (2 种)、印度 (2 种) 和澳大利亚 (1 种)。

附注 本属的前翅特征与 *Ittys* 属相似，雄外生殖器又与 *Ophioneurus* 属接近，但本属触角及雌性产卵管等特征明显区别于上述 2 属；按照 Viggiani (1971b)、Pinto (2006) 以雄性外生殖器为主的分亚科、分族的系统，本属可隶于赤眼蜂亚科、赤眼蜂族。

本属系 Girault (1915e) 以采自澳大利亚的 *N. rara* 单个雌性标本为属模而建立；而后，Hayat (1980)、Yousuf & Shafee (1987) 先后发表了采自印度的另外 2 新种，Lin (1993c)、Tian & Lin (2008) 先后报道了采自我国福建和海南的 2 新种，因而迄今本属只知 5 种，记述我国 2 种如下。

种检索表 (雌)

雌性触角两索节均短圆筒形，基索节略长，各棒节上的轮生长鞭毛感器较稀疏；前翅中等宽大，末端稍平截，翅面纤毛多不规则成列；腹部圆筒形，长度约与头胸部全长相当；产卵管较发达，约为腹长的 1.43 倍，等于后足胫节长的 2.68 倍；前端源于腹基部 1/3 处，端部显著伸出腹末之外；下生殖板较发达，末端伸达腹末约 1/4 处，至产卵管中段左右 …… **儋州毛角赤眼蜂 *N. danzhouensis***

雌性触角两索节近圆形，长度接近，各棒节的轮生长鞭毛感器较密集；前翅中等宽大，末端近圆形，翅面纤毛大体规则排列；腹部圆锥形，长度不足头胸部全长之和；产卵管高度发达，长度超过腹长的 2.4 倍，前端源于胸部，后端显著伸出腹末之外甚远；下生殖板较发达，末端接近腹末，但距产卵管末端甚远 …………………………………………………… **长爪毛角赤眼蜂 *N. longiungula***

(70) 儋州毛角赤眼蜂 *Neocentrobiella danzhouensis* Tian & Lin, 2008 (图 75)

Neocentrobiella danzhouensis Tian & Lin, 2008, Acta Zootaxon. Sin., 33(3): 623-625.

雌　体长 0.63 mm；全体黄褐色，但头顶、前中足各节、后足转节和胫节及其以下各跗节淡黄褐色；上颚、中胸盾和小盾片褐色；前后翅脉、前翅缘前脉下方翅面及翅周缘黄褐色，其余翅面灰褐色半透明。

头部正面观近圆形，宽略大于高；复眼较大，长约为头高的 0.64 倍；上颚强大，端部 3 齿，其中内侧齿较尖利，外侧 2 齿短而钝；下颚须 2 节，末端具 3 毛；触角高度细长，柄节长棒状，基部比端部略宽，长约为宽的 4.25 倍 (图 75b)；梗节近梨形，长约为宽的 1.6 倍；两环状节小而明显，第二环状节紧贴索节基部；两索节均呈短圆筒形，基索节略长于第二索节；两者全长略短于梗节，其上除具若干锥栓感器和少数刺毛感器外，未见轮生鞭毛感器；各棒节均细长圆筒形，结合不紧密；基棒节长约为宽的 3.0 倍，第二棒节最粗大，长为宽的 3.33 倍；端棒节较细长，长为宽的 3.0 倍；各棒节除均具若干锥栓感器外，由基部到端部依次各具 1、2 和 1 圈稀疏的轮生长鞭毛感器；端部两棒节还各具 2 和 3 支板状感器，且部分板状感器末端明显突出棒节顶端之外。

胸部明显短于腹长，约为后者长的 0.55 倍；中胸盾及小盾片均具网状刻纹；前翅中等宽大，末端稍平截，长约为宽的 2.57 倍 (90∶35) (图 75a)；翅脉较细直，末端伸达翅长的近一半；亚缘脉∶缘前脉∶缘脉∶痣脉的长度比例分别为 20∶10∶15∶5；翅面纤毛较稀疏，多数不规则成列；缘毛较长，最长者等于前翅宽的 0.6 倍；后翅稍短于前翅，细窄，长为宽的 17.75 倍；翅脉端部伸达翅长的 0.48 倍，翅面规则纤毛 1 列；最长后缘毛约为前翅最长者的 0.76 倍，等于后翅宽的 4.0 倍；后足基节具成列小刻点，各足节均具细纤毛；各足腿节、胫节和跗节的长度比例分别是，前足 21∶18∶19，中足 22∶32∶22，后足 24∶31∶20。

腹部圆筒形，约与头胸部长度之和相当；各腹节背板除均具少数纤毛外，未见明显刻纹；产卵管高度发达，约为腹长的 1.43 倍，等于后足胫节长的 2.68 倍；着生于腹基部 1/3 处，端部显著伸出腹末之外甚远，产卵管外无明显的管鞘包裹 (图 75c)；下生殖板较发达，末端伸达距腹末约 1/4 处，但距产卵管末端甚远。

雄 未知。

寄主 未知。

模式标本产地 海南儋州。

模式标本存放单位 福建农林大学生物防治研究所昆虫标本室 [FAFU]。

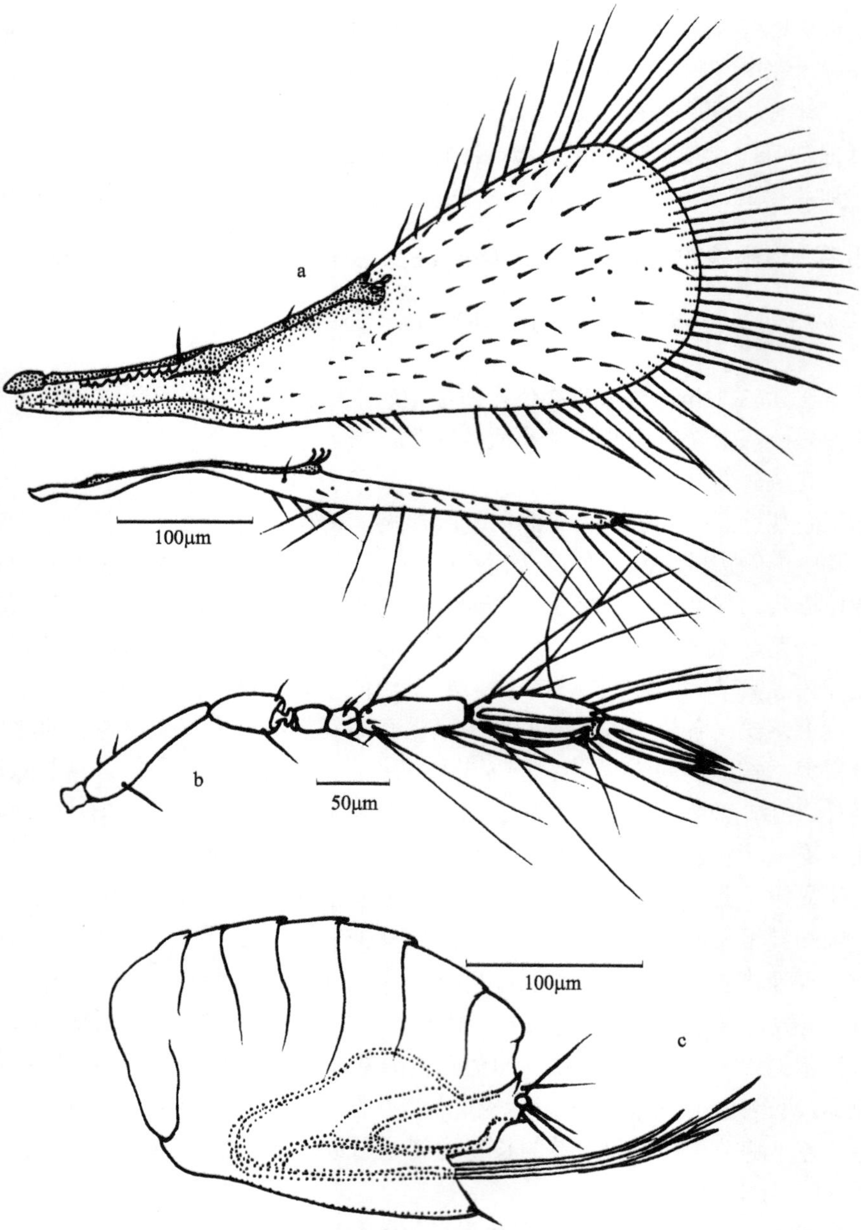

图 75 儋州毛角赤眼蜂 *Neocentrobiella danzhouensis* Tian & Lin (♀)

a. 前后翅 (fore & hind wing)；b. 触角 (antenna)；c. 腹部及产卵管侧面观 (lateral view of abdomen & ovipositor)

研究标本　♀(正模)，1♀(副模)，海南儋州宝岛新村 (N19°30'42", E109°30'39", 45M)，2005. XI. 7，李文标网扫。

分布　海南 (儋州)。

(71) 长爪毛角赤眼蜂 *Neocentrobiella longiungula* Lin, 1993 (图 76)

Neocentrobiella longiungula Lin, 1993c, Acta Ent. Sin., 36(2): 213-214; Lin, 1994, System. Stud. Chinese Trichogrammatidae: 187-189.

雌　体长 0.55-0.58 mm；全体深褐色，但复眼、单眼深红色；头顶、前中足各节、后足转节及胫节以下各节淡黄褐色；上颚及产卵管褐色；前后翅脉、前翅缘前脉下方及翅面周缘黄褐色，其余翅面淡灰褐色半透明。

头部正面观近圆形，宽约等于高，稍宽于胸部；复眼较大，长为头高的 0.67 倍，其内侧颜面及头顶具稀疏细纤毛；上颚强大，端部 3 齿；下颚须发达，分 2 节，末端具 3 毛；触角着生于两复眼之间中上方，远离唇基，高度细长；柄节长棒状，基部比端部略宽，长为宽的 4.3 倍，相当于梗节长的 2.0 倍 (图 76b)；梗节长梨形，长为宽的 1.8 倍；两环状节明显，第二环节紧贴索节基部；两索节均短筒形，大小接近，全长仅及梗节长的 0.85 倍，不足棒节长的 1/5；其上除具若干锥栓感器和少数刺毛感器外，未见轮生长鞭毛感器；各棒节均为长圆筒形，结合不紧密，长为宽的 8.2 倍，相当于柄节长的 2.3 倍；基棒节长为宽的 2.7 倍，稍短于第二棒节；第二棒节最长，长为宽的 3.2 倍；端棒节最细长，长为宽的 3.7 倍；各棒节除均具若干锥栓感器外，由基部到端部依次各具 1、2 和 1 圈稠密的轮生长鞭毛感器；端部两棒节还各具 3 和 4 支板状感器，部分板状感器末端明显突出棒节顶端之外。

胸部约等于腹长的 0.88 倍，除中胸盾具 2 支、小盾片具 4 支纤毛外，未见明显刻纹；内悬骨端部伸至腹长的 0.38 倍左右处，末端分 2 叶；前翅中等宽大，末端近平截，长为宽的 2.7 倍 (图 76a)；翅脉较直而细，末端伸达翅长的一半；缘脉与亚缘脉近等长，相当于痣脉长的 5.0 倍；翅面纤毛较稀，大体规则排列，但中肘横毛列不明显；缘毛较长，最长者等于前翅宽的 2/3 左右；后翅明显短于前翅，细窄，长为宽的 18.0 倍；翅脉端部伸达翅长的一半，翅面纤毛仅近前缘处 1 列规则；最长后缘毛约为前翅最长者的 0.7 倍，等于后翅宽的 4.0 倍左右；各足均细长，各足节均具细纤毛。

腹部圆锥形，长不足头胸部长度之和；各腹节背板除均具少数纤毛外，未见明显刻纹；产卵管高度发达 (图 76f)，长度超过腹长的 2.4 倍，等于后足胫节长的 3.16 倍；前端抵达胸部，后端显著伸出腹末之外甚远，产卵管外无明显的管鞘包裹；下生殖板较发达，末端接近腹末，但距产卵管末端甚远。

雄　体长 0.50 mm；体色及主要特征与雌虫相似；但触角鞭节较雌者更细长、连接更松散 (图 76c)；两索节长筒形，不明显短小；各索节、棒节除均具若干锥栓感器和轮生的长鞭毛感器外，端棒节还具 3 支板状感器，且末端明显突出棒节顶端之外；外生殖器明显分阳基和阳茎两部分 (图 76d)，阳基窄而长；具明显的阳基侧瓣、钩爪、腹中突和中脊等构造，但阳基背突消失；两钩爪末端明显伸出阳基侧瓣端部之外，腹中突细长，端部约伸达钩爪长的 2/3 (图 76e)；中脊成对，短小；阳茎稍短于其内突，两者全长显著长于阳基，相当于后足胫节长的 1.27 倍。

寄主 未知。

模式标本产地 福建松溪。

模式标本存放单位 福建农林大学生物防治研究所昆虫标本室 [FAFU]。

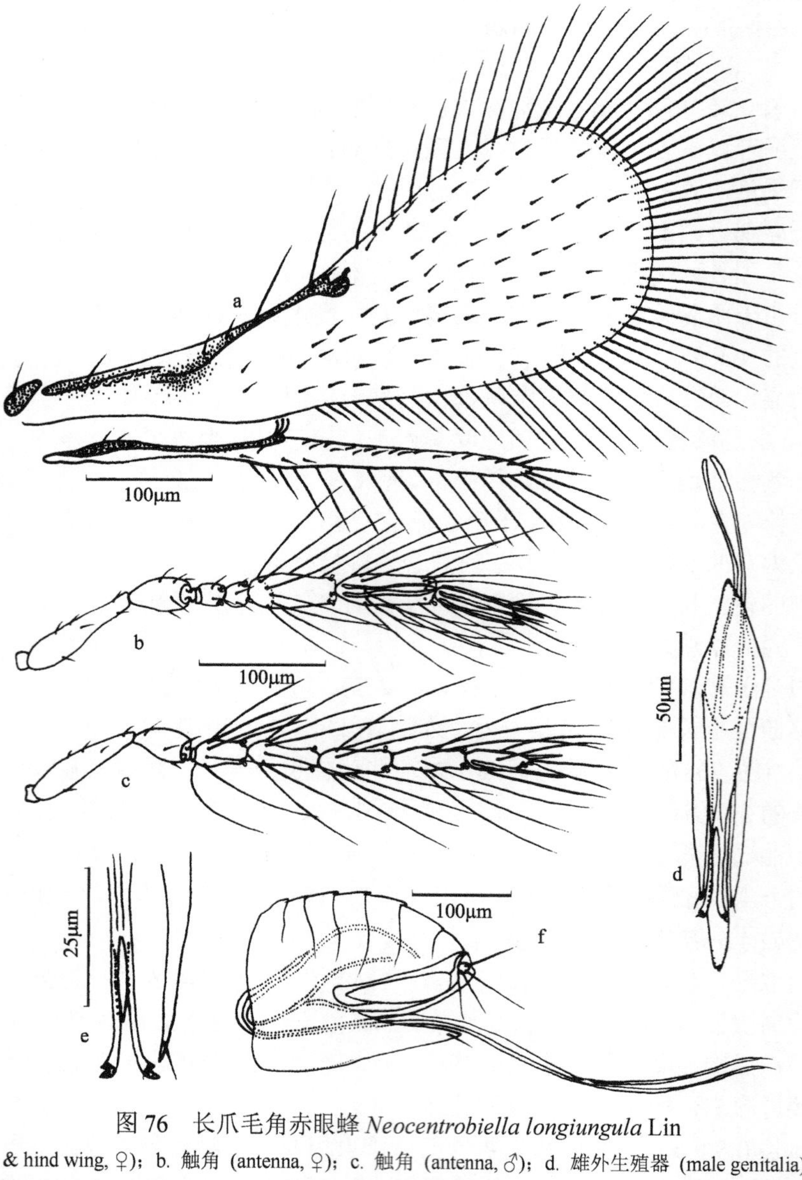

图 76 长爪毛角赤眼蜂 *Neocentrobiella longiungula* Lin

a. 前后翅 (fore & hind wing, ♀)；b. 触角 (antenna, ♀)；c. 触角 (antenna, ♂)；d. 雄外生殖器 (male genitalia)；e. 钩爪与阳基侧瓣端部放大 (magnification of apical CS & GF)；f. 腹部及产卵管侧面观 (lateral view of female abdomen & ovipositor)

研究标本 ♀ (正模)，1♂ (副模)，福建松溪渭田 (N25°52'41", E117°19'21", 496M)，1987. VIII. 6，吴祖建网扫；1♂ (副模)，福建武夷山桐木 (N27°44'53", E117°40'41", 724M)，

1985. VII. 25，黄东宏网扫；1♀ (副模)，福建永安城关 (N25°56'31", E117°21'54", 198M)，1986. VII. 9，林乃铨网扫。

分布　福建 (武夷山、松溪、永安)。

26. 寡索赤眼蜂属 *Oligosita* Walker, 1851

Oligosita Walker, 1851, Ann. Mag. Nat. Hist., 7: 212-213. **Type species**: *Oligosita collina* Walker, 1851, by monotypy; Doutt & Viggiani, 1968, Proc. Calif. Acad. Sci., 35(20): 537-541; Lin K-S, 1981, J. Agr. Res. China, 30(4): 441; He, Pang & Chen, 1986, Atlas of Natural Enemies of Rice Pests. Shanghai Sci. & Tech. Press., p.111-112; Liao, Li, Pang & Chen, 1987, Economic Insect Fauna of China (Hym.: Chalcidoidea). Sci. Press., 34(1): 207-209; Lin, 1994, System. Stud. Chinese Trichogrammatidae: 131-168; Pinto & Viggiani, 2004, J. Hym. Res., 13(2): 285-287; Pinto, 2006, J. Hym. Res., 15(1): 121-122; Hayat, 2008a, Biosystematica, 2(1): 5-18; Hayat, 2009, Oriental Insects, 43: 214.

Westwoodella Ashmead, 1904a, Mem. Carnegie Mus., 1: 359. **Type species**: *Oligosita subfasciata* Westwood, 1904, by original designation.

Paroligosita Kurdjumov, 1911, Rev. Russe d'Ent., 11: 434. **Type species**: *Paroligosita bella* Kurdjumov, 1911, by original designation.

Orioligosita Hayat, 2009, Oriental Insects, 43: 214. **Type species**: *Oligosita* (*Orioligosita*) *similiana* Hayat, 2009, subgenus by monotypy.

鉴别特征　触角环状节、索节各 1 节，棒节 3 节；索节明显与棒节分离，索节与各棒节均具若干锥栓感器、鞭毛感器和板状感器，且在棒节顶端呈棒状端突或刺状亚端突；前翅长不超过宽的 4.0 倍，翅面纤毛稀少到中等密度；并胸腹节盘区两侧无小三角形叶状构造包围；各腹节背板的骨化程度一致，前后两段无明显差异，第 II 腹节背板中间常有中纵沟；雄外生殖器的阳基和阳茎愈合为简单管状，或最多在阳茎基部具 2 个短的阳茎内突。

寄主　已知有 16 种可寄生半翅目的叶蝉科 Cicadellidae (13 种)、飞虱科 Delphacidae (3 种)、大叶蝉科 Tettigellidae (2 种)、沫蝉科 Cercopidae (5 种)、宽头叶蝉科 Eurymelidae (1 种)、长蝽科 Lygaeidae (1 种)、盲蝽科 Miridae (4 种)、双翅目的瘿蚊科 Cecidomyiidae (2 种)、直翅目的螽斯科 Tettigoniidae (2 种)、鞘翅目的铁甲虫科 Hispidae (1 种) 等 4 目 10 科 34 种害虫卵；1 种可寄生双翅目瘿蚊科 Cecidomyiidae 的 *Mayetiole destructor* 幼虫；印度 1 种 *O. longipennis* 疑可寄生鳞翅目害虫卵，尚待证实；还有 83 种的寄主不明。

分布　本属种类广布世界各地。Pinto & Viggiani (2004) 将原寡索赤眼蜂属下的 46 种移到新恢复的伪寡赤眼蜂属 *Pseudoligosita* 后，全世界本属仍有 98 种；此后，Yousuf & Joshi (2003)、Hayat & Khan (2009) 和 Hayat (2009) 先后增加了印度的 3 新种和 1 新亚属 *Orioligosita*；Viggiani & Laudonia (2015) 再次通过形态学、生物学特征，结合 28S D2 和 ITS2 分子特征，报道了意大利寄生叶蝉 *Balclutha brevis* 卵的本属 1 新种 *Oligosita balcluthae*，使本属增至 102 种；其中以东洋区种类最多，36 种；其次为古北区 26 种，第三为澳洲区 25 种；其余依次为非洲区 8 种，新北区 6 种，新热带区仅 1 种，Pinto (2004)

认为美洲还有大量尚未描述的种类。

附注　本属系 Walker (1851) 根据采自欧洲的 *O. collina* 为属模而建立，目前已成为赤眼蜂科世界广布的第二大属，种类超过 100 种，加上过去对本属的特征界定范围较广泛，给分类鉴定带来较多困难；因此，许多学者 [Ashmead (1904a)、Girault (1911a)、Kryger (1918)、Nowicki (1936)、Peck *et al.* (1964) 等] 曾经根据前翅翅面纤毛或触角索节等特征，将本属分为若干不同的种团或亚属；主要有：Nowicki (1936) 把本属分为 2 部分、11 个种团，其中有些种团似乎分得过细；Peck *et al.* (1964) 在 Nowicki (1936) 所分种团的基础上，将本属分为 *Oligosita*、*Westwoodella*、*Epoligosita* 和 *Zorontogramma* 4 亚属；其中 *Epoligosita* 已提升成为 1 独立的属，余下的 3 亚属中，Doutt & Viggiani (1968) 只认定 *Zorontogramma* 作为亚属，另外 2 亚属需待全面研究所有种类之后才能确定；Viggiani (1976b) 在重新研究了 Girault (1909-1938) 发表的澳大利亚所有种类 (34 种) 后，根据触角棒节端突形状、翅面纤毛多少及缘毛长短等特征，把它们分成 *arnoldi* group、*collina* group 和 *subfasciata* group 3 个种团。

Viggiani (1971b, 1984) 基于雄外生殖器为主要特征的赤眼蜂分类系统，也把本属作为赤眼蜂科的一个主要进化分支，即寡索赤眼蜂亚科，其下根据雄外生殖器高度退化为简单管状，并以本属为代表设寡索赤眼蜂族；Lin (1993b) 根据异茎赤眼蜂属 *Eteroligosita* 和环索赤眼蜂属 *Hayatia* 的雄外生殖器特征特殊，超出寡索赤眼蜂族的范围，设立了异茎赤眼蜂族 Eteroligositini 以接纳该 2 属；Pinto & Viggiani (2004) 在全面厘订原定的寡索赤眼蜂族时，发现原寡索赤眼蜂属至少含有 2 个或多个不同的并系存在，因而他们把长期作为寡索赤眼蜂属异名的伪寡赤眼蜂属 *Pseudoligosita* 恢复为 1 个有效的独立属，同时将原隶归寡索赤眼蜂属的 46 种归到新恢复的伪寡赤眼蜂属；他们还认为寡索赤眼蜂族的雄外生殖器退化最大，阳基和阳茎愈合为简单管状构造，其前背开口也退化，缺乏衍生特征支持该族的单系性；因而在雄外生殖器基础上，增加了触角结构、前翅及其翅脉形状、翅面纤毛有无、胸部结构和各腹节背板的骨化情况等特征，在原寡索赤眼蜂族下分设 2 个亚族，即寡索赤眼蜂亚族 Oligositina 和异茎赤眼蜂亚族 Eteroligositina，分别各含 6 属，它们的单系性已得到系统发育分析的支持。

寡索赤眼蜂亚族 Oligositina 的主要特征：触角索节明显与棒节分离或与棒节紧密相接；前翅相对狭窄至很狭窄，翅面光滑无毛至纤毛中等密度，痣脉近圆形或近卵圆形，与缘脉交界处不缢缩或稍缩窄；中胸盾的背面和两侧常似有小细皱纹，并胸腹节盘区典型三角形或近长方形，明显长于后胸背板；中胸侧板具侧沟，中胸腹板无横前侧沟；所有腹节背板的全长骨化一致，腹部第 II (第 I 可见) 腹节背板中间常有中纵沟；雄外生殖器愈合为 1 简单管状，或最多在阳茎基部有 2 个短的阳茎内突；本亚族包括 *Epoligosita*、*Megaphragma*、*Oligosita*、*Prestwichia*、*Prosoligosita* 和 *Sinepalpigramma* 等 6 属。

异茎赤眼蜂亚族 Eteroligositina 的主要特征：触角索节与棒节分节明显，前翅中等宽度，翅面纤毛中等密度，痣脉长方形或近三角形，通常与缘脉间有 1 明显缢缩；胸部侧面相对光滑，背面具退化的网状纹痕迹；并胸腹节盘区带状或稍向后突，不明显长于后胸背板；中胸侧板的侧沟消失，中胸腹板具横前侧沟；腹部前端多数腹节背板的前半段骨化一致、后半段具纵皱脊纹，但腹部第 II 节 (第 I 可见腹节) 背板表面没有纵皱脊纹；

雄外生殖器结构变化大；本亚族包含 *Chaetostrichella*、*Doirania*、*Eteroligosita*、*Hayatia*、*Probrachista* 和 *Pseudoligosita* 等 6 属。

我国有关本属的报道，最早系 Lin K-S (1981) 报道台湾见有 5 种，但全部没有具体种名，其中 2 个常见种可寄生稻田黑尾叶蝉 *Nephotettix cincticeps* 卵；其次是 He & Pang (1986)、Pang & Chen (1987) 报道常见寄生稻田黑尾叶蝉、褐飞虱及其他叶蝉、飞虱卵的有：叶蝉寡索赤眼蜂 *O. nephotetticum*、飞虱寡索赤眼蜂 *O. yasumatsui* 和长突寡索赤眼蜂 *O. shibuyae* 3 种，其中前 2 种现已移到伪寡赤眼蜂属下，仅余长突寡索赤眼蜂 1 种仍留在本属；Lin (1994) 根据我国 10 多个省 (市) 采得的大量标本，研究鉴定了我国已知本属 33 种，其中 14 种现已被 Pinto & Viggiani (2004) 移到伪寡赤眼蜂属，还有 19 种留在本属；此外，Yuan *et al.* (1997)、Lou & Wang (2001) 先后描述了东北地区的 2 新种，因此迄今我国已知本属共 21 种，分别记述如下。

种 检 索 表 (雌)

1. 雌性触角端棒节具一由板状感器演化而来的棒状端突，明显突出棒节顶端之外……………………**2**
   雌性触角端棒节没有明显的棒状端突，或只具由板状感器演化而来、位于棒节两侧的刺状或镰刀状亚端突……………………**18**
2. 体色大部分鲜红、橙红或暗红色……………………**3**
   体色大部分淡黄、黄褐或暗褐色……………………**5**
3. 全体大部分鲜红色；触角梗节至棒节灰褐色；除第二棒节具 2-3 支刺状感器外，端棒节还各具 1 支刺状感器和 1 支棒状端突，明显突出棒节顶端之外；前翅较窄长，末端圆，长为宽的 4.8 倍；翅面纤毛稀少，除缘脉下方翅面 3 支短纤毛、痣脉之外翅面 2 短列稀纤毛外，其余翅面均赤裸无纤毛……………………**红色寡索赤眼蜂 *O. erythrina***
   全体大部分橙红色或暗红色；前翅中等宽度……………………**4**
4. 全体大部分橙红色，头部微红色，触角梗节至棒节灰褐色；除第二棒节具 2 支刺状感器外，端棒节还各具 2 支刺状感器和 1 支棒状端突，明显突出棒节之外；前翅面纤毛中等偏稀，除缘脉下方翅面具 8-9 支短纤毛外，其余均不规则分布在痣脉之下及其之外翅面……**微红寡索赤眼蜂 *O. rubida***
   全体大部分暗红色，触角棒节黑白间杂；前翅面纤毛稀少，仅痣脉之外翅面具半圈纤毛和 1 小列（约 4-5 支）纤毛、痣脉和缘脉下方翅面各具 6-7 支和 3-4 支纤毛，其余翅面均赤裸无纤毛……………………**黑翅寡索赤眼蜂 *O. nigriptera***
5. 雌性触角较细长，棒节长大于宽的 3.0 倍以上……………………**6**
   雌性触角较粗壮，棒节长为其宽的 3.0 倍以下……………………**13**
6. 前翅较狭窄或退化为短翅型，长为宽的 3.5 倍以上，翅面纤毛稀少……………………**7**
   前翅中等宽圆，长为宽的 3.0 倍以下，翅面纤毛中等密度或中等偏稀……………………**10**
7. 雌性触角柄节长为宽的 3.5 倍，端棒节除 1 棒状端突外，还具 1 粗大的鞭毛感器；前翅稍退化为短翅型，长为宽的 5.0 倍；亚缘脉之下翅面明显狭窄，使翅后缘急剧弯曲；翅面仅近前缘和痣脉外方翅面各具 1 短列约 8 和 5 支纤毛、缘脉之下翅面中央具 4 支短纤毛；除痣脉之下后缘具 3 支长缘毛外，其余前后缘均光滑无缘毛……………………**短翅寡索赤眼蜂 *O. brevialata***
   雌性触角柄节长宽比不如上述；前翅正常而不退化，中等偏窄，长为宽的 3.8-4.0 倍；翅面纤毛较

稀少………8

8. 雌性触角柄节长为宽的 4.0 倍；前翅末端斜圆，长为宽的 4.0 倍；翅面除缘脉及痣脉之下翅面各具 2-3 支短纤毛外，其余零星分布在痣脉之外翅面，最长后缘毛等于翅宽的 1.5 倍；产卵管为腹长的 0.8 倍左右，相当于后足胫节长的 2.4 倍，末端稍露出腹末…………**稀毛寡索赤眼蜂 *O. sparsiciliata***

雌性触角柄节长为宽的 3.0-3.5 倍；前翅中等偏窄，末端圆而不斜圆；翅面纤毛较稀少，排列不规则……………………………………………………………………………………………………9

9. 雌性触角柄节长为宽的近 3.0 倍；前翅长约为宽的 3.9 倍，最长后缘毛等于翅宽的 1.2 倍；腹部约与头胸部长度之和相当；产卵管约为腹长的 0.7 倍，等于后足胫节长的 1.6 倍，末端稍露出腹末……………………………………………………………**灰翅寡索赤眼蜂 *O. polioptera***

雌性触角柄节长为宽的 3.5 倍；前翅长为宽的 3.8 倍，最长后缘毛略长于前翅宽；产卵管约为腹长的 0.6 倍，等于后足胫节长的 1.5 倍，末端不明显露出腹末…………**长突寡索赤眼蜂 *O. shibuyae***

10. 雌性触角柄节长为宽的 3.2-3.8 倍；前翅长约为宽的 3.0-3.5 倍；翅面纤毛中等密度，翅后缘正常弧形弯曲……………………………………………………………………………………………11

雌性触角棒节长而尖；前翅长为宽的 3.3 倍，翅脉之下翅后缘呈弧形稍向后弯曲；翅面纤毛不规则散布于痣脉以外翅面；痣脉之下翅后缘明显向后弧形弯曲；最长后缘毛等于翅宽的 1.3 倍；产卵管约为腹长的一半左右，与后足胫节等长，末端明显突出腹末之外……**弯缘寡索赤眼蜂 *O. introflexa***

11. 雌性触角柄节长为宽的 3.6 倍；前翅长约为宽的 3.0 倍；翅面纤毛主要分布在痣脉以外翅面，大致规则成列；最长后缘毛近于翅宽的 0.6 倍左右；产卵管约为腹长的 0.5 倍左右，等于后足胫节长度，末端稍露出腹末………………………………………………**长胸寡索赤眼蜂 *O. macrothoracica***

雌性触角柄节长为宽的 3.2-3.8 倍；前翅中等宽大，末端宽圆；翅面纤毛中等密度或中等偏少，多数不规则排列………………………………………………………………………………………12

12. 雌性触角柄节长为宽的 3.8 倍；前翅长为宽的 3.5 倍；翅面纤毛中等密度，主要分布在痣脉以外翅面；最长后缘毛明显短于翅宽；产卵管约为腹长的 0.9 倍，等于后足胫节长的 2.2 倍，末端明显突出腹末之外………………………………………………………**长翅寡索赤眼蜂 *O. longialata***

雌性触角柄节长为宽的 3.2 倍；前翅长约为宽的 3.3 倍；翅面纤毛中等偏少，主要分布在痣脉以外翅面；最长后缘毛为翅宽的 0.8 倍左右；产卵管为腹长的 0.7 倍左右，约等于后足胫节长的 2.3 倍，末端稍露出腹末……………………………………………………………**暗褐寡索赤眼蜂 *O. brunnea***

13. 雌性触角棒节长稍小于其宽的 3.0 倍；前翅长宽比小于 3.0 倍；翅面纤毛中等密度，除缘脉下方近后缘翅面具 3-4 支短毛外；其余纤毛均分布在痣脉以外翅面，大致规则成列分布………………14

雌性触角棒节长明显大于其宽的 3.0 倍以上；前翅长宽比大于 3.0；翅面纤毛稀少至中等密度，大致规则成列或不规则分布……………………………………………………………………………15

14. 雌性触角柄节长为宽的 2.6 倍；前翅长为宽的 3.0 倍，最长后缘毛等于翅宽的 0.8 倍左右；产卵管约为腹长的 0.6 倍，相当于后足胫节长的 1.5 倍，末端稍露出腹末………………………………………………………………………………………**等腹寡索赤眼蜂 *O. aequilonga***

雌性触角柄节长为宽的 3.0 倍；前翅长为宽的 2.9 倍，最长后缘毛为翅宽的 0.6 倍；产卵管约为腹长的 0.6 倍，相当于后足胫节长的 1.3 倍，末端不露出腹末…………**日本寡索赤眼蜂 *O. japonica***

15. 雌性触角柄节长为宽的 3.0 倍，柄节和棒节约等长，各棒节均宽大于长；前翅长约为宽的 3.8 倍；翅面纤毛稀少，主要分布于痣脉以外翅面；最长后缘毛约为翅宽的 1.3 倍；产卵管约为腹长的 0.7

倍左右，等于后足胫节长的 1.7 倍，末端稍露出腹末…………………**短角寡索赤眼蜂 *O. brevicornis***

雌性触角柄节长为宽的 3.0-3.1 倍，棒节相当于柄节长的 1.2 倍；前翅长为宽的 3.0-3.3 倍；翅面纤毛中等密度至中等偏稀，不规则成列………………………………………………………………………………**16**

16. 雌性触角索节近半圆形，长小于宽，仅及梗节长的一半左右；前翅长为宽的 3.3 倍；翅面纤毛除缘脉下方 4-5 支短纤毛外，其余分布于痣脉以外翅面；最长后缘毛约为翅宽的 0.8 倍；产卵管高度骨化，为腹长的 0.7 倍左右；等于后足胫节长的 1.8 倍，末端稍露出腹末 ………………………………………………………………………………………………**短索寡索赤眼蜂 *O. curtifuniculata***

雌性触角索节近长椭圆形，长大于宽（1.3-1.5 倍），相当于梗节长的 0.6 倍…………………………**17**

17. 雌性触角柄节长为宽的 3.0 倍；前翅长为宽的 3.2 倍；翅面纤毛分布于痣脉以外翅面，最长后缘毛近于翅宽；产卵管约为腹长的 0.6 倍，相当于后足胫节长的 1.3 倍左右，末端不露出腹末 ………………………………………………………………………………………………**欧洲寡索赤眼蜂 *O. mediterranes***

雌性触角柄节长为宽的 3.0 倍；前翅长为宽的 3.0 倍左右，端部斜圆；翅面纤毛主要分布在痣脉以外翅面；最长后缘毛约为翅宽的 0.75 倍；产卵管约为腹长的 0.7 倍，相当于后足胫节长的 1.7 倍，末端稍露出腹末…………………………………………………………**黑角寡索赤眼蜂 *O. nigroflagellaris***

18. 雌性触角较细长，端棒节具 1 支棒状端突和 2 支刺状亚端突，明显突出棒节顶端之外；前翅长为宽的 4.2 倍，翅脉之下翅后缘明显呈弧形向后弯曲；翅面纤毛稀少，仅痣脉之外翅面具 2 长列和 3 短列规则纤毛；最长后缘毛为翅宽的 1.5 倍；后翅面光滑无纤毛；产卵管约为腹长的 1.2 倍，等于后足胫节长的 2.7 倍；从腹基部伸出，端部 3/8 明显突出腹末之外 ………………………………………………………………………………………………**弯翅寡索赤眼蜂 *O. curvialata***

雌性触角柄节较粗短，长仅为宽的 2.0-2.2 倍，端棒节的板状感器呈刺状或镰刀状亚端突；各腹节背板大致光滑，未见明显刻纹………………………………………………………………………**19**

19. 雌性触角端棒节 3 支刺状亚端突稍突出顶端；中胸盾扁卵圆形，光滑且无明显刻纹和刚毛；小盾片横形，近后缘处具 2 支细毛；前翅长为宽的 3.1 倍，后缘中部明显后凸，端部桨状；仅痣脉之外翅面 2 支纤毛，其余翅面光滑无纤毛；最长后缘毛等于翅宽的 1.7 倍；产卵管约为腹长一半，相当于后足胫节长的 1.4 倍，末端不明显露出腹末……………………**光盾寡索赤眼蜂 *O. glabriscutata***

雌性触角柄节等于或稍长于梗节，端棒节 1 支板状感器呈镰刀状亚端突显著突出棒节顶端之外；前翅中等宽圆，长为宽的 2.7-2.9 倍；翅面纤毛稀少至中等密度，不规则成列；腹部等于头胸部长度之和………………………………………………………………………………………**20**

20. 雌性触角柄节与梗节等长；前翅长为宽的 2.7 倍，翅脉伸达翅长的 0.6 倍处，痣脉之下后缘呈圆弧形外凸使前翅呈椭圆形；翅面纤毛稀少，不规则散布在痣脉之外翅面；最长后缘毛等于翅宽的 0.7 倍；产卵管约为腹长的 0.7 倍左右，相当于后足胫节长的 1.2 倍，末端稍露出腹末 ………………………………………………………………………………………………**圆翅寡索赤眼蜂 *O. cycloptera***

雌性触角柄节长为宽的 2.2 倍，柄节等于梗节长的 1.4 倍，各棒节的长均小于宽；中胸盾及小盾片中央具 1 淡色纵带贯穿前后；前翅长为宽的 2.9 倍；翅面纤毛中等密度，大部不规则分布；最长后缘毛为翅宽的 0.8 倍；产卵管为腹长的 0.8 倍，等于后足胫节长的 1.8 倍，末端稍露出腹末……… ………………………………………………………………………………………………**黄角寡索赤眼蜂 *O. flavoflagella***

(72) 红色寡索赤眼蜂 *Oligosita erythrina* Lin, 1994 (图 77)

Oligosita erythrina Lin, 1994, System. Stud. Chinese Trichogrammatidae: 135-136.

雌 体长 0.74-0.80 mm；全体大部分鲜红色，但复眼、单眼黑色；上颚及产卵管褐色；触角梗节至棒节灰褐色；柄节、前中足除基节以外各节、后足胫节末端至跗节淡灰褐色；中胸盾和腹基部两腹节背板淡红褐色；前后翅脉、各足基节及后足腿节至胫节均淡红色；前翅仅痣脉之下翅面具 1 暗灰褐色半透明昙纹，其余大部分翅面无色透明。

头部正面观正圆形，明显宽于胸部；复眼中等大小，长为头高的 0.53 倍左右，其内侧颜面及头顶均具若干纤毛；上颚发达，末端 3 齿；下颚须 1 节，端部 2 毛；触角着生于两复眼下缘连线之上，较细长；柄节长棒状，端部稍细于基部，长为宽的 3.4 倍，相当于梗节长的 1.76 倍 (图 77b)；梗节长梨形，长为宽的近 2.0 倍；环状节明显；索节圆筒形，长为宽的 2.0 倍，相当于梗节长的 0.83 倍；棒节长锥形，长为宽的 4.3 倍，等于柄节长的 1.53 倍；基棒节最短，长为宽的 1.3 倍；第二棒节较长而粗，长为宽的 1.6 倍；端棒节最细长，锥状，长约为宽的 2.55 倍；索节和各棒节除均具若干锥栓感器和鞭毛感器外，端部两棒节还各具 2 和 3 支板状感器；端棒节 1 支板状感器呈棒状端突，明显突出棒节顶端之外。

胸部仅及腹长的 0.6 倍，上具细纵纹；中胸盾及小盾片各具 2 支纤毛；内悬骨宽大，端部伸达腹长的一半左右，末端分 2 叶；前翅较窄长，末端圆，长为宽的 4.8 倍 (图 77a)；翅脉较长，末端伸达翅长之 0.7 倍左右处；缘脉约等于亚缘脉，相当于痣脉长的 4.0 倍；翅面纤毛稀少，除缘脉下方近后缘翅面具 3 支短纤毛外，痣脉外方近前缘翅面还具 2 短列稀纤毛；缘毛较长，最长者相当前翅宽的 1.6 倍；后翅略长于前翅，长为宽的 16.0 倍；翅脉端部伸达翅长的 0.54 倍处，翅面规则纤毛 1 列；最长后缘毛稍短于前翅最长者，约为前翅宽的 1.43 倍；各足正常大小，各足节均具稀纤毛，中足基跗节稍长于其后各跗节。

腹部近圆锥形，稍长于头胸部长度之和，末端较钝尖；各腹节背板均具细致刻纹，产卵管高度骨化，约为腹长的 0.6 倍；等于后足胫节长的 1.3 倍，末端不明显露出腹末。

雄 体长 0.73-0.78 mm；全体红色部分较雌虫略淡，但其余部分则颜色稍深；触角棒节略细短，长为宽的 3.9 倍，约等于柄节长的 1.33 倍 (图 77c)；其上的锥栓感器、鞭毛感器和板状感器与雌虫相似，端棒节无棒状端突；前翅较雌者更窄长，端部稍尖圆，长为宽的 5.2 倍；翅面纤毛略少，最长后缘毛约为前翅宽的 2.0 倍；外生殖器的阳基和阳茎愈合为简单管状 (图 77d)，长为宽的 5.7 倍；相当于后足胫节长的 0.74 倍，基部具 2 个短的阳茎内突。

寄主 未知。

模式标本产地 福建仙游。

模式标本存放单位 福建农林大学生物防治研究所昆虫标本室 [FAFU]。

研究标本 ♀(正模)，2♀(副模)，福建仙游温泉 (N25°22'04", E118°47'40.57", 70M)，1987. X. 7，吴祖建采于黄盘诱集器；12♀3♂ (副模)，福建福州金山 (N26°82'31", E119°20'30", 16M)，1986-1987. VI-VIII，林乃铨等采于黄盘诱集器；3♀1♂(副模)，福建

尤溪池田 (N26°02'44", E117°56'52", 289M)，1987. VIII. 20，郑琪采于黄盘诱集器；1♀(副模)，福建武夷山三港 (N27°44'53", E117°40'41", 724M)，1985. VII. 24，林乃铨网扫；1♂(副模)，福建武夷山黄岗山 (N27°51'37", E117°47'02", 2158M)，1985. VII. 30，林乃铨网扫；1♂，新疆乌鲁木齐 (N43°44'17", E87°36'24", 800M)，2001. VIII. 25，胡红英网扫；1♀，西藏拉萨拉鲁湿地 (N29°36', E91°06', 3650M)，2002. VIII. 26，林乃铨、孙新涛网扫；1♀1♂，西藏林芝八一镇 (N29°50', E93°25', 2009M)，2002. VIII. 20，林乃铨、孙新涛网扫；1♀1♂，西藏林芝八一镇 (N29°50', E93°25', 2009M)，2003. VII. 10-IX. 29，德吉梅朵网扫。

分布 吉林、陕西、新疆 (乌鲁木齐)、湖北、湖南、福建 (福州、尤溪、武夷山、仙游)、台湾、广西、海南、四川、西藏 (拉萨、林芝)。

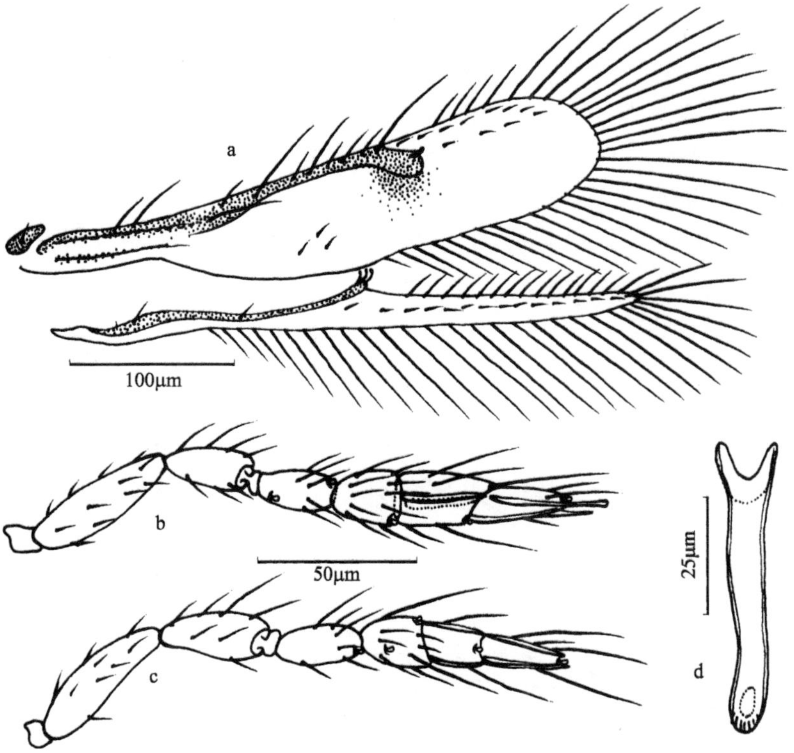

图 77 红色寡索赤眼蜂 *Oligosita erythrina* Lin

a. 前后翅 (fore & hind wing, ♀)；b. 触角 (antenna, ♀)；c. 触角 (antenna, ♂)；d. 雄外生殖器 (male genitalia)

(73) 微红寡索赤眼蜂 *Oligosita rubida* Lin, 1994 (图 78)

Oligosita rubida Lin, 1994, System. Stud. Chinese Trichogrammatidae: 136-137.

雌 体长 0.72-0.76 mm；体大部分橙红色，但头部微红色；复眼、单眼黑色；触角柄节、上颚及产卵管黄褐色；梗节至棒节、前足全部、中足除基节以外各节、后足胫节和跗节淡灰褐色；中胸盾及腹部第 I-III 腹节背板黄色，前翅除缘前脉基部及痣脉之下翅面各具 1 灰褐色半透明昙纹外，其余翅面无色透明。

头部正面观近圆形，宽略大于高，明显宽于胸部；复眼长为头高的 0.52 倍左右，其内侧颜面及头顶均具稀纤毛；上颚发达，末端 3 齿；下颚须 1 节，端部 2 毛；触角着生于两复眼下缘连线之稍上方，较细长；柄节长为宽的 3.8 倍，相当于梗节长的 1.6 倍；梗节近锥形，长为宽的 2.0 倍（图 78b)；环状节明显；索节圆筒形，长为宽的 2.7 倍，相当于梗节长的 0.86 倍左右；棒节长锥形，长为宽的 5.2 倍，等于柄节长的 1.7 倍；基棒节最短，长为宽的 1.4 倍；第二棒节最长大，圆筒形，长为宽的 2.0 倍；端棒节长锥形，长为宽的 2.5 倍；索节与各棒节除均具若干锥栓感器和鞭毛感器外，端部两棒节还各具 2 和 3 支板状感器；端棒节 1 支板状感器呈棒状端突，明显突出棒节顶端之外。

胸部为腹长的 0.64 倍左右，上具细纵纹；中胸盾和小盾片各具 2 支纤毛，内悬骨端部向后伸达腹长的 0.4 倍左右处，末端分 2 叶；前翅中等宽度，末端斜圆，长为宽的 3.7 倍（图 78a)；翅脉端部伸达翅长的 0.67 倍左右，缘脉稍短于亚缘脉，为痣脉长的 3.4 倍；翅面纤毛较稀，除缘脉下方近后缘翅面具 8-9 支短纤毛外，其余均散布在痣脉之下及其之外翅面，不规则成列；缘毛中等长短，最长者约与前翅宽度相当；后翅稍短于前翅，长为宽的 15.0 倍，翅脉端部伸达翅长的一半；翅面规则纤毛 2 列，最长后缘毛仅为前翅最长者的 0.83 倍左右；各足正常大小，各足节均具细纤毛，中足基跗节明显长于其后各跗节。

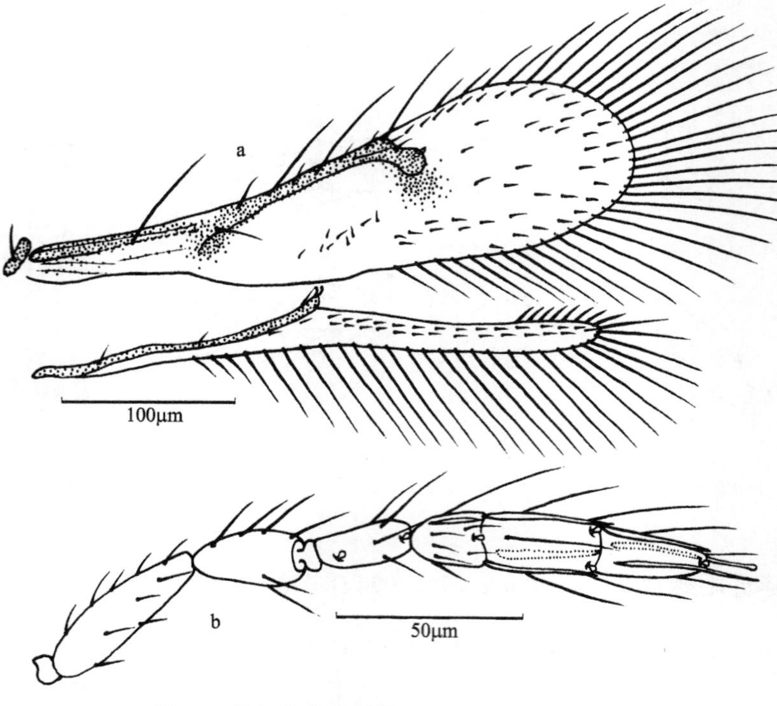

图 78 微红寡索赤眼蜂 *Oligosita rubida* Lin (♀)

a. 前后翅 (fore & hind wing)；b. 触角 (antenna)

腹部稍长于头胸部长度之和，长圆锥形；产卵管较发达，约为腹长的 0.67 倍，相当于后足胫节长的 1.7 倍，末端稍露出腹末。

雄　未知。

寄主　未知。

模式标本产地　福建福州。

模式标本存放单位　福建农林大学生物防治研究所昆虫标本室 [FAFU]。

研究标本　♀(正模)，福建福州金山 (N26°82'31", E119°20'30", 16M)，1987. V. 1，林乃铨采于黄盘诱集器；1♀(副模)，福建永春吾边 (N25°19'26", E118°16'48", 120M)，1985. VIII. 29，陈新金网扫。

分布　福建 (福州、永春)。

(74) 黑翅寡索赤眼蜂 *Oligosita nigriptera* Yuan & Cong, 1997 (图 79)

Oligosita nigriptera Yuan & Cong, 1997, J. Northeast Normal Univ., 1997(4): 63-64.

雌　体长 0.8-0.9 mm，前翅长 0.43-0.47 mm；全体大部暗红色，但复眼、单眼黑色；触角柄节及梗节褐色，棒节黑白相间；两颊区、前胸背板、前后足基节、各足腿节和胫节的大部分暗黑色，其余各足节灰褐色；中胸 (除中胸盾外)、后胸背板、并胸腹节及腹基部两腹节背板黄褐色；前翅除缘前脉基部和痣脉之下翅面各具 1 暗褐色昙纹外，痣脉以内翅面全部烟褐色半透明。

触角着生在两复眼下缘连线之稍上方，较细长；柄节长为宽的 3.1 倍，梗节长为宽的 2.1 倍，相当于柄节长的 0.6 倍 (图 79b)；环状节明显；索节近圆柱形，长为宽的 1.8 倍；棒节长锥形，长为宽的 4.3 倍，等于柄节长的 1.4 倍左右；基棒节最短，长稍大于宽；第二棒节最长大，圆柱形，长为宽的 1.8 倍，其端部与端棒节斜接；端棒节长锥状，略短于第二棒节；索节与各棒节除均具若干锥栓感器和鞭毛感器外，端部两棒节还各具 2 和 3 支板状感器；端棒节 1 支棒状端突、2 支呈刺状亚端突，均明显突出端棒节顶端之外。

胸部约为腹长的 0.6 倍，中胸盾近圆形，具网状刻纹，其上和小盾片各具 1 对纤毛；内悬骨端部伸至腹长的 0.5 倍处，末端分 2 叶；前翅长为宽的 3.7 倍 (图 79a)，翅脉较长，末端伸达翅长的 0.66 倍左右，缘脉与亚缘脉近等长；翅面纤毛较稀少，仅痣脉以外近前缘和外缘翅面具一半圆形纤毛、痣脉端部外方翅面具 4-5 支、近后缘翅面 6-7 支和缘脉下方近后缘处具 3-4 支纤毛；缘毛中等长短，最长者与前翅宽相等；后翅长为宽的 16.5 倍，翅面仅 1 列规则纤毛，最长后缘毛仅及前翅缘毛长的 0.76 倍；各足正常大小。

腹部长卵圆形，产卵管约为腹长的 0.6 倍；等于后足胫节长的 1.4 倍，端部稍露出腹末。

雄　体长 0.73-0.90 mm，翅长 0.37-0.45 mm；体上暗红色部分明显浅于雌虫，呈褐色或深红色；触角棒节明显短于雌者，长约为宽的 2.9 倍；等于柄节长的 1.2 倍，末端无棒状端突；外生殖器的阳基和阳茎愈合为简单管状，长约为宽的 4.9 倍 (图 79c)，相当于后足胫节长的 0.64 倍左右，阳茎基部具 2 个短的内突。

寄主　未知。

模式标本产地 辽宁阜新。

模式标本存放单位 沈阳农业大学昆虫标本室 [SYAU]。

分布 黑龙江 (哈尔滨、佳木斯、镜泊湖)、吉林 (辽源)、辽宁 (沈阳、阜新)。

附注 模式标本未检视，形态描述和特征图引自 Yuan & Cong (1997) 的原始描述。原记载的标本有：♀ (正模)，辽宁阜新 (N42°01'18", E121°40'13", 545M)，1994. VII. 26，袁静网扫；3♀ (副模)，辽宁沈阳 (N41°42'53.83", E123°26'58", 47M)，1991. VII. 7，娄巨贤网扫；4♂ (副模)，吉林辽源 (N42°53'18", E125°08'39", 259M)，1991. VII. 15，娄巨贤网扫；1♀ (副模)，黑龙江哈尔滨 (N45°48'12", E126°31'48", 116M)，1992. VII. 19，娄巨贤网扫；2♀ (副模)，黑龙江佳木斯 (N46°48'18", E130°18'30", 107M)，1992. VII. 17，娄巨贤网扫；5♀1♂ (副模)，黑龙江镜泊湖 (N43°51'14", E128°54'37", 344M)，1995. VIII. 19，娄巨贤、袁静网扫。

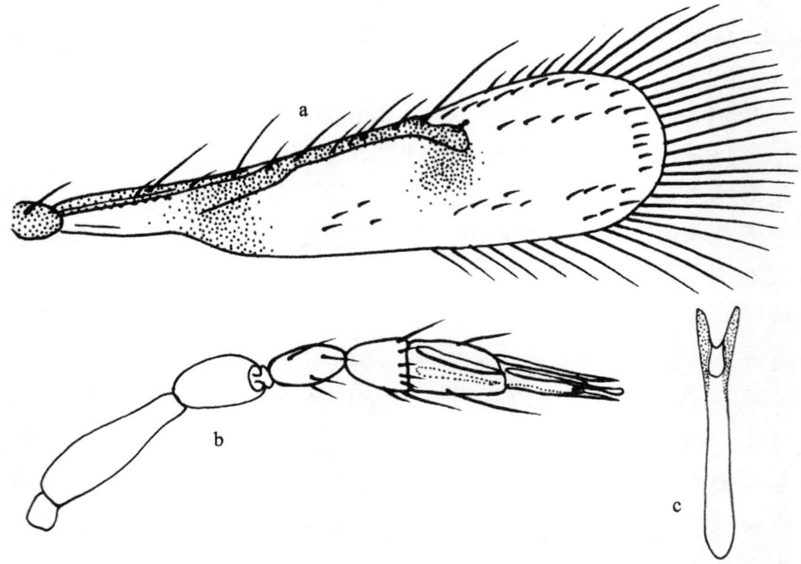

图 79 黑翅寡索赤眼蜂 *Oligosita nigriptera* Yuan & Cong (仿 Yuan & Cong, 1997)
a. 前翅 (fore wing, ♀)；b. 触角 (antenna, ♀)；c. 雄外生殖器 (male genitalia)

(75) 短翅寡索赤眼蜂 *Oligosita brevialata* Lou & Wang, 2001 (图 80)

Oligosita brevialata Lou & Wang, 2001, Acta Zootaxon. Sin., 26(3): 352-353.

雌 体长 0.82 mm，前翅长 0.29 mm；全体黄褐色，但头部色较深，复眼黑色；触角端部两棒节黑褐色，各足节浅黄褐色；翅脉暗黄色，痣脉下方翅面具 1 烟褐色昙纹，自缘前脉基部至翅末端翅面灰黄色，半透明，腹部带明显粉红色。

头正面观近圆形，与胸部几乎等宽；复眼较大，长约为头高的 0.6 倍；上颚发达，末端 3 齿；触角着生在两复眼下缘的连线上，较细长；柄节长为宽的 3.5 倍，梗节长为宽的 2.0 倍，相当于柄节长的 0.57 倍 (图 80b)；环状节明显；索节近圆筒形，长为宽的 1.9 倍，相当于梗节长的 0.65 倍左右；棒节较细长，长为宽的 4.9 倍，相当于柄节长的 1.4 倍；基棒节最短，长约等于宽；第二棒节长为宽的 1.9 倍，端部与端棒节斜接；端棒节圆锥形，与第二棒节约等长；索节与各棒节除均具若干鞭毛感器外，端部两棒节还各具 2 和 3 支板状感器，端棒节 1 支板状感器呈棒状端突和 1 支粗大的鞭毛感器，均明显突出棒节顶端之外。

胸部相当于腹长的 0.6 倍左右，具微细纵刻纹；中胸盾长为宽的 1.2 倍，小盾片长为宽的 0.6 倍，两者各具 2 纤毛；内悬骨发达，端部伸达腹长的 0.42 倍处，末端分 2 叶；前翅稍退化为短翅型，长为宽的 5.8 倍，形似砍刀状；翅脉长而直，端部伸达翅长的 0.8 倍左右处；缘脉短于亚缘脉，痣脉末端圆形；亚缘脉之下翅面明显狭窄，使翅后缘急剧弯曲，痣脉之外端部翅面斜切 (图 80a)；翅面纤毛稀少而微小，在高倍镜下可见翅面前缘具 1 列约 8 支小纤毛组成的毛列；在痣脉外方翅面具 1 列由 5 支小纤毛组成的毛列，在缘脉之下翅面中央有 4 支小纤毛不规则分布；缘毛很少，除痣脉相对应的后缘具 3 支长约为前翅宽 0.6 倍的缘毛外，其前后缘均光滑无毛；后翅明显短于前翅，长约为宽的 13.0 倍，端部翅面正常，不呈截断状；除翅后缘约具 15 支缘毛外，翅端部近 1/4 前后缘均光滑无缘毛；最长后缘毛约为后翅宽的 1.88 倍，相当于前翅最长者的 1.5 倍；各足稍细长。

腹部约等于头胸部长度之和，圆锥形；产卵管约为腹长的 0.66 倍，等于后足胫节长的 1.6 倍，端部不露出腹末之外。

雄　未知。

寄主　未知。

模式标本产地　吉林长白山。

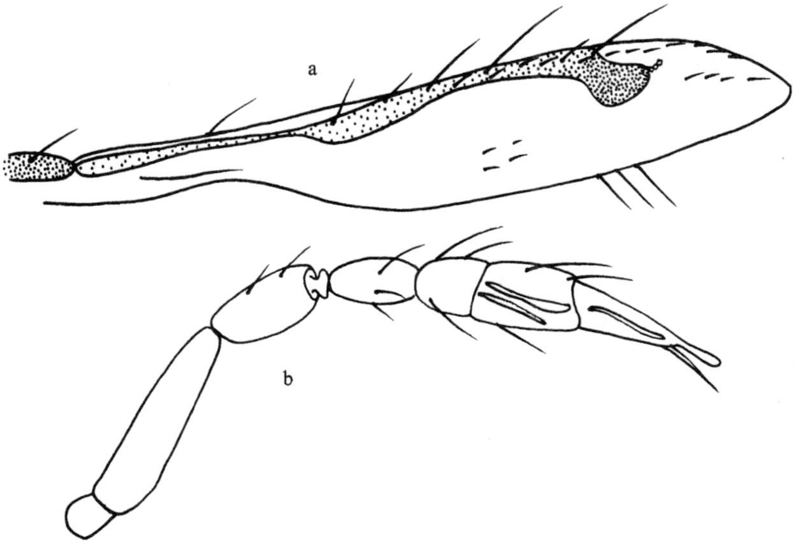

图 80　短翅寡索赤眼蜂 *Oligosita brevialata* Lou & Wang (♀) (仿 Lou & Wang, 2001)

a. 前翅 (fore wing)；b. 触角 (antenna)

模式标本存放单位 沈阳农业大学昆虫标本室 [SYAU]。

分布 吉林 (长白山)。

附注 模式标本未检视，形态描述和特征图引自 Lou & Wang (2001) 的原始描述。原记载的标本有：♀ (正模)，吉林长白山 (N42°03'06", E127°47'15", 1020M)，1994. VIII. 4，袁静、曹天文网扫。

(76) 稀毛寡索赤眼蜂 *Oligosita sparsiciliata* Lin, 1994 (图 81)

Oligosita sparsiciliata Lin, 1994, System. Stud. Chinese Trichogrammatidae: 139-140.

雌 体长 0.58-0.60 mm；全体淡黄色，但复眼、单眼黑色；上颚端部、产卵管及其基部黄褐色，翅面大部无色透明。

头部正面观扁圆形，宽大于高，明显宽于胸部；复眼较大，长约为头高的 0.6 倍，其内侧颜面及头顶均具若干纤毛；上颚强大，末端 3 齿；下颚须 1 节，端部 2 毛；触角着生于两复眼下缘连线之稍上方，较粗短；柄节细长，长为宽的 4.0 倍，相当于梗节长的 1.6 倍 (图 81b)；梗节长卵圆形，长为宽的 1.8 倍；环状节大而明显，扁圆形；索节近圆筒形，最细，长为宽的 1.5 倍，等于梗节长的 0.6 倍；棒节长锥状，长约为宽的 3.0 倍，相当于柄节长的 1.2 倍；基棒节略长于第二、三棒节，长稍大于宽；第二、三棒节近等长，第二棒节长略小于宽，端棒节长约为宽的 1.25 倍；索节与各棒节除均具若干锥栓感器和鞭毛感器外，端部两棒节还各具 2 和 4 支板状感器；端棒节 1 支板状感器呈棒状端突，明显突出棒节顶端之外。

胸部仅及腹长的 0.6 倍左右，上具细纵刻纹，中胸盾及小盾片各具 2 支纤毛；内悬骨端部伸达腹长的 0.33 倍左右处，末端分 2 叶；前翅中等偏窄，末端斜圆，长为宽的 4.0 倍 (图 81a)；翅脉末端伸达翅长的 0.63 倍左右处，缘脉略短于亚缘脉，痣脉相当于缘脉长的 0.43 倍左右；翅面纤毛稀少，除缘脉及痣脉下方近后缘翅面各具 2-3 支短纤毛外，其余纤毛均零星分布在痣脉以外前缘至末端近外缘翅面；缘毛较长，最长者约为前翅宽的 1.5 倍；后翅与前翅约等长，长为宽的 19.5 倍；翅脉端部伸达翅长的一半左右；翅面规则纤毛中部 2 列，端部 1 列；最长后缘毛约为前翅最长者的 0.72 倍，稍大于前翅宽度；各足较粗壮，各足节上的纤毛较少。

腹部长锥形，端部尖削，各腹节背板基本光滑而无明显刻纹；产卵管发达，约为腹长的 0.8 倍，相当于后足胫节长的 2.4 倍，末端稍露出腹末。

雄 体长 0.58 mm；体色及主要特征与雌虫相似，但端部两棒节各具 2 和 4 支板状感器，端棒节端部无棒状端突 (图 81c)；外生殖器的阳基和阳茎愈合为简单管状 (图 81d)，端部向腹面稍弯，相当于后足胫节长的 0.5 倍左右，基部具 2 个短的阳茎内突。

寄主 未知。

模式标本产地 福建福州。

模式标本存放单位 福建农林大学生物防治研究所昆虫标本室 [FAFU]。

研究标本 ♀ (正模)，5♀ (副模)，福建福州金山 (N26°82'31", E119°20'30", 16M)，1987. IX-XII，林乃铨采于黄盘诱集器；1♀2♂ (副模)，辽宁沈阳北陵 (N41°50'20", E123°25'34",

420M)，1990. VII. 29，林乃铨网扫。

分布　辽宁 (沈阳)、福建 (福州)。

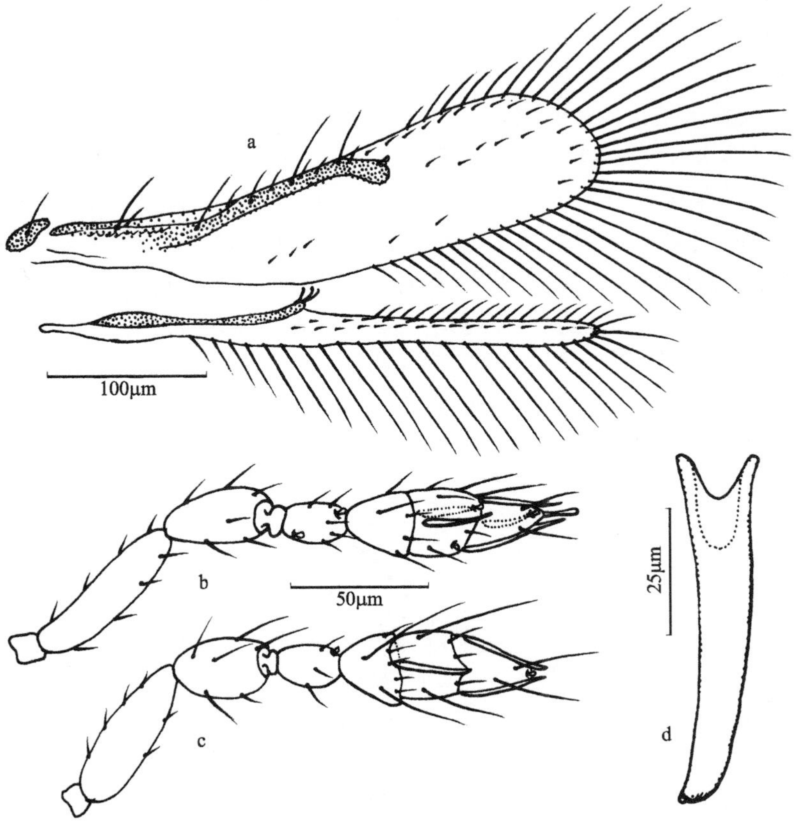

图 81　稀毛寡索赤眼蜂 *Oligosita sparsiciliata* Lin

a. 前后翅 (fore & hind wing, ♀)；b. 触角 (antenna, ♀)；c. 触角 (antenna, ♂)；d. 雄外生殖器 (male genitalia)

(77) 灰翅寡索赤眼蜂 *Oligosita polioptera* Lin, 1994 (图 82)

Oligosita polioptera Lin, 1994, System. Stud. Chinese Trichogrammatidae: 144-145.

雌　体长 0.67-0.70 mm；全体大部分暗褐色，但复眼、单眼黑色；颜面及头顶、中后胸及并胸腹节背板、前足转节及其跗节、中足除腿节端部和胫节基部以外的各足节、后足胫节端部及跗节灰褐色；翅脉以内翅面淡灰褐色半透明，翅脉以外翅面无色透明。

头部正面观近圆形，宽略大于高，明显宽于胸部；复眼较大，长为头高的 0.57 倍左右，其内侧颜面及头顶均具若干稀纤毛；上颚强大，末端具 3 齿；下颚须 1 节，端部 2 毛；触角着生于两复眼下缘连线之稍上方，较细长；柄节长为宽的近 3.0 倍，等于梗节长的 1.5 倍 (图 82b)；梗节长梨形，长为宽的近 2.0 倍；环状节明显；索节近椭圆形，长约为宽的 1.54 倍，相当于梗节长的 0.7 倍；棒节长纺锤形，长为宽的 4.2 倍，等于柄节与梗节的长度之和；基棒节最短，长稍大于宽；第二棒节最长，长约为宽的 1.65 倍；端棒节明显长于基棒节，而稍短于第二棒节，长为宽的 2.0 倍；索节与各棒节除均具若干锥栓感器和鞭毛感器外，端部两棒节还各具 2 和 4 支板状感器；端棒节 1 支板状感器呈棒状端突，明显突出棒节顶端之外。

胸部仅及腹长的 0.5 倍左右，中胸盾具明显的网状刻纹；并胸腹节具纵刻纹，其余胸部背板仅具细致刻纹；内悬骨较宽大，端部伸达腹长的 0.4 倍左右，端部分 2 叶；前翅中等窄长，末端宽圆 (图 82a)，长约为宽的 3.9 倍；翅脉端部伸达翅长的 0.7 倍左右处；缘脉稍长于亚缘脉，相当于痣脉长的 3.0 倍；翅面纤毛较稀少，除缘脉之下翅面具 4-5 支短毛外，其余分布在痣脉以外翅面，不规则成列；缘毛较长，最长者约为前翅宽的 1.2 倍；后翅与前翅长度相当，长为宽的 15.0 倍；翅脉端部伸达翅长的一半，翅面规则纤毛 2 列；最长后缘毛约等于前翅最长者的 0.85 倍，约等于前翅宽度；各足正常大小，各足节均具细纤毛，中足基跗节明显长于其后各跗节。

腹部长锥状，约与头胸部长度之和相当，各腹节背板均具网状刻纹；产卵管高度骨化，约为腹长的 0.7 倍；等于后足胫节长的 1.6 倍，端部稍露出腹末。

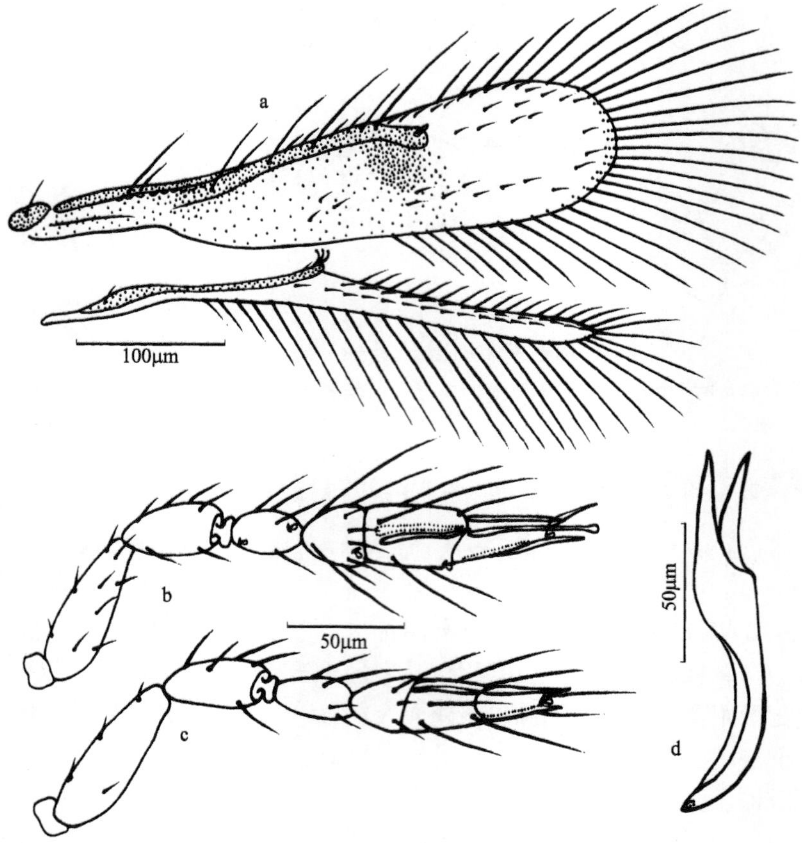

图 82 灰翅寡索赤眼蜂 *Oligosita polioptera* Lin

a. 前后翅 (fore & hind wing, ♀)；b. 触角 (antenna, ♀)；c. 触角 (antenna, ♂)；d. 雄外生殖器 (male genitalia)

雄　体长 0.65-0.68 mm；体色及主要特征与雌虫相似；但触角端部两棒节各具 2 支和 3 支板状感器 (图 82c)，端部无棒状端突；外生殖器的阳基和阳茎愈合为简单管状 (图 82d)，骨化程度较深，端部向腹面弯曲；相当于后足胫节长的 0.6 倍，基部具 2 个短的阳茎内突。

寄主　未知。

模式标本产地　福建尤溪。

模式标本存放单位　福建农林大学生物防治研究所昆虫标本室 [FAFU]。

研究标本　♀(正模)，1♀(副模)，福建尤溪池田 (N26°02'44", E117°56'52", 289M)，1987. VII. 22，郑琪采于黄盘诱集器；1♀(副模)，福建松溪渭田 (N25°52'41", E117°19'21", 496M)，1987. VIII. 5，吴祖建网扫；4♀3♂(副模)，辽宁沈阳东陵 (N41°48'46", E123°31'59", 52M)、北陵 (N41°50'20", E123°25'34", 420M)，1990. VII. 27-29，林乃铨网扫；2♀(副模)，湖北蒲圻 (N30°21'46", E114°16'41", 37M)，1991. VIII. 15-20，袁合强、欧阳宗兵网扫。

分布　辽宁 (沈阳)、湖北 (蒲圻)、福建 (尤溪、松溪)。

(78) 长突寡索赤眼蜂 *Oligosita shibuyae* Ishii, 1938 (图 83)

Oligosita shibuyae Ishii, 1938b, Kontyu, 2: 180; He, Pang & Chen, 1986, Atlas of Natural Enemies of Rice Pests. Shanghai Sci. & Techn. Press: 111; Liao, Li, Pang & Chen, 1987, Economic Insect Fauna of China (Hym.: Chalcidoidea), Sci. Press. 34(1): 209; Lin, 1994, System. Stud. Chinese Trichogrammatidae: 140-142.

雌　体长 0.96-1.04 mm；全体黄色，但上颚、产卵管黄褐色；触角棒节大部分暗褐色，除棒节以外各节、前胸背板、后胸侧板、各足胫节、跗节及前翅翅脉淡灰褐色；前翅除缘前脉基部及痣脉之下翅面各具 1 灰褐色半透明昙纹外，其余翅面无色透明。

头部正面观近圆形，宽稍大于高，明显宽于胸部；复眼具细纤毛，长为头高的 0.55 倍左右，其内侧颜面及头顶均具若干纤毛；上颚末端 3 齿，下颚须 1 节，端部 2 毛；触角着生于两复眼下缘连线之上，较细长；柄节长棒状，端部略细，长为宽的 3.5 倍，相当于梗节长的 1.6 倍 (图 83b)；梗节长梨形，长为宽的 2.0 倍；环状节明显；索节近圆筒形，长为宽的 2.0 倍，略短于梗节长度；棒节长纺锤形，相当于柄节、梗节的长度之和，为索节长的 3.0 倍；基棒节最粗短，长为宽的 1.2 倍；第二棒节最长，长约为宽的 1.75 倍；端棒节的长度介于基部两棒节之间，长为宽的 2.3 倍；索节与各棒节除均具若干锥栓感器和鞭毛感器外，端部两棒节还各具 2 和 3 支板状感器，端棒节 1 支板状感器呈棒状端突，明显突出棒节顶端之外。

胸部仅及腹长的一半，中胸盾及小盾片各具 2 支纤毛和细致刻纹；后胸背板及并胸腹节均具纵皱纹；内悬骨较短，端部伸达腹长的 1/3 左右，末端分 2 叶；前翅中等偏窄，末端斜圆，长为宽的 3.8 倍 (图 83a)；翅脉较长，末端伸至翅长的 0.63 倍左右处；缘脉约与亚缘脉等长，相当于痣脉长的 3.0 倍；痣脉基部明显缢缩，如颈状；翅面纤毛较稀少，除缘脉之下近后缘处翅面具 4-5 支短纤毛外，其余均散布在痣脉以外翅面，排列不规则；缘毛较长，最长者略长于前翅宽度；后翅与前翅约等长，长为宽的 20.0 倍；翅脉约为翅长的一半，翅面规则纤毛 2 列；最长后缘毛短于前翅最长者，相当于前翅宽的 0.8 倍；各足较细长，各足节均具细纤毛。

腹部长锥状，末端不尖削，明显长于头胸部长度之和，各腹节背板两侧均具细致网纹；产卵管较发达，约为腹长的 0.56 倍，相当于后足胫节长的 1.5 倍，末端不明显露出腹末。

雄 体长 0.92-0.95 mm；体色及主要特征与雌虫相似；但触角棒节较短 (图 83c)，长为宽的 3.1 倍，稍长于柄节；其上的锥栓感器、鞭毛感器和板状感器与雌虫相似，棒节顶端无棒状端突；前翅明显窄于雌虫，长为宽的 4.5 倍，最长缘毛等于前翅宽的 1.5 倍；外生殖器的阳基和阳茎愈合为简单管状 (图 83d)，细长，稍向腹面弯曲，长为宽的 7.0 倍；相当于后足胫节长的 0.65 倍，基部具 2 个短的阳茎内突。

寄主 国内寄主未知，据我国台湾和日本记载，可寄生黑尾叶蝉 *Nephotettix cincticeps* (Hem.: Cicadellidae) 和褐飞虱 *Nilaparvata lugens* (Hem.: Delphacidae) 等虫卵。

模式标本产地 Shizuoka, Tokyo, Japan。

模式标本存放单位 Tokyo College of Agriculture & Forestry, Japan [TCAFJ]。

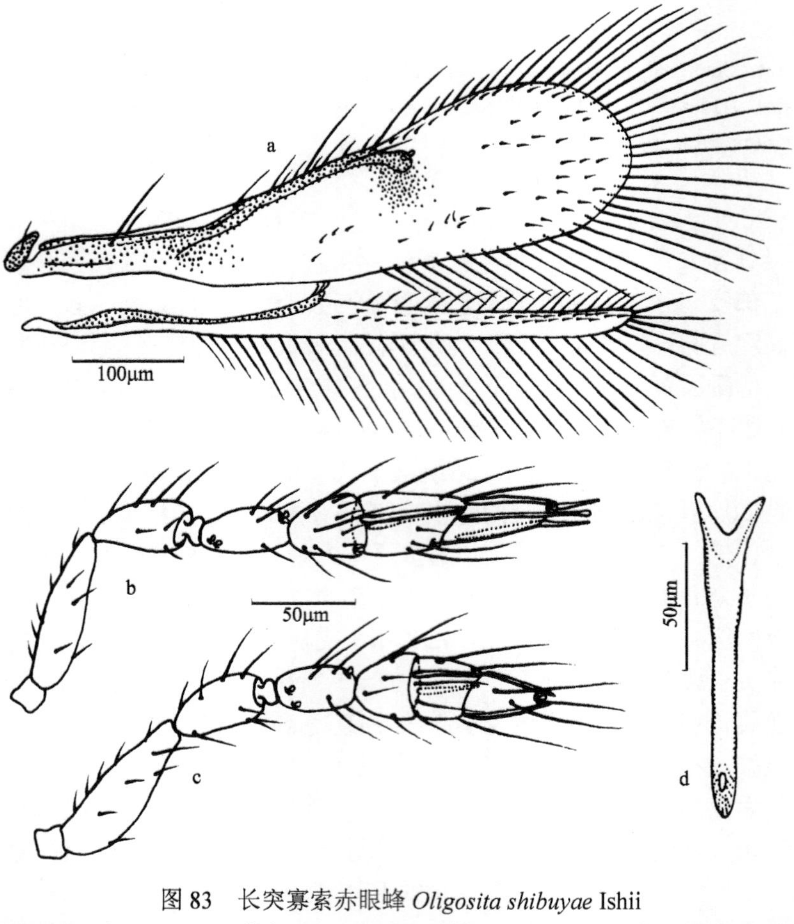

图 83 长突寡索赤眼蜂 *Oligosita shibuyae* Ishii

a. 前后翅 (fore & hind wing, ♀)；b. 触角 (antenna, ♀)；c. 触角 (antenna, ♂)；d. 雄外生殖器 (male genitalia)

研究标本 3♂2♀，辽宁沈阳东陵 (N41°48'46", E123°31'59", 52M)，1990. VII. 27，林乃铨网扫；2♀1♂，北京香山樱桃沟 (N40°02'20", E116°02'57", 501M)，1992. VII. 6，林乃铨网扫；4♀，新疆乌鲁木齐 (N43°44'17", E87°36'24", 800M)，1999.VIII. 28，林乃铨网扫；2♀，新疆玛纳斯 (N44°19'13", E86°13'40", 1900M)，1999. VIII. 27，林乃铨网扫；4♀，新疆新源 (N43°25'39", E83°16'25", 1800M)，1997. VIII. 1，马德英网扫；4♀1♂，新疆阿勒泰 (N47°48'58", E88°87'78", 1000M)，1997. VIII. 1，马德英网扫；1♀，新疆和硕 (N42°16'13", E86°51'45", 2000M)，2001. VIII. 7，胡红英网扫；12♀1♂，福建福州金山 (N26°82'31", E119°20'30", 16M)，1987. VII-X，林乃铨采于黄盘诱集器；1♀，福建建阳桂林 (N27°36'04", E117°40'01", 502M)，1985. VII. 21，林乃铨网扫；4♀1♂，福建武夷山黄岗山 (N27°51'37", E117°47'02", 2158M)，1985. VII. 30，林乃铨网扫；1♀2♂，福建武夷山七里桥 (N27°43'50", E117°39'32", 849M)，1985. VII. 25，林乃铨网扫。

分布 辽宁 (沈阳)、北京 (香山)、新疆 (乌鲁木齐、玛纳斯、新源、阿勒泰、和硕)、福建 (福州、建阳、武夷山)，据资料也分布于浙江、湖北 (武汉、蒲圻)、江西 (鹰潭)、湖南 (长沙)、广东 (广州)、广西 (南宁)、台湾；日本。

(79) 弯缘寡索赤眼蜂 *Oligosita introflexa* Lin, 1994 (图 84)

Oligosita introflexa Lin, 1994, System. Stud. Chinese Trichogrammatidae: 150-151.

雌 体长 0.64-0.81 mm；全体淡黄褐色；但复眼、单眼黑色，上颚及产卵管褐色；触角索节和棒节、前胸背板、后胸背板两侧、腹末 3-4 节背板灰褐色；前翅脉之下翅面具灰褐色半透明昙纹，痣脉之外翅面无色透明。

头部正面观扁圆形，宽略大于高，明显宽于胸部；复眼长近于头高的一半，其内侧颜面及头顶均具稀纤毛；上颚发达，末端具 3 齿；下颚须 1 节，端部 2 毛；触角着生于两复眼中部连线之稍上方，较细长 (图 84b)；柄节长为宽的 3.3 倍，等于梗节长的 1.5 倍；环状节小而明显；索节近圆形，长稍大于宽，约等于梗节长的 0.7 倍；棒节长而尖，长为宽的 4.0 倍，相当于柄节长的 1.7 倍；基棒节最短，长宽约相等，第二棒节长略大于宽；端棒节最细长，长为宽的 3.5 倍；索节与各棒节除均具若干锥栓感器和鞭毛感器外，其索节和端部两棒节还分别具 1、2 和 5 支板状感器；端棒节中间 1 支板状感器呈棒状端突、两侧 2 支呈刺状亚端突，均明显突出棒节顶端之外。

胸部约为腹长的 0.6 倍，其上具细刻纹，中胸盾及小盾片各具 2 支纤毛；内悬骨较宽大，端部伸达腹长的 0.4 倍左右，末端分 2 叶；前翅长为宽的 3.3 倍 (图 84a)，翅脉端部伸达翅长的 0.6 倍左右处，缘脉与亚缘脉等长，相当于痣脉长的 3.3 倍；翅面纤毛较少，散布于痣脉以外端部翅面，多不规则成列；缘脉之下后缘 (与后翅缰钩对应处) 稍呈弧形向后弯曲，缘毛较长，长度等于前翅宽的 1.3 倍；后翅稍短于前翅，长为宽的 20.0 倍；翅脉端部伸达翅长的一半，翅面规则纤毛 2 列；最长后缘毛短于前翅最长者，约与前翅宽度相当；各足正常大小，各足节均具若干纤毛。

腹部长锥状，等于头胸部长度之和；产卵管高度骨化，约为腹长的一半，与后足胫节约等长，末端明显露出腹末之外。

雄 未知。

寄主 未知。

模式标本产地 福建福州。

模式标本存放单位 福建农林大学生物防治研究所昆虫标本室 [FAFU]。

研究标本 ♀(正模)，福建福州森林公园 (N26°08'31", E119°28'30", 643M)，1987. V. 29，林乃铨网扫；2♀ (副模)，福建将乐龙栖山 (N26°30'41", E117°22'57", 239M)，1991. VIII-X，刘长明、林乃铨网扫；1♀ (副模)，福建武夷山三港 (N27°44'53", E117°40'41", 724M)，1985. VII. 24，林乃铨网扫。

分布 福建 (福州、将乐、武夷山)。

附注 本种触角索节具 1 支明显的板状感器，这一特征在寡索赤眼蜂属中十分特殊。据 Viggiani (1989, 私人通讯) 意见，本种属的位置需要在发现雄性标本之后才能确定。因此在没有发现雄性标本之前，仍将本种留在寡索赤眼蜂属内。

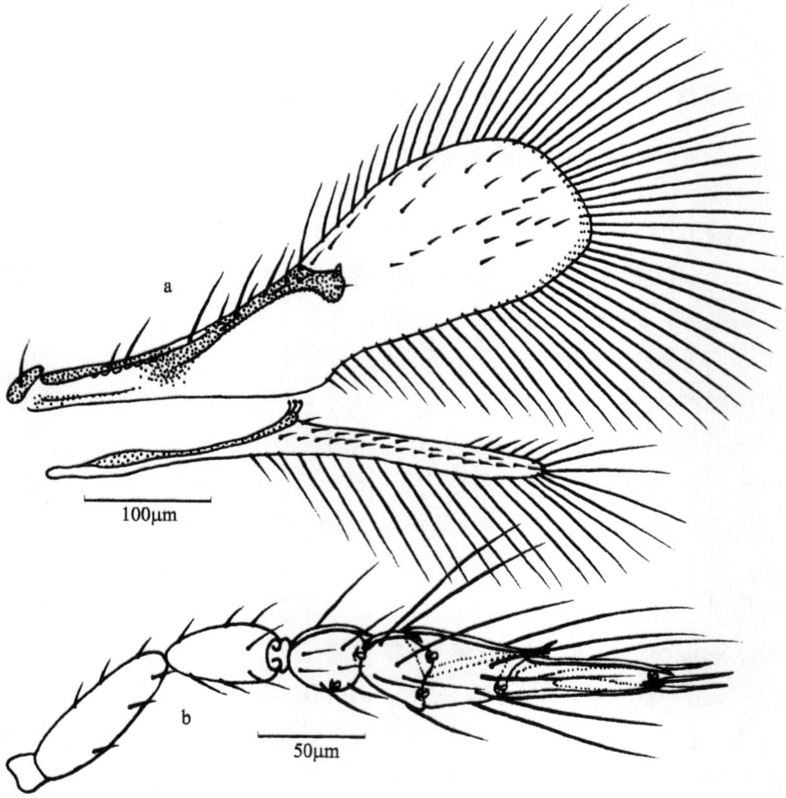

图 84 弯缘寡索赤眼蜂 *Oligosita introflexa* Lin (♀)

a. 前后翅 (fore & hind wing)；b. 触角 (antenna)

(80) 长胸寡索赤眼蜂 *Oligosita macrothoracica* Lin, 1994 (图 85)

Oligosita macrothoracica Lin, 1994, System. Stud. Chinese Trichogrammatidae: 138.

雌 体长 0.66 mm 左右；全体淡黄褐色，但复眼、单眼黑色；上颚、产卵管及其基部褐色；触角除柄节外的各节、前翅脉灰褐色；除缘前脉基部和痣脉之下翅面各具 1 烟褐色半透明小昙斑外，其余翅面无色透明。

头部正面观扁圆形，宽明显大于高，也宽于胸部；复眼较长，长为头高的 0.7 倍左右，其内侧颜面及头顶均具若干纤毛；上颚发达，末端具 3 齿；下颚须 1 节，端部 2 毛；触角着生于两复眼下缘连线之上，较细长；柄节长棒状，长为宽的 3.6 倍，等于梗节长的 1.4 倍 (图 85b)；梗节长梨形，长为宽的 2.1 倍；环状节大而明显；索节近圆筒形，长为宽的 1.6 倍，相当于梗节长的 0.6 倍；棒节长锥形，长为宽的 4.6 倍，等于柄节长的 1.6 倍；基棒节长为宽的 1.3 倍；第二棒节圆筒形，长约为宽的 1.67 倍；端棒节长锥状，长为宽的 3.1 倍；索节与各棒节除均具若干锥栓感器和鞭毛感器外，端部两棒节还各具 2 和 3 支板状感器；端棒节 1 支板状感器呈棒状端突，明显突出棒节顶端之外。

胸部相当于腹长的 0.6 倍左右，上具细致刻纹，中胸盾和小盾片各具 2 支纤毛；内悬骨较大，端部伸达腹长的一半左右，末端分 2 叶；前翅中等宽圆，长约为宽的 3.0 倍 (图 85a)；翅脉末端伸达翅长的 0.53 倍处，缘脉稍长于亚缘脉，为痣脉的 3.3 倍；翅面纤毛中等密度，除缘脉下方近后缘翅面具 3 支短纤毛外；其余全部分布在痣脉以外翅面，大致规则成列；缘毛中等长短，最长者近于前翅宽的 0.6 倍；后翅略短于前翅，长为宽的 16.5 倍；翅脉约等于翅长的 0.5 倍，翅面规则纤毛 2 列；最长后缘毛略短于前翅最长者，相当于前翅宽度的一半；各足正常大小，各足节均具细纤毛，中足基跗节不特别长。

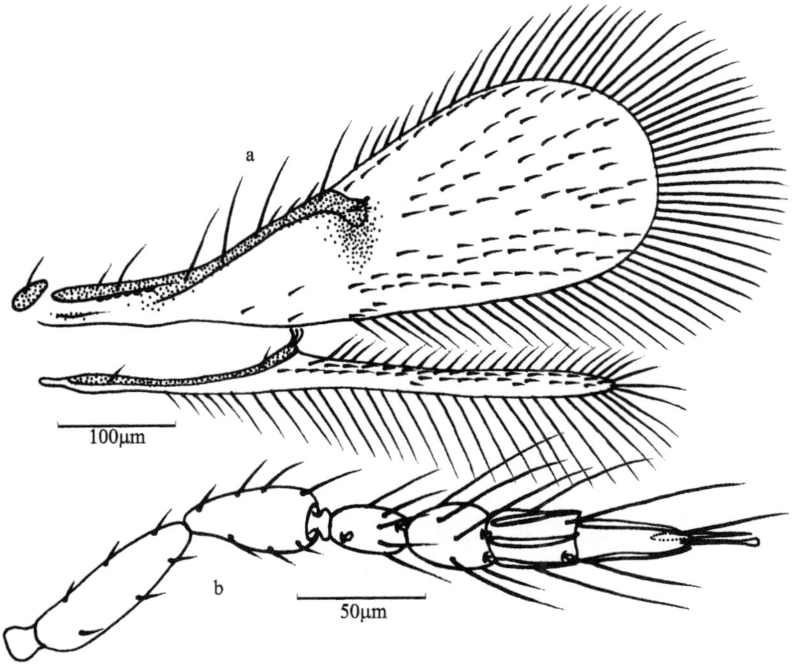

图 85 长胸寡索赤眼蜂 *Oligosita macrothoracica* Lin (♀)

a. 前后翅 (fore & hind wing)；b. 触角 (antenna)

腹部长圆锥形，相当于头胸部长度之和；各腹节背板中央除具若干稀纤毛外，第 I-V 腹节的背板均具细致刻纹；产卵管高度骨化，约为腹长的 0.54 倍，等于后足胫节的长度，末端稍露出腹末。

雄 未知。

寄主 未知。

模式标本产地 福建福州。

模式标本存放单位 福建农林大学生物防治研究所昆虫标本室 [FAFU]。

研究标本 ♀ (正模)，1♀ (副模)，福建福州金山 (N26°82'31", E119°20'30", 16M)，1987. XII. 20，林乃铨采于黄盘诱集器。

分布 福建 (福州)。

(81) 长翅寡索赤眼蜂 *Oligosita longialata* Lin, 1994 (图 86)

Oligosita longialata Lin, 1994, System. Stud. Chinese Trichogrammatidae: 142-143.

雌 体长 1.0-1.1 mm；全体淡黄褐色，但上颚、产卵管褐色；触角梗节、环状节、索节淡灰褐色，基棒节灰褐色，第二、三棒节暗褐色；前翅除痣脉及缘前脉基部之下翅面各具 1 灰褐色半透明昙纹外，其余大部分翅面无色透明。

头部正面观近扁圆形，宽明显大于高，也明显宽于胸部；复眼较大，长约为头高的 0.62 倍，除头顶具若干纤毛外，复眼内侧颜面基本无纤毛；上颚末端 3 齿，下颚须 1 节，末端 2 毛；触角着生于两复眼下缘连线之上，细长；柄节长棒状，端部略细，长为宽的 3.8 倍，相当于梗节长的 1.8 倍 (图 86b)；梗节长梨形，长为宽的 2.0 倍；环状节明显，索节长圆筒形，长为宽的 2.4 倍，接近于梗节之长；棒节长纺锤形，长为宽的 4.4 倍，相当于柄节、梗节全长的 0.88 倍左右；基棒节最粗短，长为宽的 1.2 倍；第二棒节长而大，长为宽的 1.8 倍；端棒节长度介于第一、二棒节之间，长为宽的 2.0 倍；索节与各棒节除均具若干锥栓感器和鞭毛感器外，端部两棒节还各具 2 和 4 支板状感器，端棒节 1 支板状感器呈棒状端突，明显突出棒节顶端之外。

胸部仅及腹长的一半，中胸盾及小盾片各具 2 支纤毛和网状刻纹；内悬骨长大，端部伸达腹长的一半左右，端部分 2 叶；前翅中等宽大，末端宽圆，长为宽的 3.5 倍 (图 86a)；翅脉端部伸达翅长的 0.65 倍左右处，缘脉长于亚缘脉，相当于痣脉长的 3.6 倍；翅面纤毛中等密度，除缘脉下方近后缘翅面具 5 支短纤毛外，其余散布在痣脉以外翅面，排列不规则；缘毛较短，明显短于前翅宽度；后翅与前翅约等长，细窄，长为宽的 21.4 倍；翅脉端部伸达翅长的 0.5 倍处，翅面规则纤毛 2 列；最长后缘毛短于前翅最长者，为前翅宽的 0.7 倍；各足细长，中足基跗节稍长于其后各跗节。

腹部长锥状，端部尖削，稍长于头胸部长度之和；各腹节背板两侧均具细致网状刻纹；产卵管较发达，约为腹长的 0.92 倍，等于后足胫节长的 2.2 倍，末端明显突出腹末之外。

雄 体长 1.0 mm；体色及主要特征与雌虫相似；但触角棒节较短 (图 86c)，其上的锥栓感器、鞭毛感器和板状感器与雌虫相似，端部无棒状端突；外生殖器的阳基和阳茎

愈合为简单管状 (图 86d)，端部向腹面稍弯；相当于后足胫节长的 0.7 倍，基部具 2 个短的阳茎内突。

寄主　未知。

模式标本产地　福建福州。

模式标本存放单位　福建农林大学生物防治研究所昆虫标本室 [FAFU]。

研究标本　♀ (正模)，1♀ (副模)，福建福州金山 (N26°82'31", E119°20'30", 16M)，1987. X. 10，林乃铨采于黄盘诱集器；2♀ (副模)，辽宁沈阳东陵 (N41°48'46", E123°31'59", 52M)，1992. VII. 9，林乃铨网扫；1♀2♂ (副模)，北京香山樱桃沟 (N40°02'20", E116°02'57", 501M)，1992. VII. 6，林乃铨网扫。

分布　辽宁 (沈阳)、北京 (香山)、福建 (福州)。

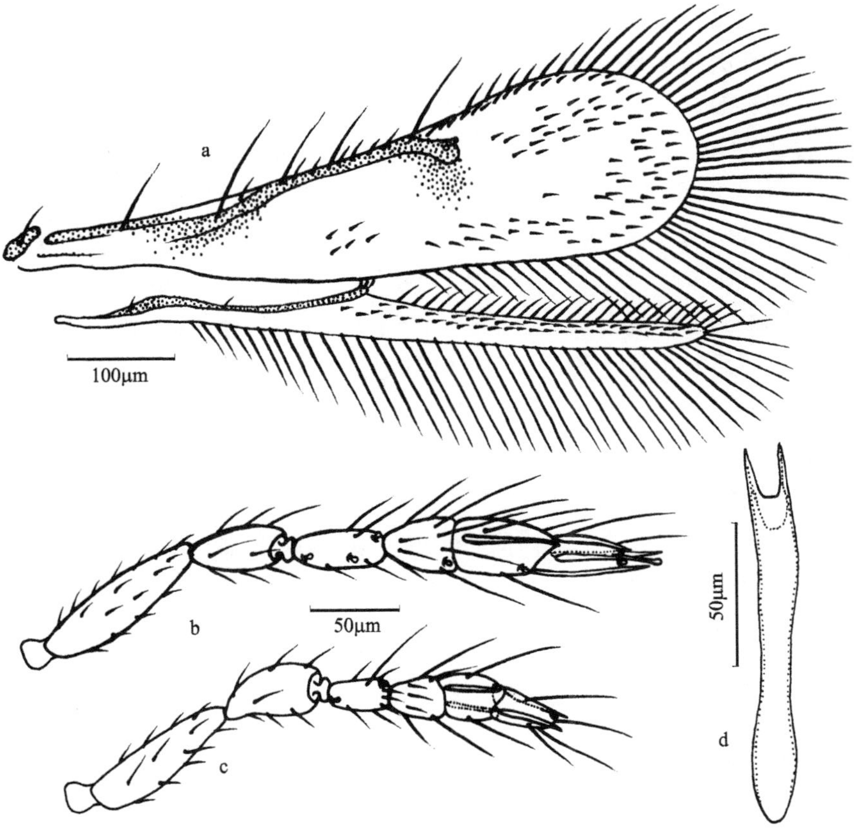

图 86　长翅寡索赤眼蜂 *Oligosita longialata* Lin

a. 前后翅 (fore & hind wing, ♀)；b. 触角 (antenna, ♀)；c. 触角 (antenna, ♂)；d. 雄外生殖器 (male genitalia)

(82) 暗褐寡索赤眼蜂 *Oligosita brunnea* Lin, 1994 (图 87)

Oligosita brunnea Lin, 1994, System. Stud. Chinese Trichogrammatidae: 143-144.

雌 体长 1.03 mm；全体暗褐色，但复眼、单眼黑色；头部淡黄褐色，中胸盾及前翅脉淡灰褐色，上颚及产卵管褐色；触角仅柄节基部外侧一角具淡灰色斑外，其余各节均为暗灰褐色；前翅除缘前脉基部及痣脉之下翅面各具 1 灰褐色半透明昙纹外，其余翅面无色透明。

头部正面观近圆形，宽略大于高，明显宽于胸部；复眼长约为头高的 0.6 倍，其内侧颜面及头顶均具若干纤毛；上颚较发达，末端 3 齿；下颚须 1 节，端部 2 毛；触角着生于两复眼下缘连线之上方，较细长；柄节长为宽的 3.2 倍，相当于梗节长的 1.76 倍；梗节近梨形，长为宽的 1.8 倍 (图 87b)；环状节发达；索节近圆筒形，长为宽的 1.7 倍，等于梗节长的 0.8 倍，端部斜切，略大于基部；棒节长纺锤形，长为宽的 4.7 倍，相当于柄节长的 1.6 倍；基棒节最短，长为宽的 1.4 倍；第二棒节最长，长为宽的 1.8 倍；端棒节锥状，长为宽的 2.3 倍；索节与各棒节除均具若干锥栓感器和鞭毛感器外，端部两棒节还各具 2 和 4 支板状感器；端棒节 1 支板状感器呈棒状端突，明显突出棒节顶端之外。

胸部仅及腹长的 0.45 倍左右，具明显细刻纹，中胸盾及小盾片各具 2 支纤毛；内悬骨向后伸达腹部的 1/3 左右处，末端分 2 叶；前翅中等宽大，长为宽的 3.25 倍，末端斜圆 (图 87a)；翅脉端部伸达翅长的 0.63 倍处，缘脉约等于亚缘脉，相当于痣脉长的 3.0 倍；翅面纤毛中等偏稀，除缘脉下方近后缘翅面处 4-5 支短纤毛外，其余散布在痣脉以外翅面，多数不规则成列；缘毛中等长短，最长者为翅宽的 0.8 倍左右；后翅与前翅近等长，长为宽的 15.0 倍；翅脉端部伸达翅长一半，翅面规则纤毛 2 列；最长后缘毛与前翅最长者相当；各足略粗壮，各足节均具细纤毛；中足胫节的纤毛较粗，中后足基跗节均长于其后各跗节。

腹部明显长于头胸部长度之和，卵锥形，各腹节背板两侧均具网状刻纹；产卵管高度骨化，约为腹长的 0.7 倍，等于后足胫节长的 2.25 倍，末端稍露出腹末。

雄 体长 1.0 mm；体色及主要特征与雌虫相似，但触角棒节较短，其上的锥栓感器、鞭毛感器和板状感器与雌虫相似，端部无棒状端突；外生殖器的阳基和阳茎愈合为简单管状，端部向腹面稍弯，相当于后足胫节长的 0.7 倍，基部具 2 个短的阳茎内突。

寄主 未知。

模式标本产地 福建福州。

模式标本存放单位 福建农林大学生物防治研究所昆虫标本室 [FAFU]。

研究标本 ♀ (正模)，1♀ (副模)，福建福州金山 (N26°82'31", E119°20'30", 16M)，1987. X. 10，林乃铨采于黄盘诱集器；2♀ (副模)，辽宁沈阳东陵 (N41°48'46", E123°31'59", 52M)，1992. VII. 9，林乃铨网扫；1♀2♂ (副模)，北京香山樱桃沟 (N40°02'20", E116°02'57", 501M)，1992. VII. 6，林乃铨网扫。

分布 辽宁 (沈阳)、北京 (香山)、福建 (福州)。

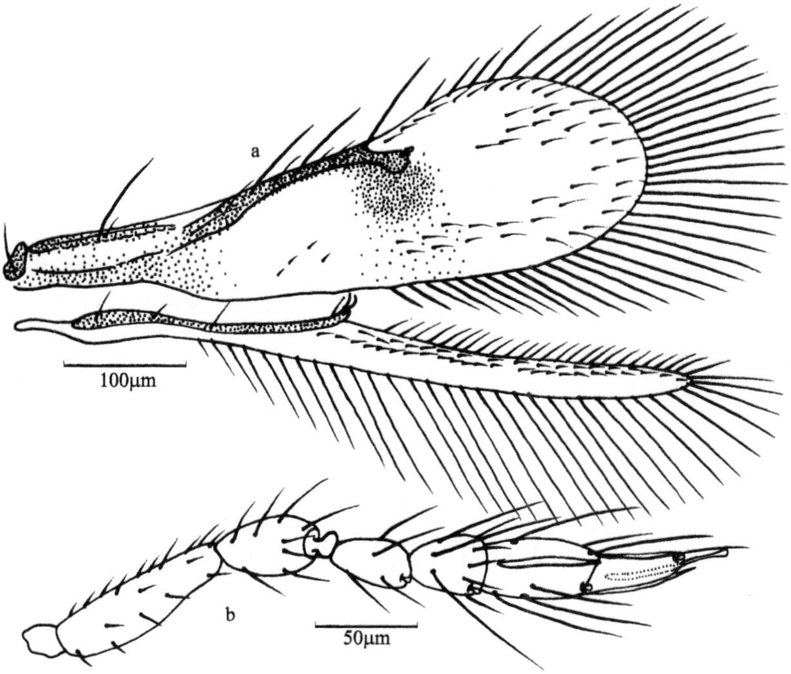

图 87　暗褐寡索赤眼蜂 *Oligosita brunnea* Lin (♀)
a. 前后翅 (fore & hind wing)；b. 触角 (antenna)

(83) 等腹寡索赤眼蜂 *Oligosita aequilonga* Lin, 1994 (图 88)

Oligosita aequilonga Lin, 1994, System. Stud. Chinese Trichogrammatidae: 139.

雌　体长 0.66 mm；全体淡黄褐色，但复眼、单眼黑色；触角各节、上颚、产卵管及其基部深褐色；前胸背板、中胸盾、小盾片、前后翅脉、并胸腹节两侧及产卵管鞘端部灰褐色；前翅除缘前脉基部及痣脉下方翅面各具 1 褐色半透明小昙纹外，其余翅面无色透明。

头部正面观扁圆形，宽大于高，明显宽于胸部；复眼较大，约为头高的 0.58 倍，其内侧颜面及头顶均具若干纤毛；上颚强大，末端 3 齿；下颚须 1 节，端部 2 毛；触角着生于两复眼下缘连线之稍上方，较细长；柄节近长锥状，端部明显小于基部，长约为宽的 2.65 倍，相当于梗节长的 1.5 倍 (图 88b)；梗节长梨形，长约为宽的 1.67 倍；环状节明显；索节近椭圆形，长为宽的 1.33 倍，约等于梗节长的 0.66 倍；棒节长锥状，由基部向端部渐尖，长约为宽的 3.7 倍，相当于柄节长的 1.58 倍；基棒节长宽相等，第二棒节圆筒形，长为宽的 1.4 倍；端棒节长锥状，长约为宽的 2.25 倍；索节与各棒节除均具若干锥栓感器和鞭毛感器外，端部两棒节还各具 2 和 5 支板状感器；端棒节 1 支板状感器呈棒状端突，明显突出棒节顶端之外。

胸部仅及腹长的一半，其上具细致刻纹，中胸盾及小盾片各具 2 支纤毛；内悬骨端部伸达腹长的 1/3 处，末端具 2 叶；前翅中等宽度，末端斜圆，长为宽的 3.0 倍 (图 88a)；翅脉末端伸达翅长的一半，缘脉与亚缘脉等长，相当于痣脉长的 3.0 倍；翅面纤毛中等密度，除缘脉下方近后缘翅面具 3-4 支短毛外，其余纤毛均分布在痣脉以外翅面，大致规则成列；缘毛较短，最长者等于前翅宽的 0.8 倍左右；后翅略短于前翅，长为宽的 14.4 倍；翅脉端部伸达翅长的一半，翅面规则纤毛基部 2 列、端部 1 列；最长后缘毛仅及前翅最长者的 0.6 倍；各足正常大小，各足节均具细纤毛，中足基跗节不特别长。

腹部长于头胸部长度之和，长锥形；各腹节背板中央除具若干稀纤毛外，第 I-V 腹节的背板还具细刻纹；产卵管高度骨化，约为腹长的 0.63 倍；相当于后足胫节长的 1.5 倍，末端稍露出腹末。

雄　未知。

寄主　未知。

模式标本产地　福建福州。

模式标本存放单位　福建农林大学生物防治研究所昆虫标本室 [FAFU]。

研究标本　♀(正模)，2♀(副模)，福建福州金山 (N26°82'31", E119°20'30", 16M)，1987. IX. 20，林乃铨采于黄盘诱集器。

分布　福建 (福州)。

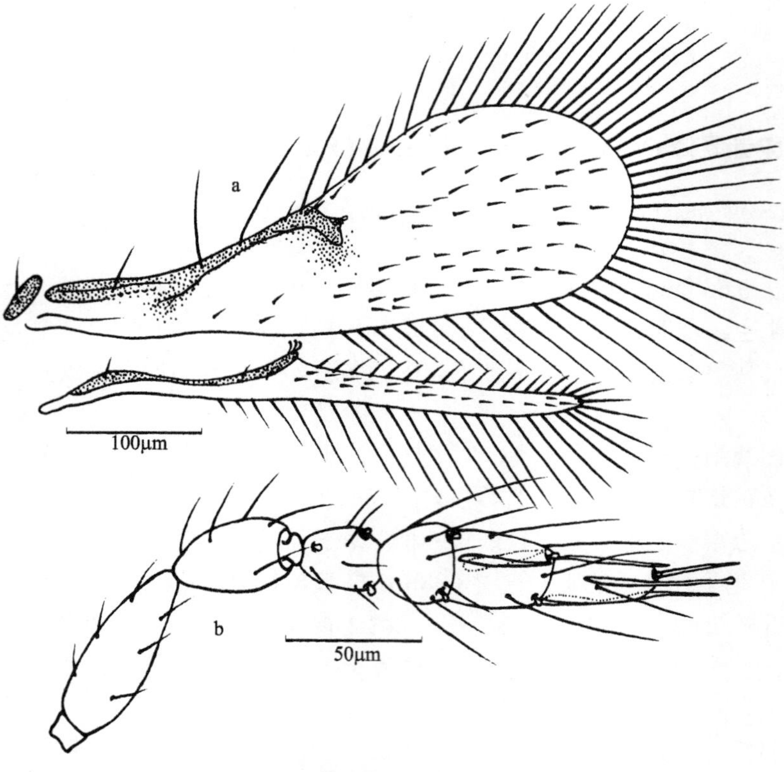

图 88　等腹寡索赤眼蜂 *Oligosita aequilonga* Lin (♀)

a. 前后翅 (fore & hind wing)；b. 触角 (antenna)

(84) 日本寡索赤眼蜂 *Oligosita japonica* Yashiro, 1979 (图 89)

Oligosita japonica Yashiro, 1979, Trans. Shikoku Ent. Soc., 14: 199; Lin, 1994, System. Stud. Chinese Trichogrammatidae: 146-147.

雌 体长 0.75-0.81 mm；全体黄褐色；但头顶、中胸背板、腹基部两腹节背板、各足转节、腿节两端、胫节及其基部两跗节为淡黄褐色；上颚褐色；前翅除缘前脉基部及痣脉之下翅面各具 1 灰褐色半透明小昙纹外，其余翅面无色透明。

头部正面观近扁圆形，宽明显大于高，宽于胸部；复眼较大，长约为头高的 0.7 倍，其内侧颜面及头顶均具若干纤毛；上颚发达，末端具 3 齿；下颚须 1 节，端部 2 毛；触角着生于两复眼下缘连线之稍上方，较粗壮；柄节长为宽的 3.0 倍，相当于梗节长的 1.6 倍 (图 89b)；环状节明显，索节近圆形；长略小于宽，相当梗节长的一半；棒节粗短，长为宽的 1.8 倍，与柄节约等长；各棒节的长均小于宽，基棒节最短，半圆形，长为宽的 0.6 倍；其余两棒节大约等长，它们的长分别为其宽的 0.7 倍和 0.9 倍左右；索节与各棒节除均具若干锥栓感器和鞭毛感器外，端部两棒节还各具 2 和 5 支板状感器；端棒节 1 支板状感器呈棒状端突，明显突出棒节顶端之外。

胸部等于腹长的 0.6 倍左右，中胸盾及小盾片各具 2 支纤毛和网状刻纹；后胸背板及并胸腹节具纵刻纹，内悬骨端部伸达腹长的近一半 (0.45 倍)，末端分 2 叶；前翅端部中等宽圆，长为宽的 2.9 倍 (图 89a)；翅脉端部伸达翅长的 0.6 倍处，缘脉略短于亚缘脉，为痣脉长的 3.5 倍；翅面纤毛中等密度，除缘脉下方近后缘翅面具 4 支纤毛外；其余纤毛均分布在痣脉以外翅面，大致规则成列；缘毛中等长短，最长者为前翅宽的 0.6 倍；后翅与前翅约等长，长为宽的 16.5 倍；翅脉端部伸达翅长的一半，翅面规则纤毛 2 列；最长后缘毛稍短于前翅最长者，相当于前翅宽的 0.5 倍；各足正常大小，各足节均具细纤毛。

腹部卵圆形，各腹节背板两侧略具细网纹；产卵管高度骨化，约为腹长的 0.6 倍；相当于后足胫节长的 1.3 倍，末端不明显露出腹末。

雄 体长 0.75 mm；体色及主要特征与雌虫相似；但触角棒节略细，其上的锥栓感器、鞭毛感器和板状感器与雌虫相似，端部无棒状端突 (图 89c)；前翅略窄长，翅面纤毛稀少；外生殖器的阳基和阳茎愈合为简单管状 (图 89d)，长为宽的 5.5 倍；相当于后足胫节长的 0.5 倍，其基部的阳茎内突不明显。

寄主 未知。

模式标本产地 Honshu, Ehime, Japan。

模式标本存放单位 Entomological Laboratory, Ehime University, Japan [ELEUJ]。

研究标本 2♀，辽宁沈阳东陵 (N41°48'46", E123°31'59", 52M)，1992. VII. 9，林乃铨网扫；2♀1♂，辽宁西丰冰砬山 (N42°44'16", E124°43'43", 860M)，1992. VII. 12，林乃铨网扫；1♀7♂，新疆乌鲁木齐 (N43°44'17", E87°36'24", 800M)，1999. VIII. 27，林乃铨网扫；5♀6♂，新疆乌鲁木齐 (N43°44'17", E87°36'24", 800M)，2001.VIII. 23，崔卫东网扫；1♀3♂，新疆乌鲁木齐 (N43°44'17", E87°36'24", 800M)，2001. VIII. 3，胡红英网扫；

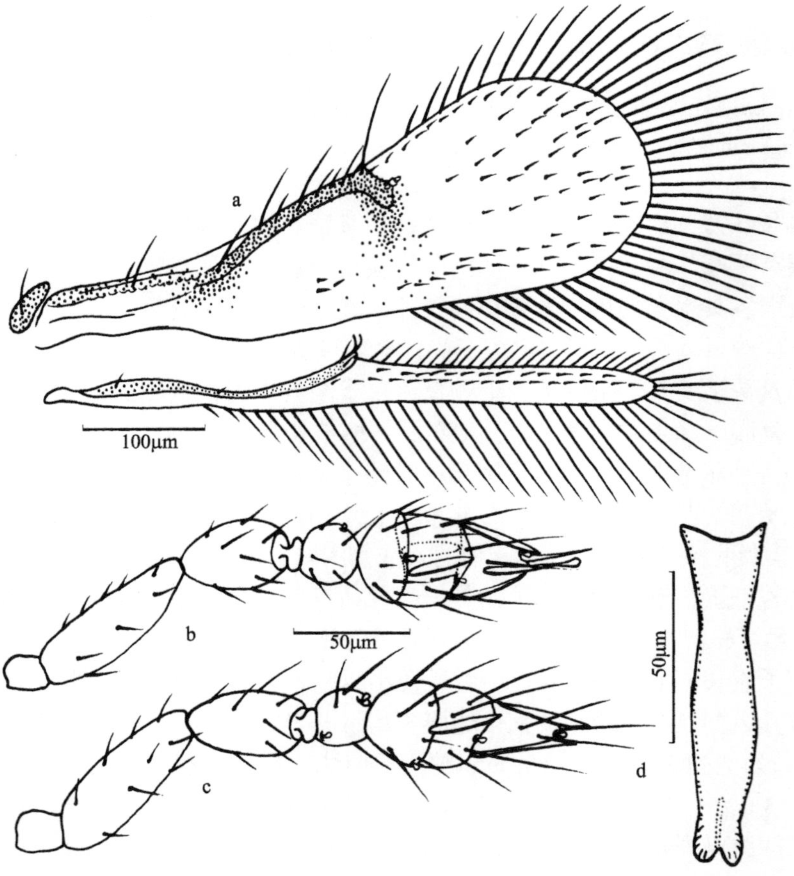

图 89 日本寡索赤眼蜂 *Oligosita japonica* Yashiro

a. 前后翅 (fore & hind wing, ♀)；b. 触角 (antenna, ♀)；c. 触角 (antenna, ♂)；d. 雄外生殖器 (male genitalia)

8♀4♂，新疆呼图壁 (N44°11'32", E86°53'56", 550M)，1999. VIII. 27，林乃铨网扫；1♂，新疆五家渠 (N44°7'34", E87°32'52", 490M)，2001. VII. 20，孙涛网扫；1♀，新疆奇台 (N44°11'21", E89°36'31", 1700M)，1998. VII. 20，马德英网扫；3♀，新疆玛纳斯 (N44°19'13", E86°13'40", 1900M)，1999. VIII. 27，林乃铨网扫；1♀，新疆奎屯农七师 (N44°29'42", E84°56'57", 750M)，2001. VII. 17，胡红英网扫；2♀，新疆乌苏 (N44°11'16", E87°19'32", 753M)，2001. VII. 17，胡红英网扫；4♀1♂，新疆新源 (N43°25'39", E83°16'25",1800M)，1997. VIII. 7，马德英网扫；1♀1♂，新疆阿勒泰 (N47°48'58", E88°87'78", 1000M)，1997. VIII. 1，马德英网扫；2♂，新疆焉耆 (N42°32'37", E86°34'39", 1064M)，2001. VIII. 7，胡红英网扫；2♂，新疆和硕 (N42°16'13", E86°51'45", 2000M)，2001. VIII. 7，胡红英网扫；10♀20♂，新疆和静 (N42°18'57", E86°24'48", 1192M)，2001. VIII. 8，胡红英网扫；2♀，新疆博湖 (N41°59'16", E86°37'38", 305M)，2001. VIII. 7，胡红英网扫；2♀，江西鹰潭 (N28°15'36", E117°04'09", 141M)，1985. X. 25，林乃铨网扫；1♀，福建武夷山黄岗山 (N27°51'37", E117°47'02", 2158M)，1985. VII. 30，林乃铨网扫；1♂，福建寿宁转水 (N27°12'34", E119°25'03", 840M)，1986. VII. 15，刘高盛网扫；2♀，福建长汀河田

(N25°40'28", E116°25'18", 284M)，1985. VII. 25，刘波网扫。

分布　辽宁 (沈阳、西丰)、新疆 (乌鲁木齐、呼图壁、五家渠、奇台、玛纳斯、奎屯、乌苏、新源、阿勒泰、焉耆、和硕、和静、博湖)、江西 (鹰潭)、福建 (武夷山、寿宁、长汀)；日本。

(85) 短角寡索赤眼蜂 *Oligosita brevicornis* Lin, 1994 (图 90)

Oligosita brevicornis Lin, 1994, System. Stud. Chinese Trichogrammatidae: 145-146.

雌　体长 0.72 mm；全体淡黄色，但复眼、单眼黑色；上颚、产卵管及其基部黄褐色；触角除柄节外的各节、前胸背板、并胸腹节两侧、后足基节褐色；前翅除缘前脉基部及痣脉之下翅面各具 1 灰褐色半透明昙纹外，其余翅面无色透明。

头部正面观扁圆形，宽明显大于高，也宽于胸部；复眼较大，长约为头高的 0.8 倍，其内侧颜面及头顶均具稀纤毛；上颚发达，末端具 3 齿；下颚须 1 节，端部 2 毛；触角着生于两复眼内侧中下部连线之上方，较粗壮；柄节长为宽的 3.0 倍，相当于梗节长的 1.7 倍 (图 90b)；梗节近梨形，长为宽的 1.5 倍；环状节较小而明显；索节近三角形，短而宽，长度仅及梗节长的 0.4 倍；棒节粗而短，长为宽的 1.8 倍，与柄节约等长；各棒节均宽大于长；由基部到端部各节之长分别为其宽的 0.6 倍、0.5 倍和 0.8 倍左右；索节与各棒节除均具若干锥栓感器和鞭毛感器外，端部两棒节还各具 2 和 3 支板状感器；端棒节 1 支板状感器呈棒状端突，明显突出棒节顶端之外。

胸部相当于腹长的 0.6 倍，上具细致刻纹；中胸盾和小盾片各具 2 支纤毛，内悬骨端部伸达腹长的 1/3 左右；前翅中等宽圆，长为宽的 3.8 倍；翅脉端部伸达翅长约 0.6 倍处 (图 90a)；缘脉略短于亚缘脉，相当于痣脉长的 2.6 倍；翅面纤毛稀少，除缘脉和缘前脉下方近后缘翅面 4-5 支短纤毛外，其余纤毛沿痣脉以外前缘至翅端外缘和痣脉以外翅面中间分布；缘毛较长，最长者为前翅宽的 1.3 倍；后翅约与前翅等长，长为宽的 17.0 倍；翅脉端部伸达翅长的一半；翅面规则纤毛中部 2 列、端部 1 列；最长后缘毛约为前翅最长者的 0.8 倍，与前翅宽度相当；各足略粗壮，各足节上的细纤毛较少。

雄　体长 1.0 mm；体色及主要特征与雌虫相似；但触角棒节较短，其上的锥栓感器、鞭毛感器和板状感器与雌虫相似，端部无棒状端突；外生殖器的阳基和阳茎愈合为简单管状，端部向腹面稍弯；相当于后足胫节长的 0.7 倍，基部具 2 个短的阳茎内突。

寄主　未知。

模式标本产地　福建福州。

模式标本存放单位　福建农林大学生物防治研究所昆虫标本室 [FAFU]。

研究标本　♀ (正模)，1♀ (副模)，福建福州金山 (N26°82'31", E119°20'30", 16M)，1987. X. 10，林乃铨采于黄盘诱集器；2♀ (副模)，辽宁沈阳东陵 (N41°48'46", E123°31'59", 52M)，1992. VII. 9，林乃铨网扫；1♀2♂ (副模)，北京香山樱桃沟 (N40°02'20", E116°02'57", 501M)，1992. VII. 6，林乃铨网扫。

分布　辽宁 (沈阳)、北京 (香山)、福建 (福州)。

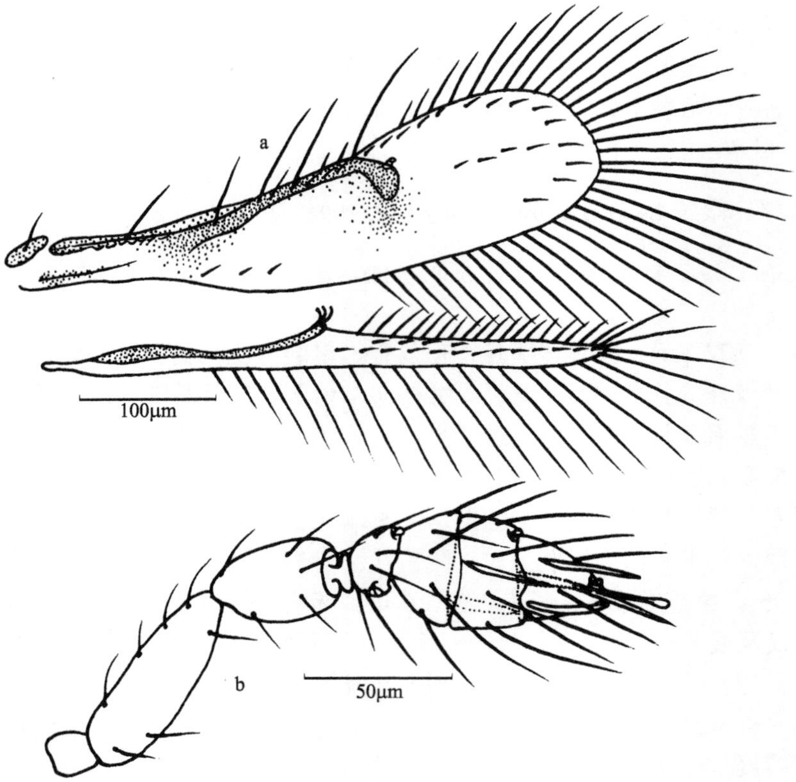

图 90 短角寡索赤眼蜂 *Oligosita brevicornis* Lin (♀)

a. 前后翅 (fore & hind wing)；b. 触角 (antenna)

(86) 短索寡索赤眼蜂 *Oligosita curtifuniculata* Lin, 1994 (图 91)

Oligosita curtifuniculata Lin, 1994, System. Stud. Chinese Trichogrammatidae: 148.

雌 体长 0.93 mm；全体淡黄褐色，但复眼、单眼黑色；上颚、产卵管及其基部褐色；前翅除缘前脉基部及痣脉下方各具 1 灰褐色半透明小昙纹外，其余翅面无色透明。

头部正面观扁圆形，宽大于高，也宽于胸部；复眼长约为头高的 0.6 倍，其内侧颜面及头顶均具若干纤毛；上颚强大，末端 3 齿；下颚须 1 节，端部 2 毛；触角着生于两复眼下缘连线之稍上方，较粗壮；柄节长为宽的 3.1 倍，相当于梗节长的 1.5 倍 (图 91b)；梗节近梨形，长为宽的 1.7 倍；环状节发达；索节近半圆形，长小于宽，仅及梗节长的一半左右；棒节粗大，卵锥形，长为宽的 2.2 倍，相当于柄节长的 1.2 倍；基部两棒节约等长，均横形，长分别为各自宽的 0.70 倍和 0.73 倍左右；端棒节锥状，长为宽的 1.2 倍；索节与各棒节除均具若干锥栓感器和鞭毛感器外，端部两棒节还各具 2 和 3 支板状感器；端棒节 1 板状感器呈棒状端突，明显突出棒节顶端之外。

胸部仅及腹长的约 0.56 倍，其上具细刻纹，中胸盾及小盾片各具 2 支纤毛；内悬骨端部伸达腹长的 0.38 倍左右，末端分 2 叶；前翅长为宽的 3.3 倍，末端中等宽圆 (图 91a)；

翅脉端部伸达翅长之 0.62 倍处，缘脉约与亚缘脉等长，相当于痣脉的 3.3 倍；翅面纤毛较稀少，除缘脉下方近后缘翅面具 4-5 支短纤毛外；其余纤毛分布在痣脉以外翅面，大致规则成列；缘毛中等长短，最长者约为翅宽的 0.75 倍；后翅略短于前翅，长为宽的 15.0 倍；翅脉端部伸达翅长的一半，翅面规则纤毛 2 列；最长后缘毛约等于前翅最长者；各足较粗壮，各足节均具纤毛；中后足基跗节不明显长于其后各跗节。

腹部卵锥形，长于头胸部的长度之和，各腹节背板均无明显刻纹；产卵管高度骨化，长度为腹长的 0.7 倍左右；相当于后足胫节长的 1.8 倍，末端稍露出腹末。

雄　未知。

寄主　未知。

模式标本产地　福建福州。

模式标本存放单位　福建农林大学生物防治研究所昆虫标本室 [FAFU]。

研究标本　♀ (正模)，2♀ (副模)，福建福州金山 (N26°82'31", E119°20'30", 16M)，1987. X. 30，林乃铨采于黄盘诱集器；2♀ (副模)，福建将乐龙栖山 (N26°30'41", E117°22'57", 239M)，1991. VIII. 8，刘长明网扫。

分布　福建 (福州、将乐)。

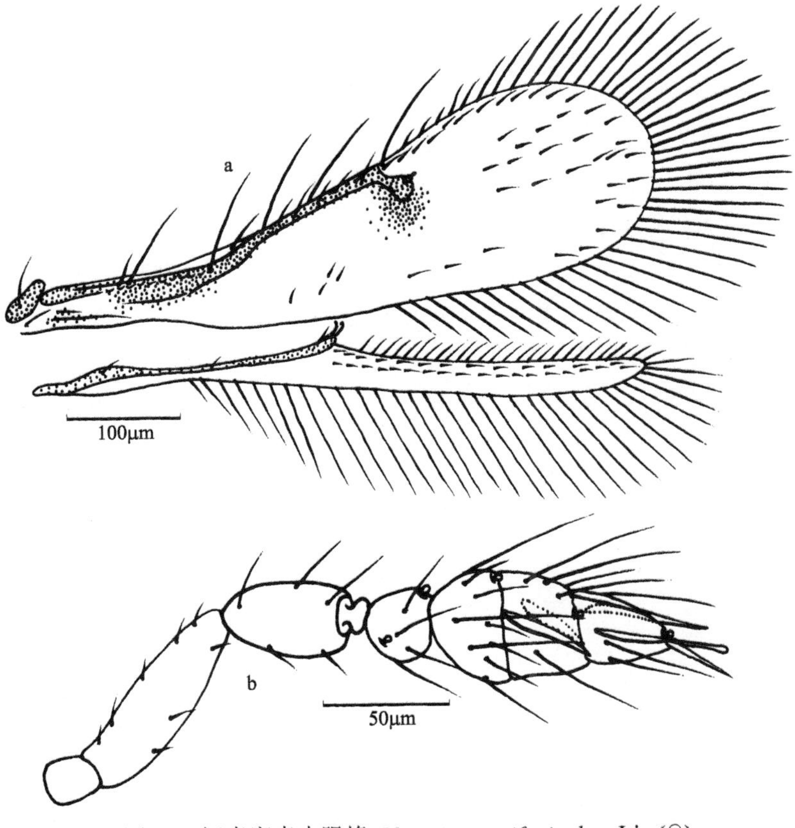

图 91　短索寡索赤眼蜂 *Oligosita curtifuniculata* Lin (♀)

a. 前后翅 (fore & hind wing)；b. 触角 (antenna)

(87) 欧洲寡索赤眼蜂 *Oligosita mediterranes* Nowicki, 1935 (图 92)

Oligosita mediterranes Nowicki, 1935, Zeit. angew. Ent. Berlin, 21: 593; Lin, 1994, System. Stud. Chinese Trichogrammatidae: 149-150.

雌 体长 0.66-0.76 mm；全体淡黄褐色；但复眼、单眼黑色；上颚端部、并胸腹节两侧、后足基节、各足端跗节及产卵管为褐色；前翅除缘前脉基部及痣脉下方翅面各具 1 褐色半透明小昙纹外，其余翅面无色透明。

头部正面观扁圆形，宽明显大于高，显著宽于胸部；复眼大，长约为头高的 0.75 倍，其内侧颜面及头顶均具若干纤毛；上颚发达，末端 3 齿；下颚须 1 节，端部 2 毛；触角着生于两复眼下缘连线之上方，柄节长为宽的 3.0 倍，相当于梗节长的 1.67 倍 (图 92b)；梗节梨形，长为宽的 1.4 倍；环状节明显；索节近圆形；长为宽的 1.3 倍，仅及梗节长的 0.6 倍左右；棒节长圆锥形，长为宽的 2.5 倍左右，相当于梗节长的 2.0 倍；基棒节半圆形，长仅及宽的 0.7 倍；第二棒节圆柱形，长宽约相等，与端棒节约等长；端棒节圆锥形，长约为宽的 1.25 倍，末端尖削；索节与各棒节除均具若干锥栓感器和鞭毛感器外，端部两棒节还各具 2 和 3 支板状感器；端棒节 1 支板状感器呈棒状端突，明显突出棒节顶端之外。

胸部明显短于腹部，长度约为后者长的 0.6 倍；中胸盾及小盾片各具 2 支纤毛，上具细致网状纹，后胸背板及并胸腹节具明显的纵刻纹；内悬骨宽大，端部伸达腹长的 0.4 倍左右，末端分 2 叶；前翅中等宽圆，长为宽的 3.2 倍 (图 92a)；翅脉端部伸达翅长的 0.62 倍左右处，缘脉与亚缘脉约等长，为痣脉长的 3.0 倍；翅面纤毛中等偏稀，不规则成列；除缘脉下方翅面具 4 支短纤毛外，其余纤毛分布在痣脉以外翅面；缘毛较长，最长者接近前翅宽度；后翅与前翅约等长，长为宽的 17.0 倍；翅脉端部伸达翅长的一半，翅面规则纤毛 2 列；最长后缘毛稍短于前翅最长者，约等于前翅宽的 0.8 倍；各足正常大小，各足节均具若干细纤毛。

腹部卵圆形，除各腹节背板两侧具稀网纹外，大部分光滑；产卵管较发达，长度约为腹长的 0.55 倍，相当于后足胫节长的 1.25 倍；末端不露出腹末。

雄 体长 0.60-0.65 mm；体色及主要特征与雌虫相似，但触角棒节较雌者稍细 (图 92c)，其上的锥栓感器、鞭毛感器和板状感器与雌虫相似；端棒节无棒状端突；外生殖器的阳基和阳茎愈合为简单管状 (图 92d)，稍向腹面弯曲，相当于后足胫节长的 0.85 倍，基部具 2 个短而明显的阳茎内突。

寄主 未知。

模式标本产地 Southern France。

模式标本存放单位 The Laboratory of Forest Protection, Principal School of Agriculture at Warsaw, Poland [LFPWP]。

研究标本 3♀2♂，沈阳东陵 (N41°48'46", E123°31'59", 52M)，1990. VII. 27，林乃铨网扫；4♀，辽宁西丰冰碴山 (N42°44'16", E124°43'43", 860M)，1992. VII. 10，林乃铨网扫；5♀3♂，北京香山樱桃沟 (N40°02'20", E116°02'57", 501M)，1992. VII. 6，林乃铨

网扫；2♀，湖北武昌 (N30°33'15", E114°18'59", 25M)，1991. X. 2，茅晓渊网扫；6♀3♂，湖北蒲圻 (N30°21'46", E114°16'41", 37M)，1991. VIII. 10-21，袁合强、欧阳宗兵网扫；15♀10♂，福建福州金山 (N26°82'31", E119°20'30", 16M)，1985. X. 11，林乃铨、刘波网扫；5♀6♂，福建武夷山三港 (N27°44'53", E117°40'41", 724M)，1985. VII. 24，林乃铨网扫；5♀4♂，福建松溪渭田 (N25°52'41", E117°19'21", 496M)，1987. VIII. 5，吴祖建网扫；13 ♀14♂，福建寿宁转水 (N27°12'34", E 119°25'03", 840M)，1987. VII. 14，刘高盛网扫；9♀5♂，福建长汀河田 (N25°40'28", E116°25'18", 284M)，1985. VII. 25，刘波网扫于稻田。

分布　辽宁 (沈阳、西丰)、北京 (香山)、湖北 (武汉、蒲圻)、江西 (鹰潭)、福建 (福州、建阳、武夷山、松溪、福鼎、寿宁、永春、连城、龙岩、长汀、云霄、诏安等地)、广东 (广州石牌)；法国，意大利，希腊，以色列。

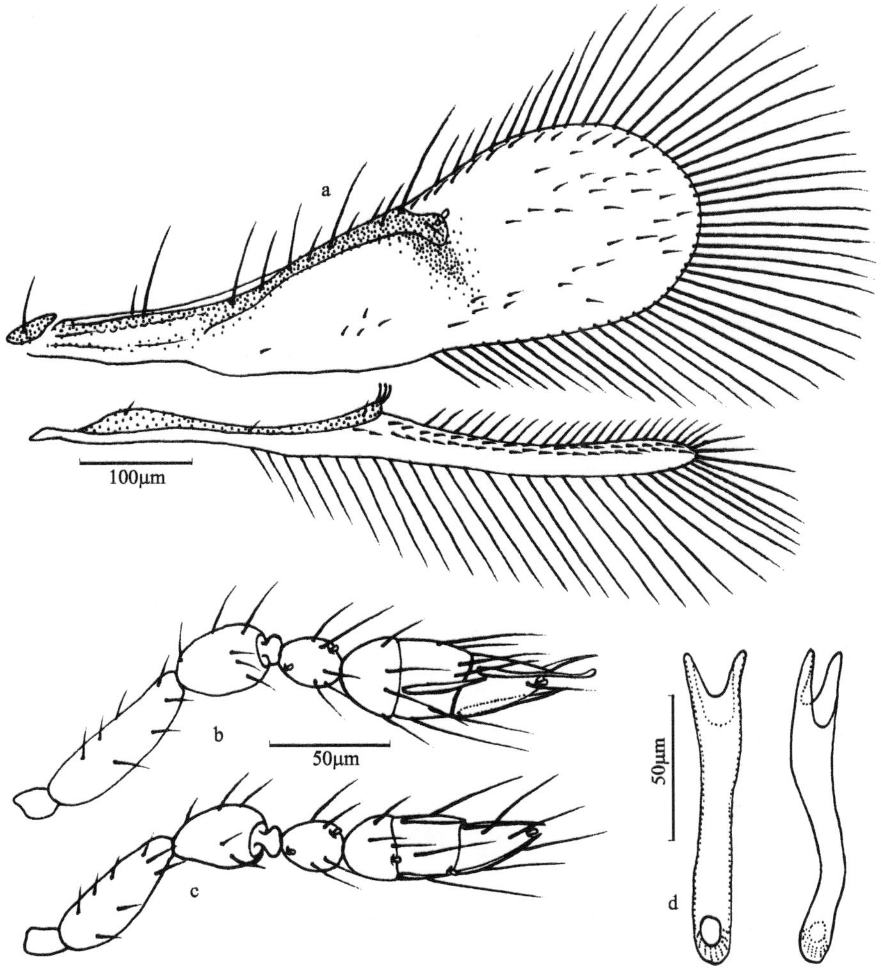

图 92　欧洲寡索赤眼蜂 *Oligosita mediterranes* Nowicki

a. 前后翅 (fore & hind wing, ♀)；b. 触角 (antenna, ♀)；c. 触角 (antenna, ♂)；d. 雄外生殖器 (male genitalia)

(88) 黑角寡索赤眼蜂 *Oligosita nigroflagellaris* Lin, 1994 (图 93)

Oligosita nigroflagellaris Lin, 1994, System. Stud. Chinese Trichogrammatidae: 147-148.

雌 体长 0.8-0.9 mm；全体淡黄褐色，但复眼、单眼黑色；上颚、产卵管及其基部黄褐色；触角除柄节以外各节、前胸背板、并胸腹节两侧、各足除转节以外各节黑褐色；前翅除缘脉基部及痣脉之下翅面各具 1 淡褐色半透明昙纹外，其余翅面无色透明。

头部正面观扁圆形，宽明显大于高，显著宽于胸部；复眼较大，长约为头高的 0.6 倍，其内侧颜面及头顶均具稀纤毛；上颚强大，末端 3 齿；下颚须 1 节，端部 2 毛；触角着生于两复眼内侧中下方，较粗壮；柄节长为宽的 3.0 倍，相当于梗节长的 1.5 倍 (图 93b)；梗节近长梨形，长为宽的 1.6 倍；环状节大而明显，索节近椭圆形；长为宽的 1.5 倍，相当于梗节长的 0.65 倍左右；棒节较粗短，长为宽的 2.2 倍，等于柄节长的 1.2 倍；基部两棒节的长度均小于其宽度，其长度分别为各自宽的 0.75 倍和 0.66 倍；端棒节长宽近相等，与基棒节约等长；索节与各棒节除均具若干锥栓感器和鞭毛感器外，端部两棒节还各具 2 和 3 支板状感器；端棒节 1 支板状感器呈棒状端突，明显突出棒节顶端之外。

胸部不及腹长的 0.6 倍，其上具细刻纹，中胸盾及小盾片各具 2 支纤毛；内悬骨端部伸达腹长的 1/3，末端分 2 叶；前翅中等宽大，端部斜圆，长为宽的 3.0 倍左右 (图 93a)；翅脉端部伸达翅长的 0.6 倍左右，缘脉稍短于亚缘脉，相当于痣脉长的 3.3 倍；痣脉基部明显缢缩，呈颈状；翅面纤毛密度中等，除缘脉下方近后缘翅面具数支短纤毛外，其余纤毛散布在痣脉以外翅面，不规则成列；缘毛中等长短，最长者约为前翅宽的 0.75 倍；后翅略短于前翅，长为宽的 14.0 倍；最长后缘毛稍短于前翅最长者，等于前翅宽的 0.66 倍；各足正常大小，各足节均具若干细纤毛。

腹部长锥形，约等于头胸部长度之和；基部第 I 腹节背板及其他各腹节背板两侧均具细网纹；产卵管较发达，等于腹长的 0.72 倍，相当于后足胫节长的 1.7 倍，末端稍露出腹末。

雄 未知。

寄主 未知。

模式标本产地 江西鹰潭。

模式标本存放单位 福建农林大学生物防治研究所昆虫标本室 [FAFU]。

研究标本 ♀ (正模)，江西鹰潭 (N28°15'36", E117°04'09", 141M)，1985. X. 25，林乃铨网扫；2♀ (副模)，福建武夷山黄岗山 (N27°51'37", E117°47'02", 2158M)，1985. VII. 30，赵景璋网扫；2♀ (副模)，福建松溪渭田 (N 25°52'41", E117°19'21", 496M)，1987. VIII. 5，吴祖建网扫。

分布 江西 (鹰潭)、福建 (武夷山黄岗山、松溪)。

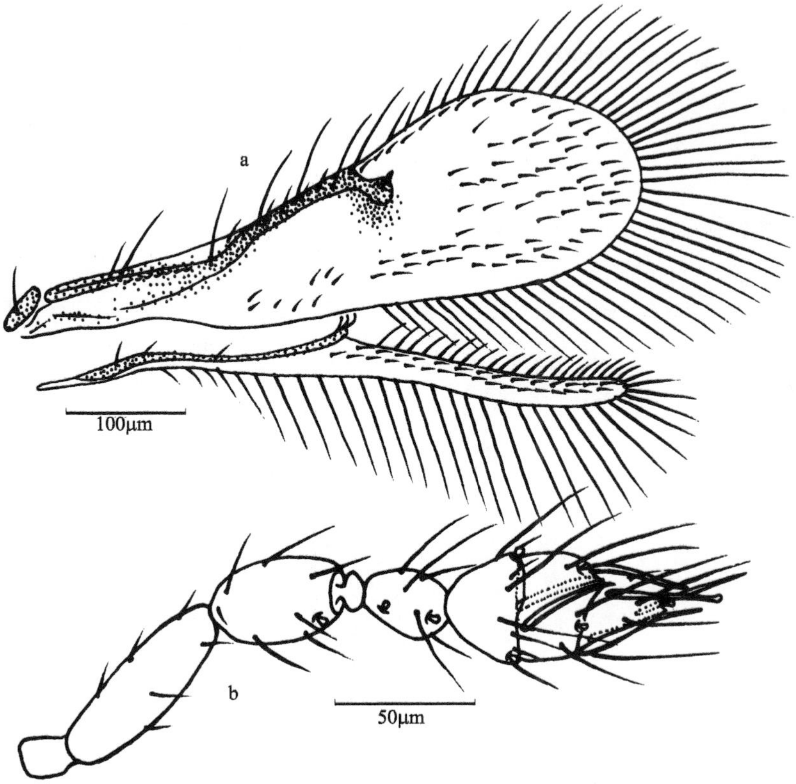

图 93　黑角寡索赤眼蜂 *Oligosita nigroflagellaris* Lin (♀)
a. 前后翅 (fore & hind wing)；b. 触角 (antenna)

(89) 弯翅寡索赤眼蜂 *Oligosita curvialata* Lin, 1994 (图 94)

Oligosita curvialata Lin, 1994, System. Stud. Chinese Trichogrammatidae: 151.

雌　体长 0.60 mm；全体淡黄褐色，但复眼、单眼黑色；上颚与产卵管褐色；触角柄节及各足节黄白色，第二棒节的端半段及端棒节、并胸腹节两侧、痣脉和缘脉基部灰褐色；前翅除缘前脉基部及痣脉之下翅面各具 1 淡褐色半透明小昙纹外，其余翅面无色透明。

头部正面观扁圆形，宽明显大于高；复眼较大，长约为头高的 0.61 倍，其内侧颜面及头顶均具短纤毛；触角着生于两复眼下缘连线之稍上方，较细长；柄节长为宽的 3.5 倍，等于梗节长的 1.5 倍 (图 94b)；梗节长梨形，长为宽的 2.1 倍；环状节小而明显；索节为窄长筒形，长为宽的 2.2 倍，等于梗节长的 0.67 倍；棒节长纺锤形，长为宽的 4.7 倍，相当于柄节长的 1.6 倍；基棒节端部与第二棒节斜接，长度略大于后者；第二棒节最短，端部与端棒节斜接；端棒节长筒形，最长，端部不尖削，长度超过棒节全长的一半；索节与各棒节除均具若干锥栓感器和鞭毛感器外，端部两棒节还各具 2 和 4 支板状感器；端棒节 1 支板状感器呈棒状端突、2 支呈刺状亚端突，均明显突出棒节顶端之外。

胸部约为腹长的 0.54 倍，各腹节背板基本光滑而无明显刻纹；前翅长为宽的 4.2 倍 (图 94a)，缘脉之下翅后缘 (与后翅缰钩对应处) 明显呈弧形向后弯曲；翅脉端部伸至翅长的 0.6 倍处，缘脉稍长于亚缘脉，等于痣脉长的 4.0 倍；翅面纤毛稀少，仅痣脉以外翅面 2 列，呈横“V”形较长毛列，近外缘处 3 短列纤毛；缘毛较长，最长者为翅宽的 1.5 倍；后翅稍短于前翅，长为宽的 21.0 倍；翅脉末端伸达翅长的 0.53 倍处，翅面光滑无纤毛；最长后缘毛为后翅宽的 7.0 倍，稍短于前翅最长者；各足正常大小，各足节均具细纤毛。

腹部长锥状，末端尖削 (图 94c)，明显长于头胸部长度之和；产卵管高度骨化，长度约为腹长的 1.2 倍，等于后足胫节长的 2.7 倍；从腹基部伸出，端部约 3/8 管长明显突出腹末之外。

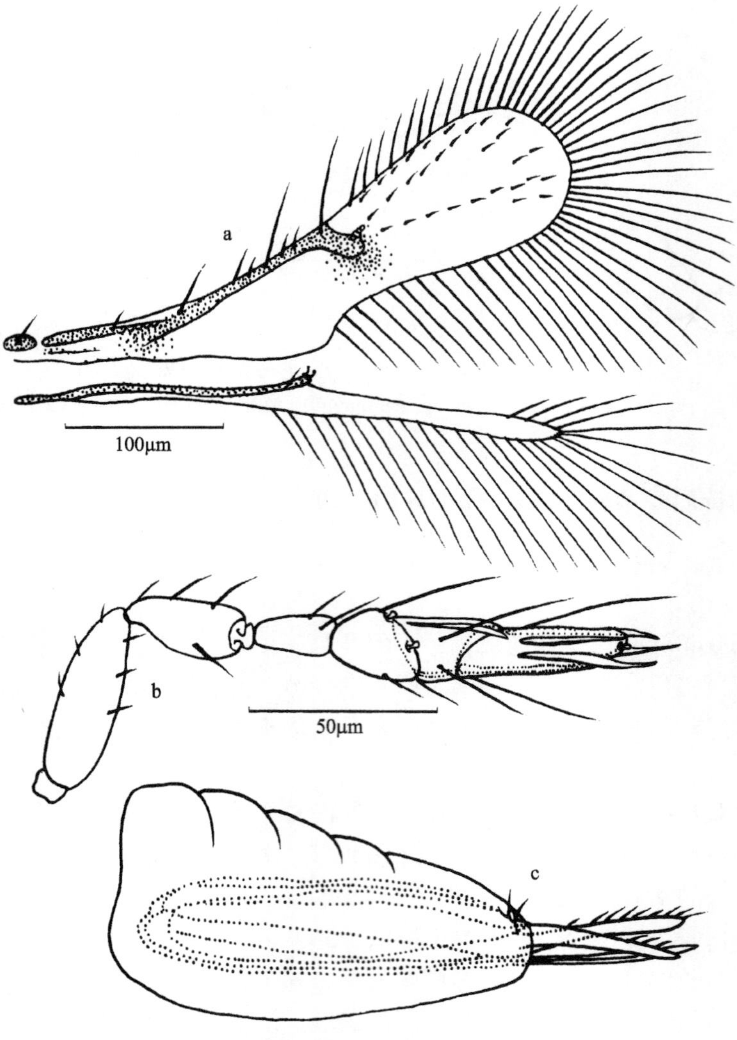

图 94 弯翅寡索赤眼蜂 *Oligosita curvialata* Lin (♀)

a. 前后翅 (fore & hind wing)；b. 触角 (antenna)；c. 雌腹部及产卵管腹面观 (ventral view of abdomen & ovipositor)

雄　未知。

寄主　未知。

模式标本产地　福建将乐。

模式标本存放单位　福建农林大学生物防治研究所昆虫标本室 [FAFU]。

研究标本　♀(正模)，福建将乐龙栖山 (N26°30'41", E117°22'57", 239M)，1991. VIII. 8，刘长明网扫。

分布　福建 (将乐龙栖山)。

附注　Hayat (2009) 根据印度的另 1 类似标本，描述建立了本属的另 1 新亚属 *Orioligosita*，他同时认为本种的前后翅、产卵管等特征与该亚属相似，应该归于该亚属。

(90) 光盾寡索赤眼蜂 *Oligosita glabriscutata* Lin, 1994 (图 95)

Oligosita glabriscutata Lin, 1994, System. Stud. Chinese Trichogrammatidae: 155-156.

雌　体长 0.67 mm；全体黄白色，但复眼、单眼黑色；上颚端部、前后翅脉黄褐色；触角各节、并胸腹节背板、后胸侧板、后足基节、腹基部背板两侧和端部 2-3 腹节背板暗褐色；前翅除基半段翅面具灰褐色半透明昙纹外，其余翅面无色透明。

触角柄节较粗短，长为宽的 2.2 倍，约与梗节等长 (图 95b)；梗节长梨形，长为宽的 1.9 倍；环状节小而明显；索节小，近圆形，长略小于宽，仅及梗节长的 0.4 倍；棒节长纺锤形，长为宽的 4.1 倍，相当于柄节长的 2.5 倍；基棒节近圆筒形，长稍大于宽；第二棒节圆锥形，长为宽的 1.6 倍；端棒节长锥形，端部尖削，长为宽的 2.0 倍；长于基棒节，但短于第二棒节；索节与棒节除均具若干鞭毛感器外，端部两棒节还各具 3 支板状感器；端棒节的板状感器呈刺状亚端突，稍露出棒节顶端。

胸部等于腹长的一半，中胸盾扁卵圆形，其上光滑、未见明显刻纹和纤毛 (图 95c)；小盾片横形，近后缘处具 2 支细纤毛；内悬骨端部伸入腹长的一半左右；前翅端部宽圆，后缘中部明显向后凸出，长为宽的 3.1 倍 (图 95a)；翅脉较长，末端伸达翅长的 0.7 倍左右；痣脉粗大，约为缘脉长的 0.3 倍；除痣脉前方近前缘翅面具 2 支纤毛外，其余翅面光滑无纤毛；缘毛相对较长，最长者相当于前翅宽的 1.7 倍；后翅略长于前翅，长为宽的 15.0 倍；翅脉末端伸达翅长一半，翅面光滑无纤毛；最长后缘毛稍短于前翅最长者，相当于前翅宽的 1.6 倍；各足正常大小，前后足基跗节均短于其后各跗节，中足基跗节与其第二跗节约等长。

腹部圆锥形，各腹节背板均光滑、无明显刻纹；产卵管长度约为腹长的一半，相当于后足胫节长的 1.4 倍，末端不明显露出腹末。

雄　未知。

寄主　未知。

模式标本产地　福建宁化。

模式标本存放单位　福建农林大学生物防治研究所昆虫标本室 [FAFU]。

研究标本　♀(正模)，2♀(副模)，福建宁化安乐 (N26°06'33", E116°44'23", 394M)，1987. VI. 29，吴祖建采于黄盘诱集器。

分布 福建 (宁化)。

附注 本种与爱波赤眼蜂属 *Epoligosita* 的翅形接近，因其触角棒节明显分 3 节，故此归在本属。

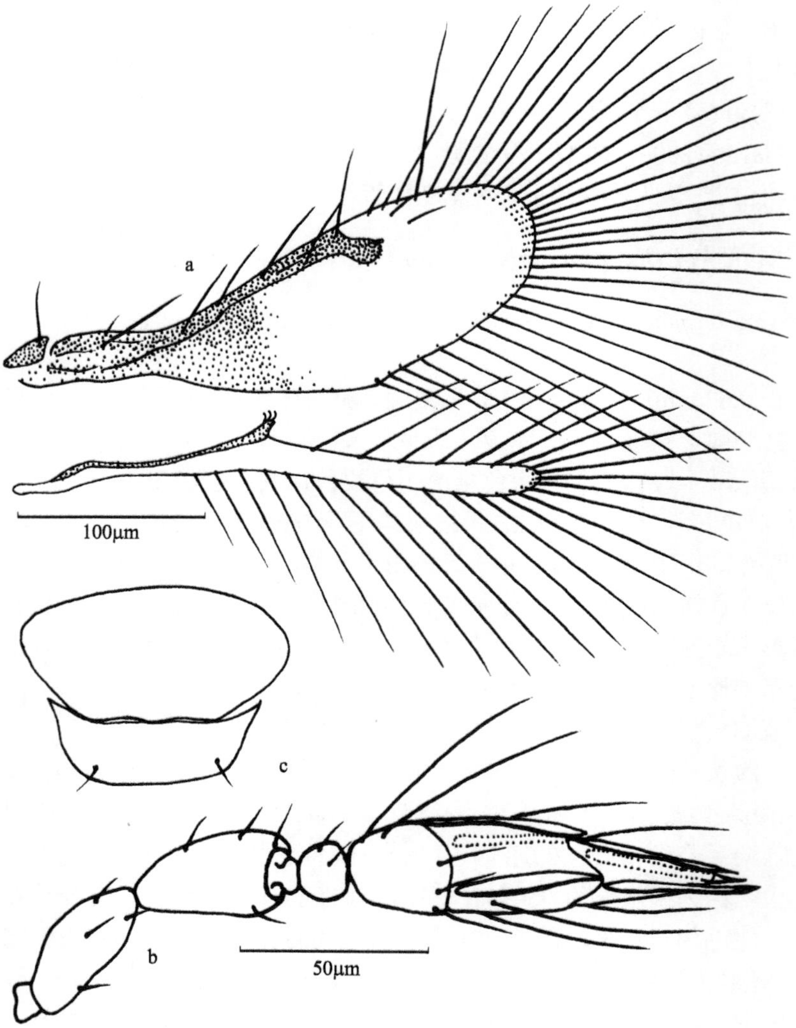

图 95 光盾寡索赤眼蜂 *Oligosita glabriscutata* Lin (♀)

a. 前后翅 (fore & hind wing)；b. 触角 (antenna)；c. 中胸盾及小盾片 (mesoscutum & scutellum)

(91) 圆翅寡索赤眼蜂 *Oligosita cycloptera* Lin, 1994 (图 96)

Oligosita cycloptera Lin, 1994, System. Stud. Chinese Trichogrammatidae: 156-157.

雌 体长 0.58-0.60 mm；全体淡黄褐色，但复眼、单眼黑色；上颚及产卵管黄褐色，后胸背板及其两侧、后足基节褐色；触角除柄节以外各节、前后翅脉、各足腿节以下各节、腹末 3 腹节背板两侧为灰褐色；前翅除亚缘脉基部及痣脉之下方翅面各具 1 灰褐色半透明昙纹外，其余翅面无色透明。

头部正面观扁圆形，宽明显大于高，也宽于胸部；复眼较大，长约为头高的 0.6 倍，其内侧颜面及头顶具少数纤毛；上颚发达，末端具 3 齿；下颚须 1 节，端部 2 毛；触角着生于两复眼下缘连线之稍上方，柄节较粗短，长为宽的 2.0 倍，约与梗节等长 (图 96b)；梗节长梨形，长为宽的近 2.0 倍；环状节小而明显；索节较短，近梯形，长为宽的 0.8 倍，等于梗节长的 0.35 倍左右；棒节长纺锤形，长为宽的 3.35 倍，等于柄节长的 2.2 倍；基棒节最短，长为宽的 0.9 倍；第二棒节圆筒形，长约为宽的 1.15 倍；端棒节最长，近锥形，长为宽的 1.7 倍；索节与各棒节除均具若干锥栓感器和鞭毛感器外，端部两棒节还各具 2 和 4 支板状感器；端棒节的 3 支呈刺状亚端突，不明显突出棒节顶端，1 支似镰刀状明显突出端棒节顶端之外。

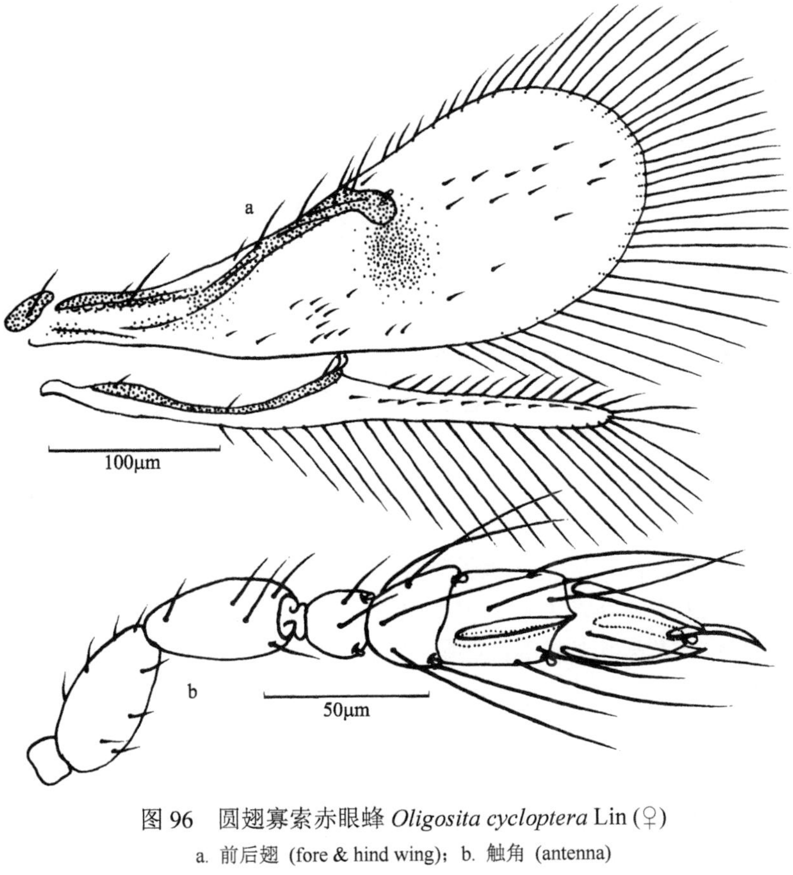

图 96　圆翅寡索赤眼蜂 *Oligosita cycloptera* Lin (♀)
a. 前后翅 (fore & hind wing)；b. 触角 (antenna)

胸部约为腹长的 0.57 倍，其上具细刻纹，中胸盾及小盾片各具 2 支纤毛；内悬骨宽大，端部伸达腹长的 0.36 倍左右，末端分 2 叶；前翅中等宽圆，长为宽的 2.7 倍 (图 96a)；翅脉端部伸达翅长的 0.58 倍左右处，缘脉稍短于亚缘脉，相当痣脉长的 2.4 倍；翅面纤毛稀少，除缘脉下方近后缘翅面有若干短纤毛外，其余纤毛散布在痣脉之下及之外翅面，不规则成列；缘毛中等长度，最长者为前翅宽的 0.7 倍；后翅稍短于前翅，长为宽的 18.0 倍；翅脉端部伸达翅长的一半左右；翅面规则纤毛 1 列，最长后缘毛与前翅最长者相当；各足正常大小，各足节均具纤毛，中足基跗节明显长于其后各跗节。

腹部长卵锥形，约等于头胸部长度之和；各腹节背板大致光滑，无明显刻纹；产卵管较发达，长度为腹长的 0.7 倍左右；相当于后足胫节长的 1.2 倍，末端稍露出腹末之外。

雄 未知。

寄主 未知。

模式标本产地 福建福州。

模式标本存放单位 福建农林大学生物防治研究所昆虫标本室 [FAFU]。

研究标本 ♀(正模)，2♀(副模)，福建福州金山 (N26°82'31", E119°20'30", 16M)，1987. IX. 20，林乃铨采于黄盘诱集器；1♀(副模)，福建福州洪塘 (N26°76'28", E119°18'27", 21M)，1985. XI. 12，刘波网扫；1♀(副模)，福建将乐龙栖山 (N26°30'41", E117°22'57", 239M)，1991. X. 10，林乃铨网扫。

分布 福建 (福州、将乐)。

(92) 黄角寡索赤眼蜂 *Oligosita flavoflagella* Lin, 1994 (图 97)

Oligosita flavoflagella Lin, 1994, System. Stud. Chinese Trichogrammatidae: 159-160.

雌 体长 0.67 mm；全体黄褐色，但复眼、单眼黑色，上颚及产卵管褐色；各足除基节和端跗节以外各节及翅脉淡黄褐色；前翅除缘前脉基部及痣脉之下翅面各具 1 淡黄褐色半透明小昙纹外，其余翅面无色透明。

头部正面观扁圆形，宽大于高，也宽于胸部；复眼长约为头高的 0.56 倍，其内侧颜面及头顶均具若干纤毛；上颚末端 3 齿，下颚须 1 节，端部 2 毛；触角着生于两复眼下缘连线之上，较短而粗；柄节长为宽的 2.24 倍，等于柄节长的 1.36 倍 (图 97b)；梗节长梨形，长约为宽的 1.65 倍；环状节明显；索节近圆形，长略小于宽，等于梗节长的一半；棒节长锥状，长约为宽的 1.86 倍，稍长于柄节；各棒节的宽均大于长，各节长度分别为其宽的 0.75 倍、0.68 倍和 0.70 倍；索节与各棒节除均具若干锥栓感器和鞭毛感器外，端部两棒节还各具 2 和 4 支板状感器；端棒节有 3 支呈刺状亚端突，不明显突出棒节顶端，1 支似镰刀状明显突出棒节顶端之外。

胸部为腹长的 0.6 倍左右，无明显刻纹；中胸盾及小盾片各具 2 支纤毛，中央有 1 淡色纵带贯穿前后；前翅端部中等宽圆，长为宽的 2.9 倍 (图 97a)；翅脉端部伸达翅长的 0.57 倍左右处，缘脉与亚缘脉约等长，相当于痣脉长的 3.0 倍；翅面纤毛中等密度，大部分不规则成列；缘毛中等长短，最长者为前翅宽的 0.78 倍；后翅略短于前翅，长为宽的 22.0 倍；翅脉端部伸达翅长的一半；翅面规则纤毛 2 列，最长后缘毛短于前翅最长者，约为前翅宽的一半；各足较粗壮，各足节均具纤毛，中足基跗节不特别长。

腹部圆锥形，等于头胸部长度之和；各腹节背板大致光滑、无明显刻纹；产卵管高度骨化，为腹长的 0.8 倍；相当于后足胫节长的 1.78 倍，末端稍露出腹末。

雄 未知。

寄主　未知。

模式标本产地　福建沙县。

模式标本存放单位　福建农林大学生物防治研究所昆虫标本室 [FAFU]。

研究标本　♀(正模)，福建沙县洋枋 (N26°22'55", E117°55'06", 175M)，1979. VII. 15，林乃铨网扫于稻田。

分布　福建 (沙县)。

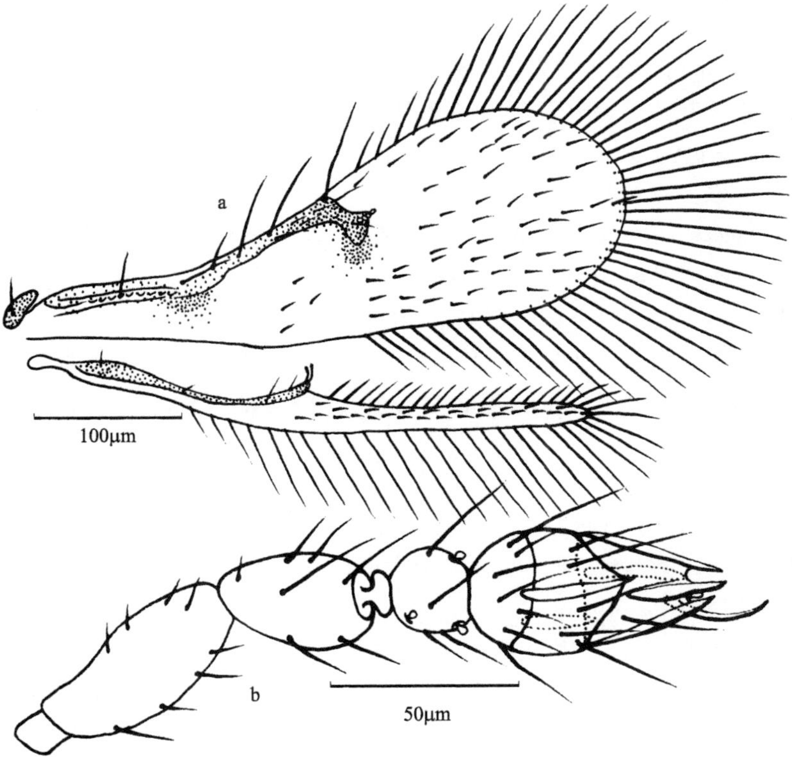

图 97　黄角寡索赤眼蜂 *Oligosita flavoflagella* Lin (♀)
a. 前后翅 (fore & hind wing)；b. 触角 (antenna)

27. 曲脉赤眼蜂属 *Ophioneurus* Ratzeburg, 1852

Ophioneurus Ratzeburg, 1852, Ichneumon der Forstinsekten., 3: 196. **Type species**: *Ophioneurus signatus* Ratzeburg, 1852; Doutt & Viggiani, 1968, Proc. Calif. Acad. Sci., 35(20): 510; Lin K-S, 1981, J. Agr. Res. China, 30(4): 430; Lin, 1994, System. Stud. Chinese Trichogrammatidae: 118; Lou, Cao & Cong, 1997, J. Shenyang Agr. Univ., 28(3): 186-190.

Mooa Girault, 1930a, New Pests from Australia VII. Privat. publ. p. 2.

鉴别特征　触角除柄节、梗节外，环状节 2 节，索节缺如，棒节 5 节；末端尖削，各棒节均具若干锥栓感器、鞭毛感器和板状感器；下颚须 2 节；前翅宽大，末端宽圆至平截，痣脉较宽，与缘脉呈强度弯曲，翅面主要纤毛排列规则，具中肘横毛列，后缘毛相对较短。

寄主 已知 2 种可分别寄生鞘翅目象甲科的桃小象 *Rhynchites betulae* 和杏虎 *R. auratus* 卵，其余 7 种的寄主不明。

分布 中国，丹麦，德国，波兰，意大利，澳大利亚。

附注 本属系 Ratzeburg (1852) 根据采自丹麦、德国寄生鞘翅目象甲科桃小象 *Rhynchites betulae* 卵的 *O. signatus* 为属模而建立。而后，Girault (1930a)、Nowicki (1940) 和 Kryger (1951) 先后描述了采自澳大利亚、波兰和北爱尔兰的 3 新种；Viggiani (1974) 再次报道了采自意大利寄生鞘翅目象甲科杏虎 *R. auratus* 卵的本属第 5 个新种；Lin (1994)、Lou, Cao & Cong (1997) 先后报道了采自我国福建、广西和吉林的 4 新种，因此本属迄今共知 9 种，它们分布在欧洲 (4 种)、亚洲 (4 种) 和大洋洲 (1 种)。

Viggiani (1971b) 和 Pinto (2006) 基于雄外生殖器特征为主的分亚科、分族系统，一致认为本属应隶于赤眼蜂亚科、赤眼蜂族，并认为本属种类的前翅脉弯曲形状、雄外生殖器结构及寄主等都与 *Poropoea* 属相似，显示它们的缘系较接近。

我国有关本属的记载，虽然 Lin K-S (1981) 曾首次报道本属在台湾的分布记录，但种名未定；现据 Lin (1994) 和 Lou, Cao & Cong (1997) 的记载，记述 4 种如下。

种 检 索 表

1. 雌性触角棒节明显粗短，长仅为宽的 2.5 倍；基部 4 棒节显著膨大成椭圆形，端棒节细窄，约等于棒节全长的 0.4 倍；腹部粗短，末端钝圆；产卵管不足腹长的 0.7 倍，与后足胫节约等长，末端不明显伸出腹末之外……………………………………………………… **短管曲脉赤眼蜂 *O. brevitubatus***

   雌性触角棒节较细长，长为宽的 3.0 倍以上；基部 4 棒节不特别膨大，端棒节明显细长，长于棒节全长的 0.4 倍；腹部明显或不明显侧扁，产卵管等于或长于腹长，末端明显伸出腹末之外………2

2. 雌性触角棒节长为宽的 3.2 倍，端部 3 棒节分别具 2、2 和 3 支板状感器，端棒节上的板状感器稍突出棒节顶端之外；腹部明显侧扁，产卵管等于腹长的 1.6 倍；相当于后足胫节长的 2.5 倍，前方抵达后胸，后端 1/3 管长明显伸出腹末之外 ……………………………… **侧腹曲脉赤眼蜂 *O. lateralis***

   雌性触角棒节之长大于宽的 4.0 倍以上；前翅面纤毛规则成列 (16-17 列)；腹部不明显侧扁；雄性触角端部 3 棒节均具 1 支板状感器，端棒节上的板状感器不突出棒节顶端之外；外生殖器明显分阳基和阳茎 2 部分………………………………………………………………………………………………3

3. 雌性触角棒节长为宽的 4.3 倍，端棒节显著延长呈长棒状；产卵管为腹长的 1.4 倍，相当于后足胫节长的 2.6 倍，前方抵达后胸，后端 1/3 长度明显伸出腹末之外；雄外生殖器的阳基长卵圆形，钩爪端部伸出阳基侧瓣末端以外；腹中突缺如，中脊仅伸达阳基长的 0.4 倍左右；阳茎长于其内突，两者全长明显长于阳基，略长于其后足胫节……………………………… **无突曲脉赤眼蜂 *O. nullus***

   雌性触角棒节明显长于雄者；产卵管较发达，长度与腹长相近；等于后足胫节长的 2.0 倍，其后端约 1/4 长度明显突出腹末之外；雄外生殖器阳基长椭圆形，钩爪端部伸出阳基侧瓣末端以外；腹中突明显，长度超过钩爪长的一半；中脊细长，向前伸达阳基基缘；阳茎与其内突约等长，两者全长明显长于阳基，稍长于其后足胫节…………………………………**长脊曲脉赤眼蜂 *O. longicostatus***

(93) 短管曲脉赤眼蜂 *Ophioneurus brevitubatus* Lou & Cong, 1997 (图 98)

Ophioneurus brevitubatus Lou & Cong, 1997, in: Lou, Cao & Cong, 1997, J. Shengyang Agr. Univ., 28(3): 186-190.

雌 体长 0.67-0.78 mm，前翅长 0.44-0.59 mm；全体黑褐色，但复眼、单眼红色；触角各节、各足胫节末端及各跗节黄褐色；前翅脉灰褐色，翅面全部无色透明。

头部正面观近圆形，复眼较大；长约为头高的 0.6 倍，其上具明显细纤毛；上颚强大，端部 3 齿；下颚须 2 节，末端具 3 毛；触角着生于两复眼下缘连线之稍上方，柄节长约为宽的 2.9 倍，等于梗节长的 1.3 倍 (图 98b)；梗节梨形，长为宽的 1.5 倍；基环状节小而明显，第二环状节嵌于棒节基部不易看清；棒节长为宽的 2.5 倍，相当于柄节长的 1.7 倍；基部 4 棒节明显膨大呈椭圆形，各节均横形，长小于宽，分界相互重叠；端棒节长锥状，长而狭窄，约等于棒节全长的 0.4 倍；各棒节除均具若干锥栓感器、鞭毛感器和板状感器外，端部两棒节上的鞭毛感器明显较长；端棒节上的板状感器端部呈刺状亚端突，明显突出棒节末端之外。

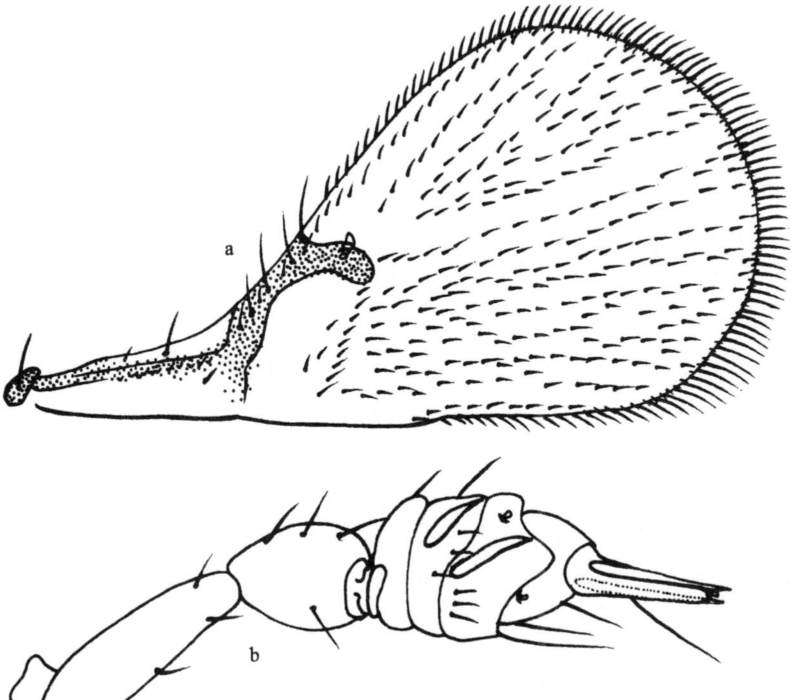

图 98 短管曲脉赤眼蜂 *Ophioneurus brevitubatus* Lou & Cong (♀) (仿 Lou, Cao & Cong, 1997)
a. 前翅 (fore wing)；b. 触角 (antenna)

胸部略短于腹长，内悬骨末端分 2 叶；前翅宽圆，长为宽的 1.8 倍 (图 98a)；翅脉末端约伸达翅长的 0.5 倍处，缘脉与缘前脉几乎等长，上具若干刚毛；痣脉基部略收窄；

翅面纤毛规则成列 (约 16 列)；中肘横毛列明显，由 8-10 支纤毛组成；缘毛短，最长者不足前翅宽的 0.2 倍；后翅面具规则纤毛 3 列；最长后缘毛近于翅宽的 2.0 倍，为前翅最长者的 1.5 倍；各足正常大小，各足基节至胫节均具细网纹，各足胫节外缘均具 1 列细纤毛。

腹部粗短，明显短于头胸部长度之和，末端钝圆；产卵管较短，长度不足腹长的 0.7 倍；与后足胫节约等长，末端不明显突出腹末之外。

雄 未知。

寄主 未知。

模式标本产地 辽宁沈阳。

模式标本存放单位 沈阳农业大学昆虫标本室 [SYNU]。

分布 黑龙江 (镜泊湖)、辽宁 (沈阳)。

附注 模式标本未检视，形态描述和特征图引自 Lou, Cao & Cong (1997) 的原始描述。原记载的标本有：♀ (正模)，1♀ (副模)，辽宁沈阳 (N41°42'53.83", E123°26'58", 47M)，1991. VI. 17，娄巨贤网扫；1♀ (副模)，辽宁沈阳 (N41°42'53.83", E123°26'58", 47M)，1996. VIII. 26， 娄巨贤网扫；3♀ (副模)，黑龙江镜泊湖 (N43°51'14", E128°54'37", 344M)，1995. VIII. 16，娄巨贤、袁静网扫。

(94) 侧腹曲脉赤眼蜂 *Ophioneurus lateralis* Lin, 1994 (图 99)

Ophioneurus lateralis Lin, 1994, System. Stud. Chinese Trichogrammatidae: 119-120.

雌 体长 0.65 mm；全体黄褐色，但复眼、单眼深红色；上颚及产卵管褐色；头顶、触角柄节、各足跗节淡黄褐色；前翅脉 (除缘脉与缘前脉交界处外) 及后翅脉端部暗灰褐色；前翅除缘前脉基部及痣脉下方翅面各具灰褐色半透明小昙纹外，其余翅面无色透明。

头部正面观扁圆形，宽明显大于高，也明显宽于胸部；复眼较大，长为头高的 0.7 倍左右；其内侧颜面纤毛较少，头顶纤毛较多；上颚较大，末端 3 齿；下颚须很发达，分 2 节，端部具 3 毛 (图 99c)；触角着生于两复眼之间中下方，柄节长约为宽的 3.0 倍，相当于梗节长的 1.6 倍 (图 99b)；梗节近梨形，长为宽的 1.55 倍，两者之上均具若干细纤毛；基环状节明显，第二环状节较小，紧贴于棒节基部；棒节近长锥形，基部粗大，端部渐尖削，长为宽的 3.2 倍，等于柄节长的 1.84 倍；基部两棒节明显短而横形，第三棒节最宽大，长略小于宽；第四棒节横宽，长度不足其宽的 0.4 倍；端棒节最细长，长为宽的 2.8 倍，接近棒节总长的一半；各棒节除均具若干锥栓感器和鞭毛感器外，端部 3 棒节上的部分鞭毛感器明显粗而长；其上还各具 2、2 和 3 支板状感器，端棒节的 2 支板状感器末端稍突出棒节顶端。

体略侧扁；胸部与腹部约等长，上具明显刻纹；中胸盾和小盾片各具 4 支细纤毛；内悬骨短而尖，端部伸达腹基部的 1/3 处，端部尖圆而不分叶；前翅宽阔，端部近于平截，长为宽的 1.75 倍 (图 99a)；翅脉强度弯曲，末端伸达翅之中部；缘脉短于缘前脉和亚缘脉，仅稍长于痣脉；痣脉粗大，与缘脉成弧形弯向翅面；翅面纤毛中等密度，规则

分布成列 (约 15 列)，中肘横毛列短而明显；缘毛较短，最长者不足前翅宽的 1/6；后翅稍短于前翅，长为宽的 12.5 倍；翅脉超过翅长的一半，翅面规则纤毛 2 列半；最长后缘毛等于前翅最长者的 1.5 倍，相当于后翅宽的 2.0 倍；各足较粗壮，各足节均具细纤毛，中足基跗节明显长于其后各跗节。

腹部明显侧扁，侧面观近三角形，末端尖削；各腹节背板除两侧均具 1 支纤毛外，未见明显刻纹；产卵管高度发达 (图 99d)，约为腹长的 1.6 倍，相当于后足胫节长的 2.5 倍；前方抵达后胸，后端 1/3 管长明显伸出腹末之外。

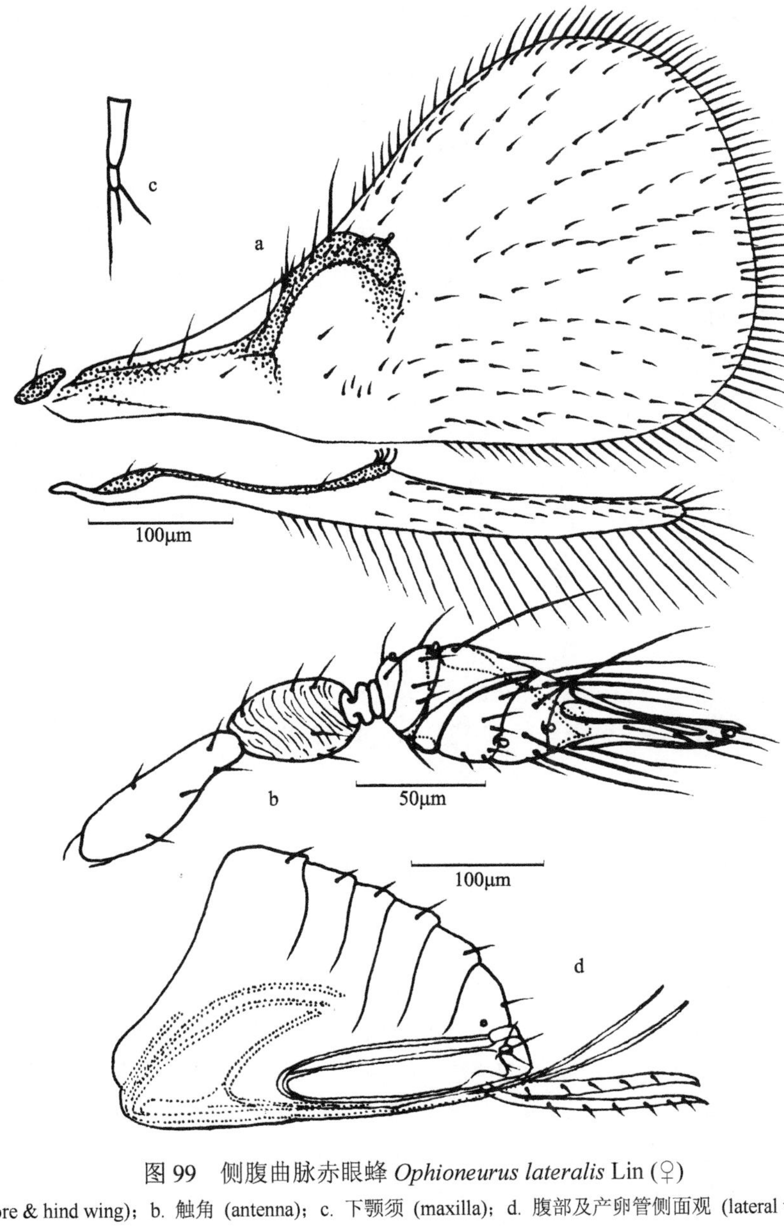

图 99　侧腹曲脉赤眼蜂 *Ophioneurus lateralis* Lin (♀)

a. 前后翅 (fore & hind wing)；b. 触角 (antenna)；c. 下颚须 (maxilla)；d. 腹部及产卵管侧面观 (lateral view of abdomen & ovipositor)

雄　未知。

寄主　未知。

模式标本产地　广西凭祥。

模式标本存放单位　福建农林大学生物防治研究所昆虫标本室 [FAFU]。

研究标本　♀ (正模)，广西凭祥大青山 (N22°00'56", E106°43'39", 466M)，1986. V. 25，汤玉清网扫。

分布　广西 (凭祥大青山)。

(95) 无突曲脉赤眼蜂 *Ophioneurus nullus* Lin, 1994 (图 100)

Ophioneurus nullus Lin, 1994, System. Stud. Chinese Trichogrammatidae: 121-122.

雄　体长 0.8mm；全体黄褐色，但复眼、单眼红色，上颚褐色；头顶、触角各节、各足胫节端部及跗节淡黄褐色；前翅脉 (除缘脉与缘前脉交界处外) 及后翅脉端部黄褐色，除缘前脉基部及痣脉之下翅面各具 1 黄褐色半透明小昙纹外，其余翅面无色透明。

头部正面观近倒三角形，宽稍大于高，与胸部约等宽；复眼较大，长为头高的 0.58 倍左右，其内侧颜面及头顶均具稀纤毛；上颚强大，端部 3 齿；内侧齿钝，顶端具浅缺刻 (图 100d)；下颚须 2 节，末端具 3 毛；触角着生于两复眼下缘连线之上方，较长；柄节长为宽的 3.53 倍，相当于梗节长的 1.76 倍；梗节长梨形，长为宽的 1.7 倍 (图 100c)；环状节较明显，第二环节紧贴棒节基部；棒节近长纺锤形，长为宽的 4.2 倍，等于柄节长的 1.47 倍；各棒节间的分界互相重叠，基部两棒节横形，长小于宽；第三棒节最粗大，向端部渐尖；端棒节长锥状，最长，约等于梗节长度，相当于棒节全长的 0.37 倍；各棒节除均具若干锥栓感器和鞭毛感器外，端部 3 棒节上的部分鞭毛感器较粗而长；其上还各具 2 支板状感器，但其端部不突出棒节顶端。

胸部与腹长约相等，其上密具细致刻纹，中胸盾及小盾片各具 4 支纤毛；内悬骨短而尖，向后伸达腹部的 0.3 倍左右处，端部尖圆不分叶；前翅高度宽圆，长为宽的 1.8 倍 (图 100a)；翅脉端部伸至翅长的 0.52 倍，强度弯曲；缘脉短于亚缘脉，等于痣脉长的 2.0 倍；翅面纤毛较稠密，大致规则成列 (约 17 列)，具中肘横毛列；缘毛较短，最长者约等于前翅宽的 1/5；后翅明显短于前翅，长为宽的 12.0 倍；翅脉略超过翅长的一半，翅面规则纤毛 2 列半，基部翅面还具若干短纤毛；各足较粗壮，各足节均具细纤毛，中足基跗节明显长于其后各跗节。

腹部圆锥形，不侧扁；各腹节背板两侧除均具 2 支纤毛外，基本光滑而无明显刻纹；外生殖器明显分为阳基与阳茎两部分 (图 100e)；阳基长卵圆形，末端具明显的阳基侧瓣和钩爪，但腹中突与阳基背突消失；两钩爪长于阳基侧瓣，端部稍伸出阳基侧瓣末端之外；中脊短小，向前仅伸达阳基长的 0.4 倍左右处；阳茎较细长，明显长于其内突；两者全长明显长于阳基，稍长于其后足胫节长度。

雌　体长 0.80-0.82 mm；体色及主要特征与雄虫相似；但触角棒节明显较长，长为宽的 4.3 倍，相当于柄节长的 1.9 倍 (图 100b)；基部两棒节短而宽，第三棒节最粗大，向端部渐尖；端棒节显著延长，呈长棒状，约等于棒节全长的一半；各棒节均具若干锥栓感器和鞭毛感器，端部 3 棒节上的部分鞭毛感器明显粗而长；其上还各具 2、2 和 3 支板状感器，端棒节的 2 支板状感器末端呈刺状亚端突，明显突出棒节顶端之外。

腹部不明显侧扁，产卵管高度发达，约为腹长的 1.43 倍，相当于后足胫节长的 2.63 倍；前方伸入胸部，后端 1/3 管长明显伸出腹末之外；下生殖板较发达，约等于产卵管长的 0.74 倍。

寄主　未知。

模式标本产地　福建寿宁。

模式标本存放单位　福建农林大学生物防治研究所昆虫标本室 [FAFU]。

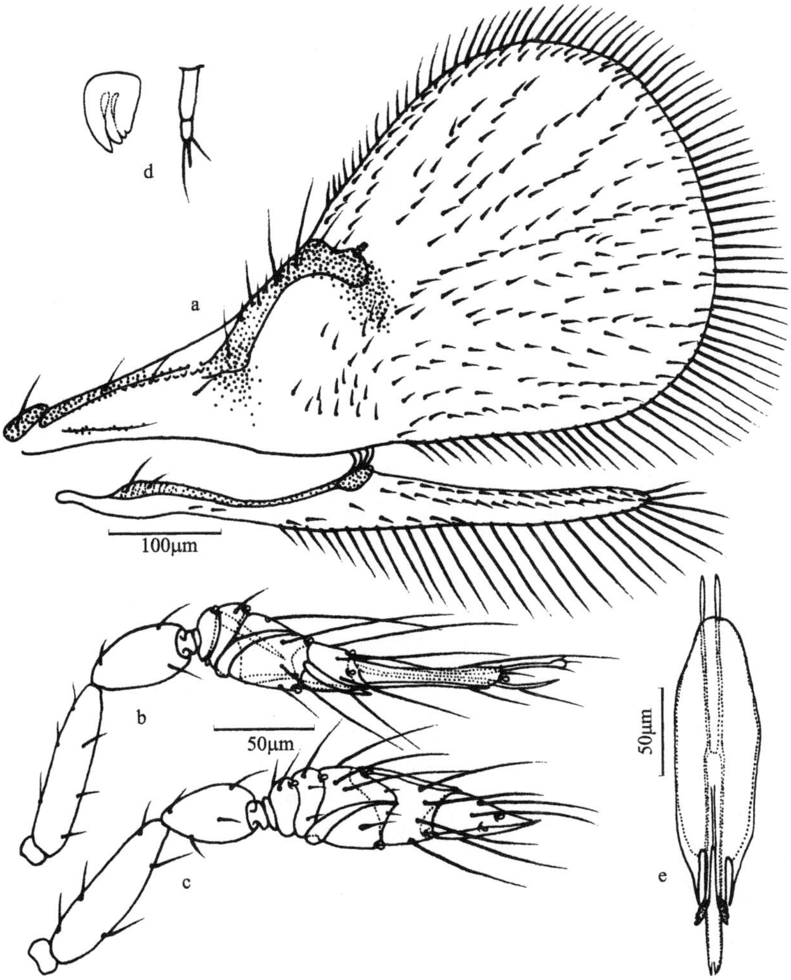

图 100　无突曲脉赤眼蜂 *Ophioneurus nullus* Lin

a. 前后翅 (fore & hind wing, ♂)；b. 触角 (antenna, ♀)；c. 触角 (antenna, ♂)；d. 上颚及下颚须 (mandible & maxilla)；e. 雄外生殖器 (male genitalia)

研究标本 ♂(正模)，福建寿宁三峰寺 (N27°12'34", E 119°25'03", 840M)，1987. VI. 16，林品辉采于黄盘诱集器；1♀(副模)，福建将乐龙栖山 (N26°30'41", E117°22'57", 239M)，1991. X. 10，林乃铨网扫；1♀7♂(副模)，福建将乐龙栖山 (N26°30'41", E117°22'57", 239M)，1991. VIII-X，刘长明、林乃铨网扫。

分布 福建 (将乐、寿宁)。

(96) 长脊曲脉赤眼蜂 *Ophioneurus longicostatus* Lin, 1994 (图 101)

Ophioneurus longicostatus Lin, 1994, System. Stud. Chinese Trichogrammatidae: 120-121.

雄 体长 0.49-0.51 mm；全体黄褐色至暗褐色；但胸部颜色较深，复眼、单眼红色；头顶、触角各节、各足胫节端部至跗节、前后翅脉淡黄褐色；前翅痣脉及缘前脉之下方翅面的昙纹不明显，全翅基本无色透明。

头部正面观扁圆形，宽明显大于高，也宽于胸部；复眼较大，长为头高的 0.6 倍左右，其内侧颜面及头顶均具若干稀纤毛；上颚强大，末端 3 齿，内侧齿宽钝，端部缺刻浅；下颚须 2 节，末端具 3 毛，中间一支粗大；触角着生于两复眼之间中下方，相对较粗短；柄节长约为宽的 3.16 倍，相当于梗节长的 1.73 倍 (图 101b)，梗节梨形，长为宽的 1.47 倍，两者均具若干细纤毛；第二环状节较大，紧贴于棒节基部；棒节较粗短，卵锥形，端部稍尖削，长为宽的 2.26 倍，相当于柄节长的 1.37 倍；基部 4 棒节均横形，长均小于宽，其中以第二棒节最宽大，第三棒节最长，端棒节近三角形、最细小；各棒节除均具若干锥栓感器和明显粗长的鞭毛感器外，端部 3 棒节还各具 2 支板状感器，其端部不明显突出棒节顶端。

胸部与腹长近相等，其上密具刻纹，中胸盾和小盾片各具 4 支细纤毛；内悬骨短而尖，端部伸达腹基部约 1/3 处，末端不分叶；前翅极宽阔，端部宽圆，长为宽的 1.75 倍；翅脉端部未伸达翅长一半，强度弯曲 (图 101a)；缘脉短于缘前脉和亚缘脉，与痣脉长度相当，痣脉与缘脉呈弧形弯曲；翅面纤毛较稠密，规则分布成列 (约 16 列)，具明显的中肘横毛列；缘毛相对较长，最长者近于前翅宽的 1/4；后翅稍短于前翅，长为宽的 12.5 倍，翅脉相当于翅长的一半，翅面具规则纤毛 3 列；最长后缘毛稍长于前翅最长者，近于前翅宽的 1/3；各足较粗壮，各足节均具细纤毛，各足胫节端部内侧具 1 距状刚毛，中足基跗节较长。

腹部圆锥形，端部较尖削，各腹节背板两侧均具若干纤毛和细刻纹；外生殖器明显分阳基和阳茎两部分 (图 101c)，阳基长椭圆形，端部具阳基侧瓣、钩爪、腹中突和中脊，但阳基背突缺如；腹中突明显，端部抵达钩爪长的一半以上；中脊细长，向前抵达阳基基缘；两钩爪长于阳基侧瓣，端部稍伸出阳基侧瓣末端以外；阳茎与其内突大约等长，两者全长明显长于阳基，稍长于后足胫节长度。

雌 体长 0.57 mm；体色及主要特征与雄虫相似，触角因制片过程中高度收缩而扭曲，无法看清详细特征，但其柄节、梗节与雄性相似，棒节明显长于雄者，棒节上的鞭毛感器明显较雄者粗而直，呈粗刺状；腹部不明显侧扁；产卵管较发达，与腹长相当；等于后足胫节长的 2.0 倍，其后端约 1/4 管长突出腹末之外。

寄主　未知。

模式标本产地　福建武夷山。

模式标本存放单位　福建农林大学生物防治研究所昆虫标本室 [FAFU]。

研究标本　♂ (正模)，1♂1♀ (副模)，福建武夷山黄岗山 (N27°51'37", E117°47'02", 2158M)，1985. VII. 31，林乃铨网扫；1♂ (副模)，福建武夷山挂墩 (N27°44'13", E117°38'12", 1226M)，1980. VI. 23，林乃铨网扫。

分布　福建 (武夷山)。

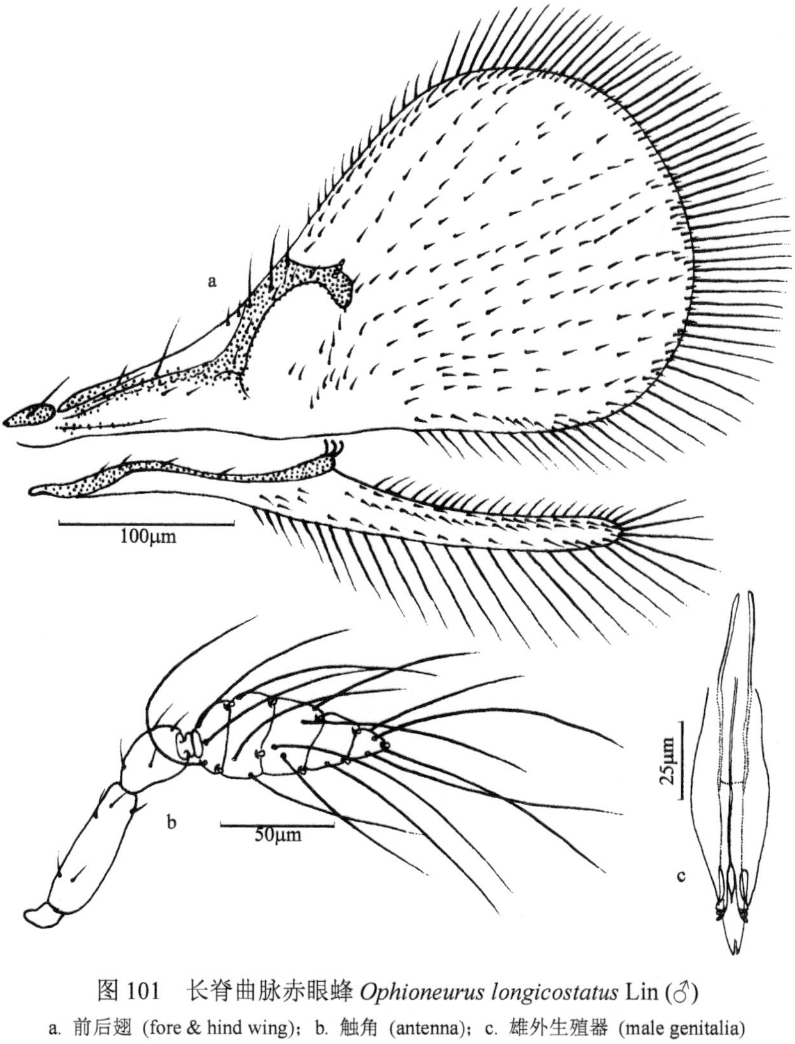

图 101　长脊曲脉赤眼蜂 *Ophioneurus longicostatus* Lin (♂)

a. 前后翅 (fore & hind wing)；b. 触角 (antenna)；c. 雄外生殖器 (male genitalia)

28. 邻赤眼蜂属 *Paracentrobia* Howard, 1897

Paracentrobia Howard, 1897, J. Linn. Soc. Lond. Zool., 26: 178. **Type species**: *Paracentrobia punctata*

Howard, 1898. by monotypy; Doutt & Viggiani, 1968, Proc. Calif. Acad. Sci., 35(20): 562-566; Lin K-S, 1981, J. Agr. Res. China, 30(4): 435-436; He & Pang, 1986, Atlas of Natural Enemies of Rice Pests, Shanghai Sci. & Tech. Press, p.109-110; Liao, Li, Pang & Chen, 1987, Economic Insect Fauna of China (Hym.: Chalcidoidea). Sci. Press, 34(1): 209-210; Lin, 1994, System. Stud. Chinese Trichogrammatidae: 170-175; Hu & Lin, 2004, Entomotaxon., 26(4): 299-306; Pinto, 2006, J. Hym. Res., 15(1): 82-83.

Abbella Girault, 1911a, Trans. Am. Ent. Soc., 37: 9-11. **Type species**: *Abbella subflava* Girault, 1911. by original designation. syn. by Doutt & Viggiani, 1968: 562-566.

Brachistella Girault, 1911d, J. N. Y. Ent. Soc., 19: 184. **Type species**: *Brachistella bicolor* Girault, 1911. by original designation. syn. and design. as subgenus by Doutt & Viggiani, 1968: 562-566.

Jassidophthora Perkins, 1912, Bull. Expt. Stat. Hawaiian Sugar Planters' Assoc., Ent. Bull., 10: 17. **Type species**: *Jassidophthora prima* Perkins, 1912. by monotypy. syn. by Doutt & Viggiani, 1968: 562-566.

Abbellisca Ghesquière, 1946, Rev. Zool. Bot. Afr., 34: 371. unjustified n. n. for *Abbella*. syn. by Doutt & Viggiani, 1968: 562-566.

鉴别特征 触角除柄节、梗节外，环状节、索节各 2 节，棒节 3 节；两索节广阔相连且分节明显，棒节较长；各鞭节之宽多大于长，基部两棒节分界清楚，无明显愈合；各鞭节均具若干锥栓感器、鞭毛感器和板状感器；前翅相对较窄长，长为宽的 2.3-2.6 倍；翅面纤毛稠密而散乱分布、或中等密度而排列较规则，中肘横毛列缺如；缘毛约为前翅宽的 0.2 倍；雄外生殖器的阳基和阳茎可分，但阳基构造较简单；其端部的阳基侧瓣和钩爪等结构分化不完全，仅在阳基腹面残留退化痕迹；阳茎具明显的内突，端腹节腹板具 1 对明显的长舌状骨化结构。

寄主 已知有 20 个已定名种和 3 个未定名种，可寄生半翅目的叶蝉科 Cicadellidae (19 种)、飞虱科 Delphacidae (7 种)、沫蝉科 Cercopidae (1 种)、角蝉科 Membracidae (1 种)、长蝽科 Lygaeidae (2 种)、盲蝽科 Miridae (1 种)，鞘翅目的龟甲科 Cassididae (2 种)，直翅目的螽斯科 Tettigoniidae (1 种)，蜻蜓目 Odonata 的丝蟌 *Lestes* sp. (1 种) 和膜翅目缨小蜂科 Mymaridae 的 *Polynema entettixi* (1 种)，共 36 种虫卵。另外，Polaszek *et al*. (1998) 曾报道有一可寄生鳞翅目害虫卵的记录 (尚待核实)，还有 26 种的寄主仍然未知。

分布 本属迄今共知有 46 种，全球广布；其中以东洋区最多 (15 种)，古北区其次 (10 种)，新北区第三 (9 种)，澳洲区 (7 种)、新热带区 (3 种)、非洲区最少 (2 种)；另有美国、泰国和佛得角各发现 1 个未定名种，尚待研究定名。

附注 本属最早系 Howard (1898) 以采自西印度群岛的 *P. punctata* 为属模而建立，20 世纪前半叶，先后有 Girault (1911a, d-1918) 根据采自美洲、大洋洲等地标本，多次以 *Abbella* 属和 *Brachistella* 属之名描述了 11 新种；Perkins (1912)、Fullaway (1914) 和 Gahan (1918) 又分别以 *Jassidophthora* 和 *Abbella* 属的名义报道了美国、墨西哥和夏威夷地区的 3 新种；30-40 年代前后，Ferriere (1931)、Kryger (1932)、Dozier (1932) 和 Pickles (1932) 等分别以 *Abbella* 属之名描述了夏威夷、海地、特立尼达、埃及和以色列的 4 新种，Nowicki (1936-1940) 先后以 *Abbella* 和 *Ufens* 属的名义记载了波兰、法国的 4 新种；此外还有 Ishii

(1938)、Mani (1939) 和 Claridge (1959) 分别以 *Japania*、*Westwoodella* 和 *Monorthochaeta* 属之名发表了日本、韩国、印度和英国的 3 新种；Doutt & Viggiani (1968) 在全面研究全世界赤眼蜂种类的基础上，把上列 24 种 (不含 *Westwoodella nephotetticum* Mani, 1939)，连同 *Trichogramma acuminata* Ashmead, 1888 全部归到本属之下；同时，他们还将 *Abbella* 指定为本属的异名，将 *Brachistella* 指定为本属的 1 个亚属；Mani (1939) 报道印度的 *W. nephotetticum*，历经多次周折，直到近年 Hayat (2008b) 对模式标本重新描述之后，才明确将它归回本属。

近 50 年来，本属区系分类研究，除 Viggiani (1986, 2009) 先后两次报道了非洲乌干达和南美洲阿根廷的 2 个新种之外，其余研究全部集中在亚洲地区。Subba Rao (1974) 发表了以色列、巴基斯坦和泰国的 4 新种 [其中泰国的 *P. garuda* Subba Rao 被 Hayat (2008b) 认定为 *P. nephotetticum* Mani 的异名]；Yousuf & Shafee (1985-1987) 先后描述了印度的 11 新种，Lin (1994) 与 Hu & Lin (2004) 先后发表了我国 (福建、新疆) 的 3 新种。因此本属迄今共知 46 种；另有 3 个未定名种，尚待进一步研究。

Viggiani (1971b, 1984) 根据雄外生殖器特征，曾将本属归为赤眼蜂亚科、邻赤眼蜂族；Pinto (2006) 在对以美洲为主、兼及全世界赤眼蜂雄外生殖器全面研究的基础上，根据阳基的结构及其与阳茎的愈合程度，把赤眼蜂的雄外生殖器结构类型分为 Type 1 和 Type 2 两大类型，同时又对 Type 2 型雄外生殖器进一步细分为 Type 2a 和 Type 2b 两小类，并据此对 Viggiani (1971b) 的分类系统进行部分修改：把具有 Type 2a 类雄外生殖器的邻赤眼蜂族类群，从 Viggiani (1971b) 原隶在赤眼蜂亚科移到寡索赤眼蜂亚科下，使新分类系统的赤眼蜂亚科之下只留 1 个赤眼蜂族；而寡索赤眼蜂亚科，新增了邻赤眼蜂族。这一新的分类系统已得到 Owen *et al.* (2007) 基于分子证据系统发育分析结果的支持。

本属是全世界广布的较大属之一，与 *Ittys* 属缘系最接近；Pinto (2006) 认为本属许多种类似可分为不同亚属，但它们的特征有渐进重叠的趋势，因此在没有足够的材料之前，亚属级较难处理；Doutt & Viggiani (1968) 曾把 *Ittys* 和 *Brachystella* 作为本属的 2 个亚属，后来 Viggiani (1971b) 恢复了 *Ittys* 独立属的地位，虽然 *Brachystella* 仍然保留其有效亚属的地位，但除了“前翅较窄、翅面纤毛较密、无明显规则毛列”的一般性特征外，始终未见明确界定它与指名亚属的鉴别特征，因此其亚属的地位仍需进一步研究确定。

我国有关本属的记载，最早为 Lin K-S (1981) 对台湾赤眼蜂的研究，称台湾有本属 4 种，除褐腰赤眼蜂 *P.* (*Brachistella*) *andoi* 寄生水稻黑尾叶蝉、且夏秋季十分常见外，其余 3 种均未定名；He & Pang (1986)、Liao *et al.* (1987) 也先后记载了稻田常见的褐腰赤眼蜂 1 种；Lin (1994)、Hu & Lin (2004) 先后报道了采自北京、河北、辽宁、福建、江西、河南、湖北、广东、贵州和新疆等地的本属 5 种，除褐腰赤眼蜂隶 *Brachistella* 亚属外，其余 4 种均隶指名亚属，分别记述如下。

种 检 索 表 (雌)

1. 前翅翅面纤毛高度稠密，所有纤毛均不规则散乱分布；产卵管高度骨化，为腹长的 3/5 左右，相当于后足胫节长的 1.7 倍，末端不明显露出腹末……………………**褐腰赤眼蜂 *P.* (*Brachistella*) *andoi***
   前翅翅面纤毛中等密度，部分毛列基部排列规则；产卵管较发达，为腹长的 3/4 以上，等于后足胫

节长的 1.9 倍以上，末端明显露出腹末…………………………………………………………………2

2. 前翅痣脉端部以内之下翅面呈褐色半透明，痣脉端部以外翅面无色透明……………………………3

前翅仅缘前脉基部和痣脉之下翅面各具 1 烟褐色小昙纹外，其余大部翅面无色透明………………4

3. 雌性触角棒节长约为宽的 2.3 倍；胸部仅及腹长的一半，上具明显刻纹；腹部明显长于头胸部长度之和；产卵管发达，约为腹长的 4/5；等于后足胫节长的 1.9 倍，末端稍露出腹末之外……………………………………………………………………………………… **褐色邻赤眼蜂 *P.* (*Paracentrobia*) *fusca***

雌性触角棒节长为宽的 2.7 倍；胸部等于腹长的 0.62 倍，其上刻纹细而不明显；腹部略长于或等于头胸部长度之和；产卵管较发达，约为腹长的 3/4，等于后足胫节长的 2.03 倍；末端明显伸出腹末之外，其伸出部分约为管长的 1/5 ……………………………… **褐翅邻赤眼蜂 *P.* (*P.*) *fuscusala***

4. 雌性触角柄节长为宽的 2.8 倍，梗节长为宽的 1.7 倍；前翅长为宽的 2.4 倍，痣脉之下的烟褐色昙纹大而贯穿至翅后缘；腹部稍长于头胸部长度之和；产卵管较发达，约为腹长的 0.8 倍，等于后足胫节长的 2.3 倍；末端明显伸出腹末之外……………………………… **六斑邻赤眼蜂 *P.* (*P.*) *yasumatsui***

雌性触角柄节长为宽的 3.6 倍，梗节长为宽的 2.75 倍；前翅长为宽的 2.5 倍，痣脉之下的褐色昙纹小，仅达到翅面中部；腹部短于头胸部长度之和；产卵管发达，约为腹长的 0.9 倍；等于后足胫节长的 2.24 倍，末端稍伸出腹末 …………………………………… **小斑邻赤眼蜂 *P.* (*P.*) *exilimaculata***

(97) 褐腰赤眼蜂 *Paracentrobia* (*Brachistella*) *andoi* (Ishii, 1938) (图 102)

Japania andoi Ishii, 1938b, Kontyu, 12: 179.

Japania fasciata Ishii, 1938b, Kontyu, 12: 180 (Lapsus for *P. andoi*).

Paracentrobia (*Brachistella*) *andoi* (Ishii): Doutt & Viggiani, 1968, Proc. Calif. Acad. Sci., 35(20): 565; He & Pang, 1986, Atlas of Natural Enemies of Rice Pests, Shanghai Sci. & Tech. Press, p.109-110; Liao, Li, Pang & Chen, 1987, Economic Insect Fauna of China (Hym.: Chalcidoidea). Sci. Press., 34(1): 209-210; Lin, 1994, System. Stud. Chinese Trichogrammatidae: 171-173.

雌 体长 0.80-0.92 mm；全体大部分暗黄褐色，但复眼、单眼深红色；上颚及产卵管褐色；头顶、触角柄节、中胸盾、小盾片、后胸及并胸腹节和腹部第 V-VI 腹节背板的大部分、前中足各节、后足转节、胫节及跗节均淡黄褐色；前后翅脉黄褐色，前翅痣脉端部之下翅面全部灰褐色半透明，痣脉以外翅面无色透明。

头部正面观扁圆形，宽明显大于高，稍宽于胸部；复眼较大，上具细纤毛，长约为头高的 0.6 倍；其内侧颜面及颊区具若干细纤毛，头顶具若干纤毛；上颚强大，末端 3 齿；下颚须 1 节，端部 2 毛；触角着生于两复眼中部连线之上，柄节长为宽的 3.0 倍，相当于梗节长的 1.3 倍，较粗壮；梗节长梨形，长为宽的 1.8 倍，上具明显的横脊纹 (图 102b)；两环状节均较大而明显；两索节约等长，短而横形，长均小于宽；棒节长卵圆形，长为宽的 2.3 倍，相当于柄节长的 1.5 倍；第一、三棒节近等长，第二棒节最宽大；各索节、棒节除均具若干锥栓感器和鞭毛感器外，端部两棒节还各具 4 支板状感器。

胸部仅及腹长的一半，其上密具细刻纹；中胸盾和小盾片各具 4 支纤毛，并胸腹节背板中央具明显的密皱纹；内悬骨端部伸达腹长的 1/3 左右，末端分 2 叶；前翅中等宽圆，长为宽的 2.5 倍 (图 102a)；翅脉末端伸达翅长的 0.45 倍左右处，缘脉与亚缘脉约等长，相当于痣脉长的 3.8 倍；翅面纤毛稠密，不规则散乱分布；痣脉前方之下翅面有 1 小的无纤毛区；缘毛较短，最长者不足前翅宽的 1/5；后翅短于前翅，长为宽的 21.0 倍；翅脉不足翅长的一半，翅面规则纤毛 3 列；最长后缘毛明显长于前翅最长者，等于后翅宽的 3.0 倍；足正常大小，各足节均具细纤毛。

腹部长锥形，长于头胸部长度之和，各腹节背板均具稀刻纹和若干纤毛；产卵管高度骨化，约为腹长的 0.6 倍；相当于后足胫节长的 1.7 倍，末端不明显露出腹末；下生殖板短小，不足产卵管长的 1/3。

雄　体长 0.75-0.83 mm；体色及主要特征与雌虫相似，但触角端部两棒节上的板状感器明显较雌者少 (图 102c)，仅各具 2 支；外生殖器较细长，可见阳基和阳茎两部分 (图 102d)；阳基简单管状，长为其端部宽的 10.6 倍；阳基侧瓣和钩爪等构造分化不完全；阳茎长于其内突，两者全长等于阳基长的 1.2 倍，相当于后足胫节长的 0.8 倍左右。

寄主　寄生黑尾叶蝉 *Nephotettix cincticeps*、褐飞虱 *Nilaparvata lugens*、灰飞虱 *Laodelphax striatella*、白背飞虱 *Sogatella furcifera* 等多种稻田叶蝉、飞虱卵，特别对我国南方水稻黑尾叶蝉等的种群数量具有重要控制作用。

模式标本产地　Kyushu, Japan。

模式标本存放单位　The Tokyo College of Agriculture and Forestry, Japan [TCAFJ]。

研究标本　2♀1♂，河南郑州 (N34°44'49", E113°37'33", 109M)，1992. VIII，王彩敏采；12♀10♂，福建福州金山 (N26°82'31", E119°20'30", 16M)，1986-1987，林乃铨网扫；10♀8♂，福建沙县洋枋 (N26°22'55", E117°55'06", 175M)，1981. VII. 20，林乃铨从水稻秧苗黑尾叶蝉卵养出；3♀5♂，福建宁化安乐 (N26°06'33", E116°44'23", 394M)，1987.VI. 30，吴祖建从水稻黑尾叶蝉卵养出；5♀，海南儋州宝岛新村 (N19°30'42", E109°30'39", 45M)，2005. V. 6-XI. 7，张端璋、李文标网扫；1♀，海南琼中黎母山 (N19°14'37", E109°46'35", 116M)，2006. IV. 13，李文标网扫；2♂，海南陵水吊罗山森林公园 (N18°40'18", E109°56'22", 927M)，2006. V. 12，李文标网扫；1♀，海南乐东尖峰岭 (N18°43'49", E108°54'32", 212M)，2006. III. 25，李文标网扫；9♀，海南三亚南岛农场 (N18°24'50", E109°24'25", 173M)，2006. III. 27，李文标网扫；1♀1♂，贵州贵阳花溪 (N26°24'59", E106°40'23", 1200M)，1992. IX. 18，杨孝龙、沈妙青网扫；1♀，西藏林芝八一镇 (N29°50', E93°25', 2009M)，2002. VIII. 20，林乃铨、孙新涛网扫；1♂，西藏拉萨拉鲁湿地 (N29°36', E91°06', 3650M)，2002. VIII. 26，孙新涛、林乃铨网扫。

分布　河南 (郑州)、湖北 (武昌、蒲圻)、江西 (鹰潭)、福建 (福州、尤溪、沙县、邵武、武夷山、松溪、寿宁、福鼎、福安、宁德、仙游、永春、永安、宁化、连城、龙岩、漳平、永定、南靖、云霄、诏安)、广东 (广州石牌)、海南 (儋州、琼中、陵水、乐东、三亚)、广西 (南宁)、贵州 (贵阳)、西藏 (林芝、拉萨)，据资料亦分布于江苏、浙江、安徽、湖南、四川、台湾；日本，朝鲜，菲律宾，泰国。

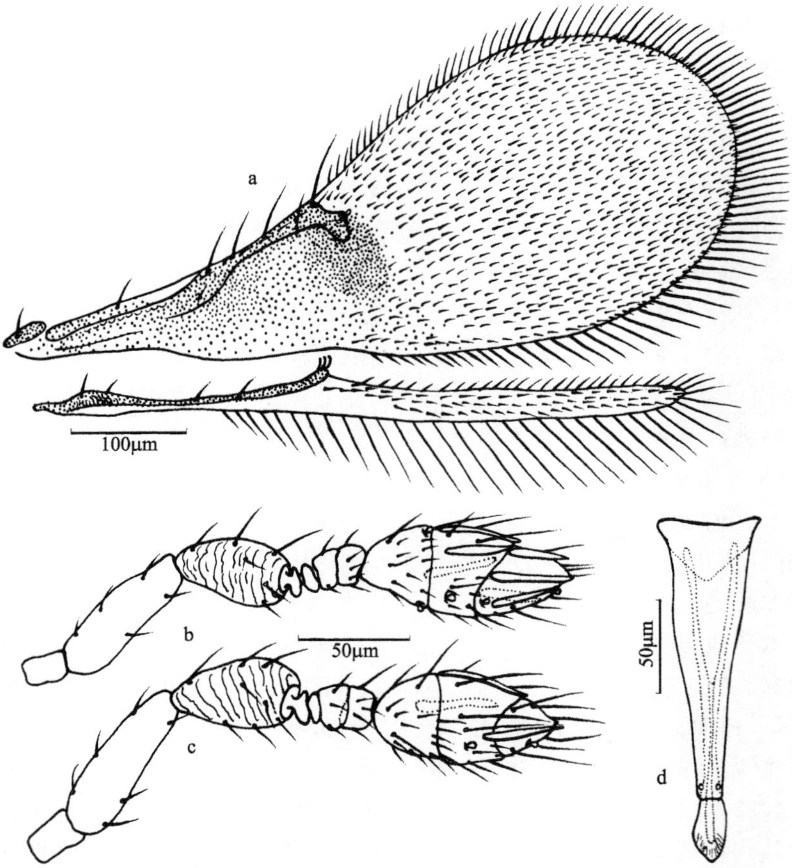

图 102 褐腰赤眼蜂 *Paracentrobia* (*Brachistella*) *andoi* (Ishii)

a. 前后翅 (fore & hind wing, ♀); b. 触角 (antenna, ♀); c. 触角 (antenna, ♂); d. 雄外生殖器 (male genitalia)

(98) 褐色邻赤眼蜂 *Paracentrobia* (*Paracentrobia*) *fusca* Lin, 1994 (图 103)

Paracentrobia (*Paracentrobia*) *fusca* Lin, 1994, System. Stud. Chinese Trichogrammatidae: 173-174.

雌 体长 0.75-0.84 mm；全体深褐色，但复眼、单眼深红色，上颚及产卵管褐色；头顶、中胸盾、腹基部两腹节背板中央及前后翅脉黄褐色；前翅痣脉端部以内下方翅面全部灰褐色半透明，痣脉端部以外翅面无色透明。

头部正面观扁圆形，宽略大于高，也稍宽于胸部；复眼较大，长约为头高的 0.6 倍；其内侧颜面及头顶具若干纤毛，颊区具若干细纤毛；上颚发达，端部 3 齿；下颚须 1 节，端部 2 毛；触角着生于两复眼下缘连线之上，较粗壮；柄节长为宽的近 3.0 倍，等于梗节长的 1.5 倍 (图 103b)；梗节长为宽的 1.5 倍，上具明显细刻纹；基环状节明显，第二环状节紧贴索节基部；两索节紧密相连，均短而横形，长小于宽；棒节近长卵圆形，较粗大，长约为宽的 2.3 倍，相当于柄节长的 1.5 倍；基棒节最短，第二棒节最宽大，端棒节近短锥形；各索节、棒节除均具若干锥栓感器和鞭毛感器外，端部两棒节还各具 2 和

4 支板状感器。

胸部仅及腹长的一半左右，上具明显刻纹；中胸盾和小盾片各具 4 支纤毛，后胸背板具斜刻纹，并胸腹节背板中央密具细皱纹；内悬骨较宽大，端部伸至腹长的 0.4 倍左右处，末端分 2 叶；前翅中等宽大，长为宽的近 3.0 倍（图 103a）；翅脉末端约伸达翅长的 0.6 倍处，缘脉与亚缘脉约等长，相当于痣脉长的 4.0 倍；翅面纤毛中等偏稀，主要分布在近前后缘及端部翅面，痣脉以外及其下方翅面具 1 明显较大的无毛区，纤毛大致规则成列；缘毛中等长短，最长者不足前翅宽的一半；后翅稍短于前翅，长为宽的 14.5 倍；翅脉约等于翅长一半，翅面规则纤毛 3 列；最长后缘毛稍短于前翅最长者，等于后翅宽的 2.2 倍；足正常大小，各足节均具细纤毛。

腹部长圆锥状，明显长于头胸部长度之和；除第 I 腹节背板具明显稀刻纹、各腹节背板两侧均具少数纤毛外，其余腹节未见明显刻纹；产卵管较发达，约为腹长的 0.8 倍；相当于后足胫节长的 1.9 倍，末端稍露出腹末之外；下生殖板短小，仅及产卵管长的 1/3 左右。

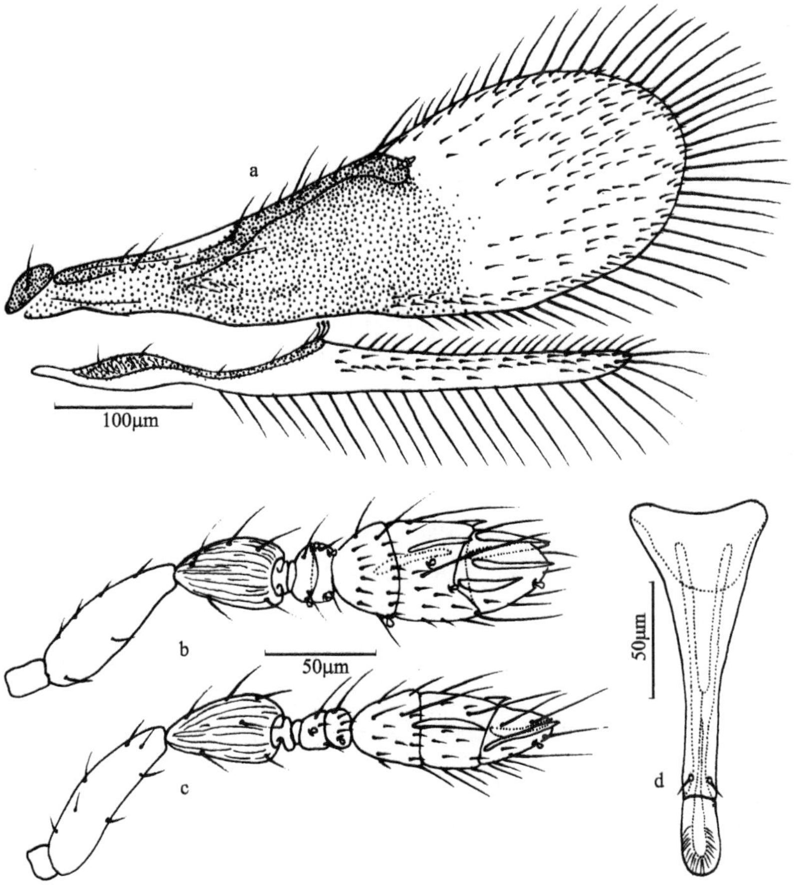

图 103　褐色邻赤眼蜂 *Paracentrobia* (*Paracentrobia*) *fusca* Lin

a. 前后翅（fore & hind wing, ♀）；b. 触角（antenna, ♀）；c. 触角（antenna, ♂）；d. 雄外生殖器（male genitalia）

雄 体长 0.74-0.80 mm；体色及主要特征与雌虫相似，但触角棒节略细短 (图 103c)，端部两棒节各具 2 支板状感器；外生殖器的阳基和阳茎明显可分 (图 103d)，但阳基简单管状，长为端部宽的 8.3 倍；阳基侧瓣和钩爪等结构分化不完全；阳茎长于其内突，两者全长稍长于阳基长度，为后足胫节长的 0.8 倍左右。

寄主 未知。

模式标本产地 福建尤溪。

模式标本存放单位 福建农林大学生物防治研究所昆虫标本室 [FAFU]。

研究标本 ♀ (正模)，2♀3♂ (副模)，福建尤溪池田 (N26°02'44", E117°56'52", 289M)，1987. VIII. 19，郑琪采于黄盘诱集器；3♀2♂ (副模)，福建沙县洋枋 (N26°22'55", E117°55'06", 175M)，1980. VII-VIII，林乃铨网扫；2♀1♂ (副模)，福建松溪渭田 (N25°52'41", E117°19'21", 496M)，1985. VIII. 5，吴祖建网扫；2♀3♂ (副模)，福建永春城关 (N25°19'26", E118°16'48", 120M)，1986. VII. 19，林乃铨网扫；3♀7♂ (副模)，湖北蒲圻 (N30°21'46", E114°16'41", 37M)，1991. VIII. 10-21，袁合强、欧阳宗兵网扫；5♀2♂ (副模)，福建福州金山 (N26°82'31", E119°20'30", 16M)，1980-1987. VI-VIII，林乃铨采于黄盘诱集器；4♀，海南儋州宝岛新村 (N19°30'42", E109°30'39", 45M)，2005. V. 6，张端璋网扫。

分布 湖北 (蒲圻)、福建 (福州、尤溪、沙县、松溪、仙游、永春)、海南 (儋州)。

(99) 褐翅邻赤眼蜂 *Paracentrobia* (*Paracentrobia*) *fuscusala* Hu & Lin, 2004 (图 104)

Paracentrobia (*Paracentrobia*) *fuscusala* Hu & Lin, 2004, Entomotaxon., 26(4): 303-305.

雌 体长 0.86 mm (0.85-0.94 mm)；全体黄褐色，但复眼、单眼红褐色；触角索节及第二棒节、胸部背板部分为黄白色；头顶、后头及前后翅脉淡黄色；前翅痣脉以内下方翅面全部黄褐色半透明，痣脉端部以外翅面无色透明。

头部正面观扁圆形，宽大于高 (35∶28)，头顶、颜面及颊区均具若干细纤毛；上颚端部 3 齿，外侧 2 齿较尖利；下颚须 1 节，长为宽的 2.0 倍，端部 2 毛，1 长 1 短；触角柄节圆柱形，长为宽的 3.11-3.5 倍 (图 104b)；梗节梨形，长为宽的 1.7-1.8 倍；基环状节较明显，第二环状节紧贴索节基部；两索节紧密相连，基索节略长，长约等于宽；第二索节横形，长稍小于宽；棒节卵圆形，长为宽的 2.25-2.71 倍，各棒节分界稍有重叠；第一、三棒节约等长，第二棒节最短而宽，端棒节锥状；各索节、棒节除均具若干锥栓感器和鞭毛感器外，端部两棒节还各具 2 和 3 支板状感器。

胸部为腹长的 0.62-0.71 倍，中胸盾和小盾片各具 2 对纤毛和细刻纹；内悬骨细长，末端分 2 叶，端部伸达腹长的 0.38 倍左右处；前翅中等宽圆，长为宽的 2.71-2.97 倍 (图 104a)；翅脉端部伸达翅长的 0.56 倍，缘脉长于亚缘脉，痣脉与缘前脉约等长；亚缘脉∶缘前脉∶缘脉∶痣脉的长度比例依次为 20∶7∶26∶7；翅面纤毛中等偏稀，主要分布在近端部翅面，痣脉以外翅面具 1 明显较大的无毛区域；主要毛列基部排列稍规则，最长缘毛等于前翅宽的 0.37-0.40 倍；后翅长为宽的 11.0-12.0 倍，翅面规则纤毛 3 列，最长后缘毛为后翅宽的 1.8-2.0 倍；各足较粗壮，各足节均具细纤毛，中后足胫节端部各具 1

支长距；各足腿节、胫节和跗节的长度比例分别是，前足 27∶23∶28，中足 26∶33∶32，后足 29∶34∶31。

腹部略长于或等于头胸部长度之和；除第 I 腹节背板具明显稀刻纹、各腹节背板两侧具少数纤毛外，其余腹节背板未见明显刻纹；产卵管发达，为腹长的 0.75-0.86 倍，等于后足胫节长的 1.97-2.03 倍；末端明显伸出腹末之外，其伸出部分约占产卵管总长的 1/5。

雄　体长 0.83 mm；体色及主要特征与雌虫相似，但触角各节均淡黄色，较细长（图 104c），端部两棒节均各具 1 板状感器；外生殖器明显可见阳基和阳茎两部分（图 104d），阳基简单细长管状，阳基侧瓣和钩爪等构造分化不完全；阳茎明显长于其内突，两者全长明显长于阳基，等于后足胫节长的 0.90 倍左右。

寄主　未知。

模式标本产地　新疆呼图壁。

模式标本存放单位　新疆大学生命科学技术学院昆虫标本室 [ICXU]。

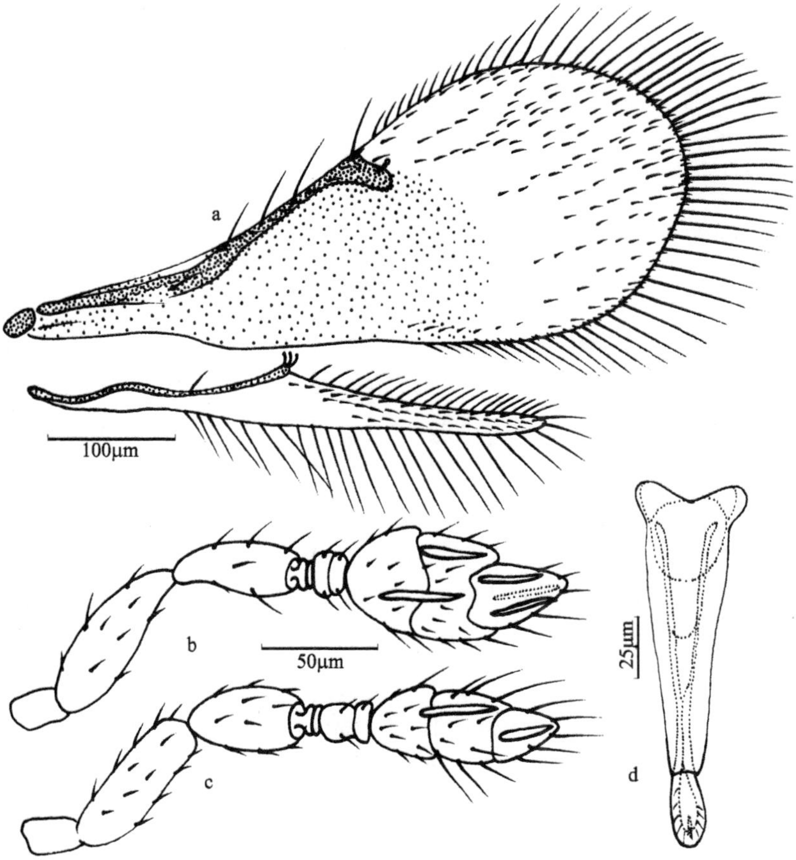

图 104　褐翅邻赤眼蜂 *Paracentrobia* (*Paracentrobia*) *fuscusala* Hu & Lin

a. 前后翅（fore & hind wing, ♀）；b. 触角（antenna, ♀）；c. 触角（antenna, ♂）；d. 雄外生殖器（male genitalia）

研究标本 ♀(正模)，12♀2♂(副模)，新疆呼图壁 (N44°11'32", E86°53'56", 550M)，1999. VIII. 27，林乃铨网扫。

分布 新疆 (呼图壁)。

(100) 六斑邻赤眼蜂 *Paracentrobia* (*Paracentrobia*) *yasumatsui* Subba Rao, 1974 (图 105)

Paracentrobia (*Paracentrobia*) *yasumatsui* Subba Rao, 1974, Mushi, 48: 1-3; Lin, 1994, System. Stud. Chinese Trichogrammatidae: 174-175.

雌 体长 0.95-1.05 mm；全体深黄色，但复眼、单眼深红色，上颚及产卵管褐色；触角柄节背侧及其以后各节、前胸背板、中后胸和腹基部背板暗褐色，腹部第 IV-VI 腹节背板两侧各具 1 暗褐色斑块；前翅脉灰褐色，缘前脉基部及痣脉之下翅面各具 1 烟褐色半透明昙纹；痣脉之下的昙纹直达后缘，其余翅面无色透明。

头部正面观近圆形，宽稍大于高，明显宽于胸部；复眼较大，长为头高的 0.7 倍左右，上具细纤毛；复眼内侧颜面及头顶均具若干纤毛；上颚强大，末端 3 齿；下颚须 1 节，端部 2 毛；触角着生于两复眼中部连线之上，较粗壮；柄节长约为宽的 2.8 倍，相当于梗节长的 1.5 倍 (图 105b)；梗节梨形，长为宽的 1.5 倍，柄节、梗节之上均具细横脊纹；两环状节较发达，第二环节与索节紧密相连；基索节稍长于第二索节，两者紧密相连；棒节长卵圆形，长为宽的 2.7 倍，相当于柄节长的 1.6 倍；基部两棒节的长均小于宽，第二棒节最宽大，端棒节锥形；长稍大于宽，分别为基部两棒节长的 1.7 倍和 1.3 倍；各索节、棒节除均具若干锥栓感器和鞭毛感器外，端部两棒节还各具 4 支板状感器。

胸部仅及腹长之半，上具明显刻纹，中胸盾及小盾片各具 4 支纤毛；内悬骨端部伸达腹长 1/3 左右，末端分 2 叶；后胸及并胸腹节背板中央具明显刻纹；前翅较宽大，长为宽的 2.4 倍 (图 105a)；翅脉末端伸达翅长一半左右处，缘脉稍短于亚缘脉，相当于痣脉长的 3.4 倍；翅面纤毛中等偏密，主要纤毛规则成列，端部翅面纤毛散乱分布；缘毛较短，最长者仅及前翅宽的 1/6 左右；后翅明显短于前翅，长为宽的 14.0 倍；翅脉端部接近翅长一半，翅面规则纤毛 3 列，近后缘 1 列纤毛不完整；最长后缘毛为前翅最长者的 1.4 倍，约等于后翅宽的 1.8 倍；足较粗壮，各足节均具细纤毛，中足基跗节较长。

腹部稍长于头胸部长度之和，长圆锥形；各腹节背板两侧均具细网纹和少数纤毛；产卵管较发达，约为腹长的 0.8 倍，等于后足胫节长的 2.3 倍，末端明显伸出腹末之外；下生殖板短小，长度仅及产卵管长的 1/3 左右。

雄 体长 0.98 mm；体色及主要特征与雌虫相似，但触角端部两棒节各具 3 支板状感器 (图 105c)；腹部各腹节背板两侧均具 1 暗褐色斑块；外生殖器的阳基与阳茎明显可分 (图 105d)，阳基长为其端部宽的 8.8 倍；阳基侧瓣和钩爪等结构分化不完全；阳茎与其内突约等长，两者全长约等于阳基长的 1.4 倍，相当于后足胫节长的 0.8 倍左右。

寄主 国内寄主未明。据国外资料可寄生 *Balclutha* sp.、*Nephotettix nigropictus*、*N. virescens*、*Recilia dorsalis* 等叶蝉和灰飞虱 *Laodelphax striatella*、褐飞虱 *Nilaparvata lugens*、白背飞虱 *Sogatella furcifera* 等飞虱卵。

模式标本产地 Thailand。

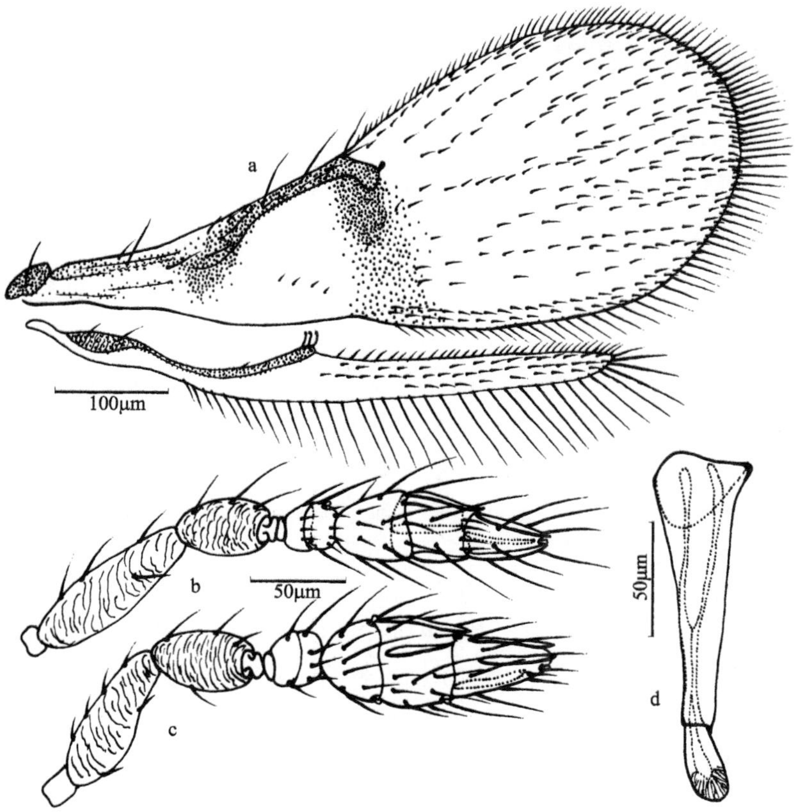

图 105　六斑邻赤眼蜂 *Paracentrobia* (*Paracentrobia*) *yasumatsui* Subba Rao

a. 前后翅 (fore & hind wing, ♀)；b. 触角 (antenna, ♀)；c. 触角 (antenna, ♂)；d. 雄外生殖器 (male genitalia)

模式标本存放单位　British Museum (Nat. Hist.) [BMNH]。

研究标本　2♀2♂，辽宁沈阳青年公园 (N41°46'48", E123°26'18", 48M)，1990. VII. 29，林乃铨网扫；3♀1♂，辽宁沈阳东陵 (N41°48'46", E123°31'59", 52M)，1992. VII. 10，林乃铨网扫；2♀，北京香山樱桃沟 (N40°02'20", E116°02'57", 501M)，1992. VII. 6，林乃铨网扫；2♀，河北张家口市蔚县小五台山保护区 (N39°50'42", E115°47'26", 900M)，2005. VIII. 22，田洪霞、林乃铨网扫；2♀，山东临朐朐山 (N36°30'20", E118°32'58", 120M)，2005. VIII. 10，田洪霞网扫；2♀，湖北蒲圻 (N30°21'46", E114°16'41", 37M)，1991. VIII. 13，袁合强、欧阳宗兵网扫；7♀1♂，福建福州金山 (N26°82'31", E119°20'30", 16M)，1987. VII-IX，林乃铨采于黄盘诱集器；1♀，福建武夷山桐木 (N27°44'53", E117°40'41", 724M)，1985. VII. 24，林乃铨网扫；3♀，福建松溪渭田 (N25°52'41", E117°19'21", 496M)，1987. VIII. 5，吴祖建网扫；2♀，海南屯昌中建农场 (N19°14'38", E110°12'04", 129M)，2006. V. 2，李文标网扫；1♀，海南儋州两院 (N19°30'46", E109°30'46", 134M)，2004. X. 30，吕宝乾网扫；9♀，海南儋州宝岛新村 (N19°30'42", E109°30'39", 45M)，2005. V. 6-XI. 7，张端璋、李文标扫；2♀，海南儋州云月湖 (N19°30'21", E109°31'33", 113M)，2005. X. 29，李文标网扫；4♀1♂，海南儋州西培农场 (N19°28'57", E109°27'43", 86M)，2005. XI. 6，

李文标网扫；1♀，海南乐东县冲坡 (N18°28'25", E108°54'55", 19M)，2005. II. 18，张李香网扫；2♀，海南三亚南岛农场 (N18°24'50", E109°24'25", 173M)，2006. III. 26，李文标网扫。

分布 辽宁 (沈阳)、北京 (香山樱桃沟)、河北 (张家口蔚县)、山东 (临朐朐山)、湖北 (蒲圻)、福建 (福州、武夷山、松溪)、海南 (屯昌、儋州、乐东、三亚)；泰国。

(101) 小斑邻赤眼蜂 *Paracentrobia* (*Paracentrobia*) *exilimaculata* Hu & Lin, 2004 (图 106)

Paracentrobia (*Paracentrobia*) *exilimaculata* Hu & Lin, 2004, Entomotaxon., 26(4): 302-303.

雌 体长 0.69-1.03 mm；全体大部分黄色，但复眼、单眼红褐色；头部、触角柄节背部、梗节及后足腿节为褐色；触角柄节的大部分、索节、第二、三棒节和除后足腿节外的各足节为淡黄色；基棒节、前胸背板的 3 条纵斑纹；中后胸背板的背面和侧面及腹部各腹节背板上的横纹为深褐色；前翅除缘前脉基部和痣脉下方翅面各具 1 褐色半透明小昙纹外，其余翅面无色透明。

头部正面观宽大于高 (44∶35)；触角柄节∶梗节∶环状节和索节∶棒节的长度比例为 18∶11∶8∶20；柄节长圆柱形，长为宽的 3.6 倍 (18∶5) (图 106b)；梗节长，近于纺锤形，长为宽的 2.75 倍 (11∶4)，相当于柄节长的 2/3，具明显的横脊纹；两索节近于圆筒形，长与宽几乎相等；棒节近于纺锤形，端部稍钝，各棒节的长度比例依次为 5∶7∶8，端部两棒节各具 4 和 3 支板状感器。

胸部明显短于腹长 (75∶92)，约为后者长的 0.82 倍；前翅长为宽的 2.5 倍 (132∶53) (图 106a)，亚缘脉∶缘前脉∶缘脉∶痣脉的长度比例依次为 23∶17∶22∶8；翅面纤毛中等偏稀，除少数毛列基部稍规则外，大部纤毛不规则散布；最长缘毛短于前翅宽的 1/6 (9∶53)；后翅短于前翅，长约为宽的 12.0 倍 (120∶10)，翅面规则纤毛 3 列；各足较粗壮，各足节均具细纤毛，中后足胫节端部各有 1 支长距；各足腿节、胫节和跗节的长度比例分别是，前足 32∶34∶34，中足 32∶37∶37，后足 34∶42∶38。

腹部短于头胸部长度之和，产卵管发达；约为腹长的 0.9 倍 (83∶92)，为后足胫节长的 2.24 倍 (83∶37)，末端稍突出腹末。

雄 体长 1.08-1.16 mm，体色及主要特征与雌虫相似；但触角环状节相对于雌虫较明显，端部两棒节均具 2 支板状感器 (图 106c)；外生殖器长 0.17 mm，阳基简单管状 (图 106d)，阳基侧瓣等构造分化不明显，阳茎约为后足胫节长的 0.71 倍 (32∶45)。

寄主 未知。

模式标本产地 新疆精河。

模式标本存放单位 新疆大学生命科学技术学院昆虫标本室 [ICXU]。

研究标本 ♀ (正模)，2♀3♂ (副模)，新疆精河 (N44°36'18", E82°52'43", 800M)，2001. VII. 15，胡红英网扫；1♀1♂ (副模)，新疆五家渠 (N44°7'34", E87°32'52", 490M)，2001. VII. 20，孙涛、胡红英网扫；4♀ (副模)，新疆新源 (N43°25'39", E83°16'25", 1800M)，2001. VI. 1，吴卫网扫；1♀ (副模)，新疆库尔勒 (N41°43'59", E86°11'25", 950M)，2001. V. 17，吴卫网扫；2♀ (副模)，新疆和静 (N42°18'57", E86°24'48", 1192M)，2001. VIII. 8，胡红英

网扫。

分布　新疆 (五家渠、精河、新源、库尔勒、和静)。

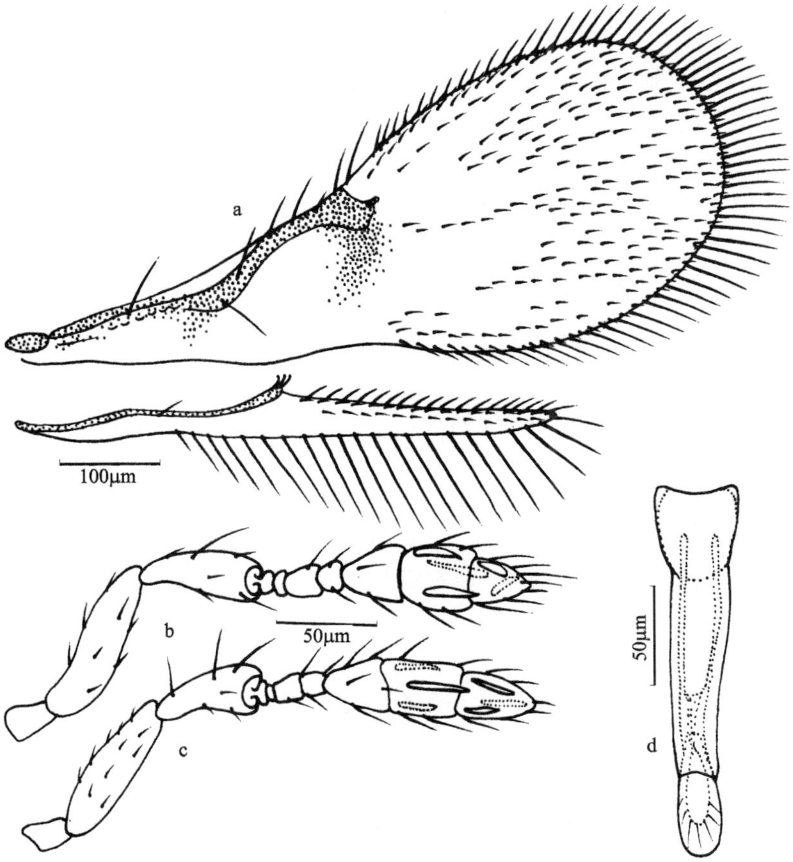

图 106　小斑邻赤眼蜂 *Paracentrobia* (*Paracentrobia*) *exilimaculata* Hu & Lin

a. 前后翅 (fore & hind wing, ♀)；b. 触角 (antenna, ♀)；c. 触角 (antenna, ♂)；d. 雄外生殖器 (male genitalia)

29. 副赤眼蜂属 *Paratrichogramma* Girault, 1912

Paratrichogramma Girault, 1912a, Bull. Wisc. Nat. Hist. Soc., 10: 82. **Type species**: *Paratrichogramma cinderella* Girault, 1912. by original designation; Doutt & Viggiani, 1968, Proc. Calif. Acad. Sci., 35(20): 497; Pinto, 2006, J. Hym. Res., 15(1): 68; Hu, Huang & Lin, 2007, Acta Zootaxon. Sin., 32(2): 315-317.

鉴别特征　雌雄触角异型；雌性 5 节，即柄节、梗节、环状节、索节及棒节各 1 节；索节端部明显缩窄，棒节除具若干鞭毛感器和板状感器外，端腹面还具簇生镰刀感器；雄者 6 节，即索节明显 2 节外，其余结构与雌者相同；第二索节端部急剧不对称、窄缩成瓶颈状；棒节除若干鞭毛感器和板状感器外，端腹面无簇生镰刀感器；前翅长稍大于宽的 2.0 倍，翅脉简短，端部仅伸达翅长的 0.4 倍左右处；缘脉不与翅前缘紧密接触 (图 107b)，痣脉趋于退化，仅为附属缘脉端部的无柄小突；翅面纤毛稀少到中等密度，主要分布在端半部翅面；中肘横毛列缺如，内悬骨端部完整而不分叶；雄外生殖器明显分为阳基和阳茎两部分；阳基背面在中部有 1 窄横桥连接，使其背面不完全开放；端部具阳基侧瓣和钩爪，阳基侧瓣端部分 2 叉；阳茎内突基半段愈合为一，阳茎及其内突全长近于或稍长于阳基的长度。

寄主 除 3 种已知可寄生鳞翅目夜蛾科 Noctuicae、细蛾科 Gracilariidae 和灰蝶科 Lycaenidae 等虫卵外，其余 6 种的寄主未明。

分布 全世界已知 9 种，分别分布于澳大利亚 (3 种)、印度 (3 种，1 种也分布于我国海南)、南非 (1 种)、美洲 [1 种，据 Pinto (2006) 检查从美国西南部到南美的所有美洲标本，基本都是 *P. californica* 或近似种]、中国 (2 种，新疆 1 新种，海南 1 分布新记录种)。

附注 本属系 Girault (1912a) 根据采自澳大利亚昆士兰的 *P. cinderella* 为属模而建立，他同时描述了澳大利亚另 1 新种；之后，Doutt (1973) 发表了分别采自南非和美国加州的 2 个新种，Viggiani (1976b) 描述采自澳大利亚 1 新种，Hayat & Shuja-Uddin (1980)、Yousuf & Shafee (1987, 1992b) 先后描述印度的 3 新种。Hu *et al.* (2007) 报道了采自我国新疆的 1 新种。因此，迄今全世界已知本属共 9 种，其中以澳洲区和东洋区已知种类最多 (3 种)、非洲区 1 种、美洲 (包括新北区和新热带区) 1 种、古北区 1 种，也分布于我国新疆。

Pinto (2006) 根据雄外生殖器等主要特征，将本属归隶于赤眼蜂亚科、赤眼蜂族；他同时还认为本属与澳洲区的 *Brachyia* 和 *Australufens* 2 属，具有类似简化的翅脉，说明它们可能缘系接近。

Hu *et al.* (2007) 报道我国新疆的 1 个新种后，近年我们在检查海南标本中，再次发现本属的另 1 种，经鉴定为 Hayat & Shuja-Uddin (1980) 描述采自印度的 *P. giraulti*，此系该种在我国的分布新记录，记述我国 2 种于下。

种检索表

前翅面端部宽圆，长约为宽的 2.0 倍；翅面纤毛主要分布在端半段翅面，除端部较密而不规则外，基部大致规则成列；中后部翅面具 1 大而明显的无纤毛区域；雌性触角棒节中间明显膨大，端腹面斜切并具簇生镰刀形感器；雄者触角第二索节较短，端部缩窄呈短瓶颈状；棒节长卵锥形，端腹面无簇生镰刀感器……………………………………………………………… **吉氏副赤眼蜂 *P. giraulti***

前翅面端部宽圆而稍平截，长约为宽的 1.8 倍；翅面纤毛中等偏稀，大致不规则散乱分布；雌性触角棒节长卵锤形，端部尖削；端腹面上的镰刀感器较少而不明显；雄者触角第二索节较长，端部缩窄的瓶颈偏向一侧呈明显较长；棒节长纺锤形，端腹面无簇生镰刀感器……………………………………………………………………………………………………… **塔里木副赤眼蜂 *P. tarimica***

(102) 吉氏副赤眼蜂 *Paratrichogramma giraulti* Hayat & Shuja-Uddin, 1980 (图 107)

Paratrichogramma giraulti Hayat & Shuja-Uddin, 1980, Boll. Lab. Agr. 'F. Silvestri', 37: 199-201.

雌 体长 0.64 mm；全体黄褐色，但复眼、单眼红色；头顶前额及颜面、触角柄节基部、梗节端部及索节全部、前足基节的基半段、后足腿节除基部及端部 1/3 以外部分、各足端跗节均淡黄褐色；前后翅脉褐色，前翅缘脉下方翅面具淡烟褐色半透明昙纹，其余翅面无色透明。

头部正面观扁圆形，宽略大于高 (34∶27)，头顶区具横脊纹；复眼较大，长约为头高的 0.67 倍 (18∶27)；上颚端部 3 齿，外侧 2 齿较尖锐，内侧齿短而钝；下颚须 1 节，端部 1 毛；触角着生于两复眼下缘连线之稍上方，较粗壮；柄节长约为宽的 4.5 倍 (10.0∶2.2)，约等于梗节长的 2.0 倍 (10.0∶4.9) (图 107c)；梗节长锥形，长约为宽的 2.1 倍 (4.9∶2.3)，约为柄节长的一半；索节长约为宽的 2.17 倍 (3.9∶1.8)，端部明显缩窄呈柄状与棒节基部相接，其上具若干鞭毛感器；棒节中间明显膨大，端腹面斜切，长为宽的 2.7 倍 (8.1∶3.0)，等于柄节长的 0.81 倍；其上除具若干鞭毛感器和 4 支板状感器外，端腹面还密具簇生的镰刀形感器。

胸部略短于腹长，中胸盾和小盾片各具 4 支纤毛和网状纹；内悬骨端部伸达腹长的 0.46 倍处 (23∶50)；前翅面宽而端部圆，长约为宽的 2.05 倍 (80∶39) (图 107a)；亚缘脉∶缘前脉∶缘脉∶痣脉的长度比例依次为 13∶12∶6∶1.5；翅脉简短，缘脉不与翅前缘紧密接触 (图 107b)；痣脉退化，短而无柄；翅面纤毛中等偏稀，主要分布于端半段翅面；除少数规则成列外，多不规则成列；中后部翅面为 1 明显的无纤毛区域；缘毛短，最长者约为前翅最宽处的 0.15 倍 (6∶39)；后翅稍短于前翅 (66∶80)，长为宽的 12.0 倍 (66∶5.5)；翅面规则纤毛 2 列，缘毛较短，最长者约为后翅最宽处的 0.14 倍 (9∶66)；足较粗壮，各足节均具细纤毛，中足基跗节长度达到该足胫节长的 1.3 倍；各足腿节、胫节和跗节的长度比例分别是，前足 20∶20∶18，中足 21∶25∶21，后足 22∶28∶22。

腹部卵圆形，各腹节背板均具明显网状刻纹；产卵管较短，高度骨化，着生于腹部后半段；约为腹长的 0.52 倍 (25∶48)，略短于后足胫节长度 (25∶28)；与中足胫节约等长，端部稍露出腹末；第三产卵瓣约为下生殖板长的 1/4。

雄 国内未见。据 Hayat & Shuja-Uddin (1980) 报道，除体色及前后翅等特征与雌虫相似外，主要为触角结构不同；柄节长约为宽的 4.76 倍 (8.1∶1.7)，梗节长为宽的 1.59 倍 (3.5∶2.2) (图 107d)；两索节长为宽的 2.16 倍 (5.4∶2.5)；其上具若干明显长的鞭毛感器；基索节近倒梯形，长约为宽的 0.88 倍 (2.1∶2.4)，第二索节明显较短，不对称缩窄呈短瓶颈状，长为宽的 1.16 倍 (2.9∶2.5)；棒节长卵锥形，长约为宽的 2.76 倍 (8.0∶2.9)，约为柄节长的 0.99 倍；其上具若干明显长的鞭毛感器和 3 支板状感器，端腹面无簇生镰刀形感器。

寄主 国内寄主未知。据印度记录，可寄生鳞翅目细蛾 *Acrocercops orthostacta* (Lep.: Gracilariidae) 卵。

模式标本产地 Uttar Pradesh, Aligarh, India。

模式标本存放单位 Zoology Museum, Aligarh Muslim University, India [ZMAMU]。

研究标本 1♀，海南乐东冲坡，2005. II. 18，张李香网扫。

分布 海南 (乐东)；印度 (Aligarh)。

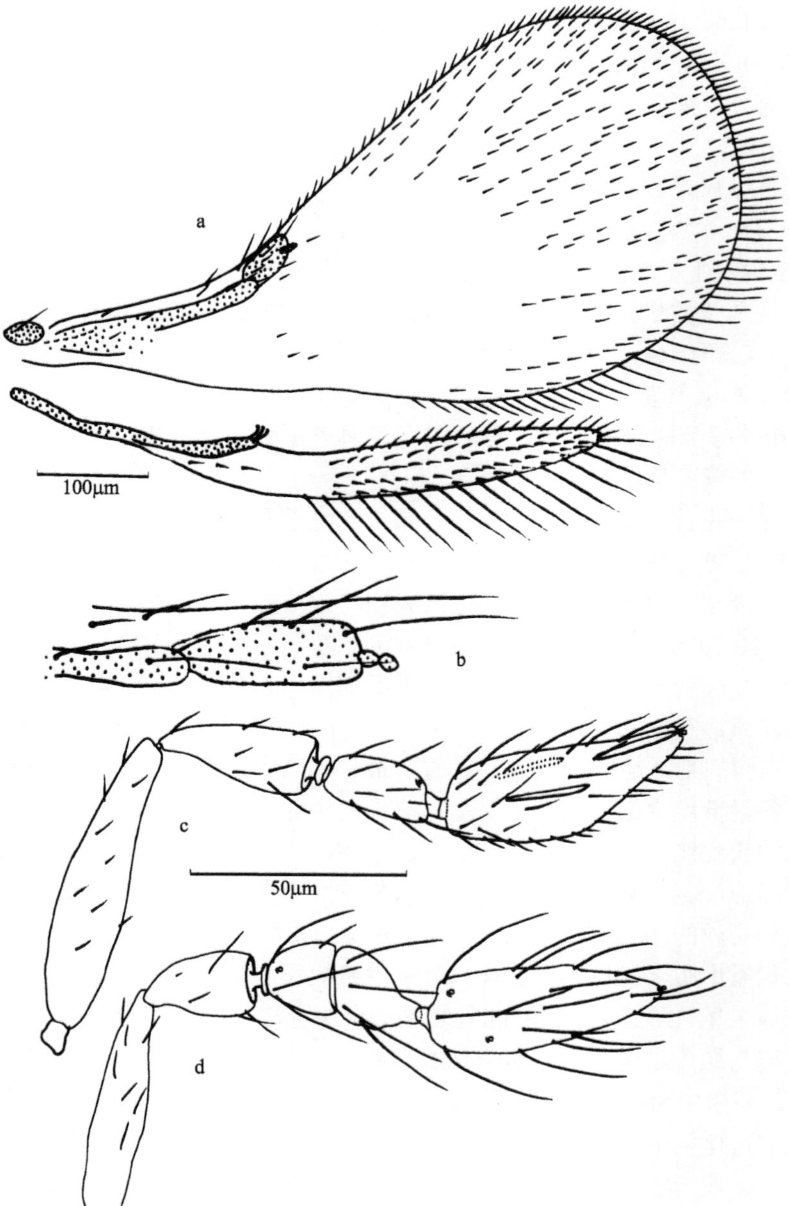

图 107 吉氏副赤眼蜂 *Paratrichogramma giraulti* Hayat & Shuja-Uddin
(d 仿 Hayat & Shuja-Uddin, 1980)

a. 前后翅 (fore & hind wing, ♀); b. 缘脉不与缘脉接触放大 (magnification of MV failing touch the anterior wing margin); c. 触角 (antenna, ♀); d. 触角 (antenna, ♂)

(103) 塔里木副赤眼蜂 *Paratrichogramma tarimica* Hu, Huang & Lin, 2007 (图 108)

Paratrichogramma tarimica Hu, Huang & Lin, 2007, Acta Zootaxon. Sin., 32(2): 315-316.

雌　体长 0.58 mm；全体黄褐色，但复眼、单眼红褐色；触角索节和棒节淡黄色，各足节和前后翅脉淡黄褐色；前翅翅脉之下翅面具 1 淡烟褐色半透明昙纹外，其余翅面无色透明。

头正面观宽略大于高 (39∶33)；上颚端部 3 齿，外侧 2 齿较尖锐，内侧齿短而钝；下颚须长为宽的 1.5 倍，基部梨形，较粗短，端部具 1 毛；触角柄节长棒状，长为宽的 3.4 倍 (17∶5) (图 108b)；梗节长梨形，长为宽的 2.0 倍 (8∶4)，等于柄节长的 0.47 倍；索节长为宽的 2.0 倍 (8∶4)，端部明显缩窄呈 1 柄状与棒节基部相接；棒节长约为宽的 3.0 倍 (18∶6)，末端尖削；其上除具若干鞭毛感器和板状感器外，端腹面上的镰刀感器较少而不明显。

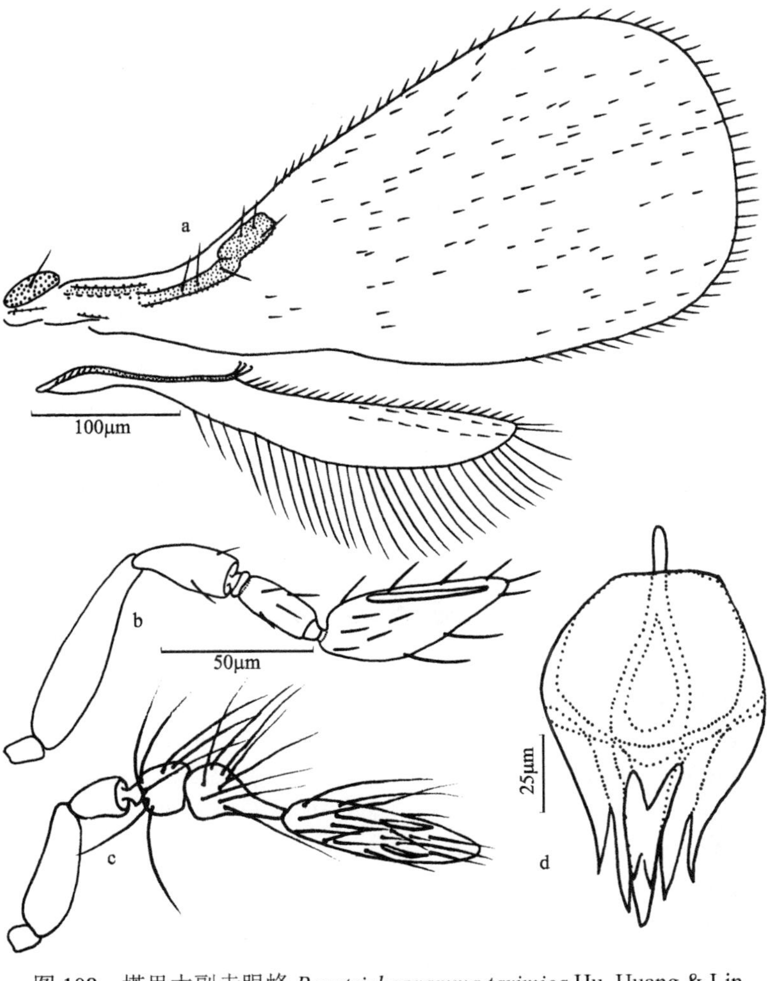

图 108　塔里木副赤眼蜂 *Paratrichogramma tarimica* Hu, Huang & Lin

a. 前后翅 (fore & hind wing, ♀)；b. 触角 (antenna, ♀)；c. 触角 (antenna, ♂)；d. 雄外生殖器 (male genitalia)

胸部明显短于腹长 (30∶51)，约为后者长的 0.6 倍；前翅面宽而端部稍平截，长为宽的 1.8 倍 (77∶42) 左右 (图 108a)；翅脉简短，亚缘脉∶缘前脉∶缘脉∶痣脉的长度比例依次为 10∶7∶8∶2；前 3 段翅脉上的粗刚毛数目分别为 1、3 和 4 支；缘脉不与前缘紧密接触，端部平截，长为宽的 2.67 倍 (8∶3)；痣脉极短而无柄，翅脉之下翅面具 1 无毛区域；翅面纤毛中等偏稀，主要分布于端半段翅面；除少数规则成列外，多不规则分布；缘毛短，长度仅及前翅宽的 1/40；后翅长为宽的 10.3 倍 (72∶7)，翅面规则纤毛 2 列，均分布于端半段近前缘翅面；最长后缘毛明显较长，约为后翅宽的 1.57 倍 (11∶7)；足较短小，各足基跗节均最短，端跗节最长；各足腿节、胫节和跗节的长度比例分别是，前足 22∶22∶26，中足 26∶21∶31，后足 27∶35∶35。

产卵管短，着生于腹部后半段；约为腹长的 0.46 倍 (30∶65)，稍短于后足胫节 (30∶35)，末端不露出腹末。

雄 体长 0.69 mm；体色及主要特征与雌虫相似；但触角索节 2 节，基索节明显短于第二索节 (3.5∶8.0)；后者端部形状特殊，不对称窄缩明显呈长瓶颈状 (图 108c)；各索节、棒节除均具若干鞭毛感器外，棒节还具若干板状感器，端腹面无明显簇生镰刀感器；外生殖器外形状特殊 (图 108d)，可见阳基和阳茎两部分；阳基端部具阳基侧瓣和明显发达的钩爪；阳茎内突的基半段明显愈合为一，阳茎及其内突的全长明显长于阳基长度。

寄主 未知。

模式标本产地 新疆阿克苏。

模式标本存放单位 新疆大学生命科学与技术学院昆虫标本室 [ICXU]。

研究标本 ♀ (正模)，1♀ (副模)，新疆阿克苏 (N41°6'58", E80°11'16", 1104M)，2001. V. 28，吴卫网扫；1♀ (副模)，新疆奇台 (N44°11'21", E89°36'31", 1700M)，2004. VI. 25，胡红英网扫；1♂ (副模)，新疆石河子 (N44°18'34", E86°5'18", 450M)，2005. VII. 19，胡红英网扫；1♂ (副模)，新疆哈密 (N42°49', E93°32')，2004. VII. 1，黄帅网扫。

分布 新疆 (奇台、石河子、哈密、阿克苏)。

30. 圆翅赤眼蜂属 *Poropoea* Föerster, 1851

Poropoea Föerster, 1851, Verh. naturh. Ver. preuss. Rheinl., 1: 28. **Type species**: *Poropoea stollwerckii* Föerster, 1851. by monotypy; Doutt & Viggiani, 1968, Proc. Calif. Acad. Sci., 35(20): 515-516; Viggiani, 1968a, Boll. Lab. Ent. Agr. 'F. Silvestri', 26: 253-255; Lin K-S, 1981, J. Agr. Res. China, 30(4): 430; Luo & Liao, 1994, Acta Zootaxon. Sin., 19(4): 490-493; Lin, 1994, System. Stud. Chinese Trichogrammatidae: 189-196; Lou, Ding & Wang, 1996, J. Shengyang Agr. Univ., 27(1): 39-44; Pinto, 2006, J. Hym. Res., 15(1): 68-69; Laudonia, Viggiani & Biondi, 2017, ZooKeys, 658: 81-87.

Poropoeiodes Nowicki, 1936, Zeit. angew. Ent. Berlin, 23: 126. **Type species**: *Poropoeoides bohemica* Nowicki, 1936. by monotypy. Syn. by Doutt & Viggiani, 1968: 515-516.

鉴别特征 个体较大，体长多在 1 mm 或更大，驼背式体型；两性触角均由 9 节组成；雌者除两索节连接较松散外，棒节相对粗大，且结合较紧密，其上的板状感器明显较雄者长；雄者各索节、棒节均连接松散，其上除具与雌者相似的锥栓感器和刺毛感器外，其板状感器明显较雌者短而多；下颚须 2 节，内悬骨相对较短，端部不分叶；前翅宽大而端部扁圆形，长小于宽的 2.0 倍；翅脉狭窄，明显呈“S”形连续弯曲；痣脉长，与缘脉几乎呈垂直相接；缘脉不与前缘紧密接触，翅面纤毛稀少到中等密度，规则成列，中肘横毛列有或无；后翅较宽大；雌性产卵管长度差异很大，端部明显伸出腹末之外；雄外生殖器的阳基背面完全开放，端部具阳基侧瓣、钩爪和长的腹中突；阳茎及其阳茎内突全长通常长于阳基。

寄主　本属种类已知 16 种的寄主都是鞘翅目卷象科 Attelabidae 虫卵；意大利的 Silvestri (1916) 首次对 *P. stollwerckii* 的生物学特性和幼虫特征进行了详细的研究观察；日本的 Hirose (1963) 也对 *P. morimotoi* 的生物学特性进行了研究，发现该蜂在当地一年可发生 2 代，每年 4 月底至 6 月底为冬后第一代成蜂产卵寄生盛期；当成蜂找到寄主卵、开始产卵前，首先用产卵管刺破寄主所在的卷叶苞，再用产卵管探查卷叶苞内寄主卵所在的位置，确定之后才将卵产在寄主卵内；寄生蜂幼虫寄生在寄主卵内发育 2-3 个星期，然后咬破卷叶苞、爬出落地化蛹、羽化；第二代成蜂在 7-8 月羽化后，可寻找卷象卵寄生，并以老熟幼虫在寄主卵内越冬直至翌年春夏季节；该蜂在日本对卷象卵的寄生率均较高，具有重要的控制作用；此外，还有 3 种的寄主未知。

分布　中国，印度尼西亚，印度，日本，波兰，捷克，斯洛伐克，德国，法国，意大利，美国，波多黎各和非洲中西部的 Gabon。

附注　本属系 Föerster (1851) 以采自德国的 *P. stollwerckii* 为属模而建立。而后，Ratzeburg (1852) 将同一寄主养出的同种描述为 *Ophioneurus simplex*；Reinhard (1858) 再次把此种定为 *Trichogramma simplex*，Thomon (1878) 还第三次将此种描述为 *Chaetostricha grandis*。直至 Silvestri (1916) 研究了该种的生物学特性和幼虫特征之后，才澄清了本种的混乱；他同时描述了采自意大利的另 1 新种 *P. defilippii*。Girault (1911) 根据单个雄性标本报道了美国的另 1 新种 *P. attelaborum*；Nowicki (1936) 报道了采自波兰、捷克，斯洛伐克的 *P. bohemica* 和 *P. minkiewiczi* 2 新种，同时还根据 *P. bohemica* 的雄性触角末端 3 节连接较紧、呈明显棒节的特征，将它定为本属的 *Poropoeiodes* 新亚属。许多学者 (Hirose, 1963; Doutt & Viggiani, 1968; Subba Rao, 1969b) 都认为仅仅根据这一特征建立亚属依据不足，因而 Doutt & Viggiani (1968) 把 *Poropoeiodes* 作为本属的异名。20 世纪中叶以来，先后有 Hirose (1963)、Viggiani (1968a)、Subba Rao (1969b)、Lin (1994)、Luo & Liao (1994)、Lou (1996)、Kobayashi & Matkoto (2004)、Narendran & Hayat (2007) 和 Hayat & Poorani (2012) 分别报道了采自日本、中国、印度尼西亚和印度的 13 新种；虽然 Subba Rao (1969b) 曾对 *P. bohemica* (Nowicki) 和 *P. attelaborum* Girault 的有效性提出质疑，但始终未见确切的结论。最近，Laudonia *et al.* (2017) 又发表了采自中西非 Gabon 寄生卷象 *Paratomapoderus brachypterus* 卵的另一新种 *P. africana*，使本属已知种类 (包括上述存疑的 2 种) 增加到 19 种。它们分别分布在亚洲的中国 (7 种，其中 1 种原报道产自日本)、日本和印度 (各 3 种)、印度尼西亚 (1 种)，欧洲的波兰、捷克、德国、法国和意大利 (4 种)，美洲的美国和波多黎各 (1 种) 和非洲中西部的 Gabon (1 种)。

Viggiani (1971b, 1984)、Pinto (2006) 根据以雄性外生殖器为主要特征的分亚科、分族标准，一致将本属归于赤眼蜂亚科、赤眼蜂族；这一分类系统已经得到 Owen *et al.* (2007)

基于分子证据系统发育分析结果的支持。本属种类的前翅、触角及雄外生殖器等特征均与 *Asynacta* 和 *Mirufens* 相似，显示它们的缘系较近。

我国有关本属的报道，最早为 Viggiani (1968a) 报道 Silvestri 于 1925 年采自我国苏州的 1 新种，它和另 1 未定名种都是采自苏州的柑橘和 *Celtis* 树上，寄主未明；其次是 Lin K-S (1981) 报告了台湾本属 1 未定名种的分布记录；此外，Lin (1994)、Luo & Liao (1994)、Lou, Ding & Wang (1996) 先后发表了采自福建、云南、湖北、北京、辽宁、黑龙江等地的 5 新种和日本圆翅赤眼蜂 *P. morimotoi* 在我国的分布新记录，使我国已知本属的种类多达 7 种，成为世界上资源最丰富国家，分别记述如下。

种检索表

1. 雌性触角棒节较粗短，长为宽的 1.6-2.3 倍……2
   雌性触角棒节较细长，长为宽的 3.0 倍以上……4
2. 雌性触角棒节之长仅为其宽的 1.6 倍，等于柄节长的 0.8 倍；产卵管较不发达，仅为腹长的 0.8 倍左右，末端不突出腹末；雄外生殖器的阳基长为宽的 5.67 倍，腹中突消失，阳茎约为其内突长的 1.5 倍，两者全长稍长于阳基而稍短于后足胫节……**短管圆翅赤眼蜂 *P. brevituba***
   雌性触角棒节长为宽的 1.8-2.3 倍，与柄节近等长或稍长于柄节；产卵管和雄外生殖器等特征不如上述……3
3. 雌性触角棒节长约为宽的 1.9 倍，等于柄节长的 1.1 倍；产卵管短于个体全长，约为腹长的 1.5 倍；等于后足胫节长的 2.6 倍，其端部约 3/10 管长明显伸出腹末之外；雄外生殖器的阳基长为宽的 4.26 倍，腹中突长而尖；阳茎约为其内突长的 1.35 倍，端部分 2 叉，两者全长等于后足胫节长的 1.18 倍……**榛卷象圆翅赤眼蜂 *P. coryli***
   雌性触角棒节长约为宽的 2.3 倍，约与柄节等长；产卵管约为腹长的 2.0 倍，等于后足胫节长的 2.9 倍；其端部约 1/3 管长明显伸出腹末之外；雄外生殖器的阳基长为宽的 4.5 倍，腹中突消失；阳茎为其内突长的 1.46 倍，端部分 2 叉，两者全长约与后足胫节近等长……**中国圆翅赤眼蜂 *P. chinensis***
4. 雌性棒节明显细长，长为宽的 5.2 倍，等于柄节长的 1.65 倍；产卵管极其发达，约为腹长的 4.0 倍，等于后足胫节长的 5.8 倍；前端源于中胸腹面，后端近 2/3 显著伸出腹末之外；雄外生殖器的阳基长为宽的 4.7 倍；中脊成对，向前伸至阳基中部的 0.7 倍左右处；阳茎为其内突长的 1.5 倍，两者全长明显长于阳基，为后足胫节长的 1.28 倍……**长角圆翅赤眼蜂 *P. longicornis***
   雌性棒节长为宽的 3.13-3.50 倍，约与柄节等长或等于柄节长的 1.3 倍……5
5. 雌性棒节长约为宽的 3.5 倍，约等于柄节长的 1.3 倍；产卵管发达，超过腹长的 2.5 倍，等于后足胫节长的 4.0 倍；前端抵达中胸腹面，后端近一半长度显著伸出腹末之外；雄外生殖器的阳基长为宽的 5.2 倍；中脊基半段成对，端半段愈合为 1 粗脊伸达阳基后端约 3/4 处；阳茎为其内突长的 1.4 倍，两者全长明显长于阳基，等于后足胫节长的 1.1 倍……**日本圆翅赤眼蜂 *P. morimotoi***
   雌性棒节长为宽的 3.13-3.16 倍，等于或长于柄节之长……6
6. 雌性棒节长约为宽的 3.13 倍，等于柄节长的 1.3 倍；产卵管较发达，前端抵达中胸腹面，后端近 3/5 管长明显伸出腹末之外；雄性触角长于雌者，各鞭节结合较松散，其上的刺毛感器和板状感器较雌者更多而短……**榆卷叶象赤眼蜂 *P. tomapoderus***

雌性棒节长为宽的 3.16 倍，与柄节约等长，各棒节分界处互相重叠；产卵管发达，约为腹长的 2.0 倍，等于后足胫节长的 3.1 倍；前端抵达中胸后缘，后端约 2/5 管长明显伸出腹末之外；雄外生殖器阳基细长，长为宽的 5.0 倍；腹中突端部与阳基侧瓣末端齐平，钩爪稍伸出阳基侧瓣之外；中脊单一，向前伸至阳基长的 2/3 处；阳茎稍长于其内突，两者全长明显长于阳基，等于后足胫节长的 1.16 倍……………………………………………………………………………… **叠棒圆翅赤眼蜂 *P. duplicate***

(104) 短管圆翅赤眼蜂 *Poropoea brevituba* Lin, 1994 (图 109)

Poropoea brevituba Lin, 1994, System. Stud. Chinese Trichogrammatidae: 191-192.

雌　体长 1.35 mm；全体黑褐色，但复眼暗紫红色，上颚黄褐色；触角各节与前翅脉灰褐色，各足节淡黄褐色；前后翅面全部无色透明。

头部正面观近倒三角形，宽大于高；复眼中等大小，长为头高的 0.53 倍，其内侧颜面和头顶均具细网纹和短纤毛；触角着生于两复眼中部连线之稍下方，较粗壮；柄节长约为宽的 5.0 倍，等于梗节长的 1.84 倍 (图 109b)；梗节长梨形，长为宽的 1.81 倍；两环状节较明显，第二节紧贴索节基部；两索节大小接近，长稍大于宽；棒节近卵圆形，明显粗短而紧密相连，长约为宽的 1.6 倍，仅及柄节长的 0.9 倍；基棒节最大，长约为宽的 0.83 倍，约等于棒节全长的 0.53 倍；第二棒节横形，长约为宽的 0.59 倍，约等于棒节全长的 1/3；端棒节钝三角形，长仅及宽的一半左右，约等于棒节全长的 1/8；各索节、棒节除均具若干锥栓感器外，还具若干较长而大的刺毛感器，并依次各具 5、6、6、5 和 2 支板状感器。

胸部略短于腹长，上具粗糙网纹；前翅端部宽圆 (图 109a)，长为宽的 1.92 倍；缘脉不与前缘紧密接触，痣脉与缘脉近直角强度弯曲，其端部伸达翅长的 0.54 倍左右处；翅面纤毛排列规则 (约 15 列)，中肘横毛列由 6-8 支纤毛组成；缘毛短，长度仅及前翅宽的 1/10；后翅较宽大，明显短于前翅，长为宽的 5.8 倍；翅脉仅两端骨化程度较高处留有残迹，中间大部分长度因骨化较弱而呈透明状，翅面规则纤毛近 4 列；最长后缘毛为后翅宽的 2/3，等于前翅最长者的 2.0 倍；各足较粗壮，各足节均具细网纹和纤毛。

腹部稍侧扁，上具细致网纹；产卵管长度与本属其他种类相比，极其短小 (图 109e)；长度仅为腹长的 0.8 倍左右，等于后足胫节长的 1.4 倍，端部不明显伸出腹末之外。

雄　体长 1.40 mm；体色及主要特征与雌虫相似，但触角鞭节明显较雌者细长 (图 109c)，柄节长为宽的 4.5 倍，等于梗节的 3.0 倍；两索节均长圆筒形，长分别为各自宽的 2.15 倍，基索节稍短于第二索节；棒节长纺锤形，长约为宽的 6.0 倍，等于柄节长的 1.7 倍；各索节、棒节除均具若干锥栓感器外，还密具许多短而细小的刺毛感器和板状感器，明显比雌者多而短小；外生殖器的阳基细长 (图 109d)，长为宽的 5.67 倍；AD 之长等于阳基全长的 0.28 倍；腹中突消失，中脊不明显；两钩爪高度骨化，其端部伸至 AD 长的 4/5 处，接近阳基侧瓣末端；阳茎等于其内突长的 1.5 倍，两者全长明显长于阳基，稍短于后足胫节 (0.94 倍)。

寄主　一种未定名卷叶象卵。

模式标本产地　福建将乐。

模式标本存放单位 福建农林大学生物防治研究所昆虫标本室 [FAFU]。

研究标本 ♀ (正模)，1♀1♂ (副模)，福建将乐龙栖山 (N26°30'41", E117°22'57", 239M)，1991. X. 10，林乃铨从 1 未定名卷叶象卵中养得。

分布 福建 (将乐)。

附注 本种的雌性触角棒节明显粗短，产卵管短而不突出腹末，与本属所有其他种类明显不同；雌性如此短小的产卵管能产卵寄生于多层卷叶苞内的卷叶象甲卵，实属稀奇！

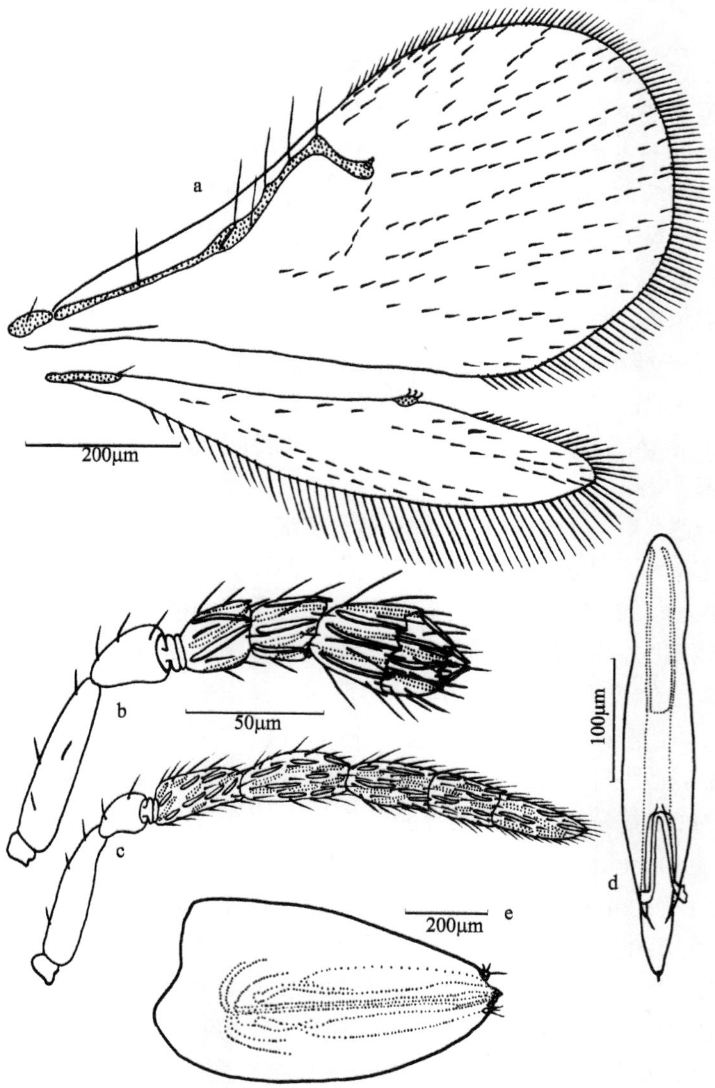

图 109 短管圆翅赤眼蜂 *Poropoea brevituba* Lin

a. 前后翅 (fore & hind wing, ♀)；b. 触角 (antenna, ♀)；c. 触角 (antenna, ♂)；d. 雄外生殖器 (male genitalia)；e. 雌腹部及产卵管腹面观 (ventral view of female abdomen & ovipositor)

Kobayashi & Katom (2004) 报道，日本另 1 短产卵管的圆翅赤眼蜂 *P. cunabulintrans* 的雌成虫，可以通过卷叶象甲成虫的产卵孔而进入卷叶苞内产卵，寄生苞内的卷象卵。但据笔者对本赤眼蜂的寄主、1 未定名卷叶象成虫的产卵及其幼虫发育过程的初步观察结果是，卷叶象成虫找到适合产卵的寄主叶片后，首先是准备产卵，产卵后即开始由内而外逐层卷叶成苞，使其所产的卵粒被严实包裹在卷苞之内，卷苞外既无卷象成虫的产卵孔，也无明显缝隙。5-7 d 后通过采摘卷叶苞检查，即可看到其内被寄生的卷象卵壳颜色加深，未被寄生者已有幼虫由内向外逐层啮食卷叶；大约 2 周后即可见到卷叶苞外层出现被卷象幼虫取食、咬破的孔洞；此时剥开卷苞，可见卷在内层的叶片已被卷象幼虫啮食成为腐败残渣，该幼虫也已发育到老熟阶段，随后它即沿取食孔道脱出卷苞而落地化蛹；而被寄生的卷象卵壳也已变为灰褐色。因此笔者推测此类产卵管短小的赤眼蜂成虫，最大可能是具有寄附并跟随卷象成虫携播的习性，一旦卷象成虫开始产卵、尚未完成卷叶成苞之前，该蜂立即产卵寄生在卷象卵内；其寄附、携播过程，尚待进一步核实。

(105) 榛卷象圆翅赤眼蜂 *Poropoea coryli* Lou, 1996 (图 110)

Poropoea coryli Lou, 1996, in: Lou, Ding & Wang, 1996, J. Shengyang Agr. Univ., 27(1): 42-43.

雌　体长 (不含产卵管) 1.1 mm，产卵管全长 0.66 mm，端部伸出腹末之外管长 0.19 mm；全体黑褐色，但复眼深红色，上颚及产卵管为红褐色；触角柄节及梗节黑褐色，鞭节黄褐色；头顶、前足胫节大部分、各足胫节末端及其基部两跗节、前翅脉的大部分为黄褐色；前后翅面全部无色透明。

头部正面观近圆形，宽略大于高；复眼较大，长为头高的 0.7 倍；触角着生在两复眼下缘的连线上，柄节长为宽的 2.9 倍，相当于梗节长的 2.0 倍 (图 110b)；梗节梨形，长为宽的 1.8 倍；两索节均圆筒形，约等长，连接较松散；棒节明显膨大，呈卵圆形；明显宽于第二索节，为第二索节宽的 1.4 倍左右；棒节卵圆形，各节交界处略斜接，全长为宽的 1.8-2.0 倍；略短于两索节长度之和，相当于柄节长的 1.1 倍；基棒节和第二棒节较宽大，端棒节很小，不足第二棒节长的 1/2；各索节、棒节除均具若干锥栓感器外，还具若干较短的刺毛感器和明显较长的板状感器。

胸部与腹部近等长，上具网状刻纹；中胸盾及小盾片宽大，各具 4 支纤毛；内悬骨短，末端钝圆而不分叶；前翅末端宽圆，长为宽的 1.8 倍 (图 110a)；翅脉呈 “S” 形强度弯曲，缘脉不与翅前缘紧密接触；痣脉末端伸达翅长的 0.51 倍处；翅面规则纤毛 18 列 (正反面各 9 列)，中肘横毛列由 6-7 支纤毛组成；最长缘毛不足前翅宽的 1/10；后翅较宽，翅面具 3-4 列规则纤毛，最长后缘毛约为后翅宽的 1/2。

腹部明显侧扁，产卵管短于体长，约为腹长的 1.5 倍；等于后足胫节长的 2.6-2.7 倍，相当于腹长的 0.43 倍，末端约管长的 0.3 倍明显伸出腹末之外。

雄　体长 1.04 mm；体色及主要特征与雌虫相似，但触角鞭节较长；两索节近等长，基索节稍宽于第二索节；棒节与索节连接较松散，不明显膨大呈棒状，长于两索节长度之和 (1∶0.8)；基棒节与端棒节近等长，第二棒节稍短；各鞭节还密具许多短而细小的刺毛感器和板状感器，明显比雌者多而短小；外生殖器的阳基较细长，长为宽的 4.26 倍；

腹中突长而尖，端部与阳基侧瓣末端齐平；中脊成对，向前伸至 BD 后端的 0.75 左右处；钩爪末端稍伸出阳基侧瓣端部之外；阳茎约为其内突长的 1.35 倍，端部 2 分叉；阳茎及其内突全长明显长于阳基，相当于后足胫节长的 1.18 倍。

寄主　榛卷叶象甲 *Apoderus coryti* 及梨卷叶象甲 *Bycriscus betulae* 卵。

模式标本产地　辽宁沈阳。

模式标本存放单位　沈阳农业大学昆虫标本室 [SYAU]。

分布　辽宁 (沈阳)。

附注　模式标本未检视，形态描述和特征图引自 Lou, Ding & Wang (1996) 的报道。原记述的标本有：♀ (正模)，3♀6♂ (副模)，辽宁沈阳 (N41°42'53.83", E123°26'58", 47M)，1992. VI. 10，娄巨贤从榛卷叶象甲 *Apoderus coryli* 卵内育出；9♀7♂ (副模)，辽宁沈阳 (N41°42'53.83", E123°26'58", 47M)，1992. VII. 14，娄巨贤从榛卷叶象甲卵内育出；13♀8♂ (副模)，辽宁沈阳 (N41°42'53.83", E123°26'58", 47M)，1993. V. 31，娄巨贤自梨卷叶象甲 *Bycriscus betulae* 卵内育出。

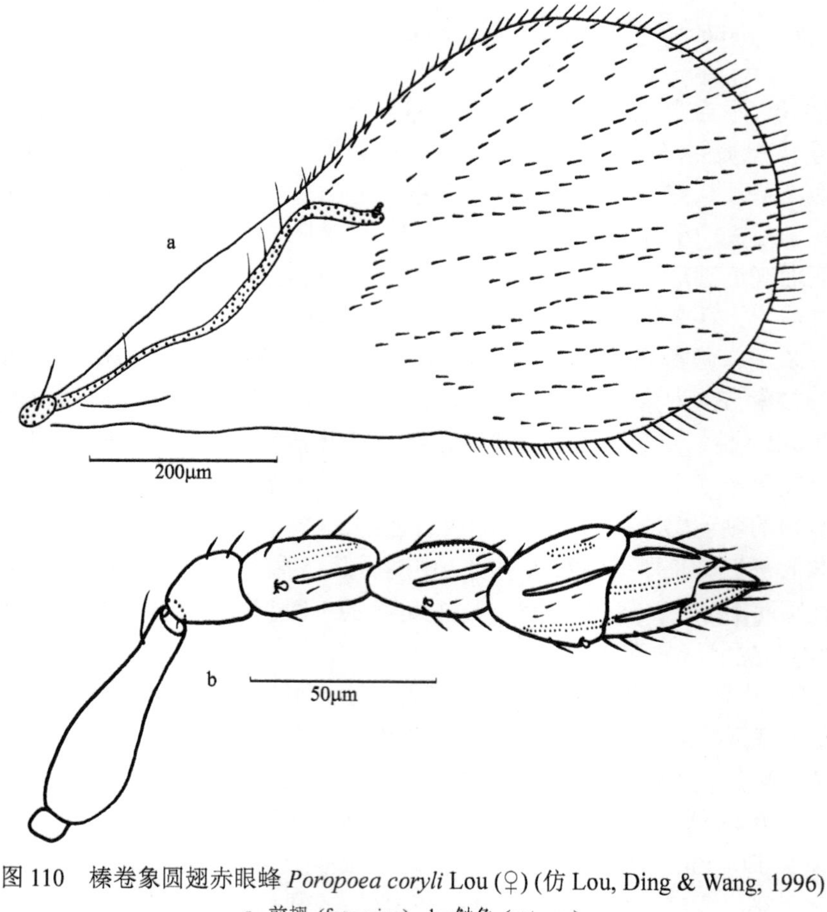

图 110　榛卷象圆翅赤眼蜂 *Poropoea coryli* Lou (♀) (仿 Lou, Ding & Wang, 1996)

a. 前翅 (fore wing)；b. 触角 (antenna)

(106) 中国圆翅赤眼蜂 *Poropoea chinensis* Lou, 1996 (图 111)

Poropoea chinensis Lou, 1996, in: Lou, Ding & Wang, 1996, J. Shengyang Agr. Univ., 27(1): 41-42.

雄　体长 0.79 mm；全体黑褐色，但复眼深红色，上颚红褐色；触角除柄节及梗节褐色外，其余各节黄褐色；前足腿节端部及胫节内侧、各足胫节末端、各跗节及腹部各腹节背板之间为黄褐色；前翅亚缘脉、缘前脉及痣脉端部暗黑色，缘脉及痣脉基部黄白色；前后翅面全部无色透明。

头部正面观上宽下窄，头宽略大于高，头顶具横向刻纹；复眼较大，长约为头高的 0.6 倍；上颚强大，端部具 4 齿，外侧 2 齿粗大，内侧 2 齿小而钝；下颚须 2 节，末端具 3 毛；触角着生在两复眼下缘连线的稍上方，柄节长为宽的 3.6 倍，相当于梗节长的 2.6 倍 (图 111b)；梗节梨形，长为宽的 1.6 倍；两环状节小而明显；两索节约等长，分别为各自宽度的 1.7 倍和 2.0 倍左右，基索节较第二索节稍宽；棒节不明显膨大，全长约为两索节总长的 1.3 倍，相当于柄节长的 1.57 倍；基棒节与端棒节近等长，第二棒节略短；各索节、棒节除均具若干锥栓感器外，还具若干较短的刺毛感器和明显较长的板状感器。

胸部稍长于腹部，中胸盾片及小盾片宽大，其上除具细刻纹外，还各具 4 支纤毛；内悬骨短，末端钝圆而不分叶；前翅末端宽圆，长为宽的 1.57 倍 (图 111a)；翅脉呈连续“S”形强度弯曲，缘脉不与翅前缘紧密接触；痣脉端部伸达翅长的 0.52 倍处，缘前脉基部稍膨大呈结节状；前翅面具规则纤毛 16 列 (正反两面各具 8 列)，中肘横毛列由 7 支纤毛组成；缘毛很短，最长者约为前翅宽的 0.12 倍；后翅较宽，翅面上具 4 列纤毛，最长后缘毛约与后翅宽相等；足较粗壮，但中足稍细，各足跗节约等长。

腹部侧扁，各腹节背板无明显刻纹；外生殖器的阳基较细长 (图 111d)，长为宽的 4.5 倍；中脊不明显，腹中突消失；两钩爪细长，端部稍伸出阳基侧瓣末端之外；阳茎约为其内突长的 1.46 倍，端部呈二叉状；阳茎及其内突全长明显长于阳基，约与后足胫节近等长 (1∶1.05)。

雌　体长 (不含产卵管) 0.81 mm；产卵管长约 0.598 mm，端部伸出腹末之外的长度 0.2 mm；其体色及主要特征与雄虫相似，但体色较雄虫略浅；复眼鲜红色，触角鞭节较雄虫颜色稍深；棒节明显短于雄虫，形态不同 (图 111c)；柄节长为宽的 3.37 倍，相当于梗节长的 2.3 倍；梗节梨形，长为宽的 1.27 倍；两索节近等长，分别为各自宽的 1.4 倍及 1.6 倍；棒节略膨大，卵圆形，长约为宽的 2.3 倍；与柄节近等长，与两索节总长相当；各棒节紧密结合，基棒节与第二棒节明显斜接且分界重叠，第二棒节与端棒节略斜接；各索节、棒节除均具若干锥栓感器外，还具若干较长的刺毛感器和板状感器；产卵管短于体长，约为腹长的 2.0 倍；等于后足胫节长的 2.9 倍，其端部约 1/3 管长 (相当于腹长的 0.7 倍左右) 明显伸出腹末之外。

寄主　未知。

模式标本产地　黑龙江佳木斯。

模式标本存放单位　沈阳农业大学昆虫标本室 [SYAU]。

分布　黑龙江 (佳木斯)、辽宁 (沈阳)。

附注　模式标本未检视，形态描述及特征图引自 Lou, Ding & Wang (1996) 的报道。原记述的标本有：♂ (正模)，2♀ (副模)，黑龙江佳木斯 (N46°48'18", E130°18'30", 107M)，1992. VII. 17，娄巨贤网扫；1♂ (副模)，辽宁沈阳 (N41°42'53.83", E123°26'58", 47M)，1991. VI. 25，李宝春网扫。

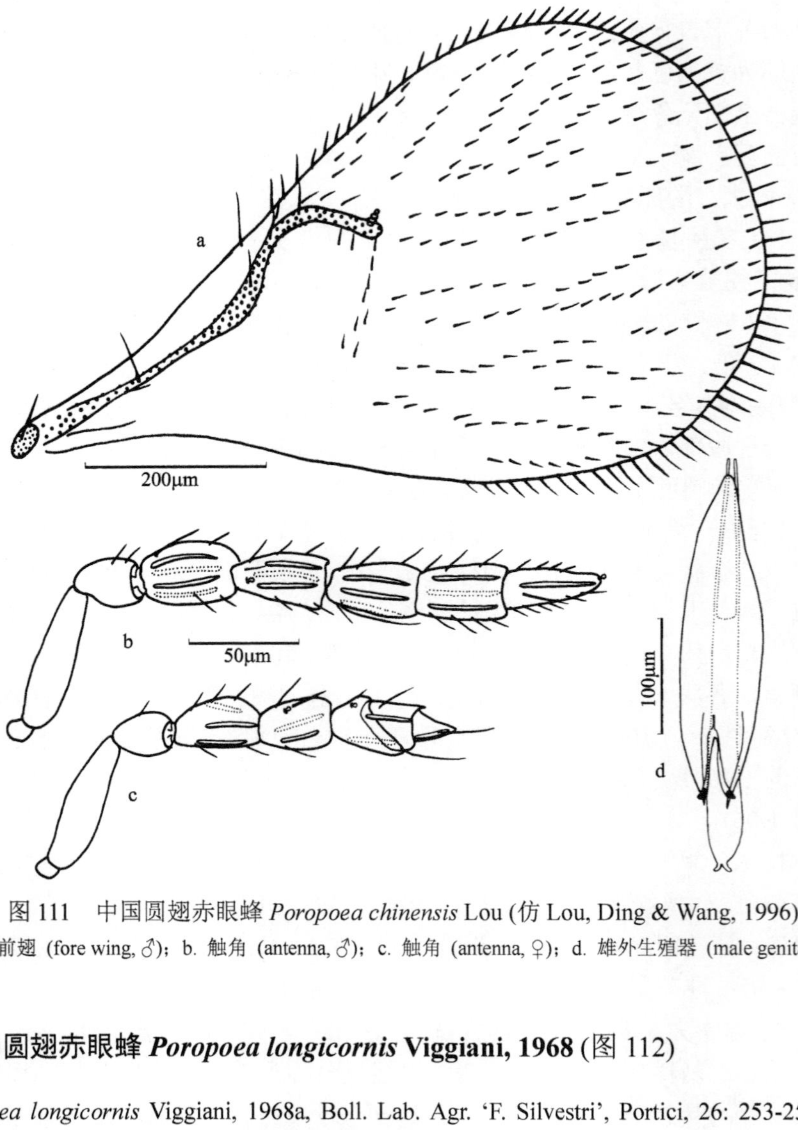

图 111　中国圆翅赤眼蜂 *Poropoea chinensis* Lou (仿 Lou, Ding & Wang, 1996)

a. 前翅 (fore wing, ♂)；b. 触角 (antenna, ♂)；c. 触角 (antenna, ♀)；d. 雄外生殖器 (male genitalia)

(107) 长角圆翅赤眼蜂 *Poropoea longicornis* Viggiani, 1968 (图 112)

Poropoea longicornis Viggiani, 1968a, Boll. Lab. Agr. 'F. Silvestri', Portici, 26: 253-255; Lin, 1994, System. Stud. Chinese Trichogrammatidae: 193-194.

雌　体长 (不含产卵管) 1.53-1.55mm；全体黑褐色，但复眼、单眼暗紫红色；触角各节灰褐色；前翅脉、各足腿节端部、胫节及各跗节淡黄褐色；产卵管黄褐色，前后翅面全部无色透明。

头部正面观近扁圆形，高明显小于其宽；复眼较大，长为头高的 0.61 倍；触角着生于两复眼中部连线之稍下方，明显细长；柄节长为宽的 5.0 倍，等于梗节长的 3.5 倍；梗节梨形，长为宽的 1.6 倍 (图 112b)；两环状节小而明显，第二环节紧贴索节基部；两索节均圆筒形，长分别为各自宽的 2.5 倍，基索节略较第二索节粗而长；棒节全长等于两索节长度之和，相当于柄节长的 1.65 倍；基部两棒节均长卵圆形，第二棒节约为基棒节长的 0.87 倍，而等于端棒节长的 2.5 倍；端棒节锥形，最短小，长度不足其宽的 2.0 倍，仅为柄节长的 1/4；各索节、棒节除均具若干锥栓感器和短小刺毛感器外，还密具许多明显较长的板状感器。

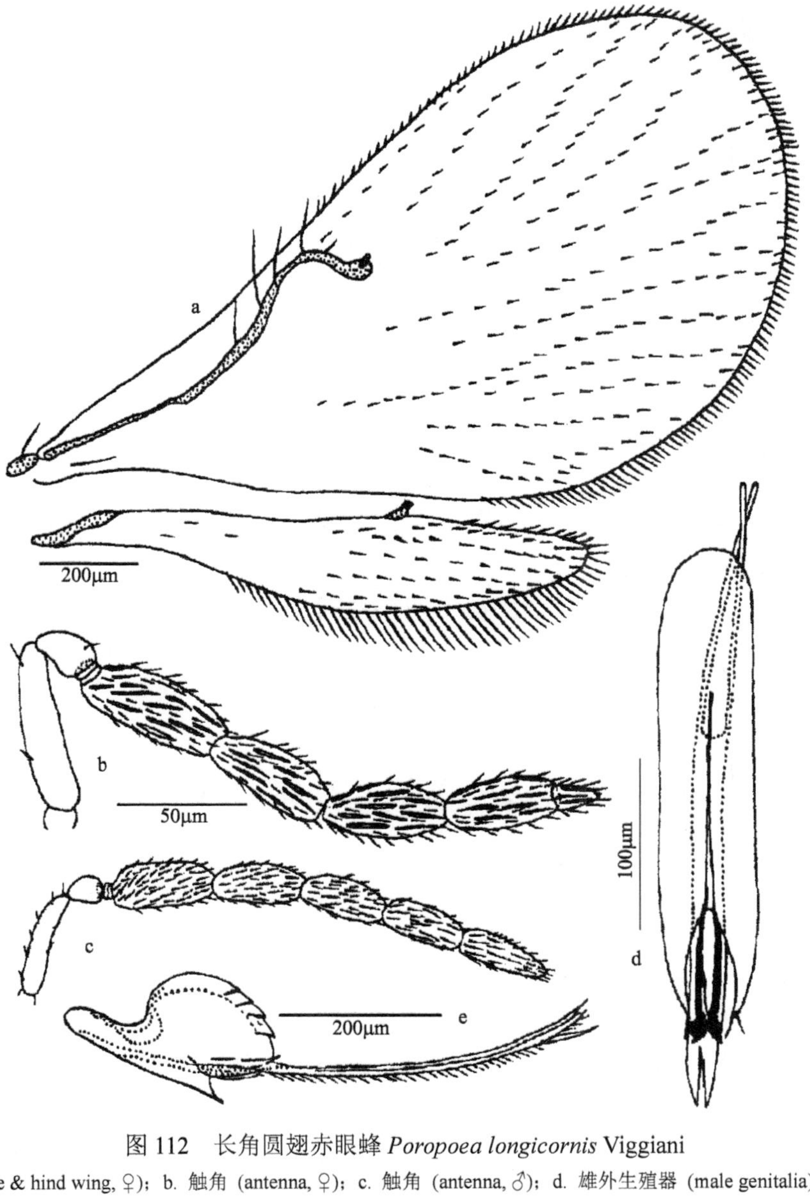

图 112 长角圆翅赤眼蜂 *Poropoea longicornis* Viggiani

a. 前后翅 (fore & hind wing, ♀)；b. 触角 (antenna, ♀)；c. 触角 (antenna, ♂)；d. 雄外生殖器 (male genitalia)；e. 雌腹部及产卵管侧面观 (lateral view of female abdomen & ovipositor)

胸部稍短于腹长，上具粗糙网纹；前翅端部宽阔，臀区斜圆，长为宽的 2.0 倍 (图 112a)；翅脉呈“S”形强度弯曲，缘脉不与前缘紧密接触，痣脉端部伸达翅长之 0.48 倍处；翅面纤毛规则成列 (约 15 列)，但中肘横毛列不明显；缘毛极短，最长者不足前翅宽的 0.05 倍；后翅较宽大，明显短于前翅，长为宽的 5.7 倍左右；翅脉仅两端骨化程度较高处留有残迹，中间大部分因骨化较弱而呈透明状；翅面除近前后缘各具 2 列较规则纤毛外，中央光滑无毛；最长后缘毛不足后翅宽的 1/4，约等于前翅最长缘毛的 3.0 倍；各足正常大小，各足节均具细网纹和纤毛。

腹部稍短于头胸部长度之和，强度侧扁；各腹节背板除后缘均具纤毛外，其上未见明显刻纹；产卵管极其发达，长度约为腹长的 4.0 倍，等于后足胫节长的 5.8 倍；前端扩展至前中胸之下腹面，后端近 2/3 管长显著伸出腹末之外 (图 112e)；仅伸出部分长达 1.72 mm，明显超过其个体总长。

雄 体长 1.40-1.45 mm；体色及主要特征与雌虫相似，但触角较雌者更细长 (图 112c)；各索节、棒节均为长卵形，松散连接；其上除均具若干锥栓感器和短小的刺毛感器外，还密具许多较长的板状感器；外生殖器的阳基较细长 (图 112d)，长约为宽的 4.7 倍，AD 之长度等于阳基全长的 1/5；腹中突长而尖削，端部约与阳基侧瓣末端齐平；中脊成对，向前伸达 BD 中部的 0.7 左右处；两钩爪细长，高度骨化，末端具 3 齿，明显伸出阳基侧瓣末端之外；阳茎等于其内突长的 1.5 倍，两者全长明显长于阳基，相当于后足胫节长的 1.28 倍。

寄主 一种未定名卷叶象甲卵。

模式标本产地 江苏苏州。

模式标本存放单位 Laboratorio di Entomologia Agraria, Università degli Studi di Napoli, Portici, Italia [USNP]。

研究标本 2♀1♂，福建将乐龙栖山 (N26°30'41", E117°22'57", 239M)，1991. X. 10，林乃铨从保护区管理处院内树上未定名的卷叶象甲卵内养得；1♂，福建武夷山保护区先锋岭 (N27°42'39", E117°39'11", 1179M)，1987. VI. 21，林乃铨网扫。

分布 江苏 (苏州)、福建 (将乐、武夷山)。

(108) 日本圆翅赤眼蜂 *Poropoea morimotoi* Hirose, 1963 (图 113)

Poropoea morimotoi Hirose, 1963, Acta Hym., 2: 30-33; Lin, 1994, System. Stud. Chinese Trichogrammatidae: 194-196.

雌 体长 (不包括产卵管) 1.32-1.40 mm；全体黑褐色，但复眼、单眼暗红色；头顶、上颚、腹部各腹节腹板、产卵管等黄褐色至褐色，产卵管鞘灰褐色；前翅脉、前中足腿节两端及其以下各足节、后足胫节两端及其各跗节淡黄褐色，前后翅面全部无色透明。

头部正面观倒三角形，宽明显大于高；复眼较大，长约为头高的 0.63 倍；其内侧颜面、颊区及头顶均具若干纤毛，头顶的纤毛明显粗短；上颚发达，末端具 4 齿，外侧 2 齿强大，内侧 2 齿钝而小；下颚须很长，分 2 节，端部具 4 毛 (图 113b)；触角着生于两复眼下缘连线之稍上方，较细长；柄节长为宽的 3.5 倍，相当于梗节长的 2.8 倍 (图 113c)；

梗节圆梨形，长稍大于宽；两环状节明显，第二环节与索节紧密相连；两索节均圆筒形，大约等长，基索节稍粗大，长分别为各自宽的 1.7 倍和 1.9 倍；棒节全长稍长于两索节长度之和，相当于柄节长的 1.3 倍；基棒节最粗大，端棒节锥形，最短小；各索节、棒节除均具若干锥栓感器和较长刺毛感器外，还密具许多明显较长的板状感器。

体强度侧扁，胸部约与腹长相当，其上具明显网状纹；中胸盾与小盾片宽大，各具 4 支纤毛；内悬骨极短，端部只伸达腹基部的 0.15 倍左右处，末端钝圆而不分叶；前翅显著宽圆，末端近平截，长仅为宽的 1.6 倍 (图 113a)；翅脉呈“S”形强度弯曲，缘脉不与翅前缘紧密接触，痣脉端部伸达翅长之 0.53 倍左右处；翅面纤毛排列规则，共约 16 列 (正反翅面各 8 列)；中肘横毛列由 4 支纤毛组成；缘毛极短小，最长者不足前翅宽的 0.05 倍；后翅宽大，明显短于前翅；翅脉只在两端骨化程度较高处留有残迹，中间大部分骨化较弱而透明；翅面除近前后缘各具 2 列较规则纤毛外，中央光滑无毛；最长后缘毛略长于前翅最长者，不足后翅宽的 0.3 倍；各足较粗壮，各足节均具细纤毛。

腹部强度侧扁，除各腹节背板的后半段均具若干纤毛外，其上未见明显刻纹；产卵管极发达，长度超过腹长的 2.5 倍 (图 113f)，等于后足胫节长的 4.0 倍，前方抵达中胸之下腹面，后端近一半管长明显伸出腹末之外。

雄　体长 1.36-1.50 mm；体色及主要特征与雌虫相似，但触角更细长，基索节明显粗大 (图 113d)；各索节、棒节上的刺毛感器和板状感器明显较雌者多而短小；外生殖器的阳基较细长，长为宽的 5.2 倍 (图 113e)，AD 长度约等于阳基全长的 1/7；腹中突长而尖，端部约与阳基侧瓣末端齐平；中脊从腹中突基部初始一段成对，以后愈合为 1 粗脊伸达 BD 后端约 3/4 处；两钩爪高度骨化、细长，末端伸出阳基侧瓣端部之外；阳茎等于其内突长的 1.4 倍，两者全长明显长于阳基，相当于后足胫节长的 1.1 倍。

寄主　寄生卷叶象甲 *Apoderus* spp. 卵；据资料此蜂在日本可寄生十多种卷叶象甲卵。

模式标本产地　Fukuoka City, Kyushu, Japan。

模式标本存放单位　Entomological Laboratory, Kyushu University, Japan [ELKUJ]。

研究标本　1♀，辽宁西丰冰碴山 (N42°44'16", E124°43'43", 860M)，1992. VII. 10，林乃铨网扫；2♀1♂，福建福州森林公园 (N26°08'31", E119°28'30", 643M)，1991. VII. 7，林乃铨从野生苎麻上的卷叶象甲卵内养得；3♀1♂，福建将乐龙栖山 (N26°30'41", E117°22'57", 239M)，1991. VIII-X，林乃铨、刘长明从卷叶象甲卵内养得；1♀1♂，福建武夷山先锋岭 (N27°42'39", E117°39'11", 1179M)，1987. VI. 21，林乃铨从卷叶象甲卵内养得；1♀，福建松溪渭田 (N25°52'41", E117°19'21", 496M)，1987. VIII. 15，吴祖建网扫；1♀，福建寿宁转水 (N27°12'34", E119°25'03", 840M)，1987. VIII. 10，刘高盛网扫；1♀1♂，湖北鹤峰 (N29°53'22", E110°12'36", 699M)，1989. VIII. 1，黄大卫网扫；2♀2♂，云南迪庆州 (N27°49'53", E99°42'56", 2500M)、丽江 (N26°52'34", E100°14'12", 2418M)，1984. VII. 7-19，李畅方网扫。

分布　辽宁 (西丰)、福建 (福州、将乐、武夷山先锋岭、松溪、寿宁)、湖北 (鹤峰)、云南 (迪庆州、丽江)；日本 (Fukuoka, Kyushu)。

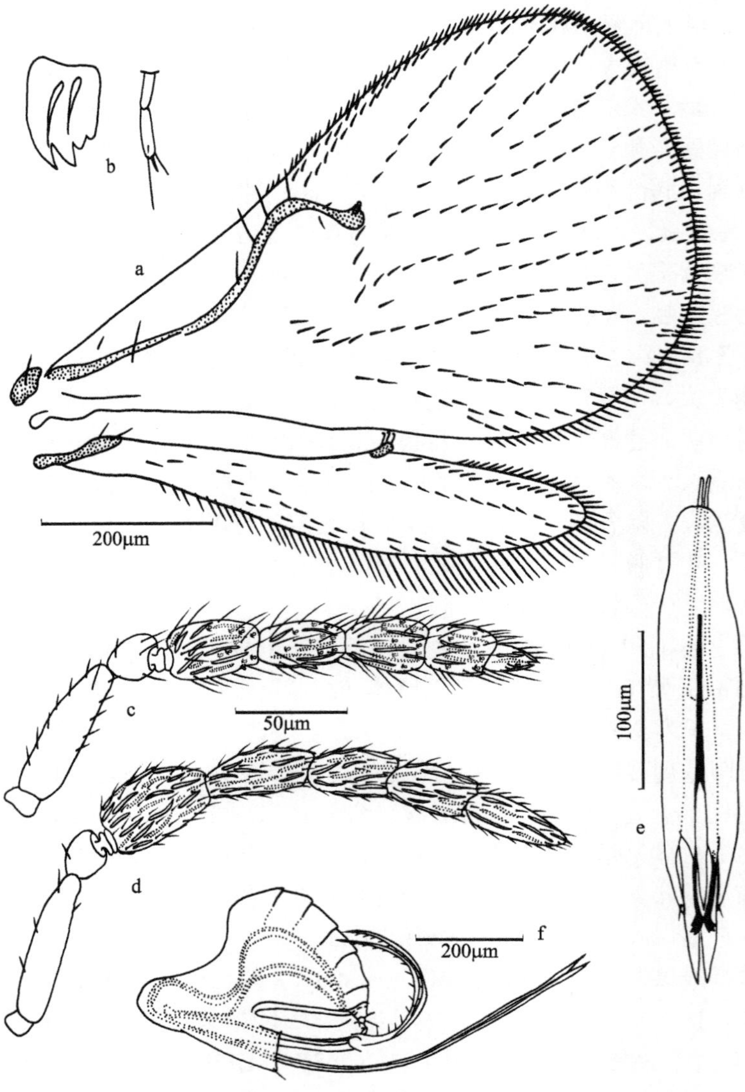

图 113　日本圆翅赤眼蜂 *Poropoea morimotoi* Hirose

a. 前后翅 (fore & hind wing, ♀)；b. 上颚及下颚须 (mandible & maxilla)；c. 触角 (antenna, ♀)；d. 触角 (antenna, ♂)；e. 雄外生殖器 (male genitalia)；f. 雌腹部及产卵管侧面观 (lateral view of female abdomen & ovipositor)

(109) 榆卷叶象赤眼蜂 *Poropoea tomapoderus* Luo & Liao, 1994 (图 114)

Poropoea tomapoderus Luo & Liao, 1994, Acta Zootaxon. Sin., 19(4): 490-493.

雌　体长 (不含产卵管) 1.53-1.58 mm，加产卵管伸出腹末之外部分 0.98 mm，则体长共 2.5 mm；头黑色微有光泽，头顶具倒“元宝”形黄褐色斑；复眼、单眼红色，中单眼前方及颜面黑褐色；触角除梗节背面暗褐色外，其余各节黄褐色至褐色；胸部黑色，各足腿节端部、前足胫节全部、中后足胫节端部和各足跗节黄白色外，其余各足节褐色或暗褐色；腹部及其产卵管鞘暗褐色，产卵管褐色；前翅脉褐色，翅面全部无色透明。

头部正面观宽大于长，上具细网状纹和短纤毛；颜面从头顶的黄褐色斑前缘至触角窝间凹陷；从口缘至触角窝两外侧各具 1 纵沟；两触角窝之间有 1 纵向小锐三角形隆起；上颚端部具 3 齿；触角着生在颜面中部，位于两复眼下缘连线之稍上方；柄节长度约等于触角窝至头顶的距离，其长度约为宽的 3.5 倍，等于梗节长的 3.1 倍；梗节长宽几乎相等，与端棒节约等长（图 114b)；各索节的长等于其宽；棒节全长等于或稍短于两索节的长度之和，第二棒节较基棒节稍短而窄，但较端棒节长而宽；端棒节之长稍大于宽，但其长度仅及第二棒节长的 1/2；各索节、棒节除均具若干锥栓感器和较短的刺毛感器外，还密具许多明显较长的板状感器。

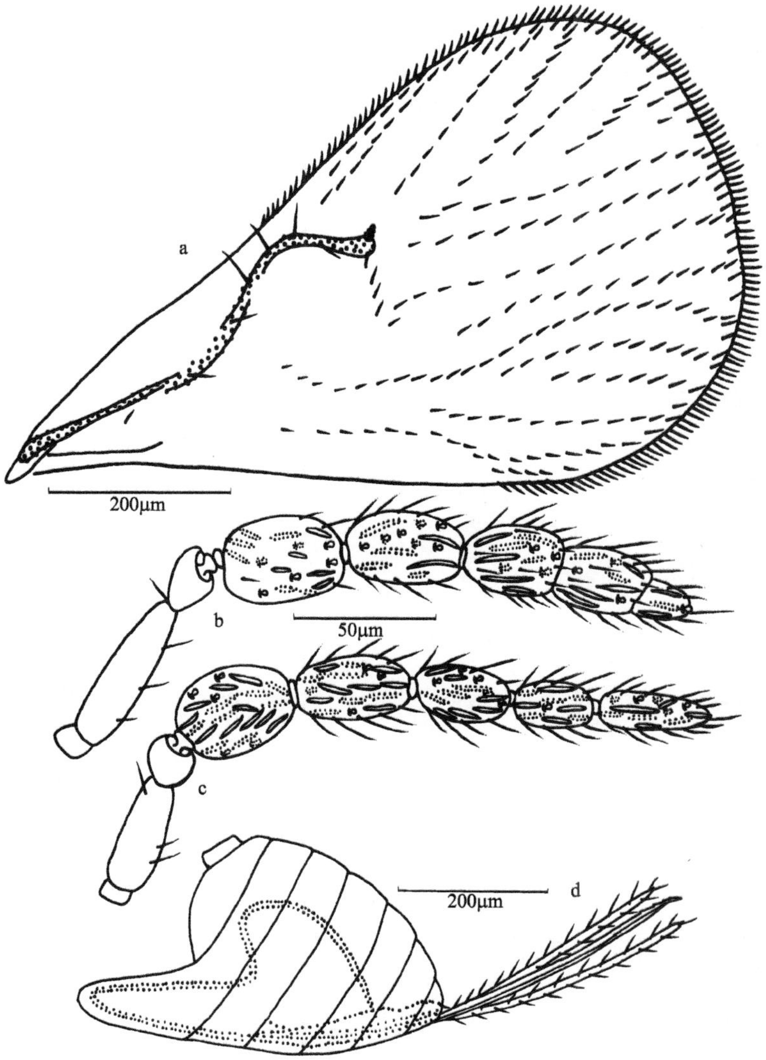

图 114　榆卷叶象赤眼蜂 *Poropoea tomapoderus* Luo & Liao (仿 Luo & Liao, 1994)

a. 前翅 (fore wing, ♀)；b. 触角 (antenna, ♀)；c. 触角 (antenna, ♂)；d. 雌腹部及产卵管侧面观 (lateral view of female abdomen & ovipositor)

胸背明显隆起，上具细网状纹；前胸两侧靠盾纵沟前端各具 1 支短纤毛，中胸盾具 2 对短纤毛，其中 1 对位于盾片中部两侧，另 1 对位于中胸盾后缘；小盾片具 1 中纵沟和 2 对短纤毛，其中 1 对纤毛位于盾片前端的纵沟两侧，另 1 对位于小盾片后缘；三角片中央各具 1 支短纤毛，翅基片亦有数支短纤毛；前翅宽圆，末端近平截，长为宽的 1.7 倍 (图 114a)；翅脉呈“S”形强度弯曲，缘脉不与翅前缘紧密接触，翅脉之上具 7 支刚毛 (亚缘脉上 1 支、缘前脉 2 支、缘脉 3 支、痣脉后缘短刺毛 1 支)；翅面纤毛规则成列，共约 17 列 (翅正面纤毛 9 列，其中第四纤毛列仅 2 支；翅反面纤毛 8 列)，中肘横毛列由 3-4 支纤毛组成；后翅长为宽的 5.2 倍，翅脉仅两端骨化程度较高处留有残迹，中间大部分骨化较弱而透明；翅面规则纤毛大致 4 列，最长后缘毛约为后翅宽的 1/4；各足节除均具刺状短毛外，各足基节和腿节还具细致网状刻纹。

腹部侧扁，除第 II-IV 腹节背板两侧各具 1 支刚毛外，第 V-VI 腹节背板还各具 3-4 支刚毛；产卵管发达，前方抵达中胸之下腹面，后端近体长 3/5 的长度显著伸出腹末之外 (图 114d)；产卵管鞘两侧各具 1 列短纤毛，产卵管背瓣末端具 4 个锯齿状突。

雄 体长 1.45-1.47 mm；颜面、体型与雌虫相似，但触角比雌者更细长；柄节和梗节暗褐色，索节黄色；柄节为梗节长的 3.7 倍，梗节的长等于宽；基索节长而宽，长为宽的 1.2 倍 (图 114c)；第二索节与其后各棒节约等长；各鞭节连接较松散，棒节不特别膨大而与索节相似，其上的刺毛感器和板状感器比雌者更多而短小。

寄主 榆卷叶象甲 *Tomapoderus ruficollis* 卵。

模式标本产地 北京顺义。

模式标本存放单位 中国科学院动物研究所昆虫标本馆 [IZCAS]。

研究标本 ♀ (正模)，1♂ (副模)，北京顺义木林 (N40°14'45", E116°46'51", 47M)，1985. VIII. 3，罗维德从榆树上榆卷叶象甲卵内养得；1♀ (副模)，北京海淀温泉 (N40°03'12", E116°14'27", 159M)，1985. VIII. 7，罗维德从榆卷叶象甲卵内养得。

分布 北京 (顺义、海淀)。

(110) 叠棒圆翅赤眼蜂 *Poropoea duplicate* Lin, 1994 (图 115)

Poropoea duplicate Lin, 1994, System. Stud. Chinese Trichogrammatidae: 192-193.

雌 体长 (不含产卵管) 1.1 mm；全体黑褐色，但复眼紫黑色、单眼紫红色；触角索节与棒节、前翅脉浅灰褐色；前足胫节全部、中后足胫节两端、各足跗节淡黄褐色；上颚及产卵管黄褐色；翅面全部无色透明。

头部正面观近圆形，宽稍大于高；复眼中等偏大，长为头高的 0.58 倍，其内侧颜面及头顶区均具短纤毛；触角着生于两复眼中部连线之稍下方，柄节较细长，长为宽的 5.5 倍，等于梗节长的 2.5 倍 (图 115b)；梗节梨形，长为宽的 1.6 倍；两环状节大而明显，两索节均圆筒形；长分别为各自宽的 1.6 倍左右，基索节稍细于第二索节；棒节长卵锥形，长为宽的 3.16 倍，与柄节约等长；各棒节斜向相连，分界处相互重叠；基棒节最长而大，第二棒节最短；端棒节长度介于中间，端部尖削；各索节、棒节除均具若干锥栓感器和短小的刺毛感器外，还依次各具 5、6 和 5、4、3 支较长而大的板状感器。

胸部稍长于腹部，上具细网纹；前翅极度宽圆，长为宽的 1.6 倍 (图 115a)；翅脉呈“S”形强度弯曲，缘脉不与前缘紧密接触，痣脉端部伸达翅长之 0.54 倍处；翅面纤毛规则成列 (约 16 列)，中肘横毛列由 5-6 支纤毛组成；缘毛较短，最长者不足前翅宽的 1/10；足较粗壮，各足节均具细网纹和纤毛。

腹部较短，各腹节背板基本光滑而无明显刻纹；产卵管高度发达，长度约为腹长的 2.0 倍，等于后足胫节长的 3.1 倍；前方向前抵达胸部，后端约管长的 2/5 长度明显伸出腹末之外。

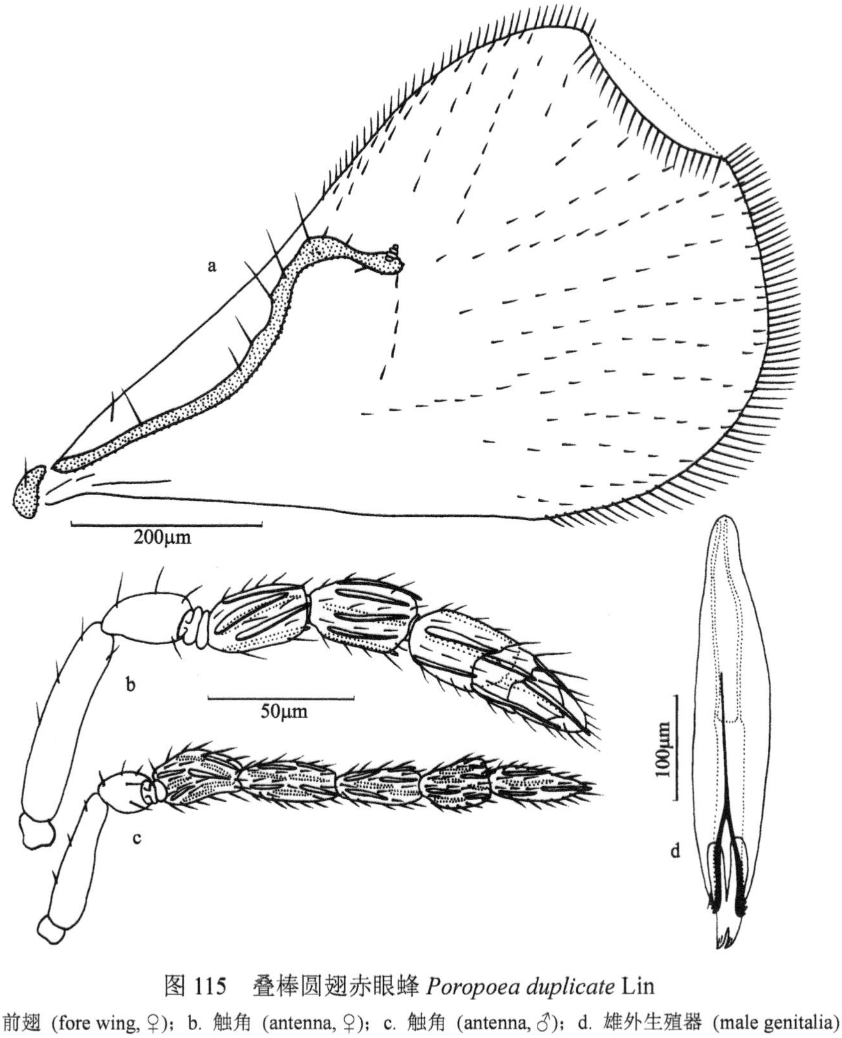

图 115 叠棒圆翅赤眼蜂 *Poropoea duplicate* Lin

a. 前翅 (fore wing, ♀)；b. 触角 (antenna, ♀)；c. 触角 (antenna, ♂)；d. 雄外生殖器 (male genitalia)

雄 体长 1.10 mm；体色及主要特征与雌虫相似，但触角更细长；柄节长为宽的 3.67 倍，等于梗节长的 2.64 倍 (图 115c)；梗节梨形，长稍大于宽；两环状节小而明显，基索节稍粗于第二索节，长为宽的 1.67 倍，等于后者长的 0.86 倍；第二索节长筒形，长为宽的 2.36 倍，端棒节最细长；各棒节的长度比例依次为 43∶35∶50，连接不紧密；总长为宽的 5.8 倍，等于柄节长的 1.85 倍；各索节、棒节除均具若干锥栓感器外，还密具明显比雌者多而短小的刺毛感器和板状感器；外生殖器的阳基细长，长约为宽的 5.0 倍，AD 长度近于阳基全长的 1/6；腹中突端部与阳基侧瓣末端约齐平；中脊单一，骨化程度较高，向前抵达 BD 基部的 2/3 左右处 (图 115d)；两钩爪末端稍伸出阳基侧瓣之外；阳茎稍长于其内突 (1.1∶1.0)，两者全长稍长于阳基，等于后足胫节长的 1.16 倍。

寄主 未知。

模式标本产地 福建南靖。

模式标本存放单位 福建农林大学生物防治研究所昆虫标本室 [FAFU]。

研究标本 ♀ (正模)，1♂ (副模)，福建南靖乐土 (N24°54'21", E117°12'53", 277M)，1991. V. 23，刘长明网扫。

分布 福建 (南靖)。

31. 窄翅赤眼蜂属 *Prestwichia* Lubbock, 1863

Prestwichia Lubbock, 1863, Trans. Linn. Soc. Lond., 24: 140. **Type species**: *Prestwichia aquatica* Lubbock, 1863. by monotypy; Doutt & Viggiani, 1968, Proc. Calif. Acad. Sci., 35(20): 496; Lin, 1993b, Acta Zootaxon. Sin., 18(1): 97-98; Lin, 1994, System. Stud. Chinese Trichogrammatidae: 124-125; Pinto & Viggiani, 2004, J. Hym. Res., 13(2): 281-283; Pinto, 2006, J. Hym. Res., 15(1): 122.

Austromicron Tillyard, 1926, The Insects of Australia and New Zealand (Angus & Robertson, Ltd.): 279. **Type species**: *Austromicron zygopterorum* Tillyard, 1926. by original designation. syn. by Doutt & Viggiani, 1968: 496.

鉴别特征 体细长而多毛；触角环状节、索节各 1 节，棒节 3 节；索节与各棒节紧密相连，常使棒节显似 4 节状；各棒节均具鞭毛感器和板状感器；胸部背板具明显网状刻纹，并胸腹节中区长而明显，近梯形；前翅狭窄，端部圆，长约为宽的 7.0 倍；缘脉长而直，端半段翅面纤毛较稠密，不规则成列；缘毛为前翅宽的 2.5-3.0 倍，翅缰钩对应的翅后缘中等弧形；腹部第 I 腹节背板中间具 1 菱形板块，第 VII 腹节背板没有气门；各足均较长，中后足胫节多毛，爪发达；雄性常无翅。

寄主 已知 3 种可寄生半翅目的仰泳蝽科 Notonectidae、蝎蝽科 Nepidae、固头蝽科 Pleodae，鞘翅目的龙虱科 Dytiscidae、水甲科 Hygrobiidae 及蜻蜓目的色蟌、丝蟌等十多种水生昆虫卵。

分布 中国，印度，丹麦，苏联，德国，比利时，英国，法国，罗马尼亚，澳大利亚等国。

附注 本属系 Lubbock (1863) 以采自英国的 *P. aquatica* 为属模而建立；此后，Ruschka & Thienemann (1913)、Henriksen (1918) 先后将欧洲的另一些标本描述为 *P. solitaria* 和 *P. brevipennis* 2 个新种；Henriksen (1922) 发现他自己 (1918) 描述的 *P. brevipennis* 系 *P. aquatica* 的同物异名，并纠正了错误；Tillyard (1926) 将澳大利亚的另一本属标本误订为 *Austromicron* 属，Doutt & Viggiani (1968) 将它纠正归回本属；Janathan &

Julk (1975)、Lin (1993b) 和 Hayat (2009) 先后报道了采自印度和我国福建的另外 3 新种；因此，本属迄今共知 6 种；分别分布于欧洲 (2 种)、印度 (2 种)、中国和澳大利亚 (各 1 种)；其中欧洲的 2 种和印度的 1 种已知可寄生半翅目、鞘翅目和蜻蜓目的十多种水生昆虫卵，印度、中国和澳大利亚各 1 种的寄主仍然未知。

本属的翅脉和触角等形态与寡索赤眼蜂属 *Oligosita* 有一定相似之处；但本属种类的各足节多毛、爪长，且能在水中游泳，寄生水生昆虫卵等特征和习性又与寡索赤眼蜂属显著不同；Viggiani (1971b, 1984) 基于雄外生殖器为主要特征的分类系统，将本属隶于寡索赤眼蜂亚科、寡索赤眼蜂族；Pinto & Viggiani (2004) 和 Pinto (2006) 在一致将本属归于寡索赤眼蜂亚科、寡索赤眼蜂族的基础上，进一步将本属与 *Epoligosita*、*Megaphragma*、*Oligosita*、*Prosoligosita*、*Sinepalpigramma* 等 6 属归到新成立的寡索赤眼蜂亚族内。

我国本属的最早记载，为 Lin (1993b) 发表采自福建的 1 新种，记述于下。

(111) 毛足窄翅赤眼蜂 *Prestwichia multiciliata* Lin, 1993 (图 116)

Prestwichia multiciliata Lin, 1993b, Acta Zootaxon. Sinica, 18(1): 97-98; Lin, 1994, System. Stud. Chinese Trichogrammatidae: 124-126.

雌　体长 0.66-0.70 mm；全体黑褐色，但复眼黑色；头部、触角柄节、各足转节和腿节基部、前后翅脉等褐色，前翅面淡灰褐色半透明。

头部正面观近圆形，宽略大于高，明显宽于胸部；复眼较大，长为头高的 0.64 倍；其内侧颜面具粗网纹和若干刚毛，复眼上缘和单眼区具 4 支粗而长的刚毛；上颚末端 3 齿，内侧齿较钝；下颚须 1 节，端部 1 毛；触角着生于两复眼中部连线稍下方，较粗短；柄节长为宽的 3.6 倍 (图 116b)，相当于复眼长度的 0.7 倍，其背侧缘具 4-5 支细纤毛；梗节长梨形，长为宽的 1.7 倍；相当于柄节长的一半，背侧缘上具 4 支长刚毛；环状节大而明显，宽约为长的 5.0 倍；索节短而宽，长约为宽的 0.8 倍；相当于梗节长的 1/3 左右，端部与棒节广阔相连；棒节卵圆形，全长为最宽处的 2.0 倍，与柄节长度相当；各棒节结合紧密，基部两棒节的宽均大于长，近端部各具 1 圈轮生鞭毛感器；基棒节近倒梯形，第二棒节横形，端部与端棒节斜接，宽约为长的 1.5 倍；端棒节斜锥形，长与宽约相等；索节与基棒节近端部除各具 1 圈轮生鞭毛感器外，端部两棒节还各具 2 支板状感器。

胸部仅及腹长的一半，前胸短小；中胸盾近卵圆形，长略大于宽，表面具粗糙网纹；中部两侧各具 1 支粗而长的刚毛 (图 116c)；小盾片长约为宽的 0.55 倍，表面光滑未见明显刻纹，其上具 2 支粗而长的刚毛；内悬骨粗短，末端平截，中央略凹陷，端部伸达腹长的 0.25 倍左右处；前翅窄长，端部圆，长约为宽的 10.0 倍 (图 116a)；翅脉长而直；端部伸达翅长的一半，上具若干长刚毛；翅面纤毛中等偏稀，主要沿前后缘大体规则成列，翅面中央基本无毛；缘毛长，最长者约为前翅宽的 4.0 倍；后翅细长，长为宽的 25 倍，相当前翅长的 0.66 倍；最长后缘毛约为后翅宽的 8.0 倍，相当于前翅最长者的一半左右，端半部翅面具规则纤毛 2 列；各足均较细长，各足节均密具纤毛；特别是中后足胫节及各跗节上的刚毛多而长 (图 116d)；爪发达，长而尖。

腹部长圆锥形，末端尖削，长度约为胸长的 2.0 倍；除第 I 腹节背板中央稍具皱纹外，其余各腹节背板均无明显刻纹；但各腹节背板的两侧均具 3-5 支粗长刚毛；产卵管发达，高度骨化，长度近于整个腹长；端部明显伸出腹末之外；下生殖板短小。

雄　未知。

寄主　未知。

模式标本产地　福建福州。

模式标本存放单位　福建农林大学生物防治研究所昆虫标本室 [FAFU]。

研究标本　♀(正模)，8♀(副模)，福建福州金山 (N26°82'31", E119°20'30", 16M)，1987. VII. 3，林乃铨采于黄盘诱集器；2♀(副模)，福建福州森林公园 (N26°08'31", E119°28'30", 143M)，1989. VII. 10，黄建青采于黄盘诱集器；1♀，福建寿宁转水 (N27°12'34", E119°25'03", 840M)，1987. VI. 11，林品辉采于黄盘诱集器。

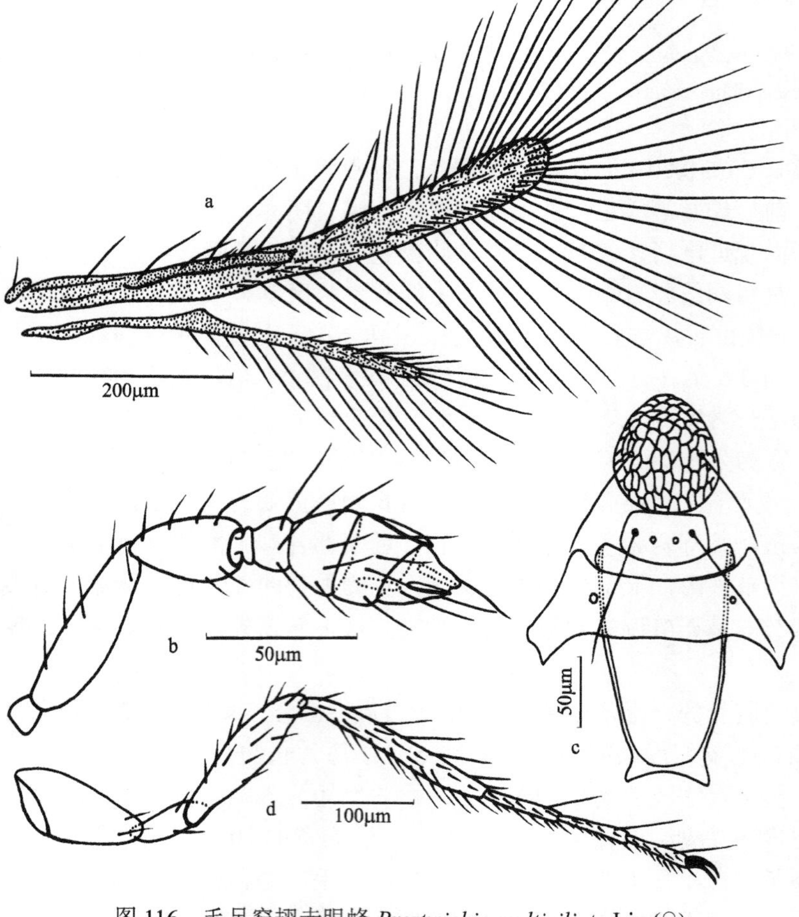

图 116　毛足窄翅赤眼蜂 *Prestwichia multiciliata* Lin (♀)

a. 前后翅 (fore & hind wing)；b. 触角 (antenna)；c. 中胸盾、小盾片、并胸腹节及内悬骨 (mesoscutum, scutellum, propodeum & phragma)；d. 后足 (hind leg)

分布 福建 (福州、寿宁)。

附注 虽然本种的寄主目前仍然未知，但据 Lubbock (1863) 和 Shumakova *et al.* (2003) 对本属模式种 *P. aquatica* 等潜水游泳习性的研究，本种的足细长、各足节多毛、爪发达等特征，与本属其他已知能在水中游泳、并寄生水生虫卵的种类特征相似，由此推测本种可能也有潜水游泳、寄生水生虫卵的习性，有待进一步核实。

32. 三棒赤眼蜂属 *Probrachista* Viggiani, 1968

Probrachista Viggiani, in: Dout & Viggiani, 1968, Proc. Calif. Acad. Sci., 35(20): 521. **Type species**: *Probrachista nepalensis* Viggiani, 1968, by original designation and monotype; Lin K-S, 1981, J. Agr. Res. China, 30(4): 438; Lin, 1994, System. Stud. Chinese Trichogrammatidae: 72-73; Pinto & Viggiani, 2004, J. Hym. Res., 13(2): 291; Hayat, 2008c, Oriental Insects, 42: 117-123.

Pseudoligosita dolichosiphonia (Lin): Pinto & Viggiani, 2004, J. Hym. Res., 13 (2): 289.

Probrachista dolichosiphonia (Lin): New combination.

鉴别特征 本属雌性特征与 *Chaetostrichella* 属总体相似；但本属头部具颊缝，下颚须 1 节；触角环状节、索节各 1 节，棒节 3 节，基棒节与第二棒节连接较松散，使其显似第二索节状，索节与各棒节除均具锥栓感器和鞭毛感器外，端部两棒节还具若干板状感器；前翅长而端部宽圆；翅脉较短，缘脉长而直，痣脉短；翅面纤毛高度稠密，缘毛较短；后翅规则纤毛 3 列 (正面 1 列、反面 2 列)；产卵管高度骨化，长者前端抵达中胸腹面，后端显著伸出腹末之外；长度超过后足胫节长的 2.0 倍；产卵管较短者，前端始于腹基部 1/3 处，后端不明显伸出腹末之外，长度短于后足胫节。

寄主 未知。

模式标本产地 Nepal。

模式标本存放单位 The British Museum (Nat. Hist.) [BMNH]。

分布 福建、台湾；尼泊尔，印度。

附注 Viggiani (1968) 根据采自尼泊尔的雌性 *P. nepalensis* 模式建立本属，当时他将触角特征界定为索节 2 节、棒节 2 节；Pinto & Viggiani (2004) 根据非洲的标本重新界定为索节 1 节、棒节 3 节；同时他们认为区分触角索节和棒节常有人为主观因素，其基棒节与第二棒节连接松散时，则显似第二索节状，因而他们将本属棒节特征重新界定为 3 节；Hayat (2008c) 在描述印度另一新种中再次验证了棒节 3 节的特征；因此，本属的中名亦由原来的“双棒赤眼蜂属”改为“三棒赤眼蜂属”。

Pinto & Viggiani (2004)、Pinto (2006) 根据本属的特征，将本属与 *Chaetostrichella*、*Doirania*、*Eteroligosita*、*Hayatia*、*Pseudoligosita* 等 6 属一起归在寡索赤眼蜂亚科、寡索赤眼蜂族、异茎赤眼蜂亚族内；同时还认为本属除与多毛赤眼蜂属 *Chaetostrichella* 的缘系较近外，似也与伪寡赤眼蜂属 *Pseudoligosita* 源于同一演化体系。

自 Viggiani (1968) 描述本属的模式种以来，虽然 Lin K-S (1981) 曾有本属在台湾分布的记录，但未有确切种名及描述；Pinto & Viggiani (2004) 再次报道从南非和几内亚的标本中发现另外 2 个本属标本，也未见有具体种类的描述；直到 Hayat (2008c) 发表了印度

(Himachal Pradesh) 的另 1 新种后，才使本属有了第二个种，其寄主等生物学特性也未明。

我国有关本属的记载，最早以 Lin K-S (1981) 报道在台湾分布的记录，但未有具体描述；Lin (1994) 描述我国寡索赤眼蜂属种类时，曾经描述 2 个采自福建的种类，它们的前翅面纤毛高度稠密、腹部前端腹节背板的前半段骨化一致、后半段具纵脊纹；按照 Pinto & Viggiani (2004) 重新界定寡索赤眼蜂族的特征，虽然他们已经认识到该 2 种的前翅、腹部背板特征均与异茎赤眼蜂亚族相符，也与本属很接近，但他们 (Pinto & Viggiani, 2004) 也只将它们移到伪寡赤眼蜂属 *Pseudoligosita* 下；现根据 Hayat (2008a) 对本属特征的验证和对另 1 印度新种的表述，将 Lin (1994) 原定为寡索赤眼蜂属、Pinto & Viggiani (2004) 移归伪寡赤眼蜂属下的 2 种移到本属，使本属的已知种类增加到 4 种，分布于亚洲的尼泊尔、印度和中国 (福建、台湾)，其寄主等仍然未知；现将新移归本属的我国 2 种记述如下。

种 检 索 表 (雌)

雌性触角较粗壮，索节近圆球形，长略小于宽；基部两棒节约等长，长均小于各自之宽；腹部长卵锥形，约等于头胸部长度之和；产卵管极其发达，前端抵达中胸腹面，后端明显伸出腹末之外；伸出部分约与腹长相近，相当于后足胫节长的 2.6 倍……………………………………………… **长管三棒赤眼蜂 *P. dolichosiphonia* comb. nov.**

雌性触角相对较细长，索节长圆筒形，长为宽的 2.0 倍；基部两棒节之长等于各自之宽；腹部卵锥形，长于头胸部长度之和；产卵管高度骨化，长度近于腹长的一半；等于后足胫节长的 0.86 倍，末端稍伸出腹末…………………………… **宽翅三棒赤眼蜂 *P. platyoptera* comb. nov.**

(112) 长管三棒赤眼蜂 *Probrachista dolichosiphonia* (Lin, 1994), comb. nov. (图 117)

Oligosita dolichosiphonia Lin, 1994, System. Stud. Chinese Trichogrammatidae: 165-166.
Pseudoligosita dolichosiphonia (Lin): Pinto & Viggiani, 2004, J. Hym. Res., 13(2): 289.
Probrachista dolichosiphonia (Lin): New combination.

雌 体长 (不含产卵管) 0.72 mm；全体暗黄褐色；但头顶、中后足腿节基部、第 I-V 腹节背板的后半段淡黄褐色；前后翅脉黄褐色，痣脉及缘前脉之下方翅面各具 1 黄褐色半透明小昙斑；其余翅面无色透明。

头部正面观扁圆形，宽稍大于高，略宽于胸部；复眼较大，长为头高的 0.64 倍，上具细纤毛；其内侧颜面及头顶区具若干纤毛；上颚发达，末端具 3 齿；下颚须 1 节，端部 2 毛；触角着生于两复眼下缘连线之上，中等长度；柄节长为宽的 2.67 倍，等于梗节长的 1.17 倍 (图 117b)；梗节长梨形，长为宽的 2.4 倍；环状节明显，索节近圆球形，长略小于宽，等于梗节长的 0.29 倍；棒节长纺锤形，长为宽的 3.0 倍，相当于柄节长的 1.18 倍；基部两棒节约等长，其长度均小于各自宽度；端棒节锥状，长为宽的 1.57 倍；索节与各棒节除均具若干锥栓感器和鞭毛感器外，端部两棒节还各具 2 和 3 支板状感器，端棒节上的板状感器末端稍突出棒节顶端两侧。

胸部约为腹长的 0.7 倍，其上无明显刻纹；中胸盾及小盾片各具 2 支长刚毛；内悬骨长大，端部向后伸达腹长的 0.6 倍左右处，末端分 2 叶；前翅宽圆，长为宽的 2.3 倍（图 117a)；翅脉末端伸达翅长的 0.41 倍处，缘脉略短于亚缘脉，等于痣脉长的 2.6 倍；翅面纤毛高度稠密，不规则散乱分布；缘毛较短，最长者仅及前翅宽的 0.3 倍左右；后翅明显短于前翅，长为宽的 21.0 倍；翅脉端部抵达翅长的 0.47 倍，翅面规则纤毛近 3 列；最长后缘毛略长于前翅最长者，等于前翅宽的 1/3 左右；各足正常大小，各足节均具细纤毛，中后足基跗节不特别长。

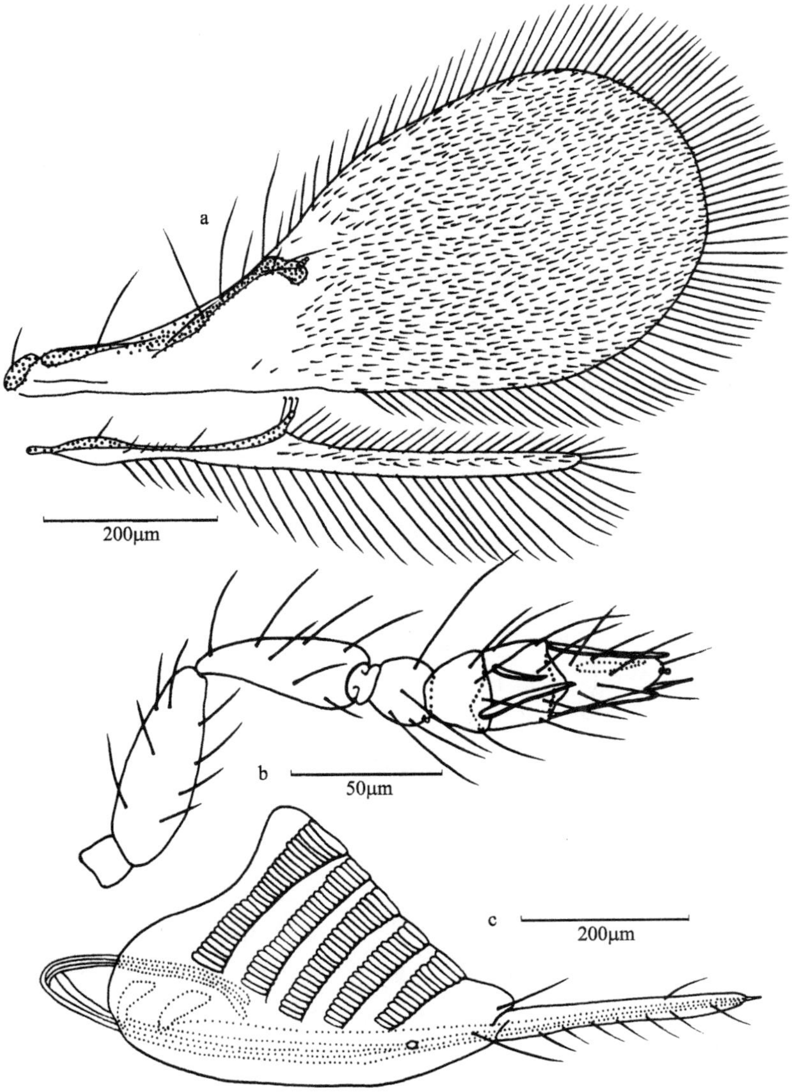

图 117　长管三棒赤眼蜂 *Probrachista dolichosiphonia* (Lin) (♀)

a. 前后翅 (fore & hind wing)；b. 触角 (antenna)；c. 腹部及产卵管侧面观 (lateral view of female abdomen & ovipositor)

腹部长卵锥形 (图 117c)，约等于头胸部长度之和；端部明显向上翘起，第 I-V 腹节背板的后半段均具明显纵皱脊纹；产卵管极其发达，前端抵达中胸腹面；后端明显伸出腹末之外，伸出部分约与腹部长度相近，相当于后足胫节长的 2.6 倍；产卵管鞘上下两侧圆均具若干纤毛。

雄 未知。

寄主 未知。

模式标本产地 福建福州。

模式标本存放单位 福建农林大学生物防治研究所昆虫标本室 [FAFU]。

研究标本 ♀(正模)，福建福州金山 (N26°82'31", E119°20'30", 16M)，1985. VIII. 20，林乃铨网扫于稻田。

分布 福建 (福州)。

(113) 宽翅三棒赤眼蜂 *Probrachista platyoptera* (Lin, 1994), comb. nov. (图 118)

Oligosita platyoptera Lin, 1994, System. Stud. Chinese Trichogrammatidae: 166-167.
Pseudoligosita platyoptera (Lin): Pinto & Viggiani, 2004, J. Hym. Res., 13(2): 289.
Probrachista platyoptera (Lin): New combination.

雌 体长 0.98-1.05 mm；全体暗黄褐色，但复眼、单眼黑色；头顶、前中足腿节两端、前足胫节全部、中后足胫节端部、后足腿节基部及各足基部两跗节、腹部第 I-V 腹节背板的后半段淡黄褐色；前后翅脉黄褐色，痣脉及缘前脉下方翅面各具 1 黄褐色半透明小县斑；其余翅面无色透明。

头部正面观扁圆形，宽明显大于高，也宽于胸部；复眼较大，长为头高的 0.67 倍，其上密具纤毛；复眼内侧颜面及头顶具若干纤毛；上颚强大，末端 3 齿；下颚须 1 节，端部 2 毛；触角着生于两复眼下缘连线之上，相对较细长；柄节长为宽的 3.25 倍，等于梗节长的 1.16 倍 (图 118b)；梗节长为宽的近 3.0 倍，环状节明显；索节长圆筒形，长为宽的 2.0 倍，相当于梗节长的 0.54 倍；棒节长纺锤形，长为宽的 3.5 倍，等于柄节长的 1.17 倍；基部两棒节的长约等于各自之宽，端棒节锥状，长为宽的 1.74 倍；索节与各棒节除均具若干锥栓感器和鞭毛感器外，端部两棒节还各具 2 和 3 支板状感器；端棒节上的板状感器末端稍突出棒节端部两侧。

胸部仅及腹长的 0.45 倍，上具细致刻纹；中胸盾及小盾片各具 2 支纤毛；内悬骨宽大；端部向后伸达腹长之 0.4 倍处，末端分 2 叶；前翅端部宽圆，长为宽的 2.14 倍 (图 118a)；翅脉较短，端部仅伸达翅长之 0.38 倍处；缘脉稍长于亚缘脉，相当于痣脉长的 3.4 倍；翅面纤毛高度稠密，不规则散乱分布；缘毛偏短，最长者仅及翅宽的 0.27 倍左右；后翅短于前翅，长为宽的 24.0 倍；翅脉端部伸达翅长之 0.42 倍；翅面规则纤毛 3 列；最长后缘毛明显长于前翅最长者，接近前翅宽的 1/3；各足正常大小，各足节均密具纤毛，中后足基跗节均长于其后各跗节。

腹部卵锥形，长于头胸部长度之和；第 I-V 腹节背板的后半段具明显纵皱纹，第 I-III 腹节背板的两侧各具 1 支刚毛，第 IV-VI 腹节背板的刚毛各 4 支；产卵管高度骨化，长度近于腹长的一半，等于后足胫节长的 0.86 倍，末端稍伸出腹末。

雄 体长 0.90-0.95 mm；体色及主要特征与雌虫相似，但触角棒节稍短 (图 118c)；

端部两棒节上的板状感器数目与雌者相同，端棒节末端稍平截；腹部仅第 I-III 腹节背板的后半段具纵皱纹；外生殖器愈合为 1 简单管状 (图 118d)，稍向腹面弯曲，长度相当于后足胫节长的 0.55 倍。

寄主 未知。

模式标本产地 福建武夷山自然保护区。

模式标本存放单位 福建农林大学生物防治研究所昆虫标本室 [FAFU]。

研究标本 ♀ (正模)，8♀4♂ (副模)，福建武夷山黄岗山 (N27°51'37", E117°47'02", 2158M)，1985. VII. 13-30，林乃铨、汤玉清、郑耿、黄东宏网扫；2♀ (副模)，武夷山潭溪洲 (N27°47'38", E117°42'03", 1016M)，1985. VIII. 2，林乃铨网扫；1♀ (副模)，福建将乐龙栖山 (N26°30'41", E117°22'57", 239M)，1991. VIII. 8，刘长明网扫。

分布 福建 (武夷山、将乐龙栖山)。

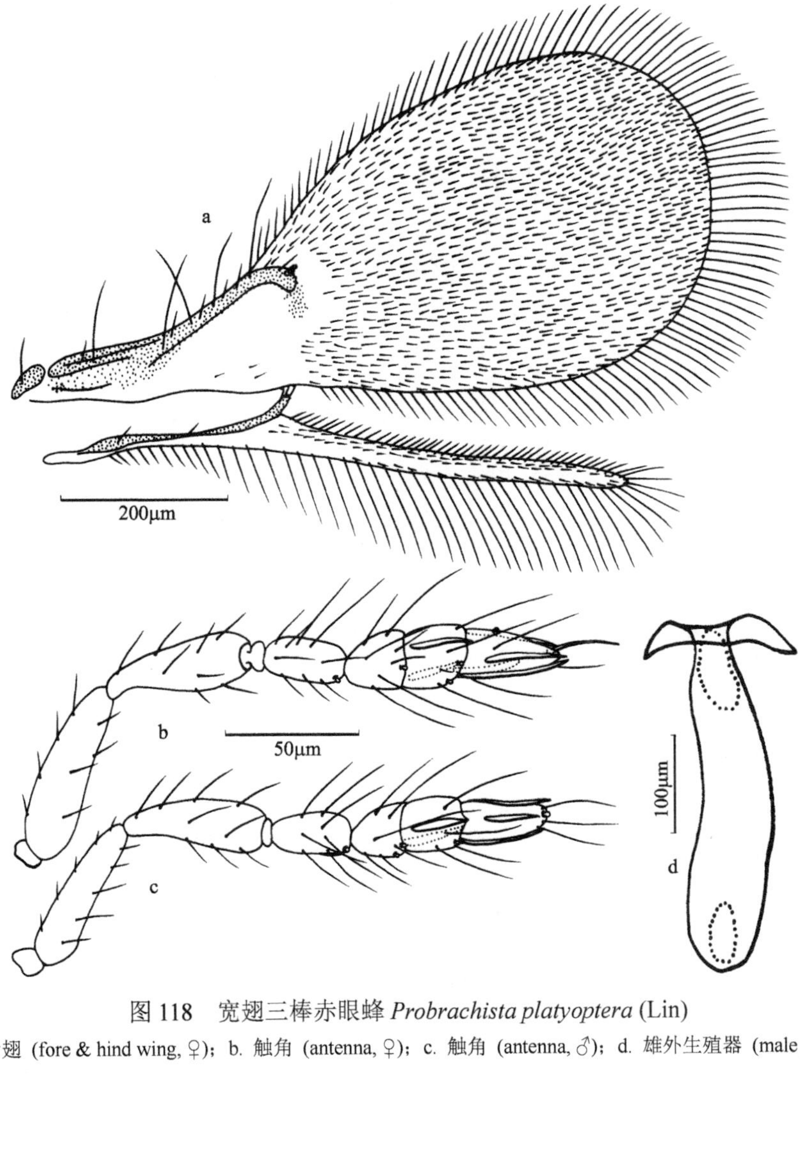

图 118 宽翅三棒赤眼蜂 *Probrachista platyoptera* (Lin)

a. 前后翅 (fore & hind wing, ♀)；b. 触角 (antenna, ♀)；c. 触角 (antenna, ♂)；d. 雄外生殖器 (male genitalia)

33. 前毛赤眼蜂属 *Prochaetostricha* Lin K-S, 1981

Prochaetostricha Lin K-S, 1981, J. Agr. Res. China, 30(4): 432-435. **Type species**: *Prochaetostricha monticola* Lin K-S, 1981. by original designation; Lin, 1994, System. Stud. Chinese Trichogrammatidae: 199-200.

鉴别特征 体粗壮，头正常大小，颊缝缺如；下颚须 2 节；触角具 1 个较大的环状节，背面生 1 毛；索节 2 节；雌性棒节 3 节，端部两棒节分节不完全；端棒节顶端具 1 斜向端突；各索节、棒节除密具细短的刺毛感器外，各棒节还具若干锥栓感器和板状感器；雄者棒节 4 节，末端一节很小；各索节、棒节除与雌者相似的锥栓感器和板状感器外，还具长而稀的轮生鞭毛感器；前翅宽圆，缘脉短于缘前脉和痣脉；翅面纤毛中等偏稀，主要纤毛大体规则成列；但中肘横毛列缺如，缘毛较长；产卵管高度发达，前端抵达胸部，后端显著伸出腹末之外。

寄主 未知。

分布 台湾。

附注 本属系 Lin K-S (1981) 根据采自台湾的标本描述建立，迄今除属模式种之外，未见其他种类报道，其寄主等生物学特性不详。根据 Viggiani (1971b, 1984)、Pinto (2006) 以雄外生殖器特征为主的分类系统，本属隶于赤眼蜂亚科、赤眼蜂族，似与断脉赤眼蜂属 *Mirufens* 的缘系较近。

国内目前尚未采到此属标本，记述台湾 1 种如下。

(114) 山栖前毛赤眼蜂 *Prochaetostricha monticola* Lin K-S, 1981 (图 119)

Prochaetostricha monticola Lin K-S, 1981, J. Agr. Res. China, 30(4): 432-435; Lin, 1994, System. Stud. Chinese Trichogrammatidae: 199-200.

雌 体长 (不含产卵管) 1.5 mm，前翅长 1.5 mm；全体暗褐色，复眼红色；触角基棒节和各足胫节末端淡褐色；前翅脉褐色，但缘前脉端部淡黄褐色；近基部 1/2 翅面具烟褐色半透明昙纹，其余翅面无色透明。

体粗壮，头部正面观近扁圆形，高为宽的 0.8 倍；复眼中等大小，其上具稀纤毛；侧单眼靠近复眼，其间距等于单眼直径；颚眼距约为复眼长的 1/3；颊缝消失，上颚端部具 4 齿，外 3 齿端部尖锐，内齿端部宽钝；下颚须 2 节，基部 1 节宽大，长约为端部 1 节长的 4.6 倍，端部 1 节细小 (图 119b)；下唇须 1 节与第二节下颚须约等长；触角着生于复眼下缘连线之下方，较粗壮；柄节端部可抵达中单眼，稍侧扁，长为宽的 2.8 倍；上具短刚毛和不规则纵刻纹 (图 119c)；梗节为柄节长的 0.4 倍；环状节较大而明显，背面具 1 纤毛；第二索节大于基索节，且具若干短刺毛感器和长鞭毛感器；棒节明显比梗节长而宽，其上密具刺毛感器和若干鞭毛感器，端部两棒节分节不完全；各棒节还具若干锥栓感器和依次具 2、1 和 2 支板状感器，端棒节末端具 1 斜向端突。

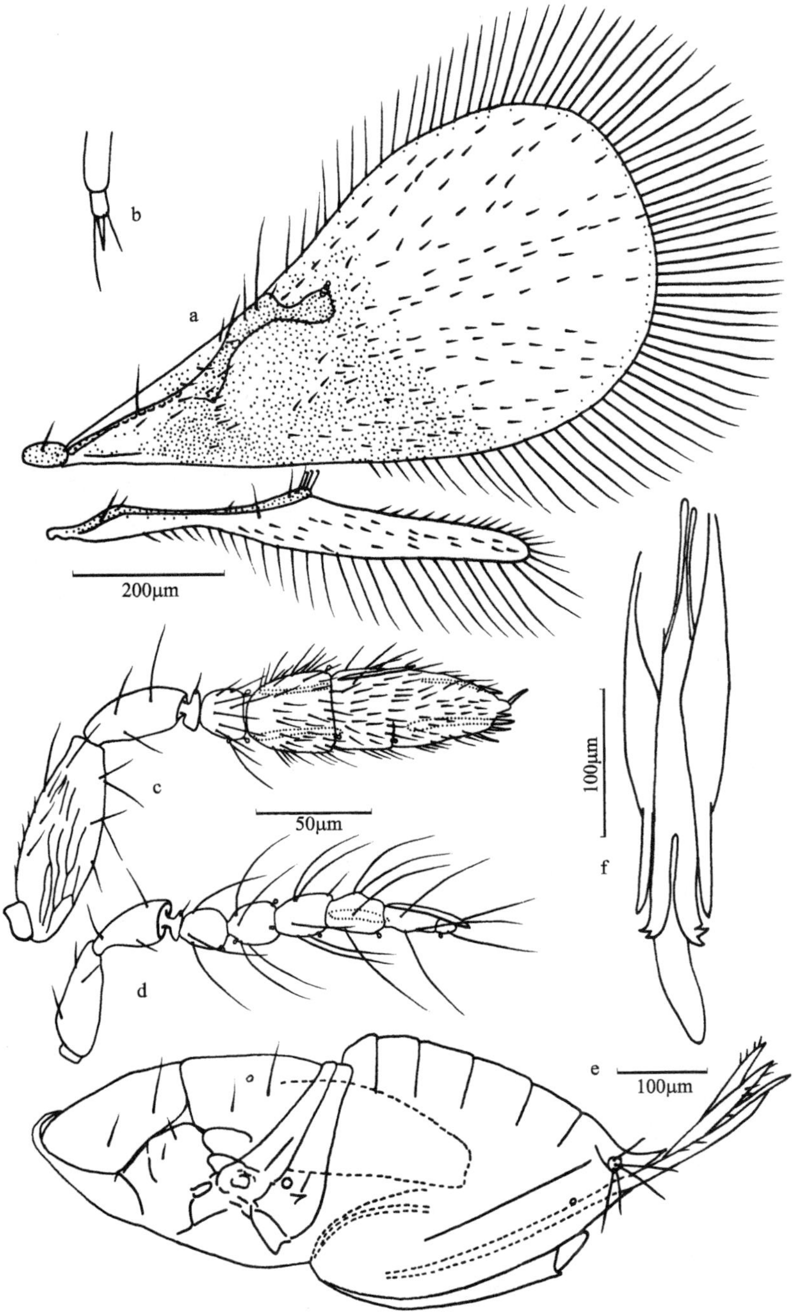

图 119　山栖前毛赤眼蜂 *Prochaetostricha monticola* Lin K-S (仿 Lin K-S, 1981)

a. 前后翅 (fore & hind wing, ♀)；b. 下颚须 (maxilla)；c. 触角 (antenna, ♀)；d. 触角 (antenna, ♂)；e. 雌性胸腹部侧面观 (lateral view of female meso-and metasoma)；f. 雄外生殖器 (male genitalia)

前胸背板短，向前渐斜；中胸盾中度隆起，小盾片不明显凸起，两者均具不规则纵刻纹和 2 对侧刚毛；中胸盾、小盾片、后胸背板和并胸腹节的相对长度比例为 18∶13.5∶

1∶2.5；并胸腹节气门圆形，其后具 3 支纤毛；内悬骨端部向后伸达腹部的一半；前翅端部圆形，长为宽的 1.6 倍；翅脉末端伸达翅长的 0.53 倍处；前缘室较宽 (图 119a)，近缘前脉处具 3 支纤毛；亚缘脉等于缘前脉和缘脉的长度之和，中部具 1 长刚毛；缘前脉基部宽于端部，上具 2 支纤毛；缘脉直，明显短于缘前脉，其背侧缘具 4 支刚毛；痣脉较宽大，与缘脉约等长；翅痣宽大近方形；翅面纤毛中等偏稀，主要纤毛列大体规则，但中肘横毛列缺如；缘毛较长，最长者约等于前翅宽的 0.37 倍；各足中等大小，各足节除均具纤毛外，各足基节、腿节和胫节上还具不规则纵刻纹；后足胫节与其后各跗节的长度比例为 26∶7∶6∶6。

腹部与胸长约相等，稍侧扁；背板大体光滑，但具少数纤毛；产卵管高度发达，前方抵达胸部；后端连同产卵管鞘明显伸出腹末之外 (图 119e)，并稍向背面翘起。

雄 体长 0.85 mm，前翅长 1.1 mm；体色和主要特征与雌虫相似；但触角棒节 4 节，末端多 1 短的圆形小节 (图 119d)；各索节、棒节除均具若干锥栓感器和长而稀的轮生鞭毛感器外，端部两棒节还各具 2 支板状感器；前翅痣脉近三角形；外生殖器明显分为阳基和阳茎两部分 (图 119f)，但阳基背部完全开放，腹中突缺如；阳基端部具明显的阳基侧瓣和钩爪；两钩爪端部具 2 齿，明显伸出阳基侧瓣末端以外；阳茎明显长于其内突，两者全长明显长于阳基长度。

寄主 未知。

模式标本产地 台湾南投。

模式标本存放单位 台湾农业试验所昆虫标本馆 [TARI]。

分布 台湾 (南投)。

附注 模式标本未检视，形态描述和特征图引自 Lin K-S (1981) 的报道。原记述的标本有：♀ (正模)，1♂ (副模)，台湾南投 (N23°57'39", E120°58'31", 484M)，1979. VI-VII. 18-22，林珪瑞、陈炳辉采。

34. 四棒赤眼蜂属 *Prosoligosita* Hayat & Husain, 1981

Prosoligosita Hayat & Husain, 1981, Boll. Lab. Ent. Agr. 'F. Silvestri', Portici, 38: 81. **Type species**: *Prosoligosita perplexa* Hayat & Husian, 1981. by monotype; Lin, 1994, System. Stud. Chinese Trichogrammatidae: 89-90; Pinto & Viggiani, 2004, J. Hym. Res., 13(2): 285-287; Hayat, 2008b, Oriental Insects, 42: 16; Hayat, 2009, Oriental Insects, 43: 216-217.

鉴别特征 触角结构与尤氏赤眼蜂属 *Uscana* 相似；环状节 1 节明显，索节缺如，棒节 4 节；基棒节最宽大，第二棒节最短而横形，端棒节最细长；雌者的长大于其宽的 3.0 倍，除第二棒节外，其余各棒节均具若干锥栓感器、鞭毛感器和板状感器；前翅形状与寡索赤眼蜂属相似，长约为宽的 3.0 倍；翅脉直，翅面纤毛中等偏稀，大致分布成列；缘毛较长，最长者约与前翅宽相当或稍长于前翅宽，缘脉之下后缘 (与后翅翅缰钩对应处) 稍呈弧形弯曲。

寄主 未知。

分布　中国，印度。

附注　本属系 Hayat & Husain (1981) 以采自印度的雌性 *P. perplexa* 为属模而建立。而后，Yousuf & Shafee (1984b) 根据采自印度的 1 雌性标本描述了另 1 新种 *Paruscanoidea longiclavata*；Yousuf & Shafee (1988) 又将其改名为 *Hayatia longiclavata*；Hayat (2008b) 在详细研究了 Yousuf & Shafee (1984b) 据以描述 *Paruscanoidea longiclavata* 的模式标本、以及 Yousuf & Shafee (1988) 改名为 *Hayatia longiclavata* 的标本之后，将此种指定为 *P. perplexa* 的同物异名。Hayat (2009) 再次描述了印度的另外 3 新种，因此本属至今共知 4 种，全部产自印度，其寄主等生物学特性仍然不明。

Pinto & Viggiani (2004) 和 Pinto (2006) 根据本属的特征将其与 *Epoligosita*、*Megaphragma*、*Oligosita*、*Prestwichia*、*Sinepalpigramma* 等 5 属一起归到寡索赤眼蜂亚科、寡索赤眼蜂族、寡索赤眼蜂亚族内；此系统已经得到 Owen *et al.* (2007) 基于分子证据的赤眼蜂科系统发育分析结果的支持，同时他们还认为本属似与寡索赤眼蜂属 *Oligosita* 的缘系最接近。

我国有关本属种类的记载，除 Lin (1994) 报道印度四棒赤眼蜂 *P. perplexa* 在福建的分布记录外，近年亦在海南、贵州采得的标本中发现此种。

(115) 印度四棒赤眼蜂 *Prosoligosita perplexa* Hayat & Husain, 1981 (图 120)

Prosoligosita perplexa Hayat & Husain, 1981, Boll. Lab. Ent. Agr. 'F. Silvestri', Portici, 38: 81-83, by monotype; Lin, 1994, System. Stud. Chinese Trichogrammatidae: 89-90; Hayat, 2008b, Oriental Insects, 42: 16; Hayat, 2009, Oriental Insects, 43: 216-217.

Paruscanoidea longiclavata Yousuf & Shafee, 1984b, Indian J. System. Ent., 1: 35-36. syn. by Hayat, 2008b: 16.

Hayatia longiclavata: Yousuf & Shafee, 1987, Indian J. System. Ent., 4(2): 168. syn. by Hayat, 2008b: 16.

雄　体长 0.50 mm；全体黄色，但复眼、单眼黑色；上颚端部及腹部末端 2-3 节背板褐色；前后翅脉黄褐色，前翅除缘前脉基部及痣脉之下方翅面各具 1 黄褐色半透明小昙纹外，其余翅面无色透明。

头部正面观扁圆形，宽大于高，略宽于胸部；复眼长约为头高的一半，其上稍具稀纤毛；上颚较大，端部 2 齿；下颚须 1 节，端部 2 毛；触角位于两复眼下缘连线之稍上方，柄节与梗节约等长，长约为宽的 2.8 倍 (图 120b)；梗节长梨形，长为宽的 1.87 倍；环状节小而明显；棒节长锥形，长约为宽的 3.5 倍，相当于柄节与梗节全长的 1.2 倍；基棒节最宽大，长为宽的 1.25 倍；第二棒节最短，长仅及其宽的一半；第三棒节长为宽的 1.2 倍，端棒节细长，长约为宽的 2.7 倍；各棒节均具若干锥栓感器和鞭毛感器，除第二棒节外，其余各棒节依次各具 1、1 和 3 支板状感器；端棒节上的板状感器末端不明显突出棒节顶端之外。

胸部无明显刻纹，长度约为腹长的 0.67 倍；中胸盾马蹄形，小盾片横形，其上各具 2 支纤毛；内悬骨端部伸达腹长的 0.4 倍左右处，末端分 2 叶；前翅长约为宽的 3.1 倍，翅脉端部伸达翅长的 0.62 倍左右处 (图 120a)；缘脉稍短于亚缘脉，约等于痣脉长的 2.8

倍；翅面纤毛中等偏稀，大致成列分布；缘毛长，最长者约等于翅宽的 1.16 倍；后翅稍短于前翅，长约为宽的 19.0 倍；翅脉略长于翅长的一半，翅面规则纤毛仅 1 列；最长后缘毛约为前翅最长者的 0.7 倍，相当于前翅宽的 0.8 倍；各足正常大小，各足节上的纤毛较少，中足基跗节不明显长于其他跗节。

腹部长圆锥形，相当于头胸部长度之和；各腹节背板大体光滑，未见明显刻纹；外生殖器的阳基与阳茎高度退化，愈合为简单管状 (图 120d)，长度相当于后足胫节长的一半。

雌 体长 0.53-0.58 mm；体色及主要特征与雄虫相似，但触角棒节较雄者稍粗壮 (图 120c)；各棒节上的感器类型除与雄性相似外；其基棒节和端部两棒节分别各具 1、4 和 4 支板状感器，且端棒节上的板状感器末端明显突出棒节顶端之外；产卵管较发达，几乎占据整个腹部，等于中足胫节长的 1.5 倍；末端稍突出腹末之外，下生殖板端部大约伸达腹中部。

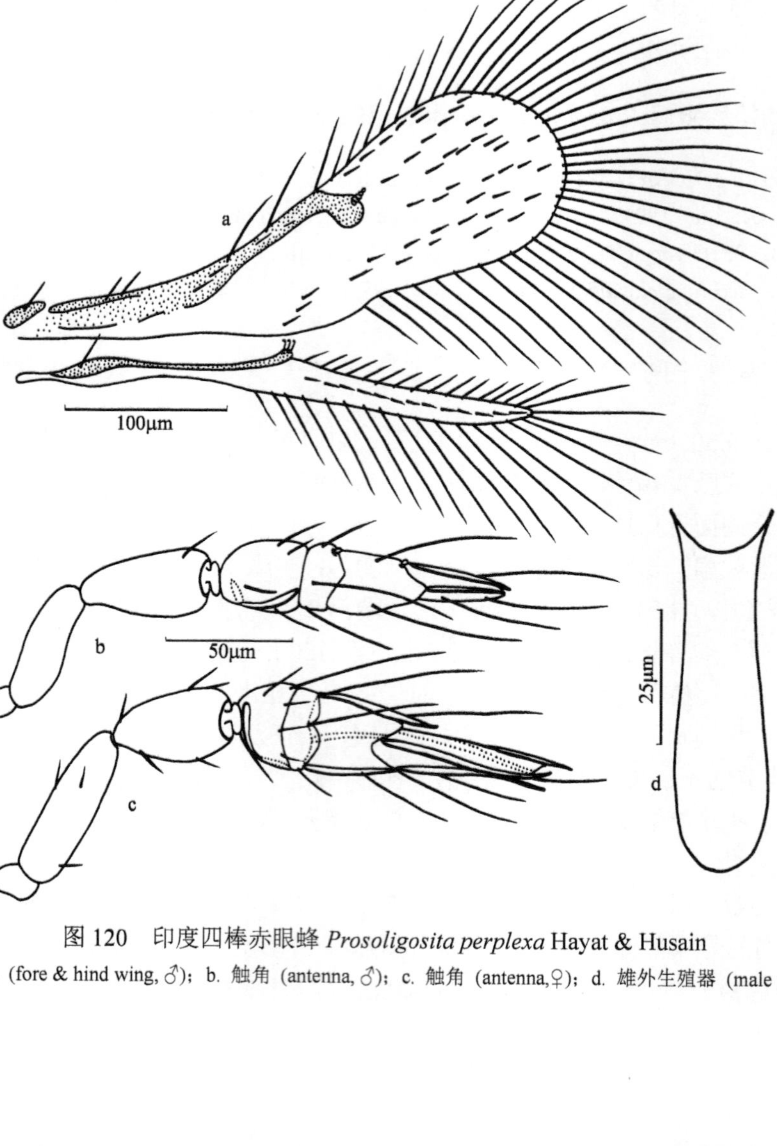

图 120 印度四棒赤眼蜂 *Prosoligosita perplexa* Hayat & Husain

a. 前后翅 (fore & hind wing, ♂)；b. 触角 (antenna, ♂)；c. 触角 (antenna,♀)；d. 雄外生殖器 (male genitalia)

寄主 未知。

模式标本产地 Aligarh, India。

模式标本存放单位 Zoology Museum, Aligarh Muslim University, India [ZMAMU]。

研究标本 1♂，福建沙县洋枋 (N26°22'55", E117°55'06", 175M)，1981. VII. 24，林乃铨网扫；3♀2♂，福建将乐龙栖山 (N26°30'41", E117°22'57", 239M)，1991. VIII. 8，刘长明网扫；2♀10♂，海南乐东冲坡 (N18°28'25", E108°54'55", 19M)，2005. II. 18-25，张李香网扫；1♀1♂，贵州贵阳花溪 (N26°24'59", E106°40'23", 1200M)，1992. IX. 10，杨孝龙、沈妙青网扫。

分布 福建 (沙县、将乐)、海南 (乐东冲坡)、贵州 (贵阳花溪)；印度。

35. 伪寡赤眼蜂属 *Pseudoligosita* Girault, 1913 (中国新记录属)

Pseudoligosita Girault, 1913e, Mem. Queens. Mus., 2: 104. **Type species**: *Pseudoligosita arnoldi* Girault, 1913. by original designation. as synonymy of *Oligosita*, by Doutt & Viggiani (1968); Pinto & Viggiani, 2004, J. Hym. Res., 13(2): 288-289; Pinto, 2006, J. Hym. Res., 15(1): 124.

Zorontogramma Silvestri, 1915, Boll. Lab. Ent. Agr. 'F. Silvestri', Portici, 9: 279. **Type species**: *Zorontogramma distinctum* Silvestri, 1915. by original designation. as subgenus of *Oligosita*, by Doutt & Viggiani (1968); syn. by Pinto & Viggiani, 2004, J. Hym. Res., 13(2): 288-289.

Oligosita Walker: Viggiani, 1976b, Boll. Lab. Ent. Agr. 'F. Silvestri', Portici, 33: 188. *arnoldi* and *subfasciata* groups, in part. He, Pang & Chen, 1986, Atlas of Natural Enemies of Rice Pests. Shanghai Sci. & Tech. Press, p.111-112; Liao, Li, Pang & Chen, 1987, Economic Insect Fauna of China (Hym.: Chalcidoidea). Sci. Press, 34(1): 207-209; Lin, 1994, System. Stud. Chinese Trichogrammatidae: 131-168.

鉴别特征 触角索节 1 节，长宽相等或长明显大于宽，棒节 3 节；索节与各棒节除均具若干锥栓感器和鞭毛感器外，端部两棒节还具若干板状感器；前翅面纤毛密度中等，稀有稠密者；常不规则分布在端半段翅面，后翅常具规则纤毛 2 列；腹基部 3-5 节背板的前半段骨化一致，后半段具明显纵皱纹；产卵管短小至中等长度，末端少有超出腹末以外者；下生殖板宽度正常，不呈刚毛状；大部分种类的雄外生殖器阳基和阳茎愈合为一，且向腹面强度弯曲；基部具 2 个短的阳茎内突，腹面常具 1 长剑形腹板突；端腹节腹板不伸出该节背板末端之外。

寄主 已知 17 种可寄生半翅目 Hemiptera 的叶蝉科 Cicadellidae、飞虱科 Delphacidae、宽头叶蝉科 Eurymelidae、扁蜡蝉科 Tropiduchidae，直翅目 Orthoptera 的螽斯科 Tettigoniidae，鞘翅目 Coleoptera 的铁甲科 Hispidae 和水生的蜻蜓目 Odonata 蟌科 Coenagrionidae 等虫卵，还有 33 种的寄主未明。

分布 本属已知共 50 种，全世界广布。其中东洋区 14 种，古北区 12 种，澳洲区 10 种，新北区 4 种，新热带区 5 种，非洲区 5 种；我国现知 12 种，4 种为分布新记录。

附注 本属系 Girault (1913e) 以采自澳大利亚的 *P. arnoldi* 为属模而建立；可是 Doutt & Viggiani (1968) 将本属指定为寡索赤眼蜂属 *Oligosita* 的异名，直到 Pinto & Viggiani

(2004) 全面厘订寡索赤眼蜂族时发现，原寡索赤眼蜂属至少有 2 个或更多不同的并系存在，因而他们把本属重新恢复为独立的有效属，同时根据模式标本、原始描述及权威鉴定材料等，将具有确切证据的 46 种直接移到新恢复的本属之下。Hassan *et al*. (2004) 和 Viggiani (2004) 又新增加采自伊拉克和澳大利亚的 2 新种；本志根据 Pinto & Viggiani (2004) 对本属特征的界定，再将 Lin (1994) 描述在寡索赤眼蜂属下的 *O. spiniclavata* 和 *O. stenostigma* 两种归到本属，因此迄今本属共有 50 种。

Pinto & Viggiani (2004) 和 Pinto (2006) 根据本属的特征，将本属与 *Chaetostrichella*、*Doirania*、*Eteroligosita*、*Hayatia* 及 *Probrachista* 等 5 属一起归在寡索赤眼蜂亚科、寡索赤眼蜂族、异茎赤眼蜂亚族内；这一分类系统已经得到 Owen *et al*. (2007) 基于分子证据的赤眼蜂科系统发育分析结果的支持。同时他们还认为：本属可能是并系，它与古北区的多毛赤眼蜂属 *Chaetostrichella* 和三棒赤眼蜂属 *Probrachista* 缘系较接近。迄今为止，凡是前端腹节背板后半段具纵皱脊纹的寡索赤眼蜂类，都与异茎赤眼蜂亚族种类的特征有关，应该归到异茎赤眼蜂亚族。另外，也发现 *P. gerlingi* 留在本亚族似有问题，其前翅和雄外生殖器特征与寡索赤眼蜂亚族相同；但其并胸腹节、腹部背板具纵皱脊纹等特征，似应归在异茎赤眼蜂亚族内；此种既有异茎赤眼蜂亚族特征，但却没有属的共同衍征，可能代表本亚族的一个基础缘系。

我国有关本属种类的记载，最早系 He & Pang (1986) 在《水稻害虫天敌图说》中报道的稻田寄生叶蝉和飞虱卵的叶蝉寡索赤眼蜂 *O. nephotetticum* 和飞虱寡索赤眼蜂 *O. yasumatsui* 2 种；其次是 Pang & Chen (1987) 在《中国经济昆虫志 第三十四册 膜翅目 小蜂总科（一）》中再次记载此 2 种；Lin (1994) 在《中国赤眼蜂分类》中，除第三次记载此 2 种外，同时还描述了采自我国的 8 新种和 2 新记录种，当时它们全部定在寡索赤眼蜂属内，Pinto & Viggiani (2004) 已将上述 12 种全部归到本属；本志根据他们对本属特征的界定，又将 Lin (1994) 描述在寡索赤眼蜂属下的 2 种 *O. spiniclavata* 和 *O. stenostigma* 移到本属。另外，Lin (1994) 描述在寡索赤眼蜂属下的 2 种 *O. dolichosiphonia* 和 *O. platyoptera*，虽然 Pinto & Viggiani (2004) 曾将它们移到本属，但现根据 Hayat (2008a) 对三棒赤眼蜂属 *Probrachista* 的订正结果，应该把它们重新恢复到三棒赤眼蜂属下，因此，迄今我国已知的本属种类仍为 12 种，记述如下。

种检索表

1. 前翅翅面相对较窄长，长为宽的 3.0 倍或 3.0 倍以上；翅面纤毛较少至中等密度……2
 前翅翅面相对较宽圆，长为宽的 2.7 倍以下；翅面纤毛中等密度至较稠密……6
2. 前翅长等于宽的 3.0 倍，翅面纤毛中等密度，大体成列分布；雌性触角粗短；产卵管短小，仅为腹长的 1/4；等于后足胫节的 3/4，末端不明显露出腹末……**短毛伪寡赤眼蜂 *P. brecicilia***
 前翅长为宽的 3.0 倍以上，翅面纤毛较少或中等密度；雌性触角和产卵管不如上述……3
3. 前翅长为宽的 3.15 倍，翅面纤毛较少，不规则散布于痣脉之外翅面；雌性触角较细短，棒节长锥形，端部尖细；产卵管为腹长的一半左右，等于后足胫节长的 1.3 倍，末端稍露出腹末……**尖角伪寡赤眼蜂 *P. acuticlavata***
 前翅长为宽的 3.4 倍以上；翅面纤毛中等密度或较稠密，散乱分布……4

4. 前翅翅面较窄长，长为宽的 4.3 倍；翅面纤毛中等密度；雌性触角较短，棒节圆锥形，端部不明显尖削；产卵管为腹长的 0.6 倍；雄外生殖器呈半圆形弯曲，端部尖细……**飞虱伪寡赤眼蜂 *P. yasumatsui***
前翅翅面中等宽大，长为宽的 3.4-3.5 倍；翅面纤毛中等密度至较稠密；雌性触角较细长，棒节长纺锤形；产卵管为腹长的一半或与腹部约等长；雄外生殖器呈弧形弯曲，端部尖细………………5
5. 前翅长等于宽的 3.5 倍，翅面纤毛中等密度，散乱分布；雌性触角棒节长约为梗节的 2.0 倍；产卵管近于腹长的一半，与后足胫节约等长，末端稍露出腹末………………**弯管伪寡赤眼蜂 *P. curvata***
前翅长等于宽的 3.4 倍，翅面纤毛较稠密，散乱分布；雌性触角棒节约与梗节等长；产卵管与腹部近等长，相当于后足胫节的 1.3 倍，末端明显露出腹末…………**叶蝉伪寡赤眼蜂 *P. nephotetticum***
6. 雌性前翅翅脉正常；产卵管较长，约为腹长的 0.75 倍，等于后足胫节长的 1.7 倍，末端稍伸出腹末之外；雄性前翅痣脉、缘脉及缘前脉显著肿大；外生殖器简单管状，阳茎内突端部愈合，相当于后足胫节的 0.75 倍………………………………………………………………**肿脉伪寡赤眼蜂 *P. krygeri***
雄性前翅翅脉正常，不特别肿大；翅面中等宽圆，长为宽的 2.6-2.7 倍；翅面纤毛中等密度至较稠密………7
7. 前翅长为宽的 2.7 倍左右，翅面纤毛中等密度至较稠密……………………………………………8
前翅长为宽的 2.6 倍左右，翅面纤毛中等密度，分布不规则…………………………………………11
8. 前翅翅面纤毛大致规则成列；雌性触角端棒节 2 支板状感器呈刺状，亚端突明显突出端棒节端部两侧；产卵管为腹长的 0.4 倍，与后足胫节约等长，端部稍露出腹末；雄性触角端部两棒节上的板状感器呈长刺状；外生殖器愈合为简单管状，阳茎内突明显较长且趋于愈合；阳茎端部稍扩大且向腹面弯曲，两者全长等于后足胫节长的 0.9 倍左右…· **刺角伪寡赤眼蜂 *P. spiniclavata* comb. nov.**
前翅翅面纤毛全部或部分不规则分布……………………………………………………………………9
9. 前翅翅面纤毛全部不规则分布；雌性触角棒节长纺锤形，长为宽的 4.3 倍；相当于柄节长的 1.5 倍，端棒节部分板状感器呈刺状亚端突稍突出端棒节两侧；中胸盾及小盾片均横形；产卵管约为腹长的 0.54 倍，等于后足胫节长的 0.83 倍，末端稍露出腹末之外 ……**横盾伪寡赤眼蜂 *P. transiscutata***
前翅面纤毛中等密度，部分不规则分布；产卵管等于或稍长于后足胫节……………………………10
10. 雌性触角棒节长锥形，长为宽的 5.0 倍，相当于柄节长的 1.6 倍；中胸盾及小盾片中央有 1 中线纵贯前后；产卵管与后足胫节约等长，末端明显伸出腹末之外…………**长角伪寡赤眼蜂 *P. longicornis***
雌性触角棒节长纺锤形，长为宽的 4.1 倍，等于柄节长的 1.5 倍；中胸盾及小盾片近于横形；产卵管稍长于后足胫节，末端稍露出腹末之外…………………………**大眼伪寡赤眼蜂 *P. grandiocella***
11. 雌性触角端棒节上有 1 镰刀状感器突出棒节顶端之外；产卵管约为后足胫节长的 1.5 倍，末端明显伸出腹末之外；雄外生殖器稍向腹面弯曲，末端具 1 圆形开口，稍短于后足胫节之长……………………………………………………………………………………**窄痣伪寡赤眼蜂 *P. stenostigma* comb. nov.**
雌性触角端棒节部分板状感器呈刺状亚端突，突出棒节端部两侧；产卵管为后足胫节长的 0.8 倍，末端不伸出腹末之外；雄外生殖器明显向腹面强度弯曲，相当于后足胫节长的 0.7 倍左右…………………………………………………………………………………………**长索伪寡赤眼蜂 *P. elongata***

(116) 短毛伪寡赤眼蜂 *Pseudoligosita brecicilia* (Girault, 1915) (图 121)

Oligosita brevicilia Girault, 1915e, Mem. Queens. Mus., 3: 144-145; Lin, 1994, System. Stud. Chinese

Trichogrammatidae: 158-159.

Pseudoligosita brevicilia (Girault): Pinto & Viggiani, 2004, J. Hym. Res., 13(2): 288.

雌 体长 0.86-0.92 mm；全体黄褐色，但头顶色淡，上颚及产卵管褐色；复眼、单眼黑色；前后翅脉灰褐色；痣脉端部、缘前脉基部之下翅面具灰褐色小昙纹；前翅面淡灰褐色半透明；第 I-IV 腹节背板前后缘具淡黄褐色横带。

头部正面观近圆形，宽略大于高，明显宽于胸部；复眼较小，长为头高的一半；两复眼内侧颜面及头顶均具若干纤毛；上颚强大，端部 4 齿；下颚须 1 节，端部 2 毛；触角着生于两复眼下缘连线之上，粗短；柄节长为宽的 2.2 倍，等于梗节长的 1.4 倍 (图 121b)；梗节近梨形，长为宽的 1.5 倍；环状节明显；索节短而宽，长为宽的 0.65 倍，相当于梗节长的 0.45 倍；棒节长圆锥形，长为宽的 2.0 倍左右，约为柄节长的 1.3 倍；各棒节均横形，长分别为各自宽的 0.64 倍、0.71 倍和 0.78 倍；索节与各棒节除均具若干锥栓感器和鞭毛感器外，端部两棒节还各具 2 和 4 支板状感器；端棒节上的板状感器末端不明显突出棒节端部两侧。

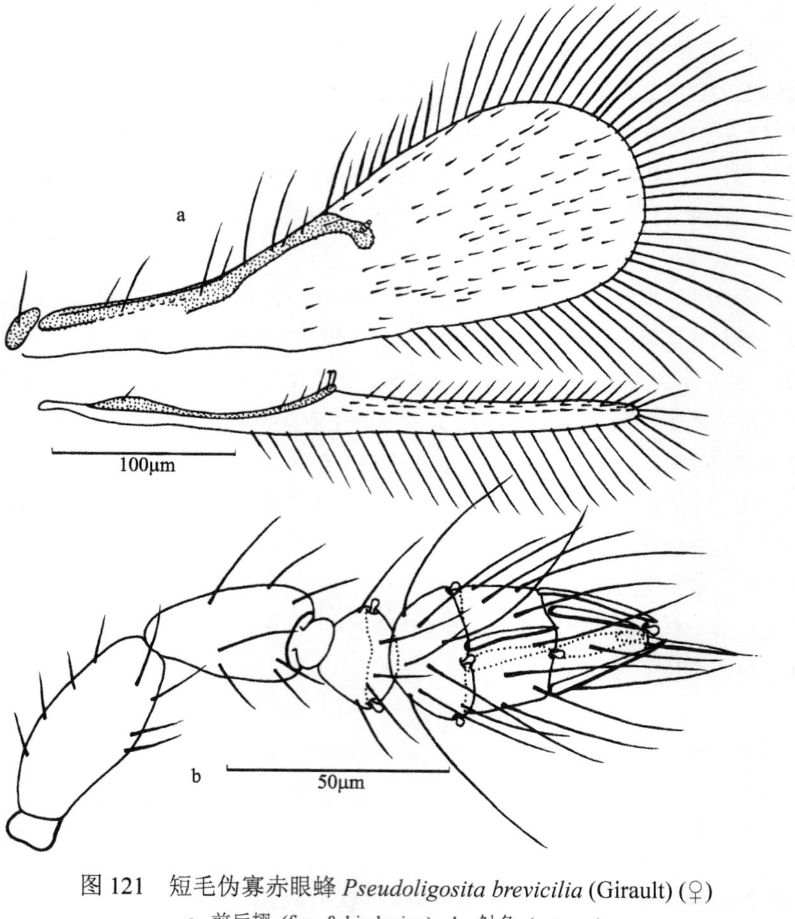

图 121 短毛伪寡赤眼蜂 *Pseudoligosita brevicilia* (Girault) (♀)

a. 前后翅 (fore & hind wing)；b. 触角 (antenna)

胸部约为腹长的 0.57 倍，其上无明显刻纹；中胸盾及小盾片除各具 2 支纤毛外，中央还有 1 淡色中线纵贯前后；内悬骨短，端部伸达腹长的 0.3 倍左右处，末端分 2 叶；前翅长为宽的 3.0 倍，末端中等宽圆（图 121a），翅脉末端伸达翅长的 0.56 倍处，缘脉短于亚缘脉，相当于痣脉长的 2.5 倍；翅面纤毛中等密度，基部毛孔较粗，大体分布成列；缘毛中等长短，最长者为前翅宽的 0.73 倍；后翅与前翅约等长，长为宽的 15.0 倍；翅脉末端伸达翅长的一半，翅面规则纤毛 2 列；后缘毛较短，最长者约为后翅宽的 2.3 倍，仅及前翅最长者的 0.58 倍左右；各足较粗壮，各足节均具细纤毛，中足基跗节不特别长。

腹部长卵圆形，长于头胸部长度之和，基部 4 腹节背板的前半段较光滑，后半段具明显纵皱脊纹；产卵管高度骨化，短小，长度仅及腹长的 1/4；等于后足胫节长的 0.75 倍，末端不明显露出腹末。

雄　未知。

寄主　国内寄主未详，据 Viggiani & Subba Rao (1978) 报道可能与稻田害虫有关。

模式标本产地　Gordonvale (Cairns), Queensland。

模式标本存放单位　Queensland Museum, Brisbane, Australia [QMBA]。

研究标本　2♀，福建福州金山（N26°82'31", E119°20'30", 16M），1987. X. 14，林乃铨采于黄盘诱集器；3♀，福建福州金山（N26°82'31", E119°20'30", 16M），1987. V-X，蔡毅群、谢志鸣采于黄盘诱集器；1♀，福建武夷山黄岗山（N27°51'37", E117°47'02", 2158M），1985. VII. 14，汤玉清网扫。

分布　福建（福州、武夷山黄岗山）；澳大利亚（昆士兰），泰国，印度，乌拉圭。

(117) 尖角伪寡赤眼蜂 *Pseudoligosita acuticlavata* (Lin, 1994)（图 122）

Oligosita acuticlavata Lin, 1994, System. Stud. Chinese Trichogrammatidae: 137-138.
Pseudoligosita acuticlavata (Lin): Pinto & Viggiani, 2004, J. Hym. Res., 13(2): 288.

雌　体长 0.51 mm；全体淡黄褐色，但复眼、单眼黑色；上颚及产卵管褐色；前胸背板、中后胸两侧及后足基节黄褐色；前翅痣脉和缘前脉基部之下翅面各具烟褐色小昙纹，其余翅面淡烟灰色半透明。

头部正面观扁圆形，宽大于高，也宽于胸部；复眼长为头高的 0.55 倍，其内侧颜面及头顶均具若干稀纤毛；上颚发达，末端具 3 齿；下颚须 1 节，端部 2 毛；触角着生于两复眼下缘连线之稍上方，较细而短；柄节长为宽的 2.5 倍，等于梗节长的 1.14 倍（图 122b）；梗节长梨形，长为宽的 1.75 倍；环状节明显，索节较短小，长稍大于宽，仅为梗节长的 0.46 倍左右；棒节长锥形，端部尖细，长为宽的 3.75 倍，近于柄节长的 2.0 倍；基棒节最短，近半圆形，长为宽的 0.75 倍；第二棒节圆筒形，长约等于宽；端棒节长锥形，末端尖削，长为宽的 3.0 倍；索节与各棒节除均具若干锥栓感器和鞭毛感器外，端部两棒节还分别各具 2 和 3 支板状感器；端棒节上的板状感器末端稍突出棒节端部两侧。

胸部为腹长的一半左右，其上具细致刻纹；中胸盾及小盾片各具 2 支纤毛，中央具 1 明显的中纵带贯穿前后；内悬骨短而宽，端部伸至腹长的 0.3 倍左右处，末端分 2 叶；前翅长为宽的 3.15 倍，端部中等宽圆（图 122a）；翅脉端部伸达翅长的 0.56 倍处，缘脉与亚缘脉约等长，相当于痣脉长的 3.0 倍；翅面纤毛较少，除缘脉之下近后缘翅面具 3-4 支短毛外，其余散布于痣脉以外翅面，不规则成列；缘毛较长，最长者为前翅宽的 1.1 倍；后翅稍短于前翅，长为宽的 15.7 倍；翅脉端部伸达翅长的 0.56 倍处，翅面规则纤毛 1 列；最长后缘毛仅及前翅最长者的 0.66 倍；各足较粗壮，各足节均具细纤毛，各足基跗节均短于其后各跗节。

腹部圆锥形，长于头胸部长度之和；基部 5 腹节背板的前半段较光滑，后半段具细致纵皱脊纹；产卵管高度骨化，约为腹长的一半，相当于后足胫节长的 1.3 倍，末端稍伸出腹末之外。

雄 未知。

寄主 未知。

模式标本产地 福建福州。

模式标本存放单位 福建农林大学生物防治研究所昆虫标本室 [FAFU]。

研究标本 ♀ (正模)，1♀ (副模)，福州金山 (N26°82'31", E119°20'30", 16M)，1987. VIII. 20，林乃铨采于黄盘诱集器。

分布 福建 (福州)。

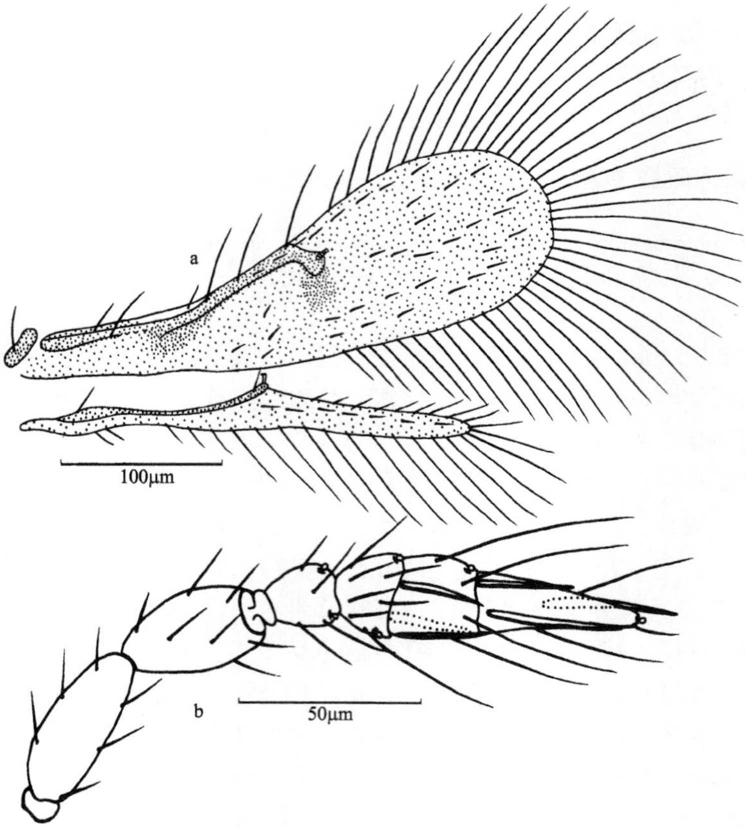

图 122 尖角伪寡赤眼蜂 *Pseudoligosita acuticlavata* (Lin) (♀)

a. 前后翅 (fore & hind wing)；b. 触角 (antenna)

(118) 飞虱伪寡赤眼蜂 *Pseudoligosita yasumatsui* (Viggiani & Subba Rao, 1978) (图 123)

Oligosita yasumatsui Viggiani & Subba Rao, 1978, Boll. Lab. Ent. Agr. 'F. Silvestri', Portici, 35: 5; Lin, 1994, System. Stud. Chinese Trichogrammatidae: 153-154.

Oligosita sp. He, Pang & Chen, 1986, Atlas of Natural Enemies of Rice Pests. Shanghai Sci. & Tech. Press, p.112; Liao, Li, Pang & Chen, 1987, Economic Insect Fauna of China (Hym.: Chalcidoidea). Sci. Press, 34(1): 208-209.

Pseudoligosita yasumatsui (Viggiani & Subba Rao): Pinto & Viggiani, 2004, J. Hym. Res., 13(2): 288.

雌　体长 0.57 mm；全体黄褐色，但复眼、单眼黑色；头顶、翅脉和腹部第 I-IV 腹节背板的后半段淡黄褐色，前翅面全部无色透明。

头部正面观近扁圆形，宽略大于高，明显宽于胸部；复眼较大，长约为头高的 0.6 倍；头顶及颊区均具若干纤毛；上颚发达，末端具 3 齿；下颚须 1 节，端部 2 毛；触角着生于两复眼内侧的中下方，较简短；柄节细长，相当于梗节长的 1.5 倍，长为宽的 3.5 倍 (图 123b)；梗节梨形，长为宽的 1.5 倍；环状节明显；索节较短，长小于宽，仅及梗节长的 0.4 倍；棒节纺锤形，相当于梗节长的 1.75 倍，长于柄节；基棒节近半圆形，长小于宽；第二棒节横形，长小于宽；端棒节锥形，长稍大于宽；索节与各棒节除均具若干锥栓感器和鞭毛感器外；端部两棒节还各具 2 和 3 支板状感器；端棒节上的板状感器末端稍突出棒节端部两侧。

胸部仅及腹长的一半左右；中胸盾马蹄形，上具 2 支纤毛；小盾片横形，中部具 2 支纤毛；内悬骨较宽短，末端伸达腹长的 0.3 倍左右；前翅较窄长，长为宽的 4.3 倍 (图 123a)；翅脉端部稍超出翅长的一半，缘脉长，痣脉较宽大；翅面纤毛中等密度，不规则散乱分布；缘毛较长，最长者相当于前翅宽的 1.25 倍；后翅细窄，约与前翅等长；翅脉略短于翅长之半；翅面规则纤毛约 2 列；最长后缘毛仅及前翅最长者的 0.75 倍，相当于前翅宽度；各足正常大小，各足节均具细纤毛。

腹部长圆锥形，除基部 4 节背板的前半段较光滑、后半段具细致纵皱脊纹外，各腹节背板的后缘还具稀纤毛；产卵管高度骨化，长度约为腹长的 0.6 倍；相当于后足胫节长的 1.3 倍，末端稍露出腹末之外。

雄　体长 0.51 mm；体色及主要特征与雌虫相似 (图 123c)，但前翅较雌者更细长，翅面纤毛也更少；腹末第 V-VI 腹节的背板褐色；外生殖器呈半圆形强度弯曲 (图 123d)，端部尖细。

寄主　国内寄主未知；国外报道可寄生半翅目的二条黑尾叶蝉 *Nephotettix nigropictus*、二点黑尾叶蝉 *N. virescens*、褐飞虱 *Nilaparvata lugens* 和白背飞虱 *Sogatella furcifera* 等虫卵。

模式标本产地　Chachoengsas, Thailand。

模式标本存放单位　British Museum (Nat. Hist.) [BMNH]。

研究标本　1♀，新疆新源 (N43°25'39", E83°16'25", 1800M)，1997. VIII. 1，马德英网扫；2♀1♂，江西鹰潭 (N28°15'36", E117°04'09", 141M)，1985. X. 25，林乃铨网扫；2♀，

湖北蒲圻 (N30°21'46", E114°16'41", 37M)，1991. VIII. 10-20，袁合强、欧阳宗兵网扫；1♀2♂，福建福州金山 (N26°82'31", E119°20'30", 16M)，1987. VIII. 20，林乃铨网扫；1♂，福建武夷山黄岗山 (N27°51'37", E117°47'02", 2158M)，1985. VII. 14，汤玉清网扫；1♂，福建武夷山二里坪 (N27°44'53", E117°40'41", 724M)，1985. VII. 24，林乃铨网扫；1♀1♂，福建松溪渭田 (N25°52'41", E117°19'21", 496M)，1987. VIII. 5，吴祖建网扫；3♂1♀，福建寿宁转水 (N27°12'34", E119°25'03", 840M)，1987. VII. 14，刘高盛网扫。

分布 新疆 (新源)、湖北 (蒲圻)、江西 (鹰潭)、福建 (福州、武夷山、松溪、寿宁)、广东 (阳江)；泰国，马来西亚。

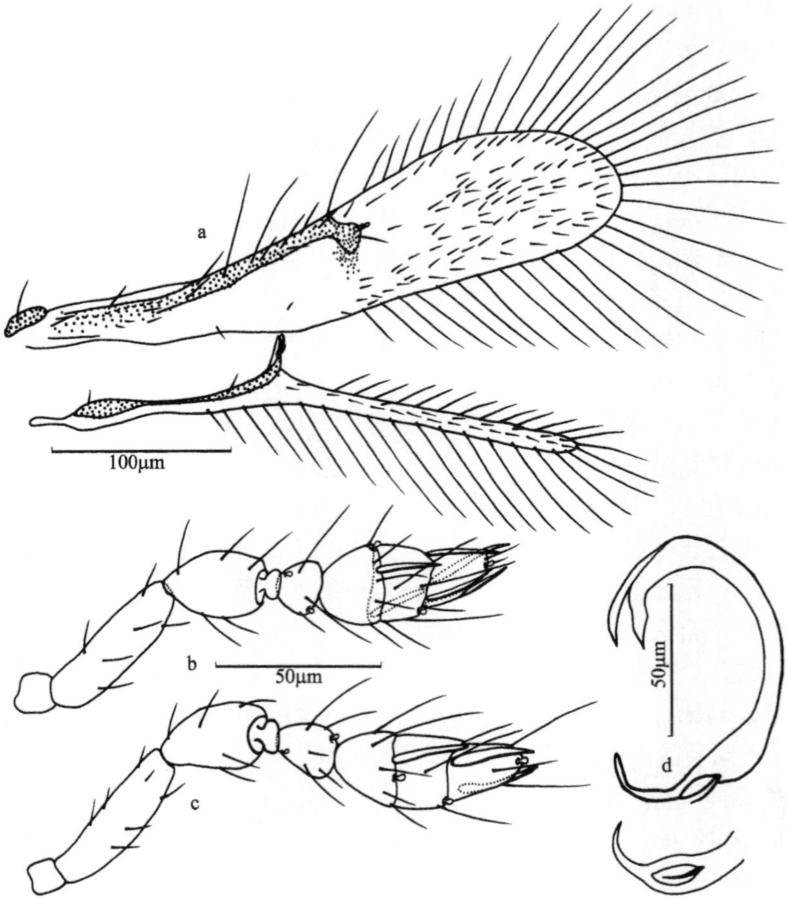

图 123 飞虱伪寡赤眼蜂 *Pseudoligosita yasumatsui* (Viggiani & Subba Rao)

a. 前后翅 (fore & hind wing, ♀)；b. 触角 (antenna, ♀)；c. 触角 (antenna, ♂)；d. 雄外生殖器 (male genitalia)

(119) 弯管伪寡赤眼蜂 *Pseudoligosita curvata* (Lin, 1994) (图 124)

Oligosita curvata Lin, 1994, System. Stud. Chinese Trichogrammatidae: 152.

Pseudoligosita curvata (Lin): Pinto & Viggiani, 2004, J. Hym. Res., 13(2): 288.

雌　体长 0.80-0.85 mm；全体淡黄褐色，但复眼、单眼黑色；上颚、前胸背板、中后胸两侧、后足基节、各足端跗节及产卵管褐色；痣脉及缘前脉基部下方翅面各具 1 灰褐色半透明小昙纹，其余翅面无色透明。

头部正面观扁圆形，宽明显大于高，也明显宽于胸部；复眼中等大小，长约为高的 0.6 倍，其内侧颜面及头顶均具稀纤毛；上颚强大，末端 3 齿；下颚须 1 节，端部 2 毛；触角着生于两复眼下缘连线之上方，较细长；柄节长棒状，长近于宽的 4.0 倍，等于梗节长的 1.5 倍；梗节长梨形，长为宽的 2.0 倍 (图 124b)；环状节小而明显；索节近卵圆形，长为宽的 1.6 倍，相当于梗节长的 0.6 倍；棒节长纺锤形，相当于梗节长的 2.0 倍；基棒节近圆锥形，长宽约相等；第二棒节圆柱形，最宽大，长稍大于宽；端棒节长锥状，长为宽的 2.0 倍；索节与各棒节除均具若干锥栓感器和鞭毛感器外，端部两棒节还各具 2 和 3 支板状感器，端棒节上的板状感器末端稍突出棒节端部两侧。

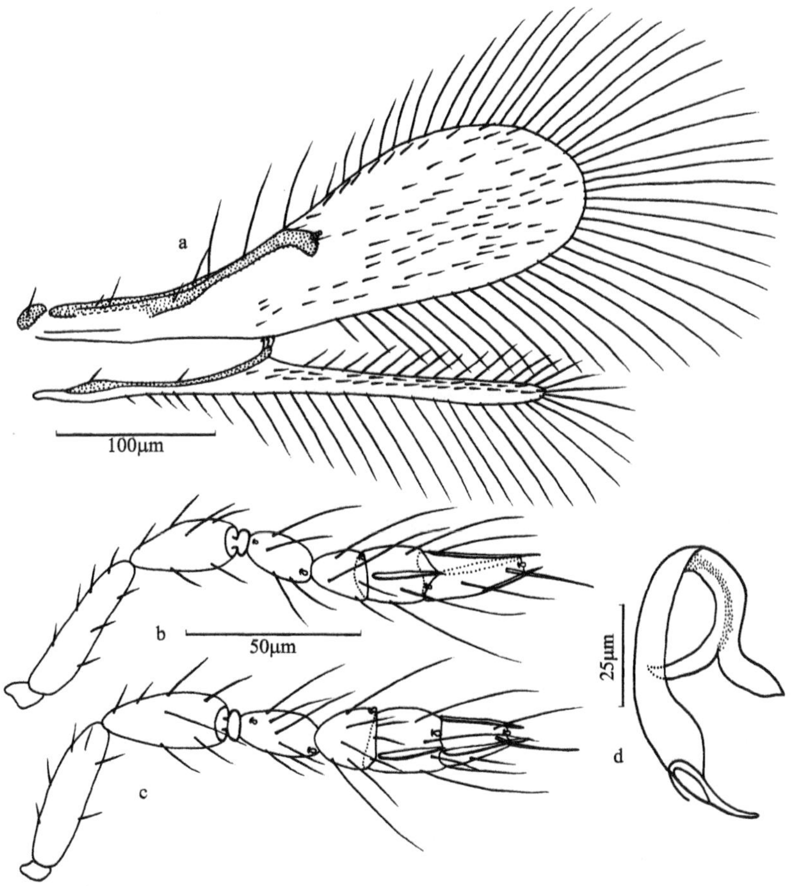

图 124　弯管伪寡赤眼蜂 *Pseudoligosita curvata* (Lin)

a. 前后翅 (fore & hind wing, ♀)；b. 触角 (antenna, ♀)；c. 触角 (antenna, ♂)；d. 雄外生殖器 (male genitalia)

胸部明显短于腹长，约为后者长的 0.57 倍；中胸盾及小盾片各具 2 支纤毛，内悬骨较短；端部伸达腹长的 0.3 倍左右，末端分 2 叶；前翅中等宽大，长为宽的 3.5 倍，末端

斜圆 (图 124a)；翅脉末端伸达翅长的一半左右，缘脉与亚缘脉约等长；痣脉与缘脉近于垂直弯曲，长度仅及后者长的 0.2 倍；翅面纤毛中等密度，不规则散乱分布；最长缘毛略长于前翅宽 (1.1 倍)；后翅略短于前翅，窄长；翅脉约为翅长的一半，翅面规则纤毛 2 列；最长后缘毛仅及前翅最长者的 0.7 倍左右。

腹部长卵圆形，除基部 5 腹节背板的前半段较光滑、后半段具明显纵皱脊纹外，各腹节背板的后缘均具 1 列稀纤毛；产卵管高度骨化，近于腹长的一半；与后足胫节约等长，末端稍露出腹末之外。

雄 体长 0.8 mm 左右；体色及主要特征与雌虫相似 (图 124c)，但腹部末端颜色稍深；仅基部 3 腹节背板的后半段具纵皱脊纹；外生殖器呈弧形强度弯曲，基部呈叉状与腹部相接 (图 124d)；端部尖细，与后足胫节约等长。

寄主 未知。

模式标本产地 福建武夷山。

模式标本存放单位 福建农林大学生物防治研究所昆虫标本室 [FAFU]。

研究标本 ♀(正模)，2♀2♂(副模)，福建福州金山 (N26°82'31", E119°20'30", 16M)，1987. VII-X，林乃铨、蔡毅群采于黄盘诱集器；2♀1♂ (副模)，福建武夷山黄岗山 (N27°51'37", E117°47'02", 2158M)，1985. VII. 30，林乃铨网扫；1♀1♂(副模)，福建武夷山二里坪 (N27°44'53", E117°40'41", 724M)，1985. VII. 24，林乃铨网扫；2♀ (副模)，福建松溪渭田 (N25°52'41", E117°19'21", 496M)，1987. VIII. 16，吴祖建网扫；3♀ (副模)，福建永春吾边 (N25°19'26", E118°16'48", 120M)，1985. VIII. 30，陈新金网扫。

分布 福建 (福州、武夷山、松溪、永春)。

(120) 叶蝉伪寡赤眼蜂 *Pseudoligosita nephotetticum* (Mani, 1939) (图 125)

Oligosita nephotetticum Mani, 1939, Indian J. Ent., 1: 92; He, Pang & Chen, 1986, Atlas of Natural Enemies of Rice Pests, Shanghai Sci. & Tech. Press, p.111-112; Liao, Li, Pang & Chen, 1987, Economic Insect Fauna of China (Hym.: Chalcidoidea). Sci. Press, 34(1): 208; Lin, 1994, System. Stud. Chinese Trichogrammatidae: 154-155.

Pseudoligosita nephotetticum (Mani): Pinto & Viggiani, 2004, J. Hym. Res., 13(2): 288.

雌 体长 0.60-0.66 mm；全体黄褐色，但复眼、单眼黑色；头顶、前后翅脉及腹部第 I-IV 腹节背板的后半段淡黄褐色，第 V 腹节以后各节褐色；前翅翅面全部无色透明。

头部正面观扁圆形，宽大于高，宽于胸部；复眼较大，长约为头高的 0.8 倍；其内侧颜面及头顶均具若干纤毛；上颚发达，末端具 3 齿；下颚须 1 节，端部 2 毛；触角着生于两复眼内侧的中下方，较长；柄节长棒状，端部略小；长为宽的 4.1 倍，相当于梗节长的 1.9 倍 (图 125b)；梗节梨形，长为宽的 1.5 倍；环状节明显，索节较短，长略小于宽，不及梗节长的一半；棒节近纺锤形，长度与柄节相当；基部两棒节的长均各小于其宽，约等长；端棒节圆锥状，末端较钝，长为宽的 1.5 倍；索节与各棒节除均具若干锥栓感器和鞭毛感器外，端部两棒节还各具 2 和 3 支板状感器；端棒节上的板状感器末端呈刺状亚端突，稍突出棒节端部两侧。

胸部约为腹长的 2/3，中胸盾及小盾片各具 2 支纤毛；内悬骨较长，向后伸达腹部的一半；前翅较宽大，末端斜圆，长为宽的 3.4 倍 (图 125a)；翅脉末端伸达翅长的一半左右；缘脉直而长，长于亚缘脉，为痣脉长的 3.75 倍；翅面纤毛稠密，不规则散乱分布，最长缘毛近于前翅宽的 0.8 倍；后翅与前翅约等长，细窄；翅脉不及翅长一半，翅面规则纤毛 2 列；最长后缘毛仅及前翅最长者的 0.8 倍，相当于前翅宽的 0.6 倍左右；各足正常大小，各足节均具细纤毛。

腹部长锥状；基部 5 节背板的后半段除具细致纵皱脊纹外，各腹节背板的后缘均具 1 横列稀纤毛；产卵管较发达，长度与腹长接近；相当于后足胫节长的 1.3 倍，末端明显伸出腹末之外。

雄　体长 0.6 mm 左右；体色及主要特征与雌虫相似；但触角棒节较细，端部两棒节各具 2 支板状感器 (图 125c)；腹基部 3 腹节背板的前半段较光滑，后半段具纵皱脊纹；外生殖器强度弯曲成弧形 (图 125d)，末端尖细。

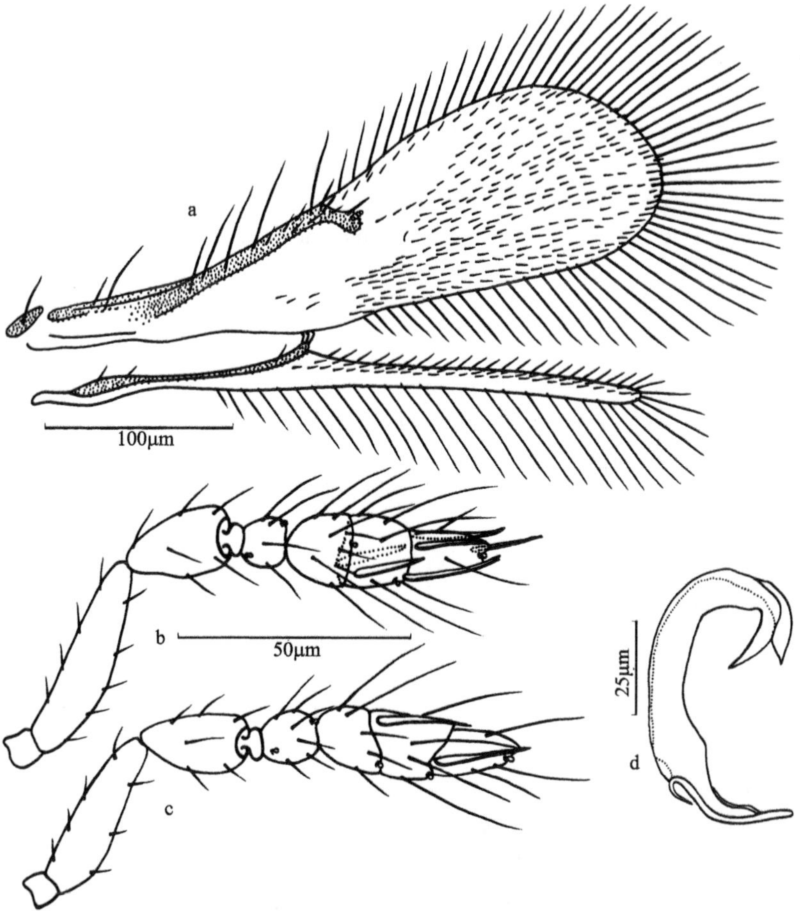

图 125　叶蝉伪寡赤眼蜂 *Pseudoligosita nephotetticum* (Mani)

a. 前后翅 (fore & hind wing, ♀)；b. 触角 (antenna, ♀)；c. 触角 (antenna, ♂)；d. 雄外生殖器 (male genitalia)

寄主 可寄生半翅目的黑尾叶蝉 *Nephotettix cincticeps*、二点黑尾叶蝉 *N. bipunctatus*、褐飞虱 *Nilaparvata lugens* 及其他多种叶蝉、飞虱卵。

模式标本产地 Orissa, India。

模式标本存放单位 Imperial Agricultural Research Institute, New Delhi, India [IARI]。

研究标本 2♀，湖北蒲圻 (N30°21'46", E114°16'41", 37M)，1991. VIII. 10-21，袁合强、欧阳宗兵网扫；12♀13♂，福建福州金山 (N26°82'31", E119°20'30", 16M)，1984。VIII-X，林乃铨网扫于稻田；4♀3♂，福建沙县洋枋 (N26°22'55", E117°55'06", 175M)，1980. VII. 15，林乃铨从秧田黑尾叶蝉卵内养出；5♀3♂，福建永春城关 (N25°19'26", E118°16'48", 120M)，1986. VII. 17，林乃铨、刘高盛、郑南辉网扫；2♀1♂，广东广州石牌 (N23°8'42", E113°20'46", 12M)，1985. XI. 3，林乃铨网扫；2♀，广西南宁 (N22°48'54", E108°22'04", 176M)，1986. V. 25，汤玉清网扫；2♀1♂，西藏林芝八一镇 (N29°50', E93°25', 2009M)，2003. VII. 10-IX. 29，德吉梅朵网扫。

分布 湖北 (蒲圻)、福建 (福州、武夷山、建阳、福鼎、寿宁、福安、仙游、沙县、永春、连城、龙岩、云霄、诏安)、广西 (南宁)、西藏 (林芝)，也分布于湖北 (武昌)、江西 (南昌、鹰潭)、湖南 (长沙、源江)、广东 (广州、阳江)；印度，日本。

(121) 肿脉伪寡赤眼蜂 *Pseudoligosita krygeri* (Girault, 1929) (图 126)

Chaetostricha pulchra Kryger, 1918, Ent. Medd., 12: 309-310.

Chaetostricha krygeri Girault, 1929c, New Pests from Australia, VI. Privat. pub., p.4. (New name for *pulchra* Kryger, preoccupied).

Oligosita fomosa Nowicki, 1935, Zeit. angew. Ent. Berlin, 21: 595 (unnecessary new name for *pluchra* Kryger).

Chaetostricha aurulenta Doutt, 1961, Acta Hym., 1: 308.

Oligosita krygeri (Girault): Doutt & Viggiani, 1968, Proc. Calif. Acad. Sci., 35: 539; Lin, 1994, System. Stud. Chinese Trichogrammatidae: 164-165.

Pseudoligosita krygeri (Girault): Pinto & Viggiani, 2004, J. Hym. Res., 13(2): 289.

雌 体长 0.90-0.95 mm；全体淡黄褐色，但复眼、单眼黑色；上颚、前中胸背板、并胸腹节两侧、各腹节背板的前半段、产卵管、后足基部及各足端跗节为褐色；前翅痣脉及缘脉下方翅面各具 1 褐色半透明小昙纹，其余翅面无色透明。

头部正面观扁圆形，宽大于高，稍宽于胸部；复眼较大，长约为头高的 0.7 倍，其内侧颜面及头顶均具若干纤毛；上颚发达，末端具 3 齿；下颚须 1 节，端部 2 毛；触角着生于两复眼下缘连线之上，较长；柄节长为宽的 3.1 倍，相当于梗节长的 1.3 倍 (图 126b)；梗节长梨形，长为宽的 2.1 倍；环状节明显；索节近圆形，长略大于宽，相当于梗节长的一半；棒节长纺锤形，等于柄节长的 1.3 倍；基棒节最短，长小于宽；第二棒节最长，为其宽的 1.3 倍；端棒节略短于第二棒节，长为宽的 1.5 倍；索节与各棒节除均具若干锥栓感器和鞭毛感器外，端部两棒节还各具 2 和 4 支板状感器；端棒节上的板状感器呈刺状亚端突，稍突出棒节端部两侧。

胸部仅及腹长的一半，中胸盾及小盾片各具 2 支纤毛；内悬骨较短，端部仅伸达腹长的 0.3 倍左右处，末端分 2 叶；前翅末端较宽圆，长为宽的 2.5 倍 (图 126a)；翅脉端部接近翅长的一半；缘脉长于亚缘脉和缘前脉，为痣脉长的 3.7 倍；翅面纤毛中等偏密，大部分规则成列；缘毛较短，最长者仅及前翅宽的 0.4 倍；后翅明显短于前翅，窄长，长为宽的 25.0 倍；翅脉略短于翅长之半，翅面规则纤毛 2 列；最长后缘毛与前翅最长者约等长；各足正常大小，各足节均具细纤毛，中足基跗节不特别长。

腹部卵圆形，基部 5 腹节背板的前半段较光滑，后半段具明显的纵皱脊纹；各腹节背板中部均具 1 横列稀纤毛；产卵管高度骨化，较长，约为腹长的 0.75 倍；等于后足胫节长的 1.7 倍，末端稍露出腹末。

雄　体长 0.85 mm 左右；体色及主要特征与雌虫相似；但触角端部两棒节各具 2 和 3 支板状感器，端棒节上的板状感器呈刺状亚端突稍突出棒节端部两侧 (图 126c)；前翅较雌者稍窄，长为宽的 2.9 倍 (图 126d)；痣脉、缘脉及缘前脉显著肿大，末端略超过翅长的一半；翅面纤毛中等偏密，大部分规则成列；缘毛较长，最长者为前翅宽的 0.64 倍左右；腹基部 3 腹节背板的前半段较光滑，后半段具纵皱脊纹；外生殖器的阳基与阳茎高度退化，愈合为简单管状 (图 126e)，阳茎内突明显短于阳茎，端部似环索赤眼蜂属 *Hayatia* 种类愈合为一；两者全长相当于后足胫节长的 0.75 倍，端部不明显弯向腹面。

寄主　国内寄主未明。国外记载可寄生半翅目叶蝉科 Cicadellidae 的黑尾叶蝉 *Nephotettix cincticeps*、大青叶蝉 *Tettigella viridis* 等虫卵；另据 Gastaldo & Chiappini (1994) 报道，本种在意大利北部地区年发生 2 代，其发生时间与其寄主大青叶蝉基本同步，冬季以 3 龄幼虫在寄主卵内过冬；同时他们还在扫描电镜下观察到，本种赤眼蜂的 3 龄幼虫具有在寄主卵内吐丝结茧，然后才进入预蛹的习性。能在如此微小的寄主卵内观察到赤眼蜂幼虫的吐丝、结茧习性，实属罕见。

模式标本产地　Denmark。

模式标本存放单位　Zoological Museum Copemhagen, Denmark [ZMCD]。

研究标本　4♀，辽宁沈阳东陵 (N41°48'46", E123°31'59", 52M)，1992. VII. 9，林乃铨网扫；1♀，辽宁千山 (N41°01'33", E123°08'51", 520M)，1990. VII. 26，林乃铨网扫；1♀1♂，北京香山樱桃沟 (N40°02'20", E116°02'57", 501M)，1992. VII. 6，林乃铨网扫；1♂，北京十三陵 (N40°16'20", E116°13'30", 640M)，1983. VII. 8，黄大卫网扫；3♂，新疆新源 (N43°25'39", E83°16'25", 1800M)，1997. VIII. 1，马德英网扫；2♀1♂，江西鹰潭 (N28°15'36", E117°04'09", 141M)，1985. X. 25，林乃铨；9♀4♂，福建武夷山桐木 (N27°44'53", E117°40'41", 724M)，1985. VII. 24，林乃铨网扫；2♂，福建武夷山二里坪 (N27°44'51", E117°40'43", 620M)，1985. VII. 28，林乃铨、赵景璋网扫；1♀2 ♂，福建武夷山七里桥 (N27°43'50", E117°39'32", 849M)，1985. VII. 25，林乃铨网扫；1♀1♂，福建建阳大竹岚 (N27°41'41", E117°39'01", 1036M)，1985. VIII. 10，林乃铨；6♀1♂，福建将乐龙栖山 (N26°30'41", E117°22'57", 239M)，1991. VIII-X，刘长明、林乃铨网扫；1♀1♂，福建沙县洋枋 (N26°22'55", E117°55'06", 175M)，1979. VIII. 5，林乃铨网扫；1♀2♂，西藏拉萨拉鲁湿地 (N29°36', E91°06', 3650M)，2002. VIII. 26，林乃铨、孙新涛网扫；1♀2♂，西藏林芝八一镇 (N29°50', E93°25', 2009M)，2003. VII. 10-IX. 29，德吉梅朵网扫。

分布　辽宁 (沈阳、千山)、北京 (香山、十三陵)、新疆 (新源)、江西 (鹰潭)、福

建 (武夷山、松溪、建阳、寿宁、沙县、将乐)、西藏 (拉萨、林芝)；日本，丹麦，苏联，波兰，法国。

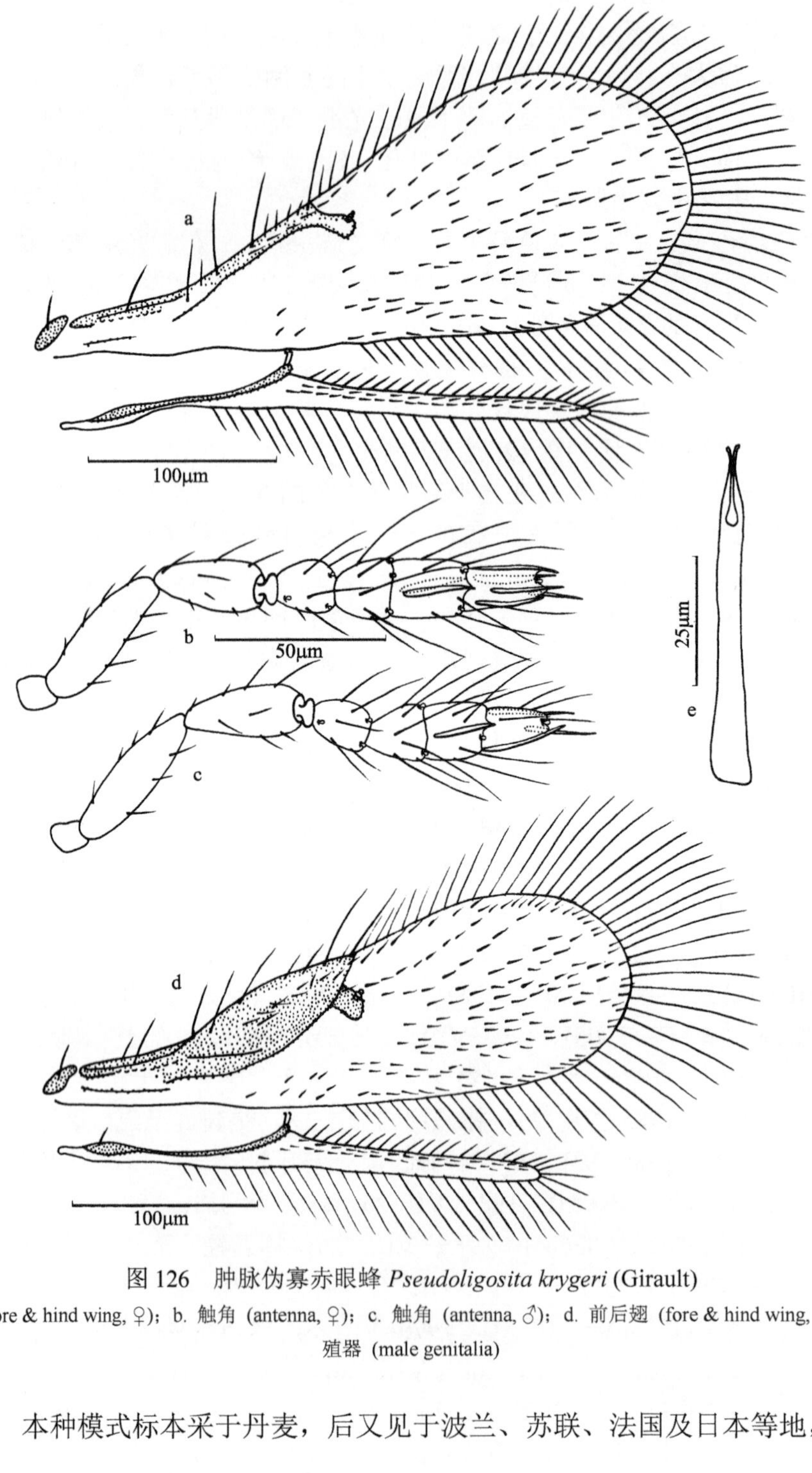

图 126　肿脉伪寡赤眼蜂 *Pseudoligosita krygeri* (Girault)

a. 前后翅 (fore & hind wing, ♀)；b. 触角 (antenna, ♀)；c. 触角 (antenna, ♂)；d. 前后翅 (fore & hind wing, ♂)；e. 雄外生殖器 (male genitalia)

附注　本种模式标本采于丹麦，后又见于波兰、苏联、法国及日本等地，曾先后数次被描述为几个不同的种，但 Doutt & Viggiani (1968) 将它们全部归为本种的异名，由西欧直到亚洲东部；Lin (1994) 依据 Kryger (1918) 的原始描述和 Doutt (1961) 对日本标本的描述，发现采自我国辽宁、北京、福建、江西、西藏、新疆的标本均系本种，可见本种的分布范围甚广。

(122) 刺角伪寡赤眼蜂 *Pseudoligosita spiniclavata* (Lin, 1994), comb. nov. (图 127)

Oligosita spiniclavata Lin, 1994, System. Stud. Chinese Trichogrammatidae: 157-158.
Pseudoligosita spiniclavata (Lin): New combination.

雌　体长 0.82 mm；全体黄褐色，但复眼、单眼黑色；头顶淡黄褐色，上颚及产卵管褐色；前后翅脉灰褐色，痣脉及缘前脉基部之下翅面各具 1 灰褐色半透明小昙纹；其余翅面无色透明；各腹节背板的前后缘均具淡黄白色横带。

头部正面观扁圆形，宽明显大于高，也明显宽于胸部；复眼较大，长约为头高的 0.6 倍，其内侧颜面及头顶区均具若干纤毛；上颚强大，末端 3 齿；下颚须 1 节，端部 2 毛；触角着生于两复眼下缘连线之稍上方，较粗壮；柄节长为宽的 2.6 倍，相当于梗节长的 1.3 倍；梗节长梨形，长约为宽的 1.9 倍 (图 127b)；环状节明显；索节扁圆形，横宽，长仅及宽的 0.5 倍，等于梗节长的 0.4 倍左右；棒节长锥状，长约为宽的 2.4 倍，相当于柄节长的 1.3 倍；基棒节最短，扁圆形，长仅及宽的一半左右；第二棒节圆柱形，长略小于宽；端棒节最长，圆锥形，长为宽的 1.8 倍；索节与各棒节除均具若干锥栓感器和鞭毛感器外，端部两棒节还各具 3 和 4 支板状感器；端棒节上的板状感器呈长刺状亚端突，明显突出端棒节端部两侧之外。

胸部仅及腹长的一半左右，其背板上具细致刻纹；中胸盾及小盾片各具 2 支纤毛，中胸盾的后半段至小盾片中央有 1 淡色纵带；内悬骨短而宽，端部伸达腹长的 0.3 倍左右，末端分 2 叶；前翅端部较宽圆，长为宽的 2.7 倍 (图 127a)；翅脉端部伸达翅长的一半左右；缘脉长于亚缘脉，相当于痣脉长的 2.8 倍；翅面纤毛中等密度，大致成列分布；缘毛中等长短，最长者约为前翅宽的 0.5 倍；后翅略短于前翅，长为宽的 20.0 倍；翅脉末端伸达翅长的一半，翅面规则纤毛 2 列；最长后缘毛短于前翅最长者，相当于前翅宽的 0.4 倍；各足较粗壮，各足节均具细纤毛，中后足基跗节不特别长。

腹部长卵锥状，稍长于头胸部长度之和；除腹基部 5 节背板的前半段较光滑、后半段具纵皱脊纹外，各腹节背板两侧还各具 1 支纤毛；腹末 2-3 节背板的中央还具 2 支粗纤毛；产卵管高度骨化，长度为腹长的 0.4 倍；与后足胫节约等长，末端稍露出腹末。

雄　体长 0.75-0.78 mm；体色及主要特征与雌虫相似；但触角鞭节除均具若干锥栓感器和粗长鞭毛感器外，端部两棒节还各具 2 和 3 支板状感器；端棒节上的板状感器呈长刺状亚端突，明显突出端棒节端部两侧 (图 127c)；外生殖器的阳基和阳茎愈合为简单管状 (图 127d)，其基部 1 对很长的内突，类似异茎赤眼蜂属种类的阳茎内突基半段趋于愈合；阳茎端部略扩大且稍向腹面弯曲，相当于后足胫节长的 0.9 倍左右。

寄主　未知。

模式标本产地　福建福州。

模式标本存放单位 福建农林大学生物防治研究所昆虫标本室 [FAFU]。

研究标本 ♀(正模),1♀(副模),福建福州金山 (N26°82'31", E119°20'30", 16M),1987. VIII. 29,林乃铨采于黄盘诱集器;1♀(副模),福建福州森林公园 (N26°08'31", E119°28'30", 643M),1989. VII. 10,黄建青采于黄盘诱集器;2♀2♂(副模),福建南靖乐土 (N24°54'21", E117°12'53", 277M),1991. V. 23,刘长明网扫。

分布 福建 (福州、南靖)。

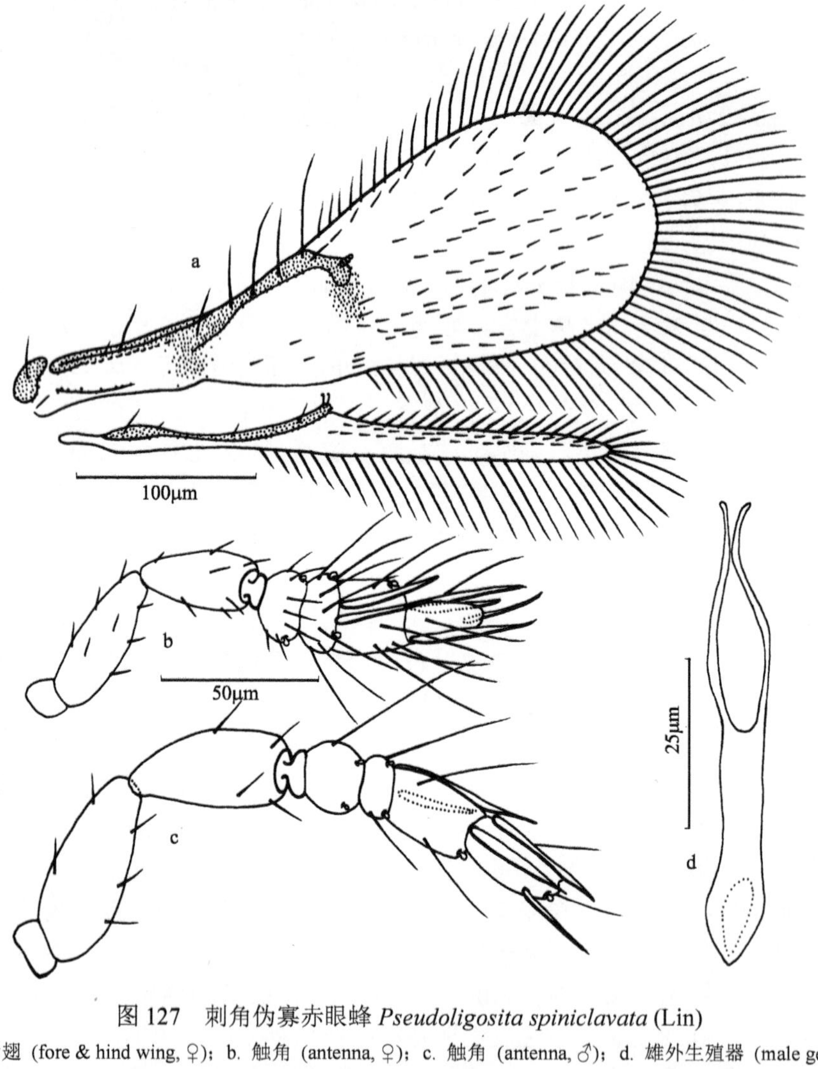

图 127 刺角伪寡赤眼蜂 *Pseudoligosita spiniclavata* (Lin)

a. 前后翅 (fore & hind wing, ♀); b. 触角 (antenna, ♀); c. 触角 (antenna, ♂); d. 雄外生殖器 (male genitalia)

(123) 横盾伪寡赤眼蜂 *Pseudoligosita transiscutata* (Lin, 1994) (图 128)

Oligosita transiscutata Lin, 1994, System. Stud. Chinese Trichogrammatidae: 167-168.

Pseudoligosita transiscutata (Lin): Pinto & Viggiani, 2004, J. Hym. Res., 13(2): 289.

雌 体长 0.79 mm；全体淡黄褐色，但复眼、单眼黑色；上颚、产卵管褐色；后胸和腹基部背板两侧、后足基节、腹末 2-3 节背板、前翅翅脉为黄褐色；前翅痣脉和缘前脉之下翅面各具 1 灰褐色半透明昙纹，其余翅面无色透明。

头部正面观扁圆形，宽明显大于高，约与胸部等宽；复眼较大，长为头高的 0.6 倍左右，其上密具细纤毛；复眼内侧颜面及头顶均具若干纤毛；上颚发达，末端具 3 齿；下颚须 1 节，端部 2 毛；触角着生于两复眼内侧之中部，较细长；柄节长为宽的 4.0 倍，等于梗节长的 1.3 倍 (图 128b)；梗节长梨形，长为宽的 2.3 倍；环状节发达，索节近圆筒形，长为宽的 1.6 倍，等于梗节长的 0.6 倍左右；棒节长纺锤形，长为宽的 4.3 倍，相当于柄节长的 1.5 倍；基棒节最短，长为宽的 1.25 倍；第二棒节圆筒形，长为宽的 1.4 倍；端棒节最长，圆锥状，长近于宽的 2.0 倍；索节与各棒节除均具若干锥栓感器和鞭毛感器外，端部两棒节还各具 3 支板状感器；端棒节上的板状感器呈刺状亚端突，稍突出端棒节端部两侧之外。

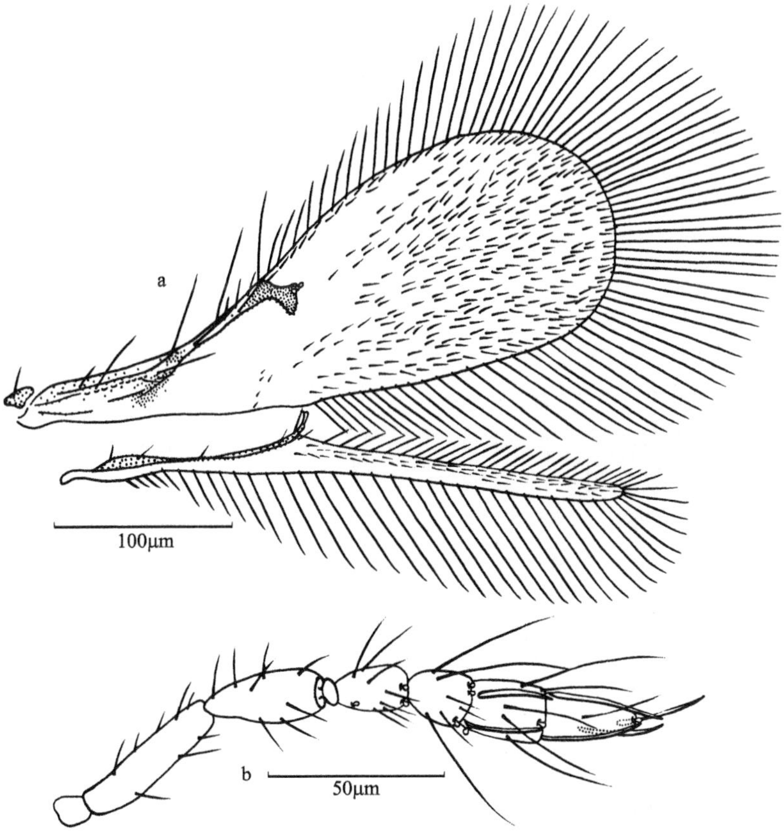

图 128 横盾伪寡赤眼蜂 *Pseudoligosita transiscutata* (Lin) (♀)
a. 前后翅 (fore & hind wing)；b. 触角 (antenna)

胸部相当于腹长的 0.61 倍左右，上具细刻纹；中胸盾及小盾片均横形，各具 2 支纤毛；内悬骨宽大，端部伸达腹长的一半左右，末端分 2 叶；前翅端部宽圆，长为宽的 2.7

倍 (图 128a)；翅脉端部伸达翅长的 0.47 倍左右处，缘脉略长于亚缘脉，相当于痣脉长的 4.0 倍；翅面纤毛高度稠密，不规则散乱分布；缘毛中等长短，最长者约为前翅宽的 0.67 倍；后翅稍短于前翅，长为宽的 22.0 倍，翅脉端部伸达翅长的 0.43 倍左右；翅面规则纤毛端部 3 列、基部 2 列；最长后缘毛稍短于前翅最长者，相当于前翅宽的 0.57 倍；各足正常大小，各足节均具较多细纤毛，中足基跗节不特别长。

腹部长卵锥形，稍长于头胸部长度之和；除腹基部 5 节背板的前半段较光滑、后半段具明显纵皱脊纹外，各腹节背板的两侧均具纤毛，尤以腹末 2-3 节的纤毛较多；产卵管高度骨化，约为腹长的 0.54 倍，等于后足胫节长的 0.83 倍，末端稍露出腹末。

雄 未知。

寄主 未知。

模式标本产地 福建武夷山。

模式标本存放单位 福建农林大学生物防治研究所昆虫标本室 [FAFU]。

研究标本 ♀ (正模)，福建武夷山黄岗山 (N27°51'37", E117°47'02", 2158M)，1985. VII. 31，林乃铨网扫。

分布 福建 (武夷山)。

(124) 长角伪寡赤眼蜂 *Pseudoligosita longicornis* (Lin, 1994) (图 129)

Oligosita longicornis Lin, 1994, System. Stud. Chinese Trichogrammatidae: 161.

Pseudoligosita longicornis (Lin): Pinto & Viggiani, 2004, J. Hym. Res., 13(2): 289.

雌 体长 0.80-0.84 mm；全体淡黄褐色，但复眼、单眼黑色；上颚、产卵管及其基部褐色；触角除柄节外的各节、并胸腹节两侧及后足基节灰褐色；前翅痣脉和缘前脉基部下方翅面各具 1 褐色半透明晕纹，其余翅面大致无色透明。

头部正面观扁圆形，宽大于高，也明显宽于胸部；复眼较大，长为头高的 0.75 倍，其上密具细纤毛；复眼内侧颜面及头顶均具若干纤毛；上颚较强大，末端 3 齿；下颚须 1 节，端部 2 毛；触角着生于两复眼下缘连线之稍上方，较细长；柄节长为宽的 3.0 倍，等于梗节长的 1.3 倍 (图 129b)；梗节长梨形，长为宽的 2.1 倍；环状节明显，索节近圆筒形，长为宽的 1.2 倍，接近梗节长的一半；棒节长锥状，长为宽的 5.0 倍，相当于柄节长的 1.6 倍；基棒节最短，长为宽的 1.2 倍；第二棒节长度其次，长近于宽的 2.0 倍；端棒节最细长，为宽的 3.6 倍；索节与各棒节除均具若干锥栓感器和鞭毛感器外，端部两棒节还各具 2 和 4 支板状感器；端棒节上的板状感器呈刺状亚端突，明显突出端棒节端部两侧之外。

胸部长度仅及腹长一半，其上具细致刻纹；中胸盾及小盾片除各具 2 支纤毛外，中央还有 1 中纵线贯穿前后；内悬骨端部伸达腹长的 0.38 倍处，末端分 2 叶；前翅端部较宽圆，长为宽的 2.7 倍 (图 129a)；翅脉端部伸达翅长的一半左右，缘脉与亚缘脉约等长，相当于痣脉长的 3.0 倍；翅面纤毛中等密度，大体不规则成列；缘毛较短，最长者约为前翅宽的 0.44 倍；后翅略短于前翅，长为宽的 19.0 倍；翅脉端部伸达翅长的一半；翅面规则纤毛 2 列，最长后缘毛稍短于前翅最长者，等于前翅宽的 0.41 倍；各足正常大小，各足节均具细纤毛，中后足基跗节明显较长。

腹部长圆锥形，明显长于头胸部长度之和；腹基部 5 节背板的前半段较光滑，后半段具明显的纵皱脊纹；产卵管高度骨化，长度约为腹长的 0.58 倍，与后足胫节约等长，端部稍突出腹末。

雄　未知。

寄主　未知。

模式标本产地　福建松溪。

模式标本存放单位　福建农林大学生物防治研究所昆虫标本室 [FAFU]。

研究标本　♀(正模)，2♀(副模)，福建松溪渭田 (N25°52'41", E117°19'21", 496M)，1987. VIII. 5，吴祖建网扫；6♀(副模)，福建将乐龙栖山 (N26°30'41", E117°22'57", 239M)，1991.VIII-X，林乃铨、刘长明网扫；2♀，新疆乌鲁木齐 (N43°44'17", E87°36'24", 800M)，1999. VIII. 27，林乃铨网扫；1♀，新疆五家渠 (N44°7'34", E87°32'52", 490M)，2001. VII. 20，胡红英网扫；1♀，新疆石河子 150 团 (N44°18'34", E86°5'18", 450M)，2001. VII. 12，胡红英网扫。

分布　新疆 (乌鲁木齐、五家渠、石河子)、福建 (松溪、将乐)。

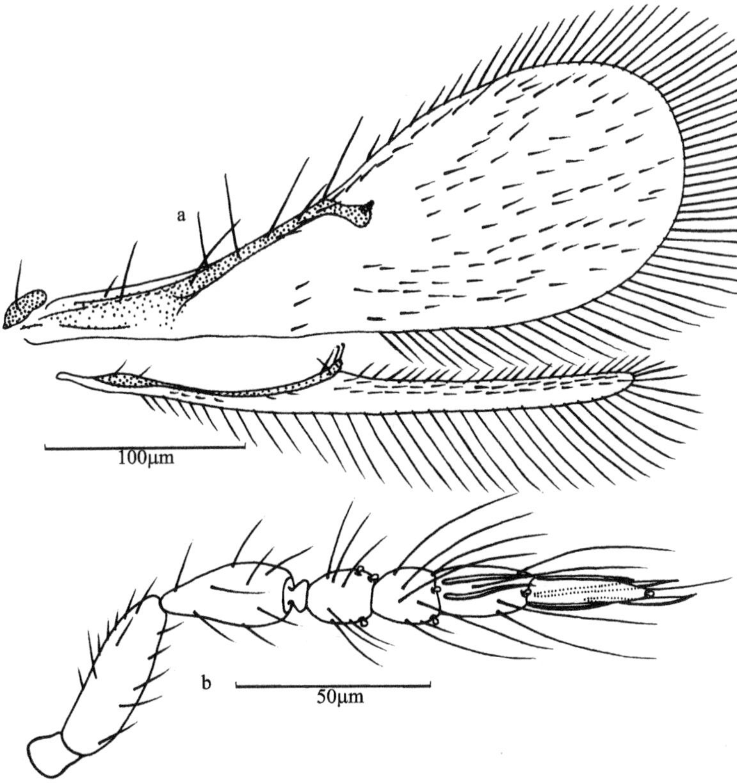

图 129　长角伪寡赤眼蜂 *Pseudoligosita longicornis* (Lin) (♀)

a. 前后翅 (fore & hind wing)；b. 触角 (antenna)

(125) 大眼伪寡赤眼蜂 *Pseudoligosita grandiocella* (Lin, 1994) (图 130)

Oligosita grandiocella Lin, 1994, System. Stud. Chinese Trichogrammatidae: 160-161.
Pseudoligosita grandiocella (Lin): Pinto & Viggiani, 2004, J. Hym. Res., 13(2): 289.

雌 体长 0.70-0.73 mm；全体黄色，但复眼、单眼黑色；上颚及产卵管黄褐色；前翅痣脉和缘前脉基部之下翅面各具 1 淡黄褐色半透明小昙斑，其余翅面无色透明。

头部正面观扁圆形，宽明显大于高，也大于胸宽；复眼较大，长约为头高的 0.75 倍，其内侧颜面及头顶均具若干纤毛；上颚强大，末端 3 齿；下颚须 1 节，端部 2 毛；触角着生于两复眼内侧中下方，较细长；柄节长约为宽的 3.4 倍，等于梗节长的 1.4 倍 (图 130b)；柄节长梨形，长为宽的 2.3 倍；环状节明显，索节近卵圆形；长为宽的 1.4 倍，相当于梗节长的 0.56 倍；棒节长纺锤形，长为宽的 4.1 倍，等于柄节长的 1.5 倍；基棒节最短，长为宽的 1.16 倍；第二棒节其次，长约为宽的 1.25 倍；端棒节锥状，最长，长约为宽的 2.33 倍；索节与各棒节除均具若干锥栓感器和鞭毛感器外，端部两棒节还各具 2 和 3 支板状感器；端棒节上的板状感器呈刺状亚端突，明显突出端棒节端部两侧之外。

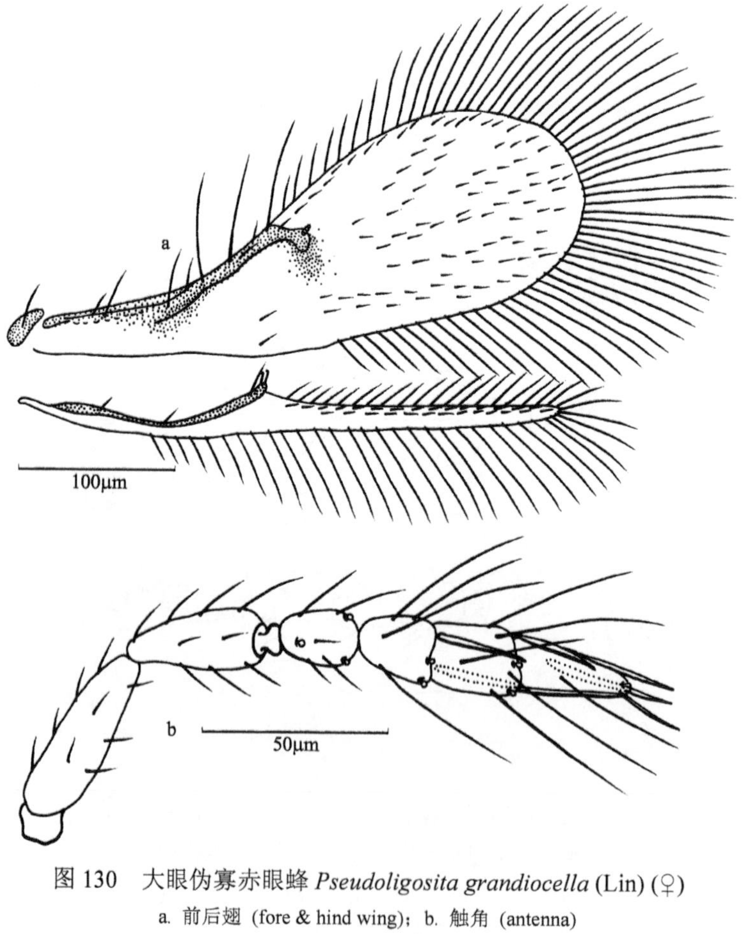

图 130 大眼伪寡赤眼蜂 *Pseudoligosita grandiocella* (Lin) (♀)

a. 前后翅 (fore & hind wing)；b. 触角 (antenna)

胸部等于腹长的 0.56 倍，其上具细刻纹；中胸盾及小盾片各具 2 支纤毛；内悬骨较长，端部伸达腹长的一半左右，端部分 2 叶；前翅端部较宽圆，长为宽的 2.7 倍 (图 130a)；翅脉末端伸达翅长的一半左右处；缘脉与亚缘脉约等长，为痣脉长的 3.0 倍；翅面纤毛较多，大部分不规则成列；缘毛中等长短，最长者为前翅宽的 0.72 倍；后翅与前翅约等长，长为宽的 20.0 倍；翅脉略短于翅长的一半，翅面规则纤毛 2 列；后缘毛略短，仅及前翅最长者的 0.75 倍，为前翅宽的 0.54 倍左右；各足正常大小，各足节均具细纤毛，中足基跗节不明显长于其他各跗节。

腹部长卵锥形，长于头胸部的总长；腹基部 5 节背板的前半段较光滑，后半段具明显纵皱脊纹；产卵管高度骨化，长度为腹长的 0.6 倍；稍长于后足胫节，末端稍露出腹末。

雄　未知。

寄主　未知。

模式标本产地　福建武夷山。

模式标本存放单位　福建农林大学生物防治研究所昆虫标本室 [FAFU]。

研究标本　♀ (正模)，1♀ (副模)，福建武夷山黄岗山 (N27°51'37", E117°47'02", 2158M)，1985. VII. 31，林乃铨网扫；1♀ (副模)，福建武夷山桐木 (N27°44'53", E117°40'41", 724M)，1985. VII. 24，林乃铨网扫；3♀ (副模)，福建南靖乐土 (N24°54'21", E117°12'53", 277M)，1991. V. 23，刘长明网扫。

分布　福建 (武夷山、南靖乐土)。

(126) 窄痣伪寡赤眼蜂 *Pseudoligosita stenostigma* (Lin, 1994), comb. nov. (图 131)

Oligosita stenostigma Lin, 1994, System. Stud. Chinese Trichogrammatidae: 163-164.
Pseudoligosita stenostigma (Lin): New combination.

雌　体长 0.73-0.76 mm；全体褐色，但复眼、单眼黑色；头顶、触角各节、翅脉、各足节及腹部第 I-V 腹节背板的后半段淡褐色；痣脉及缘前脉基部下方翅面各具 1 褐色半透明小昙纹，其余翅面无色透明。

头部正面观扁圆形，宽大于高，也宽于胸部；复眼长约为头高的 0.6 倍，其内侧颜面及头顶均具若干细纤毛；上颚强大，末端 3 齿；下颚须 1 节，端部 2 毛；触角着生于两复眼下缘连线之上，较细长 (图 131b)；柄节长棒状，端部较细，长约为宽的 3.6 倍，相当于梗节长的 1.25 倍；梗节长锥状，长约为宽的 2.4 倍；环状节大而明显；索节卵圆形，长为宽的 1.4 倍，近于梗节长的一半；棒节长卵圆形，约等于柄节长的 1.3 倍；基棒节长宽约相等；第二棒节最大，长明显大于宽；端棒节锥状，长稍大于宽；索节与各棒节除均具若干锥栓感器和鞭毛感器外，端部两棒节还各具 2 和 4 支板状感器；端棒节上的板状感器，2 支呈刺状、1 支呈镰刀状亚端突，稍突出棒节端部两侧之外。

胸部仅及腹长的 0.55 倍，中胸盾及小盾片各具 2 支纤毛和细致刻纹；内悬骨较长，端部伸达腹长的一半，末端分 2 叶；前翅长为宽的 2.6 倍，端部中等宽圆 (图 131a)；翅脉稍长于翅长的一半；缘脉稍长于亚缘脉，相当于痣脉长的 4.0 倍；痣脉基部明显收窄；翅面纤毛中等稠密，分布不很规则；缘毛较短，最长者仅及前翅宽的一半左右；后翅短于前翅，长约为宽的 16.0 倍；翅脉略短于翅长的一半，翅面规则纤毛 2 列；后缘毛较短，最长者仅及前翅宽的 0.4 倍；各足正常大小，各足节均具细纤毛，中足基跗节不特别长。

腹部长圆锥形，稍长于头胸部长度之和；除腹基部 5 节背板的前半段较光滑、后半段具明显纵皱脊纹外，各腹节背板的后缘还均具 1 列稀纤毛；产卵管高度骨化，约为腹长的 0.7 倍，等于后足胫节长的 1.5 倍，末端明显突出腹末之外。

雄 体长 0.7 mm；体色及主要特征与雌虫相似；但触角的索节、棒节略细长 (图 131c)；腹基部3节背板的前半段较光滑，后半段具纵皱脊纹；外生殖器愈合为简单管状 (图 131d)，阳茎基部明显骨化，端部骨化程度较低；向腹面弯曲不明显，末端具 1 圆形开口，稍短于后足胫节长度。

寄主 未知。

模式标本产地 福建福安。

模式标本存放单位 福建农林大学生物防治研究所昆虫标本室 [FAFU]。

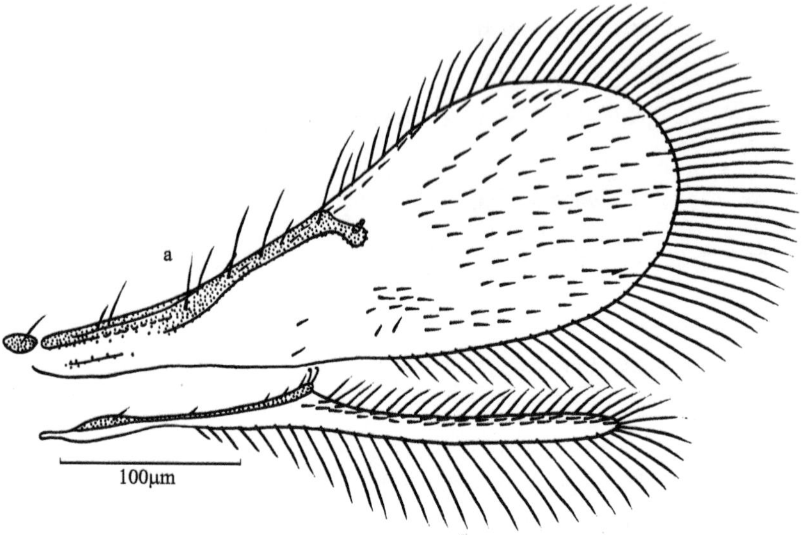

图 131 窄痣伪寡赤眼蜂 *Pseudoligosita stenostigma* (Lin)

a. 前后翅 (fore & hind wing, ♀)；b. 触角 (antenna, ♀)；c. 触角 (antenna, ♂)；d. 雄外生殖器 (male genitalia)

研究标本　♀ (正模)，福建福安赛歧 (N26°58'03", E119°40'45", 17M)，1985. VII. 9，占挺清网扫于稻田；10♀8♂ (副模)，福建福州金山 (N26°82'31", E119°20'30", 16M)，1982-1986. VI-IX，林乃铨网扫于稻田；3♀3♂ (副模)，福建永春吾边 (N25°19'26", E118°16'48", 120M)，1985. VIII. 29，陈新金网扫于稻田；15♀5♂ (副模)，福建沙县洋枋 (N26°22'55", E117°55'06", 175M)，1979-1981. VII-VIII，林乃铨网扫于稻田。

分布　福建 (福州、福安、沙县、永春)。

(127) 长索伪寡赤眼蜂 *Pseudoligosita elongata* (Lin, 1994) (图 132)

Oligosita elongata Lin, 1994, System. Stud. Chinese Trichogrammatidae: 161-162.

Pseudoligosita elongata (Lin): Pinto & Viggiani, 2004, J. Hym. Res., 13(2): 288.

雄　体长 0.85-0.90 mm；全体黄褐色，但复眼、单眼黑色，上颚褐色；头顶、前后翅脉、腹部第 I-III 腹节背板的后半段淡黄褐色；前翅痣脉和缘前脉基部之下翅面各具 1 灰褐色半透明小昙斑，其余翅面基本无色透明。

头部正面观扁圆形，宽明显大于高，也明显宽于胸部；复眼较大，长为头高的 0.6 倍，各小眼间均具细纤毛；复眼内侧颜面及头顶均具若干纤毛；上颚发达，末端具 3 齿；下颚须 1 节，端部 2 毛；触角着生于两复眼下缘连线之上，较细长；柄节长约为宽的 3.6 倍，相当于梗节长的 1.16 倍 (图 132b)；梗节长锥形，长约为宽的 3.0 倍；环状节明显，索节长圆筒形，长为宽的 2.5 倍，等于梗节长的 0.63 倍；棒节长锥状，端部不尖削，长约为宽的 3.6 倍，等于柄节长的 1.15 倍；基棒节长约为宽的 1.25 倍，第二棒节最短，长宽约相等；端棒节最长，长约为宽的 1.67 倍；索节与各棒节除均具若干锥栓感器和鞭毛感器外，端部两棒节还各具 2 支板状感器；端棒节上的板状感器呈刺状亚端突，明显突出棒节端部两侧之外。

胸部约为腹长的 0.43 倍，其上具细刻纹；中胸盾及小盾片各具 2 支纤毛，内悬骨端部伸达腹长的 0.33 倍处，末端分 2 叶；前翅端部中等宽圆，长约为宽的 2.6 倍 (图 132a)；翅脉端部伸达翅长的 0.53 倍处；缘脉略长于亚缘脉，约等于痣脉长的 3.3 倍；翅面纤毛中等密度，基本不规则成列；缘毛较短，最长者仅及前翅宽的 0.45 倍；后翅略短于前翅，长约为宽的 16.0 倍；翅脉略长于翅长的一半，翅面规则纤毛 2 列；最长后缘毛略长于前翅最长者，近于前翅宽的一半；各足正常大小，各足节均具细纤毛，中后足基跗节明显长于其后各跗节。

腹部近长卵圆形，长于头胸部长度之和；仅腹基部 3 节背板的前半段较光滑、后半段具纵皱脊纹；外生殖器愈合为简单管状 (图 132d)，阳茎基部骨化较明显；明显向腹面强度弯曲，长度相当于后足胫节长的 0.7 倍左右。

雌　体长 0.88-0.92 mm；体色及主要特征与雄虫相似，但触角更细长；柄节长为宽的 4.16 倍，等于梗节长的 1.35 倍 (图 132c)；梗节长为宽的 3.0 倍，索节长为宽的 2.6 倍，等于梗节长的 0.7 倍；棒节长为宽的 5.2 倍，等于柄节长的 1.36 倍；各棒节长度依次递增，长均大于各自宽度，端棒节长为宽的 2.15 倍；索节与各棒节除均具若干锥栓感器和鞭毛感器外，端部两棒节还各具 2 支板状感器；端棒节上的板状感器呈刺状亚端突，明显突出棒节端部两侧。

腹部末端稍尖削，基部 5 节背板的前半段较光滑，后半段具纵皱脊纹；产卵管约为腹长的一半，等于后足胫节长的 0.8 倍，末端不突出腹末之外。

寄主　未知。

模式标本产地　福建福州。

模式标本存放单位　福建农林大学生物防治研究所昆虫标本室 [FAFU]。

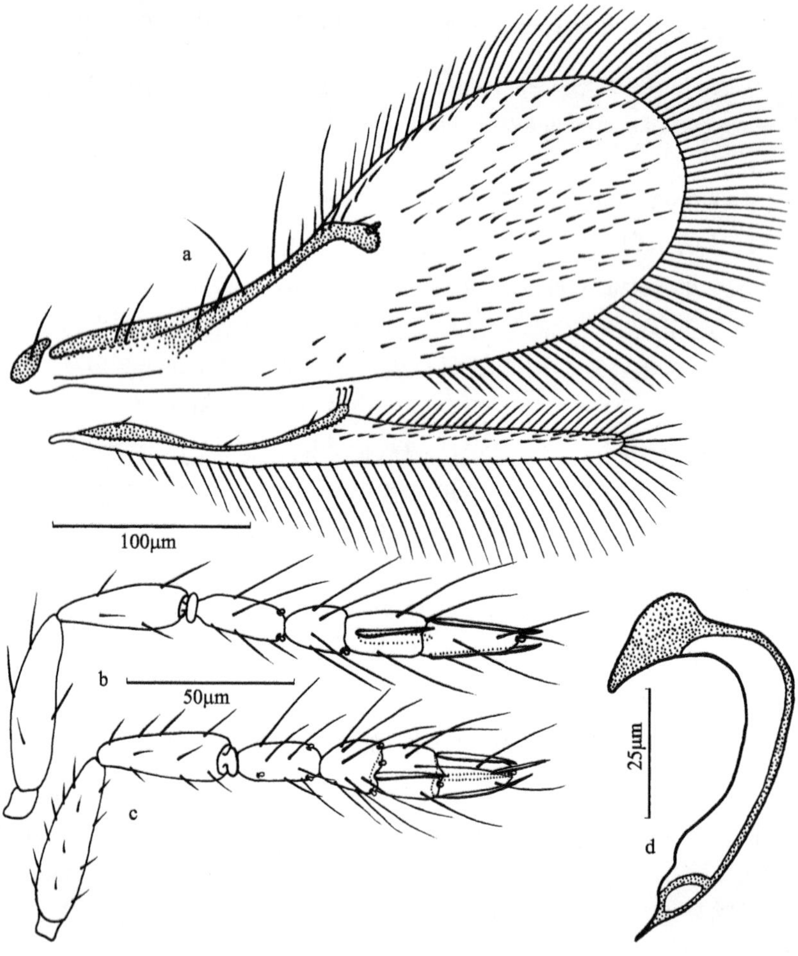

图 132　长索伪寡赤眼蜂 *Pseudoligosita elongata* (Lin)

a. 前后翅 (fore & hind wing, ♂)；b. 触角 (antenna, ♂)；c. 触角 (antenna, ♀)；d. 雄外生殖器 (male genitalia)

研究标本　♂ (正模)，1♀ (副模)，福建福州金山 (N26°82'31", E119°20'30", 16M)，1987. IV. 5，林乃铨采于黄盘诱集器；1♀2♂ (副模)，辽宁沈阳 (N41°42'53.83", E123°26'58", 47M)，1992. VII. 10，林乃铨网扫；2♀ (副模)，辽宁西丰冰砬山 (N42°44'16", E124°43'43", 860M)，1992. VII. 12，林乃铨网扫；2♀ (副模)，北京香山 (N40°04'23", E116°13'52", 168M)，1992. VII. 6，林乃铨网扫；3♀1♂，新疆乌鲁木齐 (N43°44'17", E87°36'24", 800M)，2001. VIII. 23，崔卫东网扫；2♂，新疆五家渠 (N44°7'34", E87°32'52", 490M)，2001. VII. 20，孙涛

网扫；1♂，新疆奇台 (N44°11'21", E89°36'31", 1700M)，1998. VII. 20，马德英网扫；2♀1♂，新疆石河子 150 团 (N44°18'34", E86°5'18", 450M)，2001. VII. 12，胡红英网扫；1♀，新疆精河 (N44°36'18", E82°52'43", 800M)，2001. VII. 17，胡红英网扫；2♀，新疆温泉 (N44°59'36", E81°1'59", 880M)，2001. VII. 16，胡红英网扫；1♂，新疆奎屯农七师 (N44°29'42", E84°56'57", 750M)，2001. VII. 17，胡红英网扫；1♀，新疆乌苏 (N44°11'16", E87°19'32", 753M)，2001. VII. 17，胡红英网扫；1♀，新疆新源 (N43°25'39", E83°16'25", 1800M)，1997. VIII. 7，马德英网扫；1♀2♂，新疆库尔勒 (N41°43'59", E86°11'25", 950M)，2001. VIII. 8，胡红英网扫；2♀2♂，新疆焉耆 (N42°32'37", E86°34'39", 1064M)，2001. VIII. 7，胡红英网扫。

分布　辽宁 (沈阳、西丰)、北京 (香山)、新疆 (乌鲁木齐、五家渠、奇台、石河子、精河、温泉、奎屯、乌苏、新源、库尔勒、焉耆)、福建 (福州)。

36. 类断赤眼蜂属 *Pseudomirufens* Lou & Yuan, 1998

Pseudomirufens Lou & Yuan, 1998, Ent. Sin., 5(1): 22-25. **Type species**: *Pseudomirufens curtifuniculus* Lou & Yuan, 1998. by monotypy; Pinto, 2006, J. Hym. Res., 15(1): 66.

鉴别特征　雄性触角 8 节，除柄节、梗节外，环状节、索节和棒节各 2 节；梗节上具明显的横脊纹，两索节的长宽接近或长短于宽；两棒节均具若干鞭毛感器和板状感器；前翅宽圆，缘脉不与前缘紧密接触；痣脉与缘脉近于等长；翅面纤毛规则成列，具中肘横毛列；外生殖器明显分阳基和阳茎两部分；阳基细长，背面开放，无阳基背突；端部具阳基侧瓣和钩爪，腹中突消失；阳茎具明显的阳茎内突，两者全长与阳基长度相当。

寄主　寄主等生物学特性未知。

分布　吉林 (龙潭山)。

附注　本属系 Lou & Yuan (1998) 根据采自吉林龙潭山的单性标本为属模而建立；Pinto (2006) 称在澳大利亚也已发现本属标本，但尚未描述定名。因此本属至今除属模之外，尚未发现雌性及其他种类。根据 Viggiani (1971b, 1984) 和 Pinto (2006) 以雄外生殖器特征为主要依据的分类系统标准，本属可隶于赤眼蜂亚科、赤眼蜂族；且与断脉赤眼蜂属 *Mirufens* 极其相似，可见它们缘系较近。

现记述本属仅知 1 种如下。

(128) 短索类断赤眼蜂 *Pseudomirufens curtifuniculus* Lou & Yuan, 1998 (图 133)

Pseudomirufens curtifuniculus Lou & Yuan, 1998, Ent. Sin., 5(1): 22-25.

雄　体长 0.97 mm；全体暗褐色，但复眼暗红色，单眼淡红色；头顶、触角柄节和梗节腹面、各足腿节基部和胫节端部、基部两跗节淡褐色；前后翅脉暗褐色，翅面基本无色透明。

头部正面观近圆形，宽略大于高；头顶具细致刻纹和稀纤毛，复眼中等大小，长约为头高的 0.54 倍；上颚端部具 3 齿，下颚须 2 节，端部 2 毛；触角着生于两复眼下沿连线之稍上方，细长；柄节长圆柱形，长为宽的 4.5 倍，为梗节长的 1.57 倍 (图 133b)；梗节较粗壮，倒圆锥形，长为宽的 2.0 倍，其上约具 10 条明显的横脊纹；基环状节明显，第二环状节紧贴于基索节基部一侧；基索节的长宽约相等，第二索节明显短而横形，宽大于长；两棒节不明显膨大，略窄于梗节宽度；长约为宽的 3.88 倍，等于柄节长的 1.15 倍；基棒节长约等于其宽的 1.75 倍，第二棒节长锥形；长约为宽的 2.43 倍，等于基棒节长的 1.2 倍；两棒节上均具若干鞭毛感器和板状感器。

胸部稍短于腹长，中胸盾和小盾片上均具网状刻纹；内悬骨端部伸达腹部第 II 腹节背板中部，端部具凹陷，但不分成明显的双叶状；前翅宽而端部圆，长约为宽的 1.93 倍 (图 133a)；翅脉末端伸达翅长的 0.56 倍处，缘脉不与前缘紧密接触；痣脉与缘脉近等长；翅面纤毛规则成列，中肘横毛列明显；缘毛长度中等，最长者约为前翅宽的 1/5；后翅短于前翅，长为宽的 10.0 倍；翅面规则纤毛 3 列，最长缘毛长于后翅宽度；足较粗壮，前足胫节外侧缘具 6 枚齿状突 (图 133c)；中足较细长，胫节端距较长；等于该足基跗节长的 0.84 倍左右；后足腿节较粗壮，上具细致网状刻纹，胫节外侧缘具 5-6 枚齿状突。

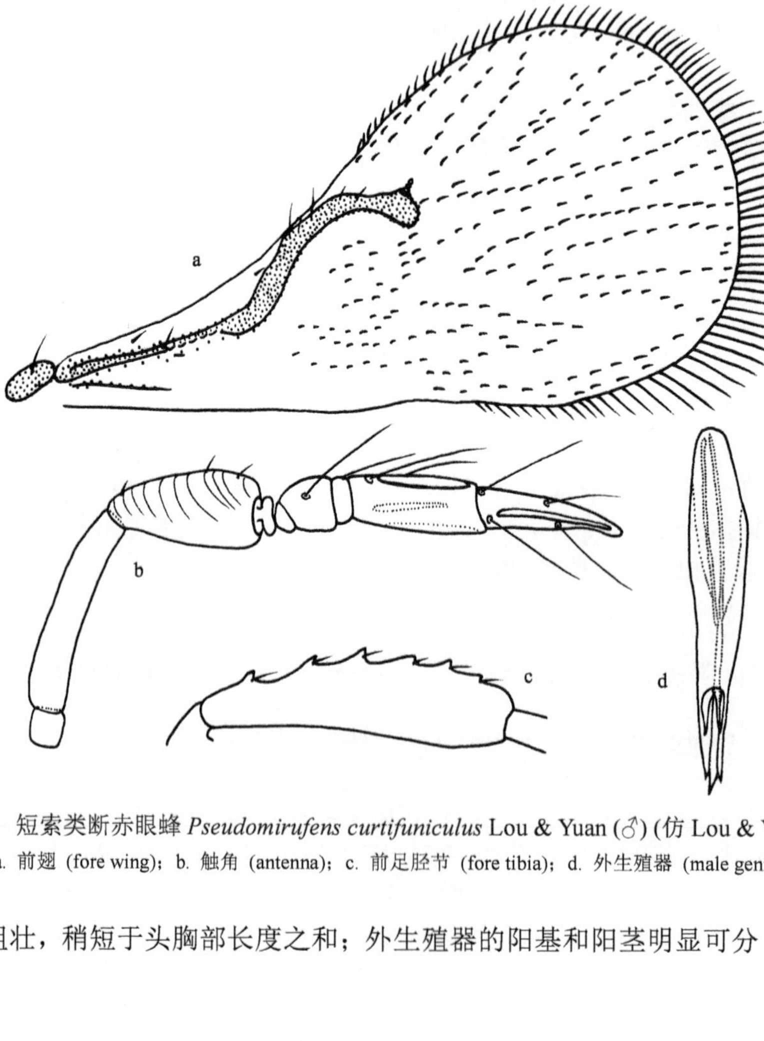

图 133 短索类断赤眼蜂 *Pseudomirufens curtifuniculus* Lou & Yuan (♂) (仿 Lou & Yuan, 1998)
a. 前翅 (fore wing)；b. 触角 (antenna)；c. 前足胫节 (fore tibia)；d. 外生殖器 (male genitalia)

腹部粗壮，稍短于头胸部长度之和；外生殖器的阳基和阳茎明显可分 (图 133d)；阳基细长，背面无阳基背突；完全开放，长约为宽的 5.3 倍；端部具阳基侧瓣和钩爪，D 的长度约为阳基长的 0.27 倍；腹中突消失；钩爪不发达，末端约伸达阳基侧瓣端部的 0.44 倍左右；阳茎略短于其内突，两者全长接近于阳基长度，为后足胫节长的 1.36 倍。

雌　未知。

寄主　未知。

模式标本产地　吉林龙潭山。

模式标本存放单位　沈阳农业大学昆虫标本室 [SYAU]。

分布　吉林 (龙潭山)。

附注　模式标本未检视，形态描述和特征图引自 Lou & Yuan (1998) 的报道。原记述的标本有：♂ (正模)，2♂ (副模)，吉林龙潭山 (N43°52'44", E126°36'36", 298M)，1994-1995. VIII. 1-7，袁静、田文超、娄巨贤采。

37. 似尤赤眼蜂属 *Pseuduscana* Pinto, 2006 (中国新记录属)

Pseuduscana Pinto, 2006, J. Hym. Res., 15(1): 107-108. **Type species**: *Pseuduscana sola* Pinto, 2006. by original designation.

鉴别特征　体型较小，全体褐色，但胸部有不同白色斑；雌性触角环状节 1 节，棒节呈窄亚锥形，4 节，各分节较对称；基棒节短而横形，长小于宽；第二棒节长宽约相等，端部不尖削；第三棒节与第二棒节长度接近，但端部稍窄；端棒节明显狭窄，长约为宽的 2.0 倍；各棒节除均具大而明显的亚球形锥栓感器外，端部 3 棒节还具若干轮生鞭毛感器和板状感器；下颚须 1 节；中胸盾常具 1 对纤毛，小盾片具纤毛 2 对；前翅稍比 *Uscana* 属狭窄，翅面纤毛列较少；所有毛列和中肘横毛列均较清晰，缘毛较长；后翅规则纤毛 2 列；产卵管较短，常短于后足胫节；下生殖板长度在种间差异较大；雄性触角除具与雌性相似的锥栓感器和板状感器外，端部 3 棒节还密具轮生鞭毛感器；外生殖器的阳基与阳茎完全愈合，或阳基形状及其背开口大小、阳基侧瓣和钩爪的有无等因种而异；腹面纤毛缺如。

寄主　未知。

分布　Pinto (2006) 在以美国的 *P. sola* 为模式种建立本属的同时，认为本属是一个大而同形的类群，美洲的种类多样性非常丰富，且可能全世界广布。虽然目前他只正式描述美国的 *P. sola* 1 种，但他已获得从加拿大到阿根廷的大量标本，并根据其基本形态特征，可分出 20 多个不同种类；由于本属种类形态特征的同质性，与赤眼蜂属类似，除了雄外生殖器特征外，雌性不易鉴别；遗憾的是，美洲所采的本属标本多为雌性；在所观察的标本中，或只有雌性，或虽有雄性，但没有明显不同于 *P. sola* 的雄外生殖器特征；因此，现只鉴别出美国的 2 种：*P. sola* 和 1 个雄外生殖器简单、没有阳基侧瓣，可能对称于 *P. sola* 的未描述种，也分布于美国东南部。

Pinto (2006) 根据雄外生殖器特征将本属归于寡索赤眼蜂亚科、毛翅赤眼蜂族；这一分类系统已得到 Owen *et al.* (2007) 基于分子证据系统发育分析结果的支持；本属的前翅及雄外生殖器等特征与尤氏赤眼蜂属 *Uscana* 极其相似，可以看出它们之间的缘系最接近。

我国此前尚无本属种类的明确记述，Pinto (2006) 认为我国有些 *Uscana* 属种类的前翅相对狭窄、缘毛较长，与本属特征符合，而且它们触角第一棒节的特征也不同于 *Uscana* 属；因此，现将 Lou & Cao (1997) 和 Lin (1994) 描述的 *Uscana changbaiensis* 和 *U. setifera* 2 种移到本属，记述于下。

种检索表 (雄)

雄性触角棒节长锥形，长为宽的 4.25 倍；外生殖器的阳基短小，长约为宽的 3.3 倍，等于后足胫节长的 0.4 倍；其阳基基缘具浅薄的内凹，端部缺口不明显……………………………………………………………………………………………………… **长白似尤赤眼蜂 *P. changbaiensis* comb. nov.**

雄性触角棒节长棒状，端部尖削，长为宽的 5.0 倍；外生殖器的阳基稍宽大，长为宽的 3.1 倍，相当于后足胫节长的 0.75 倍；其阳基基缘呈弧形稍向后突出，端部具明显圆形开口和缺口……………………………………………………………………………………………… **毛角似尤赤眼蜂 *P. setifera* comb. nov.**

(129) 长白似尤赤眼蜂 *Pseuduscana changbaiensis* (Lou & Cao, 1997), comb. nov. (图 134)

Uscana changbaiensis Lou & Cao, 1997, in: Lou, Cao & Cong, 1997, J. Shengyang Agr. Univ., 28(3): 186-190.

Pseuduscana changbaiensis (Lou & Cao): New combination.

雄 体长 0.72 mm，翅长 0.53 mm；全体黄褐色，复眼、单眼鲜红色；除后足基节及腿节与体色相同外，其余各足节均浅黄色；前翅沿外缘具 1 半圆形浅褐色带；痣脉以内下方翅面具淡褐色半透明昙纹，其余翅面无色透明。

头部正面观宽大于高，复眼长为头高的 0.56 倍；触角着生在两复眼中部连线之上；柄节长为宽的 3.0 倍 (图 134b)，梗节长为宽的 1.87 倍；环状节小而明显，呈倾斜状；棒节长锥形，长为宽的 4.25 倍，分别等于柄节和梗节长的 1.7 倍和 2.26 倍；基棒节短而横形，长小于宽；端部 3 棒节的长均大于宽，端棒节最细长；各棒节除均具若干明显的锥栓感器外，还具若干板状感器和较短而稀疏的轮生鞭毛感器。

胸部短于腹长，其背板具细刻纹；前翅中等宽圆，长约为宽的 2.1 倍 (图 134a)；翅脉端部伸达翅长的 0.52 倍处；缘脉长于缘前脉而短于亚缘脉，相当于痣脉长的 2.0 倍左右；翅面纤毛规则成列，约 17 列，中肘横毛列不明显；缘毛较长，最长者约为前翅宽的 0.4 倍；后翅长为宽的 10.6 倍，翅脉端部伸达翅长的 0.47 倍处；翅面规则纤毛 2 列，最长后缘毛约为后翅宽的 2.2 倍，稍短于前翅最长缘毛；各足正常大小。

腹部约与头胸部长度之和相等；外生殖器的阳基与阳茎愈合为简单管状 (图 134c)，短小，长约为宽的 3.3 倍，等于后足胫节长的 0.4 倍；阳基基缘具浅薄而明显的凹陷，其前背面开口约等于阳基全长的一半；腹面纤毛缺如，端部缺口不明显。

雌 未知。

寄主 未知。

模式标本产地 吉林长白山。

模式标本存放单位　沈阳农业大学昆虫标本室 [SYAU]。

分布　吉林 (长白山)。

附注　模式标本未检视，形态描述和特征图引自 Lou, Cao & Cong (1997) 的报道。原记述的标本有：♂ (正模)，吉林长白山 (N42°03'06", E127°47'15", 1020M)，1993. VIII. 10，王京平采。

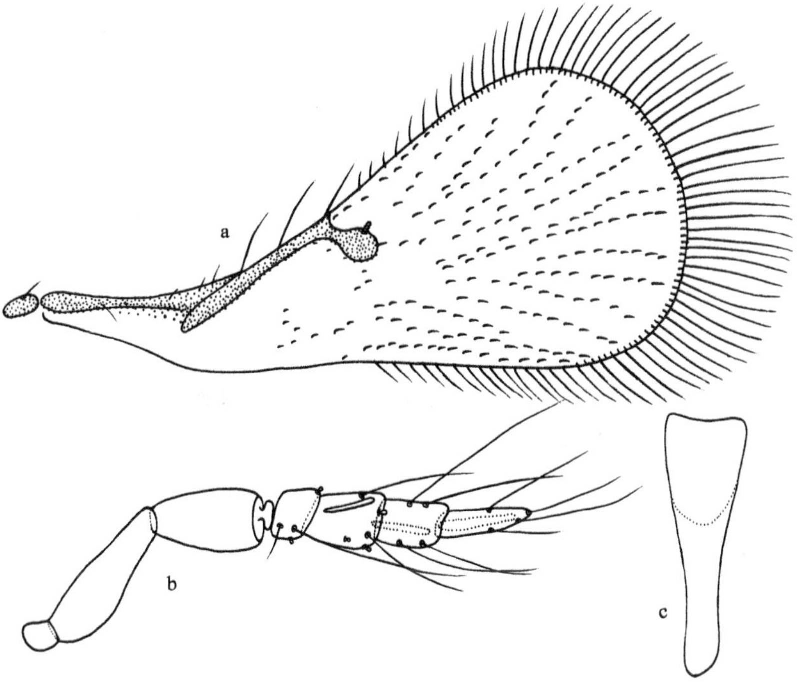

图 134　长白似尤赤眼蜂 *Pseuduscana changbaiensis* (Lou & Cao) (♂) (仿 Lou, Cao & Cong, 1997)
a. 前翅 (fore wing)；b. 触角 (antenna)；c. 雄外生殖器 (male genitalia)

(130) 毛角似尤赤眼蜂 *Pseuduscana setifera* (Lin, 1994), comb. nov. (图 135)

Uscana setifera Lin, 1994, System. Stud. Chinese Trichogrammatidae: 97-98.
Pseuduscana setifera (Lin): New combination.

雌　体长 0.45 mm；全体黄褐色，但各腹节背板暗黄褐色；头顶、各足腿节端部及胫节、跗节淡黄褐色；前后翅脉、上颚及产卵管黄褐色；前翅脉之下方翅面具烟褐色半透明昙纹，其余翅面无色透明。

头部正面观近于倒三角形，上宽下窄；复眼长为头高的 0.65 倍，其内侧颜面及头顶均具若干纤毛；触角着生于两复眼中部连线之稍下方，柄节长为宽的 3.4 倍，相当于梗节长的 1.6 倍 (图 135b)；梗节长梨形，长为宽的 1.5 倍；环状节小而明显；棒节长为宽的 3.5 倍，相当于柄节长的 1.7 倍；基棒节最短，第二、三棒节最长大；端棒节尖削，长度与第三棒节接近，稍长于第二棒节；各棒节除均具若干明显的锥栓感器外，端部 3 棒节还密具轮生长鞭毛感器和 2、3、3 支板状感器。

胸部背板密具细致刻纹，长度为腹长的 0.67 倍；前翅较宽圆，长为宽的 2.2 倍 (图 135a)；翅脉端部伸达翅长的一半，缘脉长于缘前脉而短于亚缘脉，等于痣脉长的 2.0 倍；翅面纤毛规则成列，中肘横毛列不明显；缘毛较长，最长者为前翅宽的 0.4 倍；后翅稍短于前翅，长为宽的 14.0 倍；翅脉近于翅长的一半，翅面规则纤毛 2 列；最长后缘毛约为后翅宽的 3.0 倍，稍短于前翅最长缘毛；各足正常大小，各足节均具细纤毛。

腹部长圆锥形，略长于头胸部长度之和；产卵管短小，长度约为腹长的 0.4 倍；相当于后足胫节长的 0.62 倍，末端不露出腹末之外。

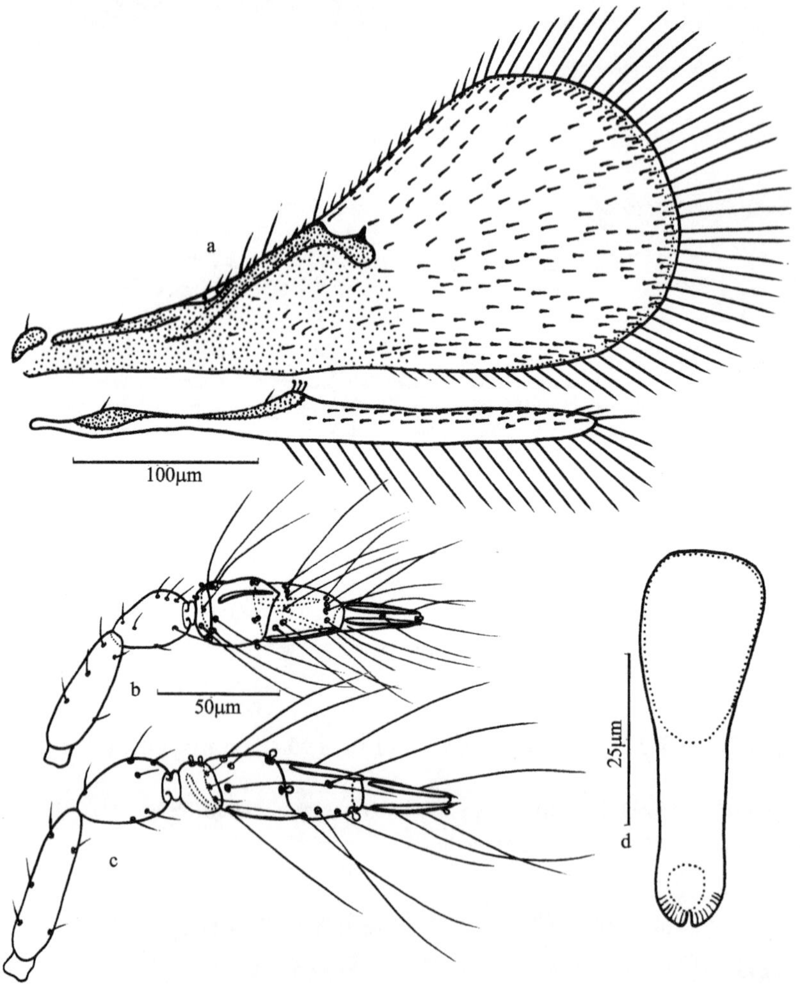

图 135　毛角似尤赤眼蜂 *Pseuduscana setifera* (Lin)

a. 前后翅 (fore & hind wing, ♀)；b. 触角 (antenna, ♀)；c. 触角 (antenna, ♂)；d. 雄外生殖器 (male genitalia)

雄　体长 0.45 mm；体色除各腹节仍为暗黄褐色外，其余部分略淡于雌虫；触角棒节长棒状，端部尖削，长约为宽的 5.0 倍；各棒节均具与雌性相似的锥栓感器外，端部 3 棒节还具若干板状感器和明显较长而稀疏的轮生鞭毛感器 (图 135c)；外生殖器的阳基与阳茎愈合为简单宽管状，长为宽的 3.1 倍 (图 135d)；相当于后足胫节长的 0.75 倍，阳基基缘呈圆弧形稍向后突出；其前背面开口等于阳基全长的 0.51 倍左右，腹面纤毛缺如；端部具明显圆形开口和缺口。

寄主　未知。

模式标本产地　广东广州石牌。

模式标本存放单位　福建农林大学生物防治研究所昆虫标本室 [FAFU]。

研究标本　♀ (正模)，1♀1♂ (副模)，广东广州石牌 (N23°8'42", E113°20'46", 12M)，1985. XI. 3，林乃铨网扫；1♀1♂ (副模)，福建武夷山桐木 (N27°44'53", E117°40'41", 724M)，1985. VII. 10，林乃铨网扫；2♀，海南儋州宝岛新村 (N19°30'42", E109°30'39", 45M)，2005. XI. 7，李文标网扫；1♂，海南儋州云月湖 (N19°30'21", E109°31'33", 113M)，2005. X. 29，李文标网扫。

分布　福建 (武夷山)、广东 (广州)、海南 (儋州)。

38. 长脉赤眼蜂属 *Pterygogramma* Perkins, 1906

Pterygogramma Perkins, 1906, Hawaiian Sugar Planters' Assoc. Ent. Bull., 1: 265. **Type species:** *Pterygogramma acuminata* Perkins, 1906. by monotypy; Doutt & Viggiani, 1968, Proc. Calif. Acad. Sci., 35(20): 507-509; Lin, 1994, System. Stud. Chinese Trichogrammatidae: 102-105; Pinto, 2006, J. Hym. Res., 15(1): 110-111.

Abbelloides Bréthes, 1928, Inst. Biol. Def. Agr., Bol. Rio de Janeiro, 6: 20-21. **Type species**: *Abbelloides marquesi* Bréthes, 1928. by monotypy. syn. by De Santis, 1970.

鉴别特征　触角除柄节、梗节外，环状节 2 节，棒节 5 节；除第二棒节最短、横形且无板状感器外，其余各棒节均具若干锥栓感器、鞭毛感器和板状感器；第三、四棒节常较粗大，端棒节尖削；并胸腹节盘区近三角形，明显长于后胸背板；前翅中等宽圆，长为宽的 1.9-2.3 倍；缘脉较长，长于或等于亚缘脉，端部与痣脉呈弧形连接；翅面纤毛中等偏稀至较稠密，大致规则排列；中肘横毛列有或无，其外侧翅面有 1 近无毛区域，缘毛长度因种而异；后翅面仅规则纤毛 1 列；雌性腹部长圆锥形；产卵管较长，前方源于腹基部，后端明显伸出腹末之外；雄外生殖器的阳基腹面中部具纤毛 1 对，端部具 1 对较短的阳基侧瓣，其余结构均退化；阳茎具明显的阳茎内突。

寄主　在已知 11 种中，有 5 种知可寄生半翅目的叶蝉科 Cicadellidae 和角蝉科 Membracidae 等虫卵，还有 6 种的寄主等生物学仍未明。

分布　中国；澳大利亚，美国 (夏威夷)，巴西，阿根廷及特立尼达岛等地。

附注　Perkins (1906) 根据采自澳大利亚昆士兰的 *P. acuminata* 为模式建立本属之后，Girault (1912-1938) 先后又报道了澳大利亚的 5 新种；Doutt & Viggiani (1968) 将其中的 *P. chinchillae* 指定为 *P. hallami* 的同物异名；De Santis (1970) 和 Viggiani (1986) 分别把 *Abbelloides marquesi* 和 *Uscanna pallidipes* 归到本属，Viggiani (1992b) 又发表了南美洲的另一新种，Lin (1994) 描述了采自我国福建的 3 新种；因而本属至今共知 11 种，5 种分

布澳大利亚 (属模式种也分布于夏威夷)，3 种产于南美洲的巴西、阿根廷、特立尼达岛等地，3 种产于中国福建。

Pinto (2006) 以雄外生殖器特征为主的分类系统，将本属归到寡索赤眼蜂亚科、毛翅赤眼蜂族内；Owen *et al.* (2007) 基于分子证据的赤眼蜂科系统发育分析结果，虽对本属的分族仍存疑问，但已基本明确本属归于寡索赤眼蜂亚科；Pinto (2006) 还认为本属的前翅脉等特征与澳大利亚的 *Thoreauia* 和 *Pseudobrachysticha* 2 属相似，可见它们的缘系接近。

我国有关本属的记载，仅 Lin (1994) 对福建 3 新种的描述，记述于下。

种检索表

1. 前翅翅脉长而直，缘脉明显长于痣脉，两者不呈弧状连接；翅面纤毛中等偏稀，缘毛较长；产卵管明显超过腹长，等于后足胫节长的 2.5 倍；前端抵达胸部，后端明显伸出腹末之外……………………………………………………………………………………………… **圆脸长脉赤眼蜂 *P. rotundum***
   前翅翅脉明显呈"S"形弧状弯曲，缘脉等于或短于痣脉；翅面纤毛较密，缘毛较短；产卵管短于腹长，末端稍突出或不突出腹末之外……………………………………………………………………2
2. 雌性触角明显粗短，棒节卵锥形，长为宽的 2.3 倍；产卵管约为腹长的 0.8 倍，等于后足胫节长的 2.3 倍，末端稍突出腹末；雄外生殖器的阳茎长于其内突 ………… **短棒长脉赤眼蜂 *P. breviclavatum***
   雌性触角细长，棒节长锥状，长为宽的 3.7 倍；产卵管较短，不足腹长的 0.6 倍；等于后足胫节的 1.5 倍，末端不明显突出腹末；雄性外生殖器的阳茎短于其内突 ……… **长角长脉赤眼蜂 *P. longius***

(131) 圆脸长脉赤眼蜂 *Pterygogramma rotundum* Lin, 1994 (图 136)

Pterygogramma rotundum Lin, 1994, System. Stud. Chinese Trichogrammatidae: 103.

雌 体长 0.58 mm；全体黄褐色，但复眼、单眼红色；头顶、中后胸背板、各足节及前后翅脉淡黄褐色；前翅脉之下翅面具淡烟褐色半透明昙纹，其余翅面无色透明。

头部正面观圆形，宽与高大致相等，与胸部约等宽；复眼较大，长约为头高的 0.6 倍，其内侧颜面及头顶区均具少量稀纤毛；上颚强大，端部具 3 齿；下颚须 1 节，端部 2 毛；触角着生于两复眼下缘连线之稍上方，较粗短；柄节长为宽的 2.7 倍，等于梗节长的 1.3 倍；梗节圆梨形，长为宽的 1.3 倍 (图 136b)，两者之上均具网状细纹；基环状节明显大于第二环状节，后者明显嵌入棒节基部；棒节长圆锥形，长为宽的 2.7 倍，相当柄节长的 1.6 倍；除端棒节锥状，长稍大于宽之外，基部 4 棒节的长度均小于各自宽度；第二棒节最短，楔形，背侧明显短于腹侧，其上无板状感器；各棒节除均具若干锥栓感器和鞭毛感器外，端部 3 棒节还各具 3、3 和 5 支板状感器。

胸部较宽大，长度为腹长的 0.7 倍左右，其上密具细致刻纹；中胸盾前端两侧各具 1 支纤毛，小盾片中后方具 4 支纤毛；内悬骨宽大，端部伸达腹长的一半以上，末端分 2 叶；前翅中等宽圆，端部稍平截 (图 136a)，长约为宽的 2.2 倍；翅脉长而较直，末端伸达翅长的 0.64 倍左右处；缘脉稍长于亚缘脉，等于痣脉的 3.0 倍；两者不呈弧状连接，痣脉基部明显缩缢，呈颈状；翅面纤毛中等偏稀，大致成列分布，中肘横毛列不清晰；缘毛较长，最长者稍大于前翅宽的一半；后翅稍短于前翅，长为宽的 14.5 倍；翅脉稍长于翅长的一半，翅面规则纤毛 1 列；最长后缘毛与前翅最长者约等长，相当于后翅宽的 3.4 倍；各足均较粗短，各足节均具细纤毛；中后足胫节端部各具 1 距状刚毛。

腹部长圆锥形，末端尖削，约与头胸部长度之和相当；各腹节背板均具粗刻纹和稀疏纤毛；产卵管发达，长度明显超过腹长，约等于后足胫节长的 2.5 倍；前端抵达胸部，后端明显伸出腹末之外。

雄　未知。

寄主　未知。

模式标本产地　福建武夷山三港。

模式标本存放单位　福建农林大学生物防治研究所昆虫标本室 [FAFU]。

研究标本　♀ (正模)，福建武夷山三港 (N27°44'53", E117°40'41", 724M)，1982. V. 9，林乃铨网扫。

分布　福建 (武夷山三港)。

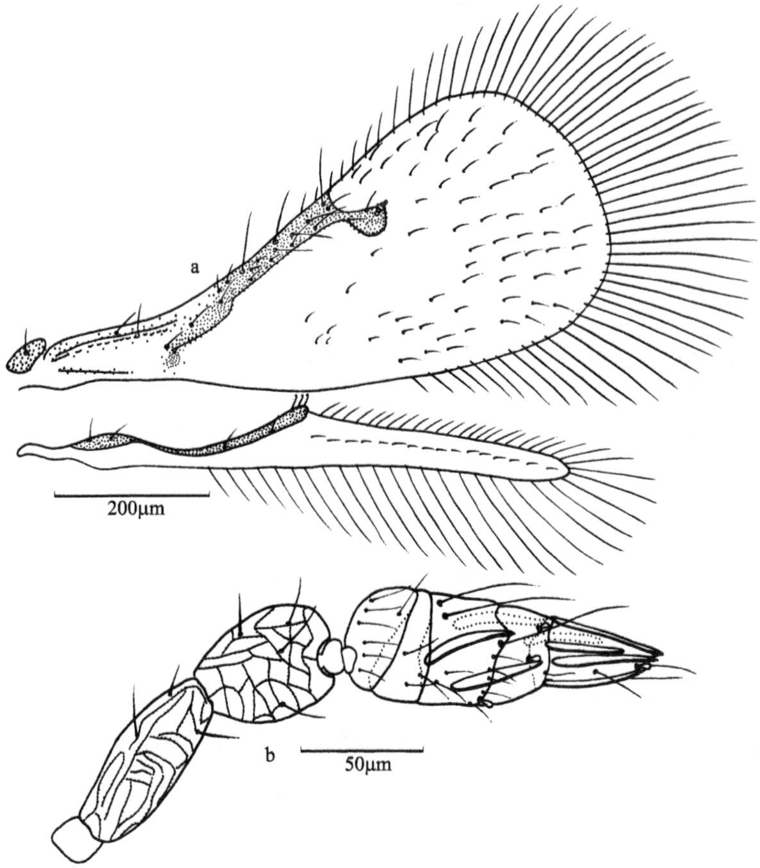

图 136　圆脸长脉赤眼蜂 *Pterygogramma rotundum* Lin (♀)

a. 前后翅 (fore & hind wing)；b. 触角 (antenna)

(132) 短棒长脉赤眼蜂 *Pterygogramma breviclavatum* Lin, 1994 (图 137)

Pterygogramma breviclavatum Lin, 1994, System. Stud. Chinese Trichogrammatidae: 103-104.

雌 体长 0.69 mm；全体暗褐色，但复眼、单眼深红色；头顶、中胸盾的后半段、小盾片、腹基部背板中央、各足胫节两端及各跗节淡黄褐色；上颚、前后翅脉及产卵管褐色，前后翅面大体无色透明。

头部正面观近圆形，宽稍大于高；复眼长约为头高的一半，其内侧颜面及头顶区具纤毛；触角着生于两复眼下缘连线之稍上方，较粗短；柄节长为宽的 2.6 倍，相当于梗节长的 1.5 倍，上具细条纹 (图 137b)；梗节梨形，长稍大于宽，上具细网纹；两环状节大而明显；棒节长卵锥形，长为宽的 2.3 倍，相当于柄节长度的 1.8 倍；除端棒节锥状，长与宽近相等外；基部 4 棒节的长度均小于各自宽度，第二棒节最短；各棒节除均具若干锥栓感器和鞭毛感器外，还依次各具 2、0、2、3 和 3 支板状感器。

胸部约为腹长的 0.65 倍，上具细密网状刻纹；中胸盾和小盾片均横形，长略小于宽；前翅端部宽圆，长近于宽的 2.0 倍 (图 137a)；翅脉长，末端伸达翅长的 0.57 倍处；痣脉细长，与缘脉明显呈长“S”形弧状弯曲；缘脉较短，与缘前脉长度相当，稍短于痣脉；翅面纤毛较稠密，大体规则成列，中肘横毛列较明显；缘毛较短，最长者仅及前翅宽的 1/5；后翅稍短于前翅，长为宽的 10.0 倍，翅脉端部伸达翅长的一半；翅面规则纤毛 3 列，最长后缘毛为后翅宽的 1.5 倍；与前翅最长缘毛约等长；各足较粗短，各足腿节稍肿大，上具细网纹；各足节均具细纤毛。

腹部卵圆锥形，长于头胸部长度之和；各腹节背板基本光滑而无明显刻纹；产卵管较发达，约为腹长的 0.8 倍；等于后足胫节长的 2.3 倍，末端稍突出腹末之外；下生殖板较发达，与产卵管约等长。

雄 体长 0.62 mm；体色及主要特征与雌虫相似，但前翅稍狭窄 (图 137d)；触角梗节近圆球形 (图 137c)；棒节长卵圆形，不明显膨大，端部稍钝圆；各棒节除均具若干锥栓感器和鞭毛感器外，还依次各具 1、0、2、3 和 3 支板状感器；外生殖器明显分阳基与阳茎两部分 (图 137e)；阳基短而厚，高度骨化，中部具腹面纤毛 1 对；端部两侧各具 1 对较短的阳基侧瓣，端部不分叶；其余结构基本退化；阳茎明显长于其内突，端部稍向腹面弧形弯曲；两者全长稍短于阳基，约等于后足胫节长的一半。

寄主 未知。

模式标本产地 福建福州金山。

模式标本存放单位 福建农林大学生物防治研究所昆虫标本室 [FAFU]。

研究标本 ♀(正模)，1♂(副模)，福建福州金山 (N26°82'31", E119°20'30", 16M)，1987. Ⅷ. 29，林乃铨采于黄盘诱集器。

分布 福建 (福州)。

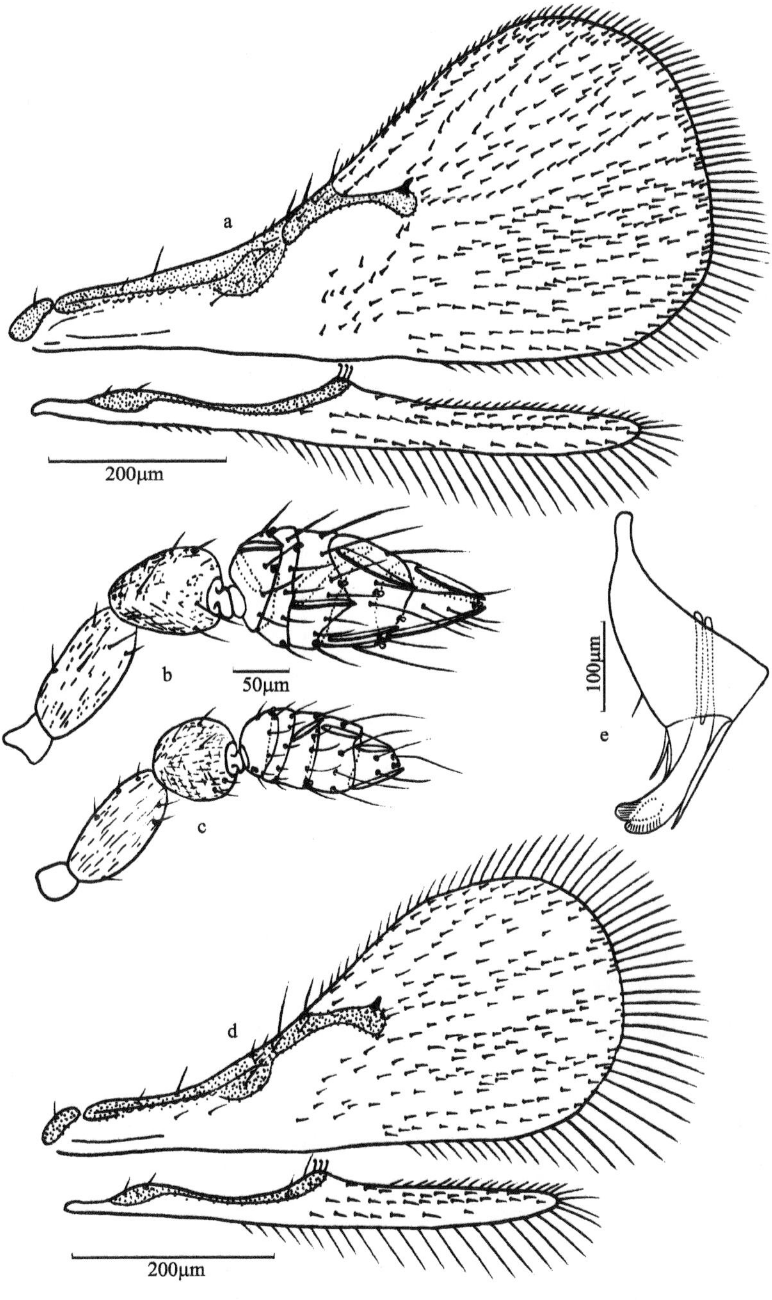

图 137 短棒长脉赤眼蜂 *Pterygogramma breviclavatum* Lin

a. 前后翅 (fore & hind wing, ♀); b. 触角 (antenna, ♀); c. 触角 (antenna, ♂); d. 前后翅 (fore & hind wing, ♂); e. 雄外生殖器 (male genitalia)

(133) 长角长脉赤眼蜂 *Pterygogramma longius* Lin, 1994 (图 138)

Pterygogramma longius Lin, 1994, System. Stud. Chinese Trichogrammatidae: 104-105.

雌 体长 0.70 mm；全体暗黄褐色，但复眼、单眼深红色；头顶、小盾片至腹基部背板中部、前中足转节以下各足节、后足胫节端部及各跗节淡黄褐色；触角柄节、上颚、前后翅脉及产卵管黄褐色；前翅除缘前脉基部之下翅面具 1 烟灰色小昙纹外，其余大部分翅面无色透明。

头部正面观圆形，宽等于高；复眼长约为头高的一半，其内侧颜面及头顶区均具稀纤毛；触角着生于两复眼下缘连线之上方，较细长；柄节长为宽的 3.4 倍，相当于梗节长的 1.9 倍 (图 138b)；梗节长梨形，长为宽的 1.5 倍；两环状节小而明显，第二环状节嵌于棒节基部；棒节长锥形，长为宽的 3.7 倍，相当于柄节长的 1.5 倍；基部 4 棒节全部横形，长均小于各自宽度；第二棒节最短而宽，端棒节最长而尖削，长为宽的 2.75 倍；各棒节除均具若干锥栓感器和鞭毛感器外，还依次各具 1、0、3、3 和 3 支板状感器。

胸部宽大，等于腹长的 0.7 倍左右，上具细致网状刻纹；前翅端部宽圆，长为宽的 2.1 倍 (图 138a)；翅脉较长，末端伸达翅长的 0.56 倍左右；痣脉与缘脉等长，两者明显呈长“S”形弧状弯曲，稍长于缘前脉而仅及亚缘脉的一半；翅面纤毛较密而短小，大致成列分布，中肘横毛列长而清晰；缘毛较短，最长者不足前翅宽的 1/4；后翅稍短于前翅，长为宽的 10.5 倍；翅脉稍长于翅长的一半，翅面规则纤毛近 3 列；最长后缘毛等于后翅宽的 1.5 倍，与前翅最长者的长度相当；各足较粗短，各足腿节稍肿大，其上具网状刻纹；各足节均具细纤毛。

腹部长卵圆形，稍长于头胸部长度之和；各腹节背板基本光滑而无明显刻纹；产卵管较短，约为腹长的 0.56 倍；相当于后足胫节长的 1.5 倍，末端不明显突出腹末之外；下生殖板发达，与产卵管约等长。

雄 体长 0.65-0.70 mm；主要特征与雌虫相似，但体色较雌虫略淡；触角棒节较短小 (图 138c)，端棒节不明显尖削；其上的锥栓感器、鞭毛感器和板状感器基本与雌虫相似；外生殖器明显分为阳基与阳茎两部分 (图 138d)；阳基短而厚，尖卵形；长为宽的 2.35 倍，中部具腹面纤毛 1 对；端部两侧各具 1 对较短的阳基侧瓣，端部不分叶；其余结构基本退化；阳茎明显短于其内突，两者全长稍短于阳基长度；仅及后足胫节长的 0.45 倍，端部稍向腹面弯曲。

寄主 未知。

模式标本产地 福建将乐龙栖山。

模式标本存放单位 福建农林大学生物防治研究所昆虫标本室 [FAFU]。

研究标本 ♀ (正模)，2♀10♂ (副模)，福建将乐龙栖山 (N26°30'41", E117°22'57", 239M)，1991. VIII-X，刘长明、林乃铨网扫；1♂ (副模)，福建建阳坳头 (N27°40'05", E117°38'41", 968M)，1985. VIII. 9，陈新金网扫；1♂ (副模)，福建南靖乐土 (N24°54'21", E117°12'53", 277M)，1991. V. 23，刘长明网扫。

分布 福建 (将乐、建阳、南靖)。

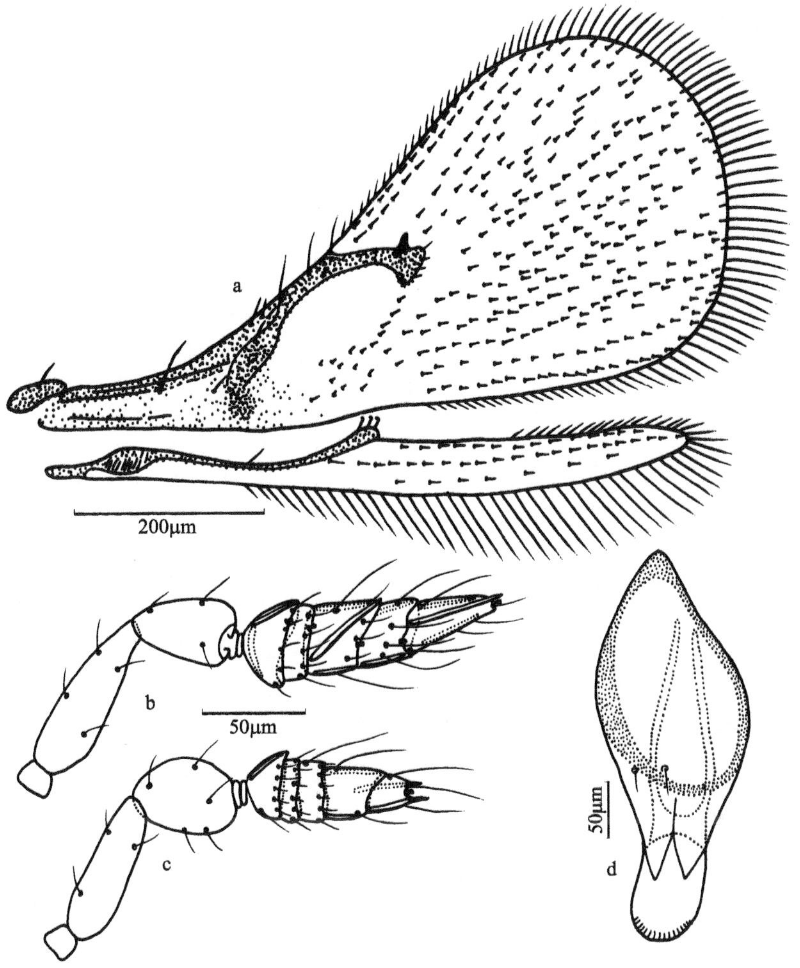

图 138 长角长脉赤眼蜂 *Pterygogramma longius* Lin

a. 前后翅（fore & hind wing, ♀）；b. 触角（antenna, ♀）；c. 触角（antenna, ♂）；d. 雄外生殖器（male genitalia）

39. 斯赤眼蜂属 *Soikiella* Nowicki, 1933

Soikiella Nowicki, 1933, Polsk. Pismo Ebt., 12: 1-2. **Type species**: *Soikiella mongibelli* Nowicki, 1933. by original designation; Doutt & Viggiani, 1968, Proc. Calif. Acad. Sci., 35(20): 545-546; Kostadinov, 1990, Acta. Zool. Bulg., 39: 58-59; Velten & Pinto, 1990, Pan-Pacific Ent., 66: 246-250; Lou & Yuan, 1997, Ent. Sin., 4(3): 235-237; Pinto, 2006, J. Hym. Res., 15(1): 70-71; He *et al.*, 2009, Entomotaxon., 31(3): 233-235.

鉴别特征 雌雄触角异型，除柄节、梗节和环状节各 1 节外，雌性索节 1 节、棒节 3 节，第二、三棒节不对称分节；端棒节顶端不对称狭窄且具 1 短端突，端腹面具簇生镰刀感器；索节与各棒节的板状感器几乎全长紧贴触角表面，各棒节均具鞭毛感器；雄者索节 2 节、棒节 3 节；分节较对称，端棒节顶端无端突；各索节、棒节的板状感器均粗壮而呈刺状直立；中胸盾和小盾片各具 2 对长刚毛；前翅较宽大，翅脉较短，端部不伸达翅长之半；缘前脉与缘脉愈合，痣脉短而宽，与缘脉之间仅稍缢缩；翅面纤毛中等密度，毛列规则，中肘横毛列缺如；腹部第 I 腹节背板具 1 横行小齿突；产卵管短而宽，长度约为后足胫节长的 3/4；雄外生殖器的阳基宽而厚，端部两侧各具 1 对阳基侧瓣和钩爪；在光学显微镜下看阳茎似可明显与阳基分离，但电镜下可见其阳茎柔软的两侧缘实际上与阳基端部连接，阳茎与其内突连接处近于垂直。

寄主 在已知种中，仅知 *S. mongibelli* 1 种可寄生双翅目食虫虻科 Asilidae 的 *Machimus negevensis* 卵 (Velten & Pinto, 1990)，其余 2 种的寄主等未明。

分布 本属迄今仅知 3 种，*S. occidentalis* 发现于美国和加拿大，*S. mongibelli* 分布于欧洲、中东和我国新疆，*S. asiatica* 分布于我国辽宁和河北地区。

附注 Pinto (2006) 认为本属是联系赤眼蜂亚科和寡索赤眼蜂亚科的中间环节属。在光学显微镜或扫描电镜之下观察其雄外生殖器特征，均可说明本属隶于赤眼蜂亚科；但在电镜下观察，其阳茎具有柔软侧缘与阳基端部连接，又显示本属与寡索赤眼蜂族具有亲缘关系，但又不同于寡索赤眼蜂亚科阳茎与阳基完全愈合的特征；基于这一原因，加上本属与赤眼蜂亚科的许多属相似，第 I 腹节背板具有 1 横行小齿突的特征，因而将本属归在赤眼蜂亚科内；Owen *et al*. (2007) 基于分子系统发育分析的研究结果，也证明本属为赤眼蜂亚科和寡索赤眼蜂亚科之间的中间环节属。

本属为 Nowicki (1933) 根据采自意大利的雌性 *S. mongibelli* 为模式建立。直到 20 世纪末，Velten & Pinto (1990) 和 Lou & Yuan (1997) 分别描述了采自美国华盛顿地区和我国辽宁北镇的 2 新种，才使本属增加到 3 种；除模式种知可寄生双翅目、食虫虻科虫卵外，其余 2 种的寄主均未明。

我国 Lou & Yuan (1997) 首次发表了采自辽宁的本属第三个新种 *S. asiatica* 后，Tian & Lin (2005) 又在河北采得本种标本；He *et al*. (2009) 再次报道了火山斯赤眼蜂 *S. mongibelli* 在新疆的分布新记录，因此我国已知本属 2 种，记述于下。

种 检 索 表

前翅翅面明显宽圆，长不足宽的 2.0 倍；翅脉较短，端部未能伸达翅长的 2/5；翅面纤毛明显短小，翅臀区及中后部翅面纤毛稀少，多不规则成列；缘毛明显较短，最长者远不足前翅宽的 1/10；后翅较宽大，翅面具规则纤毛 3 列；最长后缘毛约等于后翅宽度，相当于前翅最长者的 2.5 倍……
…………………………………………………………………………………… **亚洲斯赤眼蜂 *S. asiatica***

前翅翅面较宽圆，长等于宽的 2.0 倍；翅脉短而直，端部抵达处超过翅长的 2/5；翅面纤毛明显长而密，大约 25 列，其中 13 列规则清晰；缘毛较长，最长者稍不足前翅宽的 1/10；后翅明显短于前翅，较宽大；翅面规则纤毛 3 列，最长后缘毛等于后翅宽的 3/4，约为前翅最长者的 2.25 倍 …
…………………………………………………………………………………… **火山斯赤眼蜂 *S. mongibelli***

(134) 亚洲斯赤眼蜂 *Soikiella asiatica* Lou & Yuan, 1997 (图 139)

Soikiella asiatica Lou & Yuan, 1997, Ent. Sin., 4(3): 235-237.

雌　体长 0.9-1.0 mm；全体和各足节褐色，但复眼、单眼红色；头部和触角各节黄褐色，胸腹部之间淡褐色；前后翅脉淡烟褐色，前翅基部半透明，其余翅面无色透明；头部正面观近圆形，宽稍大于高，与胸部约等宽；头顶和颜面具明显刻纹和稀纤毛；复眼较大，长为头高的 0.69 倍；触角着生于两复眼下缘之下方，较粗壮；除环状节外，各节均具细毛；柄节长为宽的 2.9 倍，等于梗节长的 1.8 倍 (图 139b)；梗节梨形，长为宽的 1.3 倍，两者均具细致网状刻纹；环状节小而明显，索节长短于宽，端部稍倾斜，等于梗节长的 0.54 倍；棒节长卵圆形，长约为宽的 2.0 倍，约为柄节长的 1.3 倍；基棒节长短于宽，第二棒节最宽大，端部与端棒节不对称连接；端棒节最小，向端部不对称变窄；腹面明显弯曲而背面较直，背部顶端具 1 管状端突；各棒节除均具若干鞭毛感器外，还依次各具 1、2 和 1 支全长紧贴棒节表皮的板状感器；端棒节具 1 明显端突，但其端腹面未见明显簇生的镰刀感器 (图 139c)。

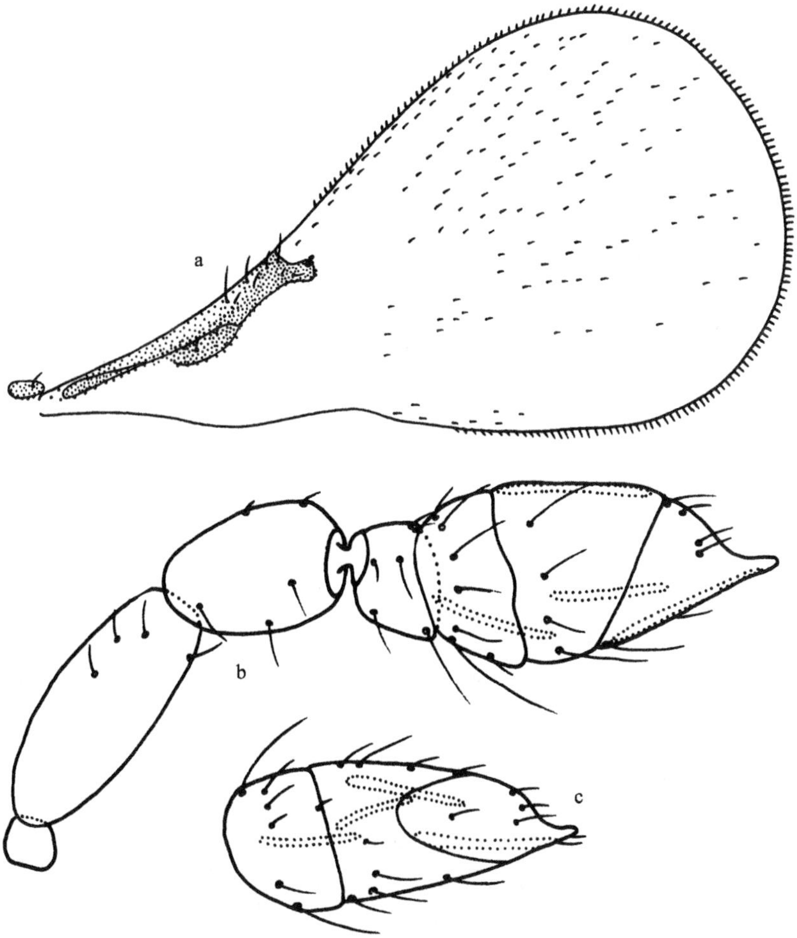

图 139　亚洲斯赤眼蜂 *Soikiella asiatica* Lou & Yuan (♀) (仿 Lou & Yuan, 1997)

a. 前翅 (fore wing)；b. 触角 (antenna)；c. 触角棒节腹侧面观 (ventral & lateral view of antennal club)

胸部明显短于腹长，约为后者长的 0.43 倍，其上具刻纹；中胸盾马蹄形，长约等于宽；小盾片宽大于长，两者之上各具 2 对纤毛；前对纤毛短小，长度仅及后对纤毛长的 1/3；内悬骨端部向后伸达腹长的约 0.42 倍处，端部分 2 叶；前翅面明显宽圆，长为宽的 1.86 倍 (图 139a)；翅脉较短，端部仅伸达翅长的 0.39 倍处；痣脉很短，端部圆而不扩大；缘脉较短而宽，短于亚缘脉，缘脉与缘前脉之间具 1 骨化较弱的间隙；翅面纤毛明显短小，翅臀区及中后部翅面纤毛稀少，多不规则成列；缘毛明显较短，最长者远不足前翅宽的 1/10；后翅较宽大，翅面具规则纤毛 3 列，最长后缘毛约等于后翅宽度，相当于前翅最长者的 2.5 倍；各足中等长度，各足节均具细纤毛，基跗节均最短。

腹部较长，端部钝圆，等于头胸部长度之和的 1.3 倍；产卵管很短，大约等于腹长的 0.25 倍；为后足胫节长的 0.77 倍左右，端部不明显突出腹末之外。

雄 未知。

寄主 未知。

模式标本产地 辽宁北镇。

模式标本存放单位 沈阳农业大学昆虫标本室 [SYAU]。

研究标本 1♀，河北小五台山杨家坪 (N39°59'11", E15°24'2.67", 900M)，2005. VIII. 20，田洪霞、林乃铨网扫。

分布 辽宁 (北镇、阜新)、河北 (小五台山)。

附注 模式标本未检视，形态描述和特征图引自 Lou & Yuan (1997) 的报道。原记述的标本有：♀ (正模)，辽宁北镇医巫闾山 (N41°41', E121°43', 866M)，1993. VIII. 8，娄巨贤网扫；1♀ (副模)，辽宁阜新 (N42°01'18", 121°40'13", 545M)，1994. VII. 27，袁静网扫。

(135) 火山斯赤眼蜂 *Soikiella mongibelli* Nowicki, 1933 (图 140)

Soikiella mongibelli Nowicki, 1933, Polsk. Pismo Ebt., 12: 1-2; Kostadinov, 1990, Acta. Zool. Bulg., 39: 58-59; Velten & Pinto, 1990, Pan-Pac. Ent., 66(3): 246-248; He, Huang & Hu, 2009, Entomotaxon., 31(3): 233-235.

雄 体长 0.79 mm；体色暗褐色，但复眼、单眼红色；头部红褐色，触角各节及除后足胫节之外的各足节褐色；前后翅脉和后足胫节淡褐色；前翅除缘前脉和痣脉之下翅面烟褐色半透明外，其余翅面无色透明。

头部正面观扁圆形，宽稍大于高 (20∶18)；复眼长约为头高的 0.61 倍；触角柄节细长，长约为宽的 3.0 倍 (31∶11) (图 140b)；梗节近圆球形，上具刻纹，长与宽约相等 (16∶15)，约为柄节长的 0.52 倍，两者均具若干纤毛；第一索节较短，长约为宽的 0.55 倍 (10∶18)，第二索节圆筒形，长与宽相等 (16∶16)；棒节长为宽的 3.0 倍 (45∶15)，基棒节杯状，长宽相等 (15∶15)，第二棒节长稍短于宽 (12∶13)，端棒节长大于宽 (18∶12)，端部尖削；各索节、棒节依次具 7、9 和 10、9、4 支粗刺状而直立的板状感器，端棒节端部腹面未见明显簇生镰刀感器。

胸部明显短于腹长，约为后者长的 0.68 倍 (24∶35)，其上具网状刻纹；内悬骨端部伸达腹长的 0.43 倍 (15∶35) 处；前翅长为宽的 2.0 倍 (66∶33) (图 140a)，翅脉短而直，亚缘脉、缘前脉、缘脉和痣脉的长度比例为 42∶27∶27∶13；痣脉短而宽，端部圆；翅面纤毛约 25 列，其中 13 列规则清晰，中肘横毛列缺如；缘毛短，最长者不足前翅宽的 1/10 (2∶33)；后翅明显短于前翅 (50∶66)，翅面规则纤毛 3 列，最长后缘毛等于后翅宽的 0.75 倍 (4.5∶6)，约为前翅最长者的 2.25 倍 (4.5∶2)；各足中等大小，各足节均具纤毛，各足腿节、胫节和跗节的长度比例分别是，前足 13∶13∶14，中足 14∶16∶15，后足 14∶18∶15。

外生殖器的阳基长卵圆形，宽而厚，背面完全开放 (图 140c)；端部仅具 1 对基部宽大而端部钝圆的阳基侧瓣和 1 对短小的钩爪，阳基背突和腹中突等结构均消失；阳茎与其内突近于垂直连接，呈刮勺状。

雌　未知。

寄主　仅 1 个采自意大利、保存在意大利拿不勒斯大学的雌性 *S. mongibelli* 标本，标签上注明可寄生双翅目食虫虻科 Asilidae 的 *Machimus negevensis* 卵 (Velten & Pinto, 1990)。

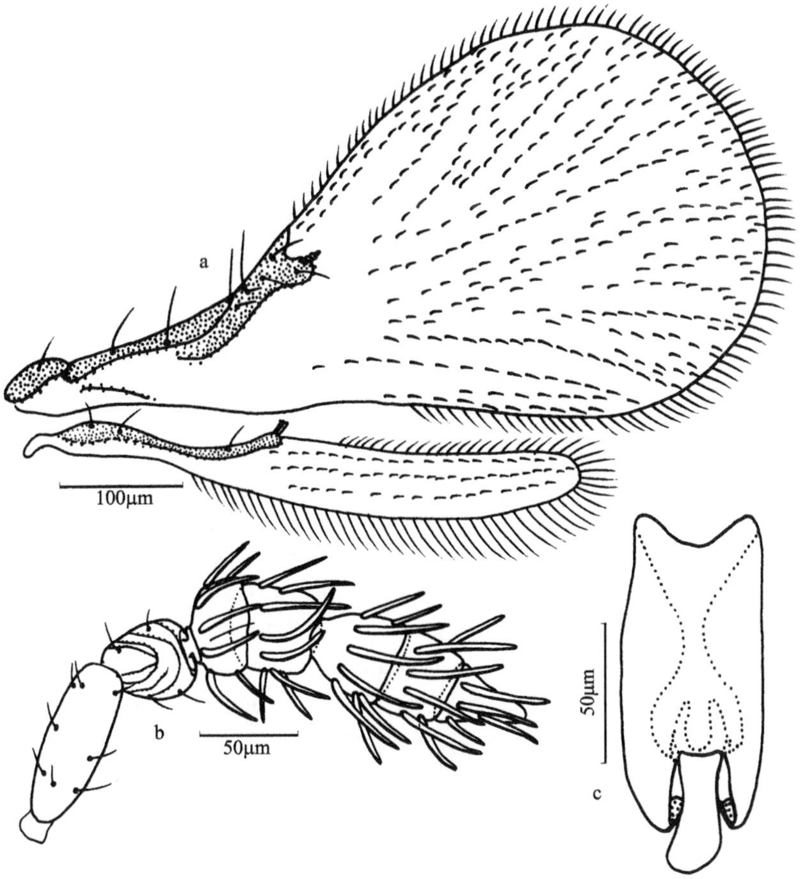

图 140　火山斯赤眼蜂 *Soikiella mongibelli* Nowicki (♂)

a. 前后翅 (fore & hind wing)；b. 触角 (antenna)；c. 雄外生殖器 (ventral view of male genitalia)

模式标本产地 Sicily, Italia。
模式标本存放单位 Università degli Studi di Napoli, Portici (NA), Italia [USNPI]。
研究标本 1♂，新疆木垒 (N44°25'08", E90°12'54", 1100M)，2004. V. 26，黄帅网扫。
分布 新疆 (木垒)；以色列，保加利亚，意大利。

40. 赤眼蜂属 *Trichogramma* Westwood, 1833

Trichogramma Westwood, 1833, Phil. Mag., 2: 444. **Type species**: *Trichogramma evanescens* Westwood, 1833. by monotypy; Doutt & Viggiani, 1968, Proc. Calif. Acad. Sci., 35(20): 533-535; Pang & Chen, 1974, Acta Ent. Sin., 17(4): 441-451; Lin K-S, 1981, J. Agr. Res. China, 30(4): 437-438; He & Pang, 1986, Atlas of Natural Enemies of Rice Pests, Shanghai Sci. & Tech. Press, p. 104-112; Liao, Li, Pang & Chen, 1987, Economic Insect Fauna of China (Hym.: Chalcidoidea). Sci. Press, 34(1): 197-207; Lin, 1987, Wuyi Sci. J., 7: 97-105; Lin, 1994, System. Stud. Chinese Trichogrammatidae: 42-63; Chan, Chou, Chou & Chen, 1996, Plant Protect. Bull., Taichung, 38: 143-148; Pinto, 1998/1999, Mem. Ent. Soc. Wash., 22: 44-67, 174-217; Chan & Chou, 2000, Chinese J. Ent., 20(2): 135-151; Pinto, 2006, J. Hym. Res., 15(1): 73-74.

Calleptiles Haliday, 1833, Ent. Mag., 1: 340. **Type species**: *Calleptiles latipennis* Haliday, 1833. by monotypy.

Pentarthron Packard, 1872, Rec. Am. Ent., (1871): 8. **Type species**: *Trichogramma minutum* Riley, 1872. by monotypy.

Aprobosca Westwood, 1878, Trans. Linn. Soc. Lond. Zool., 1: 592 (as subgenus). **Type species**: *Trichogramma* (*Aprobosca*) *erosicornis* Westwood, 1878. by monotypy.

Oophthora Aurivillius, 1897, Ent. Tidskr., 18: 250. **Type species**: *Oophthora semblidis* Aurivillius, 1897. by monotypy.

Xanthoatomus Ashmead, 1904a, Mem. Carnegie Mus., 1: 350. **Type species**: *Xanthoatomus albipes* Ashmead, 1904. by monotypy.

Neotrichogramma Girault, 1911a, Trans. Am. Ent. Soc., 37: 38-39. **Type species**: *Neotrichogramma acutiventre* Girault, 1911. by original designation.

Trichogrammatana Girault, 1932b, New lower Hym. from Australia and India, Priv. publ., 6pp. (as subgenus). **Type species**: *Trichogramma singularis* Girault, 1932. by monotypy.

Trichogrammanza Carver, 1978, J. Aust. Ent. Soc., 17: 109-112 (as subgenus, currently valid). **Type species**: *Trichogramma funiculatum* Carver, 1978. by original designation.

Nuniella Kostadinov, 1988, Acta Zool. Bulg., 36: 49-51. **Type species**: *Nuniella bistrae* Kostadinov, 1988. by original designation. syn by Pintureau, 1993.

Vanlisus Pinto, 1992, J. New York Ent. Soc., 100: 621-633 (as subgenus, currently valid). **Type species**: *Trichogramma lachesis* Pinto, 1992. by original designation.

鉴别特征 触角异型，雌者 7 节，除柄节、梗节外，环状节、索节各 2 节，棒节 1 节；各索节、棒节除均具若干锥栓感器和短小刺毛感器外，棒节还具若干板状感器，其端腹面还具簇生镰刀感器；雄者 5 节，除柄节、梗节外，环状节 2 节，第二环状节如楔片嵌入棒节基部；索节与棒节愈合为一 (指名亚属)；或索节 2 节、棒节 1-3 节

(*Trichogrammanza* 和 *Vanlisus* 亚属)；棒节除具若干锥栓感器和板状感器外，还具明显长而轮生的鞭毛感器；体粗短，前翅中等宽圆，翅脉呈“S”形连续弯曲，翅面纤毛大多规则成列，具中肘横毛列；后翅面具规则纤毛 2-3 列；雄外生殖器的阳基和阳茎明显可分，阳基结构变化较大，其上具阳基侧瓣、钩爪、阳基背突、腹中突、中脊等结构；阳茎具阳茎内突，并可在阳基中自由活动；这些形态结构及其长度比例，都是分类鉴定的重要特征；为了便于比较，有关学者还以 AD (腹中突基部至阳基侧瓣末端的距离)、和 BD (腹中突基部至阳基基缘的距离) 作为长度标准，用于描述阳基背突、腹中突和钩爪等的相对长度及其末端抵达位置。

本属 3 亚属的主要特征：

Trichogramma 指名亚属：雄性触角的环后节，虽较长而稍弯，且有退化而不完整的分界线，但明显愈合为 1 节，其上的鞭毛感器多而长，板状感器的大部分长度紧贴表面之上；外生殖器的阳基形状可变，背面具阳基背突，端部两侧具阳基侧瓣和钩爪各 1 对，中部有或无腹中突等结构，阳茎端部不呈双叶状。

Trichogrammanza 亚属：雄性触角的环后节明显分为索节 2 节、棒节 1 节，其上的感器与指名亚属相同；雌性基本特征与指名亚属雌性相似。

Vanlisus 亚属：雄性触角的环后节与 *Trichogrammatoidea* 属相似，明显分为索节 2 节、棒节 3 节，其上的感器与指名亚属相同；外生殖器的阳基结构同指名亚属，但美洲种类的阳茎端部明显呈双叶状。

寄主　本属种类的寄主范围广泛，已知 178 种可寄生鳞翅目、鞘翅目、双翅目、半翅目、脉翅目、膜翅目和广翅目等 7 目 56 科 200 多属的 500 多种昆虫卵，其中对鳞翅目农林害虫的控制作用尤其显著，已广泛用于多种鳞翅目害虫的生物防治，并获得成功。

分布　本属为赤眼蜂科最大的属，迄今已知种类多达 217 种，其中赤眼蜂亚属已知有 210 种，广泛分布于世界各地；*Vanlisus* 亚属仅知 4 种，美洲 3 种，大洋洲 1 种；*Trichogrammanza* 亚属仅知 3 种，全部分布于大洋洲。本属资源以古北区已知 72 种为最多，新北区 68 种其次，东洋区 33 种第三，其余依次为新热带区 28 种、澳洲区 8 种和非洲区 8 种。

附注　本属为赤眼蜂科的模式属，无论从触角结构、前翅脉“S”形连续弯曲、具中肘横毛列，或雄外生殖器等特征，都是分亚科、分族的代表属，隶赤眼蜂亚科、赤眼蜂族，从系统发育的分析结果可以看出，它与分索赤眼蜂属 *Trichogrammatoidea* 的缘系最为接近。

Westwood (1833) 和 Haliday (1833) 几乎同时分别描述了 Curtis (1829) 称之为 *Microma latipennis* 的同种标本，Westwood 将它定名为 *Trichogramma evanescens*，而 Haliday 则定为 *Calleptiles latipennis*。由于 Westwood 的描述约比 Haliday 早发表一个月左右，因而 *T. evanescens* 成为本科的模式属、模式种。在最初一段时期内，这 2 个属的优先权和异名问题多有争议，直到 Walker (1846) 同时研究了两者的上列标本之后才得到澄清。

鉴于本属种类的个体微小，可供分类鉴定利用的形态特征甚少，因而早期的分类工作者常以体色、触角和翅毛等特征作为鉴别依据，也造成许多混乱。随着研究不断深入，

Flander (1931, 1935) 和 Quednau (1956a, b) 先后发现早期采用的体色、触角和翅毛等特征，可随温度、寄主的不同而变化；因此 Quednau (1960) 通过在 15℃、25℃和 30℃条件下，以米蛾卵为寄主，饲养并观察了广赤眼蜂子代的体色变化趋势，并提出要在统一温度和寄主条件下饲养的赤眼蜂子代，才能据其形态和生物学特性作为鉴别依据，但此法在实际分类实践中往往无法做到。Telenga (1958) 研究了一些欧洲本属种类的内悬骨差异，但这一特征不足以鉴别本属所有种类。

在分类实践中，Ishii (1941)、Tseng (1965)、Nagarkatti & Nagaraja (1968, 1971) 和 Viggiani (1968b, 1971b) 等许多学者，先后认识到雄外生殖器对本属种类的分类鉴定具有重要意义。特别是 Nagarkatti & Nagaraja (1968, 1971) 详细研究了一些本属常见种类的雄外生殖器，并指明其结构和变化特点后，雄外生殖器特征迅速在本属的分类鉴定研究中得到广泛应用。如 Birova & Kazimirova (1997)、Brun *et al*. (1984, 1986)、Cao *et al*. (1986)、Chiriac (2005)、Ertle & Davis (1975)、Fursov (2000)、Fursov & Hirai (2005)、Fursov & Pintureau (1999a)、Galán & Rodríguez (1991, 1993)、Hassan & Yousuf (2007)、Hirai & Fursov (1998)、Honda *et al*. (2006)、Lin (1987)、Manickavasagam & Faruoqi (1990)、Nagaraja (1973a, b, 1983)、Nagaraja *et al*. (1968, 1973, 2007, 2008, 2010a, b)、Nagarkatti (1972, 1973, 1975)、Nagarkatti *et al*. (1971, 1974, 1977, 1979)、Nasir *et al*. (2006, 2011)、Oatman (1982)、Oatman *et al*. (1982-1983, 1987)、Pang & Chen (1974, 1981, 1986)、Pino & Polaszek (2013)、Pinto (1992, 1998/1999)、Pinto *et al*. (1978, 1985-1986, 1988, 1996-1997, 2002-2003)、Pintureau (1982, 1984, 1987, 1988, 1993b, 1994, 1997, 2000, 2003)、Pintureau *et al*. (1980, 1981a, 1988, 1999, 2000)、Platner & Oatman (1981)、Pointel (1977)、Polaszek *et al*. (2002)、Querino *et al*. (2002, 2017)、Querino & Zucchi (2002, 2003a, b-2004a, 2005)、Rodríguez & Galán (1992-1993)、Rohi & Pintureau (2003a, b)、Ruiz & Korytkowski (1980)、Schulten & Feijen (1978, 1982)、Sorokina (1977-1980, 1984-1985, 1987, 1989, 1991, 1993a, b)、Sorokina *et al*. (1993)、Sugonyaev (1986, 1988)、Sugonyaev *et al*. (1975-1976, 1978)、Taylor *et al*. (2005)、Thorpe (1982)、Torre (1977, 1980a, b)、Vargas & Cabello (1985)、Velasquez & Terán (1995a, b)、Viggiani (1976a)、Vincent & Goodpasture (1986)、Voegelé (1982, 1985)、Voegelé *et al*. (1979-1980, 1981, 1982, 1985)、Yashiro *et al*. (2012)、Yousuf & Hassan (2008a)、Zhang & Wang (1982)、Zimmermann *et al*. (2008)、Zucchi (1988, 1995) 等。

Nagarkatti & Nagaraja (1977) 还根据雄外生殖器的不同结构差异，首次将当时已知的本属 36 种赤眼蜂分为 9 个种团；Voegelé & Pintureau (1982) 再次根据雄外生殖器特征，将当时已知的本属 64 种赤眼蜂分成 14 个种团；Viggiani (1984) 认为后者的分法显得过细。

随着电镜扫描技术的推广和普及，赤眼蜂触角感器的超微结构研究逐渐增多。Voegelé *et al*. (1975) 首次对本属赤眼蜂雌性触角 9 种感器超微结构进行研究，认为其棒节腹面的感器具有分类价值；Dai & Feng (1988)、Dai *et al*. (1989, 1990)、Gong *et al*. (2004) 等也先后对本属赤眼蜂雌性触角感器的超微结构进行一些研究。此外，Pointel (1977)、Voegelé (1979)、Cao *et al*. (1986) 先后对本属赤眼蜂雄外生殖器超微结构的研究，Hung (1982) 对本属 6 种赤眼蜂胫节末端超微结构的研究等，都发现了一些在光学显微镜下无法看到的构造；Wang *et al.* (1985) 对本属赤眼蜂触角和前翅超微结构的研究结果，修订了前翅毛列名称命名原则，并补充描述了雄性触角第二环状节特征。

近 40 多年来，除上述传统形态、雄外生殖器特征和电镜扫描超微结构得到广泛应用外，许多新技术先后在部分赤眼蜂属种类的鉴别上得到尝试性应用，如应用细胞分类学和蛋白质电泳技术鉴别赤眼蜂属种类的研究主要有 Cao *et al.* (1986)、Debret *et al.* (1982)、Hung (1982, 1985)、Hung & Huo (1984)、Jardak *et al.* (1979)、Klausnitzer *et al.* (1983)、Manickavasagam *et al.* (1991)、Pinto (1989)、Pinto *et al.* (1992, 1993, 2003)、Pintureau (1993)、Pintureau *et al.* (1980, 1981-1982, 1989)、Sumenkova *et al.* (1987)、Voegelé & Berge (1976)、Yaslovetsky *et al.* (1981) 等人，先后运用酯酶 (EST)、苹果酸脱氢酶 (MDH)、过氧化物歧化酶 (SOD) 或四唑氧化酶、靛酚氧化酶等作为分析标记，并用磷酸葡糖变位酶 (PGM)、酸性磷酸酶和 α-磷酸甘油脱氢酶 (GPDH) 等作为分析催化剂，借助聚丙烯酰胺凝胶电泳对酶或蛋白质类进行分离，通过扫描酶谱的不同峰数或峰间距离来区分不同赤眼蜂种类；或利用电泳赤眼蜂的酯酶同工酶并据其酶带的变化，来区分赤眼蜂和推断它们的亲缘关系等。由于此法存在酶或蛋白质种类有限、误差较大等缺点，加上电泳实验所需的新鲜标本不足，因而在分类上的应用困难。

20 世纪 90 年代分子生物技术的兴起，许多分子生物技术研究人员纷纷把 RFLP、RAPD-PCR、DNA 探针技术和微卫星标记等，用于本属赤眼蜂的基因位点多态性研究、近似种及其系统发育分析，成为区系分类和系统发育研究的新热点。主要有 Almeida & Stouthamer (2003)、Amornsak *et al.* (1998)、Archina *et al.* (2005)、Borba *et al.* (2005)、Borghuis *et al.* (2004)、Chang *et al.* (2001)、Ciociola *et al.* (2000, 2001)、Dang *et al.* (2005)、Davies *et al.* (2006)、Dem'yanchuk *et al.* (2008)、España-Luna *et al.* (2006, 2008a, b)、Frenk (1997)、Frenk & Silva (1996)、Geng *et al.* (2004)、Guo *et al.* (2012)、Herz *et al.* (2007)、Jeong *et al.* (2010)、Kan *et al.* (1996, 1997)、Karimi *et al.* (2012)、Kumar *et al.* (2009)、Landry *et al.* (1993)、Li (2007)、Li & Shen (2001, 2002a, b, c, 2004)、Nasir *et al.* (2011)、Orrego & Silva (1993)、Pei *et al.* (2009)、Pino *et al.* (2013)、Pinto *et al.* (2002)、Pizzol *et al.* (2005)、Polaszek *et al.* (2012)、Poorjavad *et al.* (2012)、Rijesh *et al.* (2012)、Rijswijt *et al.* (2000)、Samara *et al.* (2008)、Sappel *et al.* (1995)、Silva *et al.* (1995, 1999)、Stouthamer *et al.* (1993, 1994, 1996, 1998, 2000)、Sumer *et al.* (2009)、Thomson *et al.* (2003)、Vugt *et al.* (2005, 2009)、Wahner *et al.* (2008)、Yashiro *et al.* (2012)、Yuan *et al.* (2011) 等，都对本属近似种或地区性种类的基因位点多态性或亲缘关系进行了大量探索性的研究。

Pinto (1998/1999) 对北美洲本属种类进行了全面而详尽的研究，不仅增加了 27 新种，使北美洲的本属赤眼蜂种类达到 68 种，同时详细介绍了它们的寄主范围和分布等，而且还提出其触角鞭节上各种感器、前翅纤毛相对密度和第四、五纤毛列 (即 R_{2+3} 与 R_{4+5} 径毛列) 之间的纤毛数等特征，在本属种类鉴别上具有意义。鉴于本属赤眼蜂前翅的纤毛密度和数量，在不同种类及不同个体间差异很大，其有效性尚需进一步研究之外，本志在 Pinto (1998/1999, 2006)、Owen (2001) 等对触角感器命名术语的基础上，全面比较了国内外有关学者的不同命名术语，并对其中重复的命名术语作了相应的综合归纳和调整 (图 5)，以免造成混乱。

我国赤眼蜂属的区系分类研究，起步于 20 世纪下半叶。先后有 Pang & Chen (1974)、Chen & Pang (1981, 1986)、Zhang & Wang (1982)、Huo (1986, 1991)、Lin (1987) 等；Lin K-S (1981) 报道台湾常见寄生稻、蔗和林木主要鳞翅目害虫卵的赤眼蜂有澳洲赤眼蜂 *T. australicum*、螟黄赤眼蜂 *T. chilonis*、松毛虫赤眼蜂 *T. dendrolimi* 和稻螟赤眼蜂 *T. japonicum* 4 种，但其中的澳洲赤眼蜂实为螟黄赤眼蜂的误订 [见 Chan & Chou (2000) 的报道及下文螟黄赤眼蜂中的讨论]。国内还有 Wu (1992) 和 Zhang *et al*. (1990) 分别报道了我国 13 个省、市寄生不同生境玉米地玉米螟卵的赤眼蜂种类，除此前已有记载的松毛虫赤眼蜂、玉米螟赤眼蜂、螟黄赤眼蜂、广赤眼蜂、粘虫赤眼蜂、舟蛾赤眼蜂、暗黑赤眼蜂、毒蛾赤眼蜂、铗突赤眼蜂和铁岭赤眼蜂 10 种外，他们称还发现我国此前未见的蔗二点螟赤眼蜂 *T. poliae* 和拟暗褐赤眼蜂 *T. exiguum* 2 种，以及 3 个未定名的赤眼蜂属种类和 1 个寡索赤眼蜂属的未定名种。由于 Zhang *et al*. (1992) 的报道过于简单，既没有种的特征记述，也无新记录种和未定名种的标本信息，笔者也未能看到标本，特别是寡索赤眼蜂属种类寄生玉米螟卵的记录，尚待进一步核实！因此，本志暂不采纳 Zhang *et al*. (1990) 所报道的 2 个新记录种及 4 个未定名种，仍然记述我国此前已知的本属 24 种。此外，还有 Zhan & Chou (1996, 2000) 先后报道采自台湾的 10 种 (其中 4 新种)、He & Pang (2000) 描述采自广东的 1 新种，近年我们又在海南、西藏的标本中发现钩突赤眼蜂 *T. flandersi* 在我国分布的新记录，因而我国迄今共知本属 30 种，记述如下。

种检索表 (雄)

1. 雄性成蜂具无翅型；触角雌性化，索节 2 节与棒节 1 节明显可分，其上的鞭毛感器退化为短的刺毛感器；外生殖器的阳基背突三角形，稍宽而钝圆，端部伸达 AD 长的 3/5 左右处，基部两侧各具明显缢缩，腹中突尖三角形，中脊成对，向前约伸达 BD 长的 1/2 处，两钩爪末端稍超过腹中突端部，但明显短于阳基背突末端水平，阳茎略长于其内突，两者全长与阳基约等长，稍短于后足胫节长度；有翅型雄蜂的翅形、触角鞭节同本属正常种类；外生殖器结构与无翅型成蜂相同……………………………………………………………………………………**显棒赤眼蜂 *T. semblidis***
   雄性成蜂未见无翅类型；触角索节与棒节愈合为 1 长棒节，其上具明显长的鞭毛感器；外生殖器结构与无翅型成蜂相似……………………………………………………………………2
2. 外生殖器的阳基背突近基部两侧各具 1 明显外突的侧叶……………………………………3
   外生殖器的阳基背突近基部两侧既无外突侧叶、也无向内缢缩，或两侧各具 1 向内缢缩…………8
3. 阳基背突侧叶呈宽大的半圆形，其基部与中叶侧缘相连处近于直角；背突中叶端部呈锐三角形尖刀状，末端伸达 AD 长的 2/3；腹中突约等于 AD 长的一半；中脊成对，向前伸达 BD 长的 2/5 处；两钩爪末端伸达 AD 长的 5/8；阳茎长于其内突，两者全长稍长于阳基，稍短于后足胫节 …………………………………………………………………………………………**毒蛾赤眼蜂 *T. ivelae***
   阳基背突侧叶基部与中叶侧缘相连处呈弧形弯曲……………………………………………4
4. 阳基背突侧叶明显宽圆，背突末端伸达 AD 长的 3/4 以上；腹中突基部较宽大，长相当于 D 的 3/5-3/4；中脊成对，向前伸达 BD 中部而汇合成 1 隆脊、并继续延伸近于抵达 BD 基缘；两钩爪末端伸达 AD 长的 3/4 左右处；阳茎与其内突约等长，两者全长相当于阳基长度，稍短于后足胫节 ……………………………………………………………………………**松毛虫赤眼蜂 *T. dendrolimi***

阳基背突侧叶半圆形或超过半圆形，外缘圆弧形、略平或稍弯向腹面……………………………………5

5. 阳基背突侧叶半圆形，外缘圆弧形；背突与两钩爪末端基本齐平，均伸达 AD 长的 1/2 左右；腹中突为 AD 长的 1/3，中脊成对，向前伸达 BD 长的 2/5，与 AD 长度相当；阳茎与其内突约等长，两者全长相当于阳基长度，稍短于后足胫节……………………………………**螟黄赤眼蜂 *T. chilonis***

阳基背突侧叶超过半圆形或明显较宽，外缘略平或稍弯向腹面……………………………………6

6. 阳基背突侧叶外缘略平，背突末端伸达 AD 长的 1/2；腹中突呈宽三角形，端部稍钝圆，伸达 AD 长的 3/7；中脊成对，向前伸达 BD 长的 1/2 处，钩爪端部伸达 AD 长的 3/5；阳茎与其内突约等长，两者全长相当于阳基长度……………………………………**稻苞虫赤眼蜂 *T. parnarae***

阳基背突侧叶外缘稍弯向腹面，背突末端伸达 AD 长的 1/2 左右；腹中突等于或稍短于 AD 长的 1/2；阳茎稍长于其内突，两者全长相当于阳基长度，稍短于后足胫节……………………………………7

7. 阳基背突侧叶明显较宽，背突端部圆形；腹中突宽三角形，端部稍圆，长度近于 AD 长的 1/2；中脊成对，向前伸达 BD 长的 1/2 处；两钩爪端部伸达 AD 长的 5/8………**碧岭赤眼蜂 *T. bilingensis***

阳基背突侧叶明显超过半圆形，背突端部钝圆；腹中突锐三角形，两侧缘较直，端部尖锐，短于 AD 长的 1/2；中脊成对，向前伸达 BD 长的 2/5 处；两钩爪末端超过 AD 长的 1/2……………………………………**舟蛾赤眼蜂 *T. closterae***

8. 阳基背突近基部两侧既无侧叶、也无向内缢缩；两钩爪长于 AD 或等于 AD 长的 1/2 左右………9

阳基背突近基部两侧各具 1 向内缢缩；两钩爪长度等于 AD 长的 1/2 ……………………………………26

9. 两钩爪长度大于 AD 长度，端部伸出阳基侧瓣末端之外……………………………………10

两钩爪与 AD 约等长或等于 AD 长度的 1/2-4/5……………………………………12

10. 阳基背突不明显，仅为 1 短小的三角形，长度不及 AD 长的 1/5；腹中突约为 AD 长的 9/10，中脊单一，向前伸达 BD 基缘；阳茎长于其内突，两者全长短于阳基，稍短于后足胫节……………………………………**斑蛾赤眼蜂 *T. artonae***

阳基背突明显呈宽三角形，长度相当于 AD 长的 1/2-4/5 以上……………………………………11

11. 阳基背突端部伸达腹中突长的 3/5 处，相当于 AD 长的 1/2；阳基侧瓣为 AD 长的 1.0-1.1 倍；腹中突长而大，尖三角形，约等于 AD 长的 5/7；中脊成对，向前伸达 BD 近基缘；阳茎明显长于其内突，两者全长稍短于阳基，等于后足胫节的 0.7 倍…………………**龙栖山赤眼蜂 *T. longxishanense***

阳基呈马蹄形，阳基背突端部伸达 AD 长的 4/5 以上，接近两阳基侧瓣末端；AD 长约为阳基全长的 2/7；腹中突短而宽，仅及 AD 长的 1/5，呈短而宽的钝三角形突，使两钩爪明显向左右分离；中脊成对，粗而长，向前抵达 BD 基缘；钩爪、腹中突及其中脊均高度骨化；阳茎明显短于其内突，两者全长等于阳基长度，相当于后足胫节长的 2/3 …………………**福州赤眼蜂 *T. fuzhouense***

12. 两钩爪长度与 AD 约等长……………………………………13

两钩爪长度仅为 AD 长的 1/2-4/5……………………………………16

13. 两钩爪端部明显呈钩状，近基部各具 1 片状突起，端部约伸达 AD 长的 9/10；阳基背突端部圆弧形，呈宽舌状，明显伸出阳基侧瓣端部之外；腹中突不明显，长度不足 AD 长的 1/10；中脊成对，向前伸达 BD 长的中部；阳茎稍长于其内突，两者全长短于阳基，约为后足胫节长的 3/4……………………………………**钩突赤眼蜂 *T. flandersi***

两钩爪端部不呈明显钩状，阳基背突端部近三角形，不伸出阳基侧瓣端部之外…………………14

14. 两钩爪侧缘与阳基侧瓣直而平行；阳基背突尖三角形，端部伸达 AD 长的 0.5 倍左右；腹中突小而明显，中脊成对，向前伸达 BD 长的一半；阳茎长于其内突，约为后者长的 2.0 倍，两者全长与阳基约等长，明显短于后足胫节……………………………………………………………… **周氏赤眼蜂 *T. choui***

两钩爪侧缘弧形弯曲，与阳基侧瓣内缘不平行；阳基背突较狭窄，端部稍钝圆…………………… 15

15. 阳基背突较狭窄，骨化不明显，端部稍钝圆，末端伸达 AD 长的 4/5 左右；腹中突微小而不明显；中脊单一，向前几乎伸达 BD 基缘；阳茎与其内突近等长，两者全长稍短于阳基，相当于后足胫节长的 3/4 ……………………………………………………………………… **微突赤眼蜂 *T. raoi***

阳基背突几丁化明显，端部稍钝圆，近三角形，末端约伸达 AD 长的 3/4 处；腹中突微小而较明显；中脊微细，成对，向前伸达 BD 长的一半；阳茎约为其内突长的 1.5 倍，两者全长稍短于阳基全长，约为后足胫节长的 2/3 ………………………………………………………… **暖突赤眼蜂 *T. achaeae***

16. 两钩爪长度等于 AD 长的 4/5-7/10 ……………………………………………………………… 17

两钩爪长度等于 AD 长的 1/2-2/3 ……………………………………………………………………… 23

17. 阳基较短而宽圆，长不足宽的 2.0 倍；阳基背开口近圆形或宽大………………………………… 18

阳基较细长或长椭圆形，长超过宽的 2.0 倍；阳基背开口长椭圆形或长圆锥形…………………… 20

18. 外生殖器形状结构特殊，阳基背突端部不收缩成背突状，反而向外拓宽且后缘中央向前呈倒“八”字形凹陷，两侧端部伸至钩爪和阳基侧瓣外侧中部；阳基侧瓣向后两侧斜指，端部位于两钩爪背面并伸出钩爪末端之外；两钩爪端部具端突直指后侧，长度为 AD 长的 0.82 倍；腹中突不明显，中脊明显骨化且近于抵达 BD 基缘；阳茎宽大，两侧缘呈波状弯曲，明显长于其内突，约为后者长的 2.5 倍，两者全长等于阳基长的 1.18 倍，与后足胫节约等长……… **草蛉赤眼蜂 *T. neuropterae***

外生殖器的形状结构与本属其他正常种类相似………………………………………………………… 19

19. 阳基背突较短而退化，端部宽圆形，仅抵达腹中突的中部；阳基侧瓣端部尖锐，与钩爪端部接近，为 AD 长的 0.7-1.0 倍；腹中突明显，为 AD 长的 0.44-0.63 倍，中脊不明显；阳茎两侧缘直，明显长于其内突，为后者长的 2.15-2.40 倍，两者全长为阳基长的 1.1-1.2 倍，等于后足胫节长的 0.59-0.61 倍……………………………………………………………………………………… **啮虫赤眼蜂 *T. psocopterae***

阳基长为宽的 1.93 倍，基部略狭窄，中部最宽处约为基部宽的 2.8 倍；阳基背突两侧甚窄，如新月形，仅在中部突出呈短三角形，末端抵达 AD 长的 3/8 处；腹中突三角形，两侧边缘较直，末端较尖锐，抵达 AD 长的 3/7；中脊约等于腹中突长的 2 倍，但略短于 AD 长；两钩爪端部抵达 AD 长的 2/3；阳茎略长于其内突，两者全长短于阳基长度 ………………… **铁岭赤眼蜂 *T. tielingensis***

20. 阳基背突狭长三角形，末端尖锐，抵达 AD 长的 2/3 处；腹中突小而明显，端部抵达 AD 长的 1/3 左右或短于 AD 长的 1/5 …………………………………………………………………………… 21

阳基背突端部钝圆如指状或呈宽舌状，抵达 AD 长的 3/5 处或突出于阳基侧瓣之外；腹中突小而明显，末端抵达 AD 长的 1/4-2/5 处…………………………………………………………………… 22

21. 阳基背突末端抵达 AD 长的 2/3 处；阳基侧瓣短，仅为阳基全长的 1/8；腹中突约为 AD 长的 1/3，中脊成对，向前抵达 BD 长的 2/5 处；两钩爪端部抵达 AD 长的 4/5；阳茎与其内突约等长，两者全长稍长于阳基，略长于后足胫节之长……………………………………… **凤蝶赤眼蜂 *T. sericini***

阳基较窄长，两侧缘在近腹中突处稍向内缢缩；背突两侧缘较直，基部不向内缢缩；腹中突长度不足 AD 长的 1/5，中脊较长，向前几乎抵达阳基长的 0.5-0.6 倍；两钩爪端部抵达 AD 长的 4/5；阳茎长于其内突，两者全长约等于阳基长度，明显短于后足胫节……………… **暗黑赤眼蜂 *T. pintoi***

22. 阳基背突末端钝圆如指状，抵达 AD 长的 3/5 处，不突出钩爪端部之外；腹中突锐三角形，末端抵达 AD 长的 2/5，中脊成对，向前直达 BD 基缘；两钩爪基部不与腹中突基部紧接，而延至中脊基部，钩爪明显分 2 叶，呈钩状，强度弯曲，端部抵达 AD 长的 7/10；阳茎与其内突约等长，两者全长稍短于阳基长度，短于后足胫节…………………………… **杉卷蛾赤眼蜂 *T. polychrosis***

阳基背突端部呈宽舌状，突出于阳基侧瓣之外；腹中突约为 AD 长的 1/4，中脊成对，向前抵达 BD 长的 1/3；两钩爪较直，端部抵达 AD 长的 3/4；阳茎长于其内突，两者全长大于阳基全长，稍短于后足胫节…………………………………………………………… **舌突赤眼蜂 *T. lingulatum***

23. 阳基背突宽三角形，末端宽圆，抵达 AD 长的 1/2-4/7，与钩爪端部齐平………………………… 24

阳基背突窄三角形，末端钝圆，等于或稍大于 AD 长的 1/2，约与钩爪端部齐平 ……………… 25

24. 阳基基部明显较窄，中部最宽处为基部宽的 2.6 倍；阳基背突与两钩爪末端所抵达位置齐平；阳基侧瓣基部因向内缢缩，致其呈明显的铗形突状；腹中突末端较尖锐，抵达 AD 长的 3/7 处，中脊成对，向前不抵达 BD 长的 1/7 处；阳茎略短于其内突，两者全长约等于阳基之长…………………………………………………………………………………… **铗突赤眼蜂 *T. forcipiformis***

阳基背突与两钩爪末端均抵达 AD 长的 1/2；阳基侧瓣长而尖，约为阳基长的 0.3 倍；腹中突呈短而宽三角形，末端抵达 AD 长的 1/2 处，中脊成对，向前抵达 BD 长的 1/4；阳茎长于其内突，两者全长与阳基长度相当，等于后足胫节长度…………………………… **陕西赤眼蜂 *T. shaanxiensis***

25. 阳基背突末端稍超出 AD 长的一半，也略超出两钩爪末端抵达水平；腹中突小而明显，尖三角形，长度仅及 AD 长的 1/7，中脊成对，其长度与 AD 长相当，末端抵至 BD 长的 1/2 处；阳茎与其内突约等长，两者全长略长于阳基，为后足胫节长的 2/3 左右 ………………… **庞氏赤眼蜂 *T. pangi***

阳基背突马蹄铁形，端部钝圆，抵达 AD 长的 0.55 倍；腹中突不明显，但该区域高度骨化，中脊成对，向前抵达 BD 长的 0.67 倍；两钩爪端部距离阳基侧瓣末端较远，抵达 AD 长的 1/2 左右；阳茎明显长于其内突，为后者长的 3.1-3.9 倍，两者全长约等于阳基长度，等于或稍短于后足胫节长…………………………………………………………………………… **稻螟赤眼蜂 *T. japonicum***

26. 阳基背突高度骨化，端部稍钝圆，仅抵达腹中突基部，约等于 AD 长的一半；两钩爪内侧缘呈弧形弯曲，末端抵达阳基侧瓣近端部，等于 AD 长的 3/4；AD 长仅及阳基全长的 1/6；腹中突小而明显，约为 AD 长的 1/3，中脊成对，向前抵达 BD 长的 2/3 左右处，约为 AD 长的 2.5 倍；阳茎长于其内突，两者全长与阳基约等长，稍短于后足胫节……………………… **旋花天蛾赤眼蜂 *T. agriae***

阳基背突端部抵达 AD 长的 1/3-1/2，两钩爪末端约抵达 AD 长的 1/2 ……………………………… 27

27. 阳基背突基部两侧缘明显向内缢缩……………………………………………………………………… 28

阳基背突基部两侧缘仅稍向内收窄………………………………………………………………………… 29

28. 阳基背突基部两侧缘具 1 较宽的圆弧形缢缩，端部锐三角形，抵达 AD 长的 1/3 左右处；钩爪端部抵达 AD 长的 1/2；腹中突端部锐三角形，约为 AD 长的 0.35 倍；中脊成对，向前抵达 BD 长的 1/3；阳茎稍长于内突，两者全长稍长于阳基而稍短于后足胫节……………… **广赤眼蜂 *T. evanescens***

阳基背突基部明显向内缢缩，端部抵达 AD 长的 1/2 处；钩爪端部抵达 AD 长的 1/2，约等于阳基背突端部抵达的水平；腹中突长三角形，约等于 AD 长的 4/9，中脊成对，向前抵达 BD 长的 1/2 处；阳茎稍长于其内突，两者全长等于阳基长，但明显短于后足胫节…… **玉米螟赤眼蜂 *T. ostriniae***

29. 阳基背突三角形，末端约达 AD 长的 1/2 处；腹中突锐三角形，约为 AD 长的 1/4，两侧缘具隆起纵脊，并从基部向端部延伸，突出于阳基腹面；两钩爪末端与阳基背突末端齐平，抵达 AD 长的 1/2；阳茎与其内突约等长，两者全长等于阳基长的 1.2 倍，稍短于后足胫节…………………

………………………………………………………………………………………… **粘虫赤眼蜂 *T. leucaniae***

阳基背突锐三角形，端部抵达 AD 长的 1/3 左右处；腹中突小而明显，端部仅抵达 AD 长的 1/6，中脊成对，向前抵达 BD 长的一半左右；两钩爪端部约抵达 AD 长的 1/2 左右；阳茎与其内突约等长，两者全长与阳基长度相当，稍短于后足胫节……………………………**台湾赤眼蜂 *T. taiwanense***

(136) 显棒赤眼蜂 *Trichogramma semblidis* (Aurivillius, 1897) (图 141)

Oophthora semblidis Aurivillius, 1897, Ent. Tidskr., 18: 253-255.

Pentarthron semblidis (Aurivillius): Girault, 1911a, Trans. Am. Ent. Soc., 37: 48.

Trichogramma schuberti Voegelé & Russo, 1981: 537. syn. by Pinto, 1998: 195-198.

Trichogramma semblidis (Aurivillius): Salt, 1937, Parasitology, 29: 539; Nagarkatti, 1972, Oriental Insect, 6: 33-34; Nagaraja & Nagarkatti, 1973, Proc. Ent. Soc. Wash., 75: 288; Nagarkatti & Jeyasingh, 1974, Proc. Ind. Acad. Sci., (sect. B) 80: 229; Nagarkatti & Nagaraja, 1971, Bull. Ent. Res., 61: 27; Nagarkatti & Nagaraja, 1977, Ann. Rev. Ent., 22: 166; Pang & Chen, 1987, in: Liao, Li, Pang & Chen, 1987, Economic Insect Fauna of China (Hym.: Chalcidoidea). Sci. Press, 34(1): 207; Lin, 1994, System. Stud. Chinese Trichogrammatidae: 53-54; Pinto, 1998/1999, Mem. Ent. Soc. Wash., 22: 195-198.

雄 成蜂具无翅和有翅 2 种类型；无翅型成蜂体长 0.35-0.45 mm (图 141a)；全体黑褐色，但触角各节、各足节和胸部背板颜色较浅。

触角与雌蜂触角相似，膝状，索节 2 节和棒节 1 节明显可分 (图 141b)，其上的鞭毛感器明显退化为短刺毛感器；各足均较粗壮。

外生殖器的阳基背突三角形，端部稍宽而钝圆 (图 141d)，末端抵达 AD 长的 3/5 左右处，基部两侧各具 1 明显内凹的缢缩；腹中突端部尖三角形；中脊成对，向前抵达阳基长的 1/2 左右处；两钩爪末端与腹中突端部抵达的位置接近，明显短于阳基背突末端抵达的水平；阳茎略长于其内突，两者全长与阳基约等长，稍短于后足胫节长度。

有翅型成蜂的翅形、触角鞭节与本属其他种类相似，索节与棒节愈合为一；体长 0.4 mm；棒节具明显长的鞭毛感器，最长者约为该节宽的 2.0 倍 (图 141c)；前翅臀角上的最长缘毛为该翅宽的 1/6-1/5；外生殖器结构与无翅成蜂的相同。

雌 体长 0.4-0.5 mm；产卵管略短于后足胫节。

寄主 在美洲已知可寄生双翅目沼蝇科 Sciomyzidae 的长角沼蝇属 *Sepedon*、虻科 Tabanidae 的斑虻属 *Chrysops*，脉翅目泥蛉科 Sialidae 的泥蛉属 *Sialis* 等约 7 种水生昆虫卵。虽然此前本蜂在美洲未见野外寄生鳞翅目害虫卵的记录，但 Pinto (1998/1999) 报道采自美国西北部地区原寄生于水生昆虫卵的本蜂种群，在室内却可用粉纹夜蛾 *Trichoplusia ni* 卵饲养繁殖。欧洲的 *T. schuberti* Voegelé & Russo 也有寄生玉米螟 *Ostrinia nubilalis* 的记录；此外，Michalski & Seniczak (1974) 报道本蜂可寄生鞘翅目小蠹科 Scolytidae 昆虫卵；Nagarkatti (1972) 和 Sorokina (1993b) 报道本蜂的其他寄主记录还有：双翅目虻科 Tabanidae 的虻属 *Tabanus*、瘤虻属 *Hybomitra*，花蝇科 Anthomyiidae 的泉蝇属 *Pegomya*，鳞翅目螟蛾科 Pyralidae 的禾草螟属 *Chilo*，夜蛾科 Noctuidae 的甘蓝夜蛾属 *Mamestra*、美冬夜蛾属 *Cosmia* 等虫卵。

模式标本产地 Blido, Sweden。

模式标本存放单位　National Museum of Natural History, Washingtong [NMNH]。
分布　河南、江苏；印度，瑞典，法国，加拿大，美国。
附注　模式标本未检视，形态描述和特征图引自庞雄飞和陈泰鲁 (1987) 的报道。

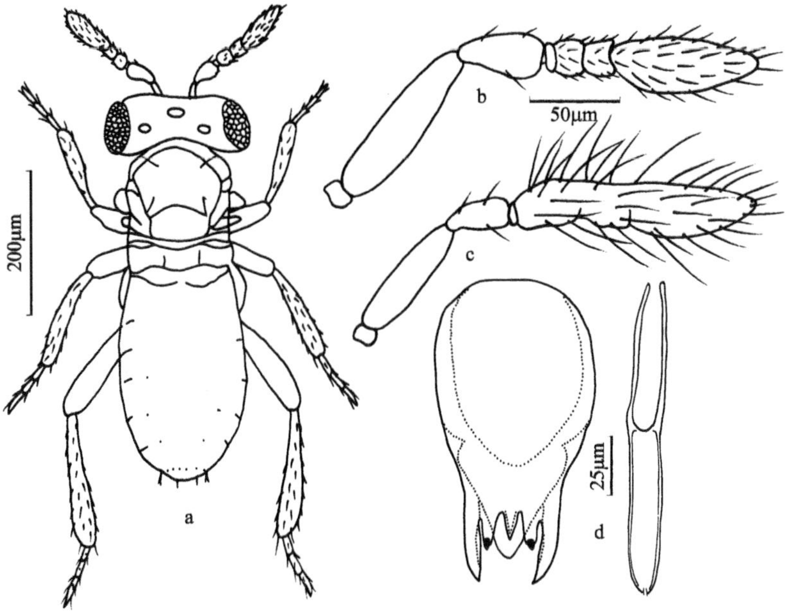

图 141　显棒赤眼蜂 *Trichogramma semblidis* (Aurivillius) (♂)
(a, b, c. 仿 Aurivillius, 1897; d. 仿 Pang & Chen, 1987)
a. 无翅型雄虫 (apterus male)；b. 无翅型成虫触角 (apterus male antenna)；c. 有翅型成虫触角 (alatus male antenna)；d. 外生殖器 (male genitalia)

(137) 毒蛾赤眼蜂 *Trichogramma ivalae* Pang & Chen, 1974 (图 142)

Trichogramma ivalae Pang & Chen, 1974, Acta Ent. Sin., 17(4): 443-444; Pang & Chen, 1987, in: Liao, Li, Pang & Chen, 1987, Economic Insect Fauna of China (Hym.: Chalcidoidea). Sci. Press, 34(1): 210; Lin, 1994, System. Stud. Chinese Trichogrammatidae: 46.

雄　体长 0.6 mm，头宽 0.24 mm；全体黄褐色，但前胸背板及腹部黑褐色。

触角棒节上的最长鞭毛感器长度为该节最宽处的 2.0 倍 (图 142b)；前翅长为宽的 1.83 倍 (图 142a)，臀角最长缘毛约为前翅宽的 1/6。

外生殖器的阳基背突高度骨化，两侧具宽大的半圆形侧叶 (图 142c)，侧叶基部与中叶侧缘相连处近于直角；背突中叶端部呈锐三角形尖刀状，末端抵达 AD 长的 2/3 左右；腹中突高度骨化，其长度等于 AD 长的 1/2 左右；中脊成对，向前抵达阳基长的 2/5 处；两钩爪末端抵达 AD 长的 5/8 处；阳茎长于其内突，两者全长稍长于阳基长度，稍短于后足胫节之长。

雌　全体黄褐色，腹基部和端部黑褐色，产卵管长于后足胫节之长。

寄主 已知可寄生榆绿天蛾 *Callambulyx tatarinovii*、黄刺蛾 *Cnidocampa flavescens*、榆毒蛾 *Ivala ochropoda* 和粘虫 *Mythyimna seperata* 等虫卵。

模式标本产地 北京卧佛寺。

模式标本存放单位 中国科学院动物研究所昆虫标本馆 [IZCAS]。

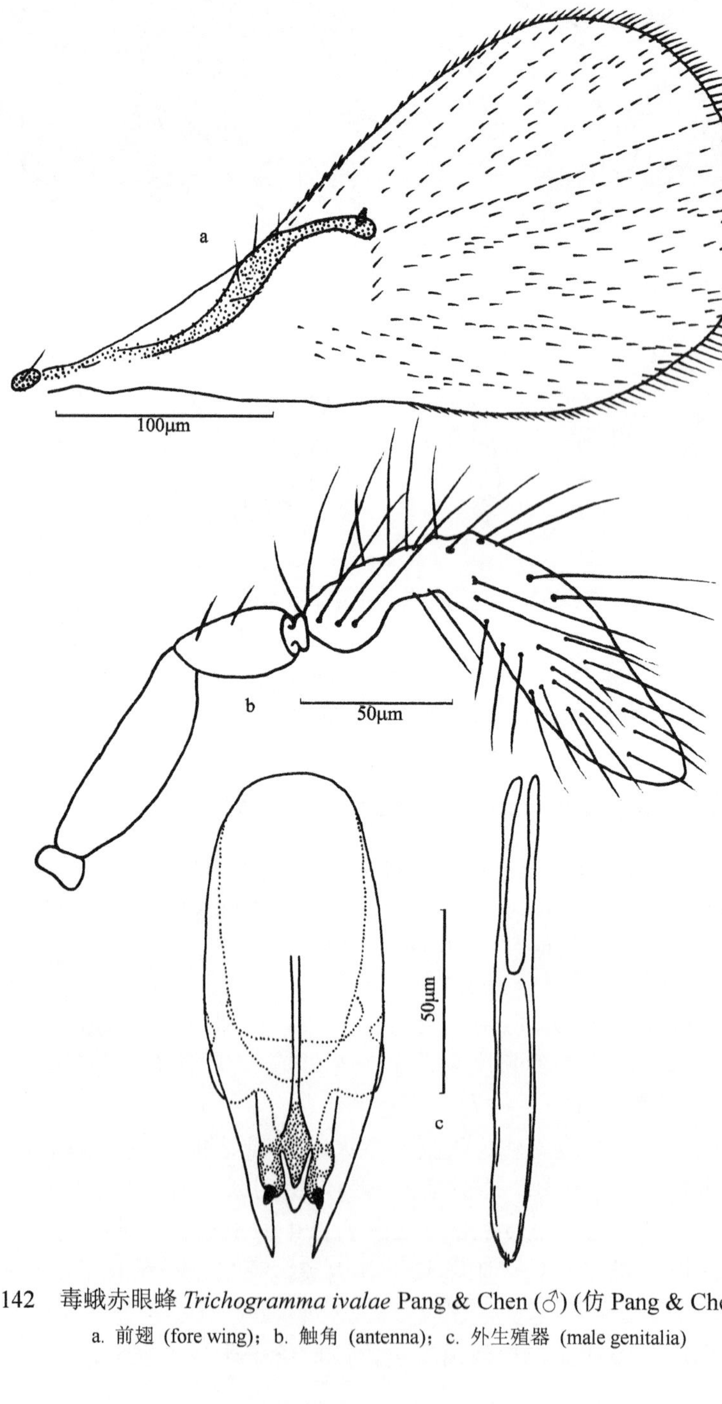

图 142 毒蛾赤眼蜂 *Trichogramma ivalae* Pang & Chen (♂) (仿 Pang & Chen, 1974)

a. 前翅 (fore wing); b. 触角 (antenna); c. 外生殖器 (male genitalia)

研究标本　♂ (正模)，5♂6♀ (副模)，北京卧佛寺 (N40°00'32", E116°12'22", 319M)，1956. Vll. 23，张代祥采于榆毒蛾卵；5♂8♀，山东黄县 (N36°03'48", E120°19'58", 135M)，1958. IV. 15-V. 1，陈泰鲁从粘虫卵内养得。

分布　北京 (香山卧佛寺)、山东 (黄县)，据资料也分布于辽宁 (熊岳)、河北 (昌黎)、陕西 (岐山)、安徽 (阜南)。

(138) 松毛虫赤眼蜂 *Trichogramma dendrolimi* Matsumura, 1926 (图 143)

Trichogramma dendrolimi Matsumura, 1926, Ann. Mus. Zool. Acad. Sci. USSR., 26: 45; Pang & Chen, 1974, Acta Ent. Sin., 17(4): 444; Pang & Chen, 1987, in: Liao, Li, Pang & Chen, 1987, Economic Insect Fauna of China (Hym.: Chalcidoidea). Sci. Press, 34(1): 200; Lin, 1987, Wuyi Sci. J., 7: 99; Lin, 1994, System. Stud. Chinese Trichogrammatidae: 46-47; Chan & Chou, 2000, Chinese J. Ent., 20(2): 140-141.

雄　体长 0.5-1.4 mm，头宽 0.24-0.28 mm，后足胫节长 0.13-0.18 mm；全体黄色，但腹部背板黑褐色。

触角棒节除具 9-11 只锥栓感器和 3 支板状感器外，还具 49-58 支长度中等且端部尖削的鞭毛感器，最长鞭毛感器为该节最宽处的 2.16-2.39 倍 (图 143b)；前翅长为宽的 1.83 倍，臀角最长缘毛约为该翅宽的 1/8 (图 143a)，中肘横毛列由 4-6 支纤毛组成，R_{2+3} 与 R_{4+5} 径毛列之间具 6-20 支纤毛。

外生殖器的阳基背开口为阳基长的 0.59-0.66 倍，AD 长度为阳基长的 0.24-0.28 倍；阳基背突高度骨化，近基部两侧缘明显向内缢缩，具明显宽圆的侧叶，背突末端抵达 AD 长的 3/4 以上 (图 143c)；腹中突基部较宽大，高度骨化，长度等于 AD 长的 3/5-3/4；中脊成对，向前延伸抵达 BD 的中部而与 1 隆脊汇合，此隆脊几乎抵达阳基基缘；两钩爪末端抵达 AD 长的 3/4 左右处，短于两侧瓣端部抵达的水平。阳茎与其内突约等长，两者全长相当于阳基长度 (0.98 倍)，稍短于后足胫节长度 (0.97 倍)。

雌　体长 0.74-0.87 mm，头宽 0.26-0.29 mm，后足胫节长 0.16-0.20 mm；触角棒节为柄节长的 0.79-0.93 倍，上具 4-5 只锥栓感器和 5 支板状感器；前翅中肘横毛列由 5-8 支纤毛组成，R_{2+3} 与 R_{4+5} 纤毛列之间具 15-30 支纤毛；产卵管较长，为后足胫节长的 1.07-1.16 倍。在 15°C 条件下培养出的成蜂体黄色，中胸盾片淡黄色，腹基部及其端部呈褐色；20°C 条件下培养出子代成蜂的中胸盾片仍为淡黄褐色，腹部仅末端呈褐色；25°C 以上培养出的子代成蜂全体黄色，腹部末端和产卵器末端均褐色。

寄主　已知可寄生鳞翅目的灯蛾科 Arctiidae、水蜡蛾科 Brahmaeidae、刺蛾科 Eucleidae、麦蛾科 Gelechiidae、尺蛾科 Geometridae、弄蝶科 Hesperiidae、枯叶蛾科 Lasiocampidae、灰蝶科 Lycaenidae、毒蛾科 Lymantriidae、夜蛾科 Noctuidae、舟蛾科 Notodonitidae、小卷蛾科 Olethreutidae、凤蝶科 Papilionidae、螟蛾科 Pyralidae、天蚕蛾科 Saturniidae、眼蝶科 Satyridae、天蛾科 Sphingidae、卷蛾科 Tortricidae 等 18 科 80 多种虫卵 (Pinto, 1998/1999)。

模式标本产地　Kurilo Islands, Japan。

模式标本存放单位　Hokkaido Imperial Univeristy, Japan [HIUJ]。

研究标本　1♂，辽宁沈阳东陵 (N41°48'46", E123°31'59", 52M)，1990. VII. 27，林乃铨网扫；1♂，辽宁千山 (N41°01'33", E123°08'51", 520M)，1990. VII. 26，林乃铨网扫；1♂，辽宁西丰冰碴山 (N42°44'16", E124°43'43", 860M)，1992. VII. 12，林乃铨网扫；2♂，北京香山樱桃沟 (N40°02'20", E116°02'57", 501M)，1992. VII. 6，林乃铨网扫；2♂，河北蔚县小五台山保护区 (N39°50'42", E115°47'26", 900M)，2005. VIII. 22，田洪霞、林乃铨网扫；1♂，山东临朐沂山 (N36°13'10", E118°42'18", 246M)，2005. VIII. 12，田洪霞网扫；1♂，河南郑州 (N34°44'49", E113°37'33", 109M)，1992. VIII，王彩敏采；2♂，湖北蒲圻 (N30°21'46", E114°16'41", 37M)，1991. VIII. 10-21，袁合强、欧阳宗兵网扫；1♂，江西鹰潭 (N28°15'36", E117°04'09", 141M)，1985. X. 25，林乃铨网扫；20♂，福建福州金山 (N26°82'31", E119°20'30", 16M)，1982-1989. IX，林乃铨网扫；3♂，福建尤溪池田 (N26°02'44", E117°56'52", 289M)，1987. VIII. 19，郑琪采于黄盘诱集器；10♂14♀，福建沙县洋枋 (N26°22'55", E117°55'06", 175M)，1980. V. 20，林乃铨从松毛虫卵中养得；2♂，福建将乐龙栖山 (N26°30'41", E117°22'57", 239M)，1991. VIII. 8，刘长明网扫；1♂，福建武夷山茶场 (N27°42'25", E117°59'52", 194M)，1985. VIII. 7，林乃铨网扫；1♂，福建松溪渭田 (N25°52'41", E117°19'21", 496M)，1985. VIII. 5，吴祖建网扫；1♂，福建寿宁转水 (N27°12'34", E119°25'03", 840M)，1986. VII. 15，刘高盛网扫；2♂，福建福安赛歧 (N26°58'03", E119°40'45", 17M)，1985. VII. 9，占挺清网扫；1♂，福建仙游温泉 (N25°22'04", E118°47'40", 70M)，1987. X. 7，吴祖建采于黄盘诱集器；2♂，福建永春吾边 (N25°19'26", E118°16'48", 120M)，1985. VIII. 29，陈新金网扫；1♂，福建连城冠豸山 (N25°42'50", E116°47'13", 577M)，1986. VII. 13，林乃铨网扫；1♂，福建龙岩青草盂 (N24°59'28", E117°09'09", 370M)，1986. VII. 14，林乃铨网扫；1♂，福建长汀河田 (N25°40'28", E116°25'18", 284M)，1985. VII. 25，刘波网扫；1♂，福建南靖乐土 (N24°54'21", E117°12'53", 277M)，1991. V. 23，刘长明网扫；3♂，广东广州石牌 (N23°15', E113°35', 12M)，1985. X. 3-16，林乃铨网扫；1♂，海南儋州两院 (N19°30'46", E109°30'46", 134M)，2004. X. 30，吕宝乾网扫；3♂，海南儋州宝岛新村 (N19°30'42", E109°30'39", 45M)，2005. V-VI，张端璋网扫；2♂，海南乐东县冲坡 (N18°28'25", E108°54'55", 19M)，2005. II. 18-25，张李香网扫；1♂，广西南宁 (N22°48'54", E108°22'04", 176M)，1986. V. 23，汤玉清网扫；2♂，广西凭祥大青山 (N22°00'56", E106°43'39", 466M)，1986. V. 24-25，汤玉清网扫；1♂，贵州贵阳花溪 (N26°24'59", E106°40'23", 1200M)，1992. IX. 18，杨孝龙网扫；2♂，西藏林芝八一镇 (N29°50', E93°25', 2009M)，2002. VIII. 20，林乃铨、孙新涛网扫；5♂，西藏林芝八一镇 (N29°50', E93°25', 2009M)，2003. VII. 10-IX. 29，德吉梅朵网扫。

分布　辽宁 (沈阳、千山、西丰)、北京 (香山)、河北 (蔚县小五台山)、山东 (临朐)、河南 (郑州)、湖北 (蒲圻)、江西 (鹰潭)、福建 (福州、尤溪、沙县、将乐、邵武、武夷山、建阳、松溪、寿宁、福安、仙游、永安、永春、连城、龙岩、长汀、南靖)、广西 (南宁、凭祥)、广东 (广州)、海南 (儋州)、贵州 (贵阳)、西藏 (林芝)，另据资料记载也分布于山西 (太原、晋城、运城)、陕西 (岐山、太白山)、安徽 (合肥)、湖南 (长沙)、台湾 (台北、桃园、南投)；日本，韩国，俄罗斯，法国，英国，美国 (加州)。

附注　本种赤眼蜂是我国人工大量繁殖用于防治玉米螟、甘蔗螟虫、稻纵卷叶螟、松毛虫、棉铃虫、柑橘卷叶蛾等害虫最为广泛、最有效的蜂种之一。虽然章士美（1996）曾有本种赤眼蜂在新疆的分布记录，张帆等（1999）和郭文超等（1999）也曾在新疆小面积应用本赤眼蜂防治棉铃虫，可是近 20 多年间我们在新疆的调查采集中，始终未能采到本蜂的标本，可能此蜂还不能在新疆野外建立自然群落，因此本书暂不包括本蜂在新疆的分布记录。

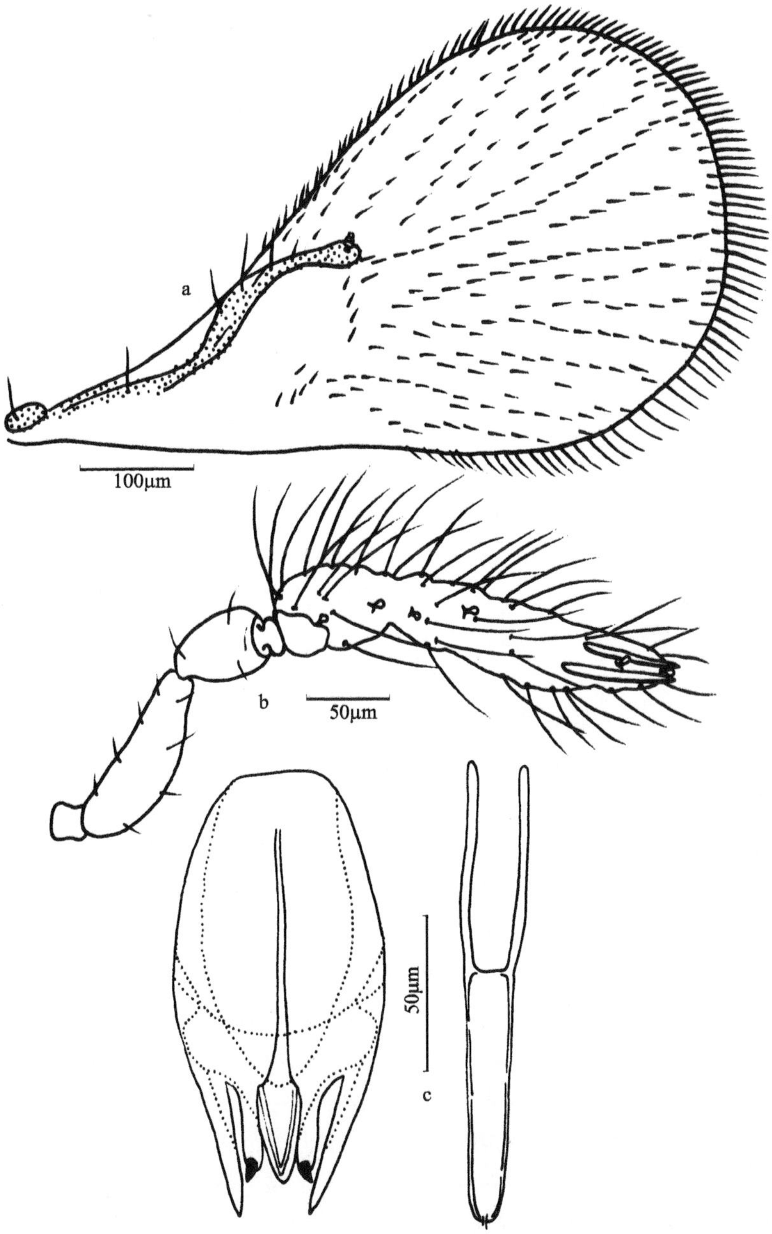

图 143　松毛虫赤眼蜂 *Trichogramma dendrolimi* Matsumura (♂)

a. 前翅 (fore wing)；b. 触角 (antenna)；c. 外生殖器 (male genitalia)

(139) 螟黄赤眼蜂 *Trichogramma chilonis* Ishii, 1941 (图 144)

Trichogramma chilonis Ishii, 1941, Knotyu, 14: 169-176; Lin, 1994, System. Stud. Chinese Trichogrammatidae: 48-49; Chan & Chou, 2000, Chinese J. Ent., 20(2): 136-138.

Trichogramma australicum (not Girault): Nagarkatti & Nagaraja, 1971, Bull. Ent. Res., 61: 13-31; Pang & Chen, 1974, Acta Ent. Sin., 17 (4): 444.

Trichogramma confusum Viggiani, 1976a, Boll. Lab. Ent. Agr. Portici, 33: 182-183; Pang & Chen, 1987, in: Liao, Li, Pang & Chen, 1987, Economic Insect Fauna of China (Hym.: Chalcidoidea). Sci. Press, 34(1): 201-202; Lin, 1987, Wuyi Sci. J., 7: 99-100.

雄 体长 0.5-1.0 mm，头宽 0.23-0.33 mm，后足胫节长 0.16-0.20 mm；全体暗黄色，中胸盾及腹部褐色。

触角棒节稍长于后足胫节，为后足胫节长的 1.05-1.18 倍，其上除具 10 只锥栓感器和 3 支板状感器外，还具 44-50 支长而尖削的鞭毛感器，最长者相当于该节最宽处的 2.39-2.81 倍 (图 144b)；上颚端部 6 齿；中胸盾前对刚毛短，为后对刚毛长的 0.25-0.28 倍。前翅长为宽的 2.08 倍，臀角上的最长缘毛约为该翅宽的 1/6 (图 144a)；中肘横毛列由 3-7 支纤毛组成，R_{2+3} 与 R_{4+5} 径毛列之间具 9-32 支纤毛；后翅面规则纤毛约 3 列，近前缘 1 列只 2-3 支纤毛，中毛列较长，后毛列 6-10 支纤毛。

外生殖器阳基背开口为阳基长的 1/2，AD 长度等于阳基长的 1/4 左右；阳基背突三角形，近基部两侧具明显半圆形的侧叶 (图 144c)，端部稍钝圆，末端抵达 AD 长的 1/2 左右；腹中突长度为 AD 长的 1/3；中脊成对，向前抵达 BD 长的 2/5，与 AD 长度相当；两钩爪末端抵达 AD 长的 1/2 左右处；阳茎与其内突约等长，两者全长与阳基长度相当 (0.97-1.07 倍)，略短于后足胫节 (0.66-0.80 倍)。

雌 体长 0.73-0.79 mm，头宽 0.23-0.27 mm，后足胫节长 0.17-0.19 mm；触角棒节为柄节长的 0.85-0.93 倍，其上具 4-5 只锥栓感器和 5 支板状感器；上颚端部 6 齿；在 15-20°C 下培养出来的子代成虫体暗黄色，中胸盾片褐色；在 25°C 下培养出来的腹部褐色而中央出现暗黄色的窄横带；在 30-35°C 下培养出来的中胸盾亦为暗黄色，腹部褐色而中央有较宽的暗黄色的横带；产卵管与后足胫节约等长 (0.98-1.03 倍)。

寄主 可寄生苎麻珍蝶 *Acraea issoria*、小黄斑弄蝶 *Ampittia dioscoridea*、二化螟 *Chilo suppressalis*、稻纵卷叶螟 *Cnaphalocrocis medinalis*、*Conrolvulus batatas*、八点灰灯蛾 *Creatonotus transiens*、金斑蝶 *Danaus chrysippus*、星黄毒蛾 *Euproctis flavinata*、褐带长卷蛾 *Homona coffearia*、雅飞蝶 *Jamides bochus formosanus*、条纹螟蛉 *Jaspida distinguenda*、亮灰蝶 *Lampides boeticus*、黑长喙天蛾 *Macroglossum pyrrhostictu*、杨小舟蛾 *Micromelalopha troglodyta*、稻眼蝶 *Mycalesis gotama*、稻螟蛉 *Naranga aenscens*、壮羽蛾 *Ochyrotica yanoi*、椰子织蛾 *Opisina arenosella*、棉古毒蛾 *Orgyia postica*、凤蝶 *Papilio* spp.、稻苞虫 *Parnara guttata*、小菜蛾 *Plutella xylostella*、戟盗毒蛾 *Porthesia kurosawai*、达摩凤蝶 *Princeps demoleus libanius*、旋花天蛾 *Protoparca convolvuli*、大螟 *Sesamia inferens*、尘白灰蛾 *Spilarctia obligua*、粉纹夜蛾 *Trichoplusia ni*、三化螟 *Tryporyza incertulas*、姜弄

蝶 *Udaspes folus* 等鳞翅目 16 科 60 多种虫卵。但此蜂过去曾与澳洲赤眼蜂、玉米螟赤眼蜂等混淆不清，因此其寄主记录也有混乱，有待逐步澄清。

模式标本产地　Los Banos Philippines。

模式标本存放单位　Tokyo College of Agriculture and Forestry, Japan [TCAF]。

研究标本　2♂，辽宁沈阳东陵 (N41°48'46", E123°31'59", 52M)，1990. VII. 27，林乃铨网扫；1♂，辽宁千山 (N41°01'33", E123°08'51", 520M)，1990. VII. 26，林乃铨网扫；1♂，辽宁西丰冰碴山 (N42°44'16", E124°43'43", 860M)，1992. VII. 12，林乃铨网扫；1♂，北京香山樱桃沟 (N40°02'20", E116°02'57", 501M)，1992. VII. 6，林乃铨网扫；2♂，河北蔚县小五台山保护区 (N39°50'42", E115°47'26", 900M)，2005.VIII. 22，田洪霞、林乃铨网扫；1♂，山东临朐沂山 (N36°13'10", E118°42'18", 246M)，2005. VIII. 12，田洪霞网扫；45♂113♀，山东商河县玉皇庙镇东甄村 (N37°10'59", E117°07'23", 12M)，2014. VIII. 1-20，闫家河从杨小舟蛾卵内养得；1♂，河南郑州 (N34°44'49", E113°37'33", 109M)，1992. VIII，王彩敏采；20♂，新疆呼图壁 (N44°11'32", E86°53'56", 550M)，1999. VIII. 27，林乃铨、马德英网扫；1♂，湖北武昌 (N30°33'15", E114°18'59", 25M)，1991. X. 2，茅晓渊采；2♂，湖北蒲圻 (N30°21'46", E114°16'41", 37M)，1991. VIII. 10-21，袁合强、欧阳宗兵网扫；1♂，江西鹰潭 (N28°15'36", E117°04'09", 141M)，1985. X. 25，林乃铨网扫；18♂，福建福州金山 (N26°82'31", E119°20'30", 16M)，1982-1989. IX，林乃铨网扫；3♂，福建尤溪池田 (N26°02'44", E117°56'52", 289M)，1987. VIII. 19，郑琪采于黄盘诱集器；32♂，福建沙县洋枋 (N26°22'55", E117°55'06", 175M)，1980-1981. X，林乃铨网扫；3♂，福建将乐龙栖山 (N26°30'41", E117°22'57", 239M)，1991. VIII. 8，刘长明网扫；1♂，福建武夷山茶场 (N27°42'25", E117°59'52", 194M)，1985. VIII. 7，林乃铨网扫；1♂，福建松溪渭田 (N25°52'41", E117°19'21", 496M)，1985. VIII. 5，吴祖建网扫；1♂，福建寿宁转水 (N27°12'34", E119°25'03", 840M)，1986. VII. 15，刘高盛网扫；2♂，福建福安赛歧 (N26°58'03", E119°40'45", 17M)，1985. VII. 9，占挺清网扫于稻田；2♂，福建仙游温泉 (N25°22'04", E118°47'40", 70M)，1987. X. 7，吴祖建采于黄盘诱集器；3♂，福建永春吾边 (N25°19'26", E118°16'48", 120M)，1985. VIII. 29，陈新金网扫于稻田；1♂，福建连城冠豸山 (N25°42'50", E116°47'13", 577M)，1986. VII. 13，林乃铨网扫；2♂，福建龙岩青草盂 (N24°59'28", E117°09'09", 370M)，1986. VII. 14-16，林乃铨网扫；2♂，福建长汀河田 (N25°40'28", E116°25'18", 284M)，1985. VII. 25，刘波网扫；1♂，福建南靖乐土 (N24°54'21", E117°12'53", 277M)，1991. V. 23，刘长明网扫；3♂，广东广州石牌 (N23°15', E113°35', 12M)，1985. X. 3-16，林乃铨网扫；1♂，海南儋州两院 (N19°30'46", E109°30'46", 134M)，2004. X. 30，吕宝乾网扫；18♂，海南儋州宝岛新村 (N19°30'42", E109°30'39", 45M)，2005. V-VI，张端璋网扫；8♂，海南乐东县冲坡 (N18°28'25", E108°54'55", 19M)，2005. II.18-25，张李香网扫；8♂3♀，海南儋州王五镇 (N19°39', E109°17', 38.6M)，2018. IV. 5，吕宝乾采自椰子织蛾 *Opisina arenosella* 卵、2018. IV. 19 在室内用米蛾卵繁殖的后代；1♂，广西南宁 (N22°48'54", E108°22'04", 176M)，1986. V. 23，汤玉清网扫；2♂，广西凭祥大青山 (N22°00'56", E106°43'39", 466M)，1986. V. 24-25，汤玉清网扫；1♂，贵州贵阳花溪 (N26°24'59", E106°40'23", 1200M)，1992. IX. 18，杨孝龙网扫；1♂，西藏林芝八一镇

(N29°50', E93°25', 2009M)，2002. VIII. 20，林乃铨、孙新涛网扫；2♂，西藏林芝八一镇 (N29°50', E93°25', 2009M)，2003. VII. 10-IX. 29，德吉梅朵网扫。

分布　辽宁 (沈阳、千山、西丰)、北京 (香山)、河北 (蔚县小五台山)、山东 (临朐沂山、商河玉皇庙镇)、河南 (郑州)、新疆 (呼图壁)、湖北 (武昌、蒲圻)、江西 (鹰潭)、福建 (福州、闽侯、尤溪、沙县、将乐、邵武、武夷山、建阳、松溪、寿宁、福安、霞浦、福鼎、仙游、永春、永安、连城、龙岩、长汀、漳平、南靖、云霄、诏安)、台湾 (台北、台中、雾峰、南投、彰化)、广东 (广州)、海南 (儋州、乐东)、广西 (南宁、凭祥)、贵州 (贵阳花溪)、西藏 (林芝)，另据资料记载，本种也分布于河北、山西、陕西 (岐山)、安徽、江苏、浙江、湖南、四川、云南；日本，菲律宾，印度，巴基斯坦，泰国，越南。

附注　本赤眼蜂的种名在印度和我国等东南亚地区过去的研究报道中曾经出现一些混乱。主要原因有：① Ishii (1941) 对本种的原始描述和特征图不够清楚；② 美国农业部的 Dr. Flanders 在纠正印度常见、且长期误定为微小赤眼蜂 *T. minutum* 错误的同时，把印度的本蜂误定为澳洲赤眼蜂 *T. australicum*；③ Nagarkatti & Nagaraja (1971) 根据加州大学 Dr. Doutt 提供的澳洲赤眼蜂雄外生殖器照片及 Girault (1912) 的简单原始描述，再次将印度的本种误定为澳洲赤眼蜂，并对它进行重新描述，从而促进了本种在东洋区以误传误；④ Viggiani (1976a) 在研究 Girault (1912) 定名的澳洲赤眼蜂模式标本后，虽然正确地发现 Nagarkatti & Nagaraja (1968, 1971) 及所有澳洲赤眼蜂在东洋区分布的报道均为误订，但却在没有特征描述的情况下，草率地将它们改名为 *T. confusum*，他 (Viggiani, 1976a) 的草率再一次增加了本种的混乱；⑤ 直到 Nagarkatti & Nagaraja (1979) 同时比较研究了 Ishii (1941) 定名采自菲律宾的 *T. chilonis* 和 Girault (1912) 采自澳大利亚的 *T. australicum* 的模式标本，包括已制片标本和解剖未制片的雄性全模标本，以及另外采自菲律宾、日本、中国台湾、马来西亚、斯里兰卡和泰国等地的大量标本之后，才明确澳洲赤眼蜂尚未在东南亚地区发现，原来印度及东洋区所报道的都是螟黄赤眼蜂！鉴于 Ishii (1941) 定名的模式标本中没有指定正副模，因此 Nagarkatti & Nagaraja (1979) 将保存在日本东京国家农科院的已解剖雄性玻片标本指定为选模 (该玻片标本没有注明编号，现仍存在该研究院)；同时把 Viggiani (1976a) 的 *T. confusum* 裸名归为异名，并重新描述了 Nagarkatti & Nagaraja (1971) 误定的澳洲赤眼蜂，恢复为螟黄赤眼蜂；⑥ 由于 Nagarkatti & Nagaraja (1979) 所指定的选模与原描述特征图差异较大，因而其研究结果曾经引起有关学者的异议；少数学者认为 Ishii (1941) 的 *T. chilonis* 和 Viggiani (1976a) 的 *T. confusum* 为 2 个有效种，只是暂时还没有重新采到与 Ishii (1941) 原始描述相同的 *T. chilonis* 标本而已。因此，国内多数学者已同意采用 Ishii (1941) 的螟黄赤眼蜂 *T. chilonis*，但也有少数学者还在使用 Viggiani (1976a) 的 *T. confusum*。另外，Lin (1989) 曾先后征求过国外部分学者 (Nagaraja, 1988; Pinto, 1989; Pintureau, 1989)，以及 Viggiani (1989) 本人的意见，他们一致认为 *T. confusum* 存在问题。为此 Lin (1994) 在《中国赤眼蜂分类》中采用了 Ishii (1941) 的螟黄赤眼蜂 *T. chilonis*，本志继续沿用本种名。

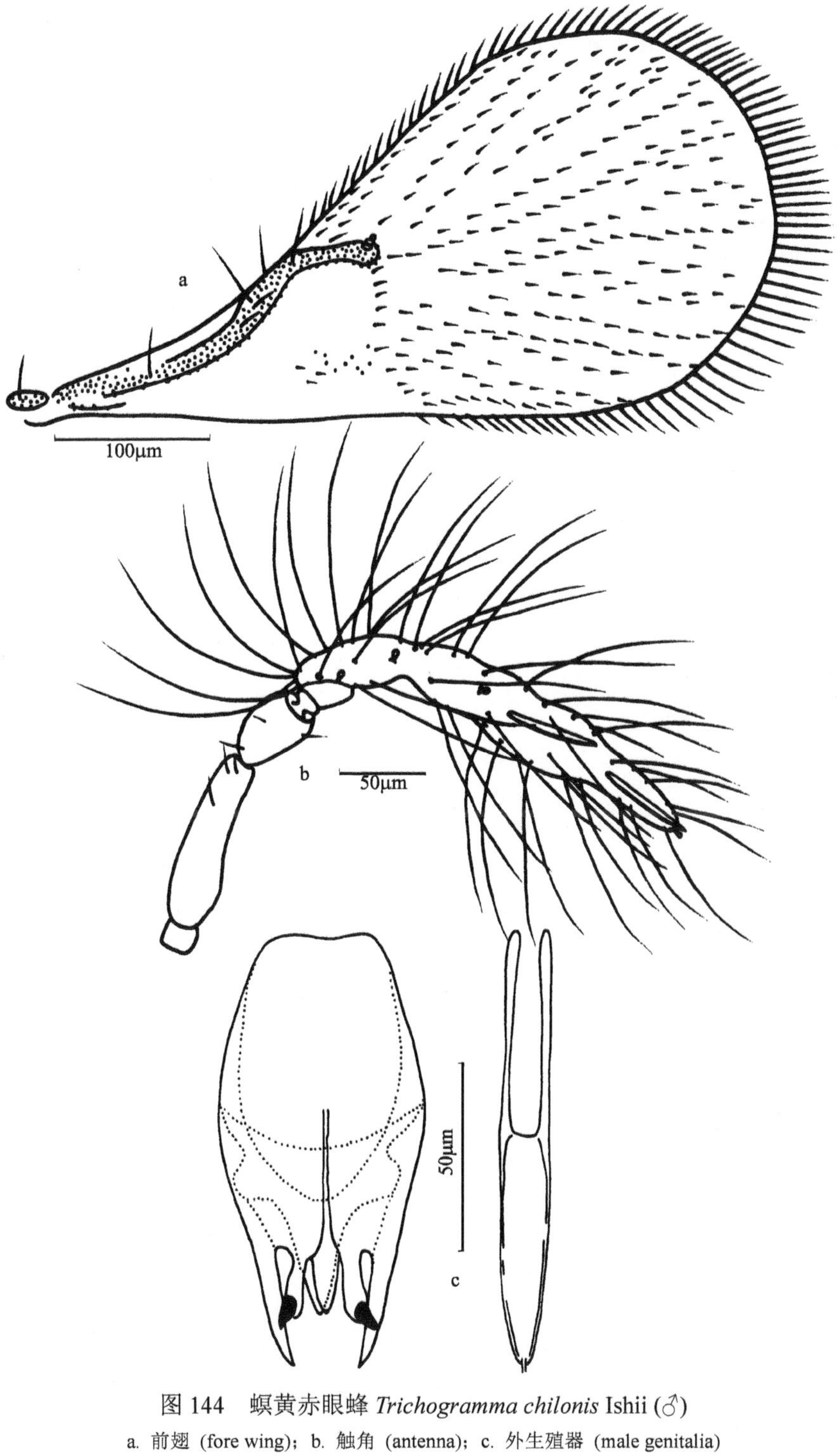

图 144　螟黄赤眼蜂 *Trichogramma chilonis* Ishii (♂)

a. 前翅 (fore wing)；b. 触角 (antenna)；c. 外生殖器 (male genitalia)

(140) 稻苞虫赤眼蜂 *Trichogramma parnarae* Huo, 1986 (图 145)

Trichogramma parnarae Huo, 1986, Entomotaxon., 8(3): 175; Lin, 1994, System. Stud. Chinese Trichogrammatidae: 49-50.

雄 体长 0.95 mm，头宽 0.29 mm；胸部褐色，中胸盾及小盾片色稍深，腹部黑色。触角棒节上的最长鞭毛感器约为该节宽的 1.7 倍，前翅臀角上的最长缘毛约为该翅宽的 1/9。

外生殖器的阳基大致呈卵圆形 (图 145a)，长 0.14 mm，宽 0.08 mm；阳基背突宽三角形，近基部两侧具明显的侧叶，且侧叶外缘略平，不呈圆弧形，背突末端抵达 AD 长的 1/2 左右；腹中突宽三角形，端部稍钝圆，端部抵达 AD 长的 3/7 左右处；中脊成对，向前抵达 BD 长的 1/2；两钩爪端部抵达 AD 长的 3/5 左右；阳茎与其内突约等长，两者全长相当于阳基长度。

雌 胸部黄色，腹部黑色，产卵管较宽大，稍长于后足胫节长度 (图 145b)。

寄主 直纹稻苞虫 *Parnara guttata* 卵。

模式标本产地 陕西岐山。

模式标本存放单位 陕西省农科院植保所昆虫标本室 [SXAAS]。

分布 陕西 (岐山)。

附注 模式标本未检视，形态描述和特征图引自 Huo (1986) 的报道。原记述的标本有：♂ (正模)，4♂2♀ (副模)，陕西岐山 (N34°16'58", E107°36'52", 512M)，1978. VIII，霍绍棠从直纹稻苞虫卵内养得。

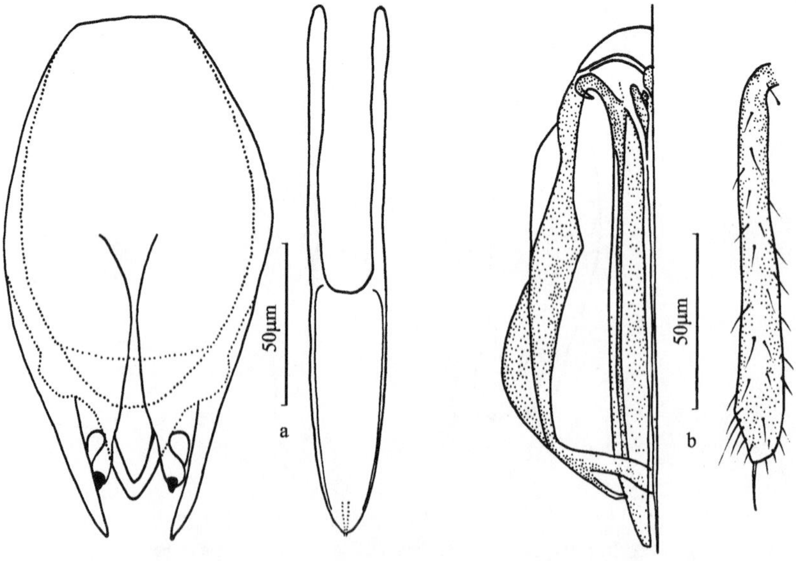

图 145 稻苞虫赤眼蜂 *Trichogramma parnarae* Huo (仿 Huo, 1986)

a. 雄外生殖器 (male genitalia)；b. 产卵管与后足胫节 (ovipositor & hind tibia)

(141) 碧岭赤眼蜂 *Trichogramma bilingensis* He & Pang, 2000 (图 146)

Trichogramma bilingensis He & Pang, 2000, J. South China Agr. Univ., 21(4): 45-46.

雄　全体黄褐色，但前胸背板褐色，腹部暗褐色。

触角棒节上的最长鞭毛感器约为该节宽的 2.5 倍 (图 146b)；前翅相对较宽，长为宽的 2.01 倍 (图 146a)，臀角上的最长缘毛长度约为该翅宽的 1/6。

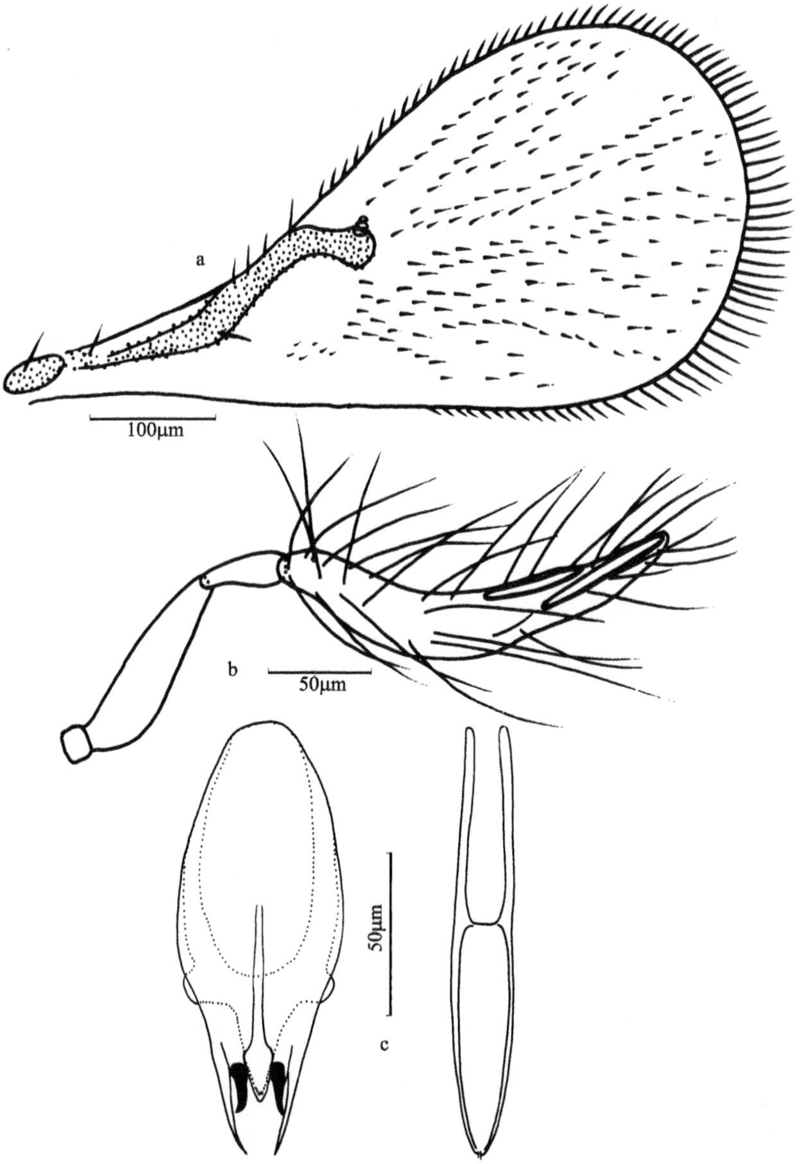

图 146　碧岭赤眼蜂 *Trichogramma bilingensis* He & Pang (♂) (仿 He & Pang, 2000)

a. 前翅 (fore wing)；b. 触角 (antenna)；c. 外生殖器 (male genitalia)

外生殖器近于长卵形，阳基背突高度骨化，锐三角形，近基部两侧具相对较宽而明显的侧叶，其外缘稍弯向腹面，背突后缘圆形，端部抵达 AD 长的 1/2 处 (图 146c)；腹中突锐三角形，端部稍钝圆，长度近于 AD 长的 1/2；中脊成对，骨化明显，向前抵达 BD 长的 1/2 处；两钩爪端部抵达 AD 长的 5/8 处；阳茎稍长于其内突，两者全长稍长于阳基，但短于后足胫节。

雌 全体黄色，腹部暗褐色；产卵管宽大，长于后足胫节，约等于后者长的 1.2 倍。

寄主 小菜蛾 *Phaella xylostella* 卵。

模式标本产地 广东深圳龙岗。

模式标本存放单位 华南农业大学昆虫标本室 [SCAU]。

分布 广东 (深圳龙岗)。

附注 模式标本未检视，形态描述和特征图引自 He & Pang (2000) 的报道。原记述的标本有：♂ (正模)，2♂3♀ (副模)，广东深圳龙岗 (N22°34'33", E114°17'29", 10M)，1996. XI. 20，何余容从小菜蛾卵内养得。

另据原始记载：本种的体型结构、体色与螟黄赤眼蜂极其相似，但本种的阳基背突侧叶相对较宽而明显，其外缘稍弯向腹面，可与后者区别；本种与舟蛾赤眼蜂的区别在于本种的阳基腹中突端部稍圆，与阳基背突中叶约等长；在 28°C 条件下饲养的子代成蜂，本种全体黄褐色，但螟黄赤眼蜂全体黄色；两者杂交试验结果未见雌性后代，证明它们不是同一种。

(142) 舟蛾赤眼蜂 *Trichogramma closterae* Pang & Chen, 1974 (图 147)

Trichogramma closterae Pang & Chen, 1974, Acta Ent. Sin., 17(4): 444-445; Pang & Chen, 1987, in: Liao, Li, Pang & Chen, 1987, Economic Insect Fauna of China (Hym.: Chalcidoidea). Sci. Press, 34(1): 201; Lin, 1994, System. Stud. Chinese Trichogrammatidae: 47-48.

雄 体长 0.6 mm；体黄色，前胸背板和中胸盾褐色，腹部深褐色。

触角棒节上的最长鞭毛感器约为该节最宽处的 2.0 倍 (图 147b)；前翅较宽圆，长为宽的 1.86 倍 (图 147a)，臀角上的最长缘毛长仅约为该翅宽的 1/6。

外生殖器的阳基背突三角形，端部钝圆，抵达 AD 长的 1/2 处 (图 147c)；近基部两侧具明显超过半圆的侧叶，两侧叶外缘弯向腹面；腹中突锐三角形，两侧缘较直，端部尖锐，其长度不足 AD 长的 1/2；中脊成对，向前抵达阳基长的 2/5 处；两钩爪末端抵达位置超过 AD 长的 1/2，阳基侧瓣等于阳基长的 1/3；阳茎稍长于其内突，两者全长相当于阳基长度，稍短于后足胫节之长。

雌 体色与雄虫相似，但腹基部和端部深褐色；产卵管相当于后足胫节长的 5/4。

寄主 可寄生杨扇舟蛾 *Clostera anachoreta*、分月扇舟蛾 *C. anastomosis*、黄刺蛾 *Cnidocampa flavescens*、李枯叶蛾 *Gastropacha quercifolia*、杨毒蛾 *Leucoma candida*、构月天蛾 *Parum colligata*、杨目天蛾 *Smerinthus caecus* 和柳毒蛾 *Stilpnotia salicis* 等鳞翅目虫卵。

模式标本产地 北京白家疃。

模式标本存放单位　中国科学院动物研究所昆虫标本馆 [IZCAS]。

研究标本　♂ (正模)，3♂4♀ (副模)，北京白家疃 (N40°03'12", E116°14'27", 159M)，1962. VIII. 24，陈泰鲁从杨扁舟蛾卵内养得；1♂，新疆和静 (N42°18'57", E86°24'48", 1192M)，2001. VIII. 9，胡红英网扫。

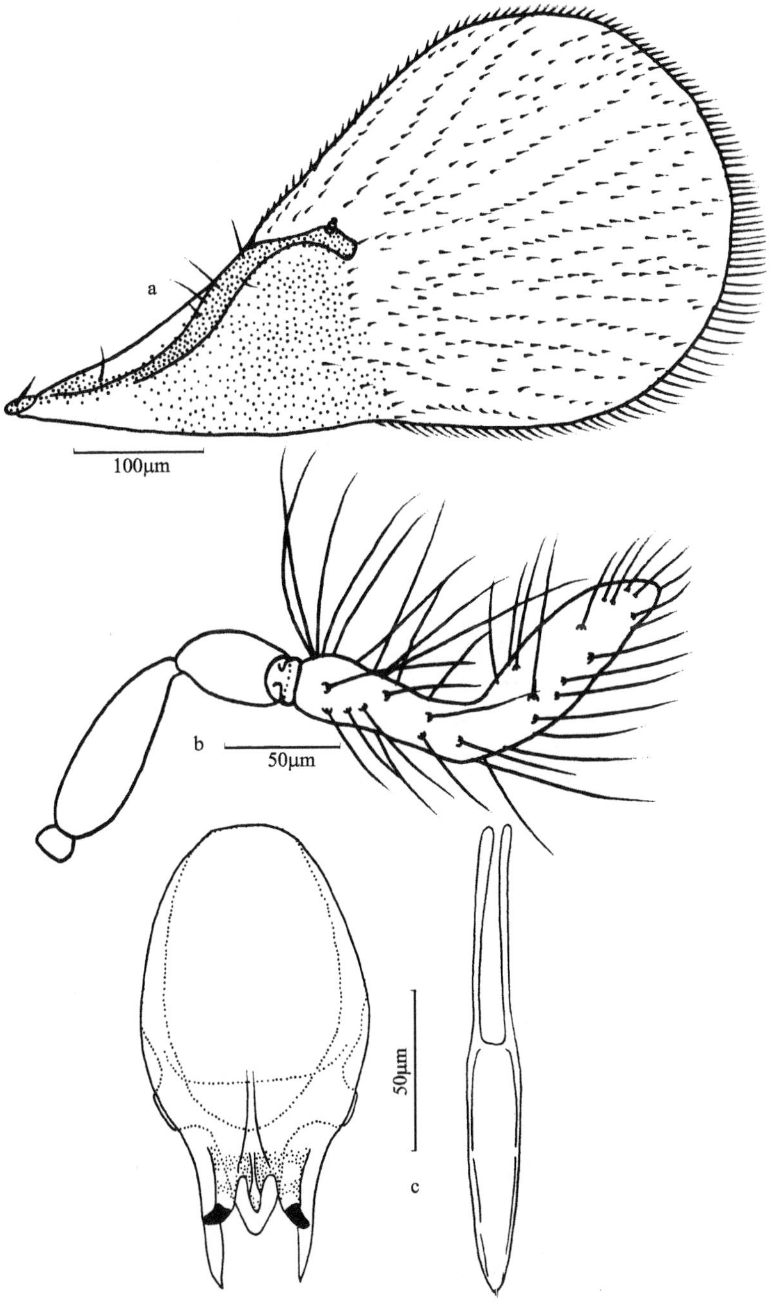

图 147　舟蛾赤眼蜂 *Trichogramma closterae* Pang & Chen (♂)

a. 前翅 (fore wing)；b. 触角 (antenna)；c. 外生殖器 (male genitalia)

分布 北京 (白家疃)、新疆 (和静)，另据资料记载也分布河北 (昌黎、小五台)、山西 (太原、阳城)、山东 (青岛、平邑、龙口、聊城)、浙江 (杭州)、安徽 (阜南)、云南 (昆明)、陕西 (岐山) 等地。

(143) 斑蛾赤眼蜂 *Trichogramma artonae* Chen & Pang, 1986 (图 148)

Trichogramma artonae Chen & Pang, 1986, Acta Ent. Sin., 29(1): 89-90; Lin, 1994, System. Stud. Chinese Trichogrammatidae: 57-58.

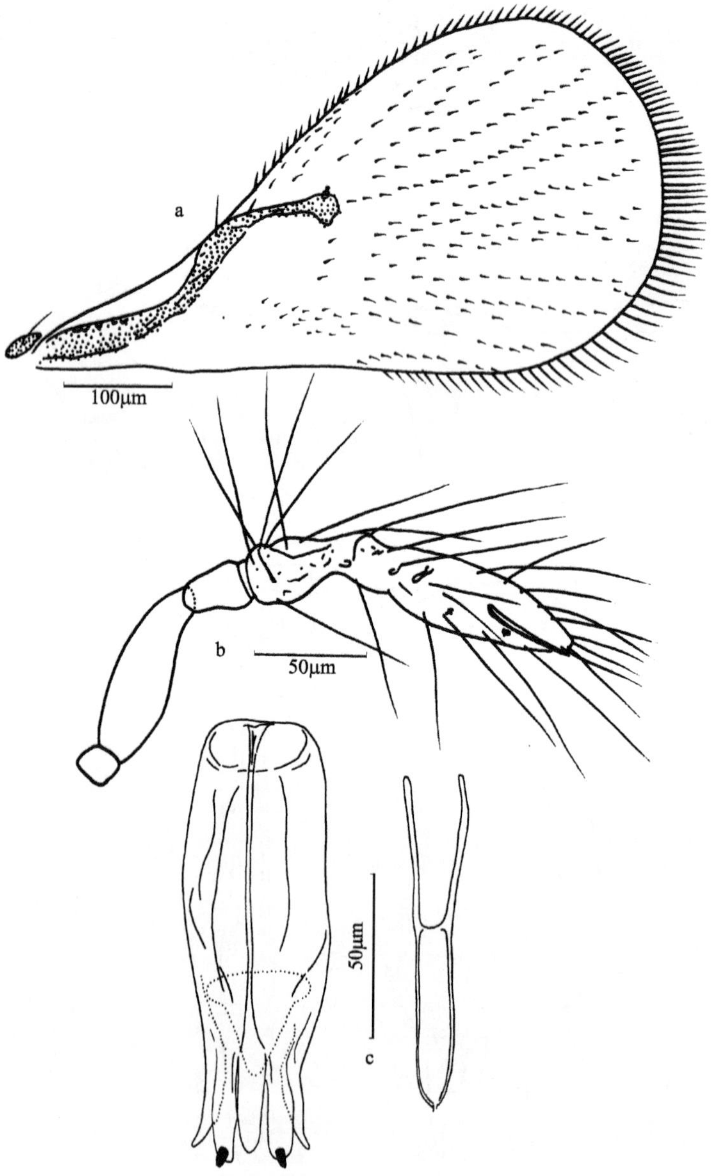

图 148 斑蛾赤眼蜂 *Trichogramma artonae* Chen & Pang (♂)
a. 前翅 (fore wing)；b. 触角 (antenna)；c. 外生殖器 (male genitalia)

雄 体长 0.45 mm；全体黄色，但腹部黑褐色；触角柄节长为宽的 2.0 倍，棒节较长，长约为宽的 6.0 倍，约为柄节长的 3.2 倍，其上具 40-45 支鞭毛感器，最长者约为该节最宽处的 3.5 倍 (图 148b)；前翅长为宽的 1.95-2.00 倍 (图 148a)，臀角上的最长缘毛约为该翅宽的 1/7。

外生殖器的阳基背突不明显，仅为 1 短小的三角形，长度不及 AD 长的 1/5 (图 148c)；腹中突高度骨化，特别长大，其长度相当于 AD 长的 9/10；中脊单一，向前抵达 BD 的基缘；两钩爪甚长，明显伸出阳基侧瓣末端之外；阳茎长于其内突，两者全长短于阳基长度，明显短于后足胫节之长。

雌 体长 0.5 mm；体黄，腹部的基部及端部具黑褐色的横带；产卵管短于后足胫节之长。

寄主 黄纹竹斑蛾 *Artona funeralis* 卵。

模式标本产地 湖南常德。

模式标本存放单位 中国科学院动物研究所昆虫标本馆 [IZCAS]。

研究标本 ♂ (正模)，2♂5♀ (副模)，湖南常德 (N29°12'22", E111°42'49", 38M)，1997. IX. 8，侯伯鑫采自寄生于黄纹竹斑蛾卵。

分布 湖南 (常德)。

(144) 龙栖山赤眼蜂 *Trichogramma longxishanense* Lin, 1994 (图 149)

Trichogramma longxishanense Lin, 1994, System. Stud. Chinese Trichogrammatidae: 62-63; Chan & Chou, 2000, Chinese J. Ent., 20(2): 143-145.

雄 体长 0.43-0.83 mm，头宽 0.26-0.36 mm，后足胫节长 0.15-0.19 mm；全体黄褐色，但中胸盾、小盾片、后足基节及腹部背板黑色。

触角棒节长为宽的 3.7-5.3 倍，等于后足胫节长的 0.81-1.00 倍，其上除具 8-10 只锥栓感器和 3 支板状感器外，还具长而尖的鞭毛感器 30-42 支，最长鞭毛感器为该节宽的 2.76-3.25 倍 (图 149b)；上颚端部 6 齿；前翅长为宽的 1.85-1.96 倍，中肘横毛列由 2-5 支纤毛组成 (图 149a)，R_{2+3} 与 R_{4+5} 径毛列之间具 4-14 支纤毛，臀角上最长缘毛长等于翅宽的 1/10-1/6。

外生殖器阳基长为宽的 1.97-2.20 倍 (图 149c)，阳基背开口等于阳基长的 3/5 左右，AD 长度约等于阳基全长的 1/4；阳基侧瓣的长度为 AD 长的 1.00-1.12 倍；阳基背突基部既不收窄，也无明显侧叶，端部宽三角形，仅抵达腹中突长的 3/5 处，相当于 AD 长的 1/2；腹中突长而大，尖三角形，长度等于 AD 长的 5/7；中脊成对，向前近于抵达 BD 的基缘；两钩爪甚长，端部稍伸出阳基侧瓣末端之外；阳茎明显长于其内突 (6.3∶4.0)，两者全长略短于阳基长度 (0.81-0.88 倍)，等于后足胫节长的 7/10 (0.62-0.74 倍)。

雌 福建标本未知；据台湾描述，体色稍淡于雄虫；体长 0.79-0.91 mm，头宽 0.29-0.36 mm，后足胫节长 0.17-0.18 mm；触角棒节长为宽的 2.0-2.2 倍，等于柄节长的 0.87-0.96 倍，其上具 5 只锥栓感器和 4-5 支板状感器；上颚端部 6 齿；前翅长为宽的 1.85-1.96 倍，中肘横毛列由 3-4 支纤毛组成，R_{2+3} 与 R_{4+5} 径毛列之间具 8-12 支纤毛；产卵管很长，等于后足胫节长的 1.61-1.67 倍。

寄主 福建、海南的寄主未知；据我国台湾记载，可寄生黑长喙天蛾 *Macroglossum pyrrhostictum*、黑星弄蝶 *Suastus gremius* 等虫卵。

模式标本产地 福建将乐龙栖山。

模式标本存放单位 福建农林大学生物防治研究所昆虫标本室 [FAFU]。

研究标本 ♂(正模)，3♂(副模)，福建将乐龙栖山 (N26°30'41", E117°22'57", 239M)，1991. VIII-X，林乃铨、刘长明网扫；1♂，海南琼中黎母山 (N19°14'37", E109°46'35", 116M)，2006. IV. 13，李文标网扫。

分布 福建 (将乐龙栖山)、海南 (琼中)、台湾 (台北)。

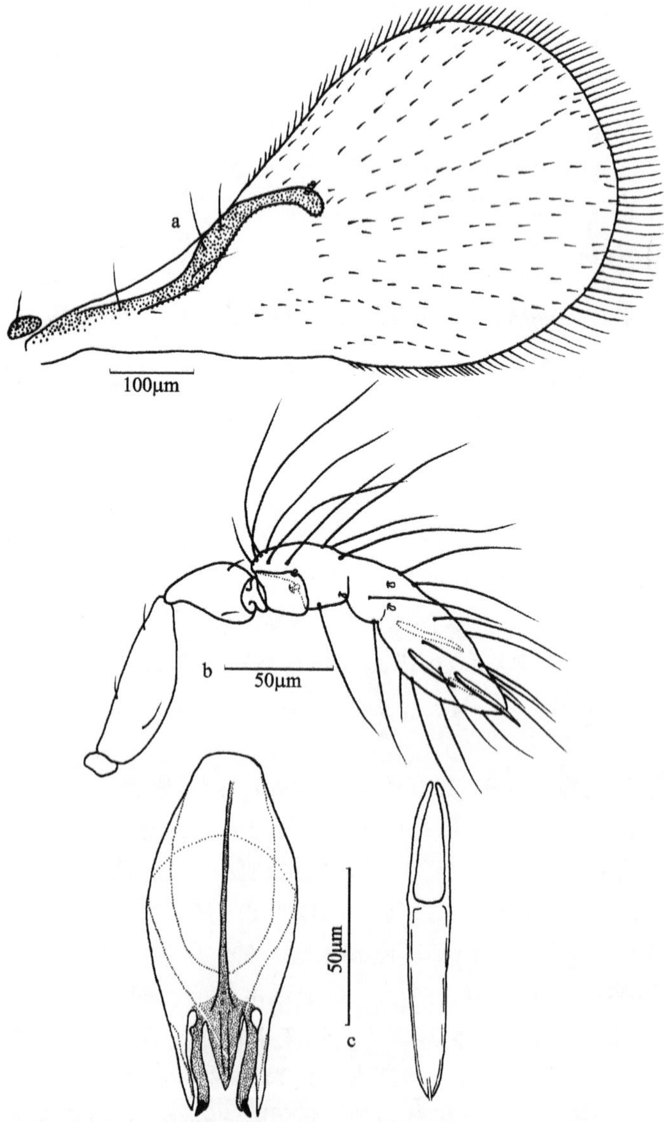

图 149 龙栖山赤眼蜂 *Trichogramma longxishanense* Lin (♂)

a. 前翅 (fore wing)；b. 触角 (antenna)；c. 外生殖器 (male genitalia)

(145) 福州赤眼蜂 *Trichogramma fuzhouense* Lin, 1994 (图 150)

Trichogramma fuzhouense Lin, 1994, System. Stud. Chinese Trichogrammatidae: 62.

雄　体长 0.45 mm；全体黄褐色，但中胸盾、各足基节、各腹节背板后缘深褐色。

触角棒节相当于柄节与梗节的长度之和，其上约具 32 支鞭毛感器，最长者相当于该节最宽处的 2.0 倍左右 (图 150b)；前翅长为宽的 1.80-2.06 倍，臀角上最长缘毛约为该翅宽的 1/6 (图 150a)。

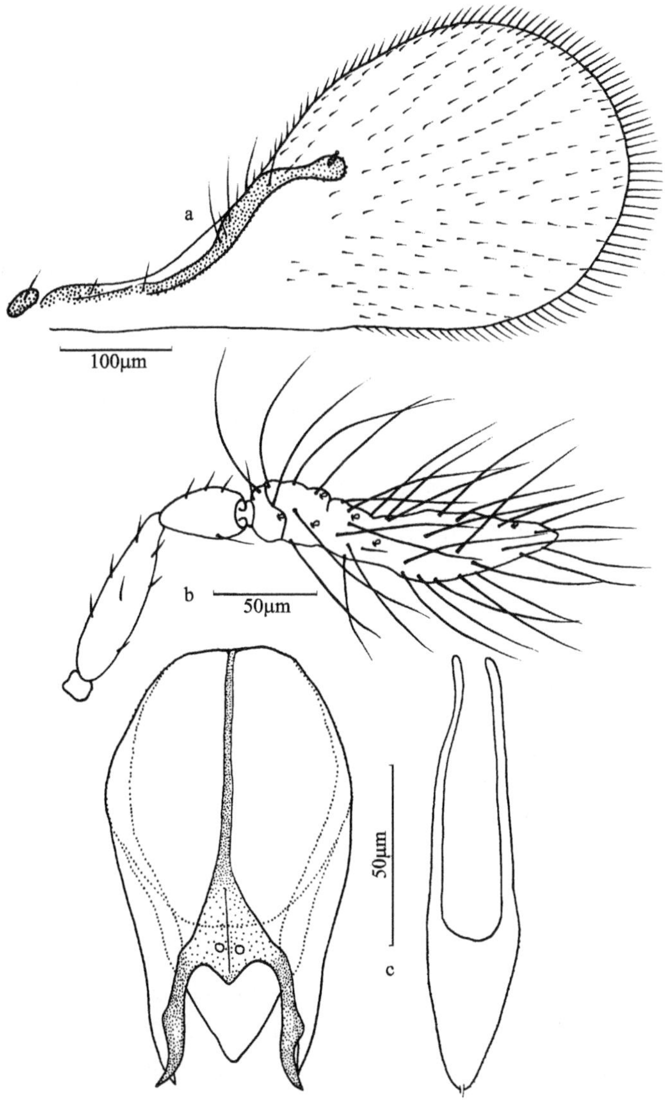

图 150　福州赤眼蜂 *Trichogramma fuzhouense* Lin (♂)
a. 前翅 (fore wing)；b. 触角 (antenna)；c. 外生殖器 (male genitalia)

外生殖器的阳基呈典型马蹄形，AD 长度约为阳基全长的 2/7；阳基背突呈宽三角形，两侧缘基部不收窄 (图 150c)，端部抵达 AD 长的 4/5 以上，接近两阳基侧瓣末端；腹中突短而宽，呈钝三角形，长度仅及 AD 长的 1/5，两钩爪明显向左右分离；中脊成对，粗而长，向前抵达 BD 的基缘；两钩爪甚长，其末端稍伸出阳基侧瓣端部之外；钩爪、腹中突及其基部的中脊均高度骨化；阳茎明显短于其内突 (3.5∶6.5)，两者全长等于阳基长度，相当于后足胫节长的 2/3 左右。

雌 未知。

寄主 未知。

模式标本产地 福建福州。

模式标本存放单位 福建农林大学生物防治研究所昆虫标本室 [FAFU]。

研究标本 ♂(正模)，福建福州森林公园 (N26°08'31", E119°28'30", 643M)，1989. VII. 10，黄建青采于黄盘诱集器；1♂，海南儋州两院 (N19°30'46", E109°30'46", 134M)，2004. X. 30，吕宝乾网扫。

分布 福建 (福州)、海南 (儋州)。

(146) 钩突赤眼蜂 *Trichogramma flandersi* Nagaraja & Nagarkatti, 1969, rec. nov.(图 151)

Trichogramma flandersi Nagaraja & Nagarkatti, 1969, Entomophaga, 14(4): 393-400.

雄 体长 0.73 mm；体淡黄褐色，头部前额、上颚、前胸背板侧缘、中胸背板及侧板、各足基节和端跗节黄褐色；触角柄节、各足转节、腿节、胫节和基部两跗节淡黄色；前翅仅翅脉之下翅面具淡黄褐色半透明昙纹外，其余翅面无色透明。

头部正面观宽大于高 (36∶26)，复眼长为头高的 0.54 倍左右 (14∶26)；触角柄节较短，长为宽的 3.5 倍 (14∶4)，为梗节的 2.33 倍 (14∶6)；梗节长梨形，长约为宽的 1.5 倍 (6∶4)；棒节长约为宽的 5.4 倍 (27∶5) (图 151b)，其上具 33-28 支鞭毛感器，最长者相当于该节最宽处的 3.0-5.0 倍。

胸部明显短于腹部，约为腹长的 0.41 倍 (35∶85)；前翅长为宽的 1.96-2.05 倍 (82∶40) (图 151a)；翅脉端部抵达翅长的 0.49 倍 (40∶82)，亚缘脉∶缘前脉∶缘脉∶痣脉的长度比例为 13∶11∶7∶10；痣脉基部略缢缩，细长；翅面纤毛中等稠密，排列规则；前翅臀角上的最长缘毛约为翅宽的 1/4 (10∶40)；后翅短于前翅 (65∶82)，长约为宽的 13.0 倍 (65∶5)；各足正常大小，各足腿节、胫节和跗节的长度比例分别是，前足 22∶18∶16，中足 18∶26∶17，后足 24∶28 ∶18。

外生殖器的阳基背突呈宽舌状，后端圆弧形，明显伸出阳基侧瓣端部之外 (图 151c)；腹中突不明显，长度不足 AD 长的 1/10；中脊成对，向前抵达 BD 的中部；两钩爪明显呈钩状 (图 151d)，近基部各具 1 片状突起，末端与阳基侧瓣端部接近，约抵达 AD 长的 9/10；阳茎稍长于其内突，两者全长稍短于阳基 (22∶28)，约为后足胫节长的 0.79 倍 (22∶28)。

雌 国内未知；据印度描述，体色等与雄虫相似，产卵管几乎与后足胫节等长。

寄主 国内寄主未知；据资料可寄生鳞翅目天蛾科的甘薯天蛾 *Agrius convolvuli*

(=*Herse convolvuli*) 和螟蛾科的二点螟 *Chilo infuscatellus* 等虫卵。

模式标本产地　Mandya District, Mysore State, India。

模式标本存放单位　US National Museum, Washington, DC [USNM]。

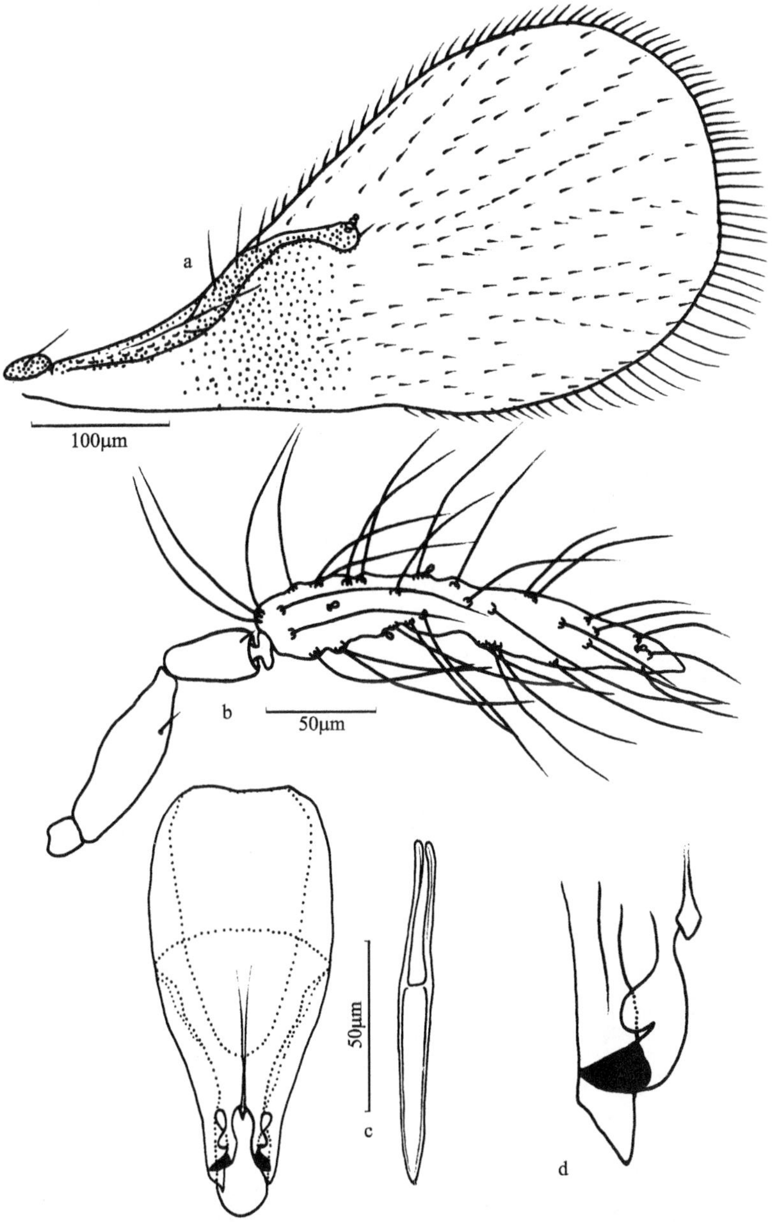

图 151　钩突赤眼蜂 *Trichogramma flandersi* Nagaraja & Nagarkatti (♂)

a. 前翅 (fore wing)；b. 触角 (antenna)；c. 外生殖器 (male genitalia)；d. 示钩爪放大 (showing the magnition of chelate structure)

研究标本　1♂，海南儋州西培农场 (N19°28'57", E109°27'43", 86M)，2005. XI. 6，李文标网扫；1♂，西藏林芝八一镇 (N29°50', E93°25', 2009M)，2002. VIII. 20，林乃铨、

孙新涛网扫；1♂，西藏林芝八一镇 (N29°50', E93°25', 2009M)，2003.VII. 10-IX. 29，德吉梅朵网扫。

分布 海南 (儋州)、西藏 (林芝)；印度。

附注 海南标本与印度标本 (Nagaraja & Nagarkatti, 1969) 用米蛾卵，在 27°C、RH 50%条件下饲养的标本比较，除个体较大 (后者体长 0.45 mm) 外，其余特征基本相同。

(147) 周氏赤眼蜂 *Trichogramma choui* Chan & Chou, 2000 (图 152)

Trichogramma choui Chan & Chou, 2000, Chinese J. Ent., 20(2): 138-140.

雄 体长 0.55-0.69 mm，头宽 0.25-0.26 mm，后足胫节长 0.15-0.18 mm；全体黄褐色，前胸背板、中胸背板与侧板、腹部及后足基节和腿节黑色，前翅除基半段翅面具褐色昙纹外，其余翅面无色透明。

触角棒节宽为长的 0.13-0.18 倍，等于后足胫节长的 1.13-1.26 倍 (图 152b)，其上具 9-10 只锥栓感器、3 支板状感器和 40-49 支中等长而细的鞭毛感器，最长鞭毛感器为该节最宽处的 2.7-3.0 倍；上颚端部具 6 齿；中胸盾上的前对刚毛短而细，为后对刚毛长的 1/5-1/4 倍；前翅长 0.39-0.48 mm，长为宽的 1.93-2.00 倍，翅面纤毛列清晰 (图 152a)，中肘横毛列由 2-5 支纤毛组成，R_{2+3} 与 R_{4+5} 径毛列之间具 16-27 支纤毛；最长外缘毛约为前翅宽的 0.15 倍；后翅前毛列消失，中毛列接近于前缘，后毛列具 7-10 支纤毛，伸达中毛列的 0.3-0.6 倍处。

外生殖器的阳基长为宽的 2.5-2.8 倍，阳基背开口长度为阳基长的 0.52-0.57 倍，阳基侧瓣与两钩爪侧缘直而平行，AD 长度为阳基长的 0.15-0.17 倍 (图 152c)；阳基背突尖三角形，明显骨化，端部抵达 AD 长的 0.4-0.6 倍；腹中突小而明显；中脊成对，向前抵达 BD 长的 0.41-0.52 倍；两钩爪与阳基侧瓣端部抵达的位置接近，伸达 AD 长的 0.9-1.0 倍处，几乎与 AD 等长；阳茎长于其内突，为后者长的 1.89-2.10 倍，两者全长与阳基约等长 (0.95-1.05 倍)，明显短于后足胫节，为后者长的 0.69-0.73 倍。

雌 体色与雄虫相似，但头部黑色；体长 0.64-0.74 mm，头宽 0.27 mm，后足胫节长 0.15-0.21 mm；触角棒节宽为长的 0.4-0.44 倍，为柄节长的 0.9-1.2 倍，其上具 4-5 只锥栓感器和 5 支板状感器；上颚端部 6 齿；前翅中肘横毛列由 2-4 支纤毛组成，R_{2+3} 与 R_{4+5} 径毛列之间具 13-27 支纤毛；产卵管与后足胫节约等长或稍长，等于后足胫节长的 1.02-1.08 倍。

寄主 已知可寄生蛱蝶科的波蛱蝶 *Ariadne pallidior*、1 种未定名天蛾科 Sphingidae 种类、2 种未定名鳞翅目种类等虫卵。

模式标本产地 台湾台中雾峰。

模式标本存放单位 台湾农业试验所昆虫标本室 [TARI]。

研究标本 承周樑镒先生惠赠 1♂副模标本，1993. VI. 22 采于台湾台中雾峰 (N24°02'41", E120°44'04", 230M)，由 1 未定名鳞翅目害虫卵养得，现保存于福建农林大学生物防治研究所标本室 [FAFU]。

分布 中国台湾 (台中雾峰、南投雾社)。

附注　本种形态描述和特征图引自 Chan & Chou (2000) 的报道。原记述的标本有：♂ (正模)，1♂5♀ (副模)，台湾台中雾峰 (N24°02'41", E120°44'04", 230M)，1993. VI. 22，从 1 未定名鳞翅目害虫卵养得；6♂1♀ (副模)，台湾南投雾社 (N24°01'14", E121°07'57", 1148M)，1992. III. 11-13，从 1 种未定名天蛾科 Sphingidae 虫卵内养得；2♂ (副模)，台湾台中 (N24°09'12", E120°40'48", 175M)，1991. X. 31；4♂3♀ (副模)，台湾台中，1991. XII. 1，从波蛱蝶卵内养得；7♂4♀ (副模)，台湾台中，1992. II. 23，从 2 种未定名鳞翅目害虫卵养得，采集者未明。

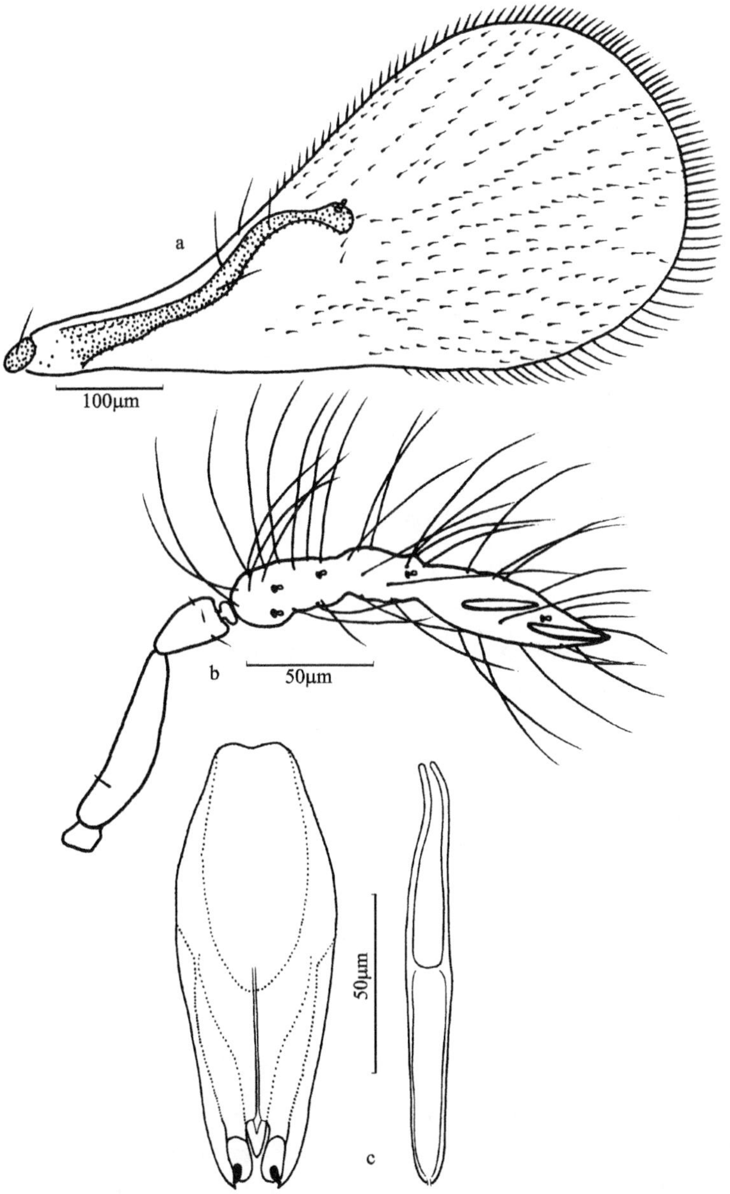

图 152　周氏赤眼蜂 *Trichogramma choui* Chan & Chou (♂) (仿 Chan & Chou, 2000)
a. 前翅 (fore wing)；b. 触角 (antenna)；c. 外生殖器 (male genitalia)

(148) 微突赤眼蜂 *Trichogramma raoi* Nagaraja, 1973 (图 153)

Trichogramma raoi Nagaraja, 1973a, Oriental Insects, 7(2): 279-280; Pang & Chen, 1974, Acta Ent. Sin., 17(4): 449; Pang & Chen, 1987, in: Liao, Li, Pang & Chen, 1987, Economic Insect Fauna of China (Hym.: Chalcidoidea). Sci. Press, 34(1): 205-206; Lin, 1987, Wuyi Sci. J., 7: 100-101; Lin, 1994, System. Stud. Chinese Trichogrammatidae: 58; Chan & Chou, 2000, Chinese J. Ent., 20(2): 147-148.

雄 体长 0.50-0.60 mm，头宽 0.20-0.22 mm，后足胫节长 0.11-0.14 mm；体黄褐色，前胸背板两侧、中胸背板及其两侧板、各足基节及腹部背板黑褐色。

触角棒节长为宽的 5.9-7.2 倍，其上除具 8-10 只锥栓感器和 3 支板状感器外，还具 37-44 支长而尖削的鞭毛感器，最长者近于该节最宽处的 3.3-4.0 倍 (图 153b)；上颚端部 6 齿；前翅长为宽的 2.00-2.22 倍，中肘横毛列由 2-5 支纤毛组成，R_{2+3} 与 R_{4+5} 径毛列之间具 9-27 支纤毛，臀角上最长缘毛为该翅宽的 1/6-1/5 (图 153a)。

外生殖器阳基长为宽的 2.5-2.8 倍，阳基前背开口为阳基长的 0.55-0.63 倍 (图 153c)，AD 的长度等于阳基长的 0.22-0.26 倍；阳基背突甚狭窄，骨化程度较弱，基部两侧缘无侧叶，端部尖锐，末端抵达 AD 长的 4/5 左右；腹中突微小而不明显；中脊单一，向前几乎抵达 BD 的基缘；两钩爪末端位于阳基背突和阳基侧瓣端部之间，稍接近于两侧瓣端部抵达水平；阳茎与其内突约等长，两者全长稍短于阳基 (0.92 倍)，相当于后足胫节长的 0.68-0.85 倍。

雌 体长 0.55-0.78 mm，头宽 0.21-0.28 mm，后足胫节长 0.14-0.17 mm；体色与雄虫相似，但腹部末端黄色；触角棒节为柄节长的 0.44-0.47 倍；产卵管较长，与后足胫节约等长，或稍长于后足胫节 (1.00-1.06 倍)。

寄主 可寄生鳞翅目的苎麻斑蛱蝶 *Acraea issoria formosana*、稻螟蛉 *Naranga aenscens* 和粉纹夜蛾 *Trichoplusia ni* 等害虫卵，据报道在广州蔗田还可寄生 1 种未定名鳞翅目的虫卵。

模式标本产地 Kamalashile, India。

模式标本存放单位 US Natioanl Museum, Washington, DC [USNM]。

研究标本 4♂，福建福州金山 (N26°82'31", E119°20'30", 16M)，1986-1987. V-VIII，林乃铨、蔡毅群、谢志鸣采于黄盘诱集器；3♂，福建沙县洋枋 (N26°22'55", E117°55'06", 175M)，1980. VII. 10，林乃铨采自稻螟蛉卵；3♂，福建将乐龙栖山 (N26°30'41", E117°22'57", 239M)，1991. VIII. 8，刘长明网扫；2♂，福建南靖乐土 (N24°54'21", E117°12'53", 277M)，1991. IX. 25，刘长明网扫；5♂，海南屯昌中建农场 (N19°14'38", E110°12'04", 129M)，2006. V. 2，李文标网扫；1♂，海南儋州两院 (N19°30'46", E109°30'46", 134M)，2004. X. 30，吕宝乾网扫；10♂，海南儋州宝岛新村 (N19°30'42", E109°30'39", 45M)，2005. V. 6-XI. 7，张端璋、李文标网扫；1♂，海南儋州云月湖 (N19°30'21", E109°31'33", 113M)，2005. X. 29，李文标网扫；1♂，海南儋州西培农场 (N19°28'57", E109°27'43", 86M)，李文标网扫；1♂，海南琼中黎母山 (N19°14'37", E109°46'35", 116M)，2006. IV. 13，李文标网扫；3♂，海南三亚南岛农场 (N18°24'50", E109°24'25", 173M)，2006. III. 27，李文标

网扫；1♂，西藏林芝八一镇 (N29°50', E93°25', 2009M)，2002. VIII. 20，林乃铨、孙新涛网扫；2♂，西藏林芝八一镇 (N29°50', E93°25', 2009M)，2003. VII. 10-IX. 29，德吉梅朵网扫；另据 Chan & Chou (2000) 报道，本种采自台湾的标本有：10♂19♀，台湾台中雾峰 (N24°02'41", E120°44'04", 230M)，1992. II. 26-28-X.14-19，詹美玲、周樑镒采自粉纹夜蛾卵；5♂3♀，台湾台中雾峰，1992. III. 20-30，詹美玲、周樑镒采自苎麻斑蛱蝶卵；2♀，台湾南投 (N23°57'39", E120°58'31", 484M)，1992. X. 28，詹美玲、周樑镒采自粉纹夜蛾卵。

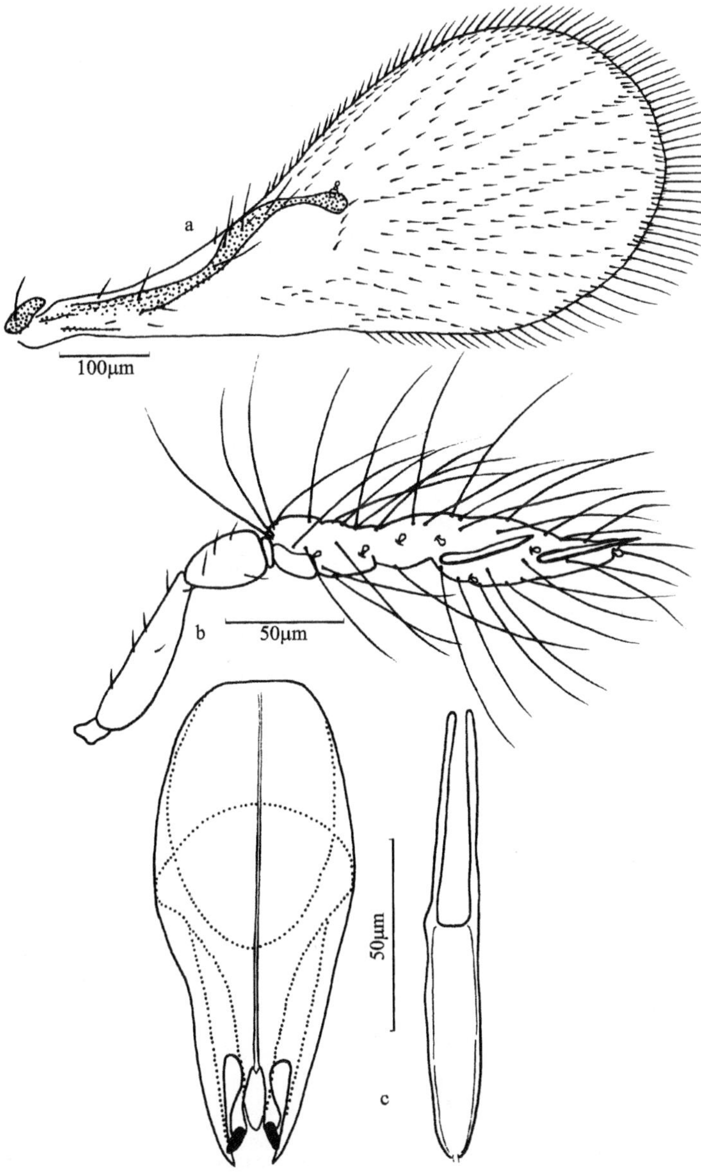

图 153　微突赤眼蜂 *Trichogramma raoi* Nagaraja (♂)

a. 前翅 (fore wing)；b. 触角 (antenna)；c. 外生殖器 (male genitalia)

分布 福建（福州、沙县、将乐、南靖）、广东（广州）、海南（屯昌、儋州、琼中、三亚）、西藏（林芝）、台湾（台中雾峰、南投）；印度。

(149) 暖突赤眼蜂 *Trichogramma achaeae* Nagaraja & Nagarkatti, 1969 (图 154)

Trichogramma achaeae Nagaraja & Nagarkatti, 1969, Entomophaga, 14: 396; Lin, 1987, Wuyi Sci. J., 7: 99; Lin, 1994, System. Stud. Chinese Trichogrammatidae: 56.

雄 体长 0.5 mm；全体黄褐色，但前中胸背板、中胸侧板、腹部各节背板及后足基节、腿节具暗褐色边。

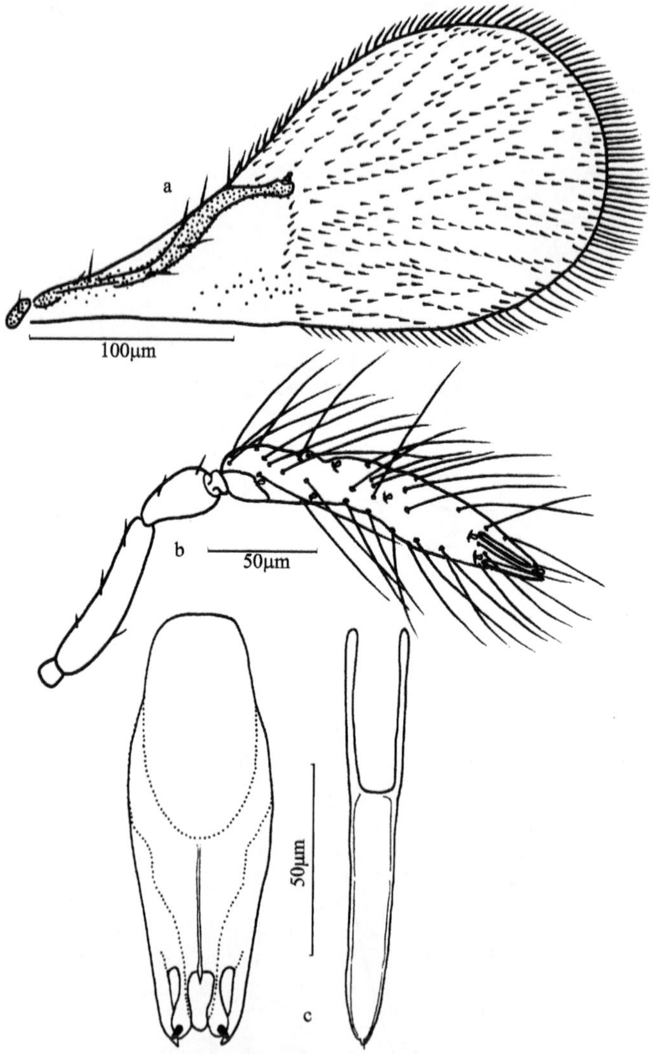

图 154 暖突赤眼蜂 *Trichogramma achaeae* Nagaraja & Nagarkatti (♂)
a. 前翅 (fore wing)；b. 触角 (antenna)；c. 外生殖器 (male genitalia)

触角棒节上的鞭毛感器较长，最长者约为该节最宽处的 2.5 倍 (图 154b)；前翅长为宽的 2.1 倍，臀角上的最长缘毛长度约为该翅宽的 1/7 (图 154a)。

外生殖器阳基的 AD 长度约为阳基长的 1/5；阳基背突骨化较明显，两侧缘近于平行，近于长三角形，端部钝圆，大约抵达 AD 长的 3/4 处 (图 154c)；腹中突微小而不明显，基部两侧各具 1 微细的瘤突；中脊微细，成对，向前抵达 BD 长的一半；两钩爪较长，末端近于抵达阳基侧瓣端部；阳茎约为其内突长的 1.5 倍，两者全长稍短于阳基长度，相当于后足胫节长的 2/3 左右。

雌 未见。据记载，在与雄虫相同的寄主、温度条件下养出的雌虫，体色与雄虫相似，但头部颜色较暗；产卵管长度几乎与后足胫节相等。

寄主 国内寄主未详。据印度报道可寄生苎麻红褐夜蛾 *Achaea janata*、蜡螟 *Achroia grisella*、甘薯天蛾 *Agrius convolvuli* 和棉铃虫 *Helithis armigera* 等虫卵。

模式标本产地 West Bengal, India。

模式标本存放单位 US Natioanl Museum, Washington, DC [USNM]。

研究标本 2♂，福建沙县洋枋 (N26°22'55", E117°55'06", 175M)，1981. I. 21-II. 7，林乃铨网扫；1♂，海南儋州两院 (N19°30'46", E109°30'46", 134M)，2004. X. 30，吕宝乾网扫；1♂，海南儋州云月湖 (N19°30'21", E109°31'33", 113M)，2005. X. 29，李文标网扫。

分布 福建 (沙县)、海南 (儋州)；印度。

(150) 草蛉赤眼蜂 *Trichogramma neuropterae* Chan & Chou, 1996 (图 155)

Trichogramma neuropterae Chan & Chou, 1996, Plant Protect. Bull., Taichung, 38: 144-146; Chan & Chou, 2000, Chinese J. Ent., 20(2): 136.

雄 体长 0.67-0.72 mm，头宽 0.23-0.31 mm，后足胫节长 0.16-0.18 mm；体色黄褐色，触角各节淡褐色，中胸盾、各足基节及腹部各腹节背板褐色；前翅除基部 1/3 翅面具淡褐色半透明晕纹外，其余翅面无色透明。

触角棒节较长，宽为长的 0.16-0.20 倍 (图 155b)，等于后足胫节长的 1.06-1.22 倍，其上具 9 只锥栓感器、3 支板状感器和 40-49 支长而端部尖削的鞭毛感器，最长鞭毛感器为该节最宽处的 2.3-2.9 倍；上颚端部具 6 齿；中胸盾上的纤毛 2 对，前对纤毛较短，后对纤毛较长而粗壮；前翅长 0.54-0.58 mm，长为宽的 1.84-2.15 倍 (图 155a)；中肘横毛列由 4-5 支纤毛组成，R_{2+3} 与 R_{4+5} 径毛列之间具 9-17 支纤毛，最长后缘毛为前翅宽的 0.12-0.16 倍；后翅面纤毛约 3 列，近前缘 1 列仅 3-4 支纤毛，中毛列长而完整，近后缘纤毛列 8-10 支纤毛。

外生殖器结构特殊，与本属其他种类明显不同。阳基宽圆，长为宽的 1.23-1.65 倍；AD 长度等于阳基长的 0.19-0.27 倍，阳基背开口长度为阳基长的 0.58-0.77 倍；阳基背突宽大而基部无侧叶，其端部后缘不仅不缩小呈背突状突出，反而向外拓宽，且后缘中央向内呈“八”字形凹陷，两侧端部抵达阳基侧瓣和钩爪外侧中部 (图 155c)；阳基侧瓣骨化明显且向后两侧斜指，位于两钩爪的腹面并伸出钩爪端部之外；两钩爪骨化明显，端部具刺状指突指向后方，长度为 AD 长的 0.82-0.83 倍；腹中突不明显，中脊骨化明显，向前近于抵达 BD 的基缘，距该基缘仅阳基长的 0.07-0.23 倍；阳茎宽大，两侧缘呈波状弯曲；阳茎明显长于其内突，为后者长的 2.44-2.50 倍，两者全长相当于阳基长的 0.86-1.18 倍，约与后足胫节等长。

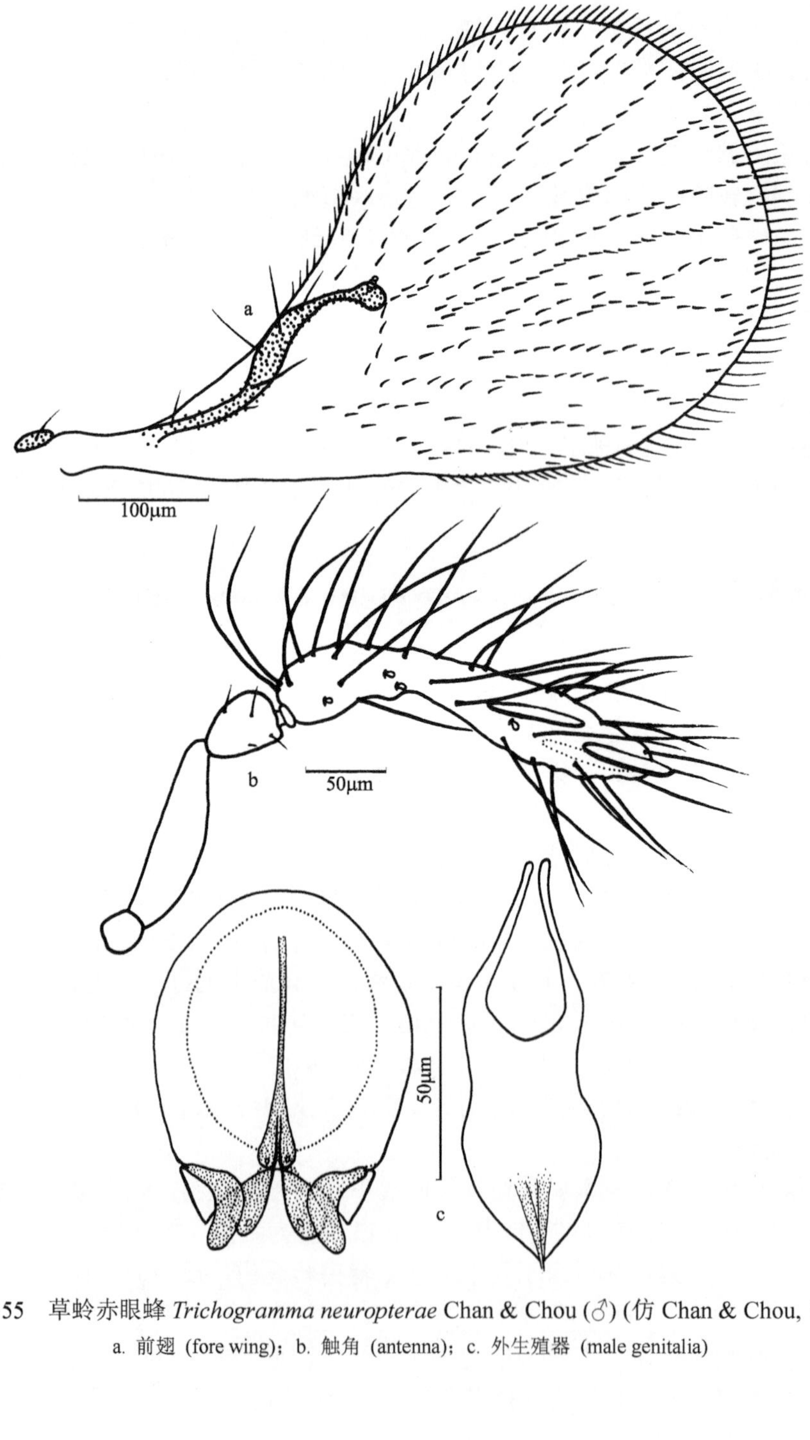

图 155 草蛉赤眼蜂 *Trichogramma neuropterae* Chan & Chou (♂) (仿 Chan & Chou, 1996)

a. 前翅 (fore wing)；b. 触角 (antenna)；c. 外生殖器 (male genitalia)

雌　体长 0.74-0.79 mm，头宽 0.28-0.33 mm，后足胫节长 0.17-0.19 mm；全体淡褐色，但触角各节、腹基部 3 腹节背板和产卵管褐色；触角棒节宽为长的 0.28-0.40 倍，为柄节长的 1.1-1.3 倍，其上具 5 只锥栓感器和 3 支板状感器；上颚端部 6 齿；前翅中肘横毛列由 4-6 支纤毛组成，R_{2+3} 与 R_{4+5} 径毛列之间具 9-16 支纤毛；产卵管等于后足胫节长的 0.76-0.80 倍。

寄主　寄生 1 未定名的草蛉卵。

模式标本产地　台湾台中雾峰。

模式标本存放单位　台湾农业试验所昆虫标本室 [TARI]。

研究标本　承周樑镒先生惠赠 1♂副模标本，1992. III. 20，Chou 采于台湾台中雾峰 (N24°02'41", E120°44'04", 230M)，由 1 未定名的草蛉卵养得，现保存于福建农林大学生物防治研究所标本室 [FAFU]。

分布　中国台湾 (台中雾峰、南投、Chiai、Tungpu)。

附注　本种形态描述和特征图引自 Chan & Chou (1996) 的报道。原记述的标本有：♂ (正模)，5♀ (副模)，台湾台中雾峰 (N24°02'41", E120°44'04", 230M)，1992. III. 20，Chou 采自 1 种未定名的草蛉卵；1♂3♀ (副模)，台湾 Chiai (N23°59'42", E120°43'31", 175M)，1992. IV. 14，Wong 采自 1 种未定名的草蛉卵；1♂3♀ (副模)，台湾南投 Huisun (N23°59'42", E120°43'31", 175M)，1992. X. 28，Chou 采自 1 种未定名的草蛉卵；1♂ (副模)，台湾 Tungpu, 1985. X，Chou 采自 1 种未定名的草蛉卵。本蜂在室内可用马草蛉 *Mallada basalis*、*M. boninensis* 卵为中间寄主繁殖。

(151) 啮虫赤眼蜂 *Trichogramma psocopterae* Chan & Chou, 1996 (图 156)

Trichogramma psocopterae Chan & Chou, 1996, Plant Protect. Bull., Taichung, 38: 146-147; Chan & Chou, 2000, Chinese J. Ent., 20(2): 136.

雄　个体较小，体长 0.58-0.70 mm，头宽 0.21-0.24 mm，后足胫节长 0.14-0.15 mm；头部暗黄褐色，触角各节黄褐色，中胸盾、各足基节和腹部各腹节背板黑色；前翅除基半段翅面具黄褐色半透明昙纹外，其余翅面无色透明。

触角棒节相对较短而直，与雌性棒节相似 (图 156b)，宽为长的 0.32-0.38 倍，等于后足胫节长的 0.71-0.79 倍，其上具 8-9 只锥栓感器、3 支板状感器和 41-46 支中等长而细的鞭毛感器，最长鞭毛感器为该节最宽处的 1.2-1.7 倍；上颚端部仅具 3 齿；中胸盾上的前对纤毛短而细，仅为后对纤毛长的 0.08-0.18 倍；前翅长 0.39-0.48 mm，长为宽的 1.8-2.0 倍 (图 156a)；翅端部钝圆，中肘横毛列由 3 支纤毛组成，R_{2+3} 与 R_{4+5} 径毛列之间具 2-5 支纤毛，最长缘毛为前翅宽的 0.21-0.26 倍；后翅规则纤毛 2 列，近前缘毛列消失，近后缘 1 列具 3-6 支纤毛，仅中毛列较长而完整。

外生殖器的阳基宽为长的 0.50-0.58 倍 (图 156c)，AD 长度为阳基长的 0.18-0.25 倍；阳基背开口圆形，长度为阳基长的 0.55-0.66 倍；阳基背突退化，无法界定边缘；阳基侧瓣端部尖锐，两钩爪端部约抵达 AD 长的 0.8 倍处；腹中突为 AD 长的 0.44-0.63 倍，中脊不明显；阳茎明显长于其内突，为后者长的 2.15-2.40 倍，两者全长约为阳基长的 1.1-1.2

倍，等于后足胫节长的 0.59-0.61 倍。

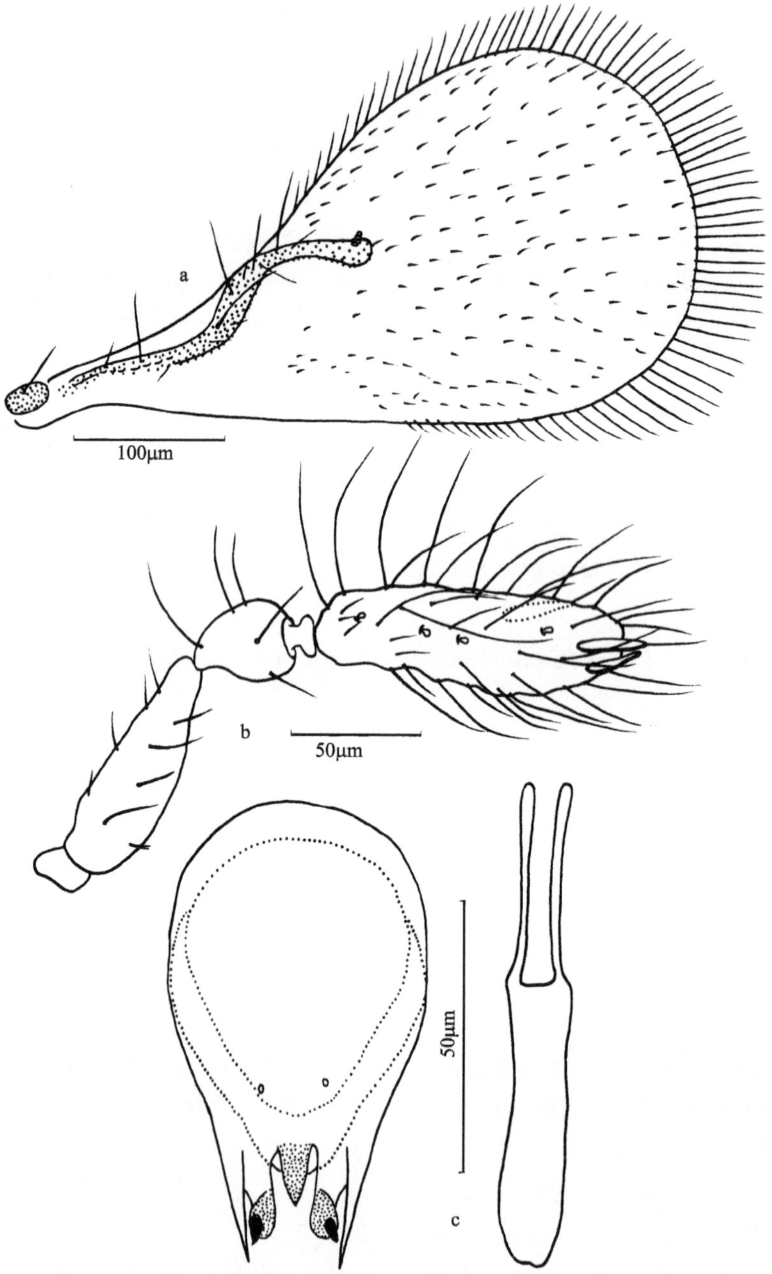

图 156 啮虫赤眼蜂 *Trichogramma psocopterae* Chan & Chou (♂) (仿 Chan & Chou, 1996)
a. 前翅 (fore wing)；b. 触角 (antenna)；c. 外生殖器 (male genitalia)

雌 体长 0.64-0.76 mm，头宽 0.22-0.26 mm，后足胫节长 0.13-0.15 mm；全体暗黄褐色，但触角黄褐色，中胸盾、腹部各腹节背板和后足胫节黑色；前后翅大体无色透明。

触角棒节宽为长的 0.44-0.50 倍，为柄节长的 0.93-1.20 倍，其上具 4-5 只锥栓感器和 5 支板状感器；上颚端部 3 齿；前翅中肘横毛列由 2-4 支纤毛组成，R_{2+3} 与 R_{4+5} 径毛列之间具 4-9 支纤毛；产卵管较长，等于后足胫节长的 0.92-0.99 倍。

寄主　寄生 1 未定名的啮虫目虫卵。

模式标本产地　台湾台中雾峰。

模式标本存放单位　台湾农业试验所昆虫标本室 [TARI]。

研究标本　承周樑镒先生惠赠 1♂副模标本，1992. VIII. 5-18，Chou 采于台湾台中雾峰 (N24°02'41", E120°44'04", 230M)，由 1 未定名的啮虫目虫卵养得，现保存于福建农林大学生物防治研究所标本室 [FAFU]。

分布　中国台湾 (台中雾峰)。

附注　本种形态描述和特征图引自 Chan & Chou (1996) 的报道。原记述的标本有：♂ (正模)，23♂47♀ (副模)，台湾台中雾峰 (N24°02'41", E120°44'04", 230M)，1992. VIII. 5-18，Chou 采自 1 种未定名的啮虫目虫卵。

(152) 铁岭赤眼蜂 *Trichogramma tielingensis* Zhang & Wang, 1982 (图 157)

Trichogramma tielingensis Zhang & Wang, 1982, Entomotaxon., 4(2): 49; Lin, 1994, System. Stud. Chinese Trichogrammatidae: 60-61.

雄　体长 0.8 mm；全体暗黄褐色，但中胸盾和腹部背板暗褐色。

触角棒节端部棒状，短而膨大，长约等于柄节与梗节的长度之和，其上最长鞭毛感器约为该节最宽处的 2.7 倍 (图 157a)；前翅最宽处约等于臀角最长缘毛之长的 8.5 倍。

外生殖器阳基基部略狭窄，阳基最宽处为基部宽的 2.8 倍 (图 157b)；阳基背突无侧叶，两侧甚窄如新月形，仅在中部突出呈短三角形，末端抵达 AD 长的 3/8；腹中突锐三角形，末端尖锐，边缘直，端部抵达 AD 长的 3/7；中脊长度约等于腹中突长的 2.0 倍，但略短于 AD 长度；两钩爪端部抵达 AD 长的 2/3；阳茎略长于其内突，两者全长稍短于阳基长度。

雌　体暗黄褐色，中胸盾暗褐色，腹基部 3 腹节背板深暗褐色，其余腹节背板暗褐色；前翅特征与雄性相同；产卵管稍短于后足胫节，等于后者长的 0.93 倍。

寄主　亚洲玉米螟 *Ostrinia furnacalis* 卵。

模式标本产地　辽宁铁岭。

模式标本存放单位　沈阳农业大学昆虫标本室 [SYAU]。

分布　辽宁 (铁岭)。

附注　模式标本未检视，形态描述和特征图引自 Zhang & Wang (1982) 的报道。原记述的标本有：♂ (正模)，2♀ (副模)，辽宁铁岭农学院试验农场玉米地 (N42°09'25.48", E123°31'18", 50M)，1978. VIII. 18，黄玉珂从亚洲玉米螟卵内养出。

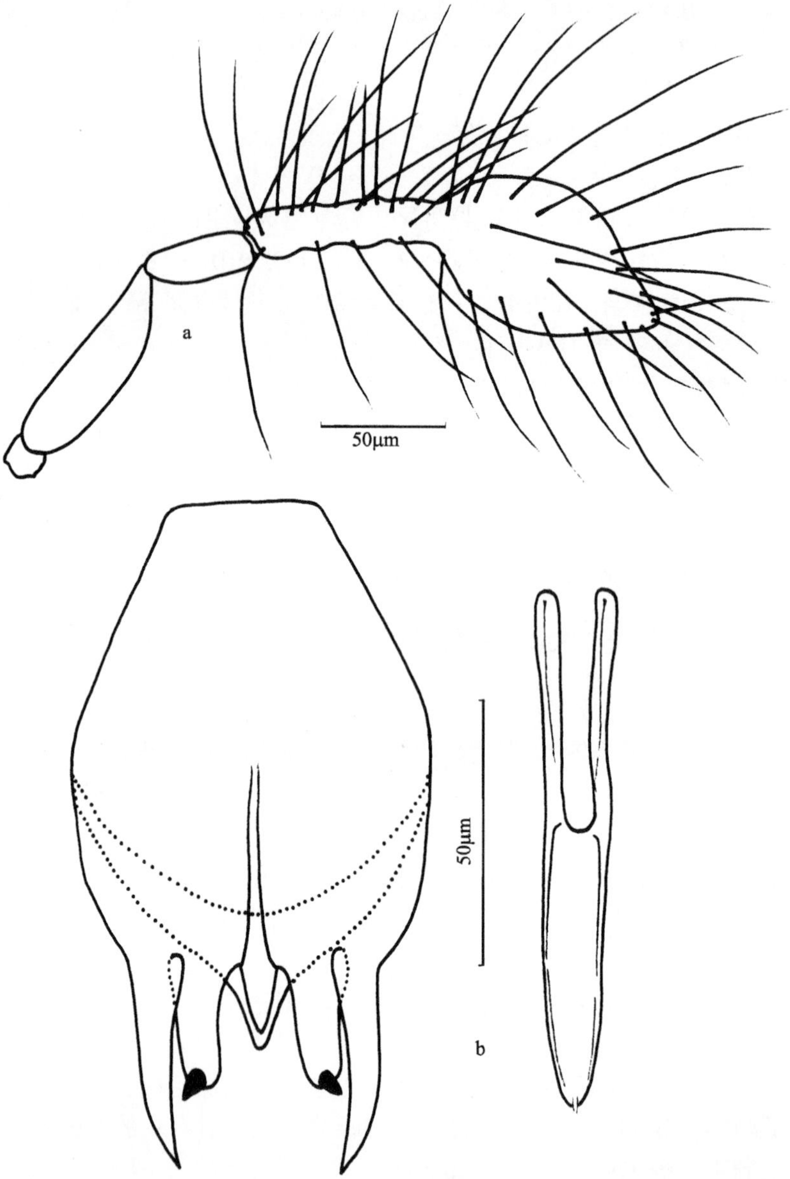

图 157 铁岭赤眼蜂 *Trichogramma tielingensis* Zhang & Wang (♂) (仿 Zhang & Wang, 1982)
a. 触角 (antenna); b. 外生殖器 (male genitalia)

(153) 凤蝶赤眼蜂 *Trichogramma sericini* Pang & Chen, 1974 (图 158)

Trichogramma sericini Pang & Chen, 1974, Acta Ent. Sin., 17(4): 450; Pang & Chen, 1987, in: Liao, Li, Pang & Chen, 1987, Economic Insect Fauna of China (Hym.: Chalcidoidea). Sci. Press, 34(1): 206; Lin, 1994, System. Stud. Chinese Trichogrammatidae: 59-60.

雄 体长 0.6-0.8 mm，头宽 0.2 mm；全体黑褐色，但各足节色较浅。

触角棒节上的最长鞭毛感器约为该节最宽处的 2.0 倍 (图 158b)；前翅长约为宽的 2.0 倍，臀角上的最长缘毛约为翅宽的 1/6 (图 158a)。

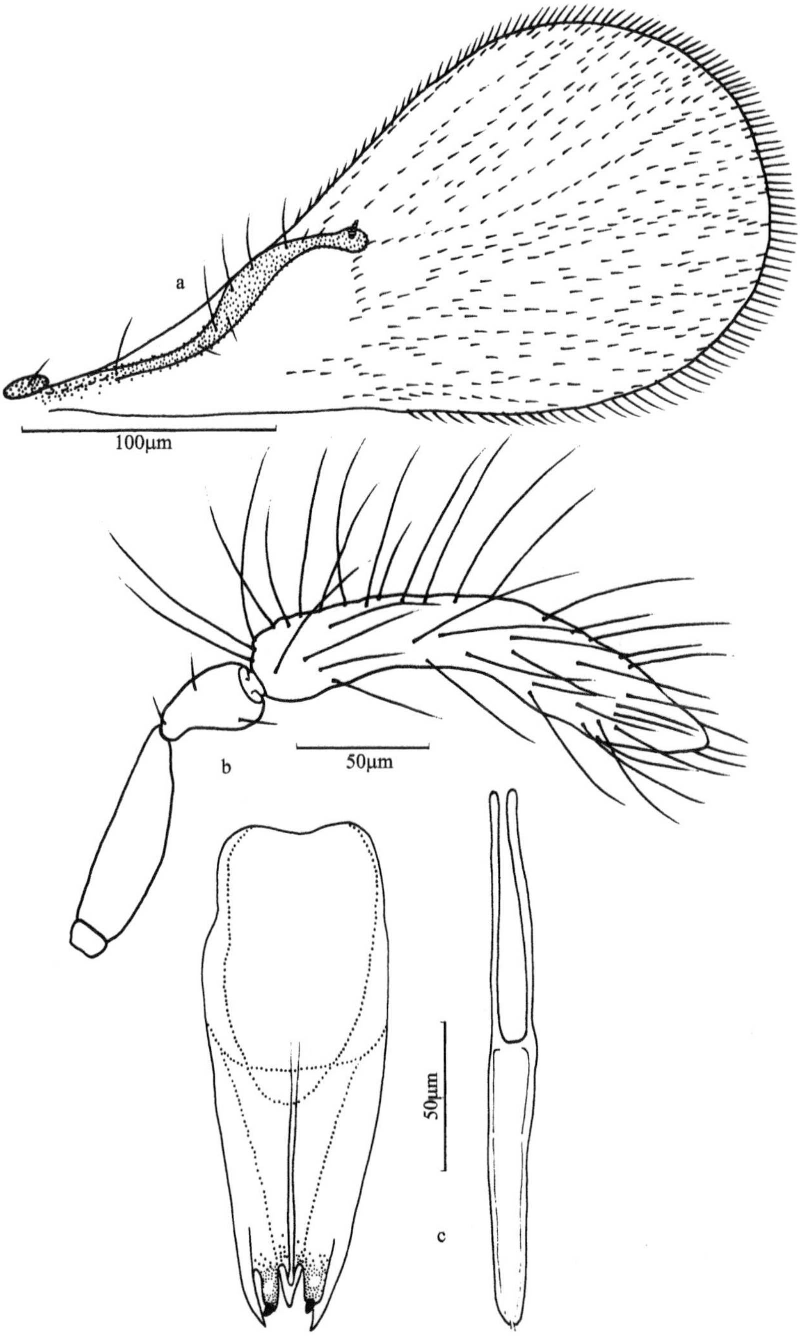

图 158　凤蝶赤眼蜂 *Trichogramma sericini* Pang & Chen (♂) (仿 Pang & Chen, 1974)

a. 前翅 (fore wing)；b. 触角 (antenna)；c. 外生殖器 (male genitalia)

外生殖器阳基背突呈锐角三角形 (图 158c)，末端尖削，抵达 AD 长的 2/3 处；腹中突小，末端抵达 AD 长的 1/3 左右处；钩爪端部抵达 AD 长的 4/5；阳基侧瓣短，仅为阳基全长的 1/8；中脊成对，向前抵达 BD 长的 2/5 处；阳茎与其内突约等长，两者全长稍长于阳基长度，略长于后足胫节。

雌 体色与雄虫相似；产卵管稍长于后足胫节。

寄主 软尾凤蝶 *Sericinus telamon* 卵。

模式标本产地 北京卧佛寺。

模式标本存放单位 中国科学院动物研究所昆虫标本馆 [IZCAS]。

分布 北京 (卧佛寺)、山西、山东。

附注 模式标本已检视。形态描述和特征图引自 Pang & Chen (1974) 的报道。原记述的标本有：♂ (正模)，3♂5♀ (副模)，北京卧佛寺 (N40°00'32", E116°12'22", 319M)，1955. VIII. 21，张代祥采于软尾凤蝶卵。

(154) 暗黑赤眼蜂 *Trichogramma pintoi* Voegelé, 1982 (图 159)

Trichogrmma pintoi Voegelé, 1982, Ann. Soc. Ent. Fr. (N S), 18: 165; Lin, 1994, System. Stud. Chinese Trichogrammatidae: 58-59; Pinto, 1998, Mem. Ent. Soc. Wash., 22: 207-210.

Trichogrmma euproctidis (not Girault): Pang & Chen, 1974, Acta Ent. Sin., 17(4): 449.

Trichogramma sp. Pang & Chen, 1987, in: Liao, Li, Pang & Chen, 1987, Economic Insect Fauna of China (Hym.: Chalcidoidea). Sci. Press, 34(1): 205.

雄 体长 0.6 mm；全体暗褐色，但头部两颊区、胸部和腹部背板黑色。

触角棒节长约为宽的 5.61 倍，稍长于柄节长的 2.0 倍，为后足胫节长的 0.92-1.12 倍，其上除具 5-6 只锥栓感器和 3 支板状感器外，还具若干长度中等而端部尖削的鞭毛感器，最长者近于该节最宽处的 2.56-4.00 倍 (图 159b)；前翅长为宽的 2.00-2.22 倍，中肘横毛列由 3-5 支纤毛组成 (图 159a)，R_{2+3} 与 R_{4+5} 径毛列之间具 16-43 支纤毛，臀角上的最长缘毛为翅宽的 1/6-1/5。

外生殖器的阳基窄长，长约为宽的 3.6 倍 (图 159c)，其两侧缘在近腹中突处向内收窄；阳基背开口长为阳基长的 0.63 倍，AD 长度等于阳基长的 0.17 倍；阳基背突高度骨化，端部尖三角形，两侧缘带状，基部不向内收窄；腹中突小而明显，为 AD 长的 0.1-0.2 倍；中脊较长，向前近于抵达 BD 长的 0.5-0.6 倍；两钩爪端部接近于阳基侧瓣末端，抵达 AD 长的 4/5 处；阳茎长于其内突，两者全长约等于阳基长度，明显短于后足胫节 (0.79 倍)。

雌 体色与雄虫相似；产卵管短于后足胫节长度 (0.84 倍)。

寄主 黄地老虎 *Euxoa segetum*、棉铃虫 *Heliothis armigera* (夜蛾科 Noctuidae)、草地螟 *Loxostege sticticois* (螟蛾科 Pyralidae) 等虫卵；据报道还可寄生毒蛾科 Lymantriidae、卷蛾科 Tortricidae 及鞘翅目叶甲科 Chrysomelidae (Sorokina, 1993b) 等虫卵；Pinto (1998/1999) 记载本种在美洲还可寄生鳞翅目小灰蝶科 Lycaenidae 的 *Icaricia acmon*、*Lycaeides melissa*、夜蛾科 Noctuidae 的黑地蓝夜蛾 *Actebia fennica*、蛱蝶科 Nymphalidae

的 *Vabessa* sp.、羽蛾科 Pterophoridae 的洋葱羽蛾 *Platyptilia carduidactyla* 等多种虫卵。

模式标本产地　Hyése, France。

模式标本存放单位　法国动物学和生物防治研究站 (Station de Zoologie & de Lutte Biologique,France [INRA])。

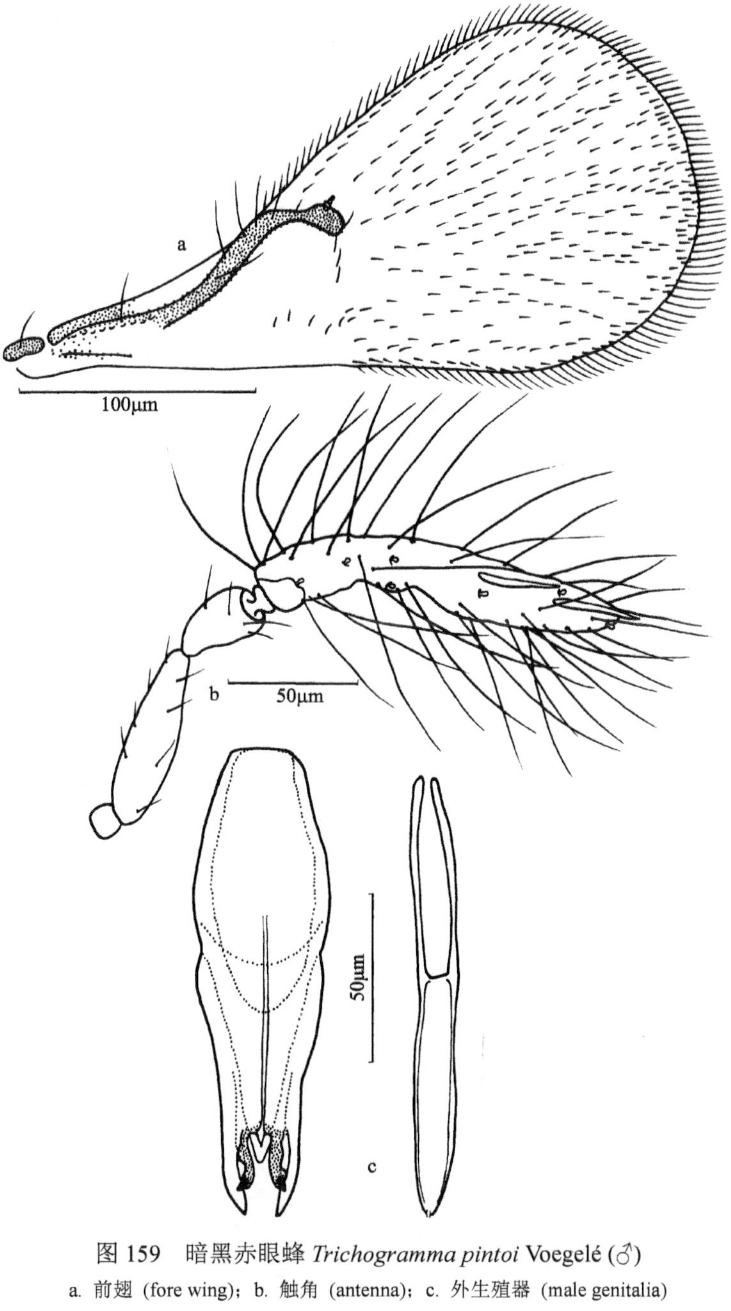

图 159　暗黑赤眼蜂 *Trichogramma pintoi* Voegelé (♂)

a. 前翅 (fore wing)；b. 触角 (antenna)；c. 外生殖器 (male genitalia)

研究标本　10♂6♀，河北康保 (N41°25'-42°08', E114°11'-114°56', 1400M)，2008. VIII.

19，田晓霞等采于草地螟卵；16♂6♀，山西运城 (N35°34'53", E110°42'31", 360M)，1973. VI. 11，王辅成、张梳仪采于棉铃虫、黄地老虎卵中；4♂，新疆乌鲁木齐 (N43°44'17", E87°36'24", 800M)，2001. VIII. 1，胡红英网扫；2♂，新疆呼图壁 (N44°11'32", E86°53'56", 550M)，2001. VII. 11，胡红英网扫；4♂，新疆五家渠 (N44°7'34", E87°32'52", 490M)，2001. VII. 26，孙涛网扫；1♂，新疆奇台 (N44°11'21", E89°36'31", 1700M)，1997. VIII，马德英网扫；7♂，新疆石河子 (N44°18'34", E86°5'18", 450M)，2001. VII. 11，胡红英网扫；28♂，新疆玛纳斯 (N44°19'13", E86°13'40", 1900M)，1999-2001. VII-VIII，林乃铨、胡红英网扫；1♂，新疆奎屯农七师 (N44°29'42", E84°56'57", 750M)，2001. VII. 11，胡红英网扫；3♂，新疆乌苏 (N44°11'16", E87°19'32", 753M)，2001. VII. 17，胡红英网扫；2♂，新疆温泉 (N44°59'36", E81°1'59", 880M)，2001. VII. 16，胡红英网扫；2♂，新疆新源 (N43°25'39", E83°16'25", 1800M)，2001. VI. 1，吴卫网扫；1♂，新疆焉耆 (N42°32'37", E86°34'39", 1064M)，2001. VIII. 7，胡红英网扫；1♂，新疆和硕 (N42°16'13", E86°51'45", 2000M)，2001. VIII. 7，胡红英网扫；6♂，新疆和静 (N42°18'57", E86°24'48", 1192M)，2001. VIII. 9，胡红英网扫；1♂，新疆博湖 (N41°59'16", E86°37'38", 305M)，2001. VIII. 7，胡红英网扫；1♂，海南儋州两院 (N19°30'46", E109°30'46", 134M)，2004. X. 30，吕宝乾网扫。

分布 河北 (康保)、山西 (运城)、新疆 (乌鲁木齐、呼图壁、五家渠、奇台、木垒、石河子、玛纳斯、奎屯、乌苏、温泉、新源、焉耆、和硕、和静、博湖)，另据资料也分布于内蒙古；法国，加拿大，美国。

(155) 杉卷蛾赤眼蜂 *Trichogramma polychrosis* Chen & Pang, 1981 (图 160)

Trichogramma polychrosis Chen & Pang, 1981, Zool. Res., 2(4): 330; Pang & Chen, 1987, in: Liao, Li, Pang & Chen, 1987, Economic Insect Fauna of China (Hym.: Chalcidoidea). Sci. Press, 34(1): 206-207; Lin, 1994, System. Stud. Chinese Trichogrammatidae: 59-51.

雄 体长 0.4 mm；全体黄色，中胸盾及腹部各节背板黄褐色。

触角棒节约具 45 支细长的鞭毛感器，最长者为该节最宽处的 2.4 倍左右 (图 160b)；前翅长为宽的 1.77 倍，臀角上的最长缘毛为该翅最宽的 1/6 (图 160a)。

外生殖器的阳基背突末端钝圆如指状 (图 160c)，伸达 AD 长的 3/5 处，不突出于钩爪之外；腹中突小，锐角三角形，约为 AD 长的 2/5；中脊成对，向前延伸至 BD 的基缘；钩爪分 2 叶，呈弯钩状，弯曲弧度较大，基部靠近腹中突两侧还有小突起，整个钩爪基部不向腹中突靠齐，而延至中脊的基部，钩爪端部伸达 AD 长的 7/10 左右处；阳茎与其内突约等长，两者全长稍短于阳基长度，短于后足胫节。

雌 体长 0.5 mm；体黄色；产卵管相当于后足胫节长的 1.2 倍。

寄主 杉梢小卷蛾 *Polychrosis cunninghamiacola* 卵。

模式标本产地 江西余干峡山林场。

模式标本存放单位 中国科学院动物研究所昆虫标本馆 [IZCAS]。

分布 江西 (余干)。

附注　模式标本已检视。形态描述和特征图引自 Pang & Chen (1981) 的报道。原记述的标本有：♂ (正模)，1♂3♀ (副模)，江西余干峡山林场 (N28°45'36", E116°53'45", 120M)，1977. VII. 7，刘友樵从杉梢小卷蛾卵内养得。

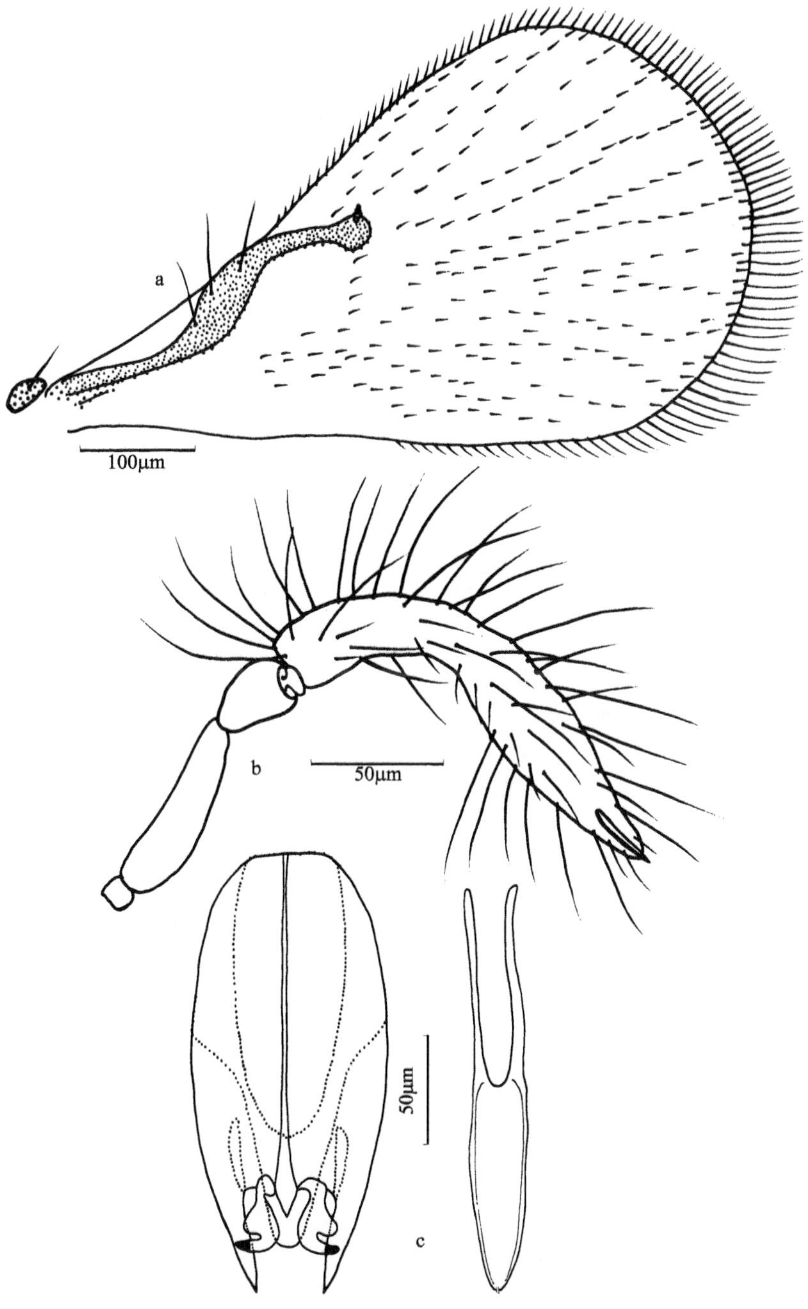

图 160　杉卷蛾赤眼蜂 *Trichogramma polychrosis* Chen & Pang (♂) (仿 Chen & Pang, 1981)
a. 前翅 (fore wing)；b. 触角 (antenna)；c. 外生殖器 (male genitalia)

(156) 舌突赤眼蜂 *Trichogramma lingulatum* Pang & Chen, 1974 (图 161)

Trichogramma lingulatum Pang & Chen, 1974, Acta Ent. Sin., 17(4): 449; Pang & Chen, 1987, in: Liao, Li, Pang & Chen, 1987, Economic Insect Fauna of China (Hym.: Chalcidoidea). Sci. Press, 34(1): 204-205; Lin, 1994, System. Stud. Chinese Trichogrammatidae: 57.

雄 体长 0.6 mm；体大致黄色，腹部各节背板黑褐色。

触角棒节上的最长鞭毛感器约为该节最宽处的 2.0 倍 (图 161b)；前翅长为宽的 2.0 倍，臀角上的最长缘毛约为该翅宽的 1/6 (图 161a)。

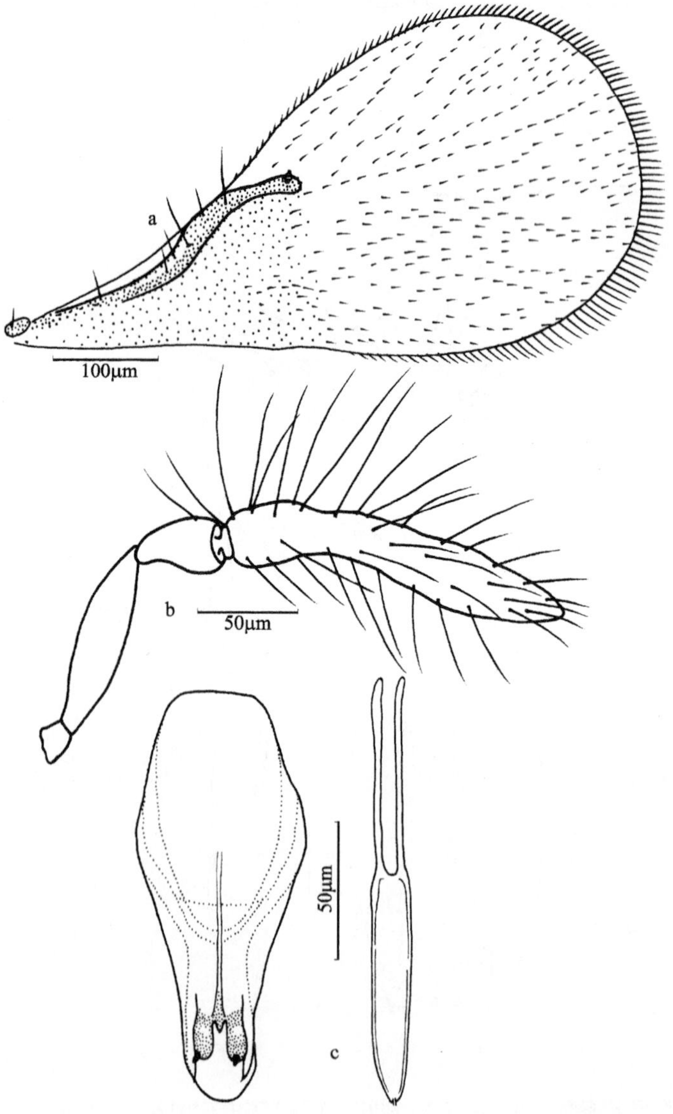

图 161 舌突赤眼蜂 *Trichogramma lingulatum* Pang & Chen (♂) (仿 Pang & Chen, 1974)
a. 前翅 (fore wing)；b. 触角 (antenna)；c. 外生殖器 (male genitalia)

外生殖器的阳基背突端部呈舌状，后端圆弧形明显突出阳基侧瓣末端之外 (图 161c)；腹中突细小，长度为 AD 长的 1/4 左右；中脊成对，向前伸达 BD 长的 1/3 处；阳基侧瓣较长，两钩爪伸达 AD 长的 3/4；阳茎长于其内突，两者长度之和长于阳基全长，稍短于后足胫节。

雌　体黄色，前胸背板及腹部各节背板黑褐色；产卵管约与后足胫节等长。

寄主　柳毒蛾 *Leucoma candida* 卵。

模式标本产地　山东莱阳。

模式标本存放单位　中国科学院动物研究所昆虫标本馆 [IZCAS]。

分布　吉林、山西、山东 (莱阳)、安徽。

附注　模式标本已检视。形态描述和特征图引自 Pang & Chen (1974) 的报道。原记述的标本有：♂ (正模)，1♂2♀ (副模)，山东莱阳 (N36°58'45", E120°42'42", 310M)，1958. V. 1-3，毛金龙采自柳毒蛾卵。

(157) 铗突赤眼蜂 *Trichogramma forcipiformis* Zhang & Wang, 1982 (图 162)

Trichogramma forcipiformis Zhang & Wang, 1982, Entomotaxon., 4(2): 50; Lin, 1994, System. Stud. Chinese Trichogrammatidae: 61.

雄　体长 0.8 mm；体黄褐色，但中胸盾和腹部各腹节背板暗褐色；触角棒节稍长于柄节与梗节两者的长度之和，最长鞭毛感器约为该节最宽处的 2.1 倍 (图 162a)；前翅最宽处约为臀角最长缘毛之长的 7.8 倍。

外生殖器阳基基部较窄 (图 162b)，阳基最宽处为基部宽的 2.6 倍；阳基在其端部 1/3 处，即阳基侧瓣的基部处，明显缢缩，使阳基侧瓣呈明显的铗形突；阳基背突宽三角形，基部两侧缘无侧叶，末端抵达 AD 长的 4/7；腹中突末端较尖锐，抵达 AD 长的 3/7；钩爪末端抵达 AD 长的 4/7，与阳基背突末端处在同一水平；阳茎略短于其内突，两者全长约等于阳基长度。

雌　体黄褐色，中胸盾暗褐色，腹基部 2-3 腹节背板的后半段具暗褐色横带，腹部末端暗褐色，其余各腹节黄褐色，其余特征与雄性相似；中胸盾片具纤毛 2 对，前对纤毛较短，后对纤毛约为前对纤毛长的 5.6 倍；产卵管略长于后足胫节，其长度约为后足胫节长的 1.05 倍。

寄主　亚洲玉米螟 *Ostrinia furnacalis* 卵。

模式标本产地　辽宁铁岭。

模式标本存放单位　沈阳农业大学昆虫标本室 [SYAU]。

分布　辽宁 (铁岭)。

附注　模式标本未检视，形态描述和特征图引自 Zhang & Wang (1982) 的报道。原记述的标本有：♂ (正模)，2♀ (副模)，辽宁铁岭农学院试验农场玉米地 (N42°09'25.48", E123°31'18", 50M)，1979. VIII. 13，黄玉珂从亚洲玉米螟卵内养出。

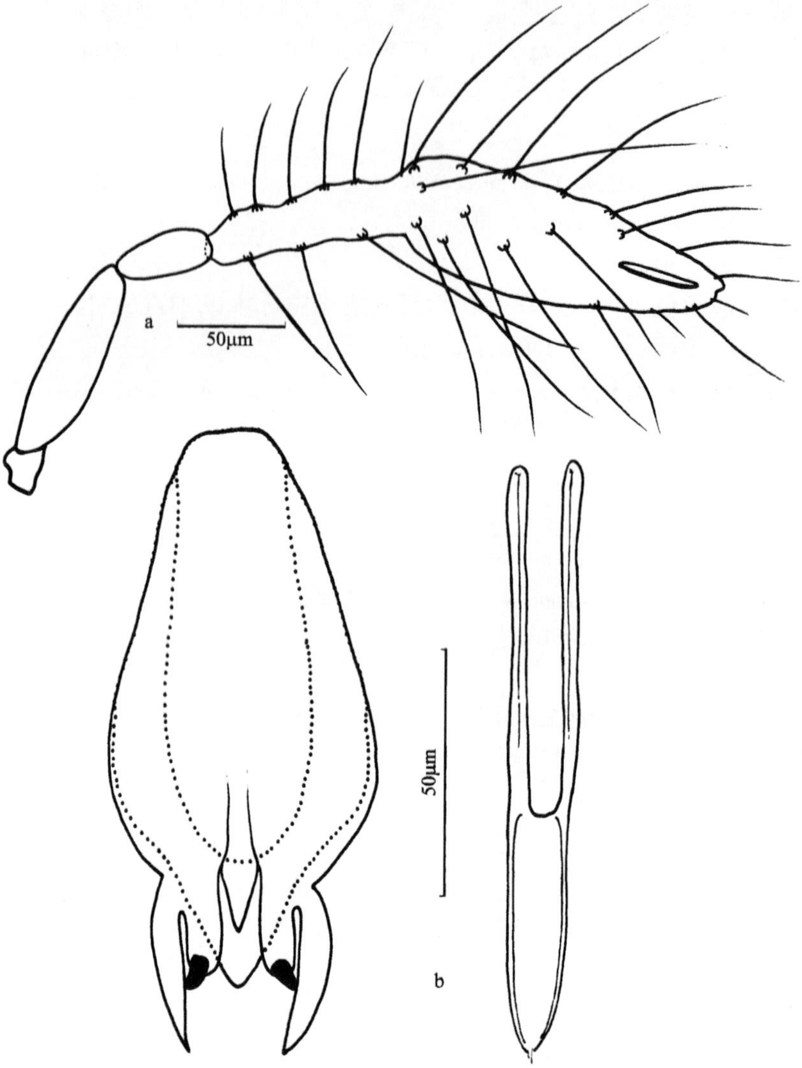

图 162　铗突赤眼蜂 *Trichogramma forcipiformis* Zhang & Wang (♂) (仿 Zhang & Wang, 1982)
a. 触角 (antenna)；b. 外生殖器 (male genitalia)

(158) 陕西赤眼蜂 *Trichogramma shaanxiensis* Huo, 1991 (图 163)

Trichogramma shaanxiensis Huo, 1991, Entomotaxon., 13(3): 231-232: Lin, 1994, System. Stud. Chinese Trichogrammatidae: 51-52.

雄　全体大致褐色，但前胸背板、中胸盾和小盾片淡褐色，腹部各腹节背板大部分为柠檬黄色。

触角棒节长为宽的 5.3 倍 (图 163b)，其上具 32-51 支鞭毛感器，最长者为该节最宽处的 2.45±0.38 倍；前翅长为宽的 2.0 倍 (图 163a)，R_{2+3} 与 R_{4+5} 径毛列之间具 19-27 支纤毛。

外生殖器的阳基长为宽的 2.04-2.65 倍 (图 163c)，阳基背突两侧缘无明显侧叶，端部钝圆，其端部约与两钩爪末端抵达同一水平，约抵达 AD 长的 1/2；腹中突短而宽，呈三角形，末端约抵达 AD 长的 1/2 处；中脊成对，向前抵达 BD 长的 1/4 左右；阳基侧瓣长而尖，约为阳基长的 0.3 倍；阳茎长于其内突 (6.2∶4.5)，两者全长与阳基长度相当，等于后足胫节长度。

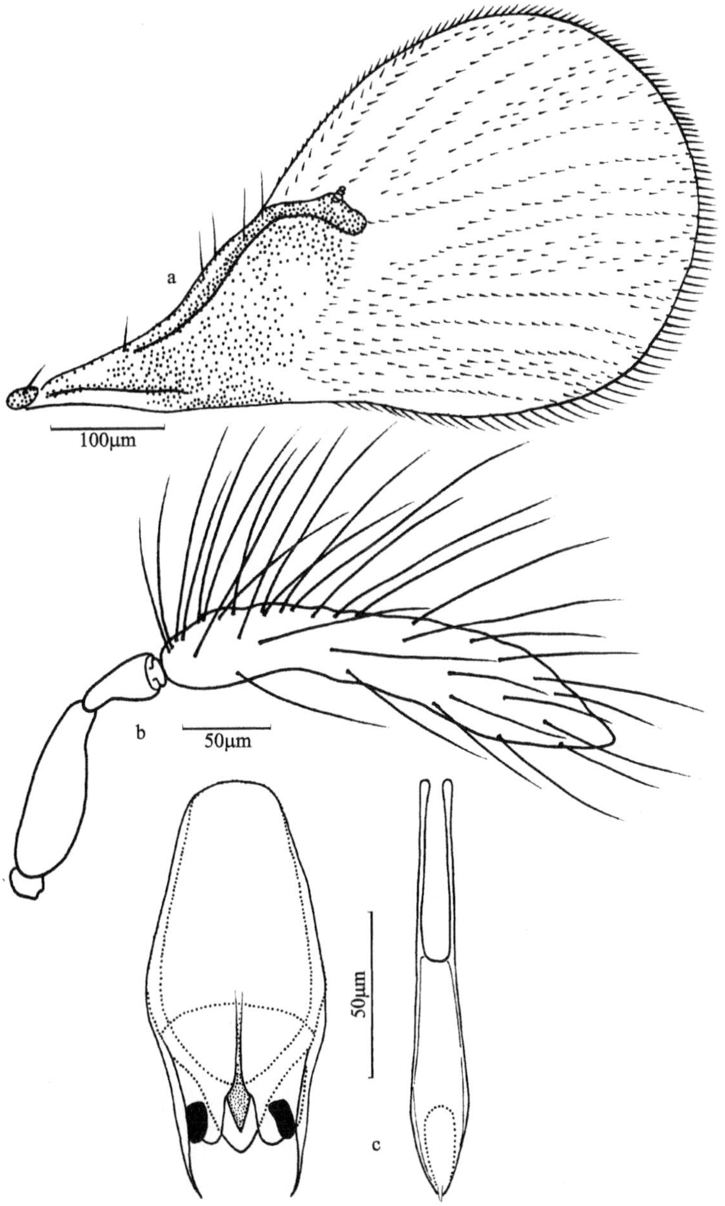

图 163　陕西赤眼蜂 *Trichogramma shaanxiensis* Huo (♂) (仿 Huo, 1991)

a. 前翅 (fore wing)；b. 触角 (antenna)；c. 外生殖器 (male genitalia)

雌 胸部鲜黄色，头部及触角色稍浅，腹部背板及外生殖器两侧茶褐色，其余为黄色；产卵管与后足胫节等长。

寄主 直纹稻苞虫 *Parnara guttata* 卵。

模式标本产地 陕西岐山。

模式标本存放单位 陕西省农科院植保所昆虫标本室 [SXAAS]。

分布 陕西 (岐山)。

附注 模式标本未检视，形态描述和特征图引自 Huo (1991) 的报道。原记述的标本有：♂ (正模)，8♂8♀ (副模)，陕西岐山 (N34°16'58", E107°36'52", 512M)，1985. VIII. 9，霍绍棠从直纹稻苞虫卵内养得。

(159) 庞氏赤眼蜂 *Trichogramma pangi* Lin, 1987 (图 164)

Trichogramma pangi Lin, 1987, Wuyi Sci. J., 7: 98; Lin, 1994, System. Stud. Chinese Trichogrammatidae: 50.

雄 体长 0.50-0.64 mm；全体黄褐色，但头部前额、各足胫节及前中足各跗节淡黄褐色。

触角棒节长度相当于柄节、梗节长度之和的 1.2 倍 (图 164b)，其上除具若干锥栓感器和 3 支板状感器外，还具约 60 支鞭毛感器，最长者为该节最宽处的 2.0 倍左右；前翅长为宽的 1.9-2.0 倍，臀角上的最长缘毛相当于翅宽的 1/6 (图 164a)。

外生殖器的 AD 长度约为阳基长的 1/4，腹中突尖三角形，小而明显，长度仅及 AD 长的 1/7；钩爪端部抵达 AD 长的一半 (图 164c)；阳基背突两侧基部无明显缢缩，末端钝圆，抵达 AD 长的一半以上，略超出两钩爪末端；中脊成对，其长度与 AD 长相当，末端伸至 BD 长的 1/2 处；阳茎与其内突约等长，两者全长略长于阳基，为后足胫节长的 2/3 左右。

雌 未知。

寄主 未知。

模式标本产地 福建武夷山桐木。

模式标本存放单位 福建农林大学生物防治研究所昆虫标本室 [FAFU]。

研究标本 ♂ (正模)，2♂ (副模)，福建武夷山桐木 (N27°44'53", E117°40'41", 724M)，1985. VII. 24，林乃铨网扫；2♂ (副模)，福建福州金山 (N26°82'31", E119°20'30", 16M)，1987. VII. 1，林乃铨采于黄盘诱集器；2♂ (副模)，沙县洋枋 (N26°22'55", E117°55'06", 175M)，1980. VII. 13，林乃铨网扫；2♂，福建将乐龙栖山 (N26°30'41", E117°22'57", 239M)，1991. VIII. 8，刘长明网扫；2♂，福建南靖乐土 (N24°54'21", E117°12'53", 277M)，1991. V. 28，刘长明网扫；4♂，辽宁沈阳 (N41°42'53.83", E123°26'58", 47M)，1990. VII. 27，林乃铨网扫；2♂，辽宁千山 (N41°01'33", E123°08'51", 520M)，1990. VII. 17，林乃铨网扫；3♂，辽宁西丰冰碴山 (N42°44'16", E124°43'43", 860M)，1992. VII. 10，林乃铨网扫；1♂，海南儋州两院 (N19°30'46", E109°30'46", 134M)，2004. X. 30，吕宝乾网扫；1♂，海南儋州云月湖 (N19°30'21", E109°31'33", 113M)，2005. X. 29，李文标网扫；2♂，海南乐东冲

坡 (N18°28'25", E108°54'55", 19M)，2005. II. 18，张李香网扫；1♂，海南乐东尖峰岭 (N18°43'49", E108°54'32", 212M)，2005. II. 25，张李香网扫。

分布　辽宁 (沈阳、千山、西丰冰碴山)、福建 (福州金山、沙县洋枋、将乐龙栖山、南靖乐土)、海南 (儋州两院、儋州云月湖、乐东冲坡、乐东尖峰岭)。

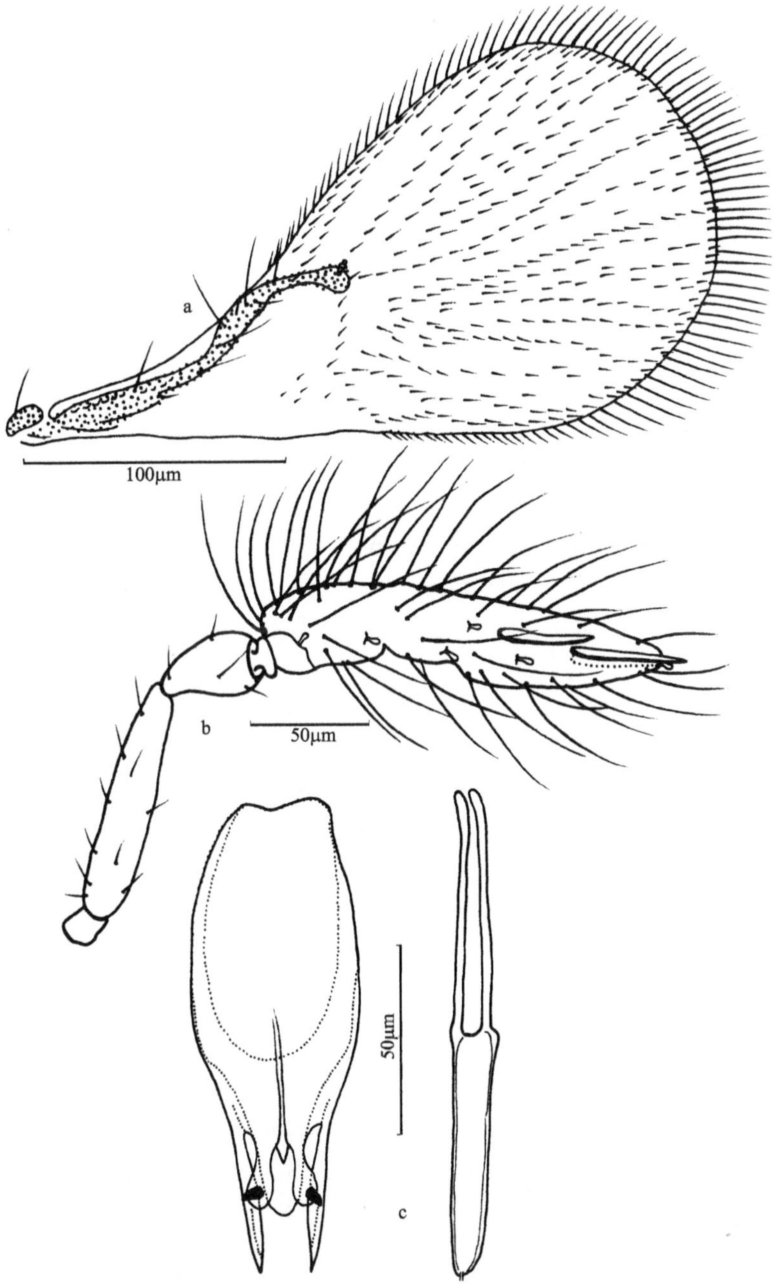

图 164　庞氏赤眼蜂 *Trichogramma pangi* Lin (♂)

a. 前翅 (fore wing)；b. 触角 (antenna)；c. 外生殖器 (male genitalia)

(160) 稻螟赤眼蜂 *Trichogramma japonicum* Ashmead, 1904 (图 165)

Trichogramma japonicum Ashmead, 1904b, J. N. Y. Ent. Soc., 12: 164-165; Pang & Chen, 1974, Acta Ent. Sin., 17(4): 450; Pang & Chen, 1987, in: Liao, Li, Pang & Chen, 1987, Economic Insect Fauna of China (Hym.: Chalcidoidea), Sci. Press, 34(1): 206; Lin, 1987, Wuyi Sci. J., 7: 101; Lin, 1994, System. Stud. Chinese Trichogrammatidae: 60; Pinto, 1998/1999, Mem. Ent. Soc. Wash., 22: 217- 219; Chan & Chou, 2000, Chinese J. Ent., 20(2): 140-143.

Neotrichogramma acutiventre Girault, 1911e, Can. Entomol., 43: 192-194.

Neotrichogramma japonicum Girault, 1911e, Can. Entomol., 43: 192-194.

雄 体长 0.55-0.80 mm，头宽 0.23-0.31 mm，后足胫节长 0.14-0.18 mm；全体黑褐色至暗褐色，但触角黄褐色，胸腹部背板及后足基节黑色，其余各足节暗黄褐色。

触角棒节长为宽的 4.8 倍，稍长于柄节长的 2.0 倍，其上具 9 只锥栓感器、3 支板状感器和 44-52 支长而尖的鞭毛感器，最长者等于该节最宽处的 2.5-2.8 倍 (图 165b)；上颚端部 6 齿；前翅长为宽的 2.32 倍，中肘横毛列由 8-9 支纤毛组成，R_{2+3} 与 R_{4+5} 径毛列之间具 23-37 支纤毛；臀角上的最长缘毛为前翅宽的 1/6-1/5 (图 165a)。

外生殖器的阳基长为宽的 3.85 倍 (图 165c)，阳基侧瓣两侧缘相似，仅端部稍向内收窄；阳基背开口长为阳基长的 0.55 倍，AD 较长，约等于阳基长的 0.32 倍；阳基背突高度骨化，马蹄铁形，后端圆形，前端抵达 AD 长的 0.55 倍；腹中突不明显，但该区域高度骨化；中脊成对，向前抵达 BD 长的 0.67 倍左右；两钩爪端部距离阳基侧瓣末端较远，抵达 AD 长的 0.47-0.55 倍；阳茎内突明显短于阳茎，仅及后者长的 0.26-0.32 倍，两者全长约等于阳基长度，等于或稍短于后足胫节。

雌 体长 0.67-0.91 mm，头宽 0.22-0.29 mm，后足胫节长 0.14-0.20 mm；体色与雄虫相似，但产卵管黑色；触角棒节长为宽的 2.0-2.2 倍，等于柄节长的 0.85-1.00 倍，其上具 4 只锥栓感器和 4-5 支板状感器；前翅中肘横毛列由 8-10 支纤毛组成，R_{2+3} 与 R_{4+5} 径毛列之间具 29-48 支纤毛；产卵管较长，相当于后足胫节长的 1.35-1.50 倍，末端稍突出腹末。

寄主 二化螟 *Chilo suppressalis*、八点灰灯蛾 *Creatonotus transiens*、条纹螟蛉 *Jaspida distinguenda*、稻螟蛉 *Naranga aenscens*、稻苞虫 *Parnara guttata*、三化螟 *Tryporyza incertulas*、背点刺角水蝇 *Natiphila dorsopunctata* 和沼蝇 *Sepedon* spp.等卵。据记载，本蜂可寄生鳞翅目的灯蛾科 Arctiidae、蜡螟科 Galleriidae、麦蛾科 Gelechiidae、尺蛾科 Geometridae、弄蝶科 Hesperiidae、枯叶蛾科 Lasiocampidae、小灰蝶科 Lycaenidae、夜蛾科 Noctuidae、小卷蛾科 Olethreutidae、凤蝶科 Papilionidae、菜蛾科 Plutellidae、螟蛾科 Pyralidae、天蚕蛾科 Saturniidae、眼蝶科 Satyridae 和双翅目的水蝇科 Ephydridae、沼蝇科 Sciomyzidae 等 2 目 16 科 60 余种虫卵 (Pinto, 1998/1999)。

模式标本产地 Gifu, Japan。

模式标本存放单位 US Natioanl Museum, Washington DC [USNM]。

研究标本 4♂，辽宁沈阳 (N41°42'53.83", E123°26'58", 47M)，1990. VII. 27，林乃

铨网扫；2♂，辽宁西丰 (N42°44'16", E124°43'43", 860M)，1992. VII. 10，林乃铨网扫；2♂，江苏南京 (N32°03'37", E118°47'49", 413M)，1980. VII，钱永庆采自二化螟卵中；2♂，浙江温州 (N27°59'46", E120°41'60", 7M)，1978. VII，从三化螟卵内养得；2♂，湖北武昌 (N30°33'15", E114°18'59", 25M)，1991. X. 10，茅晓渊网扫；3♂，湖北蒲圻 (N30°21'46", E114°16'41", 37M)，1991. VIII. 25，袁合强、欧阳宗兵网扫；3♂，江西鹰潭 (N28°15'36", E117°04'09", 141M)，1985. X. 25，林乃铨网扫；2♂，湖南长沙 (N28°14'54", E112°56'27", 300M)，1980. X，陈常铭采；1♂，湖南常德 (N29°12'22", E111°42'49", 38M)，1980. X，陈常铭采；20♂，福建福州金山 (N26°82'31", E119°20'30", 16M)，1986-1987. V-X，林乃铨、蔡毅群、谢志鸣采于黄盘诱集器；2♂，尤溪池田 (N26°02'44", E117°56'52", 289M)，1987. VII. 22，郑琪采自黄盘诱集器；32♂，福建沙县洋枋 (N26°22'55", E117°55'06", 175M)，1978-1980. VII-VIII，林乃铨采自稻螟蛉卵；2♂，福建邵武市郊 (N27°20'26", E117°29'34", 196M)，1991. IX. 10，林乃铨网扫；2♂，福建建阳桂林 (N27°36'04", E117°40'01", 502M)，1991. VIII. 8，林乃铨网扫；3♂，福建松溪渭田 (N25°52'41", E117°19'21", 496M)，1987. VIII. 5，吴祖建网扫；2♂，福建寿宁转水 (N27°12'34", E119°25'03", 840M)，1991. VIII. 8，刘高盛网扫；2♂，福建福鼎城关 (N27°19'28", E120°12'58", 16M)，1991. VIII. 10，林乃铨网扫；2♂，福建霞浦城关 (N26°53'07", E120°00'20", 14M)，1991. VIII. 11，林乃铨网扫；2♂，福建福安坂中 (N27°05'50", E119°37'57", 29M)，1985. VII. 9，占挺清网扫；2♂，福建福安赛歧 (N26°58'03", E119°40'45", 17M)，1985. VII. 9，占挺清网扫；2♂，福建仙游温泉 (N25°22'04", E118°47'40.57", 70M)，1987. X. 7，吴祖建采自黄盘诱集器；5♂，福建永春城关 (N25°32', E118°10', 100M)，1986. VII. 19，林乃铨、郑南辉、刘高盛网扫；2♂，福建永春吾边 (N25°19'26", E118°16'48", 120M)，1985. VIII. 29，陈新金网扫；2♂，福建长汀河田 (N25°40'28", E116°25'18", 284M)，1985. VII. 25，刘波网扫；3♂，福建漳平城关 (N25°17'25", E117°24'51", 177M)，1986. VII. 16，林乃铨、郑南辉、刘高盛网扫；1♂，福建云霄城关 (N23°57'29", E117°20'23", 10M)，1988. VII. 15，林乃铨网扫；2♂，福建诏安城关 (N23°57'31", E117°08'11", 750M)，1988. VII. 15，林乃铨网扫；6♂，广东广州石牌 (N23°8', E113°35', 12M)，1985. XI. 3，林乃铨网扫；2♂，海南屯昌中建农场 (N19°14'38", E110°12'04", 129M)，2006. V. 2，李文标网扫；2♂，海南儋州宝岛新村 (N19°30'42", E109°30'39", 45M)，2005. V. 6-XI. 7，张端璋、李文标网扫；1♂，海南三亚南岛农场 (N18°24'50", E109°24'25", 173M)，2006. III. 27，李文标网扫；2♂，广西凭祥大青山 (N22°00'56", E106°43'39", 466M)，1986. V. 25，汤玉清网扫；1♂，广西南宁天雹水库 (N22°48'54", E108°22'04", 176M)，2002. X. 28，林乃铨网扫；2♂，贵州贵阳花溪 (N26°24'59", E106°40'23", 1200M)，1992. IX. 18，杨孝龙、沈妙青网扫；1♂，云南昆明 (N25°05'38", E102°32'35", 1926M)，2010. X. 13，林乃铨网扫。

分布　辽宁 (沈阳、西丰)、江苏 (南京)、浙江 (温州)、湖北 (武昌、蒲圻)、湖南 (长沙、常德)、江西 (鹰潭)、福建 (福州、闽侯、尤溪、沙县、将乐、邵武、建阳、武夷山、松溪、寿宁、福鼎、福安、仙游、永春、永安、连城、龙岩、漳平、漳州、云霄、诏安)、广东 (石牌)、广西 (南宁、凭祥)、海南 (屯昌、儋州、三亚)、贵州 (贵阳花溪)、云南 (昆明)，另据资料记载，本种也分布于陕西 (岐山)、安徽 (阜南)、广东 (惠东、肇庆)、台湾 Chan & Chou (2000) 报道本种也从台北水稻二化螟卵内养得)；朝鲜，日本，印度，泰国，越南，缅甸，菲律宾，马来西亚。

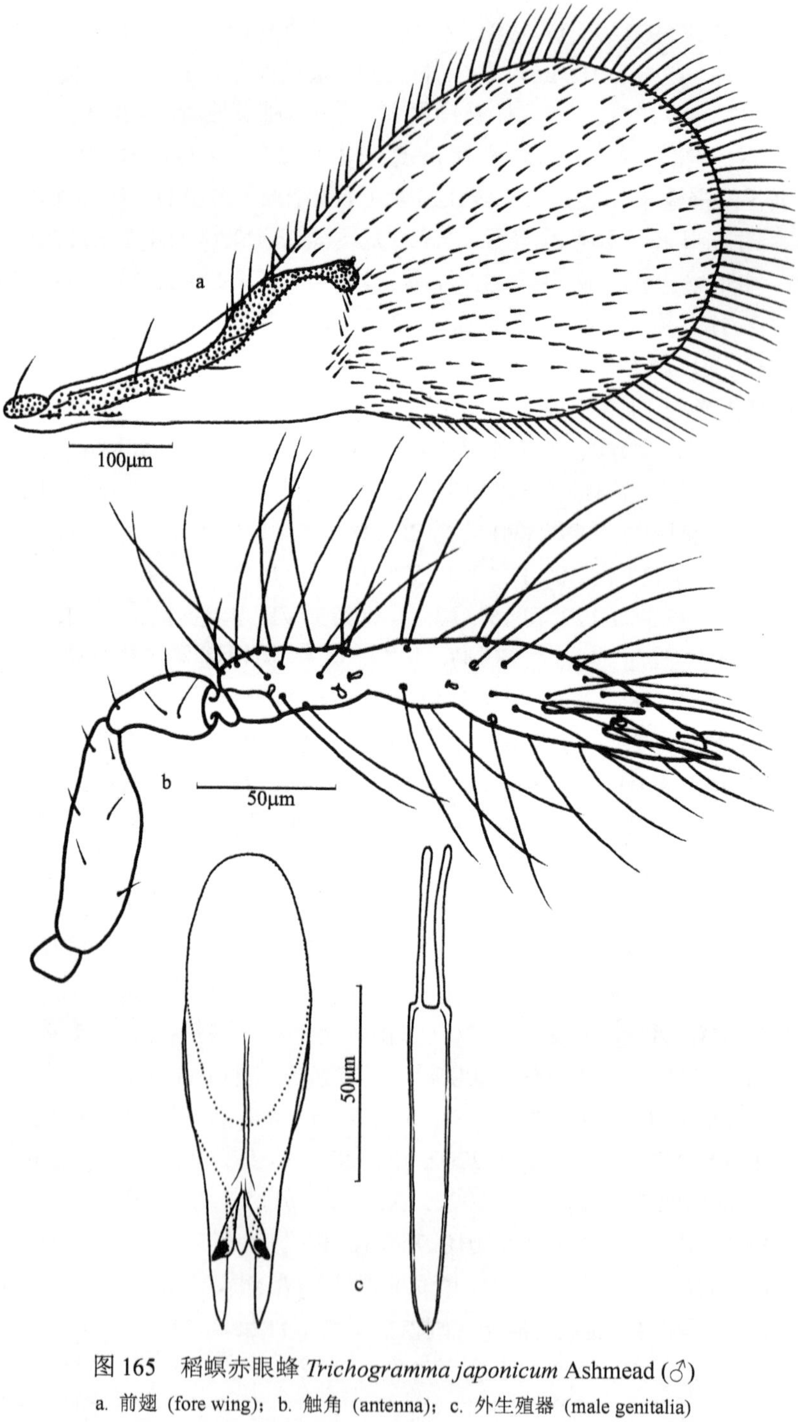

图 165 稻螟赤眼蜂 *Trichogramma japonicum* Ashmead (♂)

a. 前翅 (fore wing)；b. 触角 (antenna)；c. 外生殖器 (male genitalia)

附注　稻螟赤眼蜂是二化螟、三化螟、稻纵卷叶螟等卵期的重要天敌，特别对控制卵粒单产或单层块产的稻纵卷叶螟、二化螟等害虫具有重要作用；但对多层卵粒重叠、且有鳞毛覆盖的三化螟等害虫，本蜂只能寄生其表层卵粒，而使其内层卵粒漏网，降低了它对此类害虫的控制效能。本蜂不喜寄生蓖麻蚕、柞蚕等卵，广东昆虫所曾利用米蛾卵大量繁殖本赤眼蜂，用于防治水稻纵卷叶螟、二化螟等，效果十分明显，且本蜂人工大量释放后，能在稻田内持续繁殖并维持稳定的种群数量水平。

(161) 旋花天蛾赤眼蜂 *Trichogramma agriae* Nagaraja, 1973 (图 166)

Trichogramma agriae Nagaraja, 1973a, Oriental Insects, 7(2): 277; Lin, 1987, Wuyi Sci. J., 7: 98; Lin, 1994, System. Stud. Chinese Trichogrammatidae: 55-56.

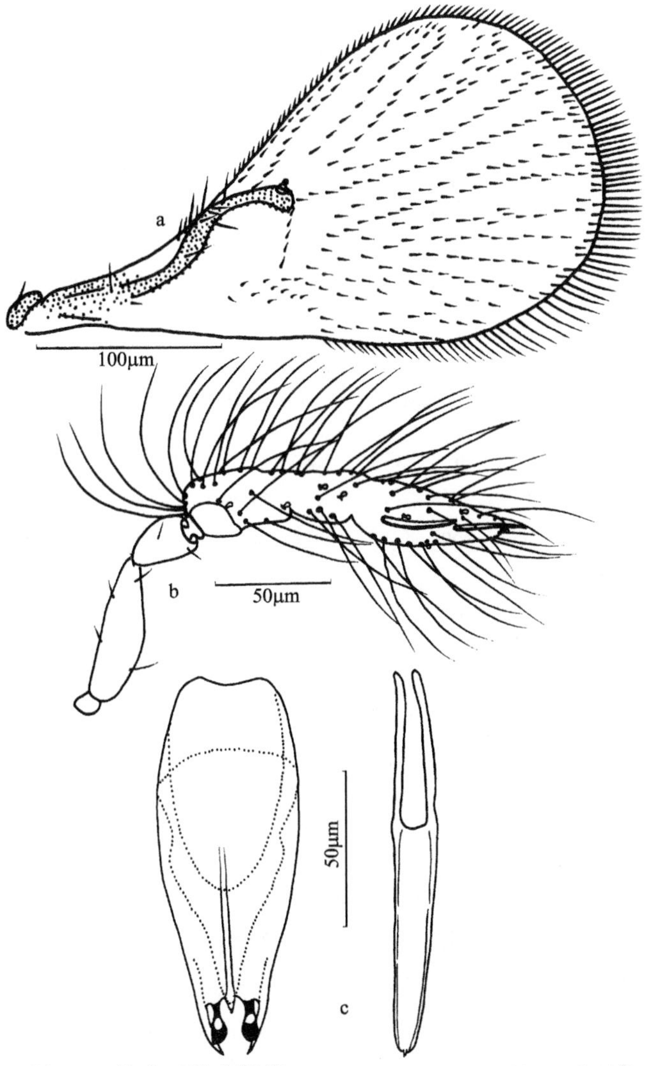

图 166　旋花天蛾赤眼蜂 *Trichogramma agriae* Nagaraja (♂)

a. 前翅 (fore wing)；b. 触角 (antenna)；c. 外生殖器 (male genitalia)

雄 体长 0.55 mm；全体黑褐色，胸部各骨片之间、腹部前半段背板及各足胫节、跗节为暗黄色，

触角棒节上的鞭毛感器长而尖，最长者约为该节最宽处的 3.5 倍 (图 166b)；前翅长为宽的 1.89 倍，臀角上的最长缘毛约为该翅宽的 1/7 (图 166a)。

外生殖器的 AD 长度仅为阳基全长的 1/6 (图 166c)；阳基背突高度骨化，端部呈三角形、稍钝圆，末端仅抵达腹中突基部，约等于 AD 长的一半，其基部两侧缘稍向内收窄；腹中突小而明显，长度约为 AD 长的 1/3；两钩爪内侧缘弧形弯曲，末端接近于阳基侧瓣端部，约抵达 AD 长的 3/4；中脊明显成对，向前抵达 BD 长的 2/3 左右处，长度约为 AD 长的 2.5 倍；阳茎长于其内突 (5∶3.5)，两者全长短于后足胫节 (3∶4)。

雌 国内未见。据原描述，体色与雄虫相似，产卵管长，约为后足胫节长的 1.5 倍。

寄主 国内寄主未详。据印度记载可寄生甘薯天蛾 *Agrius convolvuli* (=*Herse convolvuli*) 卵。

模式标本产地 Bangalore, India。

模式标本存放单位 US Natioanl Museum, Washington DC [USNM]。

研究标本 4♂，福建福州金山 (N26°82'31", E119°20'30", 16M)，1987. XI-XII，林乃铨、蔡毅群采于黄盘诱集器；2♂，福建将乐龙栖山 (N26°30'41", E117°22'57", 239M)，1991. VIII-X，刘长明、林乃铨网扫；1♂，福建南靖乐土 (N24°54'21", E117°12'53", 277M)，1991. V. 28，刘长明网扫。

分布 福建 (福州、将乐、南靖)；印度。

(162) 广赤眼蜂 *Trichogramma evanescens* Westwood, 1833 (图 167)

Trichogramma evanescens Westwood, 1833. Phil. Mag., 2: 444; Pang & Chen, 1974, Acta Ent. Sin., 17(4): 447-448; Pang & Chen, 1987, in: Liao, Li, Pang & Chen, 1987, Economic Insect Fauna of China (Hym.: Chalcidoidea). Sci. Press, 34(1): 202-203; Lin, 1994, System. Stud. Chinese Trichogrammatidae: 52-53.

雄 体长 0.6 mm；全体暗黄色，但头部、前胸及腹部背板棕黑色。

触角棒节上的鞭毛感器长而尖锐，最长者为该节最宽处的 2.5-3.6 倍 (图 167b)；前翅长为宽的 2.04 倍，臀角上的最长缘毛约为该翅宽的 1/6 (图 167a)。

外生殖器的阳基背突高度骨化，端部呈三角形，末端抵达 AD 长的 1/3 左右处 (图 167c)，背突基部两侧缘具较宽的圆弧形内收的缢缩；腹中突锐三角形，为 AD 长的 0.25-0.43 倍；中脊成对，向前抵达 BD 长的 1/3 左右；钩爪端部约抵达 AD 长的一半；阳茎稍长于其内突，两者全长稍长于阳基的长度，稍短于后足胫节长度 (0.85 倍)。

雌 体色与雄性相似；产卵管与后足胫节约等长。

寄主 已知可寄生鳞翅目的灯蛾科 Arctiidae、夜蛾科 Noctuidae、凤蝶科 Papilionidae、粉蝶科 Pieridae、菜蛾科 Plutellidae、螟蛾科 Pyralidae，双翅目的食蚜蝇科 Syrphidae，鞘翅目的龟甲科 Cassididae、象甲科 Curculionidae，膜翅目的叶蜂科 Tenthredinidae，脉翅目的草蛉科 Chrysopidae 和啮虫目的啮虫科 Psocidae 等 21 科 180 多种虫卵。

模式标本产地　England。

模式标本存放单位　Natural History Museum, London, United Kingdom [BMNH]。

研究标本　1♂，新疆呼图壁 (N44°11'32", E86°53'56", 550M)，2001. VII. 11，胡红英网扫；1♂，新疆石河子 150 团 (N44°18'34", E86°5'18", 450M)，2001. VII. 11，胡红英网扫；1♂，2001. VII. 11，新疆奎屯 (N44°29'42", E84°56'57", 750M)，胡红英网扫；1♂，新疆奎屯农七师 (N44°29'42", E84°56'57", 750M)，1997. VIII. 8，马德英网扫；2♂，新疆和静 (N42°18'57", E86°24'48", 1192M)，2001. VIII. 9，胡红英网扫；2♂，新疆博湖 (N41°59'16", E86°37'38", 305M)，2001. VIII. 7，胡红英网扫。

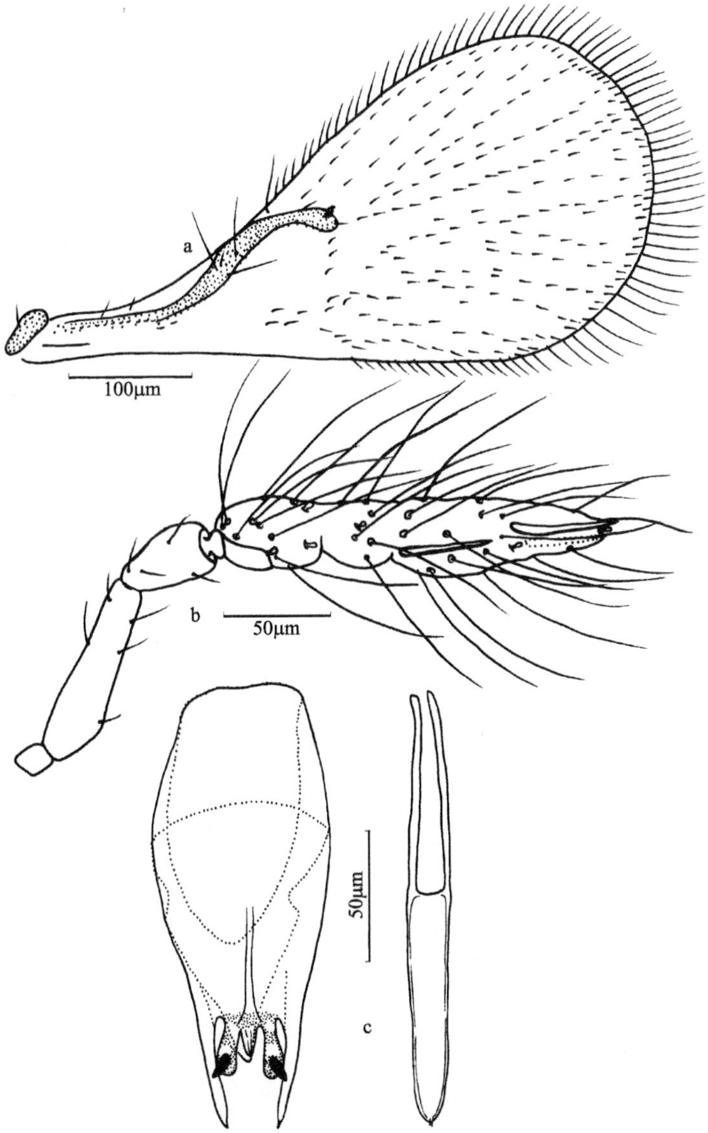

图 167　广赤眼蜂 *Trichogramma evanescens* Westwood (♂)

a. 前翅 (fore wing)；b. 触角 (antenna)；c. 外生殖器 (male genitalia)

分布 新疆 (呼图壁、石河子、奎屯、和静、博湖)，另据资料本种也分布于辽宁、内蒙古、北京、山西、陕西 (岐山)；欧洲，亚洲西北部，同时已被引进美国。

附注 广赤眼蜂曾被认为是分布范围甚广的蜂种。Pintureau & Voegelé (1980) 在描述 *T. maidis* 时，曾经把 Nagarkatti & Nagaraja (1968, 1971)、Viggiani (1971)、Pang & Chen (1974) 等所报道的 *T. evanescens* 归为 *T. maidis* 的同物异名，而且还指定了选模；Pintureau (1987) 在其《欧洲赤眼蜂属系统分类和进化》博士论文中，通过形态、生化、杂交等研究，明确了 *T. maidis* 乃是 *T. brassicae* 的同物异名，同时澄清了他们 1980 年把许多 *T. evanescens* 当成 *T. maidis* 的错误。我国早期的赤眼蜂文献基本上都把本属赤眼蜂种类称为“广赤眼蜂”，甚至我国南方部分稻、蔗产区，也曾将用于防治稻、蔗螟虫的赤眼蜂种类泛称为“广赤眼蜂”。近半个世纪的大量调查结果表明，本种仅知分布于古北区，未见分布南方稻、蔗产区。采自我国新疆的本种与原描述的主要不同在于：雄性触角的鞭毛感器和外生殖器阳基的腹中突均更长。

(163) 玉米螟赤眼蜂 *Trichogramma ostriniae* Pang & Chen, 1974 (图 168)

Trichogramma ostriniae Pang & Chen, 1974, Acta Ent. Sin., 17(4): 444-445; Pang & Chen, 1987, in: Liao, Li, Pang & Chen, 1987, Economic Insect Fauna of China (Hym.: Chalcidoidea). Sci. Press, 34(1): 203-204; Lin, 1987, Wuyi Sci. J., 7: 98; Lin, 1994, System. Stud. Chinese Trichogrammatidae: 54-55; Pinto, 1998/1999, Mem. Ent. Soc. Wash., 22: 174-175; Chan & Chou, 2000, Chinese J. Ent., 20(2): 145-147.

雄 体长 0.53-0.85 mm，头宽 0.24-0.27 mm，后足胫节长 0.15-0.16 mm；全体黄色，但头部淡黄色，触角淡褐色，前胸背板及腹部褐色，各足除后足腿节黄褐色外，其余各足节淡黄色。

触角棒节中等长度，长为宽的 5.77-6.68 倍，等于后足胫节长的 1.15-1.27 倍，其上除具 9 只锥栓感器和 3 支板状感器外，还具 38-46 支长而尖削的鞭毛感器，最长者相当于该节最宽处的 3.00-3.17 倍 (图 168b)；前翅长为宽的 2.02 倍，中肘横毛列由 3-4 支纤毛组成，R_{2+3} 与 R_{4+5} 径毛列之间具 11-19 支纤毛，臀角上的最长缘毛约为该翅宽的 1/6 (图 168a)；后翅面规则纤毛 2 列，近前缘 1 列消失，中部纤毛列明显且直达翅端部，近后缘纤毛列具 7-9 支纤毛，约伸达中毛列的一半。

外生殖器的阳基长为宽的 2.30-2.45 倍，阳基侧瓣的两侧近于平行，但端部稍向内收窄；AD 长度为阳基长的 0.21-0.26 倍，阳基背开口为阳基长的 0.54-0.60 倍，阳基背突高度骨化，近三角形，端部尖削，基部缢缩突然狭窄直至 AD 长的 0.39-0.62 倍处 (图 168c)；钩爪端部抵达 AD 长的一半，等于阳基背突端部抵达的水平，为 AD 长的 0.42-0.69 倍；腹中突长而窄，端部未抵达阳基背突和钩爪端部抵达水平，抵达阳基长的 0.80-0.85 倍；中脊成对，向前抵达 BD 长的 0.18-0.47 倍；阳茎与其内突大约等长，两者全长相当于阳基长度的 0.97-1.07 倍，略短于后足胫节长 (0.66-0.80 倍)。

雌 体长 0.71-0.79 mm，头宽 0.24-0.31 mm，后足胫节长 0.16-0.19 mm；体色与雄虫相似，触角棒节为柄节长的 0.81-0.91 倍，其上具 5 只锥栓感器和 4-5 支板状感器；上颚端部 6 齿；前翅中肘横毛列由 4-7 支纤毛组成，R_{2+3} 与 R_{4+5} 径毛列之间具 14-32 支纤毛；产卵管与后足胫节约等长，等于后者长度的 0.98-1.05 倍。

寄主　已知可寄生鳞翅目斑蝶科 Danaidae 的斑蝶 *Danaus plexippus* 等、刺蛾科 Eucleidae的黄刺蛾 *Cnidocampa flavescens* 等、凤蝶科 Papilionidae 的柑橘凤蝶 *Papilio* spp.、螟蛾科 Pyralidae 的亚洲玉米螟 *Ostrinia furnalis* 和欧洲玉米螟 *O. nubilalis* 等、天蛾科 Sphingidae 的甘薯天蛾 *Agrius convolvuli* 和具斑天蛾 *Macroglossum pyrrhostictum* 等、卷蛾科 Tortricidae 的柑橘卷叶蛾 *Adoxophyes fasciata* 等，以及灯蛾科 Arctiidae、蜡螟科 Galleriidae、麦蛾科 Gelechiidae、尺蛾科 Geometridae、弄蝶科 Hesperiidae、枯叶蛾科 Lasiocampidae、夜蛾科 Noctuidae、舟蛾科 Notodontidae、蛱蝶科 Nymphalidae、小卷蛾科 Olethreutidae、天蚕蛾科 Saturniidae 和半翅目粉虱科 Aleyrodidae 的 1 种 *Parabemisia myricae* 等共 2 目 18 科 48 种害虫卵 (Pinto, 1998/1999)。

模式标本产地　北京蓝旗营。

模式标本存放单位　中国科学院动物研究所昆虫标本馆 [IZCAS]。

研究标本　♂ (正模)，4♂5♀ (副模)，北京蓝旗营 (N39°59'30", E116°18'59", 55M)，1963. VIII. 1，陈泰鲁从玉米螟卵内养得；15♂，辽宁沈阳东陵 (N41°48'46", E123°31'59", 52M)，1992. VII. 9，林乃铨网扫；1♂，新疆乌鲁木齐南山 (N43°44'17", E87°36'24", 800M)，2001. VIII. 2，孙涛网扫；6♂，新疆玛纳斯 (N44°19'13", E86°13'40", 1900M)，1999. VIII. 27，林乃铨网扫；2♂，新疆奎屯 131 团 (N44°29'42", E84°56'57", 750M)，2000. IX. 10，马德英网扫；2♂，新疆精河 (N44°36'18", E82°52'43", 800M)，2001. VII. 15，胡红英网扫；1♂，新疆乌苏 (N44°11'16", E87°19'32", 753M)，2001. VII. 17，胡红英网扫；2♂，新疆博湖 (N41°59'16", E86°37'38", 305M)，2001. VIII. 7，胡红英网扫；6♂，新疆阿克苏 (N41°6'58", E80°11'16", 1104M)，2000. VIII，马德英网扫；5♂，福建沙县洋枋 (N26°22'55", E117°55'06", 175M)，1979-1981. V-VI，林乃铨从柑桔凤蝶卵内养得；2♂，福建沙县洋枋 (N26°22'55", E117°55'06", 175M)，1980. IV. 5，林乃铨网扫；1♂，海南儋州两院 (N19°30'46", E109°30'46", 134M)，2004. VI. 30，吕宝乾网扫；1♂，海南儋州宝岛新村 (N19°30'42", E109°30'39", 45M)，2005. V. 6，张端璋网扫；1♂，海南儋州宝岛新村 (N19°30'42", E109°30'39", 45M)，2005. XI. 7，李文标网扫；2♂，海南儋州云月湖 (N19°30'21", E109°31'33", 113M)，2005. X. 29，李文标网扫；1♂，海南乐东冲坡 (N18°28'25", E108°54'55", 19M)，2005. II. 18，张李香网扫；1♂，海南乐东尖峰岭 (N18°43'49", E108°54'32", 212M)，2005. II. 25，张李香网扫。

分布　北京 (蓝旗营)、辽宁 (沈阳东陵)、新疆 (乌鲁木齐、玛纳斯、奎屯、精河、乌苏、博湖、阿克苏)、福建 (沙县)、海南 (儋州、乐东)，另据资料也分布于河北 (宣化、定县)、山西 (临汾)、山东 (济南、莱阳)、河南、陕西 (岐山)、江苏 (南京)、安徽 (宿县)、浙江 (温州)、江西、湖北、广东 (新会)，以及 Chan & Chou (2000) 报道台湾 (台中雾峰、彰化、台南) 等地从玉米螟、甘薯天蛾等鳞翅目虫卵中养得；俄罗斯，日本，美国 (夏威夷)。

附注　Nagarkatti & Nagaraja (1977) 曾质疑本种系他们描述产自印度的长突赤眼蜂 *T. chilotraeae* 的同物异名，认为需要进行杂交试验才能确定。Pang & Chen (1987) 认为，本种的腹中突呈长三角形，为 AD 长的 4/9，与长突赤眼蜂的腹中突较宽，长仅及 D 的 1/3 左右，可以区别。据北京市农林科学院研究，本种可用米蛾 *Corcyra cephalonica* 卵进行人工大量繁殖，散放此蜂防治玉米螟等害虫的效果十分明显。

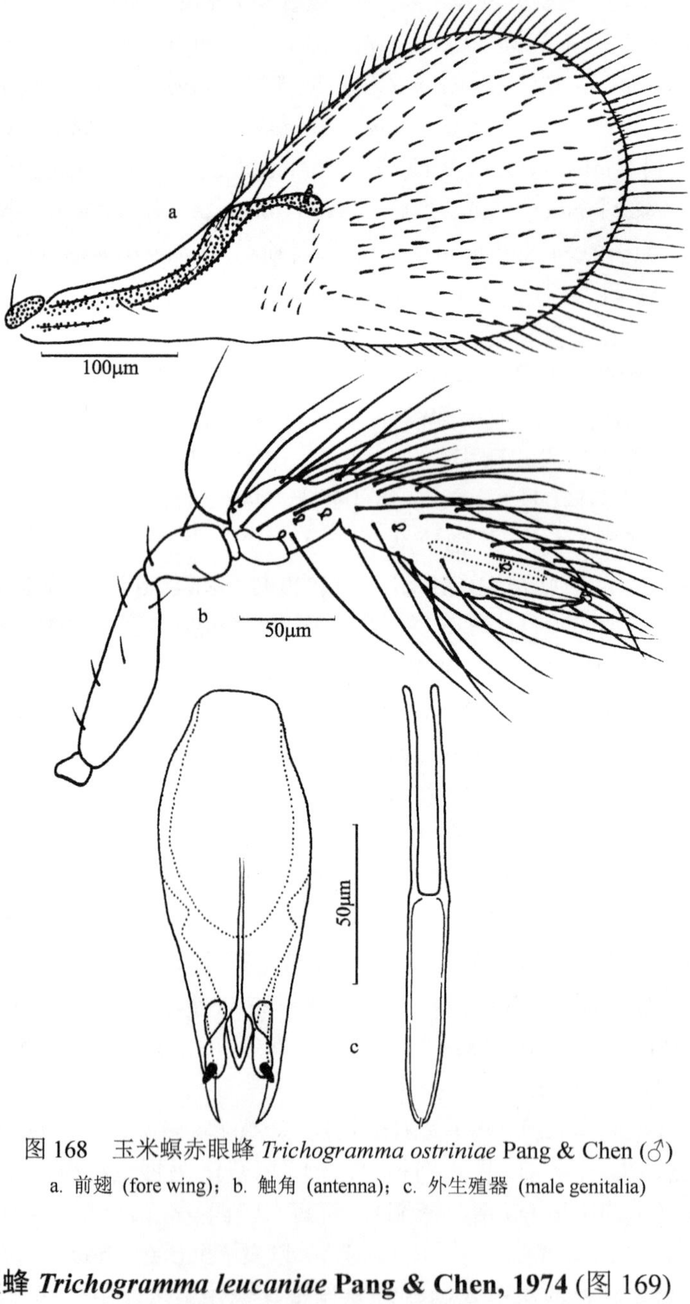

图 168 玉米螟赤眼蜂 *Trichogramma ostriniae* Pang & Chen (♂)
a. 前翅 (fore wing)；b. 触角 (antenna)；c. 外生殖器 (male genitalia)

(164) 粘虫赤眼蜂 *Trichogramma leucaniae* Pang & Chen, 1974 (图 169)

Trichogramma leucaniae Pang & Chen, 1974, Acta Ent. Sin., 17(4): 448; Pang & Chen, 1987, in: Liao, Li, Pang & Chen, 1987, Economic Insect Fauna of China (Hym.: Chalcidoidea). Sci. Press, 34(1): 203; Lin, 1994, System. Stud. Chinese Trichogrammatidae: 54.

雄　体长 0.6 mm；全体大致黄褐色，但腹部背板黑褐色。

触角棒节上的最长鞭毛感器约为该节最宽处的 2.0 倍 (图 169b)；前翅长为宽的 1.94 倍，臀角上最长缘毛约为该翅宽的 1/6 (图 169a)。

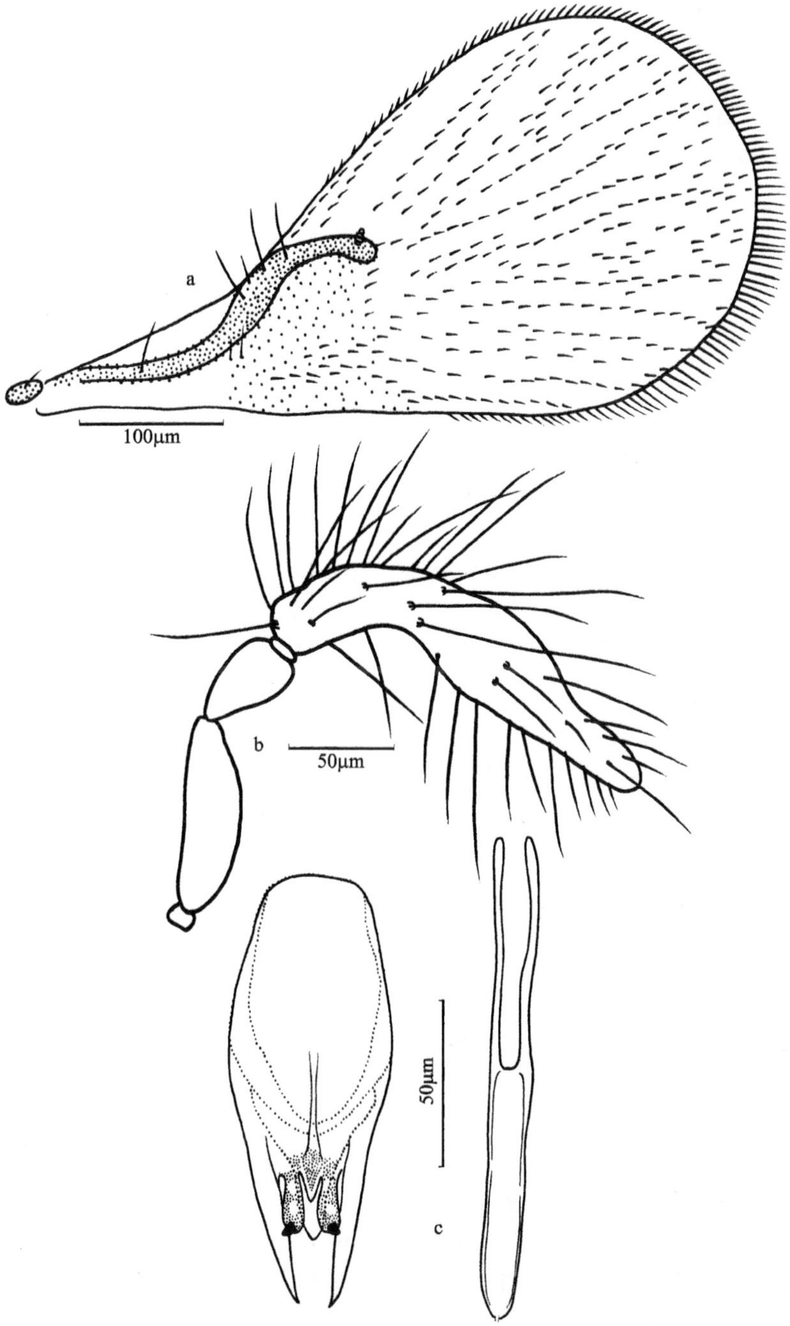

图 169　粘虫赤眼蜂 *Trichogramma leucaniae* Pang & Chen (♂) (仿 Pang & Chen, 1974)

a. 前翅 (fore wing)；b. 触角 (antenna)；c. 外生殖器 (male genitalia)

外生殖器的阳基背突呈三角形，末端抵达 AD 长的 1/2 左右处 (图 169c)；背突基部两侧缘具向内收窄的缢缩；腹中突锐三角形，等于 AD 长的 1/4-1/3，两边具隆起的纵脊，该纵脊从基部向两侧延伸，突出于阳基腹面；钩爪末端与阳基背突末端齐平；阳茎与其内突约等长，两者全长相当于阳基长的 1.2 倍，稍短于后足胫节。

雌 体色与雄性相似，产卵管稍长于后足胫节。

寄主 已知可寄生榆毒蛾 *Ivala ochropoda*、粘虫 *Leacania separata* 等虫卵。

模式标本产地 山东黄县。

模式标本存放单位 中国科学院动物研究所昆虫标本馆 [IZCAS]。

分布 北京 (卧佛寺)、山东 (黄县)，据资料也分布于陕西 (岐山)。

附注 模式标本已检视。形态描述和特征图引自 Pang & Chen (1974) 的报道。原记述的标本有：♂ (正模)，2♂3♀ (副模)，北京卧佛寺 (N40°00'32", E116°12'22", 319M)，1956. VII. 23，陈泰鲁从榆毒蛾卵内养得；5♂8♀ (副模)，山东黄县 (N36°03'48", E120°19'58", 135M)，1958. V. 1，陈泰鲁用粘虫卵诱得。

(165) 台湾赤眼蜂 *Trichogramma taiwanense* Chan & Chou, 2000 (图 170)

Trichogramma taiwanense Chan & Chou, 2000, Chinese J. Ent., 20(2): 147-150.

雄 体长 0.64-0.73 mm，头宽 0.25-0.30 mm，后足胫节长 0.13-0.16 mm；全体及触角黄褐色，头部暗黄褐色，中胸背板、后足基节和腿节褐色，腹部背板暗褐色；前翅除基部 1/3 翅面具淡褐色半透明昙纹外，其余翅面无色透明。

触角棒节宽为长的 0.14-0.18 倍 (图 170b)，等于后足胫节长的 1.25-1.38 倍，其上具 9-10 只锥栓感器、3 支板状感器和 37-54 支长而尖削的鞭毛感器，最长者为该节最宽处的 2.50-3.16 倍；上颚端部具 6 齿；中胸盾上的前对纤毛短而细，为后对纤毛长的 0.19-0.28 倍；前翅长 0.46-0.54 mm，长约为宽的 1.82-2.00 倍 (图 170a)；翅面纤毛列清晰，中肘横毛列由 3-5 支纤毛组成，R_{2+3} 与 R_{4+5} 径毛列之间具 4-13 支纤毛；最长外缘毛为前翅宽的 0.14-0.17 倍；后翅面规则纤毛 2 列，近前缘纤毛列常消失或仅具 1 支纤毛，中部纤毛列长而完整，近后缘纤毛列具 4-9 支纤毛，伸达中毛列的 0.40-0.69 倍。

外生殖器的阳基中等宽大，宽为长的 0.41-0.45 倍，AD 长度为阳基长的 0.24-0.29 倍 (图 170c)；阳基背开口为阳基长的 0.53-0.58 倍，阳基背突高度骨化，基部两侧缘稍向内呈杯状缢缩，端部尖锐，抵达 AD 长的 0.22-0.38 倍；腹中突小而明显，仅抵达 AD 长的 0.13-0.21 倍；中脊向前抵达 BD 长的 0.32-0.71 倍；阳基侧瓣端部稍指向内，钩爪短于阳基侧瓣，端部抵达至 AD 长的 0.5-0.6 倍；阳茎内突为阳茎长的 0.48-0.52 倍，两者全长约与阳基等长，短于后足胫节，为后者长的 0.72-0.81 倍。

雌 体长 0.73-0.82 mm，头宽 0.26-0.36 mm，后足胫节长 0.16-0.18 mm；体色及触角各节暗黄褐色，中胸盾、腹基部 3 腹节背板和腹末黄褐色；触角棒节的宽为长的 0.48-0.56 倍，等于柄节长的 0.86-0.93 倍，其上具 4-5 只锥栓感器和 5 支板状感器；上颚端部 6 齿；前翅中肘横毛列由 2-4 支纤毛组成，R_{2+3} 与 R_{4+5} 径毛列之间具 5-8 支纤毛；产卵管稍长于后足胫节 (1.06-1.15 倍)。

寄主　寄生荔枝、龙眼和*Areca catechu*上的尺蛾科 Geometridae、灰蝶科 Lycaenidae、夜蛾科 Noctuidae (粉纹夜蛾 *Trichoplusia ni*) 等鳞翅目虫卵。

模式标本产地　中国台湾台中雾峰。

模式标本存放单位　台湾农业试验所昆虫标本室 [TARI]。

研究标本　承周樑镒先生惠赠 1♂副模标本，1991. XI. 7，采于台湾台中雾峰 (N24°02'41", E120°44'04", 230M)，从荔枝、龙眼树上鳞翅目虫卵养得，现保存于福建农林大学生物防治研究所标本室 [FAFU]。

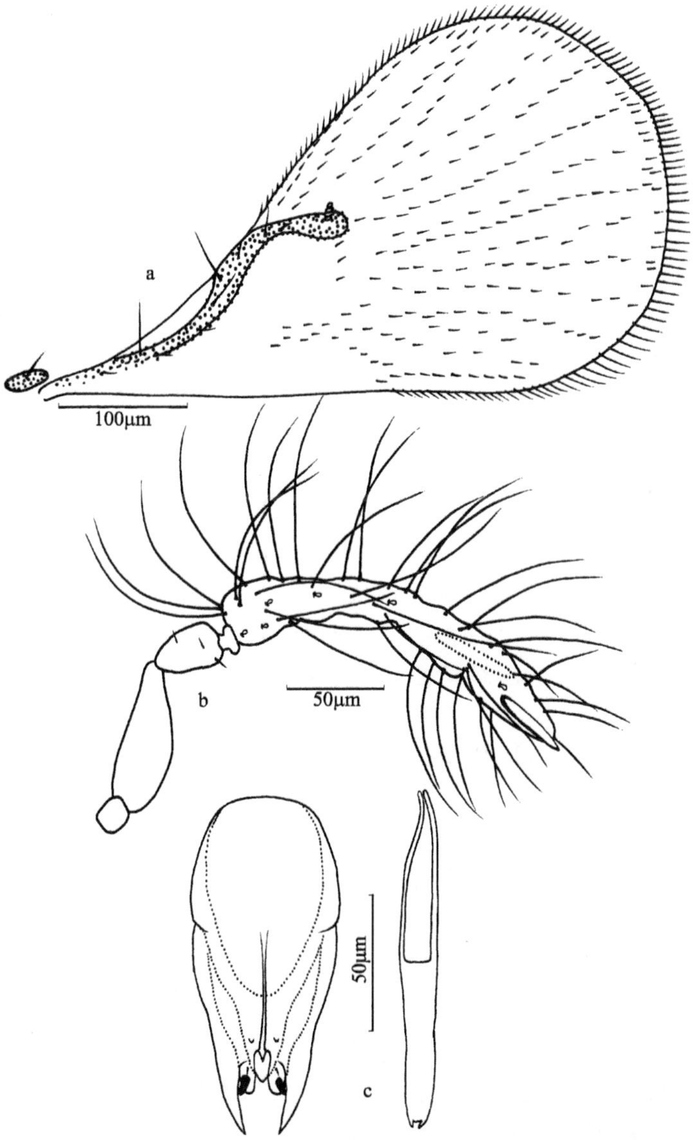

图 170　台湾赤眼蜂 *Trichogramma taiwanense* Chan & Chou (♂) (仿 Chan & Chou, 2000)

a. 前翅 (fore wing)；b. 触角 (antenna)；c. 外生殖器 (male genitalia)

分布 中国台湾 (台北、台中雾峰、南投、嘉义、台南)。

附注 本种形态描述和特征图引自 Chan & Chou (2000) 的报道。原记述的标本有：♂(正模)，1♀ (副模)，台北 Sanhsia (N24°56'10", E121°22'28", 51M)，1992. X. 16，从 *Areca catechu* 上 1 未定名鳞翅目虫卵养得；47♂42♀ (副模)，台湾台中雾峰 (N24°02'41", E120°44'04", 230M)，1991. XI. 7-1992, XII. 18，从荔枝、龙眼树上尺蛾科、灰蝶科和夜蛾科 (粉纹夜蛾) 等鳞翅目虫卵养得；19♂11♀ (副模)，台湾嘉义 (N23°59'42", E120°43'31", 175M)，1992. XI. 22，从荔枝、龙眼树上灰蝶科、尺蛾科等虫卵养得；83♂19♀ (副模)，台湾南投 (N23°57'39", E120°58'31", 484M)，1992. X. 28-XII. 31，从荔枝、龙眼树上灰蝶科、尺蛾科等鳞翅目虫卵养得；1♂ (副模)，台湾台南 Hsientsaopu (N23°00'07", E120°13'41", 13M)，1992. XII.11，从荔枝树上尺蛾科等鳞翅目虫卵养得。

41. 分索赤眼蜂属 *Trichogrammatoidea* Girault, 1911

Trichogrammatoidea Girault, 1911a, Trans. Am. Ent. Soc., 37: 13-15. **Type species**: *Chaetostricha nana* Zehntner, 1896. by Original designation; Doutt & Viggiani, 1968, Proc. Calif. Acad. Sci., 35(20): 535-536; Nagaraja, 1978, Oriental Insects, 12: 489-530 (partial revision); Lin K-S, 1981, J. Agr. Res. China, 30(4): 437; Lin, 1994, System. Stud. Chinese Trichogrammatidae: 63-66; Pinto, 2006, J. Hym. Res., 15(1): 75-76; Tian & Lin, 2009, Acta Zootaxon. Sin., 34(2): 360-366.

鉴别特征 雌雄触角异型，雌者 7 节，除柄节和梗节外，环状节、索节各 2 节，棒节 1 节、明显膨大，且端腹面具簇生镰刀感器；雄者 9 节，除棒节分 3 节外，其余与雌者相同，环节后各节连接松散，其上均具锥栓感器和鞭毛感器 [Pinto (2006) 曾将后者界定为板状感器，本书根据其基本特征和传统习惯，仍称为鞭毛感器]；上颚齿的前方有 1 窝齿，下颚须 1 节；中胸盾和小盾片各具 2 对纤毛，内悬骨端部完整无缺口；前翅中等宽圆，翅脉与痣脉呈“S”形连续弯曲，翅面纤毛规则成列，但中肘横毛列缺如；第 I 腹节背板具 1 横行直立的小尖齿；雄外生殖器基本特征与赤眼蜂属相似，但其阳基除可能具 1 膜状薄片外，没有与赤眼蜂属一样的阳基背突 (DEG)，阳基背部完全开放 (Pinto, 2006)。

寄主 除 7 种寄主不明外，其余 20 种和 1 亚种已知可寄生鳞翅目的灯蛾科 Arctidae、麦蛾科 Gelechiidae、尺蛾科 Geometridae、细蛾科 Gracilariidae、弄蝶科 Hesperiidae、驼蛾科 Hyblaeidae、灰蝶科 Lycaenidae、夜蛾科 Noctuidae、小卷蛾科 Olethreutidae、粉蝶科 Pieridae、菜蛾科 Plutellidae、螟蛾科 Pyralidae、天蛾科 Sphingidae、卷蛾科 Tortricidae、斑蛾科 Zygaenidae，双翅目的突眼蝇科 Diopsidae、沼蝇科 Sciomyzidae，鞘翅目的叶甲科 Chrysomelidae、铁甲科 Hispidae，半翅目的盾蚧科 Diaspididae (=胶蚧科 Lacciferidae ? 存疑) 等 4 目 19 科 50 多种虫卵，其中特别对鳞翅目农林害虫的控制作用十分显著。

分布 已知 27 种和 1 亚种中，主要分布于亚洲各国 11 种，其余依次为：非洲地区 6 种、南美洲 5 种、澳洲区 3 种、中美洲的哥斯达黎加和关岛 1 种、欧洲区仅德国、法国 1 种。美洲本地已知有 5 种，即 *T. annulata* (巴西)、*T. bennetti* (巴西)、*T. brasiliensis* (巴西)、*T. hypsipylae* (特立尼达和多巴哥)、*T. signiphoroides* (阿根廷)，均产自南美洲和西印度群岛；其中产自巴西的 *T. brasiliensis*，过去有关害虫生物防治的文献都把它误定在赤眼蜂属，Pinto (1997) 经研究后，才把它从赤眼蜂属移归本属。此外，南美洲近年因害虫生物防治的需要，曾先后多次从外地引进本属的 5 种，即 *T. armigera*、*T. bactrae*、*T. eldanae*、*T. nana* 和 *T. robusta* (Noyes, 2001)，这些外地引进的种类是否能在南美洲建立自然种群，尚待进一步观察 (Querino & Zucchi, 2004)。

附注 本属种类的形态特征与赤眼蜂属极其相似，有些学者曾将本属作为赤眼蜂属的亚属，但本属雄性触角棒节 3 节，前翅中肘横毛列和雄外生殖器的阳基背突消失等特征足以使它保留为 1 独立属。根据 Viggiani (1971) 和 Pinto (2006) 以雄外生殖器为主要特征，以及 Owen *et al.* (2007) 基于分子证据的分亚科、分族系统，一致把本属归为赤眼蜂亚科、赤眼蜂族，且与赤眼蜂属的缘系最近。

本属系 Girault (1911a) 订正了 Zehntner (1896) 描述采自印度尼西亚爪哇的 *Chaetostricha nana* 而建立；其实 Westwood 早在 1879 年已描述过采自斯里兰卡的本属 *T. nodicornis*，只不过当时放在寡索赤眼蜂属 *Oligosita* 下。Girault (1911, 1912, 1925)、Bréthes (1913) 和 Nowicki (1949) 先后描述了采自非洲、澳大利亚、南美洲和欧洲的本属 5 新种；Risbec (1951, 1955) 发表了非洲的 3 新种，可是分别误放在 *Trichogramma* 和 *Chaetostricha* 属内，直到 Doutt & Viggiani (1968) 才将它们归到本属。Viggiani (1971b) 首次描述了本属已知种类的雄外生殖器特征；De Santis (1972a) 报道了巴西的 1 新种；Nagaraja (1978) 发表了印度、马来西亚、非洲和西太平洋等地的 10 新种与 1 新亚种，并重新描述了 4 个已知种类，同时首次采用数值分类方法对其中 11 种和 1 亚种进行了分析，将它们分为 2 个种团。此后，Viggiani (1979b) 和 Nagaraja (1983, 1984) 又先后报道了象牙海岸、巴西和菲律宾的 3 个新种；Pinto (1997) 将 Ashmead (1904a) 误定在赤眼蜂属的 *T. brasiliensis* 归回本属；Yousuf & Hassan (2006) 和 Tian & Lin (2009) 发表了印度和我国海南的 2 新种，因此本属迄今共知 27 种和 1 亚种。它们主要分布于亚洲和南半球地区，欧洲至今仅见 1 种。

我国有关本属的记录，最早系 Lin K-S (1981) 报道台湾有 2 种分布，爪哇分索赤眼蜂 *T. nana* 寄生二点螟 *Chilo infuscatellus*、甘蔗条螟 *Diatraea venosata* 和甘蔗黄螟 *Eucosma schistaceana*，而卷蛾分索赤眼蜂 *T. bactrae* 寄生未定名的黄螟 *Eucosma* sp. 等蔗虫卵。此后，Lin (1994) 报道了原描述自印度的 3 新种在福建、广东等地的分布新记录，Tian & Lin (2009) 发表了采自海南的 1 新种和 1 新记录种，因此我国迄今共知本属 5 种，记述如下。

种 检 索 表 (雄)

1. 外生殖器两钩爪末端离阳基侧瓣顶端较远，腹中突明显……………………… **爪哇分索赤眼蜂 *T. nana***
 外生殖器两钩爪末端离阳基侧瓣顶端较近，无腹中突或腹中突微小而不明显………………………2
2. 前翅相对较宽圆，长约为宽的 2.0 倍，缘毛相对较短，最长者不足前翅最宽处的一半……………3
 前翅相对较窄长，长约为宽的 2.5 倍以上，缘毛相对较长，最长者约为前翅最宽处的 0.6 倍 ……4
3. 前翅翅面端部长圆形，长为宽的 2.16 倍，翅面纤毛排列较规则；外生殖器 AD 长度相当于阳基长的 1/5，两钩爪端部伸达 AD 长的 0.83 倍处，无腹中突，阳茎与其内突约等长……………………

……………………………………………………………………………………**棉虫分索赤眼蜂 *T. armigera***
前翅翅面端部明显宽圆，长为宽的 2.06 倍，翅面纤毛排列较不规则；外生殖器 AD 长度相当于阳基长的 1/4 左右，两钩爪端部伸达 AD 长的 3/4 处，腹中突微小，阳茎短于其内突 ………………
……………………………………………………………………………………**细蛾分索赤眼蜂 *T. cojuangcoi***

4. 前翅长约为宽的 2.79 倍，最长缘毛约为前翅最宽处的 0.71 倍；棒节上最长鞭毛感器约为该节最宽处的 5.4 倍；外生殖器的阳基细长，长约为宽的 4.5 倍 …………**窄基分索赤眼蜂 *T. tenuigonadium***
前翅长约为宽的 2.5 倍，最长缘毛约为前翅最宽处的 0.6 倍；棒节上最长鞭毛感器约为该节最宽处的 3.0 倍；外生殖器的阳基卵圆形，长约为宽的 3.4 倍 …………………**卷蛾分索赤眼蜂 *T. bactrae***

(166) 爪哇分索赤眼蜂 *Trichogrammatoidea nana* (Zehntner, 1896) (图 171)

Chaetostricha nana Zehntner, 1896, Med. Provefst. Cost. Java (N.S.), 23: 14-16.

Trichogrammatoidea nana (Zehntner): Girault, 1911a, Trans. Am. Ent. Soc., 37: 15-19; Nagaraja, 1978, Oriental Insects, 12(4): 513-514; Lin K-S, 1981, J. Agr. Res. China, 30(4): 437; Lin, 1994, System. Stud. Chinese Trichogrammatidae: 66; Tian & Lin, 2009, Acta Zootaxon. Sin., 34(2): 361.

雄 体长 0.40-0.60 mm；全体橙黄色，但复眼、单眼鲜红色；前胸背板、中胸盾和腹部前端背板黄褐色；前翅翅脉淡黄褐色，痣脉之下翅面具烟褐色半透明昙纹，其余翅面无色透明。

头部正面观扁圆形，宽大于高，略宽于胸部；复眼较大，长为头高的 0.6 倍左右；下颚须 1 节，端部 2 毛，1 长 1 短；触角着生于两复眼下缘连线之稍上方，柄节长为宽的 4.25 倍 (图 171b)，约等于梗节长的 2.43 倍；梗节梨形，长为宽的 1.75 倍；两环状节小而明显，两索节大小接近；棒节长约为宽的 3.17 倍，除基棒节略粗大外，其余两棒节近等长，端棒节末端稍尖削；鞭节全长相当于柄节长的 1.8 倍，各索节、棒节除均具若干锥栓感器外，其上还具 26-30 支鞭毛感器，最长者等于鞭节最宽处的 3.0 倍。

前翅中等宽圆，长为宽的 2.16 倍 (图 171a)，翅脉端部伸达翅长的 0.56 倍左右处；翅面纤毛中等密度，约具纤毛 10 列；缘毛中等长短，最长者为该翅宽的 0.33 倍；后翅稍短于前翅，长为宽的 12.8 倍左右，翅面纤毛 1 列，最长后缘毛与前翅最长者长度相当，约为后翅宽的 3.0 倍；各足正常大小，各足腿节、胫节和跗节的长度比分别是，前足 18∶18∶19，中足 20∶26∶22，后足 20∶27∶22。

外生殖器阳基长卵圆形，长为宽的 2.5-2.7 倍 (图 171c)，AD 长等于阳基的 0.24 倍左右；腹中突粗短而明显，约为 AD 长的 0.2 倍，端部钝圆；中脊较细弱，向前伸至阳基长的一半左右；两钩爪末端抵达 AD 长的 0.6 倍左右；阳茎稍长于其内突，两者全长等于阳基，约为后足胫节长的 0.75 倍。

雌 体长 0.45-0.50 mm；体色及翅形基本与雌虫相似，但前翅痣脉之后翅面褐色部分较淡；触角棒节长为宽的 2.2 倍，相当于柄节长的 0.8 倍；产卵管与后足胫节约等长。

寄主 已知可寄生 1 鳞翅目未定名的细蛾卵；据国外资料还可寄生麦蛾科 Gelechiidae、细蛾科 Gracilariidae、驼蛾科 Hyblaeidae、灰蝶科 Lycaenidae、夜蛾科 Noctuidae、小卷蛾科 Olethreutidae、粉蝶科 Pieridae、螟蛾科 Pyralidae、卷蛾科 Tortricidae、斑蛾科

Zygaenidae，半翅目的胶蚧科 Lacciferidae (存疑)，双翅目沼蝇科 Sciomyzidae 和鞘翅目的铁甲科 Hispidae 等 3 目 13 科 50 余种虫卵。

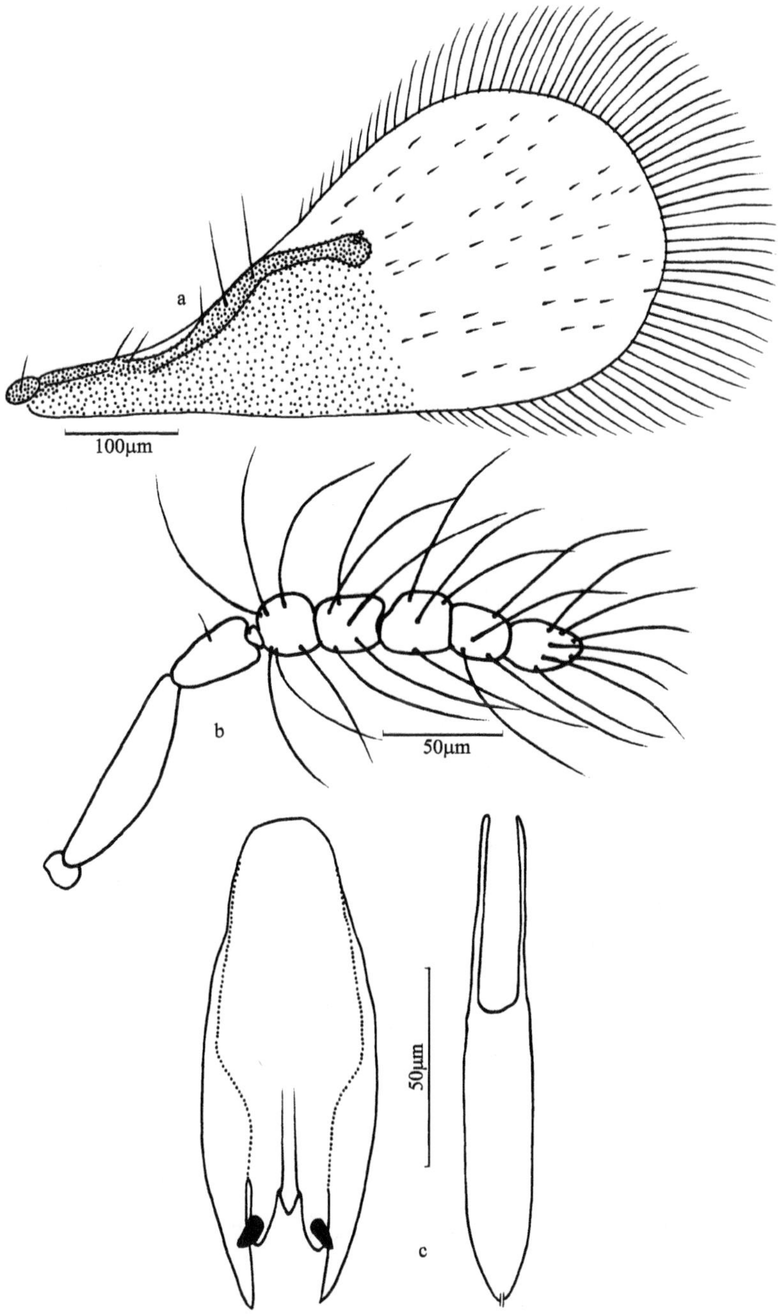

图 171　爪哇分索赤眼蜂 *Trichogrammatoidea nana* (Zehntner) (♂)

a. 前翅 (fore wing)；b. 触角 (antenna)；c. 外生殖器 (male genitalia)

模式标本产地 Java, Indonesia。

模式标本存放单位 US Natianal Museum, Washington [USNM]。

研究标本 4♂4♀，广东肇庆 (N23°15'14", E112°28'59", 40M)，1988. XII. 30，刘志诚采于荔枝上 1 未定名细蛾卵；7♂，海南儋州宝岛新村 (N19°30'42", E109°30'39", 45M)，2005. XI. 7，李文标网扫；1♂，海南儋州两院 (N19°30'46", E109°30'46", 134M)，2004. X. 30，吕宝乾网扫；3♂，海南儋州云月湖 (N19°30'21", E109°31'33", 113M)，2005. X. 29，李文标网扫；1♂，海南乐东冲坡 (N18°28'25", E108°54'55", 19M)，2005. II. 18，张李香网扫；1♂，云南昆明 (N25°12'38", E102°42'35", 1936M)，2010. X. 15，林乃铨网扫。

分布 广东 (肇庆)、海南 (儋州、乐东)、云南 (昆明)，另据资料也分布于台湾；印度，菲律宾，马来西亚，印度尼西亚，缅甸，斯里兰卡，澳大利亚，巴西等地。

(167) 棉虫分索赤眼蜂 *Trichogrammatoidea armigera* Nagaraja, 1978 (图 172)

Trichogrammatoidea armigera Nagaraja, 1978, Oriental Insects, 12(4): 499-501; Lin, 1994, System. Stud. Chinese Trichogrammatidae: 64-65; Tian & Lin, 2009, Acta Zootaxon. Sin., 34(2): 362.

雄 体长 0.51-0.53 mm；全体黄褐色，但复眼、单眼红色；前胸背板、中胸盾、小盾片、后胸背板两侧、前足基节外侧及中后足基节为暗灰褐色；上颚末端褐色；各足转节以下各足节淡黄褐色；前后翅脉淡灰褐色，前翅面基本无色透明。

头部正面观扁圆形，宽大于高，也宽于胸部；复眼较大，长约为头高的 0.64 倍；上颚强大，末端 4 齿；下颚须 1 节，端部 2 毛；触角着生于两复眼之间中下方，柄节长约为宽的 3.5 倍 (图 172b)，等于梗节长的 2.1 倍；梗节梨形，长为宽的 1.6 倍；基环状节较明显，第二节较小而紧贴索节基部；两索节约等长，但基索节稍宽；棒节长为宽的 2.8 倍，与柄节长度相当；除基棒节的长稍大于其宽外，其余两棒节的长均小于宽；各索节、棒节除均具若干锥栓感器外，还具约 25 支鞭毛感器，最长者等于鞭节最宽处的 3.5 倍左右。

前翅中等宽圆，长约为宽的 2.2 倍 (图 172a)，翅脉端部伸达翅长的 0.57 倍左右处；翅面纤毛中等密度，大致 10 列纤毛；缘毛中等长短，最长者为前翅宽的 0.42 倍；后翅稍短于前翅，长约为宽的 15.0 倍，翅面规则纤毛 1 列，最长后缘毛与前翅最长者长度相当，约为后翅最宽处的 2.5 倍；各足正常大小，各足腿节、胫节和跗节的长度比分别是，前足 18∶16∶16，中足 18∶22∶19，后足 21∶22∶19。

外生殖器的阳基长卵圆形，长为宽的 2.25 倍 (图 172c)，AD 长等于阳基的 0.15 倍左右；两钩爪端部抵达 AD 长的 0.84 倍处，腹中突消失，中脊向前伸至阳基长的一半左右；阳茎稍短于其内突，约等于后者长的 0.8 倍，两者全长稍短于阳基，等于后足胫节长的 0.63 倍左右。

雌 国内未见。据印度原始描述，体色与雄虫相似；触角梗节略短于柄节长的 0.5 倍，鞭节为柄节长的 1.25 倍；棒节宽为长的 0.66 倍，稍短于梗节；前翅长约为宽的 2.0 倍，翅面纤毛较稀短，缘毛较短，最长者约为前翅宽的 0.25 倍，后翅最长缘毛稍长于前翅最长者；产卵管略长于后足胫节。

寄主　国内寄主未详。据印度记载，可寄生鳞翅目的蜡螟科 Galleriidae、麦蛾科 Gelechiidae、灰蝶科 Lycaenidae、夜蛾科 Noctuidae、菜蛾科 Plutellidae、螟蛾科 Pyralidae 等 6 科 10 余种虫卵。

模式标本产地　Kanarkata, India。

模式标本存放单位　Commonwealth Institute of Biological Control, India [CIBCI]。

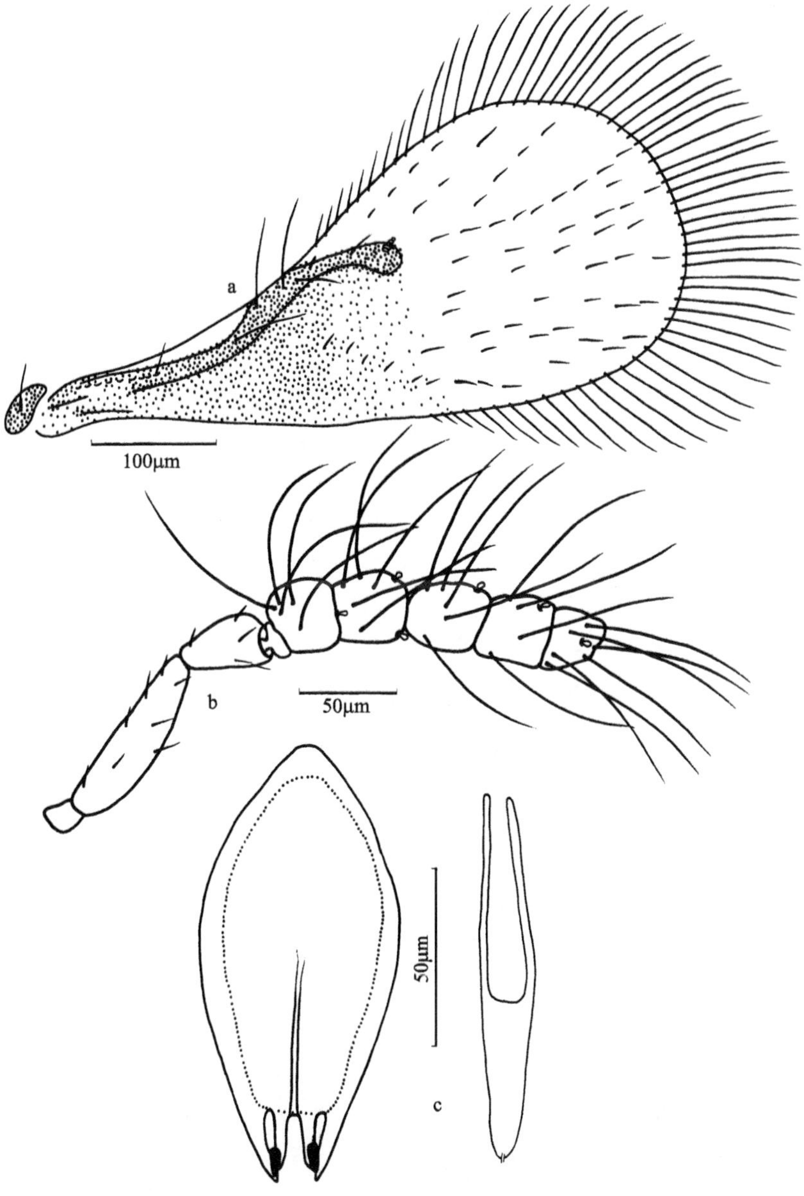

图 172　棉虫分索赤眼蜂 *Trichogrammatoidea armigera* Nagaraja (♂)
a. 前翅 (fore wing)；b. 触角 (antenna)；c. 外生殖器 (male genitalia)

研究标本　2♂，福建福州金山 (N26°82'31", E119°20'30", 16M)，1987. VI. 30-VII. 10，

林乃铨采于黄盘诱集器；2♂，福建将乐龙栖山（N26°30'41", E117°22'57", 239M），1991. VIII，林乃铨、刘长明网扫；1♂，海南儋州宝岛新村（N19°30'42", E109°30'39", 45M），2005. XI. 7，李文标网扫。

分布 福建（福州、将乐龙栖山）、海南（儋州）；印度，印度尼西亚，菲律宾，巴布亚新几内亚，巴西。

(168) 细蛾分索赤眼蜂 *Trichogrammatoidea cojuangcoi* Nagaraja, 1984（图 173）

Trichogrammatoidea cojuangcoi Nagaraja, 1984, Philipp. Ent., 6(2): 207-213; Tian & Lin, 2009, Acta Zootaxon. Sin., 34(2): 362-363.

雄 体长 0.49-0.52 mm；全体淡黄褐色，但复眼、单眼红色；上颚端部褐色；头部前额、前中胸背板、后胸两侧及后足基节末端暗灰褐色；前中足及后足转节以下各节淡黄色；前后翅脉淡灰褐色，前翅除翅脉之下翅面具淡灰褐色半透明昙纹外，其余翅面无色透明。

头部正面观扁圆形，宽大于高（30∶24）；复眼较大，长约为头高的 0.54 倍（13∶24）；上颚强大，末端 4 齿；下颚须 1 节，端部 2 毛；触角着生于两复眼之间中下方，柄节长为宽的 3.5 倍（14∶4）（图 173b），等于梗节长的 2.0 倍（14∶7）；梗节梨形，长为宽的 1.75 倍（7∶4）；环状节小而明显，两索节大约等长，但第一索节略宽；棒节长约为最宽处的 3.75 倍（15∶4），各棒节长度大约相等；各索节、棒节除均具若干锥栓感器外，其上还具约 21 支鞭毛感器，最长者相当于该节宽的 3.6 倍（18∶5）。

前翅中等，端部明显较宽圆，长为宽的 2.06 倍（66∶32）（图 173a）；翅脉端部伸达翅长的 0.58 倍左右处（38∶66）；翅面纤毛中等偏稀，约 10 列；缘毛较长，最长者约为前翅宽的 0.41 倍（13∶32）；后翅稍短于前翅（61∶66），长为宽的 12.2 倍（61∶5）左右，翅面规则纤毛 1 列，最长后缘毛与前翅最长者长度相当，约为后翅最宽处的 3.0 倍（15∶5）；各足正常大小，各足腿节、胫节和跗节的长度比分别是，前足 19∶17∶17，中足 17∶22∶19，后足 20∶23∶19。

外生殖器的阳基近长卵圆形，长约为宽的 2.0 倍（12∶6）（图 173c），AD 长等于阳基的 0.24 倍左右（4∶17）；两钩爪端部伸达 AD 长的 3/4 左右，腹中突微小而不明显；中脊骨化程度较弱，向前大约伸达阳基长的 1/3 处；阳茎略短于其内突（6∶8），两者全长略短于阳基（14∶17），约等于后足胫节长的 0.61 倍（14∶23）。

雌 体长 0.50-0.58 mm；体色与雄虫相似，触角梗节为柄节长的 0.44 倍（7∶16），棒节约与柄节等长，鞭节全长约等于柄节长的 1.31 倍（21∶16）；前翅长为宽的 2.0 倍（68∶34），最长缘毛约为翅宽的 0.38 倍（13∶34）；产卵管略短于后足胫节（24∶25）。

寄主 国内寄主未明。据国外记载，可寄生鳞翅目细蛾科 Gracilariidae 和夜蛾科 Noctuidae 等虫卵。

模式标本产地 Digos, Philippines。

模式标本存放单位 In Nagaraja's Collection, Hagonoy, Davao, Philippines [NCP]。

研究标本 1♂1♀，海南儋州宝岛新村（N19°30'42", E109°30'39", 45M），2005. V-XI. 6,

张端璋、李文标网扫；1♂2♀，海南儋州云月湖 (N19°30'21", E109°31'33", 113M)，2004. VIII-X，吕宝乾、李文标网扫。

分布　海南 (儋州)；菲律宾。

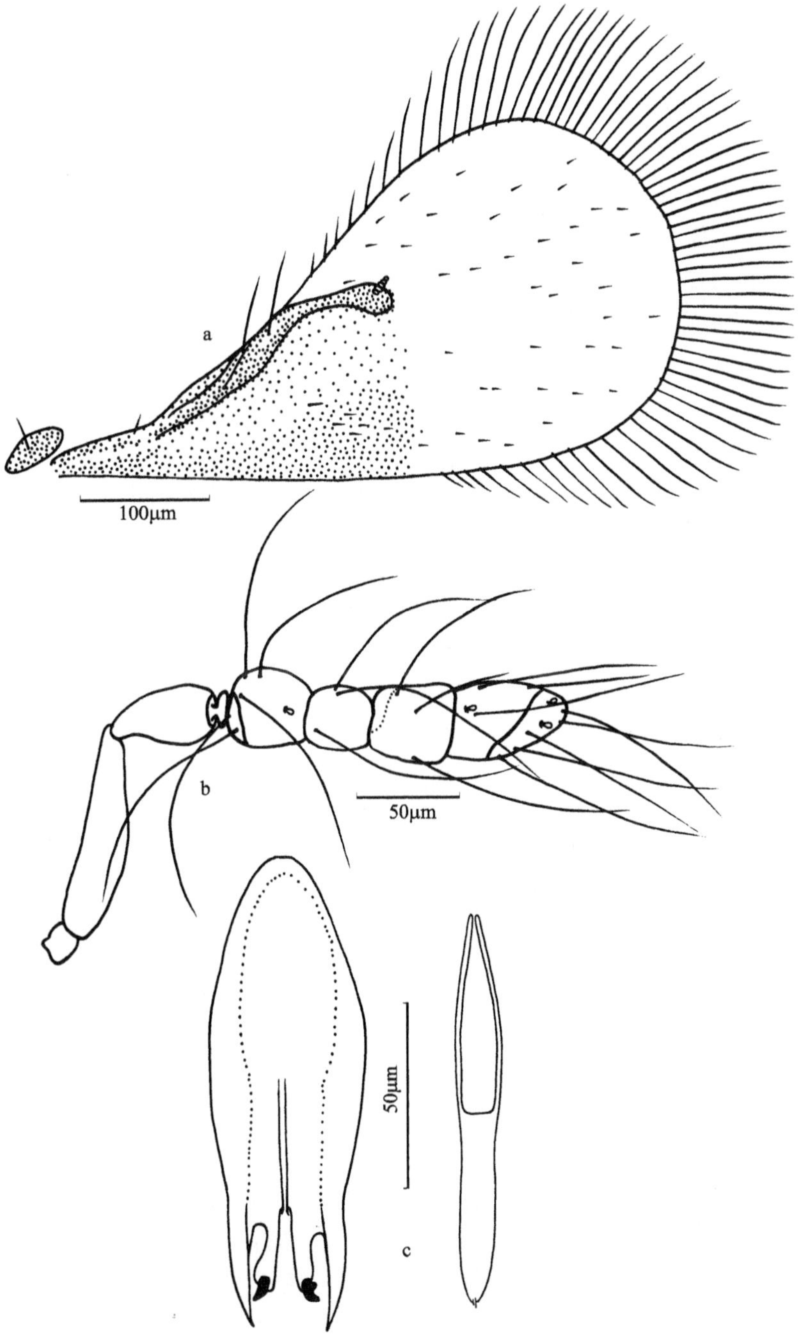

图 173　细蛾分索赤眼蜂 *Trichogrammatoidea cojuangcoi* Nagaraja (♂)

a. 前翅 (fore wing)；b. 触角 (antenna)；c. 外生殖器 (male genitalia)

(169) 窄基分索赤眼蜂 *Trichogrammatoidea tenuigonadium* Tian & Lin, 2009 (图 174)

Trichogrammatoidea tenuigonadium Tian & Lin, 2009, Acta Zootaxon. Sin., 34(2): 362-363.

雄 体长 0.53-0.58 mm；全体黄褐色，但复眼、单眼红色；前胸背板、中胸盾、后胸背板两侧及后足基节、腿节淡褐色；上颚末端褐色，头部额顶、前中足各足节、后足转节及腿节以下各节淡黄褐色；前后翅脉淡灰褐色，前翅脉之下翅面具淡黄褐色半透明晕纹，其余翅面无色透明。

头部正面观扁圆形，宽大于高 (37∶29)；复眼较大，长约为头高的 0.55 倍 (16∶29)；上颚强大，末端 4 齿；下颚须 1 节，端部具 3 毛。触角着生于两复眼之间中下方，柄节长为宽的 5.14 倍 (18∶3.5) (图 174b)，等于梗节长的 2.57 倍 (18∶7)；梗节梨形，长为宽的 1.56 倍 (7∶4.5)；两环状节小而明显，基索节稍宽大，长与宽相当；第二索节稍细长，长为宽的 1.5 倍 (6∶4)；各棒节长度大约相等，但基部两棒节略宽于端棒节 (5∶4)；各索节、棒节除均具若干锥栓感器外，还具约 23 支鞭毛感器，最长者约为该节宽的 5.4 倍 (27∶5)。

前翅稍窄长，长为宽的 2.79 倍 (78∶28) (图 174a)；翅脉端部伸达翅长的 0.58 倍左右处 (45∶78)，亚缘脉∶缘前脉∶缘脉∶痣脉比例为：12∶10∶11∶12；翅面纤毛中等密度，大致规则，约 11 列；缘毛长，最长者约为前翅宽的 0.71 倍 (20∶28)；后翅稍短于前翅 (72∶78)，长为宽的 14.4 倍 (72∶5) 左右，翅面规则纤毛 1 列，最长后缘毛略短于前翅最长者，等于后翅最宽处的约 3.2 倍 (16∶5)；各足正常大小，各足腿节、胫节和跗节的长度比分别是，前足 20∶20∶21，中足 18∶25∶23，后足 22∶27∶24。

外生殖器的阳基明显窄而长，长约为宽的 4.5 倍 (18∶4) (图 174c)；AD 长等于阳基的 0.21 倍左右 (4∶19)；两钩爪末端抵达 AD 的近端部，腹中突微小而不明显，中脊向前伸至阳基长的一半左右处；阳茎明显长于其内突 (12∶6.5)，两者全长略短于阳基 (18.5∶19)，约等于后足胫节长的 0.69 倍 (18.5∶27)。

雌 体长 0.51-0.59 mm；体色与雄虫稍比雄虫略深；触角梗节为柄节长的一半 (8∶15)左右，棒节略长于柄节 (17∶15)，鞭节全长为柄节长的 1.29 倍 (22∶17)；前翅长为宽的 2.81 倍 (87∶31)，缘毛较长，最长者约为该翅宽的 0.61 倍 (19∶31)；产卵管略短于后足胫节，等于后足胫节长的 0.79 倍 (23∶29) 左右。

寄主 未知。

模式标本产地 海南儋州宝岛新村。

模式标本存放单位 福建农林大学生物防治研究所昆虫标本室 [FAFU]。

研究标本 ♂ (正模)，5♂1♀ (副模)，海南儋州宝岛新村 (N19°30'42", E109°30'39", 45M)，2005. V-XI. 7，张端璋、李文标网扫；1♀ (副模)，海南儋州云月湖 (N19°30'21", E109°31'33", 113M)，2005. X. 29，李文标网扫；1♀ (副模)，海南乐东尖峰岭 (N18°43'49", E108°54'32", 212M)，2005. II. 25，张李香网扫。

分布 海南 (儋州、乐东)。

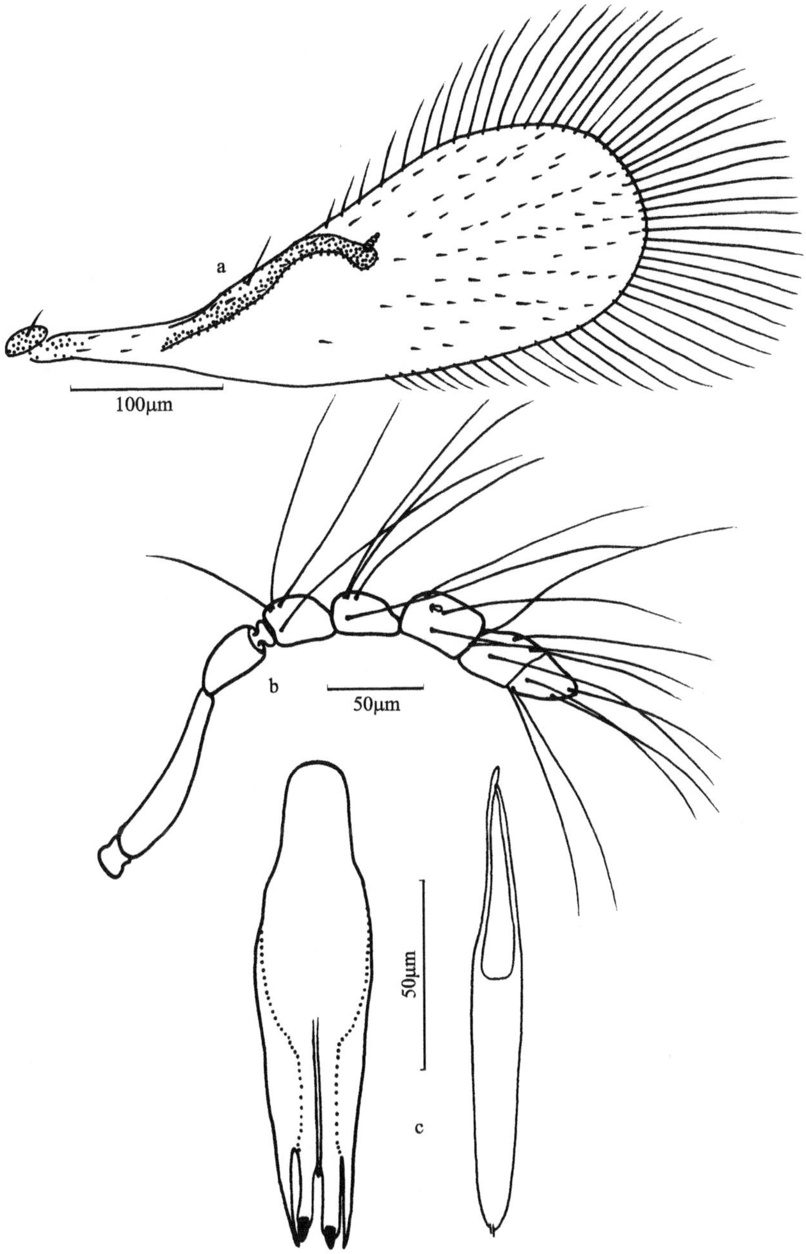

图 174　窄基分索赤眼蜂 *Trichogrammatoidea tenuigonadium* Tian & Lin (♂)

a. 前翅 (fore wing)；b. 触角 (antenna)；c. 外生殖器 (male genitalia)

(170) 卷蛾分索赤眼蜂 *Trichogrammatoidea bactrae* Nagaraja, 1978 (图 175)

Trichogrammatoidea bactrae Nagaraja, 1978, Oriental Insects, 12(4): 501-503; Lin K-S, 1981, J. Agr. Res. China, 30(4): 437; Lin, 1994, System. Stud. Chinese Trichogrammatidae: 65-66; Tian & Lin, 2009, Acta Zootaxon. Sin., 34(2): 364-365.

雄 体长 0.46-0.58 mm；全体黄褐色，但复眼、单眼红色；头部前额、触角、前胸背板、后胸背板两侧暗灰褐色，上颚褐色，前后翅脉淡黄褐色，前翅脉之下翅面具淡灰褐色半透明昙纹，其余翅面无色透明。

头部正面观扁圆形，宽明显大于高 (40∶25)，也宽于胸部；复眼较大，长为头高的0.6 倍左右 (16∶25)；上颚末端 4 齿，下颚须 1 节，端部 2 毛；触角着生于两复眼内侧中部，柄节长为宽的 5.3 倍 (16∶3)，等于梗节长的 2.29 倍 (16∶7) (图 175b)；梗节梨形，长为宽的 1.75 倍 (7∶4)；两环状节微小，两索节宽度相当，第二索节略长；棒节长为宽的 3.0 倍 (18∶6)，相当于柄节长的 1.3 倍；基棒节长大于宽，第二棒节长宽约相等，端棒节锥形，长小于宽；各索节、棒节除均具若干锥栓感器外，还具约 22 支鞭毛感器，最长者相当于该节宽的 3.2 倍 (16∶5)。

前翅略长，长为宽的 2.5 倍 (74∶30) (图 175a)；翅脉端部伸达翅长的 0.57 倍 (42∶74) 处，亚缘脉∶缘前脉∶缘脉∶痣脉间比例为：12∶10∶9∶12；翅面纤毛中等偏稀，约 11 列；缘毛较长，最长者相当于翅宽的 0.63 倍左右 (19∶30)；后翅稍短于前翅 (70∶74)，长为宽的 14.0 倍 (70∶5)，翅面规则纤毛 1 列，最长后缘毛短于前翅最长者，相当于后翅宽的 3.0 倍 (15∶5)；各足正常大小，各足腿节、胫节和跗节的长度比分别是，前足 21∶18∶18，中足 19∶24∶19，后足 22∶25∶19。

外生殖器的阳基长卵圆形，长约为宽的 3.4 倍 (17∶5) (图 175c)，AD 长等于阳基的0.24 倍左右 (4∶17)，两钩爪端部抵达 AD 长的 0.88 倍左右 (3.5∶4)；腹中突微小而不明显，中脊成对但较短；阳茎与其内突约等长，两者全长稍短于阳基长度 (14∶17)，约为后足胫节长的 0.6 倍 (15∶25)。

雌 国内未见。据国外描述，体色与雄虫相似；触角鞭节等于柄节长的 1.2 倍，梗节为柄节长的一半，棒节与柄节约等长，长约为宽的 2.0 倍；前翅最长缘毛约为翅宽的0.33 倍；产卵管与后足胫节约等长。

寄主 国内寄主未明；据报道本蜂广布于东南亚国家，可寄生鳞翅目的弄蝶科 Hesperiidae、夜蛾科 Noctuidae、小卷蛾科 Oleuthreutidae、螟蛾科 Pyralidae、天蛾科 Sphingidae 及双翅目的沼蝇科 Sciomyzidae 等 2 目 6 科 17 种虫卵。

模式标本产地 Kanarkata, India。

模式标本存放单位 Commonwealth Institute of Biological Control, India [CIBCI]。

研究标本 1♂，福建武夷山七里桥 (N27°43'50", E117°39'32", 849M)，1987. VII. 18，汪家社采于黄盘诱集器；1♂，福建武夷山皮坑 (N27°41'29, E117°44'14", 451M)，1987. X. 19，汪家社采于黄盘诱集器；1♂，海南儋州宝岛新村 (N19°30'42", E109°30'39", 45M)，2005. XI. 7，李文标网扫；3♂，海南乐东冲坡 (N18°28'25", E108°54'55", 19M)，2005. II. 18，张李香网扫。

分布 福建 (武夷山)、海南 (儋州、乐东)，另据资料记载也分布于台湾；印度，巴基斯坦，泰国，菲律宾，马来西亚，印度尼西亚。

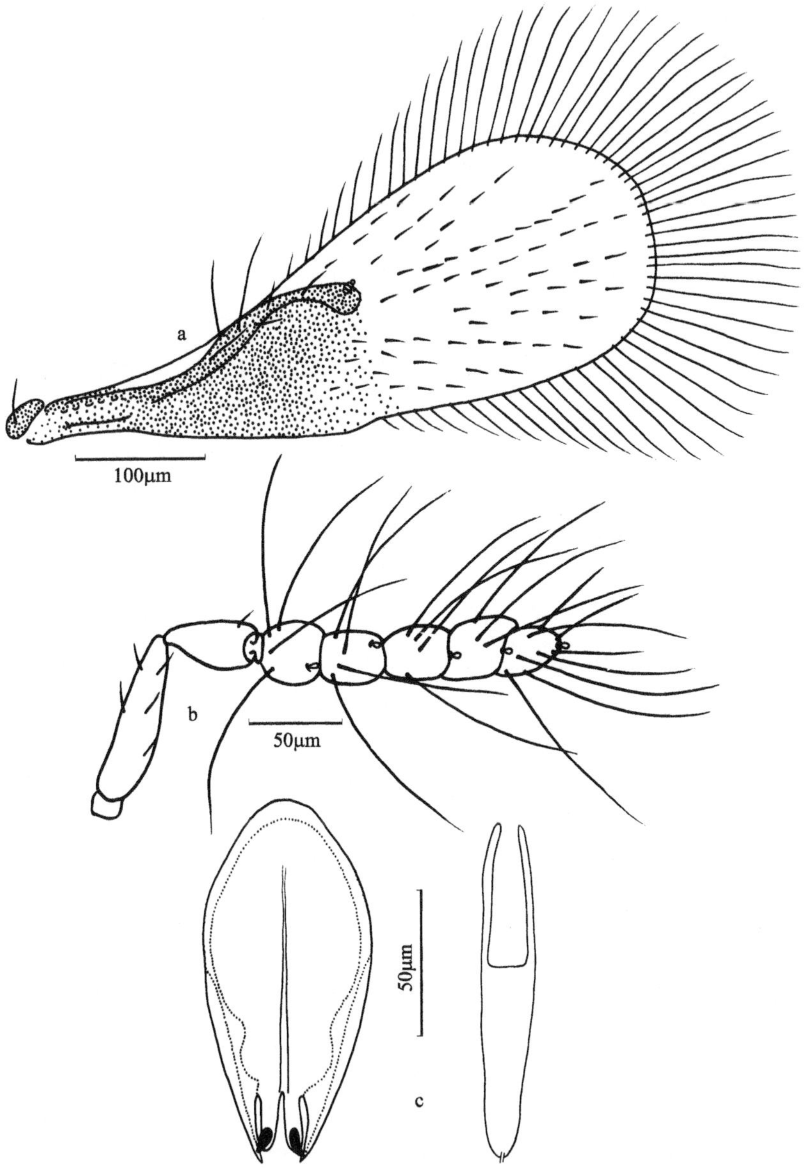

图 175　卷蛾分索赤眼蜂 *Trichogrammatoidea bactrae* Nagaraja (♂)
a. 前翅 (fore wing)；b. 触角 (antenna)；c. 外生殖器 (male genitalia)

42. 肿棒赤眼蜂属 *Tumidiclava* Girault, 1911

Tumidiclava Girault, 1911a, Trans. Am. Ent. Soc., 37: 68. **Type species**: *Tumidiclava pulchrinotum* Girault, 1911. by original designation; Doutt & Viggiani, 1968, Proc. Calif. Acad. Sci., 35(20): 549-550; Lin, 1991, J. Fujian Agr. Coll., 20(1): 47-50; Lin, 1994, System. Stud. Chinese Trichogrammatidae: 85-89; Pinto, 2006, J. Hym. Res., 15(1): 111-112; Aishan, Triapitsyn & Hu, 2015,

Zootaxa, 3949(3): 393-407.

Orthoneura Blood, 1922, Ann. Rept. Proc. Bristol Nat. Soc., 4(5): 257-258. **Type species**: *Orthoneura bimaculata* Blood, 1922. by monotypy.

Orthoneura Blood & Kryger, 1928, Ent. Medd., 16: 211 (redescription).

Orthoneurella Blood & Kryger, 1929, Ent. Medd., 16: 322 (New name for *Orthoneura* Blood, 1922. preoccupied by *Orthoneura* Macquant, 1829, Syrphidae).

鉴别特征 触角环状节 2 节，索节缺如，棒节肿大呈卵圆形，雌性棒节 2-3 节，上具若干锥栓形感器、刺毛感器，端棒节还具若干板状感器和 1 明显的棒状端突，雄性棒节 2-5 节，顶端无端突；前翅宽度中等，长稍大于宽的 2.0 倍，翅脉较短而直，端部约伸达翅长的 0.4 倍，痣脉短而宽，与缘脉连接处无明显缢缩，翅面纤毛中等密度，通常散乱分布或基本成列，后翅翅面规则纤毛 2 列；雌性下生殖板较发达，相对狭窄且向后延长，雄性腹部第 VII 腹板两侧之后各具两对肾形骨化结构，外生殖器阳基基缘平截或凹陷，具较退化的阳基侧瓣，钩爪消失，阳茎具明显的阳茎内突。

寄主 虽然 Pan & Lim (1980) 和 Scheibelreiter (1976, 1980) 先后有本属未定名种类寄生鳞翅目木蠹蛾科 Cossidae、夜蛾科 Noctuidae 和螟蛾科 Pyralidae 等虫卵的记录，但至今未有确切定名。因此，在本属已知的定名种中，仅有 Yousuf & Shafee (1988) 报道印度的 *T. tenkasiensis* 可寄生鞘翅目象甲科 Curculionidae 的虫卵，其余 19 种的寄主至今仍然未明。

分布 本属至今共知 20 种，全世界广布；但以东洋区的资源最丰富，仅中国南方和印度已知多达 9 种；古北区 (包括波兰、英国、法国、匈牙利和我国新疆)，共知 5 种；澳大利亚已知 3 种，新北区的美国、新热带区的阿根廷和乌拉圭、非洲区的佛得角分别各知 1 种。

附注 本属系 Girault (1911a) 以北美洲的 *T. pulchrinotum* 为属模而建立，Girault (1912c, 1915e) 描述了澳大利亚的 3 新种。Blood (1923) 发表了采自英国的 1 新种，可是误定为 *Orthoneura* 属；此后，Nowicki (1936, 1940) 先后两次描述了欧洲的 2 新种，同时纠正了 Blood (1923) 误定的属名。De Santis (1970)、Yousuf & Shafee (1987)、Lin (1991)、Yousuf *et al.* (1998) 和 Viggiani (1996b) 先后描述了阿根廷、印度、中国和非洲佛得角等地的 11 新种；最近，Aishan *et al.* (2015) 新增了采自我国新疆的 2 新种和 1 新记录种，因此本属迄今共知 20 种。

Viggiani (1971b, 1984) 根据雄外生殖器特征，曾将本属归于赤眼蜂亚科、赤眼蜂族；Pinto (2006) 进一步根据雄外生殖器的阳基结构及其与阳茎的愈合程度，把具有 Type 2a 类外生殖器的本属归到寡索赤眼蜂亚科、毛翅赤眼蜂族内；Owen *et al.* (2007) 基于分子证据的赤眼蜂科系统发育分析，虽然对本属归为毛翅赤眼蜂族仍有疑问，但已明确支持本属隶于寡索赤眼蜂亚科。本属种类的翅脉与雄外生殖器等特征都与光脉赤眼蜂属 *Aphelinoidea* 相似，可以认为它们的缘系较接近。

自 Lin (1991) 首次报道采自我国湖北、江西、福建、广东等地的 3 新种后，Aishan *et al.* (2015) 又报道了采自中国新疆的 2 新种和 1 新记录种，因此我国迄今已知本属 6 种，记述于下。

种检索表

1. 前翅翅面纤毛极稀少或短而较稀少；雌雄触角棒节仅 2 节或雌 3 节、雄 5 节……………………2
   前翅翅面纤毛中等密度或稠密；雌雄触角棒节均 3 节 (或雄未明) ……………………………………3
2. 前翅翅面纤毛除 2 短列呈横"V"形排列的亚缘毛列和中毛列外，未见其他纤毛；最长缘毛长为前翅宽的 0.64 倍；雌雄触角棒节仅 2 节；雄外生殖器的阳基较短而宽，长仅及其宽的 2.5 倍左右；阳茎稍短于其内突，两者全长稍长于阳基…………………………**布尔津肿棒赤眼蜂 *T. buerjinica***
   前翅翅面纤毛较稀少而短小，不规则散乱分布，最长缘毛仅及前翅宽的 1/5；雌性棒节 3 节，明显较长呈长纺锤形；雄性棒节 5 节；外生殖器的阳基明显窄长，长圆柱形，长度超过其宽的 3.9 倍；阳茎与其内突约等长，两者全长明显长于阳基…………………………**柽柳肿棒赤眼蜂 *T. tamariska***
3. 前翅中等宽圆，长为宽的 2.56 倍；翅面纤毛中等密度，大致规则成列；雌性触角棒节较粗短，长为宽的 1.59 倍，约与柄节长度相当；雄外生殖器的阳基长为宽的 2.5 倍左右，端部具明显阳基侧瓣和 1 骨化不明显的腹中突；阳茎稍长于其内突，两者全长明显长于阳基，等于后足胫节长的 0.6 倍左右…………………………………………………………………………**小茎肿棒赤眼蜂 *T. minoripenis***
   前翅明显宽圆，长度不足其宽的 2.5 倍；翅面纤毛较稠密，多不规则散乱分布；雌性触角棒节长度超过其宽的 1.85 倍，明显长于柄节……………………………………………………………………4
4. 前翅长为宽的 2.20 倍，翅脉相对较长，端部伸达翅长的 0.46 倍左右；翅面纤毛稠密，不规则散乱分布，最长缘毛仅及前翅宽的 1/10 左右；雌性触角棒节紧密结合呈长卵锥形，明显肿大，长为宽的 2.46 倍，等于柄节长的 1.42 倍；雄性未明 ………………………**波兰肿棒赤眼蜂 *T. subcaudata***
   前翅脉相对较短，长度不足翅长的 0.4 倍；翅面纤毛稠密，不规则散乱分布，最长缘毛为前翅宽的 1/8-1/5；雌性触角棒节紧密结合呈卵锥形，明显肿大，长为宽的 1.85-2.10 倍，等于柄节长的 1.2-1.4 倍；雄外生殖器的阳基相对较狭窄…………………………………………………………………5
5. 前翅长为宽的 2.0 倍，翅脉端部伸达翅长的 0.37 倍左右；最长缘毛约为前翅宽的 1/8；雌性棒节长为宽的 1.85 倍，等于柄节长度的 1.4 倍；雄外生殖器的阳基长为宽的 2.9 倍左右，端部仅具阳基侧瓣；阳茎稍与其内突约等长，两者全长明显长于阳基，等于后足胫节长的 1.17 倍 ………………………………………………………………………………………**简基肿棒赤眼蜂 *T. simplicis***
   前翅长为宽的 2.5 倍，最长缘毛等于前翅宽的 1/5；雌性棒节长为宽的 2.1 倍，等于柄节长的 1.2 倍；雄外生殖器阳基明显细窄，长为宽的 4.75 倍左右，端部具阳基侧瓣和钩爪；阳茎明显长于其内突，两者全长也长于阳基，等于后足胫节长的 1.27 倍 ……………**细茎肿棒赤眼蜂 *T. tenuipenis***

(171) 布尔津肿棒赤眼蜂 *Tumidiclava buerjinica* Triapitsyn & Aishan, 2015 (图 176)

Tumidiclava buerjinica Triapitsyn & Aishan, 2015, in: Aishan, Triapitsyn & Hu, 2015, Zootaxa, 3949(3): 395-397.

雌　体长 0.38-0.46 mm；全体黄褐色，但复眼、单眼红色；上颚、后足基节、各足端跗节及产卵管褐色，前后翅脉淡黄褐色，前翅面基本无色透明。

头部正面观近圆形，复眼长为头高的 0.66 倍 (0.59-0.71)；下颚须 1 节；触角着生于两复眼下缘连线之上，较粗壮；柄节长为宽的 3.14 倍 (2.63-3.29)，约等于与梗节长的 1.57 倍 (1.57-1.77)，两者几乎近等宽 (图 176b)；梗节梨形，长约为宽的 1.75 倍 (1.30-1.75)；基环状节小而明显，第二环节紧贴棒节基部，不易看清；棒节 2 节，长卵锥形，长为宽的 2.92 倍 (2.92-3.50)，相当于柄节长的 1.7 倍 (85∶50)；端棒节等于基棒节长的 3.38 倍，其上具 2 支板状感器和 1 较短的棒状端突，该端突等于棒节全长的 0.11 倍 (4/37)。

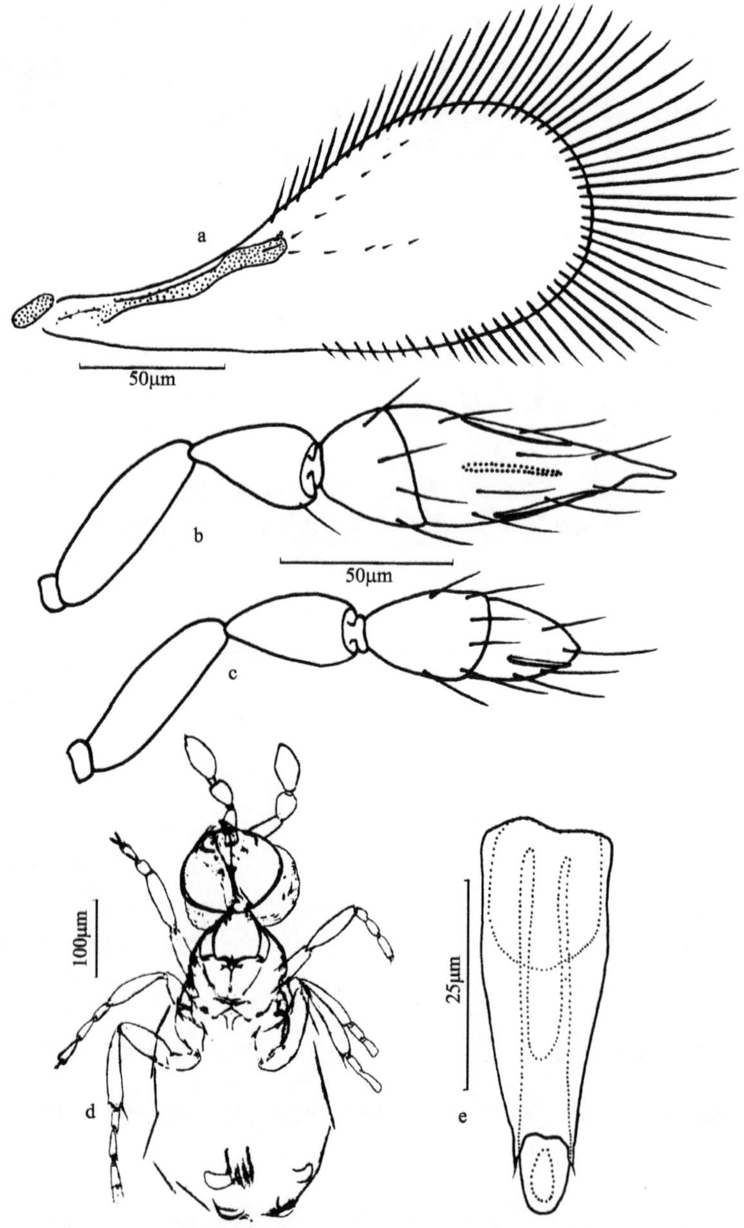

图 176 布尔津肿棒赤眼蜂 *Tumidiclava buerjinica* Triapitsyn & Aishan

a. 前翅 (fore wing,♀)；b. 触角 (antenna,♀)；c. 触角 (antenna, ♂)；d. 无翅型雄虫 (apterous male)；e. 雄外生殖器 (male genitalia)

胸部明显短于腹部，等于腹长的 1/3 (90∶300)，中胸盾上具带状刻纹和 4 支纤毛；前翅长为宽的 2.50 倍 (2.22-3.00) (图 176a)；翅脉短，端部伸达翅长的 0.34 倍；翅面纤毛极其稀少，仅痣脉前方近前缘翅面具 6-7 支短小纤毛组成的径毛列和痣脉前下方翅面具一小段 5-6 支纤毛组成的中毛列，两者基部联合呈横行的“V”形；缘毛较长，最长者约为前翅宽的 0.64 倍 (0.64-0.69)；后翅与前翅约等长，长为宽的 17.5 倍 (350∶20)；翅面规则纤毛仅 1 列，最长后缘毛为后翅宽的 3.5 倍 (70∶20)，等于前翅最长者的 7/8 (70∶80)；各足均较粗壮，各足基跗节均较短，其后两跗节大约等长。

腹部明显长于胸部，超过胸长的 3.3 倍 (300∶90)；产卵管较短而隐蔽，从第 V 节腹板生出，长度不足腹长的 3.67 倍 (110∶300)，约与后足胫节之长相当 (0.9-1.1 倍)。

雄　国内未见。根据 Triapitsyn (1992) 采自土库曼斯坦的副模标本，体长 0.42 mm，无翅；体色与雌性相似，但胸部稍退化 (图 176d)；触角粗壮，柄节长为宽的 3.17 倍 (图 176c)，约等于梗节长的 1.58 倍；梗节长约为宽的 1.5 倍，第二环状节稍大于基环节；棒节 2 节，卵锥形，长为宽的 1.33 倍，两棒节近等长，端棒节除具 2 支板状感器外，端部无端突。腹末第 VI-VII 节腹板、外生殖器两侧各具 2 对明显骨化的肾形构造 (图 176d)；外生殖器的阳基较短而宽，长仅及其宽的 2.5 倍左右 (图 176e)，端部两侧的阳基侧瓣骨化不明显，钩爪与腹中突等结构消失；阳茎稍短于其内突，两者全长稍长于阳基。

寄主　未知。

模式标本产地　新疆布尔津 (正模)，土库曼斯坦 (副模)。

模式标本存放单位　新疆大学生命科学技术学院昆虫标本室 [ICXU]，美国加州大学河滨分校昆虫标本馆 [UCRC]。

研究标本　♀(正模)，4♀(副模)，新疆布尔津 (N47°53'81", E86°50'55")，2007. VIII. 2，胡红英网扫；1♀1♂(副模)，土库曼斯坦靠近 Mary Oasis 的 Karakum 荒漠地区，1992. VI. 15，Triapitsyn 采集。

分布　新疆 (布尔津)；土库曼斯坦。

附注　虽然本属绝大多数种类的前翅面纤毛至少中等密度，Pinto (2006) 曾经提到加州大学标本馆 (UCRC) 有 1 采自土库曼斯坦的本属标本，前翅面几乎光滑无毛。即 Triapitsyn 教授采集的副模标本，除前翅翅脉较粗、翅面纤毛较新疆标本更稀少外，主要特征与采自新疆的正模标本相同。

(172) 柽柳肿棒赤眼蜂 *Tumidiclava tamariska* Hu & Aishan, 2015 (图 177)

Tumidiclava tamariska Hu & Aishan, 2015, in: Aishan, Triapitsyn & Hu, 2015, Zootaxa, 3949(3): 398-400.

雌　体长 0.55-0.63 mm (*n*=7)；全体黄褐色，但复眼、单眼红色；头部褐色，各足节黄色，前后翅脉淡黄色，前翅面无色透明。

头部正面近圆形，复眼长为头高的 0.68 倍 (0.57-0.80)；下颚须短，1 节；触角柄节长为宽的 4.28 倍 (4.00-4.43)，等于梗节长的 1.50 倍 (1.47-1.55) (图 177b)；梗节梨形，长为宽的 2.50 倍 (2.00-2.50)；基环状节较大，第二环状节小而紧贴棒节基部；棒节 3 节，紧密结合呈长纺锤形，长为宽的 3.58 倍 (2.92-4.00)；基棒节最短，端棒节最长，呈长锥状，其上具 3-4 支板状感器和 1 明显的棒状端突；该端突长度等于棒节全长的 0.14 倍 (6/42)，约与第二棒节等长。

胸部明显短于腹部，为后者长的 0.60 倍 (180∶300)；中胸盾具网状刻纹，盾片上具 4 支纤毛；前翅长为宽的 2.0 倍 (1.9-2.1) (图 177a)，翅脉较短，端部伸达翅长的 0.30 倍；翅面纤毛较短小而稀少，不规则散乱分布；缘毛较短，最长者仅及前翅宽的 0.20 倍 (0.14-0.20)；后翅稍短于前翅，长为宽的 12.33 倍 (370∶30)；翅面规则纤毛列仅 1 列，最长后缘毛为后翅宽的 2.0 倍 (30∶60)，相当于前翅最长者长的 1.5 倍 (60∶40)；各足基跗节均较短，第二、三跗节大约等长。

腹部明显长于胸部，约为后者长的 1.67 倍 (300∶180)；产卵管较短，基部着生于第 IV 腹节腹板，长度约为后足胫节长的 1.15 倍 (1.17-1.25)，后端稍突出腹末之外。

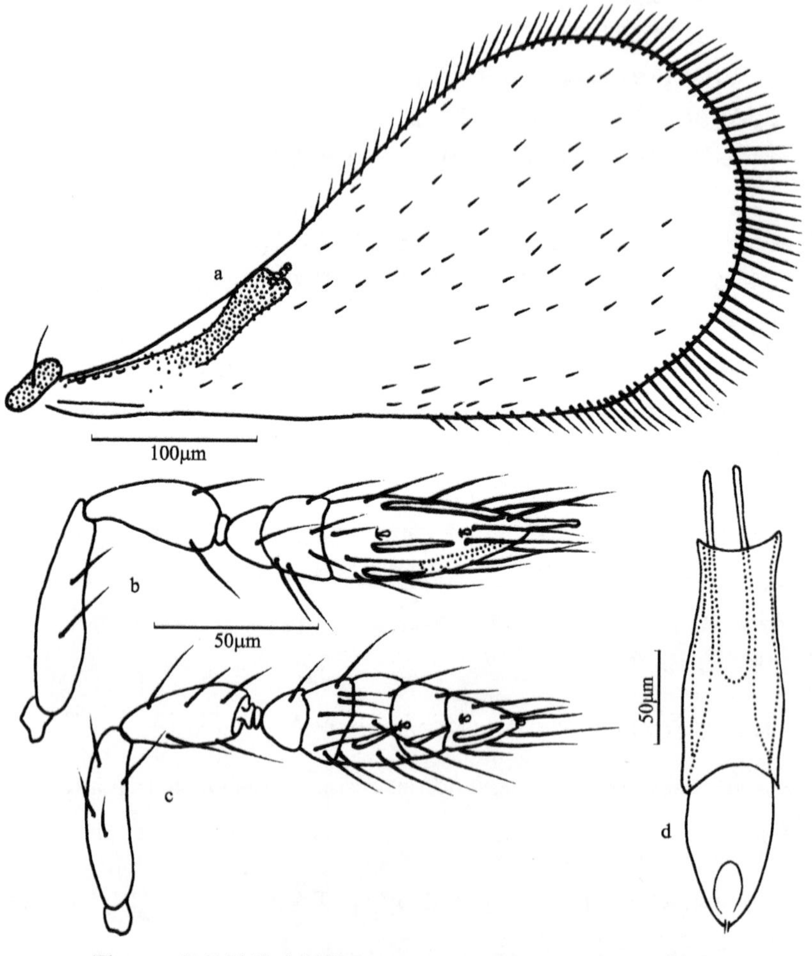

图 177　柽柳肿棒赤眼蜂 *Tumidiclava tamariska* Hu & Aishan

a. 前翅 (fore wing, ♀)；b. 触角 (antenna, ♀)；c. 触角 (antenna, ♂)；d. 雄外生殖器 (male genitalia)

雄　体长 0.60-0.62 mm；体色及大部分特征与雌虫相似，但触角较粗壮 (图 177c)；柄节等于梗节长 1.36 倍 (1.15-1.44)，梗节长为宽的 1.98 倍；第二环状节大于基环状节，棒节 5 节，紧密结合呈纺锤形，长为宽的 3.06 倍 (2.83-3.50)；端部 3 棒节各具 1 支板状感器，顶端无端突；外生殖器阳基明显较窄长，长圆柱形 (图 177d)，长度超过其宽的 3.90 倍；阳茎与其内突约等长，两者全长明显长于阳基。

寄主　未知。

模式标本产地　新疆阿勒泰北屯。

模式标本存放单位　新疆大学生命科学技术学院昆虫标本室 [ICXU]，美国加州大学河滨分校昆虫标本馆 [UCRC]。

研究标本　♀ (正模)，22♀15♂ (副模)，新疆阿勒泰北屯西干渠盐碱荒漠地 (N4616'15", E86°41'56")，2012.VII. 26，胡红英采集；2♀6♂ (副模)，新疆石河子 (N44°18'34", E86°5'18", 450M)，2005. VII. 19，胡红英采集；6♀2♂ (副模)，新疆博乐 (N44°30'08", E83°19'49")，2006.VII. 25，胡红英采集；1♀ (副模)，新疆巴楚 (N39°25'59", E78°06'08", 1166M)，2008.VI. 21，胡红英采集；1♀ (副模)，以色列 (Negev Desert, Sde Boker Kibbutz)，1988. X. 2-22，Brouwer Coll. (on slide, UCRC)。

分布　新疆 (石河子、博乐、阿勒泰北屯、巴楚)；以色列。

附注　本种的大多数标本采自新疆阿勒泰北屯西干渠盐碱荒漠地，主要植被是柽柳科 Tamaricaceae 的柽柳 *Tamarix chinensis*，其上常见多种叶蝉和柽柳粗角萤叶甲 *Diorhabda elongata* (Col.: Chrysomelidae) 取食，由此推测本种可能寄生其上的叶蝉或叶甲卵，有待核实。

(173) 小茎肿棒赤眼蜂 *Tumidiclava minoripenis* Lin, 1991 (图 178)

Tumidiclava minoripenis Lin, 1991, J. Fujian Agr. Coll., 20(1): 47; Lin, 1994, System. Stud. Chinese Trichogrammatidae: 86-87; Aishan, Triapisyn & Hu, 2015, Zootaxa, 3949(3): 394.

雌　体长 0.60-0.63 mm；全体黄褐色，但复眼、单眼深红色；前胸背板、后足基节深褐色；头顶、触角各节、中胸背板、各足转节、腿节两端及胫节以下各跗节均为淡黄褐色；前翅除缘前脉下方翅面具 1 烟灰色半透明昙纹外，其余翅面均无色透明。

头部正面观扁圆形，宽大于高，也宽于胸部；复眼长为头高的一半左右，其内侧及头顶均具若干纤毛；上颚较发达，端部 3 齿；下颚须 1 节，末端具 3 毛，1 长 2 短；触角着生于两复眼下缘连线之上，较粗壮；柄节长棒状，长为宽的 3.23 倍，相当于梗节长的 1.91 倍 (图 178b)；梗节近梨形，长为宽的 1.22 倍；两环状节大小相近；棒节 3 节，明显肿大，紧密结合呈卵圆形；长为宽的 1.59 倍，约与柄节长度相当；基部两棒节均短而宽，端棒节锥状，长稍大于宽；各棒节除均具若干锥栓感器和刺毛感器外，端棒节还具 5 支板状感器和 1 棒状端突，明显突出棒节顶端之外。

胸部背板具明显细刻纹，长度约等于腹长的 0.59 倍；中胸盾和小盾片各具 4 支纤毛；内悬骨较短，端部伸达腹长的 0.34 倍处，末端分 2 叶；前翅中等宽圆，长约为宽的 2.56 倍 (图 178a)；翅脉短而直，长度仅及翅长的 0.39 倍左右；缘脉明显短于亚缘脉，痣脉粗短，长度仅及缘脉长的 0.17 倍左右；翅面纤毛中等密度，大致规则成列；缘毛中等偏短，最长者仅及前翅宽的 0.37 倍；后翅稍短于前翅，长为宽的 14.0 倍，翅脉端部伸达翅长的 0.48 倍，翅面规则纤毛 2 列；最长后缘毛长度与前翅最长者相当，约为后翅宽的 2.2 倍；各足较粗壮，各足节均具细纤毛，中后足基跗节不特别长。

腹部长圆锥形，稍长于头胸部长度之和；各腹节背板两侧均具细网纹和纤毛；产卵管高度骨化，长度约为腹长的 0.59 倍，等于后足胫节长的 1.37 倍左右，末端稍露出腹末之外。

雄 体长 0.58-0.60 mm；体色及大部分特征与雌虫相似，但触角梗节略长，棒节较雌者稍细 (图 178c)，各棒节上的锥栓感器、刺毛感器和端棒节的板状感器与雌性相似外，其顶端无棒状端突；外生殖器明显分为阳基和阳茎两部分 (图 178d)，阳基端部具明显的阳基侧瓣和 1 骨化不明显的腹中突，阳基明显短于阳茎，阳茎及其内突全长约等于后足胫节长的 0.6 倍。

寄主 未知。

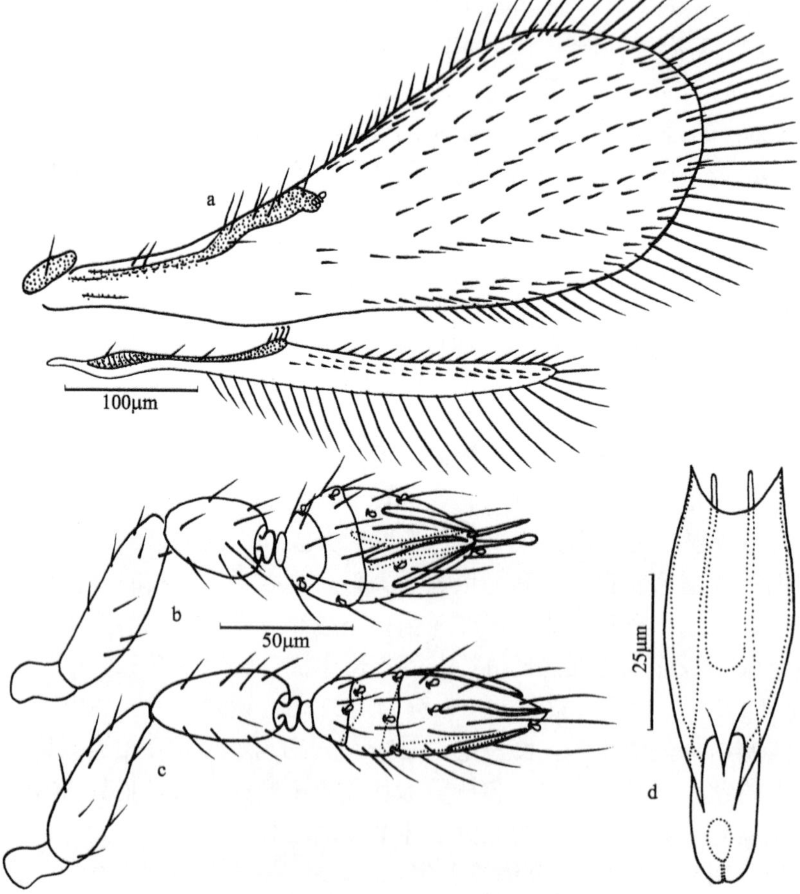

图 178 小茎肿棒赤眼蜂 *Tumidiclava minoripenis* Lin

a. 前后翅 (fore & hind wing, ♀)；b. 触角 (antenna, ♀)；c. 触角 (antenna, ♂)；d. 雄外生殖器 (male genitalia)

模式标本产地　福建福州。

模式标本存放单位　福建农林大学生物防治研究所昆虫标本室 [FAFU]。

研究标本　♀ (正模)，1♂ (副模)，福建福鼎城关 (N27°19'28", E120°12'58", 16M)，1985. VII. 30，占挺清网扫；8♀7♂ (副模)，福建福州金山 (N26°82'31", E119°20'30", 16M)，1986. VII-VIII，林乃铨、吴祖建网扫；3♀4♂ (副模)，福建沙县洋枋 (N26°22'55", E117°55'06", 175M)，1980-1981. VII-VIII，林乃铨网扫；5♀5♂ (副模)，福建永春吾边 (N25°19'26", E118°16'48", 120M)，1985. VIII-IX，陈新金网扫；3♀2♂(副模)，江西鹰潭 (N28°15'36", E117°04'09", 141M)，1985. X. 25，林乃铨采；2♀，湖北蒲圻 (N30°21'46", E114°16'41", 37M)，1992. VIII. 11-21，袁合强、欧阳宗兵网扫；2♀1♂，广东广州石牌 (N23°8'42", E113°20'46", 12M)，1985. X. 28，林乃铨网扫；7♀4♂，海南儋州宝岛新村 (N19°30'42", E109°30'39", 45M)，2005. V. 5-XI. 7，张端璋、李文标网扫；1♀，海南屯昌枫木镇 (N19°13'14", E110°1'34", 124M)，2006. V. 1，李文标网扫；1♀，海南乐东县冲坡 (N18°28'25", E108°54'55", 19M)，2005. II. 18，张李香网扫。

分布　湖北 (蒲圻)、江西 (鹰潭)、福建 (福州、沙县、松溪、福鼎、福安、永春、永安、连城、龙岩、漳平)、广东 (广州)、海南 (儋州、屯昌、乐东)。

(174) 波兰肿棒赤眼蜂 *Tumidiclava subcaudata* Nowicki, 1936 (图 179)

Tumidiclava subcaudata Nowicki, 1936, Zeit. Angew. Ent., 23(1): 139-141; Doutt & Viggiani, 1968, Proc. Calif. Acad. Sci., 35(20): 549; Viggiani, 2009/2011, Frust. Ent. (N S), 32(45): 104; Aishan, Triapitsyn & Hu, 2015, Zootaxa, 3949(3): 397-398.

雌　体长 0.85-1.12 mm (*n*=5)；全体暗褐色，但复眼、单眼红色；头部与各足腿节褐色，各足胫节及各跗节黄色；腹部背板淡褐色，前后翅脉淡黄褐色；前翅亚缘脉之下翅面具褐色半透明晕纹，其余翅面无色透明。

头部正面观扁圆形，宽略大于高；复眼长为头高的 0.54 倍 (0.11-0.67)；下颚须短，1 节；触角较长，柄节长为宽的 3.27 倍 (2.08-3.80)，等于梗节长的 1.56 倍 (1.48-1.67) (图 179b)；梗节稍宽于柄节，长为宽的 2.01 倍 (1.50-2.27)；基环状节较大，第二环状节小而镶嵌在棒节基部凹穴中；棒节 3 节，紧密结合呈长卵锥形，明显肿大，长为宽的 2.46 倍 (2.32-2.68)；基部两棒节短而宽，端棒节最长，呈长锥状；其上具 7 支板状感器和 1 明显的棒状端突；该端突长度等于棒节全长的 0.23 倍 (11/48)，长于第二棒节。

中胸盾上具网状刻纹和 4 纤毛；前翅长为宽的 2.20 倍 (2.14-2.27) (图 179a)，翅脉相对较长，端部伸达翅长的 0.46 倍；翅面纤毛稠密，不规则散乱分布；缘毛较短，最长者仅及前翅宽的 0.11 倍 (0.10-0.12)；后翅面规则纤毛仅 1 列；各足基跗节均较短，其后两跗节大约等长。

腹部长于胸部；产卵管较长，基部着生于第 IV 腹节腹板；长度约为后足胫节长的 1.8 倍 (1.7-1.9)，末端稍突出腹末之外。

雄　国内未见。

寄主　未知。

模式标本产地 Masovian Voivodeship, Poland。

模式标本存放单位 Università degli Studi di Napoli, Portici (NA), Italy [USNP]。

研究标本 1♀，新疆额敏 (N46°47'07", E83°22'15", 600M)，2007. VII. 30，胡红英采集；4♀，新疆昭苏 (N43°22'18", E81°51'45", 1856M)，2006. VII. 29，胡红英采集；1♀，吉尔吉斯斯坦 (Chuy) (N42°38'50", E74°30'50", 1759M)，1998. VIII. 12，C. H. Dietrich Coll.。

分布 新疆 (额敏、昭苏)；吉尔吉斯斯坦，匈牙利，波兰，俄罗斯，乌克兰。

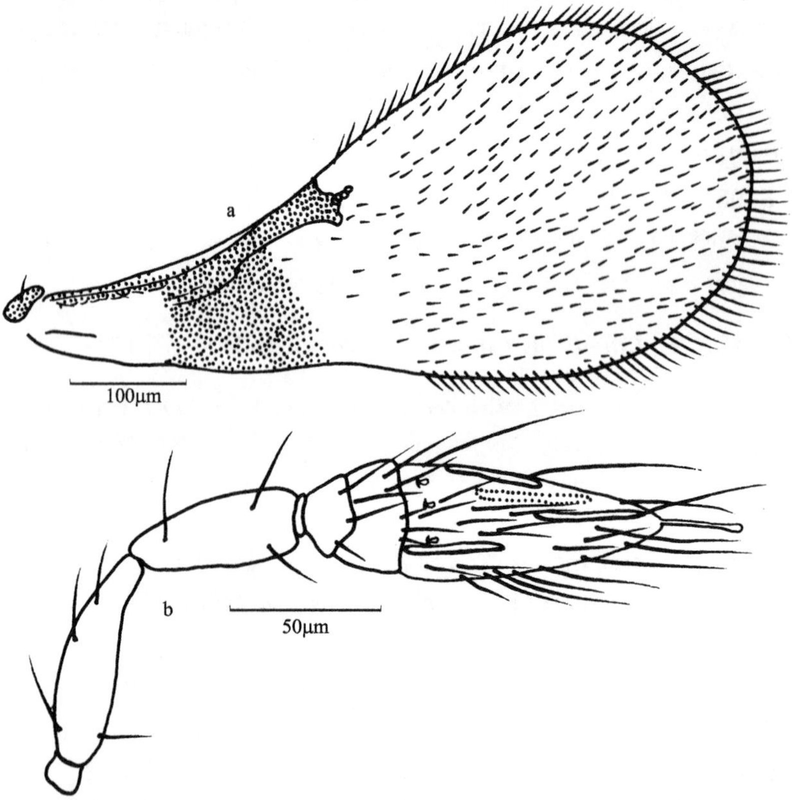

图 179 波兰肿棒赤眼蜂 *Tumidiclava subcaudata* Nowicki (♀)

a. 前翅 (fore wing)；b. 触角 (antenna)

(175) 简基肿棒赤眼蜂 *Tumidiclava simplicis* Lin, 1991 (图 180)

Tumidiclava simplicis Lin, 1991, J. Fujian Agr. Coll., 20(1): 48; Lin, 1994, System. Stud. Chinese Trichogrammatidae: 87-88; Aishan, Triapisyn & Hu, 2015, Zootaxa, 3949(3): 394.

雌 体长 0.78-0.85 mm；全体黄褐色，但复眼、单眼红色；头顶、中胸背纵线、腹基部背板及各足转节至基部两跗节为淡黄褐色；上颚及产卵管褐色，前后翅脉淡黄色，前翅面无色透明。

头部正面观扁圆形，宽略大于高，也稍宽于胸部；复眼较大，长约为头高的 0.6 倍，其内侧及头顶均具若干纤毛；上颚强大，末端具 3 齿；下颚须发达，1 节，端部具 3 毛；触角着生于两复眼下缘连线稍上方；柄节细长，长约为宽的 3.2 倍 (图 180b)，等于梗节长的 1.4 倍；梗节长梨形，长为宽的 1.8 倍；两环状节较大而明显；棒节紧密结合呈卵锥形，显著肿大，长为宽的 1.85 倍，等于柄节长的 1.4 倍；基部两棒节极短而宽，端棒节长锥形，长约为宽的 1.3 倍，与柄节长度相当；各棒节除均具若干锥栓形感器和刺毛感器外，端棒节还具 5 支板状感器和 1 棒状端突，明显突出棒节顶端之外。

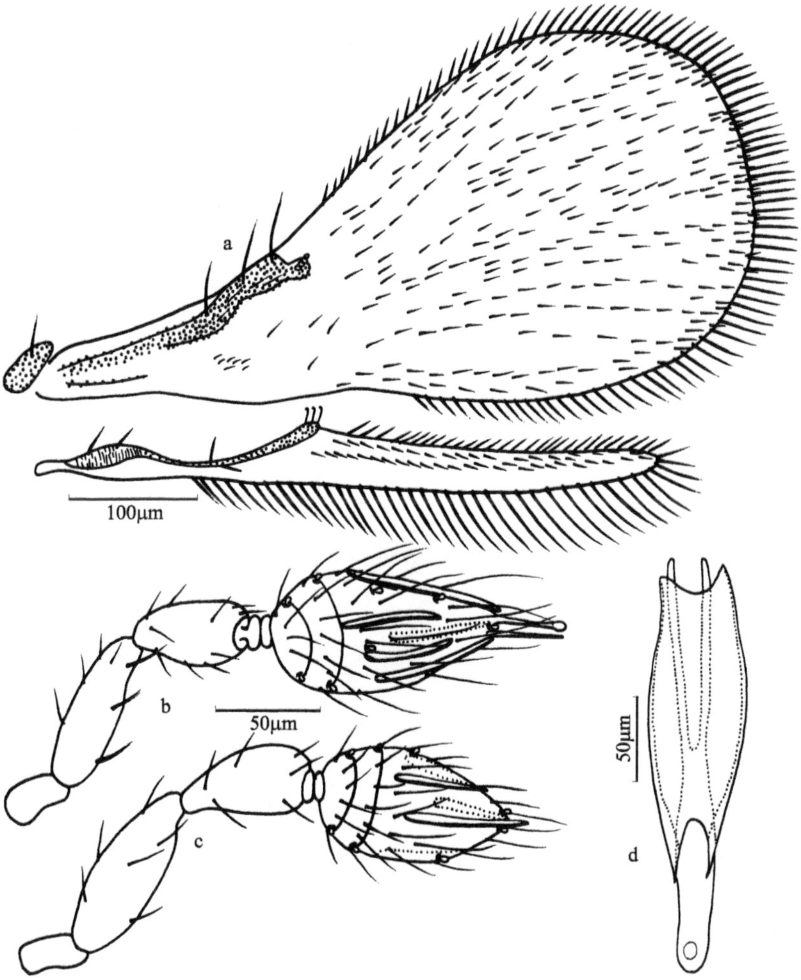

图 180　简基肿棒赤眼蜂 *Tumidiclava simplicis* Lin

a. 前后翅 (fore & hind wing, ♀)；b. 触角 (antenna,♀)；c. 触角 (antenna, ♂)；d. 雄外生殖器 (male genitalia)

胸部相当于腹长的 0.6 倍，上具明显细刻纹；中胸盾和小盾片中央有 1 明显的淡色纵线，两侧各具 2 支纤毛；内悬骨较短，末端分 2 叶，向后仅伸达腹长的 1/3 左右处；前翅甚宽圆，长约为宽的 2.0 倍 (图 180a)；翅脉粗短，端部伸达翅长的 0.37 倍处；缘脉明显短于亚缘脉，等于痣脉长的 2.5 倍；翅面纤毛较密，大致规则成列；缘毛较短，最长者仅及翅宽的 1/8；后翅稍短于前翅，长约为宽的 14.0 倍；翅脉端部伸达翅长的 0.46 倍左右，翅面规则纤毛 2 列；最长后缘毛略长于前翅最长者，约为后翅宽的 1.25 倍；各足较粗壮，各足节均具细纤毛，各足基跗节均较短。

腹部近圆锥形，稍长于头胸部长度之和；除第 I 腹节背板具细纵纹外，其后各腹节背板基本光滑无刻纹；产卵管高度骨化，长度约等于腹长的 0.6 倍；相当于后足胫节长的 1.5 倍，末端稍露出腹末之外。

雄 体长 0.78 mm；体色及主要特征与雌虫相似，但触角棒节明显肿大而略短，呈卵圆形 (图 180c)，其上的锥栓形感器、刺毛感器和端棒节的板状感器与雌性相同外，顶端无棒状端突；外生殖器的阳基较细长 (图 180d)，长度明显短于阳茎；端部只有阳基侧瓣，其余构造均消失；阳茎及其内突全长相当于后足胫节长的 1.17 倍。

寄主 未知。

模式标本产地 福建福州。

模式标本存放单位 福建农林大学生物防治研究所昆虫标本室 [FAFU]。

研究标本 ♀(正模)，福建永春城关 (N25°32', E118°10', 100M)，1986. VII. 19，林乃铨网扫；2♀2♂ (副模)，福建福州金山 (N26°82'31", E119°20'30", 16M)，1986. V-VI，林乃铨网扫；2♀(副模)，福建寿宁转水 (N27°12'34", E119°25'03", 840M)，1986. IX. 6，刘高盛网扫；1♀ (副模)，福建永春吾边 (N25°19'26", E118°16'48", 120M)，1985. VII. 29，陈新金网扫；1♂ (副模)，福建永安城关 (N25°56'31", E117°21'54", 198M)，1986. VII. 9，林乃铨网扫。

分布 福建 (福州、寿宁、永春、永安)。

(176) 细茎肿棒赤眼蜂 *Tumidiclava tenuipenis* Lin, 1991 (图 181)

Tumidiclava tenuipenis Lin, 1991, J. Fujian Agr. Coll., 20(1): 50-51; Lin, 1994, System. Stud. Chinese Trichogrammatidae: 88-89; Aishan, Triapitsyn & Hu, 2015, Zootaxa, 3949(3): 400-401.

雌 体长 0.60-0.98 mm；全体黄褐色，但复眼、单眼红色；上颚、前胸背板、中胸盾、后胸背板两侧、后足基节、各足端跗节及产卵管均褐色；前后翅脉淡黄褐色，前翅脉之下翅面具淡黄褐色半透明昙纹，其余翅面无色透明。

头部正面观近圆形，宽略大于高，也稍宽于胸部；复眼长为头高的 0.6 倍左右，其内侧颜面及头顶均具若干纤毛；上颚强大，末端 3 齿；下颚须 1 节，端部具 3 毛；触角着生于两复眼下缘连线之上，较粗壮；柄节长为宽的 3.3 倍，等于梗节长的 1.6 倍 (图 181b)；梗节梨形，长为宽的 1.6-2.2 倍；两环状节小而明显；棒节紧密结合呈卵锥形，明显肿大；长为宽的 2.1-2.5 倍，等于柄节长的 1.2 倍；基部两棒节极短而宽，端棒节长锥状；长约为宽的 1.6 倍，等于柄节长的 0.9 倍；各棒节除均具若干锥栓形感器和刺毛感器外，端棒节还具 6 支板状感器和 1 棒状端突，明显突出棒节顶端之外。

胸部长度近于腹长的 0.7 倍，上具细网纹；中胸盾和小盾片各具 4 支纤毛，中央有 1 淡色中纵线；内悬骨向后伸达腹长的 0.4 倍左右处，末端分 2 叶；前翅较宽圆，长为宽的 2.3-2.5 倍 (图 181a)；翅脉粗短，长度仅及翅长的 0.38 倍；缘脉只有亚缘脉的一半，等于痣脉的 3.4 倍；翅面纤毛较稠密，除近前后缘少数毛列较规则外，大多数纤毛散乱分布；缘毛较短，最长者为前翅宽的 0.21-0.25 倍；后翅稍短于前翅，长为宽的 15.5 倍；翅脉端部伸达翅长的 0.46 倍处，翅面规则纤毛 3 列；最长后缘毛与前翅最长者相当，为后翅宽的 1.5 倍；各足均较粗壮，各足节均具细纤毛，各足基跗节均较短。

腹部长圆锥形，约等于头胸部长度之和；第 I 腹节背板具明显纵刻纹，各腹节背板两侧均具纤毛；产卵管高度骨化，长度约为腹长的 0.54 倍，等于后足胫节长的 1.1-1.4 倍，末端稍露出腹末之外。

雄　体长 0.90-0.93 mm；体色及主要特征与雌虫相似；但触角棒节明显肿大而略短，呈卵圆形（图 181c）；各棒节上的锥栓形感器、刺毛感器和端棒节上的板状感器与雌者相似外，端棒节顶端无棒状端突；外生殖器的阳基极细长（图 181d），端部两侧除具阳基侧瓣外，还具 2 个类似钩爪的结构，但骨化不明显，腹中突与背突的结构消失，阳茎及其内突全长稍长于阳基，相当于后足胫节长的 1.27 倍。

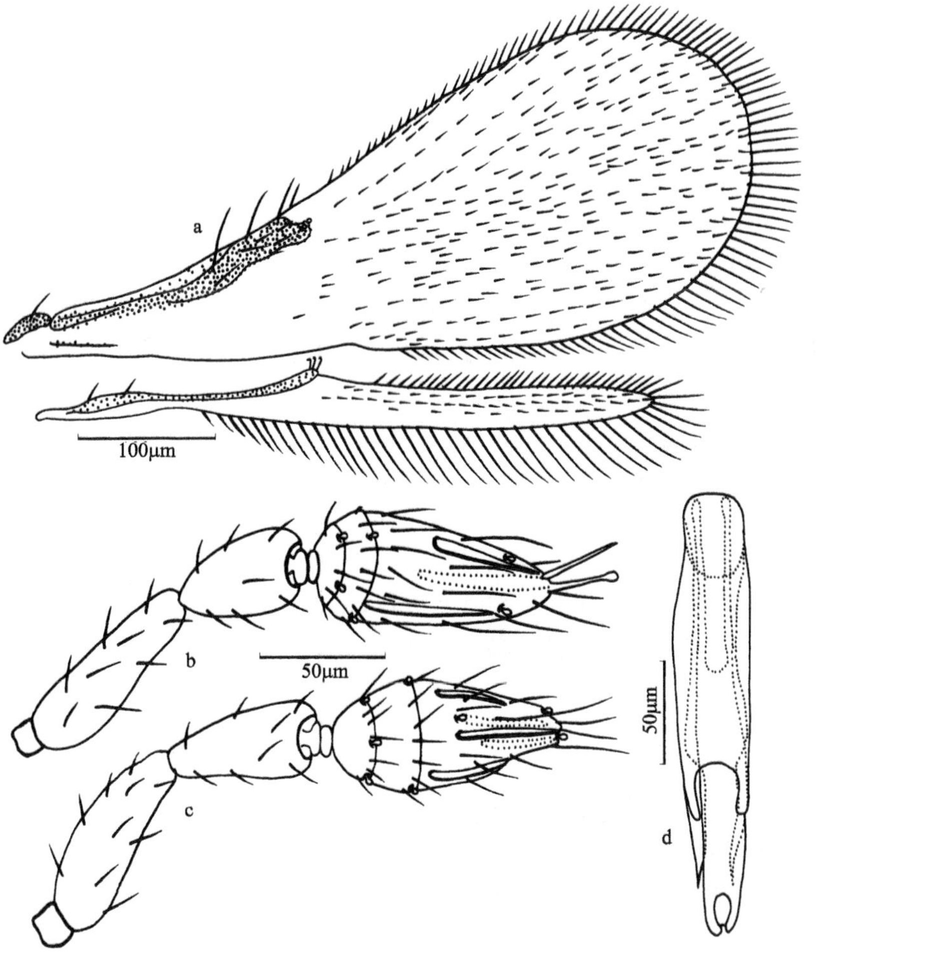

图 181　细茎肿棒赤眼蜂 *Tumidiclava tenuipenis* Lin

a. 前后翅 (fore & hind wing, ♀)；b. 触角 (antenna, ♀)；c. 触角 (antenna, ♂)；d. 雄外生殖器 (male genitalia)

寄主 未知。

模式标本产地 福建福州。

模式标本存放单位 福建农林大学生物防治研究所昆虫标本室 [FAFU]。

研究标本 ♀ (正模)，2♀1♂ (副模)，福建武夷山茶场 (N27°42'25", E117°59'52", 194M)，1985. VIII. 7，林乃铨网扫；3♀5♂ (副模)，福建福州金山 (N26°82'31", E119°20'30", 16M)，1986-1987. VIII，林乃铨、吴祖建、蔡毅群网扫；1♀，海南儋州宝岛新村 (N19°30'42", E109°30'39", 45M)，2005. V. 6，张端璋网扫；3♀，新疆特克斯 (N43°58'17", E81°01'13", 1181M)，2006. VII .27，胡红英网扫。

分布 福建 (福州、武夷山)、海南 (儋州)、新疆 (特克斯)。

43. 肿腿赤眼蜂属 *Tumidifemur* Girault, 1911

Tumidifemur Girault, 1911h, Arch. Naturg., 77: 124-125. **Type species**: *Tumidifemur pulchrum* Girault, 1911. by monotype; Doutt & Viggiani, 1968, Proc. Calif. Acad. Sci., 35(20): 526; Lin, 1994. System. Stud. Chinese Trichogrammatidae: 100-101; Pinto, 2006, J. Hym. Res., 15(1): 112-113.

鉴别特征 触角环状节 1 节，索节缺如，棒节 4-5 节；粗长锥状，各节近等长，分节常不对称；基棒节最宽，而后各节逐渐变细直至端部；基部两棒节表面具细纵脊纹，各棒节均具若干锥栓感器、板状感器和密被刺毛感器；前翅中等宽度，端部近平截；缘脉较长而直，痣脉仅从前缘斜向翅面直指翅端；缘前脉窄于缘脉，缘脉与缘前脉愈合或具很窄的分界；在缘前脉前端的前缘室内或直接在缘脉上具若干短刺状刚毛，翅脉以外翅面纤毛稠密，不规则散乱分布；但在近前后缘翅面或有部分规则毛列，翅面中间常有 1 无毛区域，其基部边缘常具 1 近似中肘横毛列；后翅较宽大、裁刀状；最长后缘毛稍长于后翅宽度；中足腿节及其胫节稍肿大，各足节均具粗刺毛，胫节端部还具 1 长于或等于该足基跗节的距状带刺长刚毛；雄性棒节除具雌者相似的锥栓感器和板状感器外，还具较长的鞭毛感器；外生殖器的阳基较退化，基部狭窄；其阳基侧瓣、钩爪等结构退化，腹面纤毛和阳茎内突有或无，阳基长度短于后足胫节长的一半。

寄主 寄生 1 未定名的半翅目角蝉科 Membracidae 虫卵。

分布 中国；美洲的西印度群岛，哥斯达黎加，哥伦比亚，厄瓜多尔，委内瑞拉等地 (Pinto, 2006)。

附注 本属系 Girault (1911) 根据采自美洲的模式标本建立，迄今只知 2 种。Girault (1911) 的原始描述中曾把触角界定为“触角 6 节，即柄节、梗节、环状节各 1 节，棒节 3 节”，而 Doutt & Viggiani (1968) 在重新记述本属时，只提棒节 3 节，未提及环状节；Pinto (2006) 在研究本属模式标本和美洲所有本属其他标本后，将触角特征界定为“环状节 2 节、棒节 4 节”；同时认为本属的形态，如触角棒节、前翅缘脉之下翅面具簇生密刺毛、中足腿节肿大、胫节端部还具 1 与其基跗节等长的长距等特征，在赤眼蜂科中比较特殊，与其他属的亲缘关系尚不清楚。

根据 Pinto (2006) 对 Viggiani (1971b, 1984) 以雄外生殖器为主要依据分类系统的修改结果，本属隶于寡索赤眼蜂亚科、毛翅赤眼蜂族。

此外，Lin (1994) 描述了采自我国福建的本属另一新种，枝刺肿腿赤眼蜂 *T. ramispinum*，它除具有与属模式种相同的触角模式、特殊的前后翅形状及其翅面刺毛、中足腿节和胫节距，以及雄外生殖器等主要特征，但也存在触角环状节 1 节、棒节 5 节和雄外生殖器具阳茎内突等一些差异；Pinto (2006) 鉴于本种与美洲属模式种的这些差异，认为归在本属似有问题。笔者认为，虽然本种的触角节数、阳茎结构与美洲模式种略有不同，可是代表本属的主要特征与模式种完全相符；况且，在赤眼蜂科的许多属中，不同种类的触角节数和雄外生殖器结构存在差异者十分常见。因此，在没有发现更适合本种所有特征的归属之前，暂时仍将它保留在本属，记述于下。

(177) 枝刺肿腿赤眼蜂 *Tumidifemur ramispinum* Lin, 1994 (图 182)

Tumidifemur ramispinum Lin, 1994, System. Stud. Chinese Trichogrammatidae: 100-101.

雌　体长 0.45 mm；全体暗褐色，但头顶及各足跗节淡黄褐色；复眼、单眼深红色；前翅缘前脉端部至缘脉基部淡黄褐色，其余翅脉褐色；除痣脉及缘前脉基部之下方翅面各具 1 烟褐色半透明昙纹外，其余翅面无色透明。

头部正面观圆形，宽约等于高；复眼密具细纤毛，长为头高的 0.53 倍，其内侧颜面及头顶均密具众多刺状纤毛；触角着生于两复眼下缘连线之上，较粗壮；两触角窝十分接近；柄节长为宽的 2.5 倍，相当于梗节长的 1.3 倍，上具粗网纹 (图 182b)；梗节长梨形，长为宽的 1.5 倍，上具细刻纹和 4 支粗纤毛；环状节 1 节，小而明显；索节缺如；棒节 5 节，长圆锥形，长为宽的 2.3 倍，相当于柄节长的 1.8 倍；基部两棒节短，第三棒节最宽大，而后向端部渐尖，端棒节锥形，最长；各棒节均具若干锥栓形感器、板状感器和密被短小的刺毛感器。

胸部等于腹长的 0.89 倍，中胸盾和小盾片密具粗网纹及短刺毛；前翅中等宽大，端部近平截，长为宽的 2.1 倍 (图 182a)；翅脉端部伸达翅长的 0.58 倍处；缘脉为痣脉长的 2.0 倍，与缘前脉等长而稍短于亚缘脉；前缘室较大，其端半部前缘至缘脉上具许多刺毛；翅面纤毛短而稠密，不规则散乱分布；缘脉之下翅面密具 1 簇生刺毛，其基部及其之后下方翅面具 1 明显的无毛区域；缘毛较短，最长者不及前翅宽的 1/9；后翅宽大、裁刀状，稍短于前翅，长为宽的 6.5 倍，翅脉端部伸达翅长的 0.53 倍处；翅面纤毛较多，仅基部排列较规则 (约 5 列)，端部较散乱；最长后缘毛等于后翅宽的 0.72 倍，近于前翅最长者的 2.0 倍；各足均较粗短，除各足节均密具细纤毛外，各腿节还具粗网纹，中足基节、腿节端部和胫节依次各具 4、1 和 3 支粗刺毛 (图 182d)；其胫节末端还具 1 稍短于该足基跗节的距状带刺长刚毛；中足各跗节均延长，特别是基跗节超过胫节长度。

腹部稍短于头胸部长度之和，各腹节背板的后半段密具刺毛；产卵管约为腹长的 0.6 倍，相当于后足胫节长的 1.43 倍，末端不明显露出腹末。

雄　体长 0.42 mm；体色及主要特征与雌虫相似，但前翅稍窄长；触角棒节明显较雌者短小 (图 182c)，其上除具与雌者相似的锥栓感器和板状感器外，还具较粗长的鞭毛感器；外生殖器的阳基和阳茎明显可分 (图 182e)；阳基长为宽的 3.45 倍，基缘圆弧形外凸，阳基近端部腹面中间具 1 对腹面纤毛，两侧端部具 1 对细小的阳基侧瓣；阳茎与其内突分界不清，两者全长稍短于阳基长度，相当于后足胫节长的 0.7 倍左右。

寄主 未知。

模式标本产地 福建福州。

模式标本存放单位 福建农林大学生物防治研究所昆虫标本室 [FAFU]。

研究标本 ♀ (正模)，福建福州金山 (N26°82'31", E119°20'30", 16M)，1985. X. 20，黄建采自黄盘诱集器；1♂ (副模)，福建建阳坳头 (N27°40'05", E117°38'41", 968M)，1985. VIII. 9，林乃铨网捕。

分布 福建 (福州、建阳)。

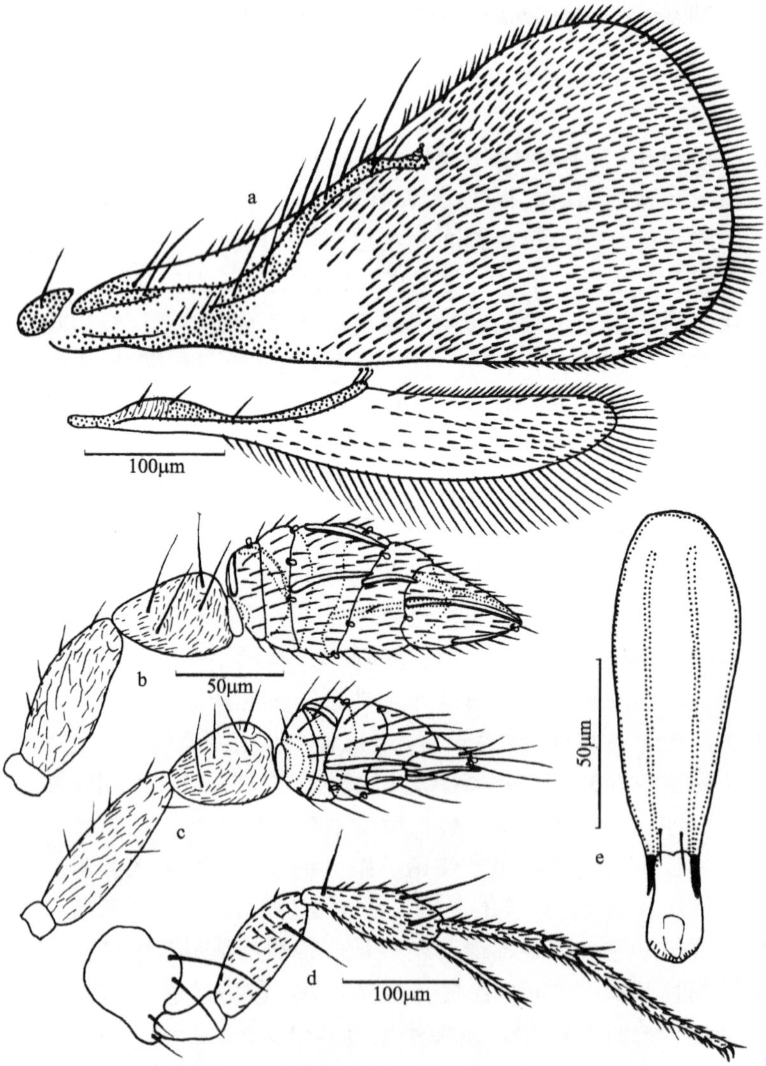

图 182 枝刺肿腿赤眼蜂 *Tumidifemur ramispinum* Lin

a. 前后翅 (fore & hind wing, ♀)；b. 触角 (antenna, ♀)；c. 触角 (antenna, ♂)；d. 中足 (mid-leg, ♀)；e. 雄外生殖器 (male genitalia)

44. 宽翅赤眼蜂属 *Ufens* Girault, 1911

Ufens Girault, 1911a, Trans. Am. Ent. Soc., 37: 32-35. **Type species**: *Trichogramma nigrum* Ashmead, 1888. by monotypy, Can. Ent., 29: 107; Doutt & Viggiani, 1968, Proc. Calif. Acad. Sci., 35(20): 576-578; Lin K-S, 1981, J. Agr. Res. China, 30(4): 429; Lin, 1993a, Wuyi Sci. J., 10: 51-59; Lin, 1994, System. Stud. Chinese Trichogrammatidae: 205-211; Pinto, 2006, J. Hym. Res., 15(1): 113-114; Owen, 2011, UC Publications in Entomology, 131: 1-164; Aishan & Hu, 2014, Zool. System., 39(3): 449-454; Khan & Anis, 2015, Prommalia, 3: 67-73.

Ufensia Girault, 1913e, Mem. Queens. Mus., 2: 101, **Type species**: *Ufensia pretiosa* Girault, 1913. by monotypy; Girault, 1914e, Proc. Ent. Soc. Wash., 16: 18. redescription; as synonymy of *Ufens*, by Doutt & Viggiani, 1968: 576-578; Viggiani, 1971b, Boll. Lab. Ent. Agr. 'F. Silvestri', Portici, 29: 202-204; as valid genus, by Viggiani, 1972b, Boll. Lab. Ent. Agr. 'F. Silvestri', Portici, 30: 159-161; Viggiani, 1988, Boll. Lab. Ent. Agr. 'F. Silvestri', Portici, 45: 16-20; Hu & Lin, 2003, J. Fujian Agr. Univ., 32(3): 309-311; Synonymy reinstated by Owen, 2011, UC Publications in Entomology, 131: 82-87.

Neocentrobia Blood, 1922, Ann. Rept. Proc. Bristol Nat. Soc., 4(5): 254. **Type species**: *Neocentrobia hirticornis* Blood, 1922. by monotypy; Blood & Kryger, 1928, Ent. Medd., 6: 203, redescription; as synonymy of *Ufensia*, by Viggiani, 1972b: 159-161.

Stephanotheisa Soyka, 1931b, Natuurh. Manndbl., 20: 111. **Type species**: *Stephanotheisa vitoldi* Soyka, 1931. by monotypy; syn. by Nowicki, 1935, Zeitsch. Angew. Ent., 21: 572.

Grantranna Girault, 1939, Ohio J. Sci., 39: 324. Replacement name for *Neocentrobia* Blood, 1922: 254; nec Girault, 1912c, Mem. Queens. Mus., 1: 91-92. preoccupied.

鉴别特征　雌雄触角异型，雌者 9 节，环状节、索节各 2 节，棒节 3 节；各索节、棒节除具若干锥栓感器、短小的刺毛感器和板状感器外，各棒节还具鞭毛感器；雄者 10 节，即棒节端部多 1 小节，除端小节无板状感器外，各索节、棒节均具若干锥栓感器、板状感器和明显粗长的轮生鞭毛感器；前翅相对较宽大，扁圆形；末端近平截，长度多不足其宽的 2.0 倍；缘脉和痣脉近等长，缘前脉基部具基后突；翅面纤毛中等至稠密，中肘横毛列及主要纤毛列基部排列规则；缘毛很短，最长者不足前翅宽的 1/10；雄外生殖器特征多变，阳基与阳茎的分离不明显；通常具阳基侧瓣、钩爪和腹中突等结构，阳茎内突有或无。

寄主　本属已知 9 种，可寄生半翅目叶蝉科 Cicadellidae、盲蝽科 Miridae、螽斯科 Tettigoniidae 等虫卵，也有寄生鳞翅目螟蛾科 Pyralidae 和半翅目盾蚧科 Diaspididae 的记录，尚待核实。同时，Triapitsyn & Hoddle (2001, 2002)、Triapitsyn (2003) 和 Al-Wahaibi *et al.* (2005) 等，曾发现北美洲的本属种类 *Ufens ceratus*、*U. principalis* 等对当地主要叶蝉 *Homalodisca* spp. 等卵具有重要控制作用，因此尝试通过人工繁殖该蜂，用于北美洲上述叶蝉的生物防治，但因本属赤眼蜂的人工繁殖困难，目前尚未获得成功。陈义群和林乃铨 (2000-2002) 也在福州发现番石榴树上的淡色拟隐脉叶蝉 *Pseudonirvana pallida* 和叉线拟隐脉叶蝉 *P. furcilinea* 卵，均有折脉宽翅赤眼蜂 *U. rimatus* 寄生。另外，Triapitsyn

(2003) 还发现本属个别种类能重寄生于 *Homalodisca* spp. 叶蝉卵内的柄翅缨小蜂 *Gonatocerus* sp. 幼虫体上。

分布 本属迄今共知 55 种，以澳洲区的资源最丰富 (28 种)，新北区其次 (11 种)，东洋区第三 (7 种)，古北区和非洲区同为 4 种，新热带区 (1 种) 最少。

附注 本属系 Girault (1911a) 订正 Ashmead (1888) 描述采自美洲的 *Trichogramma nigrum* 后建立；随后，Girault (1912c-1915a, e) 陆续描述了产自澳大利亚的 8 新种；Girault (1918)、Kryger (1918) 分别描述了美国和欧洲的 2 新种，但 Kryger (1918) 所描述的欧洲种误订为 *Centrobia* 属；Blood (1923)、Blood & Kryger (1928) 又把波兰、埃及的另外 2 个本属种类误订为 *Neocentrobia*。Timberlake (1927)、Dozier (1932) 先后报道美洲的本属 2 新种；Nowicki (1935, 1940) 先后 2 次描述了波兰等地本属的 1 新种和 3 新亚种，除了 *U. dilatevena* 外，其余 3 新亚种均被 Doutt & Viggiani (1968) 指定为 *U. foersteri* 和 *U. similis* 的同物异名；Doutt & Viggiani (1968) 在全面研究全世界赤眼蜂科种类时，曾将 Girault (1913e) 建立的 *Ufensia* 属作为变异类型归到本属，但 Viggiani (1971b) 在研究 *Ufensia* 的雄外生殖器特征之后，又将它恢复为 1 个独立属，并于 (1972b, 1988) 描述了采自非洲、欧洲的 *Ufensia* 属 2 新种，并将古北区的本属 4 个已知种移到 *Ufensia* 属下。Yousuf & Shafee (1987) 发表了印度的本属 6 新种，Hayat (2008b) 即把其中 3 种 (*Ufens alami*、*U. angustipennis* 和 *U. singularis*) 分别定为本属不同种类的异名；余下另外的 3 种 (*U. gurgaonensis*、*U. jaipurensis* 和 *U. latipennis*)、加上 Yousuf & Shafee (1991) 再次描述的印度本属 1 新种 (*U. breviclavata*)，Owen (2011) 也将它们全部列为存疑种类。Lin (1993a, 1994) 报道了采自我国南方的本属 4 新种和 1 分布新记录，Owen (2011) 已将其中 1 新种 (*U. Anomalus*) 指定为 *U. similis* 的异名；Hu & Lin (2003) 发表的新疆 *Ufensia* 属已被 Owen (2011) 指定为本属的异名、1 新种也被 Aishan & Hu (2014) 指定为 *U. foersteri* 的异名。

迄今本属最具特色、最全面深入的研究当属 Owen (2011) 的研究，他不仅全面订正了全世界本属已知种类，将过去所有定为 *Ufensia* 属及其之下的 5 种全部归回本属，同时纠正了 Yousuf & Shafee (1987) 把印度断脉赤眼蜂属 *Mirufens* 的 7 种归到本属的错误，还将 Girault (1912-1916) 发表的 6 新种和 Yousuf & Shafee (1987) 描述的 7 新种全部列为存疑种类。Owen (2011) 还根据世界各地收集的标本，鉴定描述了本属的 32 新种，使本属从已知 23 种迅速增加到 55 种；他同时还采用 37 个形态特征 (包括传统形态和超微形态) 和从 1423 个分子特征中选出 1237 个稳定的特征，对本属种类进行分子系统发育关系的研究；而且其团队 (Al-Wahaibi *et al.*, 2005; Al-Wahaibi & Morse, 2010a, b) 先后还对本属主要种类 (*U. principalis*、*U. Ceratus*) 的生物学、行为学进行了深入研究，为进一步对叶蝉 *Homalodisca coagulata* 的生物防治提供了科学依据。

Viggiani (1971b, 1984) 根据雄外生殖器特征，曾将本属归在赤眼蜂亚科、赤眼蜂族内；Pinto (2006) 对 Viggiani (1971b, 1984) 分类系统的部分修改，把具 Type 2a 类雄外生殖器的本属，改为寡索赤眼蜂亚科、毛翅赤眼蜂族内；虽然本属在此系统中的分族地位还没有得到 Owen *et al.* (2007) 分子系统发育关系证据的支持，但其亚科地位已得到其分子证据的证实；从本属种类的前翅与触角特征均与断脉赤眼蜂属 *Mirufens* 相似，可以看出它们的缘系比较接近。

我国有关本属的记载，最早为 Lin K-S (1981) 的报道，称台湾已发现本属 2 种，但未有具体种名；Lin (1993a) 报道了我国南方的 3 新种和 1 分布新记录；Lin (1994) 再次描述了我国北方的另 1 新种，但该新种已被 Owen (2011) 指定为异名；Lin & Lin (2002) 首次报道了 *U. rimatus* 的雌性特征，及其寄生番石榴叶上淡色拟隐脉叶蝉 *Pseudonirvana pallida* 和叉线拟隐脉叶蝉 *P. furcilinea* 卵的寄主记录；Hu & Lin (2003) 发表了新疆 *Ufensia* 属的 1 新种，Owen (2011) 已明确恢复 Doutt & Viggiani (1968) 将 *Ufensia* 属作为本属异名；Aishan & Hu (2014) 把该新种作为 *Ufens foersteri* 的异名，同时报道了采自新疆的本属 2 个分布新记录；近年我们又在采自海南的标本中发现另 1 个分布新记录种以色列宽翅赤眼蜂 *U. mezentius*；因此我国迄今共知本属 7 种，记述如下。

种检索表

1. 前翅翅面纤毛较稠密，仅主要纤毛列较清晰，大部分纤毛分布不规则；第一、二臀毛列 (1A, 2A) 之间的纤毛不规则成列……2
   前翅翅面纤毛较稀疏，全部纤毛规则成列或仅主要纤毛列较清晰；第一、二臀毛列 (1A, 2A) 之间具规则纤毛 1 列……4
2. 前翅翅脉骨化程度较弱，痣脉基部宽大，且与缘脉交界处无明显缢缩；雄外生殖器的阳基长为宽的 3.0 倍；阳基基缘正面观具明显凹陷，其深度约等于阳基长的 0.1 倍；阳基端部具短小的阳基侧瓣，侧瓣顶端各具 1 端刺；两钩爪基部粗壮，侧面观明显呈月牙形弯曲；腹中突和中脊消失……淡脉宽翅赤眼蜂 ***U. pallidus***
   前翅翅脉骨化程度较高，痣脉基部不特别宽大，且与缘脉交界处多少有缢缩；雄外生殖器的阳基长不足其宽的 3.0 倍；阳基基缘正面观无凹陷或很浅薄，深度不足阳基长的 0.01 倍；阳基侧瓣明显较长，钩爪侧面观不呈月牙形弯曲；具腹中突，中脊有或无……3
3. 雄外生殖器的阳基骨化不明显，长为宽的 2.8-3.0 倍；阳基侧瓣等于阳基长的 0.3-0.4 倍；腹中突细长，基部宽度小于阳基宽的一半且向端部均匀渐尖，末端伸达阳基全长的 0.3-0.4 倍处，接近两侧瓣抵达水平；中脊缺如，钩爪呈膜质状，不明显；阳茎宽而平展，与其内突交界不明显，两者全长为阳基长的一半，相当于后足胫节长的 0.41 倍……细突宽翅赤眼蜂 ***U. acuminatus***
   雄外生殖器的阳基明显骨化，长为宽的 2.4-3.0 倍；阳基侧瓣约为阳基长的 0.3 倍，基部最宽大；腹中突粗指状，基部宽度大于阳基宽的一半，两侧缘向内凹陷，端部明显弯向背面，长度约等于阳基全长的一半；具粗而骨化明显的中脊，向前抵达阳基基缘；钩爪较长，两侧缘与阳茎两侧相邻，端部无明显骨化的钩爪且稍伸出侧瓣之外；阳茎短而宽，呈半卷筒状，明显长于其内突，两者全长不足阳基长的一半，仅及后足胫节长的 0.4 倍……相似宽翅赤眼蜂 ***U. similis***
4. 前翅缘脉与缘前脉交界处无明显的折断痕；雄外生殖器阳基短而宽，长仅为宽的 1.5-2.0 倍……5
   前翅缘脉与缘前脉交界处具 1 明显折断痕；雄外生殖器阳基较细长，长为宽的 4.3-7.5 倍……6
5. 雄外生殖器的阳基呈短而宽的杯状，长仅为宽的 1.5 倍，基部最宽大且与阳基背开口后缘齐平，阳基基缘宽圆弧形向外凸出；阳基侧瓣骨化明显，长约为阳基长的 0.4 倍；近端部两侧缘明显内凹，端部无端刺；腹中突、中脊、钩爪及阳茎内突均不明显或消失，阳茎中部较宽，端部钝尖……杯状宽翅赤眼蜂 ***U. cupuliformis***

雄外生殖器的阳基呈刮勺状，长为宽的 2.0 倍；阳基基缘宽圆形稍平坦或具浅薄的内陷，基部最宽大且与阳基背开口后缘接近，背开口近后缘处最宽；阳基侧瓣骨化明显，长近于其宽的 9.0 倍，约等于阳基全长的 0.45 倍；两侧瓣从基部向端部均匀变窄，两侧缘直而不内凹，端部无端刺，但呈“八”字形外突；腹中突、中脊、钩爪及阳茎内突等结构均消失……**以色列宽翅赤眼蜂 *U. mezentius***

6\. 雄外生殖器的阳基较细长，长为宽的 4.3-5.7 倍，侧面观直而不弯曲；阳基侧瓣细窄，等于阳基全长的 0.2 倍；两钩爪直而紧邻于阳基侧缘，约等于阳基长的 0.4 倍，末端明显伸出阳基侧瓣之外；中脊短而不明显，向前仅伸达阳基长的 0.05 倍左右；腹中突消失；阳茎中部宽而端部细尖，与其内突分界不清晰，两者全长为阳基长的 0.47 倍，等于后足胫节长的 0.65 倍……………………………………………………………………………………………………**折脉宽翅赤眼蜂 *U. rimatus***

雄外生殖器的阳基极细长，长度超过其宽的 6.0-7.5 倍；阳基与阳茎愈合，侧面观呈明显“S”形弯曲；阳基侧瓣全长均为等宽的长细条状，等于阳基全长的 0.6 倍，其上的腹中突、中脊、钩爪和阳茎内突等结构均消失……………………………………………………**弗氏宽翅赤眼蜂 *U. foersteri***

(178) 淡脉宽翅赤眼蜂 *Ufens pallidus* Owen, 2011 (图 183)

Ufens pallidus Owen, 2011, UC Publications in Entomology, 131: 118-120; Aishan & Hu, 2014, Zool. System., 39(3): 451-453.

雄 体长 0.6 mm (0.5-0.6)，为后足胫节长的 3.4 倍 (3.2-3.6)；体色褐色，但头顶、各足节及翅脉淡黄色；复眼、单眼暗红色，前翅翅面基本无色透明。

头部正面观扁圆形，宽等于高的 1.39 倍 (25∶18)；复眼较大，长为头高的 0.72 倍 (0.67-0.79)；上颚端部 3 齿，下颚须短而不分节；触角柄节棒状，长为宽的 4.5 倍 (4.0-5.0) (图 183c)；梗节梨形，长为宽的 1.53 倍 (1.43-1.67)；两索节近等长，长分别为其宽的 1.2 倍和 1.0 倍；各棒节连接较紧密，长为宽的 3.5 倍 (3.0-4.0)，为两索节全长的 1.9 倍 (1.7-2.1)，端棒节小而圆形；环节后各节除依次具 6-7、7-9 和 6-9、8-9、6-9、5-6 支明显粗长的轮生鞭毛感器外，还依次各具 0-1、1、1、0-1、0-1 只锥栓感器和 2、2、1、2-3、2-3 支板状感器 (除端小节外)。

中胸盾具纵蜂窝状刻纹，该刻纹间还有纵皱纹；前翅长为宽的 1.5 倍 (1.5-1.6) (图 183a)，等于后足胫节长的 3.28 倍 (3.11-3.44)；翅脉骨化不明显，痣脉基部宽大，且与缘脉约等长 (0.9-1.0 倍)，两者交界处无明显缢缩；缘脉长等于其宽度的 1.6 倍 (1.4-1.9)，相当于缘前脉长的 1.1 倍 (1.0-1.2)；翅面纤毛较稀，除中肘横毛列规则外，多数纤毛不规则成列，第一、二臀毛列之间具规则纤毛 1 列；缘毛短，最长者仅约为前翅宽的 0.03 倍 (0.02-0.03)；后翅在翅缰钩之后渐宽，长为宽的 8.6 倍 (7.8-9.5)，翅面规则纤毛 3 列，后缘毛较长，最长者约与后翅宽度相当的 1.0 倍 (0.9-1.1)。

腹部长圆锥形，外生殖器的阳基长为宽的 3.1 倍 (2.8-3.3)，等于后足胫节长的 0.8 倍 (0.8-0.9)；阳基背开口明显窄于阳基宽度，约为阳基长的 0.5 倍 (0.4-0.5) (图 183d)；阳基基缘正面观具明显的凹陷，其深度约等于阳基长的 0.1 倍 (0.07-0.2)；阳基端部具短小的阳基侧瓣，侧瓣顶端各具 1 端刺；两钩爪基部粗壮，侧面观明显呈月牙形弯曲；腹中突、中脊消失；阳茎内突因制片原因而无法看清。

雌　体长 0.5-0.6 mm，为后足胫节长的 3.4 倍 (3.2-3.6)；体色及主要形态与雄性相似；但触角第二索节为基索节长的 1.2 倍 (0.9-1.6) (图 183b)，棒节全长为两索节长的 1.9 倍；环节后各节除均具若干锥栓感器和依次各具 2、5 和 2、4、6 支板状感器外，两索节还各具若干短小的刺毛感器，各棒节还具 4、7、4 支较长的鞭毛感器；产卵管约等于腹长的 0.47 倍 (0.43-0.51)，相当于后足胫节长的 1.3 倍；端部不明显突出腹末之外。

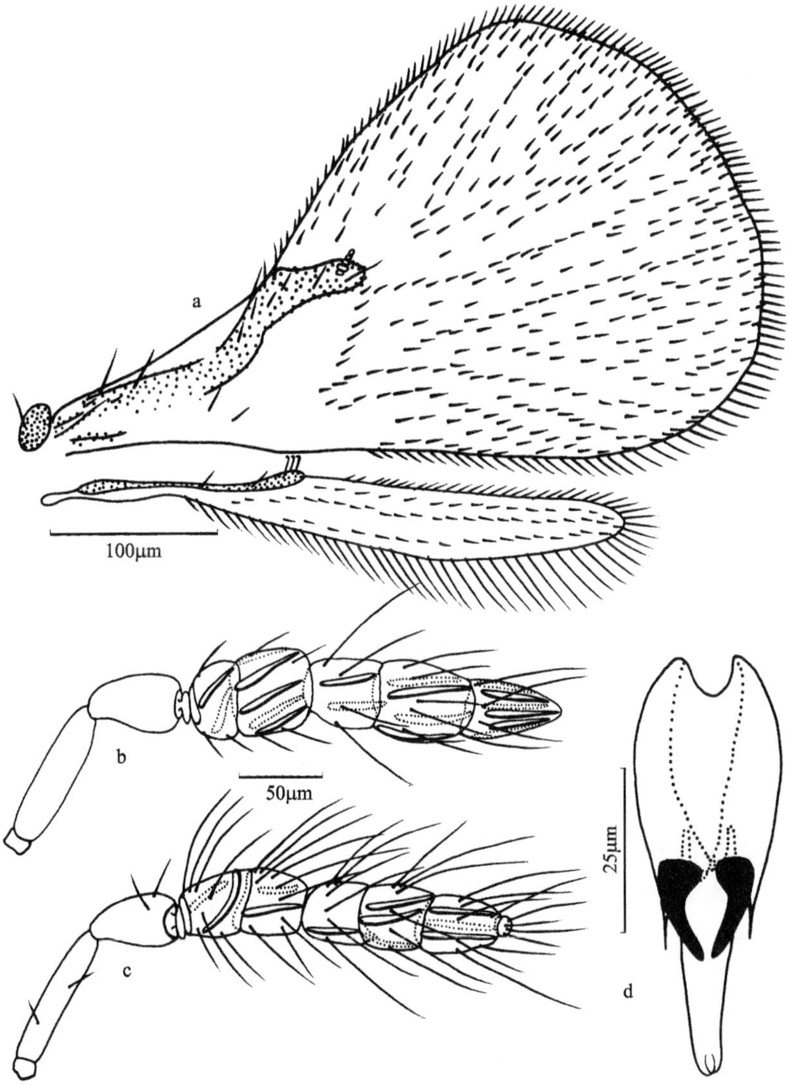

图 183　淡脉宽翅赤眼蜂 *Ufens pallidus* Owen

a. 前后翅 (fore & hind wing, ♂)；b. 触角 (antenna, ♀)；c. 触角 (antenna, ♂)；d. 雄外生殖器腹面观 (ventral view of male genitalia)

寄主　未知；但本种采自藜科 Chenopodiaceae 植物 *Salsola richteri* 上的未知虫卵；

新疆标本采集地克拉玛依的荒漠植物，以费尔干猪毛菜 *Salsola ferganica* 和碱蓬 *Suaeda glauca* 最常见。

模式标本产地 Turkmenistan。

模式标本存放单位 National Museum of Natural History, Washington, USA [USNM]; University of California, Riverside, California, USA [UCRC]。

检视标本 Aishan & Hu (2014) 经过与 Owen (2011) 的副模标本及其特征图比较后，确定采自新疆克拉玛依的标本为本种。研究标本为：2♀6♂，新疆克拉玛依 (N45°37'25", E84°51'51", 400M)，2012. VII. 24，鲁佳雄网扫。

分布 新疆 (克拉玛依)；土库曼斯坦。

附注 作者经过详细比较上述副模及新疆标本的不同角度特征后，再次明确本种雄外生殖器的阳基正面观基缘凹陷明显、阳基端部具有短小的阳基侧瓣及端刺、钩爪侧面观呈明显月牙形弯曲等 3 个原来描述不够明确的特征。

(179) 细突宽翅赤眼蜂 *Ufens acuminatus* Lin, 1993 (图 184)

Ufens acuminatus Lin, 1993a, Wuyi Sci. J., 10: 53-55; Lin, 1994, System. Stud. Chinese Trichogrammatidae: 206-207; Owen, 2011, UC Publications in Entomology, 131: 47-48; Aishan & Hu, 2014, Zool. System., 39(3): 450; Khan & Anis, 2015, Prommalia, 3: 68-69.

雌 体长 0.61-0.63 mm，约为后足胫节长的 3.6 倍；全体棕褐色，但复眼、单眼深红色；头顶、触角及第 I 腹节背板中央黄褐色，前中足除基节以外、后足腿节末端及其以下各节淡黄褐色，前后翅脉黄褐色，其余翅面无色透明。

头部正面观扁圆形，宽稍大于高，明显宽于胸部；复眼占头高的一半左右，其内侧和头顶均具若干纤毛；上颚较大，端部 3 齿，内侧齿明显钝圆；下颚须 1 节，末端 2 毛；触角着生于两复眼下缘连线之上方，较粗壮，柄节长为宽的 3.1 倍，相当于梗节长的 1.6 倍；梗节长梨形，长为宽的 1.5 倍；两环状节小而明显，第二环节嵌入索节基部；两索节近圆筒形，长约为宽的 1.4 倍，稍长于梗节 (图 184b)；基索节稍短于第二索节；棒节长锥形，长为宽的 2.7 倍，等于柄节长的 1.4 倍，为两索节全长的 2.1 倍；基部两棒节约等长，端棒节锥状最长；各索节、棒节除均具若干锥栓感器和依次各具 2、2、2、2 和 3 支板状感器外，两索节和各棒节还均具若干刺毛感器和鞭毛感器。

胸部密具纵细条纹，长度相当于腹长的 0.6 倍左右；中胸盾及小盾片各具 4 刚毛；内悬骨向后伸达腹部的 0.34 倍，末端分 2 叶；前翅较宽圆，长为宽的 1.7-1.9 倍 (图 184a)；翅脉末端伸至翅长的一半，缘脉长为宽的 4.0 倍 (3.8-4.2)，等于缘前脉长的 1.2-1.3 倍，仅及亚缘脉长的 1/3；痣脉等于缘脉长的 0.7-0.8 倍；翅面纤毛稠密，仅主要纤毛列较清楚外，其余散乱分布；中肘横毛列明显，第一、二臀毛列之间具许多散布纤毛；缘毛短小，最长者不足翅宽的 1/10 (0.08-0.09)；后翅短于前翅，长为宽的 14.0 倍；翅脉为翅长一半，翅面规则纤毛 3 列；最长后缘毛为前翅最长者的 2 倍，等于后翅宽的 1.6 倍；足正常大小，各足节均具细纤毛，中足胫节端部的距状刺毛明显较长。

腹部圆锥形，长度与头胸部之和相当；第 I 腹节背板及其后各背板两侧均具网纹和若干纤毛；产卵管高度骨化，长度为腹长的 0.64 倍；等于后足胫节长的 1.26 倍，末端稍露出腹末；下生殖板较大，端部伸达产卵管长的 0.62 倍处。

雄 体长 0.58-0.62 mm；体色及大部分特征与雌虫相似，但触角棒节全长等于两索节长度之和的 2.1 倍，第二索节相当于基索节长的 1.1 倍 (图 184c)；环节后各节除依次具 7-9、9-10、9-10、10、8-9 和 6-7 支明显直而粗长的轮生鞭毛感器外，还依次各具 3-4、3-4、3-4、1、1 只锥栓感器和 1、1、1、1、2 支板状感器 (除端小节外)。

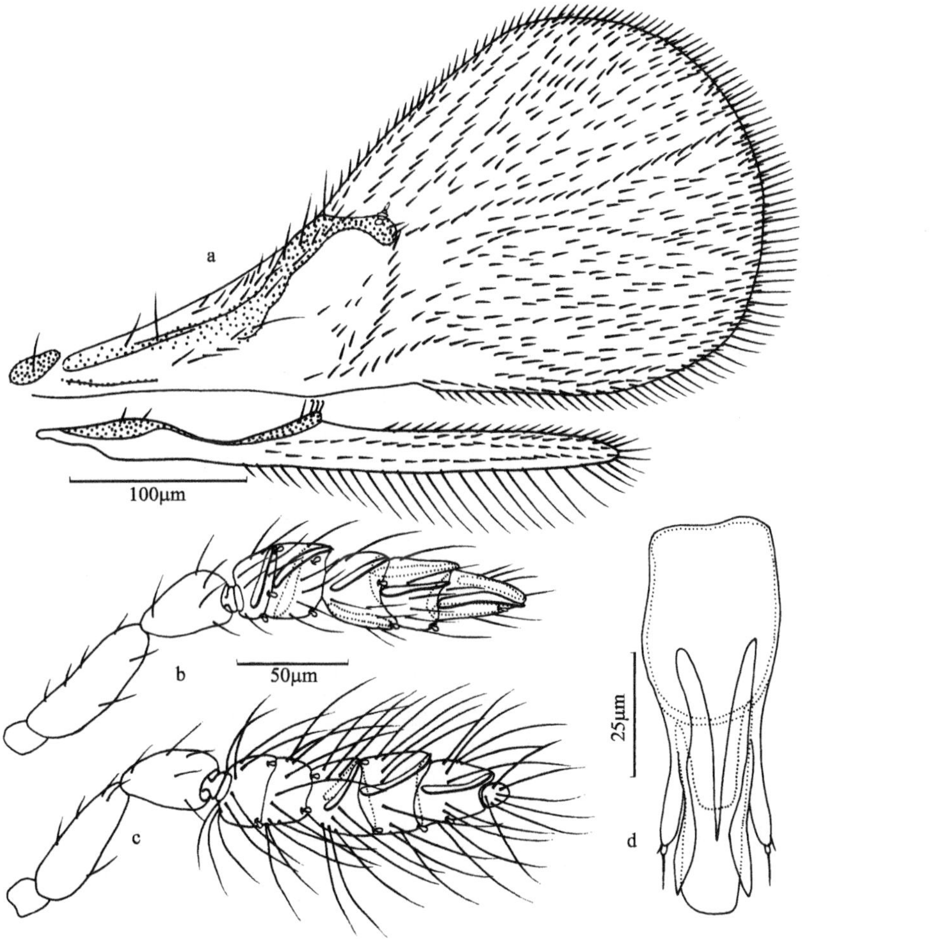

图 184 细突宽翅赤眼蜂 *Ufens acuminatus* Lin

a. 前后翅 (fore & hind wing, ♀)；b. 触角 (antenna, ♀)；c. 触角 (antenna, ♂)；d. 雄外生殖器 (male genitalia)

外生殖器的阳基骨化不明显，长为宽的 2.8-3.0 倍 (图 184d)，相当于后足胫节长的 0.6-0.8 倍，等于阳茎全长的 2.0 倍；阳基前背开口长约为阳基长的一半 (0.4-0.5 倍)；阳基基缘凹陷很浅或无，不足阳基长的 0.01 倍；阳基最宽处近于阳基中部；其端部两侧具明显的阳基侧瓣，等于阳基长的 0.3-0.4 倍，侧瓣基部直接源自阳基前背开口后缘，端部各具 1 长刺毛；腹中突细长，其基部宽小于阳基宽的一半，且向端部均匀渐尖，末端伸达阳基全长的 0.3-0.4 倍处，接近于两侧瓣抵达水平；中脊缺如，钩爪呈膜质结构，不明显；阳茎宽而平展，与其内突交界不明显，两者全长约为阳基长的一半，相当于后足胫节长的 0.41 倍。

寄主 未知。

模式标本产地 福建沙县。

模式标本存放单位 福建农林大学生物防治研究所昆虫标本室 [FAFU]。

研究标本 ♀(正模)，1♀2♂(副模)，福建沙县洋枋茶园 (N26°22'55", E117°55'06")，1980. VII-VIII，林乃铨网捕。

分布 福建 (沙县)；泰国 (清迈)，印度 (Uttar Pradesh)。

(180) 相似宽翅赤眼蜂 *Ufens similis* (Kryger, 1932) (图 185)

Neocentrobia similis Kryger, 1932, Bull. Soc. Ent. Egypte, (1932): 42.

Ufens similis megaloptila Nowicki, 1940, Zeit. angew. Ent. Berlin, 26: 624. syn. by Doutt & Viggiani, 1968, Proc. Calif. Acad. Sci., 35(20): 578.

Ufens anomalus Lin, 1994, System. Stud. Chinese Trichogrammatidae: 208-210. syn. by Owen, 2011: 132-133.

Ufens similis: Nowicki, 1935, Zeit. angew. Ent. Berlin, 21: 573-574; Lin, 1993a, Wuyi Sci. J., 10: 51-53; Lin, 1994, System. Stud. Chinese Trichogrammatidae: 207-208; Lin & Lin, 2002, Acta Zootaxon. Sinica, 27(2): 349-350; Owen, 2011, UC Publications in Entomology, 131: 133-135; Aishan & Hu, 2014, Zool. System., 39(3): 450-451.

雌 体长 0.56-0.61 mm，等于后足胫节长的 3.2 倍 (3.0-3.4)；全体暗黄褐色，但复眼、单眼红色；上颚及产卵管褐色，头顶、后胸至腹部第 I 腹节背板中央黄褐色；前中足除基节以外各足节、后足腿节末端及其以下各足节淡黄褐色；前后翅脉灰褐色，前翅除缘前脉之下翅面具 1 灰褐色半透明小县纹外，其余翅面无色透明。

头部正面观扁圆形，宽明显大于高，也明显宽于胸部；复眼较大，长为头高的 0.63 倍左右，其内侧颜面、颊区及头顶均具若干纤毛；上颚较大，端部 3 齿，内侧齿端部钝截；下颚须 1 节，末端 2 毛；触角着生于两复眼内侧中下方，较粗壮；柄节长为宽的 3 倍，等于梗节长的 1.8 倍 (图 185b)；梗节长梨形，长为宽的 1.6 倍，上具细斜纹；两环状节小而明显，第二环节嵌入索节基部；两索节均横宽，相当于梗节长的 1.2 倍；第二索节稍长于基索节，为后者长的 1.2 倍 (1.1-1.4)；各棒节长度接近，连接紧密，长锥形，端部尖削，长为宽的 2.85 倍，相当柄节长的 1.54 倍，等于两索节全长的 2.2 倍 (2.1-2.3)；基棒节最宽大，端棒节锥状，细而尖削；环节后各节除依次具 2-5、4-5、3-4、1、1 只锥栓感器和 1、2、2、2、4 支板状感器外，两索节还各具 1 支刺毛感器、各棒节还依次具 5-7、7-9 和 4-5 支鞭毛感器。

胸部约为腹长的 0.85 倍，中胸盾具纵蜂窝状刻纹，其上和小盾片各具 4 支纤毛；内悬骨宽大，向后伸至腹长的 0.45 倍左右，末端分 2 叶；前翅显著宽圆，长为宽的 1.8 倍 (1.7-1.9) (图 185a)，等于后足胫节长的 3.1 倍 (3.0-3.2)；翅脉伸至翅长的 0.46 倍处；缘脉长为宽的 3.8 倍 (3.6-4.1)，等于缘前脉长的 1.3 倍 (1.2-1.5)，明显短于亚缘脉；痣脉等于缘脉的 0.7 倍 (0.6-0.7)；翅面纤毛较稠密，仅主要毛列及中肘横毛列清晰外，绝大多数纤毛不规则成列，第一、二臀毛列之间具若干散布纤毛；缘毛短小，最长者不足前翅宽的 1/10 (0.07-0.10 倍)；后翅短于前翅，长为宽的 9.7 倍 (9.6-10.0)，翅脉为翅长的 0.46 倍，翅面规则纤毛 3 列；最长后缘毛为前翅最长者的 2.0 倍，等于后翅宽的 1.3 倍 (1.2-1.4)；足正常大小，各足节均具细纤毛。

腹部圆锥形，明显短于头胸部长度之和；各腹节背板均具若干纤毛和网状刻纹，产卵管高度骨化，长度为腹长的 0.75 倍左右，与后足胫节约等长 (0.9-1.2 倍)，端部不明显露出腹末；下生殖板中等大小，末端伸达产卵管长的一半左右。

雄　体长 0.54-0.56 mm；体色及主要特征与雌虫相似，但触角棒节连接较紧密，等于两索节全长的 2.1 倍 (1.9-2.3) (图 185c)；环节后各节除依次具 7-10、8-13 和 9-12、10-13、8-10、6-8 支明显粗长的轮生鞭毛感器外，还依次各具 2-5、2-5、2-5、1、0 只锥栓感器和 1、1、1、1、2 支板状感器 (除端小节外)。

外生殖器的阳基骨化明显，长为宽的 2.7 倍 (2.4-3.0)，等于或稍长于后足胫节长度 (0.9-1.2 倍) (图 185d)；阳基背开口等于或稍长于阳基全长的一半 (0.5-0.6 倍)，阳基基缘凹陷很浅或不明显；阳基侧瓣较短，约为阳基长的 0.3 倍 (0.2-0.4)，基部最宽大，与阳基前背开口后缘相接，端部尖而具 1 端刺；腹中突粗指状，基部宽度大于阳基宽的一半，两侧缘向内凹陷，端部稍弯向背面，约等于阳基全长的一半左右 (0.4-0.7)；腹中突基部有 1 明显骨化的粗中脊，向后直抵阳基基缘；钩爪较长，常与阳茎两侧缘相邻，端部骨化不明显，且稍伸出侧瓣之外；阳茎短而宽，呈半卷筒状，明显长于其内突，两者全长不足阳基全长的一半，仅及后足胫节长的 0.4 倍。

寄主　未知。

模式标本产地　Egypt (Giza, Cairo)。

模式标本存放单位　The collection of the Ministry of Agriculture, Egypt (Giza, Cairo) [CMAE]。

研究标本　2♀1♂，辽宁沈阳北陵 (N41°50'20", E123°25'34", 420M)，1990. VII. 20，林乃铨网扫；2♀1♂，辽宁沈阳东陵 (N41°48'46", E123°31'59", 52M)，1992. VII. 10，林乃铨网扫；1♀，北京香山樱桃沟 (N40°02'20", E116°02'57", 501M)，1992. VII. 6，林乃铨网扫；1♀，新疆石河子 (N44°18'34", E86°5'18", 450M)，2001. VII. 12，胡红英网扫；1♀，新疆沙湾 (N44°20'48", E85°35'49", 1100M)，2001. VII. 14，胡红英网扫；1♂，新疆精河 (N44°36'18", E82°52'43", 800M)，2001. VII. 15，胡红英网扫；1♀，新疆昭苏 (N43°22'18", E81°51'45", 1856M)，2006. VII. 30，项文密网扫；3♀5♂，新疆阿勒泰 (N47°48'58", E88°87'78", 1000M)，2007. VIII. 4，何茜网扫；1♀1♂，新疆和硕 (N42°16'13", E86°51'45", 2000M)，2001. VIII. 7，胡红英网扫；5♀，新疆博湖 (N41°59'16", E86°37'38", 305M)，2006. VII. 26，何茜、刘俊红网扫；3♀，新疆巴楚 (N39°25'59", E78°06'08", 1166M)，2013. VI. 27，董福祥、鲁佳雄网扫；2♂，新疆英吉沙 (N38°41'58", E76°25'16", 1341M)，2013. VI. 25，董福祥、鲁佳雄网扫；2♀，福建松溪渭田 (N25°52'41", E117°19'21", 496M)，1987. VII. 29，吴祖建网扫；2♀2♂，福建漳平城关 (N25°17'25", E117°24'51", 177M)，1986. VII. 17，林乃铨网扫；7♀2♂，广西南宁天雹水库 (N22°52'17", E108°14'11", 110M)，1986. V. 26，汤玉清网扫。

分布 辽宁 (沈阳)、北京 (香山)、新疆 (石河子、沙湾、精河、昭苏、阿勒泰、和硕、博湖、巴楚、英吉沙)、福建 (松溪、漳平)、广西 (南宁)；印度，土耳其，吉尔吉斯斯坦，波兰，意大利，希腊，丹麦，法国，埃及，肯尼亚，冈比亚，南非。

附注 本种的分子数据见 Owen *et al.* (2007) 的 *Ufens* sp. 2，基因库号码为 AY623534 (28S-D2+D3) 和 AY940376 (18S)。

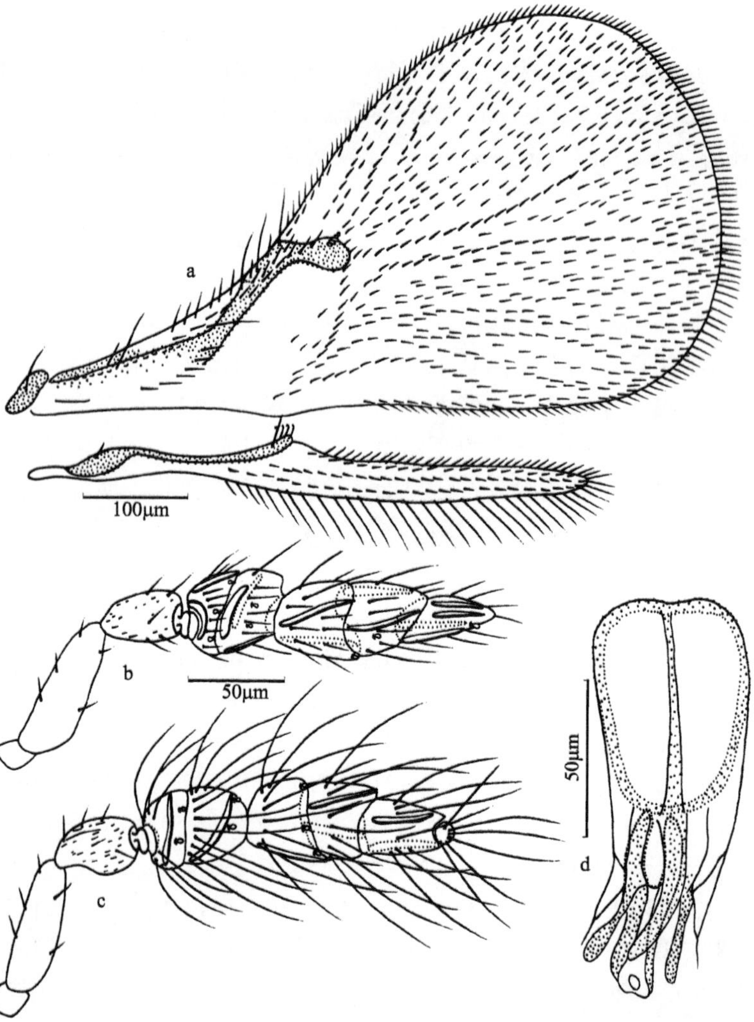

图 185 相似宽翅赤眼蜂 *Ufens similis* (Kryger)

a. 前后翅 (fore & hind wing, ♀)；b. 触角 (antenna, ♀)；c. 触角 (antenna, ♂)；d. 雄外生殖器 (male genitalia)

(181) 杯状宽翅赤眼蜂 *Ufens cupuliformis* Lin, 1993 (图 186)

Ufens cupuliformis Lin, 1993a, Wuyi Sci. J., 10: 55-56; Lin, 1994, System. Stud. Chinese Trichogrammatidae: 210-211; Owen, 2011, UC Publications in Entomology, 131: 65-66; Aishan & Hu, 2014, Zool. System., 39(3): 450.

雌　体长 0.68-0.84 mm；体长等于后足胫节长的 3.6 倍；全体暗黄褐色，但复眼、单眼深红色；头顶、第 I 腹节背板的基半段、各足腿节端部及其以下各足节为淡黄褐色至黄白色，上颚端部及产卵管褐色，前后翅脉黄褐色，前翅面全部无色透明。

头部正面观近扁圆形，宽明显大于高，也略宽于胸部；复眼长为头高的 0.57 倍，其内侧颜面及头顶均具若干纤毛；上颚强大，末端 3 齿，内侧齿较钝；下颚须较长，端部具 2 毛；触角着生于两复眼之间中下方，柄节较细长，长为宽的 3.6 倍 (图 186b)，等于梗节长的 1.74 倍；梗节梨形，长为宽的 1.5 倍，上具明显的脊状皱纹；基环状节较明显，第二环状节较小且嵌入索节基部；两索节近圆筒形，结合紧密，明显粗于前后各节，长为宽的 1.4 倍，相当于梗节长的 1.5 倍，基索节明显短于第二索节；棒节长纺锤形，长为宽的 3.5 倍，等于柄节长的 1.83 倍，约为两索节全长的 2.2 倍；各棒节间相互重叠，分界不清楚；第一、二棒节约等长，端棒节锥状最长；各索节、棒节除均依次具 3、3、3、1、1 只锥栓感器和 1-2、1-2、1-2、1-2、4 支板状感器外，两索节还各具 1 支刺毛感器、各棒节还依次具 6-7、6-7、3 支较长的鞭毛感器。

胸部密具细致纵刻纹，长度为腹长的 0.6 倍左右，中胸盾及小盾片各具 4 支纤毛；内悬骨宽大，端部向后伸至腹长的 0.4 倍左右，末端分 2 叶；前翅显著宽圆，长为宽的 1.62 倍 (图 186a)；翅脉端部伸达翅长的一半，缘脉明显短于亚缘脉，仅稍长于痣脉；翅面纤毛中等偏稀，包括中肘横毛列的所有纤毛均规则成列，第一、二臀毛列之间具规则纤毛 1 列；缘毛短小，最长者不足翅宽的 1/10 (0.07 倍)；后翅稍短于前翅，长为宽的 13.5 倍；翅脉为翅长的一半，翅面规则纤毛 3 列，最长后缘毛为前翅最长者的 1.5 倍，与后翅宽度相当；足正常大小，各足节均具细纤毛，中足胫节端部的距状刺毛明显较长。

腹部圆锥形，约与头胸部长度之和相当；各腹节背板的后半段均具稀刻纹和纤毛；产卵管高度骨化，约为腹长的 0.61 倍，等于后足胫节长的 1.3-1.5 倍，末端稍露出腹末之外，下生殖板较短小，末端伸达产卵管长的 0.4 倍左右。

雄　体长 0.66-0.76 mm；主要特征与雌虫相似，但体色略深于雌虫；触角棒节全长约为两索节长度之和的 3.2 倍 (图 186c)；第二索节长于基索节，约为后者长的 1.3 倍；环后各节除依次具 7、8 和 7、8、10、5 支明显粗长的轮生鞭毛感器外，还依次具 4、4、4、1、1 只锥栓感器和 1、1、1、1、2 支板状感器 (除端小节外)。

外生殖器的阳基呈明显短而宽的杯状，长为宽的 1.46-1.5 倍，相当于后足胫节长的 0.9 倍 (图 186d)；阳基基缘宽圆形向外凸出，背开口长度约为阳基长的 0.3 倍；阳基端部侧瓣骨化明显，其基部最宽且大体与阳基背开口的后缘齐平，两侧近端部内凹，端部从中线开始向外分出，无端刺，阳基侧瓣长度为阳基全长的 0.4 倍；其内侧钩爪为 2 片骨化较弱的膜质构造，末端明显伸出两侧瓣之外；腹中突、中脊及阳茎内突均不明显或消失；阳茎中部较宽，端部钝尖，其长度约为后足胫节长的 0.58 倍。

寄主　未知。

模式标本产地　福建松溪。

模式标本存放单位　福建农林大学生物防治研究所昆虫标本室 [FAFU]。

研究标本　♀ (正模)，1♂ (副模)，福建松溪渭田 (N25°52'41", E117°19'21", 496M)，1987. VIII. 23，吴祖建网捕；1♂ (副模)，福建仙游温泉 (N25°22'04", E118°47'40.57", 70M)，

1987. IX. 29，吴祖建采于黄盘诱集器；1♀ (副模)，福建永春吾边 (N25°19'26", E118°16'48", 120M)，1985. IX. 8，陈新金网捕。

分布 福建 (松溪、仙游、永春)。

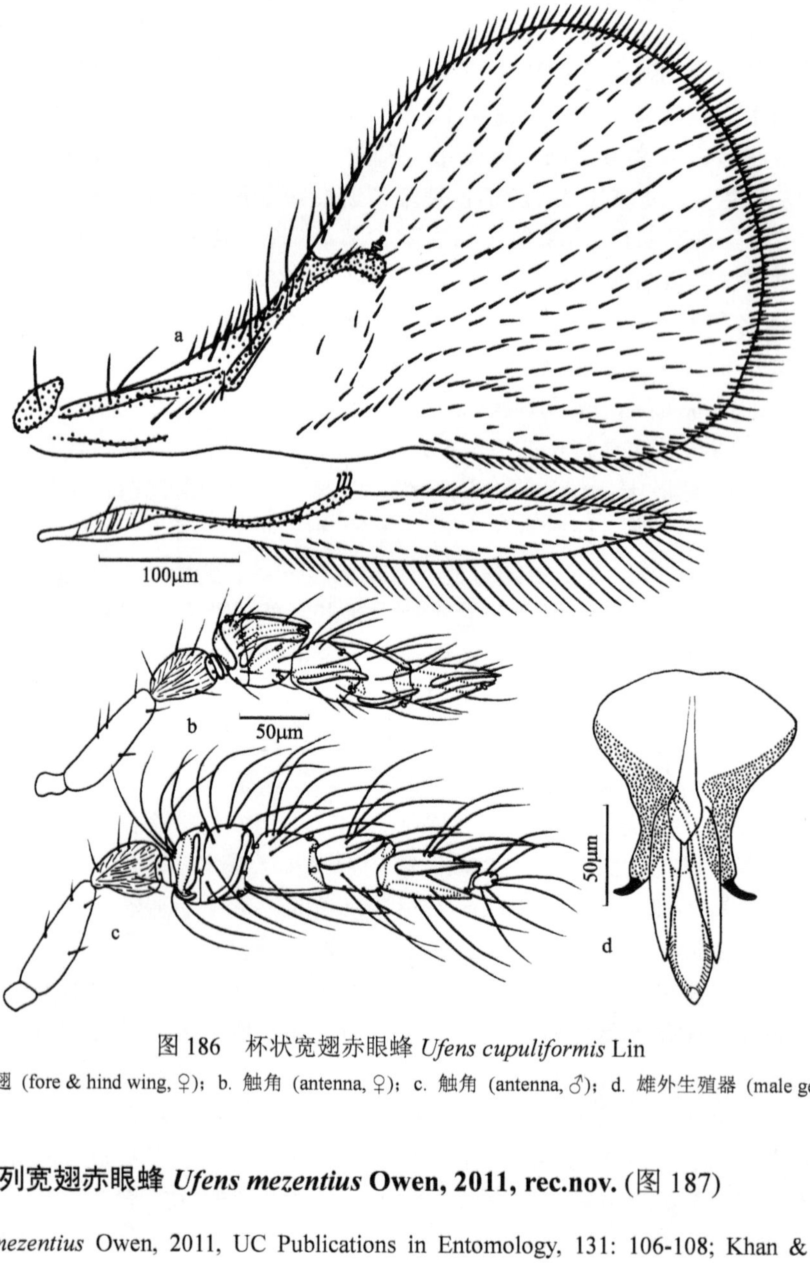

图 186 杯状宽翅赤眼蜂 *Ufens cupuliformis* Lin

a. 前后翅 (fore & hind wing, ♀)；b. 触角 (antenna, ♀)；c. 触角 (antenna, ♂)；d. 雄外生殖器 (male genitalia)

(182) 以色列宽翅赤眼蜂 *Ufens mezentius* Owen, 2011, rec.nov. (图 187)

Ufens mezentius Owen, 2011, UC Publications in Entomology, 131: 106-108; Khan & Anis, 2015, Prommalia, 3: 69-70.

雄 体长 0.7 mm (0.6-0.8)，相当于后足胫节长的 3.8 倍 (3.4-4.4)；全体暗黄褐色，但复眼、单眼深红色；第 I 腹节背板的基半段、各足腿节端部及其以下各足节为淡黄褐色至黄白色，上颚端部及产卵管褐色，前后翅脉黄褐色，前翅面全部无色透明。

头部正面观近扁圆形，宽稍大于高，也略宽于胸部；复眼长约为头高的 0.57 倍，其内侧颜面及头顶均具若干纤毛；上颚强大，末端 3 齿，内侧齿较钝；下颚须较长，端部具 2 毛；触角着生于两复眼之间中下方，各棒节连接较松散，全长约为两索节长度之和的 2.6 倍 (2.3-2.8) (图 187b)；第二索节稍长于基索节，为后者长的 1.3 倍 (1.2-1.4)；环节后各节除依次具 6-9、8-12 和 8-13、9-12、6-9、5-8 支明显粗长的轮生鞭毛感器外，还依次各具 2-5、2-5、2-5、1、1 只锥栓感器和 1、1、1-2、1、1-2 支板状感器 (除端小节外)。

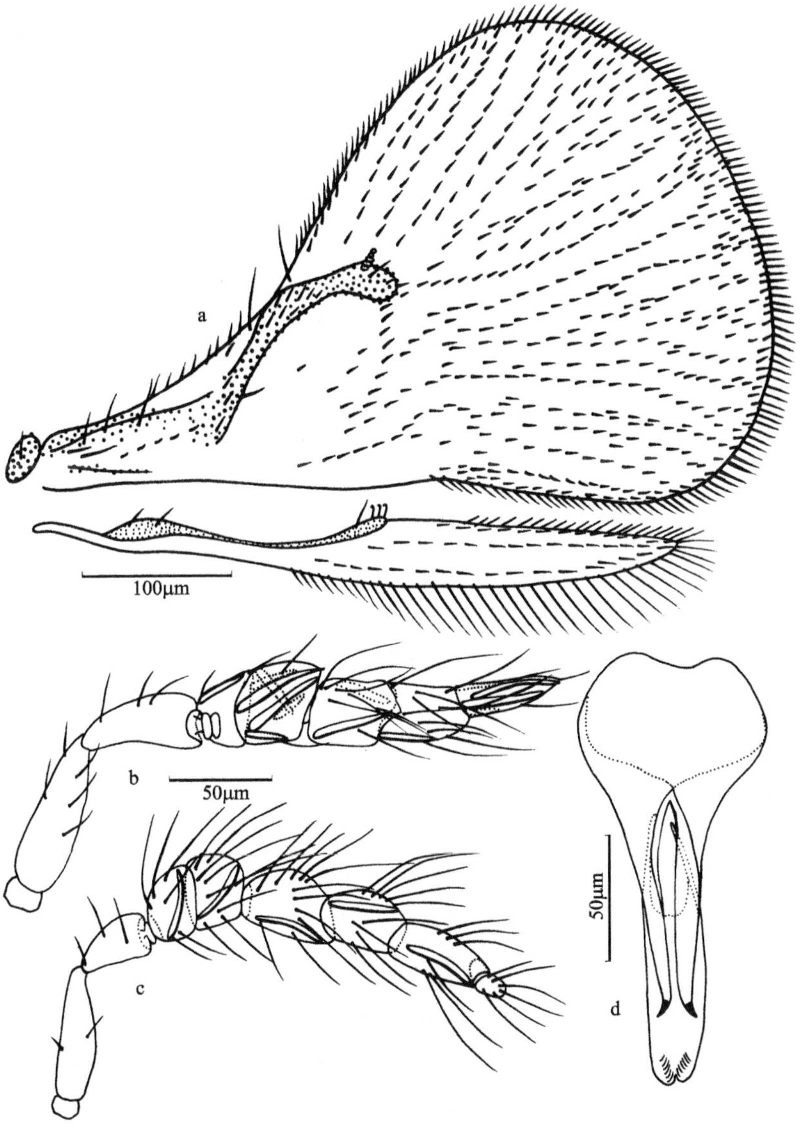

图 187　以色列宽翅赤眼蜂 *Ufens mezentius* Owen

a. 前后翅 (fore & hind wing, ♂)；b. 触角 (antenna, ♂)；c. 触角 (antenna, ♀)；d. 雄外生殖器 (male genitalia)

中胸盾密具刻纹，其上及其后小盾片各具 4 支纤毛；内悬骨宽大，端部向后伸至腹长的 0.4 倍左右，末端分 2 叶；前翅显著宽圆，长为宽的 1.5 倍 (1.4-1.6) (图 187a)；翅脉端部伸达翅长的一半左右，痣脉与缘脉等长或稍长 1.0 倍 (0.8-1.1)，缘脉长为宽的 2.2 倍 (2.0-2.4)，等于或稍长于缘前脉的 1.0 倍 (0.9-1.2)；翅面纤毛密度中等，包括中肘横毛列在内的所有纤毛均规则成列，第一、二臀毛列之间具规则纤毛 1 列；缘毛短小，最长者仅及前翅宽的 0.08 倍 (0.05-0.12)；后翅宽度在翅缰钩之后不明显变窄，长为宽的 7.6 倍 (7.5-7.9)；翅脉近于翅长的一半，翅面规则纤毛 3 列，最长后缘毛为前翅最长者的 1.5 倍，相当于后翅宽度 0.8 倍 (0.7-1.0)。

外生殖器的阳基呈刮勺状，长为宽的 2.0 倍 (1.9-2.2)，相当于后足胫节长的 0.9 倍 (0.8-1.0) (图 187d)；阳基基缘宽圆形稍平坦，或基缘的内陷很浅，相当阳基长的 0.02 倍 (0.01-0.02)；阳基前背开口约为阳基长的 0.35 倍 (0.3-0.4)，近后缘处最宽；阳基侧瓣窄长，长约为其最宽处的 9.0 倍，约等于阳基全长的 0.45 倍 (0.4-0.5)；两侧瓣从基部向端部均匀变窄，端部稍呈“八”字形外突，但无端刺；腹中突、中脊、钩爪及阳茎内突等结构均消失。

雌 体长 0.71 mm；体色及主要特征与雄虫相似，但触角环节后各节连接较紧密，两索节较粗大，第二索节为基索节长的 2.0 倍 (1.8-2.2) (图 187c)，棒节长度等于两索节长的 1.9 倍 (1.7-2.1)；环节后各节除依次具 4-6、3-4、3-4、1、1 只锥栓感器和 1、6-7、2、1-2、4 支板状感器外，两索节还各具 1 支刺毛感器，各棒节还依次具 7-9、10-11 和 2-3 支较长的鞭毛感器；腹部长圆锥形，约与头胸部长度之和相当；各腹节背板的后半段均具稀疏刻纹和纤毛；产卵管高度骨化，长度等于后足胫节长的 1.2 倍。

寄主 未知。

模式标本产地 Israel, Negev。

模式标本存放单位 University of California Research Collection, Riverside [UCRC]。

研究标本 1♂1♀，海南儋州宝岛新村 (N19°30'42", E109°30'39", 45M)，2005. V. 6，张端璋网扫；1♂，海南儋州两院 (N19°30'46", E109°30'46", 134M)，2004. X. 30，吕宝乾网扫。

分布 海南 (儋州)；以色列，斯里兰卡，印度 (Uttar Pradesh)，南非。

(183) 折脉宽翅赤眼蜂 *Ufens rimatus* Lin, 1993 (图 188)

Ufens rimatus Lin, 1993a, Wuyi Sci. J., 10: 56-58; Lin, 1994, System. Stud. Chinese Trichogrammatidae: 211-212; Lin & Lin, 2002, Acta Zootaxon. Sinica, 27(2): 349-350; Owen, 2011, UC Publications in Entomology, 131: 130-132; Aishan & Hu, 2014, Zool. System., 39(3): 450.

雄 体长 0.70-0.75 mm，约为后足胫节长的 4.1 倍 (3.9-4.2)；全体暗褐色，但复眼、单眼深红色；头顶、触角、第 I 腹节背板中央、前中足各足节、后足腿节末端及其以下各跗节黄褐色；上颚端部褐色，前后翅脉黄褐色，除缘前脉下方翅面具 1 黄褐色半透明小昙斑外，其余翅面全部无色透明。

头部正面观扁圆形，宽稍大于高，也稍宽于胸部；复眼较大，长为头高的 0.62 倍左右，其内侧颜面及头顶区均具若干纤毛；上颚较强大，末端 3 齿，内侧齿末端钝圆；下颚须 1 节，端部具 3 毛；触角着生于两复眼之间中部，离唇基较远，较粗壮；柄节长为宽的 3.44 倍，等于棒节长的 1.67 倍 (图 188c)；梗节梨形，长为宽的 1.57 倍，上具明显的脊状纹；两环状节小而明显，第二环节嵌入索节基部；两索节近圆筒形，长为宽的 1.24 倍，稍长于梗节；第二索节明显长于基索节，为后者长的 1.3 倍 (1.1-1.3)；各棒节结合较紧密，长纺锤形，长为宽的 2.89 倍，相当于两索节长度之和的 1.9 倍 (1.7-2.0)；除端小节外，各棒节长度接近，基棒节最宽大，向端部渐尖；环节后各节除依次具 3-5、5-7 和 7-8、7-8、5、1-2 支明显直而粗的轮生鞭毛感器外，还依次各具 3-4、3-4、3-4、1、1 只锥栓感器和 1、1、1、1、2 支板状感器 (除端小节外)。

胸部约为腹长的 0.67 倍，中胸盾具纵蜂窝状刻纹，其上及小盾片还各具 4 支纤毛；内悬骨很短，端部向后伸达腹长的 1/4，分 2 叶；前翅显著宽圆，长为宽的 1.7 倍 (图 188a)，翅脉末端伸达翅长的一半，缘脉长为宽的 4.6 倍 (3.9-5.3)，相当于缘前脉长的 1.4 倍 (1.3-1.5)，明显短于亚缘脉，与缘前脉交界处有 1 明显折断痕；痣脉等于缘脉长的 0.7 倍 (0.7-0.8) 左右；翅面纤毛规则成列，中肘横毛列明显，第一、二臀毛列之间具规则纤毛 1 列；缘毛短小，最长者不足前翅宽的 1/10 (0.07-0.09)；后翅稍短于前翅，长约为宽的 10.0 倍；翅脉约为翅长的 0.55 倍，翅面规则纤毛 3 列；最长后缘毛稍长于前翅最长者，等于或稍长于后翅宽度 (1.0-1.3 倍)；足正常大小，各足节均具细纤毛，中足胫节端部的距状刺毛明显较长。

腹部长圆锥形，与头胸部长度之和相当；各腹节背板均具明显刻纹和若干纤毛，外生殖器的阳基较细长，端部渐尖，长为宽的 5.0 倍 (4.3-5.7)，等于后足胫节长的 1.5 倍 (1.5-1.6)；阳基前背开口较窄短 (图 188d)，约等于阳基长的 0.4 倍，明显窄于阳基宽度；阳基基缘的凹陷很浅，长度仅及阳基长的 0.02 倍 (0.01-0.02)；阳基侧瓣细窄，基部源于阳基前背开口后缘，端部各具 1 端刺，全长等于阳基长度的 0.2 倍；两钩爪直而紧邻于阳基侧瓣，约等于阳基长的 0.4 倍，末端明显伸出阳基侧瓣之外；中脊短而不明显，向前仅伸达阳基长的 0.05 倍左右，腹中突消失；阳茎中部宽而端部细尖，与其内突分界不清晰，两者全长为阳基长的 0.47 倍，等于后足胫节长的 0.65 倍。

雌　体长 0.77-0.78 mm；体色及主要形态与雄虫相似，但产卵管黄褐色；触角棒节长纺锤形，长为宽的 3.6 倍，等于两索节总长的 2.0 倍 (1.9-2.1)，相当于柄节长的 1.8 倍；各棒节之间斜接，稍有重叠，基部两棒节近等长，端棒节较长，端部尖削 (图 188b)；环节后各节除依次具 5-7、6、5-8、1、1 只锥栓感器和 1、2-4、1-2、1-2、4 支板状感器外，两索节还各具 1 支刺毛感器、各棒节还依次具 6-7、6-7、3 支较长的鞭毛感器；产卵管约等于腹长的 0.73 倍，为后足胫节长的 2.0 倍，端部约 1/7 管长明显突出腹末之外。

寄主　寄生番石榴树上淡色拟隐脉叶蝉 *Pseudonirvana pallida*、叉线拟隐脉叶蝉 *P. furcilinea* 等虫卵 (陈义群和林乃铨, 2000-2002)。

模式标本产地　广东广州石牌。

模式标本存放单位　福建农林大学生物防治研究所昆虫标本室 [FAFU]。

研究标本　♂(正模)，2♂(副模)，广东广州石牌 (N23°8'42", E113°20'46", 12M)，1985. XI. 3，林乃铨网捕；2♀，福建福州金山 (N26°82'31", E119°20'30", 16M)，1998. VIII. 10，

林乃铨、陈义群、方雄熙从番石榴树上淡色拟隐脉叶蝉、叉线拟隐脉叶蝉卵内养得；5♀6♂，福建福州金山（N26°82'31", E119°20'30", 16M），2000-2002. VII-VIII，陈义群、方雄熙、林乃铨从上述拟隐脉叶蝉卵内养得。

分布　福建（福州）、广东（广州）；马来西亚。

附注　Lin (1993a) 根据扫网采自广东广州的雄性标本描述本种后，Lin & Chen (1998-2002) 在福州调查番石榴、相思树上拟隐脉叶蝉卵寄生蜂时，先后养得较多本种的两性标本，因此 2002 年补充描述了本种的雌性特征。据 Owen (2011) 报道，本种也发现分布于马来西亚等地。

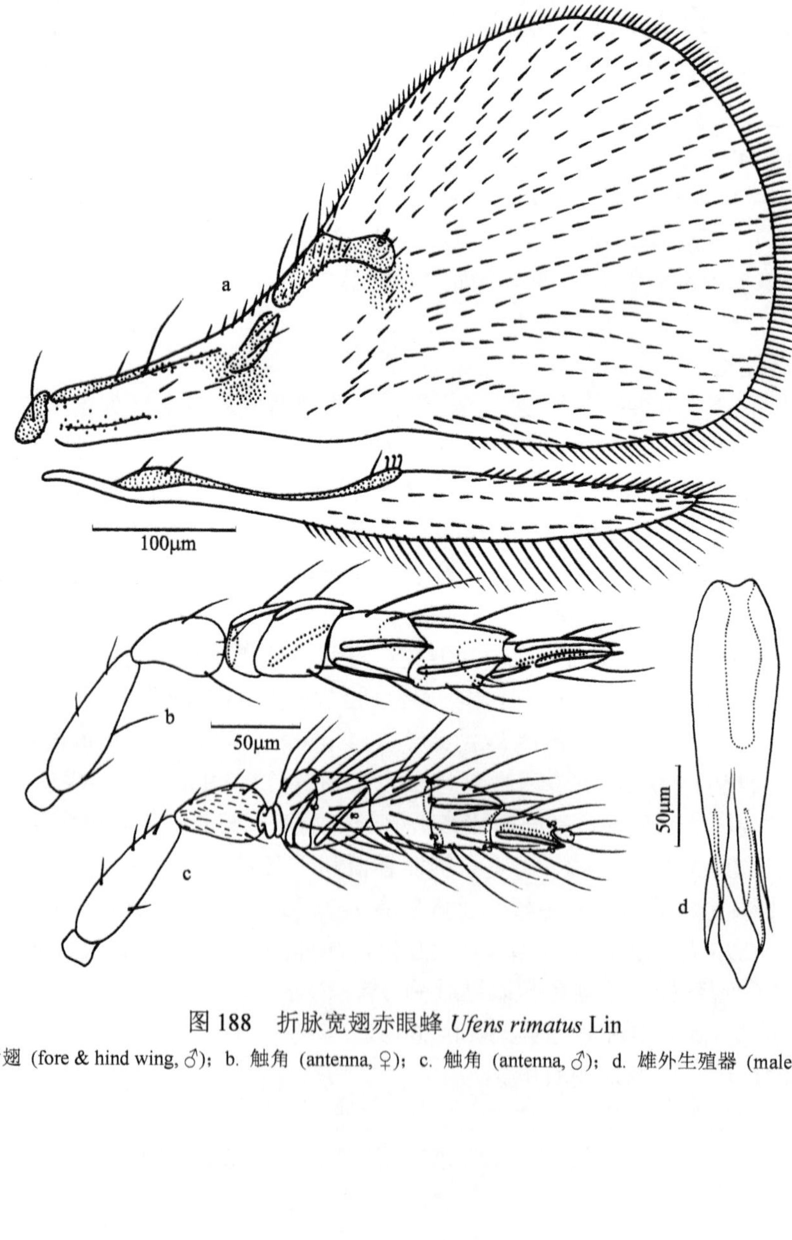

图 188　折脉宽翅赤眼蜂 *Ufens rimatus* Lin

a. 前后翅 (fore & hind wing, ♂)；b. 触角 (antenna, ♀)；c. 触角 (antenna, ♂)；d. 雄外生殖器 (male genitalia)

(184) 弗氏宽翅赤眼蜂 *Ufens foersteri* (Kryger, 1918) (图 189)

Centrobia foersteri Kryger, 1918, Ent. Medd., 12: 291-292.

Ufens hirticornis (Blood, 1922), Ann. Rep. Proc. Bristol Nat. Soc., 4(5): 254 (*Neocentrobia*). as synonymy of *Ufensia*, by Viggiani, 1988: 15-20.

Ufens foersteri irregularis Nowicki, 1935, Zeit. Angew. Ent. Berlin, 21: 572. syn. by Doutt & Viggiani, 1968: 578.

Ufens foersteri meridionalis Nowicki 1935, Zeit. Angew. Ent. Berlin, 21: 572. syn. by Doutt & Viggiani, 1968, Proc. Calif. Acad. Sci., 35(20): 578.

Ufens vitoldi (Soyka, 1931b), Natuurh. Manndbl., 20(8): 111 (*Stephanotheisa*). syn. by Nowicki, 1935: 572.

Ufensia sp. Viggiani, 1971b, Boll. Lab. Ent. Agr. 'F. Silvestri', Portici, 29: 202-203 (genitalia illustrated, presumably *U. Africana*). syn. by Owen, 2011: 82.

Ufensia africana Viggiani, 1972b, Boll. Lab. Ent. Agr. 'F. Silvestri', Portici, 30: 159-161. syn. by Owen, 2011: 82.

Ufensia minuta Viggiani, 1988, Boll. Lab. Ent. Agr. 'F. Silvestri', Portici, 45: 15-21. syn. by Owen, 2011: 82.

Ufensia xinjiangensis Hu & Lin, 2003, J. Fujian Agr. Univ., 32(3): 309-311. syn. by Aishan & Hu, 2014: 453.

Ufens foersteri (Kryger): Owen, 2011. UC Publications in Entomology, 131: 82-87; Aishan & Hu, 2014, Zool. System., 39(3): 453.

雌 体长 0.6-0.8 mm，等于后足胫节长的 4.1 倍 (3.7-4.8)；体暗黄褐色，但单眼及复眼红色，后头、触角、前后翅脉、前中足腿节及其胫节两端、基部两跗节、下颚须为淡黄褐色，前翅翅面全体无色透明。

头部正面观宽大于高 (45∶32)，复眼较大，长约为头高的 0.71 倍 (23∶32)；上颚端部 3 齿，下颚须短而不分节，端部具两短一长 3 支刚毛；触角柄节长为宽的 3.2 倍 (16∶5)，等于梗节长的 1.6 倍 (16∶10) (图 189b)；梗节梨形，长约为宽的 1.67 倍 (10∶6)；第二索节明显长于基索节，约等于后者长的 1.5 倍 (1.4-1.6)；棒节长为宽的 3.13 倍 (25∶8)，约为两索节全长的 2.1 倍 (1.8-2.4)；环节后各节除依次具 2-3、2-3、2-3、1、1 只锥栓感器和 1、3、1-2、2、4 支板状感器外，两索节还各具 1 支刺毛感器、各棒节还依次具 5-6、5-9 和 3-5 支较长的鞭毛感器。

胸部短于腹部，约为腹长的 0.78 倍 (68∶87)；中胸盾密具纵刻纹，前翅端部宽阔，长为宽的 1.5-1.7 倍 (图 189a)；亚缘脉、缘前脉、缘脉、痣脉的长度比为 24∶11∶11∶11；缘前脉、缘脉和痣脉约等长，缘前脉与缘脉之间有 1 明显折断痕，痣脉基部稍缢缩；前翅翅面纤毛密度中等，全部规则成列 (约 26 列)，中肘横毛列明显，第一、二臀毛列之间具规则纤毛 1 列；缘毛短，最长者不足翅宽的 1/10 (0.07-0.08 倍)；后翅稍短于前翅，长为宽的 7.6-8.7 倍；翅面规则纤毛 3 列，最长后缘毛稍长于前翅最长者，相当于后翅宽的 0.8-1.2 倍；前足基跗节短于其后各跗节，而中足基跗节则长于其后各跗节；各足腿节、胫节和跗节的长度比分别是，前足 27∶27∶30，中足 23∶37∶28，后足 24∶33∶30。

腹部稍短于头胸部长度之和 (87∶100)；产卵管较发达，着生于腹基部约 1/3 处，其长度约为腹长的 0.73 倍 (60∶87)，等于后足胫节长的 1.8-2.0 倍，端部近 1/10 管长突出腹末之外，下生殖板端部仅伸达产卵管基部的 0.13 倍左右处。

雄 体长 0.71-1.07 mm；体色及主要形态与雌性相似，但触角第二索节仅稍长于基索节 (图 189c)，等于后者长的 1.2 倍 (1.0-1.5)；棒节长为宽的 4.05 倍，等于两索节全长的 2.1 倍 (1.9-2.4)；环节后各节除依次具 7-10、9-12、9-12、8-10、8-10、6-8 支明显粗长的轮生鞭毛感器外，还依次各具 2-4、2-4、2-4、1、1 只锥栓感器和 1、1、1、1、2 支板状感器 (除端小节外)。

腹部与胸部近等长，外生殖器细长，长为宽的 6.0-7.5 倍，等于后足胫节长的 0.8 倍 (0.7-0.9)；阳基与阳茎愈合，侧面观呈明显 "S" 形弯曲 (图 189d)；阳基背开口短小，仅及阳基长的 0.3 倍，阳基基缘的凹陷浅薄而明显，其深度仅及阳基长的 0.03 倍 (0.02-0.05)；阳基侧瓣为等宽的长细条状，基部抵达阳基背开口后缘，端部具 1 长端刺毛，相当于阳基全长的 0.6 倍 (0.5-0.6)；其腹中突、中脊、钩爪和阳茎内突均退化消失。

寄主 仅原 *Ufensia minuta* Viggiani 知可寄生半翅目盲蝽科 Miridae 的 *Reuteria marqueti* Puton 卵，可能也能寄生叶蝉科 Cicadellidae 的 *Circulifer* sp. 卵；已知可从紫草科 Boraginaceae、藜科 Chenopodiaceae 等许多不同植物的生境中采到本种标本。

模式标本产地 Fortunens Indelukke, Denmark。

模式标本存放单位 University of Copenhagen, Zoological Museum, Copenhagen, Denmark [ZMUC]。

研究标本 1♀6♂，新疆乌鲁木齐 (N43°44'17", E87°36'24", 800M)，2001. VIII. 1-3，胡红英、孙涛网扫；1♀，新疆呼图壁 (N44°11'32", E86°53'56", 550M)，1999. VIII. 27，林乃铨网扫；2♀1♂，新疆五家渠 (N44°7'34", E87°32'52", 490M)，2001. VIII. 3，胡红英、孙涛网扫；5♀1♂，新疆石河子 (N44°18'34", E86°5'18", 450M)，2001. VII. 12，胡红英网扫；4♀2♂，新疆玛纳斯 (N44°19'13", E86°13'40", 1900M)，1999. VIII. 27，林乃铨网扫；2♀1♂，新疆乌苏 (N44°11'16", E87°19'32", 753M)，2001. VII. 17，胡红英网扫；1♀，新疆温泉 (N44°59'36", E81°1'59", 880M)，2001. VII. 16，胡红英网扫；2♀6♂，克拉玛依 (N45°37'25", E84°51'51", 400M)，2008. VII. 24，鲁佳雄网扫；6♀8♂，新疆富蕴 (N46°59'39", E89°31'56", 811M)，2007. VIII. 6，罗亚皇、徐建华网扫；2♀4♂，新疆福海 (N47°16'32", E87°30'61", 500M)，2007. VIII. 3，杜斌、张铁刚网扫；8♀6♂，新疆哈巴河 (N48°03.156'18", E86°26'35", 1072M)，2007. VIII. 3，徐建华、何茜网扫；1♂，新疆库尔勒 (N41°43'59", E86°11'25", 950M)，2001. 5. 17，吴卫网扫；5♂，新疆焉耆 (N42°32'37", E86°34'39", 1064M)，2001. VIII. 7，胡红英网扫；2♂，新疆和硕 (N42°16'13", E86°51'45", 2000M)，2001. VIII. 7，胡红英网扫；17♀11♂，新疆和静 (N86°24'48", E42°18'57", 1192M)，2001. VIII. 9，胡红英网扫；4♀3♂，新疆博湖 (N41°59'16", E86°37'38", 305M)，2001. VIII. 7，胡红英网扫；5♂，新疆轮台 (N41°46'43", E84°15'91", 4500M)，2008. VII. 24，张志强网扫；4♂，柯坪 (N40°30'26", E79°3'39", 2700M)，2008. VII. 23，张志强网扫；2♀，新疆巴楚 (N39°46'39", E78°22'36", 2250M)，2008. VII. 21，张志强网扫；2♀，新疆库车 (N41°43'41", E83°12'28", 1600M)，2008. VII. 16，张志强网扫；6♂，阿图什 (N39°45'38", E76°20'35", 1290M)，

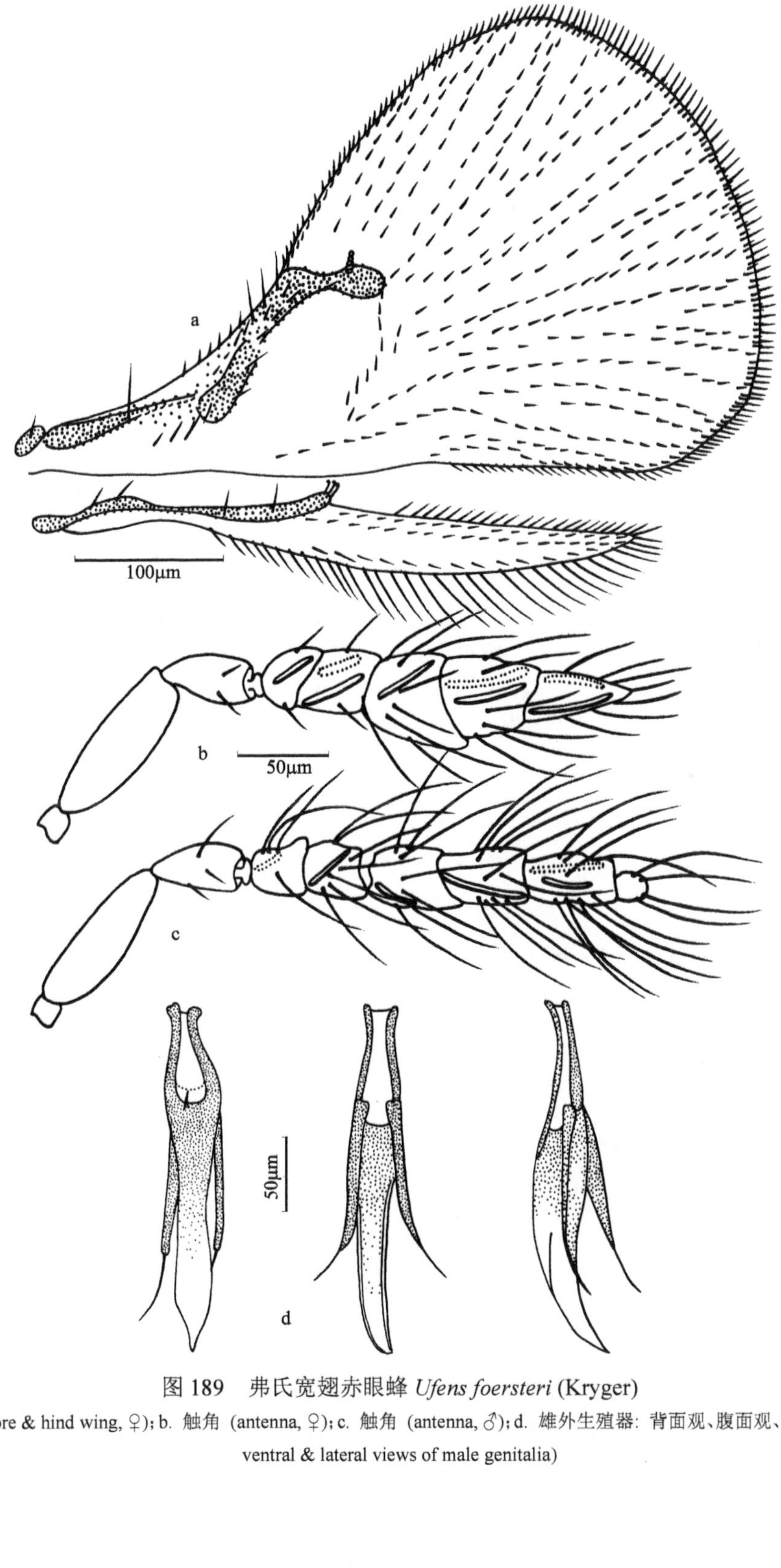

图 189　弗氏宽翅赤眼蜂 *Ufens foersteri* (Kryger)

a. 前后翅 (fore & hind wing, ♀); b. 触角 (antenna, ♀); c. 触角 (antenna, ♂); d. 雄外生殖器：背面观、腹面观、侧面观 (dorsal, ventral & lateral views of male genitalia)

2008. VII. 22，张志强网扫。

分布 新疆 (乌鲁木齐、呼图壁、五家渠、石河子、玛纳斯、乌苏、温泉、克拉玛依、富蕴、福海、哈巴河、库尔勒、焉耆、和硕、和静、博湖、轮台、柯坪、巴楚、库车、阿图什)；泰国，巴基斯坦，伊朗，以色列，土库曼斯坦，乌克兰，吉尔吉斯斯坦，俄罗斯 (莫斯科州)，英国，丹麦，波兰，希腊，荷兰，法国，德国，意大利 (撒丁岛)，西班牙，捷克，斯洛伐克，罗马尼亚，匈牙利，土耳其，加纳，埃及，巴布亚新几内亚，肯尼亚，马达加斯加，摩洛哥，尼日利亚，南非，坦桑尼亚，乌干达，澳大利亚 (昆士兰，西澳)，美国 (加利福尼亚)。广布亚洲，欧洲，非洲，大洋洲和北美洲等地。

附注 本种的分子数据见 Owen *et al.* (2007) 的 *Ufens minuta*，基因库号码为 AY623541 (28S-D2+D3) 和 AY940382。

45. 尤氏赤眼蜂属 *Uscana* Girault, 1911

Uscana Girault, 1911a, Trans. Am. Ent. Soc., 37: 22-23. **Type species**: *Uscana semifumipennis* Girault, 1911. by original designation; Doutt & Viggiani, 1968, Proc. Calif. Acad. Sci., 35(20): 554; Lin K-S, 1981, J. Agr. Res. China, 30(4): 436; Lin, 1994, System. Stud. Chinese Trichogrammatidae: 93-95; Lou, Ding & Wang, 1996, J. Shengyang Agr. Univ., 27(1): 39-44; Pinto, 2006, J. Hym. Res., 15(1): 114.

Bruchoctonus Grese, 1923, Bull. Saratov Seed Select. Admin. Sugar Trust, Kiev., 7: 117. **Type species**: *Bruchoctonus senex* Grese, 1923. presumably by monotypy. syn. by Fursov, 1987.

鉴别特征 胸腹部体色相对一致，同为褐色；触角环状节 1-2 节，索节缺如，棒节 4 节，各棒节均具若干锥栓感器和鞭毛感器；雌性基部两棒节至少具 1 支板状感器，雄性基棒节有或无板状感器；中胸盾和小盾片各具 2 对纤毛；前翅宽圆，长为宽的 1.8-2.0 倍；缘脉直，痣脉明显，端部指向后缘；翅面纤毛基本规则成列，中肘横毛列与臀毛列基部几乎汇聚，缘毛相对较短，长约为前翅宽的 0.2 倍；雌性产卵管较短，常不超过腹长的 1/3，着生于腹部之中后部；雄外生殖器高度退化，阳基与阳茎愈合，阳基侧瓣、钩爪、腹面刚毛及阳茎内突也缺如。

寄主 在已知的 28 种中，已知 17 种可寄生鞘翅目豆象科 Bruchidae、吉丁科 Buprestidae 等 30 多种虫卵，另有 11 种的寄主仍然不明。有些种类，如 *U. semifumipennis* 曾被广泛用于豆象的生物防治 (Fursov, 1995b)。

分布 本属目前已知 28 种，全世界各大洲均有分布，但以亚洲的种类最多 (10 种)，其次是欧洲 (9 种)，非洲 (4 种)，大洋洲 (2 种)，美洲 (3 种，其中北美洲 1 种、南美洲 2 种)；具体分布地为中国，日本，印度，巴基斯坦，叙利亚，土耳其，丹麦，俄罗斯，波兰，荷兰，英国，法国，意大利，塞内加尔，苏丹，澳大利亚，南马里亚纳群岛，美国及特立尼达岛，西印度群岛及智利等。

附注 本属为 Girault (1911a) 以美国的 *U. semifumipennis* 为模式而建立；一百多年来共描述 30 多种；Pinto (2006) 在建立与本属缘系最近的似尤赤眼蜂属 *Pseuduscana* 时，

发现我国原定在本属的 2 个前翅较狭窄、缘毛较长的种类，似应归到新成立的似尤赤眼蜂属；根据这一意见，现将我国的 *U. changbaiensis* 与 *U. setifera* 移到似尤赤眼蜂属 *Pseuduscana* 内，同时将 *U. femoralis* 指定为 *U. callosobruchi* 的异名，因此目前本属共知 28 种。

根据 Viggiani (1971b, 1984)、Pinto (2006) 基于雄外生殖器为主要依据的分亚科、分族系统，本属隶于寡索赤眼蜂亚科、毛翅赤眼蜂族；这一分类系统已得到 Owen *et al.* (2007) 基于分子证据系统发育分析结果的支持；本属的前翅及其雄外生殖器等特征与似尤赤眼蜂属极其相似，可以看出它们之间的缘系最接近。

我国最早系 Lin K-S (1981) 报道本属在台湾的分布记录，但种名未定。Lin (1994)、Lou *et al.* (1996, 1997) 先后发表了采自福建、广东、辽宁和黑龙江的本属 6 新种，现根据 Pinto (2006) 的意见，将 2 个前翅较窄、缘毛较长的种类移到似尤赤眼蜂属内，又将 *U. femoralis* Lou 指定为 *U. callosobruchi* 的异名，因此我国现知本属仅 3 种，记述于后。

种 检 索 表

1. 前翅缘毛较长，最长者可达前翅宽的 2/5；雌性产卵管与后足胫节约等长；雄外生殖器的阳基和阳茎明显可分，阳茎及其内突的总长相当于后足胫节长的一半…………**宽茎尤氏赤眼蜂 *U. latipenis***
- 前翅缘毛较短，最长者不足前翅宽的 1/3；雌性产卵管明显长于后足胫节；雄外生殖器的阳基和阳茎愈合为简单管状，短于后足胫节长的 0.45 倍……………………………………………………………2
2. 雌性触角基部两棒节明显较粗大，端棒节长而尖削；前翅最长缘毛不足翅宽的 1/6；雄性后足腿节发达，膨大如卵形；外生殖器长圆筒形，两端粗细大体相等……**豆象尤氏赤眼蜂 *U. callosobruchi***
- 雌性触角基部两棒节不明显粗大，端棒节不明显长而尖；前翅缘毛近于翅宽的 1/3；雄性后足腿节正常，不特别膨大；外生殖器长筒形，基部稍宽，端部尖削…………**纹胸尤氏赤眼蜂 *U. rugatus***

(185) 宽茎尤氏赤眼蜂 *Uscana latipenis* Lin, 1994 (图 190)

Uscana latipenis Lin, 1994, System. Stud. Chinese Trichogrammatidae: 96-97.

雄　体长 0.47 mm；全体深黄褐色，但复眼、单眼深红色；头顶、前足胫节全部、中后足胫节两端、各足跗节淡黄色；上颚端部、产卵管黄褐色；前翅脉之下翅面具烟褐色半透明昙纹，端部翅面无色透明。

头部正面观扁圆形，宽大于高；复眼长为头高的 0.67 倍，其内侧颜面及头顶均具若干纤毛；触角着生于两复眼中部连线之稍下方；柄节长为宽的 3.0 倍，相当于梗节长的 1.5 倍 (图 190b)；梗节卵圆形，长为宽的 1.4 倍；环状节小而明显；棒节长锥状，长为宽的 3.9 倍，相当于柄节长的 1.5 倍；基部两棒节短而宽，分界处稍有重叠而不明显；第三棒节最长大，端棒节近长筒形，端部细而稍平截，长为宽的 3.0 倍；各棒节除均具若干锥栓感器和鞭毛感器外，还依次各具 2、0、3 和 3 支板状感器。

胸部背板密具细致网纹，长约为腹长的 0.75 倍；内悬骨较短而宽，端部伸达腹长的 0.4 倍左右；前翅端部稍平截 (图 190a)，长为宽的 2.1 倍；翅脉较长，端部伸达翅长的 0.68 倍左右处；缘脉明显长于缘前脉，与亚缘脉长度接近；翅面纤毛大致规则成列，具中肘横毛列；缘毛较长，最长者近于前翅宽的 0.45 倍；后翅稍短于前翅，长为宽的 12.0 倍，翅脉端部伸达翅长的一半；翅面规则纤毛 2 列，最长后缘毛为后翅宽的 2.2 倍；各足正常大小，各足节均具细纤毛。

腹部长圆锥形，约等于头胸部长度之和；外生殖器结构较为特殊 (图 190d)，阳基与阳茎明显可分；阳基长为宽的 2.5 倍，阳茎稍弯向腹面，短于其内突 (12∶17)，两者全长稍长于阳基，相当于后足胫节长的一半。

雌 体长 0.50 mm；体色较雄虫稍淡，主要特征及触角各棒节上的感器类型与雄者相似；但棒节长为宽的 3.5 倍，基部 3 棒节稍细于雄者 (图 190c)，且分界处稍斜接，分节不明显；第三、四棒节均长筒形，分界清楚，端棒节顶端细而稍平截；胸部约等于腹长的 0.8 倍，产卵管高度骨化，约为腹长的 0.53 倍；与后足胫节约等长，末端不露出腹末之外。

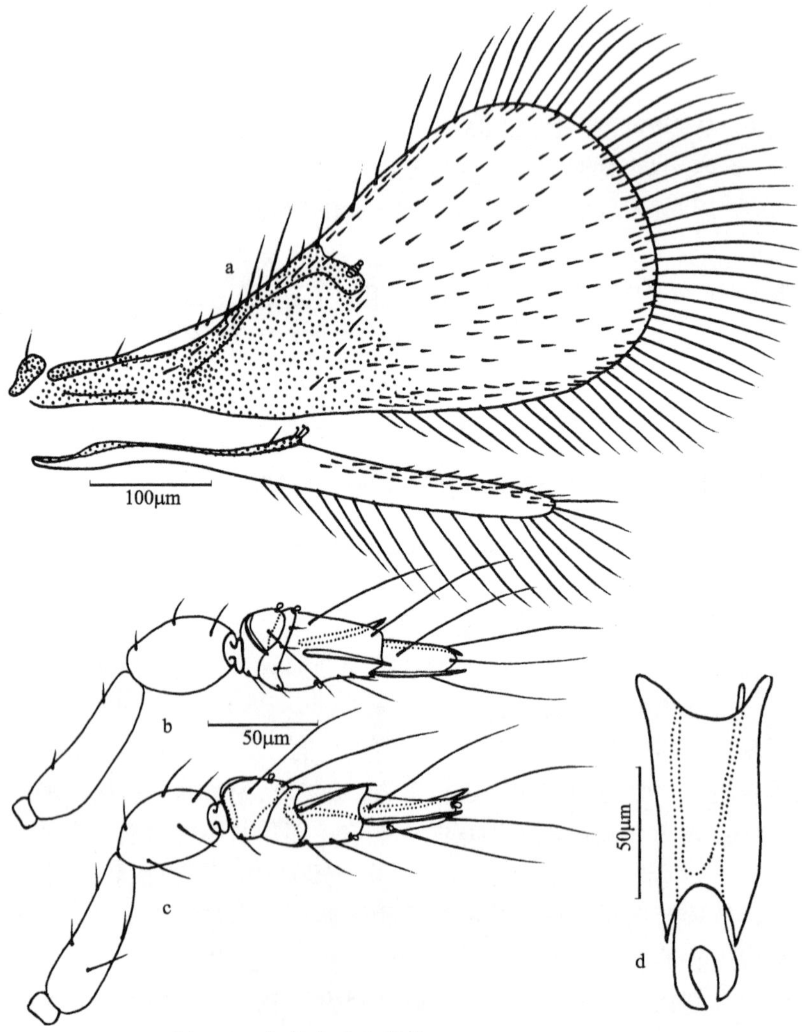

图 190 宽茎尤氏赤眼蜂 *Uscana latipenis* Lin

a. 前后翅 (fore & hind wing, ♂)；b. 触角 (antenna, ♂)；c. 触角 (antenna, ♀)；d. 雄外生殖器 (male genitalia)

寄主　未知。

模式标本产地　福建将乐龙栖山。

模式标本存放单位　福建农林大学生物防治研究所昆虫标本室 [FAFU]。

研究标本　♂ (正模)，6♂3♀ (副模)，福建将乐龙栖山 (N26°30'41", E117°22'57", 239M)，1991. VIII-X，林乃铨、刘长明网扫。

分布　福建 (将乐)。

(186) 豆象尤氏赤眼蜂 *Uscana callosobruchi* Lin, 1994 (图 191)

Uscana callosobruchi Lin, 1994, System. Stud. Chinese Trichogrammatidae: 94-95.

Uscana femoralis Lou, 1996, in: Lou, Ding & Wang, 1996, J. Shengyang Agr. Univ., 27(1): 39-44. syn. nov.

雌　体长 0.48-0.50 mm；全体暗褐色，但复眼、单眼深红色，头顶、各足腿节端部、胫节两端和各跗节均淡褐色；上颚端部、翅脉及产卵管黄褐色，翅脉以内下方翅面具灰褐色半透明昙纹，端部翅面无色透明。

头部正面观扁圆形，宽明显大于高；复眼长为头高的一半左右，其内侧及头顶均具若干纤毛；上颚端部 3 齿，下颚须 1 节，端部 2 毛；触角着生于两复眼下缘连线之上，柄节长约为宽的 3.0 倍，相当于梗节长的 1.75 倍 (图 191b)；梗节长梨形，长为宽的 1.5 倍；基环状节小而明显，第二环状节紧贴棒节基部，不易看清；棒节长锥形，长为宽的 2.75 倍，相当于柄节长的 1.8 倍左右；基部 3 棒节的宽度均大于各自之长，以基棒节端部最宽大，而后各棒节渐次收窄，端棒节长筒形，端部较尖削，长为宽的 2.8 倍，约占棒节总长的 0.45 倍；各棒节除均具若干锥栓感器和鞭毛感器外，还依次各具 5、2、4 和 4 支板状感器。

胸部密具细致刻纹，长度相当于腹长的 0.7 倍左右；中胸盾和小盾片各具 2 对纤毛，内悬骨末端分 2 叶，向后伸达腹长的 0.52 倍处；前翅端部宽圆，长约为宽的 2.0 倍 (图 191a)；翅脉端部伸达翅长之 0.55 倍处，缘脉与缘前脉约等长，短于亚缘脉；翅面纤毛中等密度，分布规则成列；具明显的中肘横毛列，其纤毛数可因个体而异，3-8 支不等；缘毛较短，最长者不足前翅宽的 1/6；后翅略短于前翅，长为宽的 7.0 倍，翅脉端部伸达翅长的 0.54 倍处，翅面规则纤毛 3 列，最长后缘毛近于后翅宽的 2.0 倍；各足正常大小，各足节均具细纤毛。

腹部长圆锥形，长度约与头胸部之和相当；产卵管高度骨化，等于腹长的 0.7 倍左右，为后足胫节长的 1.25 倍，末端不露出腹末，下生殖板长度稍超过产卵管的一半。

雄　体长 0.45-0.48 mm；体色及主要特征与雌虫相似；但触角棒节较粗而短，长仅为宽的 2.0 倍，相当于柄节长的 1.2 倍 (图 191c)；各棒节除均具若干锥栓感器和较粗长的鞭毛感器外，还依次各具 2、2、3 和 3 支板状感器；前翅稍窄于雌者，最长缘毛稍长于雌性，约等于前翅宽的 0.2 倍；后足腿节极发达，膨大成卵圆形 (图 191d)，长仅及其宽的 1.7 倍，其上密具细致刻纹；外生殖器的阳基与阳茎愈合为简单管状，长约为宽的 3.5 倍 (图 191e)，相当于后足胫节长的 0.4 倍左右。

寄主 绿豆象 *Callosobruchus chinensis* 卵。

模式标本产地 福建福州。

模式标本存放单位 福建农林大学生物防治研究所昆虫标本室 [FAFU]。

研究标本 ♀ (正模)，4♀4♂ (副模)，林乃铨，1991. VII. 15，福建福州金山 (N26°82'31", E119°20'30", 16M)，由绿豆象卵诱得；1♀2♂ (副模)，将乐龙栖山 (N26°30'41", E117°22'57", 239M)，1991. VIII-X，林乃铨、刘长明网扫；3♀2♂ (副模)，辽宁沈阳东陵 (N41°48'46", E123°31'59", 52M)，1992. VII. 12，林乃铨网扫；2♂1♀，辽宁大连 (N38°54'51", E121°36'53", 80M)，1992. IX. 4，娄巨贤采；2♂，黑龙江镜泊湖 (N43°51'14", E128°54'37", 344M)，1995. VIII. 19，娄巨贤、袁静采。

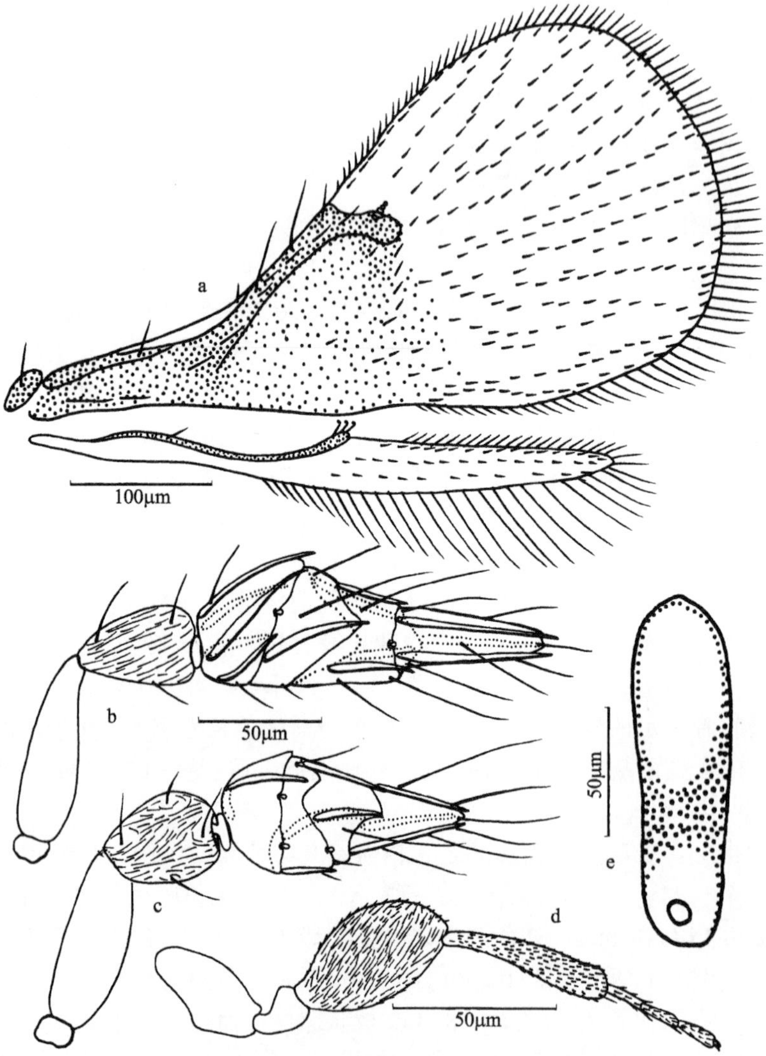

图 191 豆象尤氏赤眼蜂 *Uscana callosobruchi* Lin

a. 前后翅 (fore & hind wing, ♀)；b. 触角 (antenna, ♀)；c. 触角 (antenna, ♂)；d. 后足 (hind leg, ♂)；e. 雄外生殖器 (male genitala)

分布　黑龙江 (镜泊湖)、辽宁 (沈阳、大连)、福建 (福州、将乐)。

附注　本种与 *U. femoralis* 的形态特征，除前翅最长缘毛稍短于后者外，未见其他实质性特征差异，因此将后者作为本种的异名。

(187) 纹胸尤氏赤眼蜂 *Uscana rugatus* Lin, 1994 (图 192)

Uscana rugatus Lin, 1994, System. Stud. Chinese Trichogrammatidae: 95-96.

雌　体长 0.52 mm；全体深褐色，但复眼、单眼红色；头顶、各足腿节端部及其以下各足节为淡黄褐色，上颚及产卵管褐色；前后翅脉黄褐色，前翅痣脉以内下方翅面具淡灰色半透明晕纹，端部翅面无色透明。

头部正面观近扁圆形，宽稍大于高，与胸部近等宽；复眼长为头高的 0.6 倍左右，其内侧颜面及头顶均具若干纤毛；上颚较发达，末端 3 齿；下颚须 1 节较长，端部 2 毛；触角着生于两复眼下缘连线之稍上方，柄节长为宽的 3.1 倍，相当于梗节长的 1.5 倍 (图 192b)；梗节梨形，长为宽的 1.4 倍；基环状节较大而明显，第二环节小而紧贴棒节基部；棒节长锥形，长为宽的 3.5 倍，相当于柄节长的 2.0 倍；基棒节近半圆形，长小于宽，与第二棒节分界较清楚，第二、三棒节之间互相重叠，分界不明显；第三、四棒节稍有重叠，但分界基本清楚，端棒节锥状，端部尖削；各棒节除均具若干锥栓感器和鞭毛感器外，还依次具 2、2、3 和 3 支板状感器。

胸部背板密具细致刻纹，约为腹长的 0.63 倍；中胸盾及小盾片各具 2 对纤毛，内悬骨较短而宽，端部伸达腹长的 0.4 倍左右，末端分 2 叶；前翅中等宽圆，长为宽的 2.1 倍 (图 192a)；翅脉末端伸达翅长之 0.54 倍左右处，缘脉短于亚缘脉，近于痣脉长的 2.0 倍；翅面纤毛密度中等，规则分布成列，具中肘横毛列；缘毛较短，最长者不足前翅宽的 1/3；后翅稍短于前翅，长约为宽的 12.0 倍；翅脉近于翅长的一半；翅面规则纤毛除 2 列完整外，近后缘 1 列不完全；各足正常大小，各足节均具细纤毛，各胫节端部均具 1 支距状粗毛，后足胫节外端还具梳状刺毛。

腹部长圆锥形，约等于头胸部长度之和；各腹节背板两侧具稀网纹和若干细纤毛；产卵管高度骨化，长度约为腹长的一半，相当于后足胫节长的 1.5 倍，末端不明显露出腹末之外，下生殖板端部伸达产卵管的一半左右。

雄　体长 0.50 mm；体色略淡于雌虫，主要特征与雌虫相似，但触角各棒节除均具若干锥栓感器和明显粗长的轮生鞭毛感器外 (图 192c)，还依次各具 0、2、3 和 3 支板状感器。外生殖器的阳基与阳茎愈合为简单管状，长约为宽的 3.3 倍 (图 192d)，相当于后足胫节长的 0.45 倍。

寄主　未知。

模式标本产地　福建福州。

模式标本存放单位　福建农林大学生物防治研究所昆虫标本室 [FAFU]。

研究标本　♀ (正模)，1♂ (副模)，福建福州金山 (N26°82'31", E119°20'30", 16M)，1987. VII. 20，林乃铨采于黄盘诱集器；2♀，福建松溪渭田 (N25°52'41", E117°19'21", 496M)，1987. VII. 23，吴祖建网扫。

分布 福建 (福州、松溪)。

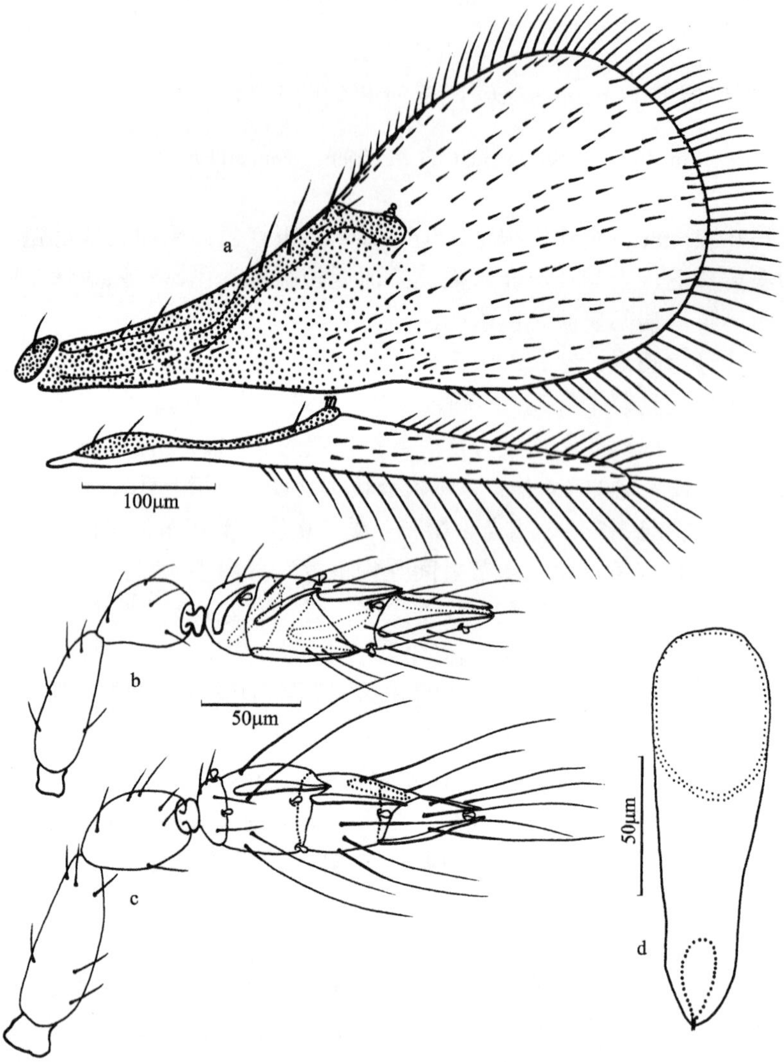

图 192 纹胸尤氏赤眼蜂 *Uscana rugatus* Lin

a. 前后翅 (fore & hind wing, ♀); b. 触角 (antenna, ♀); c. 触角 (antenna, ♂); d. 雄外生殖器 (male genitala)

46. 异角赤眼蜂属 *Uscanoidea* Girault, 1911

Uscanoidea Girault, 1911h, Arch. Naturg., 77: 129-130. **Type species**: *Uscanoidea nigriventris* Girault, 1911. by original designation; Doutt & Viggiani, 1968, Proc. Calif. Acad. Sci., 35(20): 552-553; Lin, 1994, System. Stud. Chinese Trichogrammatidae: 98-100; Pinto, 2006, J. Hym. Res., 15(1): 115-116.

鉴别特征 触角除柄节、梗节外，环状节 2 节，索节缺如，棒节 4-5 节；雌性棒节分节常不规则，故在不同角度下节数不同；雄者分节常较对称，其上常具若干锥栓感器、鞭毛感器和板状感器；前翅明显宽圆，翅脉端部伸达翅长的近一半，痣脉基部缢缩，端部伸出缘脉末端之外，缘脉长于缘前脉，两者宽度接近，痣脉与缘脉的长度之和长于缘前脉；翅面纤毛密度中等，所有纤毛列清晰，中肘横毛列较长；从痣脉端部弯向翅基部与臀毛列汇聚，缘毛常较短；产卵管长度因种而异，一般不明显突出腹末之外；雄外生殖器的阳基与阳茎愈合为简单管状，由基部向端部渐次收窄，短于后足胫节；除具腹面纤毛外，阳基侧瓣、钩爪和阳茎内突等结构消失。

寄主　仅 1 种知可寄生半翅目角蝉科 Membracidae 虫卵外，其余 7 种的寄主均未明。

分布　本属至今共知 8 种，其中 4 种分布于南美洲的巴西、阿根廷等地，2 种产于新北区的美国、墨西哥和巴拿马等地，2 种产于东洋区的我国福建。

附注　Girault (1911h) 以采自中美洲巴拿马的 *U. nigriventris* 为模式种而建立本属；此后 De Santis (1981) 根据南美洲的标本描述了本属 2 新种；Viggiani (1987) 把 Girault (1911b) 描述的 *Uscana marilandica* 移归本属，他 (Viggiani, 1992b) 又描述了南美洲巴西的 2 新种；Lin (1994) 发表了采自我国福建的 2 新种；虽然 Pinto (2006) 曾将 De Santis (1972) 建立的显纹赤眼蜂属 *Gnorimogramma* 移归本属，但本属的触角索节缺如，棒节 4-5 节，与后者的触角明显分索节 2 节、棒节 3 节不符，因而作者再次将显纹赤眼蜂属及其下所含种类 (包括我国 3 种) 由本属移归类广赤眼蜂属 *Burksiella*。

Viggiani (1971b, 1984)、Pinto (2006) 根据雄性外生殖器特征，一致将本属归隶于寡索赤眼蜂亚科、毛翅赤眼蜂族；这一分类系统已经得到 Owen *et al.* (2007) 基于分子证据系统发育分析的支持。本属的前翅及其雄外生殖器等特征与尤氏赤眼蜂属 *Uscana* 和毛翅赤眼蜂属 *Chaetostricha* 相似，可以看出它们之间的缘系较接近。

我国有关本属的记载，仅 Lin (1994) 报道我国福建的 2 种，记述如下。

种检索表 (雄)

雄性触角棒节 5 节，长锥形，端部尖削，长为宽的近 3.0 倍；前翅略窄长，端部稍宽圆，翅面纤毛规则成列，缘毛明显较长；外生殖器的阳基与阳茎愈合为简单管状，相对细长，长为宽的 5.0 倍，相当于后足胫节长的 0.7 倍；腹面中部具 2 支纤毛，端部稍弯向腹面，开口不明显……………………………………………………………… 尖棒异角赤眼蜂 *U. apiclavata*

雄性触角棒节 5 节，长卵圆形，端部较钝圆，长约为宽的 2.0 倍；前翅端部明显宽圆，缘脉上具 2 列粗短刺毛，缘毛较短；外生殖器的阳基与阳茎完全愈合为简单管状，相对较宽，长约为宽的 3.0 倍，相当于后足胫节长的 0.5 倍，中部具 1 对腹面纤毛，端部有 1 钟形开口……………………………………………………………… 卵棒异角赤眼蜂 *U. ovata*

(188) 尖棒异角赤眼蜂 *Uscanoidea apiclavata* Lin, 1994 (图 193)

Uscanoidea apiclavata Lin, 1994, System. Stud. Chinese Trichogrammatidae: 98-99.

雌　体长 0.61-0.63 mm；全体暗褐色，但复眼、单眼深红色，头顶、各足腿节与胫节两端、各足跗节淡黄褐色，上颚端部、前翅缘脉和痣脉深褐色，缘前脉及亚缘脉淡黄褐色，前翅脉之下翅面具烟褐色半透明晕纹，其余翅面无色透明。

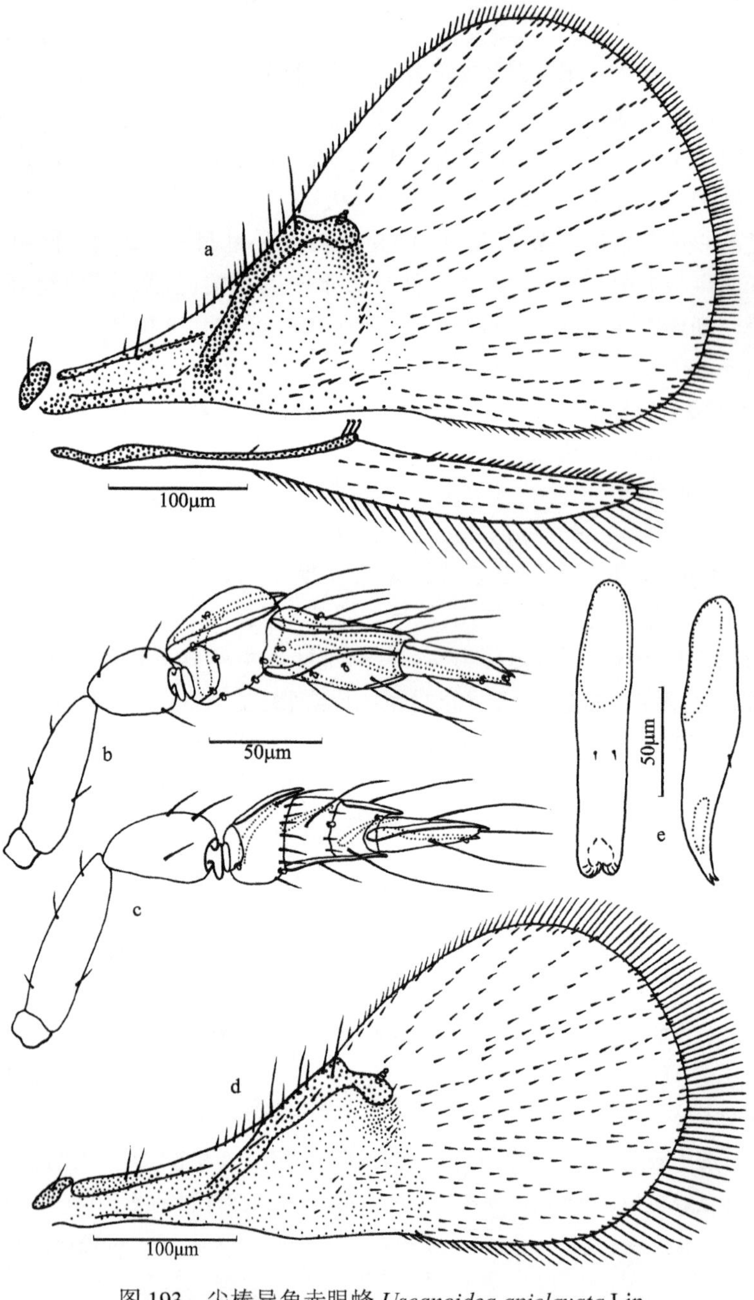

图 193 尖棒异角赤眼蜂 *Uscanoidea apiclavata* Lin

a. 前后翅 (fore & hind wing, ♀)；b. 触角 (antenna, ♀)；c. 触角 (antenna, ♂)；d. 前翅 (forewing, ♂)；e. 雄外生殖器 (male genitalia)

头部正面观近圆形，宽稍大于高；复眼长为头高的 0.5 倍左右，其内侧颜面光滑，头顶区具若干纤毛；触角着生于两复眼中部连线稍下方，柄节长为宽的 3.3 倍，相当于梗节长的 1.8 倍，上具细网纹 (图 193b)；梗节梨形，长仅为宽的 1.3 倍，上具明显细刻纹；两环状节明显，索节缺如；棒节 4 节，长为宽的 3.5 倍，相当于柄节长的 2.3 倍；基棒节短小，呈楔片状紧密嵌入第二棒节基部，外侧不易看清；第二棒节最粗大；第三棒节最长，圆筒形；端棒节长棒状，端部尖削；各棒节除均具若干锥栓感器和鞭毛感器外，端部 3 棒节还各具 2、4 和 4 支板状感器。

胸部背板密具网状刻纹，约为腹长的 0.85 倍；前翅宽阔，端部稍平截，长为宽的 1.6 倍，翅脉端部伸达翅长的一半 (图 193a)；缘脉稍长于缘前脉而短于亚缘脉，其上具簇生刺毛；翅面纤毛较密，规则分布成列 (约 18 列)，具明显的中肘横毛列；缘毛极短，最长者仅及前翅宽的 0.08 倍；后翅狭窄，明显短于前翅，长为宽的 10.6 倍；翅脉端部伸达翅长的一半，翅面规则纤毛 3 列，最长后缘毛略长于后翅宽度，为前翅最长者的 2.0 倍；各足正常大小，各足节均具细纤毛，中后足腿节、胫节上还具细网纹。

腹部长圆锥形，略长于胸部，各腹节背板的后半段均具粗网纹及纤毛；产卵管高度骨化，长度约为腹长的 1/3，相当于后足胫节长的 1.3 倍，末端不明显突出腹末之外。

雄　体长 0.60 mm；体色及主要特征与雌虫相似，但触角柄节长为宽的 3.77 倍，棒节 5 节，长锥形，较雌者稍细，端部尖削，长为宽的 2.97 倍；各棒节除均具若干锥栓感器和鞭毛感器外，基棒节短小，紧贴于第二棒节基部，上无板状感器，端部 4 棒节还依次各具 2、2、3 和 3 支板状感器 (图 193c)；前翅翅面略窄长于雌者，长为宽的 2.0 倍，翅面纤毛规则成列，缘毛明显长于雌者 (图 193d)；外生殖器的阳基与阳茎完全愈合为简单管状，相对细长，长约为宽的 5.0 倍 (图 193e)，相当于后足胫节长的 0.6 倍，腹面中部具 2 支纤毛，端部稍弯向腹面，端部开口小而不明显。

寄主　未知。

模式标本产地　福建将乐龙栖山。

模式标本存放单位　福建农林大学生物防治研究所昆虫标本室 [FAFU]。

研究标本　♀ (正模)，1♂ (副模)，福建将乐龙栖山 (N26°30'41", E117°22'57", 239M)，1991. X. 10，林乃铨网扫；1♂ (副模)，福建南靖乐土 (N24°54'21", E117°12'53", 277M)，1991. V. 23，刘长明网扫。

分布　福建 (将乐、南靖)。

(189) 卵棒异角赤眼蜂 *Uscanoidea ovata* Lin, 1994 (图 194)

Uscanoidea ovata Lin, 1994, System. Stud. Chinese Trichogrammatidae: 99-100.

雄　体长 0.70 mm；全体黄褐色，但复眼、单眼红色，头顶、触角柄节及端部两棒节、亚缘脉与缘前脉、各足腿节与胫节两端、全部跗节均淡黄褐色，前翅缘脉黄褐色，前翅脉之下翅面具烟褐色半透明昙纹，其余翅面无色透明。

头部正面观近扁圆形，宽大于高；复眼长为头高的 0.5 倍左右，其内侧颜面及头顶区均具若干纤毛；触角着生于两复眼中间连线之稍下方，柄节长约为宽的 3.0 倍，相当于梗节长的 1.6 倍，其上具细网状纹 (图 194b)；梗节长梨形，长为宽的 1.4 倍，其上具脊状刻纹；两环状节明显，第二环节紧贴棒节基部；棒节 5 节，长卵圆形，端部较钝圆，长约为宽的 2.0 倍，相当于柄节长的 1.3 倍；各棒节除均具若干锥栓感器和鞭毛感器外，基棒节短小，紧贴于第二棒节基部，上无板状感器，端部 4 棒节还依次各具 2、2、3 和 3 支板状感器；第二棒节最粗大，第三棒节极短，第四棒节宽稍大于长，向端部稍收窄，端棒节锥形，长稍大于宽；基部 3 棒节均密具细刻纹。

胸部长度均等于腹长的 0.7 倍，中胸盾密具细致刻纹；前翅端部明显宽圆 (图 194a)，长约为宽的 2.0 倍，翅脉端部伸达翅长的 0.58 倍左右，缘脉稍长于缘前脉而短于亚缘脉，其上具 2 列粗而短的刺；翅面纤毛规则成列 (约 18 列)，具明显的中肘横毛列；缘毛较短，最长者约为前翅宽的 0.12 倍；后翅稍短于前翅，长为宽的 12.5 倍；翅脉端部伸达翅长 0.54 倍处，翅面规则纤毛 3 列；最长后缘毛较长，近于后翅宽的 2 倍，等于前翅最长者的 2.5 倍；各足正常大小，各足节均具细纤毛。

腹部长圆筒形，略长于头胸部长度之和，各腹节背板上的刻纹明显较中胸盾的刻纹粗糙；外生殖器的阳基与阳茎完全愈合为简单管状 (图 194c)，长约为宽的 3.0 倍，相当于后足胫节长的 0.7 倍，中部具 1 对腹面纤毛，端部具 1 明显的钟形开口。

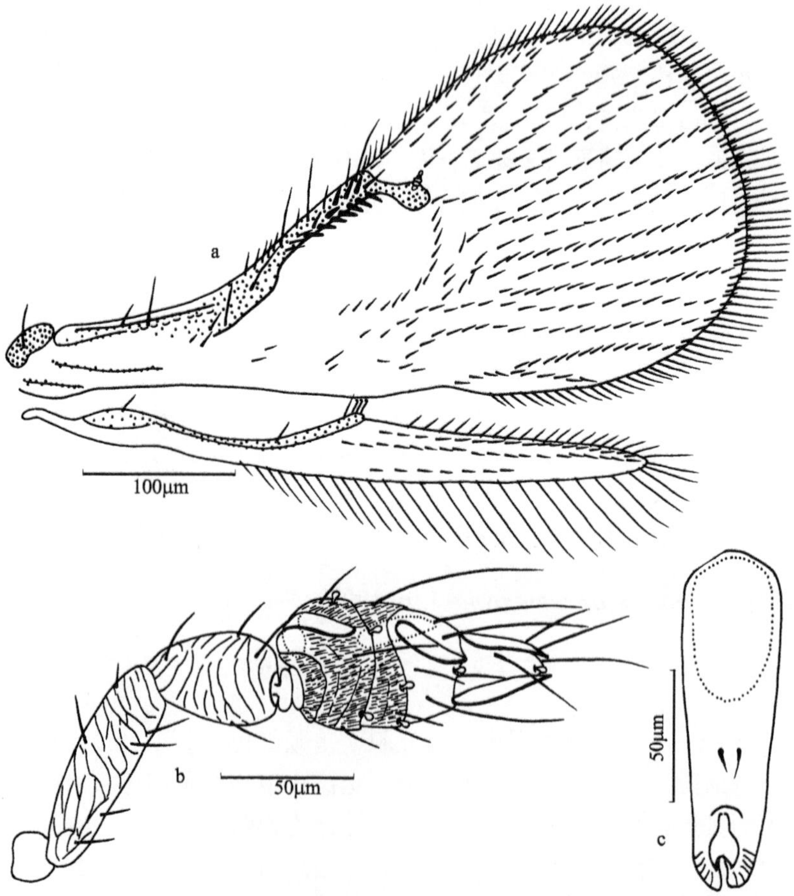

图 194 卵棒异角赤眼蜂 *Uscanoidea ovata* Lin (♂)

a. 前后翅 (fore & hind wing)；b. 触角 (antenna)；c. 外生殖器 (male genitalia)

雌　未知。

寄主　未知。

模式标本产地　福建永春。

模式标本存放单位　福建农林大学生物防治研究所昆虫标本室 [FAFU]。

研究标本　♂(正模)，1♂(副模)，福建永春城关 (N25°32', E118°10', 100M)，1986. VII. 19，陈新金网捕。

分布　福建 (永春)。

47. 刀管赤眼蜂属 *Xiphogramma* Nowicki, 1940

Xiphogramma Nowicki, 1940, Zeit. Angew. Ent. Berlin, 26: 641. **Type species**: *Xiphogramma holorhoptra* Nowicki, 1940. by original designation; Doutt & Viggiani, 1968, Proc. Calif. Acad. Sci., 35(20): 520; Lin, 1991, J. Fujian Agr. Coll., 20(1): 50-52; Lin, 1994, System. Stud. Chinese Trichogrammatidae: 41-42; Pinto, 2006, J. Hym. Res., 15(1): 117.

鉴别特征　触角除柄节、梗节外，环状节、索节各 2 节，棒节 1 节；索节和棒节均具若干锥栓感器、刺毛感器和板状感器；前翅缘脉基部和缘前脉端部骨化较弱而颜色较淡，痣脉较短，基部无缢缩，缘脉上无簇生刺毛；翅面纤毛稠密，但前翅缘脉之下翅面有 1 纤毛稀少区域，除部分纤毛列基部较清晰外，大多数纤毛不规则成列，中肘横毛列消失；雌性体形特殊，腹部侧扁；产卵管非常发达、呈马刀状；基部抵达胸部，端部伸出腹末之外甚长，使本属易于与其他各属赤眼蜂相区别；雄性腹部近圆筒形，不侧扁；外生殖器的阳基与阳茎愈合为简单长管状，末端向腹面弯曲；阳基近端部腹面具 2 支短纤毛和 2 个短而宽、端部平截的钩爪。

寄主　未知。

分布　本属迄今只知 4 种，分布于欧洲的波兰，亚洲的印度与中国，非洲的南非和北美洲的加拿大，美国和墨西哥等地。

附注　Lin (1994) 根据中国的本属标本，误把其雄外生殖器的阳基和阳茎分为 2 部分，而将其归为赤眼蜂亚科、赤眼蜂族；Pinto (2006) 通过全面研究，进一步根据雄外生殖器的阳基结构及其与阳茎愈合程度，把具有 Type 2a 类雄外生殖器的本属归到寡索赤眼蜂亚科、毛翅赤眼蜂族内；作者接受 Pinto (2006) 的这一分类系统；Owen *et al.* (2007) 基于分子证据的赤眼蜂科系统发育分析结果，虽然对本属归为毛翅赤眼蜂族仍有疑问，但已明确支持本属隶于寡索赤眼蜂亚科的意见；本属的触角、前翅和雄性外生殖器等特征均与刺脉赤眼蜂属 *Brachygrammatella* 和毛纹赤眼蜂属 *Chaetogramma* 相似，可以认为它们的缘系接近。

Lin (1991, 1994) 先后报道了印度刀管赤眼蜂 *X. indicum* 在福建福州、沙县、永安和龙岩等地分布的记录，现记述于下。

(190) 印度刀管赤眼蜂 *Xiphogramma indicum* Hayat, 1980 (图 195)

Xiphogramma indicum Hayat, 1980, Boll. Lab. Ent. Agric. 'F. Silvestri', Portici, 37: 205; Lin, 1991, J. Fujian Agr. Coll., 20(1): 50-52; Lin, 1994, System. Stud. Chinese Trichogrammatidae: 41-42.

雌 体长 1.05-1.10 mm；全体深黄褐色，但复眼、单眼红色；头顶区、触角柄节全部、中胸小盾片至并胸腹节、前后翅脉、各足转节、腿节端部、胫节及中后足的基部两跗节等均淡黄褐色；前翅痣脉以内下方翅面具灰褐色半透明昙纹，其余翅面无色透明。

头部正面观扁圆形，宽明显大于高，也稍宽于胸部；复眼较大，长约为头高的 0.64 倍，额区和头顶单眼区均具若干纤毛；上颚末端 3 齿，下颚须 1 节，端部具 3 毛，中间 1 毛最短小；触角着生于两复眼下缘连线之上方，柄节长约为宽的 3.0 倍，相当于梗节长的 1.2 倍 (图 195b)；梗节长梨形，长约为宽的 2.1 倍；基环状节较大，第二环节紧贴索节基部；两索节均圆筒形，基索节长稍大于宽，第二索节长小于宽，略短于基索节；棒节长纺锤形，长约为宽的 2.5 倍，明显长于柄节长度；各索节、棒节除均具若干锥栓感器和刺毛感器外，还依次各具 1、1 和 4 支板状感器。

胸部背板密具细致刻纹，相当于腹长的 0.6 倍左右；中胸盾马蹄形，长略小于宽，上有 4 支纤毛；小盾片横形，具纤毛 4 支；内悬骨宽大，末端具浅裂，伸达腹长的 0.4 倍左右处；前翅宽圆，长为宽的 2.0 倍 (图 195a)，翅脉端部伸达翅长的 0.44 倍处；痣脉稍向翅面弯曲，长度仅及缘脉长的 0.3 倍左右；翅面密布纤毛，除中毛列、中肘横毛列和臀毛列的基部排列规则外，其余散乱分布；缘毛短，最长者不足前翅宽的 0.1 倍；后翅略短于前翅，长为宽的 11.7 倍，翅面规则纤毛 4 列；后缘毛较长，最长者相当于后翅宽的 1.2 倍，为前翅最长者的 2.0 倍；各足较粗大，各足节均密具纤毛，中足腿节端部具 1 支粗刺毛。

腹部侧扁，末端渐尖；除基部 3-4 节背板两侧具细致网纹外，大体光滑；各节背板后缘具若干纤毛；产卵器极发达、似马刀状 (图 195d)，前方抵达胸部，后端显著伸出腹末之外甚远，长度相当于腹长的 2.0 倍，等于后足胫节的 3.5 倍，下生殖板发达，末端明显伸出腹末以外。

雄 体长 0.95-1.00 mm；体色及主要特征与雌虫相似，但触角各节较细长 (图 195c)，各索节、棒节除均具若干锥栓感器和刺毛感器外，还依次各具 1、1 和 2 支板状感器；腹部近圆筒形，不侧扁，长度相当于胸长的 1.5 倍；外生殖器的阳基与阳茎愈合为简单、细长的管状，末端向腹面强度弯曲 (图 195e)；阳基近端部腹面具 2 支短纤毛和 2 个短而宽、端部平截的钩爪；阳基与阳茎突出部分的总长，明显长于后足胫节。

寄主 未知。

模式标本产地 印度 (Aligarh)。

模式标本存放单位 Zoology Museum, Aligarh Muslim University, India [ZMAMU]。

研究标本 5♀，福建福州宦溪 (N26°45'30.13", E119°05'48.24", 758M)，1986. V. 30，林乃铨网扫；4♀2♂，福建沙县洋枋 (N26°22'55", E117°55'06", 175M)，1979. VII-IX，林乃铨网扫；1♀，福建永安城关 (N25°57'29", E117°22'30", 187M)，1986. VII. 9，林乃铨网

扫；1♀，福建龙岩青草盂 (N24°59'28", E117°09'10", 370M)，1986.VII. 16，林乃铨网扫。

分布　福建 (福州、沙县、永安、龙岩)；印度。

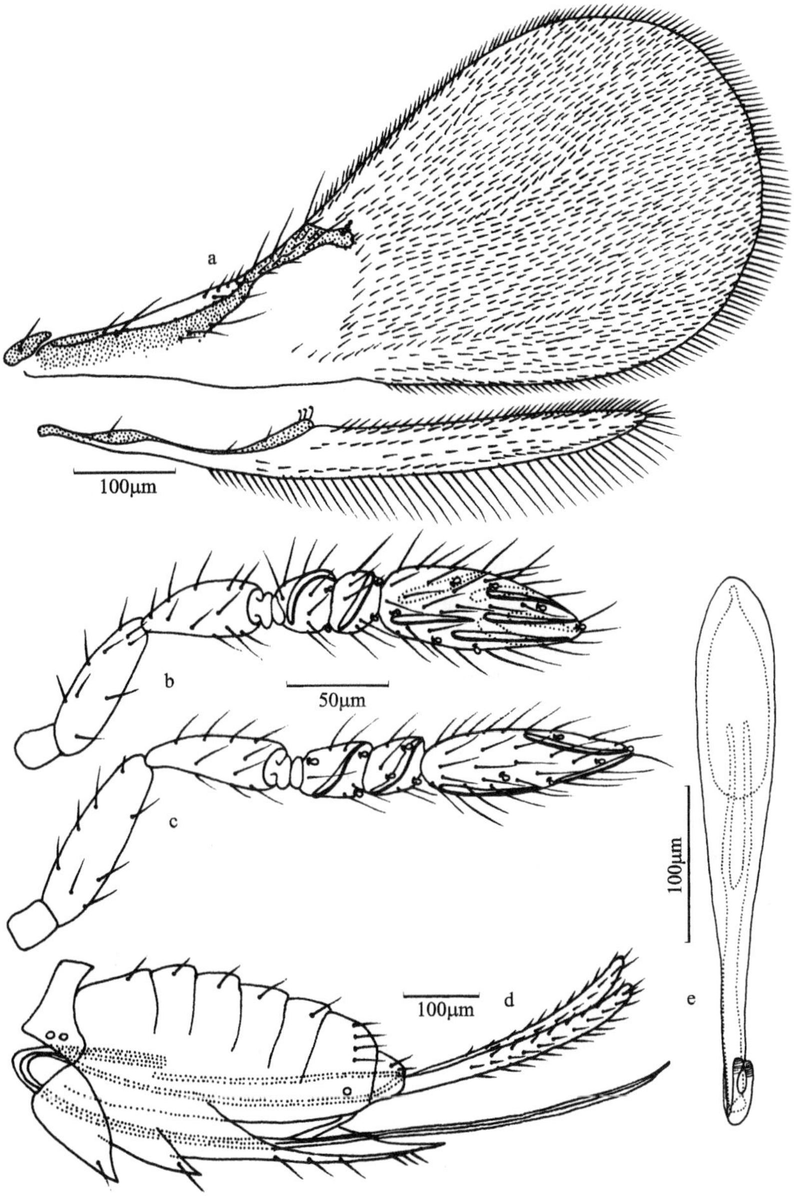

图 195　印度刀管赤眼蜂 *Xiphogramma indicum* Hayat

a. 前后翅 (fore & hind wing, ♀)；b. 触角 (antenna, ♀)；c. 触角 (antenna, ♂)；d. 腹部及产卵管 (lateral view of female abdomen & oviposoitor)；e. 外生殖器 (male genitalia)

参考文献

Adashkevich B P. 1981. Discovery and identification of local species of *Trichogramma*. Zash. Rast., Moskva, (8): 50

Ahmad M, Ahmad M J and Mishra R K. 1999. *Trichogramma poliae* (Hym.: Trichogrammatidae) : a new record on poplar defoliator, *Clostera cupreata* (Lep.: Notodontidae) from India: its population dynamics and bioefficacy. Ann. Forestry, 7(1): 9-19

Aishan Z and Hu H-Y. 2014. Taxonomic study of *Ufens* from Xinjiang, China (Hym.: Trichogrammatidae). Zool. Syst., 39(3): 449-454

Aishan Z, Triapitsyn S V and Hu H-Y. 2015. Review of *Tumidiclava* from Xinjiang, China, with description of two new species and taxonomic notes on other Holarctic taxa. Zootaxa, 3949(3): 393-407

Akbari F, Askarianzadeh A, Zamani A A and Hosseinpour M H. 2012. Biological characteristics of three *Trichogramma* species on the eggs of diamondback moth (*Plutella xylostella*). Arch. Phytopath. *et* Plant Protect., 45(19): 2364-2368

Albergaria N M M S, Dória H O S, Ferreira R J and Bortoli S A. 2005. Host species and age of eggs selection by *Trichogramma pretiosum* in green lacewing species. Bol. San. Veg. Plagas, 31: 33-38

Alebeek F A N van and Groot N. 1997. The arrestment response in the egg parasitoid *Uscana lariophaga* (Hym.: Trichogrammatidae). Proc. Sec. Exp. *et* Appl. Ent. Netherlands Ent. Soc. (NEV), 8: 159-164

Alebeek F A N van and Huis A. 1997. Host location in stored cowpea by the egg parasitoid *Uscana lariophaga* (Hym.: Trichogrammatidae). J. Appl. Ent., 121(7): 399-405

Alebeek F A N van, Antwi K K, Huis A and Lenteren J C. 2007. Dispersal and functional response of *Uscana lariophaga* in two different hitats: stored cowpea pods and seeds. Bull. Insectology, 60(1): 63-70

Alebeek F A N van, Bezemer T M, Huis A and Lenteren J C. 1996. The functional response of *Uscana lariophaga* under different egg distributions of its host *Callosobruchus maculatus*. Ent. Exp. *et* Appl., 81(2): 227-233

Alebeek F A N van, Koning C M, Korte E A P and Huis A. 1996. Egg-limited functional response of *Uscana lariophaga*, egg parasitoid of bruchid beetle pests in stored cowpea. Ent. Exp. *et* Appl., 81(2): 215- 225

Alia A E H. 2001. The effect of egg size of the pink bollworm and some lepidopterous insects on the quality attributes of *Trichogramma evanescens* and *Trichogrammatoidea bactrae*. Egypt. J. Biol. Pest Control, 11 (1/2): 1-13

Almeida R P and Stouthamer R. 2003. Molecular identification of *Trichogramma cacoeciae* (Hym.: Trichogrammatidae) : a new record for Peru. Neotrop. Ent., 32(2): 269-272

Alrubeai H F, Al-Maliky S K, Al-Tai S A, Al-Gahrbawi Z A and Salman A H. 2005. Mass rearing of the egg parasitoids, *Trichogramma evanescens* and *T. oleae* (Hym.: Trichogrammatidae). J. Plant Protect., 23(1): 19-23

Al-Tai S A, Alrubeai H F and Al-Jboory I J. 2004. Host preference of *Trichogramma embryophagum* (Hym.: Trichogrammatidae) on *Ephestia calidella* and *E. cautella*. J. Plant Protect., 22(2): 118-121

Al-Wahaibi A K and Morse J G. 2010a. Biology of the adult stage of *Ufens principalis* (Hym.:

Trichogrammatidae), an egg parasitoid of *Homalodisca* spp. (Hem.: Cicadellidae) in southern California. Ann. Ent. Soc. Amer., 103(2): 236-246

Al-Wahaibi A K and Morse J G. 2010b. Immature development and adult eclosion of *Ufens principalis* (Hym.: Trichogrammatidae), an egg parasitoid of *Homalodisca* spp. (Hem.: Cicadellidae) in southern California. Bull. Ent. Res., 100(4): 467-479

Al-Wahaibi A K, Owen A K and Morse J G. 2005. Description and behavioural biology of two *Ufens* species (Hym.: Trichogrammatidae), egg parasitoids of *Homalodisca* species (Hem.: Cicadellidae) in southern California. Bull. Ent. Res., 95(3): 275-288

Amalin D M, Peña J E and Duncan R E. 2005. Effects of host age, female parasitoid age and host plant on parasitism of *Ceratogramma etiennei* (Hym.: Trichogrammatidae). The Florida Ent., 88(1): 77-83

Amalin D M, Stansly P and Peña J E. 2004. Effect of micromite on the egg parasotoids *Ceratogramma etiennei* (Hym.: Trichogrammatidae) and *Quadrastichus haitiensis* (Hym.: Eulophidae). The Florida Ent., 87(2): 222-224

Amaro J T, Bueno A F, Pomari-Fernandes A F and Neves P. 2015. Selectivity of organic products to *Trichogramma pretiosum* (Hym.: Trichogrammatidae). Neotrop. Ent., 44(5): 489-497

Amornsak W, Cribb B and Gordh G. 1998. External morphology of antennal sensilla of *Trichogramma australicum* (Hym.: Trichogrammatidae). Intern. J. Insect Morph. *et* Embry., 27(2): 67-82

Andow D A and Prokrym D R. 1991. Release density, efficiency and disappearance of *Trichogramma nubilale* for control of European corn borer. BioControl, 36(1): 105-113

Andow D A and Risch S J. 1987. Parasitism in diversified agroecosystems: phenology of *Trichogramma minutum* (Hym.: Trichogrammatidae). BioControl, 32(3): 255-260

Andow D A, Klacan G C, Bach D and Leahy T C. 1995. Limitations of *Trichogramma nubilale* (Hym.: Trichogrammatidae) as an inundative biological control of *Ostrinia nubilalis* (Lep.: Crambidae). Environ. Ent., 24(5): 1352-1357

Andrade G S, Pratissoli D and Barros R. 2010. Screening of two *Trichogramma* species, native to southeastern Brazil, for the control of tobacco budworm. Rev. Colomb. Ent., 36(1): 16-19

Andrade G S, Pratissoli D, Dalvi L P, Desneux N, Junior J S and Dos H J G. 2011. Performance of four *Trichogramma* species (Hym.: Trichogrammatidae) as biocontrol agents of *Heliothis virescens* (Lep.: Noctuidae) under various temperature regimes. J. Pest Sci., 84(3): 313-320

Aquino D A and Molinari A M. 2007. New distributional records and host for *Megaphragma mymaripenne* (Hym.: Trichogrammatidae). Rev. Soc. Ent. Arg., 66(1-2): 157-158

Archina N, Paul A V, Malathi V G, Rani K U and Singh A K. 2005. Utilization of internal transcribed spacer region sequences of ribosomal DNA for molecular differentiation of four Trichogrammatids. Indian J. Ent., 67(4): 321-327

Archina N, Singh A K, Paul A V and Jain A. 2009. Synomonal effect of nine varieties and one culture of rice on *Trichogramma japonicum* and *T. chilonis* (Hym.: Trichogrammatidae). Acta Ent. Sin., 52(6): 656-664

Ashmead W H. 1888. Descriptions of some new North American Chalcidiae. Can. Ent., 20: 101-107

Ashmead W H. 1894. A new genus and species of Proctotrypidae and a new species of *Brachysticha*, bred by Prof. Webster. Cincinnati Soc. Nat. Hist., 17(3): 170-172

Ashmead W H. 1900. Some Hymenopterous parasites from dragon-fly eggs. Ent. New, 11: 615-617

Ashmead W H. 1904a. Classification of the chalcid flies of the superfamily Chalcidoidea, with descriptions of new species in the Carnegie Museum, collected in South America by H. H. Smith. Mem. Carnegie Mus.,

1: 58-521

Ashmead W H. 1904b. Descriptions of new Hymenoptera from Japan II. J. N.Y. Ent. Soc., 12: 146-165

Aurivillius C. 1897. Enny svensk agg parasit. Ent. Tidskr., 18: 249-255

Avila-Rodríguez V, Myartseva S N and González-Hernández A. 2011. A new species of *Burksiella* from Mexico (Hym.: Trichogrammatidae). Acta Zool. Mex., 27(1): 77-85

Awadalla S S. 1996. Biological studies on *Monorthochaeta nigra* (Hym.: Trichogrammatidae) as egg parasitoid on the tortoise beetle, *Cassida vittata* (Col.: Chrysomelidae). J. Appl. Ent., 120(6): 353-355

Babendreier D, Kuske S and Bigler F. 2003. Overwintering of the egg parasitoid *Trichogramma brassicae* in Northern Switzerland. BioControl, 48: 261-273

Babi A. 1995. Effect of temperature on strains of *Trichogramma cacoeciae* and *T. daumalae*. Les Colloques INRA, 73: 59-63

Babi A. 1998. Effect of temperatures on some biological characteristics of the Syrian populations of *Trichogramma principium* (Hym.: Trichogrammatidae). Arab. J. Plant Protect., 16(2): 66-73

Babi A, Pintureau B and Voegelé J. 1984. Study of *Trichogramma dendrolimi* (Hym.: Trichogrammatidae): description of a new subspecies. Entomophaga, 29(4): 369-380

Bai S-X, Wang Z-Y, He K-L and Im D-J. 2011. Olfactory response of *Trichogramma ostriniae* (Hym.: Trichogrammatidae) to volatiles emitted by mungbean plants. Agr. Sci. China, 10(4): 560-565 [白树雄, 王振营, 何康来, Im Dae-Joon, 2011. 玉米螟赤眼蜂对不同品种绿豆植株挥发物的嗅觉反应. 中国农业科学, 10(4): 560-565]

Baitha A. 1998. Studies on superparasitism in *Trichogrammatoidea* sp. nr. *armigera*. Indian J. Ent., 60(3): 311-312

Baitha A. 1999. Effect of adult nutrition on longevity and fecundity of *Trichogrammatoidea* sp. nr. *armigera* (Hym.: Trichogrammatidae). Shashpa, 6(2): 185-186

Baitha A. 2000. Notes on sex ratio and development period of *Trichogrammatoidea* sp. nr. *armigera*. Indian J. Ent., 62(2): 221-222

Baitha A. 2005. Growth rate differences of wild vs laboratory reared sugarcane adapted strains of *Trichogramma chilonis* (Hym.: Trichogrammatidae). Indian J. Sugar Tech., 7(2-3): 53-56

Bakkandorf O. 1934. Biological investigations on some Danish Hymenopterous egg parasites, especially in Homopterous and Heteropterous eggs, with taxonomic remarks and descriptions of new species. Ent. Medd., 19: 1-134

Bakkandorf O. 1971. Description of *Oligosita tominici,* n. sp. (Hym.: Trichogrammatidae) and notes on the hosts of *Anagrus atomus* and *Anaphes autumnalis* (Hym.: Mymaridae). Entomophaga, 19: 363-366

Bao J Z, Chen X H *et al. eds*., 1988. Research and applications of *Trichogramma* in China. Acad. Books and Period. Publ. Comp., xi+220

Barrion A T and Listinger J A. 1990. *Lathromeromyia baltazarae*, sp. n. (Hym.: Trichogrammatidae) parasitic on the eggs of *Nisia carolinensis* (Hem.: Meenoplidae) in the Philippines. Philipp. Ent., 8(1): 689-695

Basso C and Pintureau B. 2001. A new species of *Trichogramma* from Uruguay (Hym.: Trichogrammatidae). Rev. Chilena Ent., 28: 13-16

Bella S, Cupani S, D'urso V, Laudonia S, Sinno M and Viggiani G. 2015. Description of a new species of *Oligosita* (Hym.: Trichogrammatidae), egg parasitoid of *Balclutha brevis* (Hom.: Cicadellidae) living on *Pennisetum setaceum*, from Italy. Zootaxa, 4039(4): 583-590

Bendreier D, Kuske S and Bigler F. 2003. Overwintering of the egg parasitoid *Trichogramma brassicae* in

Northern Switzerland. BioControl, 48(3): 261-273

Bennett A M R. 2008. Global diversity of hymenopterans (Hymenoptera) in freshwater. Hydrobiologia, 595(1): 529-534

Benoit M and Voegelé J. 1979. Choix de l'hôte et comportement trophique des larves de *Trichogramma evanescens* (Hym.: Trichogrammatidae) en fonction du développement embryonnaire de *Ephestia kuehniella et Ostrinia nubilalis* (Lep.: Pyralidae). BioControl, 24(2): 199-207

Bergeijk K E, Bigler F, Kaashoek N K and Pak G A. 1989. Changes in host acceptance and host suitability as an effect of rearing *Trichogramma maidis* on a factitious host. Ent. Exp. & Appl., 52(3): 229-238

Bernardo B, Gualtieri L, Nugnes F F, Verdolini E, Riolo P and Viggiani G. 2017. A new species of *Soikiella* (Hym.: Trichogrammatidae) from Italy. Zootaxa, 4242(1): 185-192

Berti J and Marcano R. 1991. Preferencia de *Trichogramma pretiosum* (Hym.: Trichogrammatidae) por huevos de diferentes edades de varios hospederos. Bol. Ent. Ven. N. S., 6: 77-81

Bezzerides A, Yong T H, Bezzerides J, Husseini J, Ladau J, Eisner M and Eisner T. 2004. Plant-derived pyrrolizidine alkaloid protects eggs of a moth (*Utetheisa ornatrix*) against a parasitoid wasp (*Trichogramma ostriniae*). Proc. Nat. Acad. Sci. USA., 101(24): 9029-9032

Bhattacharya B, Garg A K, Gautam R D and Barman A K. 2003. Biological attributes of *Trichogramma chilonis* as affected by colour of the egg cards. J. Ent. Res., 27(4): 305-311

Bhattacharya B and Gautam R D. 2008. Dispersal of ^{32}P-lelled *Trichogramma chilonis* in rice field. J. Biol. Control, 22(2): 267-270

Bigler F, Bieri M, Fritschy A and Seidel K. 1988. Variation in locomotion between laboratory strains of *Trichogramma maidis* and its impact on parasitism of eggs of *Ostrinia nubilalis* in the field. Ent. Exp. & Appl., 49(3): 283-290

Birova H and Kazimirova M. 1997. *Trichogramma danubiense*, sp. n. (Hym.: Trichogrammatidae), an egg parasitoid of *Macrothylacia rubi* (Lep.: Lasiocampidae), with some data on its bionomics. Europ. J. Ent., 94(2): 301-306

Bjorksten T A and Hoffmann A A. 1995. Effects of pre-adult and adult experience on host acceptance in choice and non-choice tests in two strains of *Trichogramma*. Ent. Exp. *et* Appl., 76(1): 49-58

Bjorksten T A and Hoffmann A A. 1998. Separating the effects of experience, size, egg load, and genotype on host response in *Trichogramma* (Hym.: Trichogrammatidae). J. Insect Behav., 11(1): 129-148

Blanchard E E. 1928. Two new egg parasites from Argentina. Physis, Buenos Aires, 8: 598-602

Blood B N. 1923. Notes on Trichogrammatinae taken around Bristol. Ann. Report *et* Proc. Bristol Nat. Soc., 4(5): 253-258

Blood B N and Kryger J D. 1928. New genera and species of Trichogrammatidae, with remarks upon the genus *Asynacta* (Hym.: Trichogrammatidae). Ent. Medd., 6: 203-222

Boe A and McDaniel B. 1991. New host and distribution records for *Uscana semifumipennis* (Hym.: Trichogrammatidae), an egg parasite of bruchid beetles. Prairie Naturalist, 23(2): 108

Bohinc T, Schmidt S, Monje J S and Trdan S. 2015. First record of parasitic wasp *Trichogramma brassicae* (Hym.: Trichogrammatidae) in Slovenia. Acta Agr. Slov., 105(2): 323-327

Bollhalder F. 1999. *Trichogramma* for wax moth control. Amer. Bee J., 139(9): 711-712

Bonet A, Kato T, Castellanos I, Pintureau B and Garcia D. 2012. *Uscana espinae* (Hym.: Trichogrammatidae) in central Mexico: new hosts, host plants, distribution records, and characterization. Florida Ent., 95(1): 49-56

Boo K S and Yang J P. 1998. Olfactory response of *Trichogramma chilonis* to *Capsicum annuum*. J. Asia-Pacific Ent., 1(2): 123-129

Boo K S and Yang J P. 2000. Kairomones used by *Trichogramma chilonis* to find *Helicoverpa assulta* eggs. J. Chem. Ecol., 26(2): 359-375

Boomathi N, Raguraman S, Sivasubramanian P and Ganapathy N. 2005. Allomonic effect of pigeon pea (*Cajanus cajan*) plant extracts on egg parasitoid, *Trichogramma chilonis* parasitization. Entomon., 30(1): 101-103

Borba R S, Garcia M S, Kovaleski A, Oliveira A C, Zimmer P D, Branco J S C and Malone G. 2005. Genetic dissimilarity of lines of *Trichogramma* (Hym.: Trichogrammatidae) through ISSR markers. Neotrop. Ent., 34(4): 565-569

Borghuis A, Pinto J D, Platner G R and Stouthamer R. 2004. Partial cytochrome oxidase II sequences distinguish the sibling species *Trichogramma minutum* and *T. platneri*. Biol. Control, 30(1): 90-94

Bosque-Pérez N A, Ubeku J A and Polaszek A. 1994. Survey for parasites of *Sesamia calamistis* (Lep.: Noctuidae) and *Eldana saccharina* (Lep.: Pyralidae) in southwestern Nigeria. BioControl, 39(3-4): 367-376

Boucek Z. 1978. British checklist of Chalcidoidae: Taxonomic notes and additions. Ent. Gaz., 29: 225-235

Bourarach K and Hawlitzky N. 1989. Étude comparative des potentialités biologiques de deux trichogrammes: *Trichogramma evanescens et T. lutea* (Hym.: Trichogrammatidae). BioControl, 34(1): 95-104

Bourchier R S. 2003. Receptor characterization of nontarget butterflies for risk assessment of biological control with the egg parasitoid *Trichogramma minutum* (Hym.: Trichogrammatidae). Can. Ent., 135(3): 449-466

Brand A M, Dijken M J, Kole M and Lenteren J C. 1984. Host-age and host-species selection of three strains of *Trichogramma evanescens*, an egg parasitoid of several lepidopteran species. Med. Fac. Landbouw. Univ. Gent., 49: 839-847

Bréthes J. 1928. Descripcao da vespinha *Abbeloides marquesi* (novo genero e nova especie). Bolet. Inst. Biol. Defesa Agr., 6: 20-22

Breedveld K G H and Tanigoshi L K. 2007. Seasonal phenology of *Enarmonia formosana* (Lep.: Tortricidae) and egg parasitism by *Trichogramma cacoeciae* (Hym.: Trichogrammatidae) in Washington State, USA. J. Pest Sci., 80(1): 15-19

Brower J H. 1983. Eggs of stored-product lepidoptera as hosts for *Trichogramma evanescens* (Hym.: Trichogrammatidae). BioControl, 28(4): 355-361

Bruins E B A W, Wajnberg E and Pak G A. 1994. Genetic variability in the reactive distance in *Trichogramma brassicae* after automatic tracking of the walking path. Ent. Exp. *et* Appl., 72(3): 297-303

Brun P G, Carnevalli N, Pedersolli J L, Ribeiro C M and Moraes G W G. 1977. Importance de *Trichogramma* sp. (Hym.: Trichogrammatidae) dans la biocoenose D'*Euselasia eucerus* (Lep.: Riodinidae) ravageur de L'eucalyptus. BioControl, 22(2): 193-198

Brun P G, Moraes G W G and Soares L A. 1984. Three new species of Trichogrammatidae parasitoids of lepidopteran manioc and eucalyptus defoliators. Pesq. Agrop. Bras., 19: 805-810

Brun P G, Moraes G W G and Soares L A. 1986. *Trichogramma marandobai* new species (Hym.: Trichogrammatidae) parasitoid of *Erynnis ello* (Lep., Sphingidae) a cassava pest. Pesq. Agrop. Bras., 21(12): 1245-1248

Buchori D, Meilin A, Hidayat P and Sahari B. 2010. Species distribution of *Trichogramma* and

Trichogrammatoidea (Hym.: Trichogrammatoidea) in Java. J. Intern. Soc. Southeast Asian Agr. Sci., 16(1): 83-96

Bueno A F, Bueno R C O F, Parra J R P and Vieira S S. 2008. Effects of pesticides used in soybean crops to the egg parasitoid *Trichogramma pretiosum*. Ciê. Rural, Santa Maria, 38(6): 1495-1503

Bulut H and Kilinçer N. 1991. Investigations on the species of *Trichogramma* spp. (Hym.: Trichogrammatidae), egg parasites of important Lepidoptera pests of fruit trees and their distribution in Ankara. Bitki Koruma Bülteni, 29(1-2): 19-46

Burks R A and Heraty J M. 2002. Morphometric analysis of four species of *Trichogramma* (Hym.: Trichogrammatidae) attacking codling moth and other tortricid pests in north America. J. Hym. Res., 11(2): 167-187

Burks R A and Pinto J D. 2002. Reproductive and electrophoretic comparisons of *Trichogramma californicum* with the *T. minutum* complex (Hym.: Trichogrammatidae). Proc. Ent. Soc. Wash., 104(1): 33-40

Burks R A, Heraty J M, Pinto J D and Grimaldi D. 2015. Small but not ephemeral: newly discovered species of Aphelinidae and Trichogrammatidae (Hym.: Chalcidoidea) from Eocene amber. Syst. Ent., 40(3): 592-605

Cabello T, Gamez M, Torres A and Garay J. 2011. Possible effects of inter-specific competition on the coexistence of two parasitoid species: *Trichogramma brassicae* and *Chelonus oculator* (Hym.: Trichogrammatidae, Braconidae). Commun. Ecol., 12(1): 78-88

Calvin D D, Losey J E, Knapp M C and Poston F L. 1997. Oviposition and development of *Trichogramma pretiosum* (Hym.: Trichogrammatidae) in three age classes of southwestern corn borer eggs. Environ. Ent., 26: 385-390

Canpolat U, Sumer F, Oztemiz S and Tuncbilek A. 2007. The effect of storaged and irradiated eggs of *Ephestia kuehniella* (Lep.: Pyralidae) on longevity of *Trichogramma evanescens* (Hym.: Trichogrammatidae). Zira. Fakul. Derg.Uludag Univ., 21(2): 41-48

Cao G-L, Lu W-Q and Long S. 1986. The scanning electronic microscope observation and comparison of male genetalia of six species of Trichogrammatids. Invest. *et* Stud., (1986): 179-185 [曹关良, 陆文卿, 郎所, 1986. 六种赤眼蜂雄性外生殖器的扫描电镜观察比较. 考察与研究, (1986): 179-185]

Cao G-L, Lu W-Q and Long S. 1986/1988. Stuies on comparison of esterase isozyme of different speceise of *Trichogramma*. *Trichogramma* and other egg parasites, 2nd Intern. Symp. Les Coll. INRA, 43: 35-44

Carmo E L, Bueno A F, Bueno R C O F, Vieira S S, Goulart M M P and Carneiro T R. 2010. Selectivity of pesticides used in soybean crops to *Trichogramma pretiosum* (Hym.: Trichogrammatidae) pupae. Arq. Inst. Bio. (Sao Paulo)., 77(2): 283-290

Carneiro T R and Fernandes O A. 2012. Interspecific interaction between *Telenomus remus* (Hym.: Platygastridae) and *Trichogramma pretiosum* (Hym.: Trichogrammatidae) on *Spodoptera frugiperda* (Lep.: Noctuidae) eggs. Ana. Acad. Bras. Cien., 84(4): 1127-1135

Carrillo D, Pecla J E and Rogers M E. 2009. Relative susceptibility of *Haeckeliania sperata* (Hym.: Trichogrammatidae) to pesticides used in citrus and ornamental systems in Florida. J. Econ. Ent., 102(3): 905-912

Carrillo D, Peña J E and Capinera J L. 2008. Effect of host plants on successful parasitism by *Haeckeliania sperata* (Hym.: Trichogrammatidae) on *Diaprepes breviatus* (Col.: Curculionidae) eggs. Environ. Ent., 37(6): 1565-1572

Carvalho G A, Godoy M S, Parreira D S and Rezende D T. 2010. Effect of chemical insecticides used in tomato crops on immature *Trichogramma pretiosum* (Hym.: Trichogrammatidae). Rev. Colomb. Ent., 36(1): 10-15

Carvalho G A, Godoy M S, Parreira D S, Lasmar O, Souza J R and Moscardini V F. 2010. Selectivity of growth regulators and neonicotinoids for adults of *Trichogramma pretiosum* (Hym.: Trichogrammatidae). Rev. Colomb. Ent., 36(2): 195-201

Carver M. 1978. A new subgenus and species of *Trichogramma* (Hym.: Trichogrammatidae) from Australia. J. Aust. Ent. Soc., 17: 109-112

Ceresa-Gastaldo L and Chiappini E. 1994. Observations on the cocoon of *Oligosita krygeri* (Hym.: Trichogrammatidae) oophagous parasitoid of *Cicadella viridis* (Hem.: Cicadellidae). Norweg. J. Agr. Sci., Supp., 16: 131-140

Cerutti F and Bigler F. 1995. Quality assessment of *Trichogramma brassicae* in the laboratory. Ent. Exp. *et* Appl., 75(1): 19-26

Chan M-L and Chou L-Y. 2000. The *Trichogramma* (Hym.: Trichogrammatidae) of Taiwan. Chinese J. Ent., 20(2): 135-151 [詹美铃, 周樑镒, 2000. 台湾产赤眼蜂属 (膜翅目: 赤眼蜂科) 之分类. 中华昆虫, 20(2): 135-151]

Chan M-L, Chou L-Y, Chou K-C and Chen C-C. 1996. Two new species of *Trichogramma* (Hym.: Trichogrammatidae) from Taiwan. Plant Protect. Bull., Taichung, 38: 143-148 [詹美铃, 周樑镒, 周根清, 陈健忠, 1996. 台湾产赤眼蜂属 (膜翅目: 赤眼蜂科) 二新种. 植保会刊, 38: 143-148]

Chang S-C, Hu N-T, Hsin C-Y and Sun C-N. 2001. Characterization of differences between two *Trichogramma* wasps by molecular markers. Bio. Control, 21(1): 75-78

Chapman A V, Kuhar T P, Schultz P B and Brewster C C. 2009. Dispersal of *Trichogramma ostriniae* (Hym.: Trichogrammatidae) in potato fields. Environ. Ent., 38(3): 677-685

Chassain C and Bouletreau M. 1987. Genetic variability in the egg-laying behaviour of *Trichogramma maidis*. BioControl, 32(2): 149-157

Chassain C and Boulétreau M. 1990. Genetic variability in quantitative traits of host exploitation in *Trichogramma* (Hym.: Trichogrammatidae). Genetica, 83(3): 195-202

Chassain C, Boulétreau M and Fouillet P. 1988. Host exploitation by parasitoids: local variations in foraging behaviour of females among populations of *Trichogramma* species. Ent. Exp. *et* Appl., 48(2): 195-202

Cheema G M, Nasreen A and Iqbal M. 2004. Effect of different cotton genotypes on parasitism rate of *Trichogramma chilonis*. Pakistan J. Bio. Sci., 7(1): 87-89

Chen B-H. 1996. Effect of releasing *Trichogramma embryophagum* on controlling Asiantic corn borer in Taiwan. J. Agr. Res. China, 45(4): 401-410

Chen B-H, Kfir R and Chen C-N. 1992. The thelytokous *Trichogramma chilonis* in Taiwan. Ent. Exp. *et* Appl., 65(2): 187-194

Chen H-F, Huang S-S, Zhang Y-Z, Zeng X and Huang Z-H. 2010. Control efficacy of *Trichogramma japonicum* against *Chilo suppressalis* and *Chilaraea auricilia*. Chinese J. Appl. Ecol., 21(3): 743-748 [陈洪凡, 黄寿山, 张玉烛, 曾翔, 黄泽辉, 2010. 稻螟赤眼蜂对二化螟和台湾稻螟的控制潜能评价. 应用生态学报, 21(3): 743-748]

Chen H-Y, Wang S-Y and Chen C-F. 2000. Quality control of *Trichogramma ostriniae* (Hym.: Trichogrammatidae) mass reared with rice moth, *Corcyae cephalonica* eggs. Nat. Enem. Insects, 22(4): 145-150 [陈红印, 王树英, 陈长风, 2000. 以米蛾卵为寄主繁殖玉米螟赤眼蜂的质量控制技术.昆虫天敌, 22(4): 145-150]

Chen K-W, He Y-R and Huang S-S. 2005. A simple method for separation, identification and sex ratio diagnosis of mixed *Trichogramma* species in the field. Chinese Bull. Ent., 42(1): 67-68 [陈科伟, 何余容, 黄寿山, 2005. 赤眼蜂混合种群的分离、鉴定及其性比的确定. 昆虫知识, 42(1): 67- 68]

Chen P, Wang F-Z, Li C-C, Wang X-M and Ruan C-C. 2015. Effect of temperature on functional response of *Asynacta ambrostomae*. J. Northeast Forest. Univ., 43(1): 114-116 [陈鹏, 王凤珍, 李春成, 王秀梅, 阮长春, 2015. 榆紫叶甲赤眼蜂寄生功能反应对梯度恒温的响应. 东北林业大学学报, 43(1): 114-116]

Chen R-Z, Li X-Y, Shi Z-F, Fan L-L, Zheng H-B and Sun G-Z. 2007. Preliminary study on biology characteristic and control effect on *Ostrinia furnalis* of *Trichogramma dendrolimi* carrying *Bt*. J. Jilin Agri. Univ., 29(3): 259-261 [陈日曌, 李秀岩, 石钟锋, 范莉莉, 郑红兵, 孙光芝, 2007. 载菌赤眼蜂生物学特性及其对亚洲玉米螟防治效果的初步研究. 吉林农业大学学报, 29(3): 259-261]

Chen T-L and Pang X-F. 1981. *Trichogramma polychrosis*, a new species of Trichogrammatidae. Zool. Res., 2(4): 333-336 [陈泰鲁, 庞雄飞, 1981. 杉卷赤眼蜂新种记述. 动物学研究, 2(4): 333-336]

Chen T-L and Pang X-F. 1986. A new species of *Trichogramma* (Hym.: Trichogrammatidae). Acta Ent. Sin., 29(1): 89-90 [陈泰鲁, 庞雄飞, 1986. 赤眼蜂属新种记述. 昆虫学报, 29(1): 89-90]

Chi R-P, Chen S-W, Xu H-G, Geng Y-L, Huang Y-Q and Li X-L. 2002. Ontogeny of *Trichogramma dendrolimi*. Ent. Knowl., 39(6): 456-457, 420 [迟仁平, 陈素伟, 徐和光, 耿一龙, 黄益青, 李学良, 2002. 赤眼蜂的个体发育. 昆虫知识, 39(6): 456-457, 420]

Chihrane J and Laugé G. 1994. Incidences de chocs de températures élevées sur la lignée germinale mâle de *Trichogramma brassicae* (Hym.: Trichogrammatidae). BioControl, 39(1): 11-20

Chihrane J, Derrien A and Laugé G. 1997. Locomotor activity of *Trichogramma brassicae* under the influence of high-temperature shocks. J. Insect Behav., 10(2): 203-211

Chihrane J, Lauge G and Hawlitzky N. 1993. Effects of high temperature shocks on the development and biology of *Trichogramma brassicae* (Hym.: Trichogrammatidae). Entomophaga, 38(2): 185-192

Chiriac I. 2005. The result of *Trichogramma* species (Hym.: Trichogrammatidae) study from Moldova using extraction method of male genital apparatus. J. Ent. Res. Soc., 7(2): 35-45

Chiriac I and Shchiopu L. 1996. Redescription of species of *Trichogramma evanescens* (Hym.: Trichogrammatidae). Bull. Acad. Sti. Repub. Moldova. Sti. Bio Chim., (2): 31-34

Chisato K and Makoto K. 2004. A new species of *Poropoea* (Hym.: Trichogrammatidae) oviposites by entering through the oviposition aperture of attelabid beetle. Contri. Biol. Lab. Kyoto Univ., 29(4): 431-436

Ciociola A I, Almeida R P and Stouthamer R. 2000. Does degredation of DNA in dead *Trichogramma* individuals lead to failure of the identification using ITS2 PCR ? Proc. Sect. Exp. *et* Appl. Ent. Netherlands Ent. Soc., 11: 33-36

Ciociola A I, Querino R B, Zucchi R A and Stouthamer R. 2001. Molecular tool for identification of closely related species of *Trichogramma* (Hym.: Trichogrammatidae): *T. rojasi* and *T. lasallei*. Neotrop. Ent., 30(4): 575-578

Ciociola A I, Zucchi R A and Stouthamer R. 2001. Molecular key to seven Brazilian species of *Trichogramma* (Hym.: Trichogrammatidae) using sequences of the ITS2 region and restriction analysis. Neotrop. Ent., 30(2): 259-262

Claridge M F. 1959. A new species of trichogrammatid (Hym.: Chalcidoidea) parasitic in mirid eggs (Heteroptera). Proc. Royal Ent. Soc. London (B), 28: 128-131

Clausen C P. 1976. Phoresy among entomophagous insects. Ann. Rev. Ent., 21: 343-368

Cong B, Zhang T-S, Hu Z-F, Lei C-P, Zhang M-Z,Yang Z, Zhang Z-T, Bai H-Y, Dong H and Qian H-T. 2014. Biological control effect of thelytokous strain *Trichogramma dendrolimi*. J. Appl. Ent., 51(5): 1289-1298 [丛斌, 张统书, 胡志凤, 类成平, 张明珠, 杨哲, 张柱亭, 白鸿岩, 董辉, 钱海涛, 2014. 松毛虫赤眼蜂孤雌产雌品系田间控害作用研究. 应用昆虫学报, 51(5): 1289-1298]

Conlong D E and Goebel F R. 2006. *Trichogramma bournieri* (Hym.: Trichogrammatidae) and *Chilo sacchariphagus* (Lep.: Crambidae) in sugarcane in Mozambique: A new association. Ann. Soc. Ent. Fr., 42(3-4): 417-422

Consoli F L and Parra J R P. 1995. Effects of constant and alternating temperatures on *Trichogramma galloi* (Hym.: Trichogrammatidae) biology II. Parasitism capacity and longevity. J. Appl. Ent., 119(10): 667-670

Consoli F L and Parra J R P. 1996a. Comparison of hemolymph and holotissues of different species of insects as diet components for in vitro rearing of *Trichogramma galloi* and *T. pretiosum*. Bio-Control, 6(3): 401-406

Consoli F L and Parra J R P. 1996b. Biology of *Trichogramma galloi* and *T. pretiosum* (Hym.: Trichogrammatidae) reared in vitro. Ann. Ent. Soc. Amer., 89(6): 828-834

Consoli F L and Parra J R P. 1997. Development of an oligidic diet for in vitro rearing of *Trichogramma galloi* and *T. pretiosum*. Bio-Control, 8(3): 172-176

Consoli F L and Parra J R P. 1999. Development of an artificial host egg for in vitro egg laying of *Trichogramma galloi* and *T. pretiosum* using plastic membranes. Ent. Exp. *et* Appl., 91(2): 327-336

Consoli F L, Kitajima E W and Parra J R P. 1999a. Ultrastructure of the natural and factitious host eggs of *Trichogramma galloi* and *T. pretiosum* (Hym.: Trichogrammatidae). Intern. J. Insect Morph. & Embry., 28(3): 211-231

Consoli F L, Kitajima E W and Parra J R P. 1999b. Sensilla on the antenna and ovipositor of parasitic wasps *Trichogramma galloi* and *T. pretiosum* (Hym.: Trichogrammatidae). Microscopy Res. *et* Tech., 45: 313-324

Consoli F L, Parra J R P and Vinson S B. 2000. Estimating parasitoid immature mortality by comparing oviposition and pupal development of *Trichogramma galloi* and *T. pretiosum* on natural and factitious hosts. Rev. Bras. Biol., 60: 381-387

Cormier D, Pelletier F and Morisset O. 2012. Interactions between the egg parasitoid *Trichogramma minutum* (Hym.: Trichogrammatidae) and the codling moth granulovirus. IOBC/WPRS Bull., 74: 13

Costa L A. 1960. Sobre alguns microhimenopteros aquaticos (Chalcidoidea, Eulophidae e Trichogrammatinae). Arqui. Inst. Biol., Sao Paulo, 27: 197-199

Crawford J C. 1913. Another red species of the genus *Oligosita*. Can. Ent., 45: 311

Dahlan A N and Gordh G. 1997. Development of *Trichogramma australicum* (Hym.: Trichogrammatidae) at low and high population density in artificial diet. Bio Control, 42(4): 525-536

Dahms E C. 1983. A checklist of the types of Australian Hymenoptera described by A A Girault: II. Preamble and Chalcidoidea species A-E with advisory notes. Mem. Queens. Mus., 21: 1-255

Dahms E C. 1984. A checklist of the types of Australian Hymenoptera described by A A Girault: III. Chalcidoidea species F-M with advisory notes. Mem. Queens. Mus., 21: 579-842

Dahms E C. 1986. A checklist of the types of Australian Hymenoptera described by A A Girault: IV. Chalcidoidea species N-Z and genera with advisory notes plus addenda and corrigenda. Mem. Queens. Mus., 22: 319-739

Dai L-M. 1982. The scanning electronic microscope observation of male genitalia of *Trichogramma.* J. Shandong Univ., 4: 97-103 [戴玲美, 1982. 赤眼蜂雄性外生殖器的扫描电镜观察. 山东大学学报, 4: 97-103]

Dai L-M. 1986. The scanning electronic microscope observation of the female antennae of *Trichogramma dendrolimi* and *T. ostriniae.* J. Shandong Univ., 21(1): 109-116 [戴玲美, 1986. 松毛虫赤眼蜂和玉米螟赤眼蜂雌性触角的扫描电镜观察. 山东大学学报, 21(1): 109-116]

Dai L-M and Feng J-G. 1988. The scanniing electron microscopy on female antennae of *Trichogramma colosterae*. J. Shandong Univ., 23(1): 126-130 [戴玲美, 冯建国, 1988. 舟蛾赤眼蜂雌性触角的扫描电镜观察. 山东大学学报 (理学版), 23(1): 126-130]

Dai L-M, Wu D-S and Guo Y-S. 1989. The ultrastructure of five kinds of sensilla in the female antennae of *Trichogramma dendrolimi* (Hym.: Trichogrammatidae). J. Ningbo Univ., 2(1): 48-54 [戴玲美, 吴敦肃, 郭一松, 1989. 松毛虫赤眼蜂雌性触角五种感器的超微结构 (膜翅目: 赤眼蜂科). 宁波大学学报, 2(1): 48-54]

Dai L-M, Wu D-S and Guo Y-S. 1990. Ultrastructure of the plate sensillum on the antenna of *Trichogramma dendrolimi.* Acta Ent. Sin., 33(3): 319-322 [戴玲美, 吴敦肃, 郭一松, 1990. 松毛虫赤眼蜂触角板状感器的超微结构研究. 昆虫学报, 33(3): 319-322]

Damiens D and Boivin G. 2005. Male reproductive strategy in *Trichogramma evanescens*: sperm production and allocation to females. Phy. Ent., 30(3): 241-247

Dang X-L, Wen S-Y, He X-F and Pang X-F. 2005. M-PCR: a powerful method for rapid molecular identification of *Trichogramma* wasps (Hym.: Trichogrammatidae). Insect Sci., 12(2): 77-85

Davies A P and Zalucki M P. 2008. Collection of *Trichogramma* (Hym.: Trichogrammatidae) from tropical northern Australia: a survey of egg parasitoids for potential pest insect biological control in regions of proposed agricultural expansion. Aust. J. Ent., 47(2): 160-167

Davies A P, Carr C M, Scholz B C G and Zalucki M P. 2011. Using *Trichogramma* (Hym.: Trichogrammatidae) for insect pest biological control in cotton crops: an Australian perspective. Aust. J. Ent., 50(4): 424-440

Davies A P, Lange C L and O'Neill S L. 2006. A rapid single-step multiplex method for discrimination between *Trichogramma* (Hym.: Trichogrammatidae) species in Australia. J. Econ. Ent., 99(6): 2142-2145

Davies A P, Pufke U S and Zalucki M P. 2009. *Trichogramma* (Hym.: Trichogrammatidae) ecology in a tropical Bt transgenic cotton cropping system: sampling to improve seasonal pest impact estimates in the Ord River irrigation area, Australia. J. Econ. Ent., 102(3): 1018-1031

Davies A P, Pufke U S and Zalucki M P. 2011. Spatio-temporal variation in *Helicoverpa* egg parasitism by *Trichogramma* in a tropical Bt-transgenic cotton landscape. Agr. *et* Forest Ent., 13(3): 247-258

De Santis L. 1952. Calcidoideos Agentinos, nuevos y conocidos (Hymenoptera). Rev. Soc. Ent. Argen., Buenos Aires, 15: 266-276

De Santis L. 1957a. Descripcion de neuvos generos y espesies de calcidoideos Argentinos I. (Hymenoptera). Minist. Edu. Nac. Univ. Nac. Plata, Notas Mus., 19: 33-72

De Santis L. 1957b. Descripcion de neuvos generos y espesies de calcidoideos Aargentinos II. Minist. Edu. Nac. Univ. Nac. Plata, Notas Mus., 19: 129-144

De Santis L. 1964. Un nuevo trichogrammatido Argentino de biologia acuatica (Hymenoptera). Notas Comis. Invest. Cie. Prov. Buenos Aires, La Plata, 2(3): 3-7

De Santis L. 1969. A new Ethiopian trichogrammatid (Hymenoptera) parasites of the eggs of *Entypotra chelus* (Col.: Curculionidae). Bull. Ent. Res., 59(3): 465-467

De Santis L. 1970. Trichogrammatidos neotropicales nuevos y conocidos (Hymenoptera). Rev. Mus. La Plata (N S) (Zool.), 11: 1-19

De Santis L. 1972a. Nuevo género y nueva espécie de Trichogrammatidae del Brasil (Hym.: Chalcidoidea). Arqui. Univ. Fed. Rural Rio Janeiro, 2(2): 27-39

De Santis L. 1972b. Un nuevo tricogrammátido (Hymenoptera) neotrópico parásito de los huevos de *Alabama agrillacea* (Lep.). Arqui. Inst. Biol., Sao Paulo, 39(2): 121-124

De Santis L. 1981. Catalogo de los himenopteros calcidoideos de America al sur de los Estados Unidos Primer Suplemento. Rev. Peru. Entomol., 24: 1-38

De Santis L. 1996. Afelínidos y tricogramátidos de la colección del Dr. Alejandro A. Ogloblin (Insecta, Hymenoptera) 1. Primera Comunicación. Sesion Ordin. Acad. Nac. Agro *et* Veter., 50(12): 7-10

De Santis L. 1997. Afelínidos y tricogramátidos de la colección del Dr. Alejandro A. Ogloblin (Insecta, Hymenoptera) II. Segunda Comunicación. Sesion Ordin. Acad. Nac. Agron.y Veter., 51(8): 7-17

Debauche H R. 1942. Trichogrammidae de Belgique (Hym.: Chalcidoidea). Bull. Mus. Roy. Hist. Nat. Belg., 18(21): 1-13

Debret B, Pintureau B and Babault M. 1982. Some findings on the esterases of *Trichogramma maidis* (Hym.: Trichogrammatidae) used in systematics. Mitt.Schweiz. Ent. Ges., 56(3/4): 383-388

Delobel A. 1989. *Uscana caryedoni* (Hym.: Trichogrammatidae): Possibilités d'utilisation en lutte biologique contre la bruche de l'arachide, *Caryedon serratus* (Col.: Bruchidae). Bio-Control, 34(3): 351-363

Delpuech J M and Delahaye M. 2013. The sublethal effects of deltamethrin on *Trichogramma* behaviors during the exploitation of host patches. Sci. Total Environ., 447: 274-279

Delpuech J M and Meyet J. 2003. Reduction in the sex ratio of the progeny of a parasitoid wasp (*Trichogramma brassicae*) surviving the insecticide chlorpyrifos. Arch. Envir. Contam. *et* Toxi., 45(2): 203-208

Delpuech J M, Dupont C and Allemand R. 2010. Decrease in fecundity induced by interspecific mating between two *Trichogramma* species. J. Econ. Ent., 103(2): 308-313

Delpuech J M, Dupont C and Allemand R. 2012. Effects of deltamethrin on the specific discrimination of sex pheromones in two sympatric *Trichogramma* species. Ecotoxicol. *et* Envir. Safety, 84: 32-38

Delpuech J M, Legallet B, Terrier O and Fouillet P. 1999. Modifications of the sex pheromonal communication of *Trichogramma brassicae* by a sublethal dose of deltamethrin. Chemosphere, 38(4): 729- 739

Delvare G. 1988. *Ceratogramma etienni* sp. n. (Hym.: Trichogrammatidae), parasite in Guadeloupe, of *Diaprepes breviatus* (Col.: Curculionidae) (pest of *Citrus aurantifolia*). Rev. Franc. Ent. Nou. Ser., 10(1): 1-4

Delvare G. 1993. On the *Megaphragma* from Guadeloupe with description of a new species (Hym.: Trichogrammatidae). Rev. Franc. Ent. Nou.Ser., 15(4): 149-152

Dem'yanchuk N P, Oblap R V, Novak N B and Mel'nichuk M D. 2008. Molecular-genetics study of entomophages of the genus *Trichogramma*. Cytol. *et* Genet., 42(4): 263-266

Diurich G F. 1979. Indications méthodologiques pour la préparation et la détermination des espéces de *Trichogramma* d'importance économique en République Socialiste Sovietique de Moldavie. Ed. Inst. fed. Methodes biologiques pour la Protection des Plantes, Kichiniev, 1-24

Diurich G F. 1980. Unknown *Trichogramma* species in the fauna of the USSR. *Trichogramma*, 1. Ed. Inst. fed. Kichiniev (USSR), 7-10

Diurich G F. 1987. New species of the genus *Trichogramma* (Hym.: Trichogrammatidae) from Moldavia. Zool. Zh., 66(5): 780-784

Doganlar M. 2002. A new species of *Monorthocaeta* Blood (Hym.: Trichogrammatidae) from Adana, Türkiye. Türk. entomol. derg., 26(4): 251-255

Doutt R L. 1955. Insects Micronesia, Hym.: Trichogrammatidae and Mymaridae. Insec. Micron., 19: 1-17

Doutt R L. 1961. The Hymenopterous egg parasites of some Japanese leaf-hoppers. Acta Hym., 1: 305-314

Doutt R L. 1968. The genus *Brachygrammatella* (Hym.: Trichogrammatidae). Pan-Pacif. Ent., 44(4): 289-294

Doutt R L. 1973. The genus *Paratrichogramma* (Hym.: Trichogrammatidae). Pan-Pacif. Ent., 49(3): 192-196

Doutt R L. 1974. *Chaetogramma*, a new genus of Trichogrammatidae (Hym.: Chalcidoidea). Pan-Pacif. Ent., 50: 238-242

Doutt R L and Viggiani G. 1968. The classification of the Trichogrammatidae (Hym.: Chalcidoidea). Proc. Calif. Acad. Sci. (4th ser.), 35: 477-586

Doyon J and Boivin G. 2006. Impact of the timing of male emergence on mating capacity of males in *Trichogramma evanescens*. Bio-Control, 51(6): 703-713

Dozier H L. 1932. Descriptions of new trichogrammatid (Hymenoptera) egg parasites from the West Indies. Proc. Ent. Soc. Wash., 34: 29-37

Duffield S J. 1994. *Trichogramma* egg parasitism of *Helicoverpa armigera* on short-duration pigeonpea intercultured with sorghum. Ent. Exp. *et* Appl., 72(3): 289-296

Dugast J F and Voegelé J. 1984. The trichogrammatid parasites of vine moths; discovery of a new species: *Trichogramma daumalae* (Hym.: Trichogrammatidae). Actes Inst. Agron. *et* Vétér. Hassan II, Morocco (Nr. Sp. Zool.), 4(1): 11-21

Dupont C, Allemand R and Delpuech J M. 2010. Induction by chlorpyrifos, of the confusion of males in discriminating female sexual pheromones used for mate finding by two sympatric *Trichogramma* species (Hym.: Trichogrammatidae). Environ. Ent., 39(2): 535-544

Dutton A and Bigler F. 1995. Flight activity assessment of the egg parasitoid *Trichogramma brassicae* (Hym.: Trichogrammatidae) in laboratory and field conditions. Entomophaga, 40(2): 223-233

Dutton A, Cerutti F and Bigler F. 1996. Quality and environmental factors affecting *Trichogramma brassicae* efficiency under field conditions. Ent. Exp. *et* Appl., 81(1): 71-79

Dysart R J. 1972. The use of *Trichogramma* in the USSR. Proc. Ann. Tall Timbers Conf. on Ecol. Anim. Control by Habitat Manag., 4: 165-173

Elanchezhyan K, Baskaran R K M and Rajavel D S. 2008. Kairomone effect of acetone extracts of brinjal genotypes on *Chrysoperla carnea* and *Trichogramma chilonis*. Hexapoda, 15(1): 64-67

Elanchezhyan K, Baskaran R K M and Rajavel D S. 2009. Kairomone effect of acetone extracts of inter- crops on *Chrysoperla carnea* and *Trichogramma chilonis*. J. Ent. Res., 33(1): 51-54

El-Mandarawy M B R. 2003. Suitability of *Epheestia kuehniella* eggs for parasitisation by *Trichogramma evanescens* and *T. cacoeciae*. Pakistan J. Biol. Sci., 6(16): 1459-1462

El-Mandarawy M B R and Rizk S A. 2002. Comparative study between *Trichogramma evanescens* and *Trichogrammatoidea bacterae* as biological control agents against two irradiated and non-irradiated stored product pests. Pakistan J. Biol. Sci., 5(5): 563-565

El-Wakeil N E. 2007. Evaluation of efficiency of *Trichogramma evanescens* reared on different factitious hosts to control *Helicoverpa armigera*. J. Pest Sci., 80(1): 29-34

El-Wakeil N E, Farghaly H T and Ragab Z A. 2008. Efficacy of inundative releases of *Trichogramma evanescens* in controlling *Lobesia botrana* in vineyards in Egypt. J. Pest Sci., 81(1): 49-55

Ertle L R and Davis C P. 1975. *Trichogramma nubilale*, new spesies (Hym.: Trichogrammatidae), an egg parasite of *Ostrinia nubilalis*. Ann. Ent. Soc. Amer., 68: 525-528

Espana-Luna M P, Alvaro-Gómez O G, González-Hernández A, Favela-Lara S, Lozano-Gutierrez J and Garcia-Gonzalez F. 2006. Genetic differentiation of cryptic *Trichogramma* (Hym.: Trichogrammatidae) species. Folia. Ent. Mex., 45(3): 283-290

Espana-Luna M P, González-Hernández A, Alvarado-Gómez O G and Lozano-Gutiérrez J. 2008a. Molecular identification of cryptic species of *Trichogramma* (Hym.: Trichogrammatidae) of agricultural importance in Mexico. Acta Zool. Mex. (Nueva Serie), 24(1): 1-14

Espana-Luna M P, González-Hernández A, Alvarado-Gomez O G and Lozano-Gutierrez J. 2008b. Molecular identification of cryptic species of *Trichogramma* (Hym.: Trichogrammatidae) that have agricultural importance in Mexico. Acta Zool. Mex. (Nueva Serie), 24(1): 237-247

Etienne J, Mauleon H and Pintureau B. 1991. Biology and dynamics of *Ceratogramma etiennei* (Hym.: Trichogrammatidae), parasite of *Diaprepes abbreviatus* (Col.: Curculionidae) in Guadeloupe. Les Colloques de l'INRA, 58: 459-468

Fahriye E S, Sevcan O, Aydin T S and Stouthamer R. 2011. Sequence analysis of the ribosomal DNA ITS2 region in two *Trichogramma* species (Hym.: Trichogrammatidae). Arch. Biol. Sci. (Serbia), 63(4): 949-954

Faria C A, Torres J B, Fernandes A M V and Farias A M I. 2008. Parasitism of *Tuta absoluta* in tomato plants by *Trichogramma pretiosum* in response to host density and plant structures. Ciên. Rural, 38(6): 1504-1509

Fatouros N E and Huigens M E. 2012. Phoresy in the field: natural occurrence of *Trichogramma* egg parasitoids on butterflies and moths. BioControl, 57(4): 493-502

Fatouros N E, Bukovinszkine'Kiss G, Dicke M and Hilker M. 2007. The response specificity of *Trichogramma* egg parasitoids towards infochemicals during host location. J. Insect Behav., 20(1): 53-65

Fayez N. 1996. Overwintering of *Trichogramma evanescens* in Egypt (Hym.: Trichogrammatidae). Zaki. Anze. Schädli., 69(2): 44-45

Fazaluddin M and Nagarkatti S. 1971. Reproductively Incompatible Crosses of *Trichogramma cacoeciae* pallida with *T. minutum* and *T. pretiosum* (Hym.: Trichogrammatidae). Ann. Ent. Soc. Amer., 64(6): 1470-1471

Feijen H R and Schulten G G M. 1981. Egg parasitoids (Hym.: Trichogrammatidae) of *Diopsis macrophalma* (Dip.: Diopsidae) in Malawi. Nath. J. Zool., 31: 381- 417

Ferriere C. 1931. New Chalcidoidea egg parasites from South Asia. Bull. Ent. Res., 22: 279-295

Ferrière C. 1947. Les espèces ou races biologiques de *Trichogramma* (Hym.: Chalcidoidea). Verh. Schweiz. Ent. Ges., 127: 92-93

Flanders S E. 1931. The temperature relationships of *Trichogramma minutum* as a basis for racial segregation. J. Agr. Sci., 5(12): 395-406

Flanders S E. 1935. Two described species of *Trichogramma* validated. Pan-Pacif. Ent., 11(2): 79

Flanders S E. 1937. Notes on the life history and anatomy of *Trichogramma*. Ann. Ent. Soc. Amer., 30(2): 304-308

Flanders S E. 1938. Identity of the common species of American *Trichogramma*. J. Econ. Ent., 31(3): 456-457

Flanders S E. 1962. *Trichogramma*: a complex of sibling species. Verhand., XI Intern. Kong. Ent. Vienna, 3:

300

Flanders S E. 1968. The validity of *Trichogramma pretiosum*. Ann. Ent. Soc. Amer. 61(5): 1122-1124

Flanders S E and Quednau W. 1960. Taxonomy of the genus *Trichogramma* (Hym.: Trichogrammatidae). Entomophaga, 5(4): 285-294

Fleury F and Boulétreau M. 1993. Effects of temporary host deprivation on the reproductive potential of *Trichogramma brassicae*. Ent. Exp. *et* Appl., 68(3): 203-210

Föerster A. 1856. Hymenoptera study II. Aachen: 87-89

Föerster M R and Föerster L A. 2009. Effects of temperature on the immature development and emergence of five species of *Trichogramma*. BioControl, 54(3): 445-450

Forsse E, Smith S M and Bourchier R S. 1992. Flight initiation in the egg parasitoid *Trichogramma minutum*: Effects of ambient temperature, mates, food, and host eggs. Ent. Exp. *et* Appl., 62(2): 147-154

Frantsevich L A. 1976. Electrophoretic fractionation of the proteins of two *Trichogramma* species for taxonomic purposes. Vest. Zool., Kiev., (5): 72-73

Frenk J P M. 1997. Molecular based techniques for *Trichogramma* identification. Proc. Sect. Exper. *et* Appl. Ent. Netherlands Ent. Soc. (N E V), 8: 59-62

Frenk J P M and Silva I M S. 1996. Use of DNA-based methods for the identification of minute wasps of the genus *Trichogramma*. Proc. Sect. Exper. *et* Appl. Ent. Netherlands Ent. Soc. (N E V), 7: 233-237

Fu H-B, Cong B and Dai Q-H. 2005. *Wolbachia* endosymbionts in *Trichogramma* and their impacts on the hosts. Chinese J. Biol. Control, 21(2): 70-73 [付海滨, 丛斌, 戴秋慧, 2005. 赤眼蜂内生菌沃尔巴克氏体及其对宿主影响. 中国生物防治学报, 21(2): 70-73]

Fuchsberg J R, Yong T H, Losey J E, Carter M E and Hoffmann M P. 2007. Evaluation of corn leaf aphid (*Rhopalosiphum maidis*, Hem.: Aphididae) honeydew as a food source for the egg parasitoid *Trichogramma ostriniae* (Hym.: Trichogrammatidae). Biol. Control, 40(2): 230-236

Fukada H and Takemura M. 1943. Genetical studies of *Trichogramma*. Jpn. J. Genet., 19: 275-281

Fullaway D T. 1914. Two new species of Trichogrammatidae. Proc. Hawaiian Ent. Soc., 3: 22-23

Fursov V N. 1987. New species of the chalcid genus *Uscana* (Hym.: Trichogrammatidae) from Georgia and the Ukraine. Ent. Obozr., 66: 175-183

Fursov V N. 1988. New species of *Uscana* (Hym.: Trichogrammatidae) from Gruzia and the Ukraine. Ent. Rev., 67(1): 17-26

Fursov V N. 1994. A world review of *Uscana* species (Hym.: Trichogrammatidae), potential biological control agents of bruchid beetles (Col.: Bruchidae). Bull. Irish Biogeograph. Soc., 18: 2-12

Fursov V N. 1995a. A review of European Chalcidoidea (Hymenoptera) parasitizing the eggs of aquatic insects. Irish Biogeograph. Soc. Bull., 18: 2-12

Fursov V N. 1995b. A world review of *Uscana* species (Hym.: Trichogrammatidae), potential biological control agents of bruchid beetles (Col.: Bruchidae). Les Colloques INRA, 73: 15-17

Fursov V N. 1995c. New species of the chalcid genus *Szelenyia* (Hym.: Trichogrammatidae) from Spain. J. Ukrain. Ent. Soc., 2(1): 51-56

Fursov V N. 1996. Collecting bruchid egg-parasitoids. Chrysomela: 32: 12

Fursov V N. 2000. Discovery of four species of *Trichogramma* (Hym.: Trichogrammatidae), new for the fauna of England. Vest. Zool., 34(4/5): 107-113, 137

Fursov V N. 2001. Unique case of parasitism or mutualism in egg-laying behavior of water bettles in Japan. Latissimus, 13: 24

Fursov V N. 2004. New data on the biology and distribution of the *Lathromeroidea silvarum* (Hym.: Trichogrammatidae) an egg parasitoid of water beetles (Hydrophilidae and Dytiscidae). Russ. Ent. J., 13(3): 165-169

Fursov V N. 2005. New records of some genera of egg parasitoids in the fauna of Ukraine (Hym.: Trichogrammatidae). Ent. Obsh., 12(1-2): 125-132

Fursov V N. 2007. Addition. 49. Family Trichogrammatidae. In: Lelej A S (eds.), 2007, *Keys to the insects of Russian Far East. IV. Hymenoptera.* Part 5: 963-989. Dal'nauka, Vladivostok.

Fursov V N and Hirai K. 2005. Designation of the neotype of *Trichogramma yawarae* (Hym.: Trichogrammatidae). Vest. Zool. Kiev., 39(4): 66

Fursov V N and Pintureau B. 1999a. Discovery of *Trichogramma cacoeciae* (Hym.: Trichogrammatidae) new to England at Chelsea Physic Garden, London. Irish Biogeograph. Soc. Bull., 23: 124-127

Fursov V N and Pintureau B. 1999b. *Trichogramma cacoeciae*, a new species for the fauna of England. Vest. Zool. Kiev., 33(1-2): 34

Gahan A B. 1918. Three new chalcidoid egg-parasites. Proc. Ent. Soc. Wash., 20: 23-26

Galán M and Rodríguez J. 1991. Morphological characterization of four colonies of *Trichogramma* (Hym.: Trichogrammatidae). Rev. Bio., Habana, 5(1): 73-83

Galán M and Rodríguez J. 1993. Morphometric characterization of *Trichogramma* (Hym.: Trichogrammatidae). Rev. Protec. Veg., 8(2): 157-165

Garcia C T. 1986. Especes de *Trichogramma* parasitas de *Heliothis armigera* en Andalucia. Bole. San. veg. Plagas, 12: 323-333

Garcia P V, Wajnberg E, Pizzol J and Oliveira M L M. 2002. Diapause in the egg parasitoid *Trichogramma cordubensis*: role of temperature. J. Insect Phys., 48(3): 349-355

Garcia-Gonzalez F, Gonzalez-Hernandez A and Espana-Luna M P. 2005. Species of *Trichogramma* (Hym.: Trichogrammatidae) present in mass rearing centres. Acta Zool. Mexic (Nue. Ser.), 21(3): 125-135

Garcia-Gonzalez F, Gonzalez-Hernandez A, Pino M and Ramirez-Alarcon S. 2009. Morphometry of *Trichogramma* (Hym.: Trichogrammatidae) species from mass rearing centers of Mexico. Acta Zool. Mex., 25(2): 409-425

Garcia-Gonzalez F, Hernandez R M, Gonzalez-Hernandez A and Ramirez-Delgado M. 2011. Native *Trichogramma* (Hym.: Trichogrammatidae) species collected in agricultural crops of Northern Mexico. Revista Chapingo. Ser. Cie. Forest. *et* Amb., 17 (Spe. Iss.): 173-181

Garcia-Salazar C and Landis D A. 1997. Marking *Trichogramma brassicae* (Hym.: Trichogrammatidae) with fluorescent marker dust and its effect on survival and flight behavior. J. Econ. Ent., 90(6): 1546-1550

Gardner J, Hoffmann M P, Pitcher S A and Nyrop J P. 2012. Recurrent warming to improve cold storage of Trichogrammatids (Hym.: Trichogrammatidae). Biocontrol Sci. *et* Tech., 22(3): 261-270

Gardner J, Wright M G, Kuhar T P, Pitcher S A and Hoffmann M P. 2012. Dispersal of *Trichogramma ostriniae* in field corn. Biocontrol Sci. *et* Tech., 22(10): 1221-1233

Gardner S M, Dissevelt M and van Lenteren J C. 2007. Behavioural adaptations in host finding by *Trichogramma evanescens*: the influence of oviposition experience on response to host contact kairomones. Bull. Insectol., 60(1): 23-30

Garnier-Geoffroy F, Robert P, Hawlitzky N and Frerot B. 1996. Oviposition behaviour in *Ostrinia nubilaus* (Lep.: Pyralidae) and consequences on host location and oviposition in *Trichogramma brassicae* (Hym.: Trichogrammatidae). Bio-Control, 41(2): 287-299

Gatenby J B. 1917. The embryonic development of *Trichogramma evanescens*, monembryonic egg parasite of *Donacia simplex*. Quart. J. Micros. Sci., 62: 149-187

Geetha N. 2008. Response of *Trichogramma chilonis* (Hym.: Trichogrammatidae) to host plant volatiles. Pest Manag. *et* Econ. Zool., 16(2): 207-214

Geetha N. 2009. Use of native host volatiles in host location by laboratory-reared *Trichogramma chilonis*. Pest Manag. *et* Econ. Zool., 17(2): 109-119

Geetha N. 2010a. Appraisal of quality parameters of *Trichogramma chilonis* (Hym.: Trichogrammatidae) as affected by prolonged cold storage of parasitoid cards. Entomon., 35(1): 51-54

Geetha N. 2010b. Management of internode borer *Chilo sacchariphagus indicus* by *Trichogramma chilonis*: appraisal of weekly releases at increased doses. Indian J. Ent., 72(2): 155-159

Geetha N and Balakrishnan R. 2010. Dispersal pattern of *Trichogramma chilonis* in sugarcane field. J. Biol. Control, 24(1): 1-7

Geng J-H, Li Z-X and Shen Z-R. 2004. Application of species-specific primers to molecular identification of three important *Trichogramma* species (Hym.: Trichogrammatidae) in China. Acta Ent. Sin., 47(5): 639-644 [耿金虎, 李正西, 沈佐锐, 2004. 诊断引物应用于我国三种重要赤眼蜂分子鉴定的研究. 昆虫学报, 47(5): 639-644]

Geng J-H, Shen Z-R, Song K and Zheng L. 2006. Effect of pollen of regular cotton and transgenic *Bt* plus CpTI cotton on the survival and reproduction of the parasitoid wasp *Trichogramma chilonis* (Hym.: Trichogrammatidae) in the laboratory. Environ. Ent., 35(6): 1661-1668 [耿金虎, 沈佐锐, 宋凯, 郑礼, 2006. 常规棉花粉和转 *Bt*+CpTI 棉花粉对螟黄赤眼蜂存活和繁殖的影响. 环境昆虫学报, 35(6): 1661-1668]

George J N. 2007. Review of the species of *Ittys* (Hym.: Trichogrammatidae) occurring in the United States, with the description of four new species. Zootaxa, 1581: 53-68

Ghesquière J. 1939. Contributions a letude des Hymenopteres du Congo Belge, VI. Description d'un Mymaride nouveau *et* remarques sur le Gen. *Megaphragma* (Trichogrammatidae). Rev. Zool. Bot. Afr., 33: 33-41

Ghesquière J. 1946. Contributions a letude des microhymenopteres du Congo Belge, X-XI . Rev. Zool. Bot. Afr., 39: 367-373

Ghosal T K. 2006. Preliminary observations on ovipositional preference of *Uscana mukerjii*. Insect Envir., 12(1): 29

Ghosal T K, Senapati S K and Deb D C. 2006. Morphological study of *Uscana mukerjii* (Hym.: Trichogrammatidae). Indian J. Ent., 68(1): 27-30

Gibson G A P. 1997. Chapter 2, Morphology and terminology. pp. 16-44. In: Gibson, Huber *et* Woolley *eds*. 1997, *Annotated Keys to the Genera of Nearctic Chalcidoidea* (*Hymenoptera*). NRC Res. Press, Ottawa, Ontario, Canada. 794 pp

Girault A A. 1905. Descritions of the two new Hymenoperous egg-parasites. Ent. News, 16: 287-289

Girault A A. 1906. *Trichogramma pretiosa*: colour variation in the adult, with description of a new variety. Can. Ent., 37: 81-83

Girault A A. 1909. *Oligosita americana* sp nov. a new chalcidoid of the family Trichogrammatidae from Illinois. Psyche, Cambridge, 16: 106-110

Girault A A. 1911a. Descriptions of nine new genera of the chalcidoid family Trichogrammatidae. Trans. Amer. Ent. Soc., 37: 1-42

Girault A A. 1911b. Synonymic and descriptive notes on the chalcidoid family Trichogrammatidae with descriptions of new species. Trans. Amer. Ent. Soc., 37: 43-83

Girault A A. 1911c. On the identity of the most common species of the family Trichogramamatidae (Hymenoptera). Bull. Wash. Nat. Hist. Soc., 9: 135-165

Girault A A. 1911d. Notes on the Hymenoptera Chalcidoidea, with descriptions of several new genera and species. J. N. Y. Ent. Soc., 19: 175-189

Girault A A. 1911e. On the identity of (*Trichogramma*) *Neotrichogramma japonicum*. Can. Ent., 43: 192-194

Girault A A. 1911f .A note on the essential characteristics of *Prestwichia aquatica*. Can. Ent., 43: 209-210

Girault A A. 1911g. Two new species of Trichogrammatidae from the United States and west Australia. Entomologist, 44: 197-199

Girault A A. 1911h. Synonymic and descriptive notes on the chalcidoid family Trichogrammatidae with descriptions of several new genera and species. Arch. Natur., 77 (suppl. 2): 119-140

Girault A A. 1912a. The chalcidoid family Trichogrammatidae I. Tables of the subfamilies and genera and a revised catalogue. Bull. Wash. Nat. Hist. Soc., 10: 81-100

Girault A A. 1912b. On the identity of the most common species of the family Trichogrammatidae (Hymenoptera). Bull. Wash. Nat. Hist. Soc., 9(4): 135-165

Girault A A. 1912c. Australian Hym.: Chalcidoidea. I. The family Trichogrammatidae with description of new genera and species. Mem. Queens. Mus., 1: 66-116

Girault A A. 1912d. A synonymic note on the Trichogrammatidae. Proc. Ent. Soc. Wash., 14: 221-222

Girault A A. 1912e. Notes on the Hym.: Chalcioidea. Ent. News, 23: 296-297

Girault A A. 1913a. Thoughts on the Hym.: Trichogrammatidae with corrective notes and criticism. Arch. Naturge (A), 79(1): 69-82

Girault A A. 1913b. A twelfth new genus of Trichogramamtidae from Australia. Ent. News, 24: 211-212

Girault A A. 1913c. A specific character in the genus *Trichogramma* (Hymenoptera). Ent. News, 24: 326-327

Girault A A. 1913d. Additions to the Mymaridae and Trichogrammatidae of Australia. Entomologist, 46: 255-259

Girault A A. 1913e. Australian Hym.: Chalcidoidea-I. Mem. Queen. Mus., 2: 101-106

Girault A A. 1913f. The Chalcidoid family Trichogrammatidae II. Systematic history and completion of the catalogue and table. Bull. Wis. Nat. Hist. Soc., 11: 150-179

Girault A A. 1913g. Notes on the Hymenoptera of the family Trichogrammatidae, with description of a new subgenus from Australia. Rev. Russ. Ent., 13: 292-294

Girault A A. 1913h. A synonymic note on the Trichogrammatidae. Proc. Ent. Soc. Wash., 14: 221-222

Girault A A. 1914a. The chalcidoid family Trichogrammatidae. 2. Systematic history and completion of the catalogue and table. Bull. Wis. Nat. Hist. Soc., 11: 150-179

Girault A A. 1914b. The chalcidoid family Trichogrammatidae. 2. Systematic history and completion of the catalogue and table. (continued). Bull. Wis. Nat. Hist. Soc., 12: 55-71

Girault A A. 1914c. New Hym.: Trichogrammatidae in the Zoological Museum at Berlin. Mitte. Zool. Mus. Brlin, 7: 147-151

Girault A A. 1914d. A new genus of Ophioneurinae, Trichogrammatidae from Java. Zeitsch. Wissensch. Insekt., Berlin, 10: 308

Girault A A. 1914e. Descriptions of new chalcid flies. Proc. Ent. Soc. Wash., 16: 10-19

Girault A A. 1914f. Notes on the Hymenoptera, Trichogrammatidae and Mymaridae. Can. Ent., 46: 327-330

Girault A A. 1915a. Some Chalcidoid Hymenoptera from north Quennsland. Can. Ent., 47: 17-21

Girault A A. 1915b. A new genus and species of Trichogrammatidae from the Philippines. Can. Ent., 47: 233-234

Girault A A. 1915c. A new Trichogrammatidae from Trinidad (Hymenoptera). Ent. News, 26: 396

Girault A A. 1915d. Notes on north American Mymaridae and Trichogrammatidae (Hymenoptera). Ent. News, 27: 4-8

Girault A A. 1915e. Australian Hymenoptera, Chalcidoidea-I. Mem. Queenl. Mus., 3: 142-153

Girault A A. 1915f. Notes on some parasites of sugarcane insects in Java, with descriptions of new Hym.: Chalcidoidea. Zeit. Wiss. Insek. Biol., 11: 274-275

Girault A A. 1916a. A new genus of Trichogrammatidae from Australian characterized by bearing a post marginal vein. Entomol., 49: 102-103

Girault A A. 1916b. Descriptions of and observations on some Chalcidoid Hymenoptera-II. Can. Ent., 48: 265-269

Girault A A. 1916c. A new genus of ophioneurine Trichogrammatidae from Java. Entomol., 49: 199-200

Girault A A. 1916d. Australian Hym.: Chalcidoidea-I. Mem. Queen. Mus., 5: 205-230

Girault A A. 1916e. New miscellaneous chalcidoid Hymenoptera with notes on described species. Ann. Ent. Soc. Amer., 9: 291-308

Girault A A. 1917a. Descriptions stellarum novarum. priv. pub. Reprinted by Gordh, Menke, Dahms and Hall. 1979. Mem. Amer. Ent. Inst., 28: 97-98

Girault A A. 1917b. Chalcidoidea nova marilandensis II. priv. pub. Glenndale Md privat. publ. 2 pp. Reprinted by Gordh, Menke, Dahms and Hall.1979. Mem. Amer. Ent. Inst., 28: 114

Girault A A. 1917c. Descriptions Hymenoptera Chalcidoidicarum variorum observations. priv. pub. 16 pp. Reprinted by Gordh, Menke, Dahms and Hall.1979. Mem. Amer. Ent. Inst., 28: 117-133

Girault A A. 1917d. Notes and description of miscellaneous Chalcidflies (Hymeoptera). Proc. Nat. Mus., 53: 445-450

Girault A A. 1918. North American Hymenoptera Trichogrammatidae. Priv. publ.,11pp. Reprinted by Gordh, Menke, Dahms and Hall.1979. Mem. Amer. Ent. Inst., 28: 142-152

Girault A A. 1920a. New genera and species of chalcid flies from Australia. Insec. Inscit. Menstr., 8: 37-50

Girault A A. 1920b. New genera and species of Australian Trichogrammatidae (Hymenoptera). Insec. Inscit. Menstr., 8: 199-203

Girault A A. 1922. The true remedy for head lice. Dedication of a new animal to the equality of majesty and so forth. Priv. publ.,1p. Reprinted by Gordh, Menke, Dahms and Hall. 1979. Mem. Amer. Ent. Inst., 28: 166

Girault A A. 1925a. An assay on when a fly is lovable. Priv. publ., Reprinted by Gordh, Menke, Dahms and Hall. 1979. Mem. Amer. Ent. Inst., 28: 187-190

Girault A A. 1925b. Some gem-like or marvelous inhabitants of the woodlands heretofore unknown and by most never seen nor dreamt of. Priv. publ., Reprinted by Gordh, Menke, Dahms and Hall. 1979. Mem. Amer. Ent. Inst., 28: 191-193

Girault A A. 1928a. A prodigeous discourse on wild animals. Priv. publ., Reprinted by Gordh, Menke, Dahms and Hall. 1979. Mem. Amer. Ent. Inst., 28: 218-220

Girault A A. 1928b. Some new hexapods stolen from authority. Priv. publ., Reprinted by Gordh, Menke, Dahms and Hall.1979. Mem. Amer. Ent. Inst., 28: 221-224

Girault A A. 1929a. North American Hymenoptera Mymaridae. Priv. publ., Reprinted by Gordh, Menke,

Dahms and Hall. 1979. Mem. Amer. Ent. Inst., 28: 233-261

Girault A A. 1929b. Description of a ease of lunacy in homo and of new egg-legged articulates. Priv. publ., Reprinted by Gordh, Menke, Dahms and Hall. 1979. Mem. Amer. Ent. Inst., 28: 262-265

Girault A A. 1929c. New pests from Australia VI. Priv. publ., Reprinted by Gordh, Menke, Dahms and Hall. 1979. Mem. Amer. Ent. Inst., 28: 266-269

Girault A A. 1930a. New pests from Australia VII. Priv. publ., Reprinted by Gordh, Menke, Dahms and Hall. 1979. Mem. Amer. Ent. Inst., 28: 270-272

Girault A A. 1930b. New pests from Australia VIII. Priv. publ., Reprinted by Gordh, Menke, Dahms and Hall. 1979. Mem. Amer. Ent. Inst., 28: 273-277

Girault A A. 1931a. A new habit in an old insect, homo pudicus and new Eurytomidae. Priv. publ., Reprinted by Gordh, Menke, Dahms and Hall. 1979. Mem. Amer. Ent. Inst., 28: 280-283

Girault A A. 1931b. Hymenoptera,Thysanoptera Nova Australiensis. Priv. publ., Reprinted by Gordh, Menke, Dahms and Hall. 1979. Mem. Amer. Ent. Inst., 28: 284

Girault A A. 1931c. Hymenoptera,Thysanoptera Nova Australiensis. II. Priv. publ., Reprinted by Gordh, Menke, Dahms and Hall. 1979. Mem. Amer. Ent. Inst., 28: 292

Girault A A. 1932a. New pests from Australian X. Priv. publ., Reprinted by Gordh, Menke, Dahms and Hall. 1979. Mem. Amer. Ent. Inst., 28: 286-291

Girault A A. 1932b. New lower Hymenoptera from Australia and India. Priv. publ., Reprinted by Gordh, Menke, Dahms and Hall. 1979. Mem. Amer. Ent. Inst., 28: 293

Girault A A. 1933. Some beauties inhabitant not of commercial boudoirs but of nature's bosom notably new insects. Priv. publ., Reprinted by Gordh, Menke, Dahms and Hall. 1979. Mem. Amer. Ent. Inst., 28: 299-303

Girault A A. 1934a. Miridae *et* Hymenoptera nova Australian. Priv. publ., Reprinted by Gordh, Menke, Dahms and Hall. 1979. Mem. Amer. Ent. Inst., 28: 308-310

Girault A A. 1934b. New Capsidae and Hymenoptera with a note on an unmentionable. Priv. publ., Reprinted by Gordh, Menke, Dahms and Hall. 1979. Mem. Amer. Ent. Inst., 28: 331

Girault A A. 1935. Microhymenoptera Australiensis nova, mostly Chalcididae. Priv. publ., Reprinted by Gordh, Menke, Dahms and Hall. 1979. Mem. Amer. Ent. Inst., 28: 315-318

Girault A A. 1938. New Trichogrammatidae and Mymaridae from Australia (Hymenoptera). Rev. Ent., Rio Janeiro, 9: 382-396

Gladun D and Gumovsky A. 2006. The pretarsus in Chalcidoidea (Hymenoptera Parasitica): functional morphology and possible phylogenetic implications. Zool. Scrip., 35(6): 607-626

Glenn D C, Hercus M J and Hoffmann A A. 1997. Characterizing *Trichogramma* (Hym.: Trichogrammatidae) species for biocontrol of light brown apple moth (Lep.: Tortricidae) in grapevine in Australia. Ann. Ent. Soc. Amer., 90(2): 128-137

Godin C and Boivin G. 2000. Effects of host age on parasitism and progeny allocation in Trichogrammatidae. Ent. Exp. *et* Appl., 97(2): 149-160

Gong S-F, Dai H-G, Xu Y-H and Fu W-J. 2004. Observation on external morphology of antennal sensillum for three species of *Trichogramma* by scanning electron mircroscopy. J. Nanjing Agr. Univ., 27(2): 55-59 [弓淑芬, 戴华国, 许月华, 符文俊, 2004. 3 种赤眼蜂雌蜂触角上感器的扫描电镜观察. 南京农业大学学报, 27(2): 55-59]

Graham M W R V. 1992. The identity of *Centrobia fumipennis* (Hym.: Trichogrammatidae). Ent. Mon.

Magaz., 128: 75-76

Greenberg S M, Morrison R K, Nordlund D A and King E G. 1998. A review of the scientific literature and methods for production of factitious hosts for use in mass rearing of *Trichogramma* spp. (Hym.: Trichogrammatidae) in the former Soviet Union, the United States, Western Europe and China. J. Ent. Sci., 33(1): 15-32

Grenier S, Veith V and Renou M. 1993. Some factors stimulating oviposition by the oophagous parasitoid *Trichogramma brassicae* (Hym.: Trichogrammatidae) in artificial host eggs. J. Appl. Ent., 115(1): 66-76

Grenier S, Yang H, Guillaud J and Chapelle L. 1995. Comparative development and biochemical analyses of *Trichogramma* (Hym.: Trichogrammatidae) grown in artificial media with hemolymph or devoid of insect components. Comp. Biochem. *et* Phys. part B. Bioche and Mole. Biol., 111(1): 83-90

Grille G, Basso C and Pintureau B. 2009. Discovery of *Trichogramma colombiensis* in Uruguay. Agrocien. (Montevideo), 13(1): 36-37

Gu D-X, Zhang G-R, Zhang R-J and Pang Y. 2000. Review on fifty-years biological control of insect pests in southern China. Acta Ent. Sin., 43(3): 327-335 [古德祥, 张古忍, 张润杰, 庞义, 2000. 中国南方害虫生物防治 50 周年回顾. 昆虫学报, 43(3): 327-335]

Guang L Q and Oloo G W. 1990. Host preference studies on *Trichogramma* sp. nr. *mwanzai* (Hym.: Trichogrammatidae) in Kenya. Intern. J. Trop. Insect Sci., 11: 757-763

Gul F, Shah R A and Anwar S. 2011. Performance of *Trichogramma chilonis* for the control of gurdaspur borer in sugarcane in various districts of NWFP. Pakistan Sugar J., 26(3): 2-9

Gunie G and Laugé G. 1997. Effects of high temperatures recorded during diapause completion of *Trichogramma brassicae* prepupae (Hym.: Trichogrammatidae), on the treated generation and its progeny. BioControl, 42(3): 329-336

Guo X-L, He Y-R, Wang D-S and Pan F. 2011. Behavioral responses of *Trichogrammatoidea bactrae* (Hym.: Trichogrammatidae) to cruciferous vegetles. Acta Ent. Sin., 54(2): 238-245 [郭祥令, 何余容, 王德森, 潘飞, 2011. 卷蛾分索赤眼蜂对十字花科蔬菜的行为反应. 昆虫学报, 54(2): 238-245]

Guo X-L, He Y-R, Wang D-S, Pan F and Luo Y-L. 2011. Effects of different nutritional resources on longevity and fecundity of *Trichogrammatoidea bactrae*. J. Envir. Ent., 27(4): 448-452 [郭祥令, 何余容, 王德森, 潘飞, 罗永丽, 2011.卷蛾分索赤眼蜂对十字花科蔬菜挥发性物质的行为反应. 环境昆虫学报, 27(4): 448-452]

Guo Z, Ruan C-C, Zang L-S, Zhang F and Jin F-Y. 2012. Design of specific primer for *Trichogramma japonicum* based on rDNA\ITS2 and application of diagnostic primers in identification of four *Trichogramma* species. Chinese J. Rice Sci., 26(1): 123-126 [郭震, 阮长春, 臧连生, 张帆, 靳锋云, 2012. 稻螟赤眼蜂 rDNA 特异引物设计及诊断引物在赤眼蜂分子鉴定中的应用. 中国水稻科学, 26(1): 123-126]

Haile A T, Hassan S A, Sithanantham S, Ogol C K P O and Baumgartner J. 2002. Comparative life table analysis of *Trichogramma bournieri* and *Trichogramma* sp. nr. *mwanzai* (Hym.: Trichogrammatidae) from Kenya. J. Appl. Ent., 126(6): 287-292

Hakeem S A, Manickavasagam S and Pru P. 2006. Influence of age of host egg on parasitism by *Trichogramma brasiliense* and *T. exiguum*. Plant Arch., 6(1): 305-308

Haliday A H. 1833. On parasitic Hymenoptera, Gen. 1. *Calleptilles*. Ent. Mag., 1: 340-343

Haliday A H. 1842. Contributions towards the classification of the Chalcidoidea. Trans. Ent. Soc. Lond., 4: 295-298

Hall D G, Peña J, Franqui R, Nguyen R, Stansly P, McCoy C, Lapointe S L, Adair R C and Bullock B. 2001. Status of biological control by egg parasitoids of *Diaprepes abbreviates* (Col.: Curculionidae) in citrus in Florida and Puerto Rico. BioControl, 46: 61-70

Harwalkar M R, Rananavare H D and Rahaikar G W. 1987. Development of *Trichogramma brasiliensis* (Hym.: Trichogrammatidae) on eggs of radiation sterilized females of potato tuberworm, *Phthorimaea operculella* (Lep.: Gelechiidae). BioControl, 32(2): 159-162

Hassan B H, Al-Rubeai H F, Al-Jboory I J and Viggiani G. 2005. *Pseudoligosita babylonica* sp. nov. (Hym.: Trichogrammatidae), egg parasitoid of *Ommatissus lybicus* (Hom.: Tropiduchidae) in Iraq. Boll. Lab. Ent. Agr. 'F. Silvestri', Portici, 59: 75-78

Hassan E and Yousuf M. 2007. First record of *Trichogramma plasseyensis* (Hym.: Trichogrammatidae), from Central India, and its morphometric *et* additional diagnostic characters. Indian J. Ent., 69(1): 58-62

Hayat M. 1980. The genera *Neocentrobiella* and *Xiphogramma* from India, with description of two new species (Hym.: Trichogrammatidae). Boll. Lab. Ent. Agr. 'F. Silvestri', Portici, 37: 203-207

Hayat M. 1981. The genera *Chaetogramma* and *Lathromeromyia* from India, with descriptions of two new species. Boll. Lab. Ent. Agr. 'F. Silvestri', Portici, 38: 73-79

Hayat M. 2008a. On the types of *Oligosita* species from India (Hym.: Trichogrammatidae), with some records. Biosystematica, 2(1): 5-18

Hayat M. 2008b. Taxonomic note on the Indian Trichogrammatidae (Hym.: Chalcidoiea), with redescriptions and records of some species. Oriental Insects, 42: 1-32

Hayat M. 2008c. A new subgenus and three new species of Trichogrammatidae (Hym.: Chalcidoidea) from India. Oriental Insects, 42: 117-123

Hayat M. 2009. Records and descriptions of Trichogrammatidae from India (Hym.: Chalcidoidea). Oriental Insects, 43: 201-227

Hayat M and Husain T. 1981. A new genus of Trichogrammatidae from India (Hym.: Chalcidoidea). Boll. Lab. Ent. Agr. 'F. Silvestri', Portici, 38: 81-83

Hayat M and Khan F R. 2009. Description of a new species of *Oligosita* (Hym.: Trichogrammatidae) from India. J. Threat.Taxa, 1(2): 117-118

Hayat M and Poorani J. 2012, A new species of *Poropoea* Foerster (Hym.: Trichogrammatidae) from India. Oriental Insects, 46(3-4): 255-259.

Hayat M and Shuja-Uddin. 1980. The genus *Paratrichogramma* from India, with description of a new species (Hym.: Trichogrammatidae). Boll. Lab. Ent. Agr. 'F. Silvestri', Portici, 37: 199-201

Hayat M and Subba Rao. 1986. The Chalcidoidea of India and the adjacent countries, part 2. Catalogues Host-parasite list. Oriental Insects, 20: 322-383

Hayat M and Viggiani G. 1981. The genus *Epoligosita* from India, with descriptions of two new species (Hym.: Trichogrammatidae). Boll. Lab. Ent. Agr. 'F. Silvestri', Portici, 38: 119-123

Hayat M and Viggiani G. 1984. A preliminary catalogue of the Oriental Trichogrammatidae. Boll. Lab. Ent. Agr. 'F. Silvestri', Portici, 41: 23-52

He J-H and Pang X-F. 1986. Atlas of Natural Enemies of Rice Pests. Shanghai Sci. & Tech. Press, Shanghai: 104-112 [何俊华, 庞雄飞, 1986. 水稻害虫天敌图说. 上海: 上海科技出版社. 104-112]

He X, Huang S and Hu H-Y. 2009. Study on the genus *Soikiella*, with a new record species from China. Entomotaxon., 31(3): 233-235 [何茜, 黄帅, 胡红英, 2009. 斯赤眼蜂属研究及一中国新记录种记述. 昆虫分类学报, 31(3): 233-235]

He X-F, Wen S-Y and Pang X-F. 2005. Advances in phylogenetic studies of *Trichogramma*. Ent. Knowl., 42(1): 22-27 [何晓芳, 温硕洋, 庞雄飞, 2005. 赤眼蜂属系统进化研究进展. 昆虫知识, 42(1): 22-27]

He Y-R and Pang X-F. 2000. A new species of *Trichogramma* (Hym.: Trichogrammatidae). J. South China Agr. Univ., 21(4): 45-46 [何余容, 庞雄飞, 2000. 赤眼蜂属一新种记述 (膜翅目:赤眼蜂科). 华南农业大学学报, 21(4): 45-46]

Hegazi E, Khafagi W, Herz A, Konstantopoulou M, Hassan S, Agamy E, Atwa A and Shweil S. 2012. Dispersal and field progeny production of *Trichogramma* species released in an olive orchard in Egypt. BioControl, 57(4): 481-492

Henriquez N P and Spence J. 1993. Studies of *Lathromeroidea* sp. nov. (Hym.: Trichogrammatidae), a parasitoid of gerrid eggs. Can. Ent., 125(4): 693-702

Heraty J M and Darling D C. 2009. Fossil Eucharitidae and Perilampidae (Hym.: Chalcidoidea) from Baltic Amber. Zootaxa, 2306: 1-16

Heraty J M, Burks R A, Astrid C, Gibson G A P, Liljeblad J, Munro J, Rasplus J Y, Delvare G, Jansta P, Gumovsky A, Huber J, Woolley J B, Krogmann L, Heydon S, Polaszek A, Schmidt S, Darling D C, Gates M W, Mottern J, Murray E, Molin A D, Triapitsyn S, Baur H, Pinto J D, van Noort S, George J and Yoder M. 2012/2013. A phylogenetic analysis of the megadiverse Chalcidoidea (Hymenoptera). Cladistics, 29(5): 466-542

Herz A and Hassan S A. 2006. Are indigenous strains of *Trichogramma* sp. (Hym.: Trichogrammatidae) better candidates for biological control of lepidopterous pests of the olive tree ? Biocontrol Sci. *et* Tech., 16(8): 841-857

Herz A, Hassan S A, Hegazi E, Khafagi W E, Nasr F N, Youssef A I, Agamy E, Blibech I, Ksentini I, Ksantini M, Jardak T, Bento A, Pereira J A, Torres L, Soulitis C, Moschos T and Milonas P. 2007. Egg parasitoids of the genus *Trichogramma* (Hym.: Trichogrammatidae) in olive groves of the Mediterranean region. Biol. Control, 40(1): 48-56

Hessein N A and McMurtry J A. 1988. Obeservations on *Megaphragma mymaripenne* (Hym.: Trichogrammatidae), an egg parasite of *Heliothrips haemorrhoidalis* Bouche (Thys.: Thripidae). Pan-Pac. Ent., 64(3): 250-254

Hirai K and Fursov V N. 1998. Description of *Trichogramma yawarae* and redescription of *T. japonicum* from Japan. J. Ukrain. Ent. Soc., 4(3-4): 35-40

Hirose Y. 1963. Discovery of the genus *Poropoea* parasitic on the eggs of attelabid beetles in Japan (Hym.: Trichogrammatidae). Acta Hym., Tokyo, 2: 29-35

Hochmut R and Martinek V. 1963. Beitrag zur Kenntnis der mitteleuropäischen arten und rassen der gattung *Trichogramma* (Hym.: Trichogrammatidae). Zeitsch. Angew. Ent., 52: 255-274

Hoffmann M P, Walker D L and Shelton A M. 1995. Biology of *Trichogramma ostriniae* (Hym.: Trichogrammatidae) reared on *Ostrinia nubilalis* (Lep.: Pyralidae) and survey for additional hosts. Entomophaga, 40(3-4): 387-402

Hohmann C L, Luck R F and Stouthamer R. 2001. Host deprivation effect on reproduction and survival of *Wolbachia* infected and uninfected *Trichogramma kaykai* (Hym.: Trichogrammatidae). Neotrop. Ent., 30(4): 601-605

Hohmann C L, Silva F A C and Novaes T G. 2010. Selectivity of neem to *Trichogramma pretiosum* and *Trichogrammatoidea annulata* (Hym.: Trichogrammatidae). Neotrop. Ent., 39(6): 985-990

Honda J Y. 2005. Partitioning native and augmentative *Trichogramma platneri* (Hym.: Trichogammatidae) parasitism of *Amorbia cuneana* (Lep.: Tortrididae) egg masses in Southern California avocado orchards. Florida Ent., 88(3): 325-326

Honda J Y and Luck R F. 2000. Age and suitability of *Amorbia cuneana* (Lep: Tortricidae) and *Sabulodes aegrotata* (Lep: Geometridae) eggs for *Trichogramma platneri* (Hym: Trichogrammatidae). Biol. Control, 18: 79-85

Honda J Y and Luck R F. 2001. Interactions between host attributes and wasp size: a laboratory evaluation of *Trichogramma platneri* as an augmentative biological control agent for two avocado pests. Ent. Exp. *et* Appl., 100(1): 1-13

Honda J Y and Trjapitzin S V. 1995. A species description and biological comparison between a new species of *Telenomus* (Hym.: Sceliondae) and *Trichogramma platneri* (Hym.: Trichogammatidae): two egg parasitoids of *Sabulodes aegrotata* (Lep.: Geometridae). Pan-Pacif. Ent., 71(4): 227-236

Honda J Y, Silva I M M S, Vereijssen J and Stouthamer R. 1999. Laboratory bioassay and greenhouse evaluation of *Trichogramma cordubensis* strains from Portugal. BioControl, 44(1): 1-11

Honda J Y, Taylor L, Rodriguez J, Yashiro N and Hirose Y. 2006. A taxonomic review of the Japanese *Trichogramma* (Hym.: Trichogrammatidae) with descriptions of three new species. Appl. Ent. Zool., 41(2): 247-267

Howard L O. 1885. On the parasites of *Odonata suturalis*. Ent. Am., 1885(1): 117-118

Howard L O. 1898. A new egg-parasite of the periodical cicada. Can. Ent.: 102-103

Hu H-Y and Lin N-Q. 2003. A new species of *Ufensia* from China (Hym.: Trichogrammatidae). J. Fujian Agr. Univ., 32(3): 309-311 [胡红英, 林乃铨, 2003. 优奋赤眼蜂属 *Ufensia* 一新种记述 (膜翅目: 赤眼蜂科). 福建农林大学学报, 32(3): 309-311]

Hu H-Y and Lin N-Q. 2004. A taxonomic study on the genus *Paracentrobia* (Hym.: Trichogrammatidae) from Xinjiang, China. Entomotaxon., 26(4): 299-306 [胡红英, 林乃铨, 2004. 新疆邻赤眼蜂属种类记述 (膜翅目: 赤眼蜂科). 昆虫分类学报, 26(4): 299-306]

Hu H-Y and Lin N-Q. 2005a. A new species of the genus *Zagella* (Hym.: Trichogrammatidae) from China. Entomotaxon., 27(1): 61-64 [胡红英, 林乃铨, 2005. 广翅赤眼蜂属一新种记述 (膜翅目: 赤眼蜂科). 昆虫分类学报, 27(1): 61-64]

Hu H-Y and Lin N-Q. 2005b. The species of *Aphelinoidea* (Hym.: Trichogrammatidae) from Xinjiang. Entomotaxon., 27(2): 149-156 [胡红英, 林乃铨, 2005. 新疆光脉赤眼蜂属种类记述 (膜翅目: 赤眼蜂科). 昆虫分类学报, 27(2): 149-156]

Hu H-Y, Huang S and Lin N-Q. 2007. *Paratrichogramma*, new record genus from China with description of a new species (Hym.: Trichogrammafidae) from China. Acta Zootaxon.Sin., 32(2): 315-317 [胡红英, 黄帅, 林乃铨, 2007. 中国新记录属副赤眼蜂属及一新种记述 (膜翅目: 赤眼蜂科). 动物分类学报, 32(2): 315-317]

Hu H-Y, Lin N-Q and Huang S. 2006. The genus *Epoligosita* from Xinjiang, with descriptions of two new species (Hym.: Trichogrammatidae). Entomotaxon., 28(4): 286-292 [胡红英, 林乃铨, 黄帅, 2006.新疆爱波赤眼蜂属 2 新种记述 (膜翅目: 赤眼蜂科). 昆虫分类学报, 28(4): 286-292]

Hu H-Y, Lin N-Q and Kim W. 2007. First report of the genus *Lathromeris* (Hym.: Trichogrammatidae) from Korea with description of one new species. Acta Zootaxon. Sin., 32(4): 771-774 [胡红英, 林乃铨, 金元, 2007. 韩国新记录属纹翅赤眼蜂属及一新种记述 (膜翅目: 赤眼蜂科). 动物分类学报, 32(4): 771-774]

Hu H-Y, Lin N-Q and Kim W. 2008. First report of *Lathromeroidea* (Hym.: Trichogrammatidae) from Korea with description of a new species. Acta Zootaxon. Sin., 33(2): 279-281 [胡红英, 林乃铨, 金元, 2008. 韩国新记录属拟纹赤眼蜂属及一新种记述 (膜翅目: 赤眼蜂科). 动物分类学报, 33(2): 279- 281]

Huang S, Fan Z-T, Wu W and Hu H-Y. 2007. Comparison on ultramicroscopic structure of female antenna of two species of the genus *Aphelinoidea* (Hym.: Trichogrammatidae) from Xinjiang. Entomotaxon., 29(4): 311-316 [黄帅, 范兆田, 吴卫, 胡红英, 2007. 新疆两种光脉赤眼蜂雌性触角超微结构比较 (膜翅目: 赤眼蜂科). 昆虫分类学报, 29(4): 311-316]

Huang Y-C, Yi D-W, Song Z-W, Li D-S and Zhang G-R. 2016. The individual development of *Trichogramma chilonis* on *Corcyra cephalonica* eggs. J. Envir. Ent., 38(3): 457-462 [黄燕嫦, 易帝炜, 宋子伟, 李敦松, 张古忍, 2016. 螟黄赤眼蜂的个体发育. 环境昆虫学报, 38(3): 457-462]

Hubaishan M A and Bagwaigo A A. 2010. The effect of the egg parasitoid *Pseudoligosita bylonica* on dobas infestation in Doaan, Shichawi and Asid (Hudramout, Yemen). Acta Horti., 882: 451-455

Huber J T. 2005. The gender and derivation of genus-group names in Mymaridae and Mymarommatidae (Hymenoptera). Acta Soc. Zool. Bohem, 69: 167-183

Huis A and Rooy M. 1998. The effect of leguminous plant species on *Callosobruchus maculatus* (Col.: Bruchidae) and its egg parasitoid *Uscana lariophaga* (Hym.: Trichogrammatidae). Bull. Ent. Res., 88(1): 93-99

Huis A, Alebeek F A N, Es M and Sagnia S B. 2002. Impact of the egg parasitoid *Uscana lariophaga* and the larval-pupal parasitoid *Dinarmus basalis* on *Callosobruchus maculatus* populations and cowpea losses. Ent. Exp. *et* Appl., 104(2-3): 289-297

Huis A, Schütte C and Sagnia S. 1998. The impact of the egg parasitoid *Uscana lariophaga* on *Callosobruchus maculatus* populations and the damage to cowpea in a traditional storage system. Ent. Exp. *et* Appl., 89(3): 289-295

Hung Akey C F. 1982. Chromosome and isozyme studies in *Trichogramma* (Hym.: Trichogrammatidae). Proc. Ent. Soc. Wash., 84: 791-796

Hung Akey C F. 1985. Tandem gene duplication and fixed heterozygosity in the parasitic wasp, *Trichogramma marylandense*. Experientia, 41(4): 508-509

Hung Akey C F and Huo S-T. 1984. Malic enzyme, phosphoglucomutase and phosphoglucose isomerase in *Trichogramma* (Hym.: Trichogrammatidae). BioControl, 30(2): 143-149

Hung Akey C F, Vincent D L V, Lopez J D and King E G. 1985. *Trichogramma* (Hym.: Trichogrammatidae) fauna in certain areas of Arkansas and North Carolina, USA. S W Entomol. (Suppl.), 8: 11-20

Huo S-T. 1986. A new species of the genus *Trichogramma* (Hym.: Trichogrammatidae). Entomotaxon., 8(3): 175-177 [霍绍棠, 1986. 赤眼蜂属一新种记述 (膜翅目: 赤眼蜂科). 昆虫分类学报, 8(3): 175-177]

Huo S-T and Wang W. 1991. A survey on *Trichogramma* (Hym.: Trichogrammatidae) from Shaanxi province, with description of a new species. Entomotaxon., 13(3): 231-233 [霍绍棠, 王炜, 1991. 陕西省赤眼蜂调查并记述—新种 (膜翅目: 纹翅小蜂科). 昆虫分类学报, 13(3): 231-233]

Hussain D, Akram M, Iqbal Z, Ali A and Saleem M. 2010. Effect of some insecticides on *Trichogramma chilonis* (Hym.: Trichogrammatidae) immature and adult survival. J. Agr. Res. (Lahore), 48(4): 531-537

Hutchison W D, Moratoria M and Martin J M. 1990. Morphology and biology of *Trichogrammatoidea bactrae* (Hym.: Trichogrammatidae), imported from Australia as a parasitoid of pink bollworm (Lep.: Gelechiidae) eggs. Ann. Ent. Soc. Amer., 83(1): 46-54

Ikram M and Yousuf M. 2016. Description of a new species of *Oligosita* (Hym.: Trichogrammaidae) from Punjab, India. J. Threat. Taxa, 8(2): 8526-8527

Ingle M B, Ghorpade S A, Baheti H S and Kamdi S R. 2007. Genetic improvement in an egg parasitoid *T. chilonis* for tolerance to pesticides. Asian J. Biol. Sci., 2(1): 192-193

Ishii T. 1934. Notes on *Neolathromera kishidai*, a new trichogrammatid bred from a common Japanese cicada. Lansania, 6(58): 125-128

Ishii T. 1938a. On the Japanese species and the biology of *Trichogramma* (preliminary report). Oyo-Dobut. -Zasshi, 10(3/4): 139-141

Ishii T. 1938b. Descriptions of two new trichogrammatids from Japan. Kontyû, 12: 179-181

Ishii T. 1941. The species of *Trichogramma* in Japan, with descriptions of two new species. Kontyû, 14: 169-176

Ivanov M F and Reznik S Y. 2008. Photoperiodic regulation of the diapause of the progeny in *Trichogramma embryophagum* (Hym.: Trichogrammatidae): Dynamics of sensitivity to photoperiod at the immature stages of maternal females. Ent. Rev., 88(3): 261-268

Ivashov A V and Suslova G N. 1990. The overwintering population of *Trichogramma telengai*, an egg parasite of the oak roller *Tortrix viridana* in the oak forests of the Crimea. Izvestiya Vysshikh Uchebnykh Zavedenii, Lesnoi Zhurnal, 5: 9-13

Jacas J A, Peña J E and Duncan R E. 2009. Morphology and development of the immature stages of *Brachyufens osborni* (Hym.: Trichogrammatidae), an egg parasitoid of broad-nosed weevil species (Col.: Curculionidae). Ann. Ent. Soc. Amer., 102(1): 112-118

Jacas J A, Peña J E, Duncan R E and Ulmer B J. 2008. Thermal requirements of *Fidiobia dominica* (Hym.: Platygastridae) and *Haeckeliania sperata* (Hym.: Trichogrammatidae), two exotic egg parasitoids of *Diaprepes abbreviatus* (Col.: Curculionidae). BioControl, 53: 451-460

Jacas J A, Ulmer B J, Duncan R E and Peña J E. 2010. The role of *Brachyufens osborni* (Hym.: Trichogrammatidae) in the classical biological control program against *Diaprepes breviatus* (Col.: Curculionidae) in Florida. Biol. Control, 54(3): 213-220

Jacob S and Boivin G. 2004. Insemination potential of male *Trichogramma evanescens*. Ent. Exp. *et* Appl., 113(3): 181-186

Jalali S K and Singh S P. 1992. Differential response of four *Trichogramma* species to low temperatures for short term storage. Entomophaga, 37(1): 159-165

Jalali S K, Murthy K S, Venkatesan T, Lalitha Y and Devi P S. 2005. Preliminary testing of some new release methods for egg parasitoid *Trichogramma* spp. J. Biol. Control, 19(2): 99-103

Jalali S K, Murthy K S, Venkatesan T, Lalitha Y and Devi P S. 2006. Adaptive performance of *Trichogramma chilonis* at low temperature. Ann. Plant Prot. Sci., 14(1): 5-7

Jardak T, Pintureau B and Voegelé J. 1979. The demonstration of a new species of *Trichogramma* (Hym.: Trichogrammatidae). Intersexuality phenomenon, enzymatic study. Ann. Soc. Ent. Fr., 15(4): 635-642

Jeong G, Kim H Y, Choi Y C, Kim W, Bae S, Kim J G and Choi J Y. 2010. Molecular identification of two *Trichogramma* spp. in Korea. J. Asia-Paci. Ent., 13(1): 41-44

Jesu R and Laudonia S. 1997. Preimaginal stages of *Lathromeris cecidomyiae* (Hym.: Trichogrammatidae). Boll. Lab. Ent. Agr. 'F. Silvestr', Portici, 53: 13-17

Jonathan J K and Julka J M. 1975. A new species of *Prestwichia* (Hym.: Trichogrammatidea) from India. Oriental Insects, 9(2): 165-168

Jose J, Hirose Y and Honda J Y. 2005. Two new species of *Trichogramma* (Hym.: Trichogrammatidae) from the Ryukyu Islands, Japan. Proc. Ent. Soc. Wash., 107(4): 782-788

Kadlubowski W. 1962. On taxonomy of *Trichogramma*. Sylwan. Warsaw., 106: 31-35

Kalyebi A and Hassan S A. 2005. African and European trichogrammatid egg parasitoids (Hym.: Trichogrammatidae): a comparison of some biological attributes. Zeitsch. Pflanzenkr. Pflanzensch., 112(5): 472-477

Kalyebi A, Overholt W A, Schulthess F, Mueke J M and Sithanantham S. 2006. The effect of temperature and humidity on the bionomics of six african egg parasitoids (Hym.: Trichogrammatidae). Bull. Ent. Res., 96(3): 305-314

Kalyebi A, Overholt W A, Schulthess F, Mueke J M, Hassan S A and Sithanantham S. 2005. Functional response of six indigenous trichogrammatid egg parasitoids (Hym.: Trichogrammatidae) in Kenya: influence of temperature and relative humidity. Biol. Control, 32(1): 164-171

Kalyebi A, Sithanantham S, Overholt W A, Hassan S A and Mueke J M. 2005. Parasitism, longevity and progeny production of six indigenous Kenyan trichogrammatid egg parasitoids (Hym.: Trichogrammatidae) at different temperature and relative humidity regimes. Biocontrol Sci. *et* Tech., 15(3): 255- 270

Kan F J P M, Honda J, Pinto J D and Stouthamer R. 1997. Molecular based techniques for *Trichogramma* identification. Proc. Sect. Exp. *et* Appl. Ent. Netherlands Ent. Soc. (N E V), 8: 59-62

Kan F J P M, Silva I M M S, Schilthuizen M, Pinto J D and Stouthamer R. 1996. Use of DNA-based methods for the identification of minute wasps of the genus *Trichogramma*. Proc. Sect. Exp. *et* Appl. Ent. Netherlands Ent. Soc. (N E V), 7: 233-237

Kapila R and Agarwal H C. 1995. Biology of an egg parasite of *Callosobruchus maculatus* (Col.: Bruchidae). J. Stored Prod. Res., 31(4): 335-341

Karimi J, Darsouei R, Hosseini M and Stouthamer R. 2012. Molecular characterization of Iranian Trichogrammatids (Hym.: Trichogrammatidae) and their *Wolbachia* endosymbiont. J. Asia-Paci. Ent., 15(1): 73-77

Karpinski J J. 1954. *Centrobia annae*, sp. nov. (Hym.: Trichogrammatidae) the parasite of egg of *Cicadetta montana*, injurious forest insect in the *Bialowieza primeval* forest, Roczn. Nauk. Lesn. Warsaw, 4: 61-68

Karpova S G. 2006. The role of endogenous and exogenous factors in regulation of synchronous emergence of *Trichogramma embryophagum* and *T. principium* (Hym.: Trichogrammatidae). Ent. Rev., 86(3): 252-263

Kaushik H D and Arora R K. 1998. *Trichogramma*: research and use in India. Mitt. Biol. Bund. Land-Forest Berlin-Dahlem, 356: 155-176

Keasar T, Ney-Nifle M, Mangel M and Swezey S. 2001. Early oviposition experience affects patch residence time in a foraging parasitoid. Ent. Exp. *et* Appl., 98(2): 123-132

Kfir R. 1981. Effect of hosts and parasite density on the egg parasite *Trichogramma pretiosum* (Hym.: Trichogrammatidae). BioControl, 26(4): 445-451

Khan M T and Anis S B. 2015. New records of two species of *Ufens* (Hym.: Trichogrammatidae) from India. Prommalia, 3: 67-73

Khan M T and Anis S B. 2015/2016. Description of a new species of *Aphelinoidea* (Hym.: Trichogrammatidae) with some records from India. J. Insect Syst., 2(2): 89-96.

Khan M T and Anis S B. 2017a. A new genus of Trichogrammatidae (Hym.: Chalcidoidea) from India. Zootaxa, 4344(1): 165-168

Khan M T and Anis S B. 2017b. A note on a new genus and species of *Ayaanella globugaster* from India. J. Insect System., 4(1): 17

Khan M Y. 1975a. A new species of the genus *Brachygrammatella* (Hym.: Trichogrammatidae) from Aligarh, India. Curr. Sci., 44(12): 430-432

Khan M Y. 1975b. A new species of Trichogrammatidae (Hymenoptera) reared from the eggs of *Oxyrachis tarandus* (Hem.: Membracidae). Curr. Sci., 44(17): 635-636

Khan M Y. 1976. A new name for *Brachygrammatella indica* (Hym.: Trichogrammatidae). Curr. Sci., 45(10): 392-393

Khan M Y and Shafee S A. 1977. Indian species of the genus *Mirufens* (Hym.: Trichogrammatidae). Entomophaga, 22(1): 31-35

Klausnitzer B, Pellmann H and Walter S. 1983. The separation of various species and strains of the genus *Trichogramma* (Hym.: Trichogrammatidae) by disc electrophoresis. Zeitsch. Angew. Ent., 96(3): 307-315

Klemm U and Schmutterer H. 1992. Selection of effective egg-parasitoids of the genera *Trichogramma* and *Trichogrammatoidea* (Hym.: Trichogrammatidae) for diamondback moth control in Taiwan. Mitt. Deuts. Gesel. Allge. Angew Ent., 8(1-3): 82-86

Klomp H and Teerink B J. 1978. The elimination of supernumerary larvae of the gregarious egg-parasitoid *Trichogramma embryophagum* (Hym.: Trichogrammatidae) in eggs of the host *Ephestia kuehniella* (Lep.: Pyralidae). Entomophaga, 23(2): 153-159

Klug T and Meyhofer R. 2009. Performance of two *Trichogramma brassicae* strains under greenhouse and field conditions for biocontrol of the silver Y moth in spinach cultures. J. Pest Sci., 82(1): 73-79

Knutson A E. 2003. Release of *Trichogramma pretiosum* in cotton with a novel ground sprayer. S.W. Ent., 28(1): 11-17

Kobayashi C and Matkoto K. 2004. A new species of *Poropoea* (Trichogrammatidae) oviposits by entering through the oviposition aperture of attelabid beetle. Contr. Biol. Lab. Kyoto Univ., 29(4): 431-436

Kostadinov D N. 1986. Two new species of genus *Trichogramma* (Hym.: Trichogrammatidae). Acta Zool. Bulg., 31: 71-74

Kostadinov D N. 1987. Species of *Trichogramma* (Hym.: Trichogrammatidae) in Bulgaria, with description of a new species. Acta Zool. Bulg., 35: 78-82

Kostadinov D N. 1988. Description of *Nuniella bistrae*, gen. n., sp. n. (Hym.: Trichogrammatidae) from Bulgaria. Acta Zool. Bulg., 36: 49-51

Kostadinov D N. 1990. New genera and species of Trichogrammatidae (Hym.: Chalcidoidea) for the fauna of Bulgaria and description of the male of *Soikiella mongibelli*. Acta Zool. Bulg., 39: 57-63

Kostadinov D N. 1991. *Nuniella nestoris*, a new species of *Nuniella* (Hym.: Trichogrammatidae) from Bulgaria. Acta Zool. Bulg., 41: 64-66

Kostadinov D N and Pintureau B. 1991. A possibility to discriminate females of three closely related species of *Trichogramma* (Hym.: Trichogrammatidae) with special purpose analysis of the type of *Trichogramma evanescens*. Ann. Soc. Ent. Fr., 27(4): 393-400

Kryger J P. 1918. The European Trichogramminae. Ent. Medd., 12(2): 257-354

Kryger J P. 1920. Further investigations upon the European Trichogramminae. Ent. Medd., 13: 183-188

Kryger J P. 1932. One new genus and species, and three new species of Trichogramminae from Egypt with remarks upon *Neocentrobia hirticornis*, *Alaptus minimus*, and *Trichogramma evanescens*. Bull. Soc. Ent. Egypte, 16: 38-44

Kryger J P. 1951. Notes on Chalcids II. Ent. Medd., 26: 98-121

Ksentini I, Monje J C, Jardak T and Zeghal N. 2010. Naturally occurring egg parasitoids of the genus

Trichogramma (Hym.: Trichogrammatidae) in a pomegranate orchard in Tunisia. Ent. Sci., 13(1): 99-106

Kuhar T P, Barlow V M, Hoffmann M P, Fleischer S J, Groden E, Gardner J, Hazzard R, Wright M G, Pitcher S A, Speese J III and Westgate P. 2004. Potential of *Trichogramma ostriniae* (Hym.: Trichogrammatidae) for biological control of European corn borer (Lep.: Crambidae) in solanaceous crops. J. Econ. Ent., 97(4): 1209-1216

Kuhlmann U and Mills N J. 1999. Comparative analysis of the reproductive attributes of three comercially produced *Trichogramma* species. Biocontrol Sci. *et* Tech., 9: 335-346

Kulkarni B K A, Kambrekar D N and Gundannavar K P. 2007. Effect of different species and strains of *Trichogramma* parasitoids on the eggs of *Dipha aphidivora* under loratory conditions. Pest Manag. *et* Econ. Zool., 15(1): 99-102

Kumar G A and Khan M A. 2012. Use of *Trichogramma* species as potential biological control agents against sunflower headborer, *Helicoverpa armigera*. J. Ent. Res., 36(1): 27-29

Kumar G A, Jalali S K, Venkatesan T, Nagesh M and Lalitha Y. 2008. Genetic improvement of egg parasitoid *Trichogramma chilonis* for combined tolerance to multiple insecticides and high temperature. J. Biol. Control, 22(2): 347-356

Kumar G A, Jalali S K, Venkatesan T, Stouthamer R, Niranjana P and Lalitha Y. 2009. Internal transcribed spacer-2 restriction fragment length polymorphism (ITS-2-RFLP) tool to differentiate some exotic and indigenous trichogrammatid egg parasitoids in India. Biol.Control, 49(3): 207-213

Kuno E. 1962. The effect of population density on the reproduction of *Trichogramma japonicum* (Hym.: Trichogrammatidae). Res. Popul. Ecol., 4(1): 47-59

Kurdjumov N V. 1911. One new genus and two new species of Trchogrammatidae (Hym.: Chalcidodae). Rev. Russ. Ent., 11(4): 434-436

Kurdjumov N V. 1912. Synonymic note on some Trichogrammatidae (Hymenoptera). Rev. Russ. Ent., 12(2): 283

Kuske S, Babendreier D, Edwards P, Turlings T C J and Bigler F. 2004. Parasitism of non-target lepidoptera by mass released *Trichogramma brassicae* and its implication for the larval parasitoid *Lydella thompsoni*. BioControl, 49(1): 1-19

Laing J E and Corrigan J E. 1995. Diapause induction and post-diapause emergence in *Trichogramma minutum* (Hym.: Trichogrammatidae) : the role of host species, temperature, and photoperiod. Can. Ent., 127(1): 103-110

Landry B S, Dextraze L and Boivin G. 1993. Random amplified polymorphic DNA markers for DNA fingerprinting and genetic Variability assessment of minute parasitic wasp species (Hym.: Mymaridae and Trichogrammatidae) used in biological control programs of phytophagous insects. Genome, 36(3): 580-587

Laudonia S and Viggiani G. 1994. *Trichogramma piceum* (Hym.: Trichogrammatidea) nuova specie per l'Italia. Boll. Zool. Agr. Bachic, 26(1): 147-149

Laudonia S, Viggiani G and Biondi S. 2017. A new species of *Poropoea* from Africa (Hym.: Trichogrammatidae). ZooKeys, 658: 81-87

Le Ralec A and Wajnberg E. 1990. Sensory receptors of the ovipositor of *Trichogramma maidis* (Hym.: Trichogrammatidae). BioControl, 35(2): 293-299

Lee T-Y. 1961. The development of *Trichogramma evanescens* and its influence on the embryonic development of its host *Attacus cynthia ricini*. Acta Ent. Sin., 10(4-6): 339-354 [利翠英, 1961. 赤眼蜂

的个体发育及其对于寄主蓖麻蚕胚胎发育的影响. 昆虫学报, 10(4-6): 339-354]

Leeane M H and Merritt D J. 2005. Cannibalistic feeding of larval *Trichogramma carverae* parasitoids in moth eggs. Naturwissenschaften, 92(9): 435-439

Leite G L D, Paulo P D, Zanuncio J C, Alvarenga A C, Soares M A, Tavares W S, Tuffi-Santos L D and Spinola-Filho P R C. 2015. Effects of atrazine-based herbicide on emergence and sex ratio of Trichogrammatidae (Hymenoptera). Florida Ent., 98(3): 899-902

Li D-S, Yuan X, Zhang B-X, Zhao Y, Song Z-W and Zuo C. 2013. Report of using unmanned aerial vehicle to release *Trichogramma*. Chinese J. Bio. Control, 29(3): 455-458 [李敦松, 袁曦, 张宝鑫, 赵愚, 宋子伟, 左翀, 2013. 利用无人机释放赤眼蜂研究. 中国生物防治学报, 29(3): 455-458]

Li G-T. 1936. On the rearing of *Trichogramma* sp. to control sugar cane borers. Ent. Probl., 1(6): 8-10 [黎国涛, 1936. 甘蔗钻心虫赤眼卵寄生蜂之繁殖. 昆虫问题, 1(6): 8-10]

Li G-T. 1937. Investigation on the *Trichogramma* sp. of sugar cane borers from Guangdong. Ent. Probl., 2(1-2): 2-3 [黎国涛, 1937. 广东甘蔗螟虫赤眼卵寄生蜂之观察. 昆虫问题, 2(1-2): 2-3]

Li L-Y. 1994. Worldwide use of *Trichogramma* for biological control on different crops: A survey. pp. 37-53. In: Wajnberg E and Hassan S A *eds.*, 1994, Biological Control with Egg Parasites. CAB Internatl., Wallingord, UK

Li L-Y and Li X-F. 1983. The study of genetic relationship of several *Trichogramma* species. Natu. Enem. Insects, 5(2): 64-65 [李丽英, 李砚芬, 1983. 几种赤眼蜂亲缘关系的探讨. 昆虫天敌, 5(2): 64-65]

Li S Y and Henderson D E. 1993. Response of *Trichogramma* sp. nr. *sibericum* (Hym.: Trichogrammatidae) to age and density of its natural hosts, the eggs of *Rhopobota naevana* (Lep.: Tortricidae). J. Ent. Soc. British Columbia, 90: 18-24

Li Z-X. 2007. Molecular differentiation of the four most commonly occurring *Trichogramma* (Hym.: Trichogrammatidae) species in China. Europ. J. Ent., 104(3): 363-367

Li Z-X and Shen Z-R. 2001. rDNA-ITS2 sequencing and species-specific primer designing for *Trichogramma* spp. Chinese J. Bio. Control, 17(2): 75-80 [李正西, 沈佐锐, 2001. 赤眼蜂 rDNA-ITS2 克隆测序及蜂种特异引物设计. 中国生物防治学报, 17(2): 75-80]

Li Z-X and Shen Z-R. 2002a. PCR-based technique for identification and detection of *Trichogramma* spp. (Hym.: Trichogrammatidae) with specific primers. Ent. Sin., 9(3): 9-16 [李正西, 沈佐锐, 2002. 基于赤眼蜂 PCR 鉴定和检测的特异引物. 中国昆虫科学, 9(3): 9-16]

Li Z-X and Shen Z-R. 2002b. Application of rDNA-ITS2 sequences to the molecular identification of *Trichogramma* spp. Acta Ent. Sin., 45(5): 559-566 [李正西, 沈佐锐, 2002. 赤眼蜂分子鉴定技术研究. 昆虫学报, 45(5): 559-566]

Li Z-X and Shen Z-R. 2002c. The utility of specific markers based in ITS2 sequences for molecular identification and detection of *Trichogramma* spp. Agr. Sci. China, 1(9): 998-1005

Li Z-X, Li Z and Shen Z-R. 2004. Using internally transcribed spacer 2 sequences to re-examine the taxonomic status of several cryptic species of *Trichogramma* (Hym.: Trichogrammatidae). Europ. J. Ent., 101(3): 347-358

Liao D-X, Li X-L, Pang X-F and Chen T-L. 1987. Hymenoptera: Chalcidoidea: Trichogrammatidae. Economic Insect Fauna China (Hym.: Chalcidoidea). Sci. Press, Beijing, 34(1): 197-211 [廖定熹, 李学骝, 庞雄飞, 陈泰鲁, 1987. 中国经济昆虫志第三十四册膜翅目小蜂总科 (一), 北京: 科学出版社, 34(1): 197-211]

Lin K-S. 1981. Genera of the Trichogrammatidae of Taiwan, with descriptions of new taxa. J. Agr. Res. China,

30(4): 426-443 [林珪瑞, 1981. 台湾毛小蜂科分属及 2 新属新种之记载. 农业研究, 30(4): 426-443]

Lin N-Q. 1981. Investigation on the population dynamics of *Trichogramma* spp. in paddy fields of northern Fujian. J. Fujian Agr. Coll., 3: 39-49 [林乃铨, 1981. 闽北稻田赤眼蜂发生动态调查. 福建农学院学报, 3: 39-49]

Lin N-Q. 1987. Systematic studies of Trichogrammatidae, I. On the species of Trichogramma from Fujian, south China. Wuyi Sci. J., 7: 97-105 [林乃铨, 1987. 赤眼蜂分类研究, I. 福建赤眼蜂属种类记述. 武夷科学, 7: 97-105]

Lin N-Q. 1988. A preliminary report on the classification of Trichogrammatidae and Mymaridae from South China (Hym.: Chalcidoidea). (In: 2nd International Symposium on Egg Parasitoids, Guangzhou, P. R. China.), Les Colloques INRA, 43: 69-74 (*eds* by: Voegelé J, J Waage & J Lenteren)

Lin N-Q. 1990. Systematic studies of Trichogrammatidae, II. On the species of *Epoligosita* and *Epoligositina* (n. stat.) from China (Hym.: Chalcidoidea). J. Fujian Agr. Coll., 19(1): 41-51 (林乃铨, 1990. 赤眼蜂分类研究, II. 爱波赤眼蜂属和简索赤眼蜂属种类记述 (膜翅目:赤眼蜂科). 福建农学院学报, 19(1): 41-51)

Lin N-Q. 1991. Systematic studies of Trichogrammatidae, III. Species of *Tumidiclava* and *Xiphogramma* from China. J. Fujian Agr. Coll., 20(1): 47-53 [林乃铨, 1991. 赤眼蜂分类研究, III. 肿棒赤眼蜂属和刀管赤眼蜂属种类描述. 福建农学院学报, 20(1): 47-53]

Lin N-Q. 1992. Systematic studies of Trichogrammatidae, IV. Descriptions of 5 new species of *Megaphragma* and *Paramegaphragma* (gen. nov.) from China. Entomotaxon., 14(2): 129-138 [林乃铨, 1992. 赤眼蜂分类研究, IV. 赤眼蜂科一新属五新种记述. 昆虫分类学报, 14(2): 129-138]

Lin N-Q. 1993a. On Chinese species of the genus *Ufens* (Hym.: Trichogrammatidae), with descriptions of three new species. Wuyi Sci. J., 10: 51-59 [林乃铨, 1993. 宽翅赤眼蜂属分类研究, 附三新种及一新记录种描述. 武夷科学, 10: 51-59]

Lin N-Q. 1993b. Two new species of *Hayatia* and one new species of *Prestwichia* from China, with discussion on a higher category, new tribe: Eteroligositini (Hym.: Trichogrammatidae). Acta Zootaxon. Sin., 18(1): 93-99 [林乃铨, 1993. 环索赤眼蜂属和窄翅赤眼蜂属三新种记述及一新族的建立. 动物分类学报, 18(1): 93-99]

Lin N-Q. 1993c. Four new species of *Asynacta*, *Brachygrammatella*, *Mirufens* and *Neocentrobiella* (Hym.: Trichogrammatidae) from China. Acta Ent. Sin., 36(2): 207-215 [林乃铨, 1993. 赤眼蜂科四新种记述. 昆虫学报, 36(2): 207-215]

Lin N-Q. 1994. Systematic studies of Trichogrammatidae (Hym.: Chalcidoidea) from China. Fujian Sci. *et* Tech. Publ. House, Fuzhou. iv+366 [林乃铨, 1994. 中国赤眼蜂分类. 福州: 福建科技出版社, iv+366]

Lin N-Q and Lin J. 2002. A new species of *Hispidophila* and description of the female of *Ufens rimatus* (Hym.: Trichogrammatidae), parasitoids of *Sophonia* leafhoppers. Acta Zootaxon. Sin., 27(2): 347-350 [林乃铨, 林瑾, 2002. 尖角赤眼蜂属一新种及折脉宽翅赤眼蜂雌性记述 (膜翅目: 赤眼蜂科). 动物分类学报, 27(2): 347-350]

Linares M A. 1999. The presence of *Pterygogramma membraciphagum* (Hym.: Trichogrammatidae), natural enemy of *Guayaquila* sp. (Hom.: Membracidae) in Jujuy province. Neotropica (La Plata), 45: 113-114, 118

Liu J-H and Hu H-Y. 2008. The morphology of Trichogrammatidae and Mymaridae antenna sensilla and ovipositor sensilla. J. Xinjiang Univ., 26(2): 204-210 [刘俊红, 胡红英, 2008. 赤眼蜂和缨小蜂触角与产卵器感受器的显微形态. 新疆大学学报, 26(2): 204-210]

Liu S-S, Zhang G-M and Zhang F. 1998. Factors influencing parasitism of *Trichogramma dendrolimi* on eggs of the Asian corn borer, *Ostrinia furnacalis*. BioControl, 43(3): 273-287 [刘树生, 张光美, 张帆, 1998. 影响松毛虫赤眼蜂寄生亚洲玉米螟卵的因素. 生物防治, 43(3): 273-287]

Liu S-Z and Li C-D. 2014. A new species of *Lathromeroidea* (Hym.: Trichogrammatidae) from China. J. Northeast Forest. Univ., 42(9): 177-179 [刘思竹, 李成德, 2014. 拟纹赤眼蜂属一新种记述 (膜翅目: 赤眼蜂科). 东北林业大学学报, 42(9): 177-179]

Liu W, Luo J-P and Xiong P-Y. 1989. Study on the development of *Trichogramma dendrolini*. J. Wuhan Univer. (Nat. Sci. Edit.), 1989(1): 109-114, 131-134 [刘卫, 罗建平, 熊平英, 1989. 松毛虫赤眼蜂个体发育研究. 武汉大学学报 (自然科学版), 1989(1): 109-114, 131-134]

Liu X-L, Dong H, Zhang Z-T and Gang S. 2011. DNA extraction of single-head *Trichogramma* and PCR system optimization. J. Shenyang Agr. Univ., 42(2): 170-174 [柳晓利, 董辉, 张柱亭, 江爽, 2011. 单头赤眼蜂 DNA 提取方法比较及其 PCR 反应体系优化. 沈阳农业大学学报, 42(2): 170-174]

Livingstone D and Yacoob M. 1983a. A new subgenus of *Epoligosita*, an egg parasite of Tingidae from India. Entomophaga, 28(3): 213-216

Livingstone D and Yacoob M. 1983b. A new subgenus of *Lathromeromyia*, an egg parasite of Tingidae from India. Entomophaga, 28(3): 303-308

Livingstone D and Yacoob M. 1987. A new species of *Lathromeromyia* of the subgenus *Lathromeromina* (Hym.: Trichogrammatidae) from the eggs of *Corythauma ayyari* (Hem.: Tingidae). J. Bombay Nat. Hist. Soc., 84: 395-398

Livingstone D and Yacoob M. 1997. Tingifauna of southern India: distribution, host plants, natural enemies and generic key. J. Bombay Nat. Hist. Soc., 94(2): 283-297

Lobdell C E, Yong T-H and Hoffmann M P. 2005. Host color preferences and short-range searching behavior of the egg parasitoid *Trichogramma ostriniae*. Ent. Exp. *et* Appl., 116(2): 127-134

Logarzo G A, Virla E G, Triapitsyn S V and Jones W A. 2004. Biology of *Zagella delicata* (Hym.: Trichogrammatidae), an egg parasicoid of the sharpshooter *Tapajosa rubromarginata* (Hem.: Cicadellidae) in Argentina. The Florida Ent., 87(4): 511-516

Lou J-X 1991. A new species of the genus *Mirufens* (Hym.: Trichogrammatidae) from China. Entomotaxon., 13(4): 299-301 [娄巨贤, 1991.中国断脉赤眼蜂属一新种记述 (膜翅目: 赤眼蜂科). 昆虫分类学报, 13(4): 299-301]

Lou J-X and Wang D-C. 2001. Two new species of Trichogrammatidae from Northeastern China (Hym.: Chalcidoidea). Acta Zootaxon. Sin., 26(3): 351-354 [娄巨贤,王东昌, 2001. 中国东北地区赤眼蜂科二新种 (膜翅目:小蜂总科). 动物分类学报, 26(3): 351-354]

Lou J-X and Yuan J. 1997. A new species of *Soikiella* (Hym.: Trichogrammatidae) from China. Acta Ent. Sin., 4(3): 235-237 [娄巨贤, 袁静, 1997. 中国斯赤眼蜂属一新种 (膜翅目:赤眼蜂科). 昆虫学报, 4(3): 235-237]

Lou J-X and Yuan J. 1998. A new genus and a new species of Trichogrammatidae (Hym.: Chalcidoidea) from China. Ent. Sin., 5(1): 22-25 [娄巨贤, 袁静, 1998. 赤眼蜂科一新属新种记述 (膜翅目: 小蜂总科). 昆虫学报, 5(1): 22-25]

Lou J-X, Cao T-W and Cong B. 1997. Four new species of Trichogrammatidae (Hym.: Chalcidoidea). J. Shenyang Agr. Univ., 28(3): 186-190 [娄巨贤, 曹天文, 丛斌, 1997. 赤眼蜂科 4 新种记述 (膜翅目:小蜂总科). 沈阳农业大学学报, 28(3): 186-190]

Lou J-X, Cong B and Yuan J. 1997. Two new species of *Mirufens* (Hym.: Trichogrammatidae). J. Northeast

Normal Univ., (1): 74-77 [娄巨贤, 丛斌, 袁静, 1997. 断脉赤眼蜂属二新种记述 (膜翅目: 赤眼蜂科). 东北师范大学学报, (1): 74-77]

Lou J-X, Ding X-Y and Wang X-Q. 1996. Three new species of Trichogrammatidae from China. J. Shenyang Agr. Univ., 27(1): 39-44 [娄巨贤, 丁秀云, 王小齐, 1996. 赤眼蜂科 3 新种记述 (膜翅目: 小蜂总科). 沈阳农业大学学报, 27(1): 39-44]

Louis C, Pintureau B and Chapelle L. 1993. Research of the origin of unisexuality: thermotherapy cures both rickettsia and thelytokous parthenogenesis in a *Trichogramma* species (Hym.: Trichogrammatidae). Comptes Rend. Acad. Sci. Ser. 3. Sci. Vie, 316(1): 27-33

Lu Q-G. 1992. A laboratory study on the functional response of *Trichogramma* sp. nr *mwanzai* (Hym.: Trichogrammatidae) in Kenya. Chinese J. Bio. Control, 8(4): 151-154 [陆庆光, 1992. 肯尼亚禾螟赤眼蜂的功能反应研究. 生物防治通报, 8(4): 151-154]

Lü X, Han S-C and Li L-Y. 2015. Biochemical analyses of *Trichogramma dendrolimi* (Hym.: Trichogrammatidae) in vitro and in vivo rearing for 10 generations. Florida Ent., 98(3): 911-915

Lü Y-Q, He Y-R and Chen K-W. 2010. Olfactory response of *Trichogrammatoidea bactrae* and *Trichogramma confusum* (Hym.: Trichogrammatidae) to different components of kairomones of the diamond back moth, *Plutella xylostella* (Lep.: Plutellidae). Acta Ent. Sin., 53(10): 1184-1189 [吕燕青, 何余容, 陈科伟, 2010. 卷蛾分索赤眼蜂和拟澳洲赤眼蜂对小菜蛾不同利他素的嗅觉反应. 昆虫学报, 53(10): 1184-1189]

Lubbock J. 1863. On two aquatic Hymenoptera, one of which uses its wings in swimming. Trans. Soc. London, 24: 135-142

Lucchi A, Scaramozzino P L, Michl G, Loni A and Hoffmann C. 2016. The first record in Italy of *Trichogramma cordubense* (Hym.: Trichogrammatidae) emerging from the eggs of *Lobesia botrana* (Lep.: Tortricidae). Vitis., 55: 161-164

Lundgren J G and Heimpel G E. 2003. Quality assessment of three species of commercially produced *Trichogramma* and the first report of thelytoky in commercially produced *Trichogramma*. Biol. Control, 26(1): 68-73

Luo W-D and Liao D-X 1994. A new species of the genus *Poropoea* form China (Hym.: Trichogrammatidae). Acta Zootaxon. Sin., 19(4): 490-493 [罗维德, 廖定熹 1994. 中国圆翅赤眼蜂属一新种记述 (膜翅目: 赤眼蜂科). 动物分类学报, 19(4): 490-493]

Lynn D E and Hung A C F. 1986. Development of a continuous cell line from the insect egg parasitoid, *Trichogramma pretiosum* (Hym.: Trichogrammatidae). In Vitro Cell. *et* Develop. Biol. -Plant, 22(8): 440-442

Mai P Q. 1996. Identification of the species of genus *Trichogramma* in Vietnam. Tap Chi Sinh Hoc., 19(2): 29-32

Malati A K and Hatami B. 2010. Effect of feeding and male presence on some biological characteristics of female *Trichogramma brassicae* (Hym.: Trichogrammatidae). J. Ent. Soc. Iran., 29(2): 1-11

Malo F. 1961. Phoresy in *Xenufens* (Hym.: Trichogrammatidae), a parasite of *Caligo eurilochus* (Lep.: Nymphalidae). J. Econ. Ent., 54: 465-466

Mani M and Krishnamoorthy A. 1983. Recovery of two exotic parasites, *Trichogramma brasiliensis* (Hym.: Trichogrammatidae) and *Eucelatoria bryani* (Dip.: Tachinidae) from *Heliothis armigera* (Lep.: Noctuidae) in tomato fields. BioControl, 28(4): 401-405

Mani M S. 1935a. New Indian Chalcidoidea (Parastitic Hymenoptera). Rec. Indian Mus., 37: 241-248

Mani M S. 1935b. First record of Trichogrammatid chalcid genus *Chaetostricha* from India, with description of a new species. Rec. Indian Mus., 37: 337-338

Mani M S. 1939. Descriptions of new and records of some known Chalcidoidea and other Hymenopterous parasites from India. Indian J. Ent., 1: 70-99

Mani M S. 1999. First record of *Trichogramma chilostraeae* on pomegranate butterfly, *Deudorix isocrates*. Entomon., 24(4): 399-400

Manickavasagam S. 2002. Biochemical characterisation, an additional tool in *Trichogramma* taxonomy. Insect Environ., 8(4): 148-149

Manickavasagam S and Farooqi S I. 1990. Male genitalia, a reliable diagnostic character for *Trichogramma brasiliensis* (Hym.: Trichogrammatidae). Bull. Ent. Soc. India, 31(1): 85-88

Manickavasagam S, Navarajan P A V, Farooqi S I and Ganguly A K. 1991. Isozymes and protein profiles of four species of *Trichogramma* (Hym.: Trichogrammatidae). J. Biol. Control, 5(2): 70-73

Manolache C and Tien N. 1973. Contributions to the morphology of two species of *Trichogramma*: *evanescens* and *T. chilonis* (Hym.: Trichogrammatidae) and results of releasing them in the field for the control of the corn borer (*Ostrinia nubilalis*). Anal. Inst. Cercet. Protect. Plantel., 9: 349-361

Mansfield S and Mills N J. 2002. Direct estimation of the survival time of commercially produced adult *Trichogramma platneri* (Hym.: Trichogrammatidae) under field conditions. Biol. Control, 25(1): 41-48

Martel V and Boivin G. 2004. Premating dispersion in the egg parasitoid *Trichogramma* (Hym.: Trichogrammatidae). Environ. Ent., 33(4): 855-859

Martel V, Damiens D and Boivin G. 2008a. Male mate choice in *Trichogramma* Turkestanica. J. Insect Behav., 21(2): 63-71

Martel V, Damiens D and Boivin G. 2008b. Strategic ejaculation in the egg parasitoid *Trichogramma turkestanica* (Hym.: Trichogrammatidae). Ecol. Ent., 33(3): 357-361

Martel V, Doyon J and Boivin G. 2010. Partial local mate competition in the wasp *Trichogramma euproctidis*: the role of emergence sex ratio on female mating behaviour. Ecol. Ent., 35(6): 698-703

Mason P G, Pinto J D, Long Z L and Harris J L.1998. First record of *Trichogramma inyoense* (Trichogrammatidae) attacking the bertha armyworm, *Mamestra configurata* (Lep.: Noctuidae). Can. Ent., 130(1): 105-106

Matheson R and Crosby C R. 1912. Aquatic Hymenoptera in America. Ann. Ent. Soc. Amer., 5: 65-71

Matsumura S. 1926. On the three species of *Dendrolimus* (Lepidoptera) which attack spruce and fire-trees in Japan, with their parasites and predaceous insects. Ann. Mus. Zool. Acad. Sci. URSS., 26: 44-45

Matthias S and Hassan S A. 2001. Comparative biology and life tables of *Trichogramma evanescens* and *T. cacoeciae* with *Ephestia elutella* as host at four constant temperatures. Ent. Exp. *et* Appl., 98(1): 35-40

Mawela K V, Kfir R and Kruger K. 2010. Host Suitability of UV-irradiated eggs of three Lepidopteran species for rearing *Trichogrammatoidea lutea* (Hym.: Trichogrammatidae). J. Appl. Ent., 134(9/10): 737-744

Mc Dougall S J and Mills N J. 1997a. The influence of hosts, temperature and food sources on the longevity of *Trichogramma platneri*. Ent. Exp. *et* Appl., 83(2): 195-203

Mc Dougall S J and Mills N J. 1997b. Dispersal of *Trichogramma platneri* (Hym.: Trichogrammatidae) from point-source releases in an apple orchard in California. J. Appl. Ent., 121(4): 205-209

Mc Gregor R and Henderson D. 1998. The influence of oviposition experience on response to host pheromone in *Trichogramma sibericum* (Hym.: Trichogrammatidae). J. Insect Behav., 11(5): 621-632

Meyer N F. 1940. Species and race of the genus *Trichogramma*. Bull. Plant Protecton, 4: 70-77

Michalski J and Seniczak S. 1974. *Trichogramma semblidis* (Hym.: Trichogrammatidae) as a parasite of the bark beetle eggs (Col.: Scolytidae). BioControl, 19(3): 237-242

Mills N J and Lacan I. 2004. Ratio dependence in the functional response of insect parasitoids: evidence from *Trichogramma minutum* foraging for eggs in small host patches. Ecol. Ent., 29(2): 208-216

Milonas P G, Martinou A F, Kontodimas D C, Karamaouna F and Konstantopoulou M A. 2009. Attraction of different *Trichogramma* species to *Prays oleae* sex pheromone. Ann. Ent. Soc. Amer., 102(6): 1145-1150

Milonas P, Mazomenos B E and Konstantopoulou M A. 2009. Kairomone effect of sex pheromone components of two Lepidopteran olive pests on *Trichogramma* wasps. Insect Sci., 16(2): 131-136

Mimouni F. 1991. Genetic variations in host infestation efficiency in two *Trichogramma* species from Morocco. Redia, 74(3): 393-400

Miura K. 1992. Aggressive behavior in *Paracentrobia andoi* (Hym.: Trichogrammatidae), an egg parasitoid of the green rice leafhopper. Jap. J. Ent., 60(1): 103-107

Miura K. 2003. Suppressive effect of the egg parasitoid *Trichogramma chilonis* on the population density of the diamondback moth. Appl. Ent. Zool., 38(1): 79-85

Moezipour M and Shojaei S S. 2008. Developmental biology and fertility life table parameters of *Trichogramma brassicae*, on eggs of *Sitoteroga cerealella* at different temperatures, in laboratory conditions. Pakistan Ent., 30(1): 5-10

Monje J C. 1998. *Trichogramma* species attacking *Heliocoverpa armigera* in sorghum-pigeopea intercrops in South India. Mitt. Biol. Bund. Land-Forest Berlin-Dahlem, 356: 31-34

Monje J C, Zebitz C P W and Ohnesorge B. 1999. Host and host age preference of *Trichogramma galloi* and *T. pretiosum* (Hym: Trichogrammatidae) reared on different hosts. J. Econ. Ent., 92: 97-103

Moosavian S S, Shojai M, Shahrokhi S and Attaran M R. 2010. Comparison of flightility of *Trichogramma brassicae* (Hym.: Trichogramatidae) at different generations. Appl. Ent. Phytopath., 78(1): 107-112

Morales J, Vasquez C, Perez B N L, Valera N, Rios Y, Arrieche N and Querino R B. 2007. *Trichogramma* species (Hym.: Trichogrammatidae) parasitoids of lepidopteran eggs in Lara State, Venezuela. Neotrop. Ent., 36(4): 542-546

Morales J, Vasquez C, Valera N, Arrieche N, Arcaya E and Querino R B. 2010. New reports and distribution of *Trichogramma* species (Hym.: Trichogrammatidae) in Lara State, Venezuela. Bioagro, 22(2): 159-162

Morrison G and Lewis W J. 1981. The allocation of searching time by *Trichogramma pretiosum* in host-containing patches. Ent. Exp. *et* Appl., 30(1): 31-39

Mukhtar A. 1999. *Trichogramma poliae* Nagaraja (Hym.: Trichogrammatidae): a new record on polar defoliator: *Clostera cupreata* (Lep.: Notodontidae) from India: its population dynamics and bioefficacy. Annals of Forestry, 7(1): 9-16

Mukunthan N. 2006. Efficacy of inundative release of *Trichogramma chilonis* in the management of the sugarcane internode borer, *Chilo sacchariphagus indicus*. Sugar Tech., 8(1): 36-43

Muli B K, Schulthess F and Berg J van den. 2010. Performance of *Trichogrammatoidea* sp. nr *lutea* (Hym.: Trichogrammatidae) collected from *Mussidia* spp. in Kenya on eggs of six Lepidopteran hosts. J. Appl. Ent., 134(6): 521-530

Munro J B, Heraty J M, Burks R A, Hawks D, Mottern J, Cruaud A, Rasplus J Y and Jansta P. 2011. A molecular phylogeny of the Chalcidoidea (Hymenoptera). PLoS ONE, 6(11): 1-27

Nadeem S, Ashfaq M, Hamed M, Ahmed S and Nadeem M K. 2009. Comparative rearing of *Trichogramma chilonis* (Hym.: Trichogrammatidae) at different temperature conditions. Pakistan Ent., 31(1): 33-36

Nadeem S, Nadeem M K, Ashfaq M and Ahmed S. 2009. Survey of naturally occurring *Trichogramma* spp. (Hym.: Trichogrammatidae) in sugarcane at district Faisalad. Proc. Pakistan Cong. Zool., 29: 11-14

Nagaraja H. 1973a. On some new species of Indian *Trichogramma* (Hym.: Trichogrammatidae). Oriental Insects, 7(2): 275-290

Nagaraja H. 1973b. A key to some new world species of *Trichogramma* (Hym.: Trichogrammatidea), with descriptions of four new species. Proc. Ent. Soc.Wash., 75(3): 288-297

Nagaraja H. 1978. Studies on *Trichogrammatoidea* (Hym.: Trichogrammatidae). Oriental Insects, 12(4): 489-530

Nagaraja H. 1983. Descriptions of new *Trichogrammatidae* (Hymenoptera) from Brazil. Revi. Bras. Biol., 43(1): 37-43

Nagaraja H. 1984. Description of a new species of *Trichogrammatoidea* (Hym.: Trichogrammatidae), parasitic on the cacao pod borer in the Philippines. Philipp. Ent., 6: 207-213

Nagaraja H. 1987. Recent advances in biosystematics of *Trichogramma* and *Trichogrammatoidea* (Hym.: Trichogrammatidae). Proc. Anim. Sci., 96(5): 469-477

Nagaraja H and Gupta A. 2007. A new species of *Trichogramma* (Hym.: Trichogrammatidae) parasitic on eggs of pomegranate fruit borer, *Deudorix isocrates* (Lep.: Lycaenidae). J. Biol. Control, 21(2): 291-293

Nagaraja H and Mohanraj P. 2010a. Three new species of *Trichogramma* (Hym.: Trichogrammatidae) from southern India. J. Biol. Control, 24(3): 203-209

Nagaraja H and Mohanraj P. 2010b. A new species of *Trichogramma* (Hym.: Trichogrammatidae) from south India. J. Biol.Control, 24(4): 297-299

Nagaraja H and Nagarkatti S. 1969. Three new species of *Trichogramma* from India. Entomophaga, 14(4): 393-400

Nagaraja H and Nagarkatti S. 1973. A key to new world species of *Trichogramma* (Hym.: Trichogrammatidae) with descriptions of four new species. Proc. Ent. Soc. Wash., 75: 288-297

Nagaraja H, Gupta A, Lalitha Y, Mohanraj P and Jalali S K. 2008. On the true identity of *Trichogramma brasiliensis* (Hym.: Trichogrammatidae) being used in India. J. Biol. Control, 22(2): 255-260

Nagaraja H, Jamalahmad and Gupta A. 2007. A new species of *Trichogramma* (Hym.: Trichogrammatidae) from Anantnag, Jammu *et* Kashmir, India. J. Biol. Control, 21(2): 287-289

Nagarkatti S. 1972. Record of *Trichogramma semblidis* (Hym.: Trichogrammatidae) in India. Oriental Insects, 6: 33-34

Nagarkatti S. 1973. Studies on the shootborer *Hypsipyla grandella* (Lep., Pyralidae). XVII. A new species of *Trichogramma* (Hym.: Trichogrammatidae) from Costa Rica. Turrialba, 23: 233-235

Nagarkatti S. 1974. A new species of *Trichogramma* (Hym.: Trichogrammatidae) parasitic on *Papilio* spp. in Japan. Oriental Insects, 8(3): 391-393

Nagarkatti S. 1975. Two new species of *Trichogramma* (Hym.: Trichogrammatidae) from the USA. Entomophaga, 20(3): 245-248

Nagarkatti S. 1979. Experimental comparison of laboratory-reared vs. wild-type *Trichogramma chilonis* (Hym.: Trichogrammatidae) II. Tolerance of non-optimal temperatures. BioControl, 24(4): 417-421

Nagarkatti S and Fazaluddin M. 1973. Biosystematic studies on *Trichogramma* species II. Experimental hybridization between some *Trichogramma* spp. (Hym.: Trichogrammatidae) from the New World. Syst. Zool., 22: 103-117

Nagarkatti S and Jayasingh S. 1974. Studies on *Trichogramma semblidis* (Auri.), egg parasite of *Tabanus macer* Bigot in India. Proc. Indian Scad. Sci., 80: 299-309

Nagarkatti S and Nagaraja H. 1968. Biosystematic studies on *Trichogramma* species.I. Experimental hybriddization between *T. australicum*, *T. evanescens* and *T. minutum*. Tech. Bull. Common. Inst. Biol. Control, 10: 81-96

Nagarkatti S and Nagaraja H. 1971. Redescriptions of some known species of *Trichogramma* (Hym.: Trichogrammatidae), showing the importance of the male genitalia as a diagnostic character. Bull. Ent. Res., 61(1): 13-31

Nagarkatti S and Nagaraja H. 1977. Biosystematics of *Trichogramma* and *Trichogrammatoidea* species. Ann. Rev. Ent., 22: 157-176

Nagarkatti S and Nagaraja H. 1978. Experimental comparison of laboratory reared vs. wild-type *Trichogramma confusum* (Hym.: Trichogrammatidae) I. Fertility, fecundity and longevity. BioControl, 23(2): 129-136

Nagarkatti S and Nagaraja H. 1979. The status of *Trichogramma chilonis* (Hym.: Trichogrammatidae). Oriental Insects, 13: 115-118

Nagarkatti S, Giroux K J and Keeley T P. 1991. Rearing *Trichogramma nubilale* (Hym.: Trichogrammatidae) on eggs of the tobacco hornworm, *Manduca sexta* (Lep.: Sphingidae). BioControl, 36(3): 443-446

Nagarkatti S, Muza A J, Saunders M C and Tobin P C. 2002. Role of the egg parasitoid *Trichogramma minutum* in biological control of the grape berry moth, *Endopiza viteana*. BioControl, 47(4): 373-385

Naranjo S E. 1993. Life history of *Trichogrammatoidea bactrae* (Hym.: Trichogrammatidae), an egg parasitoid of pink bollworm (Lep.: Gelechiidae), with emphasis on performance at high temperatures. Environ. Ent., 22(5): 1051-1059

Narayana M L and Bu T R. 1992. Evaluation of five insect growth regulators on the egg parasitoid *Trichogramma chilonis* (Hym.: Trichogrammatidae) and the hatchility of *Corcyra cephalonica* (Lep.: Galleriidae). J. Appl. Ent., 113(1): 56-60

Narayanan E S and Chacko M J. 1957. Superparasitism in *Trichogramma minutum* (Hym.: Trichogrammatidae), an egg parasite of sugarcane and maize borers in India I. Effect of superparasitism. Proc. Plant Sci., 45(3): 122-128

Narendran T C and Hayat M. 2007. A new species of *Poropoea* (Hym.: Trichogrammatidae) from India with a key to oriental species. Rec. Zool. Surv. India, 107(4): 1-5

Nasir F M, Buttner C, Reichmuth C and Scholler M. 2006. The *Trichogramma* fauna of Pakistan (Hym.: Trichogrammatidae). Mitt. Deut. Gesellsch. Allgem. Angew. Ent., 15: 93-96

Nasir F M, Buttner C, Reichmuth C, Poswal A, Hagedorn G and Scholler M. 2011. A new species of *Trichogramma* (Hym.: Trichogrammatidae) closely related to *T. chilonis* from Pakistan. Zootaxa, 2970: 41-48

Nasir F N, Korashy M A and Rashed F F M. 1995. *Trichogramma evanescens* (Hym.: Trichogrammatidae) as an egg parasitoid of grape moth *Lobesia botrana* (Lep.: Tortricidae). Anzeig Schäd., 68(2): 44-45

Neto L and Dolder M A H. 2002. Redescription of sperm structure and ultrastructure of *Trichogramma dendrolimi* (Hym.: Trichogrammatidae). Acta Zool., 82(2): 159-164

Neto L and Pintureau B. 1995. Taxonomic study of a population of *Trichogramma turkestanica* discovered in southern Portugal. Ann. Soc. Ent. Fr., 31(1): 21-30

Neto L and Pintureau B. 1997. Review of the genus *Mirufens* (Hym.: Trichogrammatidae). Ent. Problems, 28(2): 141-148

Neto L and Pintureau B. 2000. Structure and ulstructure of the spermatozoa of *Trichogramma pretiosum* and *T. atopovirilia* (Hym.: Trichogrammatidae). Acta Zool. (Stockholm), 81(3): 205-211

Neto L and Pintureau B. 2004. Inheritance of morphological mutations in *Trichogramma*. Bull. Insectol., 57(2): 73-77

Newton P J and Odendaal W J. 1990. Commercial inundative releases of *Trichogrammatoidea cryptophlebiae* (Hym.: Trichogrammatidae) against *Cryptophlebia leucotreta* (Lep.: Tortricidae) in citrus. BioControl, 35(4): 545-556

Nikol'skaya M N. 1952. Family Trichogrammatidae. in: Nikol'skaya *eds.*, 1952, *The chalcid fauna of the USSR.* Zool. Instit. Acad. Sci. USSR. 44: 524-555 (Publ. Natl. Sci. Found., Washington DC. 1963)

Nikol'skaya M N and Trjapitzin V A. 1987. Family Trichogrammatidae (Hym.: Chalcidoidea). in: Medvedev *eds.*, 1987, *Keys to the Insects of the European Part of USSR.* Amerind Publ. Co. III, part II: 501-513

Noldus L P J J and Lenteren J C Van. 1985. Kairomones for the egg parasite *Trichogramma evanescens*. J. Chem. Ecol., 11(6): 781-791

Nordlund D A, Wu Z-X and Greenberg S M. 1997. In vitro rearing of *Trichogramma minutum* (Hym.: Trichogrammatidae) for ten generations, with quality assessment comparisons of in vitro and in vivo reared adults. Biol. Control, 9(3): 201-207

Notarte A and Merritt D J. 2001. Successful in vitro rearing of *Trichogramma australicum* (Hym.: Trichogrammatidae) on artificial diet containing cultured insect cells. Bull. Ent. Res., 91(3): 227-229

Nowicki S. 1927. Upon the genera *Ophioneurus* Ratz. and *Lathromerella* (Hym.: Trichogrammatidae). Polsk. Pismo Ent., 6: 100-119

Nowicki S. 1933. Descriptions of a new genus and new species of the superfamily Chalcidoidea (Hymenoptera). Polsk. Pismo Ent., 12: 1-5

Nowicki S. 1935. Descriptions of new genera and species of the family Trichogrammidae (Hym.: Chalcidoidea) from the Palaearctic region, with notes - I. Zeitsch. Angew. Ent., 21: 566-596

Nowicki S. 1936. Descriptions of new genera and species of the family Trichogrammidae (Hym.: Chalcidoidea) from the Palaearctic region, with notes - II. Zeitsch. Angew. Ent., 23: 114-148

Nowicki S. 1940. Description of new genera and species of the family Trichogrammatidae (Hym.: Chalcidoidea) from the Palaearctic region, with notes-Supplement. Zeitsch. Angew. Ent., 26: 624-663

Nowicki S. 1946. Witere Beschreibungen von Trichogrammiden. Zent. Gesamt.Ent., Leinz, 1: 44-50

Noyes J S. 2017. Universal Chalcidoidea Database. World Wide Web electronic publication, http://www. nhm. ac. uk/ entomology/ chalcidoids/ index. html. Superfamily 5 Chalcidoidea *et* Family 5 Trichogrammatidae

Noyes J S and Valentine E W. 1989. Chalcidoidea: Introduction and review of genera in smaller familes. Fauna of New Zealand, 18: 42-48

Oatman E R. 1972. Topotypic *Trichogramma minutum* (Hym.: Trichogrammatidae). Ann. Ent. Soc. Amer., 65: 1239-1240

Oatman E R and Pinto J D. 1987. A taxonomic review of *Trichogramma* (*Trichogrammanza*) (Hym.: Trichogrammatidae), with descriptions of two new species from Australia. J. Aust. Ent. Soc., 26(3): 193-201

Oatman E R and Platner G R. 1973. Biosystematic studies of *Trichogrammma* species: I. Populations from California and Missouri. Ann. Ent. Soc. Amer., 66(5): 1099-1102

Oatman E R and Platner G R. 1983. A new species of *Trichogramma* (Hym.: Trichoramatidae), with notes on other species collected in Guatemala. Proc. Ent. Soc. Wash., 85: 710-713

Oatman E R, Greany P D and Platmer G R. 1968. A study of the reproductive compatibility of several strains of *Trichogramma* in southern California. Ann. Ent. Soc. Amer., 61: 956-959

Oatman E R, Pinto J D and Platner G R. 1982. *Trichogramma* (Hym.: Trichogrammatidae) of Hawaii. Pacific Insects, 24: 1-24

Oatman E R, Platner G R and Gonzalez D. 1970. Reproductive differentiation of *Trichogramma pretiosum*, *T. semifumatum* and *T. evanescens*, with notes on the geographical distribution of *T. pretiosum* in the southwestern USA and Mexico (Hym.: Trichogrammatidae). Ann. Ent. Soc. Amer. 63(3): 633- 635

Ohta I, Miura K and Kobayashi M. 1994. Effect of the scale-hair of the common cutworm egg mass on the oviposition behavior of *Trichogramma chilonis* (Hym.: Trichogrammatidae). Appl. Ent. Zool., 29(4): 608-609

Oldroyd H and Ribbands M N. 1936. On the validity of trichiation as a systematic chacrater in *Trichogramma* (Hym.: Trichogrammatidae). Proc. R. Ent. Soc. Lond. (B)., 5: 148-152

Oliveira H N, Gomez S A, Rohdenilva V S, Arce C C M and Duarte M M. 2010. Record of *Trichogramma* (Hym.: Trichogrammatidae) species on *Erinnyis ello* (Lep.: Sphingidae) eggs in Mato Grosso do sul State, Brazil. Pesq. Agrop. Trop., 40(3): 378-379

Olson D M. 1998. Oviposition and offspring survival within eggs of European corn borer: discrimination of the host embryo by female *Trichogramma nubilale*. Ent. Exp. *et* Appl., 87(1): 79-84

Olson D M and Andow D A. 1993. Antennal sensilla of female *Trichogramma nubilale* (Hym.: Trichogrammatidae) and comparisons with other parasitic Hymenoptera. Intern. J. Insect Morph. *et* Embry., 22(5): 507-520

Olson D M and Andow D A. 1997. Primary sex allocation in *Trichogramma* (Hym.: Trichogrammatidae) and effects of sperm on oviposition behavior. Ann. Ent. Soc. Amer., 90(5): 689-692

Olson D M and Andow D A. 1998. Larval crowding and adult nutrition effects on longevity and fecundity of female *Trichogramma nubilale* (Hym.: Trichogrammatidae). Environ. Ent., 27(2): 508-514

Olson D M and Andow D A. 2006. Walking pattern of *Trichogramma nubilale* (Hym.: Trichogrammatidae) on various surfaces. Biol. Control, 39(3): 329-335

Ormel G J, Gort G and Alebeek F A N van. 1995. Analysing host location in *Uscana lariophaga* (Hym.: Trichogrammatidae), an egg parasitoid of bruchids (Col.: Bruchidae), using Cox's proportional hazards model. Bull. Ent. Res., 85(1): 113-123

Orphanides and Gonzalez D. 1970. Identity of a unparental race of *Trichogramma pretiosum* (Hym.: Trichogrammatidae). Ann. Ent. Soc. Amer., 63: 1784-1786

Orrego C and Agudelo-Silva F. 1993. Genetic variation in the parasitoid wasp *Trichogramma* (Hym.: Trichogrammatidae) revealed by DNA amplification of a section of the nuclear ribosomal repeat. Florida Ent., 76(3): 519-524

Owen A K. 2011. Revision of *Ufens* (Hym.: Trichogrammatidae). UC Publication in Entomology, 131: 1-164

Owen A K and Pinto J D. 2004. *Pachamama*, an uncommon and distinctive new genus of Trichogrammatidae (Hym.: Chalcidoidea) from tropical America. Zootaxa, 664: 1-8

Owen A K, George J, Pinto J D and Heraty J M. 2007. A molecular phylogeny of the Trichogrammatidae (Hym.: Chalcidoidea), with an evaluation of the utility of their male genitalia for higher level classification. Syst. Ent., 32(2): 227-251

Özder N. 2006. Comparative biology and life tles of *Trichogramma brassicae* and *T. cacoeciae* with *Ephestia kuehniella* as host at three constant temperatures. Great Lakes Ent., 39(1/2): 59-64

Özder N and Sağlam O. 2005. Overwintering of the egg parasitoids *Trichogramma brassicae* and *T. cacoeciae* (Hym.: Trichogrammatidae) in the Thrace region of Turkey. J. Pest Sci., 78(3): 129-132

Oztemiz S. 2007. *Trichogramma* species (Hym.: Trichogrammatidae) egg parasitoids of Lepidoptera: in the eastern Mediterranean region of Turkey. Proc. Ent. Soc. Wash.,109(3): 718-720

Padmavathi C and Paul A V N. 1997. Kairomones of three host insects and their impact on the egg parasitoid *Trichogramma chilonis*. Indian J. Ent., 59(1): 85-92

Padmavathi C and Paul A V N. 1998. Saturated hydrocarbons as kairomonal source for the egg parasitoid, *Trichogramma chilonis* (Hym.: Trichogrammatidae). J. Appl. Ent., 122(1): 29-32

Pajni H R and Singh T. 1977. A note on the taxonomic position of *Uscana mukerjii*, an egg parasite of store-bruchids (Hym.: Trichogrammatidae). Res. Bull. Panjab Univ., Sci., 24(3/4): 163-164

Pajni H R and Tewari P K. 1999. A new species of *Uscana* (Hym.: Trichogrammatidae) from the eggs of *Conicobruchus albopubens*. J. Bombay Nat. Hist. Soc., 96(1): 116-122

Pajni H R and Tewari P K. 2002. *Uscana indica*, sp. nov. (Hym.: Trichogrammatidae) from the eggs of *Bruchidius pygomaculatus* (Col.: Bruchidae). Oriental Insects, 36: 29-34

Pajni H R and Tewari P K. 2004. A new species of *Uscana* (Hym.: Trichogrammatidae) from the eggs of field bruchids. J. Bombay Nat. Hist. Soc., 101(2): 285-287

Pajni H R, Sood S and Bharadwaj N. 1996. Biology of *Uscana mukerjii* (Hym.: Trichogrammatidae), a potential parasitoid for the biocontrol of bruchid pests. Res. Bull. Panjab Univ., Sci., 46(1/4): 77-87

Pak G A. 1986. Behavioral variations among strains of *Trichogramma* spp. A review of the literature on host-age selection. J. Appl. Ent., 101: 55-64

Pak G A and Heiningen T G. 1985. Behavioural variations among strains of *Trichogramma* spp.: adaptability to field-temperature conditions. Ent. Exp. *et* Appl., 38(1): 3-13

Pak G A and Oatman E R. 1982a. Biology of *Trichogramma brevicapillum*. Ent. Exp. *et* Appl., 32(1): 61-67

Pak G A and Oatman E R. 1982b. Comparative life table, behavior and competition studies of *Trichogramma brevicapillum* and *T. pretiosum*. Ent. Exp. *et* Appl., 32(1): 68-79

Pak G A, Heiningen T G, Alebeek F A N van, Hassan S A and van Lenteren J C. 1989. Experimental inundative releases of different strains of the egg parasite *Trichogramma* in Brussels sprouts. Europ. J. Plant Pathol., 95(3): 129-142

Pan X-H, He Y-R, Chen K-W, Pan F and Pan M. 2007. Effect of *Wolbachia* infection on longevity, fecunddity and olfactory response of *Trichogramma confusum* (Hym.: Trichogrammatidae). Acta Ent. Sin., 50(3): 207-214 [潘雪红, 何余容, 陈科伟, 潘飞, 盘梅, 2007. *Wolbachia* 感染对拟澳洲赤眼蜂寿命、生殖力和嗅觉反应的影响. 昆虫学报, 50(3): 207-214]

Pan Y C and Lim G T. 1980. The biology of *Tumidiclava* sp. (Hym.: Trichogrammatidae), a parasioid of the sugarcane giant borer *Phragmatoecia gumata*. Proc. Internl. Soc. Sugarcane Ent., 17: 1647-1651

Pang X-F. 1980. A disccusion on the species of *Trichogramma* from China. Natl. Enem. Insects, (1): 33-36, 43 [庞雄飞, 1980. 我国赤眼蜂属种名的商权. 昆虫天敌, (1): 33-36, 43]

Pang X-F. 1985. A list of *Trichogramma* from China (Hym.: Trichogrammatidae). Natl Enem. Insects, 7(1): 40-48 [庞雄飞, 1985. 我国赤眼蜂属种类名录. 昆虫天敌, 7(1): 40-48]

Pang X-F and Chen T-L. 1974. *Trichogramma* of China (Hym.: Trichogrammatidae). Acta Ent. Sin., 17(4): 441-454 [庞雄飞, 陈泰鲁, 1974. 中国的赤眼蜂属 *Trichogramma* 记述. 昆虫学报, 17(4): 441-454]

Paraiso O, Hight S D, Kairo M T K, Bloem S, Carpenter J E and Reitz S. 2012. Laboratory biological parameters of *Trichogramma fuentesi* (Hym.: Trichogrammatidae), an egg parasitoid of *Cactoblastis cactorum* (Lep.: Pyralidae). Florida Ent., 95(1): 1-7

Parra J R P and Zucchi R A. 2004. *Trichogramma* in Brazil: feasibility of use after twenty years of research. Neotrop. Ent., 33: 271-281

Pascal C, Pintureau B, Charles H, Katchadourian C, Grenier S, Bolland P and Robin C. 2004. Relationship between *Wolbachia* density and sex-ratio in a *Trichogramma* strain. Agrociencia (Montevideo), 8(2): 11-22

Pascal C, Pintureau B, Katchadourian C, Grenier S, Bolland P, Robin C and Vallier A. 2006. Comparison of *Wolbachia* bacterial density in females of four thelythokous strains of *Trichogramma cordubensis* and *T. evanescens* (Hym.: Trichogrammatidae). Vest. Zool., 40(5): 417-425

Pasini R A, Grützmacher A D, Spagno D, Zantedeschi R and Friedrich F F. 2017. Persistence of desiccant herbicides applied to transgenic maize on *Trichogramma pretiosum* (Hym.: Trichogrammatidae). Arti. Cien., 48(1): 175-181

Pathak S K, Dubey M N and Yadav P R. 2010. Suitability of temperature for the storage of *Trichogramma chilonis*. J. Exper. Zool., India, 13(1): 53-55

Paul A V N, Rani V G M U and Singh A K. 2005. Utilization of internal transcribed spacer region sequences of ribosomal DNA for molecular diffrentiation of four trichogrammatids. Indian J. Ent., 67(4): 321-327

Pei Y-F, Li Z-X, Wang S-Q and Kang Z-J. 2009. Optimization of ISSR-PCR analyses and molecular identification of different strains of *Trichogramma* spp. Chinese Bull. Ent., 46(3): 388-393 [裴毅夫, 李正西, 王素琴, 康总江, 2009. 不同赤眼蜂品系 ISSR-PCR 条件优化及分子鉴定. 昆虫知识, 46(3): 388-393]

Pereira J A, Bento A, Canas J E, Torres L M, Herz A and Hassan S A. 2004. Ants as predators of the egg parasitoid *Trichogramma cacoeciae* (Hym.: Trichogrammatidae) applied for biological control of the olive moth, *Prays oleae* (Lep.: Plutellidae) in Portugal. Biocontrol Sci. *et* Tech., 4(7): 653-664

Perera M C D, Hemachandra K S and Sirisena U G. 2015. *Trichogrammatoidea bactrae* (Hym.: Trichogrammatidae): A potential biocontrol agent of rice leaf folder. Trop. Agr. Res., 26(3): 537-546

Perkins R C L. 1906. Leaf-hoppers and their natural enemies (Partt VIII). Hawaiian Sugar Planters' Assoc. (Ent. Bull.), 1(8): 238-267

Perkins R C L. 1907. Parasites of leafhoppers. Hawaiian Sugar Planters'Assoc. (Ent. Bull.), 4: 58

Perkins R C L. 1912. Parasites of insects attacking sugar cane. Hawaiian Sugar Planters' Assoc. (Ent. Bull.), 10: 5-27

Perkins R C L. 1914. On the Hymenoptera genera *Trichogramma* and *Pentarthron*. Trans. Ent. Soc. Lond., (1914): 603-605

Petcharat J. 1999. Small scale field trials using the egg parasitoid *Trichogrammatoidea bactrae* to control the diamond back moth *Plutella xylostella* on Chinese Kale. Thai J. Agr. Sci., 32(3): 385-390

Peterson A. 1930. How many species of *Trichogramma* occur in North America. J. New York Ent. Soc., 38: 1-7

Pickles A. 1932. Notes on the natural enemies of the sugarcane froghopper (*Tomaspis saccharina*) in Trinidad, with descriptions of new species. Bull. Res.Lond., 23: 203-210

Pino M, Hernández-Suárez E, Cabello T, Rugman-Jones P, Stouthamer R and Polaszek A. 2013. *Trichogramma canariensis* (Hym.: Trichogrammatidae) a parasitoid of eggs of the twinspot moth *Chrysodeixis chalcites* (Lep.: Noctuidae) in the Canary Islands. Arthr. Syst. *et* Phyl., 71(3): 169-179

Pino M, Rugman-Jones P, Hernández-Suárez E, Polaszek A and Stouthamer R. 2013. Rapid molecular identification of five species of *Trichogramma* occurring in the Canary Islands with notes on their distribution in banana groves. BioControl, 58: 515-524

Pinto J D. 1988. The taxonomic implications of phenotypic plasticity in *Trichogramma* (Hymenoptera). Atti Congr. Nazion. Ital. Ent., 15: 361-366

Pinto J D. 1990a. The occurrence of *Chaetostricha* in North America, with the description of a new species (Hym.: Trichogrammatidae). Proc. Ent. Soc. Wash., 92: 208-213

Pinto J D. 1990b. The genus *Xiphogramma*, its occurrence in North America and remarks on closely related genera (Hym.: Trichogrammatidae). Proc. Ent. Soc. Wash., 92: 538-543

Pinto J D. 1992. Novel taxa of *Trichogramma* from the New World tropics and Australia (Hym.: Trichogrammatidae). J. New York Ent. Soc., 100(4): 621-633

Pinto J D. 1993. Correct application of the nominal genus *Brachista* (Hym.: Trichogrammatidae). Proc. Ent. Soc. Wash., 95(2): 298-299

Pinto J D. 1994. A taxonomic study of *Brachista* (Hym.: Trichogrammatidae) with a description of two new species phoretic on robberflies of the genus *Efferia* (Diptera: Asilidae). Proc. Ent. Soc. Wash., 96(1): 120-132

Pinto J D. 1997. *Trichogrammtoidea brasiliensis* (Ashmead), new combination for a species historically placed in *Trichogramma* (Hym.: Trichogrammatidae). Proc. Ent. Soc. Wash., 99(4): 593-596

Pinto J D. 1998/1999. Systematics of the North American species of *Trichogramma* Westwood (Hym.: Trichogrammatidae). Mem. Ent. Soc. Wash., 22: 1-287

Pinto J D. 2004. A review of the genus *Doirania* (Hym.: Trichogrammatidae), with a description of a new species from North America. Proc. Ent. Soc. Wash., 106(2): 352-360

Pinto J D. 2005. Descriptions of additional new world Trichogrammatidae (Hymenoptera): the genus *Nicolavespa* and a new species of *Haeckeliania*. Proc. Ent. Soc. Wash., 107(3): 627-641

Pinto J D. 2006. A review of the New World genera of Trichogrammatidae (Hymenoptera). J. Hym. Res., 15(1): 38-163

Pinto J D and George J. 2004. *Kyuwia*, a new genus of Trichogrammatidae (Hymenoptera) from Africa. Proc. Ent. Soc. Wash., 106(3): 531-539

Pinto J D and Oatman E R. 1985. Additions to nearctic *Trichogramma* (Hym.: Trichogrammatidae). Proc. Ent. Soc. Wash., 87: 176-186

Pinto J D and Oatman E R. 1986. *Trichogramma pretiosum* and a new cryptic species occurring sympatriccally in southwestern North America (Hym.: Trichogrammatidae). Ann. Ent. Soc. Amer., 79: 1019-1028

Pinto J D and Oatman E R. 1988. *Trichogramma* species in a chappral community of southern California, with a description of a new species (Hym.: Trichogrammatidae). Pan-Pacif. Ent., 64(4): 391-402

Pinto J D and Oatman E R. 1996. Descriptions of three new *Trichogramma* (Hym.: Trichogrammatidae) from New Zealand and their relationship to New World species. Proc. Ent. Soc. Wash., 98(3): 396-406

Pinto J D and Oatman E R. 1997. A new cryptic species of *Trichogramma* from the mojave desert of California as determined by morphological, reproductive and molecular data. Proc. Ent. Soc. Wash., 99(2): 238-247

Pinto J D and Owen A K. 2004. *Adryas*, a new genus of Trichogrammatidae (Hym.: Chalcidoidea) from the New World tropics. Proc. Ent. Soc. Wash., 106(4): 905-922

Pinto J D and Viggiani G. 1987. Two new Trichogrammatidae from North America, *Ittysella lagunera* (n. gen., n. sp.) and *Epoligosita mexicana* (n. sp.). Pan-Pacific Ent., 63: 371-376

Pinto J D and Viggiani G. 1991. A taxonomic study of the genus *Ceratogramma* (Hym.: Trichogrammatidae). Proc. Ent. Soc. Wash., 93(3): 719-732

Pinto J D and Viggiani G, 2004. A review of the genera of *Oligostini* (Hym.: Trichogrammatidae) with a preliminary hypothesis of phylogenetic relationships. J. Hym. Res., 13(2): 269-294

Pinto J D, Oatman E R and Thomson M S. 1986. *Trichogramma nomlaki* (Hym.: Trichogrammatidae): A reinterpretation of genitalic homologies and new distribution records. Proc. Ent. Soc. Wash., 88: 142-144

Pinto J D, Kazmer D J, Platner G R and Sassaman C A. 1992. Taxonomy of the *Trichogramma minutum* complex (Hym.: Trichogrammatidae): allozymic variation and its relationship to reproductive and geographic data. Ann. Ent. Soc. Amer., 85(4): 413-422

Pinto J D, Koopmanschap A B, Platner G R and Stouthamer R. 2002. The North American *Trichogramma* (Hym.: Trichogrammatidae) parasitizing certain Tortricidae (Lepidoptera) on apple and pear, with ITS2 DNA characterizations and description of a new species. Biol. Control, 23(2): 134-142

Pinto J D, Oatman E R and Planter G R. 1982. *Trichogramma australicum* (Hym.: Trichogrammatidae): redescription and lectotype designation. Pan-Pacific Ent., 58: 48-52

Pinto J D, Oatman E R and Platner G R. 1983. The identity of two closely and frequently encountered species of new world *Trichogramma* (Hym.: Trichogrammatidae). Proc. Ent. Soc. Wash., 85: 588-593

Pinto J D, Platner G R and Oatman E R. 1978. Clarification of the identity of several common species of North American *Trichogramma* (Hym.: Trichogrammatidae). Ann. Ent. Soc. Amer., 71: 169-180

Pinto J D, Platner G R and Sassaman C A. 1993. Electrophoretic study of two closely related species of North American *Trichogramma*: *T. pretiosum* and *T. deion* (Hym.: Trichogrammatidae). Ann. Ent. Soc. Amer., 86(6): 702-709

Pinto J D, Platner G R and Stouthamer R. 2003. The systematics of the *Trichogramma minutum* species complex (Hym.: Trichogrammatidae), a group of important North American biological control agents: the evidence from reproductive compatibility and allozymes. Biol. Control, 27(2): 167-180

Pinto J D, Stouthamer R, Platner G R and Oatman E R. 1991. Variation in reproductive compatibility in *Trichogramma* and its taxonomic significance (Hym.: Trichogrammatidae). Ann. Ent. Soc. Amer., 84(1): 37-46

Pinto J D, Velten R K, Platner G R and Oatman E R. 1989. Phenotypic plasticity and taxonomic characters in *Trichogramma* (Hym.: Trichogrammatidae). Ann. Ent. Soc. Amer., 82(4): 414-425

Pintureau B. 1982. Decouverte d'une mutation 'vestigial' chez *Trichogramma maidis*. Ent. Exp. & Appl., 32: 198-200

Pintureau B. 1984. Etude de *Trichogramma dendrolimi* (Hym.: Trichogrammatidae), Description d'une nouvelle sous espece. Entomophaga, 29: 369-379

Pintureau B. 1987. Systematique evolutive du genre *Trichogramma* Westwood (Hym.: Trichogrammatidae) en Europe. Docteur These de Univ. Paris, VII. 311 pp

Pintureau B. 1988. Genetic variation in the genus *Trichogramma*. Les Colloques INRA, 48: 111-113

Pintureau B. 1991. Reproductive isolation indexes between closely related species of *Trichogramma* (Hym.: Trichogrammatidae). Ann. Soc. Ent. Fr., 27(4): 379-392

Pintureau B. 1993a. Symbiosis between microorganisms and *Trichogramma* (Hym.: Trichogrammatidae): use in biological control. Bull. Soc. Zool. Fr., 118(2): 159-167

Pintureau B. 1993b. Morphometric analysis of the genus *Trichogramma* (Hym.: Trichogrammatidae) in Europe. Can. Ent., 125(2): 367-378

Pintureau B. 1993c. Enzymatic analysis of the genus *Trichogramma* (Hym.: Trichogrammatidae) in Europe. Entomophaga, 38(3): 411-431

Pintureau B. 1993d. Enzyme polymorphism in some African, American and Asiatic *Trichogramma* and *Trichogrammatoidea* species (Hym.: Trichogrammatidae). Biochem. Syst. Ecol., 21(5): 557-573

Pintureau B. 1994. Phylogenetic study of the European species of the genus *Trichogramma* (Hym.: Trichogrammatidae). Trends in Agr. Sci., Ent., 2: 141-150

Pintureau B. 1997. Systematic and genetical problems revised in two closely related species of *Trichogramma*, *T. embryophagum* and *T. cacoeciae* (Hym.: Trichogrammatidae). Miscel. Zool., 20(2): 11-18

Pintureau B. 2000. Two new European species of *Trichogramma* (Hym.: Trichogrammatidae). Ann. Soc. Ent. Fr., 36(4): 417-422

Pintureau B. 2003. Systematics and biogeography of two *Trichogramma* (Hym.: Trichogrammatidae) species described from the Parisian region, France. Bull. Irish Biogeogr. Soc., 27: 165-175

Pintureau B and Babault M. 1980. Comparison des esterases chez 19 souches de *Trichogramma* (Hym. Trichogrammatidae) appartenant au groupe d'especes evanescens. Arch. Zool. Expér. *et* Génér., Paris, 121: 249-260

Pintureau B and Babault M. 1981a. Caracterisation enzymatique de *Trichogramma evanescens et* de *T. maidis* (Hym.: Trichogrammatidae): etude des hybrides. Entomophaga, 26: 11-22

Pintureau B and Babault M. 1981b. Etude de quelques facteurs de variation de lafecondite chez *Trichogramma maidis* (Hym.: Trichogrammatidae). Agronomie, 1(4): 315-322

Pintureau B and Babault M. 1982. Comparaison des enzymes chez 10 souchesde *Trichogramma* (Hym.: Trichogrammatidae). Les Colloques INRA, 9: 31-44

Pintureau B and Babault M. 1988. Systématique des espèces Africaines des genres *Trichogramma et Trichogrammatoidea* (Hym. Trichogrammatidae). Les Colloques INRA, 43: 97-120

Pintureau B and Bolland P. 2010. Did putting sexuality aside preserve all the potentialities of this function in thelytokous populations of *Trichogramma* (Hym.: Trichogrammatidae) ? Bull. Mens. Soc. Linn. Lyon, 79(1-2): 17-27

Pintureau B and Daumal J. 1995. Effects of diapause and host species on some morphometric characters in *Trichogramma* (Hym.: Trichogrammatidae). Cell. *et* Molec. Life Sci., 51(1): 67-72

Pintureau B and Keita F B. 1989. Nouvelles donnees sur les esterases des trichogrames (Hym.: Trichogrammatidae). Biochem. Syst. Ecol., 17(7-8): 603-608

Pintureau B and Voegelé J. 1980. Une nouvelle espèce proche de *Trichogramma evanescens*: *T. maidis* (Hym.: Trichogrammatidae). Entomophaga, 25(4): 431-440

Pintureau B, Calvin M P I and Grenier S. 1997. Effectiveness of the second mating in a bisexual *Trichogramma* species and the first mating in a thelytokous *Trichogramma* species (Hym.: Trichogrammatidae). Can. Ent., 129(1): 35-41

Pintureau B, Delobel B and Neto L. 1995. Two species of Trichogrammatidae new for France. Ent. Probl., 26(2): 161-163

Pintureau B, Delobel B and Neto L. 1998. Efficiency of the *Wolbachia* vertical transmission in *Trichogramma*. Mitt. Biol. Bund. Land-Forest Berlin-Dahlem, 356: 93-96

Pintureau B, Delobel B and Neto L. 2000a. Dynamics of *Wolbachia* population in transfected lines of

Trichogramma. J. Invert. Pathol., 76(1): 20-25

Pintureau B, Delobel B and Neto L. 2000b. Addition of wsp sequences to the *Wolbachia* phylogenetic tree and stability of the classification. J. Molec. Evol., 51(4): 374-377

Pintureau B, Gerding M and Cisternas E. 1999. Description of three new species of Trichogrammatidae (Hymenoptera) from Chile. Can. Ent., 131(1): 53-63

Pintureau B, Stefanescu C and Kenis M. 2000. Two new European species of *Trichogramma* (Hym.: Trichogrammatidae). Ann. Soc. Ent. Fr., 36(4): 417-422

Pintureau B, Voegelé J and Pizzol J. 1982. A propos du status de *Trichogramma maidis* (Hym.: Trichogrammatidae). Bull. Soc. Ent. Fr., 87: 319-321

Pizzol J and Pintureau B. 2008. Effect of photoperiod experienced by parents on diapause induction in *Trichogramma cacoeciae*. Ent. Exp. & Appl., 127(1): 72-77

Pizzol J, Desneux N, Wajnberg E and Thiery D. 2012. Parasitoid and host egg ages have independent impact on various biological traits in a *Trichogramma* species. J. Pest Sci., 85(4): 489-496

Pizzol J, Khoualdia O, Ferran A, Chavigny P and Masutti F V. 2005. A single molecular marker to distinguish between strains of *Trichogramma cacoeciae*. Biocontrol Sci. *et* Tech., 15(5): 527-531

Pizzol J, Pintureau B, Khoualdia O and Desneux N. 2010. Temperature-dependent differences in biological traits between two strains of *Trichogramma cacoeciae* (Hym.: Trichogrammatidae). J. Pest Sci., 83(4): 447-452

Platner G R and Oatman E R. 1981. Description of a new species of *Trichogramma* (Hym.: Trichogrammatidae) from New York. Proc. Ent. Soc. Wash., 83: 164-167

Pluke R W H and Leibee G L. 2006. Host preferences of *Trichogramma pretiosum* and the influence of prior ovipositional experience on the parasitism of *Plutella xylostella* and *Pseudoplusia includens* eggs. BioControl, 51(5): 569-583

Pointel J G. 1977. L'appareil genital externe des males de *Trichogrammes*. etude en microscopie electronique a balayage. Ann. Zool. Anim., 9: 319-342

Polaszek A, McIvor C and Brooks J. 2009. *Pterandrophysalis levantina* (Hym.: Trichogrammatidae): a genus and species new to Britain and France. British J. Ent. Nat. Hist., 22(1): 43-45

Polaszek A, Rabbi M F, Islam Z and Buckley Y M. 2002. *Trichogramma zahiri* (Hym.: Trichogrammatidae) an egg parasitoid of the rice hispa *Dicladispa armigera* (Col.: Chrysomelidae) in Bangladesh. Bull. Ent. Res., 92(6): 529-530

Polaszek A, Rugman-Jones P F, Stouthamer R, Hernandez-Suarez E, Cello T and Pino P M. 2012. Molecular and morphological diagnoses of 5 species of *Trichogramma*: biological control agents of *Chrysodeixis chalcites* (Lep.: Noctuidae) and *Tuta soluta* (Lep.: Gelechiidae) in the Canary Islands. BioControl, 57(1): 21-35

Polilov A A. 2012. The smallest insects evolve anucleate neurons. Arthropod Struct. & Develop., 41: 29-34. https://doi.org/10.1016/j.asd.2011.09.001

Polilov A A. 2017. First record of *Megaphragma* (Hym.: Trichogrammatidae) in Columbia, and third animal species known to have anucleate neurons. J. Hym. Res., 60: 181-185

Pompanon F, De Schepper B, Mourer Y, Fouillet P and Bouletreau M. 1997. Evidence for a substrate borne sex pheromone in the parasitoid wasp *Trichogramma brassicae*. J. Chem. Ecol., 23(5): 1349-1360

Pompanon F, Fouillet P and Bouletreau M. 1994. Locomotor behaviour in females of two *Trichogramma* species: description and genetic variability. Norweg. J. Agr. Sci., Suppl. 6: 185-190

Poorjavad N, Goldansaz S H, Machtelinckx T, Tirry L, Stouthamer R and Leeuwen T. 2012. Iranian *Trichogramma*: ITS2 DNA characterization and natural *Wolbachia* infection. BioControl, 57(3): 361-374

Potter K A and Woods H A. 2012. *Trichogramma* parasitoids alter the metolic physiology of *Manduca* eggs. Proc. R. Soc. Lond. B, 279(1742): 3572-3576

Pratissoli D, Holtz A M, Goncalves J R,Vianna U R and Bellini L L. 2004. Effect of the absence of host and of food on biological aspects of *Trichogramma pretiosum* (Hym.: Trichogrammatidae). Acta Sci. Biol. Sci., 26(3): 281-286

Pratissoli D, Oliveira H N, Goncalves J R, Zanuncio J C and Holtz A M. 2004. Changes in biological characteristics of *Trichogramma pretiosum* (Hym: Trichogrammatidae) reared on eggs of *Anagasta kuehniella* (Lep.: Pyralidae) for 23 generations. Biocontrol Sci. *et* Tech., 14(3): 313-319

Pratissoli D, Polanczyk R A, Holtz A M, Dalvi L P, Silva A F and Silva L N. 2008. Selection of *Trichogramma* species for controlling the Diamondback moth. Horticul. Brasil., 26(2): 259-261

Pratissoli D, Zanuncio J C, Vianna U R, Andrade J S, Guimarars E M and Espindula M C. 2004. Fertility life table of *Trichogramma pretiosum* and *T. acacioi* on eggs of *Anagasta kuehniella* at different temperatures. Pesq. Agropec. Brasilia, 39(2): 193-196

Pratissoli D, Freitas B A, Freitas B R C O, Zanúncio J C and Polanczyk R A. 2009. *Trichogramma acacioi* (Hym.: Trichogrammatidae) parasitism capacity at different temperatures and factitious hosts. Rev. Brasil. Ent., 53(1): 151-153

Pricop E and Moglan I. 2014. *Megaphragma* (Hym.: Trichogrammatidae), a newly recorded genus from Romania, with notes on morphology and taxonomy. Abah Bioflux, 6(2): 189-194

Prokrym D R, Andow D A, Ciborowski J A and Sreenivasam D D. 1992. Suppression of *Ostrinia nubilalis* by *Trichogramma nubilale* in sweet corn. Ent. Exp. *et* Appl., 64(1): 73-85

Pu Z-L, Deng D-A, Liu Z-C, Hong F-C and Mo Y-S. 1956. On the rearing of *Trichogramma* sp. and its utilization for control of sugar cane borers. Acta Ent. Sin., 6(1): 1-35 [蒲蛰龙, 邓德蔼, 刘志诚, 洪福昌, 莫禹诗, 1956. 甘蔗螟虫卵赤眼蜂繁殖利用的研究. 昆虫学报, 6(1): 1-35]

Qian Y-Q, Cao R-L and Long C-D. 1964. Studies on the *Trichogramma* spp. and their biologies in the eggs of corn borer from Nanjing. Nanjing J. Agron., 3(2): 81-89 [钱永庆, 曹瑞麟, 龙承德, 1964. 南京玉米螟赤眼蜂的种类及其生物学特性的观察. 江苏农学报, 3(2): 81-89]

Qian Y-Q, Cao R-L and Li G-Z. 1984. Biology of *Trichogramma ostriniae* and evaluation of its effectiveness in controlling corn borer on spring corn. Acta Ent. Sin., 27(3): 287-293 [钱永庆, 曹瑞麟, 李国柱, 1984. 玉米螟赤眼蜂的生物学特性及其利用. 昆虫学报, 27(3): 287-293]

Quednau W. 1956a. Biological criteria for the differentiation of species of *Trichogramma*. Zeitsch. Pflanzenk. und Pflanzensch., 63(6): 333-344

Quednau W. 1956b. Der Vollständige parasitismus bei *Trichogramma* als biologisches phänomen (Hym.: Chalcididae). Zeitsch. Parasitenk., Berlin, 17: 360-364

Quednau W. 1960. Uber die Identitat der *Trichogramma*-Arten. Okotypen (Hym.: Trichogrammatidae). Mitt. Biol. Bunde. Lond. Fortwirtch. Berlin, 100: 11-50

Quednau W. 1961. Die problematik der nomenklatur bei den *Trichogramma*-Arten. Entomophaga, 6(2): 155-161

Querino R B and Hamada N. 2009. An aquatic microhymenopterous egg-parasitoid of *Argia insipida* (Odon.: Coenagrionidae) and biological observations in the Central Amazon, Brazil. Neotrop. Ent., 38(3): 346-351

Querino R B and Moraes R C B. 2002. Relative warp analysis to study morphological variations in the genital capsule of *Trichogramma pretiosum* (Hym.: Trichogrammatidae). Neotrop. Ent., 31(2): 217-224

Querino R B and Pinto J D. 2007. A new *Hydrophilyta* (Hym.: Trichogrammatidae) from the Neotropics, with a key to species. Zootaxa, 1437: 47-54

Querino R B and Zucchi R A. 2002. Morphological characterization of ten species of *Trichogramma* (Hym.: Trichogramamtidae) recorded from South America. Neotrop. Ent., 32(4): 597-613

Querino R B and Zucchi R A. 2003a. New species of *Trichogramma* (Hym.: Trichogrammatidae) associated with lepidopterous eggs in Brazil. Zootaxa, 163: 1-10

Querino R B and Zucchi R A. 2003b. Six new species of *Trichogramma* (Hym.: Trichogrammatidae) from a Brazilian forest reserve. Zootaxa, 134: 1-11

Querino R B and Zucchi R A. 2004a. Morphometric analysis in *Trichogramma* (Hym.: Trichogrammatidae) species. Neotrop. Ent., 33(5): 583-588

Querino R B and Zucchi R A. 2004b. Redescription of *Trichogrammatoidea annulata* (Hym.: Trichogrammatidae). Zootaxa, 677: 1-7

Querino R B and Zucchi R A. 2004c. *Trichogramma* species (Hym.: Trichogrammatidae) collected in suction trap in forest reserve. Neotrop. Ent., 33(4): 451-455

Querino R B and Zucchi R A. 2005. An illustrated key to the species of *Trichogramma* (Hym.: Trichogrammatidae) of Brazil. Zootaxa, 1073: 37-60

Querino R B, Mendes J V, Costa V A and Zucchi R A. 2017. New species, notes and new records of *Trichogramma* (Hym.: Trichogrammatidae) in Brazil. Zootaxa, 4232(1): 137-143

Radetzky A F. 1913. *Oophthora semblidis* Aurivillius (*Pentarthron carpocapscae* Ashmead) description biology and utilization of it in the struggle with *Carpocapsa pomonella* L. Turkestan Entom. Sta. Taskent (Abst. In R A E Ser. A 1: 431-42

Rajendram G F. 1978. Oviposition behavior of *Trichogramma californicum* on artificial substrates. Ann. Ent. Soc. Amer., 7(1): 92-94

Rakitov R and Triapitsyn S V. 2013. Egg parasitoids (Hym.: Mymaridae and Trichogrammatidae) of the gall-making leafhopper, *Scenergates viridis* (Hem.: Cicadellidae) from Uzbekistan, with taxonomic notes on the Palaearctic species of *Aphelinoidea*. Zootaxa, 3683(5): 538-548

Ralec A and Wajnberg E. 1990. Sensory receptors of the ovipositor of *Trichogramma maidis*. Entomophaga, 35(2): 293-299

Ram A and Saxena U. 1996. *Trichogramma achaeae* parasitising the eggs of sorghum shootfly, *Atherigona soccata*. Shashpa, 3(2): 159-160

Ram P, Tshernyshev W B, Afonina V M and Greenberg S M. 1995. Studies on the strains of *Trichogramma evanescens* (Hym.: Trichogrammatidae) collected from different hosts in Northern Moldova. J. Appl. Ent., 119(1): 79-82

Ramal A F B and Ceballo F A. 2011. Effect of food availility on egg load, longevity and progeny production of *Trichogramma evanescens* (Hym.: Trichogrammatidae), egg parasitoid of corn borer. Philipp. Ent., 25(1): 88-109

Ramesh B and Baskaran P. 1996. Developmental response of four species of *Trichogramma* (Hym.: Trichogrammatidae) to heat shocks. BioControl, 41(2): 267-277

Rathi R S. 2000. Effect of eggs of different hosts on some biological and morphological characteristics of *Trichogramma chilonis* (Hym.: Trichogrammatidae). J. Ent. Res. (New Delhi), 24(4): 331-335

Reznik S Y and Klyueva N Z. 2006. Egg retention and dispersal activity in the parasioitd wasps *Trichogramma principium*. J. Insect Sci., (Tucson), 6: 1-6

Reznik S Y and Vaghina N P. 2006a. Temperature effects on induction of parasitization by females of *Trichogramma principium* (Hym.: Trichogrammatidae). Ent. Rev., 86(2): 133-138

Reznik S Y and Vaghina N P. 2006b. Heat shock influences on parasitization of the angoumois grain moth *Sitotroga cerealella* (Lep.: Gelechiidae) eggs by the egg parasitoid *Trichogramma principium* (Hym.: Trichogrammatidae) females. Ent. Rev., 86(8): 861-865

Reznik S Y and Vaghina N P. 2007a. Effect of experience on response of *Trichogramma buesi* and *T. principium* (Hym.: Trichogrammatidae) females to different ages of host eggs. Ent. Rev., 87(1): 1-10

Reznik S Y and Vaghina N P. 2007b. Effect of photoperiod on parasitization by *Trichogramma principium* (Hym.: Trichogrammatidae). Europ. J. Ent., 104(4): 705-713

Reznik S Y, Kats T S, Umarova T Y and Voinovich N D. 2002. Maternal age and endogenous variation in maternal influence on photoperiodic response in the progeny diapause in *Trichogramma embryophagum* (Hym.: Trichogrammatidae). Europ. J. Ent., 99(2): 175-179

Reznik S Y, Vaghina N P and Voinovich N D. 2008. Diapause induction in *Trichogramma embryophagum* (Hym.: Trichogrammatidae): the dynamics of thermosensitivity. J. Appl. Ent., 132(6): 502-509

Reznik S Y, Vaghina N P and Voinovich N D. 2011a. Maternal influence on diapause induction in *Trichogramma* (Hym.: Trichogrammatidae): the dynamics of photosensitivity. J. Appl. Ent., 135(6): 438-445

Reznik S Y, Vaghina N P and Voinovich N D. 2011b. On the direct influence of photoperiod on diapause in *Trichogramma embryophagum* (Hym.: Trichogrammatidae). Zool. Zh., 90(5): 568-572

Reznik S Y, Vaghina N P and Voinovich N D. 2012. Multigenerational maternal effect on diapause induction in *Trichogramma* species (Hym.: Trichogrammatidae). Biocontrol Sci. *et* Tech., 22(4): 429-445

Reznik S Y, Vaghina N P and Voinovich N D. 2015. Variations in the tendency to diapause among successive generations of laboratory strains of *Trichogramma* species (Hym.: Trichogrammatidae): endogenous or exogenous ? Ent. Rev., 95(2): 157-165

Reznik S Y, Voinovich N D and Karpova S G. 2009. Daily rhythms in parasitization of the Angoumois grain moth *Sitotroga cerealella* (Lep.: Gelechiidae) eggs by the egg parasitoid *Trichogramma principium* (Hym.: Trichogrammatidae) females. Ent. Rev., 89(1): 5-15

Reznik S Y, Voinovich N D and Vaghina N P. 2009. Effect of temperature on the reproduction and development of *Trichogramma buesi* (Hym.: Trichogrammatidae). Europ. J. Ent., 106(4): 535-544

Rijesh K, Ravikumar P, Hegde R, Joseph A, Jalali S K and Kush A. 2012. Genetic diversity estimates in *Trichogramma* populations from sugarcane cropping systems in India. Karnataka J. Agr. Sci., 25(1): 68-71

Rijswijk M, Heijden R, Jongema Y, Stouthamer R and Sommeijer M J. 2000. Occurrence and molecular identification of the Dutch *Trichogramma* species. Proc. Sect. Exp. *et* Appl. Ent. Netherlands Ent. Soc. (N E V), 11: 67-71

Rios M V and Colmenares O. 1999. Morphometric analysis of two species of *Trichogramma* (Hym.: Trichogrammatidae) applying the principal component approach. Bol. Ent. Venez., 14(2): 191-200

Rios M V and Teran J. 1994. Descripotion of the species of the genus *Trichogramma* (Hym.: Trichogrammatidae) in Venezuela. Les Colloques INRA, 73: 41-46

Rios M V and Teran J. 2003. Los *Trichogramma* (Hym.: Trichogrammatidae) de la region noroccidental del estado guarico,Venzuela. Entomotropica, 18(2): 127-145

Risbec J. 1951. Les Chacidoides d'A.O.F. Mem. Inst. Franc. Afr. Noire, 13: 397-398, 413-473

Risbec J. 1955. Mymaridae *et* Trichogrammatidae Malgaches. Bull. Mus. Hist. Nat. Paris., 27: 311-318

Risbec J. 1957. Hymenopteraes parasites du Cameroun (2 *et* 3 contributions). Bull. Inst. Fr. Afr. Noire Dakar (A), 18: 147-152, 815-820

Rodrigues S M M and Sampaio M V. 2011. Cold storage of *Trichogramma pretiosum* (Hym.: Trichogrammatidae). Arq. Inst. Bio. (Sao Paulo), 78(1): 45-51

Rodrigues S M M, Sampaio M V and Miranda J E. 2009. Evaluation of the flight capacity, parasitism and emergence of *Trichogramma pretiosum* (Hym.: Trichogrammatidae)strains. Arq. Inst. Bio. (Sao Paulo), 76(4): 749-753

Rodriguez J and Galán M. 1991. Zoogeography of the genus *Trichogramma* (Hym.: Trichogrammatidae) in America. Rev. Biol. (Hana), 6(1): 63-71

Rodriguez J and Galán M. 1993. Nueva especie de *Trichogramma* (Hym.: Trichogrammatidae) de Cuba. Rev. Protec. Veg., 8(1): 23-26

Rodriguez J, Pintureau B and Galán M. 1994. Determinisme de la couleur des hotes parasites par *Trichogramma fuentesi*. Ent. Exp. Appl., 70: 121-128

Rodriguez J, Pintureau B and Galán M. 1996. On the identity of some Cuban *Trichogramma*. Bol. Sanid. Veg. Plagas, 22(3): 585-599

Rodriguez J, Pintureau B and Galán M. 1997. Record of *Trichogramma exiguum* (Hym.: Trichogrammatidae) in Cuba, comparison of five strain from Cuba and one from Peru. Boll. Bol. San. Plagas., 23(4): 523-533

Rohi L and Pintureau B. 2003a. Are *Trichogramma bourarachae* and the *perkinsi* species group really distinct from *Trichogramma buesi* and the *pintoi* group, respectively ? J. Appl. Ent., 127(5): 265-268

Rohi L and Pintureau B. 2003b. Reassessment of *Trichogramma euproctidis* (Hym.: Trichogrammatidae). Russ. Ent. J., 12(4): 373-379

Romeis J, Bendreier D, Wackers F L and Shanower T G. 2005. Habitat and plant specificity of *Trichogramma* egg parasitoids-underlying mechanisms and implications. Basic *et* Appl. Ecol., 6(3): 215-236

Romeis J, Shanower T G and Zebitz C P W. 1998. Response of *Trichogramma* egg parasitoids to colored sticky traps. BioControl, 43(1): 17-27

Romeis J, Shanower T G and Zebitz C P W. 1999. *Trichogramma* egg parasitism of *Helicoverpa armigera* on pigeonpea and sorghum in Southern India. Ent. Exp. *et* Appl., 90(1): 69-81

Ronchi-Teles B and Querino R B. 2005. Record of *Trichogramma demoraesi* (Hym.: Trichogrammatidae) parasitizing eggs of *Erinnyis ello* (Lep.: Sphingidae) in Central Amazonia, Brazil. Neotrop. Ent., 34(3): 515

Roriz V, Oliveira L and Garcia P. 2006. Host suitability and preference studies of *Trichogramma cordubensis* (Hym.: Trichogrammatidae). Biol. Control, 36(3): 331-336

Ruberson J R and Kring T J. 1993. Parasitism of developing eggs by *Trichogramma pretiosum* (Hym.: Trichogrammatidae): host age preference and Suitability. Biol. Control, 3(1): 39-46

Ruíz A E R and Korytkowski G C A. 1980. Contribution to knowledge of the Trichogrammatidae (Hym.: Chalcidoidea) of Peru. Rev. Peru. Ent., 22: 1-12

Rundle B J and Hoffmann A A. 2003. Overwintering of *Trichogramma funiculatum* (Hym.: Trichogrammatidae) under semi-natural conditions. Environ. Ent., 32(2): 290-298

Rundle B J, Thomson L J and Hoffmann A A. 2004. Effects of cold storage on field and loratory performance of *Trichogramma carverae* (Hym.: Trichogrammatidae) and the response of 3 *Trichogramma* spp. (*T. carverae*, *T.* nr. *brassicae* and *T. funiculatum*) to cold. J. Econ. Ent., 97(2): 213-221

Ruschioni S, Romani R, Riolo P and Isidoro N. 2012. Morphology and distribution of antennal multiporous gustatory sensilla related to host recognition in some *Trichogramma* spp. Bull. Insectol., 65(2): 171-176

Russell J E and Stouthamer R. 2011. The genetics and evolution of obligate reproductive parasitism in *Trichogramma pretiosum* infected with parthenogenesis-inducing *Wolbachia*. Heredity, 106(1): 58-67

Saakian-Baranova A A. 1991. Morphological study of preimaginal stages of six species of *Trichogramma* (Hym.: Trichogrammatidae). Ent. Rev., 70(1): 17-23

Sakr H E A. 2006. Recognition of certain kairomones by the parasitoid *Trichogramma* spp. in eggs of its host *Cydia pomonella*. Ar Univ. J. Agr. Sci., 14(2): 835-844

Sakr H E A, Hassan S A and Zebitz C P W. 2004. A new baiting device to capture and monitor the activity of the oophagous wasp *Trichogramma* in the field. Egypt. J. Biol. Pest Control, 14(1): 37-42

Saljoqi A U, Nawazid M, Farid A and Khan I A. 2012. Compatibility of spinosad with *Trichogramma chilonis* (Hym.: Trichogrammatidae) in integrated pest management of *Sitotroga cereallela*. Pakistan J. Zool., 44(1): 133-139

Saljoqi A U, Zia Q, Gul F and Rehman S. 2012. Compatibility of Jamama oil (*Eruca sativa*) with different stages of *Trichogramma chilonis* (Hym.: Trichogrammatidae). Pakistan J. Zool., 44(6): 1665-1670

Salt G. 1937. The egg parastite of *Sialis lutaria*: A study of the influence of the host upon a dimorphic parasite. Parasitology, 29: 539-553

Salt G. 1939. Further notes on *Trichogramma semblidis*. Parasitology, 30: 511-522

Samara R, Monje J C, Reineke A and Zebitz C P W. 2008. Genetic divergence of *Trichogramma aurosum* (Hym.: Trichogrammatidae) individuals based on ITS2 and AFLP analysis. J. Appl. Ent., 132(3): 230-238

Samara R, Monje J C, Zebitz C P W and Qubbaj T. 2011. Comparative biology and life tables of *Trichogramma aurosum* on *Cydia pomonella* at constant temperatures. Phytoparasitica, 39(2): 109-119

Santos R S, Silva R B Q and Costa V A. 2009. First report of *Epoligosita mexicna* (Hym.: Trichogrammatidae) in Brazil. Arq. Inst. Biol. Sao Paulo, 76(4): 721-723

Saour G. 2004. Efficacy assessment of some *Trichogramma* species (Hym.: Trichogrammatidae) in controlling the potato tuber moth *Phthorimaea operculella* (Lep.: Gelechiidae). J. Pest Sci., 77(4): 229-234

Sappal N P, Jeng R S, Hubbes M and Liu F. 1995. Restriction fragment length polymorphisms in polymerase chain reaction amplified ribosoma DNAs of three *Trichogramma* species. Genome, 38(3): 419-425

Sarmiento C E. 1993. Una nueva especie de *Trichogramma* (Hym.: Trichogrammatidae) de los Andes de Colombia. Rev. Colomb. Ent., 19(1): 3-5

Sasaba T. 1966. Interspecific competition between two species of Trichogrammatidae III. The analytical study on the competition. Res. Popul. Ecol., 8(2): 102-106

Schade M and Sengonca C. 1992. Searching and parasitization behaviour of the egg parasitoid *Trichogramma semblidis* (Hym.: Trichogrammatidae) facing different hosts. Mitt. Deuts. Gesel. Allgem. Angew. Ent., 8(1-3): 75-81

Schauff M E. 1987. Taxonomy and identification of the egg parasites (Hym.: Platygastridae, Trichogrammatidae, Mymaridae and Eulophidae) of citrus weevils (Col.: Curculionidae). Proc. Ent. Soc. Wash., 89(1): 31-42

Schmidt J M. 1985. The ultrastructure of the wings and the external sensory morphology of the thorax in female *Trichogramma minutum*. Proc. Roy. Soc. Lond. (B), 224: 287-313

Schmidt J M and Smith J J B. 1985. Host volume measurement by the parasitoid wasp *Trichogramma minutum*: The roles of curvature and surface area. Ent. Exp. *et* Appl., 39(3): 213-221

Schmidt J M and Smith J J B. 1987. The external sensory morphology of the legs and hair plate system of female *Trichogramma minutum* (Hym.: Trichogrammatidae). Proc. R. Soc. Lond. B., 232: 323-366

Schöller M. 2009. Effect of host availility on the biology of *Trichogramma evanescens* and *T. euproctidis* (Hym.: Trichogrammatidae). Mitt. Deuts. Gesel. Allgem. Angew. Ent., 17: 263-266

Schöller M and Agamy E. 1994. Some comparative observations on the morphology of *Trichogramma brassicae* and *T. evanescens*: a SEM-study. Les Colloques INRA, 73: 33-36

Schöller M, Hassan S A and Reichmuth C. 1996. Efficacy assessment of *Trichogramma evanescens* and *T. embryophagum* (Hym.: Trichogrammatidae), for control of stored products moth pests in bulk wheat. BioControl, 41(1): 125-132

Schulten G G M and Feijen H R. 1978. Two new species of *Trichogramma* (Hym.: Trichogrammatidae) from Malawi, egg parasitoids of *Diopsis macrophthalma* (Dip.: Diopsidae). Ent. Berich. Deel., 38: 25-29

Schulten G G M and Feijen H R. 1982. A new species of *Trichogramma* (Hym.: Trichogrammatidae) from Malawi, parasitizing eggs of *Chilo diffusilineus*. Ent. Berich. Deel. 42: 142-144

Sen A, Raina R, Joseph M and Tungikar V B. 2005. Response of *Trichogramma chilonis* to infochemicals: an SEM and electrophysiological investigation. BioControl, 50(3): 429-447

Shaly F F, El-Hafez A A, El-Khayat E F and El-Sharkawy M A A. 2000. Effect of shifting the rearing host on fecundity, emergence and sex-ratio of *Trichogramma evanescens* and *Trichogrammatoidea bactrae*. Egypt. J. Biol. Pest Control, 10(1/2): 1-14

Shankarganesh K and Khan M A. 2006a. Bio-efficacy of plant extracts on parasitisation of *Trichogramma chilonis*, *T. japonicum* and *T. poliae*. Ann. Plant Prot. Sci., 14(2): 280-282

Shankarganesh K and Khan M A. 2006b. Effect of some weed extracts on parasitisation behaviour of *Trichogramma* spp. (Hym.: Trichogrammatidae). J. Ent. Res. (New Delhi), 30(2): 151-153

Shanmugam P S, Kumar K T and Satpute U S. 2005. Synomonic effects of plant extracts on parasitisation of *Corcyra* eggs by *Trichogramma chilonis*. J. Appl. Zool. Res., 16(1): 13-14

Sharma R K, Gupta V K, Singh S and Dilawari V K. 2008. Analysis of the RAPD profiles and ITS-2 sequence of *Trichogramma* species for molecular identification and genetic diversity studies. Pest Manag. *et* Econ. Zool., 16(1): 1-8

Shen J, Xu X-L, Wu J-X and Xu J-J. 2012. Effect of UV treatment of *Grapholita molesta* (Lep.: Tortricidae) eggs on parasitism and emergence of *Trichogramma pintoi* (Hym.: Trichogrammatidae). Acta Ent. Sin., 55(6): 758-762 [沈健, 许向利, 仵均祥, 许建军, 2012. 紫外线处理梨小食心虫卵对暗黑赤眼蜂寄生和羽化的影响. 昆虫学报, 55(6): 758-762]

Shibao M, Hosomi A and Tanaka H. 2000. Seasonal fluctuation in percentage parasitism of the yellow tea thrips, *Scirtothrips dorsalis* (Thy.: Thripidae) by an egg parasitoid of *Megaphragma* (Hym.: Trichogrammatidae) on grapes. Ent. Sci., 3(4): 611-613

Shih Y T, Ko C C, Pan K T, Lin S C and Polaszek A. 2013. *Hydrophylita* (*Lutzimicron*) *emporos* (Hym.: Trichogrammatidae) from Taiwan, parasitising eggs and phoretic on adults of the damselfly *Psolodesmus mandarinus mandarinus* (Zygoptera: Calopterygidae). PLoS ONE, 8(7): e69331. doi: 10.1371/journal.pone. 0069331

Shirazi J. 2007. Comparative biology of *Trichogramma chilonis* (Hym.: Trichogrammatidae) on eggs of

Corcyra cephalonica and *Helicoverpa armigera*. J. Biol.Control, 21(1): 37-42

Shoeb M A and El-Heneidy A H. 2010. Incidence of superparasitism in relation to some biological aspects of the egg parasitoid, *Trichogramma evanescens* (Hym.: Trichogrammatidae). Egypt. J. Biol. Pest Control, 20(1): 61-66

Shu S-Q and Jones R L. 1989. Kinetic effects of a kairomone in moth scales of the European corn borer on *Trichogramma nubilale* (Hym.: Trichogrammatidae). J. Insect Behav., 2(1): 123-131

Shu S-Q, Swedenborg P D and Jones R L. 1990. A kairomone for *Trichogramma nubilale* (Hym.: Trichogrammatidae) isolation, identification, and synthesis. J. Chem. Ecol., 16(2): 521-529

Shumakova I, Fursov V, Gladun D and Frantsevich L. 2003. Swimming in the diving wasp *Prestwichia aquatica* (Hym.: Trichogrammatidae). Ent. Gener., 26(4): 225-234

Sidi M B, Islam M D T, Ibrahim Y and Omar D. 2012. Effect of insecticide residue and spray volume application of azadirachtin and rotenone on *Trichogramma papilionis* (Hym.: Trichogrammatidae). Internl J. Agr. Biol., 14(5): 805-810

Silva I M M S, Heest J P N F and Kan F J P M, Strippentow P, Takacs K and Stouthamer R. 1995. Phylogeny of egg parasitoids *Trichogramma* spp. (Hym.: Trichogrammatidae). Proc. Sect. Exper. *et* Appl. Ent. Netherlands Ent. Soc. (N E V), 6: 195-196

Silva I M M S, Honda J, Kan F, Hu J-G, Neto L, Pintureau B and Stouthamer R. 1999. Molecular differentiation of five *Trichogramma* species occurring in Portugal. Biol. Control, 16(2): 177-184

Silva I M M S, Kan F J P M, Lenteren J C and Stouthamer R. 1995. Analysis of portuguese *Trichogramma* spp. (Hym.: Trichogrammatidae) using its-rDNA and RAPDs. Les Colloques INRA, 73: 37-39

Silva I M M S, Meer M M M, Roskam M M, Hoogenboom A, Gort G and Stouthamer R. 2000. Biological control potential of *Wolbachia*-infected versus uninfected wasps: laboratory and greenhouse evaluation of *Trichogramma cordubensis* and *T. deion* strains. Biocontrol Sci. *et* Tech., 10(3): 223-238

Silvestri F. 1915. Contirbuzione all conoscenza degli insetti dell'olivo dell'Eritrea e dell'Africa meridionale. Boll. Lab. Zool. Gen. Agr. R. Scu. Super. Agr., Portici, 9: 240-334

Silvestri F. 1916. Contirbuzione all conoscenza del genre *Poropoea* Förster (Hym.: Chalcididae). Boll. Lab. Zool. Gen. Agr. R. Scu. Super. Agr., Portici, 11: 120-135

Singh A K and Kumar N N M. 2009. Screening of insecticides against egg parasitoid *Trichogramma brasiliensis* (Hym.: Trichogrammatidae). Indian J. Ent.,71(3): 244-248

Singh A K and Kumar N N M. 2010. Compatibility of some commercial insecticides with *Trichogramma brasiliensis* (Hym.: Trichogrammatidae). J. Insect Sci. (Ludhiana), 23(2): 188-192

Singh P K and Prasad G S. 2003. Reproductive strategy of the native oophagus parasitoid, *Trichogramma japonicum* of Andaman Islands. Madras Agr. J., 90(1-3): 177-180

Singh S, Sharma R, Kaur P and Shenhmar M. 2008. Evaluation of genetically improved strain of *Trichogramma chilonis* for the management of sugarcane stalk borer (*Chilo auricilius*). Indian J. Agr. Sci., 78(10): 868-872

Siqueira J R, Freitas B R C O, Freitas B A and Vieira S S. 2012. Host preference of the egg parasitoid *Trichogramma pretiosum*. Cien. Rural, 42(1): 1-5

Sithanantham S. 1998. Status and scope for research on utilization of *Trichogramma* in horticultural ecosystem in India. Mitt. Biol. Bund. Land-Forest Berlin-Dahlem, 356: 177-183

Skalski A W. 1988. A new fossil trichogrammatid from the Sicilian amber (Hym.: Trichogrammatidae). Fragm. Ent., 21(1): 111-116

Skriptshinsky G P. 1928. On the biology of *Trichogramma barathrae* sp. n. Izvest. Otdela Priklad. Ent., Leningrad, 3: 219-224

Smith S M and Strom K B. 1993. Oviposition by the forest tent caterpillar (Lep.: Lasiocampidae) and aceptility of its eggs to *Trichogramma minutum* (Hym.: Trichogrammatidae). Environ. Ent., 22(6): 1375-1382

Smith S M. 1996. Biological control with *Trichogramma*: advances, successes and potential of their use. Ann. Rev. Ent., 41: 375-406

Soares M A, Leite G L D, Zanuncio J C, Rocha S L, Sá V G M and Serrao J E. 2007. Note: Flight capacity, parasitism and emergence of five *Trichogramma* (Hym.: Trichogrammatidae) species from forest areas in Brazil. Phytoparasitica, 35(3): 314-318

Song L-W, Wen X-Y, Zang L-S, Ruan C-C, Shi S-S, Shao S-W and Zhang F. 2015. Parasitism and suitability of different egg ages of the *Leguminivora glycinivorella* (Lep.: Tortricidae) for three indigenous *Trichogramma* species. J. Econ. Ent., 108(3): 933-939

Song L-Z, Jiao J-W, Du W-G and Chen L. 2016. Parasitoids of *Ophrida xanthospilota* on *Cotinus coggygria* in Beijing area. Forest Pest and Disease, 35(3): 25-26, 30 [宋立洲, 焦进卫, 杜万光, 陈亮, 2016. 北京地区黄栌黄点直缘跳甲寄生性天敌研究. 中国森林病虫, 35(3): 25-26, 30]

Song S J, Bourchier R S and Smith S M. 1997. Effect of host diet on acceptance of eastern spruce budworm eggs by *Trichogramma minutum*. Ent. Exp. *et* Appl., 84(1): 41-47

Sood S and Pajni H R. 2006. Effect of honey feeding on longevity and fecundity of *Uscana mukerjii* (Hym.: Trichogrammatidae), an egg parasitoid of bruchids attacking stored products (Col.: Bruchidae). J. Stored Products Res., 42(4): 438-444

Sood S, Pajni H R and Tewari P K. 2002. Mass rearing of *Uscana mukerjii*, an egg parasitoid of bruchids (Hym.: Trichogrammatidae). J. Ent. Res., 26(4): 313-316

Sorati M, Newman M and Hoffmann A A. 1996. Inbreeding and incompatibility in *Trichogramma* nr. *brassicae*: evidence and implications for quality control. Ent. Exp. *et* Appl., 78(3): 283-290

Sorokina A P. 1977. *Trichogramma embryophagum* (Hym.: Trichogrammatidae) in the USSR. Zool. Zh., 58: 1112-1115

Sorokina A P. 1978. New data on taxonomy and biology of the genus *Trichogramma* (Hym.: Trichogrammatidae). Zool. Rev., 57(9): 1442-1445

Sorokina A P. 1979. New species of *Trichogramma*. Zashch. Rast., Moskva, (5): 20-21

Sorokina A P. 1980. Two new species of the genus *Trichogramma* (Hym.: Trichogrammatidae) from middle Asia and Siberia. Zool. Zh., 60(1): 157-160

Sorokina A P. 1984. New species of the genus *Trichogramma* (Hym.: Trichogrammatidae) from the USSR. Ent. Rev., 63(1): 139-152

Sorokina A P. 1985. New species of the genus *Trichogramma* (Hym.: Trichogrammatidae) with biological observations. Zool. Zh., 63(12): 1899-1901

Sorokina A P. 1987. Biological and morphological substantiation of species independence of *Trichogramma telengai* sp. n. (Hym.: Trichogrammatidae). Ent. Oboz., 66(1): 32-46

Sorokina A P. 1989. A new species of the genus *Trichogramma* (Hym.: Trichogrammatidae) from East Siberia. Zool. Zh., 68(8): 150-152

Sorokina A P. 1991. New data on knowledge of species of the genus *Trichogramma* (Hym.: Trichogrammatidae) of the USSR fauna with notes on synonymy. Ent. Oboz., 70(1): 183-195

Sorokina A P. 1993a. A new species of *Trichogramma* (Hym.: Trichogrammatidae) from Central Asia. Ent. Rev., 72(7): 136-138

Sorokina A P. 1993b. Key to species of the genus *Trichogramma* (Hym.: Trichogrammatidae) of the world fauna. Kolos Publ. House, Moscow. 77 pp

Sorokina A P. 1999. Trophic links of species of the genus *Trichogramma* (Hym.: Trichogrammatidae) of the world fauna. Ent. Obozr., 78(1): 49-59

Sorokina A P and Atamirzaeva T M. 1993. A new species of the genus *Trichogramma* (Hym.: Trichogrammatidae) from Central Asia. Zool. Zh., 72(3): 149-152

Souza A R, Giustolin T A, Querino R B and Alvarenga C D. 2016. Natural parasitism of Lepidopteran eggs by *Trichogramma* species (Hym.: Trichogrammatidae) in agricultural crops in Minas Gerais, Brazil. Florida Ent., 99(2): 221-225

Soyka W. 1931a. *Oligosita nigromaculata* n. sp. Natuur. Maand., Maast., 20: 24-34

Soyka W. 1931b. *Stephanothesia*, eine neue trichogrammnengattung. Natuur. Maand., Maast., 20(8): 111-112

Soyka W. 1932. Neue Trichogramminen und Mymarinenarten aus Sud-Limburg. Natuur. Maand., Maast., 21: 82-84

Soyka W. 1934. Neue Trichogrammiden. Natuur. Maand. Maast., 23: 49-51

Spitzen J and Huis A. 2005. Effect of host quality of *Callosobruchus maculatus* (Col.: Bruchidae) on performance of the egg parasitoid *Uscana lariophaga* (Hym.: Trichogrammatidae). Bull. Ent. Res., 95(4): 341-348

Steffan J R. 1954. Note sur le genre *Uscana* (Hym.: Trichogrammatidae) *et* description d'especes nouvelles parasites de Bruches. Bull. Mus. Hist. Nat. Paris, 26: 667-673

Steidle J L M, Rees D and Wright E J. 2001. Assessment of Australian *Trichogramma* species as control agents of stored product moths. J. Stored Products Res., 37: 263-275

Stevens P S. 1995. Host preferences of *Trichogrammatoidea bactrae fumata* (Hym.: Trichogrammatidae) an egg parasitoid of leafrollers (Lep.: Tortricidae). BioControl, 40(3-4): 379-385

Stolk C. 2002. Bugs in space: aspects of the system *Callosobruchus maculates* (Col.: Bruchidae) and *Uscana lariophaa* (Hym.: Trichogrammatidae) in stored cowpea. IOBC Bull., 25(3): 141-144

Stolk C, Ghimire M N, Souquié S, Werf van der W and Huis A. 2005. Host finding by *Uscana lariophaga* (Hym.: Trichogrammatidae) in stored cowpea: the effect of distance, time interval, host patch size and spatial orientation. Bull. Ent. Res., 95(3): 231-242

Stollwerck F. 1857. Die Gattung *Poropoea* (*P. stollwercki*) Nachrichten ũber die Lebensweise dieses Parasiten, mit Bũziehung auf den Buchsenwickler *Attelabus curculionides*. Verhandl. Natur. Verhins preuss. Rheinl., 14: 113-125

Stouthamer R and Kazmer D J. 1994. Cytogenetics of microbe-associated parthenogenesis and its consequences for gene flow in *Trichogramma* wasps. Heredity, 73(3): 317-327

Stouthamer R and Werren J H. 1993. Microbes associated with parthenogenesis in wasps of the genus *Trichogramma*. J. Invert Pathol., 61(1): 6-9

Stouthamer R, Breeuwer J A J, Luck R F and Werren J H. 1993. Molecular identification of microorganisms associated with parthenogenesis. Nature (London), 361(6407): 66-68

Stouthamer R, Gai Y, Koopmanschap A B, Platner G R and Pinto J D. 2000. ITS-2 sequences do not differ for the closely related species *Trichogramma minutum* and *T. platneri*. Ent. Exp. *et* Appl., 95(1): 105-111

Stouthamer R, Hu J-G, Kan F J P M, Platner G R and Pinto J D. 1998. The utility of internally transcribed spacer 2 DNA sequences of the nuclear ribosomal gene for distinguishing sibling species of *Trichogramma*. BioControl, 43(4): 421-440

Stouthamer R, Jochemsen P, Platner G R and Pinto J D. 2000. Crossing incompatibility between *Trichogramma minutum* and *T. platneri* (Hym.: Trichogrammatidae): implications for application in biological control. Environ. Ent., 29(4): 832-837

Stouthamer R, Luck R F and Hamilton W D. 1990. Antibiotics cause parthenogenetic *Trichogramma* to revert to sex. Proc. Natl. Acad. Sci. USA, 87: 2424-2427

Stouthamer R, Luck R F, Pinto J D, Platner G R and Stephens B. 1996. Non-reciprocal cross in compatibility in *Trichogramma deion*. Ent. Exp.*et* Appl., 80(3): 481-489

Stouthamer R, Pinto J D, Platner G R and Luck R F. 1990. Taxonomic status of thelytokous forms of *Trichogramma* (Hym.: Trichogrammatidae). Ann. Ent. Soc. Amer., 83(3): 475-481

Subba Rao B R. 1969a. A new species of *Megaphragma* (Hym.: Trichogrammatidae) from India. Proc. R. Ent. Soc. Lond. (B), 38: 114-116

Subba Rao B R. 1969b. Two new species of *Poropoea* from the Oriental, with a key to species (Hym.: Trichogrammatidae). Oriental Insects, 3: 319-325

Subba Rao B R. 1974. Four new species of *Paracentrobia* (Hym.: Trichogrammatidae). Mushi, 48: 1-5

Subba Rao B R. 1983. A catalogue of enemies of some important plant and leafhooppers. Proc. 1st. Internl Workshop leaf and plant hoppers of Econ. importance, Commonw. Inst. Ent. Lond.: 385-403

Subba Rao B R. 1984. The identity of some mymarid and trichogrammatid parasitoids of leaf and plant hoppers. Internl Cogr. Ent., 17: 44

Subba Rao B R. 1986. The Chalcidoidea of India and the adjacent countries II. Catalogues. Oriental Insects, 20: 193-207

Subba Rao B R and Hayat M. 1985. The Chalcidoidea of India and the adjacent countries I. Reviews of families and keys to families and genera. Oriental Insects, 19: 163-310

Sugonyaev E S. 1985. New data on systematics of the chalcid *Trichogramma* (Hym.: Trichogrammatidae). Ent. Oboz., 64(4): 827-831

Sugonyaev E S. 1986. New systematic data on the genus *Trichogramma* (Hym.: Trichogrammatidae). Ent. Rev., 65: 143-148

Sugonyaev E S. 1988. On some actual problems of *Trichogramma* taxonomy. Les Colloques INRA, 43: 123-124

Sugonyaev E S and Sorokina A P. 1975. Systematics of the genus *Trichogramma*. Zash Rast, Moskva, (6): 33-35

Sugonyaev E S and Sorokina A P. 1976. New species of the genus *Trichogramma* (Hym.: Chalcidoidea) from middle Asia and Altai. Zool. Zh., 55(5): 777-779

Sugonyaev E S and Sorokina A P. 1978. Hymenoptera II. Chalcidoidea 16. Trichogrammatidae (*Trichogramma*). Opred. Naske. Europ. Chasti SSSR: 507-511

Suh C P C, Orr D B and Duyn J W. 2000a. Effect of insecticides on *Trichogramma exiguum*, preimaginal development and adult survival. J. Econ. Ent., 93(3): 577-583

Suh C P C, Orr D B and Duyn J W. 2000b. *Trichogramma* releases in North Carolina cotton: why releases fail to suppress heliothine pests. J. Econ. Ent., 93(4): 1137-1145

Suh C P C, Orr D B, Duyn J W and Borchert D M. 2000. *Trichogramma exiguum* (Hym.: Trichogrammatidae) releases in North Carolina cotton: evaluation of heliothine pest suppression. J. Econ. Ent., 93(4):

1127-1136

Suh C P C, Orr D B, Duyn J W and Borchert D M. 2002. Influence of cotton microhitat on temperature and survival of *Trichogramma* (Hym.: Trichogrammatidae) within cardboard capsules. Environ. Ent., 31(2): 361-366

Sumenkova V V, Ageeva L I, Dyurich G F and Yazlovetskiy I G. 1987. Taxonomic monitoring of *Trichogramma* by means of elctrophoresis. Zash. Rast., Moskva, 12: 24-28

Sumer F, Tuncbilek A S, Oztemiz S, Pintureau B, Rugman-Jones P and Stouthamer R. 2009. A molecular key to the common species of *Trichogramma* of the Mediterranean region. Bio Control, 54(5): 617-624

Sun G-Z, Zhang F, Shi Z-H, Liu B-G, Wang S-H and Ruan C-C. 2000. Parasitizing ability of *Trichogramma* on *Ostrinia furnacalis*. J. Jilin Agri. Univ. 22(2): 26-29 [孙光芝, 张帆, 施祖华, 刘宝国, 王少华, 阮长春, 2000. 赤眼蜂寄生亚洲玉米螟的潜能比较. 吉林农业大学学报, 22(2): 26-29]

Sun G-Z, Zhang J-J and Ruan C-C. 2005. Studies on the control of *Orstrinia furnacalis* by using pathogennic bacterium carried by *Trichogramma dendrolimi*. J. Jilin Agri. Sci., 30(3): 3-5 [孙光芝, 张俊杰, 阮长春, 2005. 携菌赤眼蜂防治亚洲玉米螟效果的研究. 吉林农业科学, 30(3): 3-5]

Suverkropp B P, Bigler F and Lenteren J C. 2001. Temperature influences walking speed and walking activity of *Trichogramma brassicae* (Hym.: Trichogrammatidae). J. Appl. Ent., 125(6): 303-307

Suverkropp B P, Bigler F and Lenteren J C. 2009. Dispersal behaviour of *Trichogramma brassicae* in maize fields. Bull. Insectol., 62(1): 113-120

Suverkropp B P, Bigler F and Lenteren J C. 2010. Movement and host finding of *Trichogramma brassicae* on maize plants. Bull. Insectol., 63(1): 115-127

Tabone E, Bardon C, Desneux N and Wajnberg E. 2010. Parasitism of different *Trichogramma* species and strains on *Plutella xylostella* on greenhouse cauliflower. J. Pest Sci., 83(3): 251-256

Takada Y, Kawamura S and Tanaka T. 2001. Host preference of *Trichogramma dendrolimi* (Hym.: Trichogrammatidae) on its native host, *Mamestra brassocae* (Lep.:Noctuidae) after 12 continuous generations on a factitious host. Appl. Ent. Zool., 36(2): 213-218

Takanashi M, Takagi K and Hirose Y. 1996. Egg parasitism by *Megaphragma* sp. of *Scirtothrips dorsalis* and some techniques for determining it. Shokubutsu Boeki., 50(2): 61-64

Taylor L, Yashiro N, Hirose Y and Honda J Y. 2005. A new species of *Trichogramma* (Hym.: Trichogrammatidae) parasitic on *Ivera auripes* (Lep.: Lymantriidae) from Hokkaido, Japan. Ann. Ent. Soc. Amer., 98(3): 291-294

Telenga N A. 1958. Taxonomical and ecological charactcterosteris of species from the *Trichogramma*. Trans. 1st Intern. Conf. Inects Path. and Biol. Control, 1958: 355-360

Tezze A A and Botto E N. 2004. Effect of cold storage on the quality of *Trichogramma nerudai* (Hym.: Trichogrammatidae). Biol. Control, 30(1): 11-16

Thakur D R. 2006. *Uscana femoralis*, an egg endoparasitoid for biocontrol of *Callosobruchus theobromae* (Col.: Bruchidae). Polsk. Pismo Ent. 75(1): 3-9

Thomson L J, Rundle B J, Carew M E and Hoffman A A. 2003. Identification and characterization of *Trichogramma* species from south-eastern Australia using the internal transcribed spaces 2 (ITS-2) region of the ribosomal gene complex. Ent. Exp. & Appl., 106(3): 235-240

Thomson M S and Stinner R E. 1990. The scale response of *Trichogramma* (Hym.: Trichogrammatidae): Variation among species in host specificity and the effect of conditioning. BioControl, 35(1): 7-21

Thorpe K W. 1982. Six *Trichogramma* species associated with a Maryland corn field, with description of a new species. Proc. Ent. Soc.Wash., 84: 16-22

Tian H-X and Lin N-Q. 2008. A new species of *Neocentrobiella* from China (Hym.: Trichogrammatidae). Acta Zootaxon. Sin., 33(3): 623-625 [田洪霞, 林乃铨 2008. 毛角赤眼蜂属一新种记述 (膜翅目:赤眼蜂科). 动物分类学报, 33(3): 623-625]

Tian H-X and Lin N-Q. 2009. The genus *Trichogrammatoidea* from China, with description of a new species. Acta Zootaxon. Sin., 34(2): 360-366 [田洪霞, 林乃铨, 2009. 海南省分索赤眼蜂属种类记述并描述一新种 (膜翅目: 赤眼蜂科). 动物分类学报, 34(2): 360-366]

Tian H-X and Lin N-Q. 2016. Descriptions of two new species of *Chaetogramma* (Hym.: Trichogrammatidae) from China. J. Fujian Agr. *et* Forest. Univ., 45(5): 510-514 [田洪霞, 林乃铨, 2016. 毛纹赤眼蜂属二新种记述 (膜翅目: 赤眼蜂科). 福建农林大学学报, 45(5): 510-514]

Tilborg M, Silva I M M S and Stouthamer R. 1997. Crossings-compatibility of portuguese *Trichogramma* lines (Hym.: Trichogrammatidae). Proc. Sect. Exper. and Appl. Ent. Netherlands Ent. Soc. (N E V), 8: 53-58

Tillyard R J. 1926. Insect of Australia and New Zealand, pp. 279. (Angus *et* Robertson Ltd.)

Timberlake P H. 1924. Descriptions of new chalcidoid flies from Hawaii and Mexico. Proc. Haw. Ent. Soc., 5: 395-417

Timberlake P H. 1927. New species of Hawaiian chalcid-flies (Hymenoptera)-II. Proc. Hawaiian Ent. Soc., 6: 517-528

Tipping C, Triapitsyn S V and Mizell R F. 2005. A new host record for the egg parasitoid *Paracentrobia americana* (Hym.: Trichogrammatidae) of the proconiine sharpshooter *Homalodisca insolita* (Hem.: Cicadellidae). Florida Ent., 88(2): 217-218

Torre C S L. 1977. Identidad taxónimica de *Trichogramma fasciatum* (Hym.: Trichogrammatidae) en Cuba. Misc. Zool. Inst. Zool. ACC., 6: 3

Torre C S L. 1980a. Revisión de los *Trichogramma* de Cuba, con la descripción de tres nuevas especies y una variedad. Univ. Habana, 41pp

Torre C S L. 1980b. The identity of the species introduced into Cuba as *Trichogramma evanescens*. Poeyana, Habana, 204: 1-9

Trjapitzin S V. 1994. A new species of *Aphelinoidea* (Hym.: Trichogrammatidae), with a key to species of the Holarctic region. J. Kansas Ent. Soc., 67(4): 301-310

Triapitsyn S V. 1998. Egg parasitoids of *Homalodisca coagulata* (Hem.: Cicadellidae). Florida Ent., 81(2): 241-243

Triapitsyn S V. 2003. Taxonmic notes on the genera and species of Trichogrammatidae (Hymenoptera) egg parasitoids of the proconiine sharpshooters (Hem.: Cicadellidae) in south eastern USA. Trans. Amer. Ent. Soc., 129(2): 245-265

Triapitsyn S V. 2018. Review of the Palearctic *Aphelinoidea* (Hym.: Trichogrammatidae), with focus on the species described by Ś. Nowicki. Israel J. Ent., 48(2): 33-81

Tseng S. 1965. On the identification of *Trichogramma* insects. Acta Ent. Sin., 14(4): 404-409 [曾省, 1965. 有关赤眼蜂种鉴别的商权. 昆虫学报, 14(4): 404-409]

Tunçbilek A Ş and Ayvaz A. 2003. Influences of host age, sex ratio, population density, and photoperiod on parasitism by *Trichogramma evanescens* (Hym.: Trichogrammatidae). Anzeig. Schädling., 76(6): 176-180

Tunçbilek A Ş, Ercan F S and Canpolat U. 2012. Effect of ionizing (gamma) and non-ionizing (UV) radiation on the development of *Trichogramma euproctidis* (Hym.: Trichogrammatidae). Arch. Biol. Sci. (Serbia), 64(1): 287-295

Ulmer B J, Peña J E, Lapointe S L and Mathurin G. 2006. The occurrence of parasitoids attacking citrus weevil eggs on Saint Lucia. Florida Ent., 89(3): 407-409

Uzun S. 1995. *Trichogramma* species associated with some Lepidopterous pests in Turkey. Les Colloques INRA, 73: 211-213

Vaghina N P, Reznik S Y and Voinovich N D. 2013. Photoperiodic responses of pupa and adult determining the maternal influence on progeny diapause in two species of the genus *Trichogramma* (Hym.: Trichogrammatidae). Zool. Zh., 91(8): 967-974

Valente E C N, Broglio S M F, Passos E M and Lima A S T. 2016. Performance of *Trichogramma galloi* (Hym.: Trichogrammatidae) on eggs of *Diatraea* spp. (Lep.: Crambidae). Pesq. agropec. bras., 51(4): 293-300

Valverde L, Virla E G and Querino R. 2009. First record of *Trichogramma bruni* (Hym.: Trichogrammatidae) in soybeans crops of Tucuman province (Argentina), with new host. Bolet. Sanidad Veg., 35(1): 25-27

Vargas P and Cabello T. 1985. A new species of *Trichogramma* (*T. cordubensis* n. sp.) (Hym.: Trichogrammatidae), parasitoid of *Helionthis* eggs in cotton crops in the SW of Spain. Entomophaga, 30(3): 225-230

Vargas R I. 1978/1981. *Trichogramma confusum* Viggiani. Proc. Hawaii Ent. Soc., 23(3): 313

Vasiliev I V. 1947. *Lathromeris bruchocida* sp. n. (Hyme.: Trichogrammatidae)-a new parasite of peaweevil and its practical importance. Rev. Ent. URSS., 29(1/2): 36-43

Vavre F, Jong J H and Stouthamer R. 2004. Cytogenetic mechanism and genetic consequences of thelytoky in the wasp *Trichogramma cacoeciae*. Heredity, 93(6): 592-596

Velasquez M and Terán J. 1995a. Description of the species of the genus *Trichogramma* (Hym.: Trichogrammatidae) in Venezuela. Les Colloques INRA, 73: 41-46

Velasquez M and Terán J. 1995b. The morphological taxonomy of the genus *Trichogramma* (Hym.: Trichogrammatidae). Alcance, 49: 1-60

Velasquez M and Terán J. 2003. The *Trichogramma* species (Hym.: Trichogrammatidae) of northeastern Guarico State, Venezuela. Entomotropica, 18(2): 127-145

Velasquez M and Viggiani G. 2007. Description of *Lathromeroidea araguensis* and record of *Adelogramma*, new genus to Venezuela (Hym.: Trichogrammatidae). Interciencia, 32(7): 460-462

Velten R K and Pinto J D. 1990. *Soikiella* (Hym.: Trichogrammatidae): occurrence in North America, description of a new species, and association of the male. Pan-Pacif. Ent., 66(3): 246-250

Vereijssen J, Silva I, Honda J and Stouthamer R. 1997. Development of a method to predict the biological control quality of *Trichogramma* strains. Proc. Sect. Exp. *et* Appl. Ent. Netherlands Ent. Soc. (N EV), 8: 145-149

Vianna U R, Pratissoli D, Zanuncio J C, Andrade G S and Querino R B. 2007. First record of *Trichogramma pratissolii* in *Eucalyptus* spp. plantation in the State of Minas Gerais-Brazil. Floresta, 37(1): 111-112

Vieira J M, Querino R B and Zucchi R A. 2014. On the identity of *Trichogramma demoraesi* (Hym.: Trichogrammatidae), with a checklist and a key to *Trichogramma* species associated with *Erinnyis ello* (Lep.: Sphingidae) in Brazil. Zootaxa, 3869(1): 83-89

Vieira J M, Querino R B, Consoli F L and Zucchi R A. 2015. An integrative taxonomic approach to characterize *Trichogramma marandobai* (Hym.: Trichogrammatidae). Zootaxa, 4021(3): 447-458

Viggiani G. 1967. Considerazioni sulla classificazione dei Trichogrammatidae. Atti. Accad. Naz. Ital. Ent., 15: 145-146

Viggiani G. 1968a. Ricerche sugli Hym.: Chalcidoidea 17: Nuove specie dei Trichogrammatidae. Boll. Lab. Ent. Agr. 'F. Silvestri', Portici, 26: 251-262

Viggiani G. 1968b. The significance of the male genitalia in the Trichogrammatidae. Proc. Int. Congr. Ital. Ent. 13th., 1: 313-315

Viggiani G. 1969a. Ricerche sugli Hym.: Chalcidoidea 21: Sulle specie paleartiche del genere *Epoligosita* (Trichogrammatidae), con descrizione di una nuova specie. Entomologica, 5: 51-56

Viggiani G. 1969b. Recerche sugli Hym.: Chalcidoidea 22. Ridescrizione dei Trichogrammatidae descritti da J. Risbec. Boll. Lab. Ent. Agr. 'F. Silvestri', Portici, 27: 187-209

Viggiani G. 1971a. Ricerche sugli Hym.: Chalcidoidea. 26.A new species of *Chaetostricha* from Africa. J. Ent. Soc. Southern Afr., 34(1): 33-35

Viggiani G. 1971b. Ricerche sugli Hym.: Chalcidoidea. 28. Studio morfologico comparativo dell'armatura genitale esterna maschile dei Trichogrammatidae. Boll. Lab. Ent. Agr. 'F. Silvestri', Portici, 29: 181-222

Viggiani G. 1971c. Una nuova species Africana del genere *Oligosita* (Hym.: Trichogrammatidae), parassita oofago di *Coelaenomenodera elaeidis* (Col.: Hispidae) nella costa d'avorio. Boll. Soc. Ent. Ital., 103: 152-155

Viggiani G. 1972a. Ricerche sugli Hym.: Chalcidoidea 35: Nuovi Trichogrammatidi d'Israela (*Paraittys latipennis*, n. gen., n.sp. *et Oligosita gerlinigi*, n. sp.), con reperti su varie specie. Boll. Lab. Ent. Agr. 'F. Silvestri', Portici, 30: 152-157

Viggiani G. 1972b. Ricerche sugli Hym.: Chalcidodea, 36: Nuovi Trichogrammatidi africani. Boll. Lab. Ent. Agr. 'F. Silvestri', Portici, 30: 158-164

Viggiani G. 1974. Ricerche sugli Hym.: Chalcidoidea 44: *Ophioneurus longiclavatus*, sp. nov. (Trichogrammatidae), Parassita oofago di *Rhynchites auratus*. Boll. Lab. Ent. Agr. 'F. Silvestri', Portici, 31: 192-196

Viggiani G. 1976a. Ricerche sugli Hym.: Chalcidoidea, 49: *Trichogramma confusm*, n. sp. per *T. australicum*, nec Girault (1912), con not su *Trichogrammatoidea* e descrizione di *Paratrichogramma heliothidis*, n. sp. Boll. Lab. Ent. Agr. 'F. Silvestri', Portici, 33: 182-187

Viggiani G. 1976b. Ricerche sugli Hym.: Chalcidoidea, 50: Materiali per una revisione del genere *Oligosita* (Trichogrammatidae), 1. Le species austrliane descritte da Girault. Boll. Lab. Ent. Agr. 'F. Silvestri', Portici, 33: 188-218

Viggiani G. 1976c. Ricerche sugli Hym.: Chalcidoidea, 53: Descrizione di *Eteroligosita tamaricis*, n. gen., n. sp. Boll. Lab. Ent. Agr. 'F. Silvestri', Portici, 33: 265-271

Viggiani G. 1977a. Ricerche sugli Hym.: Chalcidoidea, 57: Materiali per unarevisione del genere *Oligosita* (Trichogrammatidae), 2. Sensilli antennali. Boll. Lab. Ent. Agr. 'F. Silvestri', Portici, 34: 38-42

Viggiani G. 1977b. Una nuova specie africana del genere *Oligosita* (Hym.: Trichogrammatidae), parasita oofago di *Coelaenomenodera elaeidis* (Col.: Hispidae) nella Costa d'Avorio. Boll. Soc. Ent. Ital., 103: 152-155

Viggiani G. 1979a. Ricerche sugli Hym.: Chalcidoidea, 62: *Uscana spermophagi*, n. sp. (Hym.: Trichogrammatidae), parasita di *Spermophagus sericeus* (Col.: Bruchidae). Boll. Lab. Ent. Agr. 'F. Silvestri', Portici, 36: 51-54

Viggiani G. 1979b. Description of *Trichogrammatoidea eldanae*, n. sp. (Hym.: Trichogrammatidae), parasite of *Eldana saccharina* (Lep.: Pyralidae), in Ivory Coast, with notes on *Trichogrammatoidea nodicornis*. Boll. Lab. Ent. Agr. 'F. Silvestri', Portici, 36: 108-111

Viggiani G. 1980. Two new species of *Oligosita* (Trichogrammatidae) egg parasites of Hispids (Coleoptera) in Madagastcar. Boll. Lab. Ent. Agr. 'F. Silvestri', Portici, 37: 3-7

Viggiani G. 1981a. Neartic and neotropical species of *Oligosita* (Hym.: Trichogrammatidae). Boll. Lab. Ent. Agr. 'F. Silvestri', Portici, 38: 101-118

Viggiani G. 1981b. Note su alcune specie di *Oligosita* (Hym.: Trichogrammatidae) e descrizione di quattro nuove specie. Boll. Lab. Ent. Agr. 'F. Silvestri', Portici, 38: 125-132

Viggiani G. 1982a. Description of *Hayatia indica*, new genus, new species (Hym.: Trichogrammatidae) from India. Boll. Lab. Ent. Agr. 'F. Silvestri', Portici, 39: 27-30

Viggiani G. 1982b. Gli ospiti di *Oligosita* e descrizione di *Oligosita servadeii* sp. n. (Hym.: Trichogrammatidae). Mem. Soc. Ent. Ital., 60(2): 357-361

Viggiani G. 1984. Further contribution to the knowledge of the male genitalia in the Trichogrammatidae (Hym.: Chalcidoidea). Boll. Lab. Ent. Agr. 'F. Silvestri', Portici, 41: 173-182

Viggiani G. 1985a. A new species of *Zagella* (Hym. Trichogrammatidae) from Florida. Boll. Lab. Ent. Agr. 'F. Silvestri', Portici, 42: 15-17

Viggiani G. 1985b. Parassiti oofagi delle cicaline delle querce: *Epoligosita vera*. Atti. XIV Congr. Naz. Ital. Ent., (1985): 867-872

Viggiani G. 1986. Description of a new species of *Uscana* from Congo, with notes on other species (Hym.: Trichogrammatidae). Boll. Lab. Ent. Agr. 'F. Silvestri', Portici, 43: 7-10

Viggiani G. 1987. Notes on *Oligosita pallida* and on other species of the group minima (Hym.: Trichogrammatidae). Redia, 70: 543-547

Viggiani G. 1988. *Ufensia minuta* sp. n. (Hym.: Trichogrammatidae), ooparasitoides di *Reuteria marqueti* (Hem.: Miridae), con note sulle species paleartiche del genre *Ufensia*. Boll. Lab. Ent. Agr. 'F. Silvestri', Portici, 45: 15-21

Viggiani G. 1989. Description of *Pintoa nearctica*, gen. n., sp. n. (Hym.: Trichogrammatidae). Boll. Lab. Ent. Agr. 'F. Silvestri', Portici, 45: 23-29

Viggiani G. 1992a. Preliminary notes on *Megaphragma* (Hym.: Trichogrammatidae), an ooparasitoid of *Heliothrips haemorrhoidalis* (Thy.: Thripidae) in Italy. Boll. Lab. Ent. Agr. 'F. Silvestri', Portici, 49: 203-206

Viggiani G. 1992b. New species of Trichogrammatidae (Hym.: Chalcidoidea) from South America. Redia, 75(1): 253-265

Viggiani G. 1996a. New species of Trichogrammatidae (Hym.: Chalcidoidea) from Cape Verde Islands, with notes on *Oligosita cypriota* (1936). Boll. Lab. Ent. Agr. 'F. Silvestri', Portici, 51: 29-36

Viggiani G. 1996b. Aphelinidae, Signphoridae, Mymaridae and Trichogrammatidae of the Cape Verde Islands (Hym.: Chalcidoidea). Boll. Lab. Ent. Agr. 'F. Silvestri', Portici, 51: 67-81

Viggiani G. 1997. Notes on the type of *Megaphragma* (Hym.: Trichogrammatidae), with description of a new species. Boll. Lab. Ent. Agr. 'F. Silvestri', Portici, 53: 117-122

Viggiani G. 2001. History and classification of the Trichogrammatidae. Boll. Lab. Ent. Agr. 'F. Silvestri', Portici, 57: 41-53

Viggiani G. 2002. A species of *Megaphragma* (Hym.: Trichogrammatidae), one of the smallest known insects, new for Italy. Boll. Zool. Agr. Bachi., 34(3): 449-452

Viggiani G. 2003. A new species of *Pseudoligosita* (Hym.: Trichogrammatidae) from Australia. Boll. Lab. Ent. Agr. 'F. Silvestri', Portici, 59: 83-86

Viggiani G. 2009/2011. Notes on the collection of Mymaridae and Trichogrammatidae (Hym.: Chalcidoidea) of Nowicki and some *Aphelinoidea* (Hym.: Trichogrammatidae). Frust. Ent. (N S), 32: 101-110

Viggiani G and Bernardo U. 1997. Two species of *Megaphragma* (Hym.: Trichogrammatidae), egg parasitoids of *Heliothrips haemorrhoidalis* (Thysanoptera) in southern Italy, with description of a new species. Boll. Zool. Agr. Bachi., Ser II 29(1): 51-55

Viggiani G and Bernardo U. 1998. Distribuzione e attivita di ooparassitoidi di *Heliothrips haemorrhidalis* (Thysanoptera) su piante della macchia mediterranea. Phytophaga, 8: 13-20

Viggiani G and Hayat M. 1974. New Trichogrammatids from India (Hym.: Chalcidoidea). Boll. Lab. Ent. Agr. 'F. Silvestri', Portici, 31: 145-151

Viggiani G and Laudonia S. 1989. The Italian species of *Trichogramma* (Hym.: Trichogrammatidae), with a comment on the taxonomic state of the genus. Boll. Lab. Ent. Agr. 'F. Silvestri', Portici, 46: 107-124

Viggiani G and Laudonia S. 1992. Description of a new species of *Lathromeris* (Hym.: Trichogrammatidae) larval parasitoid of *Lasioptera* sp. (Dip.: Cecidomyiidae). Boll. Lab. Ent. Agr. 'F. Silvestri', Portici, 49: 169-172

Viggiani G and Pinto J D. 2002. Description of *Sinepalpigramma*, a new genus of Trichogrammatidae (Hym.: Chalcidooidea), including two new species. Boll. Lab. Ent. Agr. 'F. Silvestri', Portici, 58: 117-122

Viggiani G and Ren H. 1986. Description of a new species of *Epoligosita* from China (Hym.: Trichogrammatidae). Entomotaxon., 8(4): 245-246 [Viggiani G, 任辉, 1986. 中国赤眼蜂一新种 (膜翅目: 赤眼蜂科). 昆虫分类学报, 8(4): 245-246]

Viggiani G and Rios M V. 2006. New Trichogrammatidae (Hymenoptera) from Venezuela. Boll. Lab. Ent. Agr. 'F. Silvestri', Portici, 61: 25-46

Viggiani G and Subba Rao B R. 1978. Notes on some trichogrammatid parasites associated with rice pests in Thailand with the description of a new species. Boll. Lab. Ent. Agr. 'F. Silvestri', Portici, 35: 3-7

Viggiani G and Velasquez M. 2003. Description of *Pteranomalogramma singulare* n. gen., n. sp. (Hym.: Trichogrammatidae) from Venezuela. Boll. Lab. Ent. Agr. 'F. Silvestri', Portici, 59: 87-91

Viggiani G, Albarracin E L and Virla E. 2009. The species of *Megaphragma* (Hym.: Trichogrammatidae) from Argentina. Zootaxa, 2308: 65-68

Vincent D L and Goodpasture C. 1986. Three new species of *Trichogramma* from North America. Proc. Ent. Soc. Wash., 88: 491-501

Virgala M B R and Botto E N. 2010. Biological studies on *Trichogrammatoidea bactrae* (Hym.: Trichogrammatidae), egg parasitoid of *Tuta soluta* (Lep.: Gelechiidae). Neotrop. Ent., 39(4): 612-617

Virk J S, Brar K S, Sohi A S and Shenhmar M. 2006. Evaluation of release technology for *Trichogramma chilonis* in the management of cotton bollworms. J. Biol. Control, 20(2): 123-126

Virla E G, Albarracin E L, Triapitsyn S V, Viggiani G and Logarzo G A. 2009. Description and biological traits of a new species of *Paracentrobia* (Hym.: Trichogrammatidae), an egg parasitoid of the sharpshooter *Tapajosa rubromarginata* (Hem.: Cicadellidae) in Argentina. Stud. Neotrop. Fauna *et* Envir., 44(1): 47-53

Vishla S, Prasad C S and Prasad M. 2007. Studies on the effect of card colour on the parasitization and emergence of Trichogrammatids. J. Ent. Res., 31(4): 299-301

Voegelé J. 1982. Decouverte *et* description de deux nouvelles especes de Trichogrammes du groupe *euproctidis*, *Trichogramma brassicae et T. pintoi* (Hym.: Trichogrammatidae). Ann. Soc. Ent. Fr. (N S), 18: 163-166

Voegelé J. 1985. *Trichogramma buesi*, nouveau nom de *T. brassicae*, homonyme de *T. brassicae*. Entomophaga, 30(1): 103-104

Voegelé J. 1988. Reflections upon the last ten years of research concerning *Trichogramma* (Hym.: Trichogrammatidae). (In: Les Trichogrammes. Second International Symposium, Guangzhou, China, Nov. 10-15, 1986.) Colloques de l'INRA, 43: 15-20 (*Eds*: Voegelé, J., Waage, J. and Lenteren J. van)

Voegelé J and Berge J B. 1976. Les trichogrammes: Caracteristiques isoesterasiques de deux especes (*T. evanescens et T. acheae*). C. R. Acad. Sci., Paris, ser. D, 283: 1501-1503

Voegelé J and Cabello T. 1985. A new species of *Trichogramma* (*T. cordubensis*, n. sp.) (Hym.: Trichogrammatidae) parasitoid of *Heliothis* eggs in cotton crops in the SW of Spain. Entomophaga, 30(3): 225- 230

Voegelé J and Pintureau B. 1982. Caracterisation morphologique des groupeset espece du genre *Trichogramma*. Les Colloques INRA, 9: 45-75

Voegelé J and Pointel J G. 1979. *Trichogramma oleae* sp. n. a sibling species of *Trichogramma evanescens* (Hym.: Trichogrammatidae). Ann. Soc. Ent. Fr., 15(4): 643-648

Voegelé J and Pointel J G. 1980. Une nouvelle espèce de trichogramme, *Trichogramma maxacalii* (Hym.: Trichogrammatidae). Ann. Soc. Ent. Fr., 16: 599-603

Voegelé J and Russo J. 1981. Les trichogrammes. 5. Decouverte en Alsace de deux especes nouvelles de trichogrammes, *Trichogramma schuberti et T. rhenana* (Hym.: Trichogrammatidae) sur Pontes d'*Ostrinia nubilales*. Ann. Soc. Ent. Fr. (N S), 17: 535-541

Voegelé J, Daumal J, Brun P and Onillon J. 1974. Action du traitement au froid *et* aux ultraviolets de L'œuf D' *Ephestia kuehniella* (Pyralidae) sur le taux de multiplication de *Trichogramma evanescens et T. brasiliensis* (Hym.: Trichogrammatidae). BioControl, 19(3): 341-348

Voegelé J, Usciati J, Pihan J P and Daumal J. 1975. Structure of the antannae female of *Trichogramma*. Entomophaga, 20: 161-169

Volkoff A N, Daumal J, Barry P, Francois M C, Hawlitzky N and Rossi M M. 1995. Development of *Trichogramma cacoeciae* (Hym.: Trichogrammatidae) : time and evidence for a single larval instar. Intern. J. Insect Morph. *et* Embry., 24(4): 459-466

Vugt J J F A, Hulst R G M, Pruijssers A J P, Verbaarschot P, Stouthamer R and Jong H. 2009. Comparative AFLP reveals paternal sex ratio chromosome specific DNA sequences in the parasitoid wasp *Trichogramma kaykai*. Genome, 52(5): 447-455

Wahner N, Addison M F and Timm A E. 2008. DNA sequence analysis of internal transcribed spacer 2 (ITS 2) region as tool for molecular identification of *Trichogrammatoidea lutea* and *T. crytpophlebiae* (Hym.: Trichogrammatidae). Afr. Plant Protect., 14: 8-14

Wajnberg E, Pizzol J and Babault M. 1989. Genetic variation in progeny allocation in *Trichogramma maidis*. Ent. Exp. *et* Appl., 53(2): 177-187

Wajnberg E. 1989. Analysis of variations of handling-time in *Trichogramma maidis*. BioControl, 34(3): 397-407

Wajnberg E. 1993. Genetic variation in sex allocation in a parasitic wasp: variation in sex pattern within sequences of oviposition. Ent. Exp. *et* Appl., 69(3): 221-229

Walker F. 1851. Notes on chalcids and descriptions of various new species. Ann. Mag. Nat. Hist., 7: 210-217

Walker G P, Bayoun I M, Triapitsyn S V and Honda J Y. 2005. Taxonomy of *Aphelinoidea* (Hym.: Trichogrammatidae) species attacking eggs of the beet leafhopper, *Circulifer tenellus* (Hem.: Cicadellidae) in California. Zootaxa, 1068: 1-25

Walter S T. 1983a. Biological and ecological studies on egg parasites from the genus *Trichogramma* (Hym.: Chalcidoidea) Part 1: Investigations carried out in selected forest biocoenoses in the GDR. Zool. Jb. Syst., 110: 271-299

Walter S T. 1983b. Biological and ecological studies on egg parasites from the genus *Trichogramma* (Hym.: Chalcidoidea) Part 2: Investigations carried out under labortory conditions. Zool. Jb. Syst., 110: 419-441

Walter S T. 1985. A new species near *Trichogramma embryophagum*, *T. zeirapherae* n. sp. (Hym.: Trichogrammatidae). Ent. Nachr. Berlin, 29: 275-276

Wang B-D, Ferro D N and Hosmer D W. 1999. Effectiveness of *Trichogramma ostriniae* and *T. nubilale* for controlling the European corn borer *Ostrinia nubilalis* in sweet corn. Ent. Exp. *et* Appl., 91(2): 297-303

Wang C-L, Wang H-X, Wang Y-A and Lu H. 1981. Studies on the relationship of temperature and development of *Trichogramma dendrolimi*. Zool. Res., 2(4): 317-326 [王承纶, 王辉先, 王野岸, 路虹, 1981. 松毛虫赤眼蜂个体发育与温度的关系. 动物学研究, 2(4): 317-326]

Wang C-M, Cong B, Cui B-Y, Dai Q-H and Zhang Z-L. 2006. A comparative study on the bionomics of gamogenesis and thelytoky lines of *Trichogramma dendrolimi*. Chinese J. Biol. Control, 22(2): 96-100 [王翠敏, 丛斌, 崔宝玉, 戴秋慧, 张兆琳, 2006. 松毛虫赤眼蜂两性生殖品系与孤雌产雌品系生物学特性的比较. 中国生物防治学报, 22(2): 96-100]

Wang D-S, Pan F, He Y-R, Guo X-L and Chen Q. 2011. Sublethal effects of eleven insecticides of different categories on reproduction of *Trichogrammatoidea bactrae* (Hym.: Trichogrammatidae). Acta Ent. Sin., 54(1): 56-63 [王德森, 潘飞, 何余容, 郭祥令, 陈俏, 2011. 11 种不同杀虫剂对卷蛾分索赤眼蜂繁殖的亚致死效应. 昆虫学报, 54(1): 56-63]

Wang H-Q, He X, Zhang J-J and Hu H-Y. 2009. Description of a new species of the genus *Aphelinoidea* (Hym.: Trichogrammatidae) from xinjiang, China. Entomotaxon., 31(4): 315-320 [王慧琴, 何茜, 张晶晶, 胡红英, 2009. 新疆光脉赤眼蜂属一新种记述 (膜翅目:赤眼蜂科). 昆虫分类学报, 31(4): 315-320]

Wang L-Y, Huang J, Dong X-Y, Zhang F and Li Y-X. 2015. Superparasitism and ontogeny of two *Trichogramma* species on *Corcyra cephalonica*. Chinese J. Biol. Control, 31(4): 481-486 [王雷英, 黄静, 董新阳, 张帆, 李元喜, 2015. 两种赤眼蜂在米蛾卵上的过寄生及个体发育. 中国生物防治学报, 31(4): 481-486]

Wang X-M, Zang L-S, Lin B-Q, Yang J, Chen P and Ruan C-C. 2013. The general biology and experimental population life table about *Asynacta ambrostomae*. Acta Ecol. Sin., 33(20): 6553-6559 [王秀梅, 臧连生, 林宝庆, 杨军, 陈鹏, 阮长春, 2013. 榆紫叶甲赤眼蜂基础生物学特性及其实验种群生命表. 生态学报, 33(20): 6553-6559]

Wang Y-A, Huang J-L and Pang X-F. 1985. Redescription of the antenna and forewing of *Trichogramma* (Hym.: Trichogrammatidae). J. South China Agr. Univ., 6(1): 25-32 [王野岸, 黄静玲, 庞雄飞, 1985. 赤眼蜂属的触角和前翅特征的补充描述. 华南农业大学学报, 6(1): 25-32]

Wang Y-Q and Hu H-Y. 2016. A new species of the genus *Hayatia* (Hym.: Trichogrammatidae) from Xinjiang. J. Xinjiang Univ. (N S), 33(1): 99-101 [王雨晴, 胡红英, 2016. 新疆环索赤眼蜂属一新种描述 (膜翅目: 赤眼蜂科). 新疆大学学报, 33(1): 99-101]

Wang Z-Y, He K-L and Yan S. 2005. Large-scale augmentative biological control of Asian corn borer using

Trichogramma in China: a success story. 2nd Intern. Symp. Biol. Control Arthrop., Davos, Switz., 2005: 487-494

Wang Z-Y, He K-L, Zhang F and Babendreier D. 2014. Mass rearing and release of *Trichogramma* for biological control of insect pests of corn in China. Bio. Control, 68(1): 136-144

Wang Z-Y, Wu Y, He K-L and Bai S-X. 2007. Effects of transgenic *Bt* maize pollen on longevity and fecundity of *Trichogramma ostriniae* in laboratory conditions. Bull. Insectol., 60(1): 49-55

Watane M, Kageyama D and Miura K. 2013. Transfer of a parthenogenesis-inducing *Wolbachia* endosymbiont derived from *Trichogramma dendrolimi* into *Trichogramma evanescens*. J. Invert. Pathol., 112(1): 83-87

Waterston J. 1922. Two new Chalcidoid parasites. Bull. Ent. Res., 13: 183-188

Waterston J. 1926. On a new Trichogrammatidae parasite of the cotton stemborer (*Sphenoptera* sp.). Bull. Ent. Res., 16: 309-313

Waterston J. 1928. On a trichogrammatid (*Doirania leafmansi*, gen. *et* sp. nov.) reared from eggs of *Sexava* (Orthoptera) in the Dutch East Indies. An. Mag. Nag. Hist., 2: 386-388

Wellinga S and Wysoki M. 1989. Preliminary investigation of food source preferences of the parasitoid *Trichogramma platneri* (Hym.: Trichogrammatidae). Anze. Schäd., 62(7): 133-135

Westwood J O. 1833. Descriptions of several new British forms amongst the parasitic hymenopterous insects. Lond. Edinb. Phil. Mag. J. Sci., 3: 443-445

Westwood J O. 1840. An introduction to the modern classification of insects: Hym.: Chalcididae. Synopsis of the genera of British insects, 154-167

Westwood J O. 1879. Descriptions of some minute Hymenoptera insects. Linn. Soc. Lond. (Zool.), 1: 583-593

Whu A M. 1980. Estudios taxonomios de *Trichogramma* (Hym.: Trichogrammatidae) en el Peru. Rev. Peru. Ent., 22: 102

Whu A M. 1987. Estudios biosistematicos de *Trichogramma* spp. Rev. Peru. Ent., 28: 5-8

Whu A M and Valdivieso L. 1999. Distribution and behavior of 8 species of *Trichogramma* and *Trichogrammatoidea* (Hym.: Trichogrammatidae) in Peru. Rev. Peru. Ent., 41: 61-68

Wiackowska I. 1965. Utilisation of *Trichogramma cacoeciae* (Hym.: Trichogrammatidae) in control of the plum moth Lep.: Tortricidae depending on the numbers used and time of introduction. BioControl, 10(2): 151-157

Wright M G, Hoffmann M P, Chenus S A and Gardner J. 2001. Dispersal behavior of *Trichogramma ostriniae* (Hym.: Trichogrammatidae) in sweet corn fields: implications for augmentative releases against *Ostrinia nubilalis* (Lep.: Crambidae). Biol. Control, 22(1): 29-37

Wu Q-L. 1992. Identification of *Trichogramma* species, parasitoids on the third generation of the corn borer in various habitats of maize fields. Insect Knowl., 29(1): 14-15 [吴青雷, 1992. 不同生境玉米田三代玉米螟赤眼蜂种鉴定. 昆虫知识, 29(1): 14-15]

Wu Z-X, Cohen A C and Nordlund D A. 2000. The feeding behavior of *Trichogramma brassicae*: new evidence for selective ingestion of solid food. Ent. Exp. *et* Appl., 96(1): 1-8

Wuehrer B G and Hassan S A. 1993. Selection of effective species/strains of *Trichogramma* (Hym.: Trichogrammatidae) to control the diamondback moth *Plutella xylostella* (Lep.: Plutellidae). J. Appl. Ent., 116(1): 80-89

Wysoki M and Jong M. 1989. Attraction of *Trichogramma platneri* to eggs of some lepidopterous pests of avocado. Phytoparasitica, 17(4): 315-318

Xiang Y-Y and Zhang F. 2011. Review of application research on *Trichogramma* spp. in biological control in

China. J. Henan Agr. Sci., 40(12): 20-24 [向玉勇, 张帆, 2011. 赤眼蜂在我国生物防治中的应用研究进展. 河南农业科学, 40(12): 20-24]

Xu D-F, Bai Y, Gong X and Xu Z-J. 2016. Design of *Trichogramma* delivering system based on Hex-Rotor UAV. J. Chinese Agr. Mach., 47(1): 1-7 [徐东甫, 白越, 宫勋, 续志军, 2016. 基于六轴多旋翼飞行器的赤眼蜂投放系统设计与试验. 农业机械学报, 47(1): 1-7]

Xu Y-X and Li B-Q. 1994. Alternative hosts of *Trichogramma dendrolimi* in different habitats. Ent. Sin., 1(3): 259-263 [徐永新, 李伯谦, 1994. 不同生境松毛虫赤眼蜂的中间寄主研究. 中国昆虫科学, 1(3): 259-263]

Yang H-W. 2015. Review in Utilization of Insect Natural Enemies during the Period from 1985 to 2015 in China (Part 1). Chinese J. Biol. Contr., 31(5): 603-612 [杨怀文. 2015. 我国农业害虫天敌昆虫利用三十年回顾 (上篇). 中国生物防治学报, 31(5): 603-612]

Yang K-D, Zhang H-Y, Qian H-T, Dong H, Zhang Y and Cong B. 2008. Effect of *Wolbachia* infection on fecundity, developmental duration and survival of *Trichogramma dendrolimi*. Chinese J. Biol. Control, 24(3): 210-214 [杨克冬, 张海燕, 钱海涛, 董辉, 张莹, 丛斌, 2008. 沃尔巴克氏体感染对松毛虫赤眼蜂生殖力、发育历期和存活的影响. 中国生物防治学报, 24(3): 210-214]

Yashiro N. 1979. Studies on the Japanese species of *Oligosita* (Hym.: Trichogrammatidae). Trans. Shikoku Ent. Soc., 14(3/4): 195-203

Yashiro N. 1980. A new species of the genus *Doirania* from Japan (Hym.: Trichogrammatidae). Trans. Shikoku Ent. Soc., 15: 131-134

Yashiro N. 1994. A new species of *Epoligosita* and two new species of *Epoligositina* from Japan (Hym.: Trichogrammatidae). Trans. Shikoku Ent. Soc., 20(3-4): 355-360

Yashiro N, Hirose Y, Honda J Y, Takeuchi Y and Yashiro T. 2012. A new species of *Trichogramma* (Hym.: Trichogrammatidae) parasitic on eggs of the alderfly *Sialis melania* (Neu.: Sialidae) from Japan, with comments on its phylogeny and male wing polymorphism. Ent. Sci., 15(2): 189-196

Yazlovetsky I G, Sumenkova V V, Ageeva L I and Dyurich G F. 1981. Species identification of *Trichogramma* by electrophoresis in polyacrylamide gel (*T. euproctidis*, *T. evanescens*, *T. cacoeciae*, bio- chemical taxonomic identification, species of economic importance). Soviet Agr. Sci., 9: 27-29

Ye Z-C. 1990. A summary of the commercial use of *Trichogramma* in some countries. Chinese J. Bio. Cont., 6(2): 96-97 [叶正楚, 1990. 国外应用赤眼蜂防治农林害虫情况. 生物防治通报, 6(2): 96-97]

Yong T H, Pitcher S, Gardner J and Hoffmann M P. 2007. Odor specificity testing in the assessment of efficacy and non-target risk for *Trichogramma ostriniae* (Hym.: Trichogrammatidae). Biocontrol Sci. *et* Tech., 17(1-2): 135-153

Yoshimoto C M. 1975. Cretaceous chalcidoid fossils from Canadian amber. Can. Ent., 107: 499-528

Yoshimoto C M. 1976. *Pseudoxenufens forsythia*, a new genus and species of Trichogrammatidae (Hym.: Chalcidoidea) from western Ecuador. Can. Ent., 108(4): 419-422

Yousuf M and Hassan M E. 2006. Description of a new species of *Trichogrammatoidea* (Hym.: Trichogrammatidae) from Central India. Bull. Pure and Appl. Sci., 25A(2): 85-88

Yousuf M and Hassan M E. 2007. Record of one new species of *Trichogramma* (Hym.: Trichogrammatidae) from Madhya Pradesh, India. Bio-Sci. Res. Bull., 23(1): 7-11

Yousuf M and Hassan M E. 2008a. Description of a new species of *Trichogramma* (Hym.: Trichogrammatidae) from Central India. Entomon., 33(3): 189-193

Yousuf M and Hassan M E. 2008b. A new species of *Trichogramma* (Hym.: Trichogrammatidae) from

Chattisgarh, India. Entomon., 33(4): 253-257

Yousuf M and Joshi K C. 2003. Description of a new species of *Oligosita* (Hym.: Trichogrammatidae) from India. Shashpa, 10(1): 7-8

Yousuf M and Shafee S A. 1984a. Species of *Oligosita* (Hym.: Trichogrammatidae) from India. Indian J. Syst. Ent., 1(1): 15-22

Yousuf M and Shafee S A. 1984b. First report of *Paruscanoidea* and *Haeckeliania* (Hym.: Trichogrammatidae) from India, with descriptions of two new species. Indian J. Syst. Ent., 1(2): 35-38

Yousuf M and Shafee S A. 1984c. First report of *Zaga* and *Oligisitoides* (Hym.: Trichogrammatidae) from India, with descriptions of three new species. Mitt. Schweiz. Ent. Ges., 57: 367-370

Yousuf M and Shafee S A. 1985a. New species of genera *Neocentrobiella* and *Neolathromera* (Hym.: Trichogrammatidae) from India. Indian J. Syst. Ent., 2(2): 31-34

Yousuf M and Shafee S A. 1985b. Descriptions of three new species of Trichogrammatidae from India. Mitt. Schweiz. Ent. Ges., 58: 299-302

Yousuf M and Shafee S A. 1985c. Descriptions of the two new species of Trichogrammatidae from India. Mitt. Schweiz. Ent. Ges., 58: 303-306

Yousuf M and Shafee S A. 1986a. Catalogue of genus-group names of world Trichogrammatidae. Indian J. Syst. Ent., 3(1): 13-27

Yousuf M and Shafee S A. 1986b. Checklist of species and bibliography of the world Trichogrammatidae (Hymenoptera). Indian J. Syst. Ent., 3(2): 29-82

Yousuf M and Shafee S A. 1987. Taxonomy of Indian Trichogrammatidae (Hym.: Chalcidoidea). Indian J. Syst. Ent., 4(2): 55-200

Yousuf M and Shafee S A. 1988. First report of *Lathromeris* (Hym.: Trichogrammatidae) from India. Indian J. Syst. Ent., 5(2): 55-56

Yousuf M and Shafee S A. 1992a. Two new species of *Oligosita* (Hym.: Trichogrammatidae) from Meerut, India. Bull. Pure and Appl. Sci., 11A(1-2): 15-16

Yousuf M and Shafee S A. 1992b. Two new species of Trichogrammatidae (Hym.: Chalcidoidea) from India. Indian J. Syst. Ent., 8(2): 53-56

Yousuf M and Shafee S A. 1993a. A new species of *Prosoligosita* (Hym.: Trichogrammatidae) from India. Bull. Pure and Appl. Sci., 12A(1-2): 29-30

Yousuf M and Shafee S A. 1993b. A new species of *Chaetogramma* (Hym.: Trichogrammatidae) from India. Bull. Pure and Appl. Sci., 12A(1-2): 49-50

Yousuf M, Ahmed S I and Gaur M. 1997. *Brachygrammatella aligarhensis*, a potential egg parasitoid of *Oxyrachis tarandus*. Bull. Pure and Appl. Sci., 16A(1-2): 53-58

Yousuf M, Hassan M E and Joshi K C. 2008. Record of *Trichogramma raoi* (Hym.: Trichogrammatidae), from Central India, along with additional morphometric and diagnostic characters. J. Trop. Forestry, 24(3/4): 69-74

Yousuf M, Kumar S and Chouhan S. 1998. Description of a new and record of a known species of *Tumidiclava* (Hym.: Trichogrammatidae) from Rajasthan, India. Shashpa, 5(1): 5-8

Yousuf M, Sambath S and Chandra S. 2012. Pretreatment of *Corcyra cephalonica* eggs for maximum production of wasps of *Trichogramma* spp. Indian Forestry, 138(3): 235-237

Yu E-Y, Gao C-Q and Wang Z-M. 1987. Preliminary investigation on the biology and reliese of *Asynacta ambrostomae*. Sci. and Tech. Forestry, 1987(12): 18-20 [余恩裕, 高长启, 王志明, 1987. 榆紫叶甲赤

眼蜂的生物学及林间释放研究初报. 林业科技通讯, 1987(12): 18-20]

Yuan J, Cong B and Lou J-X. 1997. Two new species a new record genus and a new record species of Trichogrammatidae in China (Hym.: Chalcidoidea). J. Northeast Normal Univ., (4): 62-65 [袁静, 丛斌, 娄巨贤, 1997. 中国赤眼蜂科二新种及一新记录属新记录种 (膜翅目: 小蜂总科). 东北师范大学学报 (自然科学版), (4): 62-65]

Yuan J, Wang Z-Y, He K-L, Bai S-X and Li J. 2011. Sequence analysis of mtDNA gene and genetic differentiation in geographic populations of *Trichogramma ostriniae*. Chinese J. Bio. Contr., 27(1): 16-21 [袁佳, 王振营, 何康来, 白树雄, 李菁, 2011. 玉米螟赤眼蜂不同地理种群 mtDNA 基因序列分析及遗传分化研究. 中国生物防治学报, 27(1): 16-21]

Yuan X-H, Song L-W, Zhang J-J, Zang L-S, Zhu L, Ruan C-C and Sun G-Z. 2012. Performance of four Chinese *Trichogramma* species as biocontrol agents of the rice striped stem borer, *Chilo suppressalis*, under various temperature and humidity regions. J. Pest Sci., 85(4): 497-504

Zaghloul O A and Mourad A K. 1998. Studies on the egg-parasitoid, *Uscana lariophaga* (Hym.: Trichogrammatidae), with reference to its role in the assessment of cowpea losses due to *Callosobruchus maculatus* (Col.: Bruchidae) in Egypt. Med. Facul. Landb.Toegep. Biol. Wetensch., Univ. Gent., 63(2b): 441-453

Zago H B, Barros R, Torres J B and Pratissoli D. 2010. Egg distribution of *Plutella xylostella* (Lep.: Plutellidae) and the parasitism by *Trichogramma pretiosum* (Hym.: Trichogrammatidae). Neotrop. Ent., 39(2): 241-247

Zaki F N. 1996. Overwintering of *Trichogramma evanescens* in Egypt. Anz. Schad. Pflan. Umwelt., 69: 44-45

Zaslavski V A and Umarova T Y. 1990. Environment and endogenous control of diapauses in *Trichogramma* species. Entomophaga, 35(1): 23-29

Zayeem A and Kumar A. 2012. Impact of synomones emanating from cole crops on foraging behaviour of *Trichogramma brasiliensis*. Ann. Plant Prot. Sci., 20(2): 481-482

Zerova T E and Fursov V N. 1995. The study of European Chalcidoidea parasitizing the eggs of aquatic insects. Les Colloques INRA, 73: 47-49

Zhang H-Y, Cong B, Tian Q, Fu H-B and Dong H. 2006. Effect of temperature on the population parameters of *Trichogramma dendrolimi* infected by *Wolbachia*. Acta Ent. Sin., 49(3): 433-437 [张海燕, 丛斌, 田秋, 付海滨, 董辉, 2006. 温度对感染沃尔巴克氏体的松毛虫赤眼蜂种群参数的影响. 昆虫学报, 49(3): 433 -437]

Zhang H-Y, Zhang Y, Cong B, Qian H-T, Dong H and Fu H-B. 2009. Effects of environmental factors on stability of thelytoky of *Trichogramma dendrolimi* infected with *Wolbachia*. Sci. Agri. Sin., 42(7): 2366-2372 [张海燕, 张莹, 丛斌, 钱海涛, 董辉, 付海滨, 2009. 外界生态因子对感染*Wolbachia*的松毛虫赤眼蜂生殖稳定性影响. 中国农业科学, 42(7): 2366-2372]

Zhang J and Wang J-L. 1982. Two new species of *Trichogramma* (Hym.: Trichogrammatidae). Entomotaxon., 4(1-2): 49-52 [张荆, 王金玲, 1982. 赤眼蜂属两新种 (膜翅目:赤眼蜂科). 昆虫分类学报, 4(1-2): 49-52]

Zhang J, Wang J-L, Cong B and Yang C-C. 1990. A faunal study of *Trichogramma* (Hym.: Trichogrammatidae) species on *Ostrinia furnacalis* (Lep.: Pyralidae) in China. Chinese J. Bio. Contr., 6(2): 49-53 [张荆, 王金玲, 丛斌, 杨长成, 1990. 我国亚洲玉米螟赤眼蜂种类及优势种的调查研究. 中国生物防治学报, 6(2): 49-53]

Zhang J-J, Ruan C-C, Zang L-S, Shao X-W and Shi S-S. 2015. Technological improvements for mass production of *Trichogramma* and current status of their applications for biological control on agricultural pests in China. Chinese J. Biol. Contr., 31(5): 638-646 [张俊杰, 阮长春, 臧连生, 邵玺文, 史树森, 2015. 我国赤眼蜂工厂化繁育技术改进及防治农业害虫应用现状. 中国生物防治学报, 31(5): 638-646]

Zhang R-Z. 1947. On the egg parasitoids of rice stem borer, *Tryporyza incertulas*, from Chengdu, Sichuan. Sichuan Agr. Sci., 1(1): 33-74 [张若芷, 1947. 成都三化螟寄生蜂之研究. 四川农业科学, 1(1): 33-74]

Zhang S-F, Zhang Z, Kong X-B, Wang H-B, Zhou G and Yu J-X. 2012. External morphology of *Trichogramma dendrolimi* (Hym.: Trichogrammatidae) organ and ultrastructure of the sensilla. Microscopy Res. *et* Tech., 75(11): 1513-1521

Zhang Y, Qian H-T, Zhang H-Y, Dong H, Cong B and Yang K-D. 2008. Genetic stability of thelytoky line of *Trichogramma dendrolimi.* Chinese J. Biol. Contr., 24(2): 103-107 [张莹, 钱海涛, 张海燕, 董辉, 丛斌, 杨克冬, 2008. 孤雌产雌品系松毛虫赤眼蜂的遗传稳定性. 中国生物防治学报, 24(2): 103-107]

Zhang Y-F, Song Q-T, Zhang F and Li Y-X. 2010. Comparison of superparasitism and Suitability to superparasitism between *Trichogramma ostriniae* and *T. dendrolimi*. Chinese J. Bio. Contr., 26(4): 377-384 [张延峰, 宋琼婷, 张帆, 李元喜, 2010. 两种赤眼蜂过寄生及其对寄主的适应能力比较. 中国生物防治学报, 26(4): 377-384]

Zhang Y-J. 1984. Influence of temperature on the development and emergence of *Trichogramma* spp. Acta Ent. Sin., 27(1): 28-38 [张英健, 1984. 温度对赤眼蜂的发育和羽化的影响. 昆虫学报, 27(1):28-38]

Zhu R-Z and Hu Y-X. 1936. Life cycle of *Trichogramma* sp. Ann. Report of Zhejiang Ent. Bureau., 3: 164-177 [祝汝佐, 胡永锡, 1936. 赤眼蜂生活史之研究. 浙江省昆虫局年刊, 3: 164-177]

Zimmermann O and Schoeller M. 2008. Egg parasitoids of the genus *Trichogramma* in Germany: comparison and discussion of available checklists (Hym.: Trichogrammatidae). Mitt. Deuts. Gesell. Allge. Angew. Ent., 16: 347-351

Zipporah O, Linus G, Shadrack M, Samuel M and Srinivasan S. 2013. Influence of mating frequency and parasitoid age on reproductive success of *Trichogrammatoidea* sp. nr. *lutea* collected from *Plutella xylostella* in Kenya. Intern. J. Agr. Sci., 3(2): 114-123

Zongo J O, Vincent C and Stewart R K. 1993. Biology of *Trichogrammatoidea simmondsi* (Hym.: Trichogrammatidae) on sorghum shoot fly, *Atherigona soccata* (Dip.: Muscidae) eggs. Entomophaga, 38(2): 267-272

Zucchi R A. 1988. New species of *Trichogramma* (Hym.: Trichogrammatidae) associated with the sugar cane borer *Diatraea saccharalis* (Lep.: Pyralidae) in Brazil. Les Colloques INRA, 43: 133-140

Zucchi R A. 1995. New records of host and distribution of *Trichogramma* species in Brazil. Les Colloques INRA, 73: 51-53

英文摘要

Abstract

This work deals with the systematic studies of Chinese Trichogrammatidae. Up to date, 190 species in 47 genera have been described from China. Among which, 168 species in 43 genera, including 1 new subgenus, 4 genera and 3 species new records, 9 new combinations and 2 new synonyms, are based on more than 25 thousands slide mounted specimens mostly collected by sweeping from 29 provinces and autonomous regions of China. Besides, 4 genera and 22 species previously described by other scientists are included as well.

The present work comprises two parts, namely, the general introduction and the systematic descriptions.

In the general introduction section, the taxonomic history, morphology, systematics, biogeographical analysis, biology and ecology emphasis on their application in pest control, as well as the specimens preparations, *etc.* were briefly reviewed.

In the systematic descriptions section, the genera and the number of species under each genus treated in this work are listed as follows. Those marked with an asterisk'*'are new records from China. A key to separate 47 known genera of Chinese Trichogrammatidae were provided.

1. *Aphelinoidea* Girault, 5 spp.
2. *Asynacta* Föerster, 2 spp.
3. *Brachygrammatella* Girault, 2 spp.
4. * *Burksiella* De Santis, 5 spp.
5. *Chaetogramma* Doutt, 2 spp.
6. *Chaetostricha* Walker, 4 spp.
7. *Chaetostrichella* Girault, 1 sp.
8. *Densufens* Lin, 1 sp.
9. *Doirania* Waterston, 1 sp.
10. *Epoligosita* Girault, 10 spp.
11. *Eteroligosita* Viggiani, 2 spp.
12. *Eutrichogramma* Lin K-S, 1 sp.
13. *Haeckeliania* Girault, 3 spp.
14. *Hayatia* Viggiani, 3 spp.
15. *Hispidophila* Viggiani, 3 spp.

16. *Hydrophylita* Ghesquière, 1 sp.
17. *Ittys* Girault, 2 spp.
18. *Japania* Girault, 2 spp.
19. *Lathromeris* Föerster, 4 spp.
20. *Lathromeroidea* Girault, 2 spp.
21. * *Lathromeromina* (Livingstone & Yacoob), 1 sp.
22. *Lathromeromyia* Girault, 1 sp.
23. *Megaphragma* Timberlake, 6 spp.
24. *Mirufens* Girault, 5 spp.
25. *Neocentrobiella* Girault, 2 spp.
26. *Oligosita* Walker, 21 spp.
27. *Ophioneurus* Ratzeburg, 4 spp.
28. *Paracentrobia* Howard, 5 spp.
29. *Paratrichogramma* Girault, 2 spp.
30. *Poropoea* Föerster, 7 spp.
31. *Prestwichia* Lubbock, 1 sp.
32. *Probrachista* Viggiani, 2 spp.
33. *Prochaetostricha* Lin K-S, 1 sp.
34. *Prosoligosita* Hayat & Husain, 1 sp.
35. **Pseudoligosita* Girault, 12 spp.
36. *Pseudomirufens* Lou & Yuan, 1 sp.
37. **Pseuduscana* Pinto, 2 spp.
38. *Pterygogramma* Perkins, 3 spp.
39. *Soikiella* Nowicki, 2 spp.
40. *Trichogramma* Westwood, 30 spp.
41. *Trichogrammatoidea* Girault, 5 spp.
42. *Tumidiclava* Girault, 6 spp.
43. *Tumidifemur* Girault, 1 sp.
44. *Ufens* Girault, 7 spp.
45. *Uscana* Girault, 3 spp.
46. *Uscanoi1dea* Girault, 2 spp.
47. *Xiphogramma* Nowicki, 1 sp.

Key to genera of Trichogrammatidae known from China

1. Antennae sexually isomorphous, both sexes with similar antennal structures and number of segments ···**2**
   Antennae sexually dimorphic, female and male with different antennal structure and / or number of segments···**36**
2. Antennal flagellum 3-4 segmented, with formula 1, 0-1, 1-2···**3**

Antennal flagellum 5 segmented or more than 6 segments, with different formula ························ 7

3. Antennal flagellum 3 segmented, with formula 1, 1, 1. Basal metasomal terga uniformly sclerotized anteriorly and longitudinally striated posteriorly ························ 4

Antennal flagellum 3-4 segmented, with formula 1, 0-1, 1-2 (rarely 3). Basal metasomal terga uniformly sclerotized throughout and without striated ························ 5

4. Body dorso-ventrally flattened. Antennal funicle short and transverse, club robust. Forewing blade moderately broad apically, venation straight, reaching half length of the wing, discal cilia moderated. OVP (Ovipositor) relatively short, no distinctly extending beyond apex of metasoma. Male genitalia tuberlike, GB (Gonobase) with ADA (Anterodorsal aperture) opened and appearing a pair of short basal process ap (Apodemes) ························ ***Doirania***

Body cylindrical. Antennal funicle cylindrical, longer than wide; club fusiform and not robust. Forewing blade broad and round apically, venation straight and short, not reaching half length of the wing, discal cilia dense. OVP elongate, extending well beyond apex of metasoma ························ ***Chaetostrichella***

5. Body large and stout, ca. 0.8 mm in length. Antennal C_1 broad basally, C_2 slender, with some BPS (Basiconic peg sensilla), FS (Flagelliform setae) and PLS (Placoid sensilla) on both, a clear TP (Terminal process) at apex. Forewing blade broad distally, discal cilia sparse, vein tracks inconspicuous, m-cu vein track absent. OVP long, distinctly extruding beyond apex of metasoma. Male unknown ························ ***Eutrichogramma***

Body small to minute, ca. 0.3-0.5 mm, rarely 0.7 mm in length. Antennal C_1 not broad basally, C_2 conical and without a TP at apex. Forewing blade not as above ························ 6

6. Body small, ca. 0.5 mm, rarely 0.7 mm in length. Antennal funicle 0-1, club 1-2 (rarely 3) segmented, conico-acuminate. Forewing blade peculiarly shaped, round or sharp-round distally. Venation long and straight, with PMV (Premarginal vein) abruptly wider than MV (Marginal vein) at junction. Wing disc glabrous and devoid of cilia, posterior edge arcuated. Posterior MF (Marginal fringes) long, the longest one ca. 1.2-2.6 times as long as FWW (Forewing width). Tarsi elongate, pro- and meso-tarsi distinctly longer than tibia ························ ***Epoligosita***

Body minute, ca. 0.2-0.3 mm in length. Antennal funicle 0-1, club 2-3 segmented. Forewing blade extremely narrow, stripe-like, 6-7 times as long as wide, venation straight, wing blade with few discal cilia or even glabrous. Posterior margin curving significantly. Posterior MF very long, the longest one ca. 3.0-7.0 times as long as FWW. Tarsi shorter than or equal to its tibia ························ ***Megaphragma***

7. Antennal flagellum 5 segmented, with formula 1, 1, 3 ························ 8

Antennal flagellum more than 6 segmented, with formula1-2, 1-2, 1-2 or 1-2, 0-2, 2-5 ························ 13

8. Antennal funicle broadly associated with C_1, appearing club 4-segmented like. Forewing blade narrow and round distally, discal cilia moderated and randomly distributed. Posterior MF longer, the longest one 2.5-4.0 times as long as FWW. Body slender and well setose. Meso- and metatibia hairy, claws well developed. Males commonly wingless ························ ***Prestwichia***

Antenna, forewing blade and body characters not as above ························ 9

9. Female antennal club with a clear TP or some spine-like process at apex. Forewing blade moderately

broad, discal cilia ranging from sparse to moderate and scattered. Propodeal disk not subtended by a small triangular lobe. Metasomal terga uniformly sclerotized in entire length. Male genitalia simplified to tuber-like, straight or slightly curved ventrally ························ ***Oligosita***

Female antennal club without a TP at apex. Metasomal with basal terga uniformly sclerotized anteriorly and longitudinally striated posteriorly ························ **10**

10. Forewing blade broad distally, discal cilia moderate, scattered in distal half. Hind wing with 2 regular lines of discal cilia. OVP ranging from short to moderate, rarely exserted beyond apex of metasoma. Hyp (Hypogynium, 3rd valvulae) normal, not bristlelike. Male genitalia strongly curved ventrally with posteriorly directed ap at base························ ***Pseudoligosita**

Forewing blade extremely broad or moderately broad distally, discal cilia obviously dense or moderated ························ **11**

11. Antennal C_1 often loosely associated with C_2, appearing funicle bisegmented like. Forewing blade long and extremely broad round distally, venation short and straight, discal cilia very dense and scattered. Hind wing blade with 3 regular lines of discal cilia. OVP ranging from normal to extremely developed, without or distinctly exserted beyond apex of metasoma ························ ***Probrachista***

Forewing blade moderately broad distally. Hind wing blade with 2 or 3 regular lines of discal cilia. Male antennal club with very developed PLS or FS. Male genitalia unique ························ **12**

12. Male antennal funicle minified, annuliform, much more developed PLS on male club than on female's. Hind wing with 3 regular lines of discal cilia. Male genitalia with ap fused at base and a contorted strap at apex, bisegmented. OVP with Hyp bristle like························ ***Hayatia***

Male antennal funicle normal size, much more and longer FS on male club than on female's. Hind wing with 2 regular lines of discal cilia. Male genitalia with ap asymmetric at base and a contorted strap at apex, bisegmented, with developed Hyp covering outside the genitalia ························ ***Eteroligosita***

13. Antennal flagellum more than 6 segmented, with formula 1-2, 1-2, 1-2 ························ **14**

Antennal flagellum more than 6 segmented, with formula 1-2, 0-2, 2-5 ························ **16**

14. Antennal flagellum with anellus 1-2, funicle 1 or partially divided into 2, club 1 segment. Forewing blade distinctly broad distally, venation unevenly sclerotized and apical PMV lighter in color. Discal cilia dense and scattered at distal half. Metasoma cylindrical, OVP shorter than metasoma and not extending beyond apex. Male genitalia simple, GB (Gonobase) with ventral setae and vestigial, foliate form CS (Chelate structures); ap present or absent························ ***Chaetogramma***

Antennal flagellum 5-6 segmented, with anellus 2, funicle 2, club 1 or partially divided into 2 segments. Forewing blade broadly round distally, with discal cilia dense, except for a few vein tracks, scattered distally ························ **15**

15. Both 2 antennal funicles cylindrical and as long as wide. Club 1-2 segmented spindle-shaped. Forewing MV without peculiar setose, costal cell normal, discal vein track m-cu present. Metasoma compressed, OVP extremely developed, sabre-shaped, obviously extending beyond apex of metasoma. Male genitalia GB tuber-like, with ventral setae, strongly curved ventrally at apex, ap present or absent ····· ***Xiphogramma***

Both 2 antennal funicles transverse and shorter than wide, club 1-2 segmented, coninical or conico-acuminate. Forewing MV with numerous setose dorsally, costal cell well developed, discal vein track m-cu absent. Metasoma cylindrical, OVP shorter than metasoma and not obviously extending beyond its apex. Male genitalia with shorter and wider GB, ventral setae and ap present ········· ***Brachygrammatella***

16. Antennal flagellum with anellus 1-2, funicle absent, club 2-5 segments ······························ **17**
 Antennal flagellum with anellus 1-2, funicle 2, club 2-3 segments ······························ **30**

17. Both female and male antennal club 2-3 segmented, without TP at apex. Or female antennal club 2-3 segmented, with a clear TP at apex. Male club 2-5 segmented ······························ **18**
 Female antennal club 4 segmented and male's 5 segmented. Or both female and male club 5 segmented ······························ **19**

18. Both female and male antennal club 2-3 segmented, without a TP at apex. Forewing blade relatively narrow and long, rounded distally, discal cilia dense and scattered, usually with a pattern of infuscated area, posterior MF relatively short. Hind wing with 3 regular lines of discal cilia at least. Male genitalia simple. GB with ventral setae present, but CS vestigial, foliate form; ap present or absent······ ***Aphelinoidea***
 Female antennal club 2-3 segmented, oviform and obviously tumidus, with a distinct TP at apex. Forewing blade moderately broad and rounded, discal cilia ranging from sparse to moderate, irregularly arranged or somewhat in lines. Hind wing with only 2 regular lines of discal cilia. Male club 2-5 segmented and commonly wingless. Metasomal tergum VI or VII with a pair of lateral suboval or reniform. Genitalia variable, GB with reduced GF (Gonoforceps), CS absent, ap present ····· ***Tumidiclava***

19. Both female and male antennal club 4 segmented ······························ **20**
 Female antennal club 4 segmented and male club 5 segmented, or both female and male's 5 segmented ······························ **24**

20. Female antennal club fusiform or oviform, with or without a TP at apex ······························ **21**
 Female antennal club conico-acuminate or subconical, without a TP at apex ······························ **22**

21. Female antennal club long fusiform, with a clear TP at apex. Mesotergum almost smooth. Forewing blade long and narrow, venation long and straight, discal cilia relatively sparse and scattered. Posterior MF long, distinctly longer than FWW. Hind wing with only 1 regular line of discal cilia. OVP shorter than metasoma and not obviously extending beyond apex. Male genitalia with GB highly reduced, short, ventral setae and ap absent ······························ ****Lathromeromina***
 Female antennal club oviform and blunt apically, without a TP at apex. Body short and setose. Forewing blade moderately broad, discal cilia moderate, mostly arranged in lines, m-cu vein track absent. Hind wing with 2 regular lines of discal cilia. OVP distinctly sclerotized and slightly extending beyond metasomal apex. Male usually brachypterous, genitalia simple, with short, basally truncated GB and reduced GF, CS absent; ap present ······························ ***Lathromeromyia***

22. Antennal club conico-acuminate, with C_1 broad basally, C_2 shortest and transverse, apical one slender and acuminated distally. Forewing blade moderately broad, with straight venation, discal cilia ranging from moderate to sparse, not clear in lines. Posterior margin arcuately curved posteriorly, longest MF as long as, or slightly longer than FWW ······························ ***Prosoligosita***
 Antennal club segments subconical, but each club and forewing blade not as above ······························ **23**

23. Female antennal club segments with C_1 without PLS and distinctly shorter than C_2, each club with conspicuous, subglobose BPS at its apex. Forewing blade moderately broad distally, discal cilia sparse, regularly arranged in lines. Posterior MF relatively long. Male genitalia variable, GB with distinct CS and GF ·· ***Pseuduscana***

Female antennal C_1 with 1 or more PLS and as long as or longer than C_2. Forewing blade variable in shape, venation with distinct SV (Stigmal vein), discal cilia moderately dense, vein tracks, including m-cu vein track, distinctly arranged in lines. Posterior MF relatively short. Male genitalia simple, GB without CS and GF ·· ***Uscana***

24. Female antennal club 4 segmented and male's 5 segmented. Female's more asymmetrically divided than male's, C_1 tiniest, C_2 widest and often loosely associated with C_3. Forewing blade extremely broad, SV constricted at base, discal cilia moderately dense, vein tracks regularly arranged, m-cu vein track elongate, converged with A vein track. Hind wing with 3 regular lines of discal cilia. OVP variable in length, not distinctly extending beyond apex of metasoma. Male genitalia reduced, GB narrow, tuber-like, only ventral setae present ·· ***Uscanoidea***

Both female and male antennal club 5 segmented, divided clearly or asymmetrically ······················ **25**

25. Antennal structure unique, a wide concavity at apex of pedicel, receiving the swollen basal club segments obliquely into a globular structure. Basal 4 clubs asymmetrically divided, only apical one tapering distally. Forewing blade long and distinctly broad, MV wider at apex, with numerous setose dorsally, SV constricted at base. Discal cilia moderately dense, vein tracks regularly arranged. Hind wing with 3 regular lines of discal cilia. OVP developed, extending beyond apex of metasoma. Male genitalia with GB and ae (aedeagus) distinctly separated, GF and CS present but vestigial, ae obviously longer than ap ·· ***Hispidophila***

Antennal structure without a concavity at apex of pedicel and basal club segments not swollen to a global shape, asymmetrically or normally divided ·· **26**

26. Antennal club with C_1 widest, subconical and robust, often asymmetrically divided. Forewing blade moderately broad, truncated distally. Discal cilia abundant and dense immediately beneath the elongate MV, scattered through out wing blade and a large glabrous area near basal wing blade. Hind wing distinctly wide, knife-shaped, with posterior MF slightly longer than its wing width. Mesofemur and mesotibia tumidus, with an elongate, spined apical spur nearly as long as basal tarsus. Male genitalia reduced, GB without CS and GF, ventral setae and ap present or absent ························ ***Tumidifemur***

Antennal segments normally divided. ·· **27**

27. Forewing blade moderately broad distally, venation long and straight, MV connected with SV almost vertically ·· **28**

Forewing blade extremely broad and truncated distally, MV arcuately curved with SV ·················· **29**

28. Female antennal club with a TP at apex. Forewing venation long and straight, with SV distinct. Discal cilia moderately dense, somewhat regular in lines or vein tracks inconspicuous, m-cu vein tracks absent. Hyp variable, often prolonged as a narrow projection extending beneath OVP. Male metasomal terga VI and VII with a modified area on either side of midline. GB with ventral setae, GF present or not, CS

apparently absent. ap present ········· ***Lathromeris***

Female antennal club without a TP at apex. Forewing with MV longer than PMV. Discal cilia ranging from moderate to dense. Vein tracks regularly arranged, m-cu vein track usually straight, from SV to intersection A vein track. Male genitalia reduced, GB narrow, tuber-like, only ventral setae present. Body variable, usually more elongate and slender ········· ***Lathromeroidea***

29. Female antennal C_2 shortest, transverse and without PLS. Forewing discal cilia ranging from moderately sparse to dense, somewhat regularly arranged in lines, with a politus area outside m-cu vein track. Hind wing with a line of regular discal cilia. Female metasoma conico-acuminate or compressed. OVP relatively long, originating from base of metasoma and extending beyond its apex. Male genitalia with GB ventral setae, GF short and vestigial, ap present ········· ***Pterygogramma***

Female antennal C_1 and C_2 short, C_3 most robust, apical club most slender. Forewing blade extremely broad and nearly truncated distally, SV and MV strongly curved. Discal cilia moderately dense, regularly arranged, m-cu vein track present. Posterior MF relatively short. Female metasoma commonly compressed. OVP developed, originating from apical metathorax and extending beyond apex of metasoma. Male genitalia with GB and ADG distinctly separated, GB without DEG, GF and CS, ap present ········· ***Ophioneurus***

30. Antennal flagellum 6 segmented, with formula 2, 2, 2, or 1, 2, 3 ········· **31**

Antennal flagellum 7 segmented, with formula 2, 2,2-3, or 2, 2, 3 ········· **33**

31. Antennal flagellum with formula 2, 2, 2,pedicel with transverse, crenulate ridges, F_1 as long as wide, F_2 distinctly short and transverse. Club slender and not obviously swollen. Forewing blade broadly round distally, MV usually not contacted with anterior margin of the wing, SV subequal with MV. Discal cilia regularly arranged in lines, m-cu vein track present. Fore tibia with thorn-like spines on dorsal surface. Male genitalia with GB opened in entire length, with CS and GF, without MVP. Female unknown ········· ***Pseudomirufens***

Antennal flagellum with formula 1, 2, 3. Pedicel without crenulate ridges, club 3-segmented. Forewing blade broadly round distally, MV tightly contacted with anterior margin of the wing ········· **32**

32. Antennal F_1 subeaqual to F_2, distinctly divided. Club fusiform, C_1 obliquely connected with C_2, C_3 conical, not distinctly acuminated distally. Forewing venation sigmoidal curved. SV longer than MV and obviously constricted at middle. Discal cilia moderate, regularly arranged. OVP developed, slightly extending beyond apex of matesoma. Male unknown ········· ***Japania***

Antennal F_1 distinctly shorter than F_2, club segments conico-acuminated, C_1 shortest, C_2 most robust, C_3 slender and tapering distally. Forewing venation relatively straight. MV longer than either PMV or SV. Discal cilia relatively dense, except a few vein tracks regularly arranged basally, most randomly distributed. OVP developed, slightly extending beyond apex of matesoma. Male apical matesomal terga with a reversed "e" structure on both sides. Genitalia highly sclerotized, GB with GF, CR, and CS present, but MVP and DEG absent, ap present ········· ***Densufens***

33. Antennal flagellum 6-7 segmented, with formula 2, 2, 2-3 ········· **34**

Antennal flagellum 7 segmented, with formula 2, 2, 3 ········· **35**

34. Antennal F_1 short, distinctly divided and closely appressed to considerably long F_2. Club 3 segmented (rarely 2 in male), relatively symmetrical and tapering distally. Forewing blade broad distally, with venation elongate, SV distinctly constricted at base. Discal cilia moderately dense, including m-cu vein track regularly in lines. Fore tibia with prominent dentatus at dorsal surface. Female metasoma usually compressed, OVP extruding beyond apex of metasoma. Male genitalia usually with reduced GB, elongate, without CS, GF, ventral setae and ap ························ ***Chaetostricha***

Antennal F_1 small, irregularly divided and tightly inserted into F_2. Club 3 segmented (rarely 2, or C_1 and C_2 partially divided), distinctly asymmetrical. Forewing blade distinctly broad and nearly truncated distally, SV usually constricted at base. Between MV and PM distinctly less sclerotized, radial process present. Discal cilia moderately dense and regularly arranged, m-cu track elongated, with more than 5 cilia and broadly curved and converging on A vein track. Male genitalia with GB basal margin rounded, gradually narrowed to apex. With or without CS, GF, ventral setae and ap ························ ****Burksiella***

35. Each antennal funicle and club segment wider than long, C_1 and C_2 not partially fused. Forewing blade relatively narrow, moderately broad and round distally. Discal cilia either highly dense in scattering, or moderately dense in regular lines. m-cu vein track usually absent. Male genitalia with GB and ADG separated. GB somewhat reduced, with or without CS, GF, but vestigial. Last metasomal sternum with a pair of elongate, strap shaped appendages distal-laterally························ ***Paracentrobia***

Antennal F_1 longer than wide, usually cylindrical, F_2 about as wide as long, not transverse. Each club longer than wide, distinct, never partially fused. Forewing blade about twice as long as wide, venation with SV relatively long, with a distinct constriction between MV and SV. Discal cilia moderately dense, regularly arranged in lines, m-cu vein track usually present. Male genitalia GB with CS sickle shaped at apex. Last visible sternum with subcircular or subtriangular, platiform appendages, each bearing a terminal spine························ ***Ittys***

36. Both female and male antennae with same segments, but different in characters ························ **37**

Both female and male antennae with different segments and characters························ **40**

37. The FS on male funicle and club distinctly different from those on female's ························ **38**

The PLS on male funicle and club distinctly different from those on female's ························ **39**

38. Male funicle and club with much more and long FS than those on female's. Forewing blade considerably broad and round distally, MV not tightly contacted with its costal margin, SV and MV curved arcuately. Discal cilia highly dense, scattered mostly, m-cu vein track inconspicuous. Posterior MF relatively short. Male genitalia with distinct GB and ADG separated. GB with GF, CS and MVP. ADG slender, much longer than its ap. Female funicles almost as long as those in male ························ ***Asynacta***

Male funicle and club with much more and longer whorl FS than those in female's. Forewing blade moderately broad distally, MV straight and long, tightly contacted with its costal margin. Discal cilia ranging from moderate to sparse, randomly distributed. Posterior MF relatively long. Male genitalia with distinct GB and ADG separated, GB with GF, CS, MVP and CR. ADG with ap. Female funicle distinctly shorter and smaller than those in male ························ ***Neocentrobiella***

39. Male antennal club with all PLS attached to surface at base only, spiniform, erected. Female antennal

with at least some PLS extending beyond surface for about half length or more, C_1 the widest. Forewing blade varying in width, usually broad, MV gradually broadening to apex and longer than wide. SV well developed, attached to the postero apical corner of MV. Discal cilia moderately dense, distinctly arranged in lines, m-cu vein track and radial process present. Body usually compact, metasomal tergum I with a transverse row of denticles. Male genitalia GB completely open dorsally, GF bifid apically and CS present. ADG with ap, usually longer than GB ··· ***Haeckeliania***.

Male funicle and club relatively looser articulated, with much more and smaller PLS than those on female's. Female club segments relatively closer. Body large, gibbous in shape. Forewing blade broad, oblate apically. Venation confluent, strongly sinuate, with SV elongate and almost perpendicular to MV. MV not tightly attached with the costal margin. Discal cilia ranging from sparse to moderately dense. Vein tracks, including m-cu vein track usually arranged in lines. Hind wing relatively wider. OVP well developed (rarely shorter). Male genitalia with GB and ADG separated, GB with GF, CS, MVP and CR. ADG with ap, usually longer than GB ··· ***Poropoea***

40. Body and antenna slender, elongate in shape. Club 2 segmented in female and 3 in male. Each flagellum clearly longer than wide, loosely articulated. Forewing blade narrow, ca. 5-10 times as long as wide. Discal cilia ranging from sparse (regular lines) to extremely dense (without linear vein tracks). Male genitalia GB completely open dorsally and separable with ADG. GB with distinct GF and CS, MVP absent, ADG with ap, slightly longer than GB ··· ***Hydrophylita***

Body, antenna and forewing shape and characters not as above ··· **41**

41. Forewing blade broad and round distally, ca. 1.6 times as long as wide. Venation short and straight, SV short or somewhat reduced ··· **42**

Forewing blade moderately broad and round distally. Venation sigmoidal curving to form an elongate SMV, PM, MV and SV confluent ··· **43**

42. Female antenna with 1 funicle and 1 club segment, funicle abruptly narrowed at apex. Club with a patch of RS apicoventrally. Male funicle 2 segmented, F_2 abruptly and asymmetrically narrowed apically (bottle shaped). Club without a patch of RS apicoventrally. Forewing MV placed slightly posterior to anterior margin. SV reduced to a small sessile appendix of MV. Discal cilia ranging from sparse to moderate with very few cilia in basal half. Male genitalia GB with a narrow transverse bridge dorsal to ADG at middle. GF bifid apically and CS present, ADG subequal in length or only slightly longer than GL, ap fused basally ··· ***Paratrichogramma***

Female antenna with 1 funicle and 3 club segments, most of their PLS attached to entire length of the surface. Club asymmetrical, dorsal surface straight, ventral surface convex with a patch of RS distally, C_3 with a short TP. Male antenna with 2 funicles and 3 club segments, most of their PLS stout, erect, spiniform. Club symmetrical, without a TP. Forewing blade broad, venation short, PM and MV confluent. SV short and broad with only a slight constriction between stigma and MV. Discal cilia moderate, with linear vein tracks. Male genitalia with GB broad and invaginated posterior edge of ADA. ADG appearing distinct from GB, but actually connected at its sides, ap almost perpendicular to base of ADG··· ***Soikiella***

43. Forewing venation sigmoidal and confluent curving. Female antennal club with a patch of RS

apicoventrally ········· **44**

Forewing MV and SV strongly curved. Female antennal club without a patch of RS apicoventrally ···· **45**

44. Female antenna with 2 funicles and 1 club segment. Club with a patch of RS apicoventrally. Male antenna club elongate and curved, with many whorled FS on it. Forewing discal cilia regularly arranged in lines, m-cu vein track present. Male genitalia with ADG movable inside GB, DEG variable, GF, CS and usually MVP present, ADG with distinct ap ········· ***Trichogramma***

Female antenna same formula as *Trichogramma*'s. Male antennal funicle 2 and club 3 segmented and loosely articulated, with numerous exserted and elongate spiniform PLS on surface. Forewing discal cilia mostly arranged in lines, but m-cu vein track absent. Male genitalia without a DEG or sclerotized bridge of any kind dorsal to ADG. GB with GF and CS present, MVP usually present and very short, or absent. ADG with ap, movable inside GB ········· ***Trichogrammatoidea***

45. Female antennal flagellum formula 1, 2, 3, C_2 and C_3 partially divided, with a short TP at apex. Male flagellum formula 1, 2, 4, with many elongate and verticilate FS on surface. Forewing blade broad and round distally. MV slightly shorter than PMV and SV. Discal cilia less moderate dense, mainly arranged in lines, but m-cu vein track absent. OVP very developed, originating from apical mesosoma and obviously extending beyond apex of matesoma ········· ***Prochaetostricha***

Female antennal flagellum formula 2, 2, 3. Male club with a small apical 4th segment and postanellar segments dominated by elongate, whorled FS ········· **46**

46. Antennal pedicel with transverse, crenulate ridges. Female antennal postanellar segments with relatively few FS, F_1 often longer than F_2. Forewing blade relatively broad, ca. 2 times as long as wide, venation with SV elongate, usually subequal to / or longer than MV. Basal SV width commonly similar to apical MV. PM subequal to MV. Fore tibia with a row of thorn-like spines on dorsal surface. Male genitalia GB completely opened, GF and CS present, MVP absent, ADG with distinct ap ········· ***Mirufens***

Antennal pedicel without clear ridges. Female F_1 relatively large, subequal width to F_2, all postanellar segments with PLS and FS. Forewing blade broad, ca. 1.7 times as long as wide, nearly truncate apically, with PM, MV and SV subequal in length, radial process present. Male genitalia extremely variable, ADG usually fused to GB. GB with GF, CS and MVP and highly modified, ap inconspicuous or absent ····· ***Ufens***

Under each genus, the following information is reviewed and discussed: (1) Generic synonymy; (2) Diagnostic characters; (3) Phylogenetic relationship; (4) Systematic history and current taxonomic notes; (5) Geographic distribution; (6) Host records. All species are described and illustrated in detail. Anatomical terms for most general structures follow Pinto (2006), those applied to the antennal sensilla are consistent with Owen (2011), Pinto *et al.* (2004); terms associated with the vein track on forewing blade follow Wang *et al.* (1985); those used for the male genitalia follow Pang and Chen (1974). References to length and width of structures refer to maximum dimensions unless indicated.

1. *Aphelinoidea* Girault, 1911 (figs. 6-10)

Key to subgenera and species (female)

1. Metasoma relatively short, mostly equal to /or shorter than total length of both head and mesosoma together. OVP shorter, 1.8 times as long as hind tibia, not clearly extruding beyond apex of metasoma ········ ***A. (Aphelinoidea)* 2**

   Metasoma obviously longer and often compressed laterally, distinctly longer than total length of both head and mesosoma together. OVP very long, 3.0-3.9 times more than hind tibia, Hyp well developed, originating from basal mesosoma and extending nearly to / or even distinctly extruding beyond apex of metasoma ········ ***A. (Lathromeroides)* 4**

2. Forewing blade with a clear bare area beneath SV. Metasoma shorter than total length of both head and mesosoma together ········ **3**

   Forewing blade without a clear bare area beneath SV. Metasoma as long as total length of both head and mesosoma together. OVP relatively about 1.3-1.4 times as long as hind tibia, not clearly extruding beyond apex of metasoma, Hyp short and indistinct. Fujian, Hainan; India ········ ***A. (A.) longiclavata***

3. OVP 1.8 times as long as hind tibia, a little extruding beyond apex of metasoma, Hyp 0.7-0.8 times as long as OVP. Xinjiang; possibly Kyrgyzstan ········ ***A. (A.) shawanica***

   OVP 1.2 times as long as hind tibia, not extruding beyond apex of metasoma, Hyp 0.5 times as long as OVP. Xinjiang, Hainan; Turkey, Syria, Israel, Libia, Niger, Kyrgyzstan ········ ***A. (A.) anatolica***

4. OVP not falcatus in lateral view, 3.0-3.9 times as long as hind tibia, extruding beyond apex of metasoma about 1/8 of its total length. Xinjiang, Fujian, Hainan, Tibet; Croatia, Hungary, Italy, Poland, Ukraine, Kyrgyzstan, India, USA, Canada, Costa Rica ········ ***A. (L.) neomexicana***

   OVP falcatus distinctly in lateral view, 3.8 times as long as hind tibia, extruding beyond apex of metasoma about 1/3 of its total length. Xinjiang; Croatia, Germany, Moldova, Spain, Ukraine, Kyrgyzstan ········ ***A. (L.) bischoffi***

2. *Asynacta* Föerster, 1856 (figs. 11-12)

Key to species

Both female and male antennae relatively robust, all funicle and club segments transverse, wider than long. Female metasoma conical and not compressed. OVP about 0.42 times as long as metasoma, 0.6 times as long as hind tibia, indistinctly extruding beyond apex of metasoma. Male genitalia with relatively big GB and ADG. ae 1.74 times as long as ap, total length of both together 0.63 times as long as hind tibia. Jilin, Liaoning, Inner Mongolia ········ ***A. ambrostomae***

Both female and male antennae relatively slender, all funicle and club segments cylindrical, longer than wide. Female metasoma a little compressed. OVP well developed and obviously longer than metasoma, about 2.2 times as long as hind tibia, distinctly extruding beyond apex of metasoma. Male genitalia with relatively slender GB and ADG, ae about 2 times as long as ap, total length of both together equal to hind tibia. Beijing ·· ***A. ophridae***

3. *Brachygrammatella* Girault, 1915 (figs. 13-14)

Key to species

Female antennal club 1 segmented, conical and tapering distally, 1.8 times as long as wide, obviously longer than scape. Metasoma cylindrical. OVP relatively developed, 0.7 times as long as metasoma, 2.7 times as long as hind tibia, clearly extruding beyond apex of metasoma. Male genitalia with relatively slender GB, 3.5 times as long as wide, ae 2.0 times as long as ap, total length of both together 0.9 times as long as GB. Fujian ··· ***B. (Pseudbrachygramma) coniclavata***

Female antennal club 2 segmented, conical and tapering apically, nearly as long as scape. Metasoma long oviform. OVP originated from mesosoma, 0.65 times as long as metasoma, 2.0 times as long as hind tibia, apical part extending to 8th segment of metasoma. Male genitalia with relatively wide and robust GB, 3 times as long as wide, apical GF, CS and ap indistinguishable. Fujian; India ·································
·· ***B. (Brachygrammatella) indica***

4. *Burksiella* De Santis, 1957 rec. nov. (figs. 15-19)

Key to species

1. Forewing discal cilia relatively dense, except main basal vein tracks distinguishable and apical cilia irregularly scattered. Hind wing with 5 regular vein tracks. OVP nearly as long as hind tibia ·············· **2**

   Forewing discal cilia moderately dense, distinctly in regular lines. Hind wing with 3 regular vein tracks. OVP distinctly longer than hind tibia ··· **3**

2. Forewing blade great broad, 1.5 times as long as wide, MV nearly as long as PMV and equal to half length of SMV. Female antennal club segments with 5、4 and 4 PLS successively. Inner Mongolia ·······
   ··· ***B. chrysomeliphila***

   Forewing blade broad, 1.7 times as long as wide, MV a little shorter than PMV and nearly equal to half length of SMV. Female antennal club segments with 4、3 and 3 PLS successively. Xinjiang ··············
   ·· ***B. sinadoneura* comb. nov.**

3. Female antennal funicle loosely connected with club, club segments oviform and 1.9 times as long as wide. OVP 0.9 times as long as metasoma, 1.5 times as long as hind tibia, not clearly extruding beyond apex of metasoma. Male genitalia with GB 3.2 times as long as wide and about 0.8 length of hind tibia. Fujian ··· ***B. oviclavata* comb. nov.**

   Female antennal funicle more closely connected with club, club conical and tapering distally, 2.2 times as long as wide. OVP about 0.5 times as long as metasoma and about 1.2-1.3 length of hind tibia. Male genitalia with GB almost fused with ADG. Fujian ··· **4**

4. Male genitalia with GB 3.2 times as long as wide and about 0.8 length of hind tibia. GB highly

sclerotized, distinct MVP and finger like CS, MVP paired, extending near to posterior edge of ADA. Fujian, Hubei, Hainan; India ·· ***B. singularis***

Male genitalia with GB 2.8 times as long as wide, about half length of hind tibia, GB highly sclerotized, distinct MVP and finger like CS, MVP paired, distinctly extending anterior edge of ADA. Fujian, Guizhou ·· ***B. acuminata* comb. nov.**

5. *Chaetogramma* Doutt, 1974 (figs. 20-21)

Key to species (female)

Female antennal scape a little shorter than, funicle and club together, both of them as long as pedicel, club stick like, 1 segmented and tapering apically, 2.4 times as long as wide. Forewing blade moderately broad, 1.73 times as long as wide. OVP developed, less half length of metasoma, about 1.14 length of hind tibia, not extruding beyond apex of metasoma. Hainan ··················· ***C. longifuniculatus***

Female antennal scape distinctly longer than club, funicle 1 segmented with incompleted 2 segments, clearly shorter than pedicel. Club long oviform, 2.4 times as long as wide. Forewing blade obvioussly broad, 2.0 times as long as wide. OVP relatively developed, about 0.7 times as long as metasoma, 1.67 length of hind tibia, a little extruding beyond apex of metasoma. Hainan ·············· ***C. longiscapiformus***

6. *Chaetostricha* Walker, 1851 (figs. 22-25)

Key to species

1. Forewing blade moderately broad, 2.2 times as long as wide. Posterior MF very long, the longest one about 1/3 length of wing width. OVP 2.9 times as long as hind tibia. Male genitalia 1.15 times as long as hind tibia. Xinjiang, Hubei, Fujian, Guangdong, Guangxi, Hainan; India (Algarh) ·············· ***C. terebrata***

   Forewing blade obviously broad, 1.6-1.8 times as long as wide. Posterior MF very short, the longest one about 1/8 length of wing width ·· **2**
2. Antennal scape short and robust, nearly as long as pedicel. Funicle nearly round, shorter than wide. Male genitalia with GB 1.44 length of hind tibia. Liaoning, Shandong, Fujian ···················· ***C. cirifuniculata***

   Antennal scape relatively slender and clearly longer than pedicel. Funicle cylindrical, longer than/ or equal to wide. Male genitalia with ADA more than half length of GB, shorter than hind tibia ·············· **3**
3. Male antennal club 3 segmented. Genitalia with GB slender, 7.5 times as long as wide and nearly equal to hind tibia. Shandong, Fujian, Yunnan ··· ***C. denticuligera***

   Male antennal club 2 segmented. Genitalia with GB short and robust, 3.5 times as long as wide and about 0.9 length of hind tibia. Fujian ·· ***C. biclavata***

7. *Chaetostrichella* Girault, 1914 (fig. 26)

Only 1 species, *C. pungens* (Mayr, 1904), was reported from Heilongjiang.

8. *Densufens* Lin, 1994 (fig. 27)

Only the type species, *D. multiciliatus* Lin, 1994, was recorded from Liaoning, Beijing, Hebei, Shandong, Xinjiang.

9. *Doirania* Waterston, 1928 (fig. 28)

Only 1 species, *D. longiclavata* Yashiro, 1980, was recorded from Liaoning, Hubei, Fujian.

10. *Epoligosita* Girault, 1916 (figs. 29-38)

Key to subgenera and species

1. Antenna 5-6 segmented, with formula1, 1, 1, 1 and 1-2 ······································ ***E.* (*Epoligosita*) 2**
   Antenna 5 segmented, with formula 1, 1, 1, 0 and 2 ······································ ***E.* (*Epoligositina*) 9**
2. Antennal club only1segmented, 3.25 times as long as wide. Forewing blade 3.3 times as long as wide, MV clearly longer than SMV. The longest posterior MF 1.5 times as long as wing width. OVP about 0.69 length of metasoma, a little extruding beyond apex of metasoma. Xinjiang ················ ***E.* (*E.*) *shihezica***
   Antennal club 2 segmented, the other characters not as above ······································ **3**
3. Antennal C_1 long and big, distinctly longer than C_2, about 1.5 length of the later. Forewing blade narrow, stick like basally, 3.39 times as long as wing width. SV relatively big and wide, not clearly narrow at base, about 1/4 length of MV. The longest posterior MF about 2.1 times as long as wing width. OVP about half length of metasoma, not clearly extruding beyond apex of metasoma. Fujian ············· ***E.* (*E.*) *zygoptera***
   Antennal C_1 obviously shorter than C_2 ······································ **4**
4. Antennal C_2 about 1.5 times as long as C_1 ······································ **5**
   Antennal C_2 more than 2.0 times longer than C_1 ······································ **6**
5. Antennal C_2 about 1.44 times as long as C_1, not tapering apically. Forewing blade 3.3 times as long as wide, with in fuscated brown at base the longest posterior MF about 1.2 times as long as wing width. OVP about 2.2 length of hind tibia, a little extruding beyond apex of metasoma. Fujian, Guangdong ······ ······································ ***E.* (*E.*) *sinica***
   Antennal C_2 about 1.45 times as long as C_1, tapering apically. Forewing blade special shape, with clear in fuscated brown at base, 3.8 times as long as wide. The widest blade beneath MV and tapering apically, SV finger like and directly pointed to apex of wing. The longest posterior MF about 2.25 times as long as

wing width. OVP about 1.7 length of hind tibia, distinctly extruding beyond apex of metasoma. Fujian, Guangdong ······ ***E. (E.) digitata***

6. Antennal C_2 more than 2.5 times longer than C_1 ······ 7

Antennal C_2 a little more than 2.0 times as long as C_1. Forewing blade transparent and cloudiness, 3.3 times as long as wide. The longest posterior MF about 1.2 times as long as wing width. OVP about 2.2 length of hind tibia, a little extruding beyond apex of metasoma. Fujian ······ ***E. (E.) longituba***

7. Antennal C_2 about 2.5-2.8 times as long as C_1 ······ **8**

Antennal C_2 about 4.67 times as long as C_1. Forewing blade transparent and cloudiness, 3.0 times as long as wide. The longest posterior MF about 1.2 times as long as wing width. OVP about 0.84 times as long as metasoma and a little extruding beyond apex of metasoma. Xinjiang ······ ***E. (E.) lini***

8. Antennal C_2 about 2.8 times as long as C_1. Forewing blade 3.2 times as long as wide, SV relatively short and only 0.25 length of MV. The longest posterior MF about 1.3 times as long as wing width. OVP short and small, about 0.4 length of metasoma, not clearly extruding beyond apex of metasoma. Fujian ······ ***E. (E.) brachysiphonia***

Antennal C_2 about 2.57 times as long as C_1. Forewing blade 3.1 times as long as wide. OVP relatively long, about 0.86 times as long as metasoma, distinctly extruding beyond apex of metasoma. Xinjiang; India (Aligaih) ······ ***E. (E.) clara***

9. Antennal scape relatively robust, 2 times as long as wide, club spindle, about 2 times as long as pedicel, C_1 about 1/4 length of C_2. Forewing blade special shape, the widest beneath MV and a little tapering apically, 3.7 times as long as wide. The longest posterior MF about 2.3 times as long as wing width. Male genitalia nearly 3.5 times as long as wide and 0.65 length of hind tibia. Fujian ······ ***E. (Epoligositina) longiclavata***

Antennal scape relatively slender, 2.8 times as long as wide. Club conical, about 1.5 times as long as pedicel. Forewing blade special shape, the widest beneath MV and obviously tapering apically, 4.1 times as long as wide. The longest posterior MF about 2.6 times as long as wing width. Male genitalia more 4.5 times as long as wide and 0.24 times as long as metasoma and about half length of hind tibia. Fujian ······ ***E. (Epoligositina) apiculiformis***

11. *Eteroligosita* Viggiani, 1976 (figs. 39-40)

Key to species (male)

Antennal funicle nearly cupulate, nearly as long as wide. C1 semicircular and distinctly shorter than wide. Both C_2 and C_3 cylindrical and longer than wide, with 0, 4, 5 PLS respectively. Metasoma a little longer than total length of head and mesosoma together. Genitalia with ADG slightly curved ventro-apically. Total length of both ae and ap together about 0.95 times as long as hind tibia. Hebei, Shandong, Fujian ······ ***E. senticosa***

Antennal funicle cylindrical, distinctly longer than wide. Each club segment cylindrical and distinctly longer than wide, with 2, 3, 4 PLS respectively. Metasoma obviously longer than total length of head and mesosoma together. Genitalia with ADG strongly curved ventro-apically. Total length of both ae and ap together about 0.9 times as long as hind tibia. Liaoning, Fujian ······································ ***E. zonata***

12. *Eutrichogramma* Lin K-S, 1981 (fig. 41)

Only the type species, *E. elongatum* Lin K-S, 1981, was reported from Fujian, Taiwan.

13. *Haeckeliania* Girault, 1912 (figs. 42-44)

Key to species

1. Forewing blade broad apically and 1.7-1.8 times as long as wide. Discal cilia regularly in lines (ca. 17), m-cu vein track present. Posterior MF short, the longest one lees 1/10 than wing width. Hind wing with 3 regular lines of discal cilia ······································ **2**

   Forewing blade moderate broad apically and 2.16 times as long as wide. Discal cilia approximately in lines, basal m-cu vein track indistinguishable. Posterior MF relatively long, the longest one about 0.47 times as long as wing width. Hind wing with 2 regular lines of discal cilia. Male genitalia with GB 4.8 times as long as wide, CS extending beyond apex of GF, ae a little longer than ap, total length of both together about 0.98 times as long as hind tibia. Heilongjiang ······································ ***H. longicitia***

2. Mesosoma as long as metasoma. OVP relatively developed, 0.8 times as long as metasoma and 1.3 times as long as hind tibia, distinctly extruding beyond apex of metasoma. Hyp about 0.4 length of OVP. Fujian, Hainan ······································ ***H. nigra***

   Mesosoma a little longer than metasoma. OVP highly developed, 1.73 times as long as metasoma and 2.3 length of hind tibia, distinctly extruding beyond apex of metasoma. Hyp developed and half length of OVP. Shandong, Fujian ······································ ***H. longituba***

14. *Hayatia* Viggiani, 1982 (figs. 45-47)

Key to species (male)

1. Club segments relatively slender, C_1 thinner than scape and pedicel. Each club segment nearly in same length, with 7, 7 and 4 PLS successively. Forewing cilia moderately dense, except a few discal cilia regularly in lines at base approximately, most vein tracks indistinguishable. The longest posterior MF about 0.41 times as long as wing width. Xinjiang ······································ ***H. euthypenis***

   Club segments relatively robust and C_1 distinctly thicker than scape and pedicel ······································ **2**

2. Club segments longer than half length of total antenna. Each club segment decreased in length progressively, with 10, 8 and 5 PLS successively. Forewing discal cilia moderately dense or lesser, most vein tracks indistinguishable. The longest posterior MF about 0.6 times as long as wing width. Fujian, Hainan, Yunnan ······································ ***H. tortuosa***

   Club segments half length of total antenna. Each club segment almost in same length, with 6, 8 and 5

PLS successively, C_3 truncated apically. Forewing discal cilia relatively dense, except a few vein tracks regularly in lines at base approximately. Most discal cilia randomly distributed, the longest posterior MF about 1/3 times as long as wing width. Fujian ·· ***H. latiuscula***

15. *Hispidophila* Viggiani, 1968 (figs. 48-50)

Key to species (female)

1. Forewing blade very broad and nearly truncated apically, 1.7 times as long as wide. Apex of MV expanded as a triangle and longer than PMV. Club segments about 2.5 times as long as wide. Basal $C_{1\text{-}4}$ tightly connected and obviously swollen. C_5 slender and tapering, about 3.2 times as long as wide. OVP developed and about 0.74 times as long as metasoma. Fujian, Hainan························***H. latimarginata***
   Forewing blade relatively broad apically, more than 1.7 times as long as wide. MV not expanded at apex and as long as / or a little longer than PMV ··**2**
2. Club segments about 2.9 times as long as wide. Basal $C_{1\text{-}3}$ tightly connected and distinctly wider, apical $C_{4\text{-}5}$ slender and tapering gradually, clearly divided. C_5 about 4.3 times as long as wide. OVP developed and about 0.8 times as long as metasoma. Fujian ··· ***H. spinosa***
   Club segments about 2.5 times as long as wide. Basal $C_{1\text{-}4}$ tightly connected and obviously swollen to globoid. C_5 conical and tapering apically, about 2.4 times as long as wide. OVP relatively short, about 0.52 times as long as metasoma. Fujian, Hainan ···***H. sophoniae***

16. *Hydrophylita* Ghesquière, 1946 (fig. 51)

Only 1 species, *H.* (*Lutzimicron*) *emporos* Shih & Polaszek, 2013, was described from Taiwan.

17. *Ittys* Girault, 1911 (figs. 52-53)

Key to species

Female club segments oviform, except apical C_3 conical and longer than wide, both basal C_{1+2} shorter and wider than long, C_2 the widest. Apex of forewing blade with dense discal cilia and randomly distributed. Mid- and basal wing blade with sparse cilia and more or less regularly in lines. Mesosoma conical. OVP slighly shorter than metasoma. Male genitalia with GB short and wide, posterior edge of ADA archedly protruding outward. GF distinct and CS sharped conical. Beijing, Hebei, Hubei, Fujian, Hainan ··· ***I. latipenis***

Female club segments slender and tapering apically, C_1 longer than wide and C_2 wider than long, C_3 conical. Apex of forewing blade with moderately dense discal cilia and randomly distributed. Mid- and basal wing blade with discal cilia more or less regularly in lines. Mesosoma relatively slender. OVP as long as metasoma. Male genitalia with GB relatively thin and short, posterior edge of ADA smooth and a little sunken inward. GF slender and CS conical and declined, each with 1 small seta apically. Heilongjiang, Jilin, Liaoning ··· ***I. multiciliatus***

18. *Japania* Girault, 1911 (figs. 54-55)

Key to species (female)

Club segments long oviform and tapering apically, C_2 as long as C_3. Forewing blade broad at apex. SMV about 2.5 times as long as MV and a little longer than SV, m-cu vein track distinct. Mesosoma long oviform, relatively slender in lateral view, longer than total length of both head and mesosoma together, tapering apically. OVP indistinctly extruding beyond apex of matesoma. Southern China ············***J. ovi***

Club segments spindly and slightly thick and truncated apically. C_2 slightly big and wide, C_3 relatively long. Forewing blade broad apically, MV shorter than SMV, PMV and SV respectively. m-cu vein track indistinct. Mesosoma long conical, slightly shorter than total length of both head and mesosoma together. OVP a little extruding beyond apex of matesoma. Fujian ···***J. trachyphloia***

19. *Lathromeris* Föerster, 1856 (figs. 56-59)

Key to species

1. Female club segments slender and 6.5 times as long as wide, about 2.15 length of scape. $C_{1\text{-}2}$ relatively short, $C_{4\text{-}5}$ distinctly longer than wide. OVP as long as mesosoma, about 2.6 times as long as hind tibia, obviously extruding beyond apex of metasoma. Hyp short and small, only 1/3 length of OVP. Guangxi ··
·· ***L. gracilicornis***

   Female club segments relatively thickset, less 3.0 times as long as wide and less 2.0 length of scape. Each club as long as wide, or only C_5 longer than wide. OVP as long as / or shorter than mesosoma, about 1.6-1.8 length of hind tibia··**2**

2. Female club segments thick and short, 1.2 length of scape. Each club as long as wide. OVP about 0.7 times as long as metasoma and about 1.8 length of hind tibia. Hyp developed and 0.6 times as long as OVP. Male genitalia with GB short and wide, GF short and small. Total length of both ae and ap together only 0.4 length of hind tibia. Fujian ··· ***L. tumiclavata***

   Female club segments spindle shaped, 2.8-3.0 times as long as wide, 1.5-1.7 length of scape. Except C_5 longer than wide, $C_{1\text{-}4}$ shorter than wide respectively ···**3**

3. Female club segments long spindle shaped, 3.0 times as long as wide, 1.5 length of scape. C_5 1.7 times as long as wide. OVP as long as metasoma and about 1.6 length of hind tibia. Hyp developed and 0.9 times as long as OVP. Male genitalia with GB slender. GF long and thin. ae a little longer than ap, total length of both as long as hind tibia. Beijing, Shandong, Hubei·· ***L. longipenis***

   Female club segments long oviform, 2.8 times as long as wide, about 1.68 length of scape. C_5 1.4 times as long as wide. OVP a little longer than metasoma and about 1.8 length of hind tibia, slightly extruding beyond apex of metasoma. Male genitalia with GB short and small, 2.5 times as long as wide. ae distinctly shorter than ap, total length of both together about 0.4 length of hind tibia. Liaoning ·· ***L. brevipenis***

20. *Lathromeroidea* Girault, 1912 (figs. 60-61)

Key to species (female)

Female club segments relatively thick and short. $C_{1\text{-}4}$ a little shorter than its wide respectively. $C_{3\text{-}4}$ the widest, C_5 conical and longer than wide. Forewing blade moderately wide and discal cilia relatively dense, arranged in regular lines (ca.17), m-cu vein track distinct. Metasoma conical and blunt apically, nearly as long as total length of both head and mesosoma together. Heilongjiang, Liaoning, Beijing, Fujian, Guangxi, Hainan; Poland, Ukraine ·························· ***L. silvarum***

Female club segments relatively thickset. Each club segment from base to apex increased gradually, C_5 conical and longer than wide, $C_{1\text{-}4}$ all shorter than wide respectively. Forewing blade moderately wide and round apically, with long and very dense discal cilia. Except a few regularly lines, most indistinguishable, m-cu vein track indistinct. Metasoma conical and tapering apically, a little longer than total length of both head and mesosoma together. Fujian ······················ ***L trichoptera***

21. *Lathromeromina* (Livingstone & Yacoob, 1983) rec. nov. (fig. 62)

Only 1 species, *L. transiseptata* (Lin, 1994), was described from Fujian.

22. *Lathromeromyia* Girault, 1914 (fig. 63)

Only 1 species, *L. dimorpha* Hayat, 1981, was reported from Fujian, Hainan.

23. *Megaphragma* Timberlake, 1923 (figs. 64-69)

Key to subgenera and species (female)

1. Antennal flagellum 6 segmented, with formula 1, 0, 3 or 1, 1, 2 ························ ***M.* (*Megaphragma*) 2**

   Antennal flagellum 5 segmented, with formula 1, 0, 2 ··········· ***M.* (*Paramegaphragma*) subgen. nov. 5**

2. Posterior anellus (A) , 3 club segments tightly connected as spindle like, 3.75 times as long as wide. C_1 and C_2 asymmetrically and obliquely connected, C_3 conical and distinctly divided from C_2. Forewing blade a little short and wide, about 7.0 times as long as wide, glabrous and without discal cilia on the wing, posterior margin beneath MV archedly curved backwards. The longest posterior MF 4.3 times as long as wing width. OVP developed, about 0.8 times as long as metasoma and slightly extruding beyond apex of metasoma. Liaoning, Fujian ·························· ***M.* (*M.*) *deflectum***

   Posterior A, 1 funicle and 2 club segments seperated clearly. Forewing blade relatively narrow and long, with more or less discal cilia. Posterior margin beneath MV indistinctly curved backwards ················ **3**

3. Antennal funicle short cylindrical, about 1.7 times as long as wide, C_1 a little thicker and longer than C_2. Forewing blade obviously narrow and long, 9.8 times as long as wide, with about 10 discal cilia irregularly distributed. The longest posterior MF about 7 times as long as wing width. OVP relatively short, near 0.8 times as long as metasoma and nearly equal to hind tibia, indistinctly extruding beyond apex of metasoma. Shandong, Fujian, Guangdong, Hainan ······························ ***M. (M.) decochaetum***

   Antennal funicle clearly slender and about 3.0-4.5 times as long as wide, C_1 more than 3.0-3.3 times as long as wide·· **4**

4. Antennal funicle long cylindrical, about 4.5 times as long as wide, C_1 as long as C_2 and distinctly thicker than later. Forewing blade relatively wide, about 7.3 times as long as wide, discal cilia about 16, approximately arranged in 2.0 lines. The longest posterior MF about 4.5 times as long as wing width. OVP developed, about 0.75 times as long as metasoma and nearly equal to hind tibia, a little extruding beyond apex of matesoma. Fujian ·· ***M. (M.) polychaetum***

   Antennal funicle long cylindrical, basal ends distinctly bigger than apex, about 3.0 times as long as its widest end, C_1 clearly longer than C_2 and 3.3 times as long as wide. Forewing blade relatively narrow, about 8.0 times as long as wide. Discal cilia about 8. The longest posterior MF about 5.4 times as long as wing width. OVP about 1.2 times as long as hind tibia, not extruding beyond apex of metasoma. Heilongjiang ·· ***M. (M.) anomalifuniculi***

5. Antennal club 2 segmented, long spindle shaped, C_1 a little longer than C_2. Forewing blade relatively broad and round, about 6.0 times as long as wide. SV clearly thick, discal cilia about 6 and randomly distributed. The longest posterior MF about 3.0 times as long as wing width. OVP highly developed, about 0.92 times as long as metasoma and 2.0 times as long as hind tibia, slightly extruding beyond apex of metasoma. Fujian, Guangdong·· ***M. (P.) macrostigmum***

   Antennal club 2 segmented, spindle like, C_1 distinctly shorter than C_2. Forewing blade relatively narrow and long, about 7.25 times as long as wide. SV thin and tapering apically, directly pointed to apex of wing, Only 1 discal cilia outside SV. Posterior margin beneath MV strong archedly curved backwards, the longest MF about 4.75 times as long as wing width. OVP nearly half length of metasoma, 1.3 times as long as hind tibia, indistinctly extruding beyond apex of metasoma. Fujian ·································· ··· ***M. (P.) stenopterum***

24. *Mirufens* Girault, 1915 (figs. 70-74)

Key to species

1. Forewing blade obviously broad apically, less than 1.64 times as long as wide ······························ **2**

   Forewing blade broad apically, more than 1.8 times as long as wide··· **4**

2. Male genitalia with GB cylindrical, 5.0-6.0 times as long as wide. CR only extending 0.5-0.7 times as long as GB. Total length of both ae and ap together as long as /or more than hind tibia······················ **3**

   Male genitalia with GB nearly oviform, about 2.0 times as long as wide. CR clearly sclerified and extending to posterior edge of GB. Total length of both ae and ap together about 0.8 times as long as metasoma and 2.0 length of hind tibia, a little extruding beyond apex of metasoma························ **M. (Mirufens) scabricostatus**

3. Forewing blade relatively broad apically, about 1.65 times as long as wide. Discal cilia dense (ca.23 lines). Male genitalia with GB cylindrical, about 5.1 times as long as wide. CR only extending about 0.53 length of GB, ae as long as ap and total length of both together a little longer than hind tibia. Jilin························ **M. (M.) tubipenis**

Forewing blade distinctly broad apically, about 1.55 times as long as wide. Discal cilia moderately dense (ca.19 lines). Male genitalia with GB cylindrical, about 6.0 times as long as wide. CR only extending about 0.7 length of GB, ae a little shorter than ap and total length of both together as long as hind tibia. Jilin························ **M. (M.) platyopterus**

4. Forewing blade about 1.83 times as long as wide, discal cilia regularly in lines (ca.17 lines). Lateral surface of fore tibia with 3 denticle projections and mid-tibia with a long and aristed apical spur. Female antennal F_2 distinctly shorter and transverse. OVP about 1.1 times as long as metasoma and about 2.7 length of hind tibia, apical 1/9 length extruding beyond apex of metasoma. Liaoning························ **M. (M.) shenyangensis**

Forewing blade about 1.88 times as long as wide. Discal cilia regularly in lines (ca.17 lines). Lateral surface of fore tibia with 6 denticle projections and mid-tibia without a long apical spur. Female antennal F_1 and F_2 all cylindrical and almost in same length, 1.3 times as long as wide. OVP about 1.4 times as long as metasoma and about 3.5 length of hind tibia, apical 1/6 length extruding beyond apex of metasoma. Liaoning, Xinjiang························ **M. (M.) longitubatus**

25. *Neocentrobiella* Girault, 1915 (figs. 75-76)

Key to species (female)

Female antennal funicles short and cylindrical, F_1 a little longer than F_2. Each club segment with relatively sparse whirled FS. Forewing blade moderated wide and a little truncated apically. Discal cilia indistinctly arranged. Metasoma cylindrical and about as long as total length of both head and mesosoma together. OVP relatively developed, about 1.43 times as long as metasoma and 2.68 times as long as hind tibia, originated from basal 1/3 and distinctly extruding beyond apex of metasoma. Hyp developed, extending about 1/4 length of metasoma and half length of OVP. Hainan························ **N. danzhouensis**

Female antennal funicles nearly globulous and F_1 as long as F_2. Each club segment with relatively dense whirled long FS. Forewing blade moderately wide and rounded apically. Discal cilia approximately regular in lines. Metasoma conical and shorter than total length of both head and mesosoma together. OVP highly developed and more than 2.4 times as long as metasoma. Originated from apex of metathorax and obviously extruding beyond apex of metasoma. Hyp well developed, extending nearly apex of metasoma but far away from apex of OVP. Fujian························ **N. longiungula**

26. *Oligosita* Walker, 1851 (figs. 77-97)

Key to species (female)

1. Female antennal C_3 with a clear TP, evolved from a PLS, distinctly protruding on top of club ············ **2**
   Female antennal C_3 without a clear TP, only with spine like or sickle shape, prolonged from PLS, as subterminal process, indistinctly protruding on lateral surfaces of subterminal club························ **18**
2. Body color mostly bright red, orange red or dark red··**3**
   Body color mostly pale yellow, yellow brown or dark brown ··**5**
3. Body color mostly bright red. Antenna from pedicel to club grey brown. Forewing blade relatively narrow and long, rounded apically, 4.8 times as long as wide. Discal cilia sparse, only 3 short cilia beneath MV and 2 short lines of cilia outside SV, the other blade glabrous. Jilin, Shaanxi, Xinjiang, Hubei, Hunan, Fujian, Taiwan, Guangdong, Guangxi, Hainan, Sichuan, Tibet ·················· ***O. erythrina***
   Body color mostly orange red or dark red, forewing blade moderately broad ·······························**4**
4. Body color mostly orange red, head slightly red. Antenna from pedicel to club grey brown. Forewing blade with moderated to sparse discal cilia, only 8-9 short cilia beneath MV, others irregularly distributed beneath and outside SV. Fujian··· ***O. rubida***
   Body color mostly dark red. Club segments black alternating with white. Forewing blade with sparse discal cilia, only 6-7 and 3-4 short discal cilia beneath MV and SV respectively. A half circle and a short line (ca. 4-5) discal cilia under and outside SV, other wing blade glabrous. Heilongjiang, Jilin, Liaoning ·
   ··· ***O. nigriptera***
5. Female antennal club segments relatively long and slender, more than 3.0 times as long as wide·········**6**
   Female antennal club segments relatively short and thickset, less 3.0 times shorter than wide············ **13**
6. Forewing relatively narrow or reduced to brachypterous, more 3.5 times longer than wide, discal cilia sparse ···**7**
   Forewing moderately wide and round apically, less 3.0 times as long as wide, discal cilia ranging from moderately dense to sparse ·· **10**
7. Female antennal scape about 3.5 times as long as wide, C_3 with a clear TP and a thick FS. Forewing blade reduced to brachypterous, 5.0 times as long as wide. Wing blade clearly narrow beneath SMV and posterior margin invaginated distinctly. Near anterior margin, outside SV and beneath MV with about 8, 5 and 4 discal cilia, except posterior margin beneath SV with 3 long posterior MF, other margin totally bare of MF. Jilin··· ***O. brevialata***
   Female antennal scape and club segments not as above. Forewing blade normal and not reduced, 3.8-4.0 times as long as wide, discal cilia relatively sparse ···**8**
8. Female antennal scape about 4.0 times as long as wide. Forewing blade obliquely round apically and 4.0 times as long as wide, except beneath the MV and SV each with 2-3 short discal cilia, the other cilia scattered outside SV. The longest posterior MF about 1.5 times as long as wing width. OVP 0.8 times as long as metasoma and about 2.4 length of hind tibia, a little extruding beyond apex of metasoma. Liaoning, Fujian···***O. sparsiciliata***

Female antennal scape about 3-3.5 times as long as wide. Forewing blade moderately and not obliquely round apically, discal cilia relatively sparse and irregularly distributed ······································ 9

9. Female antennal scape about 3.0 times as long as wide. Forewing blade about 3.9 times as long as wide, the longest posterior MF 1.2 times as long as wing width. Metasoma about equal to total length of both head and mesosoma together. OVP 0.7 times as long as metasoma and about 1.6 length of hind tibia, a little extruding beyond apex of metasoma. Liaoning, Hubei, Fujian ···························· ***O. polioptera***

Female antennal scape about 3.5 times as long as wide. Forewing blade about 3.8 times as long as wide. The longest posterior MF a little longer than wing width. OVP 0.6 times as long as metasoma and about 1.5 length of hind tibia, indistinctly extruding beyond apex of metasoma. Liaoning, Beijing, Xinjiang, Zhejiang, Hubei, Jiangxi, Hunan, Fujian, Taiwan, Guangdong, Guangxi; Japan ················ ***O. shibuyae***

10. Female antennal scape about 3.2-3.8 times as long as wide. Forewing blade about 3.0-3.5 times as long as wide. Discal cilia moderately dense and posterior margin normally curved ································ 11

Female antennal clubs long and tapering apically. Forewing blade about 3.3 times as long as wide. Discal cilia irregularly scattered outside SV. Posterior margin beneath SV archedly curved backward. The longest posterior MF 1.3 times as long as wing width. OVP about half length of metasoma and nearly equal to hind tibia,distinctly extruding beyond apex of metasoma. Fujian ······················ ***O. introflexa***

11. Female antennal scape about 3.6 times as long as wide. Forewing blade about 3.0 times as long as wide. Except 3 short discal cilia beneath MV, mostly distributed outside of SV, more or less regularly in lines. The longest posterior MF nearly 0.6 times as long as wing width. OVP about half length of metasoma and almost equal to hind tibia, a little extruding beyond apex of metasoma. Fujian ······ ***O. macrothoracica***

Female scape about 3.2-3.8 times as long as wide. Forewing blade moderately broad and rounded apically. Discal cilia ranging from moderately dense to sparse, mostly irregularly scattered ············· 12

12. Female scape about 3.8 times as long as wide. Forewing blade about 3.5 times as long as wide. Discal cilia moderately dense, except 5 short discal cilia beneath MV near posterior margin, the others distributed outside of SV. The longest posterior MF clearly shorter than wing width. OVP 0.9 times as long as metasoma and about 2.2 length of hind tibia, distinctly extruding beyond apex of metasoma. Liaoning, Beijing, Fujian ··· ***O. longialata***

Female scape about 3.2 times as long as wide. Forewing blade about 3.3 times as long as wide. Discal cilia moderately dense. Except 4-5 short discal cilia beneath MV, the others distributed outside of SV. The longest posterior MF about 0.8 times as long as wing width. OVP 0.7 times as long as metasoma and about 2.3 length of hind tibia, a little extruding beyond apex of metasoma. Liaoning, Beijing, Fujian ····· ··· ***O. brunnea***

13. Forewing blade moderately broad, less 3.0 times as long as wide, discal cilia moderately dense, mostly distributed outside of SV, approximately regularly in lines ·· 14

Forewing blade broad and more than 3.0 times as long as wide. Discal cilia ranging from rare to moderately dense, approximately regularly in lines or irregularly scattered································ 15

14. Female antennal club about 3.7 times as long as wide. Forewing blade moderately broad and about 3.0 times as long as wide. The longest posterior MF about 0.8 times as long as wing width. OVP 0.6 times as

long as metasoma and about 1.5 length of hind tibia, a little extruding beyond apex of metasoma. Fujian ········ ***O. aequilonga***

Female antennal club about 1.8 times as long as wide. Forewing blade moderately broad and about 2.9 times as long as wide. The longest posterior MF about 0.6 times as long as wing width. OVP 0.6 times as long as metasoma and about 1.3 length of hind tibia, not extruding beyond apex of metasoma. Liaoning, Xinjiang, Jiangxi, Fujian; Japan ········ ***O. japonica***

15. Female antennal scape about 3.0 times as long as wide, same length of club. Forewing blade about 3.8 times as long as wide. Discal cilia sparse, mainly distributed outside of SV. The longest posterior MF about 1.3 times as long as wing width. OVP 0.7 times as long as metasoma, about 1.7 length of hind tibia, slightly extruding beyond apex of metasoma.Xinjiang, Fujian ········ ***O. brevicornis***

Female antennal scape about 3.0-3.1 times as long as wide, a little shorter than club. Forewing blade about 3.0-3.3 times as long as wide. Discal cilia ranging from sparse to moderate dense, irregularly scattered ········ **16**

16. Female antennal funicle near semicircular and shorter than wide, about half length of pedicel. Forewing blade about 3.3 times as long as wide. Discal cilia sparse, except 4-5 short discal cilia beneath MV, the others distributed outside of SV. The longest posterior MF about 0.8 times as long as wing width. OVP highly sclerotized, about 0.7 times as long as metasoma and about 1.8 length of hind tibia, a little extruding beyond apex of metasoma. Fujian ········ ***O. curtifuniculata***

Female antennal funicle near ellipsoidal and 1.3-1.5 times as long as wide, about 0.6 length of pedicel ········ **17**

17. Female antennal scape about 3.0 times as long as wide. Forewing blade about 3.2 times as long as wide. Discal cilia mainly distributed outside of SV. The longest posterior MF nearly as long as wing width. OVP 0.6 times as long as metasoma and about 1.3 length of hind tibia, not extruding beyond apex of metasoma. Liaoning, Beijing, Hubei, Jiangxi, Fujian, Guangdong; Isreal, France, Italy, Greece ········ ***O. mediterranes***

Female antennal scape and club segments about 3.0 times as long as wide. Forewing blade about 3.0 times as long as wide and obliquely rounded apically. Discal cilia mainly distributed outside of SV. The longest posterior MF about 0.75 times as long as wing width. OVP 0.7 times as long as metasoma and about 1.7 length of hind tibia, a little extruding beyond apex of metasoma. Jiangxi, Fujian ········ ***O. nigroflagellaris***

18. Female antenna relatively slender, scape about 3.5 times as long as wide. C_3 with a clear TP on top and 2 spine like subterminal projections obviously protruding beyond apex of club. Forewing blade about 4.2 times as long as wide. Discal cilia sparser, only 2 long lines and 3 short lines of cilia regularly distributed outside of SV. Posterior margin beneath SV obviously arched backward. The longest posterior MF about 1.5 times as long as wing width. Hind wing disc glabrous, without discal cilia. OVP 1.2 times as long as metasoma, originated from basal mesosoma and apical 3/8 distinctly extruding beyond apex of metasoma. Fujian ········ ***O. curvialata***

Female antennal scape relatively robust, about 2.0-2.2 times as long as wide. C_3 with prolonged PLS, as spine like or sickle subterminal projections protruding on apex of club. Terga of metasoma more or less smooth, without distinct sculptures ········ **19**

19. Female antennal C_3 with 3 spine like subterminal projections a little protruding beyond apex of club. Mesoscutum flat oviform, smooth, without distinct sculptures and seta,scutellum transverse and with 2 thin setae near posterior edge. Forewing blade 3.1 times as long as wide. Posterior margin obviously protruding backward and oar shaped apically. Except 2 discal cilia outside of SV, other wing disc glabrous, without discal cilia. The longest posterior MF about 1.7 times as long as wing width. OVP about half length of metasoma and 1.4 times as long as hind tibia, not clearly extruding beyond apex of metasoma. Fujian ········ ***O. glabriscutata***

    Female antennal scape relatively robust, about 2.0-2.2 times as long as wide. C_3 with 1 sickle shaped subterminal projection obviously protruding beyond apex of club. Forewing blade moderately broad and about 2.7-2.9 times as long as wide. Discal cilia ranging from sparse to moderately dense, irregularly distributed. Metasoma as long as total length of both head and mesosoma together ········ **20**

20. Female antennal scape about 2.0 times as long as wide, same length as pedicel. Forewing blade about 2.7 times as long as wide. Discal cilia sparse, except a few short cilia under MV, the others irregularly scattered beneath and outside of SV. The longest posterior MF about 0.7 times as long as wing width. OVP about 0.7 times as long as metasoma and 1.2 length of hind tibia, a little extruding beyond apex of metasoma. Fujian ········ ***O. cycloptera***

    Female antennal scape about 2.2 times as long as wide, 1.4 length of pedicel. Forewing blade about 2.9 times as long as wide. Discal cilia moderately dense and irregularly scattered mostly. The longest posterior MF about 0.8 times as long as wing width. OVP 0.8 times as long as metasoma and about 1.8 length of hind tibia, a little extruding beyond apex of metasoma. Fujian ········ ***O. flavoflagella***

27. *Ophioneurus* Ratzeburg, 1852 (figs. 98-101)

Key to species

1. Female club segments distinctly thick and short, about 2.5 times as long as wide. Basal 4 club segments tightly connected and distinctly swelled as oviform. Apical club tapering and about 0.4 times as long as total length of club segments. Metasoma thick and short, blunt rounded distally. OVP less 0.7 times as long as metasoma and almost equal to hind tibia, indistinctly extruding beyond apex of metasoma. Heilongjiang, Liaoning ········ ***O. brevitubatus***

    Female club segments relatively slender, more than 3.0 times as long as wide. Basal 4 club segments connected and indistinctly swelled as ellipsoid. Apical club distinctly tapering and more than 0.4 times as long as total length of club segments. Metasoma distinct or indistinct compressed laterally. OVP as long as / or longer than metasoma and distinctly extruding beyond apex of metasoma ········ **2**

2. Female club segments about 3.2 times as long as wide. Apical 3 club segments with 2, 2, 3 PLS respectively and the PLS a little extruding beyond top of C_5. Metasoma distinct compressed laterally. OVP 1.6 times as long as metasoma and 2.5 length of hind tibia, originated from metathorax and apical

1/3 length of OVP clearly extruding beyond apex of metasoma. Guangxi ························ ***O. lateralis***

Female club segments more than 4.0 times as long as wide. Forewing blade discal cilia regularly distributed in lines (ca.16-17 lines). Metasoma indistinct compressed laterally. Male antennal C_{3-5} each with 1 PLS respectively and not extruding beyond top of C_5. Male genitalia with GB and ADG clearly separated ························ **3**

3. Female club segments about 4.3 times as long as wide and C_5 distinctly prolonged as a long stick. Metasoma indistinct compressed laterally. OVP 1.4 times as long as metasoma and 2.6 length of hind tibia. Male antenna spindle shaped and segments overlapping each other. Genitalia with GB and ADG obviously separated. GB long ellipsoidal and obviously shorter than ADG. CS extending beyond apex of GF, MVP absent, CR reaching about 0.4 length of GB. ae longer than ap, total length of both together longer than GB and hind tibia. Fujian ························ ***O. nullus***

Female club segments obviously longer than male's. OVP relatively developed, nearly as long as metasoma and apical 1/4 length obviously extruding beyond apex of metasoma. Male genitalia with GB and ADG distinctly separated. GB long ellipsoidal and obviously shorter than ADG. CS extending beyond apex of GF, MVP distinct and more than half length of CS. CR long and thin, extending directly to posterior edge of GB onward. ae nearly as long as ap, total length of both together distinctly longer than GB and hind tibia. Fujian ························ ***O. longicostatus***

28. *Paracentrobia* Howard, 1897 (figs. 102-106)

Key to species (female)

1. Forewing discal cilia highly dense and randomly scattered. OVP highly sclerotized and about 3/5 times as long as metasoma, about 1.7 length of hind tibia, indistinctly extruding beyond apex of metasoma. Henan, Jiangsu, Anhui, Zhejiang, Hubei, Jiangxi, Hunan, Fujian, Taiwan, Guangdong, Hainan, Guangxi, Sichuan, Guizhou, Tibet························ ***P. (Brachistella) andoi***

Forewing discal cilia moderately dense and part of discal cilia regularly arranged in lines basally. OVP highly sclerotized and more than 3/4 times as long as metasoma, about 1.9 length of hind tibia, distinctly extruding beyond apex of metasoma ························ **2**

2. Forewing blade beneath SV brown and translucent, outside of SV colorless and transparent ··············· **3**

Forewing blade beneath basal PMV and SV each with a brown clouds. Most of other wing disc colorless and transparent ························ **4**

3. Female club segments about 2.3 times as long as wide. Mesosoma nearly half length of metasoma and with distinct sculptures. Metasoma obviously longer than total length of both head and mesosoma together. OVP well developed and about 4/5 times as long as metasoma, about 1.9 length of hind tibia. Slightly extruding beyond apex of metasoma. Hubei, Fujian, Hainan·············· ***P. (Paracentrobia) fusca***

Female club segments about 2.7 times as long as wide. Mesosoma 0.62 times as long as metasoma and with thin and indistinct sculptures. Metasoma slightly longer than / or as long as total length of both head and mesosoma together. OVP relatively developed and about 3/4 times as long as metasoma, 2.03 length of hind tibia. Distinctly extruding beyond apex of metasoma. Xinjiang ···················· ***P. (P.) fuscusala***

4. Female scape about 2.8 times as long as wide and pedicel 1.7 times as long as wide. Forewing blade 2.4 times as long as wide. A large brown clouds and throughout wing blade to hind margin beneath SV. Metasoma a little longer than total length of both head and mesosoma together. OVP relatively developed and about 0.8 times as long as metasoma, about 2.3 length of hind tibia. Distinctly extruding beyond apex of metasoma. Liaoning, Beijing, Hebei, Shandong, Hubei, Fujian, Hainan; Thailand······ ***P. (P.) yasumatsui***

Female scape about 3.6 times as long as wide and pedicel 2.75 times as long as wide. Forewing blade 2.5 times as long as wide. A small brown clouds beneath SV to middle of wing blade. Metasoma shorter than total length of both head and mesosoma together. OVP developed and about 0.9 times as long as metasoma, about 2.24 length of hind tibia. A little extruding beyond apex of metasoma. Xinjiang·········· ·· ***P. (P.) exilimaculata***

29. *Paratrichogramma* Girault, 1912 (figs. 107-108)

Key to species

Forewing blade broad apically and about 2.0 times as long as wide. Most discal cilia irregularly scattered on apical half of wing, with a large glabrous area without discal cilia on basal half. Female club segments distinctly swollen at middle, oblique and with a patch of FAS apicoventrally. Male antennal F_2 with relatively short, bottle-neck like. Club oviform, a little thicker. Hainan; India ····················· ***P. giraulti***

Forewing blade broad and slightly truncated apically, about 1.8 times as long as wide. Discal cilia a little sparse and mostly irregular scattered, without a clearly glabrous area on the disc. Female club segments spindle like, no special swollen at middle and without a patch of FAS apicoventrally. Male antennal F_2 with relatively longer and laterally narrowed bottle-neck like. Club spindle, a little thinner. Xinjiang······ ·· ***P. tarimica***

30. *Poropoea* Föerster, 1851 (figs.109 -115)

Key to species

1. Female club segments relatively short and robust, 1.6-2.3 times as long as wide ··························· **2**

Female club segments relatively slender, more than 3.0 times as long as wide ······························ **4**

2. Female club segments 1.6 times as long as wide and slightly shorter than scape. OVP very short, only 0.8 length of metasoma and not extruding apex of metasoma. Male genitalia with GB 5.67 times as long as wide; MVP absent. ae 1.5 times as long as ap, total length of both together slightly longer than GB and a little shorter than hind tibia. Fujian ·· ***P. brevituba***

Female club segments 1.8-2.3 times as long as wide, nearly as long as / or a little longer than scape. OVP and male genitalia not as above ·· **3**

3. Female club segments about 1.9 times as long as wide and 1.1 times as long as scape. OVP shorter than total length of body, about 1.5 times as long as metasoma and about 2.6 length of hind tibia, about 0.3

length distinctly extruding apex of metasoma. Male genitalia with GB 4.26 times as long as wide; MVP long and sharpening apically. Total length of both ae and ap together slightly longer than hind tibia. Liaoning ························ ***P. coryli***

Female club segments about 2.3 times as long as wide and almost same length of scape. OVP 2 times as long as metasoma and 2.9 times as long as hind tibia, about 0.3 length distinctly extruding beyond apex of metasoma. Male genitalia with GB 4.5 times as long as wide. MVP absent. CS slender, a little extending beyond apex of GF. Total length of both ae and ap together nearly as long as hind tibia. Heilongjiang, Liaoning ························ ***P. chinensis***

4. Female club segments distinctly slender, about 5.2 times as long as wide and 1.65 length of scape. OVP extremely developed, 4.0 times as long as metasoma and about 5.8 length of hind tibia, originating from mesothorax and about 2/3 length distinctly extruding beyond apex of metasoma. Male genitalia with GB 4.7 times as long as wide. CR paired, protruding forward to 0.7 times as long as GB. MVP long and sharpening apically. CS slender highly sclerified, distinctly extending beyond apex of GF. ae about 1.5 times as long as ap, biforked distally, total length of both together distinctly longer than GB and hind tibia. Jiangsu, Fujian ························ ***P. longicornis***

Female club segments about 3.1-3.5 times as long as wide, 1.3 times longer / or as long as scape ········· **5**

5. Female club segments about 3.5 times as long as wide, 1.3 times as long as scape. OVP developed, more than 2.5 times as long as metasoma and 4.0 times as long as hind tibia, originating from mesothorax and about half length distinctly extruding beyond apex of metasoma. Male genitalia with GB 5.2 times as long as wide. CR paired at basal half and fused to a single thick ridge from distal half, extruding to 0.75 length of GB. ae about 1.4 times as long as ap, total length of both together distinctly longer than GB and slightly longer than hind tibia. Liaoning, Hubei, Fujian, Yunnan; Japan ························ ***P. morimotoi***

Female club segments 3.13-3.16 times as long as wide, as long as / or longer than scape ·················· **6**

6. Female club segments about 3.13 times as long as wide, 1.3 times as long as scape. OVP relatively developed, originating from mesothorax, and 0.6 times as long as total OVP distinctly extruding beyond apex of metasoma. Male antenna longer than female's, each flagellum loosely connected and with more and shorter ChS and PLS. Beijing ························ ***P. tomapoderus***

Female club segments about 3.16 times as long as wide, 3 clubs overlapping each other. OVP developed, originating from posterior edge of mesothorax, and 0.4 times as long as total OVP distinctly extruding beyond apex of metasoma. Male genitalia with GB slender, about 5.0 times as long as wide. MVP reaching same level of distal GF. CR single, highly sclerified, extending forward about 2/3 length of GB. CS slightly extending beyond apex of GF. ae slightly longer than ap, total length of both together slightly longer than GB and a little longer than hind tibia. Fujian ························ ***P. duplicate***

31. *Prestwichia* Lubbock, 1863 (fig. 116)

Only 1 species, *P. multiciliata* Lin, 1993, was reported from Fujian.

32. *Probrachista* Viggiani, 1968 (figs. 117-118)

Key to species (female)

Female antenna relatively robust, funicle nearly globose and slightly shorter than wide. Basal 2 club segments a little shorter than wide respectively. Metasoma ovi-conical and nearly equal to total length of both head and mesosoma together. OVP extremely developed, originating from mesothorax and distinctly extruding beyond apex metasoma. Fujian ······································ ***P. dolichosiphonia* comb. nov.**

Female antenna relatively slender, funicle long cylindrical and 2.0 times as long as wide. Basal 2 club segments as long as wide respectively. Metasoma ovi-conical, longer than total length of both head and mesosoma together. OVP highly sclerified and nearly half length of metasoma, about 0.86 length of hind tibia and slightly extruding beyond apex metasoma. Fujian ························ ***P. platyoptera* comb. nov.**

33. *Prochaetostricha* Lin K-S, 1981 (fig. 119)

Only the type species, *P. monticola* Lin K-S, 1981, was described from Taiwan.

34. *Prosoligosita* Hayat & Husain, 1981 (fig. 120)

Only 1 species, *P. perplexa* Hayat & Husain, 1981, was recorded from Fujian, Hainan, Guizhou.

35. *Pseudoligosita* Girault, rec. nov. 1913 (figs. 121-132)

Key to species

1. Forewing blade relatively narrow and long, about 3.0 or more than 3.0 times as long as wide. Discal cilia ranging from sparse to moderately dense ·· **2**

   Forewing blade relatively broad and rounded apically, about less 2.7 times as long as wide. Discal cilia ranging from moderately dense to highly dense ·· **6**

2. Forewing blade about 3.0 times as long as wide. Discal cilia moderately dense and mostly regularly in lines. Female antenna thick and short. OVP short and only 1/4 times as long as metasoma, 3/4 length of hind tibia and not clearly extruding beyond apex of metasoma. Fujian; India, Thailand, Australia, Uruguay ·· ***P. brecicilia***

   Forewing blade more than 3.0 times as long as wide. Discal cilia ranging from sparse to moderately dense. Female antenna and OVP not as above ·· **3**

3. Forewing blade about 3.15 times as long as wide. Discal cilia relatively sparse and irregularly scattered outside SV mostly. Female antenna relatively thin and short. Club segments long conical and tepering apically. OVP about half times as long as metasoma, about 1/3 length of hind tibia and not extruding beyond apex of metasoma. Fujian ··· ***P. acuticlavata***

Forewing blade more than 3.4 times as long as wide. Discal cilia ranging from moderately dense to relatively dense, irregularly scattered ··· **4**

4. Forewing blade relatively narrow and long, about 4.3 times as long as wide. Discal cilia moderately dense. Female antenna relatively short, club segments spindle shaped and indistinctly tapering apically. OVP about 0.6 times as long as metasoma and 1.3 length of hind tibia. Male genitalia semicircularly curved, thin and sharpening apically. Xinjiang, Hubei, Jiangxi, Fujian, Guangdong; Thailand, Malaysia ·· ***P. yasumatsui***

Forewing blade moderately broad apically and about 3.4-3.5 times as long as wide. Discal cilia ranging from moderately dense to very dense. Female antenna relatively long and thin, club segments spindle shape. OVP about as long as / or half length of metasoma. Male genitalia archedly curved, thin and sharpening apically ·· **5**

5. Forewing blade 3.5 times as long as wide. Discal cilia moderately dense and irregularly scattered. Female club segments about 2.0 times as long as pedicel. OVP about half length of metasoma and as long as hind tibia, slightly extruding beyond apex of metasoma. Fujian ·· ***P. curvata***

Forewing blade 3.4 times as long as wide. Discal cilia very dense and irregularly scattered. Female club segments as long as pedicel. OVP as long as metasoma and about 1/3 length of hind tibia, distinctly extruding beyond apex of metasoma. Hubei, Jiangxi, Hunan, Fujian, Guangdong, Guangxi, Tibet; India, Japan ·· ***P. nephotetticum***

6. Female forewing venation in normal shape. OVP relatively long, about 0.75 times as long as metasoma and 1.7 length of hind tibia, slightly extruding beyond apex of metasoma. Male forewing with PMV, MV and SV obviously swollen. Male genitalia simplified to tuber like, ap confused basally, total length of both ae and ap together about 0.75 length of hind tibia. Liaoning, Beijing, Xinjiang, Jiangxi, Fujian, Tibet; Japan, Russia, Poland, France, Denmark ··· ***P. krygeri***

Forewing blade about 2.6-2.7 times as long as wide, discal cilia ranging from moderately dense to very dense ·· **7**

7. Forewing blade 2.7 times as long as wide, discal cilia ranging from moderately dense to very dense ····· **8**

Forewing blade 2.6 times as long as wide, discal cilia moderately dense to very dense and iregularly scattered ·· **11**

8. Forewing discal cilia approximately regular in lines. Female antenna with 2 PLS prolonged into spine like subterminal process along both lateral sides extruding to apex of C_3 clearly. OVP about 0.4 times as long as metasoma, nearly as long as hind tibia and slightly extruding beyond apex of metasoma. Male antennal C_{2-3} with PLS prolonged into long spine like subterminal process. Genitalia simplified to tuber like. ap distinctly longer and confused basally, ae slightly expanded apically and curved ventrally, total length of both ae and ap together about 0.9 length of hind tibia. Fujian ········· ***P. spiniclavata* comb. nov.**

Forewing discal cilia all irregularly or part of irregularly distributed ·· **9**

9. Forewing discal cilia very dense and all irregularly distributed. Female club segments spindle shaped, 4.3 times as long as wide and about1.5 length of scape. C_3 with some PLS prolonged into spine like subterminal process along both lateral sides slightly extruding to apex. Mesoscutum and scutellum

transverse. OVP 0.54 times as long as metasoma, about 0.83 length of hind tibia and slightly extruding beyond apex of metasoma. Fujian ························ ***P. transiscutata***

Forewing with discal cilia moderately dense and part of irregularly distributed. OVP as long as / or slightly longer than hind tibia ························ **10**

10. Female club segments long conical, about 5 times as long as wide and about 1.6 length of scape. Middle mesoscutum and scutellum with a longitudinal line throughout both of them. OVP about as long as hind tibia and distinctly extruding beyond apex of metasoma. Xinjiang, Fujian ························ ***P. longicornis***

Female club segments spindle shaped, about 4.1 times as long as wide and 1.5 length of scape. Mesoscutum and scutellum nearly transverse and without clear longitudinal line. OVP slightly longer than hind tibia and a little extruding beyond apex of metasoma. Fujian ························ ***P. grandiocella***

11. Female antennal C_3 with a sickle like sensillum slightly extruding beyond top of club. OVP about 1.5 times as long as hind tibia and distinctly extruding beyond apex of metasoma. Male genitalia simplified to tuber like. ADG highly sclerified at base and slightly curved ventrally, with a round aperture apically and slightly shorter than hind tibia. Fujian ························ ***P. stenostigma* comb. nov.**

Female antenna with PLS prolonged into long spine like subterminal process along both lateral sides and extruding to apex of C_3. OVP about 0.8 times as long as hind tibia and distinctly extruding beyond apex of metasoma. Male genitalia with ADG strongly curved ventrally, about 0.7 length of hind tibia. Liaoning, Beijing, Xinjiang, Fujian ························ ***P. elongata***

36. *Pseudomirufens* Lou & Yuan, 1998 (fig. 133)

Only1 type species, *P. curtifuniculus* Lou & Yuan, 1998, described from Jilin.

37. *Pseuduscana* Pinto, 2006 rec. nov. (figs. 134-135)

Key to species (male)

Male club segments long conical and about 4.25 times as long as wide. Genitalia with GB and ADG simplified to tuber like and 3.3 times as long as wide, 0.4 length of hind tibia. Posterior edge of ADA slightly invaginated and apical gap indistinguishable. Jilin ························ ***P. changbaiensis* comb. nov.**

Male club segments long stick shape and tapering apically, about 5.0 times as long as wide. Genitalia with GB and ADG simplified to tuber like and 3.1 length of wide, 0.75 length of hind tibia. Posterior edge of ADA arched backward and with an apical gap and an aperture distinctly. Fujian, Guangdong, Hainan ························ ***P. setifera* comb. nov.**

38. *Pterygogramma* Perkins, 1906 (figs.136-138)

Key to species

1. Forewing venation long and straight, MV distinctly longer than SV and not connected archedly. Discal

cilia ranging from moderately dense to slightly sparse, MF relatively long. OVP distinctly longer than metasoma, about 2.5 length of hind tibia, originating from mesothorax and obviously extruding beyond apex of metasoma. Fujian ··································· ***P. rotundum***

Forewing venation distinctly sinuate as 'S' shaped connected, MV as long as / or shorter than SV. Discal cilia relatively dense, MF relatively short. OVP shorter than metasoma, slightly / or not extruding beyond apex of metasoma ··································· **2**

2. Female antenna distinctly thick and short. Club segments ovi-conical and 2.3 times as long as wide. OVP 0.8 times as long as metasoma, about 2.3 length of hind tibia and slightly extruding beyond apex of metasoma. Male genitalia with ae longer than ap. Fujian ··································· ***P. breviclavatum***

Female antenna slender. Club segments long conical and 3.7 times as long as wide. OVP short, less 0.6 times as long as metasoma, about 1.5 length of hind tibia and not clearly extruding beyond apex of metasoma. Male genitalia with ae shorter than ap. Fujian ··································· ***P. longius***

39. *Soikiella* Nowicki, 1933 (figs. 139-140)

Key to species

Forewing blade relatively broad and rounded, less 2.0 times as long as wide. Venation short and attaining less 0.4 length of wing. Discal cilia clearly small and short, ranging from moderately to sparse, mostly regularly distributed on apical half of wing. Posterior MF obviously short, the longest one less 0.1 length of wing with. Hind wing relatively wider and with longer MF, the longest posterior MF as long as wing width and about 2.5 times longer than those on forewing. Liaoning, Hebei ··································· ***S. asiatica***

Forewing blade distinctly broad and rounded, about 2 times as long as wide. Venation short and attaining slightly more 0.4 length of wing. Discal cilia moderately dense, approximately regularly distributed on apical 2/3 of wing, but m-cu vein track absent. Posterior MF short, the longest one less 0.75 length of wing with. Hind wing obviously wider and with longer posterior MF, the longest one 0.75 length of wing width, about 2.25 times longer than those on forewing. Xinjiang; Israel, Bulgaria, Italy ····· ***S. mongibelli***

40. *Trichogramma* Westwood, 1833 (figs. 141-170)

Key to species (male)

1. Male adult unique in apterous, with female antennal, distinctly 2 funicles and 1 club segmented. FS distinctly degraded to short ChS. Male genitalia with DEG triangular, slightly wider and blunt apically, extending to about 3/5 length of AD distally, lateral sides slightly constricted. MVP sharp triangular. CR paired and extending about half length of GB. CS slightly extruding beyond apex of MVP, but distinctly not quite attaining apex of DEG. ae a little longer than ap, total length of both together as long as GB and slightly shorter than hind tibia. Fully alated male genitalia, forewing and antennal flagellum similar to other normal congeneric species. Henan, Jiangsu; India, France, Switzerland, Canada, USA ····· ***T. semblidis***

Male apterous adult unknown. Antennal funicle and club fused into a long club segment and with distinctly long FS. Genitalia similar to those in apterous……2

2. Male genitalia DEG with a distinctly LL protruding outward respectively at both sides of GB……3
Male genitalia DEG neither a LL protruding outward, nor a notch inward respectively at both sides, or with a notch inward at both lateral sides of GB……8

3. LL of DEG broad as a semicircular, its base almostl connected with lateral sides of middle lobe vertically. Middle lobe acute triangular, sharp knife like, extending 2/3 length of AD. MVP about half length of AD. CR paired, extending about 2/5 length of GB. Apical CS extruding 5/8 length of AD. ae longer than ap, total length of both together slightly longer than GB and a little shorter than hind tibia. Liaoning, Beijing, Hebei, Shandong, Shaanxi……***T. ivelae***
LL of DEG connected with lateral sides of its middle lobe archedly curved……4

4. LL of DEG distinctly broad and round apically and extending more than 3/4 length of AD. Basal MVP relatively wide, about 3/5-3/4 length of AD. CR paired, extending about 1/2 length of GB and then converged to a ridge, almost extending to basal edge of ADA. CS extruding about 3/4 length of AD. ae nearly as long as ap, total length of both together as long as GB and slightly shorter than hind tibia. Liaoning, Beijing, Hebei,Shanxi, Shandong, Henan, Shaanxi, Anhui, Zhejiang, Hubei, Jiangxi, Hunan, Fujian, Taiwan, Guangdong, Hainan, Guangxi, Sichuan, Guizhou, Yunnan, Tibet; Japan, Korea, Russia, France, UK, USA……***T. dendrolimi***
LL of DEG semicircular, or more than semicircular, lateral sides round arched, flat and slightly curved ventrally……5

5. LL of DEG semicircular, lateral sides round arched. Apex of both DEG and CS extending almost at a same level, about half length of AD. MVP about 1/3 length of AD. CR paired, extending about 2/5 length of GB and as long as AD. ae almost as long as ap, total length of both together as long as GB and slightly shorter than hind tibia. Liaoning, Beijing, Hebei,Shanxi, Shandong, Henan, Shaanxi, Xinjiang, Jiangsu, Anhui, Zhejiang, Hubei, Jiangxi, Hunan, Fujian, Taiwan, Guangdong, Hainan, Guangxi, Sichuan, Guizhou, Yunnan, Tibet; India, Pakistan, Vietnam, Philippines, Thailand, Japan……***T. chilonis***
LL of DEG more than semicircular or distinctly wider, lateral sides slightly flat or a little curved ventrally……6

6. LL of DEG lateral sides slightly flat, apex of DEG extending about 1/2 length of AD. MVP wide triangular and a little blunt apically, extending about 3/7 length of AD. CR paired, extending about 1/2 length of GB. CS extruding about 3/5 length of AD. ae almost as long as ap, total length of both together as long as GB. Shaanxi……***T. parnarae***
LL of DEG lateral sides a little curved ventrally, apex of DEG extending about 1/2 length of AD. MVP as long as or a little shorter than AD. ae slightly longer than ap, total length of both together nearly as long as GB and slightly shorter than hind tibia……7

7. DEG acutely triangular and sharp apically, LL distinctly wide, MVP a little acutely triangular and slightly rounded apically, extending about 1/2 length of AD. CR paired, extending about 1/2 length of GB. CS extruding about 5/8 length of AD. Guangdong……***T. bilingensis***
DEG widely triangular and rounded apically, extending about 1/2 length of AD. LL distinctly more than

semicircular. MVP widely triangular and less 1/2 length than AD. CR paired, extending about 2/5 length of GB. CS extruding about 1/2 length of AD. Beijing, Hebei, Shanxi, Shandong, Shaanxi, Xinjiang, Zhejiang, Yunnan······ ***T. closterae***

8. Basal DEG neither a LL protruding outward, nor a notch inward respectively at both lateral sides of GB. CS longer than AD or about 1/2 length of AD ······ **9**

   Basal DEG with a notch inward at both lateral sides of GB. CS about 1/2 length of AD······ **26**

9. CS longer than AD and extruding beyond apex of GF······ **10**

   CS as long as AD or 1/2-4/5 length of AD ······ **12**

10. DEG indistinct and only a short and small triangular, less 1/5 length of AD. MVP about 9/10 length of AD. CR single, extending forward to basal edge of GB. ae longer than ap, total length of both together shorter than GB and slightly shorter than hind tibia. Hunan ······ ***T. artonae***

    DEG distinct, widely triangular, more than 1/2-4/5 length of AD ······ **11**

11. Apex of DEG extending about 3/5 length of MVP, 1/2 length as long as AD. GF about 1.0-1.1times as long as AD; MVP big and long, sharp triangular, about 5/7 length of AD. CR paired, extending forward nearly to basal edge of GB. ae distinctly longer than ap, total length of both together slightly shorter than GB, 0.7 length of hind tibia. Fujian, Taiwan, Hainan ······ ***T. longxishanense***

    GB U-shaped, apical DEG extending more than 4/5 length of AD and nearly to apex of GF. AD about 2/7 length of GB. MVP short and widely triangular, about 1/5 length of AD, Apex of CS distinctly depart from each other relatively far. CR paired, very thick and long, extending forward directly to basal edge of GB. CS, MVP and CR highly sclerified. ae distinctly shorter than ap, total length of both together as long as GB and about 2/3 length of hind tibia. Fujian, Hainan ······ ***T. fuzhouense***

12. CS about as long as AD ······ **13**

    CS about 1/2-4/5 length of AD······ **16**

13. Apex of CS distinctly hooked, with a basally flake projection and extending about 0.9 length of AD apically. Apical of DEG round arched, widely lingulated, obviously extruding beyond apex of GF. MVP indistinct and less than 0.1 length of AD. CR paired, extending forward to middle of GB. ae slightly longer than ap, total length of both together slightly shorter than GB, about 0.75 length of hind tibia. Taiwan, Hainan, Tibet ······ ***T. flandersi***

    Apex of CS not hooked like. Apex of DEG nearly triangular, not extruding beyond apex of GF ······ **14**

14. Lateral side of CS and GF straight and nearly parallel. Apex of DEG acutely triangular, extruding about half length of AD. MVP small and distinct. CR paired, extending forward to half length of GB. ae distinctly longer than ap and about 2.0 times as long as later. Total length of both together about as long as GB, clearly shorter than hind tibia. Taiwan ······ ***T. choui***

    Lateral side of CS archedly curved, not paralleled with innerside of GF. DEG slightly narrow and a little blunt distally ······ **15**

15. DEG indistinctly sclerified and extending about 3/4 of AD. MVP minute and indistinguishable. CR single, extending forward nearly to basal edge of GB. ae about as long as ap and total length of both together about slightly shorter than GB, about 2/3 length of hind tibia. Fujian, Taiwan, Guangdong, Hainan, Tibet;

India…… ***T. raoi***

DEG distinctly sclerified and extending about 4/5 length of AD. MVP minute but relatively distinguishable. CR minute and paired, extending forward to half length of GB. ae about 1.5 times as long as ap, total length of both together slightly shorter than GB and about 2/3 length of hind tibia. Fujian, Hainan; India …… ***T. achaeae***

16. CS about 4/5-7/10 length of AD …… **17**

CS about 2/3-1/2 length of AD…… **23**

17. GB relatively short and widely round, less 2.0 length of wide. ADA nearly rounded or widely broad… **18**

GB relatively slender or long ellipsoidal, more than 2.0 length of wide. ADA nearly ellipsoidal or long conical …… **20**

18. Genitalia unique, extremely different from other known congeners. DEG without notched laterally, with posterior extension acutely emarginated apically and not constricted at base, extending below apex of GF and CS. GF sclerotized and directed posterolaterally, behind level of CS. CS sclerotized, with apical spine directed posterolaterally, occupying about 0.82 length of AD. MVP poorly developed. CR chitinized and well developed, extending nearly to base of GB. ADG broad, with lateral margin sinuated, distinctly longer than ap, total length of both together 1.18 length of GB, and as long as hind tibia. Taiwan …… ***T. neuropterae***

Genitalia shape and strictures similar to other known congeners …… **19**

19. DEG relatively reduced and not well developed. GF extremely pointed distally. CS nearly the same level of tips of GF, occupying about 0.7-1.0 length of AD. MVP about 0.44-0.63 length of AD. CR invisible. Both lateral side straight, distinctly longer than ap and about 2.15-2.4 length of later, total length of both together about 1.1-1.2 length of GB, and about 0.59-0.61 length of hind tibia. Taiwan …… ***T. psocopterae***

GB 1.93 times as long as wide, slightly narrow at base, the widest at middle about 2.8 times wider than base. Lateral side of DEG very narrow and crescent, only protruded backward at middle as triangle, extending 3/8 length of AD. MVP triangular with relatively straight side and sharpening apically, about 3/7 length of AD. CR about 2.0 length of MVP and slightly shorter than AD. CS extending 2/3 length of AD. ae a little longer than ap, total length of both together shorter than GB. Liaoning…… ***T. tielingensis***

20. DEG relatively narrow and long, sharpening apically, extruding 2/3 length of AD. MVP extending about 1/3 length of AD or less 1/5 shorter than AD …… **21**

Apex of DEG blunt, finger like or linguiform, extending about 3/5 length of AD or extruding beyond apex of GF. MVP extending about 2/5-1/4 length of AD…… **22**

21. Apex of DEG extending about 2/3 length of AD. GF short, about 1/8 length of GB. MVP about 1/3 length of AD. CR paired, extending forward to 2/5 length of GB. ae about as long as ap, total length of both together slightly longer than GB and longer than hind tibia. Beijing, Shanxi, Shandong … ***T. sericini***

GB relatively narrow and with lateral seides slightly narrowed inward. Lateral seides of DEG relatively straight and not narrowed inward. MVP smaller and less 1/5 length of AD. CR paired and longer, extending forward about 0.5-0.6 length of GB. ae longer than ap, total length of both together as long as GB and distinctly shorter than hind tibia. Inner Mongolia, Hebei, Shanxi, Xinjiang; France, Canada, USA

………………………………………………………………………………………………… ***T. pintoi***

22. Apex of DEG blunt and finger like, extending about 3/5 length of AD and not extruding beyond apex of GF. MVP acutely triangular and extending about 2/5 length of AD. CR paired and extending fore- ward directly to basal edge of GB. Basal CS did not tightly connect with MVP and prolonged to basal CR, distinctly divided into 2 hooked like and strongly curved lobes, extending to 7/10 length of AD. ae as long as ap, total length of both together slightly shorter than GB and shorter than hind tibia. Jiangxi …… ………………………………………………………………………………………… ***T. polychrosis***

Apex of DEG widely linguiform, extruding beyond apex of GF. MVP extending about 1/4 length of AD. CR paired and extending forward to 1/3 length of GB. CS relatively straight, extending to 3/4 length of AD. ae a little longer than ap, total length of both together longer than GB and slightly shorter than hind tibia. Jilin, Shanxi, Shandong, Anhui……………………………………………………… ***T. lingulatum***

23. DEG widely triangular, widely broad apically, extending about 4/7-1/2 length of AD and reaching same level of apical GF ……………………………………………………………………………… **24**

DEG narrowly triangular, bluntly broad apically, extending about half length or slightly longer than 1/2 length of AD and reaching same level of apical GF………………………………………………… **25**

24. Basal GB clearly narrowed, the widest at middle and 2.6 times wider than its base. Both DEG and CS reaching to a same level. Lateral side of basal GF constricted inward and forficate form. MVP relatively sharp apically, extending 3/7 length of AD. CR paired and extending less 1/7 length of GB. ae a little shorter than ap, total length of both together about as long as GB. Liaoning …………… ***T. forcipiformis***

Both DEG and CS extending half length of AD. GF long and sharpening apically, about 0.3 length of GB. MVP short and widely triangular, extending 1/2 length of AD. CR paired and extending 1/4 length of GB. ae longer than ap, total length of both together about as long as GB and hind tibia. Shaanxi…………… ………………………………………………………………………………………… ***T. shaanxiensis***

25. DEG extending a little more than half length of AD and reaching to same level of CS. MVP small and distinct, acutely triangular, extending 1/7 length of AD. CR paired, as long as AD, extending half length of GB. ae about as long as ap, total length of both together slightly longer than GB and about 2/3 length of hind tibia. Liaoning, Fujian, Hainan ……………………………………………………… ***T. pangi***

DEG horse-shoes magnet, bluntly broad apically, extending 0.55 length of AD. MVP indistinguishable, but highly sclerified in that area. CR paired, extending forward 0.67 length of GB. CS extending about 1/2 length of AD, but far from tip of GF. ae distinctly longer than ap, about 3.1-3.9 times longer than later, total length of both together slightly as long as GB and as long as / or slightly shorter than hind tibia. Liaoning, Shaanxi, Jiangsu, Anhui, Zhejiang, Hubei, Jiangxi, Hunan, Fujian,Taiwan, Guangdong, Hainan, Guangxi, Guizhou, Yunnan; Vietnam, India, Thailand, Malaysia, Myanmar, Philippines, Korea, Japan·· ………………………………………………………………………………………… ***T. japonicum***

26. DEG highly sclerified, slightly blunt apically, extending to base of MVP and about half length of AD. CS with inner lateral side archedly curved and extending nearly to apical GF, about 3/4 length of AD. AD about 1/6 length of GB, MVP small and distinct, about 1/3 as long as AD. CR paired, extending forward 2/3 length of GB, about 2.5 times as long as AD. ae longer than ap, total length of both together as long

as GB and slightly shorter than hind tibia. Fujian; India ············ ***T. agriae***

DEG extending to about 1/2-1/3 length of AD, CS not extending to half length of AD ············ **27**

27. Basal DEG with a distinct notch inward at both lateral sides ············ **28**

Basal DEG only slightly narrowed inward at both lateral sides ············ **29**

28. Basal DEG with a wide archedly notch inward at both lateral sides, extending about 1/3 length of AD. CS extending about 1/2 length of AD. Apex of MVP acutely triangular, extending 1/3 length of AD. CR paired, extending forward 1/3 length of GB. ae a little longer than ap, total length of both together slightly longer than GB and slightly shorter than hind tibia. Liaoning, Inner Mongolia, Beijing, Shanxi, Shaanxi, Xinjiang; Western Europe, Northwestern Asia and introduce to USA ············ ***T. evanescens***

Basal DEG with a distinctly notch inward at both lateral sides, extending about 1/2 length of AD. CS extending about 1/2 length of AD and nearly reaching to same level of apical GF. Apex of MVP acutely triangular, extending about 4/9 length of AD, ae a little longer than ap, total length of both together as long as GB and distinctly shorter than hind tibia. Liaoning, Beijing, Hebei, Shanxi, Shandong, Shaanxi, Xinjiang, Jiangsu, Anhui, Zhejiang, Hubei, Jiangxi, Hunan, Fujian, Taiwan, Guangdong, Hainan; Japan, Russia, USA (Hawaii) ············ ***T. ostriniae***

29. DEG triangular, extending about 1/2 length of AD and reaching same level of apical DEG. CS extending about 1/2 length of AD and nearly reaching same level of apical DEG. MVP acutely triangular, extending 1/4 length of AD. Lateral sides with longitudinal ridges and extending from base to apex, projecting GB ventrally. ae about as long as ap, total length of both together about 1/2 length of GB and slightly shorter than hind tibia. Shandong ············ ***T. leucaniae***

DEG acutely triangular, extending about 1/3 length of AD. CS extending about 1/2 length of AD. MVP small and distinct, extending 1/6 length of AD. CR paired, extending forward about 1/2 length of GB. ae about as long as ap, total length of both together as long as GB and slightly shorter than hind tibia. Taiwan ············ ***T. taiwanense***

41. *Trichogrammatoidea* Girault, 1911 (figs. 171-175)

Key to species (male)

1. Apex of CS depart from tip of GF relatively far, MVP distinct. Taiwan, Guangdong, Hainan, Yunnan; India, Philippines, Malaysia, Indonesia, Myanmar, Sri Lanka, Australia, Brazil ············ ***T. nana***

Apex of CS depart from tip of GF relatively near, without MVP or MVP minute and indistinct ············ **2**

2. Forewing blade relatively broad and rounded apically, about 2.0 times as long as wide. MF relatively short, the longest one less half length of wing width ············ **3**

Forewing blade relatively narrow and long apically, more than 2.5 times as long as wide. MF relatively long, the longest one about 0.6 length of wing width ············ **4**

3. Forewing blade long and round apically, about 2.16 times as long as wide. Discal cilia relatively regular in lines. Genitalia with AD about 1/5 length of GB. CS extending to 0.83 length of AD. MVP absent; ae as long as ap. Fujian, Hainan; India, Indonesia, Philippines, Papua New Guinea, Brazil ············ ***T. armigera***

Forewing blade distinctly broad and round apically, about 2.06 times as long as wide. Discal cilia irregularly scattered. Genitalia with AD about 1/4 length of GB. CS extending to 3/4 length of AD. MVP minute; ae shorter than ap. Hainan; Philippines ·· ***T. cojuangcoi***

4. The longest FS about 5.4 times as long as club width; Forewing blade about 2.79 times as long as wide. The longest MF about 0.71 length of wing width. Genitalia with GB slender, about 4.5 times as long as wide. Hainan ·· ***T. tenuigonadium***

The longest FS about 3 times as long as club width. Forewing blade about 2.5 times as long as wide. as wide. Fujian, Taiwan, Hainan; India, Pakistan, Thailand, Philippines, Malaysia, Indonesia ······ ***T. bactrae***

42. *Tumidiclava* Girault, 1911 (figs. 176-181)

Key to species

1. Both female and male antennal club 2 segmented, or female's 3, male's 5 segmented. Forewing blade with discal cilia extremely sparse or short and relatively sparse ·· **2**

Both female and male antennal club 3 segmented, or male's unknown. Forewing blade with discal cilia moderately dense or extremely dense ·· **3**

2. Both female and male antennal club 2 segmented. Forewing blade with discal cilia extremely sparse. Male usually apterous, genitalia with GB relatively short and wide, about 2.5 times as long as wide. GF, CS and MVP indistinguishable. ae slightly shorter than ap, total length of both together a little longer than GB. Xinjiang; Turkmenistan ·· ***T. buerjinica***

Female antennal club 3 segmented, distinctly long and spindle shaped. Male club 5 segmented. Forewing blade with discal cilia extremely sparse and short, irregularly scattered. The longest MF only 1/5 length of wing width. Male genitalia with GB relatively long and narrow, cylindrical, about 3.9 times as long as wide. ae about as long as ap, total length of both together distinctly longer than GB. Xinjiang; Israel ····· ·· ***T. tamariska***

3. Female antennal club 3 segmented, relatively thick and short, 1.59 times as long as wide, almost as long as scape. Forewing blade moderately wide, 2.56 times as long as wide. Discal cilia moderately dense, approximately regularly distributed in lines. Male genitalia with GB about 2.5 times as long as wide, with distinct GF and indistinct MVP. ae slightly longer than ap, total length of both together distinctly longer than GB, about 0.6 length of hind tibia. Hubei, Jiangxi, Fujian, Guangdong, Hainan ······ ***T. minoripenis***

Female antennal club segments more 1.85 times as long as wide and distinctly longer than scape. Forewing blade extremely wide and round apically, less 2.5 times as long as wide. Discal cilia relatively dense, mostly irregularly scattered ·· **4**

4. Female antennal club segments tightly combined, oviform and clearly swollen, 2.46 times as long as wide and 1.42 times as long as scape. Forewing blade 2.2 times as long as wide, venation relatively long, extending about 0.46 length of the wing. Discal cilia highly dense and irregularly scattered.The longest MF about 1/10 length of wing width. Male unknown. Xinjiang; Hungary, Kyrgyzstan, Poland, Russia, Ukraine ·· ***T. subcaudata***

Female antennal club segments tightly combined, oviform and clearly swollen, 1.85-2.1 times as long as wide and 1.2-1.4 times as long as scape. Forewing venation relatively short, extending less 0.4 length of the wing. Discal cilia highly dense and irregularly scattered.The longest MF about 1/5-1/8 length of wing width. Male genitalia relatively narrow ······ **5**

5. Female antennal club segments 1.85 times as long as wide and 1.4 length of scape. Forewing blade sbout 2.0 times as long as wide, venation extending about 0.37 length of the wing. The longest MF about 1/8 length of wing width. Male genitalia with GB about 2.9 times as long as wide. ae nearly as long as ap, total length of both together distinctly longer than GB, about 1.17 length of hind tibia. Fujian ··· ***T. simplicis***

Female antennal club segments 2.1 times as long as wide and about 1.2 length of scape. Forewing blade 2.5 times as long as wide. The longest MF about 1/5 length of wing width. Male genitalia with GB distinctly thin and narrow, about 4.75 times as long as wide. ae distinctly longer than ap, total length of both together longer than GB, about 1.27 length of hind tibia. Xinjiang, Fujian, Hainan ····· ***T. tenuipenis***

43. *Tumidifemur* Girault, 1911 (fig. 182)

Only 1 species, *T. ramispinum* Lin, 1994, was recorded from Fujian.

44. *Ufens* Girault, 1911 (figs. 183-189)

Key to species

1. Forewing blade with discal cilia highly dense, except main vein tracks relatively distinct, mostly irregularly scattered. Between 1A and 2A, discal cilia not regularly in lines ······ **2**

Forewing blade with relatively sparse discal cilia, all regularly in lines or main vein tracks relatively distinct, mostly irregularly scattered. Between 1A and 2A, with at least 1 regular cilia line ······ **4**

2. Forewing venation relatively weakly sclerified, basal SV big and broad, without a distinctly constricted between SV and MV connection. Male genitalia with GB 3.0 times as long as wide. Basal edge of GB obviously invaginated in front view and the depth of hollow about 0.1 length of GB. GF small and short, with a terminal spine on apex. Basal CS sturdy and crescentl curved in lateral view. MVP and CR absent. Xinjiang; Turkmenistan ······ ***U. pallidus***

Forewing venation relatively highly sclerified, basal SV not specially big and broad, more or less with constriction between SV and MV connection. Male genitalia with GB less 3.0 length than wide. Basal edge of GB no invaginated in front view or very shallow, and the depth of hollow less 0.1 length of GB. GF distinctly long, CS not crescently curved in lateral view. MVP present and CR present or absent ····· **3**

3. Male genitalia with GB indistinctl sclerified, 2.8-3.0 times as long as wide. GF about 0.3-0.4 length of GB and widest at base. MVP slender, basal width less 1/2 than GB and gradually tapering apically, extending 0.3-0.4 length of GB, reaching nearly to same level of apical GF. CR absent, CS membranie like and indistinct. ae flat and wide, indistinctly connected with ap, total length of both ae and ap together about half length of GB, about 0.41 times as long as hind tibia. Fujian; India, Thailand ···· ***U. acuminatus***

Male genitalia with GB distinctly sclerified, 2.4-3.0 times as long as wide. GF about 0.3 length of GB and widest at base. MVP thick finger shaped, basal width more than half of GB, lateral sides sunken inward and distinctly curved apicoventrally, extending half length of GB. CR distinctly sclerified, extending forward to basal edge of GB. CS relatively long and indistinctly sclerified apically, lateral sides linked with ADG and slightly extending beyond apex of GF. ae short and wide, half-coiled, distinctly longer than ap, total length of both ae and ap together less than half length of GB, about 0.4 times as long as hind tibia. Liaoning, Beijing, Xinjiang, Fujian, Guangxi; India, Turkey, Kirgizia, Oman, Italy, France, Poland, Denmark, Greece, Egypt, Gambia, Kenya, South Africa ···················· ***U. similis***

4. Conjunction of forewing MV and PMV without a distinct break mark. Male genitalia with GB short and wide, about 1.5-2.0 times as long as wide ·· **5**

   Conjunction of forewing MV and PMV with a distinct break mark. Male genitalia with GB relatively slender, about 4.3-7.5 times as long as wide ··· **6**

5. Male genitalia with GB short and widely cup like, only 1.5 times as long as wide. Its widest at base and extending nearly to posterior edge of ADA. Basal edge of GB widely rounded ached backward.GF distinctly sclerified and 0.4 times as long as GB, Lateral sides near apex distinctly hollowed inward and without a terminal spine. MVP, CR, CS and ap all indistinct or absent. ADG relatively wide at middle and blunted acutely. Fujian ·· ***U. cupuliformis***

   Male genitalia with GB spatulate shape, 2.0 times as long as wide. Basal edge of GB widely round and slightly smooth or with a hollowed invaginated backward. Widest GB at base and extending nearly to posterior edge of ADA. GF thin and indistinctly sclerified and nearly 9.0 times as long as wide, about 0.45 length of GB. GF gradually narrowed from base to apex and lateral sides straight and not invaginated, without a terminal spine, but with splayed projects outward apically. MVP, CR, CS and ap all absent. Hainan; India, Sri Lanka, Israel, South Africa ·· ***U. mezentius***

6. Male genitalia with GB relatively slender, only 4.3-5.7 times as long as wide, straight and no curved in lateral view. GF thin and narrowed and about 0.2 length of GB. CS straight and tightly nearby lateral side of GB, about 0.4 times as long as GB, distinctly extending beyond apex of GF. CR short and indistinct, only extending about 0.05 length of GB. MVP absent. ADG relatively wide at middle and sharpened apically. Division of ae and ap indistinctly, total length of both together about 0.47 length of GB, and 0.65 times as long as hind tibia. Fujian, Guangdong; Malaysia ································· ***U. rimatus***

   Male genitalia very thin and long, more 6.0-7.5 times as long as wide, GB fused with ADG, distinctly sigmoid curved in lateral view. GF thin and stripe like, about 0.6 times as long as GB. MVP, CR, CS and ap all absent. Xinjiang; Thailand, Pakistan, Iran, Israel, Turkmenistan, Ukraine, Kirgizia, Russia, England, Poland, Denmark, Greece, Netherlands, France, Germany, Italy, Spain, Czech Republic, Romania, Hungary, Turkey, Ghana, Egypt, Guinea, Kenya, Madagascar, Morocco, Nigeria, South Africa, Tanzania, Uganda, Australia ·· ***U. foersteri***

45. *Uscana* Girault, 1911 (figs. 190-192)

Key to species

1. Forewing MF relatively long, the longest one about 2/5 times as long as wing width. OVP about as long as hind tibia. Male genitalia with GB distinctly separated from ADG, total length of both ae and ap together about half length of hind tibia. Fujian ··· ***U. latipenis***

   Forewing MF relatively short, the longest one less 1/3 times as long as wing width. OVP distinctly longer than hind tibia. Male genitalia simplified to tuber like,about 0.45 length shorter than of hind tibia ··· **2**

2. Female antennal club segments ovi-conical, basal $C_{1\text{-}2}$ distinctly big and thick, apical C_4 long and tapering apically. Forewing with longest MF less 1/6 times as long as wing width. Male hind leg with well developed, swollen oviform femur. Genitalia cylinder, both ends in same size, about 3.5 time as long as wide and about 0.4 length of hind tibia. Heilongjiang, Liaoning, Fujian ··· ***U. callosobruchi***

   Female antennal club segments long conical, basal $C_{1\text{-}2}$ indistinctly big and thick, apical C_4 short and tapering apically. Forewing with longest MF nearly 1/3 time as long as wing width. Male hind leg with normal femur and not swollen. Genitalia cylinder, wider at base and tapering apically, about 3.3 time as long as wide and about 0.45 length of hind tibia. Fujian ··· ***U. rugatus***

46. *Uscanoidea* Girault, 1911 (figs. 193-194)

Key to species (male)

Male antenna relatively slender, with club segments long conical, tapering apically, nearly 3.0 time as long as wide. Forewing blade relatively long and narrow, slightly broad and round apically, discal cilia regularly arranged in lines. MV normal, without thick and short thorns. MF distinctly long. Male genitalia with GB and ADG simplified to tuber like, relatively slender, 5.0 times as long as wide and about 0.7 length of hind tibia, slightly curved ventrally at apex. Fujian ··· ***U. apiclavata***

Male antenna distinctly robust, with club segments oviform, blunt rounded apically, about 2.0 time as long as wide. Forewing blade distinctly broad and rounded apically, slightly broad and round apically, discal cilia regularly arranged in lines. MV with 2 lines thick and short thorns. MF distinctly long. Male genitalia with GB and ADG simplified to tuber like, relatively wider, 3.0 times as long as wide and about 0.68 length of hind tibia, with a distinct ring-shape gape apically. Fujian ··· ***U. ovate***

47. *Xiphogramma* Nowicki, 1940 (fig. 195)

Only 1 species, *X. indicum* Hayat, 1980, was recorded from Fujian.

中 名 索 引

（按汉语拼音排序）

J

K

L

M

N

O

P

Q

R

S

T

W

X

Y

Z

学名索引

A

B

C

D

E

L

M

N

O

P

《中国动物志》已出版书目

《中国动物志》

兽纲 第六卷 啮齿目 (下) 仓鼠科 罗泽珣等 2000，514 页，140 图，4 图版。
兽纲 第八卷 食肉目 高耀亭等 1987，377 页，66 图，10 图版。
兽纲 第九卷 鲸目 食肉目 海豹总科 海牛目 周开亚 2004，326 页，117 图，8 图版。
鸟纲 第一卷 第一部 中国鸟纲绪论 第二部 潜鸟目 鹳形目 郑作新等 1997，199 页，39 图，4 图版。
鸟纲 第二卷 雁形目 郑作新等 1979，143 页，65 图，10 图版。
鸟纲 第四卷 鸡形目 郑作新等 1978，203 页，53 图，10 图版。
鸟纲 第五卷 鹤形目 鸻形目 鸥形目 王岐山、马鸣、高育仁 2006，644 页，263 图，4 图版。
鸟纲 第六卷 鸽形目 鹦形目 鹃形目 鸮形目 郑作新、冼耀华、关贯勋 1991，240 页，64 图，5 图版。
鸟纲 第七卷 夜鹰目 雨燕目 咬鹃目 佛法僧目 鴷形目 谭耀匡、关贯勋 2003，241 页，36 图，4 图版。
鸟纲 第八卷 雀形目 阔嘴鸟科 和平鸟科 郑宝赉等 1985，333 页，103 图，8 图版。
鸟纲 第九卷 雀形目 太平鸟科 岩鹨科 陈服官等 1998，284 页，143 图，4 图版。
鸟纲 第十卷 雀形目 鹟科(一) 鸫亚科 郑作新、龙泽虞、卢汰春 1995，239 页，67 图，4 图版。
鸟纲 第十一卷 雀形目 鹟科(二) 画眉亚科 郑作新、龙泽虞、郑宝赉 1987，307 页，110 图，8 图版。
鸟纲 第十二卷 雀形目 鹟科(三) 莺亚科 鹟亚科 郑作新、卢汰春、杨岚、雷富民等 2010，439 页，121 图，4 图版。
鸟纲 第十三卷 雀形目 山雀科 绣眼鸟科 李桂垣、郑宝赉、刘光佐 1982，170 页，68 图，4 图版。
鸟纲 第十四卷 雀形目 文鸟科 雀科 傅桐生、宋榆钧、高玮等 1998，322 页，115 图，8 图版。
爬行纲 第一卷 总论 龟鳖目 鳄形目 张孟闻等 1998，208 页，44 图，4 图版。
爬行纲 第二卷 有鳞目 蜥蜴亚目 赵尔宓、赵肯堂、周开亚等 1999，394 页，54 图，8 图版。
爬行纲 第三卷 有鳞目 蛇亚目 赵尔宓等 1998，522 页，100 图，12 图版。
两栖纲 上卷 总论 蚓螈目 有尾目 费梁、胡淑琴、叶昌媛、黄永昭等 2006，471 页，120 图，16 图版。
两栖纲 中卷 无尾目 费梁、胡淑琴、叶昌媛、黄永昭等 2009，957 页，549 图，16 图版。

两栖纲　下卷　无尾目　蛙科　费梁、胡淑琴、叶昌媛、黄永昭等　2009，888 页，337 图，16 图版。
硬骨鱼纲　鲽形目　李思忠、王惠民　1995，433 页，170 图。
硬骨鱼纲　鲇形目　褚新洛、郑葆珊、戴定远等　1999，230 页，124 图。
硬骨鱼纲　鲤形目(中)　陈宜瑜等　1998，531 页，257 图。
硬骨鱼纲　鲤形目(下)　乐佩绮等　2000，661 页，340 图。
硬骨鱼纲　鲟形目　海鲢目　鲱形目　鼠鱚目　张世义　2001，209 页，88 图。
硬骨鱼纲　灯笼鱼目　鲸口鱼目　骨舌鱼目　陈素芝　2002，349 页，135 图。
硬骨鱼纲　鲀形目　海蛾鱼目　喉盘鱼目　鮟鱇目　苏锦祥、李春生　2002，495 页，194 图。
硬骨鱼纲　鲉形目　金鑫波　2006，739 页，287 图。
硬骨鱼纲　鲈形目(四)　刘静等　2016，312 页，142 图，15 图版。
硬骨鱼纲　鲈形目(五)　虾虎鱼亚目　伍汉霖、钟俊生等　2008，951 页，575 图，32 图版。
硬骨鱼纲　鳗鲡目　背棘鱼目　张春光等　2010，453 页，225 图，3 图版。
硬骨鱼纲　银汉鱼目　鳉形目　颌针鱼目　蛇鳚目　鳕形目　李思忠、张春光等　2011，946 页，345 图。
圆口纲　软骨鱼纲　朱元鼎、孟庆闻等　2001，552 页，247 图。
昆虫纲　第一卷　蚤目　柳支英等　1986，1334 页，1948 图。
昆虫纲　第二卷　鞘翅目　铁甲科　陈世骧等　1986，653 页，327 图，15 图版。
昆虫纲　第三卷　鳞翅目　圆钩蛾科　钩蛾科　朱弘复、王林瑶　1991，269 页，204 图，10 图版。
昆虫纲　第四卷　直翅目　蝗总科　癞蝗科　瘤锥蝗科　锥头蝗科　夏凯龄等　1994，340 页，168 图。
昆虫纲　第五卷　鳞翅目　蚕蛾科　大蚕蛾科　网蛾科　朱弘复、王林瑶　1996，302 页，234 图，18 图版。
昆虫纲　第六卷　双翅目　丽蝇科　范滋德等　1997，707 页，229 图。
昆虫纲　第七卷　鳞翅目　祝蛾科　武春生　1997，306 页，74 图，38 图版。
昆虫纲　第八卷　双翅目　蚊科(上)　陆宝麟等　1997，593 页，285 图。
昆虫纲　第九卷　双翅目　蚊科(下)　陆宝麟等　1997，126 页，57 图。
昆虫纲　第十卷　直翅目　蝗总科　斑翅蝗科　网翅蝗科　郑哲民、夏凯龄　1998，610 页，323 图。
昆虫纲　第十一卷　鳞翅目　天蛾科　朱弘复、王林瑶　1997，410 页，325 图，8 图版。
昆虫纲　第十二卷　直翅目　蚱总科　梁络球、郑哲民　1998，278 页，166 图。
昆虫纲　第十三卷　半翅目　姬蝽科　任树芝　1998，251 页，508 图，12 图版。
昆虫纲　第十四卷　同翅目　纩蚜科　瘿绵蚜科　张广学、乔格侠、钟铁森、张万玉　1999，380 页，121 图，17+8 图版。
昆虫纲　第十五卷　鳞翅目　尺蛾科　花尺蛾亚科　薛大勇、朱弘复　1999，1090 页，1197 图，25 图版。
昆虫纲　第十六卷　鳞翅目　夜蛾科　陈一心　1999，1596 页，701 图，68 图版。
昆虫纲　第十七卷　等翅目　黄复生等　2000，961 页，564 图。
昆虫纲　第十八卷　膜翅目　茧蜂科(一)　何俊华、陈学新、马云　2000，757 页，1783 图。
昆虫纲　第十九卷　鳞翅目　灯蛾科　方承莱　2000，589 页，338 图，20 图版。

昆虫纲 第二十卷 膜翅目 准蜂科 蜜蜂科 吴燕如 2000，442 页，218 图，9 图版。
昆虫纲 第二十一卷 鞘翅目 天牛科 花天牛亚科 蒋书楠、陈力 2001，296 页，17 图，18 图版。
昆虫纲 第二十二卷 同翅目 蚧总科 粉蚧科 绒蚧科 蜡蚧科 链蚧科 盘蚧科 壶蚧科 仁蚧科 王子清 2001，611 页，188 图。
昆虫纲 第二十三卷 双翅目 寄蝇科(一) 赵建铭、梁恩义、史永善、周士秀 2001，305 页，183 图，11 图版。
昆虫纲 第二十四卷 半翅目 毛唇花蝽科 细角花蝽科 花蝽科 卜文俊、郑乐怡 2001，267 页，362 图。
昆虫纲 第二十五卷 鳞翅目 凤蝶科 凤蝶亚科 锯凤蝶亚科 绢蝶亚科 武春生 2001，367 页，163 图，8 图版。
昆虫纲 第二十六卷 双翅目 蝇科(二) 棘蝇亚科(一) 马忠余、薛万琦、冯炎 2002，421 页，614 图。
昆虫纲 第二十七卷 鳞翅目 卷蛾科 刘友樵、李广武 2002，601 页，16 图，136+2 图版。
昆虫纲 第二十八卷 同翅目 角蝉总科 犁胸蝉科 角蝉科 袁锋、周尧 2002，590 页，295 图，4 图版。
昆虫纲 第二十九卷 膜翅目 螯蜂科 何俊华、许再福 2002，464 页，397 图。
昆虫纲 第三十卷 鳞翅目 毒蛾科 赵仲苓 2003，484 页，270 图，10 图版。
昆虫纲 第三十一卷 鳞翅目 舟蛾科 武春生、方承莱 2003，952 页，530 图，8 图版。
昆虫纲 第三十二卷 直翅目 蝗总科 槌角蝗科 剑角蝗科 印象初、夏凯龄 2003，280 页，144 图。
昆虫纲 第三十三卷 半翅目 盲蝽科 盲蝽亚科 郑乐怡、吕楠、刘国卿、许兵红 2004，797 页，228 图，8 图版。
昆虫纲 第三十四卷 双翅目 舞虻总科 舞虻科 螳舞虻亚科 驼舞虻亚科 杨定、杨集昆 2004，334 页，474 图，1 图版。
昆虫纲 第三十五卷 革翅目 陈一心、马文珍 2004，420 页，199 图，8 图版。
昆虫纲 第三十六卷 鳞翅目 波纹蛾科 赵仲苓 2004，291 页，153 图，5 图版。
昆虫纲 第三十七卷 膜翅目 茧蜂科(二) 陈学新、何俊华、马云 2004，581 页，1183 图，103 图版。
昆虫纲 第三十八卷 鳞翅目 蝙蝠蛾科 蛱蛾科 朱弘复、王林瑶、韩红香 2004，291 页，179 图，8 图版。
昆虫纲 第三十九卷 脉翅目 草蛉科 杨星科、杨集昆、李文柱 2005，398 页，240 图，4 图版。
昆虫纲 第四十卷 鞘翅目 肖叶甲科 肖叶甲亚科 谭娟杰、王书永、周红章 2005，415 页，95 图，8 图版。
昆虫纲 第四十一卷 同翅目 斑蚜科 乔格侠、张广学、钟铁森 2005，476 页，226 图，8 图版。
昆虫纲 第四十二卷 膜翅目 金小蜂科 黄大卫、肖晖 2005，388 页，432 图，5 图版。
昆虫纲 第四十三卷 直翅目 蝗总科 斑腿蝗科 李鸿昌、夏凯龄 2006，736 页，325 图。
昆虫纲 第四十四卷 膜翅目 切叶蜂科 吴燕如 2006，474 页，180 图，4 图版。

昆虫纲　第四十五卷　同翅目　飞虱科　丁锦华　2006，776 页，351 图，20 图版。

昆虫纲　第四十六卷　膜翅目　茧蜂科　窄径茧蜂亚科　陈家骅、杨建全　2006，301 页，81 图，32 图版。

昆虫纲　第四十七卷　鳞翅目　枯叶蛾科　刘有樵、武春生　2006，385 页，248 图，8 图版。

昆虫纲　蚤目(第二版，上下卷)　吴厚永等　2007，2174 页，2475 图。

昆虫纲　第四十九卷　双翅目　蝇科(一)　范滋德、邓耀华　2008，1186 页，276 图，4 图版。

昆虫纲　第五十卷　双翅目　食蚜蝇科　黄春梅、成新月　2012，852 页，418 图，8 图版。

昆虫纲　第五十一卷　广翅目　杨定、刘星月　2010，457 页，176 图，14 图版。

昆虫纲　第五十二卷　鳞翅目　粉蝶科　武春生　2010，416 页，174 图，16 图版。

昆虫纲　第五十三卷　双翅目　长足虻科(上下卷)　杨定、张莉莉、王孟卿、朱雅君 2011，1912 页，1017 图，7 图版。

昆虫纲　第五十四卷　鳞翅目　尺蛾科　尺蛾亚科　韩红香、薛大勇　2011，787 页，929 图，20 图版。

昆虫纲　第五十五卷　鳞翅目　弄蝶科　袁锋、袁向群、薛国喜　2015，754 页，280 图，15 图版。

昆虫纲　第五十六卷　膜翅目　细蜂总科(一)　何俊华、许再福　2015，1078 页，485 图。

昆虫纲　第五十七卷　直翅目　螽斯科　露螽亚科　康乐、刘春香、刘宪伟　2013，574 页，291 图，31 图版。

昆虫纲　第五十八卷　襀翅目　叉襀总科　杨定、李卫海、祝芳　2014，518 页，294 图，12 图版。

昆虫纲　第五十九卷　双翅目　虻科　许荣满、孙毅　2013，870 页，495 图，17 图版。

昆虫纲　第六十卷　半翅目　扁蚜科　平翅绵蚜科　乔格侠、姜立云、陈静、张广学、钟铁森 2017，414 页，137 图，8 图版。

昆虫纲　第六十一卷　鞘翅目　叶甲科　叶甲亚科　杨星科、葛斯琴、王书永、李文柱、崔俊芝　2014，641 页，378 图，8 图版。

昆虫纲　第六十二卷　半翅目　盲蝽科(二)　合垫盲蝽亚科　刘国卿、郑乐怡　2014，297 页，134 图，13 图版。

昆虫纲　第六十三卷　鞘翅目　拟步甲科(一)　任国栋等　2016，534 页，248 图，49 图版。

昆虫纲　第六十四卷　膜翅目　金小蜂科(二)　金小蜂亚科　肖晖、黄大卫、矫天扬　2019，495 页，186 图，12 图版。

昆虫纲　第六十五卷　双翅目　鹬虻科、伪鹬虻科　杨定、董慧、张魁艳　2016，476 页，222 图，7 图版。

昆虫纲　第六十七卷　半翅目　叶蝉科 (二)　大叶蝉亚科　杨茂发、孟泽洪、李子忠　2017，637 页，312 图，27 图版。

昆虫纲　第六十八卷　脉翅目　蚁蛉总科　王心丽、詹庆斌、王爱芹　2018，285 页，2 图，38 图版。

昆虫纲　第六十九卷　缨翅目 (上下卷)　冯纪年等　2021，984 页，420 图。

昆虫纲　第七十卷　半翅目 杯瓢蜡蝉科、瓢蜡蝉科 张雅林、车艳丽、孟 瑞、王应伦　2020，655 页，224 图，43 图版。

昆虫纲　第七十二卷　半翅目　叶蝉科（四）　李子忠、李玉建、邢济春　2020，547 页，303 图，14 图版。

昆虫纲 第七十三卷 半翅目 盲蝽科 (三) 单室盲蝽亚科 细爪盲蝽亚科 齿爪盲蝽亚科 树盲蝽亚科 撒盲蝽亚科 刘国卿、穆怡然、许静杨、刘琳 2022，606 页，217 图，17 图版。

昆虫纲 第七十四卷 膜翅目 赤眼蜂科 林乃铨、胡红英、田洪霞、林硕 2022，602 页，195 图。

昆虫纲 第七十五卷 鞘翅目 阎甲总科 扁圆甲科 长阎甲科 阎甲科 周红章、罗天宏、张叶军 2022，702 页，252 图，3 图版。

无脊椎动物 第一卷 甲壳纲 淡水枝角类 蒋燮治、堵南山 1979，297 页，192 图。

无脊椎动物 第二卷 甲壳纲 淡水桡足类 沈嘉瑞等 1979，450 页，255 图。

无脊椎动物 第三卷 吸虫纲 复殖目(一) 陈心陶等 1985，697 页，469 图，10 图版。

无脊椎动物 第四卷 头足纲 董正之 1988，201 页，124 图，4 图版。

无脊椎动物 第五卷 蛭纲 杨潼 1996，259 页，141 图。

无脊椎动物 第六卷 海参纲 廖玉麟 1997，334 页，170 图，2 图版。

无脊椎动物 第七卷 腹足纲 中腹足目 宝贝总科 马绣同 1997，283 页，96 图，12 图版。

无脊椎动物 第八卷 蛛形纲 蜘蛛目 蟹蛛科 逍遥蛛科 宋大祥、朱明生 1997，259 页，154 图。

无脊椎动物 第九卷 多毛纲(一) 叶须虫目 吴宝铃、吴启泉、丘建文、陆华 1997，323 页，180 图。

无脊椎动物 第十卷 蛛形纲 蜘蛛目 园蛛科 尹长民等 1997，460 页，292 图。

无脊椎动物 第十一卷 腹足纲 后鳃亚纲 头楯目 林光宇 1997，246 页，35 图，24 图版。

无脊椎动物 第十二卷 双壳纲 贻贝目 王祯瑞 1997，268 页，126 图，4 图版。

无脊椎动物 第十三卷 蛛形纲 蜘蛛目 球蛛科 朱明生 1998，436 页，233 图，1 图版。

无脊椎动物 第十四卷 肉足虫纲 等辐骨虫目 泡沫虫目 谭智源 1998，315 页，273 图，25 图版。

无脊椎动物 第十五卷 粘孢子纲 陈启鎏、马成伦 1998，805 页，30 图，180 图版。

无脊椎动物 第十六卷 珊瑚虫纲 海葵目 角海葵目 群体海葵目 裴祖南 1998，286 页，149 图，20 图版。

无脊椎动物 第十七卷 甲壳动物亚门 十足目 束腹蟹科 溪蟹科 戴爱云 1999，501 页，238 图，31 图版。

无脊椎动物 第十八卷 原尾纲 尹文英 1999，510 页，275 图，8 图版。

无脊椎动物 第十九卷 腹足纲 柄眼目 烟管螺科 陈德牛、张国庆 1999，210 页，128 图，5 图版。

无脊椎动物 第二十卷 双壳纲 原鳃亚纲 异韧带亚纲 徐凤山 1999，244 页，156 图。

无脊椎动物 第二十一卷 甲壳动物亚门 糠虾目 刘瑞玉、王绍武 2000，326 页，110 图。

无脊椎动物 第二十二卷 单殖吸虫纲 吴宝华、郎所、王伟俊等 2000，756 页，598 图，2 图版。

无脊椎动物 第二十三卷 珊瑚虫纲 石珊瑚目 造礁石珊瑚 邹仁林 2001，289 页，9 图，55 图版。

无脊椎动物 第二十四卷 双壳纲 帘蛤科 庄启谦 2001，278 页，145 图。

无脊椎动物 第二十五卷 线虫纲 杆形目 圆线亚目(一) 吴淑卿等 2001，489 页，201 图。

无脊椎动物 第二十六卷 有孔虫纲 胶结有孔虫 郑守仪、傅钊先 2001，788 页，130 图，122 图版。

无脊椎动物 第二十七卷 水螅虫纲 钵水母纲 高尚武、洪惠馨、张士美 2002，275 页，136 图。

无脊椎动物 第二十八卷 甲壳动物亚门 端足目 蛾亚目 陈清潮、石长泰 2002，249 页，178

图。

无脊椎动物　第二十九卷　腹足纲　原始腹足目　马蹄螺总科　董正之　2002，210页，176图，2图版。

无脊椎动物　第三十卷　甲壳动物亚门　短尾次目　海洋低等蟹类　陈惠莲、孙海宝　2002，597页，237图，4彩色图版，12黑白图版。

无脊椎动物　第三十一卷　双壳纲　珍珠贝亚目　王祯瑞　2002，374页，152图，7图版。

无脊椎动物　第三十二卷　多孔虫纲　罩笼虫目　稀孔虫纲　稀孔虫目　谭智源、宿星慧　2003，295页，193图，25图版。

无脊椎动物　第三十三卷　多毛纲(二)　沙蚕目　孙瑞平、杨德渐　2004，520页，267图，1图版。

无脊椎动物　第三十四卷　腹足纲　鹑螺总科　张素萍、马绣同　2004，243页，123图，5图版。

无脊椎动物　第三十五卷　蛛形纲　蜘蛛目　肖蛸科　朱明生、宋大祥、张俊霞　2003，402页，174图，5彩色图版，11黑白图版。

无脊椎动物　第三十六卷　甲壳动物亚门　十足目　匙指虾科　梁象秋　2004，375页，156图。

无脊椎动物　第三十七卷　软体动物门　腹足纲　巴锅牛科　陈德牛、张国庆　2004，482页，409图，8图版。

无脊椎动物　第三十八卷　毛颚动物门　箭虫纲　萧贻昌　2004，201页，89图。

无脊椎动物　第三十九卷　蛛形纲　蜘蛛目　平腹蛛科　宋大祥、朱明生、张锋　2004，362页，175图。

无脊椎动物　第四十卷　棘皮动物门　蛇尾纲　廖玉麟　2004，505页，244图，6图版。

无脊椎动物　第四十一卷　甲壳动物亚门　端足目　钩虾亚目(一)　任先秋　2006，588页，194图。

无脊椎动物　第四十二卷　甲壳动物亚门　蔓足下纲　围胸总目　刘瑞玉、任先秋　2007，632页，239图。

无脊椎动物　第四十三卷　甲壳动物亚门　端足目　钩虾亚目(二)　任先秋　2012，651页，197图。

无脊椎动物　第四十四卷　甲壳动物亚门　十足目　长臂虾总科　李新正、刘瑞玉、梁象秋等　2007，381页，157图。

无脊椎动物　第四十五卷　纤毛门　寡毛纲　缘毛目　沈韫芬、顾曼如　2016，502页，164图，2图版。

无脊椎动物　第四十六卷　星虫动物门 螠虫动物门　周红、李凤鲁、王玮　2007，206页，95图。

无脊椎动物　第四十七卷　蛛形纲　蜱螨亚纲　植绥螨科　吴伟南、欧剑峰、黄静玲　2009，511页，287图，9图版。

无脊椎动物　第四十八卷　软体动物门　双壳纲　满月蛤总科　心蛤总科　厚壳蛤总科　鸟蛤总科　徐凤山　2012，239页，133图。

无脊椎动物　第四十九卷　甲壳动物亚门　十足目　梭子蟹科　杨思谅、陈惠莲、戴爱云　2012，417页，138图，14图版。

无脊椎动物　第五十卷　缓步动物门　杨潼　2015，279页，131图，5图版。

无脊椎动物　第五十一卷　线虫纲　杆形目　圆线亚目(二)　张路平、孔繁瑶　2014，316页，97图，19图版。

无脊椎动物　第五十二卷　扁形动物门　吸虫纲　复殖目（三）　邱兆祉等　2018，746页，401图。

无脊椎动物 第五十三卷 蛛形纲 蜘蛛目 跳蛛科 彭贤锦 2020，612页，392图。
无脊椎动物 第五十四卷 环节动物门 多毛纲(三) 缨鳃虫目 孙瑞平、杨德渐 2014，493页，239图，2图版。
无脊椎动物 第五十五卷 软体动物门 腹足纲 芋螺科 李凤兰、林民玉 2016，288页，168图，4图版。
无脊椎动物 第五十六卷 软体动物门 腹足纲 凤螺总科、玉螺总科 张素萍 2016，318页，138图，10图版。
无脊椎动物 第五十七卷 软体动物门 双壳纲 樱蛤科 双带蛤科 徐凤山、张均龙 2017，236页，50图，15图版。
无脊椎动物 第五十八卷 软体动物门 腹足纲 艾纳螺总科 吴岷 2018，300页，63图，6图版。
无脊椎动物 第五十九卷 蛛形纲 蜘蛛目 漏斗蛛科 暗蛛科 朱明生、王新平、张志升 2017，727页，384图，5图版。
无脊椎动物 第六十二卷 软体动物门 腹足纲 骨螺科 张素萍 2022，428页，250图。

《中国经济动物志》

兽类 寿振黄等 1962，554页，153图，72图版。
鸟类 郑作新等 1963，694页，10图，64图版。
鸟类(第二版) 郑作新等 1993，619页，64图版。
海产鱼类 成庆泰等 1962，174页，25图，32图版。
淡水鱼类 伍献文等 1963，159页，122图，30图版。
淡水鱼类寄生甲壳动物 匡溥人、钱金会 1991，203页，110图。
环节(多毛纲) 棘皮 原索动物 吴宝铃等 1963，141页，65图，16图版。
海产软体动物 张玺、齐钟彦 1962，246页，148图。
淡水软体动物 刘月英等 1979，134页，110图。
陆生软体动物 陈德牛、高家祥 1987，186页，224图。
寄生蠕虫 吴淑卿、尹文真、沈守训 1960，368页，158图。

《中国经济昆虫志》

第一册 鞘翅目 天牛科 陈世骧等 1959，120页，21图，40图版。
第二册 半翅目 蝽科 杨惟义 1962，138页，11图，10图版。
第三册 鳞翅目 夜蛾科(一) 朱弘复、陈一心 1963，172页，22图，10图版。
第四册 鞘翅目 拟步行虫科 赵养昌 1963，63页，27图，7图版。
第五册 鞘翅目 瓢虫科 刘崇乐 1963，101页，27图，11图版。
第六册 鳞翅目 夜蛾科(二) 朱弘复等 1964，183页，11图版。
第七册 鳞翅目 夜蛾科(三) 朱弘复、方承莱、王林瑶 1963，120页，28图，31图版。
第八册 等翅目 白蚁 蔡邦华、陈宁生，1964，141页，79图，8图版。
第九册 膜翅目 蜜蜂总科 吴燕如 1965，83页，40图，7图版。

第十册 同翅目 叶蝉科 葛钟麟 1966，170 页，150 图。
第十一册 鳞翅目 卷蛾科(一) 刘友樵、白九维 1977，93 页，23 图，24 图版。
第十二册 鳞翅目 毒蛾科 赵仲苓 1978，121 页，45 图，18 图版。
第十三册 双翅目 蠓科 李铁生 1978，124 页，104 图。
第十四册 鞘翅目 瓢虫科(二) 庞雄飞、毛金龙 1979，170 页，164 图，16 图版。
第十五册 蜱螨目 蜱总科 邓国藩 1978，174 页，707 图。
第十六册 鳞翅目 舟蛾科 蔡荣权 1979，166 页，126 图，19 图版。
第十七册 蜱螨目 革螨股 潘䌹文、邓国藩 1980，155 页，168 图。
第十八册 鞘翅目 叶甲总科(一) 谭娟杰、虞佩玉 1980，213 页，194 图，18 图版。
第十九册 鞘翅目 天牛科 蒲富基 1980，146 页，42 图，12 图版。
第二十册 鞘翅目 象虫科 赵养昌、陈元清 1980，184 页，73 图，14 图版。
第二十一册 鳞翅目 螟蛾科 王平远 1980，229 页，40 图，32 图版。
第二十二册 鳞翅目 天蛾科 朱弘复、王林瑶 1980，84 页，17 图，34 图版。
第二十三册 螨 目 叶螨总科 王慧芙 1981，150 页，121 图，4 图版。
第二十四册 同翅目 粉蚧科 王子清 1982，119 页，75 图。
第二十五册 同翅目 蚜虫类(一) 张广学、钟铁森 1983，387 页，207 图，32 图版。
第二十六册 双翅目 虻科 王遵明 1983，128 页，243 图，8 图版。
第二十七册 同翅目 飞虱科 葛钟麟等 1984，166 页，132 图，13 图版。
第二十八册 鞘翅目 金龟总科幼虫 张芝利 1984，107 页，17 图，21 图版。
第二十九册 鞘翅目 小蠹科 殷惠芬、黄复生、李兆麟 1984，205 页，132 图，19 图版。
第三十册 膜翅目 胡蜂总科 李铁生 1985，159 页，21 图，12 图版。
第三十一册 半翅目(一) 章士美等 1985，242 页，196 图，59 图版。
第三十二册 鳞翅目 夜蛾科(四) 陈一心 1985，167 页，61 图，15 图版。
第三十三册 鳞翅目 灯蛾科 方承莱 1985，100 页，69 图，10 图版。
第三十四册 膜翅目 小蜂总科(一) 廖定熹等 1987，241 页，113 图，24 图版。
第三十五册 鞘翅目 天牛科(三) 蒋书楠、蒲富基、华立中 1985，189 页，2 图，13 图版。
第三十六册 同翅目 蜡蝉总科 周尧等 1985，152 页，125 图，2 图版。
第三十七册 双翅目 花蝇科 范滋德等 1988，396 页，1215 图，10 图版。
第三十八册 双翅目 蠓科(二) 李铁生 1988，127 页，107 图。
第三十九册 蜱螨亚纲 硬蜱科 邓国藩、姜在阶 1991，359 页，354 图。
第四十册 蜱螨亚纲 皮刺螨总科 邓国藩等 1993，391 页，318 图。
第四十一册 膜翅目 金小蜂科 黄大卫 1993，196 页，252 图。
第四十二册 鳞翅目 毒蛾科(二) 赵仲苓 1994，165 页，103 图，10 图版。
第四十三册 同翅目 蚧总科 王子清 1994，302 页，107 图。
第四十四册 蜱螨亚纲 瘿螨总科(一) 匡海源 1995，198 页，163 图，7 图版。
第四十五册 双翅目 虻科(二) 王遵明 1994，196 页，182 图，8 图版。
第四十六册 鞘翅目 金花龟科 斑金龟科 弯腿金龟科 马文珍 1995，210 页，171 图，5 图版。

第四十七册 膜翅目 蚁科(一) 唐觉等 1995，134 页，135 图。

第四十八册 蜉蝣目 尤大寿等 1995，152 页，154 图。

第四十九册 毛翅目(一) 小石蛾科 角石蛾科 纹石蛾科 长角石蛾科 田立新等 1996，195 页 271 图，2 图版。

第五十册 半翅目(二) 章士美等 1995，169 页，46 图，24 图版。

第五十一册 膜翅目 姬蜂科 何俊华、陈学新、马云 1996，697 页，434 图。

第五十二册 膜翅目 泥蜂科 吴燕如、周勤 1996，197 页，167 图，14 图版。

第五十三册 蜱螨亚纲 植绥螨科 吴伟南等 1997，223 页，169 图，3 图版。

第五十四册 鞘翅目 叶甲总科(二) 虞佩玉等 1996，324 页，203 图，12 图版。

第五十五册 缨翅目 韩运发 1997，513 页，220 图，4 图版。

Serial Faunal Monographs Already Published

FAUNA SINICA

Mammalia vol. 6 Rodentia III: Cricetidae. Luo Zexun *et al.*, 2000. 514 pp., 140 figs., 4 pls.

Mammalia vol. 8 Carnivora. Gao Yaoting *et al.*, 1987. 377 pp., 44 figs., 10 pls.

Mammalia vol. 9 Cetacea, Carnivora: Phocoidea, Sirenia. Zhou Kaiya, 2004. 326 pp., 117 figs., 8 pls.

Aves vol. 1 part 1. Introductory Account of the Class Aves in China; part 2. Account of Orders listed in this Volume. Zheng Zuoxin (Cheng Tsohsin) *et al.*, 1997. 199 pp., 39 figs., 4 pls.

Aves vol. 2 Anseriformes. Zheng Zuoxin (Cheng Tsohsin) *et al.*, 1979. 143 pp., 65 figs., 10 pls.

Aves vol. 4 Galliformes. Zheng Zuoxin (Cheng Tsohsin) *et al.*, 1978. 203 pp., 53 figs., 10 pls.

Aves vol. 5 Gruiformes, Charadriiformes, Lariformes. Wang Qishan, Ma Ming and Gao Yuren, 2006. 644 pp., 263 figs., 4 pls.

Aves vol. 6 Columbiformes, Psittaciformes, Cuculiformes, Strigiformes. Zheng Zuoxin (Cheng Tsohsin), Xian Yaohua and Guan Guanxun, 1991. 240 pp., 64 figs., 5 pls.

Aves vol. 7 Caprimulgiformes, Apodiformes, Trogoniformes, Coraciiformes, Piciformes. Tan Yaokuang and Guan Guanxun, 2003. 241 pp., 36 figs., 4 pls.

Aves vol. 8 Passeriformes: Eurylaimidae-Irenidae. Zheng Baolai *et al.*, 1985. 333 pp., 103 figs., 8 pls.

Aves vol. 9 Passeriformes: Bombycillidae, Prunellidae. Chen Fuguan *et al.*, 1998. 284 pp., 143 figs., 4 pls.

Aves vol. 10 Passeriformes: Muscicapidae I: Turdinae. Zheng Zuoxin (Cheng Tsohsin), Long Zeyu and Lu Taichun, 1995. 239 pp., 67 figs., 4 pls.

Aves vol. 11 Passeriformes: Muscicapidae II: Timaliinae. Zheng Zuoxin (Cheng Tsohsin), Long Zeyu and Zheng Baolai, 1987. 307 pp., 110 figs., 8 pls.

Aves vol. 12 Passeriformes: Muscicapidae III: Sylviinae, Muscicapinae. Zheng Zuoxin, Lu Taichun, Yang Lan and Lei Fumin *et al.*, 2010. 439 pp., 121 figs., 4 pls.

Aves vol. 13 Passeriformes: Paridae, Zosteropidae. Li Guiyuan, Zheng Baolai and Liu Guangzuo, 1982. 170 pp., 68 figs., 4 pls.

Aves vol. 14 Passeriformes: Ploceidae, Fringillidae. Fu Tongsheng, Song Yujun and Gao Wei *et al.*, 1998. 322 pp., 115 figs., 8 pls.

Reptilia vol. 1 General Accounts of Reptilia. Testudoformes and Crocodiliformes. Zhang Mengwen *et al.*, 1998. 208 pp., 44 figs., 4 pls.

Reptilia vol. 2 Squamata: Lacertilia. Zhao Ermi, Zhao Kentang and Zhou Kaiya *et al.*, 1999. 394 pp., 54 figs., 8 pls.

Reptilia vol. 3 Squamata: Serpentes. Zhao Ermi *et al.*, 1998. 522 pp., 100 figs., 12 pls.

Amphibia vol. 1 General accounts of Amphibia, Gymnophiona, Urodela. Fei Liang, Hu Shuqin, Ye Changyuan and Huang Yongzhao *et al.*, 2006. 471 pp., 120 figs., 16 pls.

Amphibia vol. 2 Anura. Fei Liang, Hu Shuqin, Ye Changyuan and Huang Yongzhao *et al.*, 2009. 957 pp., 549 figs., 16 pls.

Amphibia vol. 3 Anura: Ranidae. Fei Liang, Hu Shuqin, Ye Changyuan and Huang Yongzhao *et al.*, 2009. 888 pp., 337 figs., 16 pls.

Osteichthyes: Pleuronectiformes. Li Sizhong and Wang Huimin, 1995. 433 pp., 170 figs.

Osteichthyes: Siluriformes. Chu Xinluo, Zheng Baoshan and Dai Dingyuan *et al.*, 1999. 230 pp., 124 figs.

Osteichthyes: Cypriniformes II. Chen Yiyu *et al.*, 1998. 531 pp., 257 figs.

Osteichthyes: Cypriniformes III. Yue Peiqi *et al.*, 2000. 661 pp., 340 figs.

Osteichthyes: Acipenseriformes, Elopiformes, Clupeiformes, Gonorhynchiformes. Zhang Shiyi, 2001. 209 pp., 88 figs.

Osteichthyes: Myctophiformes, Cetomimiformes, Osteoglossiformes. Chen Suzhi, 2002. 349 pp., 135 figs.

Osteichthyes: Tetraodontiformes, Pegasiformes, Gobiesociformes, Lophiiformes. Su Jinxiang and Li Chunsheng, 2002. 495 pp., 194 figs.

Ostichthyes: Scorpaeniformes. Jin Xinbo, 2006. 739 pp., 287 figs.

Ostichthyes: Perciformes IV. Liu Jing *et al.*, 2016. 312 pp., 143 figs., 15 pls.

Ostichthyes: Perciformes V: Gobioidei. Wu Hanlin and Zhong Junsheng *et al.*, 2008. 951 pp., 575 figs., 32 pls.

Ostichthyes: Anguilliformes Notacanthiformes. Zhang Chunguang *et al.*, 2010. 453 pp., 225 figs., 3 pls.

Ostichthyes: Atheriniformes, Cyprinodontiformes, Beloniformes, Ophidiiformes, Gadiformes. Li Sizhong and Zhang Chunguang *et al.*, 2011. 946 pp., 345 figs.

Cyclostomata and Chondrichthyes. Zhu Yuanding and Meng Qingwen *et al.*, 2001. 552 pp., 247 figs.

Insecta vol. 1 Siphonaptera. Liu Zhiying *et al.*, 1986. 1334 pp., 1948 figs.

Insecta vol. 2 Coleoptera: Hispidae. Chen Sicien *et al.*, 1986. 653 pp., 327 figs., 15 pls.

Insecta vol. 3 Lepidoptera: Cyclidiidae, Drepanidae. Chu Hungfu and Wang Linyao, 1991. 269 pp., 204 figs., 10 pls.

Insecta vol. 4 Orthoptera: Acrioidea: Pamphagidae, Chrotogonidae, Pyrgomorphidae. Xia Kailing *et al.*, 1994. 340 pp., 168 figs.

Insecta vol. 5 Lepidoptera: Bombycidae, Saturniidae, Thyrididae. Zhu Hongfu and Wang Linyao, 1996. 302 pp., 234 figs., 18 pls.

Insecta vol. 6 Diptera: Calliphoridae. Fan Zide *et al.*, 1997. 707 pp., 229 figs.

Insecta vol. 7 Lepidoptera: Lecithoceridae. Wu Chunsheng, 1997. 306 pp., 74 figs., 38 pls.

Insecta vol. 8 Diptera: Culicidae I. Lu Baolin *et al.*, 1997. 593 pp., 285 pls.

Insecta vol. 9 Diptera: Culicidae II. Lu Baolin *et al.*, 1997. 126 pp., 57 pls.

Insecta vol. 10 Orthoptera: Oedipodidae, Arcypteridae III. Zheng Zhemin and Xia Kailing, 1998. 610 pp.,

323 figs.

Insecta vol. 11 Lepidoptera: Sphingidae. Zhu Hongfu and Wang Linyao, 1997. 410 pp., 325 figs., 8 pls.

Insecta vol. 12 Orthoptera: Tetrigoidea. Liang Geqiu and Zheng Zhemin, 1998. 278 pp., 166 figs.

Insecta vol. 13 Hemiptera: Nabidae. Ren Shuzhi, 1998. 251 pp., 508 figs., 12 pls.

Insecta vol. 14 Homoptera: Mindaridae, Pemphigidae. Zhang Guangxue, Qiao Gexia, Zhong Tiesen and Zhang Wanfang, 1999. 380 pp., 121 figs., 17+8 pls.

Insecta vol. 15 Lepidoptera: Geometridae: Larentiinae. Xue Dayong and Zhu Hongfu (Chu Hungfu), 1999. 1090 pp., 1197 figs., 25 pls.

Insecta vol. 16 Lepidoptera: Noctuidae. Chen Yixin, 1999. 1596 pp., 701 figs., 68 pls.

Insecta vol. 17 Isoptera. Huang Fusheng *et al.*, 2000. 961 pp., 564 figs.

Insecta vol. 18 Hymenoptera: Braconidae I. He Junhua, Chen Xuexin and Ma Yun, 2000. 757 pp., 1783 figs.

Insecta vol. 19 Lepidoptera: Arctiidae. Fang Chenglai, 2000. 589 pp., 338 figs., 20 pls.

Insecta vol. 20 Hymenoptera: Melittidae, Apidae. Wu Yanru, 2000. 442 pp., 218 figs., 9 pls.

Insecta vol. 21 Coleoptera: Cerambycidae: Lepturinae. Jiang Shunan and Chen Li, 2001. 296 pp., 17 figs., 18 pls.

Insecta vol. 22 Homoptera: Coccoidea: Pseudococcidae, Eriococcidae, Asterolecaniidae, Coccidae, Lecanodiaspididae, Cerococcidae, Aclerdidae. Wang Tzeching, 2001. 611 pp., 188 figs.

Insecta vol. 23 Diptera: Tachinidae I. Chao Cheiming, Liang Enyi, Shi Yongshan and Zhou Shixiu, 2001. 305 pp., 183 figs., 11 pls.

Insecta vol. 24 Hemiptera: Lasiochilidae, Lyctocoridae, Anthocoridae. Bu Wenjun and Zheng Leyi (Cheng Loyi), 2001. 267 pp., 362 figs.

Insecta vol. 25 Lepidoptera: Papilionidae: Papilioninae, Zerynthiinae, Parnassiinae. Wu Chunsheng, 2001. 367 pp., 163 figs., 8 pls.

Insecta vol. 26 Diptera: Muscidae II: Phaoniinae I. Ma Zhongyu, Xue Wanqi and Feng Yan, 2002. 421 pp., 614 figs.

Insecta vol. 27 Lepidoptera: Tortricidae. Liu Youqiao and Li Guangwu, 2002. 601 pp., 16 figs., 2+136 pls.

Insecta vol. 28 Homoptera: Membracoidea: Aetalionidae, Membracidae. Yuan Feng and Chou Io, 2002. 590 pp., 295 figs., 4 pls.

Insecta vol. 29 Hymenoptera: Dyrinidae. He Junhua and Xu Zaifu, 2002. 464 pp., 397 figs.

Insecta vol. 30 Lepidoptera: Lymantriidae. Zhao Zhongling (Chao Chungling), 2003. 484 pp., 270 figs., 10 pls.

Insecta vol. 31 Lepidoptera: Notodontidae. Wu Chunsheng and Fang Chenglai, 2003. 952 pp., 530 figs., 8 pls.

Insecta vol. 32 Orthoptera: Acridoidea: Gomphoceridae, Acrididae. Yin Xiangchu, Xia Kailing *et al.*, 2003. 280 pp., 144 figs.

Insecta vol. 33 Hemiptera: Miridae, Mirinae. Zheng Leyi, Lü Nan, Liu Guoqing and Xu Binghong, 2004. 797 pp., 228 figs., 8 pls.

Insecta vol. 34 Diptera: Empididae, Hemerodromiinae and Hybotinae. Yang Ding and Yang Chikun, 2004.

334 pp., 474 figs., 1 pls.

Insecta vol. 35 Dermaptera. Chen Yixin and Ma Wenzhen, 2004. 420 pp., 199 figs., 8 pls.

Insecta vol. 36 Lepidoptera: Thyatiridae. Zhao Zhongling, 2004. 291 pp., 153 figs., 5 pls.

Insecta vol. 37 Hymenoptera: Braconidae II. Chen Xuexin, He Junhua and Ma Yun, 2004. 518 pp., 1183 figs., 103 pls.

Insecta vol. 38 Lepidoptera: Hepialidae, Epiplemidae. Zhu Hongfu, Wang Linyao and Han Hongxiang, 2004. 291 pp., 179 figs., 8 pls.

Insecta vol. 39 Neuroptera: Chrysopidae. Yang Xingke, Yang Jikun and Li Wenzhu, 2005. 398 pp., 240 figs., 4 pls.

Insecta vol. 40 Coleoptera: Eumolpidae: Eumolpinae. Tan Juanjie, Wang Shuyong and Zhou Hongzhang, 2005. 415 pp., 95 figs., 8 pls.

Insecta vol. 41 Diptera: Muscidae I. Fan Zide *et al.*, 2005. 476 pp., 226 figs., 8 pls.

Insecta vol. 42 Hymenoptera: Pteromalidae. Huang Dawei and Xiao Hui, 2005. 388 pp., 432 figs., 5 pls.

Insecta vol. 43 Orthoptera: Acridoidea: Catantopidae. Li Hongchang and Xia Kailing, 2006. 736pp., 325 figs.

Insecta vol. 44 Hymenoptera: Megachilidae. Wu Yanru, 2006. 474 pp., 180 figs., 4 pls.

Insecta vol. 45 Diptera: Homoptera: Delphacidae. Ding Jinhua, 2006. 776 pp., 351 figs., 20 pls.

Insecta vol. 46 Hymenoptera: Braconidae: Agathidinae. Chen Jiahua and Yang Jianquan, 2006. 301 pp., 81 figs., 32 pls.

Insecta vol. 47 Lepidoptera: Lasiocampidae. Liu Youqiao and Wu Chunsheng, 2006. 385 pp., 248 figs., 8 pls.

Insecta Saiphonaptera(2 volumes). Wu Houyong *et al.*, 2007. 2174 pp., 2475 figs.

Insecta vol. 49 Diptera: Muscidae. Fan Zide *et al.*, 2008. 1186 pp., 276 figs., 4 pls.

Insecta vol. 50 Diptera: Syrphidae. Huang Chunmei and Cheng Xinyue, 2012. 852 pp., 418 figs., 8 pls.

Insecta vol. 51 Megaloptera. Yang Ding and Liu Xingyue, 2010. 457 pp., 176 figs., 14 pls.

Insecta vol. 52 Lepidoptera: Pieridae. Wu Chunsheng, 2010. 416 pp., 174 figs., 16 pls.

Insecta vol. 53 Diptera Dolichopodidae(2 volumes). Yang Ding *et al.*, 2011. 1912 pp., 1017 figs., 7 pls.

Insecta vol. 54 Lepidoptera: Geometridae: Geometrinae. Han Hongxiang and Xue Dayong, 2011. 787 pp., 929 figs., 20 pls.

Insecta vol. 55 Lepidoptera: Hesperiidae. Yuan Feng, Yuan Xiangqun and Xue Guoxi, 2015. 754 pp., 280 figs., 15 pls.

Insecta vol. 56 Hymenoptera: Proctotrupoidea(I). He Junhua and Xu Zaifu, 2015. 1078 pp., 485 figs.

Insecta vol. 57 Orthoptera: Tettigoniidae: Phaneropterinae. Kang Le *et al.*, 2013. 574 pp., 291 figs., 31 pls.

Insecta vol. 58 Plecoptera: Nemouroides. Yang Ding, Li Weihai and Zhu Fang, 2014. 518 pp., 294 figs., 12 pls.

Insecta vol. 59 Diptera: Tabanidae. Xu Rongman and Sun Yi, 2013. 870 pp., 495 figs., 17 pls.

Insecta vol. 60 Hemiptera: Hormaphididae, Phloeomyzidae. Qiao Gexia, Jiang Liyun, Chen Jing, Zhang Guangxue and Zhong Tiesen, 2017. 414 pp., 137 figs., 8 pls.

Insecta vol. 61 Coleoptera: Chrysomelidae: Chrysomelinae. Yang Xingke, Ge Siqin, Wang Shuyong, Li

Wenzhu and Cui Junzhi, 2014. 641 pp., 378 figs., 8 pls.

Insecta vol. 62 Hemiptera: Miridae(II): Orthotylinae. Liu Guoqing and Zheng Leyi, 2014. 297 pp., 134 figs., 13 pls.

Insecta vol. 63 Coleoptera: Tenebrionidae(I). Ren Guodong *et al.*, 2016. 534 pp., 248 figs., 49 pls.

Insecta vol. 64 Chalcidoidea : Pteromalidae(II): Pteromalinae. Xiao Hui *et al.*, 2019. 495 pp., 186 figs., 12 pls.

Insecta vol. 65 Diptera: Rhagionidae, Athericidae. Yang Ding, Dong Hui and Zhang Kuiyan. 2016. 476 pp., 222 figs., 7 pls.

Insecta vol. 67 Hemiptera: Cicadellidae (II): Cicadellinae. Yang Maofa, Meng Zehong and Li Zizhong. 2017. 637pp., 312 figs., 27 pls.

Insecta vol. 68 Neuroptera: Myrmeleontoidea. Wang Xinli, Zhan Qingbin and Wang Aiqin. 2018. 285 pp., 2 figs., 38 pls.

Insecta vol. 69 Thysanoptera (2 volumes). Feng Jinian *et al.,* 2021. 984 pp., 420 figs.

Insecta vol. 70 Hemiptera: Caliscelidae, Issidae. Zhang Yalin, Che Yanli, Meng Rui and Wang Yinglun. 2020. 655 pp., 224 figs., 43 pls.

Insecta vol. 72 Hemiptera: Cicadellidae (IV): Evacanthinae. Li Zizhong, Li Yujian and Xing Jichun. 2020. 547 pp., 303 figs., 14 pls.

Insecta vol. 73 Hemiptera: Miridae (III): Bryocorinae, Cylapinae, Deraeocorinae, Isometopinae and Psallopinae. Liu Guoqing, Mu Yiran, Xu Jingyang and Liu Lin. 2022. 606pp., 217 figs., 17 pls.

Insecta vol. 74 Hymenoptera: Trichogrammatidae. Lin Naiquan, Hu Hongying, Tian Hongxia and Lin Shuo. 2022. 602 pp., 195 figs.

Insecta vol. 75 Coleoptera: Histeroidea: Sphaeritidae, Synteliidae and Histeridae. Zhou Hongzhang, Luo Tianhong and Zhang Yejun. 2022. 702pp., 252 figs., 3 pls.

Invertebrata vol. 1 Crustacea: Freshwater Cladocera. Chiang Siehchih and Du Nanshang, 1979. 297 pp.,192 figs.

Invertebrata vol. 2 Crustacea: Freshwater Copepoda. Shen Jiarui *et al.*, 1979. 450 pp., 255 figs.

Invertebrata vol. 3 Trematoda: Digenea I. Chen Xintao *et al.*, 1985. 697 pp., 469 figs., 12 pls.

Invertebrata vol. 4 Cephalopode. Dong Zhengzhi, 1988. 201 pp., 124 figs., 4 pls.

Invertebrata vol. 5 Hirudinea: Euhirudinea and Branchiobdellidea. Yang Tong, 1996. 259 pp., 141 figs.

Invertebrata vol. 6 Holothuroidea. Liao Yulin, 1997. 334 pp., 170 figs., 2 pls.

Invertebrata vol. 7 Gastropoda: Mesogastropoda: Cypraeacea. Ma Xiutong, 1997. 283 pp., 96 figs., 12 pls.

Invertebrata vol. 8 Arachnida: Araneae: Thomisidae and Philodromidae. Song Daxiang and Zhu Mingsheng, 1997. 259 pp., 154 figs.

Invertebrata vol. 9 Polychaeta: Phyllodocimorpha. Wu Baoling, Wu Qiquan, Qiu Jianwen and Lu Hua, 1997. 323pp., 180 figs.

Invertebrata vol. 10 Arachnida: Araneae: Araneidae. Yin Changmin *et al.*, 1997. 460 pp., 292 figs.

Invertebrata vol. 11 Gastropoda: Opisthobranchia: Cephalaspidea. Lin Guangyu, 1997. 246 pp., 35 figs.,

28 pls.

Invertebrata vol. 12 Bivalvia: Mytiloida. Wang Zhenrui, 1997. 268 pp., 126 figs., 4 pls.

Invertebrata vol. 13 Arachnida: Araneae: Theridiidae. Zhu Mingsheng, 1998. 436 pp., 233 figs., 1 pl.

Invertebrata vol. 14 Sacodina: Acantharia and Spumellaria. Tan Zhiyuan, 1998. 315 pp., 273 figs., 25 pls.

Invertebrata vol. 15 Myxosporea. Chen Chihleu and Ma Chenglun, 1998. 805 pp., 30 figs., 180 pls.

Invertebrata vol. 16 Anthozoa: Actiniaria, Ceriantharis and Zoanthidea. Pei Zunan, 1998. 286 pp., 149 figs., 22 pls.

Invertebrata vol. 17 Crustacea: Decapoda: Parathelphusidae and Potamidae. Dai Aiyun, 1999. 501 pp., 238 figs., 31 pls.

Invertebrata vol. 18 Protura. Yin Wenying, 1999. 510 pp., 275 figs., 8 pls.

Invertebrata vol. 19 Gastropoda: Pulmonata: Stylommatophora: Clausiliidae. Chen Deniu and Zhang Guoqing, 1999. 210 pp., 128 figs., 5 pls.

Invertebrata vol. 20 Bivalvia: Protobranchia and Anomalodesmata. Xu Fengshan, 1999. 244 pp., 156 figs.

Invertebrata vol. 21 Crustacea: Mysidacea. Liu Ruiyu (J. Y. Liu) and Wang Shaowu, 2000. 326 pp., 110 figs.

Invertebrata vol. 22 Monogenea. Wu Baohua, Lang Suo and Wang Weijun, 2000. 756 pp., 598 figs., 2 pls.

Invertebrata vol. 23 Anthozoa: Scleractinia: Hermatypic coral. Zou Renlin, 2001. 289 pp., 9 figs., 47+8 pls.

Invertebrata vol. 24 Bivalvia: Veneridae. Zhuang Qiqian, 2001. 278 pp., 145 figs.

Invertebrata vol. 25 Nematoda: Rhabditida: Strongylata I. Wu Shuqing *et al.*, 2001. 489 pp., 201 figs.

Invertebrata vol. 26 Foraminiferea: Agglutinated Foraminifera. Zheng Shouyi and Fu Zhaoxian, 2001. 788 pp., 130 figs., 122 pls.

Invertebrata vol. 27 Hydrozoa and Scyphomedusae. Gao Shangwu, Hong Hueshin and Zhang Shimei, 2002. 275 pp., 136 figs.

Invertebrata vol. 28 Crustacea: Amphipoda: Hyperiidae. Chen Qingchao and Shi Changtai, 2002. 249 pp., 178 figs.

Invertebrata vol. 29 Gastropoda: Archaeogastropoda: Trochacea. Dong Zhengzhi, 2002. 210 pp., 176 figs., 2 pls.

Invertebrata vol. 30 Crustacea: Brachyura: Marine primitive crabs. Chen Huilian and Sun Haibao, 2002. 597 pp., 237 figs., 16 pls.

Invertebrata vol. 31 Bivalvia: Pteriina. Wang Zhenrui, 2002. 374 pp., 152 figs., 7 pls.

Invertebrata vol. 32 Polycystinea: Nasellaria; Phaeodarea: Phaeodaria. Tan Zhiyuan and Su Xinghui, 2003. 295 pp., 193 figs., 25 pls.

Invertebrata vol. 33 Annelida: Polychaeta II Nereidida. Sun Ruiping and Yang Derjian, 2004. 520 pp., 267 figs., 193 pls.

Invertebrata vol. 34 Mollusca: Gastropoda Tonnacea. Zhang Suping and Ma Xiutong, 2004. 243 pp., 123 figs., 1 pl.

Invertebrata vol. 35 Arachnida: Araneae: Tetragnathidae. Zhu Mingsheng, Song Daxiang and Zhang Junxia, 2003. 402 pp., 174 figs., 5+11 pls.

Invertebrata vol. 36 Crustacea: Decapoda: Atyidae. Liang Xiangqiu, 2004. 375 pp., 156 figs.

Invertebrata vol. 37 Mollusca: Gastropoda: Stylommatophora: Bradybaenidae. Chen Deniu and Zhang Guoqing, 2004. 482 pp., 409 figs., 8 pls.

Invertebrata vol. 38 Chaetognatha: Sagittoidea. Xiao Yichang, 2004. 201 pp., 89 figs.

Invertebrata vol. 39 Arachnida: Araneae: Gnaphosidae. Song Daxiang, Zhu Mingsheng and Zhang Feng, 2004. 362 pp., 175 figs.

Invertebrata vol. 40 Echinodermata: Ophiuroidea. Liao Yulin, 2004. 505 pp., 244 figs., 6 pls.

Invertebrata vol. 41 Crustacea: Amphipoda: Gammaridea I. Ren Xianqiu, 2006. 588 pp., 194 figs.

Invertebrata vol. 42 Crustacea: Cirripedia: Thoracica. Liu Ruiyu and Ren Xianqiu, 2007. 632 pp., 239 figs.

Invertebrata vol. 43 Crustacea: Amphipoda: Gammaridea II. Ren Xianqiu, 2012. 651 pp., 197 figs.

Invertebrata vol. 44 Crustacea: Decapoda: Palaemonoidea. Li Xinzheng, Liu Ruiyu, Liang Xingqiu and Chen Guoxiao, 2007. 381 pp., 157 figs.

Invertebrata vol. 45 Ciliophora: Oligohymenophorea: Peritrichida. Shen Yunfen and Gu Manru, 2016. 502 pp., 164 figs., 2 pls.

Invertebrata vol. 46 Sipuncula, Echiura. Zhou Hong, Li Fenglu and Wang Wei, 2007. 206 pp., 95 figs.

Invertebrata vol. 47 Arachnida: Acari: Phytoseiidae. Wu weinan, Ou Jianfeng and Huang Jingling. 2009. 511 pp., 287 figs., 9 pls.

Invertebrata vol. 48 Mollusca: Bivalvia: Lucinacea, Carditacea, Crassatellacea and Cardiacea. Xu Fengshan. 2012. 239 pp., 133 figs.

Invertebrata vol. 49 Crustacea: Decapoda: Portunidae. Yang Siliang, Chen Huilian and Dai Aiyun. 2012. 417 pp., 138 figs., 14 pls.

Invertebrata vol. 50 Tardigrada. Yang Tong. 2015. 279 pp., 131 figs., 5 pls.

Invertebrata vol. 51 Nematoda: Rhabditida: Strongylata (II). Zhang Luping and Kong Fanyao. 2014. 316 pp., 97 figs., 19 pls.

Invertebrata vol. 52 Platyhelminthes: Trematoda: Dgenea (III). Qiu Zhaozhi *et al.*. 2018. 746 pp., 401 figs.

Invertebrata vol. 53 Arachnida: Araneae: Salticidae. Peng Xianjin.2020. 612pp., 392 figs.

Invertebrata vol. 54 Annelida: Polychaeta (III): Sabellida. Sun Ruiping and Yang Dejian. 2014. 493 pp., 239 figs., 2 pls.

Invertebrata vol. 55 Mollusca: Gastropoda: Conidae. Li Fenglan and Lin Minyu. 2016. 288 pp., 168 figs., 4 pls.

Invertebrata vol. 56 Mollusca: Gastropoda: Strombacea and Naticacea. Zhang Suping. 2016. 318 pp., 138 figs., 10 pls.

Invertebrata vol. 57 Mollusca: Bivalvia: Tellinidae and Semelidae. Xu Fengshan and Zhang Junlong. 2017. 236 pp., 50 figs., 15 pls.

Invertebrata vol. 58 Mollusca: Gastropoda: Enoidea. Wu Min. 2018. 300 pp., 63 figs., 6 pls.

Invertebrata vol. 59 Arachnida: Araneae: Agelenidae and Amaurobiidae. Zhu Mingsheng, Wang Xinping and Zhang Zhisheng. 2017. 727 pp., 384 figs., 5 pls.

Invertebrata vol. 62 Mollusca: Gastropoda: Muricidae. Zhang Suping. 2022. 428 pp., 250 figs.

ECONOMIC FAUNA OF CHINA

Mammals. Shou Zhenhuang *et al.*, 1962. 554 pp., 153 figs., 72 pls.

Aves. Cheng Tsohsin *et al.*, 1963. 694 pp., 10 figs., 64 pls.

Marine fishes. Chen Qingtai *et al.*, 1962. 174 pp., 25 figs., 32 pls.

Freshwater fishes. Wu Xianwen *et al.*, 1963. 159 pp., 122 figs., 30 pls.

Parasitic Crustacea of Freshwater Fishes. Kuang Puren and Qian Jinhui, 1991. 203 pp., 110 figs.

Annelida. Echinodermata. Prorochordata. Wu Baoling *et al.*, 1963. 141 pp., 65 figs., 16 pls.

Marine mollusca. Zhang Xi and Qi Zhougyan, 1962. 246 pp., 148 figs.

Freshwater molluscs. Liu Yueyin *et al.*, 1979.134 pp., 110 figs.

Terrestrial molluscs. Chen Deniu and Gao Jiaxiang, 1987. 186 pp., 224 figs.

Parasitic worms. Wu Shuqing, Yin Wenzhen and Shen Shouxun, 1960. 368 pp., 158 figs.

Economic birds of China (Second edition). Cheng Tsohsin, 1993. 619 pp., 64 pls.

ECONOMIC INSECT FAUNA OF CHINA

Fasc. 1 Coleoptera: Cerambycidae. Chen Sicien *et al.*, 1959. 120 pp., 21 figs., 40 pls.

Fasc. 2 Hemiptera: Pentatomidae. Yang Weiyi, 1962. 138 pp., 11 figs., 10 pls.

Fasc. 3 Lepidoptera: Noctuidae I. Chu Hongfu and Chen Yixin, 1963. 172 pp., 22 figs., 10 pls.

Fasc. 4 Coleoptera: Tenebrionidae. Zhao Yangchang, 1963. 63 pp., 27 figs., 7 pls.

Fasc. 5 Coleoptera: Coccinellidae. Liu Chongle, 1963. 101 pp., 27 figs., 11pls.

Fasc. 6 Lepidoptera: Noctuidae II. Chu Hongfu *et al.*, 1964. 183 pp., 11 pls.

Fasc. 7 Lepidoptera: Noctuidae III. Chu Hongfu, Fang Chenglai and Wang Lingyao, 1963. 120 pp., 28 figs., 31 pls.

Fasc. 8 Isoptera: Termitidae. Cai Bonghua and Chen Ningsheng, 1964. 141 pp., 79 figs., 8 pls.

Fasc. 9 Hymenoptera: Apoidea. Wu Yanru, 1965. 83 pp., 40 figs., 7 pls.

Fasc. 10 Homoptera: Cicadellidae. Ge Zhongling, 1966. 170 pp., 150 figs.

Fasc. 11 Lepidoptera: Tortricidae I. Liu Youqiao and Bai Jiuwei, 1977. 93 pp., 23 figs., 24 pls.

Fasc. 12 Lepidoptera: Lymantriidae I. Chao Chungling, 1978. 121 pp., 45 figs., 18 pls.

Fasc. 13 Diptera: Ceratopogonidae. Li Tiesheng, 1978. 124 pp., 104 figs.

Fasc. 14 Coleoptera: Coccinellidae II. Pang Xiongfei and Mao Jinlong, 1979. 170 pp., 164 figs., 16 pls.

Fasc. 15 Acarina: Lxodoidea. Teng Kuofan, 1978. 174 pp., 707 figs.

Fasc. 16 Lepidoptera: Notodontidae. Cai Rongquan, 1979. 166 pp., 126 figs., 19 pls.

Fasc. 17 Acarina: Camasina. Pan Zungwen and Teng Kuofan, 1980. 155 pp., 168 figs.

Fasc. 18 Coleoptera: Chrysomeloidea I. Tang Juanjie *et al.*, 1980. 213 pp., 194 figs., 18 pls.

Fasc. 19 Coleoptera: Cerambycidae II. Pu Fuji, 1980. 146 pp., 42 figs., 12 pls.

Fasc. 20 Coleoptera: Curculionidae I. Chao Yungchang and Chen Yuanqing, 1980. 184 pp., 73 figs., 14 pls.

Fasc. 21 Lepidoptera: Pyralidae. Wang Pingyuan, 1980. 229 pp., 40 figs., 32 pls.

Fasc. 22 Lepidoptera: Sphingidae. Zhu Hongfu and Wang Lingyao, 1980. 84 pp., 17 figs., 34 pls.

Fasc. 23 Acariformes: Tetranychoidea. Wang Huifu, 1981. 150 pp., 121 figs., 4 pls.

Fasc. 24 Homoptera: Pseudococcidae. Wang Tzeching, 1982. 119 pp., 75 figs.

Fasc. 25 Homoptera: Aphidinea I. Zhang Guangxue and Zhong Tiesen, 1983. 387 pp., 207 figs., 32 pls.

Fasc. 26 Diptera: Tabanidae. Wang Zunming, 1983. 128 pp., 243 figs., 8 pls.

Fasc. 27 Homoptera: Delphacidae. Kuoh Changlin *et al.*, 1983. 166 pp., 132 figs., 13 pls.

Fasc. 28 Coleoptera: Larvae of Scarabaeoidae. Zhang Zhili, 1984. 107 pp., 17. figs., 21 pls.

Fasc. 29 Coleoptera: Scolytidae. Yin Huifen, Huang Fusheng and Li Zhaoling, 1984. 205 pp., 132 figs., 19 pls.

Fasc. 30 Hymenoptera: Vespoidea. Li Tiesheng, 1985. 159pp., 21 figs., 12pls.

Fasc. 31 Hemiptera I. Zhang Shimei, 1985. 242 pp., 196 figs., 59 pls.

Fasc. 32 Lepidoptera: Noctuidae IV. Chen Yixin, 1985. 167 pp., 61 figs., 15 pls.

Fasc. 33 Lepidoptera: Arctiidae. Fang Chenglai, 1985. 100 pp., 69 figs., 10 pls.

Fasc. 34 Hymenoptera: Chalcidoidea I. Liao Dingxi *et al.*, 1987. 241 pp., 113 figs., 24 pls.

Fasc. 35 Coleoptera: Cerambycidae III. Chiang Shunan. Pu Fuji and Hua Lizhong, 1985. 189 pp., 2 figs., 13 pls.

Fasc. 36 Homoptera: Fulgoroidea. Chou Io *et al.*, 1985. 152 pp., 125 figs., 2 pls.

Fasc. 37 Diptera: Anthomyiidae. Fan Zide *et al.*, 1988. 396 pp., 1215 figs., 10 pls.

Fasc. 38 Diptera: Ceratopogonidae II. Lee Tiesheng, 1988. 127 pp., 107 figs.

Fasc. 39 Acari: Ixodidae. Teng Kuofan and Jiang Zaijie, 1991. 359 pp., 354 figs.

Fasc. 40 Acari: Dermanyssoideae. Teng Kuofan *et al.*, 1993. 391 pp., 318 figs.

Fasc. 41 Hymenoptera: Pteromalidae I. Huang Dawei, 1993. 196 pp., 252 figs.

Fasc. 42 Lepidoptera: Lymantriidae II. Chao Chungling, 1994. 165 pp., 103 figs., 10 pls.

Fasc. 43 Homoptera: Coccidea. Wang Tzeching, 1994. 302 pp., 107 figs.

Fasc. 44 Acari: Eriophyoidea I. Kuang Haiyuan, 1995. 198 pp., 163 figs., 7 pls.

Fasc. 45 Diptera: Tabanidae II. Wang Zunming, 1994. 196 pp., 182 figs., 8 pls.

Fasc. 46 Coleoptera: Cetoniidae, Trichiidae, Valgidae. Ma Wenzhen, 1995. 210 pp., 171 figs., 5 pls.

Fasc. 47 Hymenoptera: Formicidae I. Tang Jub, 1995. 134 pp., 135 figs.

Fasc. 48 Ephemeroptera. You Dashou *et al.*, 1995. 152 pp., 154 figs.

Fasc. 49 Trichoptera I: Hydroptilidae, Stenopsychidae, Hydropsychidae, Leptoceridae. Tian Lixin *et al.*, 1996. 195 pp., 271 figs., 2 pls.

Fasc. 50 Hemiptera II. Zhang Shimei *et al.*, 1995. 169 pp., 46 figs., 24 pls.

Fasc. 51 Hymenoptera: Ichneumonidae. He Junhua, Chen Xuexin and Ma Yun, 1996. 697 pp., 434 figs.

Fasc. 52 Hymenoptera: Sphecidae. Wu Yanru and Zhou Qin, 1996. 197 pp., 167 figs., 14 pls.

Fasc. 53 Acari: Phytoseiidae. Wu Weinan *et al.*, 1997. 223 pp., 169 figs., 3 pls.

Fasc. 54 Coleoptera: Chrysomeloidea II. Yu Peiyu *et al.*, 1996. 324 pp., 203 figs., 12 pls.

Fasc. 55 Thysanoptera. Han Yunfa, 1997. 513 pp., 220 figs., 4 pls.

(Q-4823.31)
ISBN 978-7-03-071462-6
9 787030 714626 >
定价：**598.00 元**